HANDBOOK
OF
WOOD
INDUSTRY

HANDBOOK OF Wood INDUSTRY

木材工业手册

《木材工业手册》编著者

主　编

谭守侠　周定国

主编助理

朱剑刚

第 1 章　徐魁梧
　　　　徐永吉
第 2 章　潘　彪
第 3 章　徐永吉
　　　　潘　彪
第 4 章　顾炼百
　　　　李大纲
第 5 章　石如庚
　　　　杨焕蝶
第 6 章　曹平祥
第 7 章　郑雅各
　　　　童雀菊
第 8 章　张彬渊
第 9 章　孙友富
第 10 章　陆肖宝
第 11 章　朱典想
第 12 章　华毓坤
第 13 章　徐咏兰
第 14 章　梅长彤
第 15 章　徐咏兰
第 16 章　王国超
第 17 章　卢晓宁
第 18 章　周定国
第 19 章　邓玉和
　　　　古野毅
第 20 章　金菊婉
第 21 章　周晓燕
第 22 章　张　洋
第 23 章　刘启明
第 24 章　张勤丽
第 25 章　王卫东
第 26 章　朱一辛
　　　　蒋身学
第 27 章　张晓东
　　　　关明杰
第 28 章　许柏鸣
第 29 章　许柏鸣
第 30 章　张彬渊
第 31 章　李　军
第 32 章　周捍东
　　　　徐长妍
第 33 章　倪正荣
第 34 章　孙霖芳
第 35 章　孙　军
　　　　梅玉春
第 36 章　徐咏兰
　　　　周定国
　　　　梅长彤
　　　　徐长妍
　　　　赵　明
第 37 章　陆肖宝
第 38 章　申利明
第 39 章　承国义
第 40 章　林　晓

选题策划　陈　利　李　宙　特约编辑　韦亚红　责任编辑　李　宙　纪　亮　封面设计　曹　来

图书在版编目(CIP)数据　木材工业手册 / 谭守侠，周定国主编. —北京：中国林业出版社，2007
ISBN 978-7-5038-4488-1　Ⅰ.木…　Ⅱ.①谭…　②周…　Ⅲ.木材加工工业—技术手册　Ⅳ.TS6-62　中国版本图书馆 CIP 数据核字(2007)第 148190 号

出　版　中国林业出版社 (100009　北京西城区刘海胡同 7 号)　电　话　(010) 66124051
发　行　新华书店北京发行所　印　刷　北京华联印刷有限公司　版　次　2006 年 12 月第 1 版
印　次　2007 年 1 月第 1 次　开　本　230mm × 300mm　印　张　146.5（全套）　字　数　3000 千字
定　价　480.00 元（全套）

谭守侠 周定国 主编

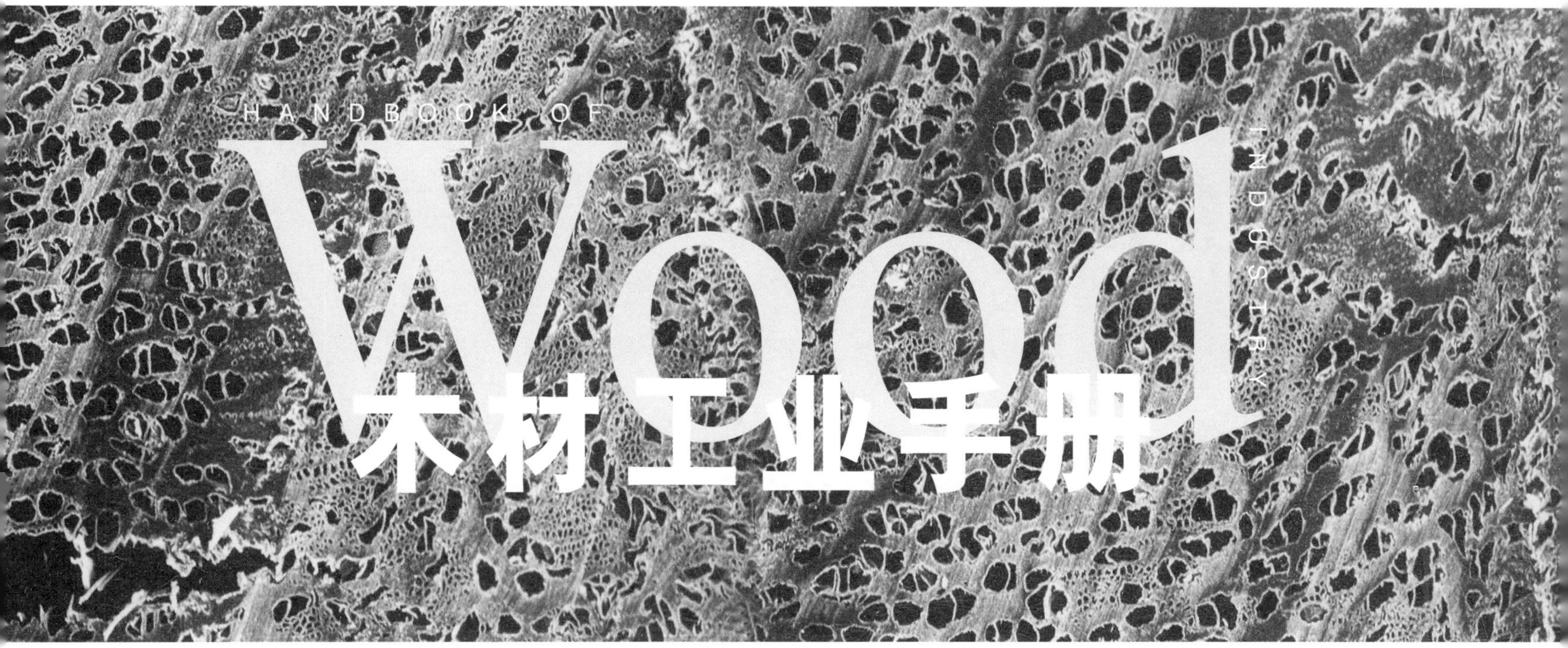

HANDBOOK OF Wood INDUSTRY

木材工业手册

Ⅱ

中国林业出版社

HANDBOOK OF Wood INDUSTRY

第II卷

HANDBOOK OF Wood INDUSTRY

第I卷

刨花及纤维模压 21

Particle and Fiber Moulding

木质刨花、纤维模压制品系指将木质纤维素原料（包括木材、竹材、甘蔗渣、亚麻屑、棉秆等）加工成一定规格的刨花及纤维，施加一定量的胶黏剂，经成型模具热压制成的饰面或不饰面的、具有制品最终形状和规格的特种人造板。

21.1 种类及特性

21.1.1 种 类

刨花、纤维模压制品用途广泛，品种繁多。根据不同用途可分为四大类：

1. 家具部件

主要包括各式桌面、凳椅座背、橱柜门扇、抽屉面板、厨房案板、各式餐盘等。

2. 建筑构件

主要包括室内外墙盖板、天花板、阳台板、裙板、花栏、楼梯扶手、门扇窗台、门框窗格、水泥模板等。

3. 包装部件

最具代表性的产品为各种运货用托盘，其他还包括水果及蔬菜包装箱、专用包装夹板等。

4. 工业配件

泛指上列三类产品以外的制品，如音箱、电视机、冰箱、收录机等电器的壳体；汽车的车体内衬板、仪表板、方向盘、座垫、备用轮胎罩以及梭子、鞋楦和浮雕工艺品等。

21.1.2 特点

1. 对原料适应性强，利用率高

森林采伐剩余物、木材加工剩余物、竹材以及蔗渣、棉花秆、麻秆、豆秸、芦苇等农作物秸秆，都是模压制品的上乘原料。此外，模压制品原料利用率可达85%以上，以家具生产为例，模压家具、板式家具、实木家具三者木材利用率之比为1：0.8：0.4 。

2. 加工工效和生产效率高，生产成本低

模压制品生产工艺为一次成型，即可根据制品的使用要求，在压制过程中模具能使制品带有沟槽、孔眼和饰面轮廓等，可省去或减少制品的二次加工，提高生产效率，同时产品质量易于保证，互换性强，标准化程度提高。制品生产成本低，具有很强的市场竞争力。

3. 产品质地优良，性能稳定，美观大方，应变能力强

制品的物理力学性能好，耐磨、耐腐、耐湿，且各个方向基本同性，尺寸稳定，变形小，不开裂，比强度高。由于模压制品特别是家具的特殊成型方法，易于达到家具设计点、线、面、体的完美结合，可实现复杂的几何曲线和自由曲线的家具造型，能做到折线、装饰线、边缘和转角的联接过渡自然流畅，故模压家具既具有板式家具刚劲、力度、简明之感，又有曲线家具柔和、含蓄、圆润之美。通过表面绚丽多变的各种色彩装饰，模压家具从整体到局部，都表现出多元化形态和韵律感。此外，产品款式多样，变化快速，只需更换模具即可获得不同造型的新型制品，应变能力强。

21.1.3 性能

1. 家具部件

家具部件的大宗产品是各种桌面、凳椅座背、橱柜门扇、厨房案板、各式餐盘等约四十种产品。典型家具部件的截面和边缘形状尺寸如图21-1、图21-2。主要产品性能和规格指标见表21-1、表21-2。

2. 建筑构件

建筑构件分为外部建筑构件和内部建筑构件，主要产品

表 21-1 典型家具类产品的性能（GB/T15105.1-94）

项 目	单 位	优等品	一等品	合格品
密 度	g/cm³		0.60～0.85	
含水率	%		5.0～11.0	
静曲强度	MPa	≥ 20.0	≥ 18.0	≥ 16.0
内结合强度	MPa	≥ 1.0	≥ 0.80	≥ 0.70
吸水厚度膨胀率	%	≤ 0.30	≤ 6.0	≤ 8.0
握螺钉力	N	≥ 1000	≥ 800	≥ 600
表面胶合强度	MPa	≥ 1.0	≥ 0.90	≥ 0.90
表面耐磨性能	mg/100r磨耗值≤ 80，表面留有 50% 花纹			
表面耐开裂性能	级	0	0～1	0～1
表面耐开裂性能	-无开裂、无鼓泡、允许光泽轻微变化			
表面耐水蒸汽性质	-不允许有突起、变色和开裂			
表面耐香烟灼烧性能	-允许有黄斑和光泽轻微变化			
表面耐污染腐蚀性能	- 不污染、无腐蚀			

表 21-2 常见家具类模压制品规格

产品名称	规格 (mm)	边缘形状	贴面纸种数	单件重 (kg)	备 注
圆台面	ϕ 60	A	11	3.7	
	ϕ 65	B	3	4.3	
	ϕ 70	A	7	5	
	ϕ 80	A	12	6.7	
	ϕ 90	A	9	8.5	
	ϕ 100	A	7	10.3	
	ϕ 107	D	4	11.5	
	ϕ 120	A	3	16,7	
	ϕ 140	B	3	20.5	
四方台面	60 × 60	A	9	4.8	
	70 × 70	A	4	6.8	
	75 × 75	A	9	7.6	
	80 × 80	A	9	8.7	
	90 × 90	B	3	11.2	
长方台面	80 × 60	C	2	2.8	
	100 × 70	C	2	3.2	
	110 × 70	A	5	10.2	常见贴面纸花纹和颜色有 12 种，可根据用户要求选用
	115 × 75	A	7	12	
	120 × 75	B	2	11.5	
	120 × 80	A	9	14.9	
长圆台面	120 × 45	B	3	6.6	
	120 × 65	B	9	8.8	
	145 × 78	B	9	13.0	
椭圆台面	140 × 90	D	2	12.8	
	155 × 105	D	3	16.7	
长六角台面	185 × 100	D	1	26	
方六角台面	1379.4 × 1200	E	1	18.6	
长鼓台面	132 × 96	E	1	16.4	
	120 × 65	E	1	12.0	
	112 × 60	E	1	7.6	
	90 × 60	F	1	5.0	
	82 × 60	F	1	3.8	
三折圆台面	ϕ 120		3	13.7	
	ϕ 100		3	8.9	
圆凳面	ϕ 34		4	1.25	
	ϕ 30		3	1.0	
茶几板面	120 × 45		3	6.6	
	65 × 45		3	3.7	
靠背椅	43/38		3	2.2	
茶盘	ϕ 40		3	55	
	46 × 35		3	0.7	

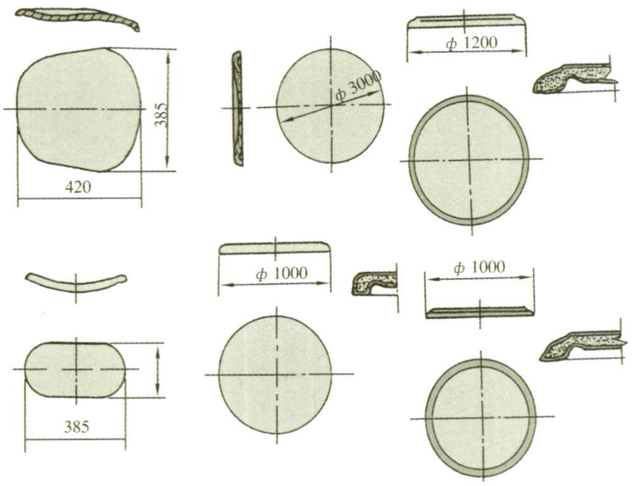

图 21-1 典型家具部件截面

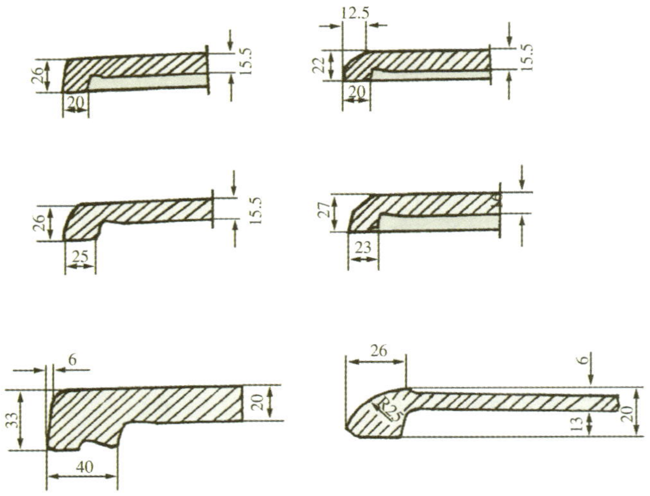

图 21-2 典型部件边缘形状及尺寸

有覆盖板、墙板、天花板、裙板、散热器罩、阳台板、门框窗格、楼梯扶手等。制品的性能指标见表 21-3，部分构件截面形状见图 21-3。

3. 包装部件

模压包装部件最有代表性的产品是各种托盘。常见托盘结构如图 21-4，制品性能指标如表 21-4、表 21-5。

4. 工业配件

模压工业配件种类繁多，主要有电器壳体、汽车部件、竹梭、鞋楦及浮雕工艺品等。由南京林业大学开发的自动换梭式棉织用模压竹梭的尺寸及性能见图21-5和表21-6，模压鞋楦性能见表 21-7。

表 21-3 模压建筑构件性能指标

指标名称 \ 性能		室内构件	室外用构件	阳台构件	装饰彩板	测试标准
密度（g/cm³）		0.70～0.80	0.80～0.90	0.80～0.90	0.80～0.90	DIN52361
静曲强度（MPa）		30～35	40～45	40～45	30～40	DIN52362
弹性模量（MPa）		4000～5000	4000～6000	4000～6000	4000～6000	DIN52362
平面抗拉强度（MPa）		1.0～2.0	2.0～3.0	2.0～3.0	2.0～3.0	DIN52365
握螺钉力（N/mm）		150	150	150	150	werz 公司标准
吸水厚度膨胀率(%)	2h	0.3～0.6	0.3～0.6	0.3～0.6	0.3～0.6	DIN52364
	24h	5.0～8.0	4.0～5.0	4.0～5.0	4.0～5.0	
耐温性能（℃）	长期	－78～+92	－78～+92	－78～+92	－78～+70	
	短期	+180	+180	+180	+180	
阻燃性	一般产品	B_2	B_2	B_2	B_2	DIN4102
	阻燃产品	B_1	B_1	B_1	B_1	
由水分和温度引起的长度变化(mm/m)			1～3	1～3	1～3	1.5
水蒸气渗透率（渗透值折算成空气层厚度，m）		5～15	5～15	5～15	–	DIN52615
耐香烟灼烧		耐	耐	–	–	DIN53799
化学稳定性		好～极好	好～极好	–	–	DIN53799

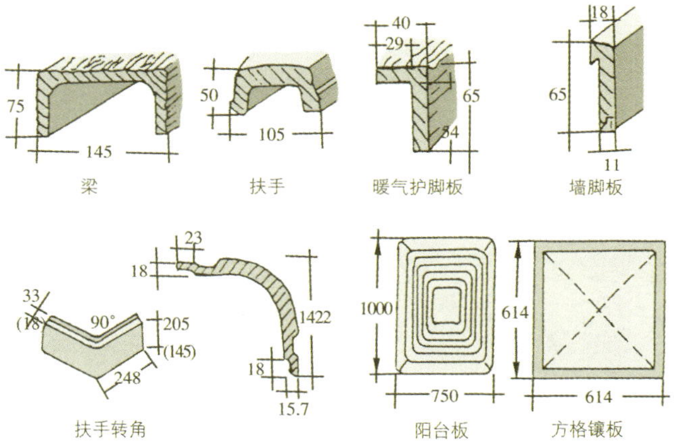

图 21-3 常见模压建筑构件截面形状

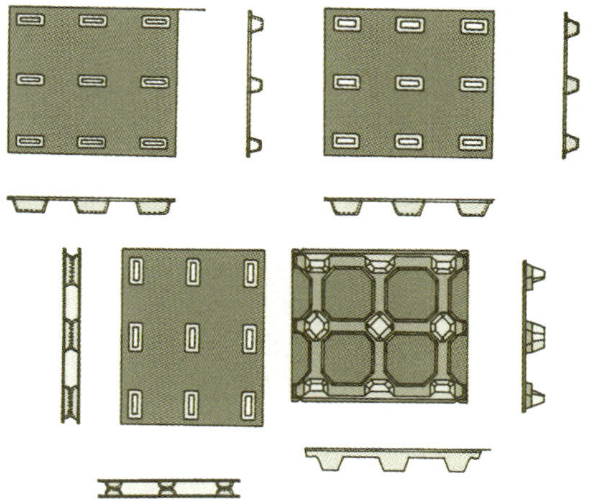

图 21-4 常见托盘结构图

表 21-4 德国 Werzalit 法模压托盘的型号和承载量

型 号	规 格(mm)	托盘自重(kg)	承载量动力载荷(kg)
F44Displat	400 × 400	2.4	250
F36	600 × 800	0	250
		3.5	500
		4.0	650
F65	600 × 800	4.0	250
		4.5	500
		5.2	650
		5.5	1000
F8	800 × 1200	7.2	250
		7.5	500
		9.2	900
		11.2	1000
		12.2	1250
F8/LF	800 × 1200	9.6	500
		10.4	900
		11.5	1000
		14.0	1250
F86/SL		7.0	250
F10	1000 × 1200	11.1	500
		14.2	900
		2	1000
		17.8	1250
WF10/12	000 × 1200	15.0	1000
		17.0	1250
A-10	1000 × 1200	17.0	1000
		18.1	1250
F10BW	1000 × 1200		500
			900
			1000
			1250

表 21-5 美国 Haataja 法模托盘规格和承载量

类型	规格(mm)		托盘自重	承载量	
	外形尺寸	承载板厚度	(kg)	动载荷	静载荷
		11	12.3	726	
		12.7	14	862	
通用型	1016 × 1220 × 102	14.3	16	952	
		15.9	17.7	1088	4540
		17.5	19.5	1180	5440
		19	21.3	1270	
		9.5	20	1180	
		11	23	1360	
双面型	1016 × 1016 × 114	12.7	26.3	1688	4540
		14.3	29.5	1814	5440
		15.9	33	1996	
		8	10	680	
		9.5	12	816	
		11	14.5	952	
吊挂型	1220 × 1220 × 146	12.7	16.3	1043	
		14.3	18.6	1225	4990
		15.9	20.4	1315	5440
		17.5	22.7	1500	6350

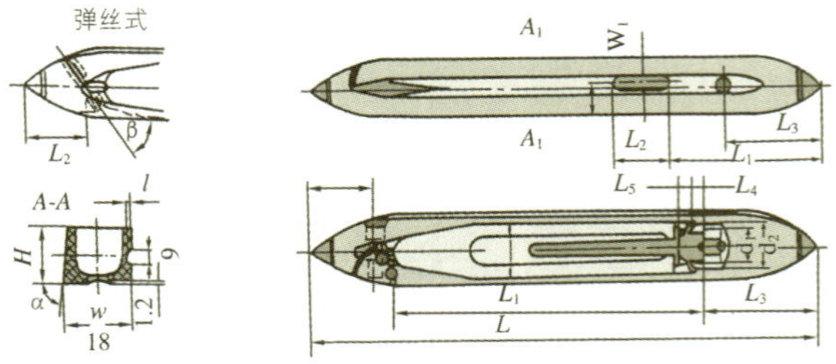

图 21-5 自动换梭式棉织用模压竹梭

21.1.4 主要生产方法简介

纤维、刨花模压制品技术自20世纪40年代以来不断发展，产品品种繁多，生产方法各异，其中最具代表性、在工业化生产中应用较广或具有广阔应用前景的生产工艺方法见表 21-8。

21.2 刨花及纤维模压制品的生产工艺

模压制品的生产工艺流程大致可分为刨花及纤维制

表 21-6 竹梭梭身材料的物理力学性能

项目指标	气干密度 (g/cm³)	线干缩系数(%)	体积干缩系数(%)	顺纹抗压强度(MPa)	静曲 静曲强度 (MPa)	静曲 弹性模量 (100MPa)	横纹 抗拉强度 (MPa)	横纹 抗压强度 (局部)(MPa)	冲击韧性 (MPa)	硬度 (MPa)	抗劈力 (N/cm)
平均值	1.165	0.148	0.569	87.8	80.9	102	21.8	78.6	5.26	210.3	705.6
次数	20	20	20	20	20	20	20	20	20	20	20
统计指标 ±σ	0.070	0.029	0.122	43.536	91.823	9.059	22.866	39.9969	0.062	88.896	10.077
±m	0.016	0.006	0.027	9.735	20.532	2.026	51.13	89.37	0.014	1.9872	22.53
$V\%$	6.008	19.595	21.441	4.959	11.350	8.881	10.489	5.085	11.546	4.226	14.035
ρ %	1.35	4.05	4.80	1.11	2.54	1.99	2.35	1.14	2.58	0.95	3.14
条件	按 GB － 1972-1943-80 的要求准备成型模压竹丝胶压木板的试样										
方法	在 Amsier4t 万能试验机上测定，采用变数统计方法计算结果										

表 21-7 模压鞋楦的性能

型号	一次握圆钉力 (6号圆钉) kN	一次握螺钉力 (4 × 40) kN		吸水性（%）						湿胀性（%）		
				6h	12h	24h	30h	36h	48h	长	宽	高
模压鞋楦 (1号配方)	0.228	3.17	左脚	13.20	21.51	25.09	26.42	26.98	28.30	0.73	1.30	4.26
			右脚	9.21	15.16	17.33	18.59	19.13	20.40	0.64	1.26	4.67
模压鞋楦 (2号配方)	0.200	2.80	左脚	9.40	9.76	10.31	10.31	10.31	10.31	0.14	1.22	0.38
			右脚	12.00	13.33	13.52	13.52	13.52	13.52	0.14	1.35	0.30
栲木鞋楦	0.113	3.23	左脚	5.51	8.82	11.76	13.24	15.81	17.65	0.15	2.91	1.72
			右脚	5.86	9.66	12.76	14.14	16.70	18.97	0.13	2.75	1.05

备、干燥、施胶、铺模、热压和定型修饰等工序，其工艺流程如图 21-6。

21.2.1 原料

21.2.1.1 基本原料（植物原料）

1. 类型

(1) 木材：小径木、木材加工剩余物（如制材加工废料：板皮、边条、截头等；胶合板生产废料：木芯、碎单板、胶合板板边等；细木工板生产废料：截头、边角料等）、采伐剩余物（如枝桠、造材截头等）。

(2) 竹材：残次毛竹、采伐和加工剩余物。

(3) 农作物秸秆原料：秆类（如棉秆、麦秆、亚麻秆等）、废渣类（如甘蔗渣）。

2. 对木质原料的要求

(1) 树种：通常，适用于普通平压刨花板和纤维板的树种都适用于模压制品，以中等密度(300～500kg/m³)的针叶材和阔叶材为佳，如松木、花旗松、桦木、冷杉、杨木、枫树、

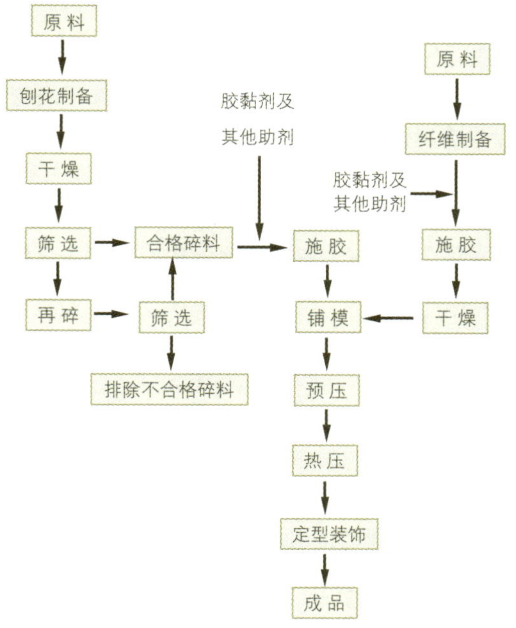

图 21-6 模压制品制造工艺

表 21-8 各种广泛应用的生产工艺方法

名　称	发明人	适用范围	特　点
Werzalit 法（平面加压法）	1956 年由德国 J. F. WerzJrKG 公司发明	适用于各种模压制品，是目前最重要的工业化生产各种刨花模压制品的方法	该法的生产工艺流程与普通平压法刨花板基本相同，所不同的是热压在模具中进行。该技术的难点在于模压时有较多的挥发物和气体产生，且不像普通人造板生产那样在热压时较易于从外露的板边逸出。用该法生产的刨花模压制品的密度稍高于普通刨花板，一般为 0.7～0.9g/cm³。根据产品最终用途的要求胶黏剂可采用脲醛树脂、脲醛-三聚氰胺树脂或酚醛树脂及异氰酸酯树脂，施胶多采用间歇式拌胶机。刨花规格大小、施胶量高低均视产品种类、制品表面质量及所需强度等而定。施胶刨花的生活率在环境温度 21℃条件下最高可达 50～60h
Thermodyn 法（密封式加热模压法）	1948 年由 Runkel 和 Jost 发明	用于生产以刨花为原料的板状家具、建筑用部件	胶黏剂用量小，一般用 5% 的酚醛树脂，也可有不使用胶黏剂。将含水率为 10%～17% 的施胶或不施胶刨花置于预压模中以 18MPa 的压力冷压，再与浸渍装饰纸组坯置于可加热和冷却的气密模中，在温度 160～290℃、压力 17.2～31MPa 条件下热压，使木质纤维素原料中的木素等组份活化，产生自结合力，制得高密度、高强度的产品
Collipress 法（箱体模压法）		用于生产包装箱	所用刨花规格为长 10.2～12.7mm、宽 2～4mm、厚 0.2～0.4mm。一般施用 5%～15% 的脲醛或酚醛树脂。坯料的含水率必须控制在 8%～18% 范围内，施胶刨花先在预压模中预压，然后再移到热压模中热压。所用热压机由几个方向加压的模具组成，具有一个垂直和几个水平油缸。热压压力为 4.8～10.3MPa，热压温度 160～204℃，加压时间 1～2min。用此法压制家具时，可将压得的模压制品毛坯与饰面用单板等材料组坯，再置于相同的热压模中模压，或用软垫式橡胶袋压机加压，完成贴面作业。此类模压制品亦可采用喷涂或浸渍等方法装饰
Haatajz 法	1980 年由美国 Haatajz 开发	以大片刨花为主要原料制造运输用托盘	该法将木质原料加工成 50～75 × 25.4 × 0.7(mm)的大刨花，经筛选除去树皮，施以 1%～2% 的石蜡和一定量的胶黏剂。根据产品的用途不同，可施用 8%～10% 的脲醛树脂、4%～7% 的酚醛树脂或 3%～5% 的聚异氰酸酯树脂，热压时间视产品密度、厚度及所用胶黏剂种类而定
Pres-Tock 法	由美国 Weyerhaeuser 公司开发	以施胶纤维为原料生产模压纤维门板	该法将预制的具有一定初强度的施胶板坯截成一定规格，经喷蒸软化处理后置于热压模中热压成型门板。喷蒸处理蒸汽压力应不低于 0.41MPa，处理时间 15s，热压温度 175～205℃，压力 1.72～4.14MPa。模具加热方法视成品厚度不同而异
Bison 法	Bison 公司新开发的技术	干法纤维板加工成模压门板	将厚度 5mm，密度为 0.65～0.68g/cm³ 的干法纤维板的一面经喷蒸处理后，在 180℃、8MPa 条件下模压成厚度为 3mm，密度为 1.08～1.13g/cm³ 的纤维模压门板

橡胶木和桉树等，可单独或混合使用。软质木材与硬质木材相比，模压时热固化时间长，制品强度和表面密度大，但防水性能和表面硬度差。对不饰面的制品，宜选用浅色木材。包装托盘常选用杨木。含天然树脂较多的木材一般不适用于模压制品。

(2) 树种的pH要合适，即需与胶种相适应。如栎木和相似的酸性树种会延缓酚醛树脂的缩合速度，使胶合强度下降。

(3) 含水率：以30～50%为宜。

21.2.1.2 胶黏剂

室内用制品常用脲醛树脂，室内潮湿处使用的制品可添加部分三聚氰胺树脂（3∶1～2∶1）。室外用制品常用酚醛树脂，也可用脲醛树脂加异氰酸酯（2.5∶1）或三聚氰胺树脂。模压制品常用树脂技术指标见表21-9所列。

21.2.2 刨花与纤维制备

21.2.2.1 工艺要求

(1) 小径木、枝桠或木材加工剩余物应清除尘土；

(2) 严格控制树皮含量，不得超过5%；

(3) 刨花形态尺寸：部分建筑构件和家具以薄平刨花为佳，长度为5～25 mm，有些要求为12～20 mm，某些托盘类则为30～150 mm。其他大多采用杆状刨花，规格为6～40目，刨花厚度以0.3～0.5mm为佳，木屑含量小于0.4%。形状复杂和薄壁制品宜用较小尺寸（20～60目）刨花。大型简单制品可采用粗刨花。不饰面的包装类产品可用较大尺寸刨花；

(4) 纤维形态：纤维浮雕制品要求纤维滤水度控制在16～20s内。

21.2.2.2 制备方法及设备

模压制品的刨花与纤维制备方法与设备类似于普通刨花板与纤维板。

(1) 刨花制备方法：削片——刨片（以加工剩余物及采伐剩余物为原料）；刨片——再碎（以小径木为原料）。

(2) 刨花制备设备：削片机（包括盘式削片机和鼓式削片机）；刨片机（包括盘式刨片机、鼓式刨片机和双鼓轮刨片机）；再碎设备（锤式打磨机、齿磨机和筛盘式打磨机）。

(3) 纤维制备方法：削片——纤维分离。

(4) 纤维制备设备：盘式削片机适用于小径木；鼓式削片机适用于加工剩余物；纤维分离采用热磨机。

21.2.3 干燥

21.2.3.1 工艺要求

(1) 干燥后含水率控制在2%～4%范围内；

(2) 干燥要求均匀，否则会引起制品分层、鼓泡和翘曲。

21.2.3.2 干燥设备

干燥设备为普通刨花板及纤维板通用设备。

21.2.4 施胶

21.2.4.1 工艺要求

(1) 施胶量：一般为10%～15%，低于10%时，各项物理力学指标将大幅度下降，超过15%时，不能同比例地提高制品的物理力学性能，为获得预压毛坯必要的强度，避免复杂制品内部产生空洞，加强边缘密实度，提高表面密度、硬度、光泽和抗磨性能，往往用较大的施胶量。此外，根据制品要求可适当加入防水剂、防腐剂、防火剂。

(2) 施胶后含水率：施加脲醛树脂后的含水率控制在6%～12%，施加酚醛树脂后的含水率控制在4%～6%。热压时，刨花中的水分促进物料流动和可塑性。含水率小于4%，物料塑性和流动性差，降低制品强度。含水率高，合模速度快，制品弯曲强度和表面硬度相应提高，吸水率降低，但高含水率在卸压时易引起鼓泡和分层。

21.2.4.2 施胶设备

由于铺模、预压和热压都是间歇式生产，故模压生产线多选用周期式拌胶机。常用型号BS11型拌胶机，其结构和性能见图21-7和表21-10。

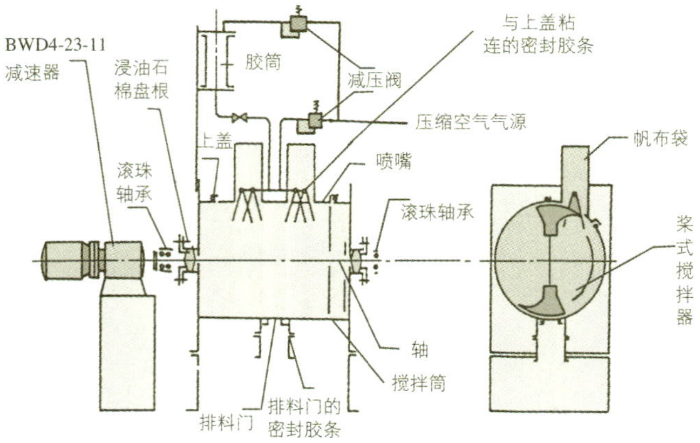

图21-7 BS11型周期式拌胶机结构示意图

表21-9 模压刨花制品适用树脂的技术指标

名　称	黏度 Pa·s × 10^{-1}(20°C)	固体含量(%)	密　度(g/cm^3)	pH 值	游离醛(%)	储存期(月)(20°C)	适用期 (h)(20°C加固化剂)
脲醛树脂	950～1000	65 ± 1	1.29	7.5～8	<1.5	1～2	2～6
三聚氰胺树脂	55～100	54 ± 1	1.23～1.24	9.0 ± 0.1	<1	1～1.5	
酚醛树脂	1000～2000	45～50			<2.5	1	

表 21-10 BS11 型拌胶机主要技术性能

指标名称	单 位	性 能
搅拌筒容积	m^3	0.62
搅拌轴转速	r/min	64
电动机功率	kW	11
中心高	mm	1150
胶筒容积	l	14
压缩空气气源压力	MPa	1.2
减压阀压力（到胶筒）	MPa	0.05～0.06
减压阀压力（至喷嘴）	MPa	0.6～0.8
外形尺寸（长×宽×高）	mm	2750 × 900 × 2845
总重量	t	～1.5

胶筒下部管道与喷嘴连接，压缩空气由另一通路同时通往喷嘴。由于压缩空气的作用，胶液成雾状喷入机内。压缩空气经另一管路、减压阀进入胶筒顶部以加快胶液流速。调节进入胶筒和喷嘴的压缩空气压力，可以得到满意的雾化及较高的生产效率。喷嘴数为2～8个。

操作时必须注意：上盖、排料盖和轴承等处密封，防止泄漏。搅拌过程中严禁打开上盖，必须保证安全锁紧，电路正常工作。每班或长期停机时，需用热水清洗胶筒、管道、喷嘴、搅拌筒和搅拌轴等部件。

21.2.5 铺模

21.2.5.1 工艺要求

(1) 拌胶刨花不结团，无胶块；

(2) 毛坯厚度可随产品形状而异，大多数制品要求毛坯各处密度相同、均匀。个别产品要求局部高密度；

(3) 有些制品不分层铺装，也有要求表层和芯层分层铺装，如家具部件表层应用细刨花铺装；

(4) 直接铺进热压模时要求速度快，防止胶料预固化。对于形状复杂的制品，要求铺装的同时预密实；

(5) 边缘及转角部分必须密实；

(6) 大规格刨花要求水平铺于模内。

21.2.5.2 铺模方法

铺模大多为间歇铺装，单件计量。一般多铺于预压模内，预压成型，有些不进行一次饰面的制品，也可直接铺于热压模中。大多采用机械铺装，也有一些产品采用手工铺装。常用的铺模方法有以下几种：

(1) 计量式手工铺装：多用自动秤计量和熟练工人手工铺装。对小型制品，也有用计量斗计量的。手工铺装的缺点是不均匀，效率低。

(2) 振动铺装：结构简单，适应性强。有单层振动筛和双层振动筛。多数为水平振动，也有垂直振动和阶段性的水平和垂直振动。振动频率从数十次到千次以上，振幅在3mm以下。它既可作独立机构，也可作为模具的一部分。振动铺装计量准确、铺装均匀、效率高。可按产品要求，铺装不同层厚的表层细料、芯层粗料的渐变结构，还可铺曲折的或带弧形的上表面。此外，还起初步密实的作用。

(3) 机械铺装：与刨花板铺装机相似，适用于截面变化不大的长条形产品。

(4) 气流铺装：适用于形状复杂的产品，特别是二维、三维薄壁制品。铺装均匀，细料集中于板坯表面，制品表面致密，铺装速度快。

21.2.6 预压

21.2.6.1 工艺要求

(1) 预压后的毛板坯必须具备一定强度，在脱模、运输和热压装模等操作中不会散开。

(2) 要掌握毛坯的回弹，处理好预压毛坯和热压模腔的相关尺寸关系。一般回弹率在10%～25%，与压力、物料形态、含水率、施胶量、树种有关。物料形态好、规格大、含水率低、施胶量小、木材密度小等，回弹率大，反之则回弹率较小。

(3) 预压压力一般为3～5MPa，随制品密度、树种、刨花形态和施胶量而异。

21.2.6.2 设备

模压用预压机应有下述功能：

(1) 上压式，下部有固定工作台，单层。安装后台面距地面500～600mm。

(2) 框架或立柱结构，横向进料，宽边为工作面。

(3) 根据产品用模具的最大开启和闭合高度选定压机活动栋梁的最大行程及其与工作台的距离。

(4) 根据模具的长宽尺寸选择压机工作台尺寸。对于小规格产品，如使用大幅面压机，可平行布置数个产品模具。

(5) 预压机的总压力应大于产品水平投影面积与所需最大预压压力（一般为4MPa）的乘积，并可随产品垂直剖面变化和边缘形状影响而予以增大。模具有厚度控制，压力大小只影响加压速度。

表 21-11 常用模压制品预压机主要技术性能

项 目	型 号		
	BY815 × 7/6 (B405)	BY814 × 6/3 (B401)	BY814 × 4/3 (B413)
公称压力 (kN)	6000	3000	3000
压板尺寸 (mm)	2200 × 1600	2000 × 1400	1400 × 1400
柱塞直径及数量(mm)	ϕ 400 × 2	ϕ 280 × 2	ϕ 280 × 2
层间距 (mm)	1500	1230	1230
压机闭合速度 (mm/s)	10～100	10～100	10～100
压机加压速度(mm/s)	4	8	8
重量 (t)	25	16	14

(6) 活动横梁运行速度影响预压周期，但闭合速度过高会引起刨花外溢和易损坏模具。因此要求活动横梁应有空程及闭合两个下行速度。

21.2.7 热压

21.2.7.1 工艺要求

有饰面的模压制品的热压过程包括闭合、升压、保压、排汽、模具张开，然后铺装饰纸、再次闭合升压、保压和降压、模具张开两次热压操作；无饰面模压制品的热压过程则只有一次热压操作。常用热压工艺条件如下：

(1) 热压温度 一般为140～190℃，主要取决于胶种和树种。对于一次饰面工艺，热压时还考虑浸胶装饰纸的特点。热压温度高，可缩短热压周期，但水蒸气往往来不及逸出，易引起鼓泡，此外，浸胶装饰纸中的树脂未充分流动即已固化，而导致板面白花、斑点、边缘湿花、龟裂、退光等缺陷；热压温度低，热压周期长，易引起胶黏剂固化不完全，制品强度和耐水性能下降，粘模严重，脱模困难。加热温度均匀是保证制品质量的重要条件，一般要求温度差不超过5℃。

(2) 热压压力为3.0～6.0MPa。热压模具一般采用定位闭合，压力不影响产品的密度，只影响模具闭合时间。闭模时间过短，在毛坯芯层未充分加热和压实前，表层可能已形成预固化层。闭合速度越快，预固化层越薄，密度越大，薄而密实光亮的表层能提高制品的静曲强度，但由于水分不易逸出，热压时间延长，制品胶合强度和耐水性能都会降低。此外，加压速度对浸胶装饰纸有影响，闭合速度过快，装饰纸易撕裂，局部脱胶，但闭合速度过慢，容易造成树脂流动不均，表面产生麻点和裂纹。三聚氰胺浸渍纸要求压力为2.0～3.0MPa。加压要求均匀。卸压要求均匀缓慢。

(3) 热压时间为8～20s/mm，取决于板坯及装饰纸的胶黏剂固化时间。热压时间过长，制品脆性增大，静曲强度和弹性模量都将下降。

21.2.7.2 设备

与预压机配套，结构和尺寸与预压机相似。设计或选用时，应考虑下述要求：

(1) 热压机一般为三层，根据预压时间和热压时间差异，确定热压机和预压机台数。

(2) 热压板内与各热压板间的温度差小于5℃。

(3) 热压时所需最大压力为6MPa，根据产品投影总面积和最大压力乘积计算总压力，并适当增大。

(4) 活动横梁的最大行程及其与工作台的距离应满足热压模开启和闭合的要求。应有快慢两种下行速度。

(5) 升压应迅速，卸压应缓慢，且可调并能分段卸压。

常用压机型号及性能见表21-12。

21.2.8 制品表面装饰

饰面多采用三聚氰胺浸渍的装饰纸，工艺与普通人造板相似。木材含天然树脂较多时应加垫纸。背面可用三聚氰胺及脲醛混合液浸渍的背面纸，也可用酚醛树脂浸渍的背面纸。

饰面也可用单板、塑料薄膜、纺织品等一次或两次贴面。二次贴面可利用原模进行，贴面前应对制品进行砂光、涂胶等处理。

饰面还可采用喷涂各种彩色油漆、或用树脂浸渍等方法。

常用浸渍树脂的技术指标见表21-13。胶膜纸的技术指标见表21-14。

胶膜纸的树脂含量必须保持在一定的范围内，才能在热压后和基材有效地粘接，并具有必要的流动性使制品表面形成均匀的封闭膜，一般控制在90%左右。增大浸渍树脂含量，会提高成品的物理力学性能，降低吸水率，提高表面耐磨性能和光泽度，但超过某临界值，胶膜纸抗弯、抗拉强度反而降低。

挥发物含量对制品性能尤其是表面质量影响很大。挥发物含量太大，胶膜纸发粘，制品表面易产生湿花，光泽度降

表21-12 模压制品适用压机主要技术性能

项 目	型 号		
	BY225 × 7/6 (B407)	BY224 × 6/3 (B402)	BY224 × 4/3 (B412)
公称压力 (kN)	6000	3000	3000
压板尺寸 (mm)	2200 × 1600	1000 × 1400	1400 × 1400
柱塞直径及数量(mm)	ϕ 400 × 2	ϕ 280 × 2	ϕ 280 × 2
层间距 (mm)	410	410	410
压机闭合速度 (mm/s)	10～100	10～100	70～100
压机加压速度 (mm/s)	6	8	8
层 数	3	3	3
重量 (t)	33	20.6	18
加热介质	蒸汽、热油	蒸汽、热油	蒸汽、热油

表21-13 常用浸渍树脂的技术指标

名 称	黏 度 Pa·s × 10^{-1}(20℃)	固体含量(%)	密 度(g/cm^3)	pH值	游离醛（酚）	储存期 d(20℃)
三聚氰胺树脂	<50	54 ± 1	1.23～1.24	9.7 ± 0.1	–	30～45
改性三聚氰胺树脂	30～40	40 ± 1	1.05～1.10	8.5～8.7	–	6
改性三聚氰胺树脂	50	45～46	1.14～1.16		<0.8	10
改性酚醛树脂	50～80	50	1.1		<6.0	30～90

表 21-14 胶膜纸的技术指标

装饰纸种类	原纸类型	原纸重(g/m^2)	浸胶量(%)	挥发物含量(%)	浸渍纸总重(g/m^2)
装饰纸	纤维素纸彩色印刷木纹、大理石纹理等，或单色，适用于浸渍、热压、浸胶时印刷废料不流失	80	150 (无表层纸)	6～8	200
			80～100 (有表层纸)	4～6.5	145～160
表层纸(用于高耐磨件)	纤维素纸，漂白，灰份为零	20	300	6～8	80
底层纸	再生纤维素纸，浅棕色或白色	80 或 150	80～100	5～7	150～180 270～300
垫纸(用于含天然树脂较多的木材原料)	绉纹纤维素纸	55 或 40	55～65 75	3～5	85～90 70
背面纸	再生纤维素纸，浅棕或深棕色，或碱性牛皮纸	150 或 80	75～120 75～100	5～7	260～330 140～160

低，抗拉及静曲强度也有所下降。挥发物含量过低，胶膜纸发脆，热压时流动性差，制品易分层，表面产生白花。外形多曲折的模压制品，要求胶膜纸柔软，通常要添加改性剂以获得所要求的工艺性能。

21.3 模具

21.3.1 对模具设计的要求

21.3.1.1 模具设计应考虑因素

(1) 压缩率：指松散的拌胶物料与模压制成品的体积比，是衡量物料松散程度的参数，与原料树种、刨花形状和尺寸有关，是决定模具设计中模具加料室容积、凸模尺寸、压机开档和行程等参数的主要依据。一般在3.5～6范围内。木材密度低的、细薄物料的压缩率大。

(2) 物料的流动性：指拌胶物料在模具中受压后，物料充满模具型腔的能力，通常以垂直加压条件下，物料在水平方向产生的压力来计算。与施胶量、物料形态、树种等有关。施胶量越大，物料的流动性越好，但须考虑生产成本，适当控制施胶量。就刨花形态而言，颗粒状的刨花流动性最好，针状次之，片状最差，但从制品的静曲强度和尺寸稳定性等分析，其优劣次序恰好相反。材质坚硬的原料，其物料的流动性较材质松软者好。

(3) 预压回弹：预压后，预压模中的毛坯在垂直方向与水平方向均存在回弹。在垂直方向上，由于模具开启，压力消除，表现为板坯厚度的回弹。在水平方向的回弹表现为板坯对模具侧壁仍有一定压力。回弹率是设计预压和热压模具时必须考虑的重要因素。回弹率 [模具完全闭合时板坯的厚度H与模具开启后一定时间内（尺寸稳定后）板坯厚度h之差与h的比值] 一般在10%～15%之间，与树种、物料尺寸、施胶量和毛坯密度等有关。形态好、规格大、含水率及施胶量低、木材密度小的物料，回弹率较大。

(4) 收缩率：树脂受热固化后使毛坯产生收缩，且在脱模之前就会产生。它不仅与树种、物料尺寸及树脂种类有关，而且受热压条件的影响。毛坯收缩对贴面不利，它使贴面无法压实，需要在热压模具中采取补偿措施。

(5) 水分和挥发物含量：拌胶物料的含水率控制在6%～12%，成品的含水率为4%～6%，如何使水分及时排出是设计模具时必须考虑的问题。

(6) 拌胶后的物料呈酸性，对模具有腐蚀作用，且有轻微粘附现象，因而要选用合适的模具材料。

(7) 饰面材料常采用改性三聚氰胺浸渍纸，要求模具表面光洁。

(8) 模具寿命要求压制50万件以上。

21.3.1.2 对预压模设计的要求

(1) 预压成形状接近成品的毛坯，考虑到回弹的影响，长宽方向的尺寸要略小于成品。一般用冷压，个别采用预热加压。

(2) 要有足够的铺装空间，便于人工或机械进行一次或多次铺装。

(3) 料仓容积要适应刨花松散的特点，一般采用定量加料，模具为不溢料结构。

(4) 为了适应刨花比容率大、流动差的特点和保证毛坯密度均匀，一般都设置弹性活动件，在压制过程中可逐步补偿毛坯厚度方向的不相等的压制行程，保持毛坯上表面为水平铺装面。

(5) 水平加压的模具结构复杂、成本高，应尽量少用，多采用上压式垂直加压的模具。

(6) 要有适宜的留模、脱模装置和适当的脱模斜度及型腔表面光洁度。

21.3.1.3 对热压模设计的要求

热压模多采用溢料结构，典型热压模具都有凹模、凸模、导向、加热、排气、留料脱模等装置，设计应注意以下问题：

(1) 由于毛坯从预压模中取出后会产生回弹，必须根据回弹率决定热压模的型腔细部结构及尺寸。

(2) 要有合适的分型面，在同时完成贴面装饰时，分型面即为面层和背面装饰层的接缝，应保持边缘充满、接缝密实。分型面应避免采用曲面或弯曲面，一般多为水平面。

(3) 为保证合模精度，要设置导向装置。

(4) 为保证加热均匀，应尽量少用活动的、结构复杂的模具。

(5) 一般不设置专用脱模装置，但应有适宜的脱模斜度。

(6) 模具表面光洁度要满足饰面工艺要求。

(7) 要有排汽装置。

21.3.2 模具结构

一个压模主要由如下部分组成：上模部分、下模部分、导向部分、顶出部分、加热部分等。通用压模结构如图 21-8 所示。

21.3.2.1 平面件

这类制品种类最多，产量最大，如家具类的各种方形或圆形台面、凳面、椅座靠背，建筑类的内部和外部墙板，窗台等。其特征是基本为平面，截面厚度变化小，边缘为曲线斜边，圆弧平滑过渡。

最简单的平面件压模和通用压模相似，由凹模（型腔）和凸模（压块）组成。多采用封闭型腔，型腔上部为加料室，它是型腔的延续，同时也成为凸模的导向套。

这种简单模具的主要缺点是：

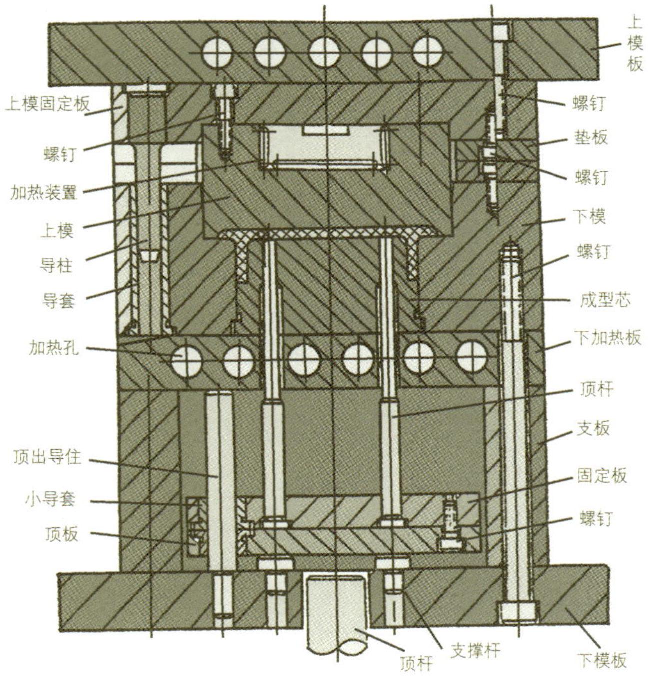

图 21-8 通用压模结构

(1) 截面厚度有变化的制品难以保持密度均匀；厚度变化较大时各部分的松散物料堆积高度相差太大，无法实现正确铺装。

(2) 固定的高加料室增加了料室和凸模的高度，也增大了摩擦面，因而脱模困难，极易造成毛坯破损和料室内壁划伤和磨损，降低了模具使用寿命；增加了压机的开档和行程。料仓容积不能变化。

为了保证毛坯密度均匀，发展了一种带弹性活动件的压模，弹性件可为弹簧、液压蓄能器、油缸、气缸等，在压制过程中逐步补偿毛坯厚度方向和不相等的压制行程，保证了毛坯上表面的水平铺装面。

自动升降加料室不但克服了固定加料室的全部缺点，而且可以不另设置专用脱模机构，这类模具实际上已彻底改变了传统凹凸模的结构形式。

21.3.2.2 槽形件

槽形长条构件是典型的模压建筑构件，它是具有两翼和腹板的薄壁构件，两翼和腹板基本垂直，或有大于90° 的夹角。当两翼与腹板间夹角足够大，即发散角超过某值时，模压比较容易，但小于该临界值时便要采用特殊结构的模具。

阶梯摩擦面模比较简单，即将凹模或凸模的相对表面之一做成呈折线的台阶面，在模具相对运动时，使两翼模料基本上静止在台阶面，台阶面包括两个面，一个面与模具相对移动方向平行或成一角度，另一个面相对于第一个面的夹角不超过90° 。利用这种模具压制的制品，其外形和厚度有一定的局限性，对物料形态也有特殊要求。

还有两步成型模，第一次先成型部分形状，如棱角转折部分，第二次成型时在不改变已成型棱角的条件下，最终完成毛坯。这种压模对长条构件的长度有一定限制，操作不便。

也可采用组合凸模。凸模分为两件。先向凹模铺装腹板部分的原料，放进凸模组件之一，再铺装两翼，压入凸模组件之二，最后对组件一二共同加压。

还有先压成平板毛坯，然后夹在两层挠性夹板中，在凹凸模中压成槽形件的工艺。

两翼和腹板垂直的制件，模具比较复杂，一般称之为两维模，模具具有侧向水平油缸，凹模带芯模，首先把物料铺装到芯模和凹模所规定的空间，成为两翼，再在模具上表面平铺一层刨花，成为腹板，在压机垂直加压时，水平油缸侧向同时加压。

21.3.2.3 箱体

典型产品为电视机壳和一面敞口内部带隔板的酒瓶箱。

电视机壳形状较复杂，它不仅是一个五面箱体，而且具有凹槽、孔口和不对称部分，比较简便经济的压制方法是首先在预压模内将拌胶刨花冷压出具有一定刚度的机壳各个平面组合件，各平面组件上的凹模、孔口等同时压出，然后在热压模内将上述各预压件按相对位置装配，加热加压，还可同时进行表面装饰。在热压模内，预压件的相邻接合部分，应尽量扩大联接面，可利用加强筋，接合榫等以增强连接处的牢固性。此外，还可在联接处喷涂一层附加胶黏剂。

酒瓶箱为具有五面箱板一面敞口的箱体，箱内有格状隔板。其压机不同于一般模压用的上压式单层压机，这种专用压机设置了两个同轴安装上下同时相向加压的油缸，凹模中有固定的主模芯和多根活动型芯，四周有四个水平侧缸，这类模具称为三维模，该模铺料采用专用的带比例分配阀的喂料装置。其派生模具可生产抽屉、方格天花板等多种产品。

21.3.2.4 托盘

托盘底部具有多个突心支腿，支腿侧壁陡削，要求壁厚均匀，一般模具和铺装方法较难压制出合格的托盘。可利用阶梯摩擦面模来压制，但支腿侧壁的厚度从上至下逐渐增加，支腿底部支撑平面厚度过大，增大了托盘质量和原料消耗。

振动铺装模是较好的托盘成型模具。其关键是具有一定水平振幅的振动筛，在进行振动铺装时同时产生一传递振动，使成型空间的物料初步密实。这类模具的填料和计量是自动进行的，铺料完毕，振动自动停止，立刻进行热压，成品在一次操作中完成。

气流成型模也可用于托盘的压制，物料被子气流吹进模具型腔内，首先填满最远区域。形状复杂的型腔可迅速均匀地填满。模具上表面装有筛板，载料气流经筛板排出型腔。改变气流参数可控制填料密度，经过初步密实的毛坯可用简易的方法进行热压。

参考文献

[1] 涂平涛. 模压木质碎料制品. 新型建筑材料，1993（11）

[2] 欧阳琳. 刨花模压技术. 木材加工机械，1994（1）

[3] 葛仁滋. 刨花模压制品及其开发. 木材工业，1987（1）

[4] 王恺主编. 木材工业实用大全・刨花板卷. 北京：中国林业出版社，1998

[5] 陈绪和. 纤维、刨花模压制品技术现状和展望. 世界林业研究，1992（3）

[6] 陈绪和. 木质纤维模压制品——一种有发展前景的高性能产品. 林产工业，1990（1）

[7] 葛仁滋. 刨花模压工艺. 木材工业，1987（3）

[8] 何煜章，徐兆文. 浮雕纤维板试验. 林产工业. 1992（3）

[9] 马金陵 编，塑料模具设计. 北京：中国轻工业出版社，1984

22 Straw-based Panel 农作物人造板

我国是一个农业大国，在收获和加工农作物时，会产生许多收割剩余物（如稻草、麦草、棉秆等）和加工剩余物（如稻壳、花生壳、甘蔗渣等）。其中大部分剩余物的纤维素含量接近于阔叶树材，少数接近于针叶树材。利用这些农作物剩余物作原料，完全可以生产人造板，使我国人造板工业中木质原料的用量减少，从而有效地缓解木材资源的供需矛盾。

22.1 农作物人造板的类型

22.1.1 农作物人造板的定义

农作物人造板主要是指用各类农作物的剩余物作原料，经过备料、刨花或纤维制造、干燥、施胶、铺装、预压、热压、裁边、砂光等加工工序而制成的刨花板或纤维板。目前，农作物人造板的产品绝大多数为刨花板。

22.1.2 农作物人造板的分类

22.1.2.1 按板材的密度分类

(1) 低密度农作物人造板：密度为250～400 kg/m³；

(2) 中密度农作物人造板：密度为400～800 kg/m³；

(3) 高密度农作物人造板：密度为800～1200 kg/m³；

其中密度为600～700kg/m³ 的板子应用较为广泛。

22.1.2.2 按原料的类型分类

按原料可分为：秸秆类农作物人造板、壳类农作物人造板、藤草类农作物人造板及渣屑类农作物人造板等。

22.1.2.3 按板的结构分类

1. 单层结构的农作物人造板

在此类板材的厚度方向上，刨花或纤维的形态及尺寸没有明显的变化。

2. 三层结构的农作物人造板

在此类板材的中层，刨花或纤维的形态及尺寸较大，表层刨花或纤维的形态及尺寸较小。

3. 渐变结构的农作物人造板

在此类板材的厚度方向上，刨花或纤维的形态及尺寸由表层向中层逐渐加大。

22.1.2.4 按加压方式分类

1. 平压法生产的农作物人造板

热压时压力垂直板子平面而压制成的农作物人造板。平压法又可分为间歇式和连续式。间歇式用单层压机或多层压机进行周期式加压；连续式平压法用履带式或钢带式连续热压机进行连续运动热压。

2. 挤压法生产的农作物人造板

以秆状农作物碎料为原料，由冲压设备将秆状碎料连续冲挤成板，若在挤压机中安放一系列金属棒后，则可以生产出空心农作物人造板。

3. 辊压法生产的农作物人造板

板坯成型后，随钢带前进，经过回转的热压辊垂直于板面加压而成的薄型农作物人造板。

22.1.3 农作物人造板的性能

22.1.3.1 农作物人造板的物理性能

1. 密度

农作物人造板的密度是指板材单位体积的质量，可以通过下式计算：

$$D = \frac{G}{V}$$

式中：D —— 板子密度，g / cm³

G——试件质量，g

V——试件体积，cm^3

由于在不同的含水率条件下，农作物人造板的体积会发生一定的变化，所以板子密度应标明在测定时的板子含水率。农作物人造板的密度主要取决于所选用的原料种类、施胶量、板的结构、热压压力、热压温度和时间等因素。密度的大小对板材的物理力学性能影响较大，在一定范围内，随着农作物人造板的密度增加，板材的静曲强度、弹性模量、内结合强度、握螺钉力都有不同程度的增加。

为了检验农作物人造板密度均匀性，常需要测量板子平面方向上的密度差，其计算公式如下：

$$\Delta D = [D_{Max}（或 D_{Min}）- D] \times 100 / D$$

式中：ΔD——同一张板的密度偏差，%

D_{Max}、D_{Min}——最大或最小密度，g/cm^3

D——平均密度，g/cm^3

农作物人造板平面方向密度差的大小主要取决于铺装的均匀性，这种密度差会降低板子强度，同时也影响其他性能。

除了板面方向之外，在农作物人造板的厚度上也存在着密度差，这种密度差可以用密度梯度曲线表示（见图22-1）。

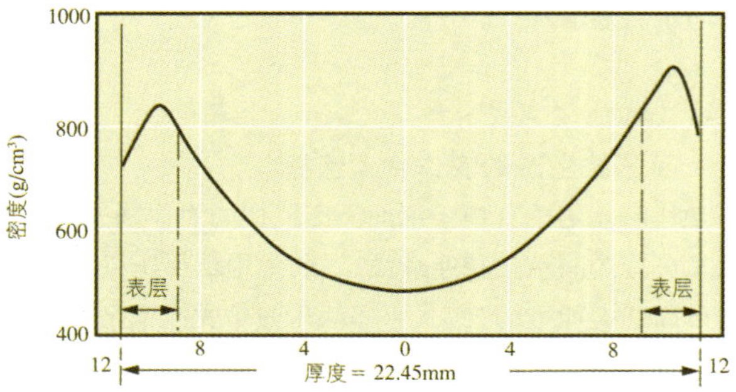

图22-1 密度梯度曲线

影响密度梯度的主要因素有热压温度、装卸板时间、压机闭合速度、板坯含水率及其分布、板子厚度等因素。农作物人造板的密度梯度可以用专门的仪器测量，也可以通过分层称重法来检测。前一种方法精确，但一般厂家无此类仪器。后一种方法存在误差，但简单易行，测量时只要将试件沿厚度方向分成若干层，先测出最初的质量和体积，然后每刨去或砂磨一层后称重，并测量剩余的体积，通过计算相隔两次的质量差和体积差，即可求出每层的密度。

2. 含水率

农作物人造板的含水率是指板材内水分的含量，通常用绝对含水率表示，可以通过下式计算：

$$W = (G - G_0) \times 100 / G_0$$

式中：W——板子含水率，%

G——试件湿重，g

G_0——试件干重，g

板子含水率主要取决于所选用的原料含水率、干燥工艺及设备、施胶量、热压温度和时间等因素。通常，农作物人造板的含水率需控制在4%～9%之间，在此范围内，含水率变化对板材性能影响不大。

3. 吸水厚度膨胀率

农作物人造板与木材相同，当它浸入水中，其形状尺寸会有所变化。农作物人造板的吸水厚度膨胀率可以按下式计算：

$$T_S = (h_2 - h_1) \times 100 / h_1$$

式中：T_S——吸水厚度膨胀率，%

h_1——浸水前试件厚度，mm

h_2——浸水后试件厚度，mm

在测试时，水温及浸水时间根据参照标准决定。从以上公式可知，农作物人造板的吸水厚度膨胀率是衡量其耐水性能的一个指标，反映了板材的尺寸稳定性。它主要取决于原料种类、胶黏剂种类、施胶量、防水剂类型及用量、热压工艺等因素。

4. 吸湿线膨胀率

农作物人造板与木材相同，随着大气湿度的变化，它的形状尺寸会有所变化。农作物人造板的吸湿线膨胀率可以按下式计算：

$$L = (L_2 - L_1) \times 100 / L_1$$

式中：L——吸湿线膨胀率，%

L_1——吸湿前试件长度，mm

L_2——吸湿后试件长度，mm

在测试时，相对湿度的选择需参照有关标准决定。从以上公式可知，农作物人造板的吸湿线膨胀率是衡量其耐湿性能的一个指标，反映了板材的尺寸稳定性。它主要取决于原料种类、胶黏剂种类、施胶量、防水剂类型及用量、热压工艺等因素。

5. 其他物理性能

低密度的农作物秸秆人造板是一种非常好的保温、隔热、隔音材料。其原因是这些秸秆原料具有较大的空腔，如果板材压制的密度较小，则大量的空腔得以保留，使此类板子的保温、隔热、隔音性能提高。而中密度和高密度农作物人造板的热学及声学性能，则与普通刨花板和中密度纤维板相似。农作物人造板也是一种电绝缘体，其绝缘程度取决于它的干湿程度。

22.1.3.2 农作物人造板的力学性能

1. 静曲强度

静曲强度是农作物人造板的一项重要力学性能。当板子承受载荷时，就会产生弯曲应力。要想保证农作物人造板的质量，就要求板子首先必须有足够的抗弯能力，否则在应用时，会产生弯曲变形，甚至破坏。静曲强度的测试装置见图22-2，其计算公式如下：

$$MOR = 3PL / 2BH^2$$

式中：MOR——静曲强度，MPa

P——试件破坏载荷，N

L——两支座之间跨距，mm

B——试件宽度，mm

H——试件厚度，mm

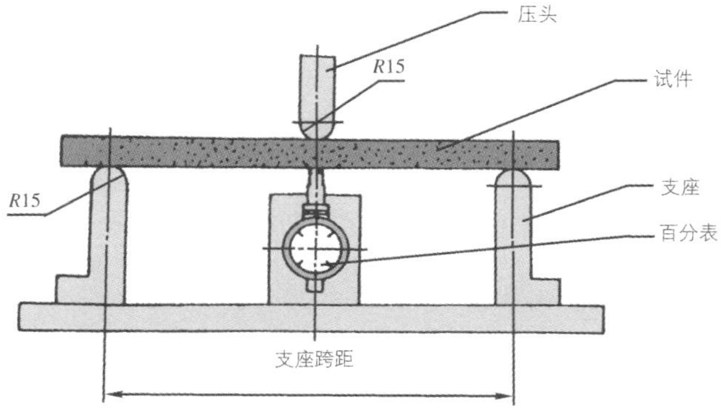

图 22-2 测试 MOR 和 MOE 的装置

农作物人造板的密度是影响静曲强度的主要因素之一。密度越大，静曲强度就越高。由于试件弯曲时，最大应力值是在试件的表层，所以在平均密度相同的条件下，密度梯度在一定范围内的增大，可以提高板子的静曲强度。

2. 弹性模量

农作物人造板的弹性模量是表示其刚性的性能指标，即在比例极限内应力与应变之间的关系。在不同的受力状态下，可以分别测量出农作物人造板的抗拉弹性模量、抗压弹性模量、抗剪弹性模量、抗扭弹性模量和抗弯弹性模量。由于人造板在应用中主要承受弯曲载荷，所以，一般人造板标准中规定测量的弹性模量是指抗弯弹性模量（测试装置见图22-2）。

其计算公式如下：

$$MOE = L^3 P_i / 4BH^3 Y_i$$

式中：MOE——弹性模量，MPa

L——两支座间距，mm

B——试件宽度，mm

H——试件厚度，mm

P_i——比例极限上的载荷，N

Y_i——相应P_i时的挠度值，mm

3. 平面抗拉强度

平面抗拉强度是检验农作物人造板内刨花或纤维之间胶

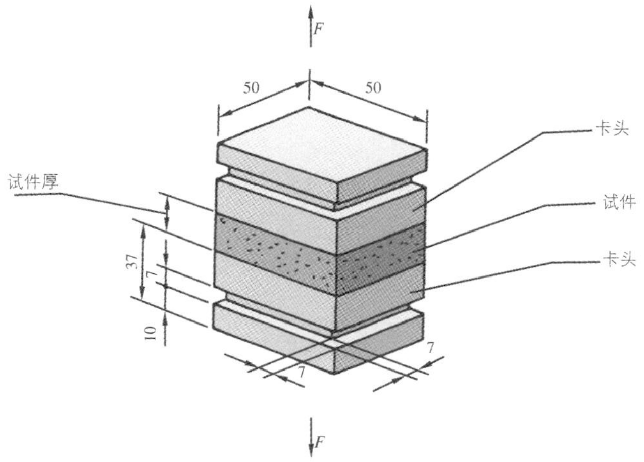

图 22-3 平面抗拉强度的测定装置

合能力的一个指标（测试装置见图22-3）。

其计算公式如下：

$$IB = P / a\,b$$

式中：IB——平面抗拉强度，MPa

P——试件破坏时的最大拉力，N

a——试件长度，mm

b——试件宽度，mm

农作物人造板的平面抗拉强度主要决定于刨花或纤维的形态、施胶量、热压工艺、板子密度等因素。

4. 表面结合强度

当农作物人造板进行表面装饰时，需要对其表层刨花或纤维之间的胶合强度有较高的要求，因此，常需要检测板子的表面结合强度，测试时的试件尺寸和卡具形式见图22-4及图22-5。

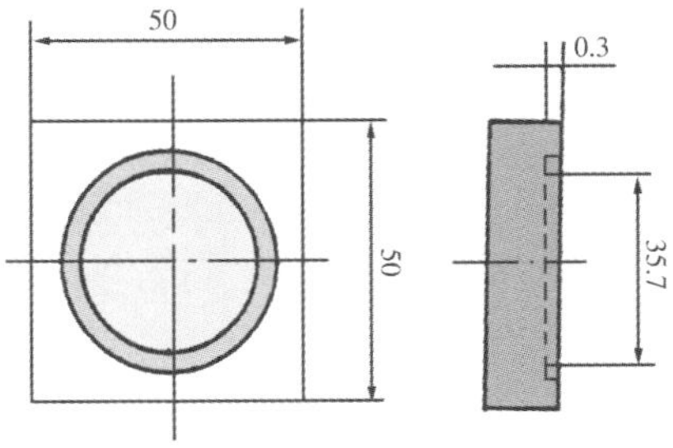

图 22-4 表层结合强度试件制作图

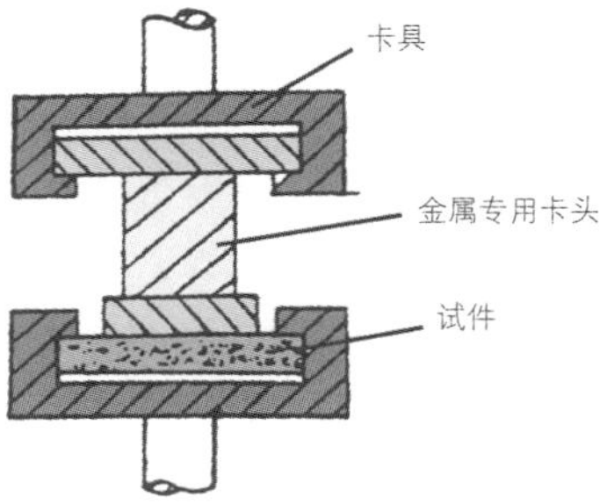

图 22-5 卡具夹持示意图

其计算公式如下：

$$B = P / A$$

式中：P——试件表层破坏时的最大载荷，N

A——试件与卡头粘结的面积，mm

农作物人造板的表面结合强度主要取决于板子表面密度、表层刨花施胶量、热压温度和时间。

5. **握钉力**

农作物人造板对钉和螺钉的握持能力可以用握钉力表示。测试板子握钉力包括垂直板面握钉力和平行板面握钉力两种。前者为钉子垂直钉入或螺钉垂直拧入板的表面内拔出的力，后者为钉子垂直钉入或螺钉垂直拧入板的侧面内拔出的力（单位为N）。

影响握钉力的因素很多，其中板的密度影响较明显，农作物人造板的密度越大，其握钉力也越大。此外，握钉力随钉的直径增加而降低，因为粗钉会使板子发生细微开裂。在一般情况下，垂直板面的握钉力大约是平行板面握钉力的1.0～1.5倍。其原因是当钉垂直板面钉人时，纤维或刨花被挤压而分开，这些被分开的纤维或刨花和钉之间可以产生较大的摩擦力，使握钉力增加。当钉平行于板面钉入时，钉与纤维或刨花相平行，不能产生很大的摩擦力，使握钉力降低。

22.1.3.3 农作物人造板的其他性能

1. **游离甲醛含量**

农作物人造板在生产过程中，常常使用异氰酸酯作为主要胶合材料，使此类板材仅含少量游离甲醛，完全可以达到国外E_1级的标准。如果用普通脲醛树脂生产农作物人造板，其游离甲醛含量与普通刨花板相似。

目前，国标中规定检验游离甲醛的方法是穿孔法，详见第36章。

2. **翘曲变形**

农作物人造板经常会出现翘曲变形的缺陷，其主要原因是板坯铺装时结构不对称，或不均匀，热压工艺掌握不当，热压后的板子含水率过低，并且堆放时没有能保持其平整。

通常，农作物人造板的翘曲变形要比木质人造板严重。主要是因为农作物原料的细胞结构与木材细胞有较大的区别。从细胞壁的壁层结构看，农作物原料的细胞壁内纤丝排列方向与细胞轴的夹角明显比木材大，并且排列的规则性也要比木材差得多，从而造成农作物原料本身的尺寸稳定性比木材差。其次，由于农作物原料密度较小、强度较低，需要在较大的压缩率下，才能保证板子一定的强度，这样势必会造成板子内应力较大，容易引起翘曲变形。

3. **外观**

农作物人造板的表面颜色主要取决于所用农作物原料及胶料的颜色。用脲醛树脂胶黏剂制造的农作物人造板，由于胶种本身色浅，因此板子基本保持了农作物原料的颜色。酚醛胶呈深褐色，因此制成的板子颜色也较深。异氰酸酯虽然颜色深，但用量少，并且是反应型的胶黏剂，所以用它制成的农作物人造板基本能保持原料的颜色。

由于农作物原料的耐热性能比木材差，所以，热压温度稍高，或热压时间稍长，很容易造成板面的颜色加深（即轻度炭化）。

农作物人造板的外观无木材纹理，使用时通常需要对其进行表面装饰。农作物人造板的表面装饰加工基本可以采用木质人造板的加工方法，即贴面法、涂饰法和机械加工法。

22.2 农作物人造板的原料

22.2.1 原料的类型及来源

22.2.1.1 原料的类型

1. **秸秆型**

大部分的农作物原料属于此种类型。其中包括稻草、麦草、芦苇、棉秆、玉米秆、高粱秆、麻秆、豆秸、葵花秆等。

2. **壳型**

此种类型的原料主要是一些加工剩余物。例如：稻壳、花生壳、核桃壳、椰子壳等。

3. **藤草型**

此种类型的原料主要是指葡萄藤、黄交藤、席草、龙须草等。

4. **渣屑型**

此种类型的原料也主要是一些加工剩余物。例如：甘蔗渣、甜菜渣、亚麻屑等。

22.2.1.2 原料的来源

农作物的剩余物主要包括两大类：一类是收割剩余物（例如麦草、稻草、棉秆等），另一类是加工剩余物（例如甘蔗渣、亚麻屑、花生壳等）。表22-1列出了我国主要农作物的剩余物年产量，此外，我国每年的稻草产量大约有1.5亿t，再加上其他一些农作物的剩余物，每年约有6亿t。除去部分用作燃料、饲料、肥料外，估计最少可取其10%用来生产人造板，每年可生产人造板约6000万m^3，按1m^3人造板可顶3m^3原木使用计算，该产量相当于1.8亿m^3原木。

22.2.1.3 原料的特点

1. **宏观构造**

农作物原料在宏观构造方面与木材有所区别。木材通常有较大的径级和长度，树干和树枝包裹有一层较厚的树皮。无论是在同一株树，还是在不同的树中，它们的材性都具有较大的变异性。此外，木材具有天然的花纹和色泽，但也有一些天然的缺陷（如节子、斜纹等）。

表 22-1 我国主要农作物剩余物年产量统计表（单位：$\times 10^4$t）

谷草比*		2001		2002		2003	
		产量	秸秆量	产量	秸秆量	产量	秸秆量
稻谷	0.623	17.758.0	11063.0	17454.0	10873.8	16065.0	10008.0
小麦	1.366	9387.6	12823.0	9029.0	12333.6	8648.8	11814.0
玉米	2.000	11409.0	22818.0	12131.0	24262.0	11583.0	23166.0
杂粮	1.000	1093.0	1093.0	1184.6	1184.6	1131.5	1132.0
豆类	1.500	2052.9	3079.0	2241.2	3361.8	2127.5	3191.0
薯类	0.500	3563.2	1782.0	3666.0	1833.0	3513.1	1757.0
油料	2.000	2865.0	5730.0	2897.2	5794.4	2811.0	5622.0
棉花	3.000	532.4	1597.0	491.6	1474.8	486.0	1458.0
麻类	1.700	68.1	115.8	96.4	164.0	85.3	145.0
糖料	0.1(叶)	8655.0	865.5	10293.0	1029.3	9642.0	96.4
合计			60967.0		62311.0		59257.0

注：* 谷草比采用的是中国农村能源行业协会数据（CAREI ,2000 ,p24）

相比之下，农作物原料一般外形较小，相对匀称，且多为中空结构，外表层有的较坚硬或分布一层蜡质。通常，同一种类的农作物原料性能变异性较小，但不同种类原料的差异性很大。

由此可见，木材和农作物原料由于宏观构造上的差异，决定了两者在加工、储存、运输等方面的不同。并且，农作物原料相互之间的差别也造成了加工工艺变化。例如，农作物原料一般不采用削片设备；稻草、甘蔗渣往往需要按一定规格打捆、打包装运，以减少体积；有些农作物原料还需去髓。另外，农作物原料储存场地要求面积大、地面平坦，注意通风、排水，以防原料腐烂、变质并且要注意留有防火通道。

2. 微观构造

从解剖结构看，农作物原料多为禾本科植物，如稻麦草、芦苇、棉秆等，其纤维细短，非纤维细胞较多。它们主要由维管束组织、薄壁组织、皮表组织等构成，少数品种含有纤维组织带。农作物原料的纤维细胞主要生长在维管束组织和纤维组织带中。对于不同的农作物原料来说，各自维管束的形状与排列方式也有所差别。

从超微结构看，木材与农作物原料之间既有差别也有联系。例如，两者的细胞壁均可分为胞间层、初生壁和次生壁，但农作物原料细胞的层次一般多于三层，且S_1较木材细胞S_1层厚。

3. 纤维形态

农作物原料种类很多，但其纤维形态特征往往大同小异。它们共同拥有的细胞种类有：

(1) 纤维细胞：除龙须草的纤维细胞特别长外，其他各类农作物原料的纤维均较细短，一般为 1.0～2.0mm 长，10～20 μm 宽。

(2) 薄壁细胞：此类细胞的胞壁薄，易变形或破碎，细胞形状和大小随农作物原料的种类而变化。一般分为杆状、长方形、正方形、椭圆形、球形等数种。

(3) 表皮细胞：农作物原料的表皮细胞多呈锯齿状，有的一面有齿，有的两面有齿，也有少数无锯齿。锯齿的齿峰、齿距、齿谷的形状大小随原料种类而变化。

(4) 导管细胞：与阔叶材相同，农作物原料的导管细胞是组成导管的基本单位。它们是两端开口的管状细胞，一般较阔叶材长，其底壁平直，管壁上带纹孔，有的类型还具有环形或螺纹加厚。

(5) 石细胞：在形态特征上，石细胞和薄壁细胞相类似，但前者壁厚、层次多，与碘氯化锌染色剂作用后呈蓝棕色。

为了便于比较，表 22-2 和表 22-3 列出了一些树种的木材、竹子以及农作物原料的纤维形态。表22-4 列出了两种木材、两种竹子以及一些农作物原料的细胞构成。从这些表中不难发现，许多农作物原料的细胞和纤维形态与阔叶材相似，完全可以作为人造板的原料。

表 22-2 不同纤维细胞壁和腔的测量

原料与部位		尺寸(μm)	平均	最大	最小	一般值	壁腔比
马尾松	早材	壁厚	3.8	7.0	2.0	3.0～5.0	0.23
		腔径	33.1	50.0	15.0	25.0～40.0	
	晚材	壁厚	8.7	12.0	6.0	7.0～10.0	1.05
		腔径	16.6	25.0	10.0	13.0～20.0	
落叶松	早材	壁厚	3.5	5.0	2.0	3.0～4.0	0.21
		腔径	33.6	52.0	15.0	28.0～40.0	
	晚材	壁厚	9.3	14.0	5.0	7.0～10.0	1.48
		腔径	12.6	25.0	6.0	8.0～25.0	
毛白杨		壁厚	4.9	–	–	–	0.81
		腔径	12.1	–	–	–	
意大利杨 -214		壁厚	4.0	–	–	–	0.53
		腔径	14.9	–	–	–	
甘蔗渣	节	壁厚	3.26	7.0	1.6	2.0～4.4	0.36
		腔径	17.9	32.0	4.0	10.0～26.0	
	节	壁厚	3.9	7.0	2.0	3.0～5.0	0.86
		腔径	9.1	16.0	3.0	4.0～12.0	
棉秆	皮	壁厚	5.8	8.0	3.0	4.0～7.0	2.70
		腔径	4.3	12.0	1.0	2.0～8.0	
	芯	壁厚	2.7	5.0	1.5	2.0～4.0	0.28
		腔径	18.9	42.0	4.0	8.0～30.0	
芦苇		壁厚	3.0	5.0	1.5	2.0～3.5	1.77
		腔径	3.4	12.0	1.0	1.5～6.0	
毛竹		壁厚	6.6	13.0	3.0	5.0～10.0	4.55
		腔径	2.9	7.0	1.0	2.0～4.0	

注：表中数据是由每一种原料横切片上的有代表性部位，测量纤维壁厚及腔径各 20 个的统计分析结果。壁腔比 = $\frac{2 \times 壁厚}{腔径} = \frac{2W}{d}$

表 22-3 不同纤维的长宽比

长宽尺寸		长度				宽度				长宽比
原料	部位	算术平均	最大	最小	一般	算术平均	最大	最小	一般	(倍)
马尾松	全部位	3.61	6.33	0.92	2.23～5.06	50.0	105.4	19.6	36.3～65.7	72
	分部位 杆部 上	4.05	6.11	1.79	2.80～5.30	54.7	100.5	26.5	36.3～72.5	74
	分部位 杆部 中	3.89	6.02	1.60	2.79～4.89	54.9	95.1	26.5	39.2～71.1	71
	分部位 杆部 下	2.74	5.19	1.29	1.86～3.61	46.6	92.2	26.6	33.3～60.8	59
	分部位 梢部	3.03	5.59	1.26	2.21～3.90	43.5	80.5	24.5	32.3～57.3	70
	分部位 早材	3.86	6.27	1.75	2.94～4.78	66.6	105.4	39.2	56.6～75.5	58
	分部位 晚材	3.94	5.98	1.38	2.74～5.06	37.0	60.8	19.6	31.4～42.1	103
	分部位 枝部	2.39	4.07	1.01	1.80～2.94	36.3	71.1	17.6	27.9～44.1	66
	分部位 节部	1.34	2.65	0.55	0.98～1.75	29.9	61.3	18.1	24.5～36.3	45
落叶松	全部位	3.41	5.16	1.60	2.28～4.32	44.4	98.0	21.1	29.4～63.7	77
意大利杨-214	全部位	0.88	–	–	–	23.5	–	–	–	37.5
白皮桦	全部位	1.21	1.58	0.61	1.01～1.47	18.7	27.0	10.8	14.7～22.0	65
	分部位 边材	1.21	1.69	0.52	1.09～1.44	17.9	27.0	10.8	14.7～21.0	68
	分部位 心材	1.03	1.56	0.46	0.77～1.27	18.0	25.5	10.8	14.7～22.1	57
甘蔗渣	全部位	1.73	4.97	0.42	1.01～2.34	22.5	78.4	6.8	16.7～30.4	77
	分部位 皮	2.26	4.97	0.72	1.31～3.13	23.8	44.1	9.8	17.6～31.9	95
	分部位 筋	1.47	3.40	0.55	0.94～2.13	20.7	41.7	6.8	14.7～2.74	71
	分部位 节	0.96	1.88	0.42	0.66～1.29	32.3	78.4	11.8	20.6～44.1	29
棉秆芯	全部位	0.83	2.15	0.29	0.63～0.98	27.7	60.8	11.8	21.6～34.3	30
	分部位 上	0.82	1.83	0.35	0.61～1.01	24.7	47.1	11.8	18.1～31.9	33
	分部位 中	0.83	1.92	0.37	0.61～1.00	29.6	55.4	14.7	22.5～36.4	28
	分部位 下	0.76	1.69	0.29	0.59～0.94	29.2	60.8	11.8	21.6～36.4	26
	分部位 枝	0.78	1.44	0.33	0.53～0.92	22.9	42.6	13.7	16.3～27.6	34
	分部位 节	0.74	1.66	0.37	0.57～0.92	27.0	44.1	11.8	19.6～34.3	27
芦苇	全部位	1.12	4.51	0.35	0.60～1.60	9.7	25.2	4.2	5.9～13.4	115
	分部位	1.27	4.37	0.31	0.69～1.75	11.2	30.2	4.2	5.9～16.8	113
	分部位 叶	0.58	2.93	0.29	0.54～1.10	13.3	31.5	4.6	7.6～17.6	44
	分部位 节	0.48	1.48	0.15	0.31～0.71	10.6	25.2	4.2	5.9～16.8	45
毛竹	全部位	2.00	5.39	0.48	1.23～2.71	16.2	33.3	7.8	12.3～19.6	123
小山竹	全部位	1.69	3.70	0.47	0.92～2.47	13.2	28.9	8.3	8.3～16.5	128
慈竹	全部位	1.99	4.47	0.35	1.10～2.91	15.0	29.4	5.0	8.4～23.1	133
棉秆皮	全部位	2.26	6.26	0.53	1.40～3.50	20.6	41.2	7.8	15.7～22.9	113
亚麻	全部位	18.3	47.0	2.0	8.0～4.0	16.0	27.0	5.9	8.8～24.0	1140
高粱秆	全部位	1.18	3.40	0.24	0.59～1.77	12.1	23.5	4.9	7.4～15.7	109
玉米秆	全部位	0.99	2.52	0.29	0.52～1.55	13.2	29.4	5.9	8.3～18.6	75
烟秆	全部位	1.17	9.51	0.46	0.72～1.29	27.5	63.7	7.4	19.6～34.3	43
麦草	全部位	1.32	2.94	0.61	1.03～1.60	12.9	24.5	7.4	9.3～15.7	102
稻草	全部位	0.92	3.07	0.26	0.47～1.43	8.1	17.2	4.3	6.0～9.5	114
	分部位 茎	1.00	2.13	0.47	0.75～1.17	8.9	20.6	4.3	6.5～12.9	112
	分部位 叶	0.64	1.21	0.18	0.39～0.88	6.7	9.3	4.9	5.9～8.3	96
	分部位 节	0.33	0.68	0.14	0.20～0.46	9.9	14.7	4.9	7.4～13.7	33

注："一般"的长、宽度系指除去最大长宽度（15%）和最小长宽度（15%）后余下 70% 的长宽度

表 22-4 不同原料的细胞构成

细胞 / 原料	纤维细胞	薄壁细胞		导管	表皮细胞	竹簧	其他
		杆状	非杆状				
马尾松	98.5	–	1.5	–	–	–	–
钻天杨	76.7	–	1.9	21.4	–	–	
慈 竹	83.8	–	–	1.6	–	12.8	1.8
毛 竹	68.8	–	–	7.5	–	23.7	–
芦 苇	64.5	17.8	8.6	6.9	2.2	–	–
棉秆(去皮)	70.5	6.7	3.7	10.7	–	3.5	
甘蔗渣	64.3	10.6	18.6	5.3	1.2	–	–
稻 草	46.0	6.1	40.4	1.3	6.2	–	–
麦 草	62.1	16.6	12.8	4.8	2.3	–	1.4
高粱秆	48.7	3.5	33.3	9.0	0.4	–	5.1
玉米秆	30.8	8.0	55.6	4.0	1.6	–	–
蓖麻秆	80.0	–	9.5	10.5	–	–	–
龙须草	70.5	6.7	4.9	3.7	10.7	–	3.5

4. **化学组成**

原料化学组成是选择和评价原料质量的又一重要指标，也是制定生产工艺的重要依据。表 22-5 列出了一些树种的木材、竹子及农作物原料的化学组成。从表中可知，木材的纤维素含量明显高于农作物原料，这正是木材强度一般远高于农作物原料的一个主要原因。此外，农作物原料的灰分及一些抽出物的含量较高，这将会影响到农作物人造板的生产工艺。

22.2.2 主要农作物原料的特性

22.2.2.1 麦草

麦草是小麦的副产品，它是由茎秆、叶子、叶鞘、穗轴组成。其茎秆的节间质量约占 50%，叶子约占 30%，节子和穗轴分别约占 10%。麦草的茎秆，即麦秸秆是由节及节间组成，地上节间 4～6 个，一般为 5 个。麦秸秆高度为 29～97cm,直径 2～3mm，髓腔直径 0.9～1.9mm，壁厚为 0.3～0.7mm。麦秸秆壁厚度由下而上变薄，以基部第一节间壁最厚，同一节间基部最厚，顶端薄，中间介于两者之间。节子粗度第一节较细，从第二、三节加粗，最上一节又变细。此外，从麦秸秆的横切面上可见表皮组织、基本薄壁组织和维管组织。麦草表面平滑，有一层蜡状物，会影响胶液的渗透。从细胞组成看，麦草的纤维细胞约占 62.1%，薄壁细胞占 29.4%，导管占 4.8%，表皮细胞占 2.3%，另有 1.4% 其他杂细胞。

麦草自身密度较小，节间的平均密度为 0.313g/cm^3（W= 8.9%），接近根部的节间壁较厚，密度为0.316g/cm^3，节的平均密度为 0.341g/cm^3（W= 8.9%），节鞘的平均密度为 0.257g/cm^3（W= 8.9%）。从节间的横切面看，表皮处坚实，平均密度为 0.383g/cm^3，中层为 0.307g/cm^3，里层为 0.298g/cm^3 。

麦草纤维的细胞壁中，外层 S_1 较厚，S_1 与中层 S_2 之间连接紧密。S_1 层微细纤维是交叉的螺旋状排列，而 S_2 层微细纤维是近乎纤维轴向的排列，与纤维轴夹角 30°～40° 。麦草纤维长度接近阔叶材纤维，只是宽度较小，麦草纤维的平均长度为 1.5mm，宽 14 μm，壁厚 3 μm。节间纤维最长，长宽比最大，节的纤维最短，长宽比最小，各部分纤维形态见表 22-6。从表中可见，麦草纤维具有不均一性，长宽变化的幅度较大。

麦草的化学组成随产地而变化（表 22-7），其主要化学

表 22-5 不同原料的化学成分

种类	产地	水分	灰分	抽出物					戊聚糖 (%)	蛋白质 (%)	果胶 (%)	木素 (%)	半纤维素 (%)	纤维素 (%)	聚半乳糖 (%)	聚甘露糖 (%)
				冷水	热水	乙醚	苯醇	1%NaOH 溶液								
马尾松	四川	11.47	0.33	2.21	6.77	4.43	–	22.87	8.54	0.86	0.94	28.42	–	51.86	0.54	6.00
落叶松	内蒙古	11.67	0.36	0.59	1.90	1.20	–	13.03	11.27	–	0.99	27.44	–	52.55	–	–
毛白杨	北京	7.98	0.84	2.14	3.10	–	2.23	17.82	20.91	–	–	23.75	78.85	–	–	–
意杨 -214	河北	7.57	0.65	1.56	3.26	–	1.89	23.11	22.64	–	–	24.52	79.91	–	–	–
毛 竹	福建	12.14	1.10	2.38	5.96	0.66	–	30.98	21.12	–	0.70	30.67	–	45.50	–	–
慈 竹	四川	12.56	1.20	2.42	6.78	0.71	–	31.24	25.41	–	0.87	31.28	–	44.35	–	–
芦 苇	河北	14.13	2.29	2.12	10.69	–	0.74	31.51	22.46	3.40	0.25	25.40	–	43.55	–	–
芦 苇	江苏	9.63	1.42	–	–	2.32	–	30.21	25.39	–	–	20.35	–	48.58	–	–
甘蔗渣	四川	10.35	3.66	7.63	15.88	–	0.85	26.26	23.51	3.42	0.26	19.30	–	42.16	–	–
蔗 髓	四川	9.92	3.26	–	–	3.07	–	41.30	25.43	–	–	20.58	–	38.17	–	–
棉 秆	四川	12.46	9.47	8.2	25.65	–	0.72	40.23	20.76	3.14	3.51	23.16	–	41.26	–	–
高粱秆	河北	9.43	4.76	8.08	13.88	–	0.10	25.12	24.40	1.81	–	22.51	–	39.70	–	–
玉火秆	四川	9.64	4.66	10.65	20.40	–	0.56	45.62	24.58	3.83	0.45	18.38	–	37.68	–	–
麦 草	河北	10.65	6.04	5.36	23.15	–	0.51	44.56	25.56	2.30	0.30	22.34	–	40.40	–	–
稻 草	河北	–	14.00	–	–	5.27	–	55.04	19.80	–	–	11.93	–	35.23	–	–

表 22-6 麦草纤维形态

部位	长度(mm)			宽度(μm)			长宽比
	平均	最大	最小	平均	最大	最小	
全部	1.32	2.94	0.61	12.9	24.5	7.4	102
节间	1.52	2.63	0.66	14.0	27.9	8.3	109
穗轴	1.21	2.39	0.39	11.5	24.5	7.4	105
叶鞘	1.26	3.31	0.44	14.7	34.3	8.8	86
叶子	0.86	1.47	0.24	12.1	19.6	6.4	71
节子	0.47	1.29	0.18	17.8	43.1	8.3	26

表 22-7 不同地区麦草化学成分比较

产　地	灰分(%)	热水抽出物(%)	1%NaOH抽提物(%)	硝酸—乙醇纤维素(%)	聚戊糖(%)	Klason木素(%)
陕西关中	7.84	12.21	40.35	42.20	23.30	18.59
四川梁平	6.45	16.10	38.30	41.54	21.05	19.09
河　北	6.04	23.15	44.56	40.40	25.56	22.34
重　庆	7.07	20.10	44.47	45.83	22.0	15.02

学成分是纤维素、半纤维素和木素。麦草节间纤维素含量最高，节和穗轴基本相同，叶和叶鞘最低。麦草半纤维素中聚戊糖含量相当于阔叶材最高值，其中以穗轴和节含量最高，叶子含量最低。

麦草的次要成分中的灰分含量远高于木材，而灰分中65%以上是SiO_2，多数集中在叶子与穗轴上。麦草的热水抽出物含量也较高，约为10%～23%，其中果胶质仅为10%左右，大部分为淀粉等低聚糖。在麦草中以叶和叶鞘中热水抽出物含量最高，其次为节，节间最低。麦草的1%NaOH抽提物含量大约比木材高1倍，这说明麦草中，中低级碳水化合物含量较高。

22.2.2.2 稻草

稻是一年生草本植物，秆直立、丛生，高1m左右（矮秆稻约50～60cm），其秆直径约4mm左右，秆壁厚约1mm，髓腔较大。

从稻草秆的横切面上，可见其表皮下面由4～6层厚壁纤维细胞组成纤维组织带，向内为基本组织的薄壁细胞。维管束排成两圈；外圈维管束呈扁圆形，嵌埋在脊状突起的纤维组织带内；内圈维管束较大，呈椭圆形，维管束外面有1～2层纤维细胞组成的维管束鞘。

在草类纤维原料中，稻草属于纤维较短而细的一种，其纤维平均长度为1mm左右，宽度仅8 μm左右，胞壁上有明显的纹孔或不明显的纹孔，胞腔较小。稻草的薄壁细胞由于它们在植物体中的部位不同，形状变化较大，大多数为非秆状薄壁细胞。稻草的导管有螺纹、环纹及孔纹三种，纹孔导管平均长0.4mm左右，宽约40 μm。稻草的表皮细胞中的长细胞多为锯齿状。细胞齿端不甚尖削，也有边缘平滑的。

稻草中纤维细胞约占46%，非纤维细胞含量很大，约占各细胞总面积的54%，其中以细碎不整的薄壁细胞最多。稻草的草叶、草节、草穗中的非纤维细胞较茎部多，纤维也较短。稻草茎秆壁较薄，结构疏松，而且木素含量较少。以产地河北为例，稻草的木素含量约为11.93%，纤维素含量是35.23%，戊聚糖含量19.80%。在次要成分中，稻草的灰分含量为14%，乙醚抽出物5.27%，1%NaOH溶液抽出物55.04%，SiO_2含量9.8%。

22.2.2.3 棉秆

棉秆是棉花的副产品，其横断面包括髓心、木质部和皮部。以产地河北为例，棉秆的髓心约占8%，主要是一些薄壁细胞。木质部约占66.2%，在木质部中，棉秆的管孔甚小，为单管孔及复管孔，多为2～4列，靠髓心部位，有的多达十几个径列。棉秆的木射线为单列至多列，其高度有几个至几十个细胞高，且异形明显。棉秆的木薄壁组织发达，但排列类型和组合多不规则，混生在导管的周围及木纤维组织中。木纤维为棉秆中的厚壁组织，起机械支撑作用，此种细胞两端尖削，平均长度约850～950um，平均中央直径22.2 μm，平均胞壁厚度3.1 μm，具有小型单纹孔。棉秆的皮部约占25.8%，其韧皮纤维平均长度约1720 μm，平均中央直径19.8 μm，胞壁平均厚度约3.8 μm，具单纹孔。

在棉秆的化学组成中，主要成分是纤维素、半纤维素和木素。以产地四川为例，棉秆中纤维素含量约占41.26%，半纤维素中戊聚糖含量约占20.76%，木素约20.76%。棉秆的次要成分中，灰分含量9.47%，热水抽出物25.65%，1%NaOH溶液抽出物40.23%。

22.2.2.4 甘蔗渣

甘蔗是我国南方制糖工业的主要原料，为多年生草本植物，秆直立，高2～4m，茎秆直径3～4cm，实心。茎内含糖12%～15%。甘蔗渣是甘蔗在糖厂榨糖后所得残渣。蔗渣纤维是农作物原料中较长而宽的一种，其平均长度约1.7mm，宽度22.5 μm左右，壁厚约2 μm。纤维细胞大多两端尖削，少数也有呈叉形者，胞壁上有明显的螺纹或节纹加厚，有小纹孔，胞腔较大。纤维分布的情况是皮部纤维最长，数量最多，近心部数量减少，而薄壁细胞逐渐增多，节部纤维短而粗。在蔗渣原料中，纤维细胞占细胞总量的65%左右。蔗渣的薄壁细胞形状有杆状、枕头状、方形、圆形、椭圆形，胞壁上有明显的纹孔，胞壁极薄容易开裂。表皮细胞呈锯齿形。导管有螺纹、梯纹及孔纹三种，纹孔在导管壁上的孔眼明显，管径较大。蔗渣无石细胞。甘蔗渣中含约35%的非纤维细胞，存在于蔗髓中。蔗髓质地松软，具有较强的吸水性。

甘蔗渣的化学成分随产地不同而有所变化。以产地为华南、中南地区为例，其纤维素含量为42.16%，木素含量

19.30%，多戊糖 42.16%，灰分 3.66%，热水抽出物 15.88%，冷水抽出物 7.63%，1%NaOH 溶液抽出物 26.26% 。

22.2.2.5 玉米秆

在玉米秆的横切面上，可以见到有三种组织：表皮组织、基本薄壁组织和维管组织。玉米秆的维管束散生于基本组织中，分布并不均匀，越往外围越小而密集，近中心则大而排列疏松，各维管束中不形成侧生形成层，因而无次生构造。玉米秆的纤维细胞约占 30.8%，薄壁细胞含量高，约占 63.6%，导管 4.0%，表皮细胞 1.6% 。

玉米秆的化学组成随产地不同而有所变化，以产地四川为例，其纤维素含量为 37.68%，木素含量 18.38%，戊聚糖 24.58%，灰分 4.66%，热水抽出物 20.40%，冷水抽出物 10.65%，1%NaOH 溶液抽出物 45.62% 。

22.2.2.6 高粱秆

高粱秆的茎秆直立，直径比甘蔗细 1.5～2.5cm，秆高 1～3m。高粱秆的纤维平均长度为 1.18mm，形态与一般草类纤维相同，且胞壁较薄，胞腔较明显。在高粱秆的细胞中，杂细胞较多，大部分是杆状。薄壁细胞壁薄，多呈球形，表皮细胞呈锯齿状，齿峰尖削，有的表皮细胞的一侧附有一透明薄膜。

高粱秆的化学组成随产地不同而有所变化，以产地河北为例，其纤维素含量为 39.70%，木素含量 22.51%，戊聚糖 24.40%，灰分 4.76%，热水抽出物 13.88%，冷水抽出物 8.08%，1%NaOH 溶液抽出物 25.12% 。

22.2.2.7 芦苇

芦苇的秆长约 2.5～4.5 m，直径一般为 0.3～0.8cm（上部细，下部较粗），茎秆壁厚 0.3～0.9 mm。芦苇无枝桠，而节部包有鞘叶。芦苇纤维长度、宽度介于稻草与麦草之间，平均长度为 1.12 mm 左右，宽为 9.7 μm 左右。芦苇细胞形态与稻草很相似，但芦苇非纤维细胞比稻草、麦草少，形状也有所不同，芦苇的非纤维细胞中，有较多的杆状薄壁细胞 。芦苇的导管及表皮细胞都较稻草的粗而长，表皮细胞的一边有锯齿的，也有两边都是锯齿的，齿形均匀，齿端较尖。

芦苇茎部外表皮膜是角质化程度较高的透明体，覆盖在表皮细胞上，与硅质细胞、栓质细胞共同组成表皮组织。维管束组织由纤维、导管、筛管等细胞组成，纤维在导管的周围作环状排列，形成维管束鞘。在维管束中，面向茎髓的导管和其余两个导管不同，在茎成熟后多被挤毁，形成一个明显的空腔。薄壁组织由薄壁细胞组成，在各种组织构造中，薄壁组织所占体积一般比例较大，比重较小，主要生长在里部的维管束周围。在外表皮与纤维组织带之间，也有少数薄壁组织群，细胞直径较小，多为棒状，细胞内常含有色素，这些薄壁组织与最外圈的小维管束交替出现。

芦苇叶部结构组织与茎秆相似，也有表皮组织、薄壁组织、维管束组织等。

芦苇的化学组成随产地不同而有所变化，以产地河北为例，其纤维素含量为 43.55%，木素含量 25.40%，戊聚糖 22.46%，灰分 2.96%，热水抽出物 10.69%，冷水抽出物 2.12%，1%NaOH 溶液抽出物 31.51% 。

22.3 农作物人造板的生产工艺

22.3.1 秸秆类农作物人造板的生产工艺

22.3.1.1 麦草人造板的生产工艺

1. 麦草刨花板的生产工艺

麦草刨花板的生产工艺与普通刨花板基本相似，可采用如下的生产方式：

麦草 → 刨花制备 → 干燥 → 分选 → 拌胶 → 铺装 → 热压 → 冷却 → 裁边 → 堆放 → 砂光 → 分等 → 入库

麦草刨花的制备是制造麦草刨花板工艺中关键工序，直接关系到板材的性能。这种麦草刨花的制备可以采用三种方法：第一种是将麦草直接送入专用粉碎机中，一次性加工成刨花；第二种方法是先将麦草送入切草机，加工成 20mm 左右的草段，然后经双辊轮刨片机加工成刨花；第三种方法是先削片，再通过磨碎机粉碎一到两次。第一种加工方式产生的刨花比较细碎，由肉眼观察，可见麦草中的节、节间、叶鞘、茎秆基本都在直径方向上破开，叶子基本成纤维状。第二种加工方式产生的刨花形态较好，但由肉眼观察，可见麦草中有的节、节间、叶鞘、茎秆在直径方向上未破开，这种刨花均为中空状，在施胶过程中难以将胶液施入其中；第三种加工方式可以获得三种类型的麦草刨花。由它们生产的麦草刨花板性能也有所差别（表 22-8）。

麦草刨花的干燥可以采用木质刨花的干燥设备，但干燥温度不宜过高。刨花的终含水率应控制在 3%～5% 。干燥后的麦草刨花通常碎屑较多，最好经过一道分选工序，以便控制合适的碎屑比例，生产出质量较好的产品。

表 22-8 麦草刨花的制备方式对板子性能的影响

制备方式	粗破碎(PS 型削片机)	再粉碎一次 (PSKM 型磨碎机)	再粉碎二次 (PSKM 型磨碎机)
密度(kg/m³)	727	726	723
抗弯强度(MPa)	32.93	32.44	33.71
平面抗拉强度 (MPa)	0.39	0.82	0.81
2 小时吸水厚度膨胀率(%)	9.0	3.8	2.9
24 小时吸水厚度膨胀率(%)	32.0	16.7	14.3

注：胶料配比：6% PMDI；加压时间系数：15s/mm 板厚；板厚：12mm

在麦草刨花板的生产过程中，胶黏剂的选择非常重要。一般使用异氰酸酯（MDI）或脲醛树脂（UF），前者不含游离甲醛，并且可以用来生产高质量的板子，但价格较高；后者价格较低，但只能生产质量要求不高的麦草刨花板，而且要求麦草刨花的比表面积较大，施胶量较高，板子的密度也较高，才能使板子性能达到要求（表22-9和22-10）。麦草刨花拌胶时，可以设计麦草刨花板的专用拌胶机，也可以采用普通刨花板的拌胶设备，但在使用MDI时，需要注意及时清理，因为，MDI容易和空气中的水分起反应，堵塞管道和喷嘴。

表22-9 不同UF施胶量对麦草刨花板性能的影响

施胶量（%）	静曲强度（MPa）	静曲弹性模量（× 10^2MPa）	平面抗拉强度（MPa）	吸水厚度膨胀率（%）	密度（g/cm^3）	含水率（%）
11	8.65	1.55	0.05	14.0	0.628	6.5
14	8.72	1.82	0.06	9.1	0.655	6.5

表22-10 密度对麦草刨花板性能的影响

施胶量（%）	静曲强度（MPa）	静曲弹性模量（× 10^2MPa）	平面抗拉强度（MPa）	吸水厚度膨胀率（%）	含水率（%）
0.567	5.19	0.917	0.02	15.89	6.5
0.609	5.91	1.089	0.03	15.01	6.7
0.635	6.11	1.092	0.04	10.07	6.4
0.659	6.36	1.102	0.05	9.16	6.8
0.716	7. 44	1.247	0.09	6.50	6.9
0.820	17.10	2.103	0.28	4.85	7.1

麦草刨花板的铺装可以用机械式，也可以用气流式。板子结构一般为三层或渐变。由于麦草刨花的堆积密度较低，所以在同样的板子密度条件下，麦草刨花板的成型板坯厚度要比普通木质刨花板的厚很多。如果采用普通刨花板的生产设备，则相应的设备及工艺参数均需要作一定的调整。

麦草刨花板的热压工艺需考虑麦草原料的特性。热压温度一般不宜超过150℃，因为麦草中热水抽出物和半纤维素含量较高，如果，热压温度超过150℃，麦草刨花板的表面很容易变色，发生热解，使板子性能下降。由于热压温度较普通刨花板低，所以热压时间需适当延长。此外，麦草自身结构与木材差异较大，易于压缩，不需采用较高压力，以免造成板子表芯层密度差过大。热压出来的麦草刨花板冷却后裁边。然后经过堆放，自然调湿后，砂光。最后分等入库。

麦草刨花板可以用于一切适合木质刨花板的场所。与普通刨花板相比，用MDI生产的麦草刨花板具有质量较轻，抗水性强，机械加工性能好，没有游离甲醛的污染等特点。

2. 麦草墙体保温材料的生产工艺

麦草墙体保温材料是基于麦草中空、充满空气、热阻大的原理，制造出的一种复合墙体内衬材料。其生产工艺如下：

备料 → 切割 → 施胶 → 铺装 → 热压 → 锯边 → 发泡 → 检验 → 入库

麦草原料运进厂后，首先去除腐朽变质部分，然后用切草机将其切成50mm左右长的杆状单元。再用特制的施胶设备对这些杆状单元的外表面施加异氰酸酯（MDI）胶黏剂，施过胶的杆状单元经铺装后成板坯，再送入压机热压。由于最终板子的密度低于0.5g/cm^3，所以，热压压力很低。热压温度可取1500℃左右，热压时间约为0.5min/mm板厚。热压后的毛板经锯边后，即为麦草墙体保温材料。如果需要，也可以用发泡材料将麦草墙体保温材料外表面封闭。

与麦草刨花板相比，麦草墙体保温材料的生产工艺有所不同。在备料工段中，后者需要保持麦草秆的完整性，不用使麦草秆的内表面暴露在外。由于麦草墙体保温材料的密度很低，热压时，水蒸汽很容易从板坯内排出，所以麦草秆可以不经干燥。在胶黏剂选择方面，麦草墙体保温材料必须使用异氰酸酯（MDI），如果使用其他人造板胶黏剂，则不能成板。此外，在拌胶时更需注意保持麦草秆的完整性。铺装时，只要单层结构。热压时，温度可以稍高，时间较短，压力较低。最后成品不需砂光。

麦草墙体保温材料的导热系数低，与泡沫塑料、矿棉板相似（表22-11）。如果将麦草墙体保温材料的密度在某一范围内变化，其导热系数也发生改变（图22-6）。通常将导热系数小于0.2326 W/m · K并能用于绝热工程的叫做绝热材料。麦草墙体保温材料完全可以作为此类材料使用。

表22-11 几种材料的导热系数

	密度（g/cm^3）	导热系数（W/m · K）
轻质麦秸板	0.15	0.04284
木质纤维板	0.20	0.06978
水泥刨花板	0.30	0.13956
稻草板	0.30	0.10467
聚氨酯泡沫塑料	0.034	0.040705
聚氯乙烯泡沫塑料	0.19	0.058150
矿棉板	0.322	0.043031

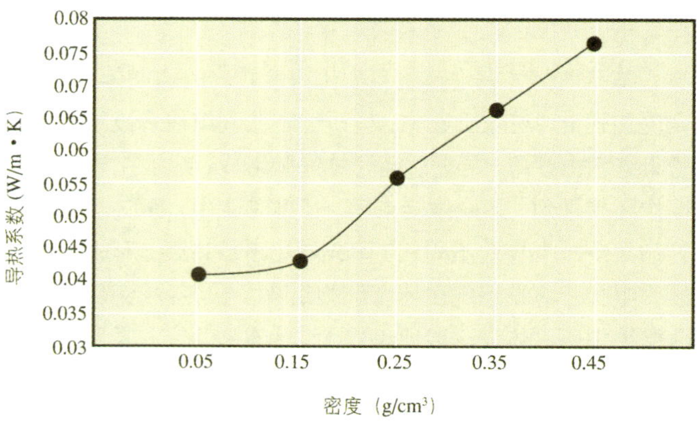

图22-6 麦草墙体保温材料密度与导热系数的关系

22.3.1.2 稻草人造板的生产工艺

1. 纸面稻草板的生产工艺

纸面稻草板的生产可采用如下的工艺：

纸卷 → 开卷 → 涂胶
↓
原料草 → 输送 → 开束机 → 步进机 → 输送 → 喂料斗 → 加热挤压
→ 覆纸 → 固化成型 → 输送及冷却 → 自动切割机 → 封边机
→ 成品 → 仓库

稻草以打捆形式进厂。草的适宜长度为150～1000mm，长度小于150mm的短草的数量应小于25%，不得有草根、石块等杂物。草的含水量控制在8%～18%之间，不宜过湿或过干。稻草经人工解捆放到输送机上后，生产即自动进行。输送机将解捆后的稻草输送到步进式松解机，在此处稻草被进一步松解，形成大体上的横向排列并除去稻粒、砂石等杂物，然后均匀地送入喂料斗。喂料斗做成透明的，可以随时观察到稻草下落的情况，以便发现可能出现的堵塞或断料情况。稻草在喂料斗的底部由人字形端头的往复式冲头送入"热床"，"热床"的温度为240℃（电加热），稻草在"热床"的腔体中同时受到冲头的挤压和床体的加热，形成密实的板坯，进入"冷床"，并同时引入上下层护面纸。护面纸面向稻草的一面预先涂有粘结剂，在"冷床"中与稻草板趁热粘结固化，出了"冷床"后已是稻草板成品了。根据需要，稻草板的两侧边可以做成楔形、斜坡形或直角形的。只须在"热床"和"冷床"中安放不同形式的"型铁"即可。生产不同厚度的板，需要事先按要求调节"热床"和"冷床"的腔体尺寸。安装"型铁"和调节腔体尺寸必须停机后进行，操作上比较费事，故而通常只在大批量需求时进行调节才是合理的。

稻草板从"冷床"出来后，继续在输送线上运行，先经过切割站。连续的板坯被随动式无齿砂轮按要求长度切断，砂轮机与板同速运动可保证端面的垂直度。切断的稻草板继续前行，到封端站，由自动封端机将稻草板两端的切断口用预先涂有热熔胶的封端纸牢牢地粘住，这样既可使成品板外观整齐、美观，又可使端部的稻草不致于松散，影响板材的使用。至此，稻草板的生产流程即告完成。产品码垛后用叉车送至仓库存放。

目前，纸面稻草板生产线的年产量一般为50 × $10^4$$m^3$。其主要原材料用量及动力消耗见表22-12。纸面稻草板的产品规格为：板宽1200mm，板长900～4100mm，板厚58mm或38mm。它主要用作建筑材料，通常用于吊顶的板厚约35mm，用于墙体的板厚约58mm。此类板材的主要性能指标如下（厚58mm板）：

单位面积质量：23 kg / m^2

含水率：<15%

表22-12 纸面稻草板的主要原材料及动力消耗

序号	名称	用量（kg / m^2）	每年用量（t）
1	稻草	24	12000
2	面纸	0.74	400
3	封边纸	0.03	15
4	脲醛树脂	0.29	150
5	电	2 kW · h	10 × 10^4kW · h
6	压缩空气	1.7m^3 / min，0.7MPa	

两对角线长度差：<4mm

板面不平度：<1mm

抗冲击强度：75kg砂袋，2m高自由下落冲击，不损坏（2400mm × 1200mm板，四边支撑条件下）

破坏载荷：>5500N（2400mm × 1200mm板，四边支撑条件下）

导热系数：0.108W/m · K

隔音：30 dB

纸面稻草板还具有良好的阻燃性能。其原因是稻草板中的原料草被挤压密实，加上导热系数很低，有自熄性。用1000℃火焰燃烧此类板材时，耐火极限可达1h。如果纸面稻草板两面复合石膏板，则耐火极限可达2h。

纸面稻草板在生产和使用过程中对环境不产生污染，即使当它完成使用目的被拆除后，仍可回归大自然，是标准的绿色建材。

2. 稻草刨花板的生产工艺

稻草刨花板的生产工艺与普通刨花板相似，可采用如下的生产方式：

稻草 → 刨花制备 → 干燥 → 分选 → 拌胶 → 铺装 → 热压 →
冷却 → 裁边 → 堆放 → 砂光 → 分等 → 入库

稻草刨花的制备是制造稻草刨花板工艺中关键工序，直接关系到板材的性能。常用的稻草刨花制备方法可以有两种：第一种方法是将稻草直接送入专用粉碎机中，一次性的加工成刨花；第二种方法是先将稻草送入切草机，加工成12～26mm左右的草段，然后经再碎机粉碎。第一种加工方式产生的刨花比较细碎；第二种加工方式产生的刨花形态较好。

稻草刨花的干燥可以采用木质刨花的干燥设备，但干燥温度不宜过高。刨花的终含水率应控制在3%～5%。干燥后的稻草刨花通常碎屑较多，最好经过一道分选工序，以便控制合适的碎屑比例，生产出质量较好的产品。

在稻草刨花板的生产过程中，胶黏剂的选择非常重要。一般使用MDI或UF，施胶量较高，板子的密度也较高，才能使板子性能达到要求（表22-13和表22-14）。稻草刨花拌胶时，可以设计稻草刨花板的专用拌胶机，也可以采用普通刨花板的拌胶设备，但在使用MDI时，需要注意及时清理，因为，MDI容易和空气中的水分起反应，堵

表 22-13 不同 UF 施胶量对稻草刨花板性能的影响

施胶量（%）	物理力学性能指标				
	密度（g/cm^3）	静曲强度（MPa）	平面抗拉强度(MPa)	吸水厚度膨胀率(%)	含水率（%）
11	0.83	12.00	0.11	37.8	4.9
13	0.85	13.48	0.14	36.5	4.8

表 22-14 密度对稻草刨花板性能的影响

密度（g/cm^3）	物理力学性能指标			
	静曲强度（MPa）	平面抗拉强度(MPa)	吸水厚度膨胀率(%)	含水率（%）
0.79	10.30	0.10	38.30	5.0
0.85	13.48	0.14	36.50	4.8

注：1. 施胶量为 11% 及 13%（绝干脲醛树脂重 / 绝干碎料重）
2. 石腊乳化剂用量为 1%（固体石腊重 / 绝干碎料重）
3. 硬化剂用 NH_4Cl 量为 0.8%～1.5%（NH_4Cl 粉 / 绝干树脂重）

塞管道和喷嘴。

稻草刨花板的铺装可以用机械式，也可以用气流式。板子结构一般为三层或渐变。由于稻草刨花的堆积密度较低，所以在同样的板子密度条件下，稻草刨花板的成型板坯厚度要比普通木质刨花板的厚很多。如果采用普通刨花板的生产设备，则相应的设备及工艺参数均需要作一定的调整。

稻草刨花板的热压工艺需考虑稻草原料的特性。热压温度不宜过高，因为稻草中热水抽出物和半纤维素含量较高，如果，热压温度超过一定值，稻草刨花板的表面很容易变色，发生热解，使板子性能下降。由于热压温度较普通刨花板低，所以热压时间需适当延长。此外，稻草自身结构与木材差异较大，易于压缩，不需采用较高压力，以免造成板子表芯层密度差过大。热压出来的稻草刨花板冷却后裁边。然后经过堆放，自然调湿后，砂光。最后分等入库。

22.3.1.3 棉秆人造板的生产工艺

1. 棉秆中密度纤维板的生产工艺

棉秆中密度纤维板的生产可以采用湿法或干法的工艺。前者是用水作为运输和成型介质，后者是用空气作为运输和成型介质。

湿法棉秆中密度纤维板的生产工艺如下：

棉秆 → 切断 → 筛选 → 水洗 → 热磨 → 精磨 → 浆料处理 → 成型 → 预压 → 热压 → 裁边 → 堆放

棉秆的切断可以采用改进的切草机，其原因是用于造纸行业的刀辊式切草机与木材削片机比，虽较适合棉秆原料的切断，但是它是针对草类植物设计的，如稻草、麦草等，见图 22-7，其切削角度太大且向心分力大，削弱了正切削力，在切削棉秆时经常发生闷车现象。同时，它也存在着喂料辊离切线距离太远的问题，还有一个较为突出的问题是，进料器进口两边堵料，当棉秆进入到进料器进口第一对喂料辊时，受到上下料辊的挤压，向两边散开，形成象扫帚头一亲，涌向两边的棉秆被进料器两边的挡板挡住，愈塞愈多，被堵塞的棉秆又起到拨乱和堵塞行进中棉秆的作用，把整个进料顺序搞乱，勉强被送入的棉秆中，有些与切刀形成不同的夹角，有的甚至平行于切刀，这就形成了长短不等超长的棉秆段，使原料中长棉秆段的比例增大，增加了长纤维的形成机会，给以后的工序带来各种障碍，所以切草机仍不适用于棉秆切断。

棉秆切断机的进料器两边增设一对与上下进料辊相垂直的导向辊，由原来上下两面导向进料增加到上下左右四面导向进料，这样就便利所有送到进料口的棉秆无一不被强制按一定方向进给。上面的压紧和导向进料可以是辊式的，也可以是链板式的，只要能起到压紧导向和尽可能缩短切刀与最后一对进料辊之间的无压区。如采用辊式进料，可将上面后两条喂料辊的安装角度前倾5°～10°，也能有效地阻止棉秆的翘起和缩短无压区。同时，还应该在上料时按着首尾相接，尾压头或是头压尾的办法，也有助于避免漏切。根据圆的切线上的正切削力垂直于圆的直径的道理，在设计飞刀切削角时，尽量减小切削角，这样不仅减少了能耗，还有效地提高了切断率。

图 22-8 是适用于棉秆切断的棉秆切断机示意图。

棉秆的长度控制在 20～50mm，切好的棉秆经机械筛

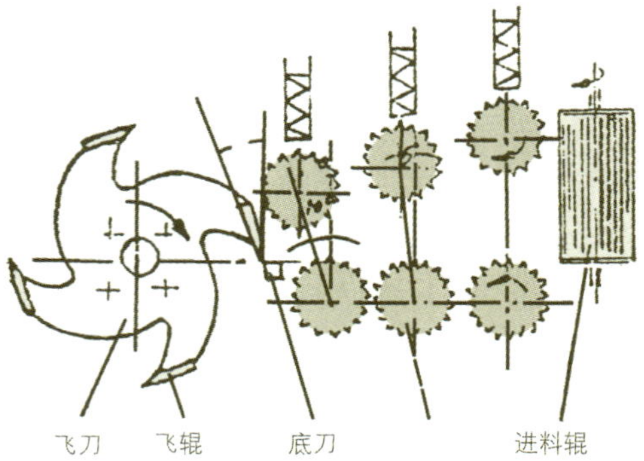

图 22-7 切草机

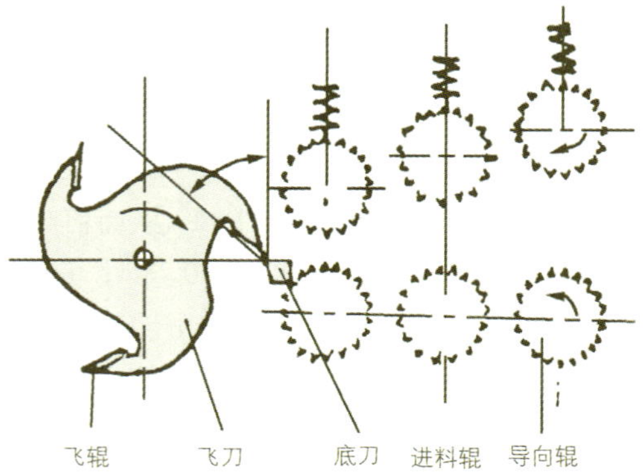

图 22-8 棉秆切断机

选，去除棉秆皮等杂物后，送至储存料仓，再经水洗进入热磨机。热磨后的棉秆纤维以3.5%～4.5%的浆料浓度进入精磨机，使纤维的分离度进一步提高。分离好的棉秆纤维以浆料的形式在连续施胶箱中，或者浆池里进行增强和防水处理。常用的增强剂是酚醛树脂，防水剂是石蜡乳液，为了使酚醛树脂和石蜡乳液有效地沉淀在纤维上，还需加入沉淀剂（如硫酸铝），并且要调节合适的pH值。

经过处理后的浆料（浓度约1.5%）被送入高位槽，再经长网成型，预压脱水后送入压机热压。热压工艺为：热压温度取180～210℃，热压时间为2.0～3.5min /mm板厚，热压压力分高压段和低压段，前者取4.0～5.5MPa，后者取0.5～1.0MPa，典型的热压曲线如图22-9所示。热压后的棉秆中密度纤维板经裁边后堆放。

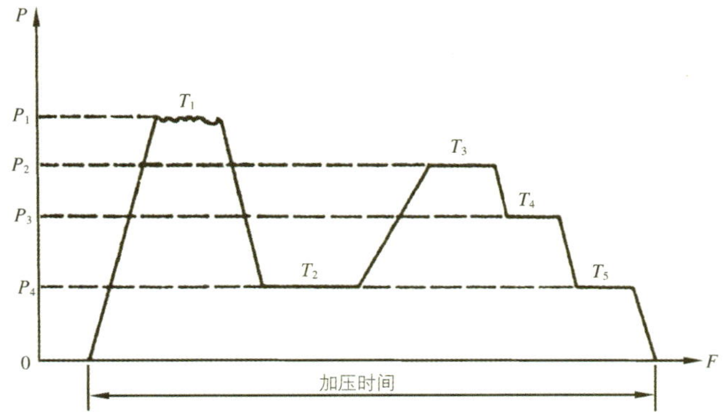

图22-9 典型的热压曲线

干法棉秆中密度纤维板的生产工艺如下：

棉秆→切断→筛选→水洗→热磨→施胶→干燥→铺装→预压→热压→冷却→裁边→堆放→砂光→成品

从以上的工艺路线可以看出，在热磨之前，干法生产可以采用湿法生产的相同路线，但在热磨之后两者完全不同。在干法生产中，热磨后的棉秆纤维在热磨机的喷放口管道内施胶，一般施脲醛树脂。防水剂的施加则采用直施熔融石蜡的形式，可以直接喷入热磨机的磨室体内，也可以在热磨前后进行。热磨后的纤维在气流的作用下，被送入管道式的干燥机内快速干燥，然后进入干纤维料仓。

棉秆纤维板坯的铺装可以采用机械式或气流式的铺装机，铺好的板坯经预压后送入热压机热压。热压工艺为：热压温度取180℃左右，热压时间约0.5min /mm板厚，热压压力2.5～3.5MPa，典型的热压曲线如图22-10所示。热压后的棉秆中密度纤维板经冷却后裁边。裁好边的板子需要堆放一段时间，使其达到自然调湿的目的，然后再进行砂光。

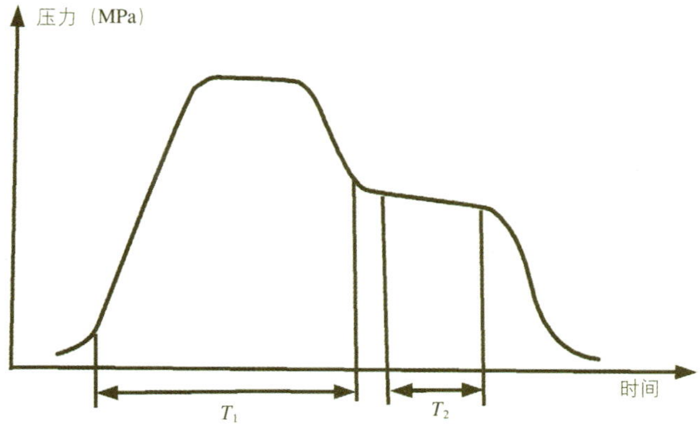

图22-10 典型的干法中密度纤维板热压曲线

2. 棉秆刨花板的生产工艺

棉秆刨花板的生产可以采用如下工艺：

棉秆储存→刨花制备→干燥→分选→拌胶→铺装→预压→热压→冷却→裁边→堆放→砂光→成品

棉秆为一年生，收获季节为9～12月份，在此期间需收购和储存全年需要的棉秆原料。为保证板的质量，棉秆原料在储存前，含水率应均匀、无腐烂，并捆扎成捆。原料场地应具有良好的通风条件，排水、搬运方便，保证棉秆在储存过程中不霉变和腐烂。棉秆刨花的制备可采用三种方法：一种是用切草机将棉秆切成200～250mm长的棉秆段，经分选去掉一部分棉皮后，用锤式粉碎机粉碎成合格刨花；第二种方法是先用削片机将棉秆制成一定长度的棉秆段，然后经分选后用锤式粉碎机粉碎成合格刨花；第三种方法是先用削片机将棉秆制成一定长度的棉秆段，然后经分选后用刨片机将其加工成合格刨花。在这三种方法中，用第一种方法加工的合格刨花得率最高，可以达到72%～75%；用第二种方法加工的合格刨花得率其次，可以达到69%～71%；用第三种方法加工的合格刨花得率为60%～63%。棉秆制备刨花时应尽量排除棉皮，因为在刨花制备中棉皮往往被撕裂成丝带状，易结团架，堵塞风送管道，有时甚至缠绕在风机叶片上，或干燥机的加热管道上引起火灾。

棉秆刨花的干燥可以采用木质刨花的干燥设备和方法，但应注意残余的棉皮缠绕在加热管道上引起火灾，应经常对干燥机进行清扫。棉秆刨花的拌胶及板坯铺装也可以采用普通刨花板的生产设备，但应注意过多的棉皮会产生结团使拌胶不均匀，从而影响到铺装的均匀性和板子胶合强度。铺好的板坯经预压后送入热压机热压。热压工艺为：热压温度取160～180℃左右，热压时间约0.5min /mm板厚，热压压力3.5～4.0MPa，热压后的棉秆刨花板经冷却后裁边。裁好边的板子需要堆放一段时间，使其达到自然调湿的目的，然后再进行砂光。

22.3.1.4 甘蔗渣人造板的生产工艺

1. 甘蔗渣中密度纤维板的生产工艺

甘蔗渣中密度纤维板的生产可以采用如下的工艺：

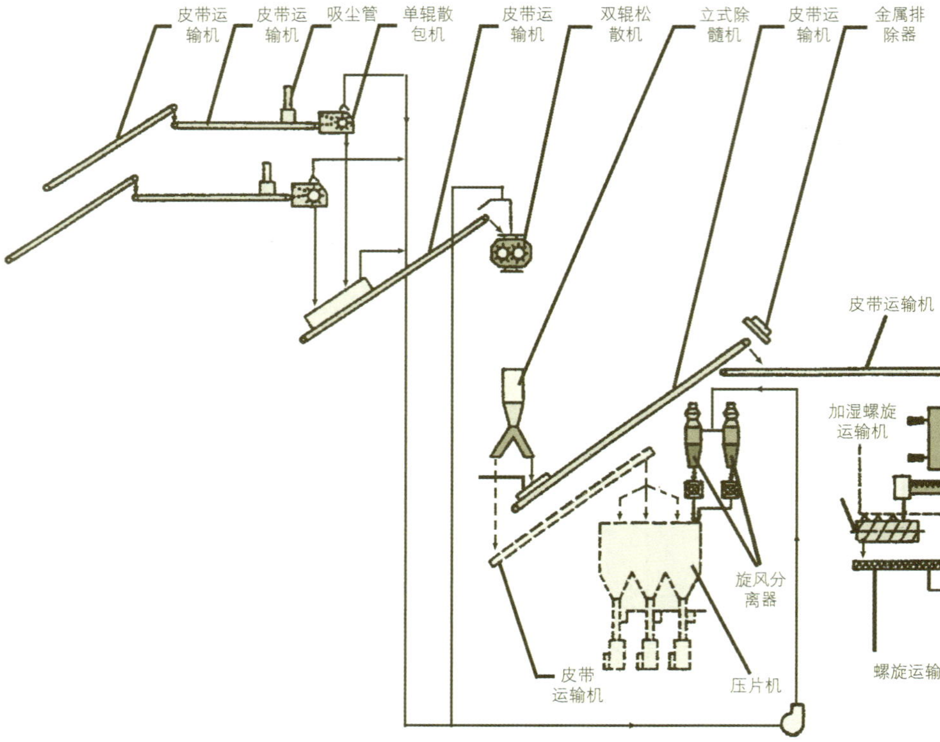

图 22-11 甘蔗渣中密度纤维板的备料工段示意图

蔗渣包 → 破碎开包 → 除髓 → 热磨 → 施胶 → 干燥 → 铺装 → 预压 → 热压 → 冷却 → 裁边 → 堆放 → 砂光 → 成品

甘蔗渣中密度纤维板的生产工艺流程与其他中密度纤维板的生产工艺主要区别是前期备料工段（图 22-11）。甘蔗渣的除髓可以采用专用设备（图 22-12），除髓率一般为 25%～30%。除髓后的甘蔗渣被送入热磨机进行热磨，热磨机内的蒸汽压力为 0.65～0.70MPa，预热时间 3～5min，纤维得率 65%～75%。热磨后的蔗渣纤维在管道内施胶，施胶量为 10%～14%，石蜡加量 1.0%～1.5%。施胶后的蔗渣纤维在气流的作用下，被送入管道式的干燥机内快速干燥，干燥管道的进口温度 170～175℃，出口温度 70～80℃，干燥时间 3～7 s/100m，干燥后纤维终含水率 8%～10%。蔗渣纤维干燥后进入干纤维料仓，然后进行铺装、预压、热压 。热压温度 150～170℃，热压压力 3.0～3.5 MPa，热压时间 30～36s /mm 板厚。

2. 无胶甘蔗渣刨花板的生产工艺

无胶甘蔗渣刨花板的生产是基于蔗渣内的还原糖，经过催化作用，能够转变为一种以呋喃为单元结构的树脂胶，它是属于酚醛、脲醛、异氰酸酯等合成树脂胶范畴以外的另一种胶黏剂，这种不另外添加合成树脂胶的无胶制板工艺，节省了胶黏剂的费用，从而可以降低板子成本。

无胶甘蔗渣刨花板的生产可以采用如下工艺：

蔗渣包 → 破碎开包 → 风干 → 筛选 → 粉碎 → 称量 → 拌料 → 干燥 → 铺装 → 预压 → 热压 → 冷却 → 裁边 → 堆放 → 砂光 → 成品

蔗渣先进行自然干燥，使其含水率达到15%左右，然后筛选除去泥土、石块及霉烂物。而后用锤片式粉碎机将蔗渣粉碎，称量后与一定量的催化剂和添加剂相混合搅拌，再进行干燥、铺装。成型好的板坯经预压后送入压机热压，热压

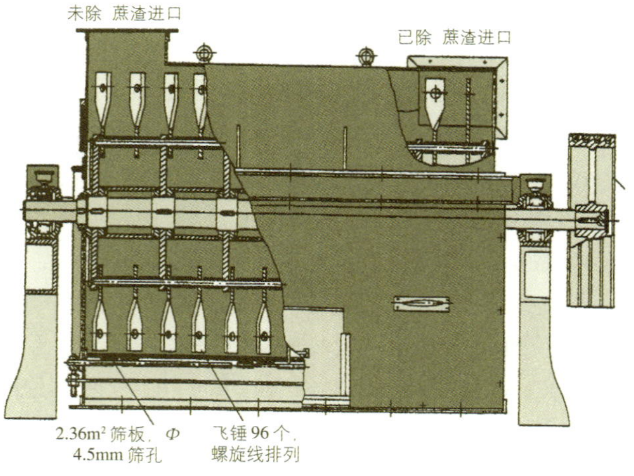

图 22-12 T50601 型锤磨式蔗渣除髓机

温度取140～220℃，压力为1.5～4.0 MPa，热压时间约1.0 min/mm板厚。

22.3.1.5 玉米秆、高粱秆、葵花秆人造板的生产工艺

玉米秆、高粱秆、葵花秆可以像棉秆一样，先加工成刨花，然后采用类似的工艺生产出刨花板，也可以采用以下工艺（以高粱秆为例）生产出另一种类型的人造板。

高粱秆定尺切断→茎秆压缩→树脂浸泡→茎秆干燥→横向拼接→涂胶组合→热压成型→裁边→表面砂光→成品

首先用切断机将高粱秆按照板子预定尺寸切断，然后将切好的茎秆通过滚轧压缩法压榨。压缩过的茎秆再放入酚醛树脂液中浸泡，通过树脂浸泡后的茎秆要进行风干或用干燥机强制干燥。干燥后，将茎秆相互间按长度对齐平行摆放，然后通过横向编接机用丝线等固定成帘席。再将这些帘席按照一定的组坯方式及成品厚度，层层叠积成板坯，两表面可根据需要放上贴面材料（如单板等）。板坯经热压后裁边，堆放一段时间后砂光。

22.3.1.6 稻壳、花生壳人造板的生产工艺

稻壳人造板可以采用的生产工艺如下：

稻壳→备料→拌胶→铺装→预压→热压→冷却→裁边→表面砂光→成品

首先将含水率为8%以下的船形稻壳通过破碎机加工成条状，使其尺寸为：长5～8mm，宽1.5～3.0mm，厚0.04～0.10mm。然后将稻壳送入拌胶机，与成雾化状态的脲醛树脂充分混合搅拌，施胶量为10%左右。施过胶的稻壳经料斗均匀地送入气流铺装机中，铺装成渐变结构的板坯，板坯厚度约为成品板厚的7～10倍。成型板坯经预压后送入热压机中热压，压力取3.0MPa,温度170～200℃，时间1min /mm板厚。热压后的板子经冷却后裁边，然后堆放一段时间后砂光。

花生壳人造板可以采用的生产工艺：

花生壳→筛选→活化处理→施加填充剂→铺装→预压→热压→冷却→裁边→表面砂光→成品

花生壳经筛选去除泥沙等杂质后，送入搅拌机中在其表面喷洒活化剂，如H_2SO_4、HNO_3、H_2O_2、NaOH等，再施加酸/碱木素、单宁等填充剂。或者，将筛选后的花生壳送入拌胶机，与成雾化状态的改性脲醛树脂充分混合搅拌，然后进行铺装、预压、热压。如果要压制覆面板，则可以在铺装时，在板坯表面覆上施过胶的单板或其他装饰材料。热压后的板子经冷却后裁边，然后堆放一段时间后砂光。

参考文献

[1] 王恺，袁东岩. 积极利用农业剩余物大力发展人造板生产. 木材工业，1990（2）：35～40

[2] 汪华福. 发展农业剩余物人造板工业是解决木材供需矛盾的有效途径. 人造板通讯，1998（3）

[3] 恩斯特. 伯林克曼. 以一年生植物作为原料生产刨花板的原料.木材工业，1990（3）：40～45

[4] 南京林业大学中密度麦秸板课题组. 中密度麦秸板的生产性试验研究. 林业科技开发，1999（3）：28～29

[5] 李凯夫等. 麦草特性与制板工艺的研究. 林产工业，1990（1）：30～35

[6] 陆仁书，汪孙国. 稻草碎料板制造工艺研究. 林产工业，1988（6）：4～6

[7] 齐维君. 稻草碎料板. 林产工业，1992（6）：38～40

[8] 吴德茂. 稻草板一种值得重视的生态建材. 建筑人造板，1998（4）：3～7

[9] 韩景信，李耀芬. 湿法棉秆中密度纤维板工业性试验. 林产工业，1987（6）：34～36

[10] 李耀芬，韩景信. 棉秆原料的构造、纤维形态及其理化性质的研究. 林产工业，1988（2）：20～22

[11] 陆仁书，李华. 棉秆碎料板的制备及其工艺路线的选择. 林产工业，1987（5）：28～29

[12] 贺亚夫. 人造板新型产品—高粱合板. 林产工业，1997（3）： 26～28

[13] 段梦麟等. 葵花秆胶合人造木材研究. 林产工业，1998（3）： 15～16

[14] 陆仁书、李凯夫. 玉米秆碎料板制造工艺. 林产工业，1988（2）：45～46

[15] 邢航、徐昌亮. 稻壳板生产技术. 林业勘察设计研究，1990（1）：14～15

[16] 王天佑、李强. 蔗渣中密度纤维板的研制. 林产工业，1988（6）：1～4

[17] 谢春良. 稻草板面临新的发展机遇. 新型建筑材，1999（4）： 11～12

[18] 蔡祖善等. 无胶蔗渣碎料板初试成功. 林产工业，1986（4）： 1～4

[19] 徐咏兰等. 花生壳碎料板. 林产工业，1989（2）：32～35

[20] 徐咏兰. 中密度纤维板制造. 北京：中国林业出版社，1995

[21] 邬义明. 植物纤维化学. 北京：轻工业出版社，1991

[22] 聂勋载等. 常用非木材纤维碱法制浆实用手册. 北京：中国轻工业出版社，1993

[23] 曹国良，张小曳等. 中国大陆秸秆露天焚烧的量的估算. 资源科学，2006（1）：9～15

23 胶黏剂 Adhesive

胶黏剂在木材工业中是仅次于木材的最重要的材料，特别是对木质人造板的制造更显得重要，因为木质人造板(胶合板，中密度纤维板，刨花板，细木工板，装饰板等)都是靠胶黏剂的粘接作用制成的。到目前为止，木材工业是胶黏剂用量最多的行业。本章对木材胶合理论作相应的介绍，对木材工业常用的胶黏剂及制胶设备等作较为实用的介绍。

23.1 木材胶合原理

23.1.1 木材胶合理论概述

胶合(特别是木材胶合)是一个极其复杂的现象，有机械物理现象，也有化学现象，几种现象交织在一起，到目前为止很难用一种理论能对胶合现象进行合理的解释。其中以下几种理论较有代表性，在此作简要介绍：

1. 机械胶合学说

机械胶合学说又称为胶钉学说，该学说认为当胶黏剂涂到被粘物表面以后，借助胶液的流动性，很容易渗透到木材等材料的孔隙内或深凹处，固化(或硬化)后形成无数个微小"胶钉"，依靠胶钉的作用产生胶合强度。根据这一理论，在胶合过程中渗透性愈好，产生的胶钉愈多，胶合强度也愈大。

2. 吸附胶合理论

该理论认为一切原子或分子之间都存在着相互作用力，即化学力(化学键)和物理力(范德华力)，物理吸附(范德华力)是胶黏剂和被粘物体之间产生牢固结合的主要因素。按照吸附胶合理论的解释，胶合过程分为两个阶段。第一阶段是液体胶黏剂分子借助布朗运动向被粘物体表面进行扩散，使二者的分子或基团相互靠近；第二阶段是产生吸附力，当胶黏剂分子与被粘物体表面分子之间距离小于 5×10^{-10}m时，两者便产生吸附作用(范德华力)，使分子之间处于最稳定状态，完成胶合作用。

3. 扩散胶合理论

该理论又称为分子渗透理论，认为胶黏剂与被粘物体之间由于热布朗运动而进行相互扩散，使胶黏剂与被粘物体表面之间介面消失，形成一个过渡区，过渡区是一个由两种材料的高分子化合物相互交织在一起的网络结构，从而产生很高的胶合强度，其胶合强度随着时间的增加而增至最大值，如果胶黏剂是以溶液的形式涂敷到被粘物材料的表面，而被粘物材料又能在此溶液中溶胀或溶解时，彼此的扩散作用更加显著，获得的胶合强度也就更大。

4. 静电胶合理论

该理论认为，胶黏剂与被粘物的界面之间，由于不同电子亲合力物质的接触，形成了双电层，双电层构成一个电容器，界面的胶黏剂和被粘物体表面相当于电容器的两块极板，它们之间有静电引力存在，胶合强度主要由双电层的静电引力所引起的。

5. 化学键胶合理论

该理论认为胶合强度是由于胶黏剂与被粘物之间产生化学键的缘故。一般化学键比物理力(范德华力)大1～2个数量级(表23-1)。因此这种结合是非常牢固的。但是这种化学键

表 23-1 原子或分子间的作用能

作用类型	作用力种类	作用能(kJ/mol)
化学键	离子键	585.76～1046
	共价键	62.76～711.28
	金属键	112.97～347.27
键 氢	键 氢	50.2
范德华力	偶极力	20.92
	诱导偶极力	2.09
	色散力	41.84

键的形成需要一定的条件，它只限于反应性的特定的胶黏剂品种，不能解释没有化学反应的胶黏剂品种。

例如，用酚醛树脂胶胶合木材时，酚醛树脂与木材中纤维素、木素之间能形成化学键。由于酚醛树脂和木材之间形成化学键的缘故，大大提高了胶合强度和胶合制品的耐水性。

尽管有各种胶合理论，但无论哪一种胶合理论，都只能反映胶合本质的某一个侧面，到现在为止，还缺乏足够的实验手段和实验数据，以建立完整的胶合理论，但是，在进行胶合实践时，把这些机械的、物理的、化学的因素都考虑在内，对提高胶合强度是有益的。

23.1.2 胶合过程

尽管到现在为止，还没有一个完整的胶合理论，不管胶合理论如何，胶合过程都应该是相同的，即木材胶合(或胶接)是由胶黏剂对木材的润湿和胶黏剂的固化这两个阶段所组成的，通过胶层的固化把木材牢固地连接成为一个整体。

1. 润湿

润湿是指在固体表面上一种液体取代另一种与之不相混溶的流体的过程。通俗地说，润湿就是当液滴与平滑固体表面接触时，如果液滴能在固体表面展开，使液滴呈凸透镜形状的一种现象。如图 23-1 所示。

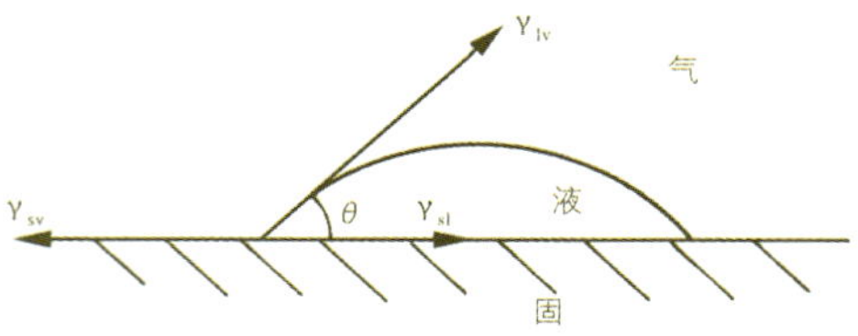

图 23-1 液体对固体表面的润湿

从热力学的角度来分析润湿现象，首先在液滴、固体和大气接触的三相界面的交点作力学分析，当液滴和周围大气之间处于平衡状态时，各作用力之间的关系如图 23-1 所示。图中 θ 是液体和固体之间的接触角，又叫润湿角；γ_{LV}是液体的表面张力，γ_{SL}是固液之间的界面张力，γ_{SV}是固气之间的界面张力。

胶合的实践告诉我们，测定胶黏剂对固体表面的接触角的大小，可以判断胶黏剂能否胶接该种材料。当胶黏剂液体和某种固体材料表面的接触角小于90° 时，说明该胶黏剂有可能胶接该种材料；当胶黏剂液体和某种材料表面的接角大于90° 时，说明该胶黏剂不能胶接该种材料，除非对该材料表面进行表面处理，直到能被该胶黏剂润湿为止，例如，用脲醛树脂胶或酚醛树脂胶胶接竹材的，如果竹材表面的竹青不去掉，这两种胶黏剂不能润湿竹材表面，难以胶接，当用机械的方法把竹青去掉，则由于这两种胶黏剂能润湿处理过的竹材表面而能很好地胶接。这里还需要说明的是，胶黏剂在充分润湿被粘物表面是获得高胶合强度的必要条件，而不是充分条件，对于不同的材料，也不能用润湿程度来判断胶合强度的大小。例如，桦木和椴木都能被同一种脲醛树脂所充分润湿，但胶合强度却有明显的差异，桦木的胶合强度比椴木的高得多。

2. 胶黏剂的固化

胶黏剂的种类不同，固化方式也不同，主要有以下几种：

第一种是通过溶剂蒸发或被被粘物材料自身吸收，实现胶黏剂的固化。这种胶黏剂主要是溶剂型和乳液型胶黏剂，所用的溶剂大多是有一定挥发性的有机溶剂，采用热塑性高分子化合物作胶黏剂的主胶着成分，当高分子化合物溶于有机溶剂以后，便获得流动性，当该溶液润湿被粘物体表面以后，该物质便吸附在被粘物体表面，当溶剂被挥发完或被被粘物材料自身吸收后，便产生一定的粘附力。例如，将橡胶溶解在有机溶剂中（如甲苯，汽油等）便成为橡胶胶黏剂，可以作橡胶、织物等制品的胶黏剂。木材工业中常用的聚酸乙烯酸乳液胶黏剂也属于这种类型。

第二种是熔融冷却方式。这种方式只适用于热熔性胶黏剂，这种胶黏剂也是一种热塑性脂胶，由于不含溶剂，在常温下是固体状态，当受热时，受热温度在软化点以上时，胶便开始获得流动性，即可润湿被粘物固体材料表面，通过冷却方式凝固，产生胶合强度。

第三种是通过化学反应方式，使胶黏剂分子形成网状结构而固化。例如，环氧树脂、脲醛树脂、酚醛树脂等都是通过化学反应而固化的。形成网状结构的反应可以是交联反应(此时在胶黏剂内要加交联剂)，也可以是缩聚反应(在一定的pH 值下进行)。为了提高胶黏剂的固化速度，在条件允许的情况下常常采用加热的方式。在上述胶黏剂固化方式中，某些胶黏剂的固化方式常常伴有两种固化方式同时进行。例如，脲醛树脂胶和酚醛树脂胶在固化时既有化学反应，又有溶剂(水份)挥发。从已知的胶合理论可以知道，在完成胶合过程以后，制品的胶接强度应该由机械物理方面引起的胶接强度因素和特征胶接强度因素所组成，由于木材是多孔性材料，因此，机械胶接强度因素也不能忽视。特征胶接强度因素主要是指分子之间的范德华力，氢键、化学键三种合力综合作用的结果，木材胶黏剂中的胶接强度以特征胶接强度因素为主。实验已经证明，当用酚醛树脂胶或脲醛树脂胶胶接木材时，木材组织中的纤维素分子内的羟基和酚醛树脂胶或脲醛树脂胶之间有化学键生成。

23.2 影响木材胶合强度的因素

23.2.1 胶黏剂对木材胶合强度的影响

胶黏剂在实际应用时有许多因素直接影响胶接强度，而且十分复杂。主要与三方面因素有关：即与胶黏剂的组成、性质有关；与被粘物木材的材性、材质有关；与胶合(接)工艺有关。

胶黏剂的品种不同，它们的化学结构(或单元结构)不同，用于胶接后得到的胶接制品的性能也大不相同。例如，用酚醛树脂胶制造的胶合板，其胶合强度、耐沸水性能都很好，而用脲醛树脂胶制造的胶合板，虽然有一定的胶合强度，但制品不耐沸水煮，胶合制品在沸水作用下很快开胶，失去胶合强度，这是因为两种树脂胶的化学结构不同所决定的。胶黏剂的极性和木材胶合强度有着十分密切的关系。由于木材内含有一定数量的羟基等极性基团，属于极性材料，使用含极性基团的胶黏剂有利于提高胶合强度。这是由于含极性基团的胶黏剂对木材的吸附性能好，有利于胶的渗透扩散，胶黏剂分子和木材表面的极性基团可以相互吸引，形成定向排列，进一步增加胶对木材表面的结合力。胶黏剂的极性可以用偶极矩、内聚能及表面张力等参数加以定性地判别。胶黏剂分子内所含的偶极矩越大，表示它的极性也越大。如CH基偶极矩最小，卤素、C = O、OH，NH_2、CH等极性基团的偶极矩最大。各种基团的偶极矩如表23-2所示。

高分子化合物的内聚能的大小和分子的极性也有密切的关系，当线形高分子化合物分子链中不含有极性原子或不含有极性基团时，分子之间作用力较小，则内聚能密度较低；当高分子化合物的分子链中含有极性原子或极性基团时，则由于静电引力或分子之间能形成氢键，使分子之间的作用力增加，内聚能密度增加。部分有机基团的内聚能如表23-3所示。

高分子化合物分子极性大小和表面张力之间也有密切的关系，分子极性大，表面张力也大，而表面张力太大对润湿木材表面不利，影响胶合强度。因此，高分子化合物分子结构中含有极性基团的多少及其极性的强弱，对胶黏剂的内聚强度和胶合强度均有较大的影响。根据吸附胶合理论，极性基团之间相互作用能提高胶合强度，因此，含有较多极性基团的高分子化合物，如脲醛树脂、酚醛树脂、聚醋酸乙烯、氯丁橡胶等常常作为木材胶黏剂的主胶着成分。但是极性基团含量过多，由于聚合物本身分子之间的作用力增加，聚合物分子链节柔性减少，流动性下降，影响对木材表面的润湿，反而使胶合强度下降。聚合物的分子量(或聚合度)不仅影响木材胶合强度，而且对胶的固化速度、胶对木材的渗透速度以及对胶的内聚强度等都有影响。对于热固性树脂，胶合强度不仅与分子量有关，而且和交联密度有关，不能只考虑分子量大小。对于热塑性树脂胶分两种情况：含有支链的聚合物，它的胶合强度除了和分子量有关外，还和支链的数量有关；不含有支链的直链状聚合物，它的胶合强度和分子量(或聚合度)有关。在其他条件相同时，胶合强度在某一范围内最大。在分子量较小时，胶黏剂的流动性好，润湿性也好，但胶固化以后本身内聚强度低，所以胶合强度差，破坏部位发生在胶层，即胶层内聚破坏。随着分子量的增大，胶合强度也增大，当分子量大到一定范围时，胶内聚力和胶合强度可以达到或超过木材自身强度。如果分子量继续增大，由于胶的黏度过大，流动性降低，润湿性差，反而使胶合强度下降。表23-4为高分子化合物具有最大胶合强度时的分子量(或聚合度)范围。

表23-2 原子基团的偶极矩 单位：D

原子基团	偶极矩		原子基团	偶极矩	
	脂肪族	芳香簇		脂肪族	芳香簇
HC—	0.4	–	—N=C	–	3.5
—CF	1.9	1.6	—NCO	–	2.3
—CCL	2.1	1.7	—NCS	–	2.8
—CBr	2.1	1.7	—SCN	–	3.6
—CL	1.0	1.3	—NO_2	3.6	4.2
—C=O	2.7	3.0	—NO	–	3.2
—CHO	2.6	2.9	>SO_2	4.4	5.0
HO—	1.7	1.4	>SO	–	4.1
H_2N—	1.3	1.5	—COC—	1.2	1.3
HN<	1.0	–	—CSC—	–	1.5
N—<	0.7	–	—COOH	1.7	–
HN—<	1.4	–	COOR	1.8	–
—CN	4.0	4.4	—COCL	2.7	–

表23-3 有机基团的内聚能

基　团	内聚能(kJ/mol)	基　团	内聚能(kJ/mol)
—CH_3	1.78	—$COOCH_3$	5.5
=CH_2	1.78	—$COOC_2H_5$	6.23
—CH_2—	0.99	—NH	3.53
=CH—	0.99	—CI	3.40
—CH—	0.38	—CI	2.06
—O—	1.63	—F	4.30
—OH	7.25	—Br	5.04
=CO	4.27	—I	7.20
—CHO	4.70	—SH	4.25
—COOH	8.97	—$CONH_2$	13.20
		—CONH	16.20

表23-4 某些聚合物最适宜的聚合度范围

聚合物	聚合度
聚醋酸乙烯	60～200
氯乙烯-醋酸乙烯共聚物	100～150
聚乙基丙烯酸酯	80～150
聚异丁烯	50～150
聚酰胺	50～100
硝酸纤维素	150～300

为了提高木材胶合强度、耐水性和耐热性，在胶接时进行交联反应，以提高胶黏剂分子的内聚强度和胶合强度。一般来说，聚合物的内聚强度随交联密度的增加而增大。但交联密度也不能过大，否则会使聚合物的分子链过于僵硬，材料热变形性小，脆性增大，胶层的内应力增大，反而使胶合强度下降。增塑剂一般是低分子量的液体或固体有机化合物，主要为酯类，在胶黏剂高分子化合物中加入增塑剂能增加固化体系的可塑性和弹性，改善柔韧性和耐寒性。由于增塑剂黏度低，沸点高，能增加树脂的流动性，有利于润湿木材表面，使渗透速度加快，提高胶合强度。对于某些热塑性树脂胶来说，添加增塑剂可以降低胶黏剂的成膜温度，扩大应用范围。如，不加增塑剂的聚醋酸乙烯酯乳液胶黏剂的成膜温度为20℃左右，当添加一定比例的邻苯二甲酸二丁酯后，使成膜温度下降至0℃附近。增塑剂加量过多反而会使胶合强度下降．蠕变现象严重。

胶层厚度及形成状态同样影响胶合强度。胶合实践证明，在保证胶层连续而不发生缺胶的前提下，胶层愈薄，胶合强度愈大。胶层的厚度和胶黏剂的性质(聚合度、黏度、固化速度等)，胶合工艺(涂胶量、陈化时间、压力等)，被粘物(木材)的性质(孔隙度、光洁度、含水率等)有关。一般来说，粗糙的木材表面应采用黏度较大的胶黏剂，涂胶量也适当大一些，以保证形成连续的胶层；对于结构紧密又光滑的木材表面，胶黏剂的黏度可适当小些，涂胶量也可适当减少。胶合强度和胶层厚度之间关系如图23-2所示。从图可知，胶层厚度增加，胶合强度显著下降。

胶层的pH值对胶合强度、胶合耐久性有一定的影响。胶层酸性或碱性太强，对木材纤维和胶黏剂本身都有不良的影响，容易使木材或胶黏剂本身发生降解反应，造成胶合强度下降。只要条件允许，应尽量使用pH值适中的胶黏剂，使胶固化后胶层的pH值维持在中性附近。

23.2.2 木材的品质对木材胶合强度的影响

在用胶黏剂胶接木材时，木材的材性、材质对胶合强度的影响主要有以下几个方面：

1. 木材的树种和材质

树种不同，木材的密度一般不同，胶合强度也不同。一般是比重愈大，胶合强度也愈大，密度和胶合强度之间基本呈直线关系，如图23-3所示。但也有例外，密度在0.8以上的重材，这种直线关系不一定成立。被粘物木材如果导管或孔隙多，不易形成薄而连续的胶层，而且胶层厚度也不易均匀，如果孔隙分布不均匀，则上述情况更加严重，容易使胶合制品产生变形。这是由于胶层各部位的内应力不同所致。在胶接木材时还有以下一些规律：不同树种的木材相互胶合时，其胶合强度取决于强度低的木材；边材的胶合强度比心材的胶合强度大，有缺陷部分的木材胶合强度比正常木材的胶合强度低。应力木胶合后的干强度比正常材大，但胶接困难，缩胀大，胶接耐久性差，早晚材之间的胶合强度也有差别，早材与早材的胶合强度最大，早材与晚材的胶合强度其次，晚材与晚材的胶合强度最小。如果木材内含有较多的油脂、蜡、松脂等内含物，由于这些内含物的存在，影响胶黏剂对木材的润湿性，使胶合强度下降。当这些附在表面的内含物用化学方法被除去后，胶合强度又可以得到显著地提高。

2. 木材的表面品质

胶接行为是在木材表面进行的，因此，木材表面品质与胶合强度有着密切的关系。木材被剖开以后，木材分子中的各种活性基团暴露于空气中，由于空气中氧的作用，表面分子发生各种物理化学变化，木材表面颜色变深，这种现象叫作木材表面老化。老化了的木材表面在进行胶接时，其胶接强度比新鲜木材表面进行胶接时的胶接强度低得多。其原因是木材中的内含物移向表面，使木材表面的活性基团被掩

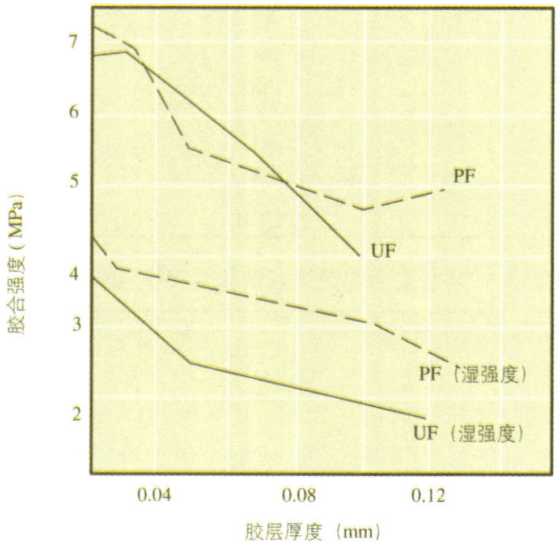

图 23-2 胶层厚度与胶合强度

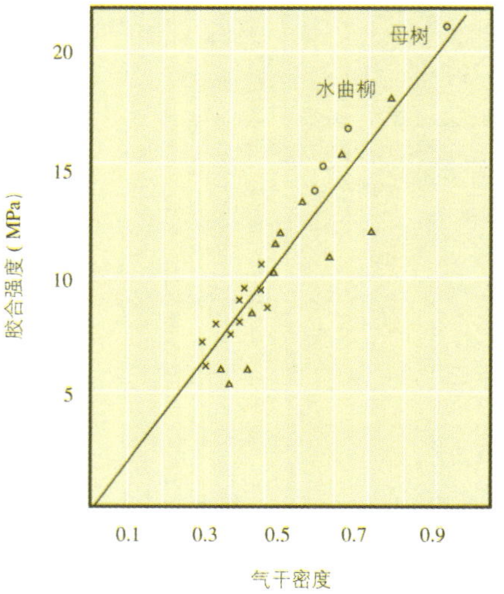

图 23-3 木材密度和胶合强度（径切面、脲醛树脂胶）

盖；一部分木材表面活性基团被氧化，另外，木材表面吸附了气体、水蒸气或表面被污染，总之，使木材表面能量下降，润湿性能变差。木材在胶接前一般都要进行干燥，使木材的含水率控制在一定范围内，以保证胶合强度。在进行干燥时，干燥条件不同(特别是干燥温度)将影响木材表面品质，当干燥温度过高，干燥时间过长，将导致木材表面发生钝化。其原因是在高温条件下木材表面分子发生氧化和(或)裂解。钝化了的木材表面润湿性能差，影响胶合强度。木材表面钝化以后只有用机械的方法(如砂磨)除去已经钝化的表面，除此没有别的方法。如果在针叶材单板表面用硼砂溶液(浓度为0.8%～1.0%)作预处理，可以减少单板在高温干燥时发生钝化和过度干燥现象。木材的平整度与胶合强度的关系十分复杂，原则上木材表面应尽量加工得平整光滑。由于木材的自身结构随树种而异，有的材质坚硬，有的材质松软，必须根据不同的材质，采取适当的切削方法和表面处理，加上正确的胶接工艺才能得到理想的胶接强度，不能一概而论。有人用脲醛树脂胶胶接赤松时，对使用各种刀具切削下来的不同粗糙度的木材表面与胶合强度的关系作了研究，所得结果如图 23-4 所示。

从图中可以看出，刨切面胶合强度最大，剖伤面(有沟痕的表面)的胶合强度最差，对赤松来说，把刨切面再用砂纸精磨以后，胶合强度反而下降。由此可见，木材表面光滑程度和胶合强度的关系十分复杂，它还和胶黏剂的性质，涂胶量，压力等因素有关。经验上是光滑的木材表面，涂胶量少一些，压力低一些，胶合效果较好；材面粗糙时，涂胶量多一些，压力稍高一些，胶合效果较好。而且在胶中可以加适量的填料。

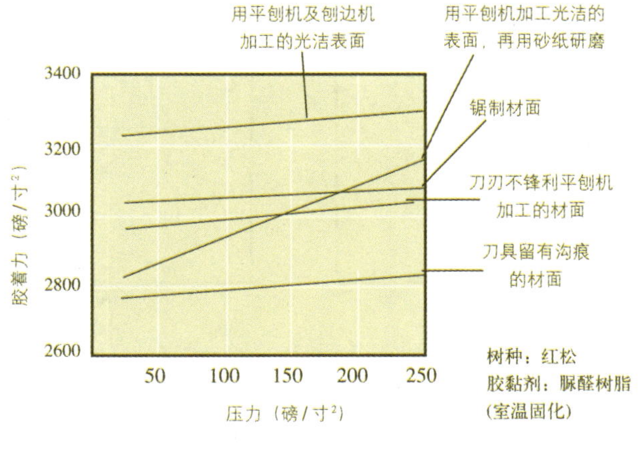

图 23-4 各种切削面与胶合强度的关系

3. 木材含水率

木材含水率和胶合强度有密切的关系。在胶接前，木材含水率过高，涂胶后，胶黏剂被稀释，胶的黏度下降，容易使胶过分地渗透到木材组织中，或在胶压时流失，不易形成薄而连续的胶层，产生缺胶现象，最终使胶合强度下降。另外，木材含水率过高胶接后胶层的内应力较大，影响胶合耐久性，还容易引起制品(板材)变形，产生裂隙等缺陷。一般来说木材的含水率在5%～10%的范围内进行胶接比较理想，同时要求含水率愈均匀愈好。木材含水率过低也会使胶合强度下降。在胶接木材时，木材的含水率应该根据胶种不同而变化，在常用木材胶黏剂中，用酚醛树脂胶压制胶合板时，要求单板含水率在 8%～10% 范围内；用脲醛树脂胶制胶合板时，则要求单板含水率在 12%～15% 范围内。胶接后的木材含水率同样影响木材胶合强度，只是程度不同而已。

4. 木材表面纤维走向

木材纤维走向对木材胶合强度有明显的影响，当胶接面和木材纤维走向平行时，即被胶接的两块木板的纤维走向呈 0° 时，胶合强度最大；当纤维走向呈 90° 时，胶合强度最小。表 23-5 列出的是两块木纹方向不同的板材的胶合强度。

23.2.3 胶合工艺对木材胶合

强度的影响在胶黏剂和被粘物(木材)确定之后，胶合工艺成为胶接性能好坏的重要因素。胶合工艺主要指涂胶量、装配时间(生产胶合板时又叫陈化时间)、胶接时的压力和胶压温度及时间等等。

在胶合时，涂胶量对胶合强度的影响往往不被人们所重视，以为涂胶量大一些，胶合强度也大，其实不然。如前所述，涂胶量过大，胶层变厚，胶层内容易产生各种缺陷，胶层内应力也大，反而使胶合强度下降。涂胶量过少，容易产生缺胶现象，不能形成连续的胶层，也会导致胶合强度下降。涂胶量除了与胶黏剂的种类和性质有关外，还和被胶接木材的孔隙大小、多少、分布，材面光滑程度，装配时间，加压方法等有关。一般来说，合成树脂胶黏剂涂胶量比天然胶黏剂少；黏度低的涂胶量比黏度高的少。胶黏剂黏度过高，流动性差，涂胶不易均匀，对木材的润湿性能差；黏度过低的胶黏剂渗透性较强，涂胶后胶黏剂容易渗透到木材内部，造成缺胶现象，或者在胶压时胶液容易流失，在胶接薄单板时胶液容易透到单板表面，造成板

表 23-5 不同木纹方向（纤维走向）胶接时的胶合强度

树 种	木纹方向所成角度	0°	15°	30°	45°	60°	75°	90°
杉 木	胶合强度（MPa）	6.51	5.49	4.06	3.02	2.45	2.04	1.80
	木破率(%)	89	62	54	45	30	24	32
白柳桉	胶合强度(MPa)	8.61	7.34	6.45	5.89	4.45	36.6	33.3
	木破率(%)	89	51	59	67	28	21	51

面污染，胶合强度也差，因此，胶黏剂在胶接木材时应该有适当的黏度，以便控制涂胶量。涂胶量和胶合强度的关系如图 23-5 所示。

从涂胶到胶压所经历的时间叫装配时间。装配时间长时，涂胶量可适当大一些；装配时间短时，涂胶量可适当少些。为了保证胶合强度，装配时间要适当，不宜过长或过短，否则都会导致胶合强度下降。图 23-6 给出了装配时间和胶合板胶合强度的关系及由装配时间所引起的胶层厚度的变化。

装配时间和胶黏剂的性质、木材材性、涂胶量、外界气温等有密切的关系，另外，装配时间必须小于胶的适用期；调胶后经过时间较长的胶黏剂，则装配时间必须相应缩短，以防止胶在胶压前出现预固化现象。

对于橡胶类胶黏剂及溶剂型热塑性胶黏剂，在涂胶后应该有充分的晾置时间，以便让胶中的溶剂挥发完全。

胶接木材时常常需要对被胶接木材施加一定的压力。施加压力的目的在于使被胶接木材紧密接触，增加胶黏剂的流动性，以便固化后形成薄而连续的胶层。胶压时压力大小应根据胶黏剂的性质、涂胶量、装配时间以及树种材质、被粘木材界面状态等因素所决定。对于黏度较大、流动性较差的胶黏剂及装配时间较长情况下，胶压时压力应适当提高。常用木材胶黏剂的胶压压力一般在0.5～2.0MPa范围内。早晚材硬度有明显差别的木材，在胶接时压力不宜过大，否则在胶接时，由于压力太大，在胶接界面处木材组织较硬的晚材会凸起，胶液流入木材组织较软的早材内，引起晚材部分缺胶或形成葫芦型胶层，使胶合强度下降。压力大小影响胶层的形成状态，压力大，胶层薄，胶合强度大。但压力过大会使一部分胶液渗透到木材组织深处，另一部分胶液从胶接面流失，造成缺胶现象，使胶合强度下降。同时，压力过大木材压缩变形增大。比较适宜的压力随树种而异，比重小的木材(如泡桐，毛白杨等)约为0.5～0.8MPa，比重大的木材(如栎木，五角枫，粗桦等)在1.5～2.0MPa，一般性树种在 1.0MPa 左右。胶压时压力和胶黏剂的性质有关。表 23-6 和图 23-5 表示用大豆胶和冷固化酚醛树脂胶黏剂对桦木和椴木所加的压力和胶合板的胶合强度及胶层厚度的关系。

加压胶合时，压板各部分的压力应均匀，否则胶层厚度不匀，容易产生局部区域缺胶，降低胶合强度。

温度主要影响胶合强度和胶合速度，通常胶合温度分为常温(又叫冷压)和高温或中温(又叫热压)两类。一般在条件允许的情况下尽量采用热压。与冷压相比，热压胶接有如下优点：①胶接时间短，生产率高。热压胶接时间一般只要几分钟，而冷压需要几小时或十来个小时；②胶合强度高，耐水性好。这是因为冷压胶接时胶层存在孔隙多，固化率低，而热压后胶层孔隙被压实，密度增大，加热使木材的细胞或导管收缩，使渗入细胞或导管内过多的胶液通过热和水

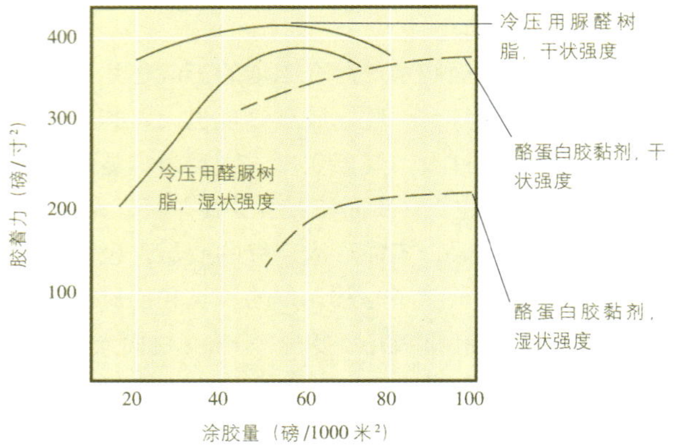

图 23-5 涂胶量和胶合强度

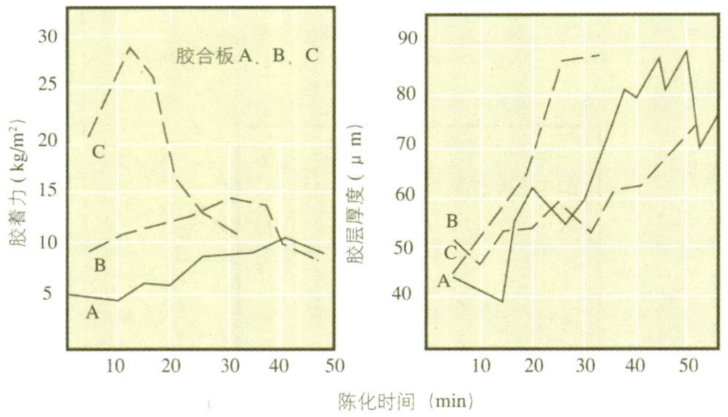

图 23-6 装配时间和胶合板胶合强度及胶合厚度

表 23-6 压力与胶合板的胶合强度及胶层厚度的关系

树种	压力 (MPa)	大豆胶				冷固酚醛胶			
		胶膜厚(μm)	胶接强度（MPa）			胶膜厚(μm)	胶接强度（MPa）		
			最高	最低	平均		最高	最低	平均
桦木	0.5	35.5	1.84	1.12	1.30	22.7	3.04	1.82	2.64
	1.0	32.2	1.92	1.12	1.52	26.6	3.04	1.92	2.80
	1.5	29.0	1.68	1.44	1.60	21.5	3.36	2.40	2.88
	2.0	28.5	1.82	1.36	1.60	17.7	3.28	2.34	2.88
	2.5	24.6	1.60	1.24	1.48	8.5	3.12	2.24	2.64

分的作用而软化并被挤出，向胶黏剂不足的部分扩散，在形成均匀胶层的同时，也增加了胶层的内聚强度。同时采用热压胶接时胶黏剂的黏度变小，流动性变大，润湿性能提高了。由于这些原因，热压胶接的胶合强度一般比冷压胶接的大30%左右；③可节省涂胶量。这是因为胶压时间短，胶液向木材深处渗透少的缘故；④生产胶合板时可以多加填料，降低胶黏剂成本。但热压也有缺点：热压时容易发生放炮、鼓泡等情况。胶层内应力较大，容易翘曲变形，其次，木材压缩率大，尤其是在含水率较高的情况下更明显。冷压胶接时木材的压缩率为0.9%～5.5%，而热压胶接时随着胶压温度的上升，木材压缩率迅速增加，一般在6%～20%范围内，当热压含水率高的软材时压缩率更大。

热压法的热压温度随使用胶黏剂的种类而不同。目前常用木材胶黏剂制造胶合板时的热压温度范围大致如下：

脲醛树脂胶	90～120℃
三聚氰胺树脂胶	100～130℃
间苯二酚树脂胶	70～100℃
常温(中温)固化酚醛树脂胶	80～100℃
高温固化酚醛树脂胶	130～150℃
聚乙烯类胶黏剂	70～90℃

对新研制的胶黏剂的热压温度可用热分析仪对它进行测定，根据热谱图确定热压温度。

热压胶接所需要的时间是由热压板的温度传到胶层所需要的时间及在该温度下胶黏剂固化所需要的时间的总和。热传递速度随热压温度、木材含水率、木材结构而变化。集成材及厚板的胶合可采用高频感应加热，以缩短加热时间。

胶压温度和时间应该相互配合，这和工厂的具体条件有关。

综上所述，要得到较高胶合强度，应该对胶黏剂、木材和胶合工艺这三个方面的因素全面考虑，忽视任何一方面的因素都会影响胶合强度。因此。在生产上必须把握好每个生产环节才能保证胶合性能。

23.3 脲醛树脂胶黏剂

脲醛树脂是以尿素和甲醛或尿素和脲醛预缩液在一定的pH值条件下反应得到的合成树脂。脲醛树脂的发明专利起源于德国，至今已有70多年的历史。我国木材工业大量使用脲醛树脂胶是从20世纪60年代开始的，现在仍然是木材工业中用量最多的胶种。脲醛树脂胶是以脲醛树脂为主胶着物质，在使用前加入适量的固化剂以及其他相关功能材料调制而成。

23.3.1 脲醛树脂的原料

1. 甲醛

甲醛又名蚁醛，分子式：CH_2O，分子量：30.03

(1) 甲醛的性质：甲醛是由甲醇氧化制得，甲醛的沸点为-21℃，熔点为-92℃，在常温条件下呈气体状态，它是一种无色，有刺激性的气体，它能刺激人的粘膜组织，使人流泪，流鼻涕，咳嗽等，严重时会使人失去知觉，空气中含量为$3mg/m^3$时人就有感觉。甲醛气体在空气中最大允许浓度为$5mg/m^3$。甲醛与空气混合能形成爆炸混合物，爆炸极限为7%～73%(体积)。

甲醛能溶于水、醇、醚、丙酮等溶剂，其水溶液的浓度可高达55%，在常温下一般为37%左右，浓度为35%～40%的甲醛水溶液又称福尔马林。甲醛容易氧化成甲酸，特别是在有铝、铁离子存在时氧化更为迅速。反应式如下：

$$2CH_2O+O_2 \rightarrow 2HCOOH$$

甲醛与氨或氯化铵反应可生成六次甲基四胺：

$$6CH_2O+4NH_3 \rightarrow (CH_2)_6N_4+6H_2O$$

$$6CH_2O+4NH_4CI \rightarrow (CH_2)_6N_4+6H_2O+4HCI$$

甲醛在水中以水合甲醛(甲二醇)形式存在，而两个甲醇分子缩合脱去一分子水，生成二甲醛水合物，在一定条件下进一步缩合成多聚甲醛，其反应式如下：

$$CH_2O+H_2O \rightarrow HOCH_2OH$$

$$CH_2O+H_2O \rightarrow HOCH_2OCH_2OH+H_2O$$

$$HO-[CH_2O]_m-H+HO-[CH_2O]_n-H \rightarrow$$

$$HO-[CH_2O]_{(m+n)}-H+H_2O$$

当甲醛浓度较高时，容易生产多聚甲醛，另外，在低温条件下贮存时间较长时，也容易生成多聚甲醛，甲醛溶液中有白色沉淀出现时，说明已经有聚甲醛生成，严重的会出现分层(上层为清液，下层为白色沉淀)或溶液成白色浆状。聚甲醛聚合度较低时，受热即可解聚，使甲醛溶液重新变为透明溶液，当聚合度较高时，解聚温度要在100℃以上，并加适量的酸，以加快解聚，如果多聚甲醛能完全解聚，变成透明溶液，对合成树脂的品质基本上没有影响。甲醛溶液在碱性较强的条件下容易发生氧化还原反应(又叫歧化反应)，生成甲酸和甲醇：

$$2CH_2O \rightarrow CH_3OH+HCOOH$$

(2) 甲醛的保存：为防止甲醛氧化成甲酸，盛装甲醛的容器可用塑料桶或涂锌铁桶，较大型贮罐可用玻璃钢或玻璃钢作内衬的钢罐，避免使甲醛与铁或铝接触。

为防止甲醛在低温条件下聚合，在保存甲醛溶液时应保持一定的温度，在冬季贮罐底部可以通少量蒸汽，进行间接加热，使溶液保持一定的温度。甲醛保存的最宜温度为10～40℃。另外，甲醛溶液中加少量的甲醇作阻聚剂(用量为6%～12%)，以延长它的贮存期。表23-7列出的是避免甲醛聚合所需的甲醇量。

(3) 甲醛的品质标准（表23-8）

表 23-7 避免甲醛聚合所需的甲醛量

甲醛浓度（%）	温度（℃）	所需甲醇量（%）
37	35	1
37	21	7
37	7	10
37	6	12

表 23-8 甲醛的品质指标

指标名称	指 标		
	优等品	一等品	合格品
外观	无悬浮物液体，低温时允许白色混浊。		
色度（铂－钴），号≤	10	—	—
甲醛含量，%	37.0～37.4	36.7～37.4	36.5～37.4
甲醇含量，%≤	12	12	12
酸度（以甲酸计），%≤	0.02	0.04	0.05
铁含量，mg/m³≤	1（桶装）	3（槽装）	5（槽装）
	5（桶装）	10（桶装）	10（桶装）
灰分，%≤	0.005	0.005	0.005

2. 脲醛预缩液

脲醛预缩液是为了克服甲醛在贮存过程中容易发生聚合的缺点而研制的产品。它是高浓度甲醛和尿素缩合而成的低分子化合物，也叫脲醛浓缩液，简写为“UFC”，它是专供合成脲醛树脂的原料。

(1) 脲醛预缩液的性质：脲醛预缩液是由高浓度甲醛和尿素在摩尔比(F/U)4～5∶1，用碱性催化剂低温反应制成的。经分析测定，脲醛预缩液中主要是多羟甲基脲，甲醛，水及少量的甲醇。脲醛预缩液可在－36～40℃温度下保存一年以上不变质，克服了普通甲醛不能在低温下贮存及贮存期短的缺点。此外，脲醛预缩液还有以下的优点：

①制胶过程中不产生废水，不污染环境。用普通工业甲醛溶液要想得到高树脂含量的脲醛树脂液，必须在制胶过程中增加脱水工序，而脱出的废水中含有 6%～14% 的甲醇和 2%～3% 的甲醛，必须经过处理后才能排放，处理废水需要一定的费用。

②省去了脱水工序，缩短了操作时间，提高了劳动生产率，对于新建的工厂或车间，可省去脱水设备，节省设备投资。

③能耗低。制胶时省去了脱水工序，省去了一部分蒸汽和电力，另外，也省去了冬季加热甲醛贮罐耗用的蒸汽。

④脲醛预缩液浓度高，运输费用低。

⑤由于脲醛预缩液性质稳定，在制胶过程中省去了脱水过程，因此。生产的脲醛树脂性能也比较稳定。

(2) 脲醛预缩液的品质：脲醛预缩液根据甲醛和尿素的含量不同有几种规格，目前国内常用的是 UFC-60 脲醛预缩液，其品质指标如表 23-9。

表 23-9 UFC-60 脲醛预缩液品质指标

指标名称	指 标
外观	无色或淡黄色透明液体
pH 值	6.5～8.0
甲醛含量，%	43.0 ± 0.5
尿素含量，%	17.2 ± 0.5
甲醇含量，%≤	6.0

3. 尿素

尿素分子式：$CO(NH_2)_2$，分子量：60.06。

(1) 尿素的性质：

尿素是由二氧化碳和氨在高温高压条件下合成的。反应式如下：

$$CO_2+2NH_3 \rightarrow H_2NCOONH_4 \rightarrow CO(NH_2)_2+H_2O$$

缩＝脲

尿素为无色针状结晶体或白色棱状结晶，结晶体大小及结构随制造方法而异，目前工业用尿素大多制成颗粒状。尿素比重1.335(20℃/4℃)，熔点132.7℃生成热为79.1kCal/mol，在20℃水中的溶解热为-3.35kCal/mol，易溶于水，在空气中易吸湿成硬块，水溶液呈现碱性，尿素还溶于乙醇、液氨、苯，微溶于醋酸乙酯，不溶于氯仿、乙醚。

尿素在常温或熔点以下温度时性质比较稳定，在熔点以上会发生分解或二分子尿素缩合生成缩二脲，并放出氨气。

$$2CO(NH_2)_2 \rightarrow H_2NCONHCONH_2+NH_3$$

尿素在水、稀酸、稀碱溶液中很不稳定，在稀碱溶液中加热到50℃以上时分解放出氨，在稀酸作用下分解放出二氧化碳，在尿素酶作用下分解放出二氧化碳和氨。

$$H_2NCONH_2+2NaOH \rightarrow 2NH_3\uparrow +Na_2CO_3$$

$$H_2NCONH_2+H_2SO_4+H_2O \rightarrow (NH_4)_2SO_4+CO_2\uparrow$$

$$H_2NCONH_2+H_2O \xrightarrow{尿素酶} 2NH_3\uparrow +CO_2\uparrow$$

(2)尿素的品质标准：工业用尿素品质指标 (表 23-10)

表 23-10 尿素品质标准

指标名称	指 标		
	优等品	一等品	合格品
颜色	白	色	
总氮(N)含量(以干基计 %)，≥	46.3	46.3	46.3
缩二脲，%≤	0.5	0.9	1.0
水分含量，%≤	0.3	0.5	0.7
铁含量（以 Fe 计），%≤	0.0005	0.0005	0.001
碱度（以 NH_3 计），%≤	0.01	0.02	0.03
硫酸盐含量（以 SO_4^{2-} 计），%≤	0.005	0.010	0.020
水不溶物含量，%≤	0.005	0.010	0.040
粒度（ϕ 0.85～2.8mm），%≥	90	90	90

23.3.2 脲醛树脂的合成原理及制造工艺

尿素和甲醛的反应十分复杂，以致于无法测定出脲醛树脂的化学结构，导致反应复杂的原因是尿素和甲醛的化学结构和反应的多样性，尿素和甲醛反应中既有加成反应，又有缩聚反应。尿素分子内含有两个氨基，四个活泼氢，从化学结构来看，这四个活泼氢的活性相同，具有4官能度，甲醛在水中呈甲二醇状态，具有两个官能度。在反应初期，首先甲醛和尿素反应生成羟甲基脲，而后由生成的羟甲基脲进一步缩聚生成线型脲醛树脂(初期树脂)，继续反应生成支链型脲醛树脂，直到生成具有体型网状结构的脲醛树脂。从尿素和甲醛反应到生成线型脲醛树脂(初期树脂)这个阶段是在反应锅内进行的。脲醛树脂后一阶段的反应是在胶接过程中完成的。

1. 脲醛树脂的合成原理

合成初期脲醛树脂的反应分为两个阶段：第一阶段为加成反应，生成羟甲基脲；第二阶段为缩合聚合反应。

(1)加成反应(羟甲基化反应)

尿素和甲醛生成羟甲基脲的反应如下：

$\mathrm{CO(NH_2)_2+CH_2O \rightarrow H_2NCONHCH_2OH}$　　羟甲基脲

$\mathrm{H_2NCONHCH_2OH+CH_2O \rightarrow HOH_2CNHCONHCH_2OH}$

$\mathrm{HOH_2\ CNHCONHCH_2\ OH+CH_2O}$　　二羟甲基脲

$\mathrm{\rightarrow HOH_2CNHCON(CH_2OH)_2}$　　三羟甲基脲

$\mathrm{HOH_2CNHCON(CH_2OH)_2+CH_2O}$

$\mathrm{\rightarrow (HOH_2C)_2NCON(CH_2OH)_2}$　　四羟甲基脲

上述反应在弱碱性，弱酸性，中性条件下都可以进行，在中性或弱碱性条件下反应比较缓和，生成的羟甲基脲比较稳定；在弱酸性条件下和前者不同，生成的羟甲基脲不稳定，将继续反应生成次甲基脲，或羟甲基脲之间发生缩聚反应，使分子逐渐变大。尿素和甲醛之间反应时，尿素在短时间内几乎全部参加反应，生成的一羟甲基脲是白色固体，熔点111～113℃，易溶于水，在室温条件下100g水中可溶解40g。由一羟甲基脲继续和甲醛反应的速度比前者慢，较难进行，生成的二羟甲基脲也是白色晶体，熔点为121～126℃，在水中的溶解度比较小，在室温条件下100g水中可溶解15g，可溶于热水。由二羟甲基脲和甲醛反应生成三羟甲基脲的反应速度更慢，反应更难进行，三羟甲基脲也是白色固体，熔点更高，在水中溶解性更小。由三羟甲基脲生成四羟甲基脲的反应几乎很难实现，在甲醛过量很多的情况下才有可能生成。到目前为止，四羟甲基脲还未单独被分离出来。据测定，尿素和甲醛的反应是可逆反应，生成一羟甲基脲，二羟甲基脲，三羟甲基脲的相对速度为9∶3∶1。

(2) 羟甲基脲的进一步反应(缩聚反应)

尿素和甲醛反应生成的羟甲基脲，仍然是低分子化合物，还不是树脂，必须进一步反应。羟甲基脲的进一步反应主要是羟甲基脲中羟基和尿素(或羟甲基脲)分子中与氮原子连接的活泼氢发生脱水缩合。反应的结果使生成的尿素母体之间以次甲基键(-$\mathrm{CH_2}$-)方式连结，因此，又叫次甲基化反应。羟甲基脲之间的反应一般在酸性条件下进行。由于在反应初期有一羟甲基脲，二羟甲基脲及少量的三羟甲基脲存在，因此。后期的缩聚反应就十分复杂。缩聚反应主要有以下几种：

1) 羟甲基脲和尿素之间的反应

$\mathrm{H_2NCONHCH_2OH+H_2NCONH_2}$

$\mathrm{\rightarrow H_2NCONHCH_2NHCONH_2+H_2O}$

$\mathrm{HOH_2CNHCONHCH_2OH+H_2NCONH_2}$

$\mathrm{\rightarrow HOH_2\ CNHCONHCH_2\ NHCONH_2+H_2O}$

由上述反应可知，羟甲基脲和尿素反应生成尿素的二聚体。

2)羟甲基脲之间的反应

$\mathrm{H_2\ NCONHCH_2OH+H_2\ NCONHCH_2OH-}$

$\mathrm{\rightarrow H_2NCONH\text{-}CH_2\text{-}NHCONHCH_2OH+H_2O}$

$\mathrm{HOH_2CNHCONHCH_2OH+H_2NCONHCH_2OH}$

$\mathrm{\rightarrow HOH_2CNHCONH\text{-}CH_2\text{-}NHCONHCH_2OH+H_2O}$

$\mathrm{HOH_2CNHCONH_2OH+HOH_2CNHCONH_2OH \rightarrow}$

$\mathrm{HOH_2CNHCONH_2\text{-}CH_2O\text{-}CH_2\text{-}NHCONHCH_2OH+H_2O}$

$\mathrm{HOH_2CNHCONHCH_2OH+HOH_2CNHCONHCH_2OH-}$

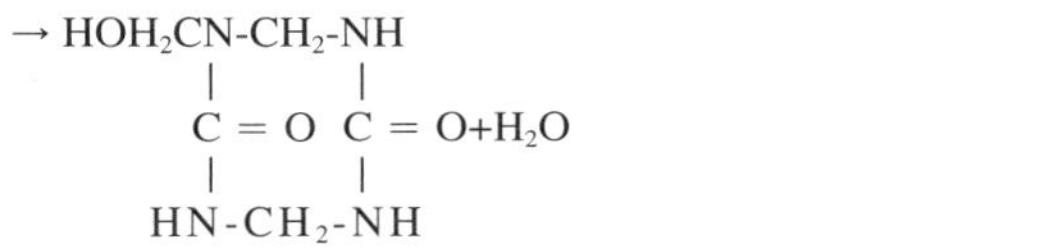

实验发现，在弱酸性条件下羟甲基不容易和已经被取代过的酰胺基反应；一羟甲基脲中氨基的活性比尿素中氨基的活性小，一羟甲基脲中的羟甲基比二羟甲基脲中的羟甲基活泼。

如果在弱酸性条件下，羟甲基脲继续反应下去，则缩聚产物的分子量不断增加，在宏观上表现为黏度增加和水溶性下降，当反应至一定程度时即形成初期脲醛树脂。初期脲醛树脂为分子量不同的线型聚合物的混合物；平均分子量一般在400～500范围内，聚合度7～8，分子量分布较宽，分子内含有一定量的羟甲基，另外，脲醛树脂分子除端部含羟甲基外，在主链上也有一定比率的羟甲基。初期脲醛树脂中次甲基键，醚键的数量和甲醛与尿素反应时摩尔比有关，甲醛用量大时醚键数量增多，少时次甲基键数量占多数。初期脲醛树脂黏度低，在水中有一定的溶解性，这也是区别于中期和末期脲醛树脂的主要特征。初期脲醛树脂中尿素母体之间的连接主要以次甲基键的连接方式为主；也有少量的次甲基醚键连接；在酸性条件下经过中期树脂最终变为不熔不溶的末期树脂。

从初期脲醛树脂的形成到固化的整个过程中有时也发生

两个羟甲基之间同时失去水及甲醛的反应：

$$RNCH_2OH+HOH_2CNHR' \rightarrow RNHCH_2OCH_2NHR' +H_2O+CH_2O$$

注：式中R，R′为初期脲醛树脂主链

简单地说，初期脲醛树脂是分子内含有一定数量羟甲基的尿素母体以次甲基键连接为主的，分子量分布较宽的低聚物的混合物，此外还有极少量的未反应的游离甲醛。含有如下的结构：

$$-NHCON(CH_2OH)CH_2NHCONHCH_2N(CH_2OH)CONH-$$

初期脲醛树脂在酸性条件下可演变为中期树脂，最后变为不溶不熔的末期树脂。从化学结构来看，末期树脂已经具有三维网状的体型结构，受热不熔，对水和溶剂不溶解，有一定的机械强度。当脲醛树脂进入凝胶状态时，说明已经进入末期树脂阶段，处于凝胶状态的脲醛树脂有一部分是网状结构的，还有一部分是未交联的中期或初期树脂，随着时间的推移，这部分未交联的树脂将愈来愈少，直至消失，从宏观上看末期树脂硬度增大。处于末期阶段的脲醛树脂的结构不是稳定不变的，它向两个方向变化，未交联的分子可能继续进行交联(缩聚)反应，已经交联的分子可能发生酸水解反应，产生键的断裂。

末期脲醛树脂结构和其制备时原料配比及制造工艺，固化条件有关。其结构十分复杂，用现代的科学仪器检测手段还不能加以确定。其他参考资料中介绍的只是设想的化学结构，在此不再重复。

2. 脲醛树脂一般制造工艺

脲醛树脂的制造工艺是根据脲醛树脂的合成原理分段实现的。工业上分间歇式、半连续式和连续式三种生产方式。我国目前所生产的脲醛树脂都是采用间歇式生产方式。即从原料投入到生成树脂都是在一个反应釜内进行的。

脲醛树脂在木材工业中具有广泛的用途，可用于制造家具、胶合板、刨花板及中密度纤维板。对于不同用途的脲醛树脂的品质要求也不同。如用于制造胶合板的脲醛树脂必须具有较快的固化速度，初黏度大，预压性能好，而用于制造中密度纤维板的脲醛树脂必须具有黏度小，游离甲醛含量低等特点。如何根据脲醛树脂的合成原理制造符合各种不同要求的脲醛树脂，关键在于制造脲醛树脂时的原料配比，加料时机，尿素和甲醛反应时介质的pH值及反应温度等方面。

原料配比是甲醛和尿素的比例关系，一般用摩尔比表示。即把甲醛和尿素的质量比换算成甲醛和尿素的摩尔数之比，范围在1.05～2.2之间。

(1) 一般脲醛树脂制造工艺的步骤

1) 原料的检验

按照国家标准检验甲醛和尿素的品质是否符合国家标准。每次都应有化验记录，以备查用。

2) 备料

根据甲醛浓度和尿素纯度，计算工艺配方中甲醛和尿素的质量。先用泵把甲醛打入计量罐内，经计量后送入反应釜内，没有计量罐的可把甲醛称量后直接打入反应釜内。尿素一般用磅称量，甲醛在经过调整pH值后加入第一次尿素。

3) 原料混合和升温

经过计量的甲醛加入反应锅后，开动搅拌器，加碱调整甲醛溶液的pH值至规定值，同时开蒸汽升温至一定温度后加第一次尿素。由于甲醛和尿素的反应是放热反应，因此在尿素加入后升至一定温度时应及时关汽，靠反应自发热升至规定温度，按工艺要求在规定的温度下保温一段时间。用蒸汽加热时关汽的温度和设备材料、反应液用量、反应温度及蒸汽压力有关。一般小反应釜容量小，反应热小，关汽温度稍高；同样的反应釜采用的蒸汽压力大时，关汽温度应适当低。

4) 反应液介质的pH值

pH值对脲醛树脂的合成是非常重要的条件因素，在工艺规程中都会有明确的规定。在甲醛加入后，一般用碱液调至7.5～8.5，升温至规定温度后，pH值一般在6.5～7.5，保温结束后在6.0～7.0之间，保温结束后，一般用氯化铵或弱酸(甲酸、乙酸等)调反应介质的pH值至4～5.2之间，使前阶段反应生成的羟甲基脲之间进行缩聚反应。一般在此阶段反应20～80min，最好控制在30～45min之间。

5) 反应控制点

反应控制点的控制是制造脲醛树脂性能好坏的关键。在制造脲醛树脂时经常有3个控制点。在制造脲醛树脂时随着反应时间的延长，脲醛树脂的黏度逐步增加，在水中的溶解性下降。因此常用涂4杯测定反应液的黏度大小，以控制反应的程度，或者用树脂液(反应液)在水中的混浊温度以表示它的反应程度。一般来说在脲醛树脂制造过程中至少有2个控制点。第一个控制点在加成反应阶段，用于控制加成反应的程度。这个控制点在许多脲醛树脂的制造工作中常常加以忽略。即规定在多少温度下保温反应多长时间，在保温结束后并不加以检测；第二个控制点在缩聚反应阶段用于控制反应缩聚程度，常用测定树脂液的黏度或树脂液在水中的混浊温度的方法加以控制。第三个控制点有几种情况，对于分次加尿素的工艺中，有的在加了第二次尿素以后需要继续反应一段时间的，则有一个控制点；对于需要脱水处理的则也有一个脱水控制点。

6) 反应后期处理

主要有中和处理。减压脱水、后期添加尿素等工序。在缩聚反应阶段，脲醛树脂的分子量增加至一定数值后(宏观上反应液黏度增大到一定数值)，即第二个控制点到达后，应立即加碱性物质(一般是浓度为30%的烧碱液)中和至中性或规定的pH值，如果中和不及时，等于超出第二个控制点的黏度，最后生成的脲醛树脂的黏度偏大或水溶性差，而有可能影响胶合强度，减压脱水的目的是提高树脂液的固体含量。一般胶合板和中密度纤维板使用的脲醛胶不需再减压脱水，冷固化用的或刨花板用的脲醛树脂都需要进行减压脱水。使树脂固含量达到55%～70%之间。由于固含量提高了，脲醛树脂的黏度也增大了，同时在脱水过程中也脱去了部分游离醛和甲醇，降低了胶中的游离醛含量。

在缩聚反应结束后，为了进一步降低脲醛树脂中的游离甲醛，经常再添加一部分尿素，对于有脱水工序的可以在脱水前，也可以在脱水后加，一般以脱水后加的效果更好。添加尿素时的温度以 70～65℃为宜，保温 10～30min，pH 值在 7.5～8.0 之间较好。

在制造脲醛树脂时只有注意以下几方面的因素，才能得到较满意的产品。

1) 原料的品质和催化剂

制造脲醛树脂的原料是尿素和甲醛及少量催化剂。和制造其他化工产品一样，合格的原料是制造合格产品的关键。工业尿素和工业甲醛溶液都必须是合格产品。尿素纯度应在98%以上，或含氮量在46%以上，其中杂质部分，硫酸盐含量必须在 0.01% 以下；缩二脲含量在 0.8% 以下，游离氨含量在0.015%以下。当尿素中缩二脲含量偏高时(大于1%时)，将使脲醛树脂在贮存期间由于羟甲基含量明显下降，影响脲醛树脂的贮存稳定性。

尿素中硫酸盐含量对脲醛树脂的合成和贮存部有较大的影响。在合成时，它会使反应介质的 pH 值不稳定，无论在升温阶段还是保温阶段都会使反应介质的pH值明显下降(如图 23-7 所示)。有时在保温时就会使反应介质失去透明而变得混浊。这是由于生成了次甲基脲的缘故。图 23-8 表示某脲醛树脂在反应开始阶段反应介质 pH 值和尿素中硫酸盐含量的关系。由图 23-8 可知，当硫酸盐含量在0.02%～0.03%时，树脂贮存 24 小时后胶接强度就开始下降。如果采用硫酸盐

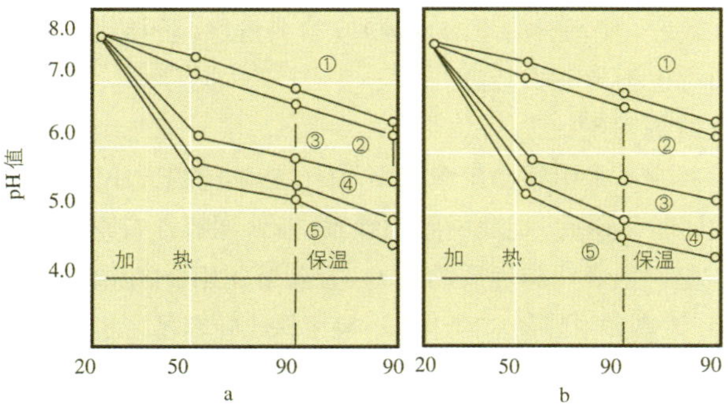

硫酸盐含量：① 0%；② 0.01%；③ 0.02%；④ 0.035%；⑤ 0.05%

图 23-7 尿素中硫酸盐含量与反应过程中 pH 值的变化

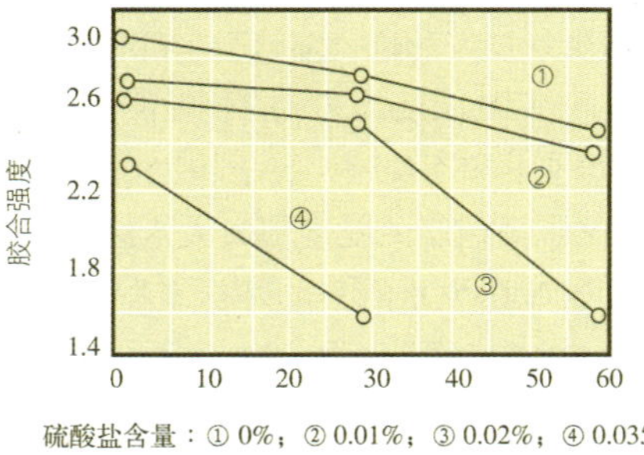

硫酸盐含量：① 0%；② 0.01%；③ 0.02%；④ 0.035%

图 23-8 不同硫酸含量树脂的胶合强度与存放时间的关系

含量偏高的尿素作原料制造脲醛树脂时，在反应一开始应把反应液的 pH 值适当调高，而且要经常检测反应液的 pH 值，使反应介质的 pH 值保持在规定的范围内。制成的脲醛树脂要尽快使用，及时用完。

如果在升温时已经出现不溶性次甲脲沉淀，可作如下处理：用1份次甲脲溶液加 2～3 份甲醛，调温至 40℃，用强酸(HCl)调 pH 至 2～3，再升温至 80℃，保温搅拌至溶液透明(约 1h 左右)，再用氢氧化钠溶液调节pH值7～8，冷却后备用，制胶时根据原配方中尿素、甲醛的投入量和转化时加入的甲醛量，补加不足的尿素(补加的尿素可稍少于计算的尿素量。因为在操作时会损失部分甲醛)，然后按原来的工艺进行生产。

甲醛溶液的浓度，甲醇、甲酸及铁离子含量对脲醛树脂合成反应及脲醛树脂本身的理化性能都有一定的影响。在相同的原料配比及工艺条件下，甲醛浓度高，反应速度快，所得树脂的固含量也高，反之，甲醛含量低，反应速度慢，所得树脂的固含量低，为了提高树脂的固含量，不得不在反应结束后进行后期减压脱水。如果甲醛浓度很低，则脱水量也大，浪费了能源。一般甲醛浓度不得低于30%，否则难以制成合格的脲醛树脂。最好是使用甲醛含量较高的脲醛预缩液(UFC)。

①甲醇含量：工业甲醛溶液中含甲醇量一般在 12% 以下，工业甲醛溶液中的甲醇来源有二部分，一部分是在制造甲醛时甲醇氧化不完全而残留的，另一部分是人工加入的。甲醛溶液中甲醇的存在可以防止甲醛自聚。甲醇对甲醛的阻聚作用可用下列反应式表示：

$$CH_2O+H_2O \rightleftharpoons HOCH_2OH$$
$$HOCH_2OH+CH_3OH \rightleftharpoons CH_3OCH_2OH+H_2O$$
$$CH_3OCH_2OH+CH_3OH \rightleftharpoons CH_3OCH_2OCH_3+H_2O$$

甲醛水溶液中的甲醛以甲二醇形式存在，它和甲醇结合为半缩甲醛，进一步又变为缩醛，使甲醛自聚的机会大大减少。

甲醛浓度愈高，需要加的甲醇阻聚剂的量也愈多。一般37%浓度左右的甲醛溶液需要加6%～12%的甲醇作阻聚剂。

甲醇含量还影响脲醛树脂的反应速度，甲醇含量低时，树脂反应速度快，反之，甲醇含量高时，树脂反应速度慢，反应容易控制，因此在使用甲醇含量较低的甲醛溶液时，在酸性反应阶段的 pH 值应该适当调得高一些，以免反应过于激烈而发生意外。

甲醇含量对脲醛树脂的理化性能有如下的影响：首先是固化速度的影响，甲醇含量低，脲醛树脂的固化速度快，而适用期短，反之，甲醇含量高，则树脂的固化速度慢，适用期长；其次是影响脲醛树脂的贮存稳定性，甲醇含量高，树脂的贮存稳定性好，贮存期长，而甲醇含量低的脲醛树脂，贮存稳定性较差，贮存期短。

甲醇含量还影响脲醛树脂的耐水性。含有甲醇的脲醛树脂的耐水性比不含甲醇的脲醛树脂的耐水性差，而且热水吸水率较高(6%～10%)，出现这种异常现象的原因是由于形成了甲基化脲醛树脂，这种树脂在固化时不发生变化，因为它溶于水，使得制品的耐水性下降。另外，由于这部分甲基化脲醛树脂在固化时不发生反应，降低了树脂的交联密度，也影响了树脂的耐水性及胶接强度。

用不同甲醇含量的甲醛溶液制成的脲醛树脂的贮存稳定性和树脂化反应速度的关系如表 23-11 所示。

表 23-11 甲醛溶液中甲醇含量和脲醛树脂化反应速度及贮存期的关系

甲醛质量指标		酸性阶段至反应终点时间 (min)	树脂黏度增长情况（格氏、S）			
甲醛含量 (%)	甲醇含量 (%)		初黏度	48 天黏度	120 天黏度	145 天黏度
36.0	0	25	1.9	3.6	6.6	凝胶
35.9	4.8	30	1.9	2.6	5.0	6.0
36.5	6.3	40	1.85	2.6	3.2	4.0
36.46	10.9	60	1.9	2.5	3.2	4.0

如果不考虑贮存期，甲醛溶液中醇含量低对提高脲醛树脂的性能有利。

②甲酸含量：甲醛溶液中的甲酸是甲醛自身氧化的结果。

$$2CH_2O+O_2 \rightarrow 2HCOOH$$

甲酸对尿素和甲醛的反应起着强烈的催化作用，即使量很少也会使反应无法控制，在这种情况下，反应物升温很快，即使能控制也只能生成松软的白色胶体，并且很快凝胶，造成事故。这种白色凝胶体很快成硬块，很难从反应锅中取出，带来极大的麻烦。因此在和尿素反应之前，必须把甲酸去除，即用碱中和。

甲醛溶液中甲酸含量高，甲醛的pH值低，中和甲酸所消耗的碱量大，对树脂化反应和树脂品质有一定的影响，(主要影响树脂的固化速度)。

③铁离子含量：甲醛溶液中的铁离子主要来源于贮存甲醛的容器，如贮存在铁桶中，由于甲醛中甲酸的腐蚀性，使甲酸中铁离子含量逐渐增长，铁离子大部分以三价铁离子存在。铁离子的影响有以下几个方面：甲醛溶液中含有铁离子时，会加速甲醛的氧化，随着时间的迁移，甲醛溶液的pH值下降，并使甲醛溶液的颜色变深，由原来的无色变成黄色、橙黄色；随着铁离子含量增加，所制成的脲醛树脂也带有颜色，有浅黄色、黄色、棕色，铁离子含量高时甚至变成灰黑色；其次在树脂反应过程中，影响pH值的准确测定。(大多数工厂测定pH值都是用试纸，或指示剂) 在升温或脱水操作时容易起泡，特别是脱水操作时，真空度不能高，否则容易“跑胶”，使脱水时间加长，能耗大，生产周期长；甲醛中铁离子含量高时，一般甲酸含量也高，中和时消耗碱量大，由于用碱量大，会加速甲醛的氧化还原反应，使反应物中甲醇含量增加，影响树脂的固化速度，另外，脲醛树脂中铁离子的存在会使树脂的贮存期缩短，对于高摩尔比的脲醛树脂尤为明显。

催化剂对脲醛树脂的性能有很大的影响，尤其是酸性催化剂，它将影响脲醛树脂的耐水性。在制造脲醛树脂的加成反应阶段，常用碱性催化剂，主要有氢氧化钠溶液、碳酸钠溶液、氨水、六次甲基四胺、三乙醇胺、硼酸钠等，一般出于经济成本考虑，绝大部分使用10%～30%浓度的氢氧化钠溶液。过高的浓度容易使甲醛发生氧化还原反应，影响生成树脂的性能，使树脂的固化速度下降。六次甲基四胺俗名乌洛托品，是生产脲醛树脂的较好的碱性催化剂，制成的脲醛树脂水溶性好，贮存期长，性能稳定，由于价格的原因，常常和氢氧化钠溶液配合使用。

酸性催化剂有氯化铵、硫酸铵、甲酸、乙酸、氯化锌等，其中氯化铵由于价格便宜用得较多。氯化铵和反应液中的甲醛作用放出盐酸，使反应介质的 pH 值下降。

$$4NH_4Cl+6CH_2O \rightleftharpoons (CH_2)6N_4+4HCl+6H_2O$$

甲酸和乙酸属于有机酸，用它作催化剂时制成的树脂稳定性较好，使用时的水溶性较好，容易洗涤，价格也不太贵，使用者也不少。

2) 原料配比

其实质是甲醛和尿素的摩尔比，摩尔比的大小对生成树脂的树脂化速度，生成树脂的性质，及使用特性有密切关系。

①对生成树脂性质的影响：在脲醛树脂合成原理部分已阐明，尿素和甲醛反应时生成一羟甲脲比较容易，而生成二羟甲脲就比较困难，当一个摩尔的尿素和一个摩尔的甲醛反应时，其加成反应的产物只能是一羟甲脲，一羟甲脲在进行缩聚反应时能参加反应的官能团是羟基和氮原子上的三个活泼氢，在前面已经提到，羟甲基脲中的羟甲基不容易和已经被取代过的酰胺基上的活泼氢反应，因此实际上一羟甲基脲分子中的羟

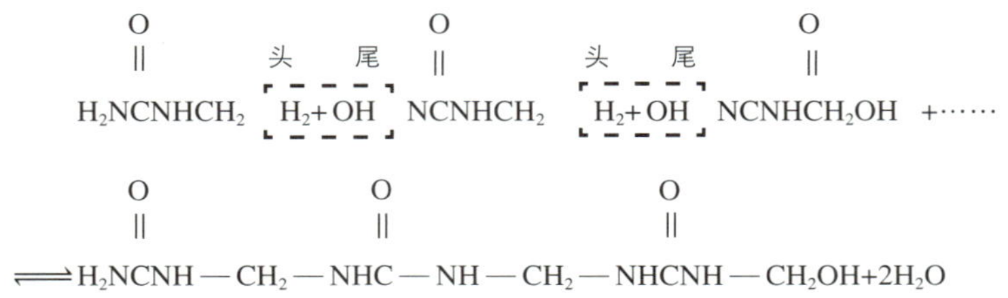

基只能和相邻一羟甲基脲分子中的未被取代过的酰胺基上的一个活泼氢反应。用反应式表示看得更清楚。

因此尿素分子中二个氨基有四个活泼氢，可以说是四个官能度，而在生成一羟甲基脲后，实际上变成了二个官能度，只能生成线型结构的脲醛树脂，它们之间的反应是以头尾连接方式组成的，是热塑性脲醛树脂，这种树脂在木材工业中尚无实用价值。

当一摩尔的尿素和二摩尔的甲醛在弱碱性条件下进行反应时，可以形成二羟甲基脲，该分子内有二个羟基可以和相邻分子羟甲基中氮原子上的活泼氢进行缩聚反应，也就是说二羟甲基脲中的二个羟基和二个活泼氢都能参加反应，所以平均官能团为四。因此，二羟甲脲之间，或二羟甲脲和一羟甲脲之间，可以缩聚形成热固性脲醛树脂。由于生成二羟甲脲比生成一羟甲脲慢，而且在摩尔比为2，进行加成反应时只能生成一部分二羟甲脲，还有一部分羟甲基脲及未反应的甲醛。因此在进行缩聚反应时的速度较慢。由于上述的原因，摩尔比大，甲醛用量大，生成的脲醛树脂与甲醛含量高。在实际生产时，甲醛和尿素的摩尔比一般在1.2～2.0范围内变化，有的摩尔比甚至降到1.0～1.05，其原因将在后面阐述。

②对树脂化速度的影响：制备脲醛树脂时摩尔比的大小对树脂化速度有明显的影响。如前所述，摩尔比愈大，在加成反应时生成的二羟甲脲也就多，而二羟甲脲的反应活性比一羟甲脲低，因此缩聚反应的速度反而慢，也就是说树脂化速度慢。在pH值相同的条件下，摩尔比大，即甲醛用量大，树脂化速度慢，反应容易控制；摩尔比低，甲醛用量少，树脂化速度快，反应难控制，这就是低摩尔比脲醛树脂要保持稳定品质比较难的原因之一。

对于低摩尔比(如甲醛和尿素的摩尔比为1.5：1)，如果在制备脲醛树脂时尿素一次全部加入到甲醛溶液中进行加成反应和缩聚反应，结果得到的树脂不但贮存期短(几个小时后即成膏状)而且胶接强度低，耐水性差。原因是在低摩尔比条件下，一次性加尿素后，由于甲醛量不足，只能生成大量的一羟甲脲。二羟甲脲生成的数量不足，致使固化时交联密度低，因而胶接强度差。为了使低摩尔比的脲醛树脂胶在胶接时有较高的胶接强度，必须提高低摩尔比脲醛树脂胶在固化时的交联密度，在尿素和甲醛进行加成反应时生成一定数量的二羟甲脲。在加成反应阶段，提高甲醛和尿素的摩尔比有利于生成大量的二羟甲脲，因此把尿素分成二次或二次以上加的工艺是一个很有效的方法。尿素分次加时，甲醛和第一次加的尿素的摩尔比大大提高了，这样在加成反应阶段，第一次加的尿素可以生成足够量的二羟甲脲，这部分二羟甲脲在生成初期脲醛树脂后，为后阶段固化交联打下了基础。甲醛和第一次尿素之间的摩尔比称为合成摩尔比。合成摩尔比一般不得小于1.6，一般在2或2以上。

生产低摩尔比脲醛树脂时分次加尿素有以下作用：由于采用分次加尿素后，第一次加尿素的量比总量少得多，合成摩尔比大，反应热少，反应速度慢，反应容易控制；在加成反应阶段可生成一定数量的二羟甲脲，有利于提高脲醛树脂的固化速度和贮存稳定性；使尿素和甲醛充分反应，有利于降低脲醛树脂的游离甲醛。

③对生成的脲醛树脂使用特性的影响：不同摩尔比对脲醛树脂使用特性的影响见表23-12。

分次加尿素对脲醛树脂使用特性的影响在很大程度上取决于第一次加尿素后合成摩尔比的大小。在该阶段的摩尔比愈高，树脂愈透明，树脂稳定性也愈好。表23-13列出的是一次加尿素和分次加尿素对树脂性能的影响。

表23-14列出了酸性阶段摩尔比和树脂性能的关系。

由以上两表可知，改变酸性阶段的摩尔比，可以改变树脂的外观和贮存稳定性，即使摩尔比降低至1.2也可制出性能稳定的树脂，但后期尿素加入量不能过多，当超过尿素总

表23-12 脲醛树脂使用特性与摩尔比关系

使用物性	高摩尔比（≥1.7）	低摩尔比（≤1.7）
外 观	随摩尔比增加 透明性增加	乳液或暂时透明 液体
游离甲醛含量	高	低
适用期	短	长
固化时间	短	长
树脂含量	低	高
胶接强度	大	小
耐久性	好	差
贮存期	长	短

表23-13 一次加尿素和分次加尿素对脲醛树脂性能的影响

摩尔比	加料方式	树脂理化性以指标						胶合板剪
		固含量（%）	游离甲醛（%）	羟甲基含量（%）	次甲基含量（%）	树脂贮存性		切湿强度(MPa)
						能初黏度（S）	21天黏度（S）	
1.7：1	一次	53.3	1.8	10.23	13.8	33.9	30	1.48
1.7：1 (1.9～1.7)：1	二次	54.5	1.33	11.22	13.35	4.4	6.8	1.52
1.7：1 (2.3～1.9～1.7：1)	三次	54.65	1.37	11.72	12.72	4.0	5.6	1.41

表 23-14 酸性阶段摩尔比和树脂性能的关系

甲醛和尿素在不同阶段的摩尔比			树 脂 的 性 能		
总摩尔比	加一次尿素后酸性阶段加	二次尿素后碱性阶段	固含量（%）	外观、贮存稳定性	胶合板剪切湿强（MPa）
1.2	1.6	1.45	61.90	反应过程中即混浊，第二天分层，几天后成膏状	1.24
1.2	1.8	1.45	61.90	树脂冷却后即混浊，贮存期一个月以上	1.04
1.2	2.0	1.45	61.57	透明黏液，第二天即混浊，贮存期一个半月以上	0.90
1.2	2.2	1.45	61.47	透明黏液数日后混浊，贮存期 3 个月	脱胶
1.2	2.4	1.45	61.98	同上	脱胶

量的 25% 以上时，由于游离尿素和一羟甲脲占的比例过大，固化时交联密度不够，使湿胶接强度下降，耐水性变差。酸性缩聚阶段的摩尔比最好不要低于 1.6，否则影响树脂的贮存稳定性和湿胶接强度。

④摩尔比和胶接耐水性及耐久性的关系：合成脲醛树脂的摩尔比在 1.6 时耐水性最好。高于 1.6 和低于 1.6 耐水性都会下降。当摩尔比高时，脲醛树脂中含有的羟甲基量过多，在树脂固化以后仍有一部分未交联的羟甲基处于游离状态，这部分羟甲基吸水性较强，造成胶接耐水性下降。摩尔比低于 1.6 时，树脂内二羟甲脲含量不足，没有参加反应的一羟甲脲和游离尿素过多，造成胶在固化时交联密度下降，使胶接湿强度下降。

3) 反应介质的 pH 值

当尿素和甲醛反应时，反应介质的 pH 值不同，缩聚反应的初期产物不同，最后形成的树脂结构也不一样。要使尿素和甲醛在反应初期生成较多的二羟甲脲和在反应后期能形成以次甲基键连接为主的初期脲醛树脂，必须了解反应介质 pH 值对树脂生成反应的影响，以便在不同的阶段控制合适的 pH 值，合成较理想的脲醛树脂。

在反应初期(羟甲基化反应阶段)，如果在强碱性条件下进行，将使羟甲脲的形成速度降低，这是由于生成的羟甲脲的水解速度增加的缘故，对树脂的生成反应不利；如果在较强酸性(pH<3)条件下进行，容易使生成的羟甲脲向次甲脲转化。

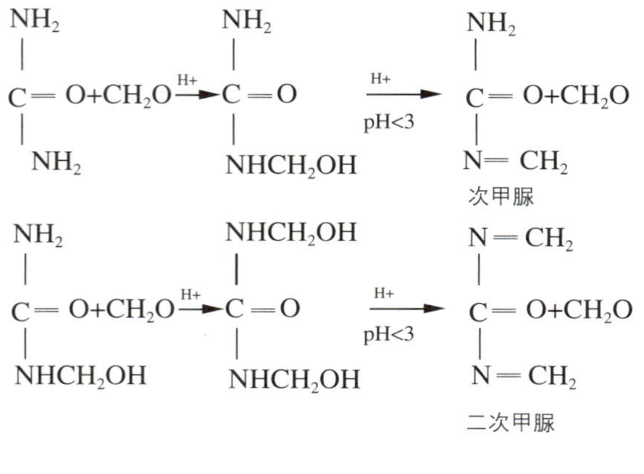

在酸性条件下生成的一次甲脲和二次甲脲都是不溶于水的白色晶体，在合成脲醛树脂过程中，如果一次甲脲和二次甲脲超过一定的数量之后则严重影响胶接强度，甚至会造成大面积脱胶现象。

在反应后期(缩聚反应阶段)，如果在碱性条件下进行，则主要通过羟甲基之间的脱水反应，形成次甲基醚键($-CH_2-O-CH_2-$)连接。

$$HOH_2CNHCONHCH_2OH+HOH_2CNHCONH_2 \overset{OH^-}{\rightleftharpoons} HOH_2CNHCONHCH_2OCH_2NHCONH_2+H_2O$$

$$HOH_2CNHCONHCH_2OH+HOH_2CNHCONHCH_2OH \overset{OH^-}{\rightleftharpoons} HOH_2CNHCONHCH_2OCH_2NHCONHCH_2OH+H_2O$$

上述的几个反应在碱性条件下反应速度较慢，而且生成的次甲基醚键不稳定，受热后又释放出甲醛，重新转为次甲基键。

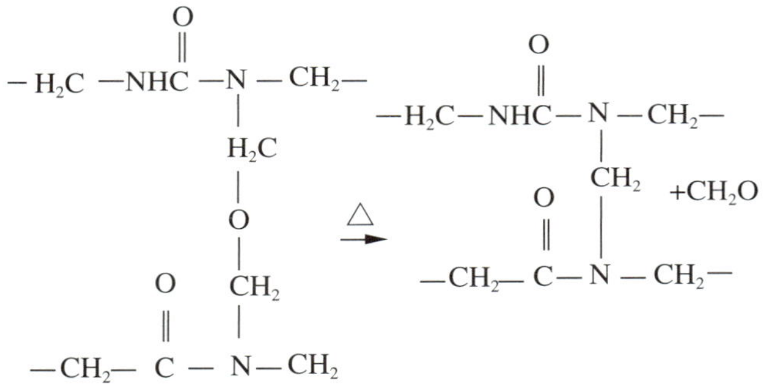

次甲基醚键比次甲基键长，在使主链横向交联时大分子间的距离增大，降低交联密度，增加分子的柔韧性，改善脲醛树脂固化后的脆性，但过多则会降低胶接强度，同时，在热压时放出大量甲醛，污染环境。

反应后期(缩聚反应阶段)如果反应介质的pH值太低，反应激烈不易控制，容易生成不含羟基的聚次甲基脲不容性沉淀，使树脂溶解性下降，控制不当容易凝胶。

反应介质的pH值不仅影响树脂产物的结构，而且影响树脂化速度。反应介质的pH值和脲醛树脂反应速度的关系如图23-9所示。图中抛物线为加成反应(羟甲基化反应)速度和反应介质pH值的关系，斜线是缩聚反应速度和反应介质pH值的关系，由图可知，在pH为5～7时，加成反应速度较慢，随着pH值的增加或减少，加成反应的反应速度上升，缩聚反应速度和加成反应的情况不同，在碱性条件下树脂化(缩聚)反应很慢，在碱性较大时几乎不发生树脂化反应，随着反应介质的pH值减少，缩聚反应速度呈直线增加，当pH ≤ 5左右时，缩聚反应的速度大于加成反应的速度。

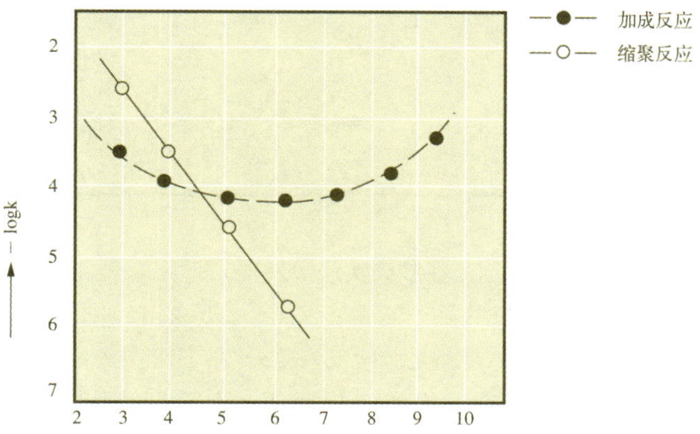

图23-9 反应速度常数(k)与反应介质pH的关系

因此为了控制反应速度，使各个阶段的反应比较充分，常规的脲醛树脂反应的pH值按以下的要求控制：在反应初期反应介质的pH值应该在弱碱性条件下进行，在此阶段使加成反应充分进行，而几乎不发生缩聚反应；反应后期在弱酸性条件下进行，使缩聚反应的速度进行得较快，控制反应介质的pH值，使缩聚反应速度适当。在反应终点以后，再用碱调节反应介质的pH值至弱碱性或中性，将缩聚反应基本停止下来。

最近一段时间以来，在实践中发现，当甲醛用量足够大时(一般甲醛和尿素的摩尔比大于2.8)，在较低温度下，即使反应介质的pH在1～2之间也不发生凝胶，而是生成糖醛型(Uron)结构，发生如下反应：

$$H_2N-\overset{\overset{\displaystyle O}{\|}}{C}-NH_2+3CH_2O\xrightarrow[\text{低温}]{pH=1\sim2}\underbrace{HN-\overset{\overset{\displaystyle O}{\|}}{C}-N}_{CH_2-O-CH_2}-CH_2OH+H_2O$$

当脲醛树脂中有糖醛型结构存在时，胶的耐水性改善了，贮存期大大延长了，如冷固化的脲醛树脂一般贮存期为3个月，而在强酸条件下制得的脲醛树脂(含糖醛结构)贮存期可达8～9个月，但是含这种糖醛结构的脲醛树脂胶的固化速度稍慢，水溶性较差，胶合强度较低。

4) 制造工艺

在制造脲醛树脂时除了应该注意原料品质、原料配比和反应介质的pH值外，制造工艺也是很重要的环节。制造工艺包括反应温度、升温速度、反应终点的控制、二次加尿素及三次加尿素的时机等等。尿素和甲醛的反应速度随着反应温度的升高而加速，和温度之间基本上呈直线关系，在酸性介质中反应温度的影响更为显著，当反应温度过高时，由于反应速度太快，反应终点难于掌握，容易出次品或其他生产事故；如果反应温度过低，反应速度太慢，树脂化反应不充分，反应时间过长，树脂质量也差。一般脲醛树脂的反应温度应根据原料配比(摩尔比)、甲醛的浓度、甲醛中甲醇的含量等因素决定，大都在80～95℃之间。

在规定升温时间(升温速度)时，应注意尿素和甲醛反应时的反应热，当把尿素加入甲醛溶液中时，尿素的溶解需要吸收大量的热量，此时如果不补充热量，反应介质的温度将下降。此时需要加热，使反应介质的温度升到一定温度后应关汽，停止加热，以后温度上升主要靠反应自发热自动升至规定的温度。用蒸汽加热到什么样的温度即停止加热，没有统一的规定，它和反应物的投料量，反应介质的pH值，摩尔比及蒸汽介质的压力有关，主要靠在实践中总结经验。

二次加尿素和三次加尿素的时机对脲醛树脂的性能影响也较明显，特别是二次加尿素的时机对脲醛树脂的影响更显著。二次加尿素的时机有以下三种情况：在保温结束(羟甲基化反应基本完成)后加；在调酸后缩聚反应一段时间加；在反应终点以后加；第三次加尿素的时机基本上分反应终点后加或脱水以后加二种情况。第二次加尿素的时机不同主要影响脲醛树脂的初粘性，预压性能，固化速度及贮存期。

反应终点的控制是决定尿素和甲醛反应程度的关键，反应终点是否控制适当将影响树脂的品质和使用特性。各种脲醛树脂胶的反应终点都是在进行大量的实验后确定的。脲醛树脂反应终点的测定有以下几种方法：

①测混浊温度：尿素和甲醛反应生成树脂的过程中，随着生成物分子量的增大，生成物在水中的溶解性逐渐下降。对于同一种树脂在不同的水温下溶解性也不相同，测定树脂的混浊温度就是利用这一原理。如反应进行到某一阶段时，把脲醛树脂滴在某一温度的水中出现混浊时作为反应终点，这时的水温即为混浊温度。如确定混浊温度15℃为反应终点，即把正在反应的脲醛树脂液取样滴在15℃水中，当刚好出现混浊时即为反应终点。树脂的混浊温度愈高，树脂的反应程度愈深，说明树脂的分子量也愈大。

②测树脂液黏度大小：一般工厂都是测定脲醛树脂液的条件黏度。即用4号涂料杯测定树脂液在某一温度下从杯内全部流出所需要的时间(s)，在同一温度下流出时间愈长，则说明树脂液黏度愈大，也就是树脂的平均分子量愈大。

③观察树脂液：在冰水中沉淀的粒子大小当树脂化反应到一定程度时，树脂液倒入冰水中，由于树脂在水中的溶解度小而出现白色沉淀，树脂反应程度不同时，倒入冰水中所产生白色沉淀后的粒子大小不同，分子量大则产生的沉淀粒子大。反之，分子量小则产生的沉淀粒子小。根据肉眼观察的经验判定是否达到终点。目前这三种方法都在使用，而最后一种方法常作为辅助参考的方法，常用前2种方法。

23.3.3 木材工业用脲醛树脂胶介绍

23.3.3.1 木材工业用脲醛树脂胶黏剂的基本组成

脲醛树脂胶的组份中除了脲醛树脂作主胶着成份以外还必须加入固化剂，根据工艺要求有时还需加填料或起泡剂、防水剂、阻燃剂等助剂。脲醛树脂胶的基本组成是脲醛树脂和固化剂。由于脲醛树脂的牌号不同，原料配比不同，制造工艺不同，所得的脲醛树脂的性质也有很大的差别，因此所要求的固化剂的种类或数量也有所不同。除了固化剂以外，其他组成都是根据胶接工艺或产品使用要求而加入的，以满足胶接工艺或产品的使用要求。

1. 固化剂

(1) 脲醛树脂的固化条件: 液态的脲醛树脂是脲醛树脂的初级阶段，属于线型分子结构，要使它迅速转变为末期树脂，即变成固体(体型网状结构)，必须加入适量的固化剂才能实现。加入固化剂的作用是使初期脲醛树脂又重新处在酸性状态，让脲醛树脂继续进行快速缩聚反应，使其很快从脲醛树脂的初期树脂经过中期树脂变为末期树脂，完成固化过程，起胶接作用。因此，凡是酸或酸性盐及某种条件下(如加热)能放出酸的物质都可以作脲醛树脂的固化剂。提高胶压时的固化温度可以加速脲醛树脂的固化速度如图23-10。由图知，常温下和高温下的固化时间相差很大，但是在高温下固化时胶层的内应力较大，影响胶接制品的胶接耐久性。

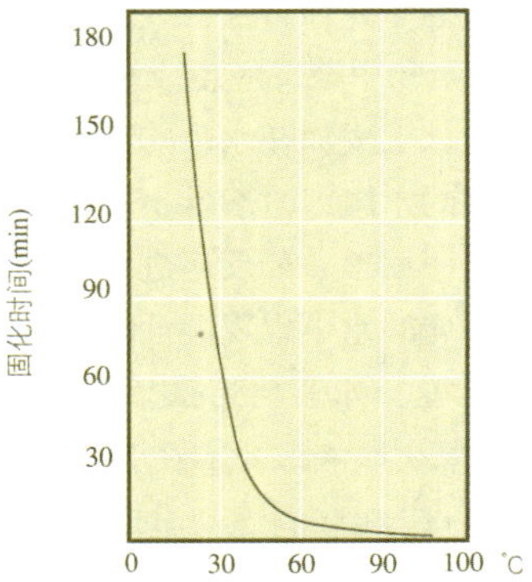

图 23-10 固化时间与温度的关系

(2) 固化剂的种类：脲醛树脂固化剂的种类分单组分固化剂、复合固化剂、潜伏性固化剂和微胶囊固化剂等等。

①单组分固化剂：单组分固化剂有硼酸、磷酸、酸式硫酸盐、盐酸化合物、磷酸化铵或聚磷酸铵等等。其中应用最广的是氯化铵或硫酸铵。因为这两种固化剂价格便宜，使用方便，水溶性好。它们的固化机理如下面反应式所示：

$$4NH_4Cl+6CH_2O \rightleftharpoons 4HCl+6H_2O+(CH_2)_6N_4$$

$$NH_4Cl+H_2O \rightleftharpoons NH_4OH+HCl$$

由于氯化铵和甲醛及水作用能产生盐酸，使脲醛树脂液ph值迅速下降，加速了脲醛树脂的固化进程。一般氯化铵的加入量(以固体氯化铵计)为树脂液质量的0.1%～2%，加入过量的氯化铵(超过2%)对脲醛树脂的pH值无明显影响。

表23-15是氯化铵用量和脲醛树脂液pH值及适用期的关系。

表 23-15 氯化铵用量和脲醛树脂液 pH 值及适用期的关系

NH_4Cl 用量(%)	pH 值变化 10(min)	pH 值变化 60(min)	适用期 (min)
0.2	4.8	4.0	250
0.4	4.5	3.8	90
0.8	4.4	3.7	70
1.0	4.3	3.6	60

②复合固化剂：在胶接实践中发现，一种单一组份的固化剂在某些条件下往往不能满足胶接工艺要求，必须使用二种或二种以上组份才能满足胶接工艺要求。在下列情况下一般使用复合固化剂: 在环境温度较高的夏季，为了延长脲醛树脂胶的适用期，应使用复合固化剂，可用氯化铵和尿素，或氯化铵和六次甲基四胺，或氯化铵和氨水。这里尿素、六次甲基四胺或氨水起缓冲作用，延缓脲醛树脂液pH值下降的速度。

图23-11显示了加与不加缓冲剂的脲醛树脂的pH值与存放时间的关系。氯化铵和尿素(或六次甲基四胺)的比例及复合固化剂的用量要根据气温高低和工艺要求不同，通过实验加以确定。表23-16列出了固化剂组成和脲醛树脂固化时间及适用期的关系。

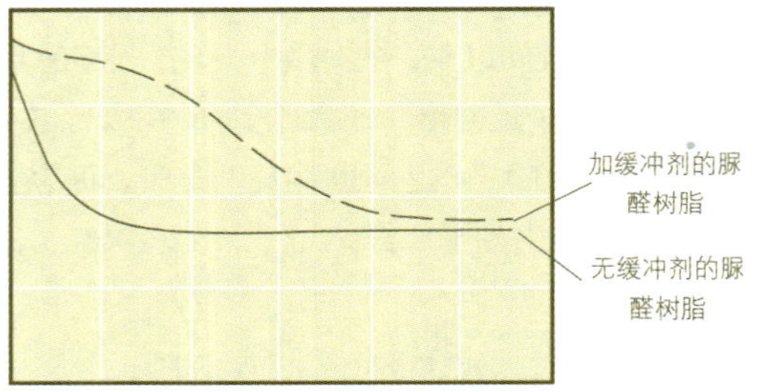

图 23-11 脲醛树脂 pH 值与有效时间的关系

表 23-16 固化剂组成和脲醛树脂固化时间及适用期的关系

固化剂种类	用量(%)	固化时间(S)	适用期(min)
NH_4Cl	0.5	22.5	140
NH_4Cl 1 NH_4Cl 1	1.0	26.5	300
NH_4C 1 $(CH_2)_6N_4$ 1	1.0	17.0	420
NH_4Cl 25 H_2O 50 $CO(NH_2)_2$ 30 $(CH_2)_6N_4$ 45	1.0	40.0	7600

注：固化剂种类一栏内，固化剂右边的数字表示重量比例

另一种是在环境温度很低的冬季，在生产胶合板时为了提高胶的预压性能或采用常温固化方式时为加速树脂固化，在氯化铵内加适量的酸组成复合固化剂，它们之间的比例及这种复合固化剂的用量也应根据当地气温和胶合工艺的要求通过实验确定。

③潜伏性固化剂：这是一种在室温条件下不显酸性，在高温下显酸性的固化剂。潜伏性固化剂有游离酸型和热分解型二种。游离酸型固化剂在常温下是固体，不显酸性，在高温溶融时才显示酸性，如酒石酸、草酸、柠檬酸。热分解型固化剂在热分解前为中性，在高温下由于水解而产生酸。属于这类的有过氧化物，酸酐、有机卤代物、酯类等。

④胶囊型固化剂：这种固化剂的细小颗粒表面有一层胶囊保护膜(胶囊熔点一般高于50℃)，在常温下固化剂由于胶囊保护膜的保护而不与脲醛树脂液发生作用，而在高温时胶囊保护膜熔化破裂，胶囊的固化剂即与树脂发生反应，使胶固化。

目前潜伏性固化剂与胶囊型固化剂由于价格及性能方面的原因都没有被广泛采用。

(3) 固化剂的选择：脲醛树脂胶黏剂的固化剂应根据人造板及木制品的生产工艺要求和环境温度的高低加以选择。固化剂的种类决定了胶液pH值降低的速度及其可能降低的临界极限值，而胶液pH值降低的速度又受气温的影响，气温（环境温度）影响胶液pH值降低速度，因而影响胶液的适用期及常温固化时的固化时间。这就是说脲醛树脂胶的固化剂不是一直不变的，在不同的季节由于气温（环境温度）不同，固化剂的种类及用量应该有所变化。另外，在满足工艺要求的前提下，能制后胶液pH值不能过低，否则影响胶接耐久性，热压时间也不宜过长，否则也会影响胶接强度。

2. 填充剂

填充剂用量应根据树脂的性能、胶接工艺要求和产品用途来决定。一般用量在5%～30%(以液体树脂质量为基准)。对耐水性要求很低时，填料加入量可加到100%～200%。这种情况常是两种不同性能的填料混合使用。

活性填料(又叫活性增量剂)是填充剂的一种，它和普通填充剂的差别在于调胶时和普遍填充剂一样，基本不影响胶的固化速度，不同的是在胶固化后，活性填料能逐渐吸收(中和)胶层在固化后残留的酸，提高胶层的pH值，由于胶层的pH值上升了，接近中性，从而提高了脲醛树脂胶的耐老化性和耐水性。活性填料以碱性玻璃粉最具代表性。在普通脲醛树脂胶中添加质量为10%～15%碱性玻璃纤维粉(200目以上)，调制后压制的胶合板，其试样在沸水中煮3h以上仍能有1.0MPa以上的剪切胶合强度。由0玻璃纤维比重较大，制成胶合板后，由于胶层硬度大，锯边时易伤锯齿等缺点，应用也不多。

如前所述，填充剂不是脲醛树脂胶的基本组份，只是根据胶合工艺的需要而加入的，在生产时经济因素及产品的后加工性能也必须加以考虑。综合上面种种因素，面粉是生产胶合板时较理想的填充剂，用量一般为脲醛树脂的5%～30%。过去在调制脲醛树脂胶时总是设法多加些面粉，在保证胶合强度的前提下降低胶的成本，现在原料价格变了，面粉的价格已经大于脲醛树脂了，因此，在生产胶合板时不是设法多加面粉，而是设法少加面粉，大多数工厂现在面粉只加15%左右，有的加得更少。

表 23-17 原料配比

原 料	规 格	重量比	摩尔比	备 注
甲 醛	37%	514.2	2	加水30kg，稀至35%
尿 素	含N≥46	190.1	1	加水100kg，溶解至65%左右
氢氧化钠	15%	适量		
甲 酸	43%	适量		

23.3.3.2 各种用途的脲醛树脂生产工艺介绍

1. 细木工用脲醛树脂生产工艺

(1) 原料配比(表23-17)

(2) 制造工艺

①将定量甲醛和30kg水加入反应釜内，开动搅拌器，测定甲醛溶液的pH值，并用甲酸(或氢氧化钠溶液)调pH值在4.4～4.8范围内；

②将定量尿素预先与100kg水混合加热溶解为溶液；

③通蒸汽加热，待液温上升至80～85℃时开始将尿素溶液缓缓加入反应锅内，约在0.5～1h内加完；

④加完尿素溶液后，釜内温度应控制在90～95℃之间，pH值应在5.0～5.5之间；

⑤在90～95℃下保温10min后，开始抽样测定水混溶性。1份样品和2份水混合后在20℃时出现云雾状不溶物即为反应终点，立即用15%氢氧化钠溶液中和至pH=8；

⑥通冷却水降温，当液温降至80℃左右时，开动真空泵，进行减压脱水，脱水时温度宜保持在75℃左右，脱水量为240kg左右，当反应液黏度(20℃)用4号涂料杯测定达到70s时即为脱水终点。

⑦关蒸汽，放空，使釜内压力恢复正常，同时开冷却水进行强制冷却，当锅内液温为45℃时，停止搅拌，即可放料。

(3) 树脂性能指标

外观：无色或淡黄色，无杂质透明液体

pH值：7.0～8.0

固体含量：55%以上

黏度(20℃)：500～1000cp(1cp = Pa.s)

游离甲醛含量(%)：<3

贮存期(20℃)：3个月以内

该树脂适用于在常温下胶压各种木材制品，热压时固化速度快，缺点是游离甲醛含量较高，对环境有不同程度地污染。

2. 胶合板用脲醛树脂生产工艺

(1) 原料配比

甲醛：尿素(摩尔比)为 1.65：1

原 料	纯度(%)	用 量(质量份)
尿 素	98	80，15，5
甲醛	37	218.5
氢氧化钠	30	适量
氯化铵	20	适量

(2) 制造工艺

①将甲醛经计量后加入反应釜内开动搅拌器，用氢氧化钠溶液调节 pH 至 8.5～9.0；

②加入第一次尿素，在 40～50min 内使内温均匀升至 90～94℃，并在该温度下保温 30min(保温结束时 pH 值不得低于 6.0)；

③加第二次尿素，继续在 90～94℃下保温 30min(此阶段 pH 值不得低于 5.6)；

④用氯化铵溶液调节 pH 值至 4.8～5.0(依甲醛溶液性质而定)，每隔 5～10min 测一次黏度(用 10mm × 100mm 的倒泡管)，当黏度达到 1.85s时，立即加碱中和至pH值为7.0～7.5，并通水冷却；

⑤当内温降至80℃时，开真空泵进行减压脱水，当脱水量和黏度达到要求时(脱水量为甲醛投料量的 15%，黏度为 4.0s 左右)。立即停止脱水、放空、通冷却水冷却，同时加入第三次尿素；

⑥内温降至40℃，用氢氧化钠调节pH值为7.5～8.0放料。

(3) 树脂性能指标

外观：乳白色粘稠液体

黏度：300～500cp(20℃)

固体含量：52%～56%

游离醛含量：≤ 2.0%

pH 值：7.0～8.0

3. 刨花板用脲醛树脂生产工艺

(1) 原料配比

甲醛：尿素(摩尔比)=1.2：1

配方中各原料用量

原 料	纯度(%)	用量(质量份)
尿素	98	55，28，17
甲醛	37	160
氢氧化钠	30	适量
甲酸	20	适量

(2) 生产工艺

①将甲醛经计量后加入反应釜内，开动搅拌器，用氢氧化钠溶液调节 pH 值至 7.0～7.5；

②加入第一次尿素，在 40～50min 内使内温均匀升至 92 ± 2℃，并在该温度下保温；

③每隔一定时间测一次浑浊点(根据反应速度快慢而定)当浑浊点达到50℃时，立即用甲酸溶液调节pH值至4.6～4.8；

④取样测黏度，当倒泡黏度达到 1.5s时，立即用氢氧化钠溶液中和，使pH值控制在7.0～6.5之间，并通冷却水冷却；

⑤当内温降至75℃以下时，加第二次尿素，在55～65℃保持 20min；

⑥加第三次尿素，搅拌 10min 后调节 pH 值至 7.0～7.5；

⑦开启真空泵减压脱水，当脱水后黏度达到 3.5s(倒泡时间)时，停止脱水，放空，冷却至 40℃放料。

(3) 树脂性能指标

外观：半透明粘液

黏度：250～400cp(20℃)

固体含量：62%～66%

游离甲醛含量：≤ 0.5%

固化时间：30～50s

水混合性：≥ 2

pH 值：7.0～7.5

这种胶黏剂用于刨花板生产可以达到无臭刨花板的要求，使用时除加固化剂外，还要加石蜡乳化剂，以提高刨花板的耐水性。

4. 低毒刨花板用脲醛树脂生产工艺

(1) 原料配比

甲醛：尿素(摩尔比)=1.05：1

原料配比中各原料用量

原料	规格	用量(质量份)
甲醛	浓度 50%，醇含量<1%	100，11．5
尿素	含 N ≥ 46%	48.5，9.6，18.5．22.25
氨水	浓度 25%	5
氢氧化钠	浓度 10%	适量
氯化铵	浓度 10%	适量

(2) 生产工艺

①加定量甲醛 100 份，开动搅拌器，用氢氧化钠溶液调 pH 值在 6.8～7.0 之间；

②通蒸汽升温至60℃，加尿素48.5份，继续升温至94℃，反应 10min，此时 pH 值降至 6.2，用 10%NH_4C1 水溶液调 pH 值至 4.7；

③继续升温至99℃，加第二次尿素9.6份，并反应10min；

④用氢氧化钠溶液将 pH 值调至 5.4，并通冷却水降温；

⑤当温度降至 66℃时，加第三次尿素 18.5 份，并反应 22min；

⑥通冷却水降温，当温度降至 38℃时，加第二次甲醛 11.5 份和第四次尿素 22.2 份，并在此温度下反应 30min，用氢氧化钠中和至 pH 为 7.5，加入 5 份氨水，降至室温出料。

⑦树脂性能指标

固体含量：68%～70%

折射率：1.450～1.456

pH 值：7.5～8.5

黏度：100～200cp

游离甲醛含量：≤ 0.05%

100℃凝胶化时间：25～55s

羟甲基含量：12%～13%

贮存期限：3 月

该树脂的特点是游离甲醛含量特别低，而凝胶时间短，适用作刨花板及制造细木工板；缺点是需要甲醛浓度高，而且甲醇含量在 1% 以下。

5. 用甲醛预缩液(UFC)制刨花板用脲醛树脂

(1) 原料配比

甲醛：尿素(摩尔比)=1.63：1

原料配比中各原料用量

原料	纯度(%)	用量(质量份)
尿素	98	109
UFC	60 {甲醛 43 尿素 17}	300
氢氧化钠	30	适量
甲酸	20	适量

(2) 生产工艺

①将 UFC 计量后加入反应锅内，测 pH 值如在 6.5 以上就不用加碱，在 6.5 以下时用氢氧化钠调 pH 值至 7.0；

②加第一次尿素，在 30～40min 内使锅内温度均匀升至 90～94℃，保温 30min；

③用甲酸调 pH 值 4.8～5.2；

④保持 30min 后加第二次尿素；

⑤每隔一定时间测定一次黏度；当黏度达到要求后立即加碱中和至 pH 为 7.5～8.0，通水冷却，并加入第三次尿素；

⑥当内温降至 40℃时放料；

(3) 树脂性能指标

外观：半透明黏液

黏度：0.300～0.400Pa · s(20℃)

固体含量：60%～65%

固化时间：30-60s

pH 值：7.0～8.0

用 UFC 作原料代替甲醛生产脲醛树脂时，由于甲醛浓度高，反应热较大，应加以注意，在制造过程中省去了脱水工序，节省了时间，使生产周期缩短 1h 以上，既提高了设备生产能力，又节省了能量，同时解决了制胶脱水时的废水污染问题。而且树脂质量也比用 37% 浓度的甲醛液制得的树脂稳定。

6. 中密度纤维板用脲醛树脂生产工艺

(1) 原料配比

甲醛：尿素(摩尔比)=1.5：1

原料配比中各原料用量

原 料	纯 度(%)	用量(质量份)
甲醛	37	700
尿素	98	350
三聚氰胺	99	18
氢氧化钠	10	适量
氯化铵	20	适量

(2) 生产工艺

①将甲醛计量后加入反应锅内，用氢氧化钠溶液调 pH 值至 7.5～8.5。加第一次尿素和三聚氰胺；

②在 40～50min 内升温至 90 ± 1℃，保温 30min；

③用氯化铵溶液调 pH 值至 4.8～5.0，反应至终点；

④当反应至终点后立即用氢氧化钠溶液中和至pH值为 7.0～7.5，加第二次尿素，并通冷却水冷却；

⑤内温降至 40℃放料。

(3) 树脂性能指标

外观：乳白色黏液

黏度：25～50cp

固体含量：(50 ± 1) %

游离甲醛含量：≤ 1%

pH 值：7.0～9.0

该树脂在原料配方中加了三聚氰胺，目的是增强脲醛树脂的湿胶接强度，以满足中密度纤维板品质的要求。

7. 浸渍用脲醛树脂生产工艺

(1) 原料配比

原 料	规 格	用量(质量份)
甲醛	37%	155
尿素	含 N 量≥ 46%	57.5，42.5
氢氧化钠	10%	适量
醋酸	醋酸：水 =1：1	适量

(2) 生产工艺

①将甲醛计量后加入反应锅内，开动搅拌器，用氢氧化钠溶液调 pH 值至 8.5～9.0，加第一次尿素；

②通蒸汽加热至一定温度后关汽，停止加热，靠反应自发热升至 78～82℃，在此温度保温 10～15min；

③用醋酸调 pH 为 4.5～4.6，在 90～95℃保温 20～30min；

④用氢氧化钠溶液调 pH 值为 8.7～7.2，同时降温至 75℃～70℃，加剩余的第二次尿素。

⑤在 65℃～60℃下保温 35～40min，调 pH 至 7.5～8.0；

⑥冷却到 40℃以下，树脂液用 120～200 目筛网过滤。

(3) 树脂性能指标

固体含量	48%～50%
黏度	11～14cp
比重	1.20
pH	7.5～8.0
游离醛含量	0.7%～1.0%

该树脂用于浸渍纸张，制造胶膜纸，也可作脲醛树脂与聚酯树脂浸渍液的主要成份。

8. 碱固化脲醛树脂生产工艺

(1) 原料配比

原料	摩尔比	纯度(%)	用量(质量份)
尿素	1	98	61
甲醛	4	37	324
丙酮	0.4	100	23
磷酸三钠	–	100	适量
甲酸	–	20	适量

(2) 生产工艺

①将甲醛计量后加入反应锅内,用磷酸三钠调pH值至9.6;

②加入定量尿素，在30min内将内温升至90℃，并保温30min；

③用甲酸溶液调pH值至5.0左右，测浑点，当浑点达到10℃时立即用磷酸三钠调pH值9.0，并通水冷却；

④当温度降至50℃时加入丙酮，搅拌20min；

⑤升温至80℃，保温30min，用甲酸调pH至7.5，真空脱水；

⑥当脱水量达到要求时，停止脱水，降温至40℃放料。

(3)使用方法

树脂100份加25%的氢氧化钠溶液10份，调匀后即可使用。混合物在100℃时的凝胶时间为2min。

23.3.4 脲醛树脂性能指标及检验

23.3.4.1 脲醛树脂性能指标

木材胶黏剂用脲醛树脂的性能技术指标如表23-18所示。

23.3.4.2 性能指标的含义与胶性能的关系

(1) 黏度：它是反映液体内部流动阻力大小的物理量，用泊表示。黏度还可以用一定体积的液体在某一温度下的流出时间来表示，这是一种条件黏度的表示方法。用4号涂料杯测定的就是条件黏度。

黏度大小与合成反应时的反应终点控制有关。树脂黏度过小是由两种情况造成的，一种是反应时间不足，没有到反应终点就停止反应；另一种是对脱水树脂胶而言，是由于脱水量不够而造成的。对于相同配方、相同制造工艺的树脂而言，黏度的大小反映了树脂的平均分子量大小(在树脂含量相同的条件下)，否则，即使树脂含量相同，比较树脂的黏度大小的实用意义并不大。

表示树脂黏度大小时必须注明测定黏度时的温度，否则失去意义，因为黏度和温度有直接关系，同一种树脂在不同温度下测得的黏度不同，温度高时，树脂的流动性增加，测得的黏度就小。

胶接的对象不同，对黏度有不同的要求。例如，刨花板、中密度纤维板用胶，要求胶的黏度小一些为好，以便施胶均匀，而胶合板、细木工板用胶，则要求胶的黏度适当大些，等等。

总之，树脂胶的黏度应满足胶合工艺的要求，过大或过小，不但影响施胶，而且还影响胶的其他性能指标。

(2) 固体含量：固体含量又叫非挥发份含量。它表示树脂液中非挥发性物质的质量百分数。实际上是反映树脂液中树脂含量的多少。但是对于调制过的树脂胶而言，固体含量相同的胶不等于这两种胶的树脂含量相同。

表23-18 木材胶黏剂脲醛树脂性能指标

指标名称	单 位	试验条件	脲醛树脂的类别			
			NQ-L	NQ-BT	NQ-TS	NQ-DQ
外 观	–	(25 ± 1) ℃	无色、白色或淡黄色无杂质均匀液体			
pH	–	7.0～8.0	7.0～8.0	7.0～8.0	7.0～8.0	
固体含量	%	(100 ± 5)℃，60min	55以上	48～52	55～65	60～65
黏 度	Pa · s	(20 ± 0.1)℃	0.30～1.00 〔300～1000〕	0.06～0.18 〔60～180〕	0.25～1.00 〔250～1000〕	0.16～0.40 〔160～400〕
游离甲醛	%	20～25℃	<3.0	<2.0	<1.5	<0.5
水混和性	倍	(25 ± 0.5)℃	2以上	2以上	2以上	2以上
贮存稳定性 (黏度增长率)	h (%)	(70 ± 2)℃	10 (<200)	6 (<200)	10 (<200)	6 (<200)
胶接强度>	N/m^2 〔kgf/cm^2〕	–	① 197.2×10^4 〔20〕	② 137.2×10^4 〔14〕	③ 137.2×10^4 〔14〕	④ 39.2×10^4 〔4〕
固化时间<	s	100℃	40	50	50	50
适用期>	h	(25 ± 0.5)℃	0.8	3.5	1	3.5
树脂沉析温度>	℃	–	–	–	40	40
树脂羟甲基含量>	%	–	13	10	13	12

注：1. 树脂沉析温度与树脂羟甲基含量两项指标在1988年1月1日前不作为考核项目，按抽测项目定期测定
2. NQ-BT与NQ-TS胶接强度指标，系指桦木胶合板指标。其他树种胶合板应符合GB 738-75《阔叶树材胶合板》与GB1349-78《针叶树材胶合板》的规定指标

树脂液的固体含量与制造树脂时的配方及制造工艺有关，相同的配方及制造工艺相同的树脂液的固体含量基本相同，即使黏度有所差别，其固含量差别不大。制造树脂的配方及制造工艺不同，固体含量有可能相同，也可能不同。

胶接制品不同，对树脂液的固体含量要求也不同。例如，胶合板用胶，对树脂液的固体含量要求并不高，而对调制后的胶的固体含量要求却比较高，这可以用在树脂液中加填料的方法解决。刨花板用胶和胶合板用胶就不一样，它要求胶的固体含量高而黏度却要小，因此，必须在制造树脂液的后期，用脱水的方法提高树脂液的浓度，从而达到提高固体含量的目的。

任何一种树脂胶，只要树脂的黏度满足工艺的要求，树脂液的固体含量愈高对胶接愈有利，但会增加制造树脂时的成本。对于溶剂型热塑性树脂胶而言，在满足工艺要求的前提下，固体含量应该尽量高；而对于象酚醛树脂、脲醛树脂之类的水作分散介质的胶黏剂而言，在满足工艺要求的前提下，有足够的固体含量就可以了。

(3) pH值：pH值表示树脂液中氢离子浓度的负对数值，反映树脂液酸碱性大小的程度。木材工业中常用的胶黏剂的pH值是一个很重要的指标。因为它和树脂液的贮存期有密切关系，如果pH值没有控制好，会使树脂液在贮存过程中黏度很快增大，失去胶合作用。

(4) 适用期与固化时间：适用期是指调制后的胶黏剂能维持可使用性能的时间。

固化时间是指在规定条件(如温度、压力)下，装配件中胶黏剂固化所需要的时间。

适用期和固化时间之间有着密切的关系。适用期愈长，固化时间也愈长。而生产上要求适用期要尽可能长，固化时间愈短愈好。因此，适用期长和固化时间短是一对矛盾的因素。适用期和固化时间的长短都和制造树脂时的配方、制造工艺有关。如脲醛树脂的固体含量高，黏度大，游离醛含量高，则适用期短，固化时间短。另外，它们还和固化剂种类及用量有关，所加固化剂的酸性强，用量多，则适用期短，而固化速度快。环境温度对适用期也有十分显著的影响。夏天气温高，适用期短。

为了使生产流水线能维持正常生产，胶黏剂的适用期应该有足够的时间，在保证胶接制品质量的前提下，尽量提高胶的固化速度。在生产中常常是根据不同的气温、胶黏剂的具体黏度大小来决定固化剂的配方及用量，以保证胶接制品的品质和产量。

(5) 水混和性：水混和性是测定木材工业中常用的酚醛树脂、脲醛树脂与水的亲和性能的指标，表示树脂能用水稀释到析出不溶物的限度。

水混和性能的好坏和树脂制造时的原料配比、催化剂的种类、反应温度、缩聚程度等有密切关系。一般来说，原料配比中甲醛用量大时，所得树脂的水混和性好，反应温度高，缩聚反应速度快，所得树脂的水混和性差，在合成脲醛树脂时，加入少量的氨水或六次甲基四胺，可增加脲醛树脂的水混和性，脲醛树脂中游离尿素含量高，对提高脲醛树脂的水混和性有利。在合成酚醛树脂时，增加配方的碱用量，可以增加酚醛树脂的水混和性。

水混和性好的树脂在使用后容易洗涤，使用方便，洗涤后的废水容易排放，不容易堵塞下水道。因此，对树脂的水混和性有一定的要求，但不能太大，否则会导致胶接强度、耐水性等性能下降。

(6) 贮存稳定性(贮存期)：贮存稳定性是指在室温条件下，树脂能保持操作性能、并能达到规定的胶接强度的存放时间。

树脂的贮存期当然愈长愈好。贮存期长，说明树脂的性能比较稳定。而贮存期的长短和树脂的原料配比、缩聚程度的大小、环境温度等因素有关。一般甲醛用量大的脲醛树脂，贮存期较长，甲醛用量小的脲醛树脂贮存期短；缩聚程度大的树脂，贮存稳定性差，贮存期短；贮存时的温度对贮存期有明显的影响，贮存温度愈高，贮存期愈短。所以树脂应存放在阴凉处，避免日光照射。但是并不是贮存温度愈低愈好，最好在10～20℃之间。

商品胶的贮存期是胶黏剂的很重要的一项性能指标。一般至少在30d以上，否则，不会被用户接受使用。

(7) 游离醛含量：游离醛即树脂中所含的没有参加反应的、呈游离状态的甲醛的质量百分数。

游离醛含量的高低与制造树脂时原料配比、制造工艺、有无脱水工序、缩聚程度等有密切关系。它还影响胶的固化时间。如表23-19所示的是脲醛树脂中游离甲醛含量和固化时间、适用期的关系。

表23-19 脲醛树脂中游离甲醛含量与固化时间、适用期的关系

游离甲醛含量(%)	固化时间(s)	适用期(min)
1.57	35.4	300
2.00	28.4	265

(8) 树脂沉析温度：它是脲醛树脂的一个重要性能技术指标。脲醛树脂胶的胶接性能除了和缩聚程度有关外，脲醛树脂中羟甲基含量和亚甲基含量之比对胶接性能也有很大的影响，而用化学分析方法测定两者之比非常麻烦，用测定树脂沉析温度的方法既简单又迅速，它可以预测胶接性能的好坏，在制造树脂时可以作为控制树脂性能技术指标的手段。树脂沉析温度高低与树脂缩聚程度有一定的关系，树脂的缩聚程度大，沉析温度也高。

(9) 羟甲基含量：它和脲醛树脂的固化速度、耐水性、贮存稳定性有着密切的关系，一般羟甲基含量高，树脂的水混和性好，贮存期长，固化速度也快，胶接强度也大，但是羟甲基含量太高也不行，胶接强度和耐水性反而下降。

脲醛树脂中羟甲基含量与制造树脂时甲醛用量有关，甲醛用量大，即摩尔比大，羟甲基含量就大。另外，还和合成摩尔比、缩聚程度，工艺条件等有关。

23.3.4.3 脲醛树脂主要技术性能指标的检验方法

1. 外观测定法

(1) 仪器

试管：内径(18 ± 1)mm，长 150mm。

(2) 操作步骤：将试样 20ml 倒入干燥洁净的试管内，静置 5min 后，用眼睛在天然散射光或日光灯下对光观察。试验应在（25 ± 1）℃下进行。如温度低于 10℃，发现试样产生异状时，允许用水浴加热到 40～45℃，保持 5min，然后冷却到(25 ± 1)℃，再保持 5min，进行外观的测定。观察分层现象需要静置半小时后进行。

(3) 外观观察项目：颜色，透明度，分层现象，机械杂质，浮油凝聚体。

2. 密度测定法

(1)仪器

①密度计

②量筒：500ml

③温度计：0～50℃水银温度计

(2) 操作步骤：测定时预先将试样温度调节至 20℃后，将试样沿玻璃棒慢慢地注入干燥的量筒中，不得使试样产生气泡和泡沫，拿住密度计上端，将其慢慢地放入试样中，注意不要接触筒壁(图23-12)。当密度计在试样中停止摆动后，记下液面和刻度柄交接处的读数(精确到0.001)。平行测定3次，计算平均值即为试样的密度，平行测定结果之差不超过0.005。密度单位为 g/cm^3。

注：当试样量少时，允许用密度瓶或韦氏密度天平测定。

3. 黏度测定法

(1) 仪器

①恒温水浴

②温度计：0～50℃水银温度计，分度：0.1℃

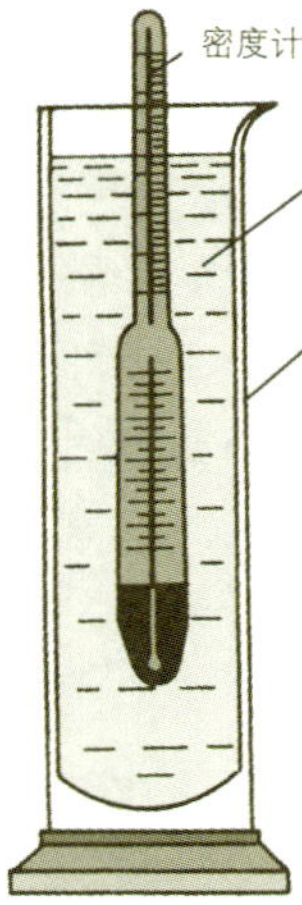

图 23-12 密度计放置示意图

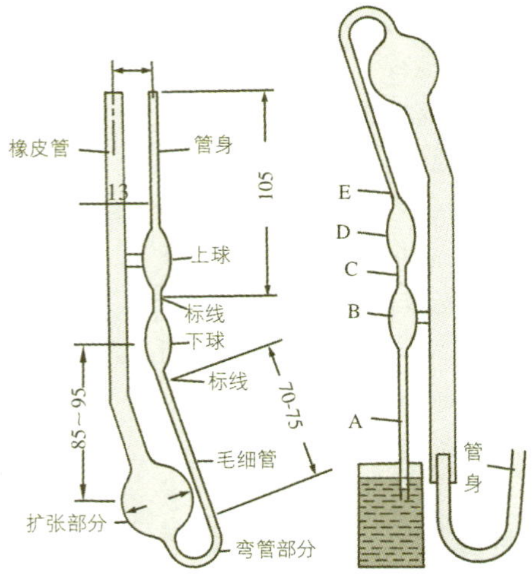

图 23-13 改良奥氏黏度计及抽样示意图

③秒表：最小分刻度：0.2s

④改良奥氏黏度计：如图23-13所示，黏度计必须标定其常数。

(2) 操作步骤：测定时黏度计的选用，应根据试样的流动时间而定。试样的流动时间须在 50～300s 范围内。黏度计应仔细洗涤干净，并烘干。先把水浴的温度调节到（20 ± 0.1）℃(夏季用冰水调温)。将黏度计倒置，使 A 管上口浸没在试样中(图23-13)用吸气球抽气；使试样升至标线 E 时停止抽气，立即将黏度计倒转回正常位置。然后将盛有试样的黏度计夹在恒温水浴的夹子上，黏度计上半部分应保持垂直状态，水面浸没黏度计的上球 B，保温 15min 后进行测定。

用橡胶管接到黏度计 A 管上口，然后吸气球抽气，使试样液面升到标线 C 以上，当试样液面流至标线 C 时，按动秒表，液面流至 E 时，按停秒表，记录时间。在全部操作过程中温度应保持恒定，重复测定三次，平行测定结果之差不大于 0.2s，求出平均值。

(3) 计算

树脂黏度按下式计算：

$$\eta = tkd$$

式中：η——黏度，mPa · s

t——时间，s

k——黏度计常数

d——试样密度，g/cm^3

注：黏度计常数是用已知黏度的标准油样测定。不同直径的黏度计应选用相应黏度的标准油样。

黏度计常数按下式计算：

$$k = \frac{\eta_{标}}{t}$$

式中：k——黏度计常数

$\eta_{标}$——标准油样黏度

t——时间，s

4. pH 值测定法

(1) 仪器

①酸度计

②玻璃电极，甘汞电极

③烧杯：50ml

(2) 试剂

① pH 值 4.003 标准缓冲液：秤取经 110℃烘 2～3h 的苯二甲酸氢钾(优级纯)10.21g，用蒸馏水稀释至 1000ml。

② pH 值 6.864 混合磷酸盐标准缓冲液：秤取经 110℃烘 2h 的磷酸二氢钾(优级纯)3.40 g 和磷酸氢二钠(优级纯)3.55g，用蒸馏水稀释至 1000ml。

③ pH 值 9.182 硼砂标准缓冲液：秤取硼砂($Na_2B_4O_7 \cdot 10H_2O$)(优级纯)3.81g，用蒸馏水稀释至 1000ml。

(3) 操作步骤

①玻璃电极，使用之前需在蒸馏水内浸泡一昼夜。

②为保持仪器零点稳定，需预热半小时以上，方可使用。

③取试样 40ml 于 50ml 烧杯中，放至室温将酸度计上温度补偿器调节至室温，然后按照酸度计使用说明书操作仪器，读取 pH 值。

5. 固体含量测定法

(1) 仪器

①瓷皿：直径 24mm

②真空烘箱

③分析天平：感量 0.1mg

④干燥器

(2) 操作步骤

在预先干燥恒重的瓷皿中，用分析天平称取 1～1.2g 试样，将瓷皿放入已恒定温度的真空烘箱内，按下表规定的干燥条件干燥，然后取出放入干燥器内，冷却 20min 秤重。

表 23-20 不同胶种的试样干燥情况

胶黏剂种类	试样重 (g)	干燥温度 (℃)	干燥时间 (min)	真空度 (mmHg)
脲醛、三聚氰胺树脂	1.0000～1.2000	100 ± 5	60	10～20
醇溶性酚醛树脂	1.0000～1.2000	100 ± 5	120	10～20
水溶性酚醛树脂	1.0000～1.2000	120 ± 5	120	10～20

(3) 计算

固体含量按下式计算：

$$R = \frac{m - m_1}{m_2 - m_1} \times 100$$

式中：R——固体含量，%

m——瓷皿与干燥后树脂的质量，g

m_1——瓷皿的质量，g

m_2——瓷皿与干燥前树脂的质量，g

(4) 允许差

平行测定结果之差不大于 0.5%，取其算术平均值作为测定结果。

6. 水混和性测定法

(1) 仪器

①天平：感量 0.1g

②锥形烧瓶：容量 250ml

③量筒：50ml

④温度计：0～100℃水银温度计

⑤恒温水浴

(2) 操作步骤

在锥形烧瓶中称取 5g 试样，插入温度计，将锥形烧瓶放入(25 ± 0.5)℃水浴中，使样品达到 25℃，再用量筒量取预先恒温到 25℃的蒸馏水，在搅拌下慢慢地加入锥形烧瓶中，将混和液摇动后，再加水，直到混和液中出现微细不溶物或锥形烧瓶内壁上附着有不溶物时，读取加入的水量。平行测定两次，计算结果精确到小数点后一位，取其平均值。

(3) 计算

水混和性按下式计算：

$$L = \frac{W}{G}$$

式中：L——水混和性，倍数

G——试样的质量，g

W——加入的水量，ml

此法适用于水溶性酚醛、脲醛树脂的水混和性测定。

7. 固化时间测定法

(1) 仪器及装置

①平底或圆底短颈烧瓶：1000ml

②天平：感量 0.1g

③秒表

④烧杯：100ml

⑤试管：直径 18mm，长 300mm

⑥装置：见图 23-14

(2) 试剂

氯化铵：分析纯

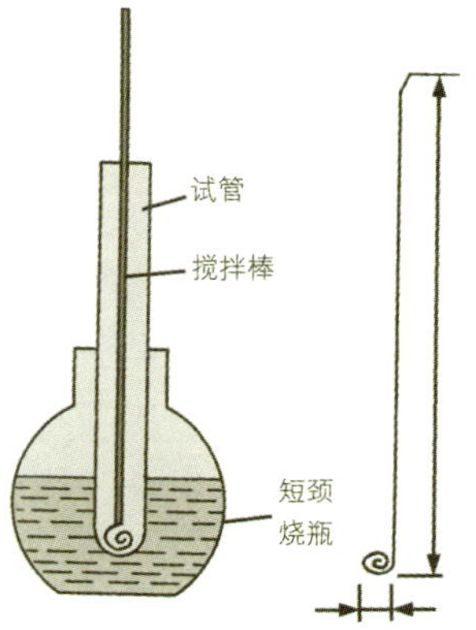

图 23-14 树脂固化时间测定装置

(3) 操作步骤

称取50g试样(精确到0.1g)放入烧杯中，在烧杯中加入0.5g(精确到0.0lg)氯化铵，搅拌均匀后，立即称取试样2g，放入试管中(注意不要使试样粘在管壁上)，将试管放入有沸水的短瓶中，同时按动秒表，瓶中沸水的水面，比试管中的试样液面高出20mm，在不断搅拌下，试样逐渐硬化。当搅拌棒突然不能提起的瞬间按停秒表，记录时间。

平行测定两次，取其平均值。平行测定结果之差不应超过2s。

注：试样应调至20～25℃，加入NH_3C1后在10min内测定。

8. 适用期测定法

(1) 仪器

①恒温水浴

②烧杯：容量100ml

③温度计：0～50℃水银温度

④搅拌棒：直径约6mm，长约150mm的玻璃棒

⑤天平：感量0.1g

(2) 试剂

氯化铵：分析纯

(3) 操作步骤

称取试样50g(精确到0.1g)放人烧杯中，加入0.5g(精确到0.01g)氯化铵，用玻璃棒搅拌均匀，立即将烧杯置于水温为25 ± 0.5℃的恒温水浴中，同时记下开始时间。试样液面须在水面下20mm处。经常观察试样，直到搅拌棒挑起时断丝为终点，记录时间，结果用分钟(min)表示。

9. 贮存稳定性测定法：

(1) 仪器

①恒温水浴

②锥形烧瓶：150ml，配有胶塞

③试管：外径18mm，长150mm

④天平：感量0.1g

⑤温度计：0～100℃水银温度计，分度值0.2℃

(2) 操作步骤

①胶黏剂试样在进行初始黏度测定后，分别称取试样10g(精确到0.1g)于试管中与试样100g(精确到0.1g)放人锥形烧瓶中。按照下表规定的温度，将试管与锥形烧瓶同时放人恒温水浴中，试样的液面应在水浴液面下20mm处，记下开始时间。约10min后，盖紧塞子，每小时取出试管观察一次试样的流动性。锥形瓶中试样按表中条件处理完毕，取出冷至20℃，测定黏度，计算出黏度变化率。直至黏度增长率达200%时止，记录处理时间，以小时(h)为单位。

②贮存稳定性试验按下表规定条件进行处理，当树脂黏度增长率达到200%时所需的时间即代表树脂的贮存稳定性，脲醛树脂以h × 10、酚醛树脂以h × 6所得的数值，即相当于密封包装在温度10～20℃阳光不直射处贮存的天数。处理温度见表23-21。

表23-21 不同胶种的处理温度

胶 种	处 理 温 度(℃)
脲醛树脂胶黏剂	70 ± 2
酚醛树脂胶黏剂	60 ± 2

(3) 计算

树脂黏度变化率按下式计算：

$$V = \frac{\eta - \eta_0}{\eta_0} \times 100$$

式中：V——黏度变化率，%

η——贮存后的黏度，mPa · s

η_0——贮存前的黏度，mPa · s

10. 脲醛树脂游离甲醛的测定

(1) 方法原理

在样品中加入氯化铵溶液和一定量的氢氧化钠，使生成的氢氧化铵和甲醛反应，生成六次甲基四胺，再用盐酸滴定剩余的氢氧化铵。

$$NH_4C1+NaOH \rightleftharpoons NaC1+NH_4OH$$

$$6CH_2O+4NH_4OH \rightleftharpoons (CH_2)_6N_4+10H_2O$$

$$NH_4OH+HCI \rightleftharpoons NH_4C1+H_2O$$

(2) 仪器

①分析天平：感量0.1mg

②碘量瓶：250ml

③滴定管：10ml(酸式)

④移液管：10ml

(3) 试剂

①0.1%混合指示剂：两份0.1%甲基红乙醇溶液与0.1%次甲基蓝乙醇溶液，混合摇匀。

②溴甲酚绿－甲基红混合指示剂：三份0.1%溴甲酚绿乙醇溶液与一份0.2%甲基红乙醇溶液，混合摇匀。

③10%氯化铵溶液：称取10g氯化铵(分析纯)溶解于90ml蒸馏水中。

④C(NaOH)=1mo1/L氢氧化钠溶液：量取52ml氢氧化钠饱和溶液注入1000ml容量瓶中，用不含二氧化碳的蒸馏水稀释至刻度。

⑤C(HCl)=1mol/L盐酸标准溶液：

a．配制：量取90ml盐酸(分析纯)，注入1000ml容量瓶中用蒸馏水稀释至刻度。

b．标定：称取1.6g(精确至0.0001g)于270～300℃灼烧至恒重的无水碳酸钠(优级纯)，溶于50ml蒸馏水中，加10滴溴甲酚绿-甲基红混合指示剂，用C(HCl)=lmol/L盐酸标准溶液滴定至溶液由绿色变为暗红色，煮沸2min，冷却后，继续滴定至溶液呈暗红色。

c．盐酸标准溶液摩尔浓度按下式计算：

$$C = \frac{g}{V \times 0.05299}$$

式中：C——盐酸标准溶液摩尔浓度，mol/L

g——无水碳酸钠之质量，g

V——滴定所耗盐酸标准溶液体积，ml

0.05299——1/2碳酸钠之毫摩尔质量，g/m mol

(4) 操作步骤

称取试样10g(精确至0．0001g，树脂中游离甲醛不少于50mg)于250ml碘量瓶中，加入50ml蒸馏水溶解(若样品不溶于水，可用适当比例的乙醇与水混合溶剂溶解，空白试验条件相同)，加入混合指示剂8～10滴，如树脂不是中性，应用酸或碱滴定至灰青色加入10ml10%氯化铵溶液，摇匀，立即用移液管加入氢氧化钠溶液〔C(NaOH)=1mol/L〕10ml，盖紧瓶塞，充分摇匀，在20～25℃温度下放置30min，用盐酸标准溶液进行滴定，溶液由绿色→灰青色→红紫色，以灰青色为终点。同时进行空白试验。

平行测定二次，二次测定结果的差值不应大于0.05，取其算术平均值作为测定结果。

注：在放置过程中塞紧瓶塞，用水封口，以防氨逸出。

(5) 计算

树脂游离甲醛含量按下式计算：

$$F=\frac{(V_1-V_2)\times C\times 0.03003\times 6}{G\times 4}\times 100$$

式中：F——游离甲醛含量，%

C——盐酸标准溶液摩尔浓度，mol/L

V_1——空白试验所消耗盐酸标准溶液体积，ml

V_2——滴定试样所消耗盐酸标准溶液体积，ml

0.03003×6/4——1ml量为C(HC1)=1mo1/L，盐酸标准溶液相当于甲醛的摩尔质量，g/m mol

11. 羟甲基含量的测定

(1) 原理

树脂中羟甲基(-CH_2OH)和游离甲醛在碱性条件下与碘反应，再用硫代硫酸钠滴定剩余的碘，测得羟甲基和游离甲醛的总量，而亚硫酸钠法仅能测出树脂中游离甲醛含量，从而可计算出转化为甲醛的量。

$$3I_2+6NaOH \rightarrow NaIO_3+3H_2O+5NaI$$

$$3RCH_2OH+NaIO_3+3NaOH \rightarrow 3RH+3HCOONa+NaI+3H_2O$$

$$3CH_2O+NaIO_3+3NaOH \rightarrow 3HCOONa+NaI+3H_2O$$

(2) 仪器

①磺量瓶：250ml

②移液管：10ml，25ml

③滴定管：50ml(酸式棕色)

④量筒：50ml

⑤分析天平：感量0.1mg．

(3) 试剂

① C(I_2)=0.1mol/L碘溶液：称取13.0g碘(分析纯)与碘化钾30.0g，先将碘化钾溶解于少量水中，然后在不断搅拌下加入碘，使其完全溶解，注入1000ml棕色容量瓶中，稀释至刻度。

② C(NaOH)=2mol/L氢氧化钠溶液：量取110ml氢氧化钠(分析纯)饱和溶液注入1000ml容量瓶中，用不含二氧化碳的蒸馏水稀释至刻度。

③ C(HCl)=4mol/L盐酸溶液：量取335ml浓盐酸(分析纯)注入1000ml容量瓶中，用蒸馏水稀释至刻度。

④ C($Na_2S_2O_3$)=0.167mol/L(0.1N)硫代硫酸钠标准溶液：

a．配制：称取26.3g(精确到0.0001g)硫代硫酸钠(优级纯)置于500ml烧杯中，加新煮沸已冷却的蒸馏水至完全溶解后，加入1000ml容量瓶中，稀释到刻度，加入0.05g碳酸钠(防止分解)及0.1g碘化汞(防止发霉)，贮存于棕色瓶中，静置14d标定。

b．标定：称取经120℃烘至恒重的重铬酸钾(优级纯)0.15g(精确到0.0001g)置于500ml碘量中，加入25ml蒸馏水，加2.0g碘化钾及5ml浓盐酸，摇匀，于暗处放置10min，加150ml蒸馏水，用硫代硫酸钠待标定液滴定，接近终点时加3ml 1%淀粉指示剂，继续滴定至溶液由蓝色变为亮绿色。

硫代硫酸钠标准溶液摩尔浓度按下式计算：

$$C=\frac{G}{V\times 0.04904}$$

式中：C——硫代硫酸钠标准溶液摩尔浓度，mol/L

G——重铬酸钾质量，g

V——滴定所消耗硫代硫酸钠待标定液体积，ml

0.04904——质量铬酸钾的毫摩尔质量，g/m mol

⑤ 1%淀粉指示剂：称取2.0g可溶性淀粉，加水20ml，搅拌下注入180ml沸腾蒸馏水中微沸2min，放置待用。

(4) 操作步骤

称取试样0.1g(精确到0.0001g)，置于预先加有50ml蒸馏水的250ml碘量瓶中，摇匀；用移液管加入25mlC(I_2)=0.1mol/L碘溶液，再用量筒加10ml［C(NaOH)=2mol/L］氢氧化钠溶液。盖紧瓶塞并摇匀，用水封口，在室温下暗处放置10min后，加入盐酸溶液10ml［C(HCl)=4mol/L］并摇匀，立即用硫代硫酸钠标准溶液［C($Na_2S_2O_3$)=0.167mol/L(0.1N)］滴定至淡黄色，加3ml 1%淀粉指示剂，继续滴定至蓝色消失。同时作空白试验。平行测定两次，计算结果精确到小数点后两位，取其平均值。

(5) 计算

树脂中羟甲基含量按下式计算：

$$M=1.03\times\left[\frac{(V_1-V_2)\times 0.015\times C}{G}\times 100-F\right]$$

式中：M——羟甲基含量，%

V_1——空白试验消耗硫代硫酸钠标准溶液体积，ml

V_2——试样消耗硫代硫酸钠标准溶液体积，ml

C——硫代硫酸钠标准溶液摩尔浓度，mol/L

0.015——1ml 浓度为 $C(NaS_2O_3)$=0.167mol/L(0.1N)硫代硫酸钠标准溶液相当于甲醛的毫摩质量，g/m mol

G——试样质量，g

F——游离甲醛含量，%

1.03——羟甲基分子量与甲醛分子量比值

12. 脲醛树脂沉析温度的测定

(1) 仪器

①锥形烧瓶：100ml

②天平感量 0.1g

③温度计：0～100℃水银温度计

(2) 操作步骤

称取含固体树脂为1.5g的试样(精确到0.1g)于100ml锥形瓶中，加入蒸馏水，使树脂溶液稀释成3%的浓度，插入温度计，将锥形烧瓶浸入沸水中加热并不断摇动，当树脂温度升至80℃时，从沸水中取出，然后将锥形烧瓶自然冷却或放置冷水中逐渐冷却，冷却时不断摇动锥形烧瓶，同时观察锥形烧瓶中树脂溶液变化情况，当树脂溶液开始变混浊或出现细微不溶粒子时，记下此树脂液的温度。测定两次，取其平均值，即为树脂的沉析温度。

23.4 三聚氰胺树脂胶黏剂

23.4.1 三聚氰胺树脂的原料性质及要求

三聚氰胺树脂的主要原料是甲醛和三聚氰胺。甲醛在前一节已述。

23.4.1.1 三聚氰胺性质

分子式：$C_3N_6H_6$，分子量：126.13

三聚氰胺为白色粉末状结晶，比重1.578，熔点354℃，在水中的溶解度与温度有关，在沸水中的溶解度为5.1%，在冷水(25℃)中为0.5%，不溶于醚，难溶于乙醇，微溶于甲醇，易溶于甲醛水溶液、液氨、酒精、苯酚、丙酮和烧碱水溶液。能和盐酸、硫酸、乙酸、草酸等作用生成盐。三聚氰胺和甲醛等醛类反应迅速，与甲醛反应生成羟甲基三聚氰胺，进一步反应生成树脂。

23.4.1.2 三聚氰胺技术性能指标见表23-22(GB9567-1988)

表 23-22 为三聚氰胺技术性能指标

指标名称	指　标		
	优级品	一级品	合格品
外　观	白色粉末，无外来杂质		
三聚氰胺含量，% ≥	99.8	99.5	99.0
水分，% ≤	0.10	0.15	0.20
灰分，% ≤	0.030	0.50	0.10
pH 值	7.5～9.5	7.5～9.5	7.5～9.5
甲醛溶解性试验			
色度(铂—钴)号≤	20	30	40
高岭土浊度，度≤	20	30	40

23.4.2 三聚氰胺树脂的合成原理及制造工艺

23.4.2.1 三聚氰胺树脂的合成原理

三聚氰胺树脂的合成反应和脲醛树脂极其相似，反应速度比脲醛树脂快，这是由于三聚氰胺分子具有3个氨基，6个活泼氢原子的缘故。它可以和1～6个甲醛分子反应，生成1～6羟甲基三聚氰胺。但是从合成三聚氰胺树脂交联程度要求出发，三聚氰胺和甲醛的摩尔比(F/M)一般在2～3之间即可。三聚氰胺树脂初期产物的形成和脲醛树脂一样，可分成两个阶段：即首先形成羟甲基三聚氰胺，然后是羟甲基三聚氰胺之间进行缩聚反应。

(1) 羟甲基三聚氰胺的形成

在中性或弱碱性条件下，三聚氰胺和甲醛反应生成较稳定的羟甲基三聚氰胺，其反应式如下：

(2) 羟甲基三聚氰胺的进一步反应(缩聚反应)

生成的羟甲基三聚氰胺和羟甲脲不同，在中性或弱碱

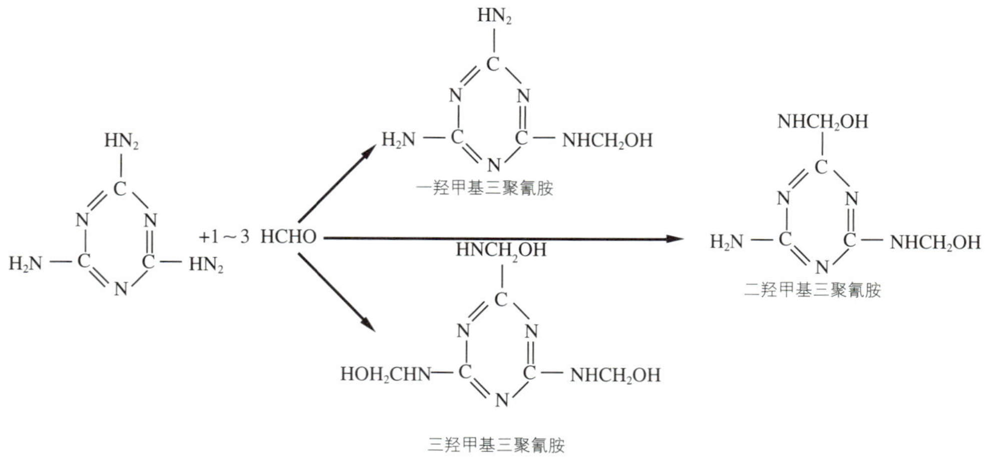

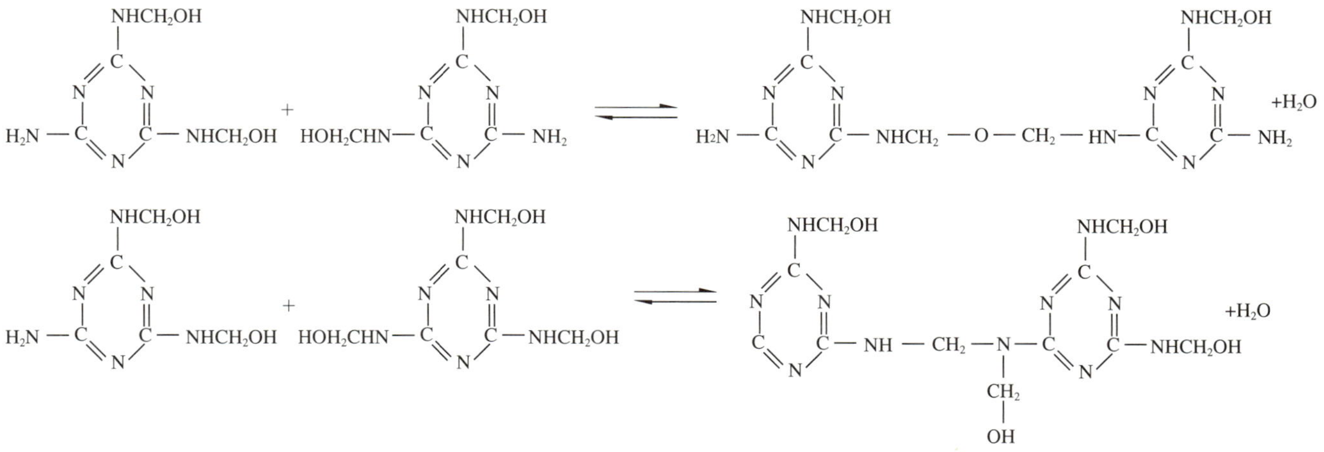

性条件下，能进一步缩聚，生成以次甲基醚键或次甲基键连接的二聚体、三聚体。其反应式有以下两类：

由于形成的三聚氰胺二聚体分子内还含有可反应的羟甲基，因此可以继续反应下去，分子量逐渐增大，最后变成具有不溶不熔的体型网状结构的三聚氰胺树脂。其可能有的结构式如下：

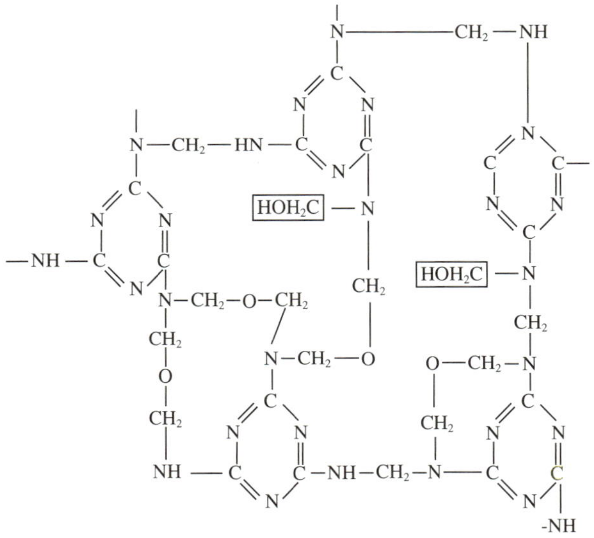

23.4.2.2 三聚氰胺树脂的制造工艺

三聚氰胺树脂的制造工艺和脲醛树脂基本相同，只是三聚氰胺原料是一次加入的，而尿素是分次加入的，详见表23-23。

表 23-23 三聚氰胺树脂和脲醛树脂制造工艺比较

项　目		脲醛树脂	三聚氰胺树脂
pH 值	加碱阶段	7.0～8.5	8.5～9.0
	缩聚阶段	4.4～5.2	8.0～9.0
	反应终点后	7.0～8.0	8.5～9.5
反应温度(℃)		85～95	85～95
投料方式		尿素分次加入	三聚氰胺一次加入
终点测定方式		测黏度或混浊温度	测溶水倍数

23.4.3 浸渍用三聚氰胺树脂介绍

23.4.3.1 浸渍用三聚氰胺树脂的品质控制

浸渍用三聚氰胺树脂的品质可以从原料的品质，原料配比(甲醛和三聚氰胺的摩尔比)，反应介质的pH值以及树脂制造工艺等方面加以控制，以生产符合品质要求的树脂。

1. 原料品质

原料质量主要是指甲醛和三聚氰胺的品质。

甲醛的品质要求在23.3.1中已经讲述。甲醛溶液中铁离子、甲酸和甲醇的含量将影响三聚氰胺树脂的品质。铁离子含量高，影响三聚氰胺树脂的颜色，使树脂的颜色变深，影响外观品质；在制造树脂时，影响对反应介质pH值的准确判断；加速了甲醛的氧化，甲酸的生成量增加，使反应液的pH值难以稳定。甲醛溶液中甲酸含量高时，在反应开始时所加烧碱用量增加，这样反应介质中甲酸钠的含量增加，当甲酸钠含量超过0.1%时，将使缩聚反应的速度明显加快，使反应后期的终点难以控制。甲醛溶液中甲醇含量的影响和脲醛树脂的情况相似，主要影响次甲基醚键的生成速度，甲醇含量增加，使次甲基醚键的生成速度下降，使树脂反应不完全，影响树脂的品质，还延缓了固化时间。

三聚氰胺的原料品质主要是原料的粒度和纯度。原料粒度愈细小愈均匀，其溶解速度也愈大，因此反应速度也愈快。原料纯度一般在99.0%以上，但是极少量的杂质将影响三聚氰胺的反应速度和树脂的质量。有两种杂质的影响较大：一种是三聚氰胺的水解产物，这是三聚氰胺中的氨基被水解为羟基的结果，生成三聚氰酸二酰胺，三聚氰酸一酰胺及三聚氰酸。

另一种是三聚氰胺的脱氨缩合产物，如密白胺，密勒胺，密弄等。

三聚氰胺水解产物的含量达到一定数量以后，由于使反应介质的pH值下降，从而加速了缩聚反应的速度，还能使反应液变混浊。三聚氰胺的脱氨产物，特别是高次脱氨产

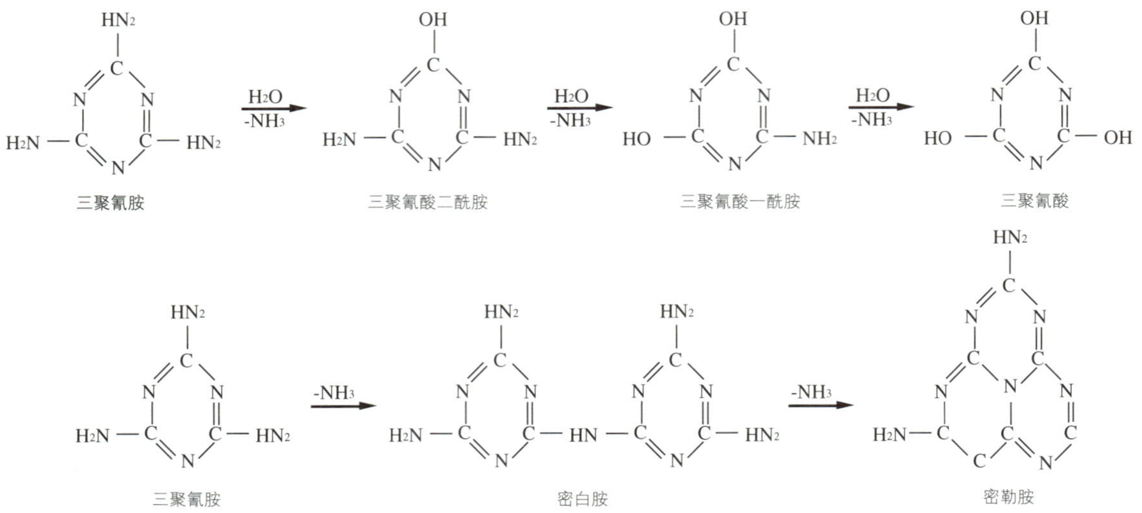

物，常常使树脂液带有黄色或茶褐色。当上述杂质含量达某一数值时，常常使三聚氰胺的溶解变慢，缩聚反应速度加快，反应终点难以判断。

2. 原料配比

原料配比即甲醛和三聚氰胺的摩尔比，它将影响树脂的品质和反应速度。在形成羟甲基三聚氰胺时，生成羟甲基的数量随摩尔比增大而增多，羟甲基取代氨基上的活泼氢的速度是随取代基数数量的增多而变慢的。当摩尔比为2～3时，主要生成二羟甲基三聚氰胺和三羟甲基三聚氰胺，反应迅速，而且是放热反应。生成四至六羟甲基三聚氰胺时反应速度显著变慢，而且是吸热、可逆反应，需要的甲醛数量比理论反应式的量大得多。

摩尔比还影响三聚氰胺的反应速度，如图23-15所示。反应温度在40～50℃以下时，反应速度随着摩尔比的增大而增大。当反应温度超过60℃时反应速度随摩尔比增大而有所下降。

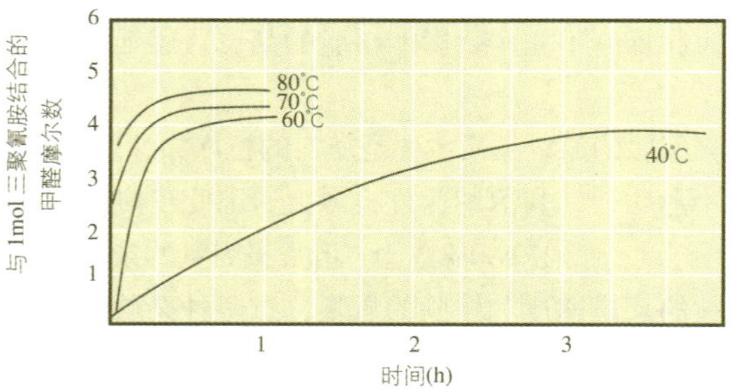

图 23-15 在各种温度下三聚氰胺与甲醛反应速度的关系

摩尔比还影响三聚氰胺树脂的结构。三聚氰胺树脂固化时树脂内含有次甲基键和次甲基醚键。

随着摩尔比的增加，固化的树脂内次甲基醚键含量增加，而次甲基键的含量逐渐减少。摩尔比还和三聚氰胺树脂的胶接强度有关，如图23-16所示。

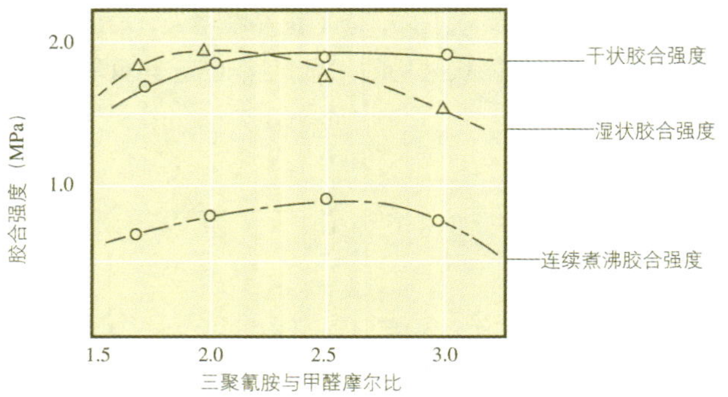

图 23-16 三聚氰胺与甲醛的摩尔比与胶合强度的关系

摩尔比在2以下时干状胶合强度下降，湿状胶合强度稍有增加，摩尔比在3以上时，湿状胶合强度下降，因此摩尔比在2～3之间为宜。

3. 反应介质

反应介质的pH值影响反应速度、树脂的结构和树脂的贮存稳定性及水溶性。

4. 制造工艺

在原料配比和反应介质的pH值确定以后，控制反应温度、反应时间和反应终点对树脂的品质的影响显得格外重要。

在中性或弱碱性条件下，三聚氰胺和甲醛反应，则生成树脂的初期仍有水溶性，若在酸性条件下缩聚，则树脂很快失去水溶性。反应介质的pH值对反应速度有明显的影响，如图23-17所示，当pH值在8～10之间时，反应速度较慢，容易控制，在弱酸性条件下反应速度快而且剧烈，生成的树脂稳定性极差，很少采用。当反应介质的pH值大于10时，则反应速度又加快，而且主要以次甲基醚键的结合方式进行缩聚。因此一般制造三聚氰胺树脂时pH值都控制在8～10之间。由于三聚氰胺树脂比脲醛树脂活泼，常温下黏度增长较快，贮存期比较短，为了延长树脂的贮存期，三聚氰胺树脂不宜在中性条件下保存。如图23-17、图23-18所示，三聚氰胺树脂应该在pH9～10之间保存最为合适。

和脲醛树脂的生成反应一样，反应温度增加，反应速度也增加，由于三聚氰胺的反应活性比尿素大，控制好反应温度显得更为重要。温度影响三聚氰胺在甲醛溶液中的溶解性，同时影响两者的反应速度。在低温条件下，三聚氰胺的溶解速度慢，故反应速度也慢，当温度升高时，三聚氰胺在甲醛溶液中的溶解速度增加，反应速度也加快，反应温度愈高，三聚氰胺结合甲醛数量也愈多。反应终点到达之后，也只有采取强制冷却的方法使反应介质的温度尽快降至常温，让反应相对停止。

反应时间和反应温度有关。反应温度高，反应速度快，反应时间相应要短，但是如果反应温度过高，则由于反应过于剧烈，反应不易完全，终点不易控制，影响树脂品质。

反应时间最终取决于树脂液反应终点的判断。正确把握反应终点是控制树脂品质的关键之一。判断三聚氰胺树脂液反应终点的方法有水稀释法和混浊度(Tc)法两种。混浊度测定方法：在有刻度的离心管中加入一定量的水，再加入一定量被测定的反应液，使混合后的水溶液中含树脂浓度为3%左右。不断搅拌，置于水浴中降温，当被测液出现白色浑浊时，再置于热水浴中，使被测定液重新透明，然后再置于冷水浴中，当被测定液出现混浊时的温度即为混浊度，混浊度的测定原理有以下两点：一是把初期缩合的各阶段的反应液稀释成各种浓度，冷却后的初始混浊度在树脂浓度为3%时显示最高点(图23-19)；其二，这种最高点树脂浓度和甲醛用量(摩尔比)、缩合度无关，均为3%(图23-20)。

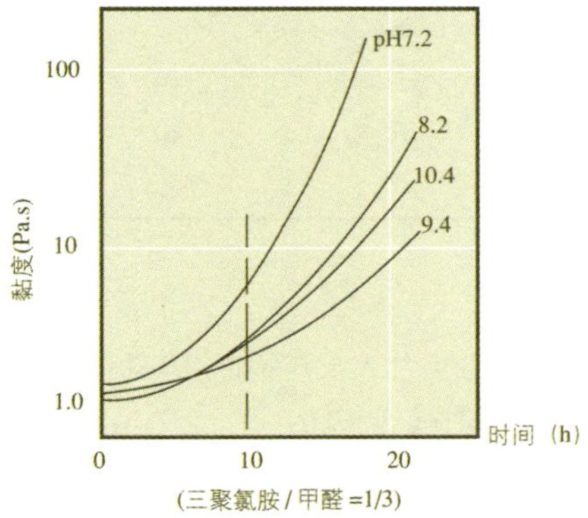

图23-17 各种pH值下树脂黏度的变化(70℃)

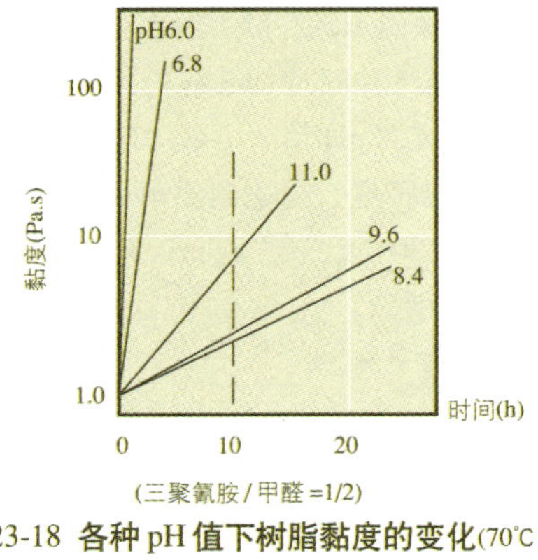

图23-18 各种pH值下树脂黏度的变化(70℃)

用混浊度法测定反应终点比较简单可靠，而且在常用的反应范围内，反应时间和Tc(混浊度)呈直线关系。在测定两个Tc之后，可以预测反应终点到达的时间。

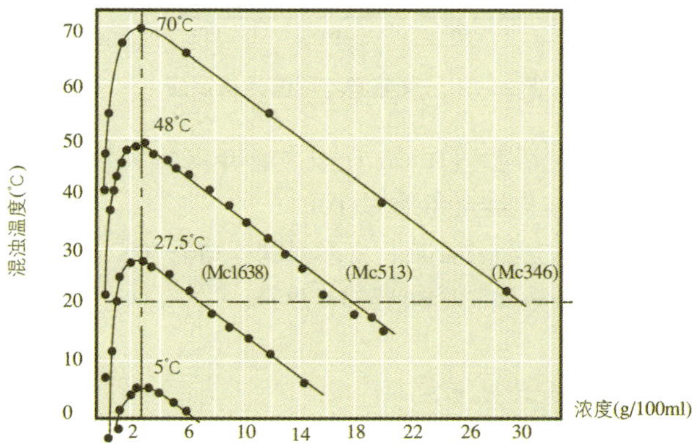

图23-19 混浊曲线

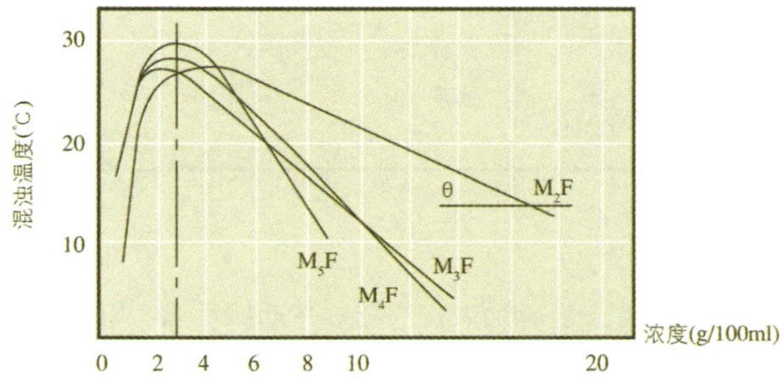

图23-20 反应摩尔比和混浊温度

23.4.3.2 浸渍用三聚氰胺树脂介绍

例1：

(1) 原料配比见下表

原 料	规 格(%)	用量(重量份)(g)
甲 醛	37	516
三聚氰胺	≥99.5	320
碳酸钠	10	适量

(2) 制造工艺

①在装有电动搅拌器、温度计和回流冷凝器的1000ml四口烧瓶中加入320g的三聚氰胺，置于60℃的水浴中；

②在另一个烧杯中加516g37%的甲醛溶液，并用10%Na_2CO_3溶液调pH值至6；

③把调整过pH值的甲醛溶液加入反应烧瓶中，边搅拌边加热。反应初期为浆状，pH值为7.3左右；

④在10～15min内使反应液温度到达80℃，并保温继续反应。不断记录反应温度、pH值。如图23-21；

⑤反应液在反应开始10min后变得清澈透明，保温一段

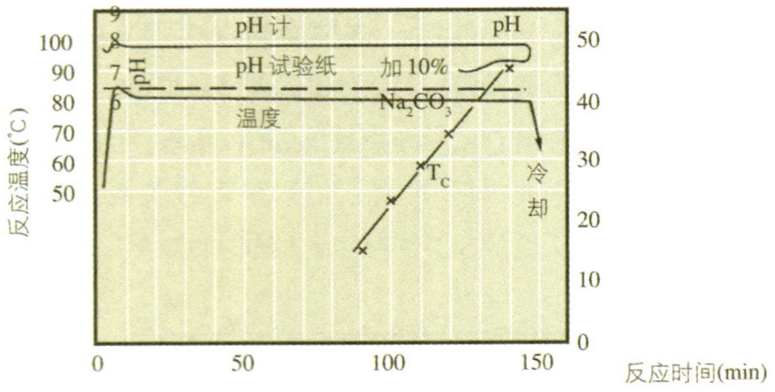

图 23-21 三聚氰胺与甲醛缩聚反应

时间后开始测混浊度(Tc)(取 1g 反应液用 18.2g 水稀释成 3% 的树脂液)，反应终点为 25℃(Tc);

⑥当反应达到终点后，立即强制冷却至 70℃，加 163g 乙醇，边搅拌边强制冷却至 40℃放料。

例 2：

(1) 原料配比见下表

原 料	纯度(%)	摩尔比	用量(kg)
三聚氰胺	99.5	1	263.15
甲醛溶液	37	2.52	424.32
乙 醇	95	3	315.75
氢氧化钠	30		适量

(2) 制造工艺

①将甲醛计量后加入反应锅，开动搅拌器，用NaOH溶液调 pH=8.7～9.0，加三聚氰胺；

②在 30～40min 内将温度升到沸腾；

③保持沸腾回流并取样测浑浊度，当浑浊度达 28～30℃时，加乙醇并通冷却水冷却，用NaOH溶液调pH=9.0～9.5，温度保持在 80～85℃进行醚化反应；

④在反应锅中取样测定水混合性，当达到 2.0～1.8 倍时，立即通水冷却，降温至 40℃放料。

(3)树脂性能指标

外观：无色透明液体

固体含量：40% ± 2%

pH 值：8.5～9.5

游离甲醛含量：<1.5%

黏度(20℃)：0.020～0.027Pa · s

例 3：对甲苯磺酰胺改性的三聚氰胺树脂

(1) 原料配方见下表

原 料	规格含量(%)	摩尔比	用量(重量份)
三聚氰胺	99.5	1	126
甲 醛	37	3	243.2
水			56.8
对甲苯磺酰胺		0.1	17.1
乙 醇	95		19.3

(2) 制造工艺

①将甲醛溶液和水计量后全部加入反应锅内，开动搅拌机，用浓度 30% 的氢氧化钠溶液调 pH=8.5～9.0；

②加入定量三聚氰胺，在 20～30min 内升温至 85℃，当温度升至 70～75℃时，反应液应变成清澈透明的液体，此时 pH 值不应低于 8.5；

③在 85 ± 1℃范围内保温 30min 后开始测定反应终点。当混浊度达到 29～32℃时(夏季为 29℃以内，冬季为 30℃左右)即为反应终点，立即降温，并同时加入乙醇和对甲苯磺酰胺，并使温度降至 65℃；

④在 65 ± 1℃范围内保温 30min 后冷却至 30℃，用 30% 浓度的 NaOH 溶液调 pH 值为 9.0，即可放料。

(3)树脂性能指标

外观：无色无沉淀透明液状树脂

固体含量：46%～48%

游离甲醛：≯ 1%

恩格拉黏度：3～4

pH 值：9.0

该树脂用对甲苯磺酰胺改性后，脆性小，柔性增加，而且水溶性好，贮存期也较长。适用于浸渍装饰板的表层纸、装饰纸及复盖纸。

例 4：聚乙烯醇改性三聚氰胺树脂

(1) 原料配方见下表

原 料	纯 度(%)	用量(重量份)	备 注
三聚氰胺	≮ 99.5	126	
甲 醛	37	220	
聚乙烯醇	工业级	2.51	牌号 1799
乙 醇	95	252	

(2) 制造工艺

①将甲醛计量后加入反应锅内，开动搅拌器，用30%浓度的氢氧化钠调 pH=8.5～9.0；

②加三聚氰胺和聚乙烯醇，在30min左右使锅内温度上升至（92 ± 2）℃。当锅内温度升至 70℃以上时，应变成清澈透明的液体；

③在 92℃下保温 1h 后开始测混浊度(Tc)，当 Tc=25～27℃时，立即降温，并同时加乙醇；

④测定反应液的 pH 值，并调 pH=8.5 以上，在 70～75℃下保温测水稀释度，当达到要求后立即加 50% 乙醇溶液 184kg，降温至 30℃以下，调 pH=8.5 以上，即可出料。

(3) 树脂性能指标

外观：清澈透明液体

固体含量：35% ± 2%

黏度：15～20cp

游离甲醛：≤ 2%

用该树脂浸渍的装饰贴面板可以增加装饰板柔韧性，同时可以按热进热出生产工艺操作，生产周期较短，能耗少，但板面光亮度稍差。

例5：用尿素改性三聚氰胺树脂

在制造三聚氰胺树脂时，加入一定量的尿素与之共缩聚，可以大大延长三聚氰胺树脂的贮存期，而且成本也大大下降。

(1) 原料配比见下表

原 料	规格含量(%)	用量(重量份)
尿 素	工业纯，含N>46%	100
三聚氰胺	工业精制	50
甲 醛	37%	275
水	115%～160%	
乌洛托品	工业纯	11.25

(2) 制造工艺

①将甲醛计量后加入反应锅内，开动搅拌器，调pH=4左右；

②依次加入水、乌洛托品、尿素和三聚氰胺，加乌洛托品后pH应为7左右，加入三聚氰胺后pH应为8；

③通蒸汽升温，在10～15min内升温至30～35℃，关蒸汽，依靠反应热使内温上升至70℃(应在10～20min内完成)；

④在70℃下保温10min后，再在10min内使内温达到80～85℃；

⑤在此温度下保温7～15min后，强制冷却，在30～50min使内温降至20～25℃，调pH=7.0～7.5，即可出料。

(3) 树脂性能指标

固体含量：38%～40%

游离甲醛：0.3%～0.8%

相对黏度：10～11s(用涂4杯测定)

比重：1.2

pH值：7.0～7.5

23.5 酚醛树脂胶黏剂

23.5.1 酚醛树脂胶的原料性质及要求

1. **甲醛**(见23.3.1)

2. **苯酚**

苯酚又名石碳酸，分子式：C_6H_5OH，分子量：94.11

(1) 苯酚的性质：苯酚在常温下是无色针状结晶体，有特殊的气味，有毒，对皮肤有腐蚀刺激性，苯酚的熔点为40.9℃，沸点为182.2℃。在常温下，苯酚稍挥发，气体苯酚易燃，空气中允许的最大浓度为5mg/m^3，苯酚容易被水蒸气蒸出，在空气中易潮解，当苯酚中含有少量水分时，熔点急剧下降，苯酚熔点和含水率之间的关系如下(表23-24)：

当苯酚的含水率超过27%时，则溶液分为二层，上层为酚在水中的溶液，下层为水在苯酚中的溶液，苯酚在水中的溶解度随着温度的升高而增加，如表23-25所示。

表23-24 苯酚熔点和含水率的关系

含水率%	0	1	5	27
熔点℃	40.9	37	24	均匀液体

表23-25 苯酚在水中溶解度和温度的关系

温度℃	11	35	58	77	84
100g水中溶解苯酚量(g)	4.832	5.960	7.330	11.830	苯酚与水以任何比例溶解

苯酚溶于乙醇、乙醚、甘油、松节油、冰醋酸、脂肪酸、脂肪、氯仿、甲醛水溶液、碱性水溶液。苯酚具有弱酸性，与氢氧化钠作用生成酚盐，当通入二氧化碳气体时，又重新变成苯酚：

$$C_6H_5OH+NaOH \rightarrow C_6H_5ONa+H_2O$$

$$C_6H_5ONa+CO_2+H_2O \rightarrow C_6H_5OH+NaHCO_3$$

苯酚与卤代烃作用生成醚，与酰氯或酸酐作用生成酯。

苯酚是化学工业中用途最广泛的原料之一，主要用于合成树脂、塑料、油漆、染料、纤维和农药。在木材工业中主要用作合成酚醛树脂的原料，制造胶黏剂和涂料。

苯酚既是有毒又是强腐蚀性物品，储运时应注意密封，容器应储放在通风的库房内，不可与氧化剂共储混运。在搬运时，操作人员应穿工作服，戴口罩，手套，避免与苯酚直接接触。当皮肤接触苯酚时，应立即用酒精擦洗，再用3%的单宁溶液擦洗，涂樟脑油。必要时去医院诊治。

失火时可用砂土、泡沫、二氧化碳灭火机扑救。

(2) 苯酚的品质标准（表23-26）

表23-26 苯酚的品质指标(GB339-1989)

指标名称		指 标		
		优等品	一等品	二等品
结晶点，℃	≥	40.6	40.5	40.0
水中溶解度［(1：20)吸光度］	≤	0.03	0.04	0.14
蒸发残渣，%	≤	0.010	0.010	0.016
水分，%	≤	0.1	-	-

23.5.2 酚醛树脂胶的合成原理及制造工艺

23.5.1.1 酚醛树脂胶的合成工艺路线

根据甲醛和苯酚的原料配比(摩尔比)和反应介质的pH值不同，甲醛和苯酚反应生成酚醛树脂的工艺路线基本上分两种，其示意图如下：

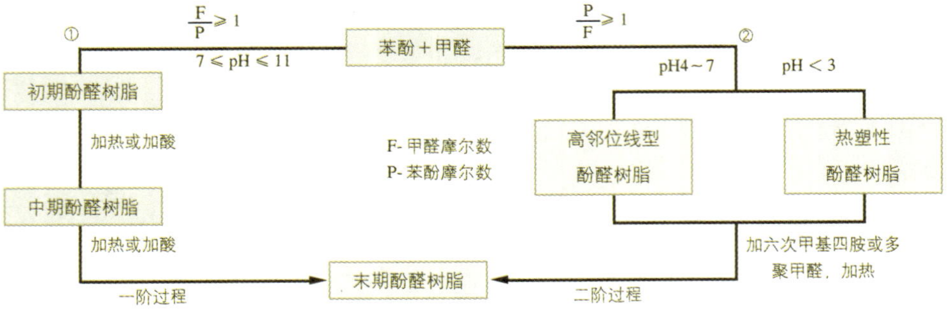

在制胶工艺中一般采用路线①的合成工艺。即在摩尔比大于1，反应介质为碱性的条件下合成酚醛树脂。用碱性催化剂制造酚醛树脂时，树脂的反应程度可以被人们控制在任何阶段，直到最终固化。由于树脂胶从液态(初期树脂)转变为固态(末期树脂)，不需要另行加原料，只要加热到一定程度，即可完成这种变化，这种过程叫一阶过程。若用酸作催化剂，也可以最终制成末期酚醛树脂，但是在由线型热塑性酚醛树脂向热固性(末期)酚醛树脂转化时，必须加六次甲基四胺或甲醛等原料，这种转化过程因为要加二次原料才能完成，又叫二阶过程。

用二阶过程制木材用酚醛树脂胶也有应用，不过到目前为止应用很少，大部分是用在塑料制品方面。

在制备热固性酚醛树脂时，在反应锅内只把形成的酚醛树脂控制在初期树脂阶段。从初期树脂到末期树脂(固化)这一过程是在胶接产品时完成的。

23.5.2.2 酚醛树脂合成的基本原理

1. 热固性酚醛树脂合成的基本原理

热固性酚醛树脂是在碱性条件下甲醛和苯酚的摩尔比(F/P)大于1时，经缩聚反应而制成的。常用的碱性催化剂为氢氧化钠、氢氧化铵、氢氧化钡和氢氧化钙等。和脲醛树脂的形成原理相似，反应分成二个阶段，即苯酚和甲醛首先生成羟甲基苯酚，然后生成的羟甲基苯酚(初期产物)再进一步进行相互间的缩聚反应，生成初期酚醛树脂。

(1) 苯酚和甲醛的加成反应(羟甲基化反应)：甲醛水溶液中的甲醛是以聚甲二醇的形式存在，苯酚实际上和聚甲二醇进行反应：

$$nCH_2O + H_2O \rightleftharpoons HO\{CH_2\}_nOH$$

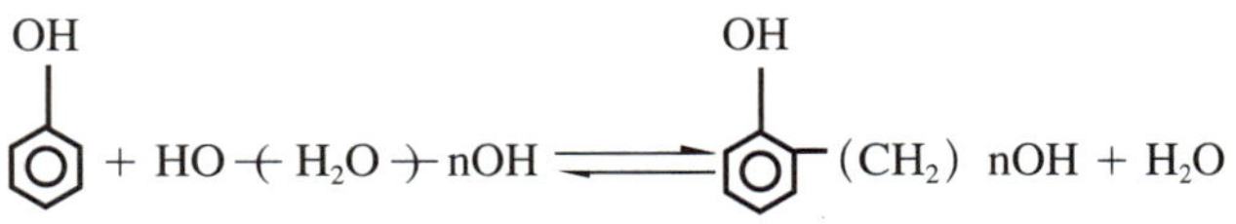

n值随着甲醛浓度下降而减少。在三官能度的苯酚中，反应活性位置有3个，其中2个邻位，一个对位，邻位和对位的反应性(O/P)随反应条件不同而有很大的差异。从苯酚和甲醛反应生成的邻(或对)羟甲基苯酚后，继续反应至三羟甲基苯酚可以有以下几个途径：

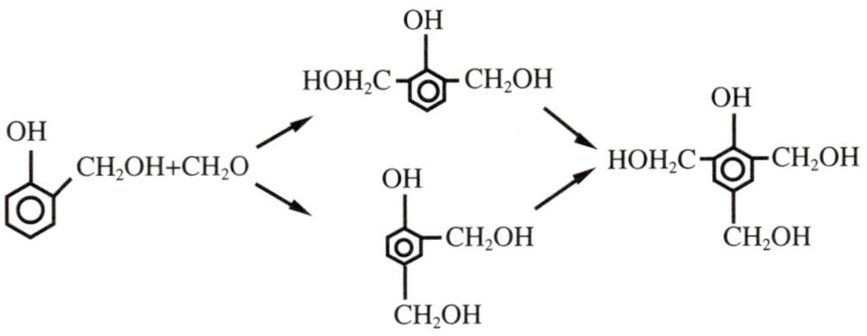

在实验过程中发现，酚羟基对位的反应活性在加成反应中比邻位的活性稍大，以酚羟基的第一个邻位导入羟甲基的相对速度为1，则在对位导人羟甲基的相对速率约为1.07。由于邻位有两个，在实际反应中邻位的羟甲基生成速率比对位大得多，而且，一旦邻羟甲基苯酚生成后，它进一步进行加成的反应活性又超过原料苯酚，容易向生成多羟甲基苯酚转化。由于这个原因，在热固性酚醛树脂中总是含有一定量的游离苯酚。另外，据分析测定，在加成反应中，一旦生成对羟甲基苯酚后，整个分子再进行加成反应的活性大约降至原料苯酚的40%以下。

从一羟甲基苯酚反应过程的相对反应速度比较值如下图：

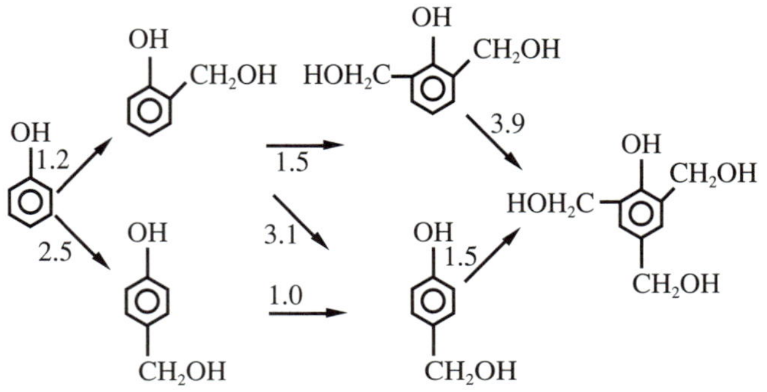

(2) 羟甲基苯酚的进一步反应(缩聚反应)：在碱性条件下苯酚和甲醛进行加成反应生成羟甲基苯酚以后，将进一步进行加成反应(由一羟甲基苯酚向多羟甲基苯酚转化)和缩聚反应，借助缩聚反应生成线型分子，使生成物的分子量逐渐增大，由于反应体系中既有羟甲基苯酚、多羟甲基苯酚，又有未反应的苯酚和甲醛，所以反应十分复杂。其中有如下几种情况。苯酚和中间产物之间的反应：

生成的一羟甲基苯酚和甲醛继续进行加成反应，使生成物向多羟甲基苯酚转化。

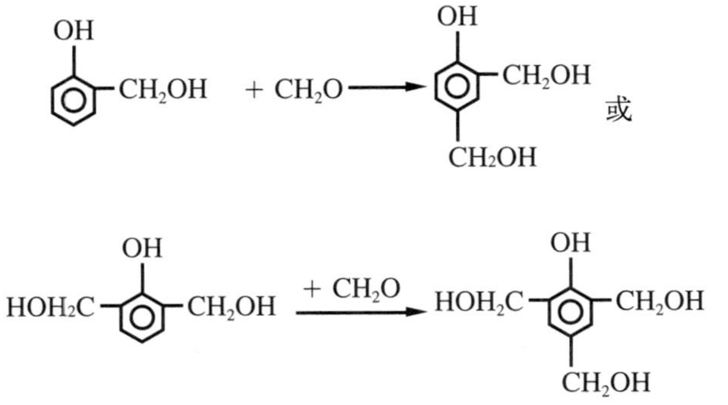

生成的一羟甲基苯酚也可能和苯酚反应生成苯酚二聚体，如：

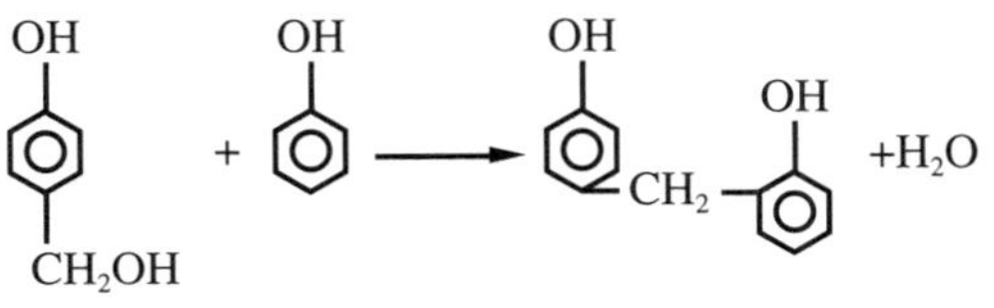

苯酚二聚体

生成的羟甲基苯酚之间的反应：

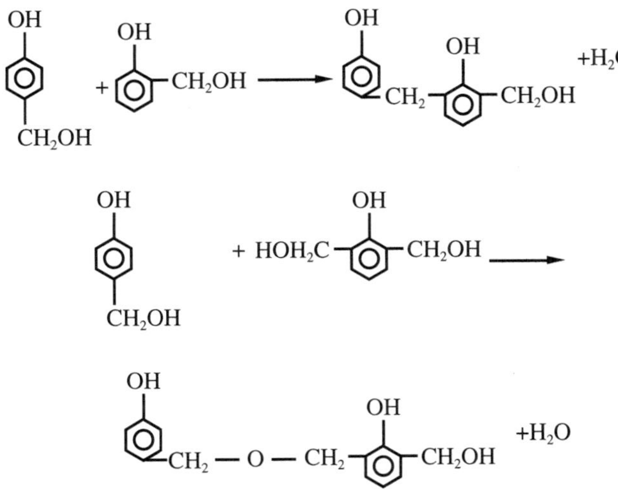

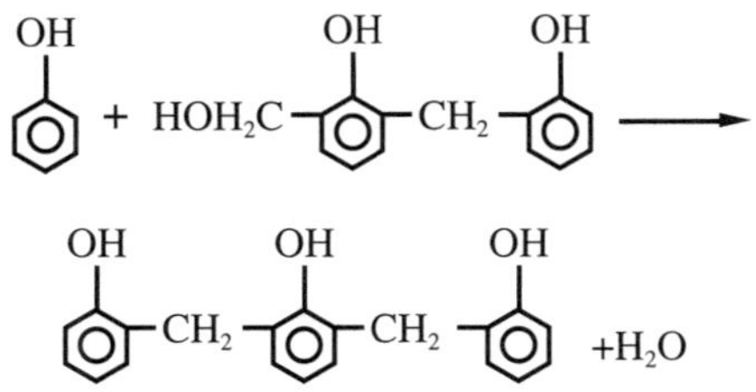

中间产物之间的反应：

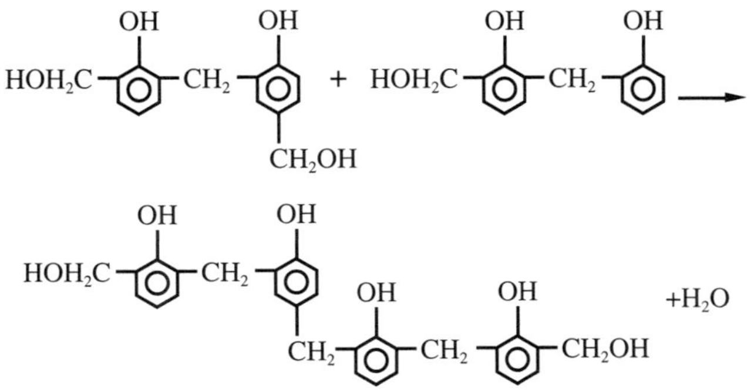

仅仅从上述的几个反应就可以知道，在碱性条件下生成的初期酚醛树脂的反应较为复杂。

实验发现，羟甲基苯酚在进一步进行缩聚反应时，对羟甲基苯酚的反应活性大于邻羟甲基苯酚的反应活性。因此，酚核之间的连接主要靠对位的羟甲基，未反应的游离羟甲基大部分在邻位；酚核之间主要是以次甲基键连接，也有少量的次甲基醚键连接(—CH_2—O—CH_2—)。而这种连接键往往不稳定，受热作用后部分地形成次甲基键，部分地形成羰基。

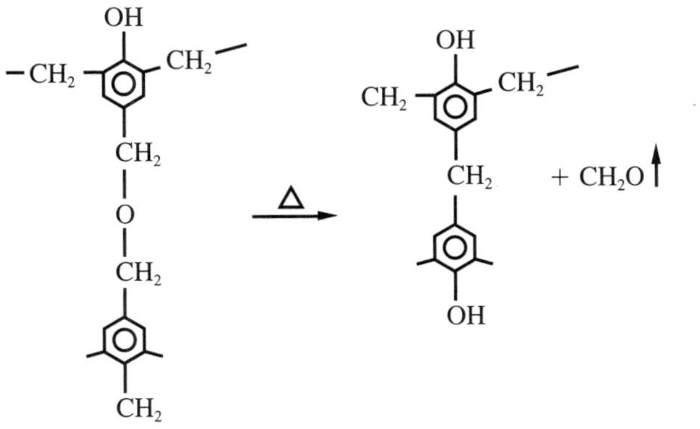

当缩聚反应进行一定时间后，分子量逐渐增大到一定程度，便形成初期酚醛树脂。初期酚醛树脂是一种分子内富含羟甲基、酚核之间以次甲基键连接为主、有一定分子量、多分散性的聚合物的混合物，此外还包含有未反应的少量游离酚。初期酚醛树脂的结构可以有很多种形式，如：

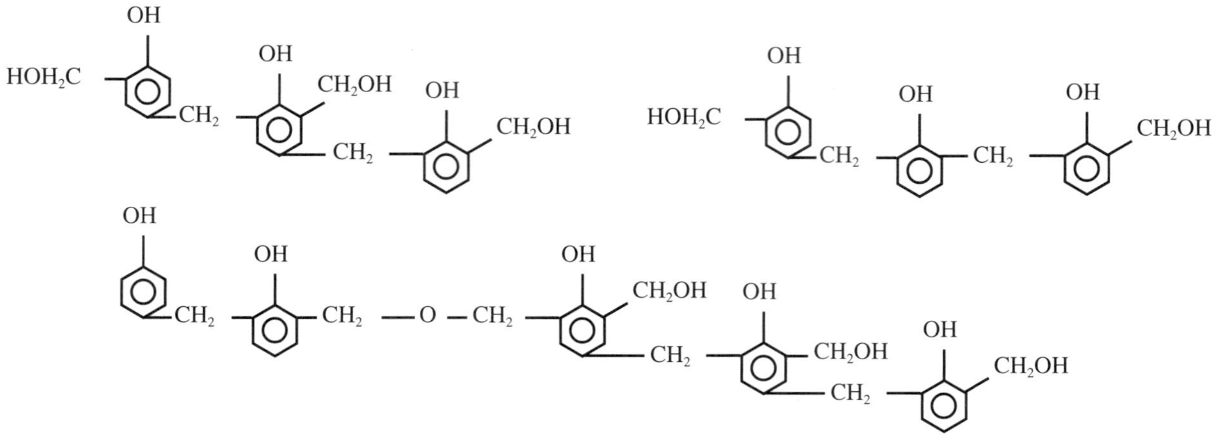

热固性初期酚醛树脂又叫甲阶酚醛树脂(或A阶酚醛树脂)。酚醛树脂胶黏剂就是处于这种阶段的初期酚醛树脂。

(3) 酚醛树脂的演变和末期酚醛树脂结构：如果把初期酚醛树脂存放一段时间或对初期酚醛树脂进行加热处理，则经过中期酚醛树脂(乙阶酚醛树脂)阶段，最后变成末期酚醛树脂(丙阶酚醛树脂)。

初期酚醛树脂是由许多缩聚程度不同的线型分子所组成，平均含有3～4个酚核，分子量分布较宽，也存在少量的苯酚、酚醇和甲醛。常温下初期酚醛树脂是液体，即使脱去溶剂(或水)变成固体的酚醛树脂，仍能溶于某些溶剂，这是由于初期酚醛树脂内含酚羟基和羟甲基的缘故。溶解初期酚醛树脂的溶剂主要有水、碱性水溶液、乙醇、丙酮、酯、酚及甲醛，某些初期酚醛树脂能完全溶解在水中。固体状初期酚醛树脂加热到50～90℃时则熔化为液体，加热至115～140℃或存放一段时间后就转变成为中期酚醛树脂(乙阶酚醛树脂)。

中期酚醛树脂是处于初期树脂之后，凝胶点之前的阶段。此时平均分子量在1000左右，分子结构上开始有支链，仍含有一定数量的羟甲基，不能被碱性水溶液等溶剂溶解，只能部分溶胀。经加热能软化，但软化的时间有限，当它不再软化而变硬时，说明已经进入末期酚醛树脂阶段(C阶酚醛树脂)。

末期酚醛树脂是乙阶酚醛树脂进行缩聚反应的最终产物。从凝胶点以后开始即酚醛树脂已经进入末期酚醛树脂阶段。处于凝胶状态的酚醛树脂已经具有体型网状结构，由于分子内仍有部分小分子酚醛树脂存在，交联密度不大，机械强度较低，随着反应(缩聚反应)的继续进行，逐渐变成加热不熔，对任何溶剂不溶，也不溶胀的固体酚醛树脂，它具有较高的机械强度，对酸性溶液很稳定，对强碱性溶液不稳定。树脂耐沸水煮，耐热、耐磨，但脆性较大。不耐冲击。在高温条件下，和苯酚作用可降解；当加热至280℃以上时，树脂开始分解成水、苯酚和碳化物。

末期酚醛树脂的结构还无法正确测定。红外光谱只能测出酚醛树脂内所含的基团，根据所测出的基团和已知的反应机理，Einke推测末期酚醛树脂的结构如下：

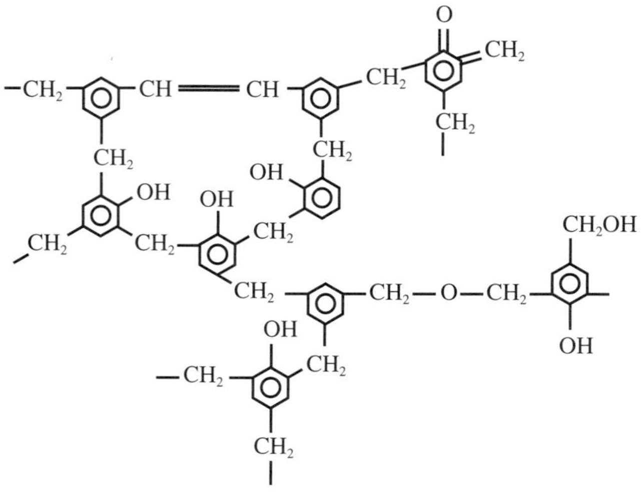

在初期酚醛树脂演变为末期酚醛树脂时，除了发生缩聚反应外，还可能发生下列反应：

次甲基醚键结构在加热条件下脱甲醛转化为次甲基键结构，同时放出甲醛。

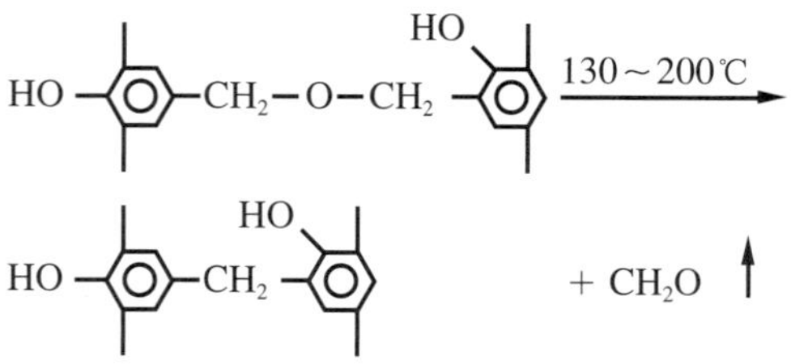

次甲基醚键结构脱水变为次甲基醌。

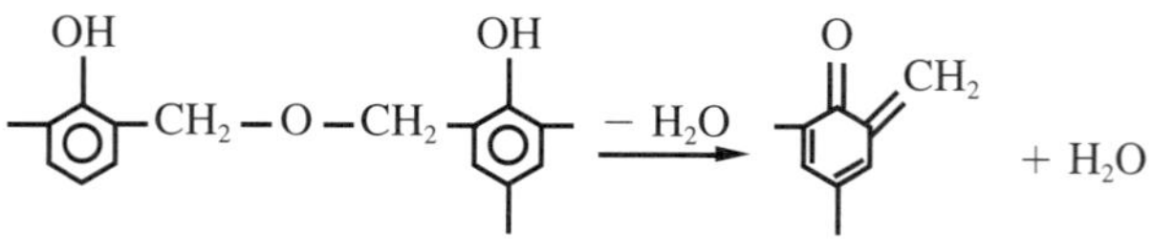
邻次甲基醌

羟甲基酚进行分子内脱水生成次甲基醌。

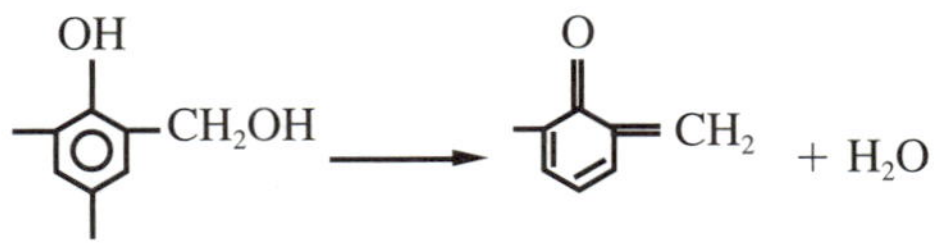

邻次甲基醌

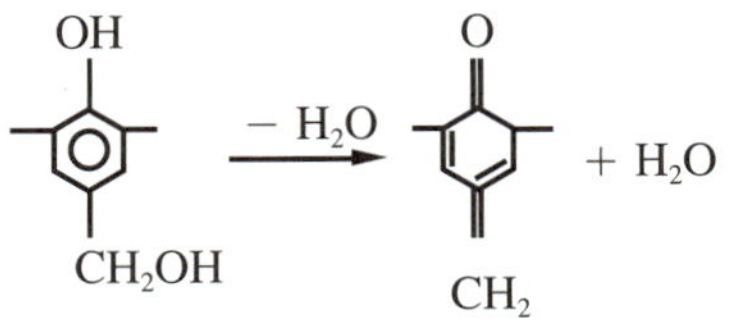

对次甲基醌

生成的次甲基醌很不稳定，容易发生聚合、氧化、氢化等反应生成树脂。

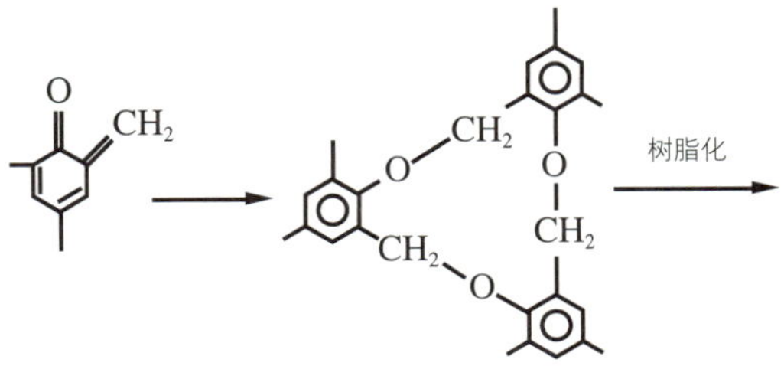

2. 热塑性酚醛树脂合成的基本原理

苯酚和甲醛反应时，当甲醛和苯酚的摩尔比(F/P)小于1时，在强酸(如盐酸)催化作用下，可形成热塑性的线型酚醛树脂。它是一种分子内不含羟甲基的可溶可熔的高分子混合物。

用盐酸作催化剂在30～80℃下，甲醛和苯酚反应的次甲基化速度为羟甲基化速度的5～8倍，也就是说，缩聚反应的速度比加成反应的速度快得多，这也是在酸性条件下，当甲醛和苯酚的摩尔比(F/P)小于1时，所得的线型酚醛树脂分子内不含游离羟甲基的原因。

热塑性酚醛树脂的主要特点是具有线型结构，分子内不含羟甲基，受热能熔化，冷却变为固体，在水中的溶解度很小，可溶于有机溶剂。由于酚核内含有未反应的活性氢，可以继续和甲醛、六次甲基四胺等化合物反应，转为具有体型网状结构的热固性酚醛树脂。其固化反应的速度和次甲基的连接位置有关。如表23-27。

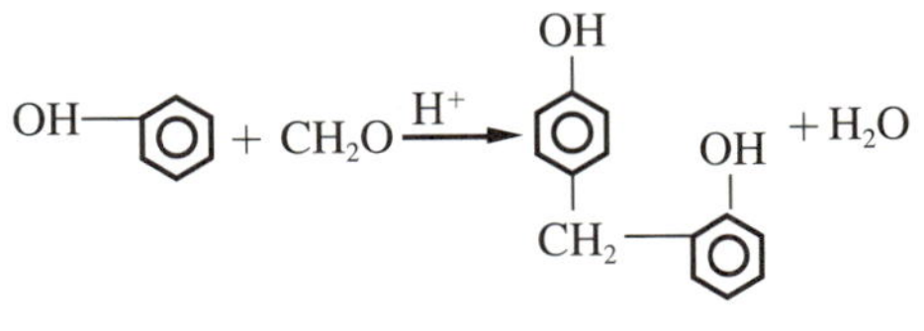

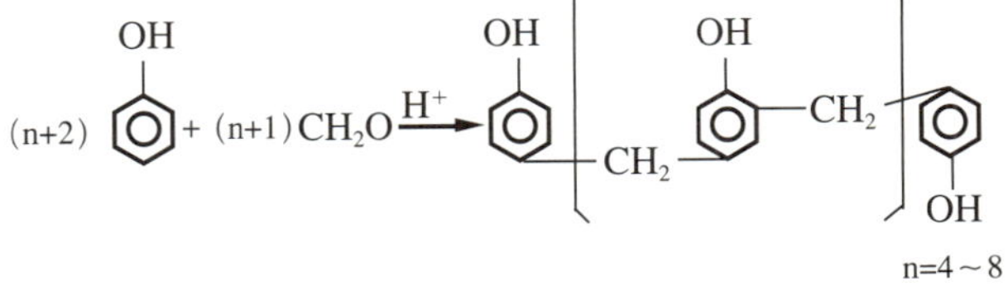

表23-27 热塑性酚醛树脂固化时间和次甲基连接位置

二酚基甲烷	固化时间s(加15%的六次甲基四胺150℃)
2,2′ 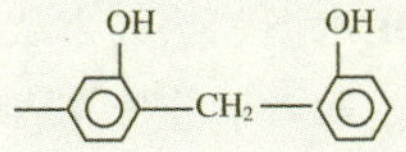	60s
2,4 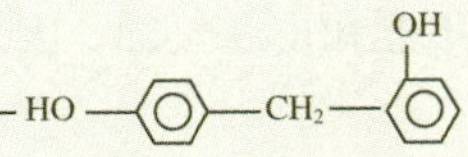	140s
4,4′ 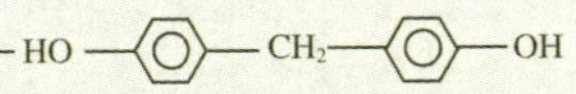	175s

3. 酚醛树脂的制造工艺

酚醛树脂胶是仅次于脲醛树脂胶在人造板工业中应用较广泛的胶种，可用于制造航空胶合板、船舶用胶合板、水泥模板、刨花板、纤维板，产品的用途不同对酚醛胶的性能要求也不同。需要在原料配比及制造工艺上加以调整解决，以满足产品的要求。

(1) 原料配比和反应介质的pH值。

1) 原料配比(原料配方)

原料配比中甲醛和苯酚的摩尔比对所形成的酚醛树脂的性质影响比较大，一般甲醛用量大，由于反应中形成的羟甲基较多，胶的性能较好，固化速度快，游离酚含量也低。由于苯酚和甲醛的反应热较大，当甲醛用量较大时，一般甲醛分次加入。分次加甲醛的工艺不但可以控制苯酚和甲醛的反应热，而且可以使甲醛和苯酚充分反应，提高酚醛树脂的品质，减少酚醛树脂中游离酚含量。

2) 反应介质的pH值

酚醛树脂的形成一般都是在碱性条件下进行加成和缩聚反应的。在反应介质中碱的浓度影响树脂化速度、树脂的固化速度、水溶性等，碱液可以一次加完，也可以分二次加完。目的也是为了控制反应热，使反应较充分而不发生事故。

3) 浓缩处理

不同用途的产品对酚醛的树脂含量要求不同。冷压的酚醛树脂胶要求树脂含量高，合成时一般需要浓缩处理，其他人造板酚醛树脂胶黏剂都是不需要浓缩处理的(醇溶性酚醛树脂除外)。

(2) 一般酚醛树脂工艺规程

1) 原料的检验

和脲醛树脂一样，根据化验的结果，计算工艺配方中甲醛、苯酚和烧碱的用量。

2) 备料

这和脲醛树脂生产的投料顺序不同，生产酚醛树脂时，是先加苯酚和烧碱，后加醛。苯酚的包装和尿素不同，它是装在桶内的，常温下为固体，加料时必须事先把它加热熔化成液体，趁热把苯酚吸入反应锅中。熔化苯酚时可以用蒸汽加热，也可以用蒸汽加热水，用热水把桶内的苯酚加热熔化。切忌用明火直接加热。用水浴加热的方法时间较短，用蒸汽加热的方法时间较长，前者桶的使用寿命较长，后者桶的使用寿命较短。无论哪种方法，在加料时应注意避免和苯酚接触，特别是不能和皮肤接触，因为苯酚对皮肤有腐蚀性。

3) 升温速度与反应温度

苯酚和甲醛进行反应时，其反应热比尿素和甲醛的反应热大。在用蒸汽加热时，应根据反应釜容量的大小，控制好关蒸汽的温度，然后借助反应自发热，逐渐升至工艺规定的温度。苯酚和甲醛的反应温度根据配方不同一般在90～100℃范围内，温度较高时，应该开启冷凝器的进水阀，使反应液的蒸汽回流至反应锅内。

4) 反应终点和测定

反应终点同样是控制酚醛树脂品质的关键。反应终点的测定方法都采用黏度法。测定反应液在一定温度下的流出时间。一般用“涂4杯”测定，也有的用倒泡管(规格为 ϕ 10mm × 100mm)测定。一般来说用涂4杯测定较常见，制得树脂的品质比较稳定。制造浸渍用酚醛树脂时一般采用测混浊度或溶水倍数的方法。

5) 反应终点后的处理

酚醛树脂反应至终点后，和脲醛树脂的处理不同，不能用中和的方法使反应停止，而是采用强制冷却的办法，使反应形成的树脂液温度迅速降至常温，使反应相对停止。因此，此时必须具有充足的冷却水和较低的水温，否则影响冷却速度，使胶的品质不能符合规定品质要求。生产冷固化酚醛树脂时在反应终点后，还有减压脱水工序。

6) 称量和保管

酚醛树脂制成后冷却到规定的温度，即可放料。放料时应过磅计量，记录每一釜的产量。成品酚醛树脂最好贮存在塑料桶内或贮槽内，应低温保存，避免太阳曝晒。

4. 影响酚醛树脂品质的因素

在制造酚醛树脂胶时必须掌握影响酚醛树脂胶的品质的各种因素，认真按工艺要求操作才能得到符合要求的酚醛树脂。这些因素有原料酚的分子结构，甲醛的品质，原料配比，反应介质的pH值，制造工艺条件等。

(1) 原料酚的分子结构：首先酚类的官能度决定了酚与甲醛的反应深度，即是生成低分子化合物，还是热塑性树脂，还是热固性树脂。如表23-28所示。

由表可以知道，要生成热固性酚醛树脂，酚的平均官能度必须在2以上。如在工业酚混合物中，含有三官能度的酚至少有一定的比例，例如，工业甲酚中间甲酚的含量应不少于40%，工业二甲酚3，5—二甲酚的含量至少在某一数值以上才可能生成热固性酚醛树脂。

酚的分子结构还影响生成树脂的溶解性。即使是同分异构体也是如此，如用对甲酚、邻甲酚、间甲酚为原料所得的酚醛树脂的溶解性如表23-29所示。

表 23-28 酚的分子结构和生成物的关系

官能度	酚的结构类型	反应深度
1	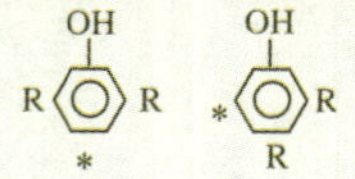	只能生成低分子化合物
2	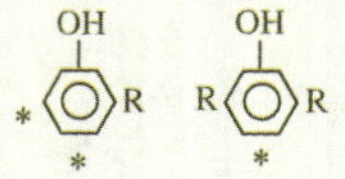	只能生成线型树脂
3	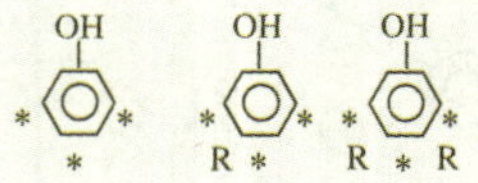	能生成热固性树脂
4	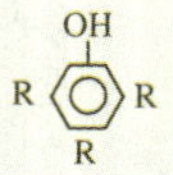	不能反应

注：* 表示反应活性位置；R 表示取代基

表 23-29 甲酚甲醛树脂的溶解性

酚种类	氢氧化钠		乙　醇		乙　醚		苯		四氯化炭	
	1	2	1	2	1	2	1	2	1	2
对甲酚	−	△	−	1	+	△	+	+	+	+
邻甲酚	+	+	+	+	+	△	△	△	−	−
间甲酚	+	+	+	+	+	−	−	−	−	−

注：+——溶解，△——有限溶解，−——不溶解
1——酸催化的酚醛树脂，2——碱催化的酚醛树脂

由表23-29可以知道，甲基的取代位置不同，所得甲酚甲醛树脂的溶解性也不同。另外，同一种酚作原料，如果制造工艺不同(如酸催化或碱催化)所得树脂的溶解性相差不大。

苯酚、甲酚或二甲酚与甲醛缩聚制得的酚醛树脂的极性较强，不溶于植物油，而当苯酚的邻对位上的取代基含3个以上碳原子时，可以制得油溶性酚醛树脂。

酚类的取代基除影响生成树脂的性能、树脂的溶解性外，还影响酚的反应活性，影响它与甲醛的反应速度。M.M. Sprung用三乙醇胺作催化剂，在无水状态和多聚甲醛在90℃条件下反应，测定残留的游离甲醛的含量，以求得酚类的羟

甲基化反应速度，其结果如图23-22所示。未反应的游离甲醛和反应时间呈直线关系。

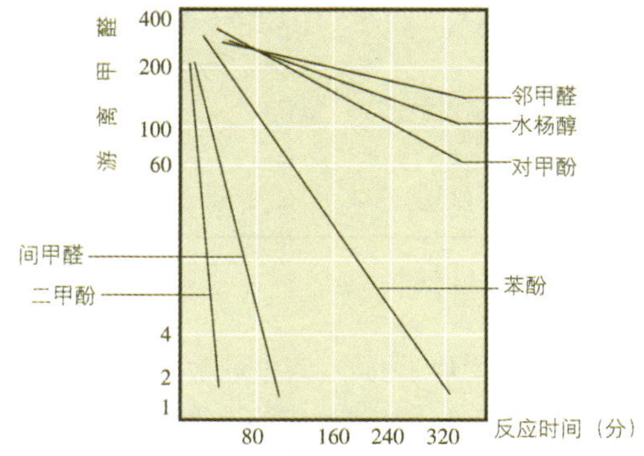

图23-22 各种酚类的甲醛消耗速度

如果把苯酚和甲醛的反应速度假设为1，则其他酚和甲醛反应的相对速度如表23-30所示。由表可知，酚环上引进甲基以后，甲基的位置不同，和甲醛的反应速度有很大的区别。当甲基进入间位时，反应能力增加，如3，5—二甲酚的反应速度为苯酚的7.75倍，而进入邻位的2，6—二甲酚的反应速度只为苯酚的16%。

表23-30 酚类的相对反应速度

酚种类	一级反应速度常数	相对反应速度
3，5—二甲酚	0.0630	7.75
间甲酚	0.0233	2.88
2，3，5—三甲酚	0.0121	1.49
苯酚	0.0081	1.00
3，4—二甲酚	0.0067	0.83
2，5—二甲酚	0.0057	0.71
对甲酚	0.0029	0.35
邻甲酚	0.0021	0.26
2，6—二甲酚	0.0013	0.16

酚的分子结构也影响树脂化速度，上述各种酚类和甲醛反应形成羟甲基苯酚以后，进一步树脂化的反应能力和上述顺序有所不同。

(2) 原料配比：生产酚醛树脂的原料确定之后，原料配比是影响酚醛树脂品质很重要的因素。原料配比中以甲醛和苯酚的摩尔比(F/P)最为重要。甲醛与苯酚的摩尔比影响甲醛和苯酚的反应程度、初期反应产物的组成及最终形成酚醛树脂的性质。

从理想的末期酚醛树脂的结构来看，如果甲醛和苯酚在合成时能完全反应，缩聚反应时均以次甲基键(—CH_2—)连接，并完全固化，则甲醛与苯酚的摩尔比(量F/P)应为1.5/1。在合成酚醛树脂时如果甲醛的摩尔数小于苯酚的摩尔数，则由于反应中所产生的羟甲基数量不足，使反应产物只能停留在线型阶段，而不能生成热固性酚醛树脂。

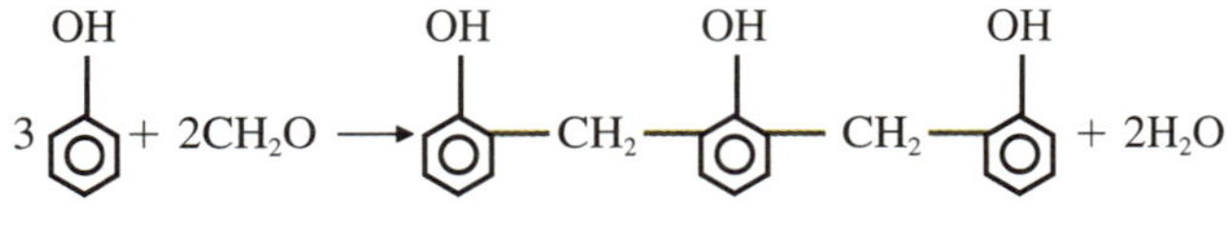

因此，在制造热固性酚醛树脂时，甲醛与苯酚的摩尔比(F/P)必须大于1。

甲醛与苯酚的摩尔比不同首先影响反应初期产物的组成。例如，当甲醛与苯酚的摩尔比为1∶1时，初期产物主要是邻羟甲基苯酚和对羟甲基苯酚，其中对羟甲基苯酚的含量较多。当甲醛与苯酚的摩尔比增大至2∶1时，主要生成二羟甲基苯酚及三羟甲基苯酚，随着甲醛和苯酚的摩尔比(F/P)的增大，初期产物中三羟甲基苯酚的含量增加，如表23-31所示。

表23-31 甲醛与苯酚的摩尔比和三羟甲基含量的关系

甲醛与苯酚的摩尔比	0.5∶1	1∶1	1.5∶1	2∶1	2.5∶1
三羟甲基含量(%)	3.38	9.24	22.16	31.00	40.70

注：在碱性催化剂下反应

甲醛和苯酚的摩尔比影响最终形成的酚醛树脂性能，主要影响酚醛树脂的固化速度、固体含量、游离酚和游离醛的含量及贮存期等等。图23-23所示是甲醛和苯酚的摩尔比不同与酚醛树脂的固化时间和黏度的关系。

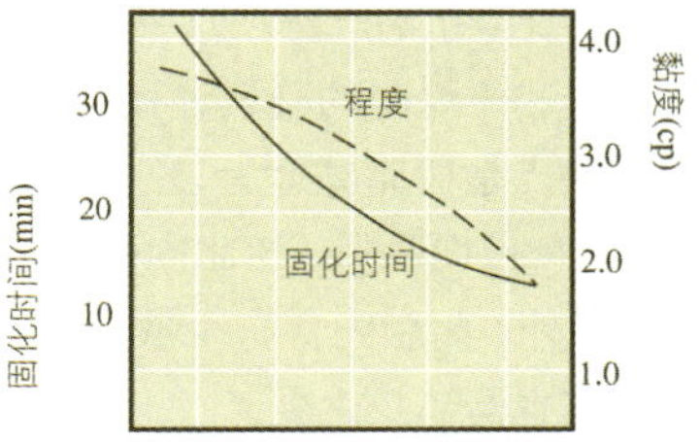

图23-23 苯酚和甲醛摩尔比与树脂固化时间和黏度关系

由图23-23可知，甲醛用量增加，酚醛树脂的固化时间缩短，即固化速度增大，而树脂的黏度却下降。

甲醛与苯酚的摩尔比(F/P)对酚醛树脂其他性能的影响如表23-32所示。由表可知，随着甲醛用量的增加，树脂内游离酚含量减少固体含量下降。因此，要合成低毒性酚醛树脂时，应该加大甲醛和苯酚的摩尔比。

甲醛与苯酚的摩尔比还影响酚醛树脂的贮存稳定性。一般来说，甲醛用量增加，所得酚醛树脂的黏度增长较快，贮存期相应缩短。

在酸性条件下，制造热塑性酚醛树脂时，原料配比(摩尔比)还影响树脂的平均分子量。即用原料配比大小控制树脂的平均分子量。其摩尔比和所得酚醛树脂的平均分子量的关系如表23-33所示。

(3) 催化剂与反应介质的pH值：大量的实践证明，在合成酚醛树脂时，催化剂对合成酚醛树脂时的反应产物结构、反应速度和所生成树脂的性质有着至关重要的影响。

催化剂分为酸性催化剂、碱性催化剂和金属离子催化剂

表 23-32 甲醛与苯酚的摩尔比和酚醛树脂的性能关系

(甲醛 / 苯酚)	固含量	可被溴化物	碱度	游离酚	游离醛	黏度(s)
摩尔比	%	%	%	含量 %	含量 %	(BJ-4)
2.0：1	45.6	13.4	7.0	0.174	0.166	30
2.1：1	47.2	13.8	7.7	0.114	0.163	23
2.3：1	45.7	12.9	6.8	0.000	0.118	25
2.5：1	47.6	13.0	7.0	0.000	0.111	17

表 23-33 甲醛和醛酚摩尔比与树脂平均分子量关系

摩尔比(F/P)	0.1	0.2	0.3	0.4	0.5	0.6	0.7
树脂平均分子量	228	256	291	334	371	437	638

注：在酸性条件下

三种，同一种类(碱性或酸性)的催化剂所产生的影响，除了和反应介质的 pH 值有关外，还和催化剂本身的性质有关。

碱性催化剂常用的有氢氧化钠和氢氧化铵，两者的作用机理不同，催化效果及生成树脂的性质也不相同。氢氧化钠催化剂对苯酚和甲醛的加成反应有强烈的催化效应，反应速度快，反应热大，在进行羟甲基化反应时，如果一旦生成邻羟甲基苯酚以后，其加成反应的活性超过它原来的苯酚，很快向多羟甲基苯酚转化，初期产物在水中的溶解性很大，这对进一步的深度缩聚和干燥时的凝聚过程有抑制作用。用氢氧化钠作催化剂的缺点是树脂碱度大，应用时容易产生透胶现象，污染板面，影响板面品质，树脂内碱的存在降低了耐水性和介电性能，另外，树脂内含有少量的游离酚，树脂的颜色较深。成本较高也是不足之处。

生产水溶性酚醛树脂一般都用氢氧化钠作催化剂，氢氧化钠溶液的浓度一般在30%以上。用量为苯酚的0.5～0.6(摩尔比)。

用氨作催化剂时，由于氨的水溶液是弱碱，催化效果小，反应较缓和，缩聚过程容易控制；从反应机理来看和氢氧化钠催化剂不同，这种催化剂在反应过程中生成了含氮的中间体。如：

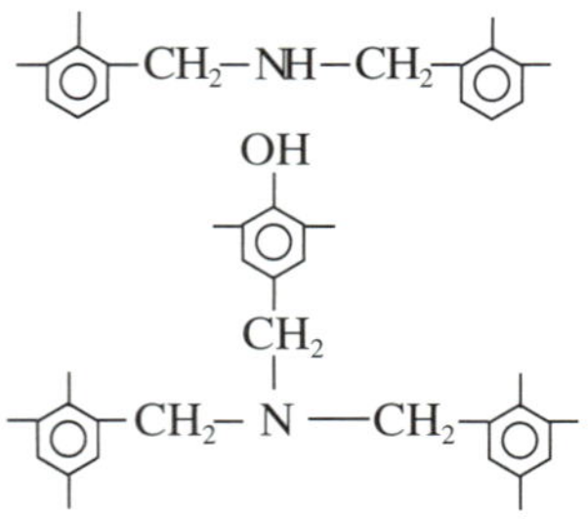

用氨、有机胺以及酰胺类催化剂制成的酚醛树脂在水中的溶解性很小，而溶于酒精。氨用量增加时，所得酚醛树脂的熔点高，分子量大，而且不容易发生交联。这些特点都和反应过程中生成的上述含氮基团(—CH_2—NH_2 或—CH_2—NH—CH_2—)有关。

酸性催化剂主要是无机酸，其中最常用的是盐酸，在pH<3时，缩聚反应的速度比加成反应的速度大得多。在用盐酸作催化剂时，苯酚和甲醛反应时，首先生成氯甲基苯酚中间体，然后迅速生成4，4′—二羟基二苯基甲烷。

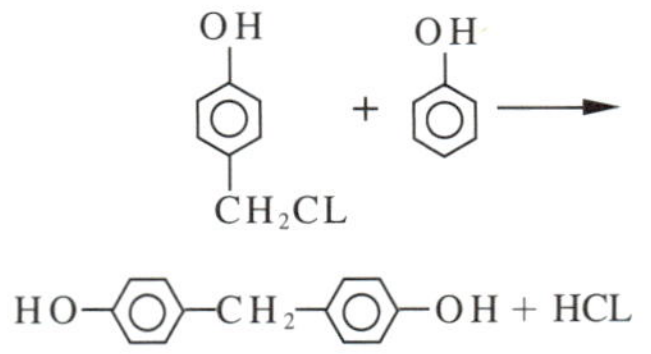

反应有高度的选择性，并且总是发生在对位。如果苯酚的摩尔数多于甲醛的摩尔数，则生成线型的热塑性酚醛树脂。它是可溶可熔的分子内不含羟甲基的酚醛树脂。结构式如下：

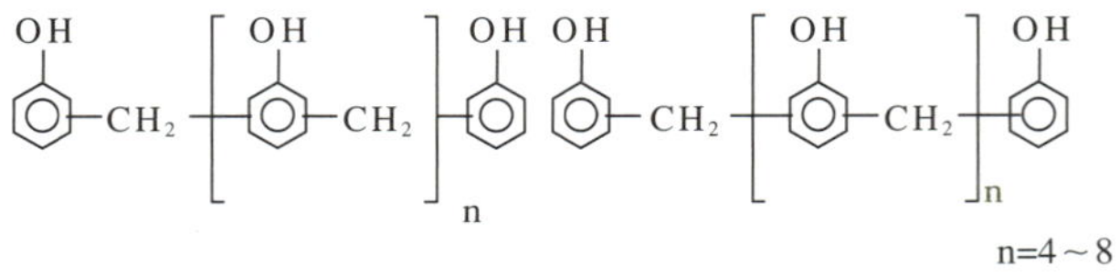

在上述热塑性酚醛树脂中，加入聚甲醛或六次甲基四胺，在加热条件下可以变成热固性酚醛树脂。

如果在酸性条件下，当甲醛的摩尔数多于苯酚的摩尔数时，则由于反应剧烈，难于控制而很少采用。

反应介质的pH值对甲醛和苯酚的反应速度有十分显著的影响。它不仅影响加成反应(羟甲基化反应)速度，而且也影响缩聚反应的速度。pH 值对羟甲基化反应和缩聚反应速度的影响如图 23-24 和图 23-25 所示。

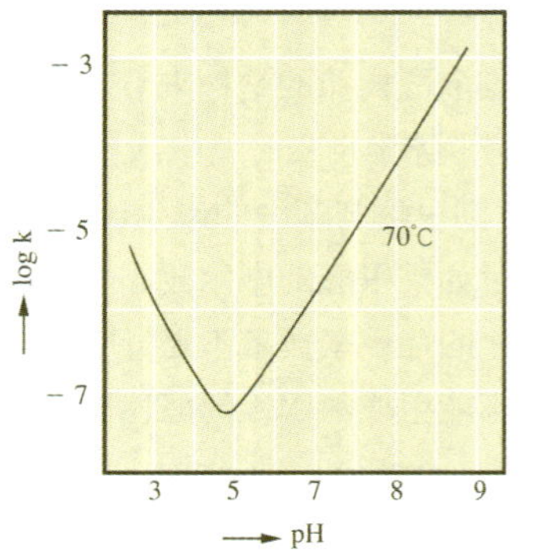

图 23-24 羟甲基反应速度常数(k)与反应介质 pH 值的关系

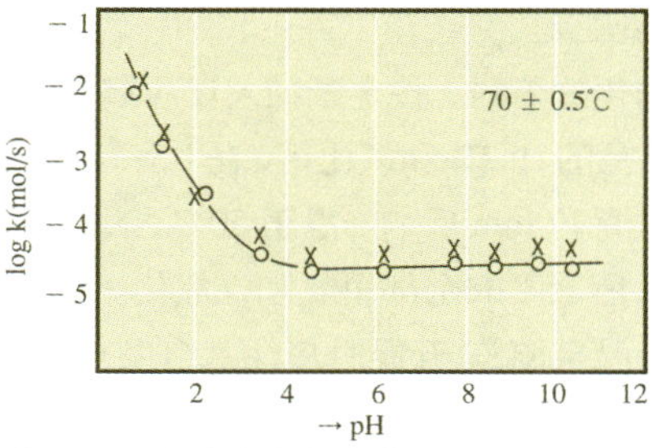

图 23-25 次甲基反应速度常数(k)与反应介质 pH 值的关系

反应介质的pH值还影响热固性酚醛树脂的固化速度和树脂结构，如图23-26所示。当反应介质的pH值为4左右时，酚醛树脂的固化反应速度最慢。此pH值为中性点，当反应介质的pH值大于4或小于4时，都有使体系固化速度加快的趋势。酚醛树脂在碱性条件下固化时主要通过次甲基键连接，在固化物中基本上没有发现醚键存在；在酸性条件下固化时，醚键和次甲基键均可形成，而在强酸性条件下固化时主要生成次甲基键。

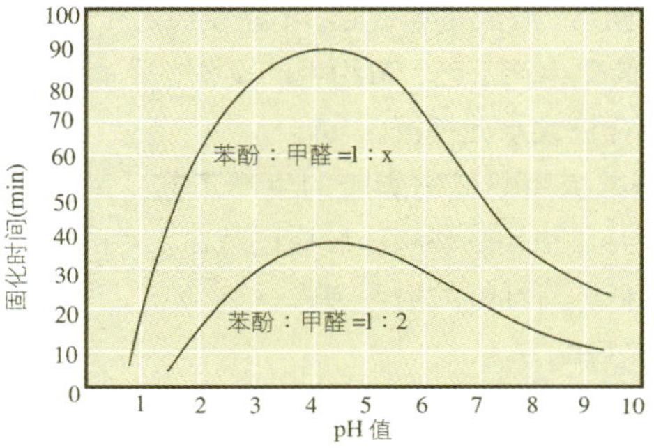

图 23-26 pH 值与固化时间的关系(121℃)

(4) 制造工艺条件：在选择恰当的原料配方和反应介质的pH值后，如何使制成的酚醛树脂能满足胶接工艺的要求，必须在制造树脂的过程中严格控制好工艺条件，即制订适宜的温度——时间曲线和准确地判断反应终点是制取合格树脂的又一关键。

如前所述，热固性初期酚醛树脂是酚环上含有羟甲基的低聚体，分子量大小不均匀，如制造工艺不当，这种不均匀性更加严重，对胶接不利。为了使制造的酚醛树脂的分子量比较均匀，控制好反应温度是十分重要的。

提高温度能使反应速度加快，这是一般化学反应的规律。据测定，以氨为催化剂，在60至100℃范围内，用等量苯酚和甲醛反应时，温度每增加10℃，反应速度加快1倍。用氢氧化钠作催化剂时，则反应速度提高1.3倍。温度对反应速度的影响和酚与醛之间的摩尔比(F/P)无关。

在碱性条件下，苯酚和甲醛反应时，在反应的前阶段伴有大量的反应热放出，在反应后阶段的反应热比较小。因此在反应一开始进行通蒸汽加热升温时，要及时关蒸汽，使升温速度不宜过快。否则，由于大量的反应热放出，使反应温度急剧上升，轻者使反应因过于激烈而不均匀，形成的树脂分子量分布较宽，影响胶接性能，严重者可能造成喷胶或溢锅。

升温速度和反应温度随催化剂的种类而不同。采用弱碱性催化剂(如氢氧化铵)时，升温速度可以稍快，因为氢氧化铵的催化效果较小，反应热不大。如果采用强碱催化剂时(如氢氧化钠)，则关蒸汽时的温度要低一些，升温速度不能快，因为氢氧化钠的催化效果大，反应热大。

反应时间和反应温度有关，在相同反应温度下，反应时间长，缩聚程度深，树脂的平均分子量大。反应温度不同时，反应时间也不同，在高温条件下，反应速度快，反应时间相应要短。相反，反应时间要适当延长。如果把反应温度迅速下降至室温，可以使反应相对停止。这就是在反应终点到达后采用强制冷却使液温下降的原因。

反应终点判断是否准确合理往往是制造酚醛树脂时最关键的一步。判别反应终点的方法应该简单、迅速。和脲醛树脂一样，测定反应终点的方法有黏度法和水溶性测定法两种。

黏度法也是使用涂4杯和倒泡管，测定的结果是树脂液的条件黏度。涂4杯测定的是树脂液在一定温度时液体从杯中全部流出所经历的时间，黏度愈大，流出的时间就愈长，以流出时间决定是否到达反应终点。用这种方法测定酚醛树脂的反应终点比较可靠，树脂品质比较稳定。

水溶性测定法是测定树脂在水中溶解性的一种方法。主要用于生产浸渍用酚醛树脂时反应终点的测定。由于浸渍树脂黏度较低，测定反应终点时采用黏度法误差较大，品质难以保证，而在此阶段的树脂，它在水中溶解性变化较明显，故用此法测定较多。测定时在一定温度的树脂液中，加同一温度的水，所加水的量(体积)直到出现混浊为止。此时加水的体积和树脂液体积比，即为溶水倍数。以溶水倍数表示反应终点。

23.5.3 木材工业用酚醛树脂胶介绍

23.5.3.1 木材工业用酚醛树脂胶的基本组成和调制

1. **基本组成**

酚醛树脂和脲醛树脂不同，酚醛树脂制成后一般在碱性条件下保存，在使用时除了冷固化酚醛树脂外都不需要加固化剂，可直接使用(即涂胶后陈化一段时间热压即可)。因此，酚醛树脂胶的基本组成就是酚醛树脂，在生产胶合板时，根据工艺需要可加适量的填料。

2. **调制**

调制是胶在使用前的一道操作工序，对提高胶接强度至关重要。

和脲醛树脂不同，根据产品的不同，酚醛树脂胶有的需要调制，有的可以不调制。

用于生产刨花板和纤维板时一般不需要调制。生产刨花板时通过施胶设备直接施于刨花表面。生产纤维板时(湿法)一般把酚醛树脂稀释至5%～10%浓度后再施入浆池。

在生产胶合板时一般要调制。由于初期酚醛树脂制成后在碱性条件下保存，而且碱性较大，如果直接使用，对较薄的单板由于渗透性强而造成透胶，污染板面，影响胶接强度，因此在使用时必须加适量的填料，调匀后使用，由于填充剂的填充作用，防止了透胶现象的发生。一般填料为面粉或豆粉，用量为3%～20%。

在进行常温胶接时，酚醛树脂必须进行调制。这和酚醛树脂的固化特性有关。经试验发现，初期酚醛树脂最稳定的pH值和树脂合成时所用的酚的结构有关，例如，用间苯二酚制得的酚醛树脂，其最稳定的pH=3，用苯酚制得的酚醛树脂最稳定的pH值为4.5左右。因而在pH<3时，固化反应由H+催化，而从pH=5左右开始，则固化反应由OH-催化。而酸催化效果比碱催化效果大得多。当氢氧根离子浓度大到一定数值后，即使再增加氢氧根离子浓度也不能加速固化反应，而氢离子不同，随着氢离子浓度增加，固化反应速度呈直线增长趋势。普通酚醛树脂胶黏剂都是在碱性下保存的，因此在常温下固化时只有在酚醛胶内加入酸性固化剂，使酚醛树脂胶液的pH值由碱性转为酸性才能在常温下有较快的固化速度。

冷固化酚醛树脂胶黏剂的固化剂有无机酸和有机酸两类，前者为硫酸、盐酸和磷酸等，后者为石油磺酸、苯磺酸、乳酸、对甲苯磺酸等。一般无机酸使用较少，因为无机酸对木材纤维的损伤较大，对胶接强度的耐久性不利。使用较多的是石油磺酸和苯磺酸，其用量为树脂重的10%～20%，气温低时取上限，即接近20%，但是，由于固化剂用量大对木材本身强度有损伤，影响胶接耐久性，因此，一般都采用提高环境温度的办法，而不使用过多的固化剂。

在调制冷固化酚醛树脂胶时，固化剂应在搅拌下缓慢加入树脂中，加完固化剂后，应继续搅拌5min，调成均匀液体，必要时可加适量的填料。

23.5.3.2 木材工业用酚醛树脂胶生产工艺介绍

1. 胶合板用酚醛树脂胶的生产工艺

作为胶合板用的胶黏剂应该有一定的流动性，胶的预压性能好，固化速度快。一般制造这种胶黏剂时甲醛用量较大，都采用二次缩聚，而且用碱量一般也较大。

在树脂制成后，使用前需要加少量填料，以防透胶。

(1) 原料配方

原料名称	纯度(%)	摩尔比	用量(质量份)
苯酚	≥98	1	100
甲醛	37	1.98	170.8
氢氧化钠	30	0.624	88.5
水	10.03	22.5	
氧化钙	100	0.12	

(2) 制造工艺

①将熔化的苯酚，按定量抽入反应锅内，开动搅拌器，加入甲醛总量的19.2%和氧化钙，在1 5～20min内升温至沸腾，保持回流17 min后，降温至50℃。

②加入所余下的全部甲醛和氢氧化钠总量的39%，在40min内升温至沸腾(升温时应注意自发反应热)，回流15 min后降温至90～92℃，保持40min。

③再加余下的全部氢氧化钠和水，温度保持在90～92℃；30min左右测定反应液的黏度，当黏度达到要求后，立即通冷却水降温至50℃以下放料。

(3) 树脂性能指标

外观：红棕色透明黏稠液体

固体含量：≮44%

黏度：80～120恩格拉度(20℃)

游离酚含量：≯0.4%

可被溴化物含量：≯11%

碱度：≮6.5%

此种树脂成膜速度快，游离酚含量低，涂胶后的单板陈化一段时间后，胶液迅速成膜，不需要经过干燥可直接热压胶合，可简化生产工艺，节约生产设备，成本较低，适合于生产厚胶合板或水泥模板。

2. 纤维板用酚醛树脂胶的生产工艺

湿法纤维板用酚醛树脂胶应该是在水中的溶解性好，游离酚含量低，对纤维的附着力强。

(1) 原料配方

原料名称	纯度(%)	摩尔比	用量(质量份)
苯酚	98	1	250
甲醛	37	2.14	460
氢氧化钠	30	0.45	160

(2) 制造工艺

①加熔融苯酚250份，开蒸汽，使温度控制在50℃左右，开搅拌机；

②加甲醛(1)，使内温升到60～70℃，关汽，靠反应热自发升至90℃，保温60min；

③保温后，通冷却水降温至70℃，加水115份，氢氧化钠(30%)160份，甲醛(2)，控制内温至90℃，保温15min；

④保温后开始测黏度，当黏度达到要求后(倒泡黏度3 s)，立即通冷却水冷却至80℃，当倒泡黏度达到5 s时，则为反应终点，继续冷却至40℃以下放料。

(3) 树脂性能指标

外观：棕色透明黏液

固体含量(%)：35～38

游离酚含量(%)：0.1以下

3. 浸渍用酚醛树脂的生产工艺

(1) 醇溶性酚醛树脂生产工艺

1) 原料配方

原料名称	摩尔比	纯度(%)	用量(质量份)
苯酚	1	98	100
甲醛	1.2	37	101
氢氧化铵	0.1	25	7
酒精	95	120	

2) 制造工艺

①将熔化的苯酚加入反应釜中，开启搅拌机。同时开冷却水，使内温降至50℃以下。

②加入定量甲醛，使温度保持在40～50℃，加入氢氧化铵；

③在20min内升温至65℃，在65℃保持20min。继续缓慢升温至95℃；

④在(94 ± 2)℃保持回流反应，并注意观察反应锅内情况，当出现乳状浑浊时，即为浑浊点；

⑤浑浊10min后取样测反应终点。取样后迅速把样液冷至25～30℃，分出上层水，当树脂不粘玻璃杯且能拉丝时即为反应终点，反应终点到达后立即通冷却水冷却；

⑥当内温降至80℃以下时，开真空泵进行减压脱水，内温控制在60～75℃；

⑦当脱水量达到要求，且釜内树脂液透明后，停止脱水，放空，开始取样测聚合速度，当聚合速度达到指标范围内时立即加入酒精，当树脂完全溶解后试放料(即将锅底未溶解的树脂放出后，倒回反应锅内继续溶解)，然后冷却至40℃放料。

3) 树脂性能指标

外观：棕色透明液

固体含量：50%～55%

游离酚含量：14% 以下

黏度：0.015～0.030Pa · s

聚合时间：50～90s

水分含量：≯ 7%

该树脂可用于纸张或单板的浸渍，用于生产层积塑料及航空胶合板、船舶胶合板。

(2) 水溶性酚醛树脂生产工艺：该树脂在少量氢氧化钠存在下，苯酚与甲醛经高温缩聚而成的水溶性酚醛树脂。分子量较小，渗透性强，主要用于装饰板底层纸的浸渍。由于是水作溶剂，节省大量溶剂，降低了浸渍树脂液的成本。

1) 原料配比

原料名称	规格含量	摩尔比	用量(质量份)
苯酚	98	1	100
甲醛	37	1.5	127
氢氧化钠	30	0.07	9.8
油酸	工业级	–	3.5

2) 制造工艺

①将已熔化的苯酚加入反应锅内，接着加入定量烧碱，开搅拌器和通冷却水冷却；

②当内温降至50℃以下时加入定量甲醛；

③在60～90min内，使内温升至(80 ± 2)℃，并保温；

④保温1 h后开始取样测溶水倍数，根据溶水倍数降低情况缩短取样时间，当溶水倍数降至3.5倍时，迅速冷却；

⑤内温降至40℃以下放料(需要加油酸时在内温降至50℃时加入，再继续降温至40℃放料)。

3) 树脂性能指标

外观：红棕色透明液体

黏度：40～50cp(20℃)

固体含量：48%～53%

游离酚含量：≤ 6%

溶水倍数(25℃)：2～4倍

4) 注意事项

①该树脂反应放热量大，当内温升至50℃左右时，应及时开冷却水冷却，由于反应自发热而升至80℃，如果不及时冷却会引起暴沸造成物料损失或人身事故；

②氢氧化钠计量要精确。因为碱用量多，树脂黏度大，溶水性能增加，用溶水倍数测定反应终点就不准确。用量少，树脂容易出现分层沉淀。

③加入油酸主要用于浸渍底层纸中最底下一层纸，起脱膜作用。

4. 室温固化用酚醛树脂胶的生产工艺

(1) 醇溶性室温固化用酚醛树脂胶生产工艺：该树脂是在少量氢氧化钠存在下，苯酚和甲醛缩聚反应，经减压脱水后用酒精稀释而成的。使用时在树脂内加入适量有机酸即在室温(20℃以上)下固化。是有较高胶接强度、性能优良的木结构用胶，广泛用在建筑、交通、家具等部门的胶合木生产中。

1) 原料配比

原料	规格含量(%)	摩尔比	用量(质量比)
苯酚	≥ 98	1	100
甲醛	37	1.5	127
氢氧化钠	30	0.05	6.9
酒精	95	–	50

2) 制造工艺

①将熔化的苯酚定量地加入反应锅内，开搅拌器和通冷却水，在40～50℃下加入氢氧化钠，保持10min；

②加定量甲醛，在15 min内使内温升至70℃，保持20min后再升温至95～98℃；

③保持沸腾回流30min左右，每隔一定时间取样测黏度或折光指数，当折光指数达到1.478～1.485时即为缩聚终点；

④到达终点后，立即降温至70℃，并进行减压脱水，脱水约30min，取样测黏度，当黏度达到1400Pa · s时停止脱水；

⑤加入酒精，继续搅拌至树脂全部溶解，冷却至40℃以下放料。

3) 树脂性能指标

外观：红棕色透明粘稠液

固体含量：65% 以上

黏度：1000～2000cp(20℃)

游离酚含量：≤ 5%

(2) 水溶性室温固化用酚醛树脂胶生产工艺

1) 原料配比

原料	规格	摩尔比	用量(质量份)	备注
苯酚	98%	1	100	
甲醛	37%	1.25	106	
氢氧化钡	—	2	溶于 5 倍水中	

2) 制造工艺

①将熔化的苯酚定量加入反应锅内，并开搅拌器及通冷却水，在 40～50℃下加入氢氧化钡［$Ba(OH)_2 8H_2O$］溶液；

②在30min内，使内温升至65～70℃，保温10～20min，至氢氧化钡完全溶解；

③加入定量甲醛，在20～30min内升温至85℃，停止搅拌，由于放热反应而沸腾，温度达到97～100℃，沸腾10min后开搅拌机搅拌；

④保持沸腾回流 1 h 左右，然后测混浊温度，当混浊温度达到 40～50℃时，立即通冷却水降温；

⑤内温降至 70℃时开始减压脱水，当脱水量接近理论脱水量时取样测黏度，当黏度达到要求时，停止脱水，冷却至 40℃以下放料。

3) 树脂性能指标

外观：红棕色透明黏稠液

固体含量：70% 以上

游离酚含量：≤ 20%

黏度：1000～1 500cp(20℃)

水份：不大于 20%

4) 应用

用于室温胶接时需要加入适量固化剂。常用的固化剂为苯磺酸或石油磺酸。用量如表 23-34 所示。

固化剂用量一般为树脂质量的10%～20%，气温高时可以略少，气温低时可多加一些，当黏度较大时可加少量酒精调整其黏度，涂胶后陈化时间不宜过长，否则因提前固化而影响胶接强度。

常温进行胶接时，胶接时间和胶接强度受气温影响显著，在低温条件下固化时间长，胶接强度差。如在10℃下进行胶接时，放置 7d 后的胶接强度为 1.36MPa，而在 40℃胶接时，仅 15h 胶接强度就达到 2.72MPa。

该树脂也可热压，热压温度一般80℃即可，固化剂加入量为 5%～7%，热压时间与板厚有关，一般为每 1 mm 板厚需要压 2min。

在使用该树脂时，除了加固化剂外，还可以加入适量填充剂。如硅藻上、酸性白土、木粉等，用量为树脂重的57%～20%。

表 23-34 酚醛树脂固化剂用量

名 称	用量(质量份)	
	室温固化	60℃固化
酚醛树脂	100	100
酒 精	10	10
石油磺酸	1400/a	1000/a

(3) 胶接枕木用酚醛树脂生产工艺

1) 原料配比

原料	纯度	摩尔比	用量(质量份)
苯酚	98	1	42.85
甲醛	37	1.55	55.70
氢氧化钠	30 ± 1	1.45	
乙醇	95	适量	

2) 制造工艺

①将定量苯酚熔融后加入反应锅中，开动搅拌器和通冷却水，在40℃左右加氢氧化钠溶液，搅拌 15 min，温度维持在 50℃以下加甲醛；

②通蒸汽加热，在 15～20min 内升温至 65℃，开蒸汽，靠自发反应热升到80℃时往反应锅夹套内通冷却水，当温度升至 90℃，停止搅拌(注意防止曝沸)；

③保持沸腾回流1h，经常抽样测定发浑点，当达到35～40℃时，为反应终点；

④立即往反应锅夹套通冷却水冷却，使锅内温度下降至60℃，开启真空泵，在 60～65℃温度范围内进行减压脱水，真空度以不溢锅为前提；

⑤在脱水过程中，每隔一定时间抽样，滴在清洁的玻璃板上，当冷却至室温而不发浑，即为脱水终点；

⑥脱水后，打开放空阀使锅内压力恢复正常，并立即向夹套内通冷却水冷却，同时加入事先用1/10体积的水冲稀的酒精适量，以调整树脂的黏度(25℃)至 100～140s/ 涂 4 杯为准。冷却至 40℃以下出料。

3) 树脂性能指标

外观：红棕色透明黏度

固体含量：65% 以上

游离酚含量：≤ 5%

黏度(20℃)：1000～2000cp

23.5.4 酚醛树脂胶性能指标的检验

23.5.4.1 酚醛树脂胶性能指标

木材用酚醛树脂胶的技术性能指标如表 23-35 所示。

23.5.4.2 性能指标的含义及其与胶合性能的关系

除了在脲醛树脂中所涉及的黏度、固体含量等以外，主要还有：

表 23-35 木材胶黏剂用酚醛树脂技术性能指标

指标名称	单 位	试验条件	酚醛树脂的类别				备 注
			FQ-J-1	FQ-J-2	FQ-H	FQ-X	
外 观	–	20 ± 1˚C	无机械杂质，金黄或浅红色透明液体	无机械杂质，红褐到暗红褐色的透明液体			必测项目
密 度	g/cm	320 ± 0.1˚C	1.03～1.06	1.04～1.06	1.15～1.25	1.15～1.25	必测项目
	–	20～25 ± 25˚C	–	<9.5	10～12	10～11	必测项目
黏 度	Pa · s	20 ± 0.1˚C	0.12～0.27 [120～270]	0.02～0.09 [20～90]	0.40～1.10 [400～1100]	0.40～1.40 [400～1400]	必测项目
固体含量	%	120 ± 5˚C 120min	48～52	36～42	40～50	40～50	必测项目
聚合时间	s	150 ± 1˚C	55～90	–	–	–	必测项目
碱 度	%	–	–	–	3.0～6.5	3.0～5.0	抽测项目
游离苯酚	%	–	<14.0	<6.0	<1.5	<0.5	抽测项目
游离甲醛	%	20～25˚C	–	<1.0	<0.4	<0.5	抽测项目
水混和性	倍	25 ± 0.5˚C	–	–	20 以上	20 以上	抽测项目
贮存稳定性 (黏度增长率)	h %	60 ± 2˚C	–	10 (<200)	5 (<200)	2.5 (<150)	抽测项目
胶合强度	MPa kgf/cm²	–	–	–	>1.4 [>14]	–	抽测项目
可被溴化物	%	–	–	–	>12	>12	抽测项目
含水率	%	–	<7	–	–	–	抽测项目

注：表中符号含义：FQ——酚醛树脂，J——浸渍用，H——胶合板用，X——纤维板用(硬质)
1——醇溶性，2——水溶性

(1) 游离酚含量：游离酚含量是指酚醛树脂中没有参加反应的苯酚质量占酚醛树脂液质量的百分数。

游离酚含量的高低，与制造树脂时的配方、制造工艺、反应速度的快慢、缩聚程度等有关。制造酚醛树脂时甲醛用量大，即摩尔比大，游离酚含量低，缩聚程度大，即黏度大的游离酚含量低。

(2) 可被溴化物含量：可被溴化物是指酚醛树脂中，可被溴取代的活泼氢原子的数量，它把树脂中的游离酚和能被溴化的活性基团折算成苯酚量，以此代表树脂的可被溴化物含量。它在某种程度上能说明酚醛树脂缩聚度的大小。可被溴化物含量低，说明树脂的平均分子量大，即缩聚度高。

可被溴化物含量除了与树脂的缩聚程度有关外，还和摩尔比有关，摩尔比低，甲醛用量少，生成树脂的可被溴化物的含量就大。

(3) 聚合时间：聚合时间是指醇溶性酚醛树脂(脱水后未加溶剂时的树脂而言)在规定温度下受热凝胶的时间。

聚合时间长，说明树脂分子量小，此时树脂内游离酚含量也高，树脂得率低，而浸渍干燥后压制的胶接强度也差，聚合时间太短也不行，此时树脂分子量太大，对纸张的渗透性差，浸渍纸张后的胶接制品容易产生层间剥离，因此，聚合时间是醇溶性酚醛树脂的一项重要指标，必须控制在规定的指标范围内。

聚合时间长短主要与反应程度、摩尔比有关。反应时间长，缩聚度大，聚合时间就短。

(4) 碱度：碱度是指酚醛树脂液中游离碱占酚醛树脂液的质量百分数。碱度对酚醛树脂的水溶性、贮存期、固化速度都有一定的影响。碱度过大使胶黏剂的渗透性过大，单板涂胶后，容易造成透胶现象，影响板面品质和胶接强度。

23.5.4.3 酚醛树脂主要性能指标的检验

1. 游离苯酚的测定

(1) 方法原理：用水蒸气蒸馏，将树脂中未反应的苯酚与水馏出，收集蒸馏液，用溴量法测定。

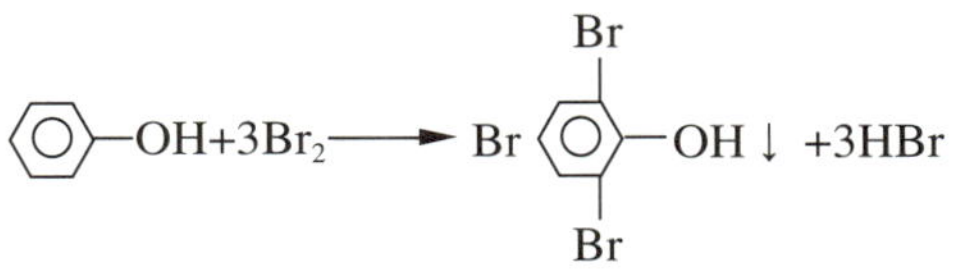

(2) 仪器

①容量瓶：1000ml

②称量瓶：如液体则用 30ml

③蒸汽发生器：长颈平底烧瓶，2000ml

④圆底短颈烧瓶：1000ml

⑤冷凝管：600mm

⑥棕色滴定管：50ml

⑦移液管：50ml，25ml

⑧量筒：20ml

⑨碘量瓶：500ml

⑩分析天平：感量 0.1mg

⑪电炉：功率 2000W

三角架、夹具等

(3) 试剂与溶液

①盐酸：分析纯

②乙醇：分析纯

③溴酸钾—溴化钾：称取 2.8g 溴酸钾(精确到 0.01g，分析纯)，和 10.0g 溴化钾(精确至 0.01g，分析纯)用适量蒸馏水溶解，加入 1000ml 容量瓶中稀释至刻度。

④ 0.5% 淀粉指示剂：称取 1.0g 可溶性淀粉，加 10ml 水，搅拌下注入 200ml 沸腾蒸馏水中，微沸 2min 后放置待用。

⑤硫代硫酸钠标准溶液：$C(Na_2S_2O_3) = 0.167$ mol/L

(4) 配制：称取 26.3g 硫代硫酸钠($Na_2S_2O_3$，优级纯)置于 500ml 烧瓶中，加新煮沸已冷却的蒸馏水至完全溶解后，加入 1000ml 容量瓶中，稀释至刻度，加入 0.05 g 碳酸钠(防止溶液分解)及 0.01 g 碘化汞(防止发霉)，贮存于棕色瓶中，静置 14d 标定。

(5) 标定称取经120℃烘至恒重的重铬酸钾(优级纯)0.15 g (精确至0.0001g)置于500ml碘量瓶中，加入25ml蒸馏水，加2.0g碘化钾及5ml浓盐酸，摇匀，于暗处放置10min，加150ml蒸馏水，用0.1mol/L硫代硫酸钠标准溶液滴定，接近终点时加3ml 0.5%淀粉指标剂，继续滴定溶液由蓝色变为亮绿色。

硫代硫酸钠标准溶液摩尔浓度按下式计算：

$$C(Na_2S_2O_3) = \frac{G}{V \times 0.04904}$$

式中：C——硫代硫酸钠标准溶液毫摩尔浓度，m mol/L

G——重铬酸钾的质量，g

V——滴定所耗硫代硫酸钠标准溶液体积，ml

0.04904——1/6 重铬酸钾毫摩尔质量，g/m mol

(6) 操作步骤：在分析天平上准确称取试样2g(精确至0.0001 g)置于1 000ml圆底烧瓶内，以100ml蒸馏水溶解，如稀释液pH值超过9.5，则用1∶4盐酸水溶液调至9.5以下，醇溶性固体树脂则称取1.000g(精确至0.001 g)。用移液管吸取25ml乙醇移入烧瓶，摇动使树脂完全溶解，然后连接蒸汽发生器、冷凝管及容量瓶，蒸馏装置见图23-27，装好后开始蒸馏，要求在40～50min内馏出液达到500ml，这时取二滴馏出液，滴入少许饱和溴水中，如果不发生混浊，停止蒸馏。取下容量瓶加蒸馏水稀释至刻度。用移液管吸取 50ml 蒸馏液移入碘量瓶中，再用移液管移入 25ml 溴化钾—溴酸钾溶液，加入 5ml 浓盐酸，迅速盖上瓶塞用水封口，摇匀，放置暗处 15min。然后加入 1.8g 固体碘化钾，用少许蒸馏水冲洗瓶口，再放置用 10min，硫代硫酸钠标准溶液滴定，滴定至淡黄色时，加3ml淀粉指示剂，继续滴定至蓝色消失即为终点。同时进行空白试验(如果测定醇溶性树脂，需要配制 2.5% 乙醇水溶液，吸取 50ml 作空白试验)。

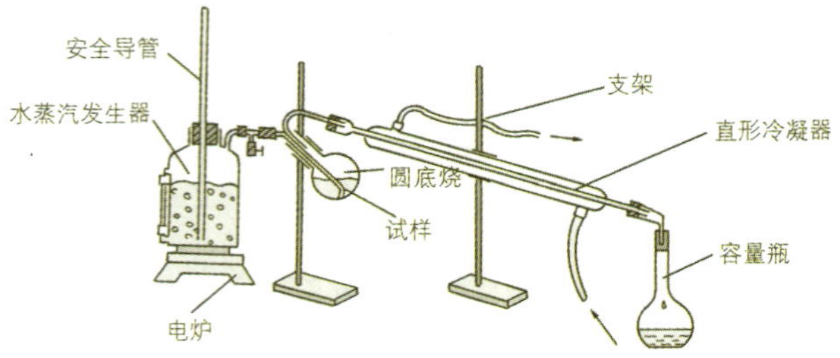

图 23-27 测定游离苯酚装置

平行测定两次，计算结果精确到小数点两位，取平均值作测定结果。

(7) 计算

树脂游离酚含量按下式计算：

$$P= \frac{(V_1 - V_2) \times C \times 0.01568 \times 1000}{G \times 50} \times 100$$

式中：P—游离苯酚含量，%

V_1——空白试验消耗硫代硫酸钠体积，ml

V_2——滴定试样消耗硫代硫酸钠体积，ml

C——硫代硫酸钠标准溶液摩尔浓度，mol/L

0.01568——1ml 浓度为 $C(Na_2S_2O_3)$=0.167mol/L，硫代硫酸钠标准溶液相当于苯酚的摩尔质量，g/m mol

G——试样质量，g

2. 可被溴化物含量测定法

(1) 方法原理：用溴量法测定树脂中可被溴化物含量。把游离酚和树脂分子中能被溴化的活性基，折算成苯酚质量，以此代表树脂中可被溴化物含量。

(2) 仪器：和游离苯酚测定法相同。

(3) 试剂和溶液：和游离苯酚测定法相同

(4) 操作步骤：称取0.5 g(精确至0.0001g)试样于500ml容量瓶中，并用蒸馏水小心地稀释至刻度，摇匀，吸取50ml试液于500ml碘量瓶中，再加入25ml溴酸钾—溴化钾溶液及 5 ml 盐酸(分析纯)，迅速盖上瓶塞，用水封瓶口，不断地小心地摇匀后放暗处静置 15min，加入固体碘化钾 1.8g，(注意勿使溴气损失)，再放暗处 5min，然后用硫代硫酸钠标准溶液滴定至淡黄色时，加入 3ml 淀粉指示剂，滴定至蓝色消失。

同时以 50ml 蒸馏水代替试液进行空白试验。

平行测定两次，计算结果精确到小数点后两位，取其平均值作为测定结果。

(5) 计算

树脂中可被溴化物含量按下式计算：

$$B = \frac{(V_1 - V_2) \times C \times 0.01568 \times 500}{G \times 50} \times 100$$

式中：B——可被溴化物含量，%

V_1——空白试验所耗硫代硫酸钠标准溶液体积，ml

V_2——滴定试样所耗硫代硫酸钠标准溶液体积，ml

C——硫代硫酸钠标准溶液摩尔浓度，mol/L

0.01568——1 ml 浓度为 Na_2SO_3=0.167mol/L 相当于苯酚摩尔质量，g/m mol

G——试样质量，g

本方法适用于水溶性酚醛树脂可被溴化物含量的测定。

3. 树脂中氢氧化钠含量的测定

(1) 方法原理：在酚酞指示剂存在下，以盐酸中和试样中的碱。

(2) 仪器

①烧杯：150ml

②滴定管：25 ml

③量筒：50ml

④分析天平：感量 0.1 mg

(3) 试剂与溶液

① 1% 酚酞指示剂：称取 1.0g 酚酞，溶于乙醇，用乙醇稀释至 100ml。

②溴甲酚绿—甲基红混合指示剂：三份 0.1% 溴甲酚绿乙醇溶液与一份 0.2% 甲基红乙醇溶液混合均匀。

③ C(HCl)=0.1 mol/L 盐酸标准溶液

(4) 配制：用量筒量取 9ml 盐酸(分析纯)，加蒸馏水稀释至 1000ml。

(5) 标定：称取 0.2g(精确至 0.0001 g)于 270～300℃灼烧至恒重的无水碳酸钠(优级纯)，溶解于 50ml 蒸馏水中，加 10滴溴甲酚绿一甲基红混合指示剂，用配制的待标液滴定至溶液由绿色变为暗红色。煮沸2min，冷却后继续滴定至溶液呈暗红色，记录消耗待标液体积。

盐酸标准溶液摩尔浓度按下式计算：

$$C = \frac{G}{V \times 0.05299}$$

式中：C——盐酸标准溶液摩尔浓度，mol/L

G——无水碳酸钠的质量，g

V——滴定消耗盐酸待标液体积，ml

0.05299——1/2 碳酸钠的毫摩尔质量，g/m mol

(6) 操作步骤：准确称取试样2g于150ml烧杯中，加50ml蒸馏水溶解，加2滴酚酞试剂，用 0.1 N 盐酸标准溶液滴定，与同浓度试样溶液对照，以微红色为终点，记录所耗用盐酸标准溶液体积。如试样颜色较深，可适当稀释。(也可用酸度计代替指示剂进行滴定)。

(7)计算

树脂中氢氧化钠含量按下式计算：

$$S = \frac{C \times V \times 0.040}{g} \times 100$$

式中：S——氢氧化钠含量，%

C——盐酸标准溶液摩尔浓度，mol/L

V——滴定试样所消耗盐酸标准溶液体积，ml

0.040——ml 量浓度为 C(HCl)=1 mol/L 盐酸标准溶液相当于氢氧化钠毫摩尔质量，g/m mol

g——试样质量，g

4. 酚醛树脂中游离甲醛的测定

(1) 方法原理：树脂中游离甲醛能与盐酸羟胺作用，生成等当量的酸，然后以氢氧化钠中和生成的酸。

(2) 仪器

①烧杯：150ml

②量筒：50ml

③移液管：10ml

④滴定管：10ml(碱式)，10ml(酸式)

⑤ pH 计

⑥分析天平：感量 0.1 mg

(3) 试剂与溶液

① 10% 盐酸羟胺溶液：称取 10.0g 盐酸羟胺(分析纯)溶解于 90ml 蒸馏水中；

② 0.1% 溴酚蓝指示剂：0.1 g 溴酚蓝用 20% 乙醇稀释至 100ml；

③ C(NaOH)=0.1 mol ／ L(0.1 N)氢氧化钠标准溶液。

(4) 配制：将氢氧化钠(分析纯)配成饱和溶液(约 19mol ／L)注入塑料桶中密闭放置至溶液清亮，使用前用塑料管吸取上层清液。

量取 5 ml 氢氧化钠饱和溶液，注入 1 000ml 容量瓶中用不含二氧化碳蒸馏水稀释至刻度。

(5) 标定：称取 0.6g(精确至 0.0001 g)经 105～110℃烘至恒重的苯二甲酸氢钾(优级纯)，溶解于 50ml 不含二氧化碳的水中，加 2 滴 1% 酚酞指示剂，用氢氧化钠标准溶液滴定至溶液呈粉红色。

氢氧化钠标准溶液摩尔浓度按下式计算：

$$C = \frac{G}{V \times 0.2042}$$

式中：C——氢氧化钠标准溶液摩尔浓度，mol/L

G——苯二甲酸氢钾之质量，g

V——滴定所耗氢氧化钠标准溶液体积，ml

0.0242——苯二甲酸氢钾的毫摩尔质量，g/m mol

(6) 操作步骤：称取试样 2g(精确至 0.0001 g)于 150ml 烧杯中，加 50ml 蒸馏水(如为醇溶性树脂可加乙醇与水的混合溶剂或者乙醇)及 2 滴溴酚蓝指示剂，用 C(HCl)=0.1 mol/L 盐酸标准溶液滴定至终点，在酸度计上 pH 值等于 4.00 时吸入 10ml 10% 盐酸羟胺，在 20～25℃下放置 10min，然后以氢氧化钠标准溶液滴定至 pH 值等于 4.00 时为终点。

同时以 50ml 蒸馏水或者乙醇与水(或纯乙醇)作溶剂代替试液进行空白试验。

(7)计算

树脂游离甲醛按下式计算：

$$F = \frac{(V_1 - V_2) \times C \times 0.03003}{G} \times 100$$

式中：F——游离甲醛含量，%；

V_1——滴定试样所耗氢氧化钠标准溶液的体积，ml

V_2——空白试验所耗氢氧化钠标准溶液的体积，ml

C——氢氧化钠标准溶液的摩尔浓度，mol/L

0.03003——1 ml 量浓度为 C(NaOH)=1 mol/L 氢氧化钠标准溶液相当于甲醛的摩尔质量，g/m mol

G——试样质量，g

5. 聚合时间的测定

(1)仪器

①加热铁板：铁板大小为 150mm × 150mm × 20mm，表面平整光滑，表面中心位置有一个30mm × 5mm的凹槽，铁板侧面中部有一温度计插孔，孔的深度应达到铁板中央部分，以供加热时测量温度。如图 23-28 所示。

②控温电炉

③温度计：0～200℃水银温度计，分度值为 0.2℃

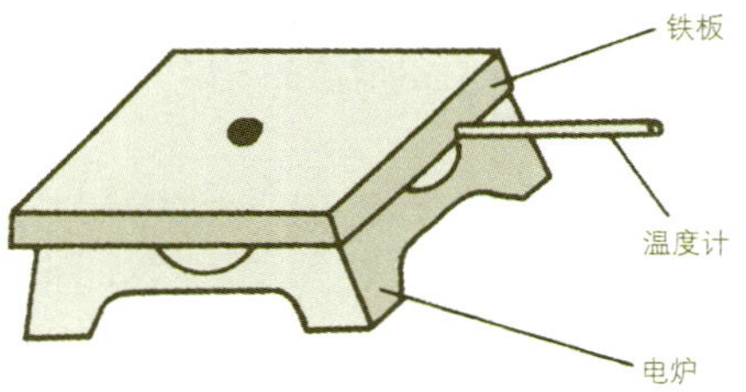

图 23-28 树脂聚合时间测定装置

④玻璃棒

⑤天平：感量 0.1 g

⑥秒表

(2) 操作步骤：称取 1 g(精确到 0.1 g)固体树脂的试样，使其均匀地分布预先加热到 150 ± 1℃的铁板中心圆槽内，按动秒表，同时用细玻璃棒不断搅拌，搅拌时注意保持试样在小圆槽内，树脂逐渐变稠，这时用玻璃棒随时向上拉丝，直至拉不成丝时，立即按停秒表，记录时间，即为树脂的聚合时间。用秒表示。平行测定两次，取平均值，平行测定结果之差不超过 2s。

6. 醇溶性酚醛树脂含水率的测定

(1) 仪器

①水分测定器：烧瓶容量为 500ml

②量筒：100ml

③天平：感量 0.1g

④电炉

⑤角架，夹具等

(2) 试剂

①甲酚：分析纯(经过无水硫酸钠脱水)

②苯：分析纯(经过无水氯化钙脱水)

(3) 操作步骤：称取试样 10g(精确到 0.1 g)，如是固体，则粉碎成小颗粒或剪成小块，放入水分测定器的圆底烧瓶中，加入 60ml 甲酚使其溶解，如不溶解，可在水浴中(50～60℃)加热溶解后加入少量浮石(使其沸腾均匀)和80ml的苯，并接上水分测定器的冷凝管及接收水分的弯管等(装置见图 23-29)。将冷水通入冷凝管中，开始加热至沸腾。起初回流速度每秒 2 滴，大部分水出来后，每秒 4 滴，直至接收管中的水量不再增加时再回流 15 min，量出接收管中水的毫升数，并把水的体积换算成水的质量。平行测定两次，平行测定两次结果之差不大于 0.05 ml。

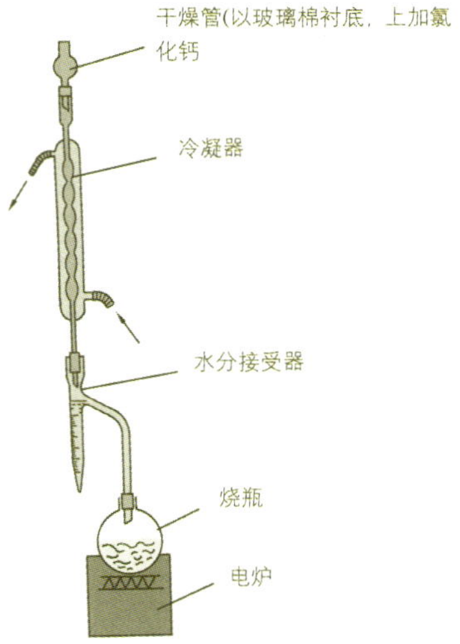

图 23-29 树脂含水率测定装置图

(4) 计算：

树脂含水率按下式计算：

$$W = \frac{G_1}{G} \times 100$$

式中：W——树脂含水率，%

G_1——蒸馏接收管中水的质量，g

G——树脂试样的质量，g

23.6 聚醋酸乙烯酯乳液胶黏剂

23.6.1 聚醋酸乙烯酯乳液胶黏剂的性能、特点和应用

23.6.1.1 聚醋酸乙烯酯乳液胶黏剂的特性

聚醋酸乙烯酯乳液胶黏剂是由醋酸乙烯酯单体在引发剂作用下经乳液聚合方式而得到的高分子乳液。俗称“乳白胶”、“白乳胶”或“白胶”缩写为“PVAc 乳液胶”。

聚醋酸乙烯酯乳液胶黏剂属乳液型热塑性胶黏剂，因此，它具有乳液型热塑性胶黏剂的性质，如胶黏剂的分子结构属于线型，因此胶硬化后，胶层的柔韧性好，剥离强度较大，由于胶硬化后仍然是线型结构，没有形成交联网状结构，因此胶的耐热性较差，它在软化点以上的环境温度下将失去胶接强度而不能使用。

聚醋酸乙烯酯乳液胶黏剂的外观是白色或乳酪色的粘稠液体，具有微酸性，略带醋酸气味，能溶于有机溶剂，并能耐稀酸稀碱，但遇强酸强碱会引起水解，而形成聚乙烯醇。

聚醋酸乙烯酯乳液胶黏剂属于非耐水性胶黏剂，胶接制品经冷水作用一定时间后将失去胶接强度而遭受破坏。

聚醋酸乙烯酯胶黏剂属室温固化型胶黏剂。由于胶黏剂分子量较大，而黏度较小，因此适用于胶接多孔性材料，如木材、皮革、纸张、陶瓷等。

23.6.1.2 聚醋酸乙烯酯乳液胶黏剂的优缺点

聚醋酸乙烯酯乳液胶黏剂在木材工业中应用范围较广，是仅次于脲醛树脂胶和酚醛树脂胶的重要胶种，它的主要优缺点如下：

(1) 优点

①具有良好的操作性能。有一定的初黏性。胶黏剂在使用过程中对人体无毒害，无腐蚀性，无臭(略带醋酸气味)，无火灾和爆炸的危险，用水容易洗涤；

②常温下可以胶接木材等材料，而且使用方便，不用加热和加入固化剂等，可直接使用，不用调制；

③干状胶接强度大，胶层韧性好，胶合制品进行再加工时对刀具刃口的损伤小；

④性能稳定，贮存期长，一般可达一年或更长时间，只要胶黏剂的黏度和乳液状态正常，即可使用；

⑤胶黏剂分子量较大，流动性较好，不易透胶；

⑥胶层固化后无色透明，不会污染被胶接制品。

(2) 缺点

①耐水性、耐湿性差。胶接试件浸泡在水中一定时间后，胶接强度急剧下降。在空气中容易吸湿，在空气相对湿度65%时，胶吸湿增重1.3%；在相对湿度为95%时，吸湿增重3.5%；

②耐热性差。由于聚醋酸乙烯酯聚合物的软化点较低，在45～90℃之间，当使用的环境温度超过软化点温度时，由于分子热运动，使胶层软化，失去胶接能力；

③在长时间静载荷作用下，胶层会出现蠕变现象，即胶层的形变随载荷作用时间的延长而加大。因此，该胶黏剂不宜作结构用胶黏剂；

④胶接速度受环境温度影响较大，在夏季气温较高时，胶接速度较快，冬季气温较低时胶接速度较慢，有时需要胶接24 h以上。

⑤在冬季较低温度下时可能冻结，处于冻结状态的胶黏剂不能立即使用。

23.6.1.3 聚醋酸乙烯酯乳液胶黏剂的应用

1. 聚醋酸乙烯酯乳液胶黏剂的成膜温度

聚酯酸乙烯酯乳液胶黏剂是属于溶剂蒸发型、非反应型胶黏剂。在进行胶接时，胶层的形成是靠水分蒸发，或被木质材料自身吸收。当胶层内水分蒸发时，乳胶粒发生粘性流动而融合粘连，失去流动性，当水分进一步蒸发时，若胶的温度高于某一温度时，粒子就发生变形融合，而形成连续的胶膜(即胶层)。若温度低于某一温度时，即使水分蒸发，粒子也不发生变形和融合，因而不能形成连续的胶膜。能使乳液胶形成连续的薄膜的最低温度就叫最低成膜温度(MFT)。聚醋酸乙烯酯乳液胶黏剂在不加增塑剂时最低成膜温度为20℃。添加增塑剂或溶剂后最低成膜温度下降至0℃左右。因此，用聚醋酸乙烯酯胶黏剂进行胶接时，其环境温度(或胶接温度)应该高于它的最低成膜温度。

2. 对木材材质的要求

由于聚醋酸乙烯酯乳液胶在完成胶接过程的前后不发生化学反应，仅靠水分蒸发来完成胶接的，而胶黏剂本身又含有较多的水分，因此，要在胶接后有较高胶接强度和在胶接时有较快的胶接速度，对木材含水率应该有所要求。经验表明，用聚醋酸乙烯酯乳液胶黏剂进行胶接时，最佳木材含水率应该在5%～12%范围内。当含水率在12%～17%之间时，会影响胶接的速度，会使胶接时间延长；当含水率超过17%时，则会使胶接强度下降。需要胶接的木材表面应该新鲜、光滑平整。

3. 聚醋酸乙烯酯乳液胶黏剂的调制

聚醋酸乙烯酯乳液胶黏剂一般情况下不需要调制，可以直接使用，不要加任何固化剂或其他助剂。但是，有时为了提高胶接强度，满足胶接工艺的要求，在胶接前还需要进行适当的调制。如当气温较高，胶的黏度过低时，可适当添加增黏剂(如聚乙烯醇、淀粉、羧甲基纤维素等)，用量可根据当时的气温及所要求的工作黏度而定。另外，当乳液干燥速度过快，为改善其润湿性能及胶接强度，可加入少量的溶剂，如甲苯、二甲苯、苯甲醇、醋酸丁酯等。为了提高聚醋酸乙烯酯乳液胶黏剂的耐水性可以在该胶黏剂内加适量的脲醛树

脂胶，调匀后，再加适量固化剂再调制均匀后即可使用。

为了缩短胶接时间，可以采用以下胶接方法：

(1) 甲组份

脲醛树脂(固体含量60%以上)	100份重
硼砂	0.5～10份重

(2) 乙组份

聚醋酸乙烯酯乳液胶黏剂	100份重
胺基磺酸(或草酸)	2～20份重

在进行胶接时，把调制均匀的甲组份胶黏剂涂在被粘物的表面，乙组份胶黏剂涂在另一个被粘物的表面，把两个被粘物合拢加一定的压力，沿胶层方向来回先搓动一二下，然后对好胶接位置，加压若干分钟即可有一定的强度。放置几小时后(根据气温而定)则胶接强度进一步增加。

4. 胶接工艺参数

涂胶量	220g/m^2
胶接时的压力	0.5 MPa

胶压时间和温度有关，12℃时为2～3h，25℃时为20～90min。若采用热压，并且胶接单板时则热压温度一般为80℃，热压数分钟即可，冷却至40℃以下的温度卸压。

无论是热压还是冷压，卸压后应放置数小时后才能达到较理想的胶接强度。通常夏季要放置6～8 h，冬季需要放置一昼夜。

5. 保存

聚醋酸乙烯酯乳液胶黏剂带有酸性(pH4～6)，因此，贮存时不能与铁接触。可存放在玻璃、塑料、陶瓷等容器内，也可以存放在塑料袋内，外面用硬质纤维板卷成桶包装，加以保护。

贮存温度以10～40℃为宜。贮存时应注意防止结冻。若待使用的乳液胶已受冷结冻，在未解冻前不可加水和其他物质，更不能搅动，应将冻结的胶移放到温度高的室内，或把冻结的乳液连同容器一起放在热水浴中(让其受热后自然解冻)，待全部解冻后，如乳液胶的黏度和外观恢复正常，则仍可使用。

23.6.2 聚醋酸乙烯酯乳液胶黏剂的合成原理及实施方法

23.6.2.1 聚醋酸乙烯酯乳液胶黏剂的合成原理

聚醋酸乙烯酯乳液胶黏剂中的主胶着物质聚醋酸乙烯酯是以醋酸乙烯为原料单体在引发剂作用下经加聚反应而成的聚合物的混合物。其反应通式如下：

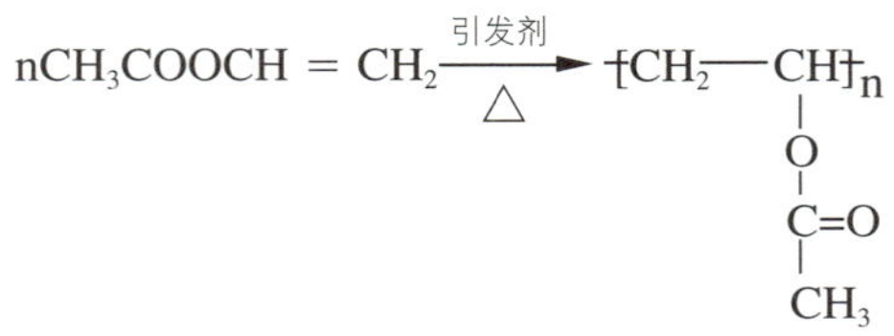

聚醋酸乙烯酯的生成反应遵循游离基加聚反应的一般规律，需要经过链引发、链增长和链终止三个阶段。现以过硫酸铵作引发剂为例，简述聚醋酸乙烯酯的生成反应过程。

(1) 链引发：过硫酸铵在受热时分解成硫酸根离子型自由基(初级自由基)：

$$(NH_2)2S_2O_8 \xrightarrow{\triangle} 2NH_4SO_4 \longrightarrow 2NH^+_4 + 2SO^-_4 \cdot$$

硫酸根离子型自由基再与醋酸乙烯单体结合，形成单体自由基，完成链引发。

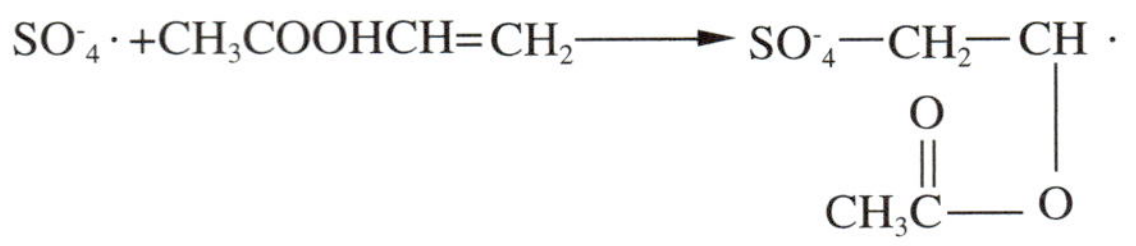

(2) 链增长：单体自由基和单体结合，形成两个单体长度的链自由基，接着再与别的单体结合形成更长的链自由基，如此反应下去，使链自由基的链长不断增加。

(3) 链终止：链自由基和自由基一旦发生碰撞，立即失去活性中心，链增长即告终止。链终止方式有三种：

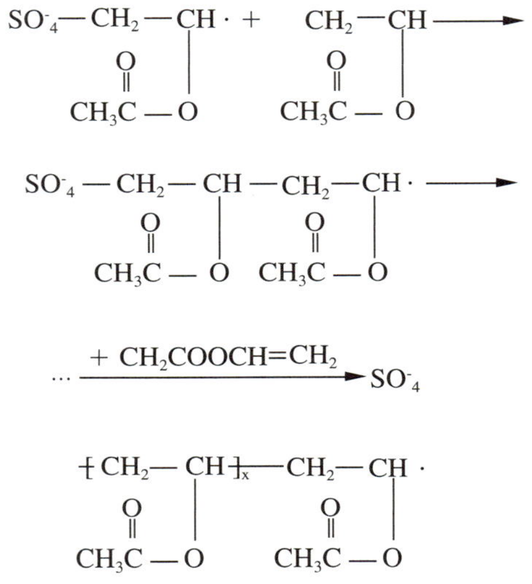

①双基结合终止：两个链自由基之间碰撞，生成链长为两者链长之和的长链分子，在分子两端都有引发剂的成分：

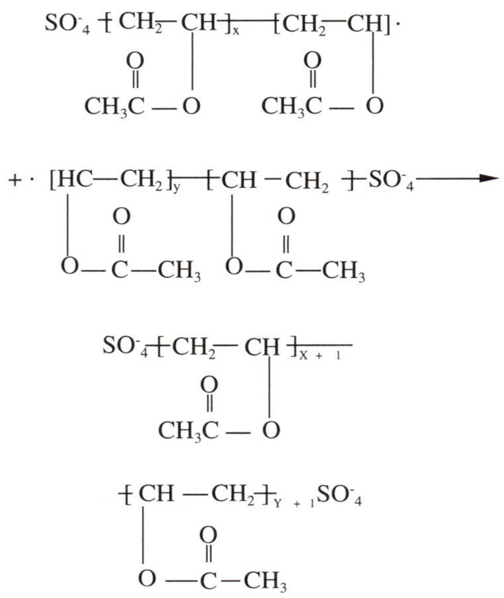

②双基歧化终止：两个链自由基之间相互作用，一个失去氢变成不饱和端基，另一个得到氢成为饱和端基，二者都失去活性中心，而分子链长度不变：

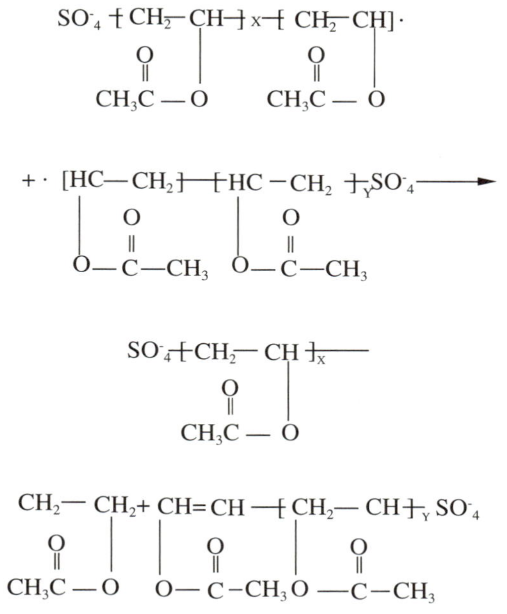

③链自由基与初级自由基结合终止：链自由基与硫酸根离子型自由基结合形成一个稳定的分子：

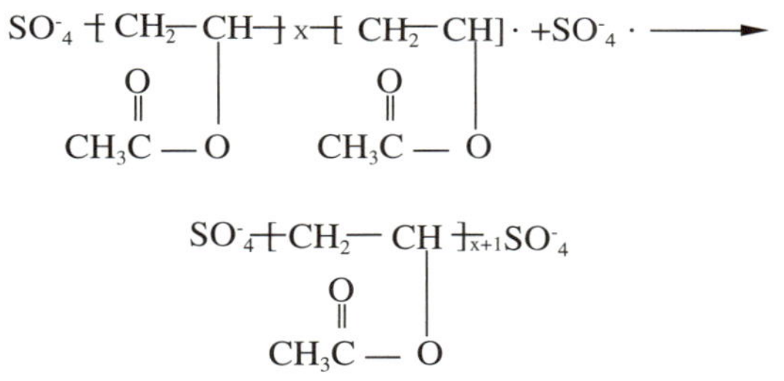

上述反应的三个阶段的反应速度是很快的，一旦引发以后，分子量很快达到定值，不再增大，延长反应时间只是提高生成物的得率。

23.6.2.2 聚醋酸乙烯酯乳液胶黏剂的实施方法

醋酸乙烯酯进行游离基聚合时可以采用本体聚合、溶液聚合和乳液聚合的三种方式。聚醋酸乙烯酯乳液是用乳液聚合方式制成的。在进行乳液聚合时，醋酸乙烯酯单体聚合反应是借助乳化剂和机械搅拌作用均匀地分散在水中进行的。

乳液聚合反应体系中必须有单体、水、引发剂和乳化剂。各组份在水中的状态和分布如图23-30示。乳化剂分子的一端为憎水基团，另一端为亲水基团。当乳化剂浓度在临界胶束浓度(CMC)以上时，在水中有零散的乳化剂分子，还有胶束(50～150个乳化分子的聚集体)和增溶胶束(含有单体的胶束)。引发剂是水溶性的，在水中分解成初级自由基后，其中一部分进入由乳化剂分子形成的胶束内变为增溶胶束，另一部分留在水相中。单体经机械搅拌和乳化剂分子的作用，小部分进入由乳化剂分子形成的胶束内变为增溶胶束。绝大部分被分割成微小的单体液滴，液滴的表面被乳化剂分子包围，乳化剂分子的亲水端朝向水相。当初级自由基进入增溶胶束内时，使单体引发和链增长，单体消耗完后，又从水相中的单体得到补充，单体液滴的一部分又转入水相，这样增溶胶束逐渐扩大变成单体—聚合物反应体系——乳胶粒，单体液滴由于不断地有部分单体分子转入水相中而逐渐缩小，包围液滴表面的乳化剂分子的多余部分经水相转到不断扩大的乳胶粒表面。

在水相中产生的初级自由基一部分使水中的单体迅速引发，形成单体自由基、链自由基，这些短链自由基吸取水相中的乳化剂分子作保护层，使它在水中能稳定存在，从单体液滴中分离出来的单体和水相中的初级自由基又不断地进入乳化剂保护层内，继续进行聚合反应，使乳胶粒逐渐增大，以后的过程和前面增溶胶束内的过程完全相同。随着反应的进行，单体液滴不断向乳胶粒供应单体分子而逐渐趋于消失，乳胶粒内的聚合物数量渐增，而单体则由于链引发和链增长反应而消失。最后变成稳定的由乳化剂分子包围的聚合物胶粒。

23.6.2.3 聚醋酸乙烯酯乳液胶黏剂的生产工艺

1. 聚醋酸乙烯酯乳液胶黏剂的生产工艺

(1) 原料组份及品质要求

单体：

①乙酸乙烯酯：用新蒸馏的产品，最好蒸完后马上应用

品质要求：沸程(常压)71.8～73.0℃

相对密度(d20℃)：0.9335～0.9450

折光率(n20d)：1.3958

酸度(乙酸含量)：不大于0.04

醛含量(以乙醛计)：不大于1.5g/L

②引发剂：过硫酸铵

品质要求：分析纯

③乳化剂：聚乙烯醇

品质要求：平均聚合度900～1700

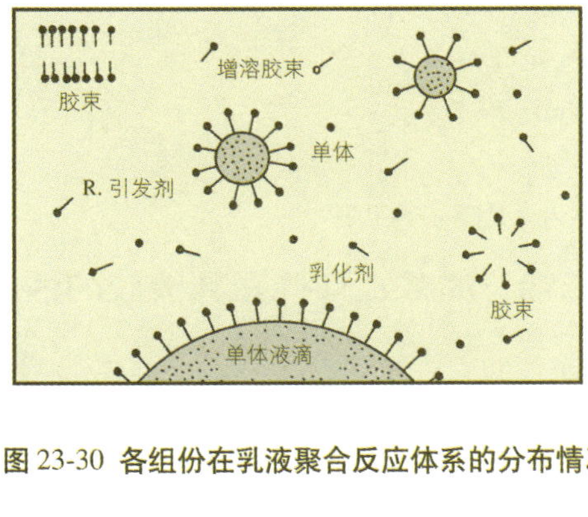

图 23-30 各组份在乳液聚合反应体系的分布情况

平均水解度：85%～90%

④分散介质：水

品质要求：工业自来水经离子交换处理

⑤表面张力调节剂：辛基苯酚聚氧乙烯醚(OP-10)

品质要求：工业纯

⑥介质pH值调节剂：碳酸氢钠

品质要求：工业纯

⑦增塑剂：邻苯二甲酸二丁酯

品质要求：工业纯

(2) 原料配方及生产工艺

1) 配方

乙酸乙烯酯：710kg

水：636kg

聚乙烯醇：62.5kg

过硫酸铵(以9倍水稀释)：1.43kg(固体)

OP-10：8kg

碳酸氢钠(以9倍水稀释)：2.2kg(固体)

2) 生产工艺

①把聚乙烯醇和水加入溶解釜内，边搅拌边升温，升温至90℃，直至完全溶解为止；

②将已溶解的聚乙烯醇水溶液过滤后，投入反应锅，加入OP-10及第一批单体100kg(约为总质量的1/7左右)以及浓度10%的过硫酸铵水溶液5.5kg；

③关闭投料口，开搅拌器，开始升温，在30min内升至65℃左右，当视镜出现液滴时，关闭蒸汽阀，靠自发热升至75～78℃；

④回流正常后，开始加单体(在8～9h内加完)，同时每h加过硫酸铵50g(用9倍水稀释)。每10min记录加单体量、回流情况及反应温度和引发剂用量；

⑤加完单体后，观察反应液的温度，若偏高(85℃以上)可分次补加引发剂(为配方不足部分)，待液温升至90～95℃时，保温30min左右，冷却至50℃以下，加碳酸氢钠溶液；

⑥观察乳液外观合格后，加入邻苯二甲酸二丁酯，搅拌1h后出料。

(3) 性能指标

外观：乳白色粘稠液体，均匀而无明显粒子。

固体含量(%)：50±2

黏度(Pa.s)：1.5～4

粒度(μm)：1～2

pH值：4～6

游离单体含量(%)：≤0.5

23.6.3 乙烯－醋酸乙烯共聚乳液胶的性能特点和应用

23.6.3.1 乙烯－醋酸乙烯共聚乳液胶的性能特点

乙烯－醋酸乙烯共聚乳液胶是以乙烯－醋酸乙烯共聚树脂为基本聚合物的。该树脂是由乙烯和醋酸乙烯两种单体按一定比例在引发剂作用下，经加压反应而制得。其分子结构式为：

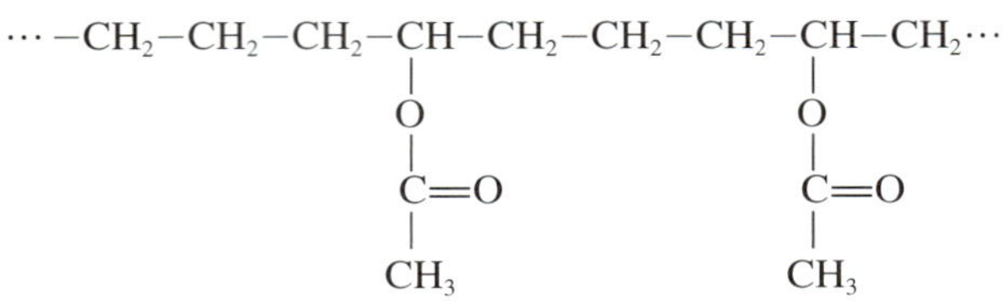

由于在醋酸乙烯基之间增加了乙烯基，使醋酸酯基间的距离加大，分子内旋转空间阻力减小，从而增加了分子链的韧性，使胶的其他性能也得到相应的改变。

乙烯－醋酸乙烯共聚物按产品形式不同可制成以乙烯－醋酸乙烯共聚物为基本聚合物的热熔胶，也可制成乳液胶。

与聚醋酸乙烯酯乳液胶黏剂相比，该共聚物胶黏剂的性能要好得多。首先是胶接的范围较广，它能胶接多种材料，除了能胶接多孔性材料(如陶瓷、纸张、皮革、织物、木材等)外，对PVC材料也有较高的胶接强度；其次是初粘性能好，初期胶接强度大，耐水性也优于聚醋酸乙烯酯乳液胶黏剂。乙烯－醋酸乙烯共聚乳液胶黏剂和其他助剂配合后，在胶接木材后，经过48h的存放，其胶合制品可达到耐沸水煮一定时间(几个小时)也不开胶。

乙烯－醋酸乙烯共聚乳液胶黏剂的胶接性能取决于乙烯和醋酸乙烯两者之间的比例，共聚物的分子量及分子的支化程度。乙烯在共聚物中的含量不同直接影响共聚物的玻璃化温度(Tg)，乙烯含量愈高，玻璃化温度(Tg)就愈低，玻璃化温度(Tg)和胶的性能有很大的关系，它影响胶层的柔韧性，耐水性和胶接强度。表23-36中的三种乳液都是由聚乙烯醇为保护胶体，不同的是乙烯含量(由Tg表示)，所带来的性能上的差别。

分子量对胶接强度和耐水性、耐热性也有较大的影响，一般来说，分子量较大的胶接强度也大，耐热性和耐水性也较好。

23.6.3.2 乙烯－醋酸乙烯共聚乳液胶黏剂的应用

乙烯－醋酸乙烯共聚物在木材工业中应用范围较广，其热熔胶主要用于人造板家具等胶合制品的封边，制成热熔胶黏线用于单板拼接，制成薄膜可用于人造板表面装饰，如胶

表23-36 Tg对三种乙烯－醋酸乙烯共聚乳液性能的影响

性 质	Tg(℃)	Tg(－20℃)	Tg(－30℃)
乙烯含量，%	17	25	31
耐水性	良	一般	差
对PVC胶接力	优	差	差
对纸胶接力	优	良	一般
变定速度	优	良	一般

贴薄木，胶贴PVC薄膜等。乙烯－醋酸乙烯共聚乳液近期应用也较多，主要还是用于胶贴PVC薄膜。把乙烯－醋酸乙烯共聚乳液胶和松香、甲苯等助剂配制后，制成的胶黏剂，由于其初粘性好，胶接强度大，被广泛用于胶贴PVC材料。乙烯－醋酸乙烯共聚乳液胶黏剂在胶接时可以热压，也可以冷压。压制后需存放一定时间才能达到理想的胶接强度。

23.7 其他胶黏剂

23.7.1 热熔树脂胶黏剂

23.7.1.1 热熔树脂胶黏剂的性能特点

热熔胶黏剂是不含溶剂的热塑性胶黏剂，常温下为固体状态。胶接前把它装在专用设备内，加热熔化后涂在被粘物表面，冷却后即凝固，把被粘物胶接在一起。在胶接过程中既没有化学反应，也没有溶剂蒸发，仅仅靠温度的变化来改变胶的物理状态。

热熔胶黏剂的胶接过程和溶剂型及反应型胶黏剂不同，它具有这两类胶黏剂所没有的优点。

(1) 胶接迅速，整个胶接过程只需要几秒或十几秒，有利于生产的自动化、连续化。

(2) 用途广，能胶接多种材料，它除了能胶接木材、纸张等多孔性材料外，还能胶接塑料、玻璃、金属等材料，另外其他胶黏剂难以胶接的蜡纸、复写纸等材料也能进行胶接。

(3) 能进行再胶接。当胶接位置不当，或某种原因未胶接好，只要把它重新融熔后即可进行再胶接。

(4) 不含溶剂，胶层收缩小，没有因胶中溶剂散发后而引起的被粘物的变形、收缩和错动等弊端，也没有中毒和火灾的危险。

(5) 运输、包装、保管方便，贮存期长，不用担心贮运过程中的变质问题。

(6) 化学性质稳定，耐水、耐化学腐蚀和耐霉菌侵蚀。

热熔胶黏剂也存在下列一些缺点：

(1) 耐热性较差：热熔胶的主胶着物质是热塑性树脂，胶的耐热性取决于所用热塑性树脂的软化点的高低。用于封边的热熔胶只耐100℃以下的温度。因此，这种产品不能长期暴晒或接近高温场所。

(2) 热稳定性较差：有些热熔胶加热至200℃以上几小时后就会降解失去胶接性能。因此在使用时加热的温度不宜超过200℃，在允许的条件下温度低一些为宜。

(3) 需要配置专门的设备才能使用，设备投资大。操作时容易发生烫伤事故。

(4) 小面积胶接时体现胶接快的特点，胶接大面积时并不能体现这种胶接快的特点。

(5) 使用时受季节和气候的影响较大。当冬季气温低时，常常需要将工件预热，以改善胶对工件的润湿性。夏季气温高时，胶液冷却凝固慢。风大时，胶的融熔黏度上升快。

23.7.1.2 热熔胶的主要成分

热熔胶的主要成分有基本聚合物，增黏剂，蜡类和抗氧剂等混合配制而成。为了改善其胶接性能，增加胶层的韧性、耐寒性，在配制热熔胶时也可适当加些增塑剂、填料和其他低分子聚合物。

1. **基本聚合物**

基本聚合物是热熔胶的主胶着物质。它是决定热熔胶性能好坏的关键性成分。热熔胶的基本聚合物都采用热塑性树脂。常用的有乙烯－醋酸乙烯共聚树脂(EVA)、乙烯－丙烯酸乙酯共聚树脂(EEA)、聚酰胺树脂(PA)、聚酯树脂(PES)、聚氨酯树脂(PU)、聚乙烯醇缩丁醛树脂(PVB)等。有时单一的基本聚合物不能满足胶接要求时，可以采用能满足要求的两种聚合物混合使用。当需要提高热熔胶的耐寒性、柔韧性、抗冲击性及橡胶弹性时，可加入少量的与基本聚合物能互溶的合成橡胶。在我国木材工业中所用的热熔胶的基本聚合物多数是乙烯－醋酸乙烯共聚树脂。

2. **增黏剂**

增黏剂的主要作用是降低热熔胶的熔融黏度，提高对被粘物的润湿性和初粘性。从而提高热熔胶的胶接强度。基本聚合物熔融后黏度较高，对被粘物的润湿性差，而且初粘性也不好。只有加了增黏剂后，才能使基本聚合物的黏度降低，润湿性能得到改善，初粘性也好。

增黏剂和基本聚合物必须绝对互溶，而且对被粘物有良好的粘附性，和基本聚合物有同等的热稳定性。增黏剂的用量为基本聚合物的20%～150%。

常用的增黏剂有松香及其衍生物，如氢化松香、歧化松香、聚合松香、松香甘油酯、聚合松香甘油酯等；萜烯树脂及改性萜烯树脂，如萜酚树脂；石油树脂及热塑性酚醛树脂。由于这些物质价格便宜，因此加入增黏剂还可以降低热熔胶的成本。

3. **蜡类**

蜡类的作用是降低热熔胶的熔化温度和熔融黏度，改善胶的流动性和润湿性，防止热熔胶结块，提高胶接强度，同时还能降低成本。但是蜡类是非极性材料，因此，用量过多反而会使胶接强度下降。

常用的蜡类有烷烃石蜡(主要成分是C_{20-35}正烷烃，熔点50～70℃)，微晶石蜡(主要成份是C_{35-65}烃类，熔点65～105℃)，合成蜡(低分子聚乙烯蜡，熔点100～120℃)。

微晶石蜡除了防止胶结块性能低于烷烃石蜡外，其他性能均优于烷烃石蜡，但是价格昂贵。合成蜡的使用效果均优于前二者。

蜡类的添加量一般不超过基本聚合物的30%，其中EVA

热熔胶可以加，也可以不加。

4. **填料**

填料的作用是降低热熔胶凝固时的热收缩性，防止对多孔材料被胶接面的过度渗透，提高热熔胶的耐热性和热容量，延长可操作时间，降低成本。

常用的填料有碳酸钙、碳酸钡、碳酸镁、黏土、滑石粉等。填料不宜多加，否则会使胶熔融黏度增高，润湿性变差，胶接强度下降，根据基本聚合物的性质不同，填料添加量为基本聚合物的10%～75%。

5. **增塑剂**

增塑剂的作用是加快熔融速度，降低熔融黏度，改善对被胶接物的润湿性，提高热熔胶的柔韧性和耐寒性。

常用的增塑剂有邻苯二甲酸二丁酯(DBP)、邻苯二甲酸二辛酯(DOP)、邻苯二甲酸丁苄酯(BBP)。

增塑剂用量不宜过多，否则会降低胶层的内聚强度。另外，增塑剂在使用过程中会散逸，也会降低胶接强度和耐热性。增塑剂的用量一般在基本聚合物质量的40%以下。

6. **抗氧剂**

抗氧剂的作用是防止热熔胶在长时间处于高温下发生氧化和热分解。

一般在长时间(10h以上)高温下使用热熔胶时或热熔胶的组份耐热性较差时有必要加抗氧剂。如果使用耐热性好的组份，并且不在高温下长时间加热，则可以不加抗氧剂。

常用的抗氧剂有2，6-二叔丁基对甲苯酚，和4，4′-巯基双(6-叔丁基间甲苯酚)等。用量为基本聚合物的0.1%～3%。

23.7.1.3 热熔胶黏剂的应用

1. **木材工业用封边热熔胶黏剂配方**

EVA(熔融指数24，VAC含量32%)：100份重

松香酯：75份重

填料(硫酸钡、碳酸钙、黏土)：75份重

抗氧剂［4，4′-巯基双(6叔丁基间甲苯酚)］：1.25份重

2. **制备工艺**

把上述各组份投入到120～180℃的熔化锅中，加热熔炼成均相浆液，放料、成型、冷却、切片、包装。使用时放入专用设备熔融槽内，加热熔融即可使用。

23.7.2 橡胶类胶黏剂

23.7.2.1 橡胶类胶黏剂的特性

橡胶类胶黏剂是以合成橡胶或天然橡胶为基本聚合物配制而成的胶黏剂。按所用的分散介质分类，橡胶类胶黏剂可分为溶剂型和乳液型。乳液型橡胶胶黏剂分子量大，黏度低，耐高温性能好，无溶剂污染，不要长时间混炼。溶剂型橡胶胶黏剂又分硫化型和非硫化型。硫化型橡胶胶黏剂是在生胶塑炼后加硫化剂、补强剂、抗氧剂等配料进行混炼后，切成碎块，溶于有机溶剂中，完全溶解后即成胶黏剂。非硫化型橡胶胶黏剂是生胶塑炼后，切成碎块，直接溶于有机溶剂，完全溶解后即成胶黏剂。溶剂型橡胶胶黏剂虽然使用大量溶剂，操作环境受污染，但是由于这种胶黏剂接触粘附力大，所以目前应用仍然比乳液型广泛。

橡胶类胶黏剂的制造过程大致分三步：首先把橡胶(又称生胶)进行塑炼。塑炼是使生胶从弹性状态变成具有一定塑性的过程。塑炼能显著改变生橡胶的分子量和分子量分布，使橡胶具有适当内聚力和粘附性。塑炼在炼胶机中进行，并要求有一定的温度。第二步是混炼，混炼是把经过塑炼的橡胶和防老剂、硫化剂、填料等组份放在炼胶机内挤压，使其混合均匀的过程。混炼时也要求一定的温度。第三步是溶解，把混炼后的胶料切成小块，放入带搅拌的密封容器内，放入部分溶剂，待胶料溶胀后再搅拌，使之溶解成均匀的胶液，再加入剩余的溶剂即配成所要求的橡胶胶黏剂。

与热固性树脂胶黏剂相比有如下特点：

(1) 胶层弹性好，能胶接柔性材料或热膨胀系数相差较大的两种材料。胶接后剥离强度较大，耐冲击；

(2) 可在低温低压下进行胶接，在常温下靠接触压即可胶接；

(3) 胶接范围广，对多种材料都能胶接；

(4) 用于人造板贴面胶接时，对基材的平整度要求不高(因为贴面时要求的压力小)；

(5) 胶接强度和耐热性不高。但是当橡胶类胶黏剂中加入其他热固性树脂进行改性后，胶接强度和耐热性有了明显提高。

23.7.2.2 氯丁橡胶胶黏剂

该胶黏剂是以氯丁橡胶为主胶着物质，与其他配料、助剂、溶剂均匀混炼而成的胶黏剂。

1. **氯丁橡胶**

又称聚氯丁二烯，它是决定氯丁橡胶胶黏剂性质的主要成分；氯丁橡胶的性能和它的分子量及结晶化速度有关。分子量大，在炼胶过程中不易包辊，但过大时，由于溶液黏度太大，涂胶性能太差，同时使胶液的贮存稳定性下降。结晶化速度影响胶的初期胶接强度、胶的适用期和胶接制品的品质。结晶速度增大，胶接后初期胶接强度大，胶的适用期缩短，胶接后胶层的韧性差。

2. **硫化剂**

在一定条件下能使橡胶(生胶)发生硫化(即交联)的物质称为硫化剂。氯丁橡胶常用的硫化剂为氧化锌和氧化镁。氧化锌在常温下起硫化作用，可吸收氯丁橡胶在老化过程中放出的氯化氢，对被粘物起保护作用。用量为氯丁橡胶的5%。氧化镁在常温下起防焦作用(即早期硫化)，防止胶料在混炼过程中起焦，在高温下(140℃)起硫化作用，也能吸收氯化氢。用量为氯丁橡胶的4%左右。

3. **防老剂**

它的作用是防止橡胶老化。常用防老剂丁，用量为氯丁

橡胶的 2%，没食子酸丙酯，用量为氯丁橡胶的 1%。

4. 填料

它的作用是减少胶层的体积收缩，改善操作性能，同时还可降低成本。常用的填料有白炭黑(轻质二氧化硅)、炭黑、重质碳酸钙、滑石粉。一般多数使用重质碳酸钙。用量为氯丁橡胶的 5%。

5. 溶剂

它的作用是使胶液有适宜的工作黏度和固体含量。氯丁橡胶胶黏剂的固含量一般在20%～35%之间。作为氯丁橡胶的溶剂应该是对氯丁橡胶的溶解力大，挥发速度适中，溶剂的毒性小，来源广。一般使用混合溶剂较多，有醋酸乙酯/汽油(2/1)、甲苯/汽油(2/1)、甲苯/正已烷/(7/3)、甲苯/环已烷(7/3)、甲苯/三氯乙烷(7/3)等。

23.7.2.3 氯丁橡胶胶黏剂的应用

由于氯丁橡胶具有较高的极性，因此氯丁橡胶胶黏剂对极性材料有良好的胶接性能，并具有很高的耐水性、耐候性，由于胶层有弹性，胶接制品有很高的抗冲击性能，剥离强度也较大，因此，用途十分广泛。可用于金属、皮革、织物、塑料及木材与塑料的胶接。在木材工业中主要用于地板和金属的胶接，木材与沙发布的粘接，金属薄板和中密度板材用氯丁橡胶胶黏剂胶接后，可以制装饰性极好的轻质建筑装饰材料。把塑料贴面板(热固性树脂装饰层压板)和人造板基材复合在一起，氯丁橡胶也是一种极理想的胶黏剂。

23.7.3 聚氨酯胶黏剂

23.7.3.1 聚氨酯胶黏剂概述

聚氨酯是分子内含有氨基甲酸酯基(＝NCOO-)的聚合物。以聚氨酯和多异氰酸酯为主体的胶黏剂统称为聚氨酯胶黏剂。

聚氨酯胶黏剂一般分为两大类型，一类是多异氰酸酯胶黏剂，是以多异氰酸酯单体配制而成；另一类是聚氨酯胶黏剂(分单组份和双组份型)，主要是以二异氰酸酯与聚酯或聚醚、多元醇等原料制成的。

聚氨酯胶黏剂首先是从用二异氰酸酯作胶黏剂开始的。国外从 20 世纪 50 年代就尝试用二异氰酸脂制造刨花板，德国从 70 年代开始用二异氰酸酯进行工业化生产普通刨花板的试验。欧美其他国家也作了大量的研究工作。用二异氰酸酯作木材胶黏剂在胶接强度、耐水性、耐久性等方面可以和酚醛树脂胶相媲美，属于高度耐水性胶黏剂。作室外用胶黏剂在技术上是可行的，从经济上来看，目前异氰酸酯胶黏剂还有许多工作要做，为了降低成本，国外又开发了许多用异氰酸酯改性的木材胶黏剂。如单宁－酚醛树脂－二异氰酸酯胶黏剂，单宁－脲醛树脂－二异氰酸酯胶黏剂，丁苯胶乳－酚醛树脂－二异氰酸酯胶黏剂，聚丙烯酸酯－二异氰酸酯胶黏剂。在这些胶黏剂中加了少量的二异氰酸酯，使胶黏剂的综合性能大大提高，用这些胶黏剂生产的胶合板及刨花板产品的性能可达到室外级制品的使用要求，而成本并不太高，在木材工业中受到普遍关注。

23.7.3.2 聚氨酯胶黏剂的胶接基本原理

1. 异氰酸酯的化学反应

$$nO{=}C{=}N-R-N{=}CO + nHO-R'-OH \longrightarrow$$

$$\left[\overset{\overset{\displaystyle O}{\|}}{C}-NH-R-NH-\overset{\overset{\displaystyle O}{\|}}{C}-O-R'-O \right]$$

聚氨基甲酸酯

异氰酸酯的反应活泼性极强，其中最重要的化学反应是和含活泼氢化合物的反应。其中主要的化学反应有以下几种：

(1) 异氰酸酯与羟基的反应：异氰酸酯可与多元醇、含端羟基的聚酯及聚醚、带有羟甲基的各种树脂(如PF、UF、MF)、单宁浓缩物、木素磺酸盐及各种带有羟基的聚合物乳液等物质分子中的羟基反应，形成聚氨基甲酸酯。

(R 为烷基、芳基，以下相同)

各种羟基与异氰酸酯的反应活性次序如下：

伯羟基>仲羟基>叔羟基>酚羟基

在没有催化剂时，异氰酸酯和含羟基化合物的反应可在室温至 100℃温度范围内进行。

(2) 异氰酸酯与羧基的反应如下：

$$R-N{=}C{=}O+R'-COOH \longrightarrow \left[R-NH-\overset{\overset{\displaystyle O}{\|}}{C}-O-\overset{\overset{\displaystyle O}{\|}}{C}-R'\right] \longrightarrow R-NH-\overset{\overset{\displaystyle O}{\|}}{C}-R' + CO_2\uparrow$$

异氰酸酯与有机酸、末端为羧基的聚酯等含羧基的化合物反应，先生成混合酸酐，然后放出二氧化碳气体而生成相应的酰胺。

由于有二氧化碳气体产生，因此，此反应对胶接不利，应尽量避免此反应的发生。

(3) 异氰酸酯与氨基的反应如下：

$$R-N{=}C{=}O+R'-NH_2 \longrightarrow$$

$$R-NH-\overset{\overset{\displaystyle O}{\|}}{C}-NH-R' \text{（取代脲）}$$

异氰酸酯与胺类反应生成取代脲。

(4) 异氰酸酯与水的反应：异氰酸酯与水反应生成胺和

二氧化碳，进一步反应生成取代脲。

显然，此反应也应该尽量避免或减少此反应的发生。因为与水混合时会产生大量的二氧化碳。

$$R-N=C=O+H_2O \rightarrow [R-NH-C(=O)-OH] \rightarrow R'\ NH_2+CO_2\uparrow$$

$$R'-NH_2+R-N=C=O \rightarrow R-NH-C(=O)-NH-R' \text{（取代脲）}$$

(5) 其他反应：除上述四种反应外，还发生下列一些次要反应：

①异氰酸酯与取代脲反应生成缩二脲：

$$R-N=C=O+R'-NH-C(=O)-NH-R'' \rightarrow R-NH-CO-N(R')-CO-NH-R'$$

②异氰酸酯与氨基甲酸酯反应生成脲基甲酸酯：

$$R-N=C=O+R-NH-C(=O)-NH-R'' \rightarrow R-NHC(=O)-N(R')-C(=O)-O-R''$$

③三聚反应

异氰酸酯三聚形成三嗪环，此六元环具有优异的水解及热稳定性。

2. 聚氨酯胶黏剂胶接的基本原理

多异氰酸酯胶黏剂在被粘接材料的界面很容易发生交联反应生成网状结构，有这种交联网状结构的胶黏剂的胶接强度都较高(属于化学键结合)。多异氰酸酯与几种材料的胶接基本原理如下：

(1) 与金属的胶接：金属表面容易吸附水分与异氰酸酯反应生成取代脲。而脲类化合物与金属氧化物螯合，形成酰脲-金属氧化物的络合物而相互连接起来，脲类化合物极性大，可形成牢固的氢键。

(2) 与橡胶的胶接：用多异氰酸酯胶黏剂胶接橡胶时，异氰酸酯会渗入橡胶的组织内，并且异氰酸酯发生自聚反应而形成交联结构。异氰酸酯吸收潮气生成取代脲或缩二脲的交联结构，在高温下可生成碳化二亚胺，这些交联结构都使橡胶之间的胶接具有较高的胶接强度。

异氰酸酯交联结构还可与橡胶分子连接在一起，组成聚合物网络。这种网络称为相互穿透聚合物网络(IPN)，因此，橡胶之间的胶接层具有优良的物理及耐化学药品等性能。

(3) 与塑料的胶接：用多异氰酸酯胶黏剂几乎可以胶接所有的塑料，特别是难以胶接的聚烯烃，可用异氰酸酯作增黏剂或改变聚烯烃材料界面性质后，用一般胶黏剂进行胶接。聚烯烃难胶合的原因主要是材料为非极性，在表面上存在低聚合度的弱界面层。在聚烯烃表面材料上涂上一层多异氰酸酯后，聚烯烃加热熔融时，多异氰酸酯在热的活化烯烃表面进行扩散，使弱界面层强化，因而促使聚烯烃与其他材料的胶接。例如，用此法可制聚乙烯薄膜-铝箔的复合包装材料。

(4) 与木材的胶接：用多(或二)异氰酸酯胶黏剂胶接木材时，它和木材之间发生化学反应，使木材与胶黏剂之间形成化学结合。如二异氰酸酯与木材的反应如下：

①与纤维素、木素结构中羟基的反应：

木材 — OH+OCN — R — NCO →
木材 — OCONH — R — NCO →
木材 — OCONH — R — NHCOO — 木材

②形成聚脲

$$OCN-R-NCO+H_2O \xrightarrow{\text{慢}} H_2N-R-NH_2+CO_2$$

$$nOCN-R-NCO+nH_2N-R-NH_2 \xrightarrow{\text{快}}$$

$$OCN-[-NHCONH-]_n-R-NCO \longrightarrow$$

聚脲 n ≥ 1

木材— OCONH [— R — NHCONH —]$_n$ R — NHCOO — 木材

如果体系内水分含量过多，形成的聚脲分子的异氰酸基就会失去活性，体系的粘合性能下降，在木材与胶黏剂之间就不可能形成足够的化学键。

23.7.3.3 聚氨酯胶黏剂的制造

由于聚氨酯胶黏剂的种类很多，有单组份的，双组份的，溶剂型的，乳液型的，热熔型的等等，限于篇幅，在这里只简单地介绍聚氨酯胶黏剂的一般制造方法。

1. 聚酯型聚氨酯胶黏剂制法

聚酯型聚氨酯胶黏剂首先合成含端羟基的聚酯高聚物，然后与多异氰酸酯反应制成聚氨酯预聚体或高分子聚氨酯。在使用时，含端异氰酸基预聚体可用多元醇、多元胺或含端羟基聚氨酯预聚体交联；含端羟基聚氨酯预聚体可用多异氰酸酯或含端异氰酸基聚氨酯交联。

以聚已二酸丁二醇酯为例，其合成方法是将已二酸与1，4丁二醇以摩尔比为1：1.15投料于反应釜中，加热到已二酸全部溶解，在温度约140℃左右开始搅拌，同时通氮气逐步升温，不断通氮气以带走生成的水和加速压应，控制在

3h内使内温升至240℃，在该温度保温反应约3h，当取样分析所生成的聚酯的酸值在5以下时，关闭氮气，逐步开始减压，保持真空系统压力在2.6kPa以下使反应完全，每半小时测酸值一次，直到酸值在1以下，停止加热，待冷至150℃时，停止抽真空，趁热倒出。该树脂的平均分子量约2000，酸值小于1，羟值约50。

把生成的聚酯(如聚己二酸丁二醇酯等)和二异氰酸反应生成含端异氰酸基聚氨酯预聚体或含端羟基聚氨酯预聚体。反应通式如下：

HO ⼗ROOCR′ COO ⼗$_n$ROH+OCNR″ NCO ⟶

OCNR″ NHRCOO ⼗ROOCR′ COO ⼗$_n$ ROOCNHR″ NCO

端异氰酸基聚氨酯预聚体

或

HO [—ROOCR′ COO—]$_n$ ROOCNHR″ NHCOO [—ROOCR′ COO ⼗$_n$ROH

端羟基聚氨酯预聚体

2. 聚氨酯乳液胶黏剂的制法

目前，聚氨酯胶黏剂中溶剂型的还比较多。由于溶剂型胶黏剂中的溶剂逸散至空气中对人体有害，同时还有火灾的危险，因此，乳液型聚氨酯胶黏剂的产量在逐年增加。

聚氨酯乳液的制法很多，最初是以丙酮法为代表。首先在低沸点有机溶剂中反应制取高分子量的聚氨酯，然后进行乳化，脱低沸点溶剂。这种方法要得到较高品质的高分子量的聚氨酯，必须消耗大量溶剂，经济效益差，原则上难以得到内交联的聚氨酯乳液。第二种是内乳化法，首先在有机溶剂中使多元醇和过量的二异氰酸酯反应，得到末端含NCO的预聚体，然后用内乳化剂与其反应生成离子聚合物，再加碱中和，使其解离带上电荷，顺利地分散在水中。内乳化剂有磺酸型、羧酸型、阳离子型及非离子型等等。还有一种熔融分散法，把得到的含离子键聚合物和尿素反应，生成末端缩二脲，在180℃把树脂以熔融状态在水中乳化，然后加甲醛在130℃经羟甲基化作用进行链增长。另外，还有采用机械办法进行乳化的强制乳化法，由于这种强制乳化剂制得的乳液粒径大，乳液稳定性差，很少被采用。上述的其他方法目前都在不同程度地被采用着。

3. 多异氰酸酯胶黏剂

多异氰酸酯胶黏剂是聚氨酯胶黏剂的一种。常见的有以下几种：

(1) JQ-1胶黏剂把对三苯基甲烷异氰酸酯用二氯甲烷配成20%的溶液即成胶黏剂。外观为绿黄色易流动的液体，也可以是暗紫色的液体。胶接条件是胶接压力0.2～0.3MPa，胶压温度140℃，时间20～30min。可用于聚氯乙烯塑料与木材的胶接。

(2) JQ-4胶黏剂把三(对异氰酸酯苯基)硫代磷酸盐配成20%的二氯甲烷熔液即成胶黏剂。外观为浅柠檬色的清晰液体，不会变色。该胶黏剂溶于二氯乙烯、乙酸乙酯、苯及甲苯等溶剂。在极性溶剂中的溶解性比JQ-1胶黏剂好，贮存稳定性也较好。胶接条件与JQ-1胶黏剂类似。

(3) 二苯基甲烷二异氰酸酯胶黏剂把二苯基甲烷二异氰酸酯溶解在苯或二氯苯中，配制成50%的溶液即成胶黏剂。应在低温下避光保存，注意防潮(常温下容易自聚成二聚体而发生沉淀)，添加少量的亚磷酸酯可增加其稳定性。该胶黏剂的耐热性能比JQ-1胶黏剂好，胶接强度也高。

(4) 刨花板用单宁甲醛改性MDI胶黏剂

组成：

单宁提取物(48%)	175份(质量)
多聚甲醛(96%)	11份(质量)
MDI	33份
乳化石蜡	22份
水	135份

把单宁、MDI、多聚甲醛分别喷涂在木片上，木片含水率：芯层为18%，表层为22%，热压工艺条件：压力为2.5MPa，热压温度170℃，12mm厚板的热压时间为7.5min。

压制的刨花板初始内结合强度为0.23N/mm^2，试件煮沸2h后内结合强度为0.416N/mm^2，可达到室外级刨花板标准。

23.7.4 豆蛋白胶黏剂

23.7.4.1 蛋白质胶黏剂的特性

蛋白质胶黏剂是以动物或植物蛋白质为主胶着物质的胶黏剂。按蛋白质的来源不同可分为动物蛋白胶(如血胶、皮骨胶、干酪素胶、鱼胶)和植物蛋白胶(如豆胶)。其中皮骨胶属于热塑性胶黏剂，血胶和豆胶属于热固性胶黏剂。

蛋白质胶黏剂的特点之一就是组份简单，制造也较容易。如皮骨胶的组成就是从皮、骨中提取的蛋白质和水。血胶和豆胶的组份也只是血粉或豆粉，加上适量的烧碱溶液和石灰乳，在常温下搅拌反应一定时间即成为胶黏剂。

豆蛋白质胶黏剂在使用时无毒，不污染环境，如用豆蛋白胶压制的胶合板可以用于仪器包装、茶叶包装等。

蛋白质胶黏剂不足之处在于胶接制品的耐水性较差，固化后的胶层容易被细菌侵蚀。加上蛋白质胶黏剂数量也有限。目前除了特殊用途以外，已经很少使用。特别是血胶，基本上已经不被采用。这里只是简单地介绍豆胶。

23.7.4.2 豆蛋白质胶黏剂

又称豆胶，它是以大豆为原料而制得的胶黏剂。豆胶按所用原料不同可分为豆粉胶和豆蛋白胶(豆精胶)两种。利用冷榨的豆饼，把它粉碎成粉末作原料所制得的胶为豆粉胶。从含豆蛋白的物质中提取豆蛋白作原料所制得的胶黏剂为豆蛋白胶。豆粉胶和豆蛋白胶在使用前均需要加成胶剂，经调制后才能使用。

1. 豆蛋白胶黏剂的主要成分

(1) 豆粉：蛋白质含量应该在40%以上，粒度大小最好能通过100目筛孔，含水率在7%以下；

(2) 水：主要是调节蛋白质胶的浓度和黏度。一般水量为豆粉的3～4倍；

(3) 氢氧化钙(俗称熟石灰、消石灰)：主要作用是使蛋白质较快地成为黏液，是主要的成胶剂。它能提高胶的耐水性和胶接强度。用量过多，会使凝胶速度过快，而缩短了适用期；

(4) 氢氧化钠(俗称烧碱)：常用浓度为30%的氢氧化钠溶液。它的作用是溶解蛋白质，使蛋白质成为黏液，也是一种成胶剂。但若用量过多，则使胶液黏度下降，同时还降低胶层的耐水性；

(5) 硅酸钠(俗称水玻璃、泡花碱)：其作用是增加胶液黏度，延长胶的适用期，同时使胶液内的杂质不易沉淀，对提高胶层的耐水性也有一定的作用；

(6) 氟化钠：它的作用是延长胶的适用期，并具有防腐作用。

其他还有甲醛、聚甲醛、糠醛、六次甲基四胺等，它们可以增加胶液的黏度，提高胶层的耐水性和耐腐性。但是一般情况下很少加。

2. 实用豆胶的配方和调制工艺

(1) 豆胶的配方

原料名称	用量(重量份)		
	Ⅰ	Ⅱ	Ⅲ
豆粉	100	100	–
豆蛋白(干粉)	–	–	100
水	300	300	300
石灰乳(石灰：水＝1：4)	20	15	60
氢氧化钠(30%)	20	15	20
水玻璃(40波美度)	40	20	48

(2) 调制工艺：先将水量的一半加入调胶机中，加入全部豆粉，搅拌至糊状(没有颗粒)，再加入剩下的水搅匀，依次加入石灰乳、氢氧化钠、水玻璃，最后搅拌5～10min即可使用。

(3) 豆胶的应用：豆胶属非耐水性胶黏剂，其干状胶接强度可达到1.0MPa以上。在国内主要用于特殊需要的包装胶合板。用热压胶接时，要求单板含水率不大于10%；用于冷压胶接时，要求不大于15%。为提高胶接强度，防止透胶，在涂胶后应陈化一段时间。如果在胶接时发现有透胶现象，则可调整胶的配方，即减少水量和碱量。已经产生碱污染的板面，可用5%～6%的草酸溶液擦除。

23.8 制胶车间

23.8.1 制胶车间工艺流程

制胶车间工艺流程有3种形式：间歇式、预缩合间歇式和连续式。由于我国制胶车间的产量较低，都采用间歇式。

23.8.1.1 间歇式生产方法

现以脲醛树脂间歇式生产工艺流程为例加以说明。脲醛树脂间歇式生产工艺流程如图23-31所示。

间歇式生产方法的特点是将反应所需要的原料加入反应锅内，直到制成树脂(成品)为止，整个生产过程(反应过程)都是在同一个锅内进行的。

利用耐酸泵或空压机或抽真空的方法把甲醛溶液从甲醛贮罐(或甲醛桶内)沿管道送进高位贮罐。然后，甲醛溶液靠自重流入质量计量罐和反应釜。尿素经破碎机破碎后，用斗式提升机送进质量计量槽，而后经漏斗进入反应釜。使用粒状尿素时，无需破碎工序，且可减少生产车间的粉尘。

已经装入反应釜内的甲醛溶液，按照规定的工艺进行中和，使其pH值达到所需要的数值。为此，需要边搅拌边缓慢地施加氢氧化钠溶液或其他碱性溶液。

在接通真空系统和匀速搅拌的条件下，将尿素送进反应釜，然后，关闭真空系统，接通回流冷凝器，并向反应釜夹套内送蒸汽。反应液被逐渐加热到规定的温度，关汽，靠反应自发热升至一定的温度进行反应。反应一定时间后，有的工艺需要补加尿素，有的需要调酸，到达反应终点后需要立即用碱中和，使反应终止，反应结束后，有的还需要脱水处理，这些都是在同一个反应釜内完成的。树脂冷却到一定温度(一般为40℃)后，放入贮罐。

间歇式生产对原料的品质要求不如连续式要求严格，它可以根据原料的差别随时变换操作条件，生产灵活性大，适用于多品种生产。这种生产方法设备投资少，操作简便，易控制，是主要的生产方法。缺点是生产力低，能耗大，设备利用率低。

23.8.1.2 半连续式生产方法

半连续式生产方法可以提高设备的利用率，提高产量。它的基本原理是在进行反应之前多加一个混合溶解釜。还是以脲醛树脂为例。半连续式脲醛树脂生产工艺流程如图23-32所示。甲醛溶液、氢氧化钠溶液及尿素加入反应釜后，不断搅拌反应液，直至尿素全部溶解为止。必要时，可将反应液加热至25～30℃。靠自重将反应液送入反应釜，包括真空脱水在内的主要反应阶段都是在反应釜内完成的。真空脱

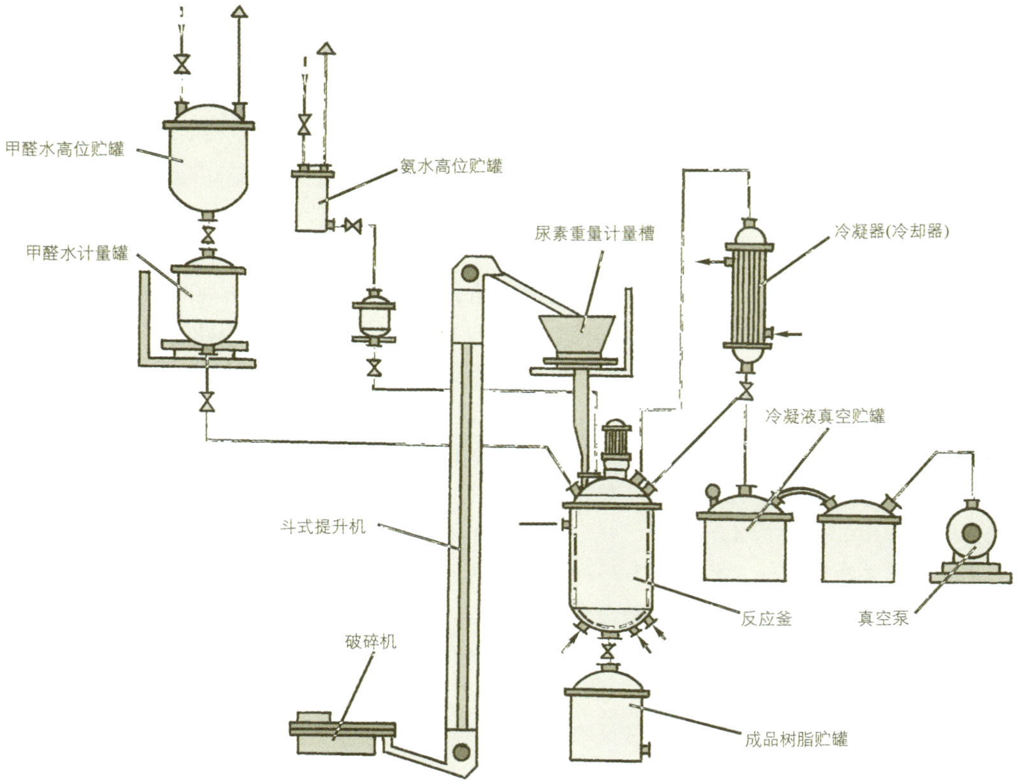

图 23-31 脲醛树脂间歇式生产工艺流程

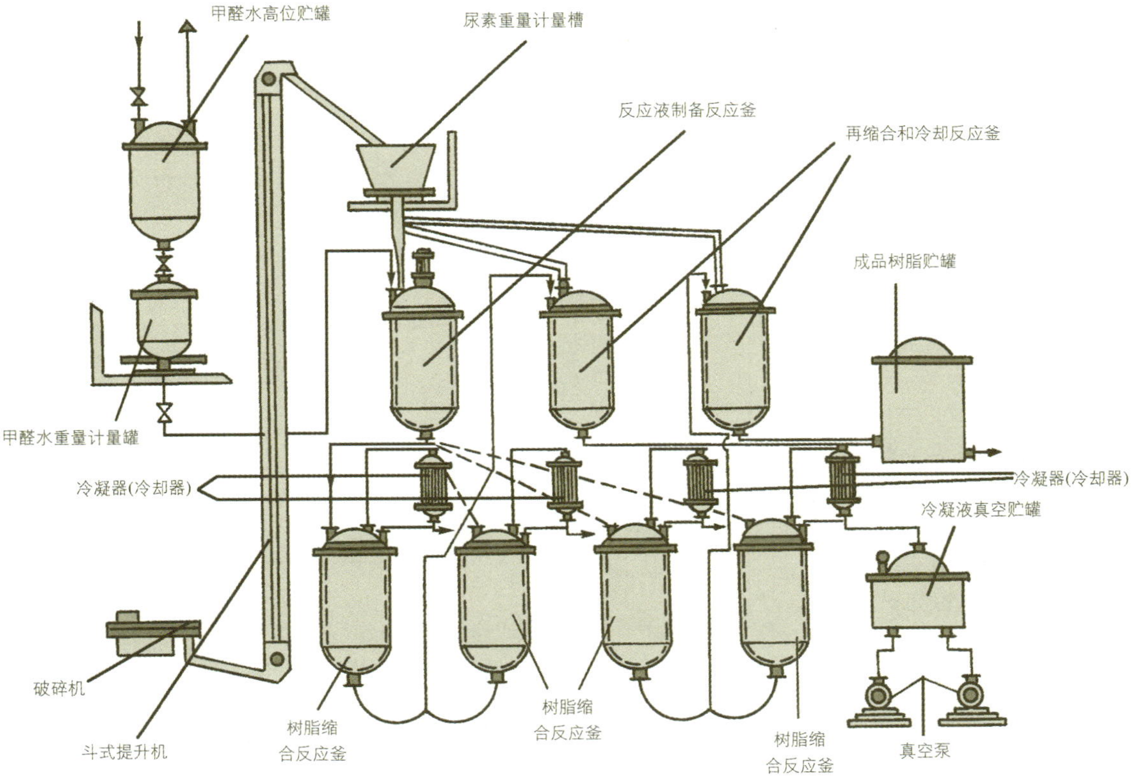

图 23-32 脲醛树脂半连续式生产工艺流程

水结束后，树脂被真空吸入反应釜。补加的尿素也被装入反应釜，进行树脂再缩合，冷却后进入成品树脂贮罐。和间歇式生产方法相比，采用半连续式生产方法可使主要设备的利用系数提高25%～30%。

23..8.1.3 连续式生产方法

脲醛树脂连续式生产工艺分气相法和液相法两种。

用气相法生产树脂时，用气态甲醛代替甲醛溶液。这种方法效率很高，因为它把用甲醇制取的气态甲醛和尿素缩合制取脲醛树脂的两个工艺过程结合在一起，省去了制取甲醛溶液的过程。采用气相法时，含甲醛的气体在高温条件下与尿素溶液反应，生成脲醛缩合液。生产过程的全部工艺参数都应自动控制在所需范围之内。如此制得的缩合液，要在连续作业的反应釜内，通过液相法进一步缩合。

脲醛树脂液相法生产工艺有好几种方案。图23-33所示是一种脲醛树脂液相法连续生产装置的简化流程。整个生产过程是由许多个依次连接的反应釜组成的，反应釜上装回流冷凝器以及反应参数的自动控制仪表和记录仪。

反应液是在间歇式作业的混合罐中制备的。用量桶中的氢氧化钠溶液将装入混合罐的甲醛溶液的pH值中和到规定数值。螺旋运输器将按照配方计算的尿素送进贮罐。泵能够使混合罐中的甲醛溶液经过贮罐循环流动，直到尿素完全溶解为止。在混合罐内装有蛇形管，可通冷却水或蒸汽，反应液的温度保持在30～35℃范围内。为保证连续生产，安装两台混合罐。一台混合罐在制备反应液时，另一台混合罐中的反应液正在被泵连续不断地送入供碱性缩合反应的第一阶式反应釜。碱性缩合时，接通回流冷凝器，并经量桶向反应釜添加氢氧化钠溶液。在90～96℃条件下，不间断地搅拌反应液，反应物在反应釜的停留时间是由工艺规定的，而且是由反应物在阶式反应釜之间的溢流速度来加以控制的。

反应物在第一阶式反应釜完成碱性缩合反应之后，从反应釜的固定高度连续不断溢流到第二阶式反应釜。与此同进，硫酸或盐酸的稀释溶液(约1%)由量桶进入反应釜。在加酸条件下，反应物进行酸性缩合反应。在酸性反应阶段，要不断搅拌反应物，并应接通回流冷凝器。已经缩合的树脂从反应釜出来后，进入循环泵的吸液系统，被送去脱水。为了中和树脂内的酸，应不断向循环泵的吸收系统添加氢氧化钠溶液，使缩合树脂的pH值保持在所需要的范围之内。树脂在蒸发器里进行脱水处理。蒸发器和分离器相连，而分离器的顶部和冷凝器的顶部相连接。脱水是在96～100℃条件下进行的，直至达到所需要浓度为止。含有甲醇和甲醛的水从冷凝器流入冷凝液贮罐。

从蒸发器的分离器出来的树脂经过三个串联的冷却器冷却到60℃之后，进入再缩合反应釜。反应釜还应投放第二次尿素。

液相法连续式生产工艺的全部过程都是由仪器、仪表自动检测、自动调节的。

23.8.2 制胶车间的主要设备

制胶车间的主要设备有反应釜、冷凝器、真空泵、输液

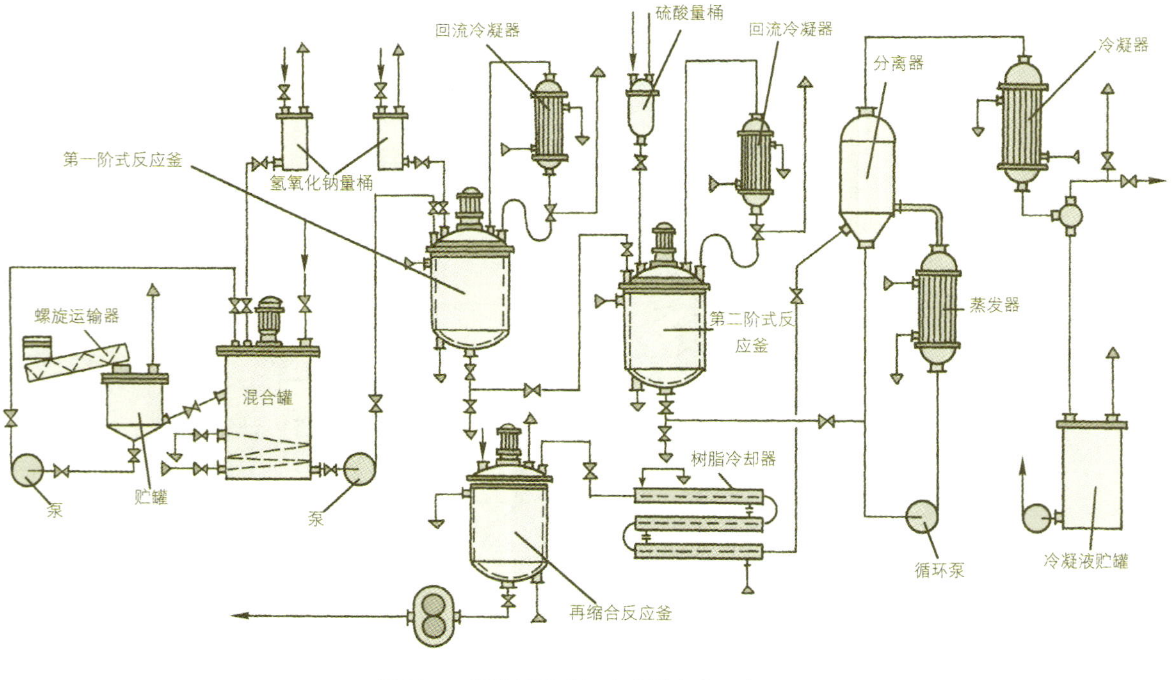

图23-33 脲醛树脂液相法连续生产工艺流程

泵等。此外还有计量罐、贮水罐、安全罐、原料贮罐等，现逐一介绍如下。

23.8.2.1 反应釜

反应釜是反应物料进行化学反应的场所，一般由以下几个部分组成：容器、搅拌器、轴封、传动装置。如图23-34所示。

1. 容器

容器由锅体、锅盖和夹套三部分组成。锅体是盛装物料进行化学反应的场所。锅体的容积就是反应锅的容积。在实际生产时，为了防止物料从锅内溢出，既不安全，又造成浪费，所装料容积应小于反应锅实际容积。它们之间存在以下关系：

$$V=V_0\eta$$

式中：V——装料容积

V_0——反应釜容积

η——装料系数(或装载系数)<1

装料系数 η 是根据实际生产条件或试验结果确定的，若生产脱水树脂，η 为0.75～0.8，生产不脱水树脂时，η 可高达0.9。

木材工业常用的胶黏剂，如脲醛、酚醛、三聚氰胺树脂等都是在常压下反应的。所以锅体不承受大的压力，锅体壁厚在6～14mm之间。锅底部有出料口。反应锅按制造锅体的材料不同可分为不锈钢、碳钢、搪瓷及带衬里的反应锅4种。过去使用搪瓷反应锅较多，目前许多新建的制胶车间大多使用不锈钢反应锅，从长远的观点来看，使用不锈钢反应锅好处更多。除了一次性投资大一些外，不锈钢反应锅传热快，升温、降温都快，生产周期可以缩短，而且操作上比较安全，当反应温度偏高时，或升温过快，通冷却水可较快地加以纠正。

目前国内木材行业中制胶车间所用的反应锅容积的规格为1000L、2000L的占多数。少数小厂还有500L的。用胶量大的企业也有使用3000L、5000L、12000L及17000L的。容积在5000L以上的反应锅体内应装蛇管，主要增加热交换面积，使反应时的物料的温度容易控制。

夹套是比反应锅体直径大的筒体。夹套壁和反应锅体之间构成一个可供热交换介质流动的空间。夹套壁厚为5～10mm。夹套上部有两个接口，下部有两个接口，底部有一个接口，供加热介质(加蒸汽)或冷却介质(如水)进出用。蒸汽一般从上部接口进入夹套内加热，冷凝水从底部排出；冷却水从底部进入，由夹套上部接口排出。当需要加热时，夹套内的冷却水可从底部排完后，再通蒸汽。

锅体上端圆周有法兰连接。用于和锅盖的法兰叠合把锅内空间密闭。锅盖由封头和法兰组成。锅盖上有许多大小不同、用途不同的孔。锅盖中心位置的孔，用于安装搅拌器轴，

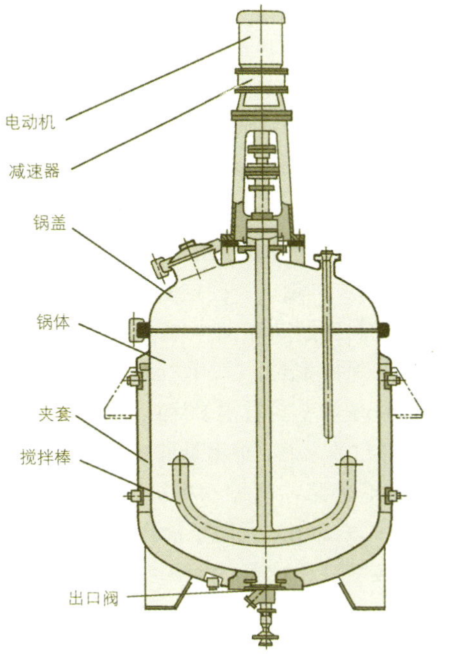

图23-34 反应釜结构示意图

在其周围有观察孔(装玻璃视镜)、照明孔(同观察孔，也用玻璃封闭)、通冷凝器孔、回流孔、测温孔、固体物体料加料孔(大反应锅用人孔代替)，液体物料加料孔等。

2. 搅拌机

搅拌机由搅拌轴、搅拌器轴封、减速器、电动机组成。

搅拌器根据转速不同、物料不同有多种型式，如桨式、锚式、螺带式、螺杆式等，这些属于慢速搅拌器，圆盘涡轮式、开启涡轮式、推进式等属于快速搅拌器。生产脲醛、酚醛树脂多数用锚式和框式。搅拌器外缘和锅体内壁之间距离为5～10cm。搅拌器底部和锅底之间距离约3～5cm。搅拌器中心的搅拌轴穿过锅盖中心孔，顶端通过联轴节和减速器连接。

搅拌器的作用是在电机带动下以一定的转向和转速作旋转运动。同时带动锅内的反应物料(以液相为主)发生运动，使反应的物料进行化学反应时趋于均匀，如果是物料进行混合时，使其在短时间内混合均匀。当进行加热和冷却操作时，可以加快热量的传递，缩短操作时间，提高生产效力和产品品质。

搅拌器的转速和反应锅容积大小、搅拌器型式有关。锚式搅拌转速以30～90r/min为宜。容积小的反应釜转速可以高一些，容积大的反应釜用低转速。转速过高，容易产生大量泡沫，影响传热效率和反应速率，同时还有溢锅的危险，转速过低，则不能使反应的物料浓度、密度、温度很快达到均匀的目的。

在锅盖中心孔和搅拌轴之间要用轴封装置，使反应液在高温反应时不会从搅拌轴和中心孔之间的间隙逸散出，在进行减压脱水时防止空气泄漏。

轴封的方法有两种：

(1) 填料密封：它的基本结构是在转轴和填料室的空隙中填入软的填料，再用螺栓把填料盖压紧，使填料和轴紧密接触，达到密封的目的。常用的密封填料有油浸石棉盘根、石墨石棉盘根、橡胶夹布填料、软青铝丝、石棉绳浸渍四氟乙烯、耐磨尼龙、聚四氟乙烯等。在反应的物料有毒或易燃、易爆的场合，石墨石棉盘根应用较为普遍。

(2) 机械密封：利用一个固定的带密封圈的静环和一个随轴转动的带密封圈的动环，使二者在与转轴轴线垂直的平面上紧密接触，保持密封，又叫端面密封。

机械密封比填料密封有很多优点，在反应锅内压力小于0.49MPa时，密封效果好，泄漏量比填料密封小得多，甚至可以达到基本不泄漏，磨擦功率消耗也只有填料密封的10%～15%，使用寿命长，无需经常检修。缺点是结构复杂，加工和安装的技术要求较高，价格也较高。

减速器在搅拌轴的上端，通过联轴节和搅拌轴连结。

减速器种类很多，可采用蜗杆减速器和摆线针轮减速器。由于搅拌器要求的转速只有几十 r/min，与电动机转速相差很大。故要求用传动比较大的减速器。上述两种减速器均能达到较大的传动比，而且结构紧凑，相对体积小，运动时的噪音小。蜗杆减速器虽然质量、体积比摆线针轮减速器大，传动功率也没有摆线针轮减速器高，但是这种减速器对制备酚醛树脂和脲醛树脂时，即使发生结锅也不容易烧坏电动机。而摆线针轮减速器在遇到不正常事故(如凝胶)发生时，由于锅内物料黏度突然大增，如果此时不及时关闭电动机，就有使电动机烧坏的可能。而用蜗杆减速器时，即使遇到这种情况，锅内阻力大增时，电动机照常运转，只是皮带轮打滑而已。

因此，用蜗杆减速器更为可靠安全，而且价格也便宜。

反应釜的维护保养：应该经常保持清洁，如果是搪瓷反应釜应尽量避免撞击搪瓷，防止搪瓷面受损坏，如果发现损坏要及时补好。减速器是反应釜的重点维护对象，应经常注意减速箱内的润滑油量，使它保持在一定的液面，发现少时要及时补充。另外，要注意轴封是否有泄漏现象，如果有泄漏，要及时维修。

反应釜如果长时间不用时，应把夹套内的冷却水放净。

23.8.2.2 冷凝器

冷凝器位于反应釜上方，一端和反应釜锅盖上的冷凝器孔管道连接，另一端和真空系统连接。

制胶车间内的冷凝器的作用有以下两个：

1. 回流冷凝

在制备合成树脂的过程中，由于温度较高，一些易挥发的原料物质如苯酚、甲醛等随水蒸气一起挥发，如果没有冷凝器，则这些物质散逸到空气内，污染了周围的空气，同时这部分物料的散逸，使树脂得率减少，同时还会影响树脂的质量，当有冷凝器存在时，这些散逸的气体在冷凝器内又冷凝为液体重新回到反应釜内，继续参加反应，减少了物料的损失，使树脂的得率增加，由于物料基本上没有损失，则加料的配方在反应过程中没有因物料损失而改变，因此得到的树脂质量有保障，同时也不会对周围大气造成污染。

2. 加快脱水效率

在制造合成树脂时，有的树脂液需要浓缩到一定的浓度，要进行脱水。当用真空泵抽出水蒸气时通过冷凝器将水蒸气迅速冷凝成水，这样减少了真空泵的抽气量，使脱水速度(效率)大大提高。

冷凝器是热交换器的一种形式，它把某一相蒸汽冷凝为液体。木材工业制胶车间常用的冷凝器有列管式冷凝器和L型搪玻璃冷凝器以及W型蝶片式搪瓷玻璃冷凝器。其中以列管式冷凝器用得最多。其原因是这种冷凝器结构简单、坚固，适应范围广，处理能力大，选材范围广，造价较低。

列管式冷凝器示意结构如图23-35所示。列管式冷凝器由筒体、封头、花板、列管束等主要部件组成。花板有两块，花板上打有许多圆孔，圆孔的中心距一般都是按正三角形排列，列管就插入这些孔内，列管两端和花板之间的连接采用胀管法或焊接法。列管和花板的材料一般用不锈钢，以防止介质对材料的腐蚀。

筒体是冷凝器外壳，把花板紧密封住，在筒体、花板、列管束外表面之间所形成的空间，是冷却水流动的场所。筒体两端有两个接口，供冷却水进出用，这两个接口一般不在同一侧。一般位置低的接口是冷却水进口，高的接口是冷却水出口，另外，筒体还应该有一个排液的小孔，平时用堵头封闭。在花板两端有两个顶盖和筒体相连。顶盖由封头和法兰组成，顶盖法兰和筒体法兰用螺栓栓紧(法兰之间有橡胶垫圈)，封头中心位置有接口，蒸汽从封头一端进入，经过列

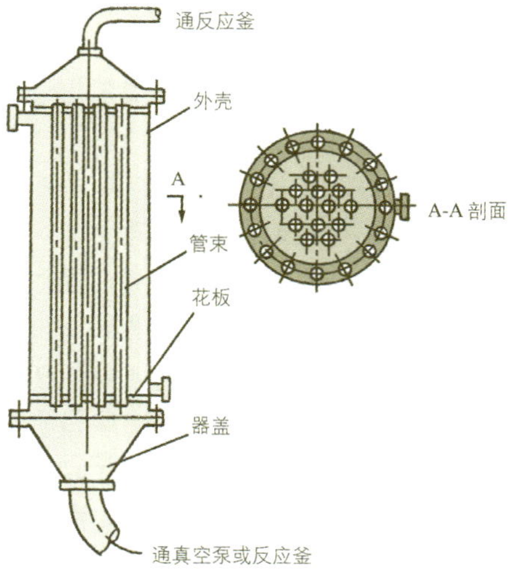

图 23-35 冷凝器

管内，和列管外冷却水进行热交换后冷凝成液体，由另一个封头的接口流出。封头的材料一般用不锈钢材料制作。

冷凝器热交换效率决定于热交换面积，列管材料、列管壁厚、列管排列方式、冷却水温度、流量大小以及冷凝器放置方式。其中，热交换面积是冷凝器的主要参数。

冷凝器的热交换面积应该和反应釜的实际容积相匹配。容积大的反应锅液体的蒸发量大，配用的冷凝器的热交换面积也应该大。一般根据经验，1000L的反应釜配用不锈钢冷凝器的热交换面积应不少于6m^2，当然冷凝面积大，冷凝效果好，但是一般不超过10m^2。过大的冷凝面积没有必要，反而使设备投资加大。2000L的反应锅配用的不锈钢冷凝器有12～15m^{2}的热交换面积即可。

相同热交换面积的列管式冷凝器的外形尺寸大小和列管的管径有关，采用管径小的热交换器外形尺寸，从检修和使用的角度出发，列管管径一般不宜小于20mm，冷凝器的长度一般为直径的4～6倍比较美观。

列管式冷凝器的安装一般可采用立式和卧式两种。立式安装比较方便，设备排列整齐，比较美观，但是要求的厂房较高；卧式安装时冷凝器的中心轴线和水平线成5°～10°的夹角即可。较高的一端与反应釜的蒸汽管道相接，另一端和真空系统相接，卧式冷凝器安装不如立式方便，但是冷凝效果好，对厂房的高度不如立式的要求高。从排列整齐美观程度来看，卧式也不如立式。

L型搪玻璃器冷凝器如图23-36所示。该冷凝器又叫套筒式冷凝器。它由两个套筒组成。内套筒外表面涂搪玻璃，外套筒内表面涂搪玻璃，外套筒外面有夹套，供通冷却水用，在内套筒和外套筒之间的空间为蒸汽冷凝通道，蒸汽从蒸汽人口进入，冷凝后从下面冷凝液出口返回反应釜，或进入贮水罐。

套筒式搪玻璃冷凝器只能直立安装，同样的热交换面积，它比列管式冷凝器体积大得多，冷凝效果也不如列管式冷凝器，但它的价格比不锈钢冷凝器便宜。

套筒式冷凝器的热交换面积有3m^3、6m^{2}和10m^{2}三种规格。木材行业中制胶车间内小型反应锅(如500L)有时采用这种型式的冷凝器。

搪玻璃片式冷凝器示意图如图23-37所示。图中所示的是W型的片式搪玻璃冷凝器。它是由搪玻璃底、器盖、双面搪玻璃夹层凹凸片及外包“四氟”薄膜的氯丁橡胶垫圈或氟橡胶垫圈、V型胶管和紧固件组成的重迭式组装结构。

该冷凝器和套筒式冷凝器相比有很多优点：首先是冷凝面积比较灵活，根据冷凝面积的多少可以增加或减少中层片数进行组装；体积小，质量轻，结构紧凑。一台面积10m^{2}的片式冷凝器，总高度为1250mm，直径960mm，而同样面积的一台套筒式冷凝器的总高为2260mm，外径为ϕ 1020mm；热气流的冷凝是通过热气流和冷却水的逆相流动进行热交换时完成的。片层间距小而均匀，介质反复地扩散、会合流动有效地提高了冷凝效率，并消除了气流外泄现象。冷凝效率和套筒式搪玻璃冷凝器相比可提高1～2倍。这种冷凝器安装时技术要求较高，否则容易泄漏。另外，和套筒式冷凝器一样，只能直立安装，不能横卧。

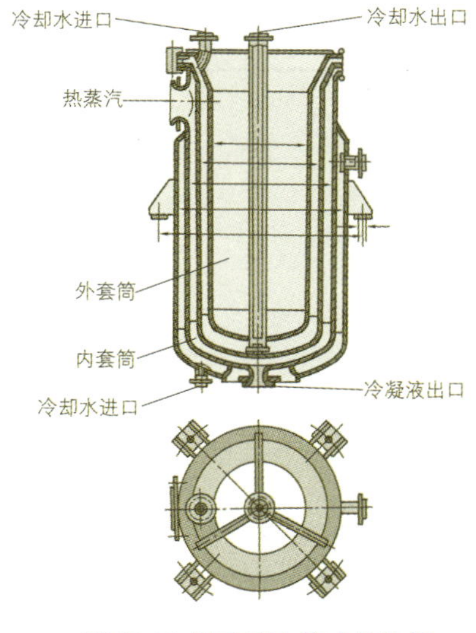

图23-36 搪玻璃套筒式换热器

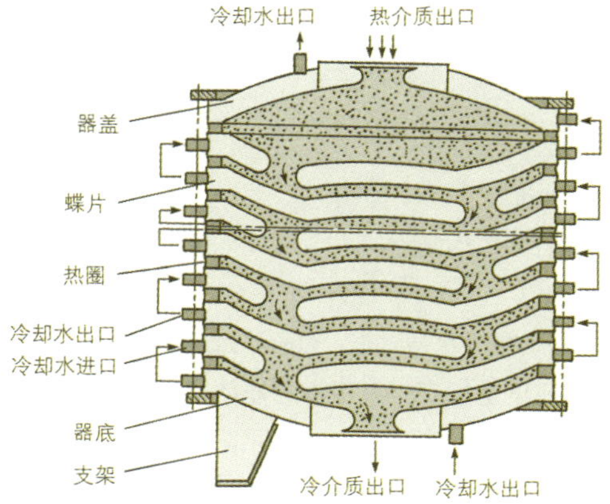

图23-37 搪玻璃片式冷凝器

这种冷凝器在木材行业的制胶车间内也有所应用。

23.8.2.3 真空泵

真空泵按其结构型式分机械泵、喷射泵和分子离心泵。机械泵又分为往复式(又叫活塞式)、回转式(旋片式和滑阀式)、水环式。我国木材工业的制胶车间对这些型式的真空泵都有所应用，其中用得较多的是往复式真空泵和水环式真空泵，喷射式真空泵和旋片式真空泵也有所应用。

真空泵的主要特性参数为极限真空度和抽气速率。

真空度有以下几种表示方法：

(1)以真空度百分数表示(即真空压力与大压力之差值与大气压的比值百分数)：

$$真空度(\%)=\frac{760-P}{760}\times 100\%$$

表 23-37 各种泵的极限真空

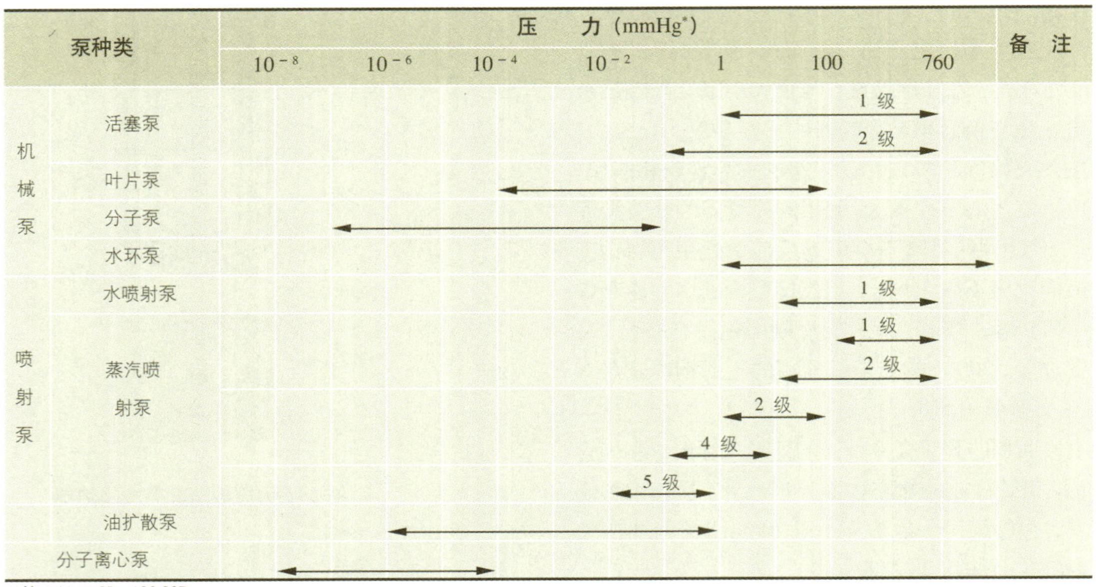

注：*1mmHg=133.32Pa

(2) 以绝对压力 P(mmHg)表示；

(3) 以真空度 P_v 表示：

$$P_v=760-P$$

式中：P——真空系统绝对压力值(mmHg)

极限真空度是指真空泵工作时能使真空系统达到的最低的绝对压力。一般以mmHg表示。不同结构型式的真空泵所能达到的极限真空是不同的，各种泵的极限真空如表 23-37 所示。

抽气速率是指单位时间内由真空泵从真空系统抽出气体体积数，一般以 m^3/h 表示。抽气速率和真空系统的操作条件有关。

下面将制胶车间常用的真空泵的工作原理及有关性能作一概要介绍。

1. 往复式真空泵

往复式真空泵又称活塞式真空泵。其作用原理如图 23-38所示。由电动机带动一个大飞轮转动并借助大轮上的曲柄连杆机构带动活塞在泵体内作往复运动，使泵体的两侧交替进、排气，达到抽气的目的。

往复式真空泵的优点是抽气效率高，真空度稳定。缺点是占地面积和噪音大，维修不便。往复式真空泵外形及安装图如图 23-39 所示，主要技术数据和外形安装尺寸如

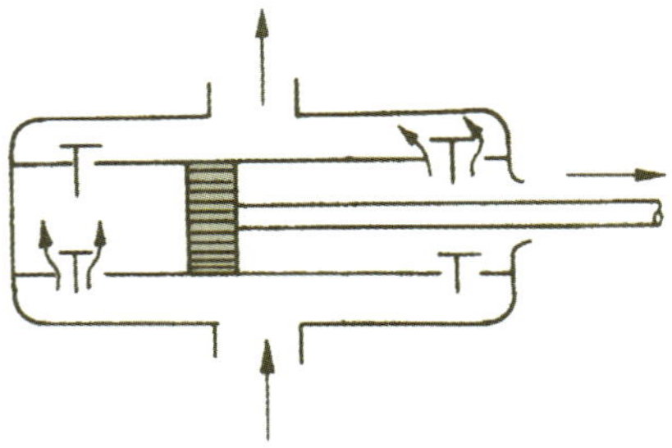

图 23-38 往复式真空泵作用原理图

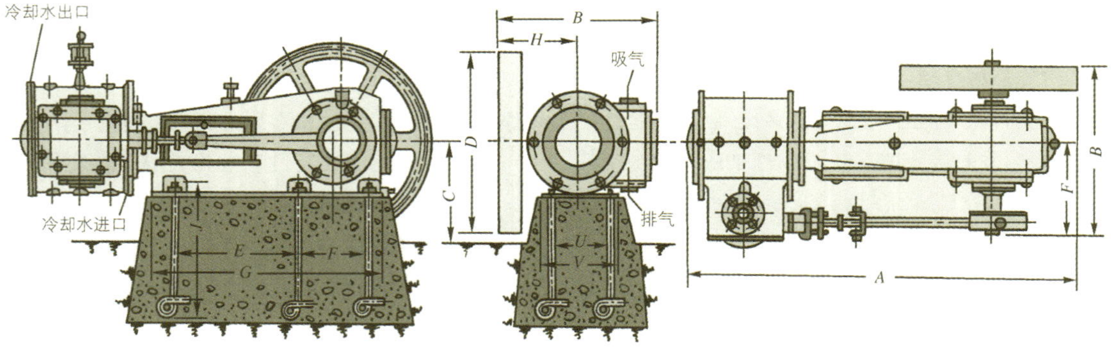

图 23-39 W(V)型真空泵外形及安装图

表 23-38 W 型真空泵主要数据和外形安装尺寸

型号	抽气速率(L/s)	极限真空(Torr)	配用电动型功率(kW)	气管直径 in 进	气管直径 in 出	水管直径 in 进	水管直径 in 出	外形及安装尺寸(mm) A	B	C	J	D	E	F	H	M	重量 kg
W_2	32	20	y132M1-6 (4)	2	2	1/2	1/2	1205	500	735	400	640	360	0	250	180	380
W_3	55	20	y132S-4 (5-5)	2	2	1/2	1/2	1420	615	815	450	640	430	260	280	200	650
W_{4-1}	103	20	y160M-4 (11)	4	4	1/2	1/2	1464	495	815	500	542	430	260	275	200	650

表 23-38 所示。

2. **水环式真空泵**

水环式真空泵作用原理图如图 23-40 所示。外壳内有偏心安装的叶轮，叶轮上具有辐射的叶核，泵内充有约一半容积的水。当叶轮旋转时形成水环。此水环有液封作用，使叶板间形成许多大小不同的小室，随着飞轮的旋转，一些小室增大，通过吸入口将气体吸入，还有一些小室的体积缩小，将气体压缩，使气体由压出口排出。这种泵构造简单紧凑，没有活门，很少堵塞，而且安全可靠，噪音小。

水环式真空泵外形及安装图如图 23-41 所示。外形及安装尺寸如表 23-39 所示。性能参数如表 23-40 所示。

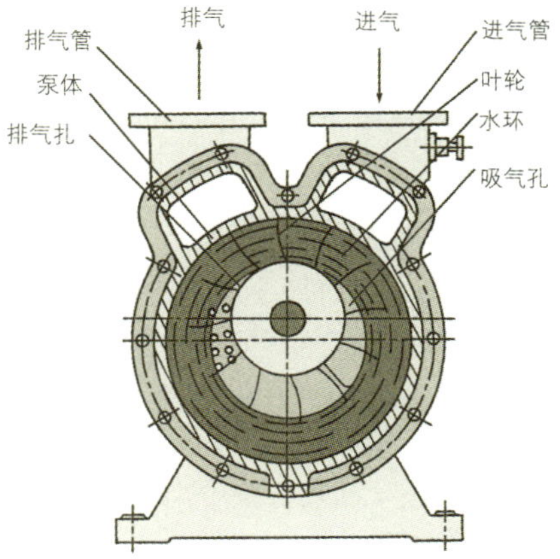

图 23-40 水环式真空泵工作原理

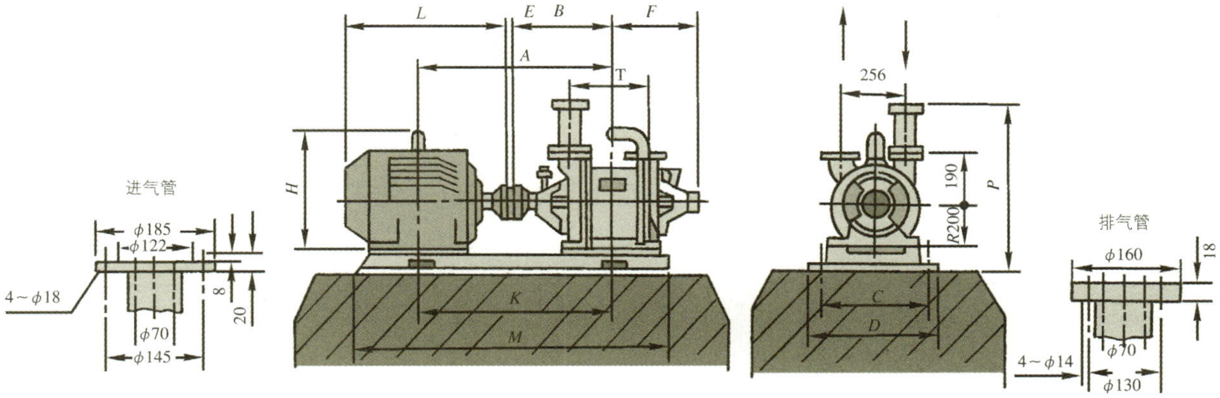

图 23-41 SZ-1、SZ-2 水环式真空泵外形及安装图

表 23-39 水环式真空泵外形及安装尺寸

单位：mm

型号	A	B	C	D	E	F	H	P	R	K	T	M	L	电机
SZ－1	564	313	443	493	2	280	315 375	667	75	573	190	889	475 505	$JO_{2\text{-}41\text{-}4}$；$AJO_{2\text{-}4}$ $BJO_{2\text{-}4}$
SZ－2	686	378	464	524	2	346	370 440	692	100	673	320	1085	588 613	$JO_{2\text{-}52\text{-}4}$；$AJO_{2\text{-}5}$ $BJO_{2\text{-}5}$

表 23-40 SZ 型水环式真空泵性能参数

型号	排气压力(kgf/cm²) 0	0.5	0.8	1	1.5	最大压力(kgf/cm²)	配带动力(kW)	转速(r/min)	水消耗量(L/min)	重量(kg)	配带电机型号
	排气量(m³/min)										
SZ_{-1}	1.5	1.0				1	5.5	1450	10	140	$JO_{2\text{-}42\text{-}4}$；$^{B}_{A}JO_{2\text{-}42\text{-}4}$
SZ_2	3.4	2.6	2	1.5		1.4	13	1450	30	150	$JO2_{\text{-}61\text{-}4}$；$^{B}_{A}JO_{2\text{-}61\text{-}4}$
SZ_3	11.5	9.2	8.5	7.5	3.5	2.1	40	795	70	463	$JO2_{\text{-}82\text{-}6}$；$^{B}_{A}JO_{2\text{-}82\text{-}6}$
SZ_{-4}	27	26	20	16	9.5	2.1	80	730	100	975	$JR_{117\text{-}8}$；$JS_{117\text{-}8}$

旋片式真空泵的作用原理如图23-42所示。它是依靠偏心轮在气室内旋转，偏心轮中间有一旋片靠中间的弹簧与气室壁贴紧，因此，当偏心轮旋转时，把气室分隔成两部分，一个气室体积逐渐变大，气压变小产生负压，而将气体吸入；另一个气体体积逐渐变小，气体受压缩，气压变大，而被旋片压出气室。泵的主要活动部分浸没于真空泵油内，其绝对真空可达5×10^{-3}mmHg。这种泵结构简单，体积小。噪音低，安全可靠。但该泵抽气量较小，适用于容积较小的反应锅使用。

2X型双级旋片式真空泵其主要性能如表23-41所示。

水喷射泵的工作原理是利用离心水泵将水的压力提高，使具有一定压力的水从喷嘴里以高速射流喷出，这时水的能量从压力能转化为动能，射流表面压力迅速降低，由于高速射流对周围气体具有粘滞和卷吸效应，空气便源源不断地被抽吸进来。高速运动的水柱和气流在混合管处形成乳白色的泡沫流到扩散器内。在扩散器中随着截面扩大，流速降低，压力升高，直至高于大气压力而排至大气中去。

如果被抽流体是可凝性汽体，则在高速射流表将会有汽体冷凝，此时，水喷射泵就同时具有造成真空和冷凝蒸汽的

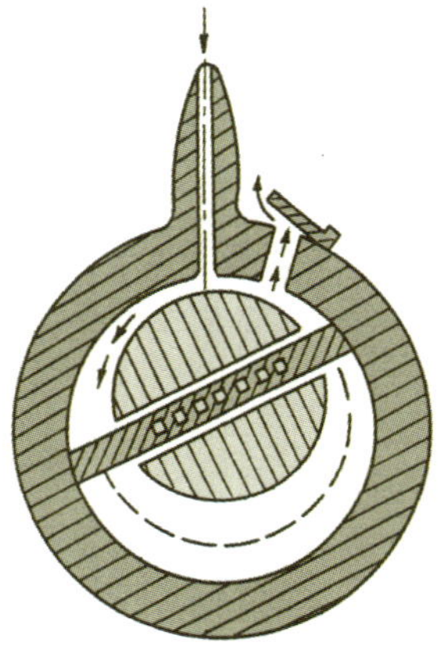

图 23-42 旋片式真空泵工作原理图

表 23-41 2X 型双级旋片式真空泵性能参数

性能参数		型号 2XZ-0.5	2XZ-1	2XZ-2	2XZ-4	2XZ-8	2XZ-15
抽气速率(L/S)		0.5	1	2	4	8	15
极限真空(Torr)	气镇关			$<5 \times 10^{-4}$			
	气镇开			$<1 \times 10^{-2}$			
转速(r/min)				1400			
电机功率(kW)		0.18	0.25	0.37	0.55	1.1	2.2
进气口直径(mm)		ϕ 15	ϕ 15	ϕ 25	ϕ 25		
油温升(℃)				≯ 40			
用油量(L)					0.55		
外径尺寸(mm)		445 × 140 × 252	445 × 140 × 252	487 × 167 × 277	527 × 167 × 277		
重量(kg)				20	23		

双重作用，也称为水喷射冷凝器。水喷射泵作用原理及泵内压力和速度变化如图 23-43。

水喷射泵由喷嘴、吸入室、混合管和扩散器组成。在水喷射冷凝器中增加挡水板以防止蒸汽流动冲偏水柱和增大换热面积，以及防止倒灌水。

水喷射泵在设计时所选定的排出压力不同。所以其安装高度有高位(11m)和低位(3.5～5m)两种。低位安装水喷射泵可以放在高位安装使用，高位安装的不能放在低位用。

水喷射泵安装图见 23-44。图中假想线设备由用户在选用时自行配套。

水喷射泵内无运动部件，所以泵的制造材料可按接触介质性质来决定。一般有铸铁、碳钢、聚氯乙烯、玻璃钢、陶瓷等五种材料。

23.8.2.4 输液泵

制胶车间内除了使用真空泵以外，还经常使用各种输液泵。有的制胶车间有甲醛贮罐，把甲醛输送到计量罐时就需要用泵进行输送。在反应过程中，特别是反应终止后，在冷却阶段，为了使反应锅内的树脂迅速冷却，而水压又不足时，常常用水泵进行加压，加速冷却水的流动，增大流量，使锅内树脂液迅速冷却。大型制胶车间所用的碱液也是用泵输送的。

制胶车间合成的树脂液有的也是通过泵输送到用胶车间的。

选泵时主要考虑所输送的介质的特性、流量大小和扬程高低这三方面的因素。

输送甲醛时可以选用耐酸泵或陶瓷泵，一般选用耐酸泵的比较多。输送冷却水供加压用的可选择清水泵，输送树脂液的可选用齿轮泵。

从泵的特性曲线或产品说明书可以用查到能满足需要的流量和扬程。

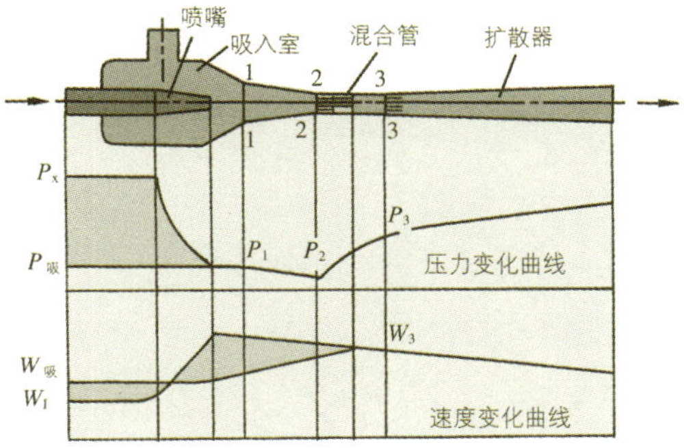

图 23-43 水喷射泵作用原理及泵内压力和速度的变化图

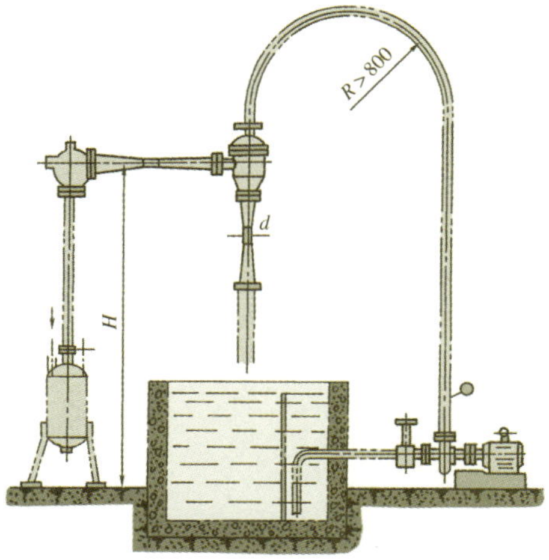

图 23-44 水喷射泵安装图

参考文献

[1] 李兰亭主编. 胶黏剂与涂料. 北京：中国林业出版社，1992
[2] 王毓秀. 胶黏剂生产工艺. 北京：中国林业出版社，1989
[3] (苏)ю. Г.多普宁等著. 李庆章译. 木材工业用合成树脂. 北京：中国林业出版社，1984
[4] (南非)A. 皮齐主编. 史广兴等译. 木材胶黏剂化学与工艺学. 北京：中国林业出版社，1992
[5] 王恺主编. 木材工业实用大全. 胶黏剂卷. 北京：中国林业出版社，1996
[6] 国家医药管理局上海医药设计院编. 化工工艺设计手册. 北京：化学工业出版社，1987

24 人造板二次加工

Wood-Based Panel Finishing

对各类人造板素板进行贴面、涂饰、模压等再加工，使其表面具有装饰性或功能性的再加工过程称为人造板二次加工。

人造板二次加工分为：薄木贴面加工、装饰纸贴面加工、高压三聚氰胺装饰层压板和低压三聚氰胺浸渍纸贴面加工、邻苯二甲酸二丙烯酯树脂浸渍纸贴面装饰、聚氯乙烯薄膜贴面加工、聚烯烃纤维素聚合薄膜贴面加工等技术。

人造板二次加工方法分类如下：

- 人造板二次加工表
  - 表面机械加工
    - 开构槽
    - 浮雕加工
      - 模压
      - 镂铣
      - 烤刷
      - 电雕刻
      - 光雕刻
      - 发泡浮雕
    - 打孔、喷粒
  - 贴面加工
    - 薄木贴面加工
      - 天然薄木贴面
      - 组合薄木贴面
      - 集成薄木贴面
      - 染色薄木贴面
      - 薄木卷材贴面
    - 装饰纸贴面
    - 树脂装饰层压板贴面
    - 树脂浸渍纸贴面
    - 树脂浸渍单板贴面
    - PVC 塑料薄膜贴面
    - 其他材料贴面
  - 涂饰加工
    - 直接印刷
    - 转移印刷
    - 透明涂饰
    - 不透明涂饰

24.1 人造板二次加工对素板的要求

(1) 要求含水率均匀，含水率调整到6%～12%，一般为6%～8%；

(2) 要求表面平滑、质地均匀，二次加工前需经120号～240号砂带砂光；

(3) 要求厚度均匀，厚度偏差不大于± 0.2mm；

(4) 要求结构对称、合理，板面平整无翘曲、变形；

(5) 具一定的强度和耐水性；

(6)刨花板、中密度纤维板等素板，要求其表面密度大于0.9g/cm^3。

24.2 薄木贴面加工

24.2.1 薄木的制造

24.2.1.1 薄木的分类

随着科学技术的发展，薄木的种类越来越多，将主要产品分类如下：

(1) 按薄木厚度分类

厚薄木——指厚度大于0.5mm的薄木，一般厚度为0.6～0.8mm 的薄木

微薄木——指厚度小于0.5mm 的薄木，一般厚度为 0.1～0.3mm 的薄木

(2) 按薄木制造方法分类

旋切薄木——用旋切机旋制的薄木，具有弦切面纹理

刨切薄木——用刨切机刨制的薄木，具有径切面纹理或弦切面纹理

半圆旋切薄木——用半圆旋切机旋制的薄木，具有径切面纹理或弦切面纹理

(3) 按薄木形态分类

天然薄木——由天然珍贵树种的木方直接制得的薄木

组合薄木——由一般树种的旋切单板经染色、组坯、胶合成木方后再刨切或旋切制得的薄木，薄木纹理系人工组合而成

集成薄木——由珍贵树种的木材按所需的拼花图案胶合成木方后经刨切制得的整张拼花薄木

染色薄木——将一般树种的薄木按照珍贵树种的材色经染色制得的薄木

薄木卷材——由连续带状的旋切薄木与纸张或无纺布等柔性材料复合后制得的可捲成卷的薄木

24.2.1.2 天然薄木的制造

1. 薄木的树种

天然薄木的花纹是否美丽，色彩是否悦目与制造薄木的树种关系极大，因此也是选择制造薄木树种的首要条件。天然薄木的花纹是由木材的纹理、生长轮、早晚材、导管、木射线、轴向薄壁细胞、节子、树瘤、树叉、材色等形成的，而且在不同的切面其花纹是不同的，因此与制造方法也有密切关系。

早晚材材色明显区分的针叶材如红松、杉木、落叶松等树种，早晚材材质致密程度明显不同的环孔阔叶材如水曲柳、榆木、酸枣、红椿、白蜡木、麻栎、山槐、楸木等树种无论在径切面上还是弦切面上均能形成醒目的花纹。在径切面上为深浅相间的直条纹，在弦切面上为山形纹。早晚材材色区分不明显的针叶材及散孔阔叶材花纹就不明显了，如云南龙脑香、山龙眼等树种。

由于木材纹理交错，成波状纹、皱纹或扭曲，各部分纤维走向不同对光的反射不同而形成各种醒目的花纹，如香樟、枫香、桉树、麻栎、桃花心木、槭木和桦木等树种，其中波状纹常出现在槭木及桦木上，这种薄木常用来制作小提琴的背板，故又称琴背花纹。槭木、樟木、水曲柳等树种由于纤维局部扭曲极易形成鸟眼状花纹，此种花纹称为鸟眼花纹。具有琴背花纹及鸟眼花纹的薄木都是比较名贵的。

木射线对光反射较强，具银光光泽，在弦切面上木射线成纺锤状，在径切面上呈片状，木射线发达的柞木、栎木、山毛榉、光叶榉、悬铃木、山龙眼等树种，木射线粗大、密集，在径切面上常可得到由片状木射线形成形似虎皮的虎斑纹，在弦切面上得到纺锤形的点状花纹。

树干的树瘤部分木纹不规则排列能形成非常美丽的树瘤花纹。槭木、悬铃木、栎木、栗木、核桃楸、胡桃木、香椿、红椿等树种中常可发现。

材色不均在材面上形成深色条纹或斑纹，也可形成花纹，在柚木、胡桃木及陆均松等树种中常具有这种花纹。

薄木的制造方法不同，可得弦切面或径切面，同一根原木，其不同的剖面花纹不同，如虎斑纹只有在径切面上才能形成，山形纹只有在弦切面上才能形成，因此应根据各树种形成花纹的不同特点，采用合适的剖制方法才能制得具有理想花纹的薄木。

选择薄木树种时，除考虑花纹外，还应考虑是否易于进行切削、胶合和涂饰等加工；阔叶材的导管不宜过大，否则薄木易破碎，贴面时易透胶；要有一定的蓄积量等。

比较适于制造薄木的树种如表 24-1 所示。

表 24-1 常用薄木树种

国产材	红松、红豆杉、陆均松、广东松、水曲柳、榆木、檫树、山槐、酸枣、红椿、白蜡木、女贞、桦木、栎木、光叶榉、山龙眼、柞木、钟萼木、王桠果、香樟、麻栎、桉树、云南龙脑香、核桃楸、光皮桦、槭木、栗木、水青冈、法国梧桐、泡桐、椴木、樱桃木、黄樟、华南樟、花梨木、苦槠、米槠、朴树、甜槠、春榆、木荚红豆树、大叶楠等
进口材	桃花心木、花梨木、柚木、沙比利、伊迪南、紫檀木、白栎木、红栎木、胡桃木、枫木、山毛榉等

2. 原木的贮存与保管

用于制造薄木的原木应妥善贮存与保管，保管不善，原木易开裂、腐朽、变色，不仅降低了原木的等级还降低了薄木的出材率，造成浪费。原木的开裂、腐朽、变色与原木的含水率有很大关系。如木材处于饱水状态，腐朽菌及虫类就无法侵蚀木材，因为在饱水状态下木材中的空隙已全部被水份充满，没有空气，菌类及虫类也就无法生存。木材在饱水状态下也不会开裂。一般可采用两种方法保持原木中的水分，一种是把原木贮存在贮木池中，需长期贮存的原木应采取一定措施，使原木沉入水中，以免露出水面部分受菌类或虫类的侵蚀。为防止贮木池中水腐败发臭应采取措施使之变为流水或定期更换池水。第二种方法是在贮木场内铺设水管，利用水压定期对原木喷水，使原木保持必要的水分。在陆地贮存时，可在端头钉入扒钉，防止开裂，也可在原木端头涂布防水剂，避免原木中水分散失，并可防止端头开裂。防水涂料可采用沥青或焦油与黏土的混合物。

其配方如下：

沥青或焦油	约 50%
黏土(细筛)	15%～20%
水	30%～35%

对易受菌类或虫类侵蚀的树种，可在春夏二季适当喷洒杀虫剂或防腐剂，但要注意不能造成木材变色或污染，以免造成出材率降低和影响薄木装饰效果。

3. 薄木刨切

(1) 剖制木方：装饰用薄木一般采用刨切法生产。为获得理想的薄木花纹，提高出材率，便于在刨切机上装夹，需

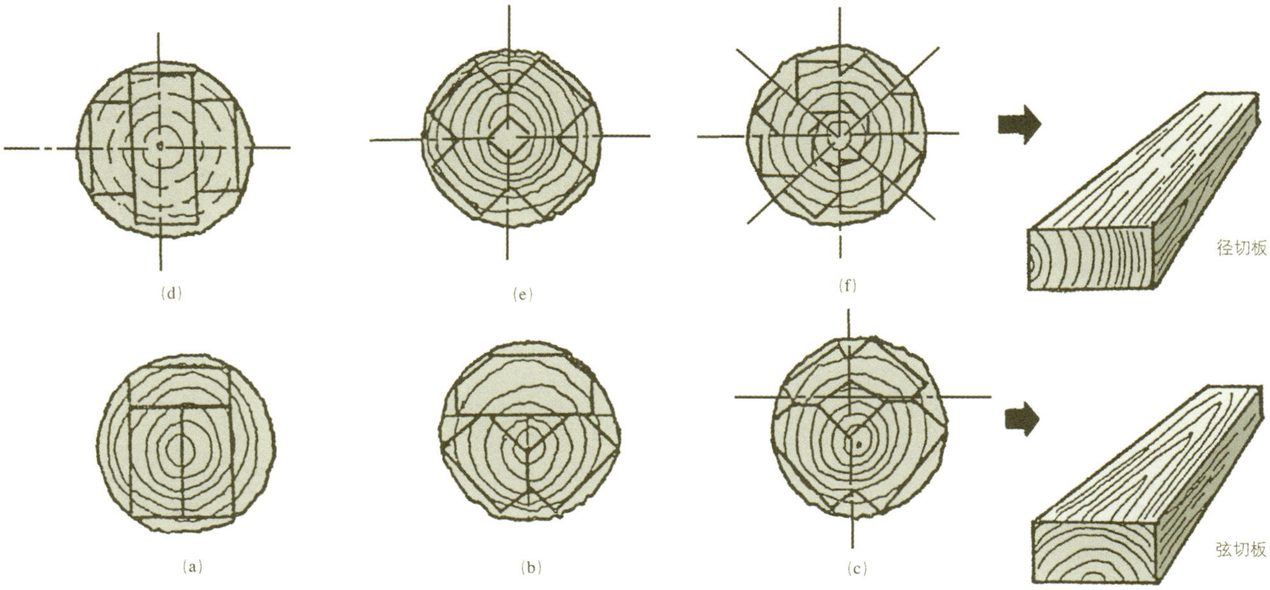

图 24-1 常用木方锯剖图

将原木按薄木长度及加工余量截断成一定长度的木段，并剖制成木方。截断原木时应尽量做到量材下锯，弯曲材应尽量在弯曲处下锯；严重的材质缺陷如死节、腐朽等应截去；一般缺陷应集中；原木截断时的加工余量根据基材的公称长度而定。一般为80～110mm，基材越长，留的余量就越多，如基材为1220mm × 2440mm，木段长度应为2550mm。

剖制木方应根据木段的树种、径级、所要得到的薄木花纹及出材率来考虑，一般应多出径切薄木，少出弦切薄木。因径切薄木不仅花纹美丽，而且不易开裂，因此采用合理的锯剖图是十分重要的。图24-1所示是常用的木方锯剖图，其中a、b、c主要用于剖制弦切薄木而d、e、f主要用于剖制径切薄木。栎木等易开裂的树种，在贮存过程中大多已形成端裂，此时应采用e锯剖图，以提高出材率，并可多得径切薄木。

扇形锯剖图e可采用直径为1500mm的带进料及翻转装置的圆锯机进行剖方，其他则可采用带锯机进行剖方。剖方出材率随木段径级、材质及锯剖图不同而不同，一般在60%左右。

(2) 木方蒸煮：木方在刨切前应进行蒸煮，蒸煮的目的是为了软化木材，增加木材的可塑性。木材的可塑性受树龄、温度及含水率的影响.当木材温度升高或含水率提高后木材可塑性增加，使木材切削阻力减小，易于切削，薄木背面裂隙也减少；使木材含水率均匀，有利于降低刨切薄木的厚度偏差和薄木干燥后的含水率偏差，使薄木不易变形、翘曲；可除去部分木材中含有的单宁、油脂等浸提物；可杀死木材中的虫和菌，利于薄木的保存。有些树种加热后会变色，如桐木、山毛榉变红色，椴木变黄色，核桃楸变褐色等，

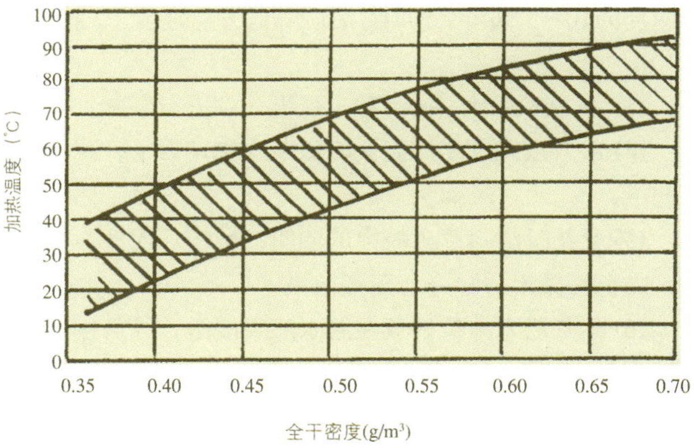

图 24-2 阔叶材的最佳刨切温度

要注意控制。

木方蒸煮通常采用把木方放在蒸煮池内蒸煮的方法，蒸煮池由钢筋混凝土建造，也可内覆不锈钢板或做成铝壳式。池内通入蒸汽管及水管，池底设有排放污水的排放阀，也可用泥浆泵直接抽出污水。

不同密度的阔叶材的最佳刨切温度如图24-2所示。针叶材主要是晚材部分密度大，最佳刨切温度可参照图24-2，略高于图示温度。具交错纹理及硬节的木材最佳刨切温度应略高于图24-2所示温度。为使木方芯部达到最佳刨切温度，所需蒸煮的水温及蒸煮的时间与木方的径级、密度、刨切薄木的厚度等均有密切的关系。一般径级大、密度大、刨切薄木的厚度大应适当提高蒸煮温度，延长蒸煮时间。在实际生产

表 24-2 木方蒸煮的基准

蒸煮条件 / 树 种	薄木厚度(mm)	蒸煮时间(h)	蒸煮温度(℃)	常温水中浸泡时间(h)
柚木(径切薄木)	0.25	150	95	2
柚木(径切薄木)	0.8	180	95	0
柚木(弦切薄木)	0.3	190	95	2
柚木(弦切薄木)	0.8	230	95	0
核桃楸(径切薄木)	0.25	2～4	80	2
柞 木	0.25	12	90	3
水曲柳	0.25	4	80	2
水曲柳	0.8	12	80	0
榉木(弦切薄木)	0.3	70	90	5
杉 木	0.3	10	50	1

中通常都是凭经验来确定蒸煮基准的。表24-2所示为某工厂的木方蒸煮基准。

木方蒸煮时应注意：

(1) 木方放入蒸煮池时，水温最好保持室温，以免木方骤然受热产生内应力而开裂；

(2) 升温速度不当易造成木方开裂，在水温达40℃前升温速度为10～15℃/h，达40℃后应降低升温速度，一般为3～5℃/h。

(3) 木方蒸煮时应按树种、径级分别进行蒸煮；

(4) 木方蒸煮过度反而会降低薄木刨切质量，薄木表面易起毛；

(5) 要及时清除蒸煮池中的油脂、树皮、泥沙，定期换水，以免污染木方，降低蒸煮效果；

(6) 蒸煮后木方最好放在温水池中浸泡，等待刨切。温水池水温一般为50～60℃，温度过高会使刨刀变形、薄木表面起毛。

4. 薄木刨切

薄木刨切在刨切机上进行，将木方固定在夹持台上，将刨刀固定在刀架上，两者之中有一方作间歇进给运动，另一方作往复运动，从而从木方上刨切下具有一定厚度的薄木。

(1) 刨切机：目前国内使用的刨切机有多种类型。根据刨切是在水平面内进行还是在铅垂面内进行可将刨切机分为卧式刨切机和立式刨切机。如图 24-3 中(a)为卧式刨切机刨切示意图，(b)为立式刨切机刨切示意图。根据刨切方向与木方长度方向基本平行还是垂直又可分为纵向刨切机和横向刨切机。图 24-4 所示为纵向刨切机刨切示意图。图 24-3 为横向刨切机刨切示意图。目前国内使用的刨切机既有立式的又有卧式的，既有横向的又有纵向的。

①纵向刨切机：纵向刨切机主要由进料机构、前后工作台、导柱、机座及驱动装置等组成，纵向刨切机如图 24-5 所示。刨刀和压尺安装在工作台上，木方放在工作台上，由进料橡胶带对木方施加压力并靠摩擦力推动木方前进，由刨刀进行刨切，纵向刨切机刨切沿木方长度方向进行，因此木方长度不受限制，而且刨切薄木表面光滑质量好。但由于进料橡胶带悬臂支承，木方的宽度受到一定限制，目前最宽可达350mm。这种刨切机依靠摩擦力来克服切削阻力送进木方，

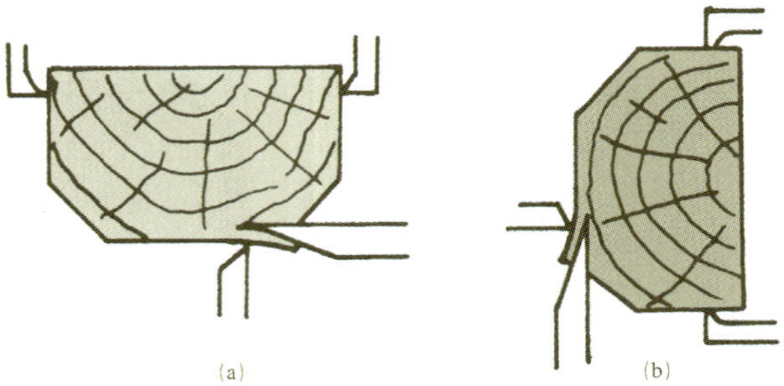

图 24-3 横向刨切示意图

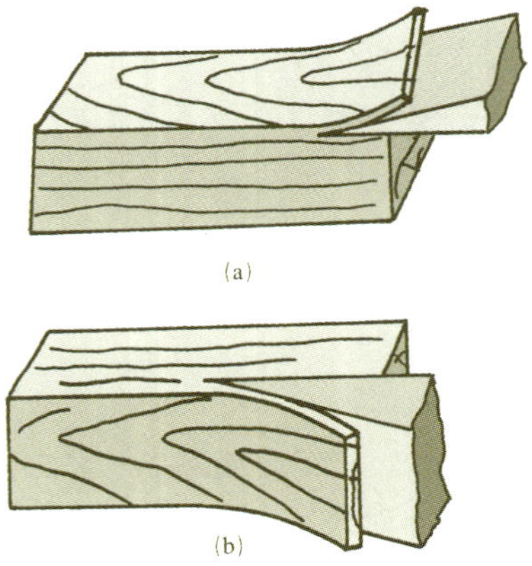

图 24-4 纵向刨切示意图

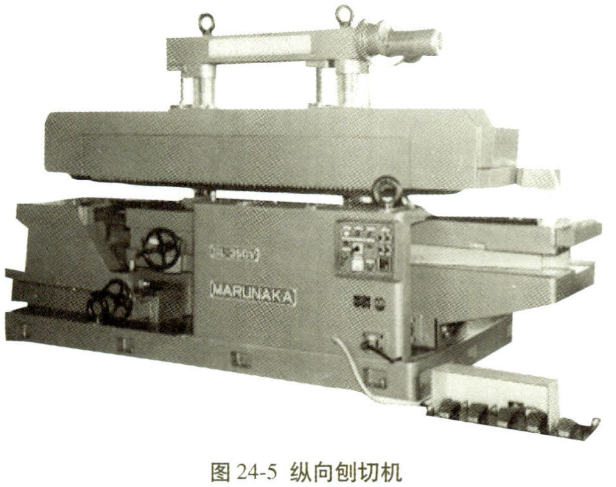

图 24-5 纵向刨切机

图 24-6 横向刨切机

因此比较适于刨切松木、杉木等软材。另外由于工作行程长，生产效率较低.不适于大批量生产，较适于家具、木器等工厂小批量生产薄木。

②卧式横向刨切机：卧式横向刨切机由偏心轮连杆机构带动的作往复运动的刀架，由丝杆螺母机构传动的作进给运动的木方装夹台及机架等组成。木方每进给一个薄木厚度，刀架就作一次往复运动从木方上刨下一片薄木。卧式横向刨切机基本上有两种类型。一种是刀架在上，木方在下的形式，图 24-6 所示为这种类型的卧式横向刨切机。这种刨切机的刀架靠自重支承在机架两侧的导轨上，为防止在刨切过程中遇到硬节等切削阻力突然增大时刀架被抬起，刀架必须做成重型的，以保证刨切的精度和薄木质量。因此动力消耗较大。另外为保证薄木输出时松面朝上，紧面朝下薄木需通过一转向装置输出，此转向装置随刀架作往复运动，因此接取薄木时要十分注意。图24-7所示为刀架、压尺架与薄木转向导出装置。为观察及接取薄木方便，这类刨切机有的做成倾斜式，向下俯冲一个角度，倾斜角为6° 或25° 。另一种是木方在上，刀架在下的形式，刀架也支承在机架两侧的导轨上，但木方在刀架上方。木方的进给靠机架两侧的丝杆螺母机构来实现，并靠它对刨刀施加一定的压力。在刨切过程中即使切削阻力突然加大，木方也不会抬起，从而保证了刨切的精度，减小切削过程中刨刀的振动，使薄木表面平滑，并且油刀也十分方便。这类刨切机的刨切示意图如图24-3所示。卧式横向刨切机的生产效率远远高于纵向刨切机，可达62次 /min。而且木方宽度可达800mm。适合于大量生产时使用。

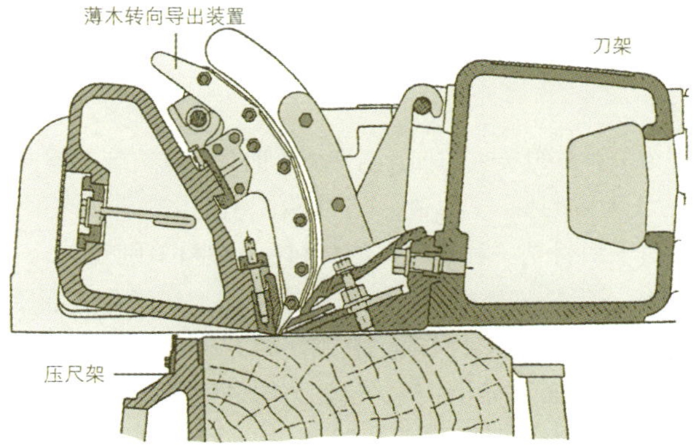

图 24-7 薄木转向导出装置示意图

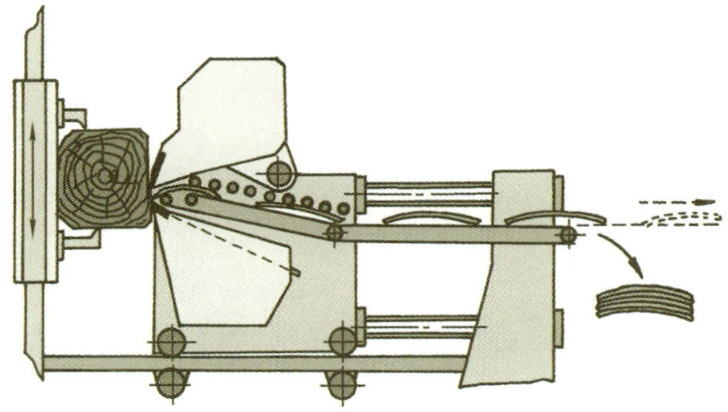

图 24-8 立式横向刨切机示意图

③立式横向刨切机：立式横向刨切机刀架由丝杆螺母机构传动在水平面内作进给运动，而木方由偏心轮机构带动作上下往复运动。立式横向刨切机一般都有让刀装置，且刀架靠丝杆螺母装置压在木方上，能保证刨切精度，装刀、油刀及上木方均十分方便。当木方由下向上作工作行程时薄木输出时松面朝上，有利于连续化生产。当木方由上向下作工作行程时，薄木紧面朝上输出，接取薄木时，必须进行翻转。为便于观察，上冲程立式刨切机也有做成倾斜式的，向上仰起10° 。立式横向刨切机切削示意图如图 24-8 所示。立式横向刨切机生产效率很高，可达 95 次 /min，木方宽度可达

1000mm。表 24-3 所示为几种主要的刨切机的技术参数。

表 24-3 刨切机的技术参数

技术参数 \ 型号	HVS-90-MS	TN2800	TZ / E3400	SL-25A
刨切机类型	卧式横向（日本）	卧式横向（意大利）	立式横向（意大利）	纵向（日本）
刀长(mm)	2850	2840	–	–
加工木方最大长度(mm)	2800	2800	3400	–
加工木方最大宽度(mm)	1000	800	1000	250
加工木方最大高度(mm)	600	1200	1000	240
薄木厚度(mm)	0.1～2	–	0.1～3.3	–
刨切次数(次 /min)	17～50	60	20～90	–
刨刀安装斜角(°)	15	–	–	77
主电动机功率(kW)	19	75	75	11
质量(kg)	26000	23000	94800	4700

(2) 木方的装夹方向：刨切薄木时，木方的装夹方向，即刨切从木方的哪一端，哪一边开始，对薄木的质量有很大影响。由于木材是一种非匀质的材料，早晚材差别较大，纤维、木射线、年轮等都按某一定方向排列，为了得到表面平滑、平整的薄木，刨切时必须注意刨切的方向，要求刨切方向顺年轮、顺纤维、顺木射线。刨切方向的逆顺如图 24-9 所示。纵向刨切时主要考虑顺纤维刨切。如逆纤维刨切，超越裂缝将进入材面造成表面坑洼不平。横向刨切时主要考虑木射线与年轮的顺逆。针叶材及环孔阔叶材、木射线不发达的树种都宜顺年轮刨切，而木射线发达的树种则应侧重考虑顺木射线刨切。

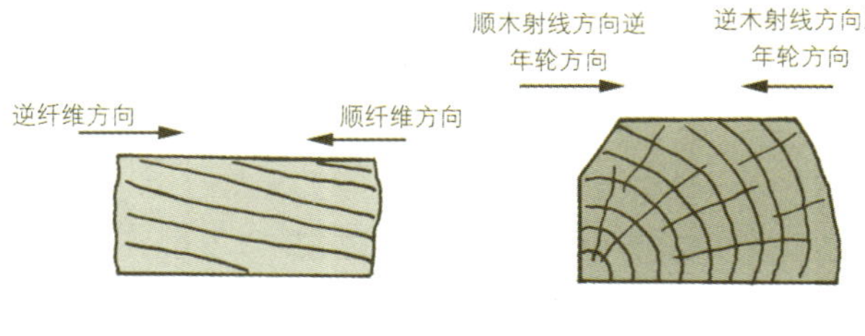

图 24-9 刨切方向的顺逆

一般刨切径向薄木时，如图 24-10 所示，从(a)的装夹状态开始刨切，当刨切至材芯时应放下木方重新按(b)的形式，底朝上地重新装夹，这样虽可保证后半个木方的刨切质量，但薄木花纹与前半部分不连续，如按(c)的方法，不把底面翻上来，仅在水平面内转 180°，则可得到花纹与前半部分连续的薄木。

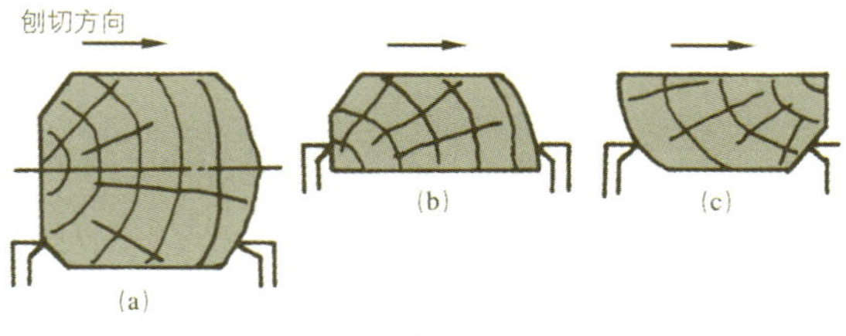

图 24-10 刨切径向薄木时木方的装夹

在刨切弦向薄木时，如图 24-11 所示的左右对称形状的木方，得到的薄木，在宽度方向一半质量好，一半质量差，因为刨切时一半顺年轮，一半却是逆年轮。因此如按(b)所示地剖成非对称形的木方，可保证在宽度方向上大半部分的质量较好。剖制偏芯木方的锯剖图如图 24-12 所示。

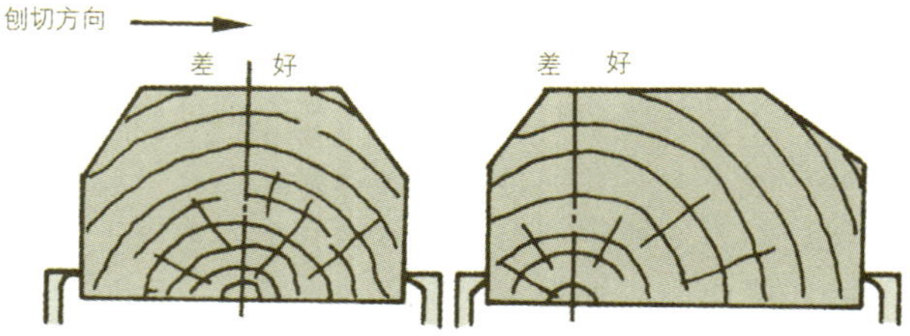

图 24-11 刨切弦向薄木时木方的装夹

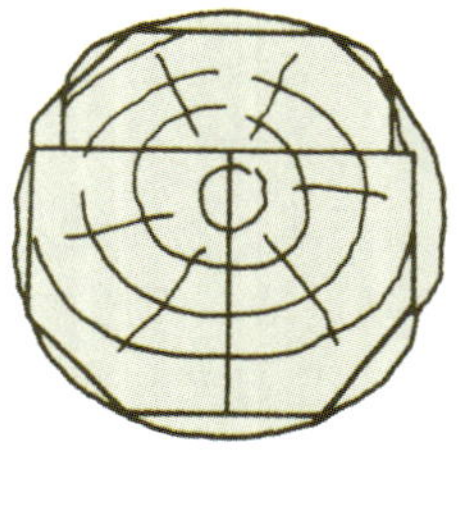

图 24-12 木方的锯剖

刨刀的安装有两种形式，如图 24-13 所示，(a)为表刃式，刨切时薄木从刨刀的前面流出，(b)为背刃式，刨切时薄木从刨刀的后面流出。背刃式装刀，在磨刀或改变刨刀研磨角后。切削角可随之而变，因此可适应多种树种的刨切，可制得优质的薄木。刨刀一般厚度为 15mm，刀体部分为碳素钢，

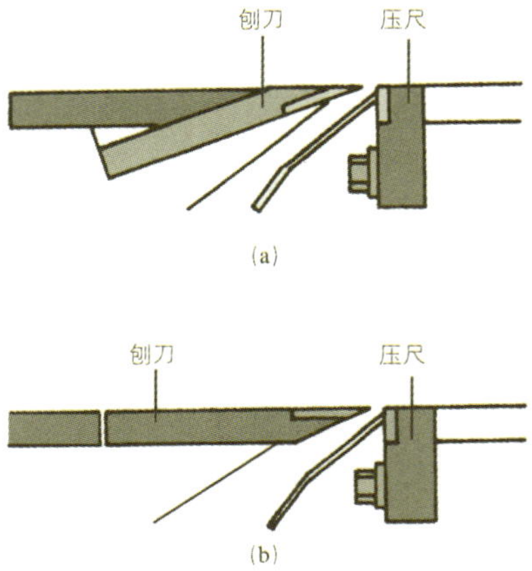

图 24-13 刨刀安装形式

而刃口部分为合金钢，表刃式装刀时，研磨角一般为16°～20°，背刃式装刀时。研磨角为21°～26°，图24-14所示为背刃式刨刀刃口形状。研磨角小则刨刀锋利但刃口强度较差，因此针叶材及软阔叶材可用较小的研磨角，而硬阔叶材应采用较大的研磨角。

使用压尺的目的是为了防止薄木背面产生裂隙，提高薄木刨切质量。压尺形状如图24-15所示，一般为单棱压尺，并且斜棱角度较大。

刨刀与压尺之间的相对位置对薄木的质量影响很大，图24-16所示为背刃式装刀时压尺与刨刀的相对位置。图中刀门距离S。为压尺至刨刀后面的最短距离(表刃式装刀时为压尺至刨刀前面的最短距离)。如薄木的名义厚度为S，通常$S_0 \leqslant S$。下式中的△称为压榨率。压榨率应根据切削角、薄木厚度来决定，表24-4所示为压榨率、切削角、薄木厚度之间的关系。

$$\triangle = \frac{S - S_0}{S} \times 100\%$$

压尺的位置也可根据S_0的垂直分量V及水平分量H来决定，其相互关系如下：

$$V = (0.9 \sim 0.98)S$$

$$H = (0.2 \sim 0.3)S$$

$$\frac{180° - \beta}{2} \leqslant r \leqslant 90°$$

式中：S——薄木名义厚度

β——刨刀研磨角

V的大小适度可保证薄木的厚度精度，H的大小适度可

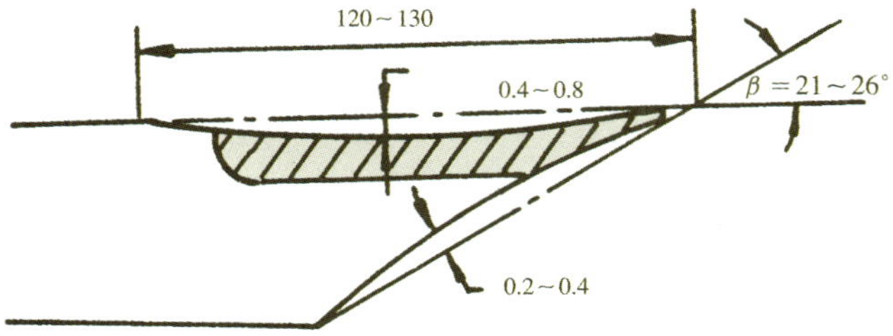

图24-14 背刃式刨刀刃口形状

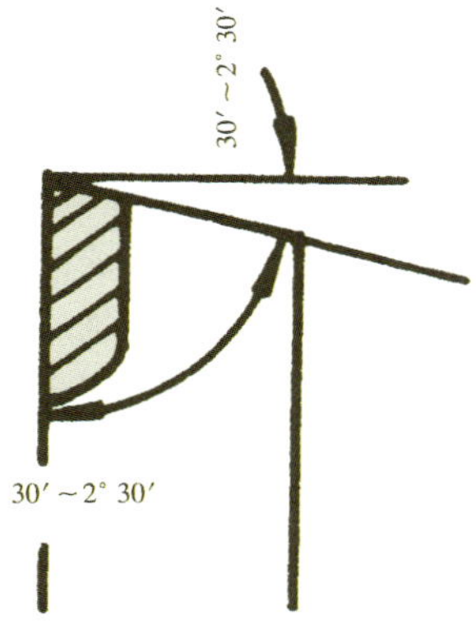

图24-15 压尺形式

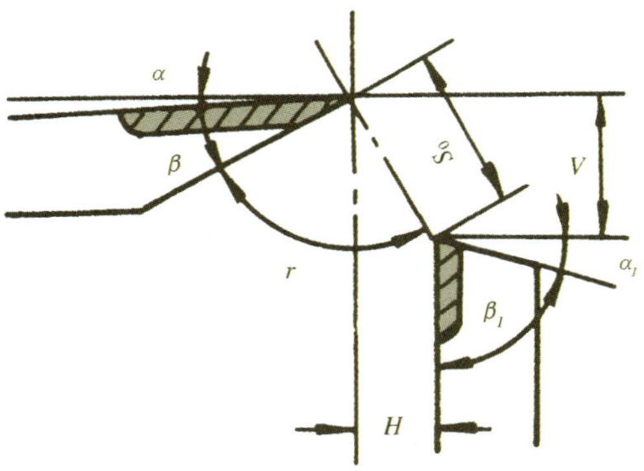

图24-16 刨刀与压尺的相对位置

表24-4 常用薄木刨切厚度采用的压榨率△、刀门S_0和压尺水平距C

单板厚度S(mm)	切削角δ°	△=0% S_0	△=0% C	△=5% S_0	△=5% C	△=7% S_0	△=7% C	△=10% S_0	△=10% C
0.3	18	0.30	0.09						
	19	0.30	0.10						
0.5	18	0.50	0.15						
	19	0.50	0.16						
0.6	18	0.60	0.19						
	19	0.60	0.20						
0.75	18	0.75	0.23						
	19	0.75	0.24						
1.00	19								
	20			0.95	0.29				
1.10	19			0.95	0.32				
	20			1.05	0.34				
1.20	19			1.14	0.37				
	20			1.14	0.39				
1.25	19			1.19	0.39				
	20			1.19	0.41				
1.50	19					1.40	0.46		
	20					1.40	0.48		
1.75	19					1.63	0.53		
	20					1.63	0.56		
1.80	19					1.67	0.54		
	20					1.67	0.57		
2.00	19							1.80	0.59
	20							1.80	0.62

保证薄木表面质量。调整刀门时要求在刨刀全长上保持V、H大小均匀一致，以保证薄木厚度精度及刨切质量。切削后角一般为30′～1°。

(3) 刨刀安装斜角：为减小刨切开始时的切削阻力，使刨刀无冲击地进入切削状态，减小有效切削角，提高刨切质量，刨切时，刨刀刃口要与木方长度方向成某一角度地安装，如图24-17所示。倾斜角一般为5°～30°，一般早晚材硬度差别大的针叶材，为避免薄木表面晚材部分凸起。角度应取25°～30°，而早晚材硬度差别不大的阔叶材可取10°～15°。

(4) 薄木的堆放及保管：目前国内薄木刨切后均采用人工接板，在人工接板的情况下刨切速度一般只能达到40次/min左右，刨切速度过快不安全，薄木来不及整理，反而造成薄木破损。薄木运输及堆垛时，为使薄木易于展平，防止破损，薄木的松面即有背面裂隙的一面应朝上放置，如图24-18所示。并且为薄木拼花方便，薄木应按刨切的顺序先后依次码堆。每根木方所制得的薄木应做好标记分别码堆，最好上下用薄板夹好用绳子捆好，以免破损。如采用湿贴工艺，薄木不需干燥，为保持薄木水份应用塑料布包好，并且尽快周转，在室温5℃以下可贮存两天。夏天则应随刨随用或采取防霉措施或放入冷库。

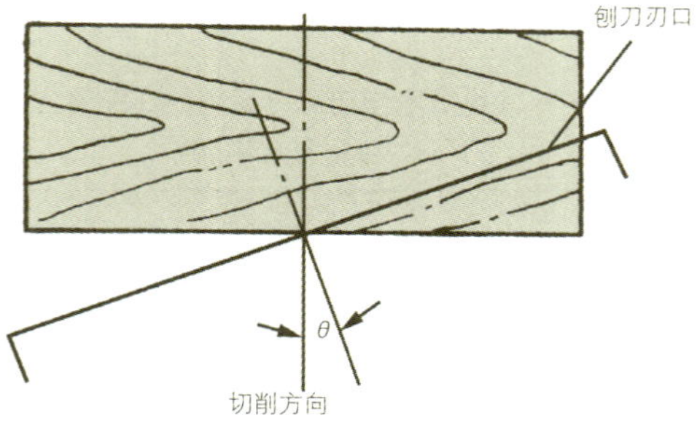

图24-17 木方与刨刀的相对位置

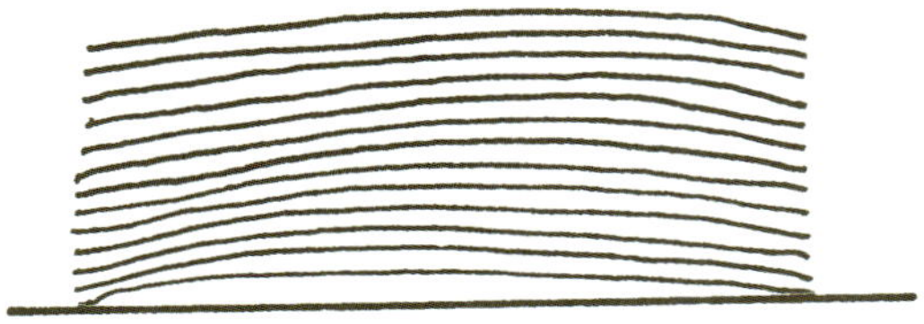

图24-18 薄木堆放

为充分发挥刨切机的生产能力应配置机械接板装置，刨切后直接送入干燥机进行干燥，刨切机与干燥机直接连接流水线示意图如图24-19所示。

(5) 残板利用：木方经刨切后剩下的部份称为残板，残板的厚度与刨切机的木方卡紧装置有关。一般采用液压卡紧的刨切机设有大小两套卡爪，当木方厚度减小后大卡爪退回，由小卡爪卡木，以图减小残板厚度。残板厚度一般为15mm左右。

残板如能加以利用，可提高薄木出材率。残板利用可采用两种方法。一种方法是木方在刨切前先用一块厚20～25mm的普通树种的木板粘在木方上，刨切后剩下的原木方部分的厚度几乎可为零，一般为3～5mm。另一种方法是将残板相互层积胶合起来组成新的木方再进行刨切。胶合用的胶黏剂耐水性要好并能在高含水率下胶合，一般使用湿固化型的聚氨酯树脂胶黏剂，在常温下加压胶合。

5. 薄木旋切

薄木也可采用旋切的方法生产，旋切需在精密旋切机上进行，旋切所制得的薄木均为弦向薄木，但薄木成连续带状，不需拼接，易于实现连续化生产。需制宽幅薄木也可在木段全长上沿径向开一槽，直接旋制片状薄木，不需再经剪裁。旋切前木段亦需进行蒸煮软化，蒸煮工艺基准可参照木方蒸煮部分。

旋切时旋刀的研磨角越小刃口越锋利，但为了保证刃口强度，一般研磨角为17°～21°。为了减小旋刀后面与木段的接触面积，减少旋刀在旋切过程中的振动，一般如图24-20所示地将旋刀的后面磨成凹面，凹进的深度一般为0.1～0.15mm，旋刀硬度为Rc：58～62。压尺一般为单棱压尺，

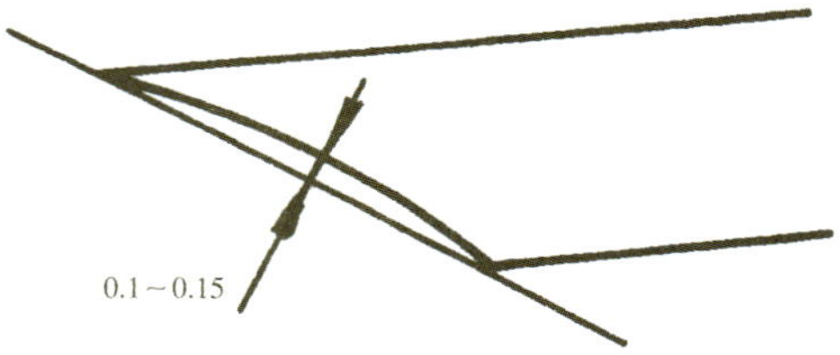

图24-20 旋刀形状

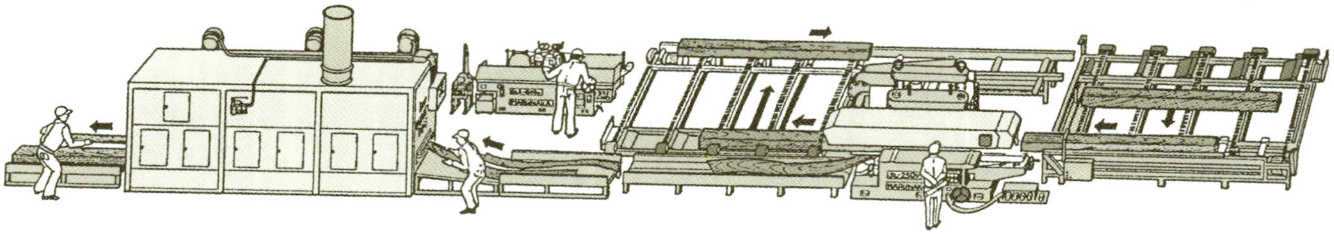

图24-19 刨切机与干燥机连接

研磨角为60°。压尺与旋刀之间的相对位置对旋切薄木质量影响很大，相对位置如图 24-21 所示。

其相互关系如下：

$$H=(0.9\sim0.98)S$$

$$V=(0.2\sim0.3)S$$

$$r=\frac{180-\beta}{2}\text{或}90°$$

式中：H——压尺至旋刀前面最短距离的水平分量

V——压尺至旋刀前面最短距离的垂直分量

S——薄木名义厚度

β——旋刀研磨角

装刀高度 h=0，旋切后角 α = 1° ~2.5°。

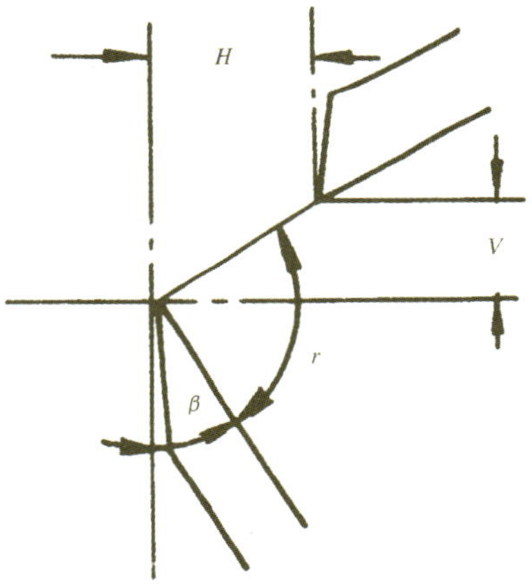

图 24-21 旋刀与压尺的相对位置

德国 B.S.H 公司生产的精密旋切机技术特性如下：

加工原木最大直径(mm)	1000
加工原木最大长度(mm)	加工单板时 2700 加工薄木时 2200
加工原木最小长度(mm)	900
木芯最小直径(mm)	加工单板时 120 加工薄木时 180
旋刀长度(mm)	2800
厚度范围(mm)	0.05～1.8
厚度公差范围(mm)	± 0.03
主轴转速(rpm)	0～240

6. **薄木半圆旋切**

半圆旋切是介于刨切与旋切之间的一种旋切薄木的方法。可在普通旋切机上将木方偏心装夹进行旋切，或在专用的半圆旋切机上进行旋切。半圆旋切机示意图如图 24-22 所示。半圆旋切根据木方夹持位置的不同可制得径向薄木或弦向薄木。如图 24-23 所示。图中(a)旋切由木方外周开始旋切则得弦向薄木，(b)从木芯开始旋切则得径向薄木。为了连续化生产，要求薄木松面朝上时，可如图 24-22 所示地将旋刀

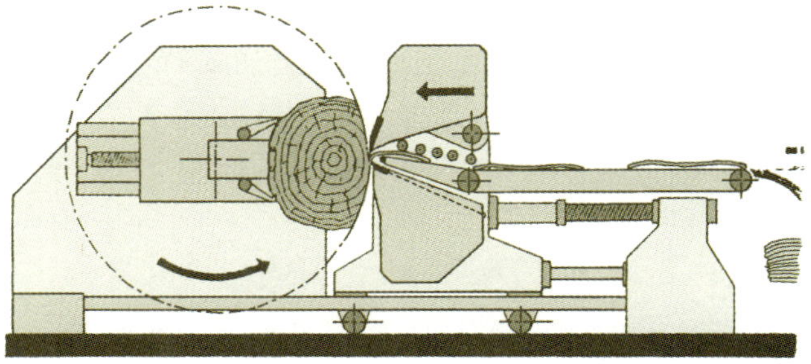

图 24-22 半圆旋切机示意图

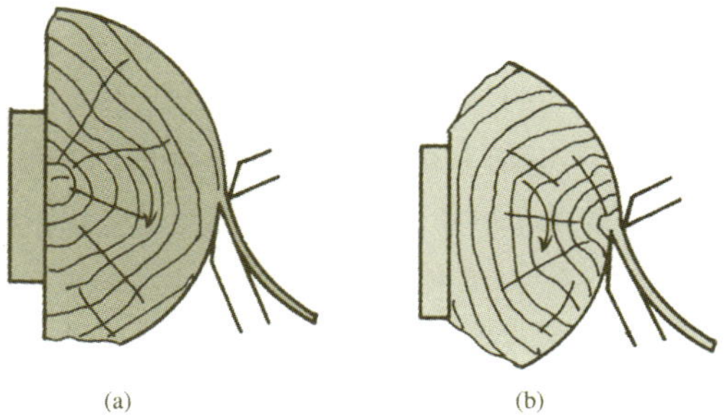

图 24-23 半圆旋切

置于上方。木方作逆时针运转。半圆旋切由于木方偏心装夹，卡轴及床身等周期性地受到振动，在非专用的半圆旋切机上旋切时更要注意机床精度的维护和保养。意大利A.克里莫那公司的 TR 型半圆旋切机的技术参数如下：

最大木方长度(mm)	3300	4000
最大可旋木段直径(mm)	800	800
旋切半径(mm)	900	900
旋刀长度(mm)	3340	4040
旋切速度(次 /min)	20～110	20～110
主电动机功率(kW)	132	132
薄木厚度(mm)	0.1～3.3	0.1～3.3
净重(t)	40	42

7. **薄木加工质量**

薄木刨切或旋切的加工质量指标主要是厚度偏差、表面光洁度及背面裂隙度。薄木的厚度偏差是指薄木的实际厚度与公称厚度之差，与刨切机本身的精度，刀门调整精度等有关。一般用于薄木加工的刨切机或旋切机的加工精度都为 0.025～0.03mm。一般对薄木厚度偏差的要求如表 24-5 所示。薄木表面光洁度与刨刀的锐利程度、木方的蒸煮程度、压榨率等有关。一般根据目测或手感来判断，不允许存在毛刺沟痕及起毛现象，要求薄木表面光滑不毛糙。背面裂隙是薄

表 24-5 薄木厚度偏差

薄木厚度(mm)	≤ 0.3	0.4～0.6	0.7～1.0	>1.0
厚度偏差(mm)	± 0.03	± 0.04	± 0.06	± 0.08

木在旋切或刨切过程中受切削分力的作用使背面受到横纹的拉应力作用而产生的裂纹。背面裂隙是旋切薄木的主要缺陷，刨切薄木背面裂隙比较轻微。

背面裂隙度可用下式表示：

$$背面裂隙度(\%)=\frac{L}{S}\times 100\%$$

式中：L——在薄木厚度方向上的裂隙深度

S——薄木厚度

24.2.1.3 组合薄木的制造

装饰用薄木一般都需用珍贵树种的木材来制造，主要取其木纹的美丽，色彩的悦目、香气的怡人，但珍贵树种木材蓄积量少，近年已近枯竭，供不应求，我国出产极少，一些珍贵树种薄木或木材尚依赖进口。因此需寻找一种代用材料，使其具有珍贵树种的花纹和色彩，而又可用普通木材来制造，组合薄木正是基于这样的设想而开发出来的一种产品。组合薄木是用普通木材的单板经染色，层积胶合后制成木方，再从这种木方上刨切下来的薄木。组合薄木可仿制各种珍贵树种的花纹，可做成弦向薄木或径向薄木，也可做成其他花纹。组合薄木与天然薄木相比有如下优点：

(1) 组合薄木可根据所需尺寸做成宽幅薄木，使贴面工艺大大简化；

(2) 薄木的纹理和色彩可自行设计，不仅可仿制天然薄木，还可创造出天然薄木不可能具有的花纹和色彩；

(3) 可大量生产相同花纹和色彩的薄木，易于满足各种装饰要求；

(4) 原料价格低廉，成本低。

组合薄木的制造工艺流程如下：

木段 → 蒸煮 → 单板旋切 → 单板染色 → 单板干燥 → 配坯 → 胶合 → 刨切(或旋切) → 组合薄木

1. 单板旋切

用来制造组合薄木的木材应具备如下条件：

(1) 纹理不明显，材质均匀；

(2) 密度较小易于切削；

(3) 材色浅，易于染色；

(4) 胶合性能好，涂饰性能好；

(5) 蓄积量多，价格低廉。目前使用较多的树种是杨木与非洲梧桐等树种。软材、新鲜材可不经蒸煮，直接旋切。单板厚度视仿制花纹复杂程度而定，一般为0.5～1.2mm。

如果某种树种的木材本身已具有比较美丽的花纹，具有一定的装饰价值，就不宜再用这种木材来制造组合薄木，制成的组合薄木的装饰效果也不一定比原来的好。

2. 单板染色

为模仿某种珍贵树种木材的色彩，一般单板都需经过染色。在染色前先要经过配色，以便使新染的颜色与模仿的珍贵树种的颜色一致。配色一般由有经验的技术人员根据新要模仿的颜色选择染料，确定配方，有条件的也可通过电子计算机进行配色。无论哪种方法配色都需进行多次试验，直至满意为止。组成木材的三大主要成分：纤维素、木质素、半纤维素，后者对波长为400～700μm的可见光不吸收，应是白色的，但木质素比较活泼，在阳光照射下易泛黄，因此一般木材均为黄白色。有些木材具有特殊的色彩，这是木材中的浸提物所产生的颜色。浸提物中的酚类及醌类物质常是使木材带特殊色彩的原因。制造组合薄木用的木材一般具有黄白色，比较易于染色。作为木材染色用的染料应具备以下条件：

(1) 耐光性好，在阳光照射下不褪色，坚牢性好；

(2) 透明度高，染色后木理仍很清晰；

(3) 作业性好，染色操作方便；

(4) 能均匀染色；

(5) 不影响涂料涂饰及胶合。

木材常用的染料有直接染料、酸性染料和碱性染料。直接染料虽然价格便宜，染色方便但色彩不鲜明，耐光性差。碱性染料染色力强，色彩鲜明，染料能渗入木材内部，适于木材深层染色但耐光性较差。酸性染料色彩鲜明、耐光性好，染料能渗入木材内部，适于深层染色，但染色力较碱性染料略差。

木材的染色是相当复杂的问题，染色的机理尚不清楚，但可以认为木材染色是染料分子在木材中的扩散，即木材纤维对染料分子的吸附使染料分子固着在木材纤维上的过程。三种染料对木材各组成成份的染色效果各不相同，其对木材主要成份的染色效果如表24-6所示。

单板的染色要求整张、全厚度进行染色，而不仅是表面染色。因此要求染料能渗透到木材内部去。染料溶液进入木材内部的途径如图24-24所示，染液主要从木材的横断面进

表 24-6 纤维素、半纤维素、木素的染色效果

染料种类	纤维素	半纤维素	木　素
直接染料	良好	不太好	几乎不能
酸性染料	不能	不能	良好
碱性染料	难	非常好	非常好

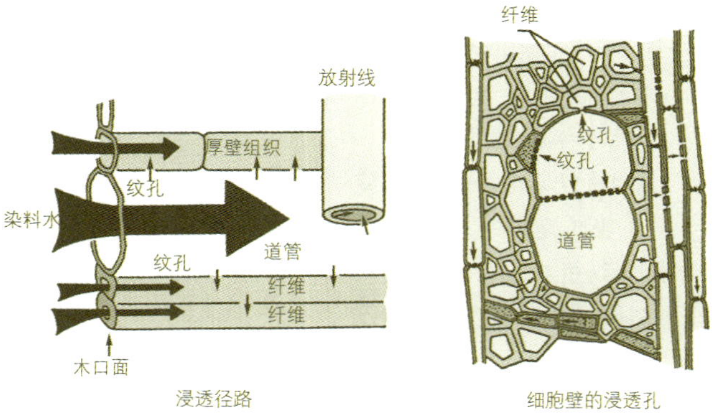

图 24-24 染料渗透途径

入，弦向及径向几乎不能进入。木材中的导管、胞间道、细胞腔、纹孔等都是染液进入木材的通道。在一般木材中这些通道的体积占木材体积的25%～80%，而且染料分子又远比这些通道的直径小，似乎染液进入木材内部不存在什么困难。但是用67种国产酸性染料对意杨、桦木及柳桉单板进行深层染色的结果表明，只有20种染料能对柳桉进行单板全厚度均匀染色，20种染料对意杨单板能进行全厚度均匀染色，7种染料对桦木单板能进行全厚度均匀染色，对三种树种均能均匀染色的染料仅5种。这是因为木材对某些染料的吸附有选择性的缘故。用这类染料染色时，木材对染料的亲和力过大，染料分子被吸附在单板表面通道口而不得进入单板内部，进入木材内部的仅是染液的溶剂(水)。如图24-25中(a)所示。只有选择性吸附比较弱的染料才能随溶剂进入木材内部，如图24-25中(b)所示。试验结果表明：偶氮类的酸性染料对单板深层染色的效果比较好。常用的酸性染料有：酸性嫩黄G、酸性橙Ⅱ(又名酸性金黄Ⅱ)、酸性红G、酸性红B、酸性大红GR、酸性红bB、酸性黑ATT、酸性黑10B、弱酸性绿GS、黑纳粉、黄纳粉等。染色前单板先经漂白处理，染色效果会更好。

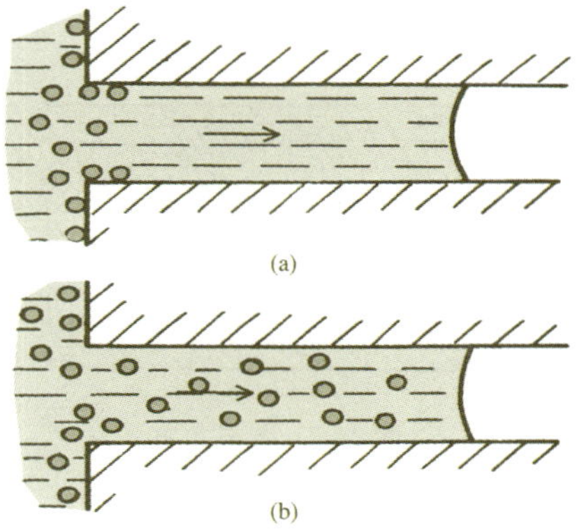

图24-25 染料的选择性吸附

单板染色的方法有扩散法、减压注入法、减压加压注入法等。扩散法是将单板插入单板架，互相不重叠地浸入染液中，沸染数小时，靠热扩散使染料分子扩散到单板中去的染色方法。单板浸入染液被加热，产生膨胀，各种通道也扩大，尤其是一些原来染料分子通过阻力较大的纹孔膜上的小孔也扩大，减小了染液流通的阻力。另外，染料颗粒在加热情况下，分散，颗粒变小，变得更易通过木材内部的通道。扩散法是最简单、最常用的一种染色方法。

染色的效果与染液的浓度、浴比、沸染的时间有关。一般染液浓度为0.5%～5%，染液浓度大，染的颜色深，但浓度大的染液不易通过木材内部的通道，因此沸染时间应适当加长，否则染色效果反而不好。浴比是单板的体积与染液容积之比.为保证均匀染色一般浴比应小于1∶15，并且要经常搅拌染液。沸染时间与单板长度有关，与单板厚度关系不大，一般长度为1～2m的单板沸染时间为1～6h。

强酸性的酸性染料较适于进行单板深层染色。但过低的pH值对单板本身强度及胶黏剂的固化有不利的影响，因此pH值一般取4.5较为合适。

减压注入法是先用5mm水银柱的真空度抽去单板中的水分和空气，然后再将单板放入染液中染色的方法。减压加压注入法是先用真空度抽去单板中的水分和空气，然后再用0.5～0.6MPa的压力将染液注入单板的方法。两种方法比扩散法染色效果好，但需专用染色罐，只有在大量生产时才采用。

盛放染液的染槽要用不锈钢或陶器制造，如用铁制染槽。必须经防锈处理，否则将影响染色效果。

单板染色后要经清水冲洗，然后再干燥至含水率为8%～12%。

3. 单板层积胶合

单板层积胶合时使用的胶黏剂要求有一定的耐水性，胶层固化后要有一定的柔韧性，以免刨切薄木时损伤刀刃。常用的胶黏剂有脲醛树脂胶与聚醋酸乙烯酯乳液胶的混合胶及湿固化型的聚氨酯树脂胶。用脲醛树脂胶与聚醋酸乙烯酯乳液胶主要考虑脲醛树脂胶的耐水性比较好，有一定渗透性，而聚醋酸乙烯酯乳液胶固化后胶膜比较柔软，不伤刨刀。混合胶配比对刨刀磨损的影响如表24-7所示。脲醛树脂胶比例大时胶膜硬而脆，刨刀持续使用率低。综合考虑各方面因素，一般混合胶的配比可取脲醛树脂胶∶聚醋酸乙烯酯乳胶=4∶6或5∶5或6∶4较为合适。混合胶使用时要添加固化剂氯化铵，添加量为0.5%左右。为获得所需色彩的木板，在胶黏剂中常需加入少量颜料，使胶层具某种颜色常用的颜料有：锌钡白、钛白粉、炭黑、铁黑、氧化铁红、铅铬黄、氧化铁黄。

采用湿固化型聚氨酯树脂时，染色单板经清洗后凉干即可涂胶胶合，利用单板表面的水份使胶黏剂固化，具体要求可参照集成薄木的制造部分。

使用脲醛树脂胶与聚醋酸乙烯酯乳液混合胶时，单板单面涂胶量为100～200g/m²，单板厚度小，材质致密的可适当少些，而单板厚，材质比较疏松的涂胶量要适当多些。

单板涂胶后，按所需花纹将不同色彩的单板相间，纤维方向平行地层叠配坯，配成一定厚度的板坯。采用冷压胶合，冷压压力为1.0～1.5MPa，冷压时间为24h以上，气温

表24-7 混合胶配比对刨刀磨损的影响

被刨削材料	刨刀持续使用率(%)
无胶层的椴木	100.0
有UF胶层的椴木	68.8
有UF∶PVAc＝9∶1胶层的椴木	72.5
有UF∶PVAc＝8∶2胶层的椴木	81.3

低时冷压时间应适当加长，气温过低不宜生产。大量生产时可采用高频加热，可大大缩短热压时间，但胶膜较硬。

除压后应将木方四面锯光，最好能粗刨一下，以便装夹在刨切机上刨切薄木。木方的两端头要用聚氯乙烯薄膜封贴，以免刨切成薄木后，水分从薄木的两端散失，造成边部破碎。聚氯乙烯薄膜的增塑剂含量为25%～40%，采用氯丁橡胶胶黏剂封贴。

4. **薄木刨切**

由单板胶合组合而成的木方的刨切与普通木方的刨切完全一样，如图 24-26 所示，可得径切纹理的薄木。使用模具改变木方形状或经多次组合可得到多种多样的花纹。为得到非径切纹理的木纹，模具是关键，模具可根据经验设计，也可通过计算机设计，模具设计得好，压出来的木方经刨切后能得到预期的自然的木纹，且压制过程中单板不破碎。形状复杂的模具一次成型的单板层数不能太多，否则，花纹不会出现。模具一般为钢模具或木模具。

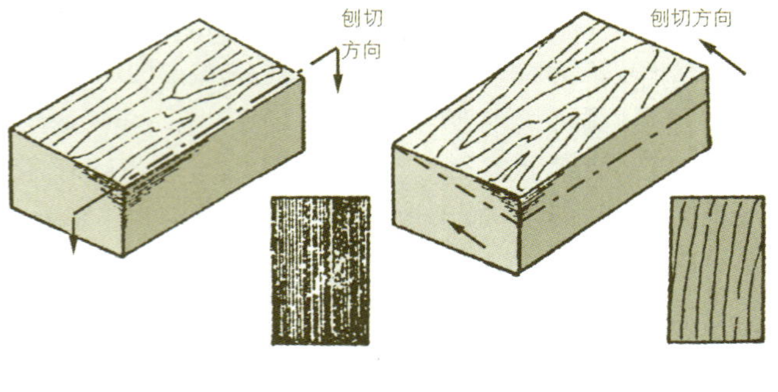

图 24-26 **径面纹理薄木的刨切**

组合薄木的质量主要从外观质量、单板之间胶层的耐水性、薄木的保色性、薄木与基材的胶合性能等几方面进行鉴定。外观质量主要要求组合薄木的色彩与被仿制的树种的薄木相仿，色彩均匀，薄木表面光滑平整，厚度均匀，无腐朽、虫眼、变色等缺陷。单板之间胶层的胶合强度耐水性及薄木与基材之间胶层的胶合强度耐水性，可通过浸渍剥离试验来鉴定。取 75mm × 75mm 的试件放在(63 ± 3) ℃的温水中浸泡 3h，然后放在(63 ± 3) ℃烘箱中干燥 3h，观察每条或每边胶层剥离长度不得超过 25mm。保色性主要检验单板染色的牢度，可取 150mm × 75mm 在距 400W 的水银灯 300mm 处放置，在水银灯下照射 24h，试件色彩与样板无多大差异即可视为合格。也可按 GB/T8427-1988 标准进行耐人造光色牢度的测定。将试样与一组蓝色羊毛标准一起放在人造光源下按规定条件曝晒，然后将试样与蓝色羊毛标准进行变色对比，评定色牢度。一般应达到 4 级以上。必要时可检验组合薄木的涂饰性能，应与天然薄木比较无明显差别。

24.2.1.4 集成薄木的制造

利用薄木的木纹可以拼成各种图案。增加美观，提高其使用价值。一般为拼图案需将薄木切成所需尺寸大小，按设计的图案在涂了胶的基材上拼贴。做这项工作需熟练的技术，而且薄木浪费较大。为了根本改革这种复杂的工艺操作，日本、美国等国已研究开发了集成薄木。所谓集成薄木，即先将小木方按照设计图案拼接成集成木方。如图 24-27 所示。然后再从集成木方上刨下薄木，即为整张拼花薄木，此种薄木就称为集成薄木。

1. **胶黏剂**

制造集成薄木的关键在于木方的胶拼。如图24-27所示的集成木方中纹理方向不同的小木方要拼接在一起。木材的各向异性的性质给木方的胶拼带来了很大的困难。已胶拼好的木方会因为各小木方的收缩和膨胀而崩散、翘曲。但是木材的形状、体积的变化仅在含水率低于纤维饱和点时才发生。在纤维饱和点以上含水率的变化并不引起木材的收缩和膨胀。制造集成薄木就是利用了木材的这一特性，在集成木方的拼接、胶合、刨切过程中始终保持木材的含水率在纤维饱和点以上，使各块小木方在集成木方的制造过程中不产生收缩和膨胀。

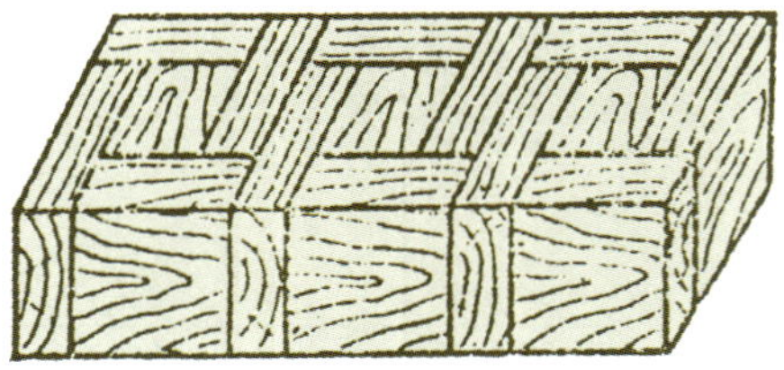

图 24-27 **集成木方**

由于小木方须在含水率超过纤维饱和点的条件下胶合，而且胶合后的集成木方还须刨切成薄木，对胶黏剂有如下特殊要求：

(1) 能在高含水率条件下胶合木材，并具有一定的胶合强度；

(2) 胶黏剂固化后具有一定的耐水性及耐热性；

(3) 胶黏剂固化后具有一定的柔韧性，刨切时，不伤刨刀；

(4) 常温固化型。

湿固化型的聚氨酯树脂及芳香族酰胺或聚酰胺树脂做固化剂的环氧树脂具备以上条件，可用来胶合集成木方。湿固化型的聚氨酯树脂耐水性、耐热性都很好，并且固化后的胶膜柔软。湿固化型的聚氨酯树脂的固化机理是：聚氨酯树脂中的异氰酸酯基(—NCO)与木材表面的水分起作用，产生氨基甲酸，氨基甲酸进一步起泡化反应，分解成氨基及二氧化碳气。氨基随即与异氰酸酯基起反应产生尿素化合物，尿素化合物再与异氰酸酯基起交联反应，分子量不断增加，形成链状结构的固化物质，其反应式如下：

①加水反应

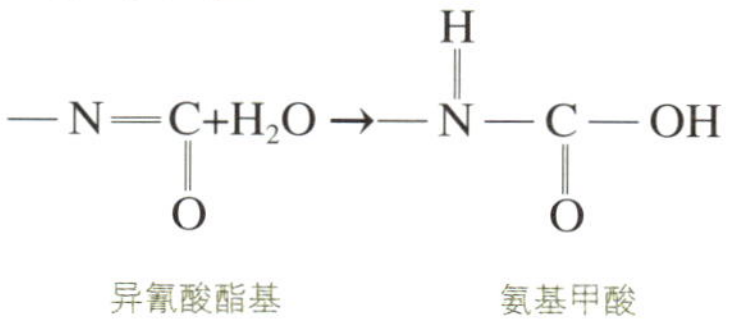

②泡化反应

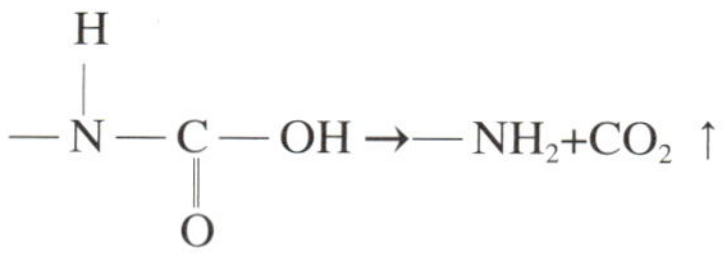

③交联反应

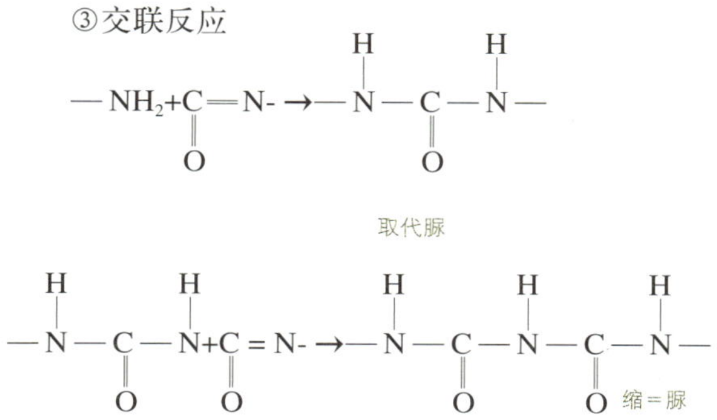

日本大鹿振兴株式社会生产的7057、7051型湿固化型聚氨酯树脂胶的技术指标如下：

项 目	7057	7051
外 观	茶褐色黏稠液	淡黄色黏稠液
不挥发分(%)	98～100	79～98
黏度(Pa·s／25℃)	70～130	2～6
凝胶时间(min)	40～60	30～50
异氰酸酯基	甲撑二苯基二异氰酸酯	甲撑二苯基二异氰酸酯
溶 剂	–	甲乙酮

2. **集成木方制造**

集成木方的整个制造过程及刨制薄木过程中始终要注意保持木材的含水率在纤维饱和点以上，最好在50%以上，以免木方产生干缩而变形。一般小木方的加工及集成木方的胶合等工序应在高湿环境中进行，以免水分的散失，如不具备这样的条件，应注意经常喷水或将小木方浸泡在水中。

(1) 备料：根据所设计的集成薄木的图案要求，挑选树种、材色、纹理、材质等，按所需尺寸将小木方配好料。配料时要注意，材性相差太大的树种不宜搭配在一起；易开裂的树种应配置在集成木方的内层，不易开裂的树种配置在外周，以防止刨成薄木后产生裂纹；应选择纹理通直的木材，尽量避免交错纹理及扭曲纹理。配好料的小木方应经蒸煮软化，提高其含水率，然后将拼接面刨光，以使胶接良好。

(2) 含水率调整：湿固化型的聚氨酯树脂要靠吸收水分才固化，因此小木方表面的含水率应调整到20%～40%，太湿应抹去多余的水分，太干应喷水。

(3) 陈放时间：含水率调整好的木方即可进行涂胶配坯，单面涂胶量为250～300g/m²。陈放时间随气温及胶种的不同而不同，7051及7057胶陈放时间如表24-8所示。

(4) 冷压：陈放后木方经冷压胶合。冷压压力为0.5～1.5MPa，加压时间随胶种及气温的不同而不同，7051及7057胶冷时间如表24-9所示。

(5) 养生：解除压力后即可进行蒸煮，也可浸泡在水中养生，总之仍然要保持集成木方的含水率在50%以上。

3. **薄木刨切**

从集成木方上刨切薄木与一般的薄木刨切相同，只是要保持含水率在50%左右，不能让木方干燥。刨切厚度一般为0.1～0.3mm。薄木刨切后仍要保持高含水率，以免开裂。

用环氧树脂做胶黏剂时，应先将小木方胶拼面刨光，然后再用20号～100号砂纸打磨，使胶拼面成微细的凹凸不平状，以增加接触面。涂胶后，配坯、加压，然后将加压状态下的集成木方(带夹具)进行蒸煮，使胶黏剂固化后，除压，待木方冷却至50℃左右即可进行刨切。

24.2.1.5 染色薄木

为了得到所需色彩的薄木，可将薄木染色或漂白，但这仅仅是色彩上的调整，薄木的质感及纹理不会因为染色或漂白而发生变化，因此如果要仿造某一种珍贵树种的薄木，应选择质感及纹理与该树种相近的的普通树种的薄木通过染色来仿制。

1. **薄木漂白**

在浅色流行的时代潮流中，薄木的漂白就很重要了。很多树种心边材颜色不一致。心材深而边材浅。为了使色调统一，可经漂白处理使芯材颜色变浅。薄木经漂白后材色变浅，纹理变得清晰素雅。另外，漂白也可防止由于日晒而造成的变色、青变、霉斑及金属、酸、碱等引起的污染，从而

表24-8 7051及7057胶陈放时间(min)

季节 / 胶种	冬 季	夏 季
7051	10	5
7057	60	40

表24-9 冷压时间

季节 / 胶种	冬 季	夏 季
7051	180min	90min
7057	16h	8h

提高薄木的使用价值。

木材漂白的方法有两种，一种是用有机溶剂将木材中的发色成份浸提出来，这种方法只能使木材的颜色在某种程度上变浅，而不能将发色成份全部浸提出来。另一种方法是利用漂白剂破坏木材中的发色成份中的羰基(－C=O)及碳原子间的双键结合，以达到浅色效果(使吸收位置向短波方向转移)和淡色效果(使吸收强度减弱)。这种方法比较经济，而且效果较好，所以常用。

木材漂白常用漂白剂如表24-10所示。主要漂白剂的漂白力比较如表24-11所示。表中有效氯及有效氧含量越高，漂白力越强。

为提高漂白效率，加快漂白速度，常需在漂白剂中添加活性剂，使其在酸性条件下或碱性条件下漂白，主要漂白剂添加的活性剂及添加方法如表24-12所示。

有时为充分利用漂白剂。要适当控制其漂白速度，常需在漂白剂中适当加入抑制剂，过氧化氢漂白剂用抑制剂如表24-13所示。

漂白是利用漂白剂的氧化还原作用，漂白剂不同，其漂白机理也不同，即使是用同一种漂白剂，所加助剂(活化剂、抑制剂)、浓度、pH值、漂白时间、漂白液温度不同，漂白效果也不同。要求强烈漂白时可增加活性剂，提高浓度、温度、延长漂白时间或反复漂白。但过度漂白会使木素分解，木材强度降低，使木材失去原有光泽和纹理的鲜明度，色调变得混浊不清。

树种不同，即使采用同一种漂白剂，其漂白效果也有很大差别。如亚氯酸钠对不同树种的漂白效果如下：

漂白效果最好的树种：椴木、楸木、桐木、水青冈、厚朴

漂白效果好的树种：桦木、白蜡木、白柳桉、黄柳桉、花旗松

漂白效果不好的树种：松木、柞木、榉木、连香木、七叶树

不论使用哪一种漂白剂，都是使用的漂白剂的水溶液，因此漂白后薄木水分会增加，必须经干燥，常温下需经24h才能干燥。过氧化氢残留在薄木表面，对涂饰有影响，与聚氨酯树脂反应会引起黄变，对其他涂料也会引起发泡，因此需经水冲洗后再干燥。其他漂白剂残留对涂饰也会产生不利影响，也必须经水洗除去。

氯系漂白剂处理时有有毒的二氧化氯或氯气放出，过氧化氢大量使用也会造成操作人员头发变黄，特别在夏天更易发生。因此这类车间必须注意排气通风。

2. **薄木染色**

薄木染色主要是把低级材染成高级材的颜色，以仿制高级材的薄木。在选择制造染色薄木的树种时要注意选择材质与仿制的薄木相近的树种，因为染色只能在色彩上仿制，而木材本身的质感是仿制不了的。例如用柳桉不能仿制榉木，而用楸木或榆木就可能仿制成榉木。

薄木染色属于表面染色，一般采用涂布法或喷涂法进行染色。可采用染料染色或化学染色的方法。染料染色用的染

表 24-10 木材用漂白剂、脱色剂

种类		化学名称
氧化漂白剂	无机氯化合物	氯、二氧化氯、次氯酸钙(漂白粉)、次氯酸钠、亚氯酸钠
	有机氯化合物	氯胺B、氯胺J
	无机过氧化物	过氧化氢、过氧化钠、过氧化脲素、过碳酸钠、过硼酸钠
	有机过氧化物	过醋酸、过蚁酸、过氧化苯甲酰、改性甲乙酮过氧化物、t-J基氢过氧化物
还原漂白剂	氢化合化物	硼氢化钠
	含氮化合物	联氨、半脲
	无机硫化合物	次硫酸钠、亚硫酸氢钠、连二亚硫酸漂钠、雕白粉二氢化硫
	有机硫化合物	甲苯磺酸、蛋氨酸、半胱氨酸
	酸类	草酸、次磷酸、抗坏血酸、山梨酸钠
	其他	聚乙二醇、聚乙二醇甲基丙烯酸酯

表 24-11 漂白剂及其有效氯有效氧量

漂白剂	有效氯	有效氧
次氯酸钠 $NaClO$	0.93	0.21
亚氯酸钠 $NaClO_2$	1.57	0.35
二氧化氯 ClO_2	2.63	0.59
过氧化钠 Na_2O_2	0.91	0.21
过氧化氢 H_2O_2	2.09	0.47
过锰酸钾 $KMnO_4$	1.11	0.23

表 24-12 木材漂白的活化剂及添加方法

漂白剂	活性剂及添加方法
过氧化氢	氨水、碳酸氢氨、氢氧化钠、碳酸钠、碳酸氢纳等碱性物质水溶液，调pH至9.5～11，可适当添加乙醇、甲醇
	过氧化氢以1∶1比例混入无水醋酸，适当添加草酸，在酸性条件下漂白
	适当添加无水马来酸，适当加入草酸、柠檬酸，在酸性条件下漂白
过碳酸钠 过硼酸钠	可适当添加无水醋酸，在弱酸性条件下漂白
亚氯酸钠	适当添加醋酸，柠檬酸，pH调至3～5
	添加乙基脲素或脲素和次乙基脲素
	添加有机酸、无机酸、或其混合物的铝盐、锌盐、镁盐
	适当添加过氧化氢或过炭酸钠，过硼酸钠，再适当添加脲素
次氯酸钠	适当添加安息香酸水溶液和酞酸水溶液

表 24-13 木材漂白剂用抑制剂

漂白剂	抑制剂
过氧化氢	硅酸钠、焦磷酸钠、硫酸镁、乙二胺四醋酸钠、胶态硅

表 24-14 薄木化学染色效果

着色剂 树 种	木醋酸铁 10%	硫酸铁 15%	重铬酸钾 15%	苏木、重铬酸钾 3%	棕儿苯 15% 硫酸铁 15%	氯化二铁 10%	过锰酸钾 1%
樱桃木	淡茶	淡茶	茶黄	茶黑	茶灰		
白蜡木	灰白	黄白	茶黄	黄黑	茶灰	茶黄	茶白
楸 木	灰白	灰白	茶黄	黄黑	茶灰	茶黄	茶白
厚 朴	灰白	灰白	淡茶	黑紫	茶灰	灰白	茶白
柞 木	兰黑	黄	茶	黑紫	兰黑	兰黑	淡茶
榉 木	茶黄	茶	茶黄	茶黑	茶灰	茶紫	茶黄
樟 木	灰青	茶绿	茶黄	茶黄	茶灰	茶青	淡茶
七叶树	灰青	灰青	茶黄	茶紫	茶灰	茶青	茶
槭 树	灰青	灰青	茶	茶黑	茶灰	青灰	茶白
泡 桐	灰青	灰青	黄白	黑紫	茶灰	青灰	茶灰
胡桃木	兰黑	兰黑	茶	兰黑	茶黑	兰黑	茶灰
红柳桉	茶灰	茶灰	茶	黑紫	茶紫	茶灰	茶紫
白柳桉	黄白	黄白	茶黄	黑	茶白	灰白	淡茶

料有酸性染料、碱性染料和直接染料。化学染色是利用一些含金属离子的化合物与木材中的单宁等起化学反应后使木材染色。化学染色效果随木材中含有的单宁的含量的不同而不同，因此用一种化学药品对不同树种的染色效果都不相同。常用的化学药品对各种树种的薄木的染色效果如表24-14所示。另外由于心边材含单宁量不同，因此同一种化学药品对同一种树种的心边材的染色效果也不一样。

24.2.1.6 复合薄木

薄木厚度小于0.3mm时横纹强度很弱，在贴面及搬运过程中极易破碎，但如利用纸张、无纺布等与薄木复合后，不仅可增加薄木的强度、韧性、可挠曲性，还可赋予阻燃性能等优良特性，并且可直接作为商品出售。复合薄木可分为薄木卷材及薄木片材，薄木卷材由旋切薄木与纸张、无纺布、塑料薄膜等柔性材料复合而成，薄木片材由刨切薄木与铝

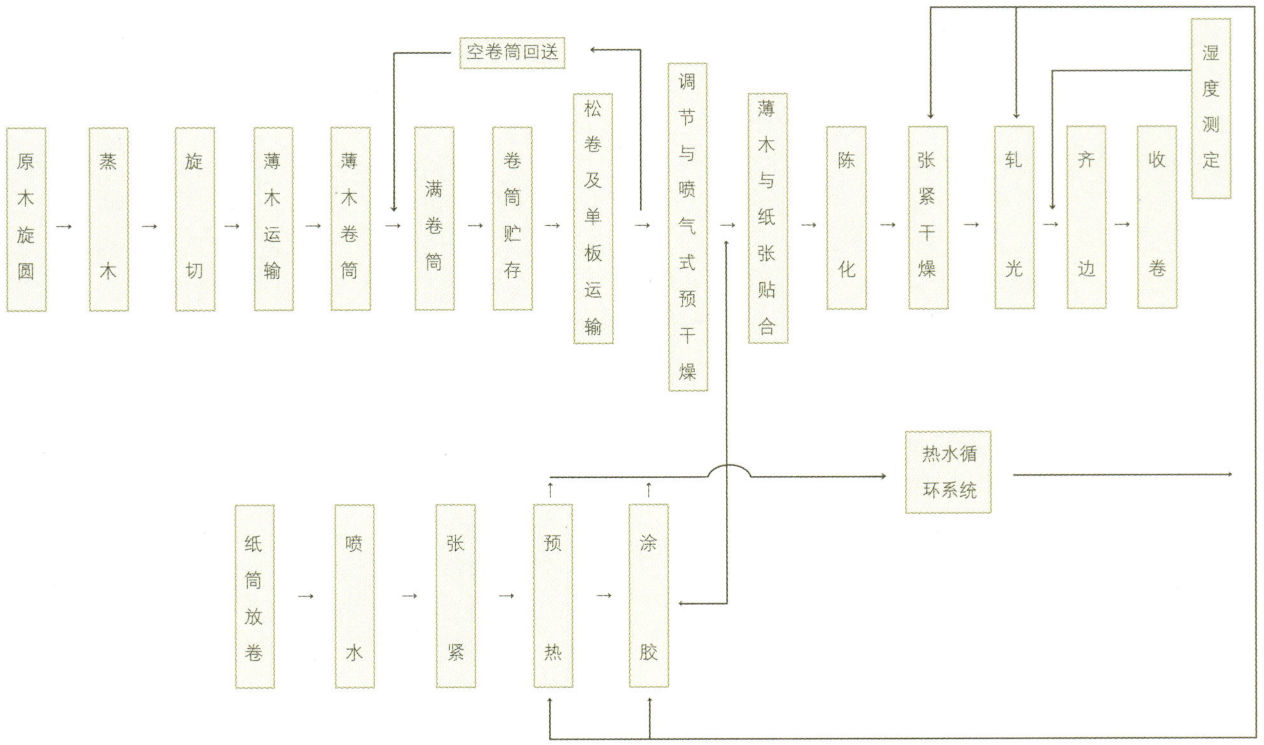

图 24-28 湿法生产薄木卷材工艺流程

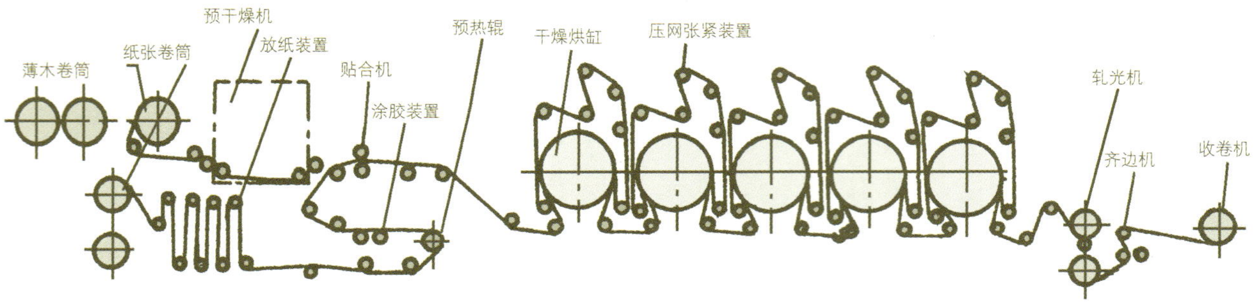

图 24-29 薄木与纸张贴合部分工作原理

箔、纸张等柔性材料复合而成。

1. 薄木卷材

薄木卷材是把旋切制得的连续带状薄木贴在柔韧的纸质或无纺布的基材上制成的可捲成卷的薄木。薄木厚度一般小于0.3mm，复合后薄木卷材厚度一般为0.3～0.5mm。薄木卷材在制造过程中无需拼接等工序，因此适于连续化、自动化生产。这类薄木可作为建筑物室内壁面装饰、车厢内部装饰及家具、乐器等装饰用。

用作基材的纸张要求具有一定的抗拉强度；对胶黏剂要有一定的吸收性能，以便胶黏剂渗入纸纤维中去，防止纸质基材产生层间剥离；要具有一定的柔韧性，适于捲卷，并能缓冲薄木随湿度变化而产生的收缩和膨胀，防止薄木开裂。一般可使用40～50g/m^{2}的印刷纸原纸。

薄木与纸张或无纺布等的贴合一般有两种方法，即干法和湿法。干法需将薄木先进行干燥，然后再与涂有热熔性胶的纸卷或无纺布卷加热加压复合。湿法薄木不经干燥或稍经干燥再与涂有热固性树脂胶的纸张、无纺布加热、加压复合。干法复合时薄木含水率变化比较少，薄木表面不易产生裂纹，但纸张涂热熔性胶黏剂设备较为复杂。湿法复合时薄木含水率变化比较大，工艺条件掌握不好，薄木表面易产生裂纹，但工艺简单。

湿法所使用的胶黏剂要求在含水率较高的情况下胶合而不产生透胶；胶膜要具有一定的柔韧性，能随薄木卷曲。能缓冲薄木的干缩和湿胀。胶黏剂可采用脲醛胶、聚乙烯醇缩甲醛或聚乙烯醇与聚醋酸乙烯酯乳液的混合胶。加入聚醋酸乙烯酯乳液主要为防止透胶及使胶膜柔软。

脲醛胶：聚乙烯醇缩甲醛与聚醋酸乙烯酯乳液混合胶的配比为：

脲醛胶：聚乙烯醇缩甲醛：聚醋酸乙烯酯乳液 =5：5 或 6：4

聚乙烯醇（10%～15%）与聚醋酸乙烯酯乳液混合胶的配比为：

聚乙烯醇：聚醋酸乙烯酯乳液 =5：5 或 6：4

湿法生产的工艺流程如图 24-28 所示，薄木与纸张贴合部分工作原理如图 24-29 所示。

用来制造复合薄木的旋切薄木应在精密旋切机上旋制，并且木段在蒸煮前先经一台专用旋切机旋圆，旋圆后木段即进行蒸煮、旋切和薄木捲卷。旋切机的旋切精度一般要求为±0.02～0.03mm。为使薄木在贴合时正面朝上，需将薄木卷在水平面内旋转180° 后再放卷。薄木放卷速度应与贴合速度同步，并能根据薄木树种的不同进行微调，以适应其干缩程度的差异。如图 24-29 所示薄木放卷后进入网带进料的喷气式干燥机进行预干燥。机内温度为 40～100℃，可随机速的提高而提高。干燥后薄木含水率为 40%～50%。

纸卷的放卷速度应与薄木卷放卷速度相适应，纸卷可沿其轴线方向移动，以调整与薄木贴合后两边所留的余量。纸张在与薄木贴合时应平稳不起皱，并具有一定的含水率，以便与薄木贴合后与薄木有大致相同的干缩率。因此在纸卷放卷后即进行喷水处理，提高纸张的含水率，喷水量约为 10～20g/m^2，然后经过一组辊筒与弯背辊组成的张紧装置将润湿的纸张展平。纸张展平后包复在直径为500mm的预热缸上进行预热，使纸张变得平整，并调整其含水率。预热辊温度为 100～150℃。熨平后的纸张通过辊筒涂胶机进行涂胶，胶槽内设有电加热水套。以调节和保持一定的胶液温度。

薄木和纸张复合后经辊压机使二者贴合。辊压线压力为 10～100N/cm，线压力可调。薄木与纸张贴合后经五个直径为1500mm的镀铬干燥缸进行加热，使胶黏剂固化，薄木与纸张牢固胶合；并把复合薄木干燥至规定的含水率。最终含水率要求为8%～10%。干燥缸设有防止薄木跑偏的装置。干燥缸的热源由热水循环系统提供。干燥后的复合薄木经一对轧光辊轧光，使薄木表面平整光洁。轧光辊线压力为400～600N/cm。齐边采用无齿圆锯，齐边后将复合薄木成卷。

薄木卷比较容易产生的缺陷是透胶和薄木表面产生裂纹。适当加大聚醋酸乙烯乳液胶的比例有利于防止透胶，也可在混合胶中加一些填料，如面粉，以增加胶的稠度。薄木表面产生裂纹时首先应控制薄木厚度不能超过0.3mm，使用的纸张要与薄木的厚度、干缩等相适应，能随薄木的收缩而收缩、膨胀而膨胀。太厚的纸不能补偿薄木的干缩，薄木易开裂，但太薄的纸，强度太低。胶黏剂要有足够的柔韧性，胶黏剂脆性太大，薄木易产生裂纹。

2. 薄木片材

薄木与纸张、铝箔、PVC薄膜等复合后具有阻燃的性能可用于壁面装饰。薄木一般为刨切薄木，厚0.2mm，铝箔传热快，使热量不易积聚从而起到难燃阻燃的作用。这种复合薄木片材是先将薄木与25～30g/m²的衬纸通过热压复合，然后再与由铝箔、PVC薄膜、牛皮纸复合的复合纸通过热压复合在一起。薄木表面可经砂光后进行涂饰处理。薄木与衬纸的复合采用多层压机复合，每间隔可放入10张复合薄木的板坯。复合前纸张经涂胶、干燥后成卷，再经剪切与薄木复合。复合薄木片材的复合工艺过程如下所示：

衬纸 → 涂胶 → 干燥 → 收卷 → 放卷剪切
（半干燥状）
放卷剪切 + 薄木 → 拼贴 → 热压复合 → 复合（+ 复合纸）

热压 → 砂光 → 表面涂饰 → 干燥 → 复合薄木片材

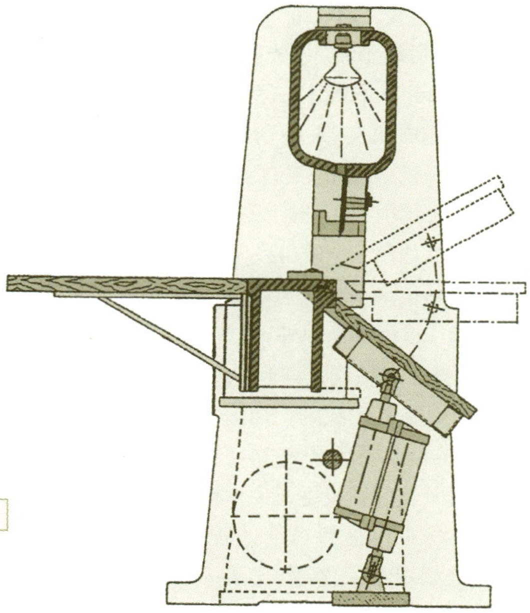

图 24-30 重型铡刀示意图

24.2.2 薄木的干燥

薄木的干燥一般采用单板干燥的方法，即采用网带进料或辊筒进料的喷气式干燥机或纵向循环式干燥机。网带进料干燥机薄木横向送进，可与立式或卧式横向刨切机配合使用，中间用传送装置连接可进行连续化作业。辊筒进料干燥机，薄木纵向进给，可与纵向刨切机联合使用，形成流水线。见图24-19。

薄木的干燥工艺条件随薄木厚度的不同而不同。一般厚度较大的薄木(0.6～1mm)的性质与单板相近，可采用单板干燥基准，干燥温度可稍高，可采用100～150℃的干燥温度。最终含水率可控制在8%～12%，但微薄木(0.2～0.3mm)的干燥温度不宜超过100℃，干燥后薄木的含水率应控制在20%～30%。因为薄木厚度小，横纹强度低，干燥温度太高，薄木收缩剧烈易造成薄木开裂。另外薄木含水率较低时极易破碎、开裂，而维持较高的含水率可使薄木具一定的弹塑性，且不易翘曲，易于贴面。但含水率过高，在热压过程中薄木含水率变化剧烈，易引起开裂，因此在满足要求的条件下应尽量减小含水率。

使用刨花板做基材时，薄木含水率不宜大于10%，过大的含水率，将使刨花板表面含水率过高，表面刨花吸湿膨胀而变得高低不平，影响贴面后装饰效果。

在日本，东南亚一些国家和我国，为了简化工序，降低成本，胶合板贴面用0.2～0.3mm的薄木已不经过干燥工序，直接贴面。未经干燥的薄木在保存期间应注意防止水分散失和防霉，因此冬天要用塑料薄膜密封，夏天要放入冷库保存。一般不宜长期存放，在生产中随刨随贴。薄木外销时要注意含水率保持在20%～30%，经防霉处理后用塑料薄膜密封、捆扎。

24.2.3 薄木的胶拼

刨切薄木的宽度一般都比较窄，使用时尚需进行胶拼。胶拼前应先用重型铡刀将层叠后的薄木边铡齐，因薄木边部铡齐后要对拼，因此要求薄木边部铡后平直无毛刺。意大利ANGELO-CREMONA & FIGLIO公司生产的重型铡刀的性能如表2-15所示。重型铡刀的示意图如图24-30所示。

薄木胶拼可在贴面前进行也可在贴面中进行，厚度小于0.4mm的薄木，横纹强度较弱，含水率又高，不宜先拼后贴，一般采用边拼边贴的方法，边拼边贴有三种做法，一是将需拼接的薄木粘贴在涂过胶的基材上，使拼缝处重叠在一起，用刀将二层薄木沿拼缝割开，然后将多余的二条边条除去，这种方法拼缝严密，但效率较低，也可采用机械化割刀以提高效率。第二种方法是直接在涂过胶的基材上对拼贴，这种方法要求薄木边部平直，对拼时薄木宽度上留有适当收缩余量，即宽度上不能绷紧，以免拼缝干燥后张开，因此需有丰富的操作经验，技术性比较高。第三种方法是拼贴时薄木重

表 24-15 TM 型重铡刀技术特性

	28 型	36 型	41 型	47 型	52 型
最大剪切长度(mm)	2800	3600	4100	4700	5200
刀长(mm)	2820	3660	4140	4740	5220
每分钟剪切次数(次 /min)	25	25	25	25	25
铡刀距工作台台面距离(mm)	170	170	170	170	170
自动刹车马达(hP)	6	6	6	6	6
净重(kg)	3360	3840	4150	4520	4820
顺纤维剪切最大厚度(mm)	80	80	80	80	80
横纤维剪切最大厚度(mm)	50	50	50	50	50

叠约1mm作为宽度上的收缩余量，多余部分贴面后砂光时除去，这种方法拼缝不直，砂光时易造成缺陷，但操作简单。

厚度大于0.4mm的薄木一般采用先拼后贴的工艺，各种胶拼机的适用范围如表24-16所示。无带胶拼机(纵向进料)及横向进料胶拼机一般用于胶合板芯板的胶拼，对于微薄木和翘曲的薄木拼接效果不佳，只适于厚薄木的胶拼。

有带胶拼机是在无带胶拼机无法拼接微薄木的情况下采用的，胶纸带贴在薄木表面，待砂光时砂去。

热熔树脂线横拼机是用外周包有热熔胶的玻璃纤维代替胶纸带，将两张薄木粘连在一起，热熔胶系的粘接方式可以是点状的也可以是犬牙状的，如图24-31所示。犬牙状胶的Kuper胶拼机的技术特性如表24-17所示。这种胶拼机目前广泛用于胶合板表板的胶拼及薄木胶拼。

薄木宽度方向的胶拼可借助胶拼机，但拼接各种花纹图案往往还是采用手工作业，直接在涂过胶的基材上边拼边贴。拼接图案花纹常采用径切薄木，典型的拼花图案如图24-32所示。拼贴时应注意：①胶黏剂初粘性要好，以免图案拼好后因错动而搞坏；②拼贴薄木时在拼缝处应尽量将薄木挤紧，而薄木本身在宽度上要放松不能绷紧，以便留有适当的收缩余量；③薄木含水率要均匀。胶拼时为防止薄木片错动可用胶纸带暂时固定，待热压后砂光除去。

表24-16 各种胶拼机的适用范围

胶拼机类型	适用薄木厚度
有带胶拼机(纵向进料)	厚薄木，微薄木
横向进料胶拼机	厚薄木(拼缝处涂胶)
无带胶拼机(纵向进料)	厚薄木(拼缝处涂胶)
热熔树脂细横拼机	微薄木(热熔胶点状或犬牙状粘接)

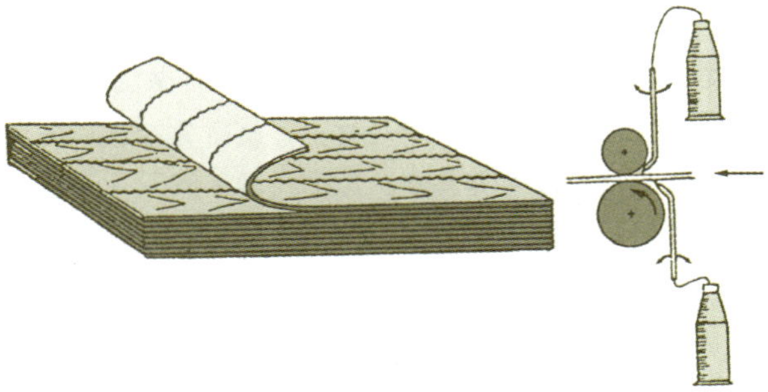

图24-31 FW拼缝机拼接的薄木

表24-17 FW拼缝机技术参数

技术参数	FW1150	FW1700
薄木厚度(mm)	0.3～3	0.3～3
弯臂深度(mm)	1150	1700
进料速度(m/min)	10～30	10～30
制动马达功率(kW)	0.55	0.55
总功率(kW)	1.5	1.5
电压(V，Hz)	380，50	380，50
净重(kg)	525	730

24.2.4 基材准备

胶合板、刨花板、HDF、MDF均可作为薄木贴面的基材，但0.4mm以下的微薄木一般不适于在刨花板上贴面，因刨花板表面虽经砂光，但经涂胶后表面便变得凹凸不平，微薄木遮盖性差，一般需用0.6mm以上薄木进行贴面。

基材的缺陷很容易在贴面后影响表面质量，因此对基材应进行严格的挑选。一般要求基材含水率均匀，在8%～10%范围内；基材厚度要均匀，厚度偏差不能大于±0.2mm；表面平滑，质地均匀；结构对称，不翘曲；表面无孔洞、压痕、叠离芯等影响贴面后表面质量的缺陷存在。外购或存放时间较长的基材，尽管出厂前已经过砂光，但在贴面前仍应进行精细砂光，砂带为120号～240号。

砂光是基材准备必不可少的工序，砂光的目的有：①调整基材厚度，使厚度偏差不大于±0.2mm；②砂去表面的薄弱层，刨花板、HDF、MDF表层密度低，贴面后易剥离，因此要砂去。湿法纤维板表面有石蜡层影响胶合强度应砂去；③得到平滑的表面；④砂去基材表面的各种污染，提高表面的化学活性，以利于贴面。人造板砂光属大面积砂光，一般采用宽带式砂光机进行砂光处理。荷兰SANDINGMASTER砂光机的技术参数如表24-18所示。

当胶合板基材颜色深浅不一致，或颜色较深，而贴面薄木的厚度薄而颜色浅时，贴面后基材的颜色会透出表面，因此胶合板基材在贴面前应先涂布隐蔽剂，以使基材颜色均匀，并不透出表面。隐蔽剂以体质颜料(石膏粉、滑石粉等)、

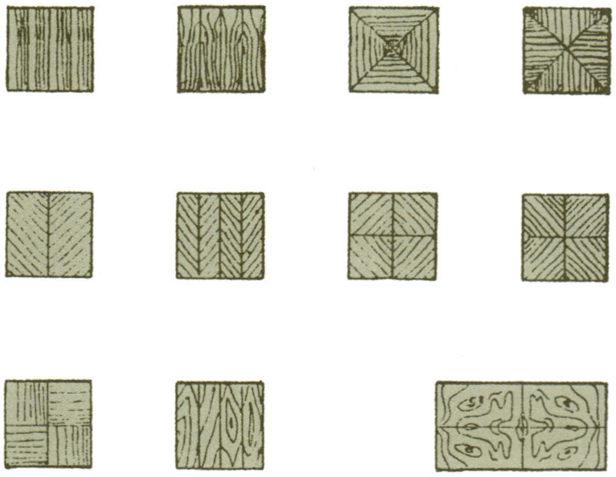

图24-32 薄木拼花图案

表 24-18 SANDINGMASTER 砂光机技术参数

技术参数	SCS-1100	SCSB-1300
加工宽度(mm)	1100	1300
最大加工厚度(mm)	150	150
进料速度(m/min)	7+14	7+14
第一主马达功率(kW)	15	18.5
第二主马达功率(kW)	11	15
净重(kg)	2500	3100
安装尺寸(m^3)	9	11

水、着色颜料为主，搅拌、研磨成浆料，采用辊涂方式涂布。为增加隐蔽剂与基材的粘着力，可适当添加聚醋酸乙烯酯乳液或脲醛树脂胶、聚乙烯醇缩甲醛等胶黏剂。

如采用贴纸方式则兼具隐蔽剂及防止开裂的功能。

24.2.5 贴面用胶黏剂

薄木厚度大于0.5mm时一般可采用脲醛树脂胶贴面，但当薄木厚度为0.1～0.3mm。而且薄木不经干燥直接贴面时，就需采用脲醛树脂胶与聚醋酸乙烯酯乳液胶的混合胶。混合胶的配比对薄木贴面后的质量有很大影响，配比选择不当易造成缺陷。考虑混合胶配比时应顾及如下因子：

1. 透胶

薄木不经干燥贴面时含水率过高，水溶性胶黏剂易过份地渗透到导管等空隙中去而造成透胶，影响表面质量，造成缺胶，使胶合强度下降。薄木未经干燥，贴面时含水率在60%以上，如单独使用渗透性强的水溶性脲醛树脂胶，胶黏剂易透出薄木和渗入基材，造成透胶和缺胶；如薄木的导管越粗大，则透胶就越严重，为防止透胶就必须使用黏度很大的胶黏剂。在脲醛树脂胶中混入一些热塑性的、具有分子量大而不溶于水的聚合物粒子的聚醋酸乙烯酯乳液，可增加胶黏剂的黏度，降低其渗透性。再添加一些面粉作填充剂也有增加黏度防止透胶的作用。一般在混合胶中当聚醋酸乙烯酯乳液加面粉的比例大于脲醛树脂胶时就可防止透胶，比例的大小可根据薄木导管的大小作适当调整。

2. 薄木错动

薄木贴面时，宽度上要拼贴或需拼出某种花纹图案。一般是在基材上涂好胶后将薄木拼贴上去，然后经热压使薄木与基材牢固结合。但薄木贴面后在搬运及送进压机时不能错动，否则拼缝将重叠或张开影响质量，因此要求胶黏剂具有较好的初粘性。脲醛树脂胶与聚醋酸乙烯酯乳液的初粘性都较差。但如在混合胶中加入一定量的面粉却能提高胶黏剂的初粘性。因为面粉中含有的谷蛋白能与脲醛树脂胶中的甲醛或羟甲基起反应生成一种粘性极大的物质。使混合胶的初粘性大大提高。当薄木材质较硬或贴面时不平伏应提高脲醛树脂胶与面粉的比例，以提高胶黏剂的初粘性，使操作易于进行。

3. 表面裂纹

薄木湿状贴面经热压后及使用中易产生裂纹。主要是由于薄木在热压过程中干缩使薄木在贴到基材上后受到横纹拉应力造成的。材质较硬的树种，如水曲柳、柞木等应力大，易开裂。但如胶黏剂有很好的耐水性及胶合强度足以克服此应力，薄木就不易产生裂纹。因此对易开裂的树种，应增加脲醛树脂胶的配比，以提高胶层的耐水性及胶合强度。

4. 拼缝不严

薄木贴面后往往出现拼缝不严或使用中拼缝逐渐张开的现象。当然这与贴面时操作技术有关，但薄木贴面后横纹总受到拉应力的作用，如胶层耐蠕变性能差，在此应力作用下拼缝终将张开，为此应在胶黏剂中加大耐蠕变性能好的脲醛树脂胶而减少耐蠕变性能差的聚醋酸乙烯酯孔液胶的比例。

5. 变形

薄木贴面一般仅表面贴面而背面不贴，形成了不对称结构，使得板子在气候变化时易产生变形。但如胶层的弹塑性好，则能补偿部分应力，减小或避免变形。脲醛树脂胶固化后胶膜硬而脆无补偿能力，但混入聚醋酸乙烯酯乳液后胶膜柔软性增加，具有一定的弹性和塑性，可减缓或避免板的变形。冬季气温低，薄木贴面人造板更易变形，因此冬季应适当增加聚醋酸乙烯酯乳液的比例。

6. 胶合强度

薄木贴面人造板虽然一般在室内使用，但也要求胶层具有一定的胶合强度、耐水性及耐久性。脲醛树脂胶胶合强度高、耐水性好但耐久性差，而聚醋酸乙烯酯乳液正好相反，其耐水性很差，胶合强度亦较低，但耐久性好。混合胶的配比对胶合强度的影响如图 24-33 所示，胶合强度随脲醛树脂

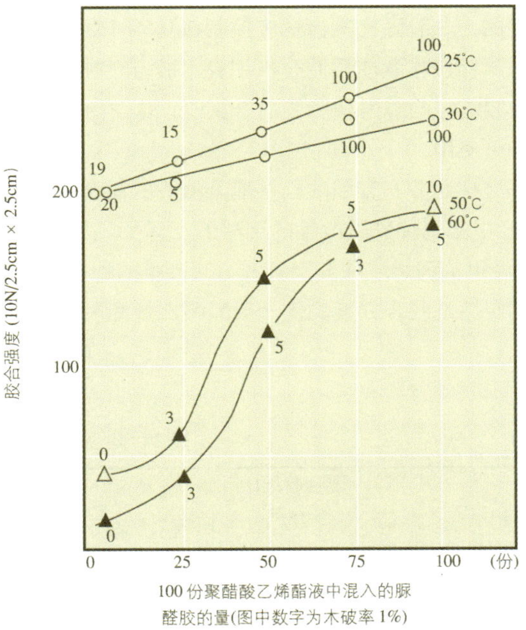

图 24-33 配比与胶合强度的关系

(被胶合材料为柳桉胶合板)

表 24-19 混合胶配比对老化性能的影响

胶合强度 / 配比	胶合后强度 (kg/cm²)	一年后强度 (kg/cm²)	二年后强度 (kg/cm²)	二年后强度保持率 (%)
UF	11.72(98)	7.98(51)	7.17(50)	61.2
UF : PVAc = 9 : 1	10.35(98.8)	8.4(88)	8.01(77)	77.4
UF : PVAc = 7 : 3	10.58(98)	8.11(83)	8.5(79)	80.3
UF : PVAc = 5 : 5	10.19(99)	9.20(82)	8.68(75)	85.2

注：干状压剪强度，括号中数字为木破率

胶比例增加而增大，温度高时随脲醛树脂胶比例的增加其胶合强度的提高更大，这是因为脲醛树脂胶耐热性较好的缘故。混合胶配比对胶层耐老化性能的影响如表24-19所示。在二者各占 50% 时两年后胶合强度的保持率可达 85.2%。

综上所述，脲醛树脂胶与聚醋酸乙烯酯乳液胶的混合胶的配比对薄木贴面的表面质量、胶合强度，使用寿命等都有影响。一般综合考虑后混合胶的配比可取：

UF：PVAc=1：0.2～5

其中 UF：PVAc = 1：1 较为常用。面粉的添加量一般为10%～20%，另外要添加一些与薄木色调一致的颜料，以便在出现透胶时加以弥补。混合胶仍需使用固化剂，添加固化剂可提高混合胶的耐水性、耐热性和胶合强度。因为聚醋酸乙烯酯乳液的pH值为4～6，带酸性，所以固化剂氯化铵的加量通常为0.5%左右。表24-20所示为固化剂添加量对胶合强度及表面裂纹的影响。从表中可看到固化剂添加后胶合强度明显提高，表面裂纹也明显减少。

桐木由于含有较多的抽提物，根据有关研究报导，抽提物pH值越低越容易变色，因此桐木薄木贴面采用聚醋酸乙烯酯乳液胶易引起变色，采用脲醛树脂时固化剂含量大时也易引起变色，一般固化剂含量应控制在0.5%以下。

脲醛树脂胶推荐使用胶合板用脱水胶，市售的聚醋酸乙烯酯乳液胶需经与脲醛树脂胶混合试验，混合物均匀，无起渣现象方可使用。

除脲醛树脂胶与聚醋酸乙烯酯乳液胶的混合胶外，尚可使用N-羟甲基丙烯酰胺改性的聚醋酸乙烯酯乳液——醋酸乙烯-N-羟甲基丙烯酰胺共聚乳液。其胶膜的耐水性、耐热性、耐蠕变性及胶合强度均优于聚醋酸乙烯酯乳液。

用薄木进行复杂的拼花，可采用热熔性胶贴面，基材上先涂热熔胶待其冷却后再按设计花样用熨斗加热将薄木逐张贴上去。

胶黏剂在基材上的涂布一般采用图24-34所示三辊式涂胶机进行单面涂布。

涂胶量为120～150g/m²。胶黏剂应黏度大，含水份尽量少。涂胶辊最好为不带沟槽的橡胶辊，以保证涂胶均匀及少量涂布。

24.2.6 热压贴面

厚度在0.4mm以上的薄木在贴面前必须进行干燥，此工艺称为干贴法，厚度为0.4mm及小于0.4mm的薄木可不经干燥直接进行贴面。此工艺称为湿贴法。不论薄木贴面前是否经过干燥，薄木贴面一般都需经热压贴面。

贴面使用的热压机可以是单层的，也可以是多层的。德国 BUERKLE(贝高)公司生产的 ODW 型短周期连续进给热

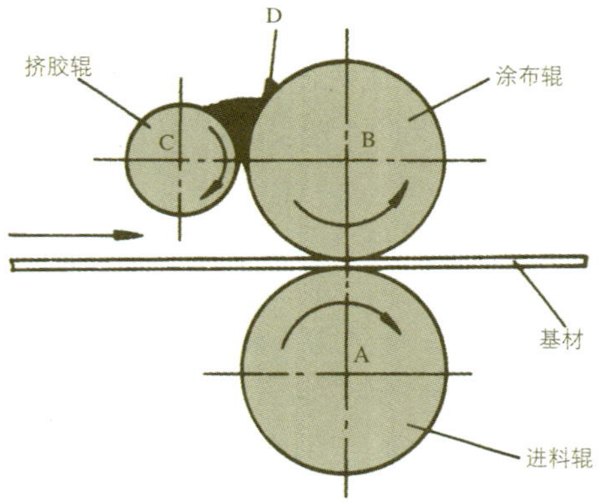

图 24-34 三辊涂胶机示意图

表 24-20 添加固化剂对胶合强度及表面裂纹的影响

序号	混合胶配比					剥离试验				表面裂纹试验			
	PVAc	UF	NH_4Cl	面粉	水	常态	耐温水	耐热水	耐候	常态	耐温水	耐热水	耐候
1	100	30	–	20	10	○	○	△	○	○	□	○	□
2	100	30	0.3	20	10	○	○	○	○	○	○	□	□
3	100	50	–	20	10	○	○	△	○	○	○	□	□
4	100	50	0.5	20	10	○	○	○	○	○	○	○	□

注：○胶合状态非常好，无表面裂纹；△胶合状态稍差，表面裂纹多；□胶合状态良好，有若干表面裂纹

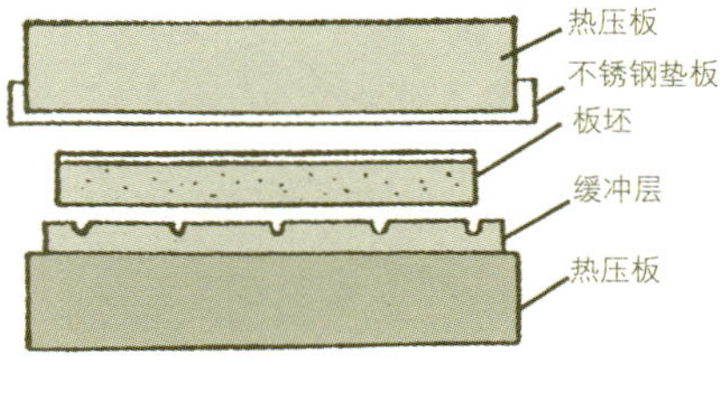

图 24-35 板坯在热压机间隔中的配置

表 24-21 热压工艺条件(湿贴法)

胶种 / 工艺条件	脲醛树脂胶与聚醋酸乙烯酯乳液胶的混合胶	醋酸乙烯-N-羟甲基丙烯酰胺共聚乳液
温度(℃)	115	60
压力(MPa)	0.7	0.8
时间(min)	1	2

注：基材为3mm厚胶合板或3mm厚中密度纤维板

压机生产线，由气动进料装置将基材推入刷光除尘机再经辊台输送机送入涂胶机，经涂胶后的基材送至贴面台，在此将薄木铺贴到基材上，然后由输送带送入压机热压贴面，贴面后将板坯送出压机并送至堆垛垛进行堆垛。

大量生产时需采用多层压机，但因热压周期短，层数不宜超过15层，一般在10层以下。热压机需带有进出料装置。

贴面用热压机除要求其热压板有很高的厚度精度和表面光洁度外，为使板坯各部分受压均匀，在各层间隔内应固定一层缓冲层。缓冲层应具有耐热性及弹性，一般可用10mm厚的耐热橡胶或夹布橡胶板制成，也可用铜丝编织而成的缓冲垫。为保证板坯表面光泽均匀，上压板上应覆一层不锈钢抛光垫板，厚度为2～3mm。板坯在热压机间隔中的配置情况如图24-35所示。为防止粘板，不锈钢板表面应喷涂脱模剂聚四氟乙烯或常用乳化硅油脱模剂涂刷。每月用100倍水稀释的稀盐酸清洗一次。

薄木湿贴的工艺流程如下：

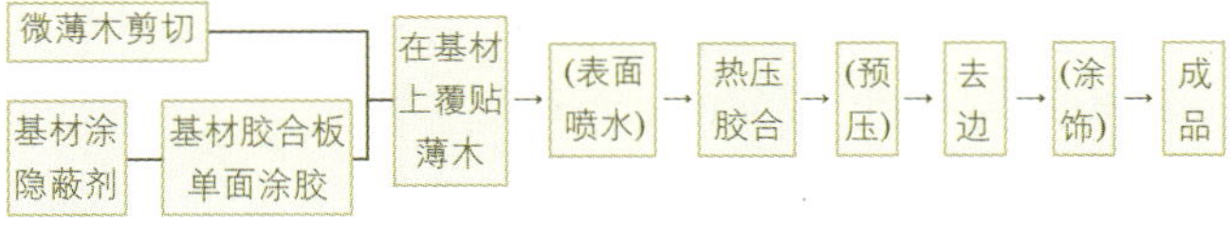

在热压前，夏天气温高薄木中水分易散失造成拼缝张开，板坯进入压机后，闭合前，水分的散失也极快，因此一般要喷些水或5%～10%的甲醛水溶液。冬天气温低，水分蒸发慢可不喷水或少喷水。

热压工艺与基材、薄木厚度、树种、胶黏剂等有关。一般热压温度主要考虑胶黏剂固化所需温度，脲醛树脂胶及脲醛树脂胶与聚醋酸乙烯酯混合胶的固化温度一般为105～120℃，醋酸乙烯-N-羟甲基丙烯酰胺共聚乳液胶的固化温度为60～80℃，过高的温度，加速了薄木中水分的排出，使薄木收缩先于胶黏剂的固化，而易造成薄木开裂、拼缝张开等缺陷。因此薄木贴面不宜采用高温。热压时施加压力主要是为了保证薄木与基材的紧密接触。排除胶层中的气体及水蒸气，保证薄木与基材的良好胶合。过大的压力加速了胶黏剂向薄木及基材的渗透易造成透胶或缺胶，固此在保证达到加压目的的前提下应尽量降低压力，一般取0.7～1.2MPa为宜，前者用于微薄木，后者用于厚薄木。热压时间是指压机热压板闭合后升至规定压力开始至卸压前这段保压的时间。热压时间与胶黏剂的固化速度、热压温度、薄木厚度、基材等因素有关。薄木贴面仅需保证胶层的温度达到所要求的温度，而不必考虑整个基材加热，因此热压时间一般都较短。以中林-64号脲醛树脂胶与聚醋酸乙烯乳液胶的混合胶为例，在胶合板基材上贴0.2～0.3mm的湿薄木时。热压时间仅需1min。板坯热压前也可先经预压。

湿贴法热压工艺条件如表24-21所示。

热压后为防止表面污染，可随即用2%草酸水溶液喷洗表面，喷洗后将板坯穿过一对辊子挤去表面水份，板坯表面靠热压机余热即可干燥。

板边多余的单板可用60号砂带砂去或用刀割去。

如板面发现有裂纹、虫孔、节孔等轻微的缺陷可用腻子进行嵌补，腻子一般可用聚醋酸乙烯酯乳液加木粉与颜料调制而成，其色彩应与被补薄木一致。

薄木湿贴工艺常用于胶合板基材，刨花板及纤维板基材最好采用干贴工艺，贴面用薄木最好采用0.5mm以上。因刨花板及纤维板表面刨花及纤维经涂胶后，吸收胶黏剂中水分，表面刨花及纤维膨胀而变得如橘皮状粗糙不平，0.5mm以下的薄木难以遮盖此不平度。厚的刨花板及中密度纤维板，需双面贴面。薄木干贴工艺流程如下：

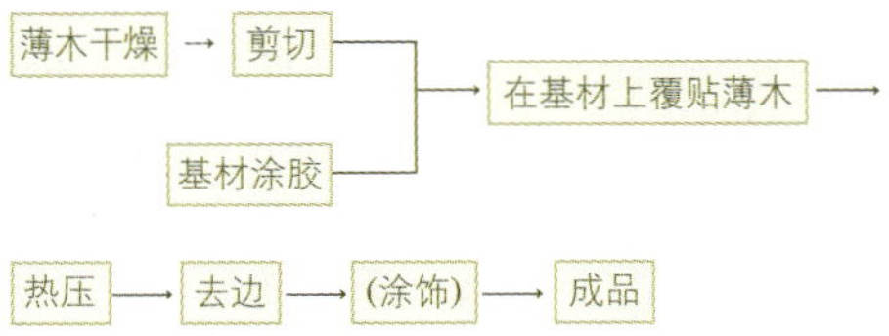

采用0.6～1mm厚的薄木进行干贴时的热压工艺条件如下：

热压温度(℃)	110～120
热压压力(MPa)	0.8～1.2
热压时间(min)	2～5

温度较高时，热压时间应相应缩短；热压温度较低时，热压时间应相应延长。一般热压温度为110～120℃时.热压时间为2～5min；热压温度为130～140℃时，热压时间为2～4min。

24.2.7 表面涂饰

为防止薄木污染及开裂，并使薄木纹理及色彩更加清晰美观，薄木贴面后需进行涂饰处理。一般作墙面装修的贴面板最好先涂饰后装修。用作家具制造的可制成家具后再涂饰。

薄木贴面后一般采用透明涂饰，涂料采用氨基醇酸树脂、聚氨酯树脂等。涂布方式有辊涂、淋涂及喷涂。涂层的干燥可采用热空气干燥、红外线干燥、紫外线(UV)干燥等。

作墙面装饰的薄木贴面板尚需在纵向开沟槽，以产生阴影效果，使之具立体感，增加空间高度感，使墙面拼接容易。沟槽形状有V型、U型、凵型等多种，沟宽及沟深也有多种，常用沟深为1.5～3mm，沟宽为3～6mm。沟槽间距可为等间距或不等间距，等间距一般为10、15或20cm，不等间隔的可为15～10～15cm；22.5～17.5～22.5cm；15～20～15cm等。沟槽加工可采用一组与沟槽形状相同的铣刀进行铣削，板面沟槽采用一次加工。沟槽内要用沟槽涂布机涂上水色，一般沟槽色彩较板面深，以增加阴影感。

24.2.8 薄木贴面人造板质量评定

薄木贴面人造板的价值主要根据薄木的树种、纹理及色泽来评定，其产品的质量主要根据外观、胶合强度、耐候性等性能来评定。

24.2.8.1 纹理与色泽

有些珍贵的树种，其木材的纹理与色泽是非常美观的，如具鸟眼花纹、琴背花纹、虎皮纹、葡萄花纹等的薄木装饰价值极高。柚木、胡桃木等的色泽很特殊，其装饰价值也很高。一些针叶树种的刨切薄木纹理通直，色彩深浅间隔，也是公认的上好装饰材料。但珍贵树种毕竟有限，而且价格昂贵。随着人们生活水平的提高，已不满足于人造的材料，而希望能欣赏真正大自然的美。虫眼、节子等正是大自然的产物，因此具有虫眼、节子的薄木反而成为珍品，因为他们强调了自然。总之对薄木价值的评价除世界公认的珍品外，各地区、各国的科学水平、风俗习惯、生活水平的不同使各地区、各国都尚有自己的独特的评价方式。

24.2.8.2 外观质量

薄木贴面人造板的外观缺陷除虫孔、死节、腐朽、夹皮、树脂囊、变色等材质缺陷外。还有拼缝缝隙、裂纹、透胶、脱胶、鼓泡、拼缝重叠等加工缺陷。其中裂纹、透胶、拼缝不严是常发生的加工缺陷。

1. 裂纹

薄木贴面人造板，尤其是采用湿贴工艺生产的微薄木贴面胶合板，在热压后或使用中表面常会产生与纤维方向平行的细小的裂纹。产生裂纹的根本原因是热压过程中薄木含水率变化过份急剧或在使用过程中薄木含水率的反复变化。薄木湿贴时，薄木在湿润状态下进入热压机，在热压过程中含水率变化过大，薄木横纤维方向的收缩过大而产生了裂纹。薄木贴面人造板在使用中，如果使用环境的温湿度变化比较大，薄木反复收缩膨胀，超过一定的疲劳极限，薄木表面也会出现裂纹。下列因子对裂纹的产生有较大的影响。

(1) 木材构造上的因子

①树种：一般具有导管的阔叶材比由90%的管胞构成的针叶材更易产生裂纹。并且裂纹产生得早。木射线、薄木表面开口的导管槽均是木材构造上的薄弱环节，裂纹常产生在这些部位。密度大、材质硬而脆的树种比密度小、材质软的树种易产生裂纹。

②纹理：由于木材的弦向收缩率大于径向，因此弦切薄木较径切薄木易产生裂纹。树瘤、树根部分纤维走向交错复杂，制成薄木后也较直纹理的薄木易开裂。

(2) 制造上的因子

①薄木的厚度：薄木的厚度直接关系到薄木本身的横纹强度，厚度太薄，薄木横纹强度差；薄木太厚，在旋切或刨切过程中产生的背面裂隙深度也大，而薄木的表面裂纹往往是由薄木背面的裂隙进一步发展造成的，图24-36所示为薄木厚度与表面裂纹之间的关系。

薄木的背面裂隙如前所述，薄木的背面裂隙易发展成表面裂纹，但在用薄木拼贴图案时往往需对称拼花，因此部分薄木需把背面作为表面贴在基材上。有人做过试验。观察薄木正面(紧面)作表面及背面(松面)作表面贴面后裂纹的发生情况。发现背面作表面的较少产生裂纹，而正面表面的产生的裂纹较多。其原因可能是背面作表面时，薄木膨胀或收缩时的应力在背面裂隙处释放了，而正面作表面时，由于收缩应力的作用背面裂隙却发展成了表面的裂纹。

②薄木含水率：薄木含水率过高。在热压贴面过程中含水率发生急剧变化，如薄木的收缩先于薄木与基材的胶合，

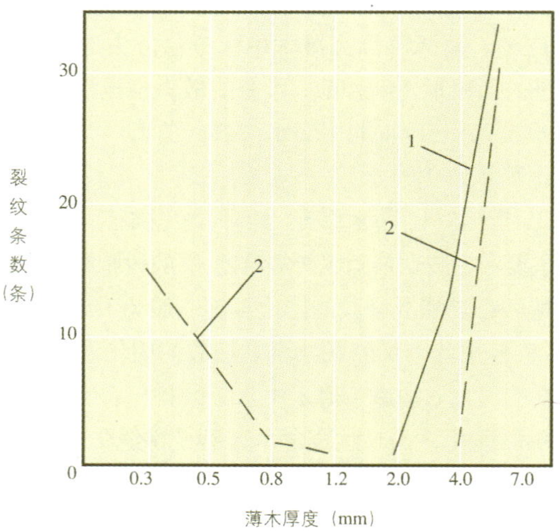

(试件放在70℃水中浸渍2h，然后在60℃条件下干燥3h作为一个周期，共反复处理15个周期)

1.薄木纤维方向与基材表板纤维方向垂直
2.薄木纤维方向与基材表板纤维方向相同

图24-36 薄木厚度与表面裂纹的关系

则热压后表面即出现裂纹。如薄木与基材的胶合先于薄木的收缩则热压后表面无裂纹，但薄木是在膨胀状态下粘贴到基材上去的，当热压后薄木含水率降至平衡含水率以下时，薄木收缩横纹受到拉应力的作用，在使用中也比较容易开裂。因此薄木含水率的控制十分重要，薄木厚度大于0.4mm时，必须先经干燥才能贴面，采用湿贴工艺进行微薄木贴面时。也应尽量降低薄木的含水率。

③热压温度：热压温度过高易造成薄木含水率的急剧降低及薄木收缩先于薄木与基材的胶合，因此易造成表面出现裂纹。

④ 涂胶量：涂胶量适当多一些，可起到增加薄木横纹强度的作用，从而防止裂纹的产生，但涂胶量过多，易造成透胶，因此只能在不产生透胶的前提下，适当增加涂胶量。

⑤胶层的耐水性：薄木在使用过程中是否产生裂纹与胶层的耐水性关系十分密切。胶层耐水性好，环境中的水气不易从胶层浸入，但如胶层耐水性不好，环境中的水气易从胶层浸入，使薄木膨胀，干燥时则收缩，薄木背面原有的裂隙在反复膨胀收缩作用下易向表面发展。

⑥纤维方向的组合：薄木的纤维方向与基材胶合板表板的纤维方向平行地胶贴还是垂直地胶贴，对表面裂纹的产生也有较大影响。表24-22比较了平行胶贴与垂直胶贴时表面裂纹产生的情况。比较表中数据，薄木厚度为0.3mm时，平行胶贴，在肉眼下即可观察到8种树种的薄木产生了裂纹.而垂直胶贴，则只有1种树种的薄本在肉眼下能观察到裂纹，因此对0.3mm的薄木而言，垂直胶贴是减少裂纹产生的有效方法，但对0.8mm厚的薄木效果不明显。木材纹理垂直的胶合，其胶合强度低于平行胶合，而且生产中操作比较麻烦，因此只有在特殊情况下采用垂直胶贴。

⑦基材特殊处理：有些树种的薄木特别容易产生裂纹，此时基材应作特殊处理。所谓特殊处理就是在基材上先贴一张纸、无纺布等柔韧性比较好的材料，然后再在其上贴薄木。目的是利用纸张等的柔韧性消除部分薄木的横纹收缩应力，使之不致产生裂纹。所用纸张一般为25～40g/m^{2}的不加填料的弹塑性好的纸张。太薄的纸本身强度差，太厚的纸吸收胶液后会失去弹性，起不到应有的作用。

表 24-22 平行胶贴和垂直胶贴时表面裂纹产生情况比较

纤维方向	薄木厚度(mm)	观察方法	循环次数				
			1	3	5	8	10
平行胶贴	0.3	显微镜(40倍)	0	3	1	0	0
		放大镜(7倍)	1	0	3	3	0
		肉眼	2	4	4	5	8
	0.8	显微镜(40倍)	0	1	2	3	1
		放大镜(7倍)	1	0	0	0	3
		肉眼	0	1	1	1	1
垂直胶贴	0.3	显微镜(40倍)	2	1	3	1	1
		放大镜(7倍)	1	1	2	6	6
		肉眼	0	1	1	1	1
	0.8	显微镜(40倍)	2	1	2	2	2
		放大镜(7倍)	1	2	3	4	3
		肉眼	0	1	1	1	2

注：40℃水中浸渍4h，40℃干燥20h为一次循环，试验用8种阔叶材薄木，表中数据为表面产生裂纹的树种数

贴纸用胶黏剂一般采用脲醛树脂胶与聚醋酸乙烯酯乳液胶的混合胶，混合配比一般为：脲醛胶：聚醋酸乙烯酯乳液胶＝1：0.5～2。

贴纸的方法有两种，即湿法与干法。湿法贴纸是在基材上涂胶后。将纸贴在基材上，不经干燥，仅陈放一段时间后再涂胶将薄木贴上去。这种方法的优点在于纸张两面的胶液成犬牙状交错地渗入纸中，这样增强了纸张纤维间的结合。就不会产生纸张的层间剥离。而干法贴纸是在贴纸后经干燥使胶黏剂固化后再涂胶，贴薄木，在这种情况下，胶黏剂的渗透受到纸中空气的阻碍，纸张就容易产生剥离。

但是如果把薄木纵向纹理与横向纹理交错拼贴，则薄木相互间已有牵制，可防止薄木产生裂纹，在这种情况下，可不作贴纸处理。

使用刨花板做基材时，由于刨花板表面刨花易吸湿膨胀造成表面不平，因此可先贴一层或二层(纤维方向互相交错配置)旋切单板，然后再贴薄木。薄木厚度大于0.6mm时已有较好的遮盖性，可不贴旋切单板。

不论用哪一种人造板做基材，在正面贴了薄木后，就破坏了基材原有结构的对称性，易导致板材变形。因此对平整度要求比较高的厚度较大的板材，在正面贴薄木的同时背面也应贴单板或纸张，使之结构平衡。

2. 污染

薄木在制造过程中常会受菌类、铁、碱的污染而变色，污染板面。

(1) 铁污染：铁污染是由于木材中的单宁、水与铁接触而造成的污染，含单宁多的树种如柞木、水曲柳、山毛榉、桐木、椴木等更容易产生铁污染。薄木刨切(或旋切)时刨刀上滴下的含铁粉的水滴易造成薄木产生点状蓝黑色污点。热压时湿薄木与热压板接触也易造成铁污染。有铁污染的薄木贴面胶合板在运输、保管、施工和使用中，如果因某种原因造成含水率增高，都会导致板面变成蓝黑色。

一般铁污染在薄木尚未干燥时易除去，干燥或经长时间日晒后则不易除去。铁污染除去方法有以下几种：

① 用2%～5%的草酸水溶液涂于污染处，干燥后经水洗。这种方法比较有效；

② 用2%～5%的过氧化氢(pH值约为8)涂于污染处，干燥后经水洗；

③用2.5%的次磷酸溶液(pH值约为3)涂布污染处，干燥后经水洗。对光叶榉薄木的铁污染除去比较有效。

(2) 酸污染：薄木与酸接触，在光照下易产生酸污染，酸污染常呈现粉红颜色，椴木、桐木常易发生酸污染。

酸污染可用2%的过氧化氢(pH约为8～9)进行处理，如不理想可增大浓度，但最高不得超过10%，并要随时注意不

能脱色过度，应尽量用低浓度溶液处理，如脱色过度使整张薄木色调不一致，在这种情况下可用0.2%的过氧化氢溶液将未污染部份也涂一遍。

此外，氢化硼酸钠的水溶液、亚氯酸钠也可除去酸污染。

(3) 碱污染：薄木与碱接触发生黄至暗褐色的污染，一般用碱性漂白剂漂白的薄木清洗不净易产生碱污染。

表 24-23　薄木贴面中产生的问题及解决方法

问　题	要　求	解决方法
底　色	①基材的色调要求统一； ②使干裂纹、拼缝处缝隙、透胶等不显眼，增加涂饰效果	①基材着色，涂隐蔽剂； ②用与薄木颜色相同的纸贴在基材上； ③胶黏剂中加入少量着色剂
胶黏剂的混合使用法	一般出于各种目的，要求把热固性树脂胶黏剂与热塑性树脂胶黏剂混合使用，取长补短	①以聚醋酸乙烯酯乳液(PVAc)为主，加入脲醛树脂(UF)及填充剂(小麦粉) · 提高胶合强度； · UF与小麦粉同时使用，提高初粘性； · 改善蠕变性； · 防止薄木表面裂纹，减少拼缝间隙； · 改善胶膜耐溶剂性； ②以脲醛胶为主，加入聚醋酸乙烯酯乳液 · 改善耐老化性、防止胶层龟裂； · 增加孔隙填充性； · 防止胶黏剂的过度渗透； · 改善切削刀具的耐磨性
透　胶	防止透胶	①胶黏剂的配合比例(质量比)以PVAc+小麦粉>UF为原则，黏度要高，树脂含量要高，涂胶量要少； ②延长陈放时间； ③薄木含水率不宜太高，热压前要少喷水； ④用有机溶剂将透胶擦去，或用刀刮去或砂去
表面裂纹	防止表面裂纹	①增加热固性树脂的配合比例，使用固化剂。增加胶黏剂的耐水性； ②适当降低热压条件； ③薄木纤维与基材胶合板表板的纤维垂直胶贴； ④在薄木与基材间夹入一层缓冲层； ⑤降低薄木含水率； ⑥热压后薄木对薄木地堆放，减缓水分的蒸发； ⑦除压后随即喷水； ⑧检查基材质量
薄木拼缝不严	要求拼缝严密	①胶贴薄木时，应把拼缝处尽量挤紧，但薄木不可绷紧； ②增加UF的配合比例； ③降低薄木含水率，使之均匀化
翘　曲	板面平整	①减少UF的配合比例，使胶层柔软化； ②降低热压条件； ③热压后放平，上压重物； ④薄木纤维平行于胶合板表板纤维胶贴
表面污染或变色	除去污染和变色	①见防止透胶部分； ②调整胶液的酸碱度； ③使用最小的固化剂量； ④排除与铁接触的可能性； ⑤除去方法： · 5%草酸溶液冲洗； · 涂双氧水
难胶合的薄木	要求能使含树脂、油脂、单宁、色素多的树种易于胶贴	①溶剂处理，用醇类、酮类、芳香族溶剂擦洗胶合面； ②碱处理：用2%的氢氧化钠或碳酸钠清洗胶合面； ③改用其他胶种(水性聚氨酯树脂、间苯二酚类等)

碱污染除去可用过氧化氢水溶液，将其pH调至5～7呈酸性状态进行处理，浓度可从低浓度开始，如处理效果不理想可提高浓度。

3. 透胶

透胶影响涂饰，有损表面美观，一般可用提高胶的黏度，延长陈放时间，热压前少喷水，适当降低热压压力等方法来防止透胶的产生。也可在胶黏剂中加入少量颜料，使胶黏剂的颜色与薄木相近。减轻其影响程度。

4. 胶合强度

薄木贴面胶合板的各胶层的胶合强度均应达到一定的要求，否则在涂饰和使用过程中胶层易分层。胶合强度可采用浸渍剥离试验来测定。可将薄木贴面胶合板裁成75mm × 75mm的试件，放在(63 ± 3)℃水中浸泡2h，然后再在60℃温度下烘干3h，每边各胶层的分层长度累计不能超过25mm。

薄木贴面中产生的问题及解决的方法如表24-23所示。

24.3 装饰纸贴面加工

用印刷有木纹或图案的装饰纸粘贴在人造板表面，再用涂料涂饰，制成装饰纸贴面人造板。装饰纸贴面人造板广泛用于室内装饰和家具制造，其主要特点为：

(1) 装饰纸印有木纹及图案，真实感强，装饰性好；

(2) 装饰纸连续成卷，贴面工艺十分简单，可采用辊压贴面，实现连续化生产；

(3) 表面不会产生裂纹，表面经涂饰具有一定的耐磨、耐热、耐水、耐污染等性能；

(4) 装饰纸贴面后具有柔感及暖感，适于制造家具及室内装修；

(5) 成本低。

24.3.1 装饰纸

装饰纸按其定量可分为三种类型：

贴面用装饰纸：17～30g/m²，薄页纸；

40～120g/m²，钛白纸

封边用装饰纸：150～200g/m²，钛白纸

装饰纸的定量是指每平方米纸的质量。一般定量大的纸遮盖性也较好。17～30g/m²的原纸是薄页纸，纸质较紧密，但较薄。40～120g/m²的纸，纸质较松，有一定的吸收性，原纸是钛白纸，其厚度为0.25～0.4mm。以上两种装饰纸均用于人造板的贴面装饰。150～200g/m²的装饰纸较厚，主要用于封边。几种装饰纸性能如表24-24所示。

装饰纸按其表面有无涂饰可分为两种类型：

表面未油漆装饰纸

表面预油漆装饰纸：未浸渍树脂

浸渍树脂

表面仅印刷木纹、花纹图案，而没有涂饰的装饰纸为未油漆装饰纸，这类装饰纸在贴面后尚需进行涂饰处理，用不饱和聚酯树脂涂饰的产品，其商品名为保丽板。表面不仅印有木纹、花纹图案，还进行了涂饰的装饰纸为预油漆纸，表面涂饰的油漆有硝基纤维漆、乙酰纤维素漆、氨基树脂漆、丙烯酸树脂漆、聚氨酯树脂等。采用薄页纸做原纸，一般预漆纸仅表面涂油漆，而使用钛白纸做原纸时，纸质松软因此一般需先浸渍少量氨基树脂，加强纸质纤维间的结合，然后表面再涂油漆。用预油漆装饰纸贴面的产品，其商品名为华丽板。用预油漆装饰纸贴面后，为增强其表面物化性能。往往还需进行涂饰。但必须根据产品说明进行。日本产品的预油漆装饰纸一般不能再涂油漆。德国里聂曼公司(Linnemann)的产品，硝基纤维漆预油漆的装饰纸可再涂饰其他油漆，但必须先经试验，而氨基树脂预油漆的装饰纸可再涂硝基纤维漆、氨基树脂漆、聚氨酯树脂漆，但必须先经试验。

装饰纸按其背面是否涂有胶黏剂可分成两种类型：

背面涂有热熔胶的装饰纸(适于干法贴面)

背面未涂胶的装饰纸(适于湿法贴面)

有的装饰纸背面已涂有热熔胶，贴面时加热使之熔化即可贴面。背面未涂胶的，在贴面时，基材人造板必须涂胶。

24.3.2 装饰纸贴面加工

24.3.2.1 基材准备

装饰纸一般用于胶合板、MDF等基材的装饰，对基材的要求，可参考本书24.2.4。

24.3.2.2 贴面用胶黏剂

印刷装饰纸贴面人造板的优点之一是能连续化生产，为适应连续生产的速度要求，应选用快速固化的胶黏剂。一般使用的胶黏剂为聚醋酸乙烯酯乳液与脲醛胶的混合胶，在脲醛胶制造过程中可适量加入一些三聚氰胺，以提高胶黏剂的耐水性。聚醋酸乙烯酯乳液与脲醛胶或三聚氰胺脲醛胶的配比，考虑耐水性、耐热性、挠曲性等各方面的因素，大致的比例为7～8∶3～2。有时为了防止基材的颜色透过印刷装饰纸，可在胶黏剂中加入3%～10%的二氧化钛，以提高胶黏剂的遮盖性能。

胶黏剂的涂布采用在基材上单面辊涂的方式。涂胶量在印刷装饰用薄页纸时为40～50g/m²，钛白纸为60～80g/m²，辊筒涂胶分为顺转辊涂胶及逆转涂胶两种。前者涂胶辊筒回转方向与基材进给方向相同［图24-37(a)］，后者则相反［图24-37(b)］。用顺转辊涂胶时，胶液易被胶辊带走，被涂面上胶黏剂呈有规律的条状，这样有的地方涂胶过多，易造成胶层干燥不足，影响胶合强度，并且胶液渗入纸中，使纸发皱。而有的地方涂胶过少，易造成胶层干燥过度，降低胶合强度。逆转辊涂胶，可得到均匀的胶层，但填孔性较差，因此常将这两种形式结合起来，以达到最好的涂胶效果。

刨花板基材为防止表面刨花吸湿膨胀，可先在基材上打一层油性腻子或涂一层底涂料后再涂胶。

涂胶后，基材要经过一低温干燥区(40～50℃)，使胶黏剂达半干燥状态，排除不必要的水分。胶黏剂的干燥一般可

表24-24 装饰纸原纸性能

项　目	薄页纸(华丽板用)	钛白纸(保丽板用)
定量(g/m²)	24.9	80 ± 4
厚度(mm)	–	0.106 ± 0.008
干状纵向抗拉强度(kg/15mm)	2.27	3.8 以上
湿状纵向抗拉强度(kg/15mm)	0.26	0.3 以上
干状横向抗拉强度(kg/15mm)	0.78	2.5 以上
吸水度(mm/10min)	5～7	30 ± 4
平滑度(5)	588	43～60
灰分(%)	0.72	–

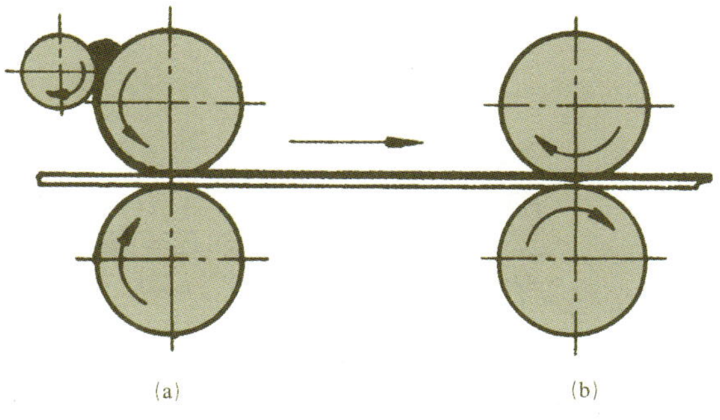

图24-37 辊筒涂胶机

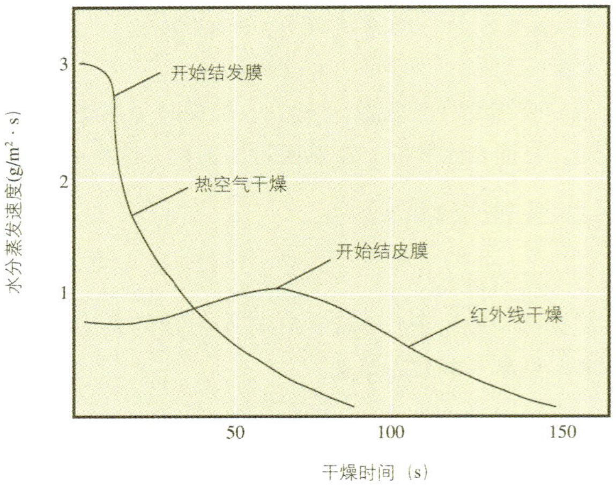

图 24-38 干燥时间与水分蒸发速度的关系

湿法生产：

基材人造材 → 砂光 → 刷光 → 涂胶 → 干燥（半干状）→ 辊压贴合

原纸 → 底涂 → 干燥 → 印刷 → 干燥 →（辊压贴合）

→ 开槽 → 面涂 → 干燥 → 成品

干法生产：

基材人造材 → 砂光 → 刷光 → 预热 →（红外线加热）→ 辊压贴合 → 开槽

原纸 → 涂胶 → 干燥 → 表里反转 → 底涂 → 干燥 → 印刷 → 干燥 →（辊压贴合）

→ 面涂 → 干燥 → 成品

采用热空气干燥或红外线干燥。采用热空气干燥时，胶黏剂被加热的同时，表面已接触到了热空气。因此水分蒸发速度快，在加热后很短时间内就可蒸发掉相当数量的水分。但是在胶黏剂尚未全部加热前，胶黏剂的表面已形成了干燥皮膜，阻止了水分的蒸发，因此干燥速度急剧下降。而红外线加热时，胶黏剂要吸收红外线后温度才升高，因此开始时水分的蒸发速度低于热空气加热时的蒸发速度，但是一旦胶黏剂温度升高后就从内部和表面同时蒸发水分，直至表面结了干燥皮膜后干燥速度才慢下来。两种干燥方法的水分蒸发情况如图 24-38。

胶黏剂的干燥，要求表面、内部达到均一的干燥状态，因此红外线比热空气干燥更为合适。但是红外线干燥在胶黏剂涂布不均的情况下是不利的。胶层薄的地方吸收红外线快，干燥快；而胶层厚的地方吸收红外线慢，干燥慢，这样就更加剧了干燥的不均匀性。另外，基材的颜色在红外线干燥时，也会成为影响干燥质量的因子。深色的纤维板易吸收红外线，而浅色的胶合板不易吸收，因此在更换基材时要注意干燥时间的调整。一般在连续辊压机上采用碘钨灯红外线干燥装置。

24.3.2.3 贴面加工

印刷装饰纸贴面一般采用连续辊压法生产，根据使用的胶种是热固性的，还是热熔性的分为湿法生产和干法生产两种。干法及湿法生产的工艺流程如下：

湿法生产是将印刷装饰纸贴在涂有热固性树脂胶黏剂的基材上经辊压贴合。干法生产是将表面涂有涂料，背面涂有热熔性胶黏剂的印刷装饰纸贴在经预热的基材上，辊压贴合。两种方法比较，干法贴面速度快，而且涂胶量少，湿法贴面速度慢，涂胶量多，基材表面吸收水分，不易蒸发，影响胶合强度。因此，在德国等国干法生产比较发达，市场上供应正面涂有涂料、背面涂有胶黏剂的成卷印刷装饰纸。生产装饰纸贴面人造板的工厂只要购买人造板及这种成卷装饰纸，在工厂把二者贴合到一起就行，工艺非常简单。但是在日本等国则湿法生产比较普遍，这些国家认为基材涂胶后经红外线干燥至半干状，胶黏剂中水分已几乎全部蒸发掉了，这样印刷装饰纸吸水后产生皱纹等缺陷是可以避免的。但是在实际生产中，由于胶黏剂涂布不均，胶黏剂量少的地方干燥过度，而胶黏剂多的地方干燥不足，易使装饰纸产生皱纹。

预计干法生产将会有更大的发展，但目前还是湿法生产更为普遍，因此本章主要介绍湿法生产的印刷装饰纸贴面人造板。

湿法生产通常采用热辊压贴面。图 24-39 为辊压贴面生产线示意图。基材人造板通过刷光机，刷去板面的粉尘，然后经辊涂机涂胶，涂胶后基材经一红外线低温干燥区，排除胶层中的部分水分，使胶层达到半干燥状态，干燥温度为70～80℃。干燥后的板坯即可进入由三对辊子组成的辊压机加压贴面，加压温度为 80～120℃，加压压力为 100～300N/cm。

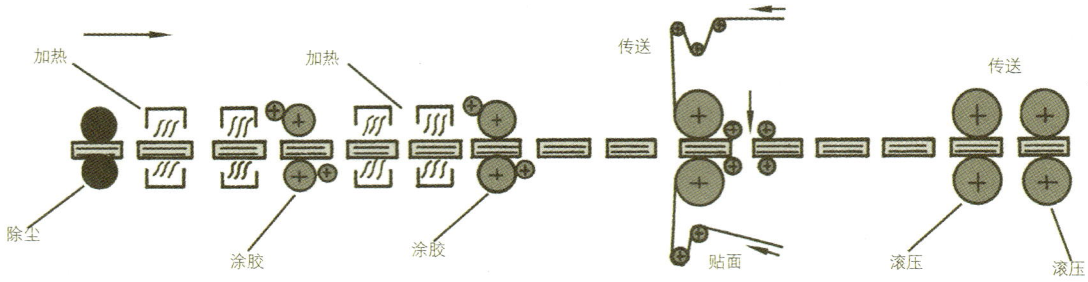

图 24-39 辊压贴面生产线示意图

胶层干燥后的板坯也可由辊覆机将装饰纸覆于基材上，然后送入单层热平压机进行加压、加温，这样贴面效果更好，热压温度为110℃，压力为0.6～0.8MPa，时间为40～60s。

此外，也可将基材先裁成部件尺寸。并铣好异型边，然后再贴装饰纸，平面部分先贴，再连续包覆边部。

24.3.2.4 表面涂饰

为保护装饰纸上的印刷图案，使表面具有一定的耐水、耐热、耐磨、耐污染等性能，装饰纸贴面后还需进行表面涂饰。有的预油漆装饰纸贴面后为提高表面性能，也需再进行涂饰。

涂饰用涂料一般为氨基树脂、硝基纤维素、丙烯酸树脂、聚氨酯树脂和不饱和聚酯树脂。涂料涂布可采用辊涂、淋涂和喷涂的方法。涂层干燥可采用热空气干燥、红外线干燥或紫外线（UV）干燥。

用不饱和聚酯树脂涂饰的装饰纸贴面板一般称为保丽板。由于不饱和聚酯需隔氧固化，因此其涂饰及干燥比较特殊。

不饱和聚酯是由二元醇与不饱和二元酸反应后得到的线型结构的高分子化合物，这种含有双键的不饱和聚酯能溶于苯乙烯单体，在有引发剂的条件下，二者能打开双键进行共聚，变成透明的树脂，这就是不饱和聚酯树脂。

常用的引发剂是各种有机的过氧化物，过氧化物在高温下能分解出游离基，促使不饱和聚酯与苯乙烯聚合。在常温下过氧化物分解的速度太慢，为促进其分解需加入促进剂。引发剂与促进剂要搭配使用才有效果。一般使用过氧化环已酮、过氧化甲乙酮做引发剂时，采用环烷酸钴做促进剂。使用过氧化苯甲酰做引发剂时，采用二甲基苯胺，二乙基苯胺做促进剂。

不饱和聚酯树脂含有双键，溶于苯乙烯单体后，不能长期存放，在常温下亦会因光和氧化物作用而缓慢聚合。使黏度增加。为防止聚合反应的进行，常在溶剂中加入阻聚剂，常用的阻聚剂为对苯二酚。

在不饱和聚酯树脂中加入光敏剂代替引发剂，光敏剂在紫外线（UV）照射下，放出游离基促使不饱和聚酯与苯乙烯进行游离基聚合而固化，常用的光敏剂为安息香乙醚。

不饱和聚酯树脂靠游离基的聚合而固化，但与空气接触，引发剂引发的不饱和聚酯的游离基和苯乙烯的游离基就与空气中的氧起反应，产生一种新的游离基，这种游离基不再继续引发新的不饱和聚酯的游离基和苯乙烯的游离基，因此就阻碍了二者的聚合。为了使不饱和聚酯和苯乙烯在引发剂作用下很好聚合，树脂固化时就要与空氧隔绝。与空气隔绝的方法有两种，一种是在树脂中加入微量的蜡，使其在树脂固化时析出浮在涂层表面形成封闭层，把涂层与空气隔开；另一种方法是在涂布涂料后，用玻璃纸或涤纶薄膜覆盖在上面，并挤去中间的空气，使薄膜紧贴涂层而使涂层与空气隔绝。直到树脂固化干燥后再除去薄膜。这两种不饱和聚酯分别称为浮蜡型不饱和聚酯树脂和非浮蜡型聚酯树脂。

保丽板制造时，使用的涂料一般为非浮蜡型不饱和聚酯树脂，采用涤纶薄膜覆盖与空气隔绝。不饱和聚酯树脂与引发剂、促进剂的添加比例为：不饱和聚酯树脂：引发剂：促进剂＝1：3%～5%：0.5%～1.5%。每平方米板面的涂布量为100～250g。不饱和聚酯树脂、引发剂、促进剂要充分搅拌均匀后，按所定量倒在已贴好装饰纸的板面上，然后将绷紧在框架上的涤纶薄膜覆盖在上面，使涂层与空气隔绝。再经辊压机将涂料辊涂均匀并除去其中的空气。一般先经红外线干燥1～2min，再放置20～40min，树脂即可固化干燥，此时即可除去聚酯薄膜。

不饱和聚酯树脂涂饰时，装饰纸油墨中的颜料种类、气温、基材含水率、引发剂、促进剂的种类及添加量、涤纶薄膜等对涂饰质量都会产生影响，造成漆膜缺陷。

24.3.2.5 装饰纸贴面人造板质量评定

装饰纸贴面人造板的质量，主要从外观质量(印刷质量、涂饰质量)、漆膜和物化性能及装饰纸与基材的胶合强度等方面来评定。保丽板的质量评定标准及性能测试方法可参照LY/T1070-1071-2004不饱和聚酯树脂装饰胶合板标准。

保丽板生产中产生的主要问题及解决方法如表24-25所示。

表24-25 保丽板生产中产生的问题及解决的方法

问题	产生原因	解决方法
装饰纸与基材胶合不好	胶黏剂涂布不均、涂布量太少、胶黏剂干燥过度	增加涂布量，均匀涂布，降低涂胶基材干燥温度
针孔	涂饰温度太低 树脂黏度过大 固化过快 涂层太厚	≥10℃ 用苯乙烯调稀，调节引发剂，促进剂用量
橘皮	涂层太厚 固化太快 涂饰温度太高 涂饰面受风吹	调节引发剂，促进剂用量，最好为20～25℃
固化不良	涂层太薄 树脂、引发剂、促进剂搅拌不均 引发剂量不足 涂饰温度不合适 印刷油墨不合适	一般0.2～0.3mm 一般<0.5%不行 >40℃，<10℃不行 换装饰纸
变色	涂饰温度太低 引发剂量过多 促进剂不合适	≥10℃ 4%以上不行 二甲基苯胺易变色
白化	涂饰温度太低 引发剂、促进剂用量不足 装饰纸太薄 树脂黏度太小	≥10℃ 凝胶化时间调到20～30min

24.4 高压三聚氰胺装饰层压板和低压三聚氰胺浸渍纸贴面加工

高压三聚氰胺装饰层压板(俗称防火板，以下简称装饰板)的制造及贴面工艺流程如图24-40所示，低压三聚氰胺浸渍纸贴面人造板的工艺流程如图 24-41 所示。

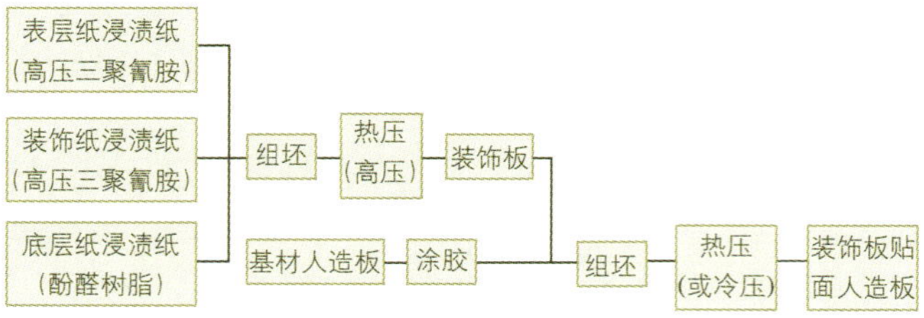

图 24-40 高压三聚氰胺装饰层压板的制造及贴面工艺流程

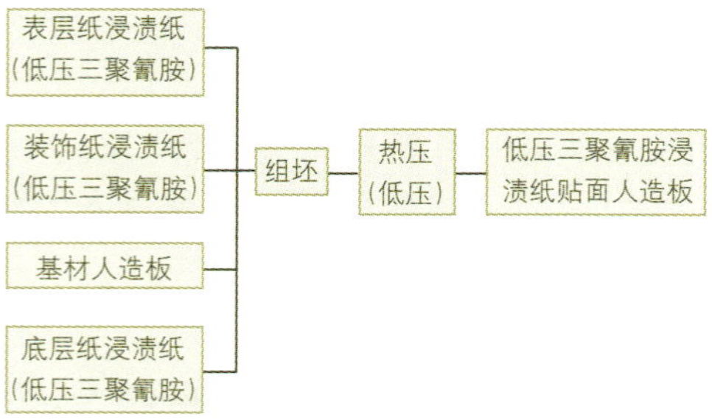

图 24-41 低压三聚氰胺浸渍纸贴面人造板制造工艺流程

装饰板贴面人造板及低压三聚氰胺浸渍纸贴面人造板表面光滑，色泽鲜艳，花纹逼真美观，且具有耐热、耐水、耐磨、耐污染等特点。板面可做成有光、柔光、浮雕、高耐磨等多种类型，装饰板还可做成抗静电型和阻燃型。这类产品广泛应用于家具制造(厨房家具、办公家具等)及室内装修(地板、墙板等)。

24.4.1 浸渍用树脂

浸渍用树脂是一种能溶于水且能熔融的初期缩聚物。常用来制造浸渍纸的树脂有三聚氰胺树脂、脲醛树脂和酚醛树脂。浸渍用的初期缩聚物是由三聚氰胺、尿素、苯酚分别与甲醛缩合而成。用初期缩聚物(A阶段)浸渍原纸后，经加热、干燥，树脂变成不溶于水但仍能熔融的状态(B阶段)。浸渍纸组坯热压过程中树脂进一步缩聚变成不熔的状态(C阶段)。用于浸渍的树脂，应具有很好的渗透性能，能在比较低的温度(110～150℃)条件下，迅速干燥。B阶段树脂的软化点应是50～80℃，这样可避免浸渍纸贮存时相互粘连，又可保证在组坯后热压过程中有良好的流展性，固化后能形成连续均匀的胶膜。

24.4.1.1 三聚氰胺树脂

三聚氰胺树脂固化后无色、透明、耐磨、耐热、耐有机溶剂、耐稀酸和耐稀碱，因此常用来浸渍表层纸、装饰纸，用于装饰表面。

三聚氰胺树脂由1摩尔三聚氰胺与2～3摩尔甲醛在(温度为65～95℃)中性或弱碱性条件下生成三聚氰胺初期缩聚物(A阶段)。但这种树脂固化后脆性大，易脆裂。这是由于三聚氰胺树脂本身分子柔性小，拥有大量的氢键，树脂交联密度大的缘故。通常在固化的树脂中仍有未参加反应的羟甲基，因而树脂仍具有吸湿性。在湿度经常反复变化的大气中，树脂吸收或放出水分，膨胀或收缩，最终导致板面产生龟裂。三聚氰胺树脂由于分子大，交联密度大，流动性也比较差。为降低脆性，增加塑性，改善流动性，三聚氰胺树脂必须进行改性后才能使用。

一般采用两种方法来进行三聚胺树脂的改性。一种是外增塑的方法，即在三聚氰胺分子链间引入低分子聚合物使刚性分子链变软，易于活动。但加入的改性剂必须与三聚氰胺能很好互溶，并且有良好的稳定性。一般常用的改性剂有聚酯树脂、醇酸树脂、丙烯酸树脂等。另一种方法是内增塑的方法，即在三聚氰胺与甲醛反应过程中加入改性剂，在三聚氰胺分子链中引入改性剂的分子链，从而使分子链增长，变得柔软。改性剂的加入使缩聚进行缓慢，降低了聚合度，提高了流动性能。降低了脆性防止表面产生脆裂。这类改性剂主要是含-NH_2和-NH基的化合物，如酰胺、硫脲、谷胺、氨基甲酸乙酯、对甲苯磺酰胺、己内酰胺、低级醇，如乙醇、聚乙烯醇、丙二醇、二甘醇等。

根据改性程度的不同，三聚氰胺可分为高压型和低压型。高压型用于防火板的制造，低压型用于浸渍纸贴面人造板的制造。表 24-26 所示为乙醇改性的高压型三聚氰胺树脂的配方例，表 24-27 所示为对甲苯磺酰胺改性的高压型三聚氰胺树脂的配方例，表 24-28 为用多种改性剂改性的低压型三聚氰胺树脂例，用以上三种配方制得的三聚氰胺树脂的技术指标见表 24-29、表 24-30、表 24-31。在这些配方中，乙

表 24-26 乙醇改性三聚氰胺树脂配方例(高压型)

原 料	克分子比	含量(%)	质量(份)	备 注
三聚氰胺	1	100	126	
甲 醛	2.5	37	202	
乙 醇	3.0	92	150	
氢氧化钠		30	适量	调 pH

表 24-27 对甲苯磺酰胺改性三聚氰胺树脂配方例(高压型)

原 料	克分子比	含量(%)	质量(份)
三聚氰胺	1	100	126
甲 醛	3	37	243.2
水			56.8
对甲苯磺酰胺		工业用	17.1
乙 醇		92	19.3

醇、对甲苯磺酰胺、甲基鸟粪胺、糖、硫脲、丙二醇等均为改性剂，其中甲基鸟粪胺还能使树脂均匀浸渍，糖和丙二醇能提高树脂稳定性，增加光泽，三乙醇胺能提高树脂稳定性，延长贮存期。尿素是用来降低游离甲醛的。

表 24-28 低压型三聚氰胺树脂配方例

原 料	含量(%)	质量(kg)
甲 醛	37	480/500
三聚氰胺	100	312/300
甲基鸟粪胺		15.5/13
糖		44.5/40
硫 脲		27/-
尿 素		-/14
对甲苯磺酰胺		19.3/18.5
丙二醇		7.5/19.9～30
氢氧化钠		1.6/0.13～0.18
碳酸钠		0.074～61
水		140/140
湿润剂		
三乙醇胺		适量（反应结束后添加）
脱模剂		

表 24-29 乙醇改性高压型三聚氰胺树脂技术指标(高压型)

项 目	指 标
外 观	无色、透明、无沉敷物
黏度(20℃)	3～4 恩格拉度
固体含量(%)	44～48
游离醛(%)	≯ 1
密度(g/cm³)	1.165～1.105

表 24-30 对甲苯磺酰胺改性高压型三聚氰胺树脂技术指标(高压型)

项 目	指 标
外 观	无色、透明、无沉敷物
固体含量(%)	46～48
游离醛(%)	<1
黏 度	3～4 恩格拉度
pH	9

表 24-31 低压型三聚氰胺树脂技术指标

项 目	技术指标
外 观	无色透明液体(略带乳白色)
黏度(4 号 20℃)	18～21s
固体含量	50%～55%
固化时间(100℃)	35～40s
活性期约	5d

24.4.1.2 脲醛树脂

脲醛树脂固化后的耐磨性、耐水性、耐热性等均低于三聚氰胺树脂，但成本较三聚氰胺低。因此当装饰纸浸渍纸的树脂含量要求较高时，可采用二次浸胶的方式，第一次浸脲醛胶，第二次浸三聚氰胺胶，以降低成本。因此脲醛胶只有在采用二次浸胶方式时才使用。

脲醛胶的配方例如表24-32所示，其技术指标如表24-33所示。

表 24-32 浸渍用脲醛树脂配方例

原 料	质量百分比(%)
尿 素	38.8
三聚氰胺	13.96
甲醛(37%)	39.59
六次甲基四胺	5.54
邻苯二甲酸单酰脲	1.06
对甲苯磺酰胺	0.52

表 24-33 浸渍用的脲醛树脂技术指标

项 目	技术指标
固体含量(%)	50～55
黏度(20℃)cp	10～20
游离甲醛含量(%)	不大于 3
水溶性	1 : 1
固化时间（min）	18 ～22
贮存期(d)	5

24.4.1.3 酚醛树脂

酚醛树脂固化后的耐热性、耐水性及机械强度都很优良，但酚醛树脂颜色较深，作为装饰材料使用受到一定的限制。制造三聚氰胺树脂装饰层压板时，用酚醛树脂浸渍特制的牛皮纸作底层纸，以使装饰层压板有一定的厚度和强度。

酚醛树脂由苯酚与甲醛在碱性条件下缩聚而成，用强碱性催化剂(氢氧化钠)制得的初期缩聚物溶于水，而在弱碱性催化剂(氢氧化铵)条件下，制得的初期缩聚物溶于乙醇而不溶于水。一般浸渍用酚醛树脂为水溶性树脂与醇溶性树脂的混合树脂。可按表 24-34 所示配方例制成水醇溶性酚醛树脂

表 24-34 水醇溶性酚醛树脂的配方

原 料	配 比
苯酚(1): 苯酚(2)	1.0 : 0.36
苯酚(1): 甲酚(1)	1.0 : 1.0
苯酚(2): 苯酚(2)	1.0 : 2.5
氢氧化铵(25%)	苯酚(1)的 6.8%(质量比)
碳酸钠(固体)	苯酚(2)的 8%(质量比)
乙 醇	苯酚(1)+ 苯酚(2)(质量)

表 24-35 水醇溶性酚醛树脂的技术指标

项 目	技术指标
固体含量	37%～40%
黏 度	6～16 恩格拉黏度（20℃）
游离酚	2%～4%

用于浸渍，表 24-35 为水醇溶性酚醛树脂的技术指标。

24.4.2 浸渍用原纸

浸渍用原纸根据使用目的不同分为四种类型即表层纸、装饰纸、覆盖纸、底层纸。

24.4.2.1 装饰纸

装饰纸在板坯中起装饰作用，因纸内加了钛白粉，又称钛白纸。装饰纸是高强度 α 纤维素纸，又分素色纸和印刷纸二种，素色纸为单色纸，印刷纸则印刷了木纹或图案。装饰纸原纸应表面平滑，无杂质，印刷性能好；要求有很好的遮盖性，能遮盖酚醛树脂浸渍的底层纸或人造板基材；装饰纸的遮盖性与其定量有关，一般装饰纸定量为 80～150g/m^2，定量大，遮盖性好。遮盖性还与灰分含量有关，灰分含量大遮盖性好，一般灰分含量为15%～40%。要求装饰纸原纸具有良好的吸水性，以便充分、均匀地吸收树脂，使浸渍纸达到规定的树脂含量；原纸的吸收性与吸水高、紧度、匀度、纸纤维种类有关，吸水高大则吸收性好，纸纤维由木纤维和棉纤维组成，则其吸收性就较好。装饰纸原纸应具有一定的抗拉强度，特别是湿状抗拉强度，以免原纸在印刷及浸胶时被拉断；另外还应有一定的耐热、耐压性能，在受热情况下，能保持原有颜色不变，在加压后仍能保持遮盖性。一般高压三聚氰胺要求用定量为80～150g/m^2 的原纸，低压三聚氰胺可采用 70～120g/m^2 的原纸，浅色或素色纸应用较高定量的原纸。表 24-36 所示为几种装饰纸原纸的技术指标。原纸凹版印刷，印刷木纹和其他图案，使用的油墨应耐高温，在高温下不变色。原纸印刷后应不改变原有特点。

表 24-36 装饰纸原纸技术指标

项 目	A	B	C	D
定量(g/m^2)	$80 \pm ^{4}_{3}$	$80 \pm ^{4}_{3}$	100 ± 5	120
厚度(mm)	0.096 ± 0.01	0.096 ± 0.01	0.12 ± 0.013	0.145 ± 0.015
紧度(g/cm^3)	0.83	0.83	0.83	0.83
纵向干状抗拉强度 (kg/15mm)	3.0	2.0	2.5	25
纵向湿状抗拉强度 (kg/15mm)	0.45	0.40	0.40	0.40
吸水高(mm/10min)	40 ± 7	35 ± 7	35 ± 7	35 ± 7
灰分(%)	22	34	34	34
备 注	木纹纸	白色纸	白色纸	白色

注：原纸经凹版印刷，印刷木纹和其他图案，使用的油墨应耐高温在高温下不变色。原纸印刷后应不改变原有特性

24.4.2.2 表层纸

表层纸是覆盖在装饰纸的上面，用以保护装饰纸上的印刷木纹并使装饰表面具有各种优良特性的纸张，因此表层纸原纸的吸收性应比装饰纸更好，而且要求其热压后在板坯中呈透明状。要求表层纸有一定的厚度，厚度大保护装饰纸的能力强，但透明度会有所下降，因此一般厚度控制在 0.05～0.15mm。另外要求具有一定的湿状抗拉强度。鉴于上述要求，表层纸原纸一般用纤维素含量很高的 α 纤维素纸浆来抄造。各种不同厚度的表层纸的技术指标如表 24-37 所示。

表 24-37 表层纸原纸的技术指标

项 目	2 密耳	4 密耳	6 密耳
定量(g/m^2)	25 ± 1	42 ± 2	60 ± 3
厚度(mm)	0.058 ± 0.004	0.100 ± 0.008	0.150 ± 0.010
干状抗拉强度(kg/15mm)	1.0 以上	1.5 以上	1.5 以上
湿状抗拉强度(kg/15mm)	0.16 以上	0.25 以上	0.35 以上
吸水高(mm/10min)	55 以上	75 以上	100 以上
尘 埃	极少	极少	极少

用于高耐磨防火板或高耐磨浸渍纸贴面人造板(如强化地板)的表层纸是特制的，为提高表层纸的耐磨性，在纸中加有三氧化二铝耐磨材料。美国 Mead 公司生产的高耐磨表层低的定量有 32g/m^2、38g/m^2、45g/m^2、63g/m^2 和 75g/m^2 等几种。用这 5 种表层纸可生产出 5 种不同耐磨程度的产品。其耐磨转数分别为 2500 转、4500 转、6500 转、10000 转、15000 转。

24.4.2.3 底层纸

底层纸用来做高压装饰板的基材，使装饰板具有一定的厚度和机械强度。底层纸常用不加防水剂的牛皮纸，各种底层纸原纸的技术指标如表 24-38 所示。

24.4.2.4 覆盖纸

为增强装饰纸对底层纸的遮盖性可在装饰纸与底层纸之间夹一层覆盖纸，覆盖纸性能与装饰纸基本相同，但均为素色纸。

24.4.3 浸渍干燥装置

合成树脂的浸渍干燥装置由浸渍部分及干燥部分组成，根据干燥部分浸渍纸是水平运行的还是垂直运行的分为卧式浸胶机和立式浸胶机。原纸通过浸渍部份浸渍树脂，通过干燥部份使之干燥，制成浸渍纸。

24.4.3.1 立式浸胶机

立式浸胶机如图 24-42 所示，由纸卷架、浸胶槽、干燥

表 24-38 底层纸原纸技术指标

项　目	技术指标			
定量(g/m²)	30	100	150	180
厚度(mm)	0.05～0.06	0.17～0.19	0.23～0.26	0.29～0.32
密度(g/cm³)	0.54～0.67	0.55～0.61	0.60～0.63	0.60～0.67
透气性(s/100ml)	7～20	5～20	7～30	8～30
吸水性(mm/10min)	10～30	30～60	35～65	35～65
渗透时间(s)	8～20	15～35	20～55	25～75
干状纵向抗拉强度(kg/15mm)	3.3～4.0	8.1～10.3	13.7～16.4	14.6～17.6
干状横向抗拉强度(kg/15mm)	1.4～1.8	4.7～6.0	6.3～7.9	6.8～8.1
湿状纵向抗拉强度(kg/15mm)	0.5	0.8	1.0	1.0

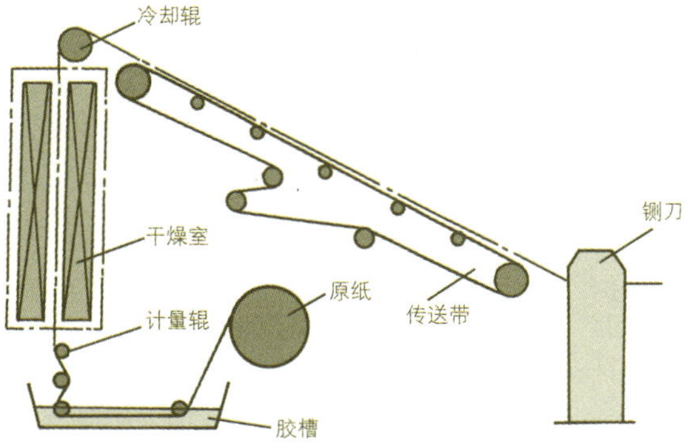

图 24-42 立式浸胶机示意图

室、传送装置及裁剪台五部分部组成，干燥部分的加热器是垂直布置的。原纸纸卷放在纸卷架上，由传送装置牵引原纸通过浸胶槽，由胶槽上方的计量辊刮下多余的树脂胶液，然后浸渍纸垂直地通过干燥室干燥后绕过顶部的冷却辊，使浸渍纸温度冷却至室温再由帆布传送带传送到裁剪台裁成一定的规格。传送带与松卷速度大致同步，但要考虑到浸渍后原纸的伸长及干燥后浸渍纸的收缩。原纸的伸长率及浸渍干燥后的收缩率如下：

原纸浸胶后的伸长率(%)

纵向	0.3～0.5
横向	2.0～2.5

浸渍纸干燥后的收缩率(%)

纵向	0.2～0.3
横向	0.3～0.6

传送速度可无级调速，以适应纸张的收缩、伸长以及干燥室温度、浸胶量变化的要求。图 24-43 所示为另一种立式浸胶机。

这种浸胶机适用于柔性较好的、浸渍干燥后浸渍纸可以复卷的树脂，如邻苯二甲酸二烯丙酯树脂、鸟粪胺树脂等。立式浸胶机结构简单，占地面积小，但纸带运行速度慢，生产率低，要求原纸的湿强度高并且只能浸渍一种树脂。

BJM2114型立式浸胶机主要技术参数(苏州林机厂生产)：

工作速度	1～5m/min
浸渍纸最大宽度	1400mm
干燥温度	110～150℃
电动机功率	1.1+0.8kW

24.4.3.2 卧式浸胶机

卧式浸胶机如图 24-44 所示，由松纸器、蓄纸器、浸胶槽、干燥室、切纸机等部分组成。

松纸器上可同时安放两个原纸卷，通过转臂回转，轮流使用。接纸器是在不停车的情况下接纸用的装置。接纸的压铁装在支架上。其内部装有电热元件，加热时表面温度可达 200～250℃。原纸的二接头涂胶后在压铁下被加热、加压使胶固化，一般使用脲醛胶在数十秒内达到固化。 蓄纸器由几对辊筒组成，下辊筒是浮动的，在不停车接纸时由蓄纸器供纸，蓄纸器必须贮蓄一定长度的原纸，以保证接纸器有足够的时间接纸。蓄纸器的另一个作用是使原纸通过这几对辊筒张紧展平后再进入浸胶槽，原纸通过一导向辊进入浸胶槽浸胶，浸胶时原纸倾斜地进入胶槽。浸渍纸上多余的胶液由一对计量辊及刮刀除去，挤胶辊间隙可调。

浸胶后，浸渍纸被引入干燥室。干燥室是热空气加热的喷气式的。在浸渍纸的上下设有喷嘴，从上下喷嘴同时喷出热空气，调节上下喷射压力可使浸渍纸悬浮在中间使浸渍纸悬浮地、水平地通过干燥室干燥后经冷却器冷却后被导入切纸机，切成一定的规格。这种浸渍机适用于一次浸胶工艺，并且只能浸一种胶。

图 24-45 所示为通用型浸渍装置的两种结构。这种浸渍装置可适应多种浸胶工艺。其工作原理如下：

纸卷松卷正面朝上地经过导向、牵引、张紧后进入浸渍部分，原纸背面与增湿辊接触。增湿辊下部浸在胶液中，其回转方向与原纸前进方向相反，以便更有效地将胶液压入纸内。经增湿辊后，原纸背面被粘湿，并且被辊子压得较为密

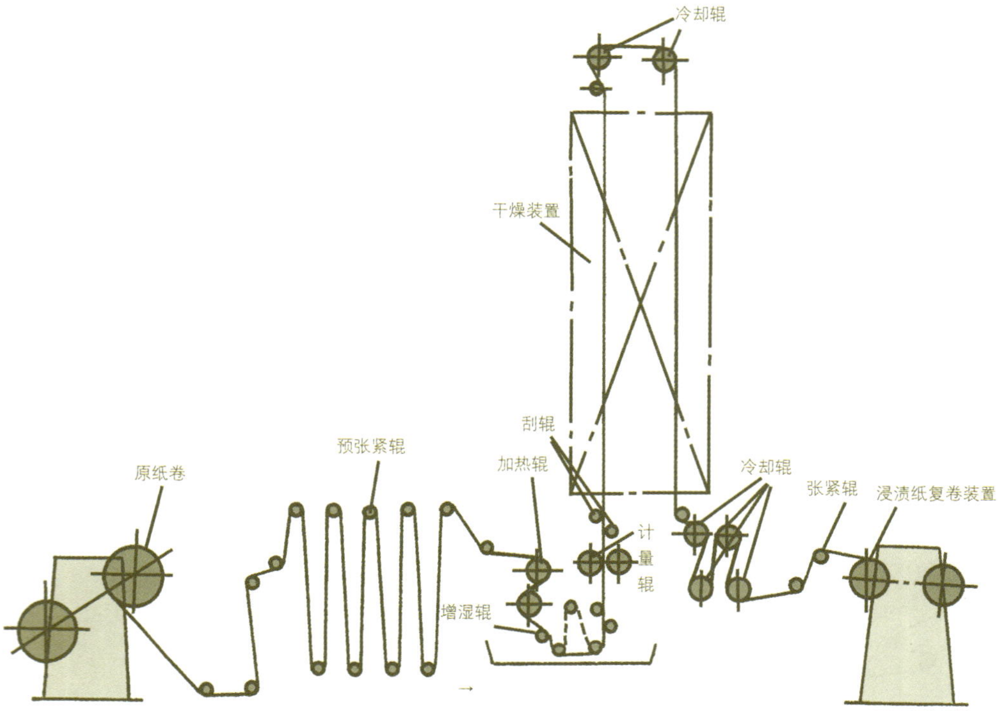

图 24-43 立式浸胶机示意图

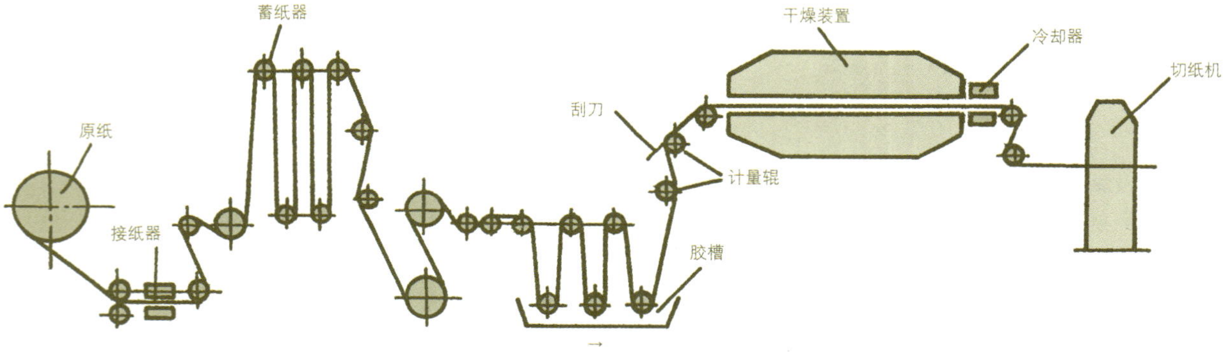

图 24-44 卧式浸胶机示意图

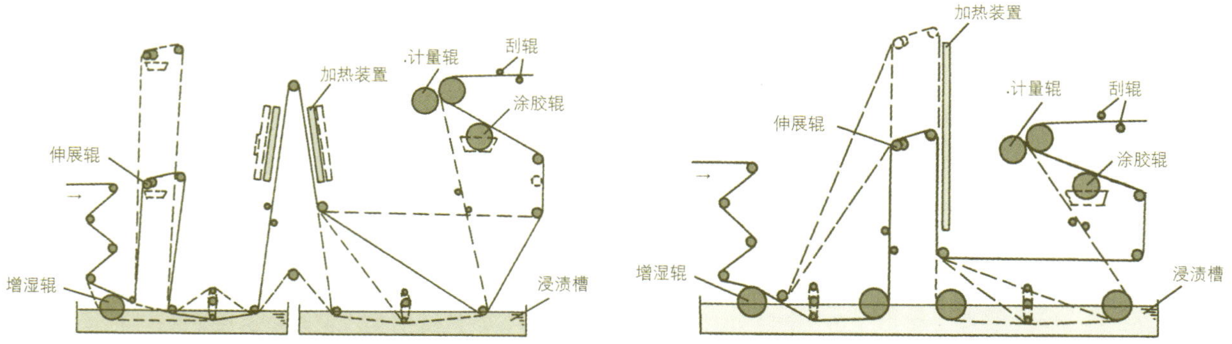

图 24-45 通用型浸渍装置示意图

实，迫使纸中的空气从正面逸出。增湿辊本身转速可调，其两旁的两个加压辊可上下调节，以此来调节原纸包覆在增湿辊上的长度，以适应各种性质的树脂胶液及各种不同性质的原纸的要求。经增湿后的原纸进入第一浸胶槽，浸入胶中的深度可调。第一次浸胶后的原纸经刮辊刮去多余的胶后再经伸展辊及其近旁的排气辊，将原纸张紧、展平，把胶液进一步压入纸内，把纸内剩余的空气压出纸外。伸展辊及排气辊根据树脂性质、原纸及浸渍干燥速度可上下调整。当浸渍干燥速度快而原纸的吸收性欠佳时可适当上调，否则下调。进一步排除原纸中空气后，原纸经红外线干燥装置，排除10%～20%的水分、溶剂及挥发分，以利于第二次浸胶。经红外线干燥后原纸进入第二浸胶槽或直接绕过涂胶辊进行单面涂胶。原纸最后穿过一对挤胶辊，挤去多余的胶液，并经刮辊刮平胶层，然后进入热空气喷气式干燥装置进行干燥。干燥后经冷却装置将浸渍纸冷却至室温，然后成卷或剪裁成一定的规格。放卷和收卷速度应同步，主要依靠浸渍纸的张力来控制收卷速度。

第一浸胶槽与第二浸胶槽中的胶液可以相同，也可以是性质、聚合度、浓度完全不同的两种胶，如第一胶槽可放脲胶，第二胶槽可放三聚氰胺胶。

上述两种结构的浸胶装置可完成如下的浸渍工艺：

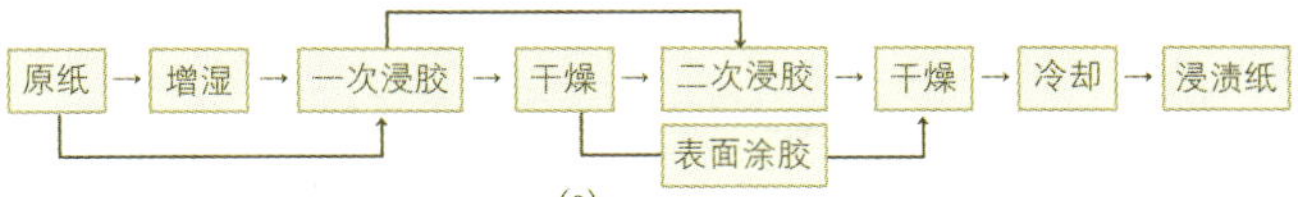

(a)

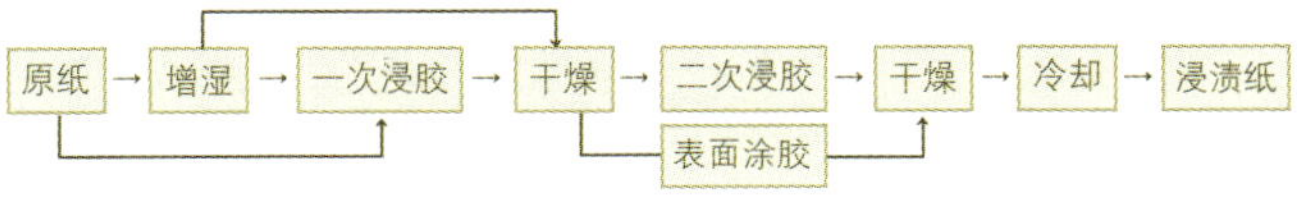

(b)

卧式浸胶机运行速度快，生产率高，并且可同时进行二次浸渍干燥，可同时浸渍两种不同的胶种，因此是目前使用最广泛的一种浸胶装置。图24-46为通用型浸渍干燥机示意图。

苏福马生产的通用型的卧式浸胶机的技术特性如表24-39所示。

表24-39 HB1400B卧式浸渍干燥机技术特性

项 目	单 位	技术特性
工作宽度	mm	1400
送纸速度	m/min	3～30(无级变速)
工作层数		1
蒸汽压力	Pa	8×10^5～12×10^5
工作介质温度	℃	110～160
干燥段长度	mm	18000
总装机容量	kW	～155
外形尺寸	mm	35500 × 3240 × 3800

24.4.4 浸渍和干燥

热固性的三聚氰胺、脲醛、酚醛树脂因分子量低(600～800)，成膜性差，且缩聚时收缩率较大，因此需将树脂浸渍到原纸中，靠原纸做骨架，承受其收缩应力，制成浸渍纸才能形成薄膜。

原纸的浸渍及干燥是树脂浸渍纸及装饰板制造的关键工序。浸渍的目的是把树脂充分、均匀地浸渍到原纸中去，并使之达到规定的树脂含量。干燥的目的是除去浸渍纸中的溶剂并使缩聚进行到规定的程度。干燥后的浸渍纸中仍残留一部分挥发份，树脂加热仍能熔化，并具有良好的流动性。

24.4.4.1 原纸准备及树脂胶液的配制

各种原纸在浸渍树脂前，含水率均应调到7%以下，过高的含水率会降低浸渍纸的树脂含量，延长浸渍纸的干燥时间。

为使浸渍纸达到规定的树脂含量，应根据原纸的定量、吸水高、树脂的固体含量、聚合度，浸胶装置类型、浸胶速度、规定的树脂含量等调节树脂胶液的浓度。一般以1份乙醇加2份水做稀释剂，加入乙醇的目的是为了使胶液在原纸中均匀渗透，加快干燥速度。当原纸的吸收性好时，可适当加大浓度，但浓度过高胶液渗透性差，不易均匀渗透，并且达不到规定的树脂含量。胶液浓度过小渗透性虽好也会造成树脂含量达不到要求。

由于树脂胶液的浓度与密度有关，因此实际生产中常以测定密度来替代测定浓度。表24-40所示为对甲苯磺酰胺改

表24-40 高压三聚氰胺胶液密度

原纸种类	浸渍胶液密度	
	立式浸胶机	卧式浸胶机
表层纸	1.080～1.085	
装饰纸	1.140	
覆盖纸	1.120～1.135	1.140～1.145
底层纸		1.025～1.030(酚胶)

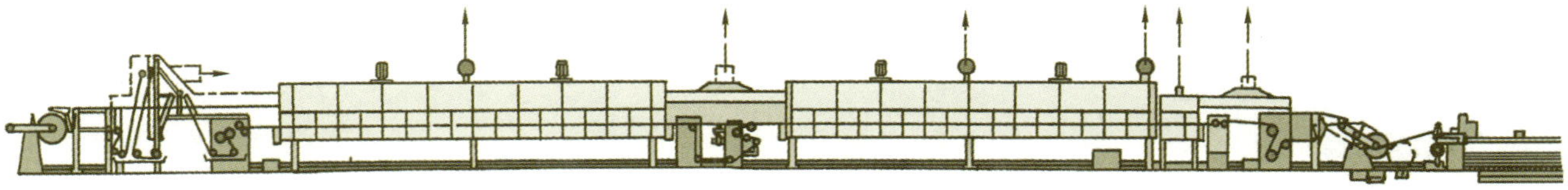
图24-46 通用型浸渍干燥机示意图

性的高压三聚氰胺胶液的密度要求。

低压短周期贴面工艺用的装饰纸浸渍纸，因所要求的树脂含量高，需采用二次浸胶的工艺。且浸胶速度快，热压时温度高，周期短，因此在浸渍用胶液配置时除加入稀释剂(乙醇加水)外尚需加入固化剂、脱模剂、湿润剂、消泡剂等添加剂。配制好的胶液活性期仅数小时，应随配随用。

为适应短周期的需要，三聚氰胺树脂必须在很短的时间内固化，因此要在胶液中添加潜伏性固化剂。这种潜伏性固化剂一般是盐，在热压温度下能迅速放出酸使树脂很快固化。但固化剂也应具备一定的缓冲能力，加入固化剂后，胶液的活性期至少应为2～4h。常用的固化剂有马啡啉、单三乙醇胺邻苯二甲酸酯等。

湿润剂的作用是增强树脂胶液对原纸的渗透能力，湿润剂可以减少树脂的表面张力，使树脂能更好的渗透到原纸中去，并能均匀渗透。常用的渗透剂有聚氧乙烯酯类、聚氧乙烯脂肪醇醚等。

脱模剂的作用是防止浸渍纸在热压时粘在垫板上，常用的脱模剂为油酸，有机硅乳液。

卧式浸胶机速度可高达25m/min，快速穿过胶槽的原纸，将大量空气带入胶液中，使胶液不能被原纸均匀吸收。造成浸渍纸表面不均，因此需添加消泡剂。

有时为增强原纸的遮盖性。特别是使用白色或浅色原纸时，可在二次浸胶的第一胶槽中适当添加钛白粉。

表24-41所示为各种添加剂的添加比例。

配制好的胶液需测定其固化速度、黏度、密度，在规定范围内才能使用，否则应作适当调整。浸渍胶液的固化速度、黏度、密度要求如表24-42所示。

24.4.4.2 浸渍干燥工艺

1. 浸渍工艺

原纸浸胶时要求胶液能充分均匀地浸透到原纸纤维间及纤维中去，因此必须将原纸中的空气挤出去，以便让胶液进入原纸。如原纸浸胶时，纸的两面同时进入胶液，则一部分空气将被堵在纸内，无法排出，因此原纸进入胶槽与胶接触采用两种方式。一种是让原纸倾斜进入胶槽，使原纸的背面先接触胶液，胶液从背面进入纸内，使空气从纸的正面逸出。另一种方式如图24-45所示，让原纸先通过下部浸在胶液中的增湿辊，使胶液先湿润原纸的背面，并由增湿辊对原纸背面加压，迫使纸内空气从正面逸出。为保证胶液黏度不变，胶槽内胶液应保持恒温，一般胶液温度应保持在20～30℃范围内。

原纸经胶槽浸胶后，通过一对间隙可调的计量辊，通过调整间隙控制浸渍纸的胶量，从而控制其树脂含量。通过计量辊后，再通过刮刀或一对刮辊，使胶液在原纸上均匀分布。浸胶后的原纸即可进入干燥段进行干燥。

高压三聚氰胺装饰板用各种浸渍纸通过立式或卧式浸胶机一次浸胶即能达到所要求的树脂含量，但低压短周期用装饰纸浸渍纸，因树脂含量要求较高，需采用二次浸胶工艺，第一次浸胶一般浸渍总树脂含量的30%，第二次浸胶浸渍总树脂含量的70%。第一次浸胶可浸渍价格低的脲醛胶，第二次浸渍低压三聚氰胺树脂。第一次浸胶后原纸需经红外线干燥装置干燥，排去10%～15%的溶剂，目的是防止脲醛胶混入三聚氰胺胶中影响装饰表面的性能。

浸渍纸的树脂含量计算公式如下：

$$\text{树脂含量}(\%)=\frac{\text{浸渍纸绝干质量}-\text{原纸绝干质量}}{\text{原纸绝干质量}}\times 100\%$$

浸渍纸的树脂含量取决于浸渍纸的用途，在板坯中处于表层的表层纸或装饰纸的树脂含量要求最高，因为除满足纸间或纸板间的胶合外，还需在装饰板表面形成连续的树脂层，并使之具有耐磨、耐热、耐水、耐污染等性能。平衡纸或覆盖纸则只需满足胶合的要求。当浸渍纸的树脂含量为120%～140%时。具有最高的胶合强度，树脂含量过高时，树脂收缩应力过大反而降低了胶合强度。树脂含量为120%～150%时，原纸纤维间及纤维内可均匀充满树脂，而且能形成均匀连续的覆盖层。表24-43所示为各种浸渍纸的树脂含量要求。

表24-41 各种添加剂的比例

添加剂种类	第一次浸胶	第二次浸胶
固化剂(%)	0.3～0.8	0.3～0.8
脱模剂(%)	0.1～0.5	0.1～0.5
湿润剂(%)	0.3	0.3
消泡剂	适量	适量
钛白粉	适量	

表24-42 低压短期用浸渍胶液的要求

项　目	第一次浸胶(UF)	第二次浸胶(MF)
固化速度(min)	4～8	4～8
黏度(s)	12～27	12～27
比　重	1.15	1.28

表24-43 浸渍纸的树脂含量要求

浸渍纸种类		树脂含量(%)
高压用	表层纸	120～200
	装饰纸	55～75
	覆盖纸	60～70
	底层纸	35～50
	脱模纸	18～25
低压用	装饰纸	130～150
	底层纸	110～120
高耐磨地板用	表层纸	200～250
	装饰纸	70～100
	底层纸	100～130

2. 干燥工艺

浸过胶液的原纸即可进入干燥室干燥，除去浸胶原纸中的部分溶剂并使树脂缩聚到规定的程度。干燥室由构造相同的若干个干燥区组成，加热介质为热空气，热空气由设置在运行的浸胶原纸的上下方的喷咀喷出，调整上下喷气的压力即可使浸胶原纸处于悬浮状态。上下喷气的压力与原纸定量有关，以原纸处于上下喷咀的中间位置，不颤动，呈正弦状浮动为宜。

原纸悬浮通过各干燥区，进行干燥。各干燥区的干燥温度不能太高，以免造成树脂预固化，一般干燥室内温度以120～150℃为宜。各干燥区的温度分布可先高后低，也可先低后高。浸胶原纸进入干燥室先经过一个低温区，有利于溶剂的挥发。然后进入高温区使树脂进行一定程度的缩聚，最后经过冷却区使树脂缩聚中止。当入口温度较高时。浸胶原纸表层溶剂挥发很快，并开始缩聚而内部溶剂尚未排出，当继续干燥时，内部溶剂蒸发冲破表面已干燥的胶层而使浸渍纸表面产生胶泡或胶粉。这种浸渍纸的树脂流动性较差。当入口温度较高时可在胶液中添加适量的正丁醇，正丁醇的沸点为118℃，当胶液原纸中的水分蒸发完前，正丁醇不会蒸发，可防止树脂过早缩聚。以保证树脂的流动性。

浸胶机的运行速度与原纸定量、树脂的性质、要求的树脂含量、干燥部分长度、干燥室温度、要求达到的树脂缩聚程度(挥发分含量)有关。当挥发分含量要求一定时，树脂含量要求高，则速度应调慢，反之则调快，当树脂含量及挥发含量要求一定时，用高定量原纸则速度应调慢，反之则调快。

表24-44所示为用立式浸胶机时的干燥工艺参数，表24-45所示为用卧式浸胶机时的干燥工艺参数。低压短周期贴面用浸胶原纸的干燥温度分布为150℃-140℃-130℃-120℃，浸胶干燥速度为10～25m／min，相邻干燥区间的温度差不宜超过20℃。

表24-44 立式浸胶机干燥工艺参数（高压法）

原纸种类	干燥温度(℃)			运行速度
	上 层	中 层	下 层	(m/min)
表层纸	125～130	90～110	70～90	2.10～2.5
装饰纸	130～135	105～115	90～105	1.2～1.8
脱模纸	130～135	105～115	90～105	1.2～1.5

表24-45 卧式浸胶机干燥工艺参数（高压法）

原纸种类	干燥温度(℃)				上下喷	运行速度
	1区	2区	3区	4区	气压比	(m/min)
装饰纸	115	145	145	125	1∶3	8～12
覆盖纸	115	145	145	125	1∶3	8～12
底层纸	100～140					12～16

浸胶原纸干燥后，树脂的缩聚程度以残留在浸渍纸内的发挥发分的含量和树脂的预固化度来表示。残留挥发分的计算公式如下：

$$挥发分(\%)=\frac{浸渍纸的质量-浸渍纸的绝干质量}{浸渍纸的质量}\times 100\%$$

残留挥发分反映了树脂的缩聚程度，也在某种程度上反映了树脂的流动性，当残留挥发分过高时，说明浸渍纸干燥不足，树脂尚未达到规定的缩聚程度，在这种情况下，浸渍纸易吸湿易粘连，在热压过程中有过量的挥发物要逸出造成板面光泽不均，并易产生湿花、鼓泡、翘凹、裂纹、耐污染性差等缺陷。当残留挥发分过低时，说明浸胶纸干燥过度，树脂已过度缩聚，在这种情况下，树脂流动性差，易造成板面光泽差，产生白花、不透明等缺陷，胶合强度也会下降。一般挥发分含量为5.5%～10%，其中6%～7%较为常用。树脂的预固化度也反映了树脂的固化程度，以浸渍纸在40℃蒸馏水中浸泡20min后，不溶于水的树脂的量与浸泡前树脂的绝干质量之比来表示。预固化度的计算公式如下：

$$W_c=\frac{W_e-W_o}{W_d-W_d\cdot W_v-W_o}\times 100$$

式中：W_c——浸渍纸的预固化度，%

W_d——浸渍纸浸泡前的质量，g

W_e——浸渍纸浸泡、烘干后后的质量，g

W_v——浸渍纸的挥发分，%

W_o——原纸的绝干质量，g

树脂的预固化度大，表明浸渍纸干燥过度、缩聚程度过大，预固化度小；表明浸渍纸干燥不足、缩聚程度过小。表层纸的预固化度一般为≤40%，装饰纸（低压）一般为≤70%，高压法装饰纸的预固化度≤30%，底层纸≤70%。

24.4.4.3 浸渍纸保管

浸渍纸的保管是十分重要的，尤其是三聚氰胺浸渍纸吸湿性较大，放在湿度较大的地方易吸湿粘连。放在温度过高的地方，树脂会进行聚缩，造成流动性降低、胶合能力下降。因此需用塑料薄膜密封存放在恒温恒湿室保管，恒温室温度约为20℃，相对湿度约为50%～60%。在保存条件良好的情况下，浸渍纸可保存2个月左右。

24.4.4.4 浸渍干燥中产生的问题及解决方法

浸渍纸的具体质量要术可参数LY/T1143-93饰面用浸渍胶膜纸标准。

浸渍干燥中产生的问题及解决方法见表24-46。

表 24-46 浸渍干燥中产生的问题及解决方法

问 题	产生原因	解决方法
挂胶不均	①原纸组织不均匀；②原纸局部有油污	调换原纸
	③原纸干湿不均	调含水率为4%～6%
	④刮刀或计量辊上有异物	检查计量辊和刮刀
	⑤浸胶后被擦掉	
挥发分太高（纸软）	干燥温度过低	调高
	干燥速度过快	调慢
	胶液密度太大	检查胶液密度
挥发分太低（纸脆）	干燥温度过高	调低
	干燥速度过慢	调快
浸渍纸干湿不均	固化剂搅拌不均	搅拌均匀，静置片刻
	浸渍速度不均，温度不均	调整速度和温度
	计量辊偏斜	调整计量辊
表面有痕迹及灰尘	胶液中有胶渣或混有杂质	滤胶
	干燥室内有灰尘	打扫干燥室
原纸断裂	①原纸湿强度差；②原纸有裂口	检查原纸
	①浸渍时间过长；②浸渍速度过快	调整浸胶速度或浸胶长度
浸渍不均（有暗点）	原纸吸收性太差	换原纸
	浸渍不良	加长浸胶长度，降低浸胶速度，提高胶槽温度，降低胶液黏度，增加湿润剂添加量
浸渍纸表面有胶粉和胶泡	胶液中含有大量空气	添加消泡剂
	因浸渍不充分原纸中留有空气	停止浸渍让槽中胶液静置片刻
	第一、第二干燥温度过高	调整增温辊改善胶液的渗透调低温度

24.4.5 高压装饰板的压制与贴面

24.4.5.1 组坯

根据产品要求的厚度将多种浸渍纸组成板坯。一般板坯配置如图 24-47 所示，表层纸、装饰纸、覆盖纸、脱模纸各一张，底层纸根据产品厚度的要求，可适当增减。表层纸、装饰纸、覆盖纸浸渍的是高压三聚氰胺树脂，而底层纸、脱模纸浸渍的是酚醛树脂。

如果装饰纸为单色纸，为降低成本，表层纸可省去。如果装饰纸覆盖能力较强，覆盖纸也可省去。脱模纸是用加有油酸的酚醛胶浸渍的，防止板坯与垫板粘连。但如采用经聚丙烯处理的垫板，则脱模纸也可省去，因此最简单的板坯只含有装饰纸和底层纸。

图 24-47 树脂装饰板板坯配置

为使装饰板表面具有高光泽、柔光或浮雕花纹，应使用相应的镀铬不锈钢板，镀铬的目的是为了易于脱模，耐磨、耐用。为使底层纸不粘铝垫板，可使用聚丙烯薄膜包覆的铝板。为使板坯在热压过程中板面压力及温度均匀，应使用缓冲材料，缓冲材料可以是耐热橡胶，纸张或铜丝编织的缓冲垫。为提高热压机的使用效率，热压机的每一间隔中一般可放置数张至数十张板坯。每个间隔中配置二张板坯的组坯情况如图 24-48 所示。

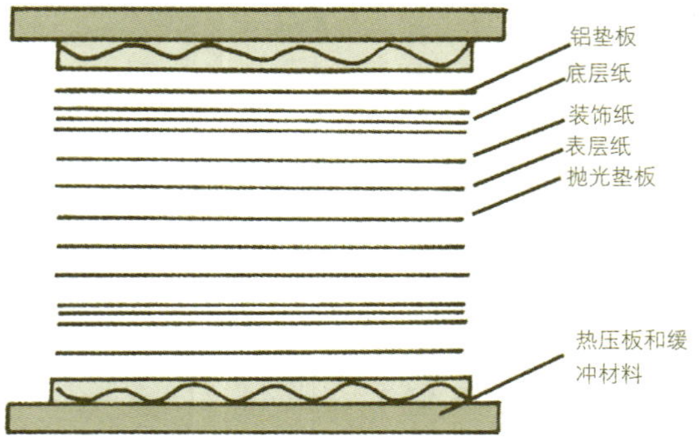

图 24-48 每格二张的板坯配置情况

组坯借助真空吸盘配合人工进行，在热压机入口端按图 24-49 所示组好坯后送入装板架，由装板架送人压机，压好后由卸板架拉出板坯，并经运输装置送至热压机进口端分板台进行分板，各类垫板由真空吸盘送至组坯台，进行组坯。

24.4.5.2 热压

热压是装饰板制造的关键工序之一，在热压过程中各层浸渍纸被加热，其所含的树脂首先呈熔融状态，在压力下多层浸渍纸紧密接触，树脂充分流动、渗透，均匀流展，最后树脂固化，将多层浸渍纸牢固胶合在一起成为装饰板。

在热压过程中，热压条件对装饰板质量有很大影响，只有正确掌握热压压力、热压温度、热压时间等工艺条件，才能得到高质量的装饰板。浸渍纸含浸的树脂要在一定温度下才熔融，具有流动性，并使树脂继续缩聚直至固化。因此必须采用热压。一般热压温度为 135～150℃，过高的温度使树脂固化

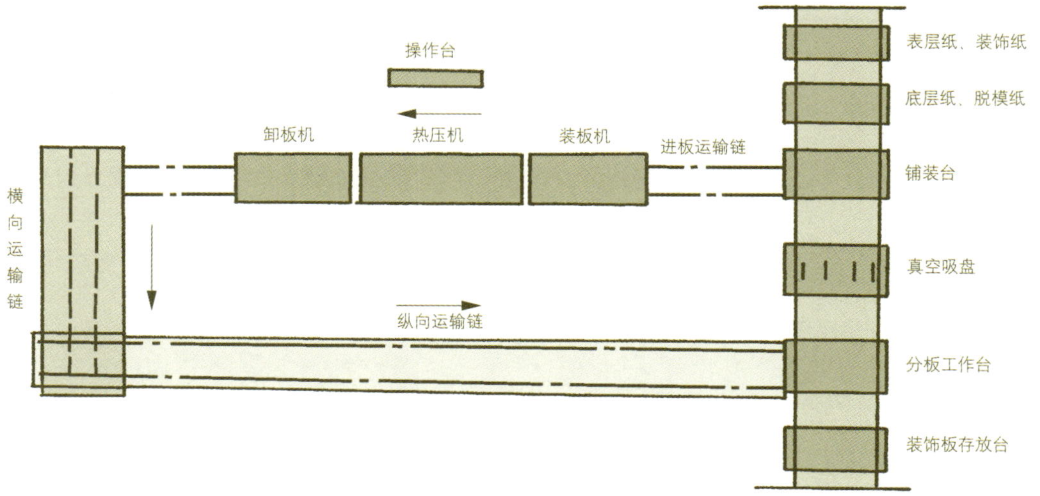

图 24-49 组坯热压工艺布置图

过快，以致树脂不能均匀流展，挥发分来不及挥发而造成白花、湿花缺陷。但热压温度过低往往造成热压时间过长，并且易造成树脂固化不良，产生板面开裂、光泽不好等缺陷。

热压的时间也很重要，要保证树脂在热压温度下能完全固化，需要有足够的时间，热压时间不足易粘板，板面易开裂。

高压三聚氰胺树脂虽经改性，脆性仍然较大，流动性较差，因此热压压力要求较大，一般要在6MPa以上，树脂才能均匀流展。在这么高的压力下，如果直接打开压机解除压力，板坯中的挥发分及水蒸气体积突然膨胀，冲出板面，会造成板面开裂和失光。因此高压装饰板应采用冷—热—冷热压工艺，即板坯进入压机时，热板温度低于50℃，然后压机闭合升温进行热压，在解除压力前先将热板温度降至50℃，然后再降低压力，打开压机。采用冷—热—冷热压工艺压制的装饰板板面光亮，光泽均匀。冷—热—冷热压工艺复杂，消耗能量多，对热压机要求高。冷—热—冷热压工艺用热压机技术参数如表24-47所示。

冷—热—冷热压工艺参数例如表24-48所示，表中装饰板厚度为0.8～1mm。

表 24-47 2500T 热压机技术参数

项 目	技术参数
总压力(t)	2500
热压板尺寸(mm)	2590 × 1370 × 65
压板单位压力(MPa)	7.0
层数(层)	15
热压板间距(mm)	100
蒸汽压力(MPa)	1.0
液压电动机功率(kW)	35.5

表 24-48 冷—热—冷热压工艺参数规格压力

规 格	压力(MPa)	热压温度(℃)	热压时间(min)	保压降温时间(min)	冷却温度(℃)
每格2张	6.0～8.0	135～150	20～25	20	50以下
每格6张	6.0～8.0	135～150	20～30	20	50以下
每格6张	6.0～8.0	135～150	30～35	20	50以下

表 24-49 双锯片圆锯机技术参数

项 目	技术参数
加工宽度(mm)	1200
锯片转速(r/min)	2800
进料速度(m/min)	9～29
锯片电动机功率(kW)	4.5（2台）
进料电动机功率(kW)	20（2台）

24.4.5.3 锯边及砂毛

热压后的板坯需按规格要求截成2440mm × 1220mm或2135mm × 915mm板坯裁锯采用双锯片圆锯机，先裁宽度后裁长度。锯片采用300～400mm的硬质合金锯片，裁边时主要控制对角线差和不要蹦边。双锯片圆锯机技术参数如表24-49所示。

板坯裁成一定规格后，背面要用砂光机砂毛，以增加贴面胶合时的胶合面积，提高胶合强度。一般可采用宽带砂光机进行砂毛，砂带为60号。

24.4.6 高压三聚氰胺树脂装饰板质量评定

高压装饰板的质量主要从外观及表面理化性能来评定，评定方法及标准要求可参照该国家标准“热固性树脂装饰层压板”，标准号为GB / T7911.1～7911-1999。

在高压装饰板生产中常见的缺陷产生的原因及解决方法见表24-50。

表 24-50 高压装饰生产中常见缺陷产生原因及解决方法

缺陷名称	产生原因	解决方法
板面局部有白花	①表层原纸含胶量不够 ②表层原纸挥发物含量过低 ③原纸在干燥过程中温度过高，局部树脂固化 ④热压时压力不匀 ⑤衬垫材料已失效 ⑥不锈钢板表面不平 ⑦树脂缩合度太大(树脂反应过老)	①提高表层原纸树脂含量 ②适当提高表层原纸的挥发物含量 ③严格控制浸渍纸的干燥温度 ④对热压设备进行检修，改进加压面的均匀性 ⑤及时更换衬垫材料 ⑥不锈钢板定期进行抛光 ⑦对树脂进行检验分析，不符合指标要求，停止使用
板面有湿花(水汽)，边缘更为严重	①浸渍纸挥发物含量太高 ②印刷装饰原纸的油墨或染料所用的溶剂不合适 ③浸渍纸回潮(吸湿)	①降低浸渍纸的挥发物含量 ②调换油墨(染料)用的溶剂 ③注意浸渍纸有存放，有必要进行回烘
装饰板表面开裂	①树脂缩合度太小 ②树脂硬化不完全 ③表层原纸树脂含量太高	①不合格的树脂停止使用 ②适当提高热压温度或延长热压时间 ③控制表层原纸的上胶量在规定范围之内
装饰板分层	①浸渍纸挥发物含量太低，胶膜纸在干燥时局部树脂硬化 ②浸渍纸树脂含量不够 ③热压时间不够或压力过低 ④浸渍纸中间夹有杂物	①严格控制干燥工艺条件，干燥温度不宜过高，时间不宜过长 ②注意树脂浓度的变化及车速的控制，提高树脂含量 ③在压制过程中，要注意压机的降压及蒸汽压力的变化，要使温度及压力保持在规定范围之内 ④在浸渍纸铺装时要随时注意清洁，如遇有杂物及时清除
装饰板翘曲	板材翘曲的因素较为复杂，除去与装饰板本身组成的各种材料有关外，在工艺上造成的原因如下： ①浸渍纸含胶量不匀 ②在压制过程中保温后，未能进行充分冷却即卸压	①注意保持树脂浓度的均匀，调整挤压筒的间距 ②冷却到 50℃以下卸压
水煮出现鼓泡分层	①挥发分含量过低 ②原纸质量差，渗透不够 ③树脂固化不均	①提高挥发分含量 ②换原纸 ③注意胶液调配
粘不锈钢板、粘垫板	①热压时间不够，树脂未完全固化 ②酚醛胶中脱模剂添加量少 ③不锈钢板污染	①延长热压时间 ②增加脱模剂添加量 ③清洗不锈钢板

24.4.7 高压三聚氰胺装饰板的贴面加工

高压三聚氰胺装饰板可以贴在胶合板、刨花板、纤维板等基材表面作装饰用。基材表面应光洁、平整、不翘曲，含水率为 6%～10%。一般可采用冷压或热压的方法贴面，热压时含水率取下限值，冷压时可取上限值。冷压采用常温固化脲醛胶，热压采用热固性脲醛胶。可适当添加聚醋酸乙烯酯乳液胶，以增加胶层的塑性。涂胶量为 150～200g / m^2，贴面时，所需压力为0.5～1.0MPa，冷压时，在20℃以上，加压6～8h，堆放24h。热压时温度为90～100℃，热压时间为10～15min。

24.4.8 后成型高压三聚氰胺装饰板

普通的高压装饰板加热后不会再软化，只会逐渐分解。后成型高压装饰板加热后可软化，利用这一特点，在贴面的同时可连续包覆板件的异型边。作为后成型高压装饰板，其加热软化后弯曲的曲率半径应小于或等于装饰板厚度的 10 倍。

后成型装饰板在制造工艺上与普通装饰板有五点不同。

(1) 浸渍用树脂摩尔比小：三聚氰胺树脂摩尔比为M：F = 1：1.5～2，酚醛树脂摩尔比为P：F = 1：1～1.5。

(2) 浸渍用树脂需改性：浸渍用三聚氰胺树脂及酚醛树脂均需改性，增加可塑性，降低脆性。

(3) 浸渍纸树脂含量高：为防止弯曲时各层浸渍纸分层，各浸渍纸的树脂含量比普通型高，表 24-51 所示为各类

表 24-51 各类浸渍纸的树脂含量

装饰板类型	表层纸(%)	装饰纸(%)	底层纸(%)
普通型	130～150	55～65	40～45
后成型	200～240	100～120	42～67

表 24-52 热压工艺条件

装饰板类型	热压温度℃	热压时间 min	压力 MPa
普通型	135～150	40～45	5.0～7.0
后成型	125～135	20～25	5.0～7.0

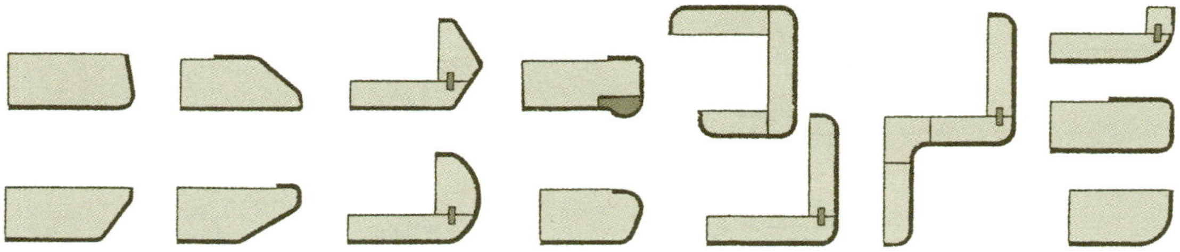

图 24-50 异型板边形状

浸渍纸的树脂含量。

(4) 对原纸要求高：为使装饰板富有可挠曲性，原纸应用长纤维针叶材纸浆抄造。

(5) 热压工艺不同：热压仍采用冷—热—冷热压工艺，但为使装饰板加热后能软化，应降低热压温度，缩短热压时间，使树脂处于尚未完全固化的状态。表 24-52 所示为热压工艺条件例(每间隔配置 8 块板坯)。

后成型装饰板的耐水煮、耐磨性、耐冲击性比普通装饰板略差，其他性能基本相同。后成型装饰板应密封包装，贮存在恒温湿室内，贮存时间不宜太长，其挠曲性能会随时间逐渐消失，半年内使用较好。

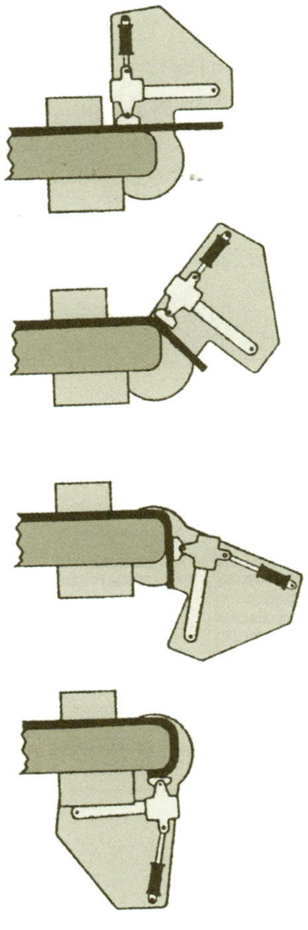

图 24-51 为后成型封边机及封边顺序

后成型装饰板在贴面的同时可包覆异型板边，图24-50所示为各种异型板边的形状。平面部分贴面与普通装饰板相同，先贴平面部分，然后用远红外幅射、热空气喷射等方法加热预留的装饰板边部使其软化，一般软化温度为170～190℃。当装饰板边部达到软化温度后应立即将其包覆基材板边。温度过高易造成鼓泡，过低装饰板易折断或产生裂纹。胶黏剂可使用热熔胶或聚醋酸乙烯酯乳液胶。胶黏剂涂布在基材上，涂胶量为 150～200g/m^2，图 24-51 为后成型封边机及封边顺序。

24.4.9 低压三聚氰胺浸渍纸贴面

低压三聚氰胺浸渍纸所需成型压力一般为1.5～3.5MPa，与基材人造板制造的压力基本相当，因此可采用与基材直接组坯进行贴面的工艺。根据采用的热压温度的高低及热压周期的长短，贴面工艺可分为低压长周期贴面工艺(冷—热—冷热压工艺)及低压短周期贴面工艺(热—热热压工艺)。

24.4.9.1 基材要求

低压三聚氰胺浸渍纸贴面用基材应符合 24.1 节所列多项要求。要求基材厚度均匀，表面光洁，平整、不翘曲，含水率均匀，对含水率的具体要求如表 24-53 所示。采用热—热工艺时基材含水率过高会造成鼓泡、分层、内结合强度下降等缺陷。

采用冷—热—冷热压工艺时，热压周期较长，对基材压缩率较大，因此要求基材密度在 0.78g/cm^3 以上，而热—热热压工艺热压周期短，对基材影响小，可采用密度0.65～0.68g/cm^{3}的基材。但三聚氰胺浸渍纸贴面热压成型时树脂收缩较大，为使基材有一定的承受树脂收缩应力的能力，要求

表 24-53 对基材人造板含水率的要求(%)

热压工艺	刨花板	胶合板	中密度纤维板
热—热工艺	6～8	6～8	≤6
冷—热—冷工艺	6～12	6～12	6～12

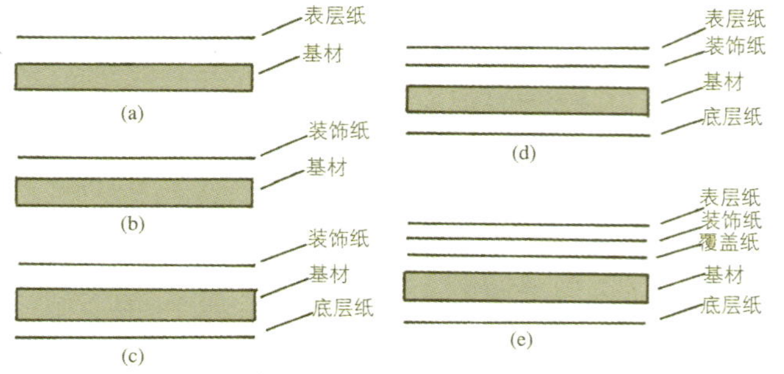

图 24-52 浸渍纸覆面形式

基材的表层密度达到 0.9g/cm^3 左右。采用热—热热压工艺时，要求基材厚度在 8mm 以上，以免打开压机时炸裂。而冷—热—冷热压工艺则可允许基材厚度小于8mm，两种热压工艺允许的基材厚度如下：

热—热工艺　　8～40mm

冷—热—冷工艺　　3～40mm

24.4.9.2 组坯

根据产品表面性能的要求，组坯形式有多种，如图 24-52 所示为常用的组坯形式。其中(a)适用于表面具美丽木纹的胶合板基材；(b)适用于薄型胶合板、刨花板、中密度纤维板基材；(c)较为常用，可用于刨花板，中密度纤维板基材。当胶合板基材两面均用酚醛胶浸渍纸贴面时常用作混凝土模板。(d)、(e)用于表面耐磨性要求较高的产品，如强化地板等。

24.4.9.3 低压长周期热压工艺

热压的温度主要取决于树脂的熔融及固化所需的温度。温度较低热压周期就较长，当热板温度为140～155℃时，在压力2～2.5MPa情况下，加压2～4min树脂即可熔融并固化，再加上冷却(冷却至40～50℃)时间，及热压板的升温时间等热压周期约需 10～20min。采用这种冷—热—冷热压工艺板面光泽好，而且可对厚度在 8mm 以下的基材进行贴面，但需采用多层压机，这种贴面工艺除在特殊情况下，一般已被低压短周期热压工艺所替代。

图24-53所示为采用冷—热—冷热压工艺生产三聚氰胺浸渍纸贴面刨花板的工艺流程图。热压后的板坯送至真空吸板机之前，由真空吸板机将抛光垫板吸离板坯，真空吸板机将成品板吸至裁板机进行裁边，然后送至组坯工位进行堆垛，再由手工将装饰纸铺放在上面，由真空吸板机将抛光垫板放在装饰纸上面，至此组坯结束，板坯被送入装板机。待多层板坯均组坯结束后由装板机将板坯推入热压机进行热压贴面加工。

24.4.9.4 低压短周期热压工艺

当热板温度为 180～200℃时，在 2～3MPa 压力下，树脂熔融及固化时间仅 30～50s，如树脂具足够的流动性和塑性可不经冷却，直接打开压机进行卸板。这样，热压时间加上辅助时间(16～18s)，仅 48～68s，这种热压工艺为低压短周期热压工艺，采用低压短周期热压工艺时，要使用专用的单层低压短周期压机。这种压机的进出板装置是联动的，出板的同时将板坯拉入压机，整个装卸板、压板闭合、升压、卸压、打开压板等辅助时间极短，主要是为了防止树脂的预固化和过度固化。图 24-54 所示为板坯被夹入压机至加压的过程。(a)—二侧夹头将板坯夹入压机；(b)—侧夹头退出；(c)—另一侧夹头退出；(d)—开始加压。整个过程仅需 4s。苏州苏福马及上海人造板机器厂都能生产这种专用的单层的低压短周期热压机。

由于热压板上还固定了缓冲层及不锈钢垫板，因此热压板与板坯间还隔着缓冲层及不锈钢垫板，当热压板温度

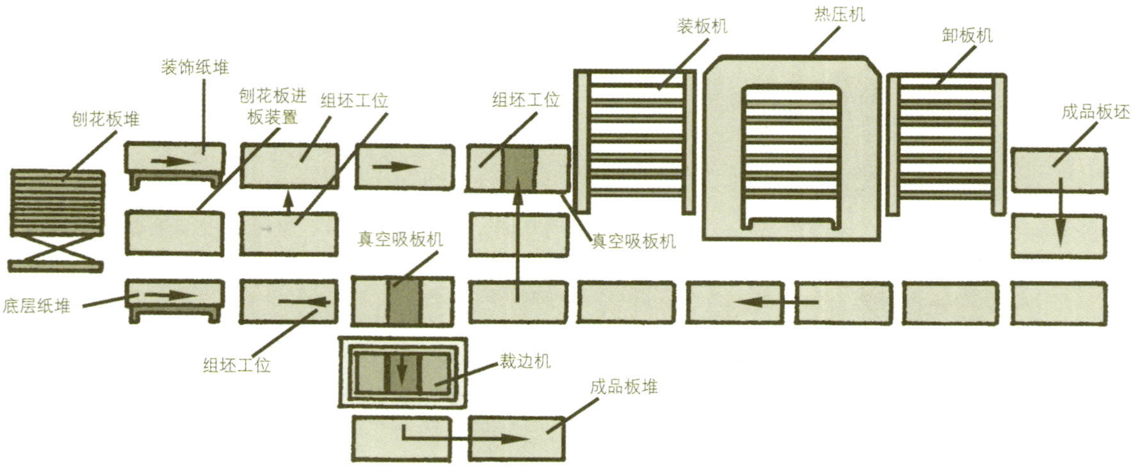

图 24-53 冷—热—冷法生产三聚氰胺浸渍纸贴面刨花板板工艺流程图

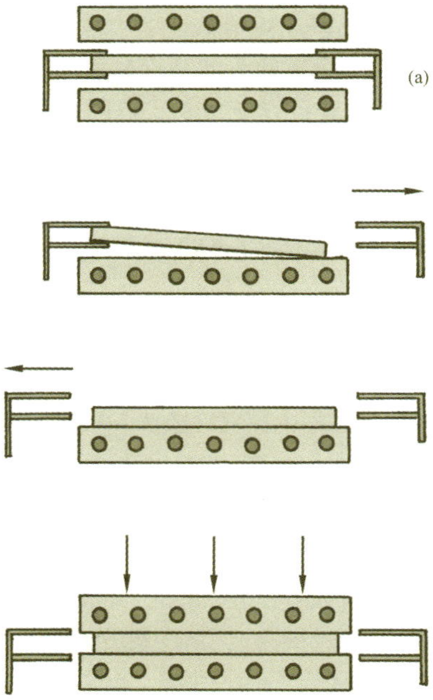

图 24-54 板坯被夹入压机

表 24-54 热压工艺条件

热压工艺条件 / 热压压力	热压温度（℃）	板坯结构（s）	热压时间（MPa）
对称结构	上热板 180～190 下热板 172～182	30～50	20～40
不对称结构	上热板 180～190 下热板 185～200	30～50	20～40

注：①基材厚度较小(8mm)时，热压时间用较小值
②基材密度较大(>0.8g / cm³)时，热压压力用较大值

为180～200℃时，在数十秒的热压时间内，板坯表面温度只能达到150～170℃，因在三聚氰胺树脂内加有热反应性催化剂，使树脂能迅速熔融和固化。一般热压时间为30～50s，正确的热压时间取决于树脂的固化程度。热压时间过长会使树脂过度固化，造成板面不透明，产生白花，热压时间过短，树脂固化不完全，易粘板，板面易龟裂退光，同时耐热性、耐磨性能也会下降，树脂的固化程度可通过盐酸试验来检验。

由于装板时下热板先接触板坯，为防止预固化及造成板坯变形，在板坯对称时［图24-52(c)］，一般下热板温度应较上热板低8℃。当板坯结构不对称时［图24-52(d)(e)］，上热板温度应较下热板低5～10℃。低压短周期热压工艺条件如表24-54所示。

热压工艺条件是否合理，可通过热压后做固化试验、封闭试验和刻画试验来检验。固化试验后达到2级，则表示固化程度正好；如低于2级表明树脂固化过度，应适当缩短热压时间；如高于1级则表明树脂固化不充分，应适当延长热压时间。封闭试验0级为最好，表明树脂流动性好，热压工艺条件合适，超过1级表明树脂流动性差，应及时调整浸渍干燥工艺调整预固化度和挥发分，调整热压工艺条件，降低热压温度，提高热压压力。刻画试验主要检验浸渍纸基材的胶合情况，如浸渍纸未胶落，表明胶合良好；浸渍纸脱落，背面未粘有纤维（刨花），表明胶合不良，应调整浸渍干燥工艺，降低预固化度，提高挥发分，提高树脂含量，

表 24-55 固化试验、封闭试验、刻划试验方法

试验项目	试验步骤	定级标准
固化试验	①用4N的盐酸滴在板面上，覆盖面积直径20～30mm，用表面皿罩上； ② 20min后洗净、擦干； ③目标表面腐蚀情况，对照标准判定等级	0级　无变化 1级　颜色微变 2级　颜色变化小 3级　颜色变化较大 4级　颜色变化较大，且有小突起 5级　颜色变化较大，且有大突起 6级　突起且表面破坏
封闭试验	①用2B铅笔在板面上涂约20mm × 20mm的面积； ②用水洗净，擦干； ③观察表面黑点分布密度，根据标准定级	0级　无黑点 1级　用6倍放大镜看到极少数黑点 2级　用肉眼看到较少数黑点 3级　肉眼看到少数黑点 4级　肉眼看到很多黑点 5级　肉眼看到成团黑点 6级　肉眼看到板面密布黑点
刻划试验	用刀片在板面画格，纵向5条，横向5条，互相垂直，间隔4mm，长30mm，深1～2 mm	①浸渍纸不脱落； ②浸渍纸脱落，背面未粘纤维（刨花）； ③浸渍纸脱落，背面粘有纤维（刨花）

调整热压工艺；如浸渍纸脱落，背面粘有纤维（刨花），表明基材表面结合强度差，基材应再砂光或换基材。固化试验、封闭试验及刻画试验具体试验方法及判定标准如表25-55 所示。

热压后的板坯内部应力较大，不能马上锯解，应放置1.2周待应力消除后再进行锯解，否则板坯易呈香蕉状变形。

图 24-55 所示为低压短周期贴面流程图。

由真空吸纸器将底层纸吸至真空带上。基材刨花板由推板器推进，经刷光机刷光后推至底层纸上面。然后真空吸纸器再将装饰纸吸至刨花板上。组好坯的板坯经静电装置，使纸板吸附，进入组坯台。当压机打开后联动进出板装置的真空吸盘将已热压好的板坯吸离下垫板，其前端的夹板器将板坯夹住拉入压机中，并迅速退出。压板闭合、加压。由真空吸盘吸出的已压好的板坯经齐边装置齐边，经刷光机刷光，经摆动架进行人工质量试验，然后进行堆垛和运出生产线。

24.4.9.5 低压三聚氰胺浸渍纸贴面人造板质量评定

低压三聚氰胺浸渍纸贴面人造板质量主要从外观质量及表面理化性能两方面来衡量，外观质量及表面理化性能指标及检验方法可参照国家标准GB / T15102-1994(浸渍胶膜纸饰面人造板)。GB/T18102-2006（浸渍纸层压木质地板）。

三聚氰胺浸渍纸贴面人造板生产过程中产生的问题及解决的方法如表 24-56 所示。

24.5 邻苯二甲酸二丙烯酯树脂浸渍纸贴面装饰

24.5.1 邻苯二甲酸二丙烯酯树脂

邻苯二甲酸二丙烯酯树脂是 20 世纪 60 年代随着石油化学工业的兴起而发展起来的一种热固性树脂。利用邻苯二甲酸二丙烯酯树脂的初期聚合物(预聚体)的丙酮溶液浸渍的浸渍纸作为人造板的表面装饰材料，在国外已应用得比较普遍，在国内也已试制成功，但因成本太高，尚未投入生产。

邻苯二甲酸二丙烯酯树脂最先是由美国的FMC公司以商品名“DAPON”简称“DAP”供应市场的，因此常被称为 DAP 树脂。

邻苯二甲酸二丙烯酯树脂兼具有热固性树脂的坚牢性及热塑性树脂的易加工性。由于树脂的流动性好，可在低温低压下贴面；树脂聚合过程中挥发物极少，故可采用热—热工艺，而且能得到很好的表面光泽；树脂浸渍纸柔软，可以复捲；浸渍纸贮存时间长，不需设恒湿室来保存浸渍纸；固化后加工方便。浸渍纸贴面后，表面具有优良的物理性质：有非常优良的电气绝缘性；耐热性超过酚醛树脂、环氧树脂及三聚氰胺树脂；耐化学药品污染，丝毫不受酸、碱和有机溶剂的腐蚀；吸湿性小，尺寸稳定性好；耐候性好，不产生龟裂；耐磨性好，即使是在湿润条件下耐磨性也好；耐冲击性好。

由于邻苯二甲酸二丙烯酯树脂浸渍纸贴面时加工性能好。贴面后表面物理性能良好，可以说是一种最适于人造板表面装饰的合成树脂。

邻苯二甲酸二丙烯酯单体由邻苯二甲酸钠或邻苯二甲酸酐与氯丙烯或丙烯醇在触媒作用下，反应生成。

邻苯二甲酸二丙烯酯单体在引发剂的作用下，打开一侧双键进行游离基的加成聚合反应。在聚合的第一阶段，邻苯二甲酸二丙烯脂单体进行预聚合，形成的初期聚合物有塑性，加热能软化、熔融。能溶于邻苯二甲酸二丙烯酯单体及丙酮等溶剂。在聚合的第二阶段打开另一侧的双键进行交联聚合。形成不溶不熔的树脂。制造浸渍纸用的是邻苯二甲酸二丙烯酯的预聚体。

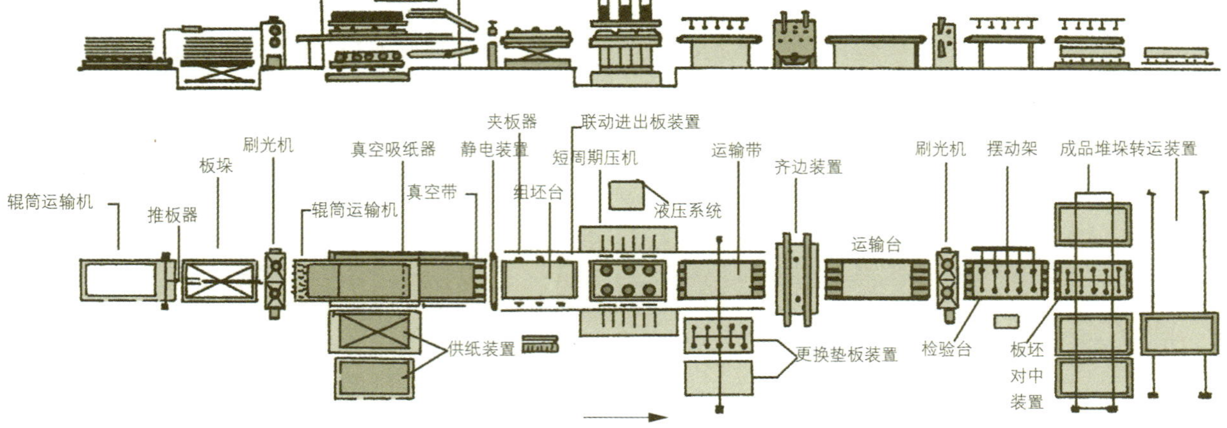

图 24-55 低压短周期贴面流程图

表 24-56 三聚氰胺树脂浸渍纸贴面人造板的缺陷及造成的原因、解决的方法

缺 陷	造成原因	解决方法
白 花	①压力不足； ②压力不均； ③抛光不锈钢板污染； ④浸渍纸过干燥； ⑤热压机操作错误； ⑥基材砂光不均	①提高压力； ②使用缓冲材料； ③抛光不锈钢板抛光或擦干净； ④调整浸渍纸干燥工艺条件； ⑤正确操作； ⑥调整砂光工艺
湿花(水迹)	①基材水分过多； ②浸渍纸挥发分过多； ③浸渍纸回潮	①调整基材含水率； ②调整浸渍纸干燥工艺条件； ③注意保管浸渍纸
表面开裂	①树脂固化不完全； ②表层纸树脂含量过高	①适当提高热压温度或延长热压时间； ②控制表层纸树脂含量
变 色	①热压温度高，热压时间过长； ②脱模剂不合适； ③基材含油脂多； ④浸渍纸厚薄不均	①降低温度，缩短时间； ②选择合适的脱模剂； ③基材要进行处理(如封底处理) ④检查、调整浸渍纸质量
内结合强度差(分层)	①基材水份过多； ②基材内结合强度差； ③热压温度高； ④热压时间过长	①控制基材含水率； ②更换基材； ③调整热压温度； ④调整热压时间，贴面后冷却
粘不锈钢板	①树脂固化不充分； ②不锈钢板污染； ③树脂含量过多； ④残留挥发分过多	①延长热压时间，提高热压温度； ②不锈钢板擦干净，使用脱模剂； ③适当减少树脂含量； ④调整干燥条件
皱 纹	①配坯时不注意； ②加压不均匀； ③浸渍纸带垃圾	①配坯时注意浸渍纸要平整； ②使用缓冲材料； ③检查浸渍纸质量
翘曲变形	①结构不对称； ②内部应力大	①调整板坯结构； ②调整上下热板温差；调质处理后使用
光泽不足	①残留挥发分过多； ②树脂含量不足； ③压力太大； ④不锈钢抛光板表面不光洁； ⑤未采用冷—热—冷工艺	①调整浸渍纸干燥条件； ②加大树脂含量； ③调整压力； ④抛光； ⑤考虑改热压工艺
光泽不均	①压力太小； ②压力不均； ③基材厚薄不均； ④脱模不好	①调整压力； ②加缓冲材料； ③检查基材； ④选用合适的脱模剂
表面理化性能差	①固化不充分； ②树脂含量不足	①提高温度，延长热压时间； ②调整浸渍纸树脂含量
浸渍纸剥离	①基材表面密度太低； ②浸渍纸干燥过度	①基材重新砂光或更换基材； ②调整浸渍纸干燥工艺条件

表 24-56（续）

缺 陷	造成原因	解决方法
缩 孔	①树脂流动性差； ②压力过低； ③温度过高； ④树脂过老	①调整挥发分，调整预固化度； ②调整压力； ③调整温度； ④调整制胶工艺
板面雾状	干燥进口段温度过高	调整进口段温度
不耐水蒸气	树脂固化不充分	调整热压工艺
板面有小气泡(小白点)	①油量层太厚； ②热压温度过高	①调整印刷工艺、浸胶工艺； ②调整热压工艺

24.5.2 邻苯二甲酸二丙烯盛树脂浸渍纸的制造

邻苯二甲酸二丙烯酯树脂浸渍纸的制造方法与使用设备大致与浸三聚氰胺树脂相同。因为可采用低压法，装饰纸原纸可使用80g/m^{2}的钛白纸，但装饰纸印刷用油墨要求能耐热不受氧化物和丙酮等溶剂的影响，油墨的粘结剂可采用硝化纤维素或醋酸纤维素。

邻苯二甲酸二丙烯酯树脂浸渍胶液的配制成分如下：

邻苯二甲酸二丙烯酯预聚体	90～95 份(质量比)
邻苯二甲酸二丙烯酯单体	5～10 份
引发剂	1～3 份
内部脱模剂	1～3 份
溶剂	100～150 份

在浸渍胶液中加入一定量的邻苯二甲酸二丙烯酯单体是为了增加树脂的流动性，使浸渍纸比较柔软，易于操作，但加入量过多易使浸渍纸粘连。一般在加入单体的同时加入一些阻聚剂(对氧基苯酚)，以延长凝胶化时间，但加入量过多会延长树脂固化时间。

引发剂一般使用有机过氧化物.如过氧化苯甲酰(BPO)、过氧化苯甲酰叔丁脂(TBP)，引发剂用量可根据浸渍条件及热压条件来定，过多则贴面时热压时间可缩短，但浸渍纸的生活期缩短，树脂的流动性会变差。

内部脱模剂使用月桂酸、硬脂酸等高级脂肪酸及其金属盐。

溶剂一般可用丙酮、甲乙酮或丙酮与甲苯的混合溶剂，溶剂的多少要视所要求的树脂含量来定，浓度过大或过小都会造成树脂含量不足。

邻苯二甲酸二丙烯酯树脂的胶液要用有机溶剂进行配制，有机溶剂的蒸发会造成空气污染，有害人体健康，并且要使用大量的有机溶剂，因此，现在的发展趋势是把溶剂型改为乳液型。应用于浸渍纸的制造。

浸渍用原纸的要求可参考前节有关部分，由于这种树脂流动性较好，可采用 80g/m^2 的装饰纸原纸，树脂含量为 55%～65%，表层纸树脂含量为 80%(计算树脂含量时。分母为浸渍纸绝干重)。

表 24-57 热压条件

热压条件 \ 基材		胶合板 (3～4mm 厚)	硬质纤维板 (3.5～5mm 厚)	厚胶合板或刨花板 (10～19mm 厚)
压力($\times 10^5$Pa)		8～12	10～15	8～12
时间 (min)	热板温度 120℃	6～8	7～9	11～15
	热板温度 130℃	5～6	6～8	8～11
热板闭合时间(s)		20 以上	20 以下	20 以下

浸渍纸干燥时入口区温度应低些，在 90～100℃范围内，局部可达100℃以上，挥发分为3%～5%，不应超过6%。

24.5.3 邻苯二甲酸二丙烯酯树脂浸渍纸贴面处理

邻苯二甲酸二丙烯酯树脂浸渍纸可贴在胶合板、纤维板和刨花板基材上，一般邻苯二甲酸二丙烯酯树脂浸渍纸贴面可采用热—热工艺，但在表面光泽要求特别高时也可采用冷—热—冷工艺。板坯背面不用贴平衡浸渍纸，因这种树脂柔软性好，单面贴面不会引起板材变形。热压时要使用缓冲材料、抛光不锈钢垫板，外部脱模剂可采用硅酮树脂，可将硅酮树脂涂于垫板上，经 180～200℃烘干后即可使用。

对各种基材贴面的热压条件如表 24-57。

24.6 聚氯乙烯薄膜贴面加工

聚氯乙烯薄膜是一种热塑性的材料，因此其耐热性比较差，耐热温度约为90℃，表面硬度较低，不耐刻划，燃烧时会放出有毒烟气，胶贴需用价格较高的胶黏剂，因此其用途受到一定限制，但在家具、室内装饰、电视机、音箱壳体方面应用仍比较广泛。其主要特点为：

(1) 聚氯乙烯薄膜表面平滑，印刷性能好。可模压浮雕花纹，真实感强；

(2) 透气性小，贴面后可防止空气中水分对基材的渗透；

(3) 贴面工艺简单。适于连续化生产；

(4) 薄膜柔软，在贴面的同时可进行边部的包覆；

(5) 表面无冷硬感，防水性、耐磨性好。

24.6.1 聚氯乙烯薄膜(PVC 薄膜)

聚氯乙烯薄膜是由聚氯乙烯树脂粉末加增塑剂、稳定剂、润滑剂、着色剂等一起混炼压制而成，一般用作贴面装饰材料的聚氯乙烯树脂的平均聚合度为800～1400。聚氯乙烯树脂的分子式如下：

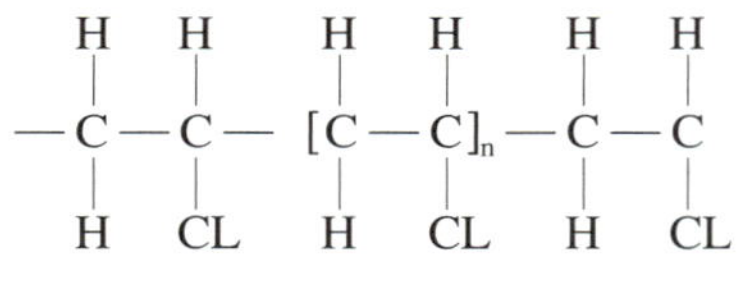

薄膜的柔软程度由添加的增塑剂的种类及多少来决定，一般可根据增塑剂的含量的不同分为硬质、半硬质和软质三种，其分类如表 24-58 所示。

表 24-58 聚氯乙烯薄膜硬度分类

种 类	增塑剂含量（%）
硬 质	<10
半硬质	10～25
软 质	>25

人造板贴面用聚氯乙烯薄膜一般增塑剂含量为 10%～25%，属于半硬质薄膜，厚度为 0.08～0.4mm。

增塑剂的添加使树脂膨润，变成凝胶状的弹性体，也就是说，先用加热的方法，使线型结构的聚氯乙烯紧密结合的分子间内聚力稍稍减弱，使增塑剂挤进变得比较松驰的分子间，这样分子的间隙更加扩大，分子间的内聚力更加减弱，薄膜就变得比较柔软。

在选择增塑剂时主要是考虑增塑剂与树脂的相溶性、增塑效果、挥发性、对光和热的稳定性、迁移性、浸出性、耐寒性(脆化温度)及化学稳定性(对水、油等化学药品的耐腐蚀性)等。其中迁移性对薄膜与基材的胶合强度有很大影响。迁移性大的增塑剂在薄膜贴到人造板表面后。会逐渐往胶层迁移而使胶合强度大大下降，浸出性大的增塑剂会渗出薄膜表面，影响装饰效果。一般常用的增塑剂有邻苯二甲酸二丁酯(DBP)、邻苯二甲酸二辛酯(DDP)，邻苯二甲酸丁基苄基酯(BBP)、磷酸三甲苯酯、癸二酸二辛酯(DOS)等。

稳定剂主要是防止聚氯乙烯树脂在加工和使用过程中，在光、热的长期作用下产生脱氯化氢反应而使树脂分解、裂化、变色、失去柔性。一般使用的稳定剂为铅白即碱式碳酸铅($P_bO \cdot H_2O \cdot 2P_bCO_3$)、三碱式硫酸铅($3P_bO\text{-}P_bSO_4 \cdot H_2O$)、三碱式亚磷酸铅($2P_bO \cdot P_bHPO_3 \cdot 1/2H_2O$)、金属碱类。

润滑剂的作用主要是增加树脂混炼时的流动性，减少与加工机械热金属表面的摩擦阻力，并防止树脂粘在加工机械的表面。

另外，为了降低成本，并得到所需的颜色，还需添加填料及颜料。

聚氯乙烯薄膜一般都可印刷木纹或图案花纹。印刷层有的在表面，有的在背面，印刷在表面的油墨层易磨损，因此其表面可再用一层透明的薄膜与其复合，以保护印刷层。或印刷在薄膜的背面，但薄膜必须是透明的，而且印刷工艺也比较复杂。近年耐磨性油墨的研制成功，只需在表面印刷即

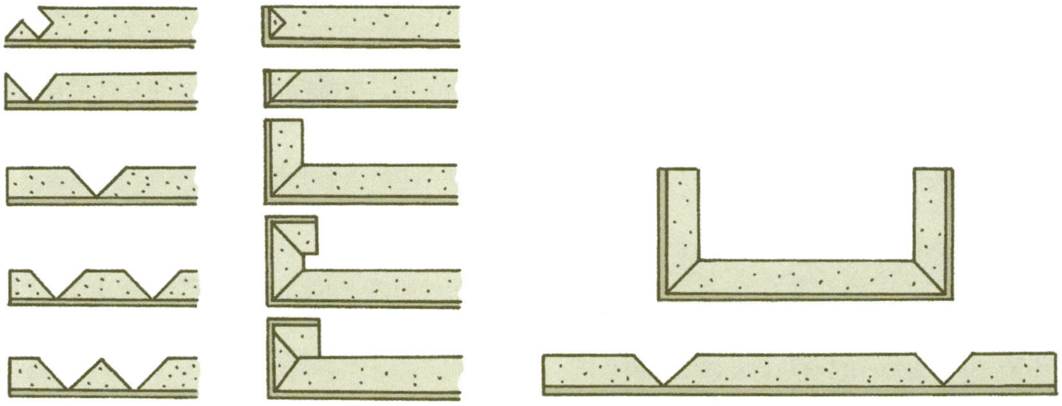

图 24-56 PVC 薄膜包覆的各种形式

可。为了使印刷的木纹更真实，在印刷后还可在薄膜上模压一些导管槽(俗称棕眼)。

24.6.2 胶黏剂

聚氯乙烯薄膜(PVC)贴面用胶黏剂有丁腈橡胶类胶黏剂、聚醋酸乙烯酯乳液、乙烯—醋酸乙烯酯共聚乳液(EVA)、EVA热熔胶。丁腈橡胶类胶黏剂成本高，胶合强度差。聚醋酸乙烯酯乳液虽成本较低，但耐久性差，胶中增塑剂易析出，成膜温度需在5℃以上，因此不常用。在聚醋酸乙烯酯乳液的主链中导入乙烯基，使主链变得柔软，成膜温度降低。这种改性后的胶即为乙烯—醋酸乙烯酯共聚乳液(EVA)。乙烯—醋酸乙烯酯共聚乳液对氧、紫外线的稳定性好，适于辊压贴面，因此是聚氯乙烯薄膜贴面的比较理想的胶黏剂。胶黏剂的涂布采用辊涂法，涂布量为80～170g/cm^2。异型面贴面加工时常用EVA热熔胶。

24.6.3 贴面加工

贴面采用常温辊压法，辊压设备与装饰纸贴面用设备相同。冬季可适当加温，以使薄膜软化易于贴面。辊压目的是赶去薄膜与基材之间的空气，使薄膜与基材紧密接触，以利于胶合，辊压压力为100～200N/cm。聚氯乙烯薄膜不宜用平压法贴面，因为平压法贴面不易将薄膜与基材间空气赶出去，影响胶合质量。贴面后不能立即锯割，应堆放3d以上，使胶黏剂充分固化，胶合强度达最高值后锯割较好。

聚氯乙烯薄膜柔韧性很好，可在贴面的同时进行板边的包覆。还可以连同基材一起折转包覆，制成箱体，图 24-56 所示即为薄膜包覆的几种形式。先在贴面后的基材部分用圆锯或铣刀加工 V 型槽，然后再折转包覆。

聚氯乙烯薄膜还可通过加热模压成各种浮雕型图案及花纹，然后再贴面，这种加工方式主要用来制造门皮板。

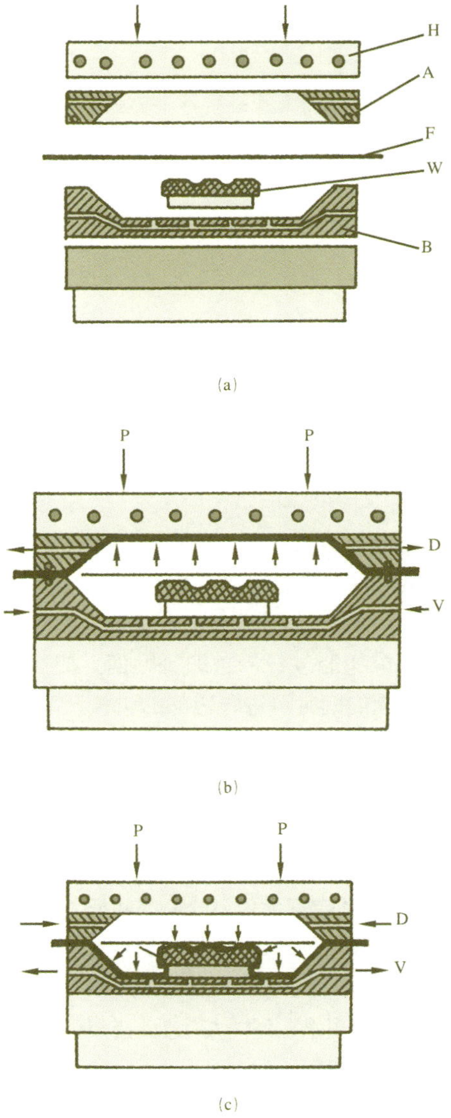

图 24-57 异型压机贴面工作原理

聚氯乙烯薄膜也可在事先已用数控镂铣机镂铣出各种浮雕状花纹或图案的中密度纤维板基材上进行异型面贴面加工。而且聚氯乙烯薄膜可替代施加压力的橡胶膜，而使贴面压机简单化。图24-57所示为用不带橡胶薄膜的异型贴面压机贴覆聚氯乙烯薄膜的过程示意图。这种压机苏州林机厂已有生产，其型号为BY932多功能贴面压机。

图24-57中，H为上热板，C为下热板，F为PVC薄膜，W为表面已镂铣浮雕花纹的中密度纤维板，表面已涂有热熔胶。A、B为附加的导入压缩空气或抽真空的装置，D、V为压缩空气入口(抽真空口)。图中(a)已将基材及PVC薄膜放入压机，但压机尚处于开启状态；图中(b)显示D抽真空，V导入压缩空气，使PVC薄膜紧贴上热板H而被加热软化（c）显示V抽真空而D通入压缩空气，使PVC薄膜紧紧包覆在MDF上与之胶合。贴面时加热温度约为140℃，压缩空气压力约为0.6MPa。

24.6.4 聚氯乙烯薄膜贴面人造板质量评定

聚氯乙烯薄膜贴面人造板质量主要根据外观质量及表面理化性能评定。主要理化性能有剥离力、耐磨性及耐污染性等，其指标值及检验方法可参照林业行业标准聚氯乙烯薄膜饰面人造板，标准代号为LY/T1279-1998。

24.7 聚烯烃纤维素聚合薄膜贴面加工

24.7.1 聚烯烃纤维素复合薄膜

由聚烯烃与纤维素复合的薄膜，其商品名为ALKORCEIL。这种薄膜因不含增塑剂，因此没有毒气体放出，又因含有纤维素而具有一定的透气性，是介于塑料薄膜与纸张之间的一种产品。这种薄膜也可印刷木纹或图案花纹，并可模压浮雕花纹，可用于各种人造板贴面装饰，而且只需使用脲醛树脂胶经冷压即可贴面，使用非常方便。薄膜柔软，贴面的同时可进行边部的包覆。薄膜的主要性能如下：

(1) 能保持形状稳定的温度范围：－30～1500℃；

(2) 耐污染、耐水、耐水蒸气；

(3) 薄膜不分层、不碎裂、使用寿命长；

(4) 遮盖性较好，定量为100～150g/m^2。

另有一种聚烯烃（PO）薄膜，性能类似PVC薄膜，但耐热性较PVC高20℃，在110℃温度下使用不会有问题，PO薄膜贴面人造板可用来制造厨房家具，使用中无有害气体放出，是一种环保型材料。

24.7.2 聚烯烃纤维素复合薄膜贴面

聚烯烃纤维素复合薄膜可采用脲醛树脂进行贴面，涂胶量一般为60～80g/ m^2。贴面方法可采用冷辊压、热辊压或热平压法。为加快脲醛胶的固化速度，在薄膜背面涂有氯化铵，当薄膜与基材贴合时，胶黏剂即能快速固化。但在冷辊压的情况下，贴面后需堆放2～3d后才能使用。热辊压时，温度可达120～130℃。热辊压有利于胶合强度的提高。辊压设备可采用装饰纸贴面用辊压装置。采用热平压法贴面时温度为80～100℃，热压时间约20s。薄膜也可在已有浮雕花纹的基材上进行模压，此时温度为100℃，压力为1～1.4MPa，加压时间为20～30s。PO薄膜的贴面工艺条件与PVC薄膜相同。

24.8 其他材料贴面装饰

人造板表面除用合成树脂浸渍纸、木纹纸、薄木、树脂薄膜等贴面以外，还可以用纺织品、金属薄板、石棉板、竹材等进行贴面处理，以适应各种具有特殊要求的用途。

24.8.1 纺织品贴面

纺织品花色品种繁多，用于人造板贴面的，主要是合成纤维织物及丝绸织物。纺织品贴面人造板主要用于建筑物室内的壁面装饰，使室内具有温暖、豪华的感觉。

使用的胶种一般为聚醋酸乙烯酯乳液或聚醋酸乙烯酯乳液与脲醛胶的混合胶，可采用热压、冷压或辊压。

由于纺织品比较柔软，在人造板表面进行处理的同时，可将纺织品包覆到人造板的四边。进行封边处理。

24.8.2 金属薄板贴面

人造板表面常用薄铝板或不锈钢板进行贴面。金属板贴面人造板轻而强度大；热传导系数较纯金属板小；比金属板的反响性小；耐冲击，能吸收一部分冲击能，不受损伤；防火性能好；不受虫害、菌害；表面易于清洗。因此金属薄板面人造板常用于医疗卫生及厨房家具。

金属薄板的胶贴比较困难，因金属、木材、胶黏剂是三种性质完全不同的材料，即使胶合后，在受外载荷作用时，金属板与人造板基材内产生的应力不同，易在周边部产生应力集中而使二者剥离。

常使用的胶黏剂为环氧树脂及合成橡胶类胶黏剂。

24.8.3 软木贴面

软木保温性、吸音性较好，常用它来装饰人造板后做天花板壁面。软木可切成薄片或粉碎成颗粒状，用脲醛树脂贴在人造板表面，有特殊的装饰效果。

24.8.4 木粉贴面

木粉经染色后，可散布在涂有脲醛胶的基材人造板上作为装饰。木粉可染成各种颜色，混合后粘贴于基材表面可得到颜色富有变幻的装饰效果。

24.8.5 纤维贴面

将羊毛或人造纤维等纤维类切成很短的短纤维，用静电的方法吸附在人造板表面，并使之直立胶黏，产生一种柔软的天鹅绒般的装饰效果。

24.8.6 矿物类贴面

将石英石等矿物粉碎后，散布在涂有胶黏剂的人造板表面，产生一种特殊的装饰效果。常用于建筑物室内的壁面装饰。

24.8.7 竹材贴面

竹材是一种很好的人造板表面装饰材料，竹材贴面人造板具有素雅、朴实的民族风格，常用于建筑物室内及家具的装饰。

竹材贴面材料可以用两种方法来制造，即编织法与旋切法。

24.8.7.1 编织法

将竹材劈成厚度为1.2～1.5mm，宽度为8～15mm的篾条，经染色或漂白后编织成具有各种图案的花席，这种花席经树脂浸渍、干燥后即可用热压法胶贴于人造板的表面。

竹篾的漂白，可将竹篾放入1%的漂白粉溶液中浸泡1～2h，然后再在5%醋酸溶液中浸泡30min左右，然后清洗，干燥；也可将竹篾放入密闭容器中通入二氧化硫气体，经一昼夜，然后取出清洗、干燥。

竹篾的染色一般采用碱性染料较好。染色前先放入碱水中煮沸3～5min，进行预处理，然后再放入染液中煮沸30～40min即可。

竹篾一般采用酚醛树脂胶浸渍，浸渍前要先放入水中或5%碱溶液中煮沸40～50min进行预处理，以提高竹篾的渗透性。

24.8.7.2 旋切法

挑选径大壁厚的竹材，先经10%碱溶液热处理软化后，在竹材专用旋切机上进行旋切，竹材单板一般厚0.1～0.2mm，竹材单板经干燥，含水率达8%～10%即可在涂胶基材上胶贴或拼花胶贴。

24.9 转移印刷

转移印刷是近几年开发出来的一种表面装饰方法，它借助于一张特制的转印薄膜，通过加热、加压将其上的木纹转印到基材人造板上去，因它转印时勿需油墨、涂料及胶黏剂，所以又称为干印。转移印刷自问世以来，发展非常迅速，并且在各个部门都得到了广泛的应用，这主要是由于转移印刷与别的装饰方法相比有如下的优点：

(1) 转移印刷不仅能转印木纹、图案而且能将金属箔转印到基材上去，真实感强；

(2) 印刷时无需油墨、涂料与胶黏剂，因此不存在空气污染问题，无需庞大的污染处理设备；

(3) 工艺简单、加工方便、加工周期短，适于大量生产；

(4) 装饰表面具有耐磨、耐热、耐水、耐污染等优良物化性能；

(5) 能耗小、成本低、占地面积小。

24.9.1 转印薄膜

转印薄膜的构成如图24-58所示。载体为厚19～23μm的聚酯薄膜，耐热，具有足够的柔韧性。载体在转印后要与留在基材上的转印层分离，因此要有脱膜层，该层一般由蜡构成。面涂层起保护油墨的作用，并且要赋于装饰表面以耐磨、耐热、耐水、耐污染等性能，在转印过程中要能耐高温，因此面涂料要完全透明，干燥后能具备以上要求的物化性能，并且不受油墨的载体的浸蚀，与油墨有很好的附着性。底涂层主要起遮盖基材的作用，并且使基材具有某种底色，因此常在底涂料中加入耐热的颜料，底涂层应与油墨及胶层很好附着。油墨层要求能耐高温，保色性好，并与面涂层、底涂层有很好的附着性。底涂料、面涂料及油墨的载体都可利用丙烯酸酯在高度真空的条件下加热可变为蒸气的性质，蒸发到面涂层上去。一般金属箔的厚度仅为20～25μm。胶黏剂为热熔性胶，当胶黏剂受热时迅速熔融，冷却即将面涂层、油墨层、底涂层牢固地粘在基材上。

24.9.2 转移印刷

转移印刷对基材人造板表面平整度的要求较高，因转印薄膜很薄，基材表面的不平度极易造成装饰表面的不平及光泽不均。一般要求基材经180号砂带砂光。

转移印刷的方法有平压和辊压二种，一般辊压适于大面积的转印，人造板表面转印木纹采用辊压较为合适。辊压转印示意图如图24-59所示。转印薄膜放卷后在压印辊下与基材人造板复合，通过远红外加热器加热硅酮橡胶辊。达140～200℃，并由钢辊加压，使胶层活化，将油墨转印到基材上去，此时蜡层亦熔化。使载体聚酯薄膜与转印层分离。转印速度可达10～25m/min，每台转印装置的电机功率为20～50kW。

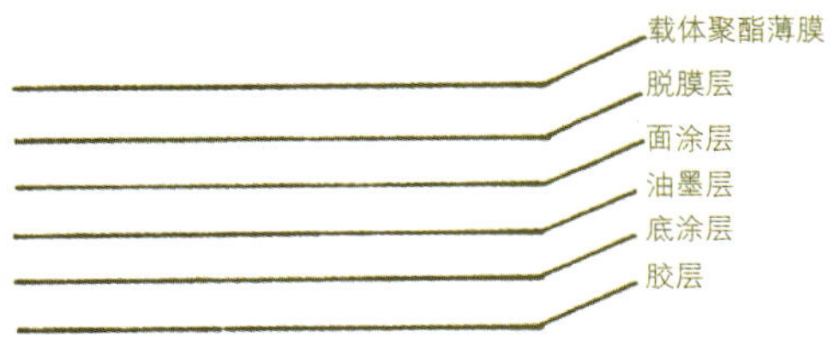

图24-58 转印薄膜的构成

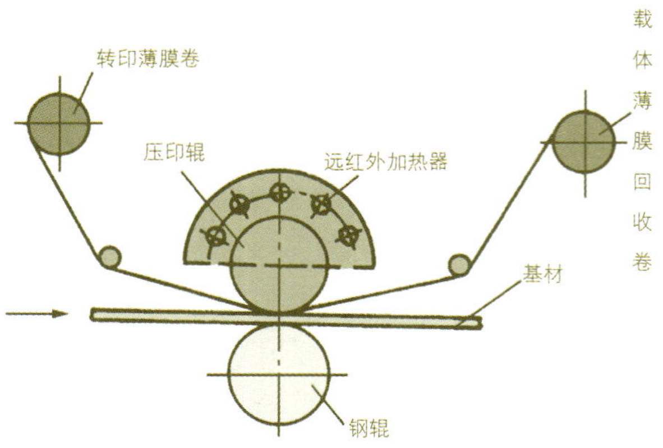

图 24-59 辊压转印示意图

24.10 直接印刷

直接印刷是直接在素板上进行木纹印刷的一种二次加工方法，直接印刷的工艺流程如下：

人造板素板 → 砂光 → 打腻子 → 干燥 → 打腻子 → 干燥 → 砂光 → 涂底涂料 → 干燥 → 印刷木纹 → 涂面涂料 → 干燥 → 成品

直接印刷成本低，能得到美丽多彩的木纹，但与薄木贴面相比，木纹的真实性较差，缺乏立体感，因此只用于中、低档家具及建筑物内部的装饰。

24.10.1 基材人造板

几种人造板表面都可以进行直接印刷，其中刨花板及纤维板更为常用。对基材人造板的要求原则上应符合第2节所述，但可适当放宽，可允许存在某些表面缺陷。

不论哪一种基材在直接印刷前都应进行厚度调整及表面精细砂光。要求厚度偏差小于 ± 0.2mm。要求表面光滑，以保证印刷效果。

24.10.2 打腻子

使用的基材人造板虽经砂光。但表面仍存在一些孔洞或凹凸不平的地方。如柳桉胶合板，导管的直径比较大，板面的导管槽多而宽，为得到平整的印刷表面，防止底涂料的渗透损失，一般都需进行打腻子，找平板面。

腻子由粘结剂、大量的体质颜料及适量的着色颜料等组成。根据使用的粘结剂的不同分为水性腻子、油性腻子及树脂腻子。腻子固化后应不受底涂料溶剂的影响，应具有不可逆性。

水性腻子的粘结剂为骨胶、淀粉胶、酪素胶、聚醋酸乙烯酯树脂等，混入量一般为4%～10%，粘结剂混入量太多，刮腻子比较困难。水性腻子中的水分易被基材吸收，使基材表面膨胀，因此纤维板、刨花板基材不宜使用水性腻子。

油性腻子的粘结剂是干性油、油基清漆等，油性腻子不会使基材表面膨胀，并且与底漆的附着性好。

树脂腻子的粘结剂是氨基醇酸树脂清漆、油改性聚氨酯树脂清漆、硝基清漆、不饱和聚酯树脂清漆等。树脂腻子坚固、不会使基材表面起毛，耐水性、耐热性、耐污染性都好。刨花板基材表面比较粗糙，易膨胀，因此常用光敏树脂腻子。采用紫外线固化。加快干燥速度。避免刨花板表面膨胀。

打腻子采用刮刀式涂布机或顺向辊与逆向辊组合的涂布机，以保证良好的填补性，并得到厚度均一的腻子层。

腻子涂布量根据基材板面光滑程度不同而不同。纤维板基材涂布量最少，刨花板基材及胶合板基材涂布量较多，涂布量一般为120～150g/m^2，涂布量太多而造成腻子固化不完全，影响底漆对基材的附着力。

腻子涂布后可进行强制干燥，光敏树脂腻子用紫外线(UV)干燥。其余一般用红外线干燥。

第一道腻子干燥后往往由于收缩而产生裂纹或塌陷，因此，一般要经第二道腻子涂布后才能保证填孔找平的效果。腻子涂布后为得到光滑的表面，一般干燥后都要经过砂光，使用的砂带为 180 号～240 号。

24.10.3 涂底涂料

涂过腻子的基材还应涂一层底涂料，涂底涂料的目的有如下几点：

(1) 遮盖人造板表面，着色，使人造板基材具有某种均一的色调；

(2) 基材人造板对空气中湿度的变化很敏感，易产生收缩或膨胀，而底涂层有缓冲基材的膨胀及收缩对面涂层的影响的作用；

(3) 底涂料渗入人造板基材，固定腻子，形成封闭层，以减少油墨及面涂料对基材的渗透，从而保证油墨的堆砌度及面涂层的厚度；

(4) 改善油墨、面涂层对基材的附着性。

因此，底涂层固化后，漆膜应该比较柔软，具有一定的弹性、遮盖力，形成印刷木纹的底色，并且具有良好的物理机械性能。在底涂料中一般都加有增塑剂、着色颜料和体质颜料。常用的底涂料有硝基纤维素漆、氨基醇酸漆、不饱和聚酯漆、聚氨酯树脂漆等。

底涂一般采用辊涂或淋涂。由于底涂的作用是使底涂料深入渗透进基材，快速干燥，增强基材，形成封闭层，因此并不需要得到很厚的涂层。

底涂层要经充分干燥后才能进入下一工序，否则易造成油墨及面漆的附着不良或龟裂，如涂底涂料后基材有起毛现象可用 200 号～240 号砂带砂光后再进入下一道工序。

24.10.4 木纹印刷

在底涂层干燥后即可进行木纹印刷，如能利用底涂层干燥的余热，则木纹印刷后。油墨很快就能干燥，不需专设干

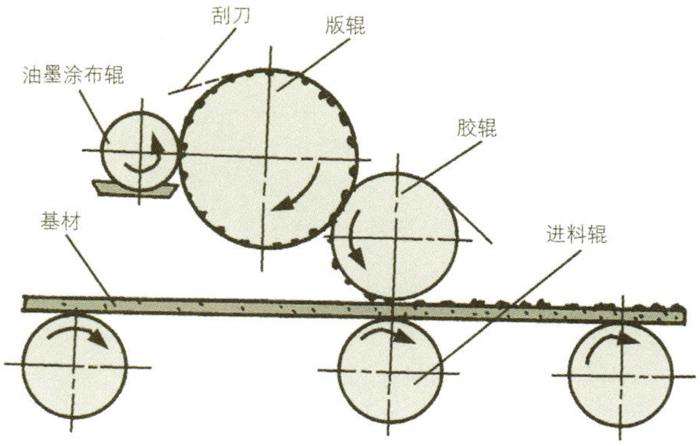

图 24-60 凹版胶印机的工作原理图

燥装置。在人造板基材上进行印刷与在纸上进行印刷是不同的，纸张可挠曲，富有弹性，可以包覆在版辊上进行印刷，而基材人造板是不可挠曲的平板，缺乏弹性，因此直接印刷要采用凹版胶印。

图 24-60 所示为凹版胶印机的工作原理图。印刷油墨先由油墨涂布辊将油墨压入版辊的凹槽中，然后再由版辊将油墨转印到胶辊上，再利用胶辊的弹性将油墨转印到基材上去。凹版胶印印刷木纹清晰，能得到连续无端的木纹，由于版辊表面镀铬，因此经久耐用，可印数十万次。印刷油墨厚度可达 10 μm。为了得到层次分明的富有质感的印刷木纹，可用 2～3 台凹版胶印机连接起来，进行套色印刷。

123 树脂组成如下：

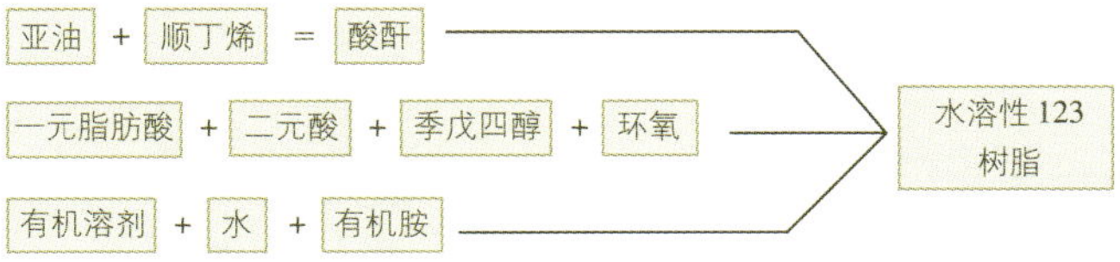

(pH：7～8.5；细度：300 μm 以下；黏度：100～150cp/35℃；稳定性：密封贮存一年以上)

使用的油墨可以是水性的、油性的或光敏树脂油墨。水性油墨的配方示例如表 24-59 所示。

使用光敏油墨时，可采用紫外线固化，固化速度快，油墨物理性能好。可不用再涂面涂料。

24.10.5 涂面涂料

在木纹印刷后可直接涂面涂料，面涂料一般为硝基清漆、氨基醇酸树脂漆和聚酯树脂漆。涂布方法一般可采用辊涂、淋涂或喷涂。

普通用途的产品，面涂料干燥后即为成品；特殊要求的，还可进行打蜡和抛光。

表 24-60 所示为直接印刷中产生的问题及解决办法。

24.10.6 直接印刷工艺实例

图24-61为一套人造板直接印刷的设备，全套共55台设备，该套设备也可用来生产透明涂饰或不透明涂饰人造板。生产能力为每年 400 万 m^2。其生产工艺流程如下：

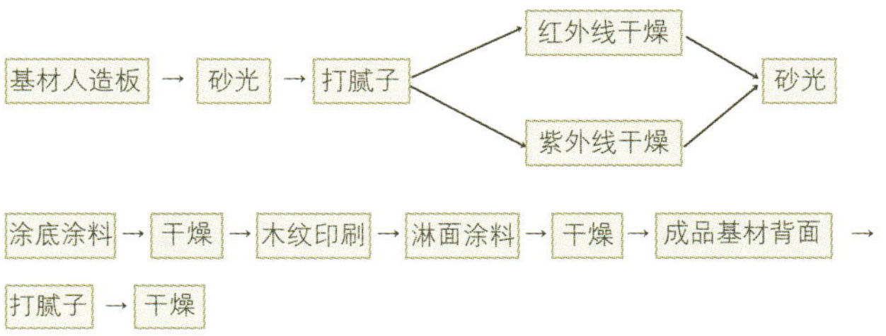

表 24-59 水性油墨配方示例

原料名称	单色油墨	二套色或三套色油墨		
		铁红色	淡黄色	深黄色
123 树脂	20.24%	23%	32.5%	32.5%
干燥剂	1.28%	3%	3%	2.7%
氧化铁红	6.43%	8%	–	–
氧化铁黄	–	–	10%	10%
F5R 大红	–	–	–	0.27%
碳　黑	2.55%	–	–	0.1%
苛化钙	1.23%	10%	5%	5%
乙　醇	22.19%	18%	18%	
助溶剂	4.18%	1.5%	1.43%	
水	40.57%	30%	30%	
添加剂	1.18%	–	–	

24.10.7 直接印刷人造板质量的评定

直接印刷人造板质量的评定包括外观质量及漆膜的物理性能两个方面。外观质量主要凭肉眼观察印刷质量及漆膜质量，包括印刷不均、颜色不均、光泽不均、剥离、气泡、龟裂、鼓泡、污染等以及来自基材的缺陷，如翘曲等。翘曲严重的应考虑在背面涂腻子。

表 24-60 木纹印刷中出现的问题及解决的办法

问　题	产生原因	解决方法
一条横条纹	①基材人造板边角太锐利； ②基材人造板进料速度大； ③对基材人造板加压过大	①基材人造板边角磨圆； ②调整基材进料速度； ③调整对基材的压力； ④调整版辊与胶辊间压力； ⑤研磨刮刀； ⑥调整油墨黏度
横条纹 反复出现	①胶辊裂纹、皱纹； ②胶辊不圆； ③胶辊与版辊速度不一致； ④油墨黏度过大	①换胶辊； ②调节胶辊与版辊的速度； ③调整油墨黏度
纵向波状 颜色不均	刮刀卷口或夹有垃圾	①清扫刮刀； ②研磨刮刀

表 24-60（续）

问 题	产生原因	解决方法
颜色不均	①刮刀与版辊之间的缝隙不均一； ②版辊上粘有干了的油墨或垃圾； ③版辊损伤； ④版辊不圆； ⑤版辊与胶辊间或胶辊与基材间压力不足	①调整刮刀与版辊间隙； ②清洗版辊； ③调换版辊； ④调整压力
油墨污染	①胶辊硬度太大或老化； ②对基材加压过大或过小； ③刮刀钝化； ④油墨黏度过高； ⑤胶辊滑动，与版辊速度不一致； ⑥基材被胶辊黏起	①检查胶辊硬度； ②调整对基材的压力； ③研磨刮刀； ④调整油墨黏度； ⑤调整胶辊与版辊的转速； ⑥调整进料传送带速度
重叠、模糊	①胶辊刮刀钝化； ②胶辊上油墨太干	①刮刀研磨； ②油墨中增加高沸点溶剂
空 白	①基材上黏有垃圾； ②基材翘曲； ③胶辊磨损； ④版辊磨损或黏有垃圾； ⑤油墨不足	①检查基材，重砂； ②换胶辊； ③换版辊； ④添加油墨
反复出现油墨点或条痕	①版辊损伤或黏有垃圾； ②胶辊上黏有垃圾； ③底涂层粗糙； ④底涂后附着灰土	检查清扫版辊或胶辊

附录

我国现行的有关人造板二次加工产品的国家标准及行业标准。

(1) 船用贴面刨花板 LY / T1057-1991

(2) 模压刨花板制品(家具类)GB / T15105-94

(3) 刨切单板 GB / T13010-2006

(4) 装饰单板贴面人造板 GB / T17657-2006

(5) 饰面用浸渍胶膜纸 LY / T1143-1993

(6) 热固性树脂浸渍纸高压装饰层积板(HPL)GB / T7911-1999

(7) 浸渍胶膜纸饰面人造板 GB / T15102-2006

(8) 不饱和聚酯树脂装饰胶合板 LY / T1070-1071-2004

(9) 聚氯乙烯薄膜饰面人造板 LY / T1279-1998

(10) 人造板及饰面人造板物理力学性能测试方法 GB / T17657-1999

(11) 浸渍纸层压木质地板 GB / T18102-2000

(12) 实木复合地板 GB / T18103-2000

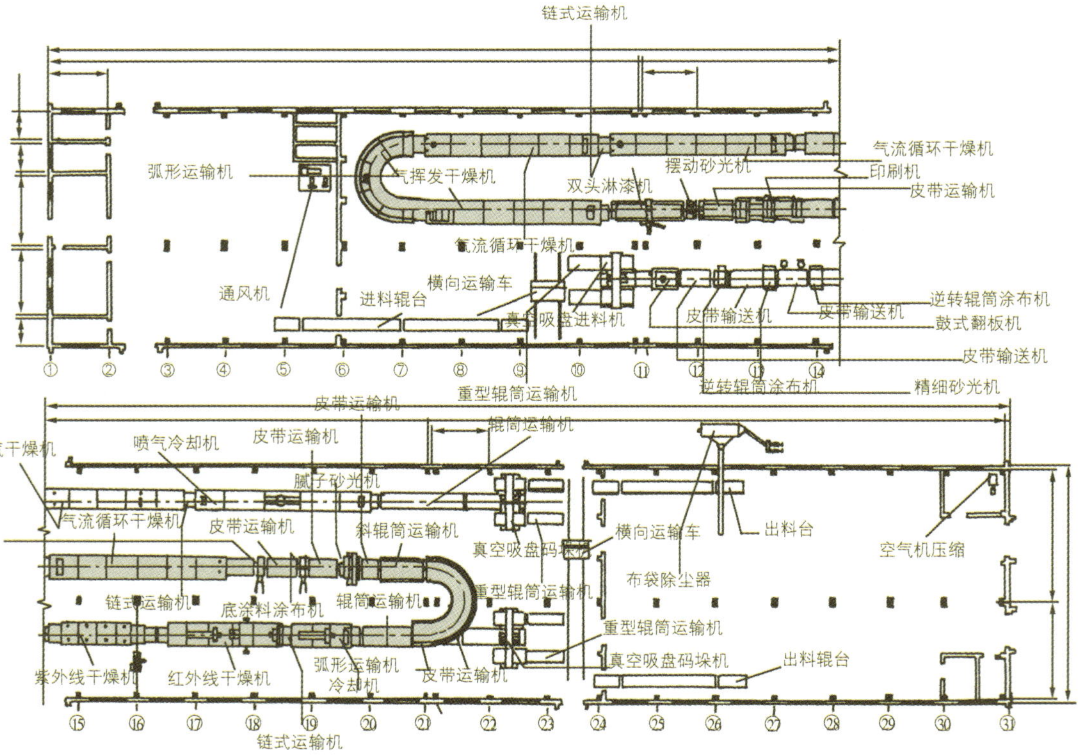

图 24-61 直接印刷车间平面布置图示例

参考文献

[1] 张勤丽. 人造板表面装饰. 北京：中国林业出版社，1986

[2] 柳下正. 特殊合板(日). 森北出版株式会社，1978

[3] 平井信二. 合板(日). 桢书店，1976

[4] 今村博之等. 木材利用の化学(日). 共立出版株式会社，1983

[5] 半井勇三. 木材の接着ろ接着剂(日). 森北出版株式会社，1975

[6] 小四信. 木材の接着(日). 日本木材加工技术协会，1982

[7] 川村二郎. これかりの木材涂装(日). 桢书店，1977

[8] M.Maloney, MODERL PARTICLEBOARD & DRY.PROCESS FIBERBOARD MANUFACTURING. MILLERTREEMAN，1977，P573～625

[9] Horst Brinkman, HPL flooring. new product trents with laminates, Wood Based Panels International.1992

[10] Dr. stoberg, History and Trenas in Laminated Flooring, Asian Timber，1996

[11] [苏]C.H.米罗什尼钦科. 刨花板和胶合板饰面. 林产工业，1982

[12] 微薄木成套进口设备试车情况. 上海木材一厂，1978

[13] 刘承礼等. 后成型装饰板的研制. 北京木材工业，1991

[14] 张勤丽. 关于发展中密度纤维板二次加工的一些看法，林业科技开发，1997.1.P13～15

[15] [苏] Ю.C.图皮金.何文津译. 人造板饰面过程和设备. 北京：中国林业出版社，1988

[16] 森工科技参考资料. 人造板二次加工，中国林科院情报所，1979

[17] 张勤丽. 家具用人造板的贴面加工，家具，NO.105，NO.106，1998

[18] 重本允. 木工接着の实际シリズ(第一回)～(第六回)，接着，1981.5～1981.11

[19] 于夺福. 装饰板制造与应用. 北京：中国林业出版社，1983

[20] 李庆章. 人造板表面装饰. 哈尔滨: 东北林业大学出版社, 1989
[21] 德国 Walfer. 恩森斯贝格等. 刨花板低压短周期三聚氰胺浸渍纸贴面, 林产工业, 1986, 3, P16～32
[22] 国外人造板饰面技术. 林产工业, 1984
[23] 张勤丽. 装饰纸贴面人造板, 林产工业. 1990.4.P20～22
[24] 张勤丽. 装饰人造板的变形. 林产工业. 1990.1, P18～21
[25] 张勤丽. 脲醛树脂胶与聚醋酸乙烯乳液胶的配比对薄木湿贴质量的影响. 木材工业, 1989
[26] [苏]ю. г .多罗宁等著. 李庆章译. 木材工业用合成树脂. 北京: 中国林业出版社, 1984
[27] 中国林业科学研究院木材工业研究所. 人造板生产手册上册、下册. 北京: 中国林业出版社, 1983
[28] 芬兰人造板二次加工考察组技术报告, 1982
[29] 人造板生产机械化. 自动化及表面装饰加工技术考察报告. 中国林业科学研究院木材工业研究所, 1984
[30] 张勤丽. 人造板质量问题分析及解决对策. 人造板通讯, 2001.3, P12～14
[31] 庄启程. 科技木. 北京: 中国林业出版社, 2004
[32] 张一帆. 展望预油漆纸生产技术的发展和应用. 人造板通讯, 2004.12. P17～20
[33] 刘占梅等. 浸渍纸预固化度的控制及对压贴工艺形响的探讨. 林产工业, 2002.6.P22～25
[34] 张勤丽. 浸渍纸层压木质地板的质量状况及基材质量的控制. 木材工业, 2003.7.P21～23

25 木材及人造板阻燃处理

Fire Retarding Treatment of Wood and Wood-based Panel

木材是由碳、氢、氧等元素所组成的有机化合物，受热会分解。是一种容易燃烧具有较大危险性的材料，因此对木材进行阻燃处理是当今国内外都在研究的问题。

我国将阻燃建筑材料分为不燃A级、难燃B_1级、可燃B_2级和易燃级，木材属于易燃材料，能够引起火灾或使火焰蔓延扩大。

25.1 木材的阻燃处理

木材阻燃关键是选择合适的阻燃配方和处理工艺，只有配方合适，工艺合理，才能得到较好的阻燃效果。

25.1.1 阻燃处理方法

阻燃处理方法一般有涂刷法和浸渍法。

(1) 涂刷法：将含有阻燃剂的防火涂料涂刷在木材表面，形成一层阻燃保护层。这种方法工艺简单，不改变木材或胶合板的生产工艺，也便于现场施工应用。从生产成本上看是一种理想的方法。该方法的缺点是受木材厚度和种类的限制，此外还必须注意阻燃剂的选择和配比，否则会影响粘结强度。

(2) 浸渍法：把木材浸泡在阻燃剂溶液里，达到阻燃剂进入木材内部的目的。因此，防腐所用的浸渍法也适用于木材的阻燃处理。尽管简单地用阻燃溶液处理木材能达到一定程度的阻燃效果，但是效果不能令人满意。在大多数情况下，把木材放在处理容器里，把系统抽真空至1/10～1/4atm，保持1/4～11/2h，然后放入处理溶液，加压到12.3kg/cm^2，在65℃下保持7h。这样处理的木材就可以烘干了。阻燃剂的添加量随木材和阻燃剂种类的不同而变化，一般是每m^{3}木材用16～160kg。软松木每m^{3}重480kg，某些橡木则重1120kg。这样，阻燃剂的添加量范围是1.4%～33%。

25.1.2 阻燃机理

使木材具有“阻燃性”的处理方法就是用各种阻燃剂来浸润木材。这些物质或者是在受热时很易熔化而紧密地包围着木材的表面，阻止氧气透人木材；或者在受热时分解，放出大量不燃烧气体，阻止了氧气透入木材。

此外，用盐类物质处理木材，必须考虑到阻燃剂熔化、蒸发和分解所消耗的热量。所以当木材含大量水分时，蒸发这些水分就要从燃烧的木材中取得大量的热。

除了用阻燃剂浸润以外，木材阻燃还可以采用防火涂料。在固定的热源作用下，涂料下层的木材会开始分解。同时由于加热时木材发生的气体压力将复盖层局部崩裂，气体也就通过细孔逸出，并在离木材相当远的地方燃烧，而木材本身只稍为增加一点热度。

25.1.3 阻燃剂

阻燃剂应具有较高的抗火性能、化学稳定性、不易风化并稍有防水性。阻燃剂不应含有对人有毒的物质，对木材和金属不起破坏作用；有时还要求不影响油漆和加工（包括胶合）。此外，阻燃剂应价格低廉。

目前最常用的是：某些铵盐和碱性或碱土性的硫酸、硼酸、磷酸和盐酸的盐类。

有下列碱根或酸根的物质有较强的阻燃性能。

碱根：铝、氨、钴、钙、锂、镁、锰、铜、镍、锌、锡

酸根：砷酸盐或亚砷酸盐、硼酸盐、溴化物、钒酸盐、钨酸盐、钼酸盐、亚硒酸盐、锡酸盐、磷酸盐、氯化物

1. 各类阻燃剂简介：

(1) 硼的化合物：硼砂（$Na_2B_4O_7 \cdot 10H_2O$）是最好的阻燃剂。受热时，硼砂就膨胀放出水蒸汽（350～400℃时失掉全部结晶水）；继续加热至741℃时，熔化成玻璃状的物质。

硼砂的溶解度在受热时增高：100份水中，在10℃时溶解3份，在30℃时溶解7份，在25℃时以1：1比例配合的硼砂与硼酸的混合物的溶解度为12.5%。硼酸（H_3BO_3）和硼酸铵[$(NH_4)_2(B_4O_7)$]也是良好的阻燃剂。目前用硼砂和硼酸的化合物还很有限。

(2) 磷酸盐磷酸铵[$(NH_4)_2HPO_4$和$NH_4H_2PO_4$]能很好地防止木材发生燃烧（主要减缓燃烧速度）。磷酸盐易溶于水，无吸湿性，很少腐蚀钢铁，使用浸润材较不易风化。盐类在受热时分解，并放出氨气和磷酸，熔化后结成一层保护薄膜覆盖在木材的表面。磷酸氢镁（$MgHPO_4$）是一种良好的阻燃剂。

(3) 氯化物和氢溴酸氯化铵（NH_4CL）能很好地防止木材燃烧，但吸湿性很大，容易风化。受热到385℃以上时，自行升华，形成大量的蒸气（NH_3和HCL）。较大的吸湿性和会腐蚀钢铁的不良性能使它不能得到广泛使用。

氯化锌（$ZnCl_2$）具有相当的阻燃性能，不仅可作阻燃剂使用，而且同时还可作防腐剂用。但氯化锌有吸湿性，此外，还能腐蚀和它接触的金属及显著地降低木材的强度。在365℃时溶化，在730℃时沸腾。

氯化镁也具有相当的阻燃性能。

氯化钙（$CaCl_2\cdot6H_2O$）有吸湿性，它在29.5℃熔化，再加热时变成无水化合物，在774℃再熔化，阻燃性能不高。

(4) 溴化铵（NH_4Br）是很好的阻燃剂，但由于价格昂贵和不易得到，所以很少使用。

(5) 硫酸盐硫酸铵[$(NH_4)_2SO_4$]是良好的阻燃剂。易溶于水，比氯化铵难于风化，但能剧烈地使金属腐蚀。在3750时熔化，再加热就分解成氨气和硫酸蒸汽。

在硫酸盐中，实际上常采用硫酸镁（$MgSO_4\cdot7H_2O$）和阻燃性能不高的硫酸钠($Na_2SO_4\cdot10H_2O$)。

明矾[$A1_2(SO_4)_3\cdot K_2SO_4\cdot24H_2O$]和钠明矾[$A1_2(SO_4)_3\cdot Na_2SO_4\cdot24H_2O$)]在古代当作阻燃剂来使用。它们的性能彼此接近，防止木材燃烧不能显著。明矾稍溶于水。它们都会腐触金属；会发生风化。

(6) 此外，还可用硫酸钙（石膏）作为不溶的阻燃剂。要在木材内得到硫酸钙，可直接用氯化钙和硫酸或其他容易溶解的硫酸盐溶液来浸润。从物理上来看，硫酸钙的阻燃性能如下：受热到200℃时，开始分解，吸收热量并放出水蒸汽。在火焰的温度（1000℃）下，硫酸钙继续分解成不燃烧的氧化钙和二氧化硫。在这个过程中要吸收大量的热量，但由于要在高温下进行分解，所以实际效用不大。

在有机物中作为阻燃剂的主要有磷酸盐、硫酸盐、醋酸盐的有机化合物，以及单纯的或和无机阻燃剂混合的氯的有机化合物。

现举部分有机化合物（可做防腐剂）为例：氯化萘、氯化橡胶、四氯甲烷等；萘磺酸锌、硫氰二酰胺等；磷酸氰二酰胺、磷酸脲、三苯磷酸等；醋酸锌、醋酸铝、醋酸纤维、乙醛等。

曾经采用的有机酸：草酸、乳酸、水杨酸等，以及尿素、氰二酰胺、甲醛等。

表25-1为氯化铵（NH_4C1）和硫酸铵[$(NH_4)_2SO_4$]的阻燃性能的试验结果。

实际上通常不是采用一种盐类，而是采用几种盐类的混合物。建议采用10%～20%硫酸铵和氯化铵的混合物（可用3：7到7：3的比例）的水溶液；20%的硫酸铵和5%的硼砂的水溶液；20%的硫酸铵，10%的磷酸钠和2%的氟化钠水溶液。配制各种混合物是为了用一种阻燃剂来弥补另一种阻燃剂的缺点或为了降低价格。

但是，已经知道的阻燃剂，没有一种是十分理想的，因为它们不能满足对阻燃剂所提出的全部要求。

特别是上面所提到的溶于水的阻燃剂，很容易从木材中流失，所以要依靠各种阻燃剂补充浸润，以便在木材中变成具有良好阻燃性能而不溶于水的阻燃剂。

2. 阻燃木材的物理和生物性能简述：

浸润材的性能与阻燃剂的性能和空气的相对湿度的关系见表25-2。

从这些以及上面已经知道的材料可以得出，用铵盐浸润的木材应当用在有遮盖的地方，而用硼砂和硼酸浸润的木材可以用在空气温度接近饱和的地方。对这个结论，塔岛泊金曾浸润了滤纸来作试验，其结果列入表25-3。

空气的相对湿度为100%时，各种阻燃剂浸润的木材对和它相接触的金属的腐触作用列入表25-4。

表25-1 氯化铵及硫酸铵的阻燃性能

试　件	下面开始燃烧所经过的时间	上面冒烟所经过的时间	上面发生火焰所经过的时间	除去加热的本生灯后试件燃烧的时间
未经浸润的胶合板	8	86	96	78
用10%硫酸铵溶液浸润的胶合板	13	154	186	14
用10%氯化铵溶液浸润的胶合板	23	96	159	20

注：试件在试验灯上燃烧的结果，时间为s

表25-2 空气相对湿度为75%和96%时，浸润材的吸湿性与阻燃剂性能的关系

阻燃剂	相对温度=75%，在四个月吸收水分的数量		相对=96%对在一个半月吸收水分的数量	
	试件中含有的盐类(%)	吸收水分(%)	试件中含有的盐类(%)	吸收水分(%)
复分解的磷酸铵	12.6	14.6	12.5	84.1
单分解的磷酸铵	15.9	16.5	15.8	80.6
硫酸铵	16.7	16.7	13.7	77.7
硼砂	13.3	21.1	14.5	77.4
硼砂(45%)+硼酸(55%)	14.0	19.2	19.8	36.4
未浸润材	–	–	–	–

木材工业手册

表 25-3 各种阻燃剂浸润的木材吸水量与空气中相对温度的关系

阻燃剂的成分	在下列空气相对湿度(%)时，吸收的水份(%)					
	40	60	75	80	90	200
磷酸铵 50% 硫酸铵 50%	1.44	2.90	3.96	4.10	22.80	39.7
磷酸铵 30% 硫酸铵 70%	1.32	1.31	5.08	5.61	25.7	44.99
未浸润的滤纸	0.32	1.31	1.82	2.00	3.14	5.1

表 25-4 可以看出，在防腐方面硼酸及硼砂和硼酸以 40：60 的混合物最好。同时这种混合物在阻燃方面也是最好的。

在阻燃剂中，只有硼砂具有防腐性能。所以在不仅需要阻燃而且还要防腐时，在阻燃剂中要添加防腐剂，并用这种混合物来浸润。

表 25-4 用 15% 浓度的抗火剂溶液浸润的木材对和它相接触的金属的腐蚀作用

阻 燃 剂	30 天内平均损失的质量（mg/cm^2）	
	钢	铜
复分解的磷酸铵	3.6	0.7
单分解的磷酸铵	2.0	0.6
硫酸铵	56.2	3.0
硼 砂	2.5	0.1
硼 酸	1.0	0.0
以 40：60 比例配制的硼砂和硼酸的混合物	1.1	0.1
浸在水内的未浸润材	9.9	0.4

必须指出在阻燃方面，用硫酸铵加氟化铵浸润木材比单用硫酸铵来得好。

表 25-5 木材的阻燃性和注入材内的阻燃剂量的关系

无水干盐的吸收定额（kg/m^3）	燃烧停止后木材损失的质量（%）	冒烟徐燃的倾向（kg/m^3）	无水干盐的吸收定额失的质量（%）	燃烧停止后木材损	冒烟徐燃的倾向
	氯 化 铵			硼 酸	
24.0	66.5	小	16.0	78.2	无
33.7	53.8	小	32.7	75.1	无
50.3	33.2	小	53.2	72.5	无
85.9	24.2	小	86.9	66.8	无
120.8	19.7	很小	109.5	58.4	无
		140.0	29.9	无	
	复分解磷酸铵			氯化镁（45%）与单分解磷酸铵（55%）的混合物	
14.4	69.4	无	17.5	77.1	无
29.5	43.5	无	35.1	72.0	无
51.8	21.8	无	51.1	67.8	无
82.5	17.9	无	93.8	21.1	无
116.2	17.1	无	134.5	17.4	无
	单分解磷酸铵			硫酸铵	
14.6	67.4	无	21.6	70.4	小
29.5	56.9	无	29.8	64.3	小
41.7	26.5	无	50.8	31.6	小
80.0	19.0	无	79.5	25.9	小
116.8	15.7	无	107.4	20.1	小
	硼酸（60%）与硼砂（40%）的混合物			氯化镁（44%）与单分解磷酸胺（56%）的混合物	
18.9	69.5	小	18.3	76.9	中
33.3	64.6	小	37.5	73.3	中
49.8	60.3	小	57.2	70.2	小
85.3	28.3	小	92.6	54.2	很小
114.4	19.1	无	141.5	33.2	很小
	硼砂（67%）与单分解 磷酸铵（33%）的混合物			氯化锌（54%）与单分解 磷酸铵（46%）的混合物	
17.5	68.6	很小	16.7	75.8	无
35.8	52.9	很小	33.5	69.8	无
54.6	27.2	无	51.9	55.8	无
91.2	16.5	无	86.5	22.9	无
136.1	14.6	无	121.8	18.4	无

除了氯化锌以外，在使用的阻燃剂中还应提到硫酸铜，虽然它的效力较低(试件冒烟徐燃)，但也能延缓木材的燃烧。

25.1.4 阻燃剂溶液的浓度

为了使木材具有阻燃性能而用阻燃剂浸润时，要完全确定溶液的浓度和阻燃剂的用量是不可能的。问题是在于溶液的浓度与木材阻燃的要求有关，而阻燃剂的用量又与溶液浓度、树种和浸润方法有关。

这方面的要求还没完全确定。兹将各种阻燃剂以不同浓度浸润的实验结果列表 25-5。

如表中所指出的，木材的阻燃性随着注入木材内部盐类的数量的增高而增长。如要使木材在燃烧时，只损失其重的 20%，就需吸收大于 80kg/m^3 的阻燃盐类（吸收磷酸铵时只要大于 50kg/m^3）。

通常在浸润时多用浓度为 10%～20% 的溶液。

松木完全浸润时，可吸收 100%～120% 以上的溶液(按质量计).但在任何情况下，完全浸润是不必要的。一般，浸润深度达 6～10mm 时，已能防止木材的燃烧。同时，要根据不同的对象所需获得的阻燃性能来确定注入木材的阻燃剂量，这样做显然是恰当的。

吸收溶液的数量与所浸润的材种的大小有关。最理想的吸收量：松树原木为 20%～30%，板材为 40%～60%，小的构件为 60%～100%（均以质量计算）。

用阻燃剂浸润时，主要的费用都花在液剂上，所以木材都应以成品来浸润。因为任何再加工的废料或用毛坯来浸润都会提高制品的成本。而且浸润以后再经机械加式，那么由于阻燃剂含量最多的表层被刨掉或砍掉，就必须再作表面浸润。也应该指出经阻燃剂浸润的木材都比较不容易加工。

25.1.5 木材阻燃剂浸润方法

阻燃剂是配成水溶液注入木材内部的，因此以水溶性防腐剂所用的浸润方法用来浸润阻燃剂全都合适。最常用的是加压浸润、槽内浸润（热冷槽、热槽、冷槽等浸渍）和毛刷、水压管等喷刷成品构件。

浸润基准与所获得的浸润深度有关。如浸润圆木时，只要求全部边材浸润，加压浸润不用很长时间，浸润基准也不像用水溶性防腐剂浸润干燥松木枕木那么严格。注意：水溶性防腐剂浸润干燥的心材时，浸透的深度很浅（1～5mm）。

用阻燃剂浸润的目的是为了延缓火灾的蔓延。为了这个目的，把建筑材贯穿地浸润是不必要的。

在浸润罐内浸润时注意下列内容：

作阻燃浸润时，必须用比防腐浸润更浓的溶液，通常要接近饱和状态，为了减低溶液的黏度，需将其加热，从另一方面看，某些阻燃剂的热溶液会引起金属的腐蚀。如果浸润过程不是在耐酸装置中进行的话，那么只能延长浸润过程，而不能提高溶液的温度。而且所用的化学药品价格应较低一些；在一般情况之下，为了得到较好的和较深的浸润，延长作业时间是有利的。

用水溶性阻燃剂浸润的木材在其自然干燥时，为防止阻燃剂流失，应放在不会受雨水淋湿的地方。

25.1.6 阻燃剂对木材力学性质的影响

阻燃剂对木材力学性质的影响还未深入研究，根据维琴金的材料，用阻燃剂浸润的松木力学性质减低的幅度不大（5%～15%）。很显然，维琴金的试验中，有一部分是由于阻燃剂的吸湿性提高了木材的湿度，而降低了强度。浸润材力学强度试验的相对结果（以未浸润材为 100），列入表 25-6。

根据某些材料，浸润材在动态弯曲方面的脆性有所提高。用硼砂和硼酸浸润的木材，顺纹抗压强度和静曲强度都有所提高。用 9%～12% 和 10%～15% 的阻燃剂溶液在压力下浸注的松木得到下列结果（表 25-7）。

将 12% 的硼砂溶液浸润的木材强度变化列入表 25-8。

因此，从表 25-8 可以看出，硼砂不仅减低动曲强度，还减低顺纹拉力，但同时增大了抗压、顺纹剪切和静曲的强度。很明显，力学性质变化程度与吸收定额有关。

从上面列举的材料可以看出，对于小型的次要结构和由大材组成的结构，强度的减低并无重要意义。在大料中之所

表 25-7 经浸润的松木的力学强度

抗火剂	浸润溶液的浓度（%）	和未浸润材相比的强度（%）		
		抗压	横向静曲强度（弦向）	横向动曲强度（弦向）
磷酸铵	10.0	94.0	91.0	60.0
硼砂	4.6	143.5	124.6	59.0
硼酸	6.3			
硼砂	15.0	132.4	104.4	64.3
硼酸	150	174.5	133.0	70.8

表 25-6 浸润材的力学强度（%）

浸润方法	浸润剂	顺纹抗压	剪切		弯曲
			顺纹	横纹	
未浸润材在 8 个大气压下浸润	–	100	100	100	100
温度为 85℃	自来水	98.1	98.5	–	98.0
温度为 85℃	20 份硫酸铵 +80 份水	88.0	95.8	95.8	不显著
温度为 85℃	15 份氯化钠 +10 份磷酸钠 +75 份水	87.4	88.7	96.5	93.9
冷槽浸润	20 份硫酸铵 +5 份硼砂 +75 份水	93.4	92.1	94.5	不显著

以力学性质变化不大，因为大料没必要，也不可能贯穿浸润，仅在木材的表层使强度有所减低。

可以根据使木材得到同等阻燃效果而需注入木材内部阻燃剂的成本来选择最便宜和最合适的阻燃剂。表25-9中列举的材料可供作为计算时参考。

然而，这种计算并未考虑到经各种阻燃剂浸润后的木材的有利（防腐性能）和不利（强度减低）的性能，这些都会影响木材的使用期限。

常用的阻燃剂混合物见表25-10。

表25-8 用硼砂浸润的木材的强度变化

树种	强度变化（%）				
	顺纹压缩	顺纹静曲	顺纹剪切	顺纹拉力	动态弯曲
松	+67	+12	–	– 25	– 53.5
云杉	+68	+15.5	+16.5	– 9	– 19
椴木	+32	–	+22.5	– 18	– 31

表25-9 各种阻燃剂浸润木材的最合理的成本

阻燃剂	每千克木材含有的阻燃剂量(kg)①	比较成本②
$(NH_4)Cl$	0.20	5.0
$Zncl_2$	0.204	3.8
$(NH4)_2HPo_4$	0.152	1.5
$(NH_4)_2SO_4$	0.211	1.0
$Mgcl_2$	0.204	0.9
$Na_2B_4O_7$	0.15	10.0

注：①防腐剂量(每千克木材内的防腐剂的千克数)是在贯穿木材下，得到相同的，充分达到阻燃作用所需注入木材的液量

②硫酸铵是每千克的价格

表25-10 常用的阻燃剂混合物

化合物	比例	化合物	比例
$(NH_4)_2SO_2$	78	$Na_2B_4O_7$	60～70
$NH_4H_2PO_4$ 或 $(NH_4)_2HPO_4$	19	$NH_4H_2PO_4$	30～33
$(NH_4)_2SO_4$	60	$ZnCl_2$	62
H_3BO_3	20	$Na_2Cr_2O_7 \cdot 2H_2O$	15.5
$(NH_4)_2SO_4$	10	$(NH_4)_2SO_4$	10
NaB_4O_7	10	H_3BO_3	10
$Na_2B_4O_7$	60	$ZnCl_2$	35
H_3BO_3	40	$(NH_4)_2SO_4$	35
$ZnCl_2$	77.5	H_3BO_3	25
$Na_2Cr_2O_7 \cdot 2H_2O$	17.5	$Na_2Cr_2O_7 \cdot 2H_2O$	5

25.2 阻燃型木质人造板的生产过程

建筑内部装修设计防火规范GB50222-1995已成为强制性国家标准，自1995年10月1日施行。制造阻燃型人造板可采用成板处理和在生产工序中添加阻燃剂两种方法。成板处理又有浸注和表面涂敷之分。浸注处理方法与木材浸注方法相同，同时需增加成板干燥的工序。成板表面喷涂阻燃涂料的方法简便易行，根据不同用途选择适宜的阻燃涂料即可。

不同阻燃剂对木材及人造板的处理方法见表25-11、表25-12、表25-13和表25-14。

25.2.1 刨花板

添加阻燃剂的途径有三种：

(1) 浸渍刨花此种方法阻燃效果好，但需增添浸渍设备，阻燃剂局限于溶液型。刨花吸收药剂量不易控制而造成浪费并需增加干燥刨花的能力。浸渍刨花后的药液将造成环境污染；

(2) 阻燃剂加到胶黏剂中，制成阻燃型胶合剂。所用阻燃剂要与原树脂胶相配合，不能影响胶的固化条件及胶合强度，此方法中阻燃剂添加量受到限制，阻燃效果不高，并使胶的生产变得复杂化；

(3) 刨花进入拌胶桶后，边搅拌边喷入适量的阻燃剂，此方法不需增添设备及工序，阻燃剂形态不限，固体、液体、乳液均可。药剂和水份量都可控制，不会造成浪费。不需增加对刨花的干燥能力。喷入阻燃剂的时间选在喷胶前、与胶同时喷入或喷胶后进行都可以。但美国一专利介绍说，用聚磷酸铵固体做阻燃剂，在施胶前喷到刨花中最合适，可防止阻燃剂在胶中结块，胶也能分布均匀。

一张刨花板有表层（用细刨花）和芯层（用粗刨花）之分。用于不同场合的阻燃刨花板，对阻燃的要求有低有高，低者可只在表层中添加阻燃剂，高者在表层、芯层中都添加

表25-11 不同阻燃剂对木材及人造板的处理之一

阻燃剂	处理条件
O ‖ $(C_6H_5O)_2P\text{-}NHCH_2CH{=}CH_2$	浸渍，用加热聚合物，自由基引发或辐射
$[P(CH_2OH)_4]\text{-}X\text{-}$、氮基或酰胺、醇酸树脂	用水溶液处理，空气干燥，加热固化
磷一卤组成 $Cl_5C_6OH,(C_4H_9O)_3PO$ 在芳烃石油中（有或无氯化石蜡均可）	浸渍在矿物油精中
$POCl_3$（有或无氯乙烯均可）	抽真空，用 $CHCl_3$ 的稀溶液浸渍，烘干增重6%～7%
$Cl_5C_6OH, Zn_3(PO_4)_2$，NH_3	两个步骤：先用含氨的磷酸锌溶液，再用含有苯酚的氯化石蜡溶剂
$(ClCH_2CH_2O)_2PO$	浸渍

$(ClCH-_2CH_2O)_2PHO$ 或 $(CH_3CH_2O)_3PHO$，有或无氨均可	抽真空，然后用苯溶液浸渍，移去苯（在一种加工过程中用干燥氨处理）
双（2-卤代烷基）烯基膦酸酯 例如：$(ClCH_2CH_2O)_2P(O)$ | $CH=CH_2$ 双（ω-卤代烷基） ω-卤代烷基膦酸脂 例如：$(ClCH_2CH_2O)_2P(O)$ | CH_2CH_2Cl	芳香的矿物油清等，增重至 $40kg/m^3$
含卤膦酸酯聚合物卤系组成	用丙烯酸酯浸渍剂
NH_4Br Br^-、BrO_3^-(产生 Rr_2)或 $Br^-+Cl_2 \rightarrow Br_2$	简单的浸泡处理 于室温下在 23% 的水溶液中浸一会，在 105℃下烘 1/2h，然后浸在 $(NH_4)_2SO_4$，再浸入 5% 的硼酸相加水溶液中；增重 6%Br
$CaCl_2$	用 ^{60}Co 射线辐射，然后浸清在 $CaCl_2$ 溶液中
$ZnCl_2$ 或 $ZnCl_2$ NH_3	把碱性的 $ZnCl_2$ 溶解在氨水中，稀释到清洗强度（4.5%～30%），应用抽真空，然后加压，再烘干增重 $16～128kg/m^3$
$ZnCl_2$、铬酸盐	抽真空，然后在 1.23MPa 对 5% 的水溶液加压 3～4h，增重 $16kg/m^3$
$MgCl_2$ 或 $MgBr_2$ 和 MgO、或它们再加入其他填料	基本上是木屑板的氯氧水泥胶黏剂作为淤浆使用，对木屑板在 1.55MPa 和 120℃下热加压 1/4h
$SbCl_3$ $SbCl_3$ 氯化橡胶或磷酸盐	浸渍在 CCl_4、醋酸戊酯、醇等溶液中和木材防腐油一起使用
Sb_2O_3 氯化石蜡	用 5%～7%Cl，9%～12%Sb_2O_3 对木屑作涂层，然后和树脂粘接成木粒或木屑板
Cl_5C_6OH、氯代烷	用 $CHCl=CCl_2$ 加工中的氯代烷残余物替换通常的矿物油精的一半而用作溶剂

表 25-12 不同阻燃剂对木材及人造板的处理之二

阻燃剂	处理条件
磷化物 H_3PO_4、$H_2P_2O_7$、$(HPO_3)n$ H_3PO_4、H_3PO_2 的酯 H_3PO_4、三聚氰胺树脂	简单浸渍
$(C_6H_5O)_3PO$	在水或醇占 20%～80% 的脂芳烃溶剂中简单浸渍
$(RO)_3P$，其中 R 是烷基、芳基、含卤烷基和含卤芳基 $CH_2=CH-PO_3-R_2$ $CH_2=CH-CH_2-PO_3R$ $CH_2=CH-CH_2-PO_2R$ 其中 R 是烷基，卤代烷基或内烯基	木材抽真空，加入单体，浸 8h，用钴－60 辐照 16h，在 90℃下放 8h，然后在 90℃下抽真空 16h，增重 12%～20%Pa
烷基芳烃次膦酸	在室温下浸 24h，在 130～160℃下处理 1/1～2/3h 用甲基甲酰胺清洗
磷-氮化合物 $NH_4H_2PO_4$、$(NH_4)_2HPO_4$	①把木材浸在 NH_3 中； ②浸在磷酸盐的水溶液中； ③干燥
$NH_4H_2PO_4$	①蒸木材； ②抽真空； ③加磷酸盐溶液； ④加压； ⑤窑中烘干
$NH_4H_2PO_4$、$(NH_4)_2HPO_4$	①浸渍在热溶液中； ②在磷酸盐的冷溶液中急速冷却
$NH_4H_2PO_4$、$(NH_4)_2SO_4$	用于胶合板；与酚醛胶黏剂相溶；和表面活性剂一起用于木材
$(NH_4)_2HPO_4$	与少量的 NaSiF 和羟甲基纤维素一起浸渍
$NH_4H_2PO_4$、尿素	每份 $NH_4H_2PO_4$ 用于 4～10 份尿素中；吸收到湿增重 100%；干燥熟化至 170℃，增重 2.5%～3.0%$NH_2H_2PO_4$ 也用来处理木屑板

表 25-13 不同阻燃剂对木材及人造板的处理之三

阻燃剂	处理条件
$NH_4H_2PO_4$、$(NH_4)_2HPO_4$、脲、CH_2O	在水溶液里浸渍、加热、固化与木头微粒混合，压成板材
$H_2N(C{=}NH)NH_2$、H_3PO_4、CH_2O	在水溶液里浸渍、干燥和固化
$H_2NC({=}NH)NHCN$、H_3PO_4 或 $(NH_4)_2HPO_4$ 或 $(NH_4)_2SO_4$	木材抽真空，用 20% 的水溶液在 $11.3kg/cm^2$ 和 50～60℃下干燥处理，在 70～100℃下烘干固化 24h，增重的固体占烘干木材质量的 20%
$H_2N(C{=}NH)NHCN$	表面处理
$NH_4H_2PO_4$、$NH_2(cH_2)_6NH_2$、$H_2N(C{=}NH)NHCN$、CH_2O、$(NaPO_3)n$	浸渍在水溶液里
$NH_4H_2PO_4$、$(NH_4)_2HPO_4$、尿 C $(CH_2OH)_4$、CH_2O	用水溶液作表面处理，加热到聚合，形成膨胀型的涂层
H_2NC $({=}NH)NHCN$ 和 C_2HO 生成的树脂，P-N 聚合物	浸渍在水溶液中
聚磷酸铵（79%P_2O_5）	标准的真空和压力循环，水溶液
磷酸铵盐或 $(NH_4)_2SO_4$，聚乙二醇	抽真空，然后加水溶液，干燥数天，据称能抗浸析
$Zn_3(PO_4)_2$、$Zn_3(AsO_4)_2$、NH_3	用氨络合物的水溶液处理，热固化形成聚磷酸锌和砷酸盐的沉淀物
$Zn_3(H_2PO_4)_2$、$NH_4H_2PO_4$ 或 $(NH_4)_2HPO_4$	用磷酸铵的水溶液处理，在木材中形成不溶解的磷酸锌沉淀物，据称能阻燃用标准方法浸渍

表 25-14 不同阻燃剂对木材及人造板的处理之四

阻燃剂	处理条件
氯化石蜡、Na_2SiO_3	用高度稀释的水溶液制造木质纤维板，在 100～1800℃下模压和固化
氯化木质素	用氯化的木质素水溶液（13%Cl）按通常的方法浸渍木材
硼酸 - 硼砂组成 H_3BO_3、$Na_2B_4O_7$	早期的文献用简单的表面处理，后来的文献使用真空压力循环，15%～21% 的水溶液，1/2h，1.02MP，65℃ 增重 $80～128kg/m^3$
H_3BO_3	按 10% 的质量百分比涂敷木屑，用树脂粘合，热压成板
H_3BO_3、$(NH_4)_2SO_4$、重铬酸盐、$CuSO_4$、$(NaPO_3)n$	用 16% 的水溶液浸渍
H_3BO_3、Sb_2O_3	添加木屑以形成木粒板
$Na_2B_4O_7$、$NaCO_3$、镁、锌、铁盐	用硼砂的水溶液处理，然后通过过渡金属元素盐溶液处理使硼酸盐沉淀下来
$Na_2B_4O_7$，Na_2SiO_3	用 $1molNa_2SiO_3$，$0.5molNa_2B_4O_7$ 的水溶液浸渍，然后在 3.52MPa 下二氧化碳加压处理 5min
$Na_2B_4O_7$、HCl	在 750 ℃下把木屑浸泡在水溶液里，在 1210℃下烘干，然后用树脂黏合成板
$Na_2B_4O_7$、H_3BO_3、Cl_5C_6OH	用石油的乳溶液处理
H_3BO_3、$ZnCl_2$、$CuSO_4$、$Cl_2O_7^{-2}$	用水溶液处理
H_3BO_3、$HOCH_2CH_2NH_2$mol 比 1∶1	用黏合树脂和阻燃组成的水乳处理木屑，然后模压成板。
$(CH_3O)_3B$	用 0.18MPa 和最高为 65℃下用甲醇溶液浸渍 24 h；增重 $16kg/m^3$
氮、磷、硼组成磷酸铵盐、H_3BO_3、氯化萘	掺和阻燃剂成纤维板，烘干，用 NH_3 处理
$(NH_4)_2HPO_4$、$Na_2B_4O_7$、H_3BO_3	用 1∶3∶1 的质量比（排列顺序如左）的水溶液处理
$(NH_4)_2HPO_4$、$Na_2B_4O_7$、NH_4Cl	用中性 pH 值的溶液处理
$(NH_4)_2HPO_4$、$Na_2B_4O_7$、Na_3PO_4	用水溶液喷浸或涂
$NH_4H_2PO_4$、H_3BO_3、苯甲基萘磺酸钠	用 20%～45% 的溶液处理
其他化合物:铬酸盐和其他金属盐，例如 $CuSO_4$	真空 - 压力循环或与树脂胶黏剂一起涂敷
硅酸钠	在碱性的水溶液中或作为低 pH 值的胶质溶液使用，然后黏合纤维(有或无有机胶黏剂均可能)
$TiCl_2(OAc)_2$	用树脂处理木屑和黏合

阻燃剂。阻燃剂添加得越多，板子强度损失越大。一般阻燃剂添加量占总刨花质量的 5%～20%。

如用40～100目聚磷酸铵粉剂添加到表层刨花中，添加量占表层刨花的 16%，施胶量占刨花重的 12%。压成 5/8 英寸厚的刨花板通过加拿大 25 英尺燃烧试验，其火焰蔓延指标为 27，属于该方法所定二级阻燃刨花板。

25.2.2 纤维板

干法和半干法中用干燥的纤维成型热压制板的工艺流程，添加阻燃剂的途径与刨花板类似。湿法生产阻燃纤维板，最好选用与纤维起反应的或能固定在纤维上的阻燃剂，以免在成型、热压过程中阻燃剂随滤去的水分流失掉。

25.2.3 胶合板

在生产过程中施加阻燃剂，制成阻燃型胶合板有以下几个途径：

(1) 单板进行浸渍处理；

(2) 合板成品浸渍处理；

(3) 阻燃剂加到胶黏剂中制成阻燃型胶黏剂；

(4) 对单板进行喷涂处理，阻燃剂采用溶液或乳液均可，此方法与浸渍单板相比不存在处理剩余浸渍液的问题，可减少环境污染，但需增添特殊的喷涂设备。

胶合板是三层或三层以上单板压合而成。和刨花板一样，阻燃型胶合板也有芯板、表板都做阻燃处理及只处理表板之分。

南京林业大学人造板研究所研制的NF-1、NF-2复合型阻燃剂采用单板浸润处理和合板成品浸润处理，在国家防火建筑材料质量监督控验测试中心检测都达到难燃B_1级，阻燃胶合板氧指数达50%以上，而选用阻燃剂加到胶黏剂中制成的阻燃胶合板，氧指数只达到37%左右，在此基础上再进行胶合板表面阻燃剂喷涂处理后，氧指数明显提高，达到46%以上。但无论哪种方法都有其优缺点。

无论木材还是人造板，经阻燃剂处理后，按GB8625-88标准要达到难燃B_1级，目前制定的新标准草案中，又增加了

表 25-15 常用建筑内部装修材料燃烧性能等级划分举例

材料类别	级别	材料举例
各部位材料	A	花岗石、大理石、水磨石、水泥制品、砼制品、石膏板、石灰制品、黏土制品、玻璃、瓷砖、马赛克、钢铁、铝、铜合金等
顶棚材料	B_1	纸面石膏板、石膏纤维板、水泥刨花板、矿棉装饰吸声板、玻璃棉装饰吸声板、珍珠岩装饰吸声板、难燃胶合板、难燃中密度纤维板、岩棉装饰板、难燃木材、铝箔复合材料、难燃酚醛胶合板、铝箔玻璃钢复合材料等
墙面材料	B_1	纸面石膏板、石膏纤维板、水泥刨花板、矿棉板、玻璃板、珍珠岩板、难燃胶合板、难燃中密度纤维板、防火塑料装饰板、难燃双面刨花板、多彩涂料、难燃墙纸、难燃墙布、难燃玻璃钢平板、PVC塑料护墙板、轻质高度复合墙板、阻燃模压木质复合板材、彩色阻燃人造板、难燃玻璃钢等
	B_2	各类天燃木材、木制人造板、竹材、纸制装饰板、装饰微薄木贴面板、覆塑装饰板、塑纤板、胶合板、塑料壁纸、无纺贴墙布、墙布、复合壁纸、天然材料壁纸、人造革等

表 25-16 单层、多层建筑内各部位装修材料的燃烧性能等级

建筑物及场所	建筑规模、性质	装修材料燃烧性能等级							
		顶棚	墙面	地面	隔断	固定家具	装饰织物		其他装饰材料
							窗帘	帷幕	
候机楼的候机大厅、餐厅、贵宾候机室、售票厅等	建筑面积＞10000m² 的候机楼	A	A	B_1	B_1	B_1	B_1		B_1
	建筑面积≤10000 m² 的候机楼	A	B_1	B_1	B_1	B_1	B_1		B_1
汽车站、火车站、轮船客运站的候车（船）室、餐厅、商场等	建筑面积＞10000 m² 的车站、码头	A	A	B_1	B_1	B_1	B_1		B_1
	建筑面积≤10000 m² 的车站、码头	B_1	B_1	B_1	B_1	B_1	B_1		B_1
影院、会堂、礼堂、剧院、音乐厅	＞800 座位	A	A	B_1	B_1	B_1	B_1	B_1	B_1
	≤800 座位	A	B_1	B_1	B_1	B_1	B_1	B_1	B_1
体育馆	＞3000 座位	A	A	B_1	B_1	B_1	B_1	B_1	B_1
	≤3000 座位	A	B_1	B_1	B_1	B_1	B_1	B_1	B_1
商场营业厅	每层建筑面积＞3000 m² 或总建筑面积为＞9000 m² 的营业厅	A	B_1	A	A	B_1	B_1		B_1
	每层建筑面积1000～3000 m² 或总建筑面积为3000～9000 m² 的营业厅	A	B_1	B_1	B_1	B_1	B_1		
	每层建筑面积＜1000 m² 或总建筑面积＜3000 m² 营业厅	B_1	B_1	B_1	B_1	B_1	B_1		
饭店、旅馆的客房及公共活动用房	设有中央空调系统的饭店、旅馆	A	B_1	B_1	B_1	B_1	B_1		B_1
	其他饭店、旅馆	B_1	B_1	B_1	B_1	B_1	B_1		
歌舞厅、餐馆等娱乐、餐饮建筑	营业面积＞100 m²	A	B_1	B_1	B_1	B_1	B_1		B_1
	营业面积≤100 m²	B_1	B_1	B_1	B_1	B_1	B_1		B_1
幼儿园、托儿所、医院病房楼、疗养院、养老院		A	B_1	B_1	B_1	B_1	B_1		B_1
纪念馆、展览馆、博物馆、图书馆、档案馆、资料馆	国家级、省级	A	B_1	B_1	B_1	B_1	B_1		B_1
	省级以下	B_1	B_1	B_1	B_1	B_1	B_1		B_1
办公楼、综合楼	设有中央空调的办公楼、综合楼	A	B_1	A	A	B_1	B_1		B_1
	其他办公楼、综合楼	B_1	B_1	B_1	B_1	B_1			
住宅	高级住宅	B_1	B_1	B_1	B_1	B_1	B_1		B_1
	普通住宅	B_1	B_1	B_1	B_1	B_1			

表 25-17 高层建筑内部各部位装修材料的燃烧性能等级

建筑物	建筑规模性质	装修材料燃烧性能等物									
		顶棚	墙面	地面	隔断	固定家具	装饰织物				其他装饰材料
							窗帘	帷幕	床罩	家具包布	
高级旅馆	＞800 座位的观众厅、会议厅、顶层餐厅	A	B_1	B_1	B_1	B_1	B_1	B_1		B_1	B_1
	≤800 座位的观众厅、会议厅	A	B_1	B_1	B_1	B_1	B_1	B_1		B_1	B_1
	其他部位	A	B_1	B_1	B_1	B_1	B_1	B_1	B_1	B_1	B_1
商业楼、展览楼、综合楼、商住楼、医院病房楼	一类建筑	A	B_1	B_1	B_1	B_1	B_1	B_1		B_1	B_1
	二类建筑	B_1	B_1	B_1	B_1	B_1	B_1	B_1		B_1	B_1
电信楼、财贸金融楼、邮政楼、广播电视楼、电力调度楼、防灾指挥调度楼	一类建筑	A	A	B_1	B_1	B_1	B_1	B_1		B_1	B_1
	二类建筑	B_1	B_1	B_1	B_1	B_1	B_1	B_1		B_1	B_1
教学楼、办公楼、科研楼、档案楼、图书馆	一类建筑	A	B_1	B_1	B_1	B_1	B_1	B_1		B_1	B_1
	二类建筑	B_1	B_1	B_1	B_1	B_1	B_1	B_1		B_1	B_1
住宅、普通旅馆	一类普通旅馆高级住宅	A	B_1	B_1	B_1	B_1	B_1		B_1	B_1	B_1
	二类普通旅馆普通住宅	B_1	B_1	B_1	B_1	B_1	B_1		B_1	B_1	B_1

准不燃级木材阻燃等标准，它是介于不燃级和难燃 B_1 级之间。下面介绍 1999 年 10 月 11 日起执行的《建筑内部装修设计防火规范》几点要求：表 25-15、表 25-16、表 25-17。

25.3 防火涂料

防火涂料和普通涂料一样，涂覆在材料表面具有装饰作用和保护作用。但防火涂料本身具有不燃性或难燃性，不会或不容易被点燃，当发生火灾时，它能阻止火焰蔓延，延缓火势发展，并对基材有较好的保护效果。

目前我国已能生产部分防火涂料，在木材上得到了应用。

防火涂料由于成膜物质、阻燃剂、阻燃机理以及用途等方面的不同，它们的种类非常繁多。尽管如此，仍可将防火涂料归纳分成非膨胀和膨胀型两大类。

25.3.1 非膨胀型防火涂料

非膨胀型防火涂料在受热后能形成一种釉状物，这层釉状物可以对基材起一定的保护作用。不过由于这层釉状物隔热效果较差，因此热传递和热辐射能使可燃性基材较快地炭化并达到燃点温度。现按非膨胀型防火涂料所使用的阻燃剂种类作一简单介绍：

(1) 将 40%$NH_4H_2PO_4$ 添加到缩醛树脂、氧化锌和黏土的水性涂料中，制成防火涂料；

(2) $NH_4H_2PO_4$、硼砂、增稠剂和氯代烷烃同树脂一起乳化，制成防火涂料。

(3) 以聚醋酸乙烯酯乳胶为基料的涂料中，添加氨基塑料树脂和 $NH_4H_2PO_4$ 也是防火涂料的一种配方。在这种情况下，$NH_4H_2PO_4$ 的用量一般占涂料总量一半以上。

采用复杂的磷氮化合物作为涂料的阻燃剂，也受到应有的重视。C－氨基己酸和 $(NH_4)_2HPO_4$ 的反应物添加到氨基塑料树脂的甲醇溶液里作为防火涂料已被用于木材中。

25.3.2 膨胀型防火涂料

膨胀型防火涂料依靠难燃树脂或借助于阻燃剂来实现涂层的难燃化。由于涂层中成炭剂、脱水剂和发泡剂等同时相互配合，使涂层在火焰或高温作用下发生膨胀，形成比原来涂料厚度大几十倍的坚韧的炭质泡沫层。该泡沫层不仅能隔绝氧气，而且还能有效地阻挡外部热源对基材的作用，从而阻止燃烧进一步发展，对基材起到保护作用。

25.3.2.1 组成部分

为了使涂料具有良好的膨胀性能，形成坚韧的炭质泡沫层，同时又有令人满意的涂料性能，因此如何选择涂料成分是十分重要的。膨胀型防火涂料主要由以下成分组成：

1. 成膜物质

成膜物质对膨胀型防火涂料的常温使用性、涂料的发泡率都有密切的关系。常用的成膜物质有聚丙烯酸酯乳液、聚醋酸乙烯酯乳液、环氧树脂、聚氨酯、酚醛树脂及环氧－聚硫等。它们和阻燃剂匹配可以使涂层具有良好的难燃性。

2. 成炭剂

成炭剂是形成泡沫炭化层的物质基础。成炭剂主要是一些含碳量高的多羟基化合物，如淀粉、季戊四醇和它的二聚物、三聚物以及含有羟基的有机树脂等。表 25-18 列出了各种多元醇的含碳量，这些多元醇主要用于保护木材的膨胀型防火涂料中。尽管这些成炭剂的分解温度各不相同，但是在脱水剂的存在下，它们可以在低于木质纤维素燃烧的温度下分解。由此可知，在涂料中发生化学反应并提供隔热作用之前，纤维是不会发生分解的。季戊四醇作为成炭剂，近年来受到相当大的重视。

表 25-18 用于保护木材的膨胀型防火涂料中的成炭碳源

名　称	分子式	含碳量(%)	反应率(份 /100g)
糖类			
葡萄糖	$C_6H1_2O_6$	40	8
麦芽糖	$C1_2H_{22}O_{11}$	42	2.3
阿拉伯糖	$C_5H_6O_4$	45	3.0
多元醇			
丁四醇	$C_4H_6\ (OH)_4$	39	3
季戊四醇	$C_5H_8\ (OH)_4$	44	2.9
二聚物	$C_{10}H1_6\ (OH)_6$	50	5
三聚特	$C1_5H_{24}\ (OH)_8$	53	2.4
阿糖醇	$C_5H_7\ (OH)_5$	39	3
山梨醇	$C_6H_8\ (OH)_6$	40	3.0
环己六醇	$C_6H_6\ (OH)_6$	40	3.0
多元酚			
间苯二酚	$C_6H_8\ (OH)_2$	63	8
淀粉	$(C_6H_{10}O_5)n$	44	2.1

3. **脱水剂**

脱水剂的主要功能是促进含羟基有机物脱水炭化，形成不易燃的炭质层。在脱水反应中，由于脱水剂能够再生并可重复使用，因此也有人叫它脱水成炭催化剂，用得最多的脱水剂是各种磷酸铵盐、磷酸酯和硼酸盐，其他化合物很少使用。

4. **发泡剂**

在涂层受热时分解释放出大量灭火性气体，使涂层发生膨胀并形成海绵状细泡结构的化合物叫作发泡剂。发泡剂的分解温度是决定它是否适用的关键，分解温度过低，气体在成炭前逸出起不到作用；分解温度过高，产生的气体会把炭层顶起或吹掉，不能形成良好的炭质泡沫层。因此不同的多元醇和脱水剂，采用的发泡剂也应该有所区别。对于分解温度为 147℃的磷酸铵盐和分解温度为 325℃的聚磷酸铵就该考虑采用与之相适应的发泡剂，常用的发泡剂有三聚氰胺、双氰胺，氯化石蜡、聚磷酸铵、硼酸铵、双氰胺甲醛树脂等。表 25-19 列出了部分发泡剂的分解温度和产生的气体成分。

大多灵敏膨胀型防火涂料中的成分可能起到多种作用，因此选用涂料成分时必须考虑这些因素。例如有的成分既是发泡剂，又是成膜物质和脱水剂，还有的成分除有其他功能外，还可以作为成炭剂。

评价防火涂料好坏要综合考虑各方面的性能，就是说防火涂料不仅要具有良好的阻燃性能，而且还要有满意的涂料性能。诸如贮存稳定性、涂刷性、外观、防水性和打磨性等；涂料的色调、遮蔽能力，能否使用现有工艺设备等都是需要考虑的重要问题。

25.3.2.2 磷化物

在防火涂料中使用磷化物作为脱水剂，大多数是磷酸酯和磷酸的铵盐。只有两个例子比较特殊，一个是在双组分涂料中直接使用磷酸；另一个例子是在油性涂料中，不溶性偏磷酸金属盐（如 Zn、Ca、Na 或 K 盐）、胺类树脂、多元醇、氯代烃和锑化物并用。

表 25-19 部分发泡剂

名　称	气体部分	分解温度（℃）
双氰胺	NH_3、CO_2、H_2O	~210
蜜胺	NH_3、CO_2、H_2O	250
胍	NH_3、CO_2、H_2O	160
甘氨酸	NH_3、CO_2、H_2O	~233
尿素	NH_3、CO_2、H_2O	~130
氯化石蜡（含 Cl 70%）	HCl、CO_2、H_2O	190

早期的膨胀型防火涂料采用磷酸铵盐作脱水剂。开始用三聚乙醛、$(NH_4)\ H_2PO_4$、尿素和淀粉（多元醇）制备木材用的涂料。脲醛树脂作成膜物质，用某些蛋白质增强炭质泡沫层，使这类涂料得到了改进。在此基础上，又制成了一种含有氨基塑料树脂、$(NH_4)\ H_2PO_4$ 和淀粉等的乳胶漆，乳胶是氯乙烯一偏氯乙烯的共聚物。问题的关键是寻找一种不受配方中大量的可溶性磷酸铵的影响而凝聚的乳胶。另外，对漆膜的塑性进行了改进，还有的采用山梨醇糊精等化合物作为多元醇使用，也有的使用其他的树脂和发泡剂。将氯化橡胶添加到上述配方中可制成一种耐洗擦的油性涂料。表 25-20 列出了含有 $(NH_4)\ H_2PO_4$ 的膨胀型防火涂料的配方。

25.4 木材阻燃产品的检测

25.4.1 国家防火建筑材料质量监督检验测试中心组织结构图（见下页图）

25.4.2 检验分类

产品检验因目的和性质不同可以分为下列几种类型：

(1) 监督抽查检验：国家技术监督局和地方监督部门定

表 25-20 含有磷酸二氢铵($NH_4H_2PO_4$)的典型的水性膨胀型涂料

组　成	含　量(%)
水	0.5
表面活性剂	8.5
二氧化钛	25.6
磷酸二氢铵	2.1
蜜胺甲醛树脂	8.5
双氰胺	4.3
季戊四醇	5.1
氯化石蜡（含 Cl 70%）	6.4
羧甲基纤维素（2%）	17.6
聚乙烯胶乳（固体 60%）	1.0
酞酸二丁酯	100.0

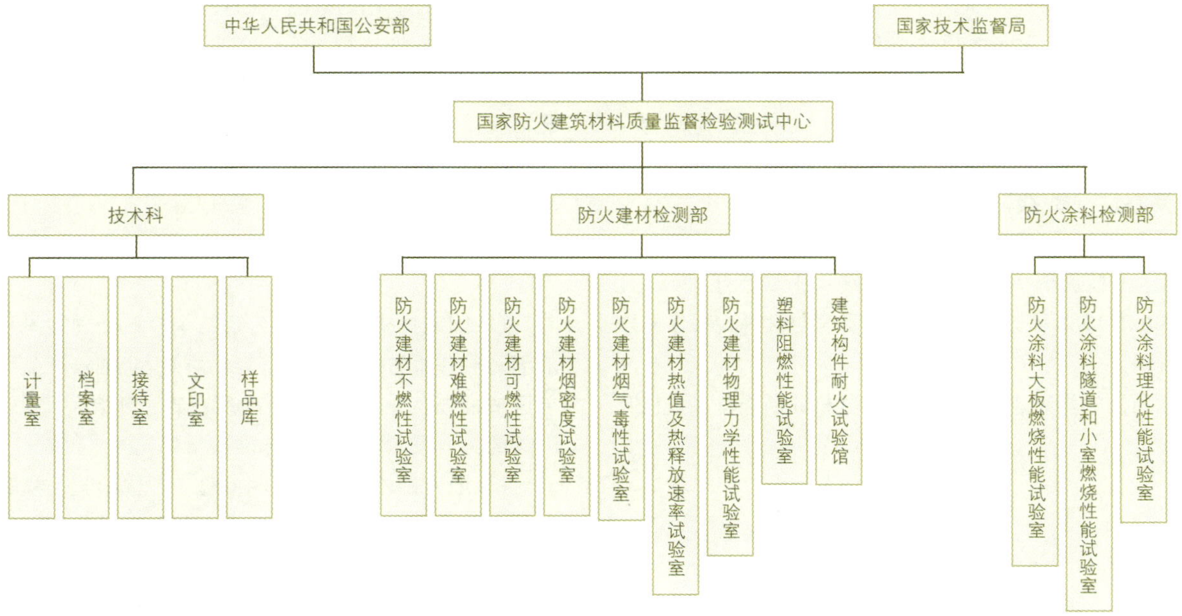

期或不定期的抽检。

(2) 形式检验：产品定期全项性能检验或配方、设计及工艺调整后的全项性能检验。

(3) 许可证检验：产品质量认证检验及发放生产许可证的抽样检验。

(4) 评优检验：地区或行业评优检验。

(5) 仲裁检验：企业与用户间因产品质量发生纠纷或法院安全监督机关为确定产品质量纠纷责任而提出的检验。

(6) 进出口检验：进出口产品质量水平确认或公证性检验。

(7) 新产品鉴定检验：新开发产品、科研成果的全项性能检验（新产品性能检验，系新产品单项或几项性能检验）。

(8) 委托检验：企业、用户等为了解材料、制品特性而直接送样进行的单项或全项性能检测。

25.4.3 检验项目及所需样品数量

25.4.3.1 防火建筑材料

根据GB8624-88《建筑材料燃烧性能分级方法》的规定，建筑材料（含制品）经检验后方能确定其燃烧等级。我国将建材按其燃烧性能分为四个等级：即不燃性建材（A级）、难燃性建材（B_1级）、可燃性建材（B_2级）和易燃性建材（B_3级）。所有未知新型建筑材料，特别是作为内装修使用的各种建筑材料均应经过检验，以保证防火安全。防火建筑材料的其他性能指标，如有机高分子材料燃烧发烟性能，纤维增强塑料的氧指数及炽热燃烧性能，以及一些重要的物理、力学性能可依照其使用特点和标准、规则的有关要求进行检验。防火建筑材料生产单位应有相应的产品标准，并对该产品的燃烧性能等级，阻燃性能指标、物理、力学性能均指标及相应产品的防火性能、物理、力学性能进行检验，并按标准判定产品是否合格或达到某一特性水平。防火建筑材料物理、力学性能检验所需的样品数量应依照检验项目及其方法对试样的要求，并根据标准抽样方法的规定和复验时应留存的样品量来确定。

防火性能检验所需的样品规格及数量如下：

1. 不燃性（A级）建筑材料

许多无机建筑材料，如石膏板、石棉板、矿棉板、珍珠岩板、硅钙板等多属于不燃材料，其不燃性能的确认应按GB5464-85《建筑材料不燃性试验方法》进行检验，样品数量为：

1) 委托检验自制作：

ϕ 45 × 50 ± 2 (mm)	10件

2) 抽样（制品）检验：

500mm × 500mm × δ（厚度）（δ：材料厚度≤80mm）

δ ≥ 5mm	5块
δ < 5mm	10～20块

2. 难燃性（B_1级）建筑材料

纸面石膏板、人造大理石板（聚酯胶结型）水泥刨花板，阻燃刨花板、阻燃木材、硬质PVC门窗、墙板、部分阻燃玻璃钢制品等等，多属于难燃性建筑材料，其难燃性能确认应按GB8625-1988《建筑材料难燃性试验方法》进行检验，高分子合成材料的发烟性能应按GB8627-1988《建筑材料燃烧或分解的烟密度试验方法》进行检验。难燃性能检验所需样品数量不得少于：

1000mm × 190mm × δ	20块
230mm × 90mm × δ	10块

3. 可燃性（B_2级）建筑材料

软质PVC板材，纤维板、胶合板、保丽板、稻草板、塑料板材、玻璃钢板材、部分阻燃玻璃钢板材、阻燃塑料板、阻燃壁纸等等，多属于B_2级可燃性建筑材料，其燃烧性能应按GB8626-1988《建筑材料可燃性试验方法》进行检验，以确认其燃烧性能等级。

对某些经过阻燃处理的材料，为了反映其阻燃的程度，可根据材料的特点，对其氧指数，炽热燃烧等性能进行检验、各类化学建材的发烟性能可按GB8627-1988《建筑材料燃烧或分解的烟密度试验方法》进行检验。样品数量不得少于：

500mm × 190mm × δ　　10块

4. 易燃性（B_3级）建筑材料

普通聚苯乙烯、聚氨脂泡沫、薄型有机玻璃及其他一些塑料薄片、某些玻璃棉贴塑天花板，多属于易燃性材料，凡是按GB8626-1988检验达不到B_2级要求的材料均属于易燃性建筑材料。

上面所列的均为建筑材料防火性能检验所需样品规格及数量。

25.4.3.2 防火涂料

(1) 饰面型防火涂料按GB12441-1990《饰面型防火涂料通用技术条件》进行全部性能检验，共计十一项，检验所需样品数量根据其涂复比的情况而定：

涂复比	样品数量（抽样检验）	（委托试验）
500g/m²	10kg	5kg
1000g/m²	15kg	7kg

(2) 钢结构防火涂料按产品规定的耐火性能、物理、力学性能进行检验，并按标准判定产品是否合格或达到某种质量水平。其中，耐火性能按GB9978-1988《建筑耐件耐火试验方法》的规定检验。

钢结构防火性能试验采用钢梁简支试件，支点间距为5630mm，受火跨度为：5170mm，适宜试验的钢梁长度为：6000 mm，最大加载能力为5 × 4=20(T)。

25.4.3.3 建筑构件

防火门、防火卷帘的耐火极限按GB7633-87《门和卷帘的耐火试验方法》进行检验。其他承重或非承重防火分隔建筑构件的耐火极限按GB9978-1988《建筑构件耐火试验方法》进行检验。样品的数量应依照GB7633-1987和GB9987-1988对试样的要求，并根据抽样方法的规定和复验时应留存的样品量来确定。本中心构件耐火试验炉可容纳试件的尺度特性是：

(1) 墙炉最大受火面积为：3000mm × 3000mm，加载能力200 （T）；

(2) 楼板炉最大受火面积为：5200mm × 3000mm，加载能力40（T）；

(3) 简支梁支点间距离为：5630mm,四点加载能力20 (T)。

25.4.3.4 几点说明

(1) 新产品鉴定，允许在暂无产品标准的情况下，由检测中心参照相关标准进行检验，检验项目协商确定或由委托书确定。凡有国标者按国标执行凡无国标但有行标或地方标准者按相应标准执行。

(2) 单项或多项委托试验，仅对产品的该项性能或委托测试项目负责，试验报告不能作为产品质量水平的正式依据。

(3) 某些单项性能检验所需的样品量可参照试验方法标准确定。

25.4.4 检验报告及检验结果发送范围

(1) 国家抽检：检验报告及结果分析处理意见呈报公安部消防局并报告国家技术监督局质量司，被检产品结果通知单送被抽查企业，并抄送企业所在省、自治区、直辖市公安消防部门、技术监督局（标准计量局）。

(2) 地方抽检、许可证明检验、评优检验、检验报告发产品生产单位、企业所在省、自治区、直辖市消防监督局部门或任务下达部门。

(3) 进出品检验、促裁检验，检验报告发任务下达部门或产品生产单位。

(4) 新产品鉴定检验，型式检验，检验报告发生产单位，生产单位所在省级消防监督部门。

(5) 委托试验仅向委托单位发送报告单一份，试验结果仅对送样负责。不能作为产品质量水平的正式依据。

抽样说明：

(1) 凡要求对整体产品进行质量判断的检验项目，均应进行抽样检验。

凡送样检验的产品，检验结果仅对送样负责，不对整体产品质量作任何评价。

(2) 抽样方法：随机抽样。

样本应在生产单位，销售单位或使用单位已检验合格的库存产品中抽取。特殊情况下，也允许在生产线的终端，在已经检验的合格品中抽取。

抽样前，不得事先通知被检产品生产单位。抽样结束后，样本应立即封存，连同出厂检验合格证一并发往指定地点。

(3) 样本大小的确定

1) 凡产品的技术标准中已明确规定样本大小的，按标准的规定执行；

2) 凡产品技术标准中未明规定样本大小的，破坏性试验（如防火性能、力学性能试验）由检验单位根据相应标准确定。其他性能试验可参照下表确定：

3) 抽样基数：在生产单位的库存中抽样时，抽样基数不得小于样本的5倍；在用户和销售单位抽样时，抽样基数不得小于样本的两倍。

4) 样本确定后，抽样人员应以适当的方式封存，由样本所在部门以适当的方式送检验部门。运输的方式应不损坏样本的外观及性能，样品箱，样品桶、样品包装亦应满足上述要求。

5) 抽样结束后，由抽样人填写抽样清单（格式参阅附表），抽样清单应随同样本送往检验部门批案。

25.4.5 检验所需的文件及资料

送检单位应根据产品的检验类型，办理相应的手续并提供必要的文件和资料。产品检验需办理的手续及所需的文件、资料见下表：

样品基数（N）	N=100	100＜N=1000	N＞100
样本数（n）	n=5	n=10	n=15

检验类型	介绍信或证明文件	抽样清单	产品主要成份	产品标准及产品	企业情况调查表或设计图纸	产品合格证及说明书等技术文件
检测报告					+	0
监督检验	+	+	−	+	+	+
形式检验	+	+	+	+	+	+
许可证检验	+	+	+	+	+	+
评优检验	+	+		+	+	+
仲裁检验	+	+	+	+		+
进出口检验	+	+		+		+
新产品鉴定	+	+	+	0	+	−
委托检验	+	−	+	0	−	0

注："+"表示应用；"−"表示无要求；"0"表示需要但不强求

抽样清单

抽样检验性质				
被抽样单位				
详细地址				
产品批发及生产日期				
抽样日期				
抽样地点				
主持抽样单位				
参加抽样单位				
抽样记录：				
序号	样品名称	规格型号	批量（N）	样本数（n）
1				
2				

抽样人（签字）：

被抽样单位负责人（签字）：

检测单位收件人（签字）：

国家防火建筑材料质量监督检验测试中心对受检产品企业生产和质量控制调查表

企业名称		企业性质	
详细地址		隶属关系	
厂长姓名		技术负责人	
电话		质量负责人	
邮编		职工总人数	
受检产品生产及质量控制状况			
名称		规格型号	
年产量（吨）		年产值（万元）	
投产时间		主设备状况（引进、国）	
生产人员数		质检人员数	
有无生产许可证		自检项目数	
备注			

填表人：　　　　年　月　日

25 木材及人造板阻燃处理

参考文献

[1] [美]罗杰 · 罗维尔主编. 刘正添等译实木化学. 北京：中国林业出版社，1988.12

[2] 王宏元. 阻燃剂化学及其应用. 上海：上海科学技术文出版社，1988.8

[3] 薛恩钰，曾毓修. 阻燃科学及应用. 北京：国防工业出版社，1988.11

[4] [苏] Ⅱ .H. 列克托尔斯基著. 木材防腐与抗火处理. 北京：中国林业出版社，1960

[5] 王卫东. 阻燃型杨大胶合板的初步研究. 南京：林业科技开发，1993

26 竹材人造板及竹木复合人造板

Bamboo and Wood Bamboo-based Panel

竹材人造板是以竹材为原料，借助胶黏剂的作用，压制而成的板状材料。竹木复合人造板是以竹材、木材为原料，根据不同的使用要求进行结构设计，借助胶黏剂的作用，经特定的加工工艺生产的板状材料。

竹材人造板及竹木复合人造板均由下列构成单元组成：①竹篾：竹材经截断、剖开、去除内节和外节而形成竹条，用篾刀或通过劈篾机从竹材的弦线上劈进，使竹条变薄而形成篾片。竹篾的厚度一般为0.5～1.4mm，根据需要，也有厚度达3mm的竹篾。竹篾的宽度一般为10～20mm。②竹片：竹片分为两种，一种是将锯截后的竹段，沿竹段的长度方向锯解而得到的定宽而通直竹片；另一种是将竹段剖分成二或三片，经软化、展开制成的竹片。这两种竹片沿长度方向的厚度不一致，需进行刨削加工，方可达到厚度一样的要求。③竹席：竹篾经纵、横交错，编织成具有一定幅面的整张席子。④竹帘：竹篾同方向排列用机械或手工的方法，用几条线编织成的整幅帘子。⑤竹刨花：采用专用设备将竹材加工成具有一定形状和尺寸的刨花，其表面平滑、尺寸均匀、质量好，这种竹刨花称为特制竹刨花。另一种竹刨花是竹材加工企业刨、铣、钻等加工产生的切屑，称为废料竹刨花，又叫工厂竹刨花（或机床竹刨花），其特点是厚度不均、形状卷曲、长度和厚度的比例小、质量较差。⑥竹单板：由旋切、半圆旋切、刨切或锯制方法生产的薄片状木材。⑦木板：锯割原木所得的板材。⑧木单板：旋切原木所得的薄板材。

目前，竹材人造板及竹木复合人造板一般都是由上述单元的不同组合，严格遵守对称原则而设计、制造出来的。对称原则就是指对称中心平面两侧的各对应层，无论是竹种、厚度、层数、纤维方向、含水率，还是制造方法等，都必须相互对应，即完全相同，也就是对于对称中心平面一侧来说，组成竹材人造板及竹木复合人造板产品各层的材料、厚度及制造方法等可以是相同的，也可以是不同的，但是其对称中心的两侧的各对应层必须完全相同。

竹材人造板及竹木复合人造板相对于木材人造板而言，具有力学性能较高、耐磨损性能较好的特性，目前普遍作为工程结构材料，在各类车厢底板、混凝土模板、包装箱板、集装箱底板等领域里应用。也有少量的经过漂白、防霉、防蛀等防护处理的竹材人造板及竹木复合人造板用于家具和室内装修。

竹材人造板及竹木复合人造板在我国尚为发展中的产业，由于中国有着广阔的市场和极其丰富的竹类资源，目前已成为世界上产量最大的生产国。其中工艺技术较成熟，有一定生产规模的竹材人造板及竹木复合人造板品种有以下几种：竹材胶合板、竹编胶合板、竹席－竹帘胶合板、竹材层压板、竹材刨花板及竹材刨花复合板、贴面竹胶合模板、竹木复合集装箱底板、竹木复合层积材等。

26.1 竹材胶合板

26.1.1 定义及用途

竹材胶合板是一种以“高温软化－展平”核心工艺为主要特征制成的竹片，按照胶合板的构成原则，将竹片涂胶、组坯、热压胶合而成的工程结构材料。

竹材胶合板从根本上改善了竹材直径小、壁薄中空、纵横两向强度差大的缺陷。保留了竹材强度高、刚性好、耐磨损、尺寸稳定的特点，而且还可以进行锯、刨、铣、钻等后期加工，成为各类车厢底板、混凝土模板的较为理想的材料。

26.1.1.1 竹材胶合板在各类车厢底板上的应用

载货汽车、公路客车、公交客车、铁路车辆等车辆的车厢底板大都是全木结构、铁木结构或钙塑板制成，使用条件十分苛刻，要求能经受严寒、酷暑、日晒、雨淋以及一定的承载。因此，作为车厢底板应有足够的强度和刚度及耐老化性能。竹材胶合板由于相邻层竹片互相垂直组坯胶合而成，具有胶合性能好、耐老化、强度大、尺寸稳定的特点。因此，能科学、经济、安全地替代木材作为车厢底板。

由于受人造板压机以及竹材本身的限制，竹材胶合板的长度尺寸往往达不到车厢的长度，在长度方向进行对接接长一般是不允许的。可采用铣斜面热压接长的工艺方法，其完整的车厢底板制造工艺流程如下：

竹材胶合板 → 端头铣斜面 → 斜面涂胶 → 斜面搭接 → 热压接长 → 表面涂树脂 → 压网纹、表面树脂固化 → 纵横锯边、铣台阶 → 成品

端头铣斜面：用专用铣床将需接长的端头铣成斜面，斜率约为1∶5。

斜面涂胶：两搭接斜面均涂以与竹材胶合板使用的相同胶黏剂或性能更好的胶黏剂，涂胶量150～175g/m²（单面）。

斜面搭接：两搭接斜面要密合，不得有间隙，搭接斜面板尖可略高出板平面0.5～1mm，为防止斜接面移位，便于搬动，允许用钉子预固定。

热压接长：热压条件与同厚度竹材胶合板热压条件基本相同，但单位压力略小于压制竹材胶合板时的压力。

表面涂树脂：为提高耐腐蚀、耐虫蛀、抗老化性能以及尺寸稳定性，需在竹材胶合板的两表面涂上适量的酚醛树脂保护层。表面酚醛树脂技术指标要求见表26-1。

表26-1 表面酚醛树脂技术指标

项目	技术条件	备注
外观	棕红色透明黏稠液体	
游离酚	< 2%	允许在树脂中加入适量的
固体含量	36% ± 2%	诸如氧化铁红之类的着色剂
黏度	0.1～0.23Pa·s	

压网纹、表面树脂固化：为增加车厢底板的摩擦力，在热固化表面树脂的同时，在竹材胶合板的正面覆上一张铁丝网。送入热压机，在板面压出一定形状和深度的网纹。热压温度130～140℃，单位压力2.5～3.0MPa、热压时间4～5min。

纵横锯边、铣台阶：根据各类车厢板的技术要求，竹材胶合板需纵、横锯边以及铣出规定尺寸的边部形状，适应装车的要求。

26.1.1.2 竹材胶合板在混凝土模板上的应用

竹材胶合板具有强度大、耐磨损、尺寸稳定的特点，非常适合作混凝土模板。可在其表面涂上与车厢底板相同的酚醛树脂，经热固化后形成坚硬的保护层直接作为普通的混凝土模板。也可以竹材胶合板为基材，经定厚处理，在基材上下表面分别覆上木单板和浸渍纸，组坯热压而成“高强覆膜竹材胶合模板”。这种板具有很高的弹性模量和静曲强度，表面光滑、平整、耐磨性好、厚度公差小，能符合框架模板的技术条件，被公认为是一种性能优良的混凝土模板。

26.1.2 生产工艺

竹材胶合板的生产工艺流程为：

竹材 → 截断 → 去外节 → 剖开 → 去内节 → 水煮 → 高温软化 → 展平 → 辊压 → 刨黄 → 刨青 → 预干燥 → 干燥定型 → 铣(锯)侧边 → 组坯 → 涂胶 → 预压 → 热压 → 热堆放 → 纵、横锯边 → 成品

26.1.2.1 原料要求及贮存

竹材胶合板生产用竹子应选用4年生以上、胸径（指从根部往上约1.2m处的直径）9cm以上的毛竹（楠竹）或其他直径较大的竹子，如桂竹、麻竹、巨竹、龙竹等。

由于竹子的砍伐有一定的季节性，为保证竹材胶合板生产的均衡，工厂应有一定量的竹子贮存。竹子堆成垛，可露天存放3～4个月。生产规模大，条件好的工厂，应有平整、并具备排水沟的竹子楞场。楞场应留有车道和装卸竹子的场地，还应设置“楞腿”。“楞腿”之间间距2m左右，竹子应堆垛在“楞腿”上，不直接和地面接触，以便有良好的通风条件；竹子楞垛需借助“立柱”的支撑，以防倒塌，“立柱”长度约2.5～3.0m，间距2～2.5m左右；应尽量使竹子楞垛遮阳避雨；在对竹子加工前，应保证竹子不得有虫蛀、腐朽等缺陷。

26.1.2.2 备料

1. 截断

根据产品的规格，在留足加工余量的前提下将竹子截成一定长度的竹段，通常加工余量取50～60mm。截断的原则：“从下至上，截弯取直”，即先截去竹子根部刀砍形成的歪斜端头，从根部至梢部依次截断。竹子弯度较大时，多截锯短竹段，力求锯成的竹段通直或弯度较小。

2. 竹段去外节

为提高后工序的加工质量，需去掉竹段外表面竹节处的凸起部分，使其与竹段表面保持同一高度。外节可用手工或专用的去外节机去除。

3. 竹段剖分

为便于后工序加工，需将竹段剖分成二至三片，采用专用的剖竹机可提高生产效率。

4. 竹片去内节

竹段剖成弧形的竹片后，需去除竹隔（统称为竹内节），使竹片的内壁平滑，专用的去内节机可取得满意的去内节效果。

26.1.2.3 软化—展平

软化—展平是竹材胶合板的核心工艺，将弧形的竹片软化展平后形成平面状的竹片，要求展开的裂缝多且深度浅、宽度小。采用手工预先在弧形的竹片内壁（竹黄面）凿出一定数量的不贯通裂缝，也能展开成平面状的竹片，但生产效率很低，劳动强度也较大。而且展开的竹片由于没有经过软化这道工序，所以裂缝很深，一般都要达到竹青面。这样的竹片在组成竹材胶合板坯时，要用小铁钉固定，使缝隙紧密，压制出的板子在使用上受到一定的限制，高质量的竹材胶合板一定要采用软化展平工艺。

1. 水煮

为便于弧形的竹片软化和展平，需增加竹片的含水率，方法是将竹片放入70～90℃热水中浸泡3h以上，若能将水加热至沸腾则更好。经水煮后的竹片，取出后呈蜡黄色且手感发黏为合格。

2. 高温软化

高温软化的目的是增加竹片的塑性以便于展平。软化温度控制在180～250℃，软化时间4～5min。软化合格的竹片温度一般为140～150℃，在外观上竹青表面发黄并出现油珠滴。

3. 展平与辊压

高温软化后的竹片应立即加压展平。展平的单位压力为0.5～0.8MPa。随后送入专用的辊压成型机辊压。辊压线压力为300～500N。若竹片横断面弧形弦高小于5～8mm，也可不经展平直接辊压。

26.1.2.4 竹片加工

1. 刨削加工

经展平的竹片，要去除竹片表面的青和黄，并加工成一定的厚度。可以在压刨机上加工，为提高竹材利用率，竹片厚度可按0.5mm或1mm级差分类。展平的竹片，尽可能趁热进行刨削加工，以减少功率消耗及刀具的磨损。芯板用竹片，不允许有残留的竹青和竹黄存在。表板用竹片，也不允许有残留竹黄存在；可根据成品的质量标准要求，允许存在少量残留竹青。

2. 竹片干燥

经刨削加工后的竹片，含有大量的水分，需要干燥到一定含水率，再经定型干燥，才能进行后期加工。

干燥过程首先是预干燥，通常采用周期式干燥窑，将竹片干燥至含水率15%左右。由于竹片在展平过程中虽已产生展开裂缝，由圆弧状成为平直状，但它在自然状态中仍具有较大的弹性恢复力，为防止竹片在干燥过程中产生变形，需采用间歇加压干燥工艺。运用一种专用的竹片干燥定型机，即可完成竹片的定形干燥，使竹片终含水率小于8%。

3. 铣（锯）侧边

由于竹段剖开产生的撕裂和干燥过程中的不均匀干缩，干燥后的竹片两侧边是凹凸不平的。为使竹材胶合板的表板拼缝严密，芯板组坯时不产生过大的缝隙。所有的竹片两侧边都要进行齐边加工。

齐边加工可以采用特制的加长工作台面的立轴铣床，手工铣削侧边。此法生产率较低，也可采用履带压紧进料的单锯片圆锯机。

26.1.2.5 胶合加工

1. 涂胶

为了使竹片胶合，其短芯板或长中板必须两面涂胶，所用胶黏剂应视产品的用途而定，通常在室内使用的竹材胶合板可使用脲醛树脂胶黏剂或其他性能相当的胶黏剂。目前大量使用在各类车厢底板或混凝土模板用的竹材胶合板，应使用酚醛树脂胶黏剂。酚醛树脂胶黏剂技术指标要求见表26-2。

表26-2 适用于竹材胶合板的酚醛树脂胶黏剂技术指标

项 目	技术指标	备 注
外观	棕红色透明黏稠液体	
游离酚	＜2.5%	在使用时,可适量加入
固体含量	50%±2%	面粉等填充剂
黏度	0.15～0.32Pa · s	

竹片涂胶一般在辊筒涂胶机上进行，被涂胶的竹片表面必须清洁，涂胶量为350～400g/m²（双面）。

2. 组坯

将表板竹片和涂过胶的芯板竹片组合成板坯的过程称为组坯。根据成品厚度和压缩率来确定板坯的厚度。板坯的压缩率与热压时的温度、压力和竹子的产地、竹龄、竹种等多种因素有关，通常的压缩率为13%～16%。根据产品的使用要求，确定纵向竹片厚度与横向竹片厚度的比例。组坯为手工作业，组坯时，要做到表板竹片竹青面朝外，竹黄面朝内，中心层芯板竹片每张竹片的竹青面、竹黄面的朝向，应依次交替排列；组坯时，相邻竹片的大小头（竹片一般都呈梯形）也应依次交替排列，呈“一边一头齐”。相互成直角。

3. 预压

为使组好的板坯便于运输，防止板坯在向热压机内装板时竹片产生位移而引起叠芯、离缝等缺陷，应将板坯先进行预压，使其预胶合成一整体。预压采用预压机进行，单位压力通常为0.8～1.0MPa，预压时间一般2～3h，时间能长一些，效果则更佳，但也不宜超过24h。

4. 热压胶合

经预压后的板坯要经过热压才能达到预期的胶合强度，热压是在保持压力的过程中对胶层进行加热使其固化。掌握热压条件至关重要，竹材胶合板的热压条件为：

单位压力：3.0～3.5MPa

热压温度：135～145℃

热压时间：1.1 min/mm 板坯厚

卸压应按三段降压法操作，注意在单位压力降至0.5MPa时，降压速度要慢或停留几分钟，防止“鼓泡”现象产生。

5. 热堆放及纵横锯边

从热压机卸出的竹材胶合板，温度较高，需整齐堆放24h以上。一方面利用其余热继续使胶黏剂固化，提高胶层固化程度；另一方面通过整齐的密实堆放，让其缓慢冷却，通过内部匀温，消除内应力，使板子平整，防止产生翘曲变形。

竹材胶合板最终按要求的幅面在纵横锯边机上锯出四角方正、四边平直的成品板。

26.1.3 主要质量指标

26.1.3.1 规格

一般竹材胶合板的幅面尺寸与常规的木质胶合板尺寸相同，其长度和宽度公差为±3mm，两对角线长度之差不得大于5mm。产品的用户也可根据需要，经协议提出幅面的具体尺寸及公差范围。

表 26-3 混凝土模板用竹材胶合板的厚度及其公差

厚度（mm）	公差 （mm）	
	一等品	合格品
12	±0.9	±1.2
15	±1.0	±1.3
18	±1.0	±1.4

各类车厢底板用竹材胶合板的厚度一般为10、12、15、18、20、22、25、28、30mm，厚度公差在厚度≤15mm时为±1.0mm，在厚度＞15mm时为－1.0～+2.0mm。混凝土模板用竹材胶合板的厚度及其公差见表26-3。

混凝土模板用竹材胶合板的翘曲度一等品不得超过1.0%，合格品不得超过1.5%。

26.1.3.2 外观质量

车厢底板用竹材胶合板的外观质量要求见表26-4，混凝土模板用竹材胶合板的外观质量要求见表26-5。

26.1.3.3 物理力学性能

各类车厢底板用竹材胶合板物理力学性能指标见表26-6，混凝土模板用竹材胶合板物理力学性能指标见表26-7。

26.1.4 主要原材料消耗

竹材胶合板的主要原材料是竹子和胶黏剂。目前各生产

表 26-4 各类车厢底板用竹材胶合板的外观质量要求

<table>
<tr><th colspan="2">缺陷种类</th><th>正 面</th><th>背 面</th></tr>
<tr><td colspan="2">残留竹青</td><td>宽度≤5mm，允许
5mm＜宽度≤8mm，允许2处/张
宽度＞8mm，不允许</td><td>宽度≤8mm，允许
8mm＜宽度≤15mm，允许2处/张
宽度＞15mm，不允许</td></tr>
<tr><td colspan="2">拼接离缝</td><td>宽度≤2mm，允许
宽度＞2mm，不允许</td><td>宽度≤3mm，允许
宽度＞3mm，不允许</td></tr>
<tr><td rowspan="2">展开裂缝</td><td>表面</td><td>宽度≤2mm，允许
宽度＞2mm，不允许</td><td>宽度≤3mm，允许
宽度＞3mm，不允许</td></tr>
<tr><td>端面</td><td colspan="2">宽度≤5mm，允许
宽度＞5mm，不允许</td></tr>
<tr><td colspan="2">芯板叠离</td><td colspan="2">单个最大宽度≤3mm，允许
单个最大宽度＞3mm，不允许</td></tr>
<tr><td colspan="2">面、背板
尺寸不足</td><td>不允许</td><td>≤2mm，允许2处/张
宽度＞2mm，不允许</td></tr>
<tr><td colspan="2">芯板
尺寸不足</td><td colspan="2">≤2mm，允许2处/张
＞2mm，不允许</td></tr>
<tr><td colspan="2">鼓泡分层</td><td colspan="2">不允许</td></tr>
<tr><td colspan="2">嵌补</td><td>宽度≤8mm，允许
宽度＞8mm，不允许</td><td>宽度≤8mm，允许
宽度＞8mm，不允许</td></tr>
<tr><td colspan="2">表面污染</td><td>累计不超过板面积的1%</td><td>累计不超过板面积的5%</td></tr>
</table>

表 26-5 混凝土模板用竹材胶合板的外观质量要求

缺陷种类	一等品		合格品
	正 面	背 面	任意面
表面污染	总面积不超过板面的 5%	允许	
表面压痕、鼓包	≤ 50mm²，允许 2 处 /m² 压痕深度 1mm 以下，允许	≤ 400mm²，允许 4 处 /m² 压痕深度 1mm 以下，允许	
边角缺损	宽度≤ 5mm，公称尺寸之内允许 1 处 / 张	宽度≤ 5mm，公称尺寸之内允许 2 处 / 张	
表面缝隙	允许宽度≤ 2mm 2mm ＜宽度≤ 3mm，长度≤ 50% 板长， 允许 1 条 / 张	允许宽度≤ 3mm 3mm ＜宽度≤ 4mm， 允许累计长度≤ 2000mm	
芯层缝隙	≤ 5mm		≤ 6mm
叠层	厚度≥ 2mm 的竹片、竹篾，重叠宽度≤ 3mm，厚度＜ 2mm 的竹片、竹篾，允许		
鼓泡、分层	不允许		

表 26-6 各类车厢底板用竹材胶合板物理力学性能指标

试验项目	规 格	指标值
含水率（%）	–	≤ 10
胶层剪切强度（MPa）	–	≥ 2.5
静曲强度（MPa）	板厚 ≤ 15mm	≥ 100
	板厚 ＞ 15mm	≥ 90

注：①经接长的竹材胶合板，接缝处的静曲强度不得小于表中规定指标值的 70%
②测定方法按 LY/T1055-2002 中 5.3 的规定进行

表 26-7 混凝土模板用竹材胶合板物理力学性能指标

项 目			单 位	70 型	60 型	50 型
含 水 率			%	5～14		
静曲强度	干状	纵向	MPa	≥ 90	≥ 70	≥ 50
		横向		≥ 50	≥ 40	≥ 25
	湿状	纵向		≥ 70	≥ 55	≥ 40
		横向		≥ 45	≥ 35	≥ 20
弹性模量	干状	纵向	MPa	≥ 7.0 × 10³	≥ 6.0 × 10³	≥ 5.0 × 10³
		横向		≥ 4.0 × 10³	≥ 3.5 × 10³	≥ 2.5 × 10³
	湿状	纵向		≥ 6.0 × 10³	≥ 5.0 × 10³	≥ 4.0 × 10³
		横向		≥ 3.5 × 10³	≥ 3.0 × 10³	≥ 2.0 × 10³
胶合性能			–	无完全脱离		
吸水厚度膨胀率			%	≤ 8		

注：①纵向指平行于板长方向，横向指垂直于板长方向
②测定方法按 LY/T1574-2000 中 5.3 的规定进行

厂家的生产水平不完全一致，主要材料毛竹的消耗也不完全一致。通常，生产竹材胶合板的毛竹需胸径 10cm 左右的大径级毛竹。生产 1m³ 竹材胶合板需这样的毛竹 180～200 根，其中每根毛竹长约 7～9m 左右；质量约 25～35kg 左右，每根毛竹将有 1.5～3.5m 长、重约 7kg 左右、大头直径在 6cm 以下的剩余竹梢可作他用。

据统计，每生产 1m³ 竹材胶合板需消耗酚醛树脂胶黏剂 40～45kg，表面用酚醛树脂 13.5～16.5kg。

26.2 竹编胶合板

26.2.1 定义及用途

竹编胶合板是以竹材为原料，经劈篾、编席、涂（浸）胶、热压而制成的一种竹材人造板。

竹编胶合板按耐气候性能和防水性能分为Ⅰ类板和Ⅱ类板。Ⅰ类板以酚醛树脂胶或其他性能相当的胶黏剂胶合而成，能在室外使用。如混凝土模板、各类车厢底板、活动房屋外墙板等；Ⅱ类板以脲醛树脂胶或其他性能相当的胶黏剂胶合而成，一般用于室内家具、天花板或一次性包装板等。

竹编胶合板根据厚度不同分为薄型板和厚型板，厚度在2～6mm的称为薄型板，常用于天花板、家具、包装箱板等，厚度等于或大于7mm的称为厚型板，常用于混凝土模板、各类车厢底板。

26.2.2 生产工艺

竹编胶合板生产工艺流程如下：

竹材 → 制篾 → 编席 → 竹席干燥 → 涂(浸)胶 → 陈化（干燥） → 组坯 → 热压 → 锯边 → 成品

对于家具或装饰用的竹编胶合板，因对竹席的要求较高，在制篾后，还需对竹篾进行刮光（磨光）、漂白、染色处理，然后再精编成席。

26.2.2.1 原料选择

竹编胶合板所用的竹材，应选用劈篾性能良好的竹材如毛竹、麻竹、慈竹、淡竹、水竹、黄竹等，一般需要三至五年生，幼龄的竹子易于劈篾，但竹篾易断裂，制作出来的产品使用期短。

一般来说，含水率高时易于剖竹和劈篾，因此，最好应选用新鲜、含水率较高的竹材。

26.2.2.2 制篾

竹篾的制作包括截断、去节、剖竹、劈篾。

(1) 截断：根据产品的规格要求，将竹子锯成一定长度的竹段，加工余量一般留200mm左右，为避免竹子在剖竹和劈篾时过节困难，锯口应位于节前30～50mm以上。锯口应尽量平齐、光滑、无毛刺。

(2) 去节与剖竹：竹段应先将外节去除，尽量使竹段无凸凹现象。然后，基本上按宽度1.5cm左右将竹段剖分成竹条，黄面上的内节在剖分后一并去除。去节、剖竹可用手工，也可用剖竹机剖分竹条。

(3) 劈篾：将剖好的竹条用刀或通过劈篾机使竹条变薄，成为竹篾。通常先去除竹黄层，再进行一劈二、二劈四等分劈篾。

(4) 竹篾整理与堆放：要区别不同篾层，即青篾、二黄、三黄、四黄……最好能分开存放，不能混存一起，便于使用。把分层整理好的竹篾，按一定数量分成小把捆扎、晾晒，直到干透后再收藏存放，要注意通风、避雨、避潮。

26.2.2.3 编席

编席是将加工好的竹篾，按有规律的编织方法，编织成具有一定幅面的竹席。竹席的编织目前只有手工编织。竹编胶合板用的竹席通常为人字花型编织，即纵、横方向相互垂直的竹篾，通过相互间“挑”和“压”的交织，构成竹席。纵向篾称“纬”篾，横向篾称“经”篾。在编织工艺上，“挑”就是“纬”篾在“经”篾之下；“压”就是“纬”篾在“经”篾之上。竹编胶合板的粗编席通常为“挑三压三”；精编席通常按“挑一压一”编织，这里挑几压几的意思是挑起几根压几根篾。在一张席子基本编织完成以后，达到规定的幅面时，对四周长出的两层不同方向排列的竹篾要进行包边处理。检查验收合格的竹席，要求编织面平整，是四角成直角的长方形，编织人字线准确无错乱，包边要完整牢靠。

26.2.2.4 干燥

竹席大都为单张加工，原料来源各异，故诸多因素造成竹席的含水率有差异和不均，因此，须对竹席进行干燥使其含水率趋于一致，以满足后续工序的要求。

竹席干燥后含水率范围的确定，应依据竹编胶合板所使用的胶黏剂类型而定，一般控制在6%～12%，脲醛树脂胶可选用偏高一点的含水率值，酚醛树脂胶则较低一点为好。

干燥以人工干燥质量好、产量大，适合工业化生产。目前，人工干燥多采用窑干或干燥机干燥。干燥窑可选用普通的木材干燥窑，热源可选用蒸汽或炉气，窑内温度为50～60℃，干燥时间为24～48h。干燥机可选用木材胶合板用单板干燥机，单层和双层的均可，节数依产量而定。干燥时间一般在10～15min，干燥温度在140～160℃。

没有条件采用人工干燥的，可采用自然干燥，通过晾晒，降低竹席的含水率。但自然干燥，受气候影响，差异较大，制作的产品质量不稳定，并且产量受到限制。

26.2.2.5 涂（浸）胶

对竹席施加胶黏剂的方法通常采用涂胶或浸胶。

一般脲醛树脂胶（固含量48%～65%）采用涂胶法，涂胶量为200～275g/m^2（单面）或400～550g/m^2(双面)，胶液在竹席表面应薄而均匀，遇有缺胶处应用胶刷补涂。

酚醛树脂胶通常采用浸胶法，即将竹席放入胶池中浸泡一段时间后取出沥干或通过上下两对辊筒挤去多余的胶液。一般当胶黏剂固体含量为28% ± 2%。黏度为0.3Pa · s、竹席含水率为4%～6%时，浸胶时间为2～2.5min；竹席含水率为10%～12%时，浸胶时间为2.5～3.5min，这样即可达到6%～7%的浸胶量。如使用其他种类或固含量及黏度不同的胶黏剂时，则需通过试验来确定浸胶时间。浸胶量是指竹席吸收的干树脂量与竹席的绝干质量之比，浸胶量是衡量浸胶质量的重要指标。原则上认为，在保证胶合的前提下，浸胶量越小越好。一般地，板材的性能随浸胶量的增加而增加，但当浸胶量超过10%时，则影响不明显，因而，工艺要求浸胶量控制在6%～7%这个范围内。

26.2.2.6 陈化或干燥

对涂胶的竹席，为使胶液能充分浸润竹篾的表面，并向编织交叉处渗透，同时蒸发部分胶黏剂所带入的水分，可将涂胶后的竹席放置一段时间，这一过程称为陈化。陈化时间与胶的黏度、室温等因素有关，若黏度大、气温低，陈化时间长些，反之，则可短些。一般陈化时间20～60min。

对浸胶的竹席，可陈化数小时（实质是自然干燥），但不宜超过24h。为提高产量和质量，也可采用人工干燥，一般而言，干燥介质的温度不宜超过80℃，终含水率控制在10%～14%即可。

26.2.2.7 组坯

竹席由竹篾经纬交织而成，其纵横方向力学性能相近，因此组坯时不需像木质胶合板那样一定要奇数层，偶数层也可以。

组坯时，各层竹席的摆放应注意到一个长边和一个短边对齐，俗称“一边一头齐”，以便以后的裁边加工。

板坯的两面应加盖金属垫板，以防止胶黏剂沾污热压板，或热压板表面的异物污染竹编胶合板，尤其是生产装饰用竹编胶合板更应加盖金属垫板。

如金属垫板在出板后发生黏板现象，可在其表面薄薄地涂上一层脱膜剂，以利于金属垫板与竹编胶合板的分离。

26.2.2.8 热压

竹编胶合板热压条件见表26-8。

26.2.2.9 锯边

热压后的板子经12～24h的热堆放后，即可按产品标准或用户给定的规格将板子纵横两个方向锯成边角方正的成品竹编胶合板。

表26-8 竹编胶合板热压条件

胶 种	温度（℃）	单位压力（MPa）	热压时间（min） 2层板	3层板	4层板	5层板
酚醛树脂胶	140～150	2.5～4.0	3～4	5～7	8～12	10～15
脲醛树脂胶	110～120	2.5～4.0	3～4	5～7	8～12	10～15

26.2.3 主要质量指标

26.2.3.1 规格

竹编胶合板的幅面尺寸同木质胶合板，长度和宽度只允许正偏差5mm，不允许负偏差。对角线长度允许差：公称长度在1830～2135mm时，为小于等于5mm；公称长度在2135～3000mm时，为小于等于6mm。厚度为2、3、4、5、6、7、9、11、13、15mm等，厚度偏差见表26-9。

表26-9 厚度偏差

公称厚度	厚度偏差	每张板内的厚度最大允许偏差
2～6	+ 0.5 − 0.6	0.9
＞6～11	+ 0.8 − 1.0	1.2
＞11～19	+ 1.2 − 1.5	1.5
＞19	± 1.5	1.6

厚型板翘曲度：一等品不超过0.5%，二等品不超过1.0%，三等品不超过2.0%。

26.3.3.2 外观质量

竹编胶合板外观质量要求见表26-10。

26.2.3.3 物理力学性能

竹编胶合板物理力学性能见表26-11。

26.3 竹席—竹帘胶合板

26.3.1 定义及用途

竹席—竹帘胶合板是一种以竹席、竹帘为构成单元，根据不同的使用要求进行结构设计，借助胶黏剂，胶合而成的竹材人造板。

竹席—竹帘胶合板通常以竹席为表层，竹帘为芯层。依竹帘厚度的不同可分为“浙江式”和“湖南式”两种竹席—竹帘胶合板。

表 26-10 竹编胶合板外观质量要求

缺陷名称	检量项目	优等品	一等品	合格品
腐朽、霉斑			不允许	
板边缺损	自公称幅面内不得超过（mm）	不允许	≤ 5	≤ 10
鼓泡、分层	–		不允许	
篾片脱胶	单个最大面积（mm^2）	不允许	不允许	1000
	每平方米个数	不允许	不允许	1
表面污染		不明显	允许	允许
			允许	允许
面板压痕	单个最大面积（mm^2）	不允许	50	200
	每平方米上个数		2	4

表 26-11 竹编胶合板物理力学性能

项 目	单 位	薄 型		厚 型	
		Ⅰ类	Ⅱ类	Ⅰ类	Ⅱ类
含水率	%		≤ 15		
静曲强度	MPa	≥ 70	≥ 60	≥ 60	≥ 50
弹性模量	MPa			≥ 5 000	
冲击韧性	kJ/m^2			≥ 50	
水煮－干燥处理后静曲强度	MPa	≥ 30		≥ 30	
水浸－干燥处理后静曲强度	MPa		≥ 30		≥ 30

注：覆面竹编胶合板，应符合相应结构的物理力学指标

“湖南式”采用较薄的竹帘，一般厚度为0.8～1.4mm，产品外观酷似竹编胶合板，与Ⅰ类厚型竹编胶合板的用途相同。

“浙江式”采用较厚的竹帘，一般厚度为2～3mm，产品主要用作对表面要求不高，只需表面基本平整的普通混凝土模板。

26.3.2 生产工艺

竹席－竹帘胶合板的生产工艺流程：

原料 → 干燥 → 浸胶 → 组坯 → 热压 → 锯边 → 封边 → 成品

26.3.2.1 原料

竹席—竹帘胶合板所用的竹席，与竹编胶合板所用的竹席要求相同，“湖南式” 竹席—竹帘胶合板所用的竹帘，采用厚度 1mm 左右的竹篾，用混纺线（涤纶线）作经线，用竹篾编帘机或手工织成的整幅竹帘，经线间的距离一般为200mm，“浙江式”竹席—竹帘胶合板所用的竹帘通常采用2～3mm 的竹篾织帘。

一般要求竹帘平整、牢固、不散形，竹篾间紧密而无迭合。

26.3.2.2 干燥

竹席、竹帘在浸胶前后进行干燥，使其含水率在12%以下，干燥方式与竹编胶合板的干燥方式相同。

26.3.2.3 浸胶

由于竹帘的竹篾间有缝隙，采用涂胶工艺，耗胶量很大，因此，一般采用浸胶工艺，浸胶工艺与竹编胶合板浸胶工艺相同，浸胶后也应象竹编胶合板的竹席浸胶后那样，适当陈化或干燥。

26.3.2.4 组坯

竹席—竹帘胶合板板坯的配置，通常竹席作为表层，根据板材厚度以及使用对纵横强度比的要求，合理确定板坯的层数以及纵向竹帘与横向竹帘在板坯中的位置与数量，这就是所谓的结构设计，同时，组坯应使板坯结构具有对称性，以保证板材的形状稳定性。

26.3.4.5 热压

热压条件与竹材胶合板相似，但“湖南式” 竹席—竹帘胶合板采用“冷进冷出”工艺，即热压工艺过程分为三个阶段：

(1) 升温预热阶段：板坯进入热压机后，开始升温升压，直至达到规定的压力和温度。

(2) 固化成型阶段：该阶段按规定的热压条件操作。

(3) 冷却阶段：在保持压力的条件下往热压板中注入冷水冷却，当温度降到 50～80℃时，再降压将板子卸出。

采用“冷进冷出”工艺，虽然热压周期较长，用水量大，能耗较高，但能保证板材的形状稳定，板面平整，并能有效地防止“鼓泡”现象产生。

26.3.2.6 锯边与封边

热压后的毛边板须经纵、横锯边，为提高防水性能和产品外观，在其边部可涂饰防水涂料。

26.3.3 主要质量指标

“湖南式”竹席—竹帘胶合板的质量指标与竹编胶合板的质量指标相同。作为混凝土模板用的竹席－竹帘胶合板，其质量指标与混凝土模板用竹材胶合板质量指标相同。

26.4 竹材层压板

26.4.1 定义及用途

竹材层压板是一种以竹篾为构成单元，将竹篾或经过整张化的竹篾干燥、浸胶，再经干燥后，以纵向排列为主组坯、热压胶合而成的竹材人造板。竹材层压板亦称竹篾层积材或竹篾积成胶合板。

竹材层压板单向强度大、刚性好，具有显著的定向性，是良好的工程结构材料。目前，主要应用于车厢底板。

26.4.2 生产工艺

竹材层压板的生产工艺流程：

竹篾（或整张化的竹篾）→ 干燥 → 浸胶 → 干燥 → 组坯 → 热压 → 锯边 → 定厚加工 → 成品

26.4.2.1 原料要求

生产竹材层压板的原料主要是竹篾,篾片厚度在0.8～1.4mm为宜，宽度通常是15～20mm，篾片的长度等于产品长度加余量，允许使用少量的短篾片，用量比：长篾片：短篾片=1：0.2～0.3，短篾片的长度最短不得小于30cm。

竹篾整张化可提高产品质量，并有可能实现生产的机械化、连续化,竹篾整张化的方法有竹席法、黏接法、缝纫法和编帘法，通常可采用编帘法，即将竹篾编织成“经线纬篾”的整张竹帘，竹帘可用于手工或机械编织，竹帘质量要求与竹席—竹帘胶合板所用的竹帘质量要求大致相同。

26.4.2.2 干燥

要求竹篾干燥后的含水率达到10%～12%，干燥方式可采用自然干燥或干燥窑干燥。

26.4.2.3 浸胶

竹材层压板采用的胶黏剂通常是水溶性酚醛树脂胶黏剂，竹篾的浸胶量控制在6%～7%。

浸胶量的测定通常采用质量法，即先测出竹篾含水率W_0及质量G_0，再计算出竹篾的绝干质量G_1,$G_1=G_0(1-W_0)$；然后将竹篾浸胶后取出沥干，烘至绝干后称得此时质量G_2，则竹篾浸胶量为：

$$\frac{G_2-G_1}{G_1}\times 100\%$$

26.4.2.4 浸胶后干燥

竹篾浸胶后须先沥去附着在其表面的胶液,然后进行干燥。干燥篾片的终含水率控制在10%～14%，浸胶后的干燥多采用自然干燥或干燥窑干燥。干燥窑干燥温度必须控制在65℃左右，以免胶液固化，一般干燥4～5h即可。由于竹篾表面及表层均浸有胶液，采用电阻测湿法误差较大，故应采用质量法测量含水率，即称得浸胶后干燥好的竹篾质量G_1，烘至绝干后称重得G_0。则含水率为：

$$\frac{G_1-G_0}{G_0}\times 100\%$$

26.4.2.5 组坯

竹材层压板的组坯目前都是在组坯台上由手工完成,散篾秤量后在型框内组坯，长篾片应分布于板的两表面，短篾片置于板的中层。整张化的竹篾则可直接铺装在垫板上。较之散篾组坯，整张化的竹篾组坯生产效率高，厚度与密度的均匀性均有显著提高。

组坯时的竹篾用量是根据产品的密度、厚度及幅面来确定的。

假设产品的规格为2440mm × 1220mm × 30mm，根据竹材层压板的加工特性，其锯边余量为100mm，厚度加工余量为2mm，这样计算时采用的规格为2540mm × 1320mm × 32mm。产品的密度要求为1.1g/cm³、浸胶量为7%，则竹篾的用量为：

(1) 每张容重为1.1g/cm³的竹材层压板重：

$$G_1=l\times b\times d\times r=254\times 132\times 3.2\times 1.1$$
$$=118018.56(\text{g})=118.02(\text{kg})$$

式中：G_1——为成品板质量

l——板的长度

b——板的宽度

d——板的厚度

r——板的容重

(2) 每张竹材层压板所需的绝干竹篾质量：

$$G_2=\frac{G_1}{1+W_2+P}=\frac{118.02}{1+0.1+0.07}=100.87(\text{kg})$$

式中：G_2——所需绝干竹篾质量

W_2——成品含水率，取10%

P——浸胶量

(3) 每张竹材层压板所需的固体胶量：

$$G_3 = P \cdot G_2 = 0.07 \times 100.87 = 7.06(\text{kg})$$

式中：G_3——所需固体胶量

(4) 如果浸胶干燥后的竹篾含水率W_3为14%，则每张竹材层压板所需的浸胶干燥后的竹篾需求量G_4为：

$$G_4 = (1+W_3)(G_2+G_3) = (1+0.14)\times(100.87 + 7.06)= 123.04(\text{kg})$$

或 $G_4= (1+W_3)(1+P)G_2= (1+0.14)\times(1+0.07) \times 100.87= 123.04(\text{kg})$

26.4.2.6 热压

竹材层压板热压条件：温度140～150℃，单位压力4.5～6.0MPa，热压时间：1.3min/mm 成品板厚。

竹材层压板的热压采用“冷进冷出”工艺，热压工艺过程同“湖南式”竹席—竹帘胶合板热压工艺过程，通常采用逐步升压或分段升压。

26.4.2.7 后期加工

热压后的竹材层压板半成品，需经锯边后用压刨机刨削或砂光机砂削作定厚处理，再根据汽车车厢底板或铁路货车底板的要求，锯、铣成成品。

26.4.3 主要质量指标

26.4.3.1 规格

竹材层压板规格见表26-12。

表26-12 竹材层压板规格

竹材层压板的长度尺寸（mm）	
长　度	公　差
400、500	±1
1000、1500、2000、2500	±3
3000、3400、4200、5400	±5
竹材层压板的宽度尺寸及公差（mm）	
宽　度	公　差
1400、1600、1800、……400	±1
500、600、700、800	±2
900、1000、1100	±3
竹材层压板的厚度尺寸及公差（mm）	
厚　度	公　差
10、15、20	±0.8
25、30	±1.0
边缘不直度（mm）	
边　长	边缘不直度
≤400	≤1
400～1000	≤2
>1000	≤3

注：①翘曲度：不得大于2/1000 mm/mm
②两对角线之差不得大于2/1000 mm/mm
③其他规格尺寸及公差按供需双方协议生产

26.4.3.2 外观质量

竹材层压板外观质量要求见表26-13。

表26-13 竹材层压板外观质量要求（mm）

缺陷名称	允许限度	
	一等品	合格品
鼓泡	不允许	不允许
脱胶	不允许	每平方米2处，每处长≤50
边角缺损	不允许	≤5

26.4.3.3 物理力学性能

物理力学性能见表26-14。

表26-14 竹材层压板物理力学性能指标

指标名称	单　位	指标值
含水率	%	6～8
静曲强度	MPa	≥120
冲击韧性	kJ/m²	≥110
吸水率	%	≤12
密度	g/cm³	≤1.2
弹性模量	MPa	≥8.0×10³
低温冲击韧性	kJ/m²	≥80
滞燃性能	氧指数	≥28

注：测定方法按LY/T 1072-2002中4.3的规定进行

26.5 竹材刨花板及竹材刨花复合板

26.5.1 定义及用途

竹材刨花板是以小径竹及部分加工剩余物为原料，经机械加工制成针状为主的竹刨花，干燥后施加一定的胶黏剂和少量防水剂（或不加防水剂），铺装成型后在一定温度和压力条件下制成的一种竹材人造板。

竹材刨花复合板是以竹刨花作芯层材料，竹片或竹席为表层材料，竹刨花施胶、竹片涂胶或竹席浸胶，经热压而制成的竹材人造板。根据覆面材料形态，竹材刨花复合板可分为竹席复合板和竹片复合板等。竹片复合板还常采用先制成竹材刨花板基材，再进行竹片贴面加工的二次成型生产工艺。图26-1为竹材刨花复合板结构示意图。

竹材刨花板及竹材刨花复合板通常以水溶性酚醛树脂为胶黏剂，具有较强的耐水性和耐候性，较高的静曲强度和弹性模量（与木质刨花板相比较），较低的吸水厚度膨胀率，可作为工程结构材料使用。目前，竹材刨花板主要用作普通混凝土模板。竹材刨花复合板除了用作混凝土模板外，还可用作地板。

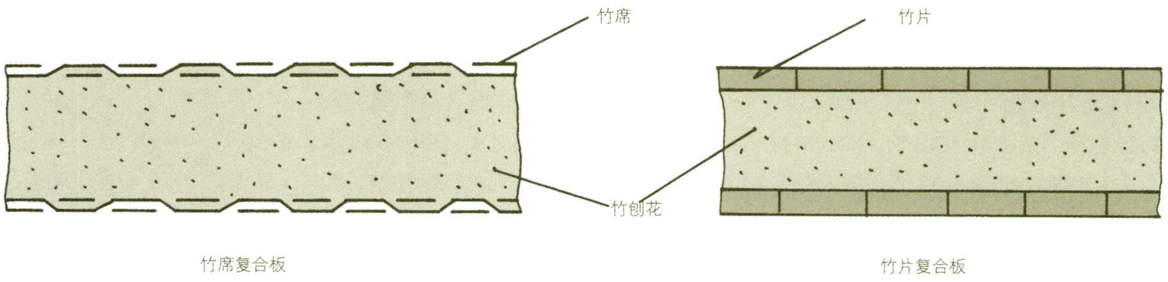

图 26-1 竹材刨花复合板结构示意图

26.5.2 生产工艺

26.5.2.1 竹材刨花板生产工艺流程

竹材刨花板通常为三层结构的高密度板，采用平压法生产，其生产工艺与木质刨花板工艺相似。热压机采用热油炉供热。竹材刨花板生产工艺流程如下：

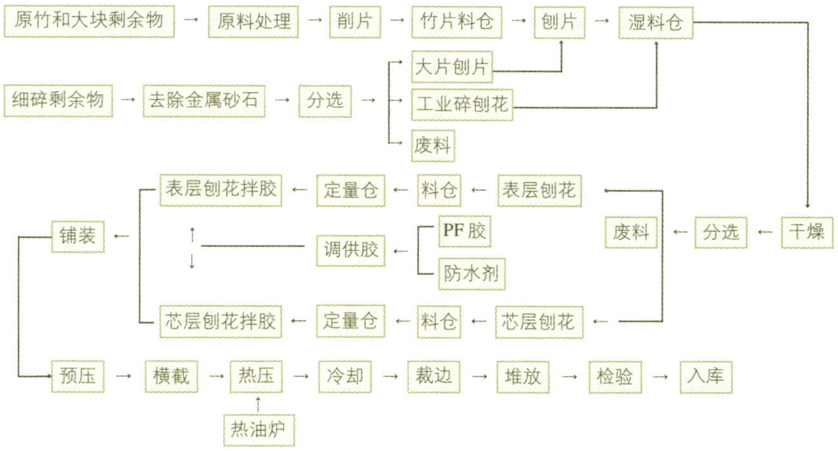

26.5.2.2 竹席复合板生产工艺流程

竹席复合板是在铺装成型机前后分别铺设经过浸胶并干燥的竹席，然后热压及后期加工，其工艺流程如下：

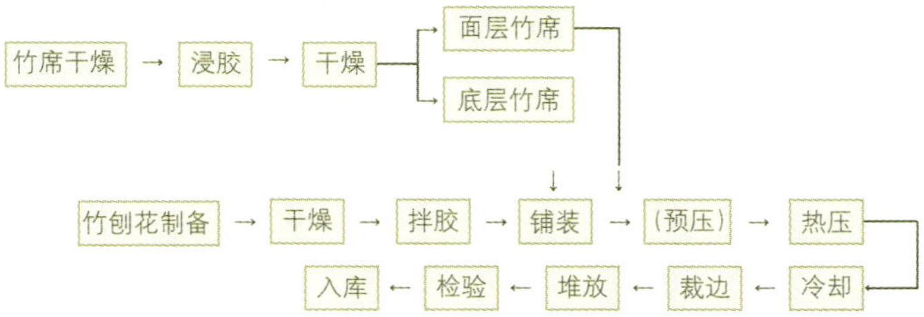

26.5.2.3 竹片复合板生产工艺流程

竹片复合板常采用二次成型工艺，其生产工艺还与产品用途有关，用作地板的竹片复合板工艺流程如下：

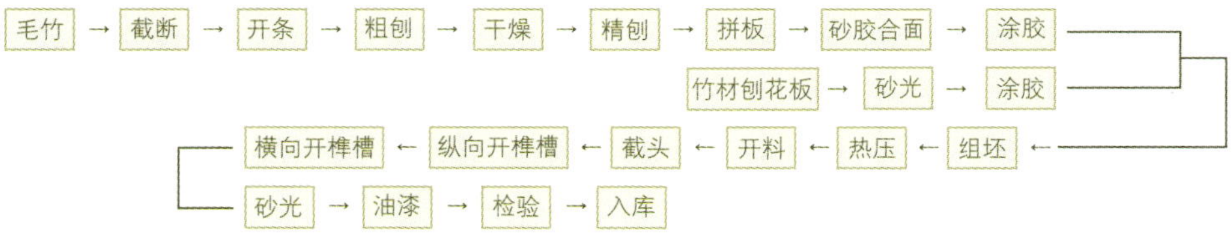

26.5.2.4 主要生产工序说明

1. 竹原料及其处理

竹原料包括原竹和加工剩余物。原竹是指小径毛竹、杂竹、丛生竹等未经加工处理的竹子。加工剩余物分为两类：一类为竹蔸、竹梢、竹片等大块剩余物；另一类为竹屑、竹丝、竹碎料等细碎剩余物。前者制备特制竹刨花，后者分选或制备成工厂竹刨花。工厂竹刨花在刨花总量中所占的比例必须小于4/10，否则会影响刨花板的强度。

竹原料最适宜加工的含水率为40%～60%。竹原料含水率过低会在刨花制备过程中产生过多的不规则细碎料，影响成品板的性能。含水率过高竹原料本身强度低，且要延长干燥时间，增加动力消耗，影响产量。若含水率低于40%，原竹在冬季用50℃左右的热水进行浸泡处理，其他季节用自来水浸泡即可。浸泡时间随原料含水率而定，一般为2h左右。工厂竹刨花则进行喷洒处理。竹原料含水率高于60%，则延长存放时间，至含水率低于或等于60%再使用。

为保证生产连续进行，应贮备可供15～30d生产的原料，且遵循先进场原料先用的原则，保证原料新鲜，避免霉变。

2. 竹刨花制备

竹材纵向纤维抗拉强度大，横向纤维间结合力小，制成的刨花多数呈宽度大于厚度的针状。原竹和大块剩余物经削片加工后形成公称长度30mm的竹片，再通过刨片机加工成厚度0.3～0.8mm、宽度1.2～2.0mm为主的特制刨花。生产实践证明，镇江林机厂生产的BX21系列鼓式削片和BX46系列环式刨片机适合竹刨花制备的要求，加工出的竹刨花形态较好，细碎刨花所占比重小。

细碎剩余物经清除金属、砂石，分选后按预定配合比与特制刨花同步送入湿料仓，以保证两种刨花混合均匀。配合比应注意细碎刨花不超过总量的10%。

3. 干燥、分选

竹刨花干燥通常采用转子式干燥机。干燥后的竹刨花，其含水率应基本一致，控制在2%～6%为好。

分选的作用是将干燥好的竹刨花筛分出过大刨花，合格刨花和废料。过大刨花经再碎后重新送入生产线。筛分出的表层和芯层刨花经风送系统分别送至表层料仓和芯层料仓待用。废料则送锅炉或热油炉作燃料。

4. 拌胶

竹材刨花板通常使用初粘性较好的水溶性酚醛树脂作胶黏剂。如采用连续式辊筒预压机和无垫板热压工艺，胶黏剂的初粘性尤为重要。

某竹材刨花板厂使用的胶黏剂的质量指标如下：

固含量：47% ± 2%　黏度（20℃）：0.26～0.3Pa · s

pH值：10～12　游离甲醛：≤0.6%　储存期2个月

竹材刨花板防水剂(石蜡乳液)，配方（质量比）：

石蜡：100　合成脂肪酸：5～12（酸值≥200）

水：150～200　氨水：4.5～5.5

石蜡乳液质量指标：

pH值：7.0～8.5　容积重：0.9～0.94t/m³

石蜡浓度：20%～40%　颗粒度：≤1μ者占90%以上

储存期：三天不分层不凝聚

按调胶配方将酚醛树脂胶和石蜡乳液均匀混合，施蜡量（石蜡乳液中固体石蜡质量与绝干刨花重的百分比）视产品要求而定，通常施蜡量为0.3%～1.0%。

竹材刨花板平均施胶量(胶的固体质量与绝干刨花质量的百分比）为9%～12%。芯层刨花尺寸大，施胶量取小值，表层刨花尺寸小，施胶量应相应增大。施胶量通过输胶泵控制，根据进入拌胶机的刨花质量和预定的施胶量计算出供给拌胶机的胶液质量。

拌胶后竹刨花含水率应控制在9%～16%范围内，芯层刨花含水率略低于表层刨花含水率。拌胶竹刨花贮存时间一般不超过2d。

5. 铺装、预压

竹材刨花板生产常采用气流式铺装或机械式铺装机，保证板坯密度均匀，板面光洁，克服手工铺装板各处密度不一致而易产生翘曲变形的缺点。铺装时应根据成品板的密度、厚度和结构调整供料和计量装置，使之形成厚度均匀的板坯。

如采用无垫板热压，预压工序应采用连续式辊筒预压机与铺装机配合．如采用有垫板热压，则采用周期平板式单层预压机（或不经预压）。预压后的板坯较密实，具有一定的强度，可防止运输过程中发生断裂或塌散。预压还可排除板坯内部分空气，减少板坯厚度，从而缩小热压板的间距。预压的工艺参数为：

辊筒预压机压辊线压力	1000～2000N/cm
平板式单层预压机单位压力	1.0～1.6MPa
板坯压缩率	30%～50%
板坯回弹率	15%～25%

$$压缩率 = \frac{h_1 - h_2}{h_1} \times 100\%$$

$$回弹率 = \frac{h_2 - h_3}{h_1} \times 100\%$$

式中：h_1——板坯铺装厚度，mm

h_2——板坯回弹后实际厚度，mm

h_3——板坯压缩到最小厚度，mm

6. 热压

热压是竹材刨花板生产的关键工序之一，直接影响生产线效率和产品质量。热压机可选用大幅面单层压机或多层压机，目前以多层热压机居多。

由于竹材密度比一般木材大，热压时必须施加较大的压力以保证竹刨花相互接触紧密。压力、温度、时间三者之间相互作用、相互影响，如提高热压温度，可加大板坯的温度梯度，加速热传递，缩短板坯加热时间。但是，过高的温度会使板坯在闭合加压前其表层刨花表面的胶黏剂固化，形成表层刨花松散，易脱落。目前竹材刨花板生产线采用的热压条件如下：

热压温度：$T=160\sim180$℃

热压时间：$t=0.4\sim0.7$min/mm 成品板厚（一般取：$t=0.5\sim0.55$min/mm 成品板厚）

单位压力：$P=4.0\sim4.5$MPa

竹材刨花板热压时最终厚度用钢质厚度规控制，并注意清除厚度规上的碎料。

7. 竹材刨花复合板生产工艺要点说明

竹席复合板由于表层用竹席覆面，对铺装机的要求可以低一些，生产中常用两个铺装头的铺装机，铺出渐变结构的板坯。竹席复合板生产中采用有垫板热压工艺，即垫板进铺装机前先铺上1～2层浸胶干燥后的竹席，然后在铺装机内铺装一定量的拌胶竹刨花，从铺装机出来后再在板坯上覆盖1～2层竹席完成铺装。

竹片复合板可采用先将竹片拼成整张纵向竹片板，再按竹席复合板铺装工序构成板坯，一次热压成型。也可采用先生产出竹材刨花板，再经砂光、涂胶，然后与涂胶后的竹片板组坯，热压成型。

26.5.3 主要质量指标

竹材密度及强度均高于多数木材，故竹材刨花板的密度和力学性能也高于普通木质刨花板。主要质量指标见表26-15。

从表中可以看出，竹席复合板和竹片复合板由于强化了表层材料，力学性能有较大提高。特别是竹片复合板，表面覆有一定厚度的单方向排列的竹片，纵向强度大幅度提高，适合制作地板和车厢底板等，是良好的工程结构材料。竹席复合板强度均匀，适合用作混凝土模板。

26.5.4 主要原材料消耗

26.5.4.1 竹原料用量

竹材及竹材刨花板密度较大，单位体积竹材刨花板消耗的原料大于木质刨花板，在设备选型时应充分考虑这一点。初步考虑竹原料用量时，可以用1m³竹材刨花板消耗1500～1600kg竹原料作粗略估计。实际竹原料用量按下列公式计算。

$$G=\frac{\gamma(1+W_0)(1+A)}{(1+W_1)(1+P_{胶})}\ (\mathrm{kg/m^3})$$

式中：G——1m³竹材刨花板需要的竹原料量，kg/m³

γ——板密度，$\gamma=850\sim950$ kg/m³

W_0——竹原料含水率，$W_0=40\%\sim60\%$

A——工艺损耗，不考虑砂光，$A=0.2\sim0.25$；考虑砂光 $A=0.28\sim0.32$

W_1——成品板含水率，$W_1=6\%\sim8\%$

$P_{胶}$——施胶量，$P_{胶}=9\%\sim12\%$

生产中是以成品板的密度来确定竹刨花用量。一块板的绝干刨花用量为：

$$G_0=\frac{\gamma V(1+A)}{1000(1+W_1)(1+P_{胶})}\ (\mathrm{kg})$$

含水率为W_2的刨花用量为：

$$G_w=\frac{\gamma V(1+A)(1+W_2)}{1000(1+W_1)(1+P_{胶})}\ (\mathrm{kg})$$

式中：G_0——一块竹材刨花板的绝干刨花用量，kg

G_W——一块竹材刨花板的含水率为W_2的刨花用量，kg

γ——竹材刨花板要求的密度，g/cm³

V——热压后一块未裁边板的体积，cm³

W_2——竹刨花含水率，$W_2=2\%\sim6\%$

W_1——竹材刨花板含水率，$W_1=6\%\sim8\%$

A——损耗修正值，若不考虑砂光，$A=3.5\%\sim4.5\%$；若考虑砂光，$A=10\%\sim12\%$

26.5.4.2 胶黏剂用量

1m³竹材刨花板耗胶量按以下公式计算：

$$Q=\frac{P_{胶}G_w}{(1+W_2)K_{胶}}\ (\mathrm{kg})$$

表 26-15 竹材刨花板、竹材刨花复合板物理力学性能

项目 名称　数值	密度 (g/cm³)	吸水厚度膨胀率 (%)	静曲强度 (MPa)	弹性模量 (MPa)	平面抗拉强度 (MPa)
竹材刨花板	0.85～0.95	≤8	27～40	3000～4000	0.7～0.8
竹席复合板	0.85～0.95	≤8	40～65	–	–
竹片复合板 (h=18，竹片厚4.5)	0.96	2～3	130～150	10000～12000	2.0～3.0

注：竹片复合板的静曲强度和弹性模量为纵向值

式中：Q——耗胶量

$K_{胶}$——胶黏剂固含量

W_2——竹刨花含水率，W_2=2%～6%

$P_{胶}$——施胶量

26.6 贴面竹胶合混凝土模板

26.6.1 定义及用途

26.6.1.1 引言

现代建筑业的大型、高质量现浇混凝土工程越来越多，对混凝土模板提出了更高的要求。建筑业对模板的使用要求表现在以下几下方面：

(1) 要有较高的弹性模量和静曲强度。混凝土浇灌时会产生很大的侧向压力（其压强一般可达 8t/m^2），如果模板刚度和强度不够，势必增加支承，这不仅增加模板重量，而且降低施工效率。

(2) 表面要平整、光滑，具有一定的硬度，可多次重复使用。

(3) 要有较好的耐水、耐热、耐碱、耐老化性能。混凝土呈碱性，硬化过程会放热，且户外施工条件恶劣，因此模板必须符合 I 类胶合板的要求。

(4) 幅面要大，以提高施工效率。在众多的模板材料中，贴面竹胶合混凝土模板最能满足以上要求。

26.6.1.2 定义及用途

贴面竹胶合混凝土模板是以竹材为主要原料，酚醛树脂胶为胶黏剂构成基材，板面用酚醛树脂浸渍纸或三聚氰胺浸渍纸进行贴面处理，主要用于“清水”混凝土施工的高质量、高强度混凝土模板。与木材胶合板和普通竹胶合模板相比，贴面竹胶合混凝土模板具有吸水膨胀率低，脱模吸附力小，混凝土表面平滑等优点，可用于大型桥梁、高速公路立交桥、高架路等大型工程一次浇灌成形而表面不再修饰的所谓“清水”混凝土工程。

26.6.1.3 种类

根据板材的构成单元，结构和生产工艺，目前使用的贴面竹胶合混凝土模板可分为二种：①高强贴面竹胶合模板；②贴面竹席—竹帘胶合模板。它们的断面结构示意图如图 26-2 所示。

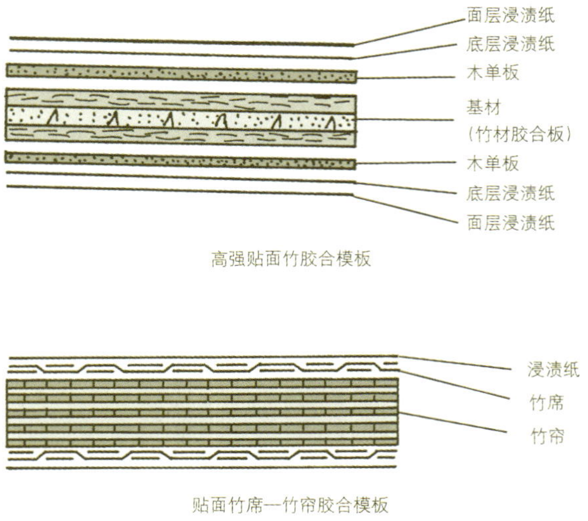

图 26-2 贴面竹胶合混凝土模板断面结构示意图

26.6.2 生产工艺

26.6.2.1 高强贴面竹胶合模板生产工艺

1. 生产工艺流程

高强贴面竹胶合模板生产工艺流程如下：

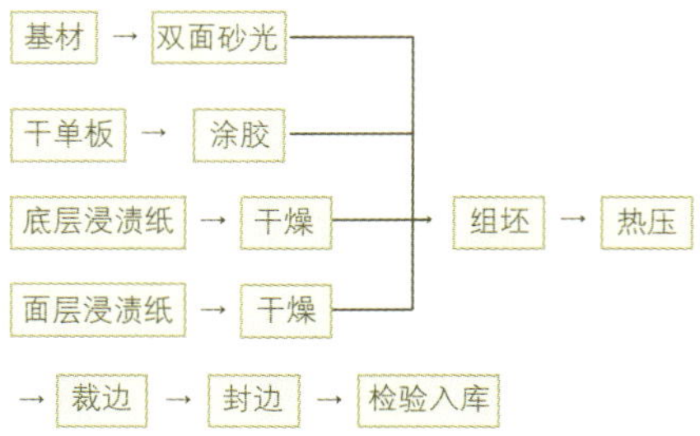

2. 主要工序及材料

(1) 基材：两种结构竹材人造板可作为高强贴面竹胶合混凝土模板的基材，一种是采用“软化－展平”工艺制造的竹材胶合板，另一种是用机械加工成竹篾再用篾帘编织机织成竹帘，然后用这种竹帘制成的竹帘胶合板。

由于采用较高的温度和压力进行浸渍纸贴面，基材上的缺陷会不同程度地反映到表面上来。如基材表面存在较大的缝隙，贴面热压时这些缝隙处承受的压力较小，因而在产品表面出现条状“白花”，它们不仅影响产品外观质量，而且该处面膜易碎。对于用作高强贴面竹胶合混凝土模板基材使用的竹材胶合板来说，生产中必须严格控制面、背板竹片的拼缝和芯板竹片的离芯。如出现＞3mm 的缝隙，必须用竹条带胶嵌补。对于机织竹帘胶合板，竹篾不能过厚，特别是用作面、背板的竹帘（厚度＜3mm），并适当增加编织线的条数，以达到减少篾间缝隙的目的。

(2) 木单板：由于竹材胶合板和竹帘胶合板进行贴面热压时可再压缩性差，浸渍纸也仅有两层，可压缩量很小，因此在它们之间加进一层软材单板（意杨或桦木单板）。木单板的作用之一是减少热压时各种因素可能造成的板面压力不均而引起胶膜表面质量缺陷。实践证明，在浸渍纸和基材之间加一层木单板后，产品表面非常平整、光滑，外观质量大为提高。木单板的作用之二是减少基材纵横向强度差异。竹材胶合板基材多为三层结构，纵向强度和横向强度差异较大（通常横向强度仅为纵向强度的 20%～35%）。而高质量的贴面混凝土模板不仅要求强度大而且各方向要比较均匀（横向强度为纵向强度的 60% 以上）。在靠近表层处加一层横向单板，可大幅度提高产品的横向强度。对木单板的要求是：厚度 1.1～1.2mm；含水率＜ 8%；无脱落死节、孔洞、夹皮、腐朽等缺陷。

(3) 浸渍纸：底层纸为 80～100g/m²、不加防水剂的硫酸盐木浆纸，浸渍酚醛树脂。浸渍树脂量 80%～120%，干燥后挥发份含量10%～12%。底层纸形成的底膜可增加膜的厚度，提高耐磨性。

面层纸为钛白纸，纸质 100g/m²，浸渍含有脱模剂的三聚氰胺树脂。浸渍树脂量 80%～120%，干燥后挥发份含量 10%～12%。三聚氰胺浸渍纸形成的面膜丰满度好，耐磨、耐酸碱，但膜的韧性不如酚醛树脂膜。

(4) 热压工艺：贴面热压既可采用冷—热—冷工艺，也可采用热进热出工艺。具体热压条件为，温度 135～145℃，单位压力 1.5～2.0MPa，时间随板厚而定。

冷—热—冷工艺过程是：①热压板温度 60～70℃时板坯进热压机，闭合、升温、升压。②温度升至规定温度后保温、保压。③保温、保压结束后关闭进汽阀门，排出热压板内蒸汽，通冷水降温。④热压板温度降至70℃以下卸板。冷—热—冷工艺的优点是膜面丰满、光亮、板面平整、翘曲变形很小；缺点是能耗和冷却水用量大，热压周期较长。

热进热出工艺是：①热压板加热至 135～145℃时进板，升压、保温。②降压前 5～10min 提前关闭蒸汽进汽阀门和充压泵。③热压时间够了后缓慢分段降压。只要正确掌握操作规程，采用热进热出工艺也可获得符合质量要求的产品，且能耗低、经济性好。

26.6.2.2 贴面竹席—竹帘胶合模板生产工艺

1. 生产工艺流程

贴面竹席—竹帘胶合模板生产工艺流程如下：

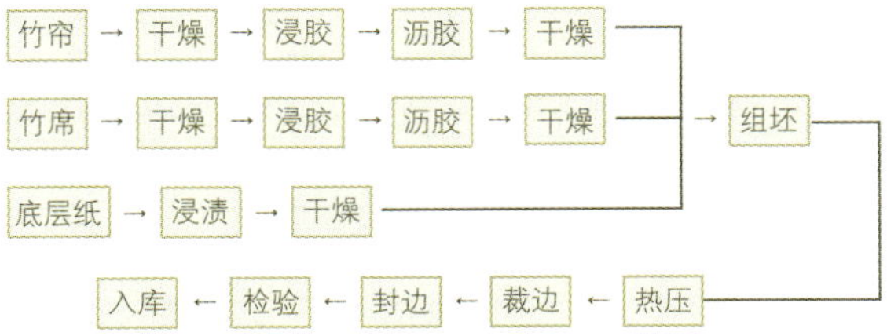

2. 主要工序及材料

(1) 竹席、竹帘：目前大多数生产贴面竹席—竹帘胶合模板的工厂都采取向竹产区农户收购竹席和竹帘的方式进行生产。这种方式可减少固定资产投资，加快流动资金周转，提高生产效率，同时，还可提高竹产区农民的收入。通常收购的竹席、竹帘规格为 4′ × 8′ 加上干缩和加工余量，厚度为 1.0～2.0，含水率＜ 18%，以保证仓贮过程中不发生霉变，如含水率过高，则须干燥后再仓贮。同张竹帘的篾条厚度应均匀一致。

(2) 干燥、浸胶：浸胶前、后，竹席、竹帘都必须进行干燥。竹席、竹帘必须干燥到含水率≤ 12% 才能浸胶。通常，竹席和竹帘分别装入吊笼，用电动葫芦吊入特制的浸胶池内，使竹席和竹帘所有表面都均匀浸渍固含量较低的水溶性酚醛树脂胶黏剂，达到设定的浸胶量。浸胶后吊笼移至沥胶槽上空，让多余的胶液顺竹篾滴入沥胶槽再回到浸胶池。沥胶后的竹席和竹帘必须进行低温干燥（一般在网带式干燥机内完成），使浸胶增加的水分全部蒸发，以保证胶合质量。

(3) 底层纸：底层纸为一种不加防水剂的牛皮纸，纸质 80～120g/m²。胶黏剂为水溶性酚醛树脂或改性三聚氰胺树脂，加入少量脱膜剂。底层纸的浸胶与干燥在浸胶干燥机上完成，使其成为具有一定树脂含量（100%左右）的胶膜纸。

(4) 组坯：根据产品厚度和纵、横强度比要求，合理确定板坯层数、纵向竹帘和横向竹帘的数量及在板坯中的位置。组坯时应在板坯上、下表面配置 1～2 张胶膜纸和一层竹席。同时板坯应一边一头齐，且位于垫板中间。

(5) 热压：贴面竹席—竹帘胶合混凝土模板热压工艺具有两个特点：一是采用“一次成型”工艺，即芯层竹帘、面层竹席和胶膜纸组坯后一次热压完成，简化了工序；二是采用“冷—热—冷”热压工艺，以保证质量。一次成型虽然简化了工艺，但由于竹席、竹帘厚度偏差大，因而组坯厚度偏差较大，即使热压时采用厚度规，贴面竹席—竹帘胶合模板的板厚偏差仍远大于高强贴面竹胶合模板。其次，由于贴面竹席—竹帘胶合模板表面材料是竹席和胶膜纸，它的板面光洁度不如高强贴面竹胶合模板。

26.6.3 主要质量指标

26.6.3.1 物理力学性能

贴面竹胶合混凝土模板质量指标主要包含物理力学性能，模板使用特性，以及外观质量、厚度偏差等性能。贴面竹胶合模板物理力学性能见表 26-16。

表 26-16 贴面竹胶合模板物理力学性能

项目＼模板类型	高强贴面竹胶合模板	贴面竹席—竹帘胶合模板
密度（g/cm³）	0.784	0.80
静曲强度（MPa）	108.5	104.5
弹性模量（MPa）	∥ 10382 ⊥ 7047	11100
胶合强度（MPa）	≥ 2.5	≥ 2.5
表面耐磨性	2000 次 0.05g/100r	0.05g/100r
吸水厚度膨胀率（%）	2.25（浸泡 24h）	

26.6.3.2 使用特性

贴面竹胶合混凝土模板具有以下使用特点:

(1) 脱模后混凝土表面平整光洁，无须粉刷；

(2) 强度高、刚性好、耐磨、重复使用次数多。高强贴面竹胶合模板双面正确使用，重复使用次数可达 100 次；

(3) 吸水厚度膨胀率低，不易变形、施工性能好；

(4) 幅面大，可进行机械加工；

(5) 耐水、耐热、耐碱、耐老化性能好。

26.6.4 主要原材料消耗

高强贴面竹胶合混凝土模板由竹胶板基材、木单板和胶膜纸进行二次热压而制成。每立方米产品消耗主要原材料见表 26-17。

表 26-17 每立方米高强贴面竹胶合模板消耗原材料

项 目	单位	用 量	备 注
毛 竹	根	180～200	眉径 = 10cm
木单板	m^3	0.14～0.16	杨木单板，厚度 =1.1～1.2mm
胶黏剂	kg	80～110	固含量 45%～50%
纸	kg	24～36	定量 100g/m^2

注：产品厚度为 12～18mm

贴面竹席—竹帘胶合混凝土模板采用“一次成型”热压工艺，每 m^3 产品消耗主要原材料见表 26-18。

表 26-18 每立方米贴面竹席—竹帘胶合模板消耗原材料

项 目	单 位	用 量	备 注
竹 席	张	38～56	2550 × 1300 × 1.2（mm）
竹 帘	张	260～290	2550 × 1300 × 1.2（mm）
胶黏剂	kg	220～240	固含量 45%～50%
纸	kg	12～18	定量 100g/m^2

注：产品厚度为 12mm～18mm；面、底层各一张纸

26.7 竹木复合集装箱底板

26.7.1 定义及用途

竹木复合集装箱底板是一种专门用途的竹木复合厚型胶合板，是南京林业大学竹材工程研究中心与香港迪勤国际发展有限公司联合开发的专利产品。竹木复合集装箱底板是以酚醛树脂为胶黏剂，以多层薄竹帘和竹席或等宽等厚竹片为面层材料，马尾松或落叶松旋切单板为芯层材料，按科学的结构组坯，经热压胶合，后期加工而制成的国际集装箱用竹木复合胶合板底板。由于性能卓越，竹木复合集装箱底板得到法国船级社认可，产品开始大批量在集装箱行业应用。图 26-3 为两种结构的竹木复合集装箱底板断面结构示意图。

26.7.2 生产工艺

竹木复合集装箱底板根据复合材料结构力学原理进行结构设计、充分利用竹材和木材的特性，使产品满足集装箱底板的要求。它的芯层由 1.6～2.0mm 厚的松木单板按照胶合板构成原则和生产工艺制造，(a) 型结构（竹篾型）面层材料生产工艺与竹席—竹帘板前段工序相似，(b)型结构（竹片型）

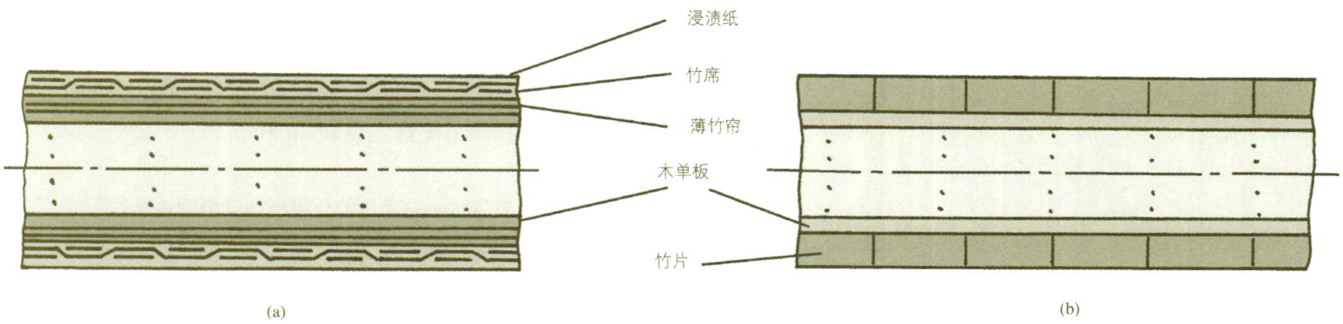

图 26-3 竹木复合集装箱底板断面结构示意图

面层材料生产工艺与竹地板前段工序相同。目前生产上采用(a)型结构，其生产工艺如下：

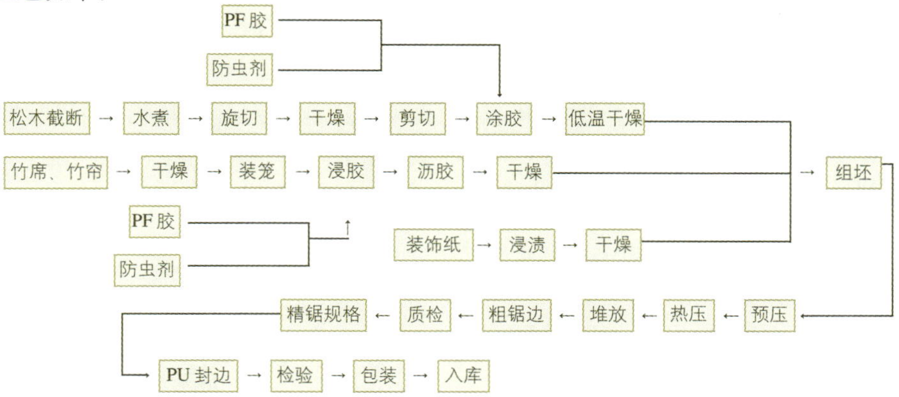

26.7.2.1 主要生产工序及原料说明

1. 竹席、竹帘

由于集装箱底板对产品厚度偏差要求很高，外购竹席和竹帘应严格控制篾条的厚度偏差。一张竹席或竹帘中的篾条厚度偏差应控制在±0.2mm，此外，竹席和竹帘不能有霉变，毛竹要求4年生以上。

2. 干燥

单板、竹席和竹帘在涂（浸）胶前、后都要干燥，以保证竹木复合集装箱底板的质量。

(1) 单板干燥：单板干燥后的含水率与单板涂胶后的处理有关。如涂胶后陈化，单板含水率应为14%～16%；如涂胶后进行低温干燥，单板含水率为8%左右。低温干燥涂胶单板时，干燥温度应≤60℃。

(2) 竹席、竹帘干燥：外购竹席和竹帘含水率不均，极易发生霉变，因此购进后应立即进干燥窑或网带式干燥机干燥。干燥后竹席终含水率≤8%，竹帘终含水率≤10%。竹席、竹帘通过浸胶获得一定的上胶量（通常竹席上胶量大于竹帘），同时也增加了竹席和竹帘的含水率，故竹席竹帘浸胶后必须干燥。结构上竹席紧靠浸渍纸，且竹篾交叉压接点水分不易排除，故要求浸胶竹席具有更低的含水率。一般浸胶干燥后含水率竹席为6%～8%，竹帘为8%～10%。

3. 调胶

根据澳大利亚AQIS规定，集装箱底板内必须要残留一定剂量的防虫剂。由于木单板、竹席和竹帘都很薄，防虫处理采用胶层处理，即将防虫剂加入胶液，搅拌均匀，通过涂胶和浸胶进入板坯。热压时防虫剂产生热扩散渗入木材和竹材起到防虫作用。因此，调胶时必须根据每m^3产品需要的防虫剂残留量、每m^3产品耗胶量、各种损耗，精确算出防虫剂与胶液的比例，然后按比例调胶。由于耗胶量不同，通常涂胶与浸胶用胶液的防虫剂比例不相同。

4. 预压

由于涂胶单板经过低温干燥或较长时间陈化，浸胶竹席和竹帘也经过干燥，板坯通过预压机冷压并不能初步粘合成型。板坯预压的目的是在压平和消除单板间和竹帘间的空隙，使板坯变薄，便于进入热压机。

5. 热压

集装箱底板对产品的物理、力学性能要求很高，只有采用合适的热压工艺才能生产出合格的产品。生产中，如材料的含水率能得到很好控制，可采用“热进热出”工艺以缩短热压周期，减少蒸汽和冷却水消耗；如无法很好地控制材料含水率，则采用“冷—热—冷”或“热—热—冷”工艺。如采用“热进热出”工艺，由于板坯压缩率较大，水分不易排出，须延长后期卸压排汽时间，避免鼓泡。生产上通常采用的热压条件为：

温度	135～145℃
压力	3.0MPa
“热进热出”热压周期	55min
“热—热—冷”热压周期	80min

26.7.3 主要质量指标

集装箱周转于世界各地港口、陆地和海洋，使用环境多变且苛刻。集装箱底板作为集装箱承载构件，要求具有优异的性能。因此，每批产品都要进行底板强度试验。

26.7.3.1 底板强度试验

根据ISO1161标准要求，底板强度测试由以下几个步骤组成：①用叉车将2R-T（R为集装箱额定装载量，T为空箱质量）质量的钢锭运进集装箱并均匀地铺在底板上，进行箱底提升和箱顶提升试验。②卸出钢锭，使具有特定装备的滚压小车（重7260kg）进入集装箱，在底板各处均往返滚压3次以上，分别检测各试验阶段底板的残余变形，其最大残余变形要求不超过3mm。

26.7.3.2 物理、力学性能

目前广泛使用的集装箱底板为东南亚产的阿必东、克隆等热带硬阔叶材胶合板。竹木复合胶合板底板物理、力学性能指标参照阿必东胶合板底板，其数值见表26-19。

表 26-19 竹木复合集装箱底板与阿必东胶合板底板性能

项 目			单位	标准值	试验参照标准
含水率			%	≤ 12.0	GB/T 17657-1999
密 度			g/cm³	≤ 0.85	GB/T 17657-1999
静曲强度（MOR）		∥	MPa	≥ 85	GB/T 19536-2004
		⊥	MPa	≥ 35	GB/T 19536-2004
弹性模量（MOE）		∥	MPa	≥ 10000	GB/T 19536-2004
		⊥	MPa	≥ 3500	GB/T 19536-2004
老化性能（六循环处理）	MOR	∥	MPa	≥ 37.5	ASTM D 1037-78
		⊥	MPa	≥ 15.0	ASTM D 1037-78
	MOE	∥	MPa	≥ 5000	ASTM D 1037-78
		⊥	MPa	≥ 1500	ASTM D 1037-78
胶合强度			MPa	≥ 0.70	GB/T 19536-2004

26.7.3.3 外观质量

集装箱底板抗油污能力、易清洗程度是考核指标之一。竹木复合集装箱底板表面用浸渍纸进行贴面处理，具有抗油污能力强、易清洗的特点。影响外观质量的主要因素有：浸渍用纸的质量和颜色、浸渍纸挥发份含量、竹席质量（包括竹篾厚度是否均匀、编织紧密程度、有无残留竹青和霉斑等）、热压工艺，以及后期加工及搬运（如锯切毛刺、表面划痕、凹陷、板边缺损等）。生产中应建立质量保障体系，实行全面质量管理。

26.7.4 主要原材料消耗

竹篾型结构竹木复合集装箱底板单位产品原材料消耗如表 26-20。

表 26-20 每 m³ 竹木复合集装箱底板消耗原材料

项 目	单 位	用 量	备 注
松原木	m³	1.9～2.1	直径＞24cm
竹席	张	32	1700～2480 × 1260 × 1.2(mm)
竹帘	张	96	1700～2480 × 1260 × 1.0(mm)
酚醛胶	kg	180	固含量 48%～50%
装饰纸	kg	8.2	定量 100～120g/m²
防虫剂	kg	1.3	浓度 74.2%

26.8 竹木复合层积材

26.8.1 定义及用途

竹木复合层积材是以强度高、硬度大的竹材（竹片或竹帘）作面层材料、马尾松或落叶松板材作芯层材料，以耐候性好的间苯二酚改性酚醛树脂为胶黏剂，经热压胶合而成的复合工程材料。数层（通常3层）松木板与竹片或数层薄竹帘均纵向排列，2～4层木单板或薄竹帘横向排列。产品具有纵向强度大、耐候性好、密度较小的特点，适合作铁路平车地板、船用板材、造船用脚手板等用途。竹木复合层积材结构示意图如图 26-4 所示。

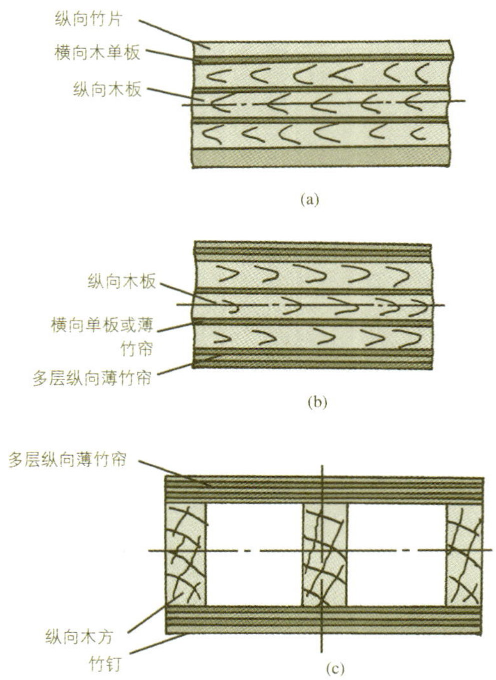

图 26-4 竹木复合层积材结构示意图

结构(a)为竹片复合型，结构(b)为竹帘复合型，厚度为45mm，可作为铁路平车地板代替70mm厚的红松地板。结构(c)为竹帘复合空心结构，产品质量轻、强度大、刚性好，主要用作造船用脚手板，其长度为2m、3m和4m、厚度50mm和60mm。

26.8.2 生产工艺

26.8.2.1 竹片复合结构生产工艺流程

竹片复合结构采用“软化—展平”竹片为面层材料，单板涂胶后，与定厚刨削后用气钉连成整张化的松木板材一同组坯。其生产工艺流程如下：

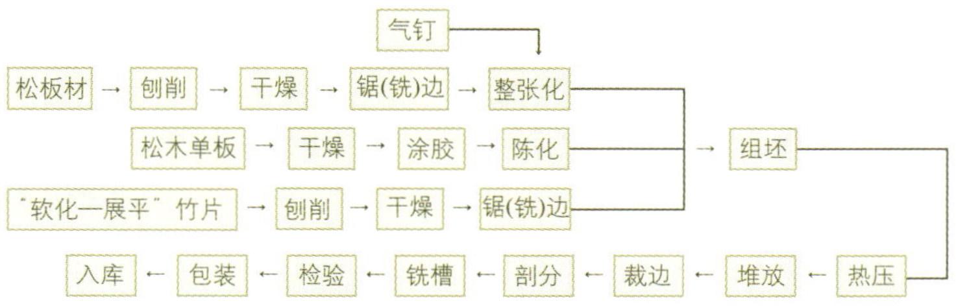

26.8.2.2 竹帘复合结构生产工艺流程

首先将5～7层浸胶薄竹帘热压成板、单面砂（刨）削后再与松木板热压成复合层积材。其工艺流程如下：

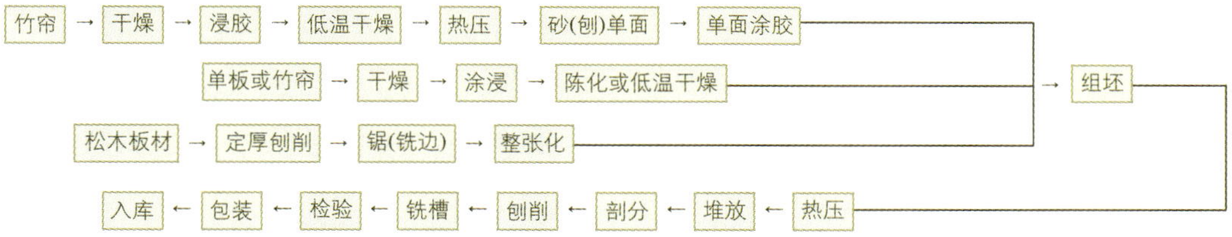

26.8.2.3 竹帘复合空心结构板生产工艺流程

空芯结构板也采用二次成型工艺，其工艺流程如下：

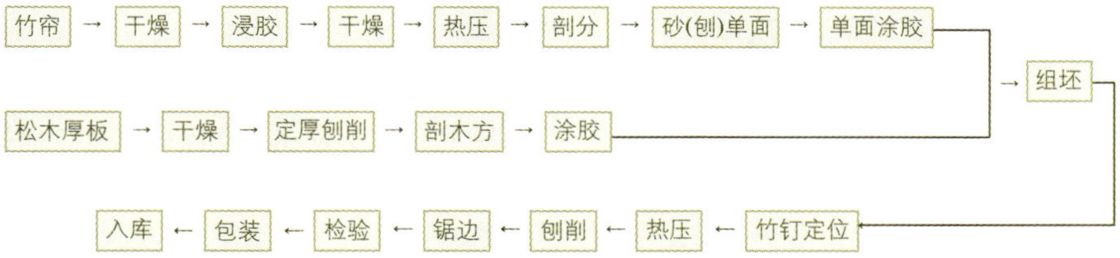

26.8.2.4 主要工序及材料

1. 原料准备

竹片和竹帘应选用4年生以上毛竹作原料。竹帘编织应松紧适宜，竹篾厚度应均匀（1.0～1.2mm），无霉变。用于竹片、竹帘复合结构的松木薄板（厚度15mm），可利用间伐材和小径材剖制，轻微的干燥变形不影响使用。空芯结构所用的厚板（厚度45mm），应选用30年生、节子直径较小、节子数量较少的优质马尾松或落叶松，因为节子对空芯结构板的刚度影响较大。

2. 干燥

一般薄板刨削后干燥，空心结构用的厚板应干燥后再刨削、剖分，以保证小木方直线性及厚度均匀性。板材干燥终含水率≤12%；竹帘浸胶前干燥至含水率≤12%，浸胶后干燥终含水率12%～14%；木单板含水率≤8%。

3. 涂胶和浸胶

木单板涂胶、竹帘浸胶，均须达到规定的上胶量。胶黏剂采用间苯二酚改性酚醛树脂胶，涂胶用的胶黏剂可加入一定比例的面粉和木粉，充分拌胶后用于单板涂胶。浸胶用胶黏剂用水稀释至合适的固含量，不加面粉和木粉。竹帘浸胶后陈化或低温干燥至不粘手才能组坯。

4. 竹帘热压

竹帘复合结构板所用的竹帘面板采用5～7层薄竹帘热压而成。空心结构板用的面板采用13～15层竹帘热压成板。热压参数为：单位压力4.0～5.0MPa；温度130～140℃；热压时间随组坯厚度、热压工艺（热进热出或冷—热—冷工艺）不同而变化。

5. 胶合面单面砂（刨）削

由于竹帘采用浸胶方式上胶，热压胶合制成的竹帘板，其表面覆有一层固化胶膜，影响二次热压成型。必须利用刨削宽度较大的单面压刨刨除待胶合面上的胶膜。当然，如条件允许，采用宽带砂光机除胶膜，效果更好。

6. 组坯

竹片复合结构板由涂胶单板、竹帘板，以及用气钉连成整张化的薄木板一起组成板坯。

竹帘复合结构板中靠竹帘面层板的薄木板单面涂胶，竹帘板刨削面也可涂上薄薄一层胶，再与涂胶单板一同组坯。空心结构板中的3～4根小木方（4根较好）上、下表面涂胶，同时在竹帘面板条相应地方（要与木方胶合处）涂上薄薄一层胶，以保证胶合良好。木方与竹帘面板相对位置确定后，用手提钻打孔，再用削制的竹钉定位。一般沿纵向长度（2～4m）钉入7～12颗带胶竹钉，以便搬运和二次成型热压。

7. 成型热压

竹片复合结构板采用一次热压成型，单位压力较大，一般为2.0～3.0MPa，以保证厚度有差异的竹片和木板良好接触。竹帘复合板和空心结构板的竹帘面板经过刨削或砂削，可采用较低压力，一般为1.0～1.5MPa，即可保证胶合，又可减少压缩率。热压温度130℃，时间0.8min/mm板坯厚。

8. 后期加工

竹片复合和竹帘复合竹木复合层积材如用作铁路平车地板，须剖成宽度为300mm的窄长板，再经表面定厚刨削、铣槽，才能形成可供装车使用的产品。空心结构板也须表面刨削、修边、油漆封端头等后期加工。

26.8.3 主要质量指标

竹木复合层积材主要用作铁路平车地板，空心结构板用作造船用脚手板，因此，对两种结构板的质量要求也不一样。

26.8.3.1 竹木复合层积材质量指标

1. 物理、力学性能

竹木复合层积材作为铁路平车的承重构件，要求有较高的纵向强度，一定的横向强度，较好的冲击韧性和耐老化性能，同时要求入钉较容易和较好的握钉力。竹帘复合型竹木复合层积材物理、力学性能见表26-21。

表26-21 竹帘复合型竹木复合层积材物理、力学性能

序号	项目	单位	标准值	试验方法
1	密度	g/cm³	≤ 0.8	GB/T 17657-1999
2	含水率	%	≤ 12	GB/T 17657-1999
3	静曲强度（纵向）	MPa	≥ 70	GB/T 17657-1999
4	静曲强度（横向）	MPa	≥ 10	GB/T 17657-1999
5	弹性模量	MPa	≥ 6000	GB/T 17657-1999
6	冲击韧性	kJ/m²	≥ 80	GB/T 17657-1999
7	抗压强度	MPa	≥ 10	GB/T 17657-1999
8	握钉力	N	≥ 1400	GB/T 17657-1999
9	胶合强度		≥ 1.0	GB/T 17657-1999
10	耐酸后静曲强度	MPa	≥ 40	5%HCl 浸泡 7d 后弯曲
11	耐碱后静曲强度	MPa	≥ 40	1%NaOH 浸泡 7d 后弯曲
12	低温冲击韧性	kJ/m²	≥ 60	－50℃，3h 后观察
13	耐高温性	不开裂、不脱胶		120℃，3h 后观察
14	耐老化处理后静曲强度	MPa	≥ 60	25℃水浸泡 16h,65℃干燥箱干燥 8h 为 1 周期，循环 4 周期后弯曲

注：标准值取自铁道部戚墅堰机车车辆厂与南京林业大学竹材工程研究中心 1997 年制定的企业标准《铁路平车地板用竹木复合层积材》

2. 外观质量和加工质量

竹片复合板外观质量要求参照竹材胶合板标准（LY/T1055-2002），竹帘复合板要求板面平整，缝隙少，尚无相应的外观质量标准。铁路平车地板的幅面及厚度公差：长度公差± 3mm；宽度公差± 2mm；厚度公差 mm；边缘直线度≤ 3mm；对角线长度之差≤ 5mm；翘曲度≤ 5mm。

26.8.3.2 空心结构板质量指标

1. 强度指标

空心结构板主要用作造船用脚手板，其力学性能包括以下几项：

(1) 刚度试验：规定跨距、质量、于中部集中加载荷后测量挠度。造船用脚手板标准挠度值见表26-22。

表26-22 造船用脚手板标准挠度值

载荷（kg） / 挠度值（mm） / 板长(m)	75	150	225	备 注
2	3.5	7.0	10.5	板厚 50mm
3	8	16	24	板厚 50mm
4	12	24	36	板厚 60mm

注：板宽 300mm

(2) 静负荷试验：加极限荷重450kg，5min静压试验。卸载后不得有脱胶、开裂及塑性变形等缺陷。

(3) 动负荷试验：将75kg重物提升距离脚手架板表面2.5m高处作自由落体冲击试验。不允许有脱胶、开裂及表面严重损坏之情况发生。

2. 质量要求

造船用脚手板除了强度要求外，对质量也有较严格的要求。标准质量如下：

长度：L=2m　　质量：$W \leqslant$ 15.5kg

L=3m　　$W \leqslant$ 22.5kg

L=4m　　$W \leqslant$ 32.5kg

26.8.4 主要原材料消耗

每 m³ 竹木复合层积材消耗原料见表26-23和表26-24。

表26-23 1m³ 竹木复合层积材消耗原材料（竹帘复合型）

项 目	单位	用 量	备 注
竹帘	张	100～110	3100 × 1050 ×(1.0～1.2)(mm)
松木单板	m³	0.05	厚度 1.6～1.8mm
松木薄板	m³	1.12	厚度 15～16mm
酚醛胶	kg	50～60	固含量 45%～50%

表26-24 1m³ 空心结构竹木复合层积材消耗原材料

项 目	单位	用 量	备 注
竹帘	张	130	4100 × 1050 ×(1.0～1.2)(mm)
松木厚板	m³	0.25	板厚 45mm
酚醛胶	kg	62～68	固含量 45%～50%

26.9 竹材人造板加工设备

20世纪80年代以来，竹材工业化利用研究和推广取得了令人瞩目的发展，不同用途的竹材人造板产品和数百家生产企业在中国南方雨后春笋般涌现出来，极大推动了竹材加工设备的发展。部分竹材人造板设备利用木材人造板设备加工竹材，如热压机、干燥机等，但也有相当数量的设备是根据竹材加工特点而设计和制造的。

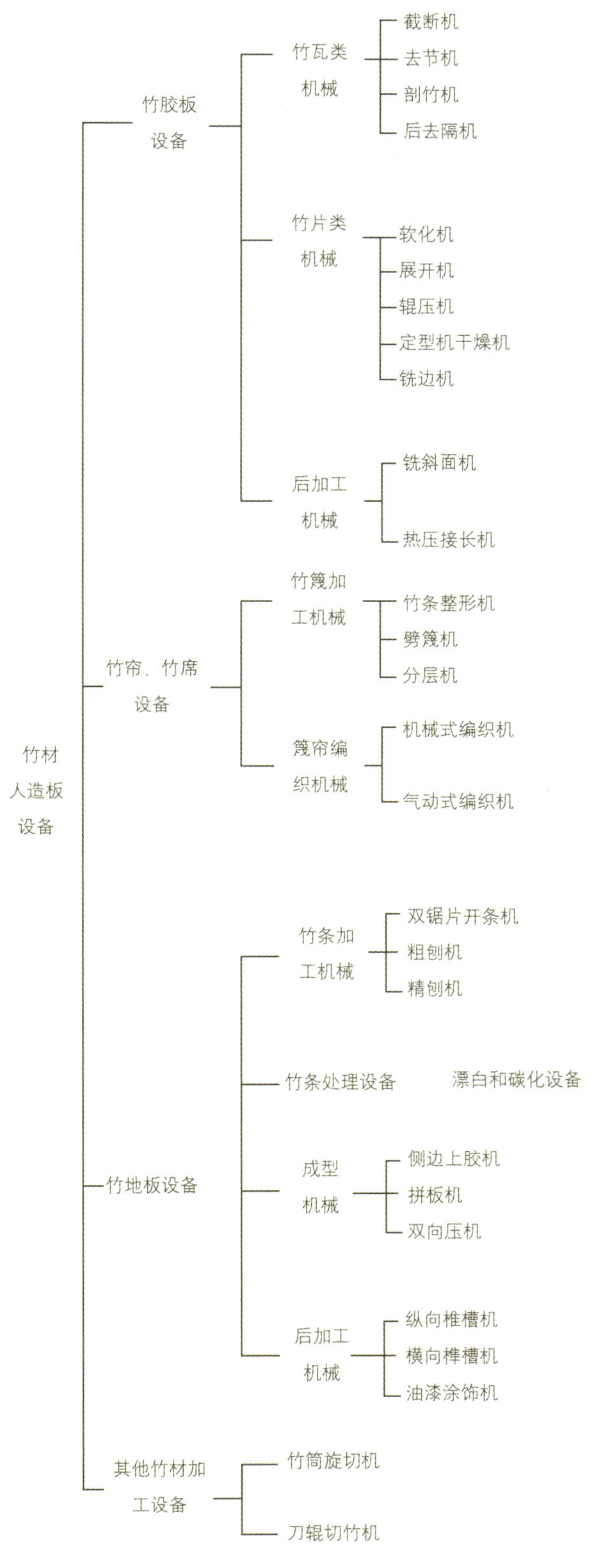

图 26-5 竹材人造板加工设备分类

26.9.1 竹材人造板加工设备分类

竹材人造板加工设备分类如图 26-5。

26.9.2 主要竹材加工设备简介

竹胶板设备和篾帘加工设备使用最广,在竹材人造板设备中具有代表性。因此，将重点介绍这两类加工机械。

26.9.2.1 链式输送软化机与上压式展开机

两台机械组成“软化—展开”生产体系，是竹材胶合板生产的关键设备之一。它们的作用是将水煮后的竹片进行高温软化、展开，使弧形断面的竹片展开成为平面竹片，软化机和展开机的结构和布置示意图 26-6。

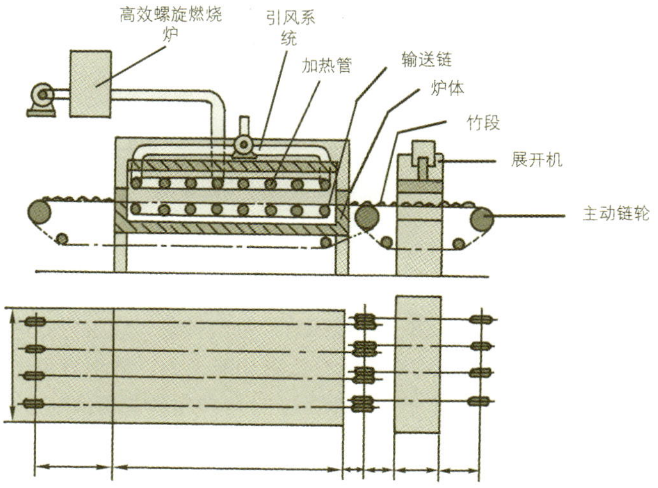

图 26-6 链式输送竹片软化机结构示意图

螺旋燃烧炉以竹加工剩余物为燃料，产生的高温炉气作为软化机的热源。引风系统引导高温炉气进入上、下对称布置的加热管。使用过的废气通过风机排出。高温炉气传热给加热管管壁进而加热软化机内部的湿热空气，使机内湿热空气温度达到160～250℃，极大地增加了竹材的塑性。软化机的机壳为夹层结构，中间填充保温材料。软化机输送链和展开机输送链由一台电机带动，根据展开机工作周期间歇式运行，展开机工作周期由设备生产能力和竹材软化需要的时间决定（一般为25～30s）。展开机采用上压板油压加压，PC机控制，工作周期可调。

“软化—展开”联动线的优点是：① 劳动生产率高。年产2000m^{3}的竹材胶合板厂只需1台软化机，且操作人员每班仅2～3人；② 软化质量好。机体内温度高，弧形竹段在机内连续升温，并且可根据竹壁厚度调节输送链运行频率，保证最佳展开质量；③ 软化温度容易控制。可通过燃烧炉又可通过进气管阀门调节温度；④ 操作简便，劳动强度低。工人仅需进料，软化和展开可自动进行。

26.9.2.2 竹材辊压机

由于展开机保压时间短，又是冷压，竹片从展开机出来后在竹黄面出现3～4条大的展开裂缝，压力解除后竹片弹性恢复成弧度平缓的弧形。因此，必须细化展开裂缝，增加细微展开裂缝数量，从而使竹片平整。竹材辊压机能满足这种工艺要求。竹材辊压成型机的结构示意图如图26-7所示。

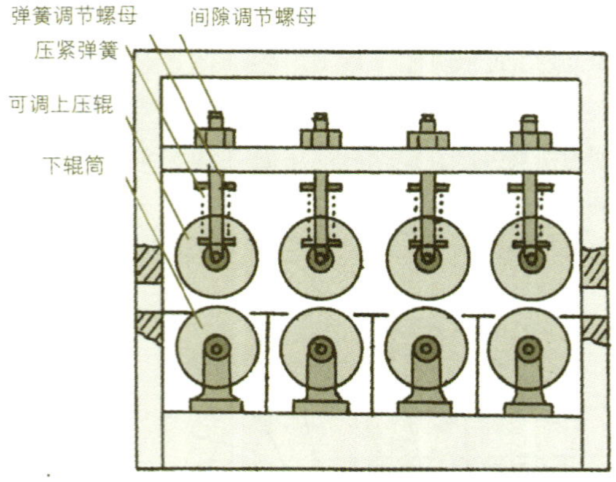

图26-7 竹片辊压成型机结构示意图

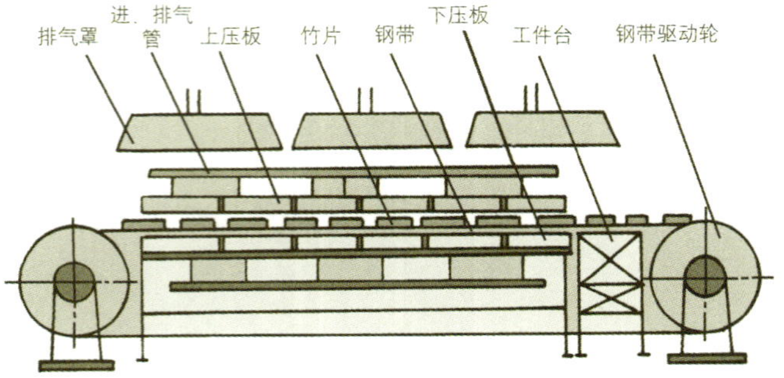

图26-8 竹片干燥定型机

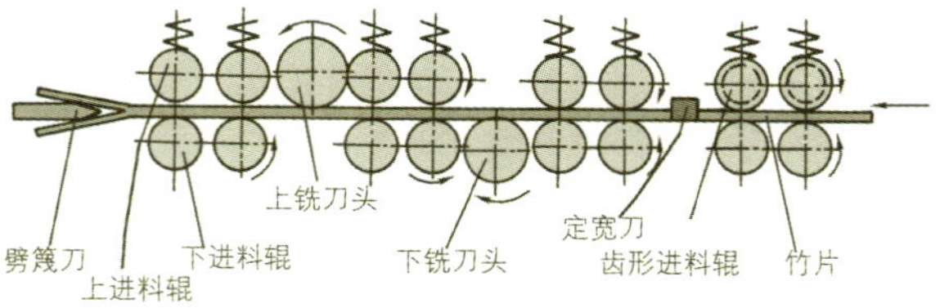

图26-9 竹片加工单刀剖篾联合机工作原理示意图

竹材辊压机由上下4对压辊组成，竹片从压辊间通过，先后4次受压辊平。由于压辊和竹片是线接触，线压力高达300～500N/cm,因此竹片的所有位置均能受力，展平效果十分明显，大大减少了竹片刨削加工时竹青和竹黄的刨削量。

26.9.2.3 竹片干燥定型机

竹材辊压机主要由机架、上、下热压板、钢带进料系统、上热压板张开机构以及进、排汽管道等组成。工作时，竹片依次横向排列在传送钢带上，竹片在进料段排满一定宽度后，上热压板被液压张开机构抬起，即上升一定距离，然后进料系统工作，4条传送钢带载着竹片运行一块热压板宽度距离，将进料段的竹片送入两块热压板之间。传送钢带停止，上热压板下落，以自重压在竹片上，向竹片加压、传热。一段时间(25～30s）后，上热压板张开，排汽，同时传送钢带启动，带动竹片再运行一段距离后停止，上热压板下落闭合再次对竹片加温加压，上述过程反复进行，直至竹片从出料端卸出。这种干燥方式实质上是间隙行进的“呼吸式”接触干燥。干燥定型机（图26-8）的优点是干燥定型“连续”进行，干燥后的竹片平整，进、出料方便。进料速度可调节至需要的速度。

26.9.2.4 劈篾机

目前竹材人造板用的竹篾均为弦向篾，即劈篾时刀刃与竹条的弦向线重合。根据制篾时使用工具和劈篾方式不同，可分为手工劈篾和机械劈篾。机械劈篾又可根据动力源、结构和功率不同分为手摇劈篾机、小型单刀劈篾机、大型单刀劈篾机、多刀劈篾机4种。以下主要介绍大型单刀劈篾机和多刀劈篾机。

1. 单刀竹片加工劈篾联合机

单刀竹片加工剖篾机以台湾锦荣机器厂生产的产品为典型代表，其工作原理如图26-9所示。

该机生产率较高，毛坯竹片一次通过即可完成打隔、定宽和劈篾。竹片进料后，先由铲刀（未画出）去掉竹隔，再由2把定宽刨刀削去毛边定宽，通过上下铣刀头铣去竹青和竹簧，完成定厚加工，最后由劈篾刀将竹条一分为二，加工出二条厚竹篾，厚竹篾再用其他劈篾机加工成薄竹篾。该机上、下进料辊均为驱动辊，其主要技术参数为：

进料速度	85～100m/min
电动机功率	1.5kW × 2，0.75kW × 2
机器质量	530kg
机器外形尺寸(长 × 宽 × 高)	1880mm × 560mm × 1060mm

2. 多刀劈篾机

竹材多刀劈篾机由南京林业大学木材工业学院研制，并获国家实用新型专利。主要特点是生产率高，竹条一次通过，可劈成6～8层篾片且篾片质量好。同时机床具有切削厚度多刀同步调节，操作安全方便等优点。

多刀劈篾机主要工作原理是多把刀参与切削。多刀布置如图26-10所示。在竹条同一侧多把楔形刀按不同高度安装成阶梯形式，且相邻两把刀具之间的高度差相等。竹条在外力推动下进给，首先被最先接触到的一把刀具切削去一层，接着被随后的第二把刀具再切削去一层，这样依次切削下去，直至安装高度最低的一把刀切削完为止。

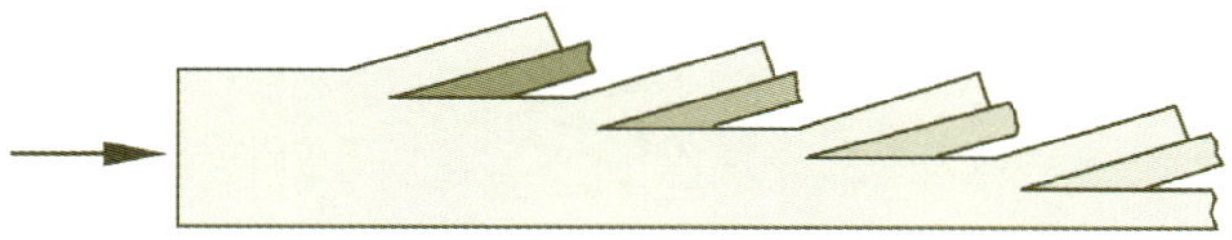

图 26-10 多刀布置方式

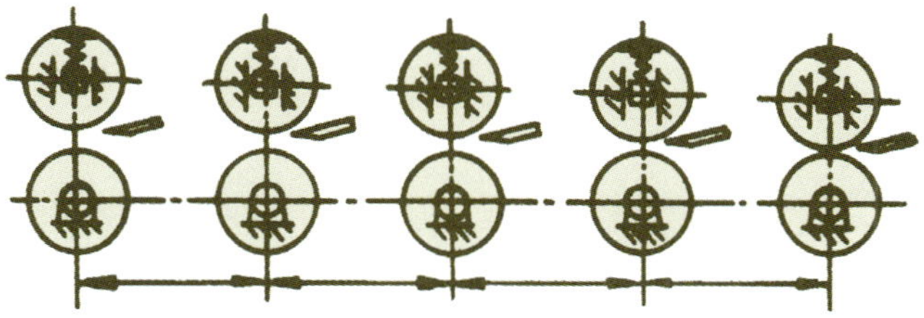

图 26-11 双辊筒进给机构

进给机构采用双辊筒进给，每一把刀有一对辊筒。为了增加驱动牵引力，上、下辊筒均为驱动辊筒，上辊筒可沿辊筒架上的滑槽上下移动，其初始高度可调。由压缩弹簧提供的压紧力，大小可调。其结构示意图如图 26-11 所示。

竹材多刀劈篾机主要技术参数如下：

加工篾片宽度	10～30mm
加工篾片厚度	1～3mm
进给线速度（3 档）	19.8m/min，35.2m/min，63.3m/min
装刀总数	7 把
电动机功率	3.0kW
外形尺寸	1600mm × 600mm × 1000 mm
质量	700kg

26.9.2.5 篾帘编织机

篾帘编织机的作用是将竹篾编织成一定幅面的工业篾帘（竹帘），即以编织线为经线，篾片横向进入作纬线，将篾片织成篾帘。目前国内使用的篾帘编织机有平织法和绞织法两种加工方法。平织法编织机工作原理与纺织行业织布机类似、编织时相互交织的二根编织线始终上、下交错，篾片横向送入上下交错的编织线之间，由此织成篾帘。采用平织法的编织机使用较为广泛，常用于编织篾帘和日用竹席。平织法编织机结构较为复杂，体积也较庞大。台湾锦荣机器厂生产的 8′ 编织机主要技术参数为：

生产能力	0.45 m²/min
电动功率	1.5kW
机器外形	3404mm × 3734mm × 2540 mm
质量	800kg

交织法编织机的工作原理：竹篾横向送入由叉形绞织器导出两根编织线所形成的张角区域内；绞织时，叉形器上下两根编织线能始终绕叉形器的轴心线以相同方向旋转180°，使两根编织线上下交换位置；当第二根竹篾再次进入张角区域后，上下两根编织线又同向旋转180°，两根互相绞织的编织线将竹篾牢牢地织紧，使所编织的篾帘紧密，不易分开。南京林业大学木材工业学院研制的 ZLZ-126 型气动绞织篾帘编织机采用绞织法编帘，机床由送进装置，叉形绞织装置、篾片打紧装置、传动装置、机架、气路系统和电气系统等组成，为半自动编织设备。篾片的进料由送进装置来实现。送进装置由一微型电机单独带动，篾片的打料与绞织等动作由一气缸推动。机床结构较简单，操作较方便。主要技术参数如下：

篾帘幅面尺寸	1220mm × 2440 mm
篾片厚度范围	1～3mm
篾片宽度范围	10～30mm
叉形编织器数量	20 个
生产能力	6～8 张 / 时
进料电动功率	0.25kW
压缩空气压力	0.7MPa
外形尺寸	3000mm × 1000mm × 1000mm
质量	约 1000kg

参考文献

[1] 张齐生等. 中国竹材工业化利用. 北京：中国林业出版社，1995
[2] 中华人民共和国林业行业标准 LY/T 1055-2002《汽车车厢底板用竹材胶合板》
[3] 中华人民共和国林业行业标准 LY/T 1574-2000《混凝土模板用竹材胶合板》
[4] 中华人民共和国国家标准 GB/T 13123-1991 《竹编胶合板》
[5] 中华人民共和国林业行业标准 LY/T 1072-2002《竹篾层积材》
[6] 张晓东. 高强覆膜竹胶合模板的研究. 林产工业，1996，第 6 期
[7] 蒋身学. 链式输送竹片软化机研究. 南京林业大学学报，1995，第 1 期，53～58
[8] 王宝全. 竹材多刀劈篾机的研究. 木材加工机械，1997，第 1 期，15～20
[9] 姚秉辉. 竹篾制备及篾帘编织加工设备. 林业科技通讯，1995.7

说明：26.1～26.5 由朱一辛撰文；26.6～26.10 由蒋身学撰文

27 其他竹制品

Other Bamboo Products

竹子生长快，成材早，产量也较高，但它的外观形态、结构及化学组成与木材相比，都有相当大的差异，因此对竹子的加工及利用也有别于木材。充分利用竹材的特性而合理开发和利用这一重要森林资源有其重要的社会和经济意义。

27.1 竹地板

竹地板是一种竹胶合装饰材料，它充分利用了竹材具有较高的强度、较好的尺寸稳定性及美观的材色这些优点，经一系列特殊的加工工艺制造而成。由于其具有与其他地板迥然不同的装饰效果，而深受一部分人的喜爱。在日本、欧洲及国内有很大的需求量，目前我国的竹地板生产量大约为2000万m^2/a左右。竹地板按照不同的色泽处理方式可分为漂白、碳化两大类型，两者的装饰效果有很大的差别。按照竹片的组合方式分为径面竹地板和弦面竹地板两类。

27.1.1 竹地板生产工艺

漂白竹地板的生产工艺流程为：

竹材 → 截断 → 开片 → 粗刨 → 分选 → 蒸煮(防护处理、漂白) → 干燥 → 精刨 → 分选 → 涂胶 → 组坯 → 热压 → 四面刨削 → 横向铣榫槽 → 砂光 → 油漆 → 检验分等 → 入库

碳化竹地板的生产工艺流程为：

竹材 → 截断 → 开片 → 粗刨 → 分选 → 蒸煮(防护处理) → 干燥 → 碳化处理 → 干燥 → 精刨 → 分选 → 涂胶 → 组坯 → 热压 → 四面刨削 → 横向铣榫槽 → 砂光 → 油漆 → 检验分等 → 入库

27.1.1.1 备料

备料段由截断、开片、粗刨等工序组成。首先选择4年以上竹龄，胸径大于10cm新鲜毛竹作为原材料，以保证竹地板的加工质量及竹材的利用率。竹龄短则干缩率很大，影响地板的质量，胸径太小则出材率太低。截断要求按竹地板成品长度加适当的加工余量将竹材锯截成一定长度的竹段，再用双锯片圆锯机将竹段开成一定宽度，经粗刨后就得到具有一定长度、宽度及厚度的竹片。

27.1.1.2 防护及色泽处理

首先按色泽的差异对加工好的竹片进行分选，从而最大程度地减小色泽处理后竹片的色差。选好的竹片需经高温水煮将热水抽提物除去，同时加入防虫剂、防霉剂对竹片进行防护处理，蒸煮时所用防虫剂、防霉剂种类较多，多为不易挥发的物质，如明矾、碳酸、氯化钠、漂白粉、石灰等。

为使竹地板具有较统一的色泽以达到良好的装饰效果，需对竹片进行色泽处理，目前常用的方法为漂白法及碳化法。

竹材常用的漂白剂主剂为过氧化氢，根据不同的工艺可选用焦磷酸钠、连二亚硫酸钠、硅酸钠、碳酸钠等辅剂配制成复合漂白液。漂白液有涂饰用及蒸煮用两种。

竹材的碳化多采用高温、高湿法，其方法为：将含水率为25%左右的竹片放置于一个密封的容器内，通入饱和蒸汽，将温度控制在130℃左右，根据所要求碳化颜色的深浅来决定处理时间，通常为40 min。

27.1.1.3 竹片的干燥、精刨及分选

经漂白或碳化处理后的竹片需进行干燥处理，将其含水率控制在12%左右，以利于胶合。干燥后的竹片经精刨加工使其具有精确的厚度及宽度。精刨后的竹片要按色泽的差异进行进一步分选以保证成品地板在色泽上保持均匀一致，提高成品的等级率。

27.2.1.4 组坯及热压

经干燥、分选后的竹片用手工涂胶的方法将竹片的侧面及芯层竹片的两面均匀地涂上一层胶黏剂，如制造径面竹地板只需将竹片的两面涂胶，涂胶量控制在300g/m²（双面）左右。制造竹地板的胶黏剂通常采用脲醛树脂胶黏剂，要求其固含量在60%以上，黏度30～50Pa·s，游离甲醛含量低于0.5%。也可对脲醛树脂进行改性或使用其他胶种，以增加或提高某些性能。

涂胶后的竹片陈化一段时间后就可进行组坯作业，就径面竹地板而言，应把色泽一致的涂胶竹片按青面对青面、黄面对黄面排列。按所需宽度排好后，两头用细绳捆扎固定好即可。就弦面竹地板而言，应把色泽一致的涂胶竹片置于表层，芯层和底层允许有色差，每层五条竹片共三层，组坯后用细绳捆扎固定好即可。

竹地板的热压胶合通常采用双向单层热压机，其加热方式有蒸汽和高频加热两种。将组好的板坯放入压机内，板坯间用适当厚度的钢条隔开，即可进行热压。采用蒸汽加热热压工艺为正压1.0MPa、侧压1.5～2.0MPa、温度105℃～110℃，时间为每mm板厚1.1～1.2min。采用高频加热时，时间调整为5min即可。

27.1.1.5 刨、铣加工及砂光

热压好的坯料先经平刨加工平面及侧面两个基准面后进入四面刨，将地板的上、下两平面及两侧面的榫槽及倒角一次加工完毕。再经横向锯解开榫后得到具有一定长度、宽度、厚度及纵、横榫槽的竹地板毛坯。

砂光时，先用80目或者100目砂带进行粗砂，而后再用180目或240目砂带进行精砂便得到表面平整、光滑的竹地板，为油漆加工创造了必备的条件。

27.1.1.6 油漆

由于光固化漆在较短的时间内漆膜就可充分固化，减少了灰尘污染漆膜的机会，因此其油漆质量较其他油漆好并可减少油漆固化时所用的车间面积，因此已被广泛地采用，对于竹地板通常采用一道底漆，一道面漆的加工方式，整个油漆过程是在流水线上完成的。

27.1.1.7 检验

按中华人民共和国国家标准GB/T 20240-2006规定的检验规则进行检验。

27.1.2 专用加工设备

由于竹材的外观形态、结构及化学组成与木材相比有较大的差异，因此它的加工设备与木材也有区别。生产竹地板的专用设备主要有：开片机、粗刨机、精刨机、碳化罐、双向压机等，其余加工设备大体上与木材加工相同。

27.1.2.1 开片机

开片机用于将原竹沿纵向直线锯解为一定宽度尺寸的竹片，实际上它相当于一台双锯片圆锯机，它由机架、传动、切削三大部分组成。工件的进给及转动均由手工完成，两锯片的间距可用垫片进行调整以适应加工不同宽度的竹片。

主要技术参数为：

主轴转速（r/min）	3000
加工原竹长度（mm）	1300～2100
加工原竹直径（mm）	70～150
加工竹片宽度（mm）	25，30，35
电机功率（kW）	2.2

27.1.2.2 粗刨机

粗刨机主要用于去除竹片的内、外节，并将其加工成具有一定厚度的竹片。它由机架、传动、进给及切削部分组成，其切削部分由两组上、下铣刀轴构成，第一组将竹片的内、外节去除，第二组用于将竹片加工成一定的厚度。其工作原理较近似于双面木工压刨。

主要技术参数为：

进料速度（m/min）	17
工件最大尺寸（宽×厚）（mm）	45×15
最小加工厚度（mm）	4
总功率（kW）	10.4

27.1.2.3 精刨机

精刨机主要用于对干燥后的竹片进行厚度及宽度加工，使其具有较精确的厚度及宽度尺寸。它由机架、传动、进给、切削部分组成，其切削部分由一对上、下铣刀轴及一对左右立铣刀轴组成。工件进入后，一次将其厚度及宽度加工完毕，其工作原理较近似于木工四面刨。

主要技术参数为：

进料速度（m/min）	17
工件最大尺寸（宽×厚）（mm）	45×15
最小加工厚度（mm）	4
最小加工宽度（mm）	15
总功率（kW）	12

27.1.2.4 碳化罐

碳化罐是用于将竹片经高温、高湿处理后发生碳化从而改变竹片的原有色泽及装饰效果的设备，其主体为一个平卧并固定在支架上的金属罐，一端可开启，罐底部安装有导轨用于进料，罐的上部开有一个进汽孔。下部开有进汽孔及排污（水）孔各一个，罐的上、下部各安装有通直的打有许多小孔的进汽管道，以确保进汽均匀。为使蒸汽不直接喷射到

所需加工的竹条上。进汽管开有小孔的一侧安装有金属挡板。安装时整个罐体向排汽口一侧倾斜一点以利排污。因是压力容器，顶部装有安全阀。

27.1.2.5 双向热压机

双向热压机多为单层，也有双层或多层，其用途是通过加热并双向加压将一定规格的竹片胶拼成一定规格的地板坯料。双向单层压机的加热方式有蒸汽及高频两种，双层或多层压机多为蒸汽加热。

双向热压机是竹地板加工过程中的重要设备，它具有正压及侧压两套液压系统，可同时对竹地板坯料加压，以保证地板坯料的胶合及竹片侧向拼缝的严密。

主要技术参数：

正压力（总压力）（T）	300
侧压力（总压力）（T）	20
幅　面（mm）	1100 × 1100

27.1.3 主要质量指标

为了加强竹地板的生产和质量管理，促进竹地板生产技术的进步，国家制订了竹地板国家标准。

27.1.3.1 竹地板构造尺寸

竹地板构造尺寸见表 27-1 。

表 27-1 竹地板构造尺寸

名 称	符 号	尺 寸	允许偏差
地板条长度	l	450，610，760，916	+0.5 0
地板条宽度	B	76，91，100	− 0.3 0
地板条厚度	H	9，12，15，18	± 0.2
表层厚度	H_2	4，4.5, 5, 6	± 0.1
榫槽厚度	H_2	3，4，5，6	+0.2 0
榫槽深度	B_2	6	+0.3 0
榫舌厚度	H_3	3, 4, 5, 6	0 − 0.2
榫舌宽度	B_2	5	+0.3 0
背面狭槽宽	S	15～26	± 1
背面狭槽高	H_4	1	± 0.5
榫及榫槽的圆角半径	R	0.5～1	± 0.2
榫侧底层凹进尺寸	F	1	± 0.2
榫侧表层斜角	a（°）	3	30′

注：1. 可经供需双方协议生产其他幅面尺寸的竹地板
2. S、R、F、a 不作为产品主要检评指标

表 27-2 竹地板表面质量要求

名 称	允 许 范 围			备 注
	优等品	一等品	合格品	
腐朽	不允许			
材色	允许轻微色差	允许色差		
裂纹	不允许	宽度≤0.2mm 长度≤板长的10%一条	宽度≤0.5mm 长度≤板长的20%一条	
虫孔	不允许			
波纹	不允许	不明显		
缺棱	不允许			
拼缝不严	不允许		宽度≤0.5mm，长度≤板长的30%一条	
污染	不允许		≤板面积的5%	
气泡	不允许	不明显	$\phi\leq1$mm，每块板不超过10个	涂饰竹地板
针孔	不允许	不明显	$\phi\leq1$mm，每块板不超过10个	涂饰竹地板
皱皮	不允许		≤板面积的5%	涂饰竹地板
漏漆	不允许		≤板面积的5%	涂饰竹地板

27.1.3.2 竹地板表面质量要求

竹地板表面质量要求见表 27-2。

27.1.3.3 竹地板背面、侧面质量要求

竹地板背面、侧面质量要求见表 27-3。

表 27-3 竹地板背面、侧面质量要求

名称	允 许 范 围			备 注
	优等品	一等品	合格品	
腐朽	不允许			
材色	色差不限			
裂纹	宽度≤1mm		宽度≤2mm	
虫孔	不允许	$\phi\leq2$mm		
波纹	允许			
缺棱	≤长度的20% ≤宽度的10% 深度≤1mm	≤长度的30% ≤宽度的20% 深度≤1.5mm	≤长度的40% ≤宽度的30% 深度≤2mm	
拼缝不严	不允许	宽度≤1mm 一条	宽度≤1mm 二条	
气泡	不允许		$\phi\leq2$mm，每块板不超过10个	涂饰竹地板
针孔	不明显		$\phi\leq2$mm，每块板不超过10个	涂饰竹地板
皱皮	≤板面积的5%		≤板面积的10%	涂饰竹地板
漏漆	≤板面积的5%		≤板面积的10%	涂饰竹地板

27.1.3.4 竹地板物理化学指标

竹地板物理化学指标见表 27-4。

表 27-4 竹地板物理化学指标

项 目		单 位	指 标 值
含水率		%	6.0～14.0
静曲强度	厚度≤15mm	MPa	≥98.0
	厚度≥15mm		≥90.0
浸渍剥离强度		mm	任一胶层的剥离长度≤25
硬度		MPa	≥55.0
表面漆膜耐磨性	磨耗转数	r	400
	表面情况		表面留有 50% 漆膜
	磨耗值	G/100r	≤0.08
表面漆膜耐污染性			无污染
表面漆膜附着力			割痕交叉处有漆膜剥落，漆膜沿割痕有少量断续剥落
表面漆膜光泽度		%	≥85（有光）
甲醛释放量		mg/100g	≤50

27.1.4 主要原辅助材料消耗

加工制造竹地板的主要原材料是毛竹。主要辅助材料为脲醛树脂胶黏剂及其他类似的胶黏剂。

27.1.4.1 毛竹消耗量

按毛竹胸径为10cm，生产长915mm、宽91mm、厚15mm的竹地板为依据。生产竹地板时产生竹材损耗的因素有很多，自然生长的毛竹，根部虽壁厚但节距短，影响竹地板的美观，接近梢部虽节距较长，但壁薄以致于不能够加工出厚度满足工艺要求的竹片。因此在通常情况下，胸径为10cm的毛竹截去根、梢后，可满足加工要求的竹段长度仅为4～4.5m。这样的竹段在除去锯路损耗后一般可得到长1000mm、宽25mm、厚度大于8mm的竹片35～40片，而1m^{2}竹地板需用这样的竹片182片。由此可知生产1m^{2}地板需用毛竹平均为5根。

27.1.4.2 胶黏剂消耗量

每m^{2}地板的实际涂胶胶合面积约为2.2m^2（正面、侧面及加工余量都计算在内），根据工艺要求的涂胶量可得每m^{2}竹地板的耗胶量为2.2 × 200=440g（不含操作损耗）。

27.2 竹木复合地板

竹木复合地板是以竹材及南方林区大面积杉木人工林为原料加工而成。一方面它解决了地板存在的竹材利用率低，生产效率不高，产品成本高等缺陷，同时也解决了南方林区中小径级杉木的利用问题，使我国南方林区特有的竹子和杉木，相互取长补短，优势互补，为竹子和杉木开辟了新的工业用途，大大地提高了竹子和杉木的附加值。

27.2.1 生产工艺

竹木复合地板生产工艺流程为：

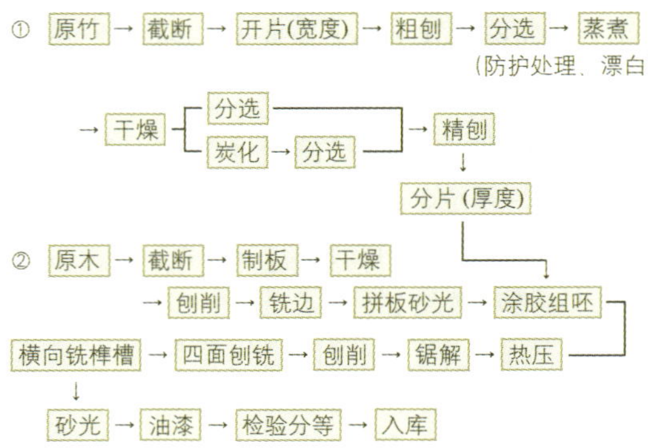

27.2.1.1 竹材原料加工

竹木复合地板中竹材加工的工艺基本同竹地板，只是增加了一道竹片的定厚分片工序。一般可将6mm厚的竹片在厚度上一分为二，从而减少了竹木复合地板中竹材的用量以降低产品成本。

27.2.1.2 木材原料加工

竹木复合地板中木材加工的工艺基本同细木工板芯板的生产工艺。

27.2.1.3 竹、木材的复合

将制好的竹片，杉木拼板经涂胶、组坯、热压工序压制成一定尺寸的竹木复合板，而后经锯解制成一定宽度的竹木复合地板坯料，再经刨削，纵横铣榫槽、砂光、油漆即制成竹木复合地板。

27.2.2 专用加工设备

竹木复合地板生产中为减少竹材的用量采用了将竹片在厚度上一分为二的竹片分离机。该机实际上就是特制的卧式带锯机或是特制的立铣机。通过带锯或立铣刀片将竹片在厚度上分离，并保证分离后各竹片的厚度尺寸相同。

27.2.3 主要质量指标

竹、木复合地板是一种新研制的地板材料，目前尚无国家标准及行业标准。它的主要原材料为毛竹和杉木，在厚度结构上，毛竹片占总厚度的1/3左右，其余均为杉木。由于杉木的静曲强度较低，因此竹、木复合地板的静曲强度约为全竹地板的2/3左右，这种强度完全能够满足地板的使用要求。而其余指标，如地板的尺寸、耐磨性、表面硬度、浸渍剥离强度、表面外观质量等都和全竹地板相同，另一方面其

导温、导热等性能还优于全竹地板。

27.3.4 主要原辅材料消耗

27.3.4.1 毛竹的消耗量

制造竹木复合地板，由于采用了竹片在厚度上1/3的工艺，其毛竹用量仅为全竹地板的三分之一，因此，每 m^2 竹木复合地板的毛竹用量约为1.5～1.8根（详见27.2.4.1）。

27.2.4.2 杉木的消耗量

竹木复合地板所用的木材主要为人工林间伐而产生的小径杉木，用其构成地板的中间部分。按厚度为15mm的常用地板为计算依据，每 m^2 竹杉复合地板成品所用杉木的材积为 $0.011m^3$。在加工竹木复合地板时，杉木主要损耗出现在制板工序中的锯解损耗，干燥过程中的干缩损耗，刨削和铣削过程的切削损耗，拼板和热压过程的压缩损耗以及开槽时的切削损耗。经实测其最终的利用率约为40%左右，因此，$1m^2$ 竹木复合地板实际消耗杉木原木为 $0.0275m^3$。

27.2.4.3 胶黏剂的消耗量

由于竹木复合地板同全竹地板的胶合面积及涂胶量基本相同，因此，它们的胶黏剂消耗量也基本一致。即每 m^2 竹木复合地板胶耗量为660g。

27.3 竹凉席

竹凉席是竹制产品中的传统产品，是利用竹材天然特性最充分的产品，深受广大消费者的喜爱。近年来由于工业生产技术的不断进步，出现了机制竹凉席系列产品。本章节重点对机制竹凉席进行介绍。

27.3.1 生产工艺

机制竹凉席主要分为拉丝席及麻将席（商品名）二大种类。其生产工艺有着很大的差别。

27.3.1.1 拉丝席生产工艺

拉丝竹凉席的生产工艺过程为：

原竹→锯断→开片→拉丝→蒸煮及防护处理→干燥→编织→压布→油漆→裁剪→缝边→检验→入库

1. 竹丝的加工

采用4年生以上无腐朽、霉变的毛竹按所需制造竹席的宽度加5cm的加工余量锯解成一定长度的竹段。将竹段剖成宽度为1.5～2cm的竹片，而后进入拉丝机拉丝，一般一片可拉丝三条，拉丝时根据竹丝不同的断面形状而更换不同的刀具。制好的竹丝需经高温蒸煮以除去部分热水抽提物，与此同时，可根据需要对竹丝进行防霉、防蛀、漂白、碳化及染色等处理。处理过的竹丝经干燥后就完成了整个竹丝加工过程。

2. 竹席的编织加工

以尼龙丝线为经线，竹丝为纬线，将竹丝编织成为具有一定宽度而长度为任意长的竹席，然后用压布机（热压机）将竹席的背面胶贴上一层布，胶贴所用的胶液多为脲醛树脂胶或脲醛树脂胶与聚醋酸乙稀酯乳液的混合胶液，将胶液均匀地浸于布上，压制时温度100～110℃，压力0.5MPa，时间2min。贴好布后，将竹席送入淋漆机中进行表面淋漆，油漆采用紫外线光固化漆。最后根据竹席最终产品所需的长度和宽度对整张连续的竹席进行裁剪，并用特制的尼龙布进行缝边后就得到了拉丝竹凉席成品。

3. 拉丝竹凉席的专用加工设备

(1) 拉丝机：拉丝机是将竹片加工成为具有一定断面形状的竹条的设备，它实际上是一台小型的成型铣床。由传动、进给机构、切削及机架等部分组成。传动部分由电机、皮带机、皮带等组成。进给机构由导向块及两对进给辊筒组成。一般进给辊的上辊为齿辊、下辊为平辊。导向块起限位作用，可调整以适应不同尺寸规格的竹丝加工。切削部分由一对上、下成型卧式铣刀构成，一般两刀轴不在一根轴线上，而是错开一定距离以防刀具在工作时发生碰撞或竹片卡在刀具中。根据不同的竹丝断面形状可更换不同的成型铣刀组合。一般一次可由一片竹片铣出三根同形状的竹丝。

(2) 竹席编织机：将成型好的竹丝用线编织成席的设备。工作时，竹丝条由进给装置准确地送入编织位置，由一组拨杆将其向线的根部拨动以保证编织的紧密。同时控制丝线的机构工作将多组线上下翻转打结以固定竹丝。这样不断重复编出宽度等于竹丝长度，席面长度可为无限长的竹席坯料。

主要技术参数为：

生产能力（m^2/min）	0.37～0.42
总功率（kW）	1.5
总质量（kg）	1500

(3) 压布机：用于将编好的竹席坯料的背面胶贴上一层布以增加竹席的强度。它实际上就是一台单层上压式热压机，它的送料机构将竹席及浸好胶的布一同送入热压机进行热压胶合，热压机是周期性工作的，而整个竹席及布却是连续的，当热压完成后，送料机构将压好的竹席送出热压机，同时将未热压的竹席及布送入热压机，这样通过多次热压可生产出宽度一定，长度任意的竹席坯料。

(4) 竹席车缝机：用于将一定规格的竹席四周涂缝镶边。它类似于缝纫机。

主要技术参数：

电机功率（kW）	0.25
机器质量（kg）	80

4. 拉丝竹凉席的质量指标及主要原材料消耗

拉丝竹凉席目前还没有正式的国标或行业标准，所执行的标准在实际的生产经营过程中多采用企业标准或合同标准，因而质量差异较大。但主要都是针对外观的标准。例如对尺寸公差，表面色泽、色差，缝边的外观质量都作了一系列的规定，目前在经营活动中多以合同标准为依据。

拉丝竹凉席由于在其制造过程中竹丝断面形状的不同，编织、缝边方式的不同导致其主要材料的消耗量有一定差别。一般来说，每平方米丝席消耗毛竹0.7～1根。线及缝边材料消耗折合人民币为2～4元，胶黏剂及背面的布折合人民币2元，表面油漆折合人民币5～6元。

27.3.1.2 麻将席生产工艺

麻将席的生产工艺流程为：

原竹 → 锯断 → 撞片 → 打子 → 防护处理、磨光、打孔 →
撞片 ↓ 干燥 → 分选 ↑ 打子
编织 → 检验

(1) 原竹：选用4年生以上，无腐朽、无霉变的毛竹中段进行加工，竹根部及梢部由于其壁太厚或太薄不能选用。

(2) 锯断：与其他产品不同的是，制造麻将席时的锯断是按竹节的长度而定的，也就是说在锯断的同时将竹节全部除去。

(3) 撞片：将锯断后无竹节的竹筒按一定宽度打成竹片。

(4) 打子：将撞片后产生的竹片按一定长度锯成小片。

(5) 防护处理：按成品要求进行防霉、防蛀等处理。

(6) 磨光：将处理后的小竹片送入打磨机中，通过竹片之间的相互碰撞及磨擦将小竹片的毛刺去除。

(7) 分选：按色泽一致、厚度差小等项目对小竹片进行分选以保证最终产品在色泽上较一致，且各竹片厚度均匀。

(8) 打孔：用微形钻床在小竹片的长度方向打一对通孔。

(9) 编织：用特制的尼龙条做经线置于小竹片的端头，用细尼龙线做纬线通过小竹片及向尼龙条上的孔将整个竹席编织起来。

(10) 检验：按小竹片间的色泽差进行检验分等。

1. 麻将席专用加工设备

麻将席采用手工作坊式的生产，其加工设备也多是较简单的小型设备，简要介绍如下。

(1) 冲片机：用于将已下料的去节竹筒、竹瓦进行一次冲切加工成断面尺寸为矩形的设备，加工时保留竹青面，只对竹黄及矩形的侧面进行加工。

(2) 打孔机：用于将加工好的小方竹片的长度方向打上一对通孔，由电动机通过皮带同时带动两根轴距一定，装有钻头的轴转动，用于将小竹片靠在基准上推向钻头即加工完毕。

2. 质量指标及原料消耗

同拉丝席一样，麻将席的质量控制也主要是对其外观的要求，主要是根据小竹片的色泽差进行分等检验。

加工麻将席时，由于竹梢、竹根部的竹材厚度过小或过大而不能使用，只能利用竹段中部4m左右长度且要用截锯将竹节部完全去除。加之锯小片时的锯路损耗，分选时将色差过大的竹片除去等，麻将席的毛竹原料利用率在30%左右。根据生产中的统计，一段长4m左右直径为10cm的毛竹可加工一条190cm × 150cm的麻将席，同时消耗粗尼龙条100m左右，细尼龙线200m左右。

27.4 竹筷、竹香棒、竹牙签

27.4.1 竹筷生产工艺

竹筷按其产品形式可分为单支竹筷和双支竹筷两大类。单支竹筷可分为圆竹筷和方竹筷两种，双支竹筷统称为卫生筷。传统卫生筷的头部尖削，端部为很短一段矩形作联结部位，手握部位为椭圆柱体杆。

竹筷生产工艺流程为：

原竹 → 锯断 → 剖片 → 削平 → 防护处理 → 干燥 → 成型 →
削尖 → 磨光 → 检验 → 成品

(1) 锯断：按一定长度用截断锯将原竹锯断，要求截出的竹段无竹节。

(2) 剖片：按一定宽度用剖竹机将竹段剖成矩形竹筷坯料。

(3) 削平：用四面削平机经一次冲切，将竹片加工成矩形或圆型坯料。

(4) 防护处理：根据要求可进行防霉、防蛀、漂白等处理。

(5) 干燥：用干燥机将处理好的各种竹筷坯料干燥至一定的含水率。

(6) 成型：根据产品种类要求，各种竹筷都有其相应的成型设备，这些设备大多是成型铣，可加工各种外型尺寸的竹筷。

(7) 削尖：将有些种类的竹筷的头部削成圆锥状。

(8) 磨光：用磨光机将成型的卫生筷磨光，利用竹筷相互磨擦去除竹筷上的毛刺。磨光时可加入少许滑石粉，可使产品更加光滑。

(9) 检验：根据竹筷的外观质量进行分等。

27.4.2 竹筷专用加工设备

竹筷的专用加工设备主要为各种成型机、削尖机，它们主要由机架、传动、进给、切削等部分构成。其中切削部分安装有各种形状的成型刀具用以加工不同外型尺寸的竹筷，实际上它就是小型的成型铣床。

27.4.3 主要原材料消耗

生产竹筷时竹材的利用率是很低的。这主要是由于竹筷对坯料的要求较高。首先，竹段要具有一定长度（通常大于25cm），且段内无竹节。因此在一般情况下要达到这样的要求，竹材的根部向上1.5m基本上无法使用，这是由于竹材根部竹节较短而造成的。其次，竹段的壁厚要达到一定要求（通常大于8mm），因竹筷的成品厚度均应大于5mm且不能有竹青、竹黄存在。从而使竹材梢头2m长的竹段由于竹壁薄而不能使用。再加上去除竹节时造成的大量浪费、铣削时的损耗等，竹材的实际利用率不足20%。因此在实际生产中竹筷常与竹香棒、竹牙签的生产结合起来。竹香棒、竹牙签在生产工艺及设备与竹筷生产大体一致，只是在外观尺寸上有较大差别。竹香棒、竹牙签由于其尺寸较小，在长度、厚度上远小于竹筷，因此竹筷生产不能利用的竹材根部及稍部就可用来生产竹香棒、竹牙签等。如此生产可使竹材利用率提高至35%左右，大大提高了竹材利用率。

参考文献

[1] 张齐生等著. 中国竹材工业化利用. 北京: 中国林业出版社, 1995
[2] 吴旦人著. 竹材防护. 长沙: 湖南科学技术出版社, 1992
[3] 吴旦人著. 竹工机械. 长沙: 国防科技大学出版社, 1993
[4] 辉朝茂, 杨宇明主编. 材用竹资源工业化利用. 昆明: 云南科技出版社, 1998
[5] 叶诚业, 王幸祥等编. 竹类资源的综合利用. 上海: 上海科技文献出版社, 1986
[6] 鼓舜村, 潘年昌编. 竹家具与竹编. 北京: 科学普及出版社, 1985

28 Wood Furniture 木质家具

家具，是家用器具之意。英文为Furniture，出自法文fourniture，即设备的意思。西语中的另一种说法来自拉丁文Möbilis，即移动的意思，如德文Möbel，法文Meulbe，意大利文Möbile，西班牙文Mueble等。综合几千年世界各地对家具的描述，可以得到一个较为完整的概念，即家具是可搬移的家用器具。现代家具的概念已呈广义性，如用于公共场所或户外者也可称之为家具，家具也可以固定在建筑物上。本手册所依据的家具概念是传统意义上的家具含义及其合乎逻辑的延伸。

设计，是设想与计划之意。英文为Design，意指计划、企图、设计、构思、绘制、预定、指定等。

28.1 家具设计

28.1.1 家具设计的概念与任务

家具设计就是对家具进行事先构思、计划与绘制。

家具设计的任务是以家具为载体，为人类生活与工作创造便利、舒适的物质条件，并在此基础上满足人们的精神需求，家具设计应从设计生活的高度来加以认识。

28.1.2 家具设计的特点

28.1.2.1 使用特点

家具首先应具有直接的使用功能，满足人们某一方面要求的特定用途，如床用于睡眠、椅子用于坐、柜子用于存放物品等，家具在使用场所需要与人直接接触，因此不得不考虑以视觉为主导的视觉效果。

28.1.2.2 制作特点

传统家具通常都由手工制作，工业革命后，尤其是第二次世界大战以来，家具制作已逐步实现了工业化，随着世界人口对家具需求的激剧增加，家具制作必须做到高质高效，而要做到这一点唯有依靠工业化生产。因此家具必须成为一种工业产品，家具设计也因此而纳入了工业设计的范畴，这就意味着家具设计必须立足生产，面向市场。

28.1.2.3 构成要素

1. 功能

功能是家具的首要因素，没有功能就无从谈及家具。功能包括直接使用功能和辅助功能，直接功能如坐、卧、收纳等，辅助功能如拆叠等。

2. 材料

不同的家具，以及同一种家具中的不同部件承担着不同的任务，对材料的要求也就不尽相同，现代家具的用材已呈现出多元化趋势，但木材与木质复合材料仍然占有主导地位。

3. 结构

结构直接影响着家具的强度与外观形象，如框式、板式、曲木家具等。同时，结构也将直接影响到制作的难易程度以及生产效率的高低。

4. 外形

外在形态决定着人的感受，人类有五种直接的感觉系统，即视觉、听觉、嗅觉、触觉与味觉。除味觉外，家具对其他四种感觉均有影响，其中视觉占主导地位，所以视觉特性历来都受到人们的普遍重视，美学法则就是建立在视觉基础上的。不过，最新研究表明，其他感觉特性也是不可忽视的，如家具材料的声学特性、挥发物等对环境具有重要影响，而触觉对人的喜厌情绪影响较大。

需要特别注意的是，上述四项要素不是孤立的，而是互相交叉与影响的。

28.1.3 家具设计的原则

优秀的家具设计应当是功能、材料、结构、造型、工艺、文化内涵、鲜明个性与经济性的完美结合。一般而言，设计的价值应当超越其材料或装饰的价值。完美的设计并非制成后靠装饰来实现的，而是综合先天因素孕育而成，并经得起时间与地域变化考验的。

28.1.3.1 实用性

实用性是家具设计的首要条件。家具设计首先必须满足它的直接用途，适应使用者的特定需要。

28.1.3.2 舒适性

舒适性是高质量生活的需要，在解决了有无问题之后，舒适性的重要意义就显示出来了。要设计出舒适的家具就必须符合人体工程学的原理，并对生活有细致的观察与分析。

28.1.3.3 安全性

安全性是家具品质保证的基本要求。要确保安全，就必须对材料的力学性能及可出现的变化有足够的认识，以便正确把握零部件的断面尺寸，并在结构设计与节点设计时进行科学的计算与评估。除了结构与力学上的安全性外，其形态上的安全也是至关重要的，如当表面上存在有尖锐物时就有可能伤及人类，当一条桌腿超出台面时有可能会让我们绊腿而摔跤。

28.1.3.4 艺术性

艺术性是人的精神需求，家具设计的艺术效果将通过人的感观产生一系列的生理反应，从而对人的心理带来强烈的影响。美不是空中楼阁，必须根植于由功能、材料、文化所带来的自然属性中，矫揉造作不是美，美还有永恒的美与流行的美，家具设计应极力追求永恒的美，但流行美的现实意义同样不可忽视。

28.1.3.5 工艺性

工艺性是生产制作的需要，为了在保证质量的前提下提高生产效率，降低制作成本，所有家具零部件都应尽可能满足机械加工或自动化生产的要求。固定结构的家具装配也应考虑是否能实现机械化、自动化；拆装式家具应考虑使用最简单的工具就能快速装配出符合质量要求的成品家具。

家具设计的工艺性还表现在设计时应尽量充分使用标准配件。随着社会化分工合作的深入推广，专业化分工合作生产已成为家具行业的必然趋势，因为这种合作方式可以做到优势互补，为企业在某一领域的深入发展创造条件。使用标准件可以简化生产、缩短家具的制作过程，降低制造费用。

28.1.3.6 经济性

经济性将直接影响到家具产品在市场上的竞争能力，好的家具不一定是贵的家具，但这里所说的经济性也并不意味着一味地追求便宜，而是应以功能价值比，即价值工程为设计准则，这就要求设计师掌握价值分析方法，一方面要避免功能过剩，另一方面要以最经济的途径来实现所要求的功能目标。

28.1.3.7 系统性

家具的系统性体现在两个方面，一是配套性，二是标准化的灵活应变体系。

配套性是指一般家具都不是独立使用的，而是需要考虑与室内其他家具配套使用时的协调性与互补性，因此家具设计的广义概念应该延伸至整个室内环境的感觉效果与使用功能。

标准化灵活应变体系是针对生产销售而言的，旨在为解决小批量多品种的社会需求与现代工业化生产的高质高效之间的矛盾提供设计支持。

28.1.4 家具设计和步骤

28.1.4.1 设计策划

设计策划是在设计前进行调查研究和确定新产品开发方向，主要是通过商业部门和外贸部门了解国内外市场有关产品的销售情况，并调查销售区域的销售对象和购买动机、购买爱好、购买态度，了解现有同类产品的使用性能与使用情况。在此基础上进行市场战略研究，从而作出科学的市场预测。

28.1.4.2 设计输入

1. 明确设计要求

在进行设计之前，须把设计内容确定下来才有依据。无论是接受委托的设计任务，还是自行开发新产品，分析与确定设计内容时应逐项列出自己所设计的家具有哪些要求。

要求的内容可以借5W1H帮助分析，即what，why,who,when,where,how,其对应的中文意思为何物、为何、何人、何时、何地、如何。籍此方法可以展开思路，通过逐项分析确定设计内容。

2. 资料收集、分析与整理

家具设计有许多资料可以参考，虽然设计忌抄袭，但闭门造车不足取，善于从别人的作品中吸取养料能开阔自己的视野，引发和丰富设计构思的内容。

(1) 基础资料：基础资料是个人设计知识体系的元素，它需要逐步积累，其中包括直接资料与间接资料，前者如各地家具设计的经验，国内外家具科技情报与动态，中外设计图集、期刊，市场动态等。后者如美学素养方面的资料、材料、工艺知识、文化背景等。

(2) 专门资料：专门资料是那些针对性较强的材料，一般可采用重点解剖典型实例的方式，着重于实体资料的掌握和设计深度的理解，可借助于实地参观或实物测验等多种手段，从多种多样的家具产品中分析它们的实际效果，从中取得各种解决问题的途径，有助于设计构思推敲过程中的借鉴。

28.1.4.3 设计过程

1. 构思与雏形设计

构思与雏形设计是家具设计中的重要过程之一，在动笔前尽管大胆地参考现有资料，一经脑海里整理出有系统的轮廓概念后，即可逐一进行初步设计。设计中，如认为某些地方仍有疑虑时，即应请教有关人员，如加工是否能做到，就可请教制造工程师，某种效果是否能被市场接受，则可与营销人员商讨。待全盘了解后，再继续进行设计，切不可将现有资料不加思索地盲目照搬。

2. 细节研究

细节研究是对家具设计的雏型进行深入分析与细节推敲，一般可按以下项目进行分析：

(1) 尽可能地绘出各部份的结构分解图。

(2) 力学强度的考虑(包括零件本身与接合点)。

(3) 材料的选用是否妥善。

(4) 横挡、直条、框架、面板、背板等零件的尺寸是否正确。

(5) 各构件是否均具相应的功能，该功能是否可有可无。

(6) 与主题是否相符。

(7) 是否符合美学法则，将会具有怎样的感觉特性。

(8) 表面如何处理。

(9) 加工是否便利，是否需要使用特殊的工具来进行制作。

(10)是否需要考虑与其他家具相配。

3. 模型与实样

(1) 模型：由于某些家具设计方案牵涉到具决定性的空间关系，一些组合或多用式的家具有时在纸面上很难表达其构图和形体之间的空间关系。因此，在初步设计阶段，甚或在最初的草图阶段就用模型来表达它在造型和家具各部分相互位置间的真实效果。实际上，制作家具模型是一种便于改进和发展设计方案的过程，并对发展设计相象力和提高设计水平起着良好的作用。制作模型的方法如下：

①模型多用简单的材料，花费较短的时间来完成。材料一般有各种厚质纸、吹塑纸、纸板、金属丝、软木、硬质泡沫塑料或其他各种合适的材料，如醋酸酯薄膜、薄铜皮和铅皮、薄木以及印有木纹的纸。最好平时将这些材料的碎小料集中在一起，以便制作时使用。制模用的胶黏剂最好选用适合胶粘木和纸的快干胶，所用工具只是一些剪刀、夹子、钳子、刀之类的东西。

②模型一般多采用1：2或1：8、1：5的比例，当然用1：1的比例来作细部结构也是十分有用的。

③按比例做成的家具模型，一般显得比较单薄，缺乏真实的尺度感。因此，常常将它配成适当的环境模型，照成相片，就显得十分贴切，而且便于收藏。

(2) 实样：模型还不能完全反映家具的真实状态，为了得到设计方案的实际综合的效果和各部件配合的精确关系，在方案最终确认前往往还要制作实样，并将其作为评审甚至试销的基础。

28.1.4.4 设计验证与修改

设计验证有四种方法，即：设计评审、鉴定试验、用其他计算方法来检验及与已证实的设计进行比较。一般要同时应用两种或两种以上。

无论是草图还是模型，仅仅是一种设计方案和设想，总是要通过不同的途径或方式，经过多次反复研究与讨论，加以修正，才能获得最佳的设计方案。

对设计方案提出修改意见的可能是设计人员本人，也可以是使用者或其他设计人员，包括不同范围的专业人员，所以在初步设计阶段要以多种方式，比如座谈讨论或展览评比，听取各方面的意见，加以补充和改进原设计方案，直到这一设计方案达到一个新的、更好的水平。

28.1.4.5 设计输出

设计输出是指设计成果的表达，应当包括外在形态与技术细节。前者主要是为销售系统服务的，而后者的任务是为生产系统提供指引。

输出文件包括：①家具透视效果图；②产品三视图，含局部详图；③零、部件图；④零部件清单；⑤五金配件清单；⑥板式家具要有裁板图；⑦排钻打眼图；⑧加工程序说明；⑨包装图；⑩装配图及说明书。

28.2 家具分类

28.2.1 按材料分

(1) 实木家具：主要由实木构成。

(2) 木质家具：主要由实木与木质人造板构成。

(3) 钢家具：主要结构由钢材构成，如各种型钢、钢板、管材、不锈钢等。

(4) 竹家具：用竹材制成的家具。

(5) 藤家具：用藤条或藤织部件构成的家具。

(6) 塑料家具：整体或主要部件用塑料，包括发泡塑料加工而成的家具。

(7) 玻璃家具：以玻璃为主要构件的家具。

(8) 石家具：以大璃石、花岗岩或人造石材为主要构件的家具。

(9) 铸铁家具：整体或主要部件由铸铁构成的家具。

28.2.2 按基本功能分

(1) 支承类家具：指直接支承人体家具，如床、椅、凳、沙发等。

(2) 凭倚类家具：指使用时与人体直接接触的家具，如桌子、讲台等。

(3) 贮藏类家具：如橱、柜、支架等。

28.2.3 按基本形式分

(1) 椅凳类：各种椅子、凳子和沙发。

(2) 桌台类：各种桌子，如写字桌、会议桌、大班台、茶几等。

(3) 橱柜类：各种柜、橱，如衣柜、餐具柜、厨柜、电视柜、文件柜等。

(4) 床榻类：各种床或供躺着休息的榻，如双人床、单人床、双层床，古典家具中的榻等。

(5) 其他类：如衣帽架、花架、屏风等。

28.2.4 按使用场所分

(1) 民用家具：供家庭用的家具，其中又可分为卧室家具、餐厅家具、厨房家具、客厅家具、书房家具及儿童家具等。

(2) 办公家具：办公室用的家具，如文员桌、文件柜、办公椅等。

(3) 特种家具：如商店家具，剧场、会堂用家具，医院家具，学校用家具，交通工具用家具等。

(4) 户外家具：如公园、游泳池、花园用家具等。

28.2.5 按放置形式分

(1) 自由式家具：包括有脚轮或没有脚轮的可以任意交换位置的家具。

(2) 嵌壁式家具：固定或嵌入建筑物或交通工具内的家具，一但固定一般就不再变换位置。

(3) 悬挂式家具：悬挂于墙壁之上，其中有些是可移动的，有些则是固定的。

28.2.6 按风格特征分

(1) 古典风格家具：具历史上某种风格特征的家具。

(2) 现代家具：无明显的历史风格特征，较为简洁明快的家具。

28.2.7 按结构形式分

(1) 固定装配式家具：零部件之间采用榫或其他固定形式接合，一次性装配而成。其特点是结构牢固、稳定，不可再次拆装，如框式家具。

(2) 拆装式家具：零部件之间采用连接件接合并可多次拆卸和安装，可缩小家具的运输体积，便于搬运，减少库存空间。

(3) 部件组合式家具：也称通用部件式家具。是将几种统一规格的通用部件，通过一定的装配结构而组成不同用途的家具。其优点是可用较少规格的部件装配成多种形式和不同用途的家具。还可简化生产组织与管理工作，有利于提高生产率和实现专业化与自动化生产。

(4) 单体组合式家具：将制品分成若干个小单体，其中任何一个单体既可单独使用，又能将几个单体在高度、宽度和深度上相互结合而形成新的整体。其优点是对某一单体而言，由于体积小，所以装配、运输较为方便，而且用户可根据自己的居住条件、经济能力和审美要求来选购家具的单体并进行不同形式的组合。缺点是在高度、宽度上都有重复的双层板出现，所以成本较高。

(5) 支架式家具：是将部件固定在金属或木制的支架上而构成的一类家具。如客车和客轮内的家具，支架的端部可直接与天花板或地板连接。也可固定在墙壁上，使之具有不同形式、不同体量和不同数量的使用功能。这类家具的优点是可充分利用室内空间，制作简单、省料，选型多样化。家具悬挂使清扫工作极为方便，但必须与建筑相协调。

(6) 折叠式家具：能折动使用并能叠放的家具。常用于桌、椅和几类，钢家具尤为常见。便于携带、存放和运输。适用于住房面积小或经常需改变使用场地的公共场所，如餐厅、会场等，也可作为军队与地质队的备用家具。由于考虑能折叠，就必须有折叠灵活的连接件，因此它的造型与结构受到一定限制，不能太复杂。

(7) 多用式家具：对家具上某些部件的位置稍加调整就能交换用途的家具。由于可一物多用，所以适于住房面积小的家庭或单身职工使用。考虑到多用时结构复杂，往往需用金属铰链，一般为两用或三用。用途过多时，结构会过于繁琐，使用时也就不方便了。多用式家具如书柜、沙发床等。

(8) 曲木家具：这是用实木弯曲或多层单板胶合弯曲而制成的家具。优点是造型别致、轻巧美观，可按人体工学的要求压制出理想的曲线型。

(9) 壳体式家具：又称薄壁成型家具。其整体或零件是利用塑料、玻璃钢一次模压成型或用单板胶合成型的家具。这类家具造型简洁、轻巧，便于搬移，工艺简便、省料、生产效率高。塑料薄壳模塑家具还可配成各种色彩，生动、新颖，适用于室内外的不同环境，尤其是室外。

(10) 充气式家具：是用塑料薄膜成袋状，充气后成型的家具。可用彩色或透明薄膜，新颖、有弹性、有趣味，但一旦破裂则无法再使用，使用寿命短暂。

28.3 家具结构

28.3.1 实木家具的结构

28.3.1.1 板材与板材的接合结构

(1) 两块板材侧面之间的接合：板材侧面的接合，主要是一种为展宽板材宽度的接合方法，通称拼板。

(2) 拼板镶端结构：为了避免板端暴露于外部、防止和减少拼接板材发生翘曲等现象，常采用镶端法加以控制，在镶接时均需用胶料配合。

28.3.1.2 平面嵌入连接结构

嵌入连接结构，是以同样厚度的方材各削去1/2，互相嵌入的装配接合。此法强度较差，适用于家具内部结构和次要结构处。通常用胶、木螺钉、圆钉等配合使用。

28.3.1.3 开口插入榫结构

开口插入榫结构是将方材的厚度作三等分(或以铣刀厚度为榫、槽厚度)，竖向中间开槽，横向中间制榫，以插入形式接合。此结构由于强度和外观等均较合理，故广泛应用于木家具框架部件上。

28.3.1.4 榫结构

榫结构是传统家具广泛应用的结构形式。榫结构形式多样，榫头透过接合木材外侧的为贯通榫，榫头不透过接合木材外侧的为不贯通榫。此外还有夹角榫。

28.3.1.5 夹角接合结构

框架部件接合时，为了减少工序，不用榫接合，但又要求外面看不到构造缝隙，常采用45°木材端向处理。由于不同榫头，强度不高，因此常采用一些补强结构。但这些接合必须与胶黏剂配合使用。

28.3.1.6 纵端面之间的接合

纵端面之间的接合，是在用料很长，需将木材接长或圆弧弯曲接合时采用，并用胶黏剂配合。

28.3.1.7 板件与板件的成角接合

板件之间的成角接合，大多用于箱柜类家具部件，如抽屉、包脚、箱类家具等，一般都与胶黏剂配合使用。采用何种形式，应考虑家具外观与结构强度。

28.3.1.8 方材三向接合结构

(1) 综角接合：此种结构的特点是不露木材的端部，表面美观、工艺性强，是我国古代家具和高级家具上常用的结构工艺。

(2) 普通三向接合：此种结构用于桌、椅类家具的支架三向接合，是现代家具常用的工艺结构。

28.3.1.9 方榫接合的技术要求

家具的破坏常出现在接合部位，对于榫接合，如果设计或加工不正确，就必然不能保证其应有的接合强度。

(1) 榫头的厚度：一般按零件的尺寸而定。为了保证接合强度，单榫的厚度接近于方材厚度或宽度的1/2，双榫的总厚度也接近于方材厚度或宽度的1/2。当零件断面积超过40mm × 40mm时，应采用双榫接合。

(2) 榫头的宽度：当榫头宽度在25mm以上时，榫头宽度的增大对抗拉强度的提高并不明显。因此，当榫头宽度超过40mm时，应从宽度中间锯切一部分，即分成双榫，这样可以提高榫接合的强度。

(3) 榫头的长度：榫头的长度是根据各种接合形式决定的。当采用明榫接合时，榫头的长度应超过或等于接合零件的厚度或宽度；若用暗榫接合时，不能小于榫眼零件宽度或厚度的1/2。

试验证明：当榫头长度尺寸为15～35mm时，抗拉、抗剪强度随尺寸增大而增加；当榫头长度在35mm以上时，抗剪强度随尺寸增大而下降。由此可见，榫头的长度不宜过长，一般在25～35mm范围内时，榫接合强度最大。

(4) 榫头厚度与方材断面尺寸的关系：单榫距离外表面一般不小于8mm；双榫距离外表面一般不小于6mm。闭口榫的榫头宽度切肩部分一般在10～15mm。

(5) 榫头与榫眼的配合：榫头与榫眼的配合公差见表28-1。

28.3.1.10 圆榫的技术要求

(1) 用材：制造圆榫的材质应比重大、无节、无缺陷、纹理直、最好采用中等硬度和韧性的木材。适合的树种有柞木、水曲柳、色木等。

圆榫的含水率应比家具用材低2%～3%，因为圆榫吸收胶液中水分后将会提高其含水率从而引起膨胀。圆榫应保持干燥状态，用塑料袋密封保存。

(2) 尺寸：圆榫的直径一般等于板材厚度的2/5～1/2，孔深为板材厚度的3/4左右，圆榫长度为直径的3～4倍较合适，见表28-2。

(3) 接合：圆榫接合的施胶方式对接合强度的影响见表28-3。由实验可知圆榫施胶强度较好，因圆榫沟纹能充满胶液，使其榫头充分膨胀；圆孔施胶强度较差，但易实现机械化施胶；榫头与榫孔两方面施胶接合强度最佳。

圆榫与圆孔的配合应采用过盈公差，过盈量为0.1～0.2mm时强度最高。但圆榫用于刨花板部件的连接时，如果端面榫头过大则会引起刨花板内部结构的破坏，应予以注意。

两个相连接的零件孔深之和应比圆榫长度大0.5～1mm。

表 28-1 榫头与榫眼的配合公差

单位：mm

树种	榫头厚度	榫头宽度	榫头长度
硬质木材	< 0.1～0.2	> 0.5	< 2
软质木材	> 0.5	> 1.0	< 2

表 28-2 圆榫尺寸

单位：mm

接合件的厚度	圆榫直径	圆榫长度
10～12	4	16
12～15	6	24
15～20	8	32
20～24	10	30～40
24～30	12	36～48
30～36	14	42～56
36～45	16	48～64

表 28-3 施胶方式与胶着力的关系

单位：kg/cm²

涂胶方法	胶着力		
	最大	最小	平均
圆榫涂胶	105.1	81.3	92.9
榫眼涂胶	85.8	60.3	76.3
两面涂胶	101.0	89.8	95.4

28.3.1.11 实木家具部件结构

组成家具的每一个部件，其结构变化很大，部件结构形式直接影响家具造型。因此，部件结构的形式与工艺成为木家具设计的一个不可忽视的环节。

1. 门板结构

(1) 实木板结构：实木板结构是用木板拼接或榫槽接合而成的。用天然木材纹理作装饰，接合结构简易，具有简朴的风味，是最原始的门板结构。由于实木门板容易开裂，现代家具已不常使用。

(2) 嵌板门结构：嵌板门结构工艺性甚强，丰富多彩的线型嵌板门立体感强，是古典家具常用的装饰手段。

(3) 包镶门结构：包镶结构门板有双包镶和单包镶两种，现都采用前者，双包镶门板内衬料除木材外，可用多种材料来代替。如纸蜂窝、塑料蜂窝、塑料低发泡材，刨花板等等。

(4) 百页门结构：百页门具有遮挡视线的作用，适用于需要通风的场合。

(5) 卷门结构：卷门加工工艺较为复杂，在一般家具上很少使用，仅在特殊需要的家具上采用。

(6) 铲板门结构：铲板门一般是为了让门芯可以替换，如玻璃、镜子、网纱等，铲板门在家具上应用广泛，常用在大衣柜的镜子门、书柜玻璃门等。

(7) 翻门结构：翻门结构的重点在旋转部分。

(8) 移门结构：移门的形式一般为两类，即板框结构移门和玻璃移门。根据移门形式，其滑道也有所不同。

2. 抽屉结构

抽屉由屉面板、屉旁板、屉后板及底板组成。接合方法可参照板与板的箱柜类接合结构。

在抽屉较宽的情况下，应在抽屉底板下面安装 1～2 根屉底档，以防止屉底板下垂而影响抽拉。

抽屉面板可用实木板、双包镶板、细木工板、多层胶合板、刨花板和中密度纤维板等。屉旁板及屉后板有实木板、多层胶合板及薄型刨花板、中密度纤维板等。

抽屉的不同结构形式可表达不同的外形，如有平面的、凹凸的、斜面的等。抽屉内部也可通过不同的区划来满足不同的功能要求。

28.3.1.12 实木家具部件之间装配结构

(1) 脚架结构：脚架是由脚和望板构成的框架，用于支撑家具主体的部件，可分为：

①框架式亮脚结构；

②包脚结构；

③装脚式亮脚结构。

(2) 桌腿与望板的接合以及桌(椅)面与支架的接合形式颇多，不一一举例。

28.3.2 板式家具的结构

28.3.2.1 板式家具的结构特点

人造板，尤其是板式家具中所用的主导材料如刨花板与纤维板由于在制造过程中破坏了天然木材的自然结构，许多力学性能指标大为降低，因此不能采用实木家具中的榫卯结构来连接各零部件；与此同时，同样由于结构变化的原因，人造板在幅面方向的尺寸稳定性大为提高。从而为板式家具开辟了良好的途径。因此，板式家具应运而生，并在主要承受静载荷的柜类家具上获得了蓬勃的发展。

失去了榫卯结构支撑的板式构件的连接需要寻求新的接合方法，这就是采用插入榫与现代家具五金的连接。插入榫与家具五金均需在板式构件上制造接口，最容易制造的接口是槽口，但更具加工效率的是圆孔。槽口可用普通锯片开出，圆孔可通过打眼实现，一件家具需要制造大量接口，所以采用圆孔更为多见，加工圆孔时排钻起着重要作用。要获得良好的连接，对材料、连接件(家具五金及插入榫)及接口加工工具都要综合考虑，“32mm 系统”就此在实践中诞生，并已成为世界板式家具的通用体系，现代板式家具结构设计被要求按“32mm 系统”规范执行。

28.3.2.2 “32mm 系统”的基本概念

“32mm 系统”是以32mm为模数的，制有标准“接口”的家具设计与制造体系。这个制造体系以标准化零部件为基本单元，可以组装成采用圆榫胶接的固定式家具，或采用各类现代五金件连接的拆装式家具。

“32mm 系统”要求零部件上的孔间距为 32mm 的整倍数，即应使其“接口”都处在32mm方格网的交点上，至少应保证平面直角坐标中有一维方向满足此要求，以保证实现模数化并可用排钻一次打出，这样可提高效率并确保打眼精度。由于造型设计的需要或零部件交叉关系的限制，有时在某一方面上难以使孔间距实现32mm整数倍时，允许从实际出发进行非标设计，因为多排钻的某一排钻头间距是固定在32mm上的，而排与排之间的距离是可无级调整的。

28.3.2.3 “32mm 系统”的标准与规范

“32mm 系统”以旁板为核心。旁板是家具中最主要的骨架部件，板式家具尤其是柜类家具中几乎所有的零部件都要与旁板发生关系，如顶(面)板要连接左右旁板，底板安装在旁板上，搁板要搁在旁板上，背板插或钉在旁板后侧，门铰的一边要与旁板相连，抽屉的导轨要装在旁板上等。因此，“32mm 系统”中最重要的钻孔设计与加工，也都集中在旁板上，旁板上的加工位置确定以后，其他部件的相对位置也就基本确定了。

旁板前后两侧各设有一根钻孔轴线，轴线按32mm的间隔等分，每个等分点都可以用来预钻安装孔。预钻孔可分为结构孔与系统孔，结构孔主要用于连接水平结构板；系统孔用于铰链底座、抽屉滑道、搁板等的安装。由于安装孔一次钻出，供多种用途用，所以必须首先对它们进行标准化、系列化与通用化处理。

目前，国际上对“32mm 系统”有如下基本规范：

(1) 所有旁板上的预钻孔(包括结构孔与系统孔)都应处在间距为32mm的方格座标网点上。一般情况下结构孔设在水平坐标上，系统孔设在垂直坐标上。

(2) 通用系统孔的轴线分别设在旁板的前后两侧，一般资料介绍以前侧轴线(最前边系统孔中心线)为基准轴线，但实际情况是由于背板的装配关系，将后侧的轴线作为基准更合理，而前侧所用的杯型门铰是三维可调的。若采用盖门，则前侧轴线到旁板前边的距离应为37(或28)mm，若采用嵌门，则应为37或28mm加上门厚。前后侧轴线之间及其辅助线之间均应保持32mm整数倍的距离。

(3) 通用系统孔的标准孔径一般规定为5mm，孔深规定为13mm。

(4) 当系统孔用作结构孔时，其孔径按结构配件的要求而定，一般常用的孔径为5、8、10、15、25mm等。

有了以上这些规定，就使得设备、刀具、五金件及家具的生产、供应商都有了一个共同遵照的接口标准，对孔的加工与家具的装配而言，也就变得十分简便、灵活了。

28.4 家具生产工艺

28.4.1 家具生产的特点

与其他木材加工企业相比，家具产品要求具有最为精制的式样，同时也需要最复杂的加工工艺和生产技术。家具产品的主要特点是要有良好的外观，以及在市场上有良好的销售竞争能力。

家具还具有流行性与多样性的特点，当产品的种类过于繁多时，很难实现专业化生产，这是家具工业存在的亟待解决的课题。解决这种混乱和低效率的关键还必须依靠专业化生产。也就是说，工厂应当生产单一的几种产品，这样才有利车间的工艺布置和生产安排，这就要求对生产计划按某种方式加以限制。

专业化生产可按如下原则进行划分：

(1) 根据产品的种类划分，例如：椅子专业厂等；

(2) 按家具的用途分类，如：可建立家庭用家具和办公用家具的生产厂或车间等，其专业化水平低于第一种方式。

原料的种类和结构，对家具工业的专业化也有一定的影响。如木材与刨花板的加工工艺是不同的。

还有一种实际上很有效的方法是将某些家具制造工厂生产工艺不适应的零部件让小型承包工厂来加工，而家具工厂主要的工作是组装加工，实际上家具企业成了家具装配厂。这种方式对于实现实具工业的专门化有一定的效率。

工业化生产家具是连续式的，连续生产家具有如下一些主要特点和要求：

(1) 在连续化家具生产车间内，各加工工序之间应有一些中间仓库和库存区，在确定半成品贮放区时应注意加工和运输方便；

(2) 应考虑到生产成本中运输费所占的比例，对生产线的流水作业应有一定的规划设计；

(3) 家具生产车间生产的零件和部件，一般是采用液压提升式运输设备的，这类运输装置在连续生产中有较大的灵活性；

(4) 家具生产中，可用皮带运输机和其他形式的输送设备。由于家具零部件规格品种多，因此，某些运输设备只能在有限的范围内使用，如：家具组装和表面装饰工段。

28.4.2 家具零件的加工精度

家具机械的类型、品牌以及使用时间的长短都会影响设备的加工精度。一般说来，新机器的加工精度较高，工件的加工误差往往能控制到 ± 0.05mm。如果将加工过程中由于木材水分含量变化所引起的尺寸变化计算在内，一般线型构件的实际精度能达到 ± 0.1 至 ± 0.3mm。

家具零件高精度的优点：

(1) 加工精度高的零件，不同系列产品有良好的互换性；

(2) 在进行部件或总装配时，无需进行手工修整就能进行部件之间的精密配合；

(3) 高精度零件的榫接合方便、坚固，且容易装配；

(4) 由于零件精度高，互换性好，因此，易于实现生产过程的连续化与自动化。

保证家具零件精度的措施：

(1) 按机器使用说明和操作要求，对其进行定期的维修保养；

(2) 在生产过程中严格按照标有尺寸的图纸加工，所标出的数值应是需达到的公称尺寸，为此，在各道工序中应严格地控制和检查，以达到标准尺寸的要求；

(3) 为了保证零件和部件的加工精度，在加工过程中应使用量规和样板来控制加工尺寸；

(4) 在机械加工和部件组装时，应当采用各种形式的夹具；

(5) 通过木材干燥及生产车间和仓库相对湿度的控制来严格控制木材的含水率。

28.4.3 实木家具加工工艺

家具零件的加工工序较为复杂，不同的零件有着不同的特点，其一般的加工工序如图 28-1 所示。

28.4.3.1 家具零件的机械加工

制作家具零件时，须注意以下问题：

(1) 在工艺设计时应考虑到连续化机械加工工艺的应用；

(2) 家具机械应采用一定的保护装置，以确保安全生产；

(3) 为保持车间的环境净化要求，应设计和安装吸尘系统；

(4) 在加工刨花板或特硬木材时，应采用硬质合金钢刀具，在使用中应对刀具进行经常性的维修和保养；

(5) 机械加工时进料速度的选择十分重要，将直接影响到零件的加工精度与表面质量；

(6) 家具机械切削速度高，在设备上安装自动进料器可提高设备的生产能力、改进表面加工质量，并有利于实现安全生产。

(7) 应根据不同的产品特点及生产规模选择不同的生产设备与配置方式，见表 28-4。

28.4.3.2 木材的截断和纵向锯解

家具厂的木材横向截断可以用吊截锯、高速截断锯等。操作人员必需有很高的操作技术，以减少木材的损耗。通常，木材损耗率约为 5%～20%。木材横截余量和工件的长度有关，一般为 10～50mm 之间。

经横截加工的木材，装在集材架上，由运输机送至纵解锯上进行纵剖加工，但也可用旋转式圆形选材台；或用其他方式输送。纵剖锯通常是由上向下锯的，锯机上装有进料器和卸料传送带。还可采用光投影划线装置，使其可在木板上看到锯片的下锯位置。

木材的横截和纵解要按照工件加工图表的要求进行，所需的其他原材料可标注在工件图表上，如表 28-5 所示。

在加工制作各种曲线零件时，例如：圆桌面和椅子腿等零件，必需使用细木工带锯机加工。采用细木工带锯加工时，既可沿用样板划出的线条进行加工，也可用模具来加工。

28.4.3.3 家具零件的刨光和成型加工

家具零件应进行刨平加工，刨平时应先刨基准面，再刨相对面，同时确定厚度。刨削加工时可以在平刨床上刨基准面，而由压刨来定厚与刨相对面，也可在双面刨上一次刨两个面，还可在四面刨上一次刨四个面。功能强大的四面刨还可加工复杂的成型零件。

28.4.3.4 零件最终尺寸的调节加工

在家具工厂里，锯截加工可用下面一些木工机床来完

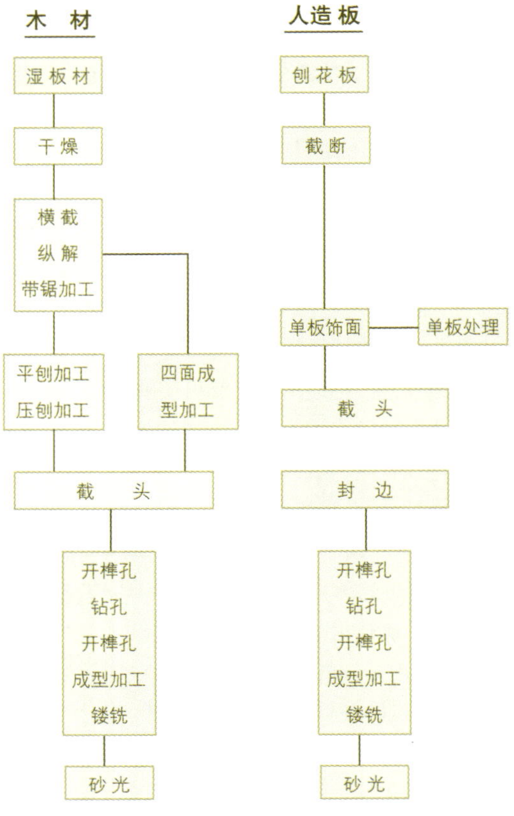

图 28-1 家具零件加工工序

表 28-4 生产模式与特点

生产模式	生产线配置	生产线特点
单件生产	手工	生产效率最低，硬件投入少，质量受人为影响大
	通用机械	生产效率低，适用于通用工段或特殊要求
小批量多品种生产	单台通用机械	具一定灵活性，对市场有一定适应能力，效率低
	加工中心，柔性生产	有灵活性，应变能力强，能迅速调整生产，做到即需即供，生产效率高，产品质量好，对人员素质要求高，硬件投入较大
少品种大批量生产	生产流水线	效率高，成本可降低
	刚性自动线	生产效率高，缺乏灵活性，对市场应变能力差

表 28-5 木材横截和纵解加工的工件

<table>
<tr><th colspan="10">工件表</th></tr>
<tr><td rowspan="4">工件名称</td><td rowspan="4">项目</td><td colspan="7">产品名称</td><td rowspan="4">备注</td></tr>
<tr><td colspan="4">木材或刨花板等</td><td>内层单板</td><td colspan="2">外层贴面材</td></tr>
<tr><td colspan="3">最终加工尺寸</td><td rowspan="2">材质</td><td rowspan="2">质量</td><td colspan="2">材质</td></tr>
<tr><td>长度</td><td>宽度</td><td>厚度</td><td>正面</td><td>反面</td></tr>
<tr><td></td><td></td><td></td><td></td><td></td><td></td><td></td><td></td><td></td><td></td></tr>
</table>

成，如：带有移动式工作台的单锯片圆锯机、双锯片圆锯机或双端开榫机等。

在中、小型家具工厂中，双锯片圆锯的应用是很广泛的，使用效果也很理想，如果圆锯片的角度可以调整，将增加这类圆锯的用途，这种多功能圆锯机适用于截齐板料等加工。双端开榫机可同时完成端头截齐、开榫、成型和其他加工过程，因此其使用范围很广。

28.4.3.5 榫孔和孔眼的加工

家具部件的连接方法很多，其中较广泛使用的是榫头和榫孔的连接法。家具榫孔可以用空心凿、开口式榫槽凿榫机和振动式凿榫机等设备来加工。

空心式凿榫机床，是用于加工榫孔的一种传统的加工设备，这类机床用人工进料，生产效率很低，不能适应现代化生产的要求。

附有振动力头的凿榫机床和空心凿榫机相同，加工出来的是矩形榫孔。将这几种装置合在一起，其生产能力会大幅度提高。

目前，家具工业中已广泛采用圆榫接合，其加工设备有32mm系统排钻及用于窄工件钻孔用的各式主轴头。

28.4.3.6 开榫加工工艺

在加工齿型榫、企口榫和直角榫时，一般可使用带有专用附件的主轴式成型机、单端式开榫机或双端式开榫机等。这类开榫机上装有多刀刀头，能对加工工件进行加工和修整，使之达到所要求的长度。

双端式开榫机的形式很多，除了水平和垂直的加工机头以外，还装有镂铣装置。当工件通过机床时，它可以加工出沟槽。目前，这类机床的结构已得到了很大的改进，可进行程序控制，以加工各种形状的工件和不同形状的榫头。

立轴成型机床，是家具工业使用最广泛的一种加工设备。这种设备可用来加工沟槽和槽口、圆形或复杂外形的工件、榫头、槽缝，还可以作仿形加工。如果使用进料装置，加工能力还可大幅度提高，表面质量有所改善，而且还可以大大减少发生事故的可能性。

28.4.3.7 家具零件的砂光加工

家具零件的砂光加工，是组装前或表面装饰前的最后一道工序。家具表面最终装饰的质量，在很大程度上取决于零件的砂光质量，由此可见，砂光加工是家具生产中的一项重要的加工工序。目前，家具生产中，广泛使用的是带有输送皮带的窄带砂光机或宽带砂光机，以及其他一些特殊结构的砂光机等，如：成型砂光机、曲线型砂光机与轮廓砂光机等，家具中的窄形零件，如：抽屉的边缘和侧面，可以用带垂直皮带的窄带砂光机砂光。带有水平皮带的带式砂光机主要用于砂光单板饰面板或其他大幅面的人造板。

新式宽带砂光机的主要特点是效率高，并具有多种功能，砂光表面的质量好。因此，这类砂光机在家具工业中的使用越来越广泛。宽带式砂光机可用于实材工件砂光，也可以用于砂光单板饰面板。

带式砂带所用的磨料种类很多，氧化铝是最主要的磨料。碳化硅砂光用磨料在砂磨硬质木料方面具有更好的效果。在砂光软材时，可以使用带有疏松结构的砂带。背衬材料可以是纸或布。

砂光过程，最好分成两道工序进行，效果更佳。对于要求高光洁度的家具零件，还可采用第三次砂光处理。

28.4.4 家具装配工艺

通常，家具组装之前，全部零件和部件已完成机械加工工序的操作。也可以在组装之前先进行表面装饰处理。家具的组装过程可以是局部组装，例如：抽屉、框架、底座的装配，也可以是最终的组装加工，如：柜类家具是用局部组装好的部件配起来的。家具组装所用的粘合剂很多，但目前广泛使用的是聚醋酸乙烯酯乳胶，这种胶黏剂的固化速度快，胶结强度高。

家具装配；应尽可能使用装配机床，避免使用人工方法组装，以提高装配质量和效率。

由于组装工段车间面积的限制，组装工作的批量一般不能像机械加工的批量那样大。所以，可按照工厂接收的定货任务量按需要进行小批量的产品装配。然而，可在工厂内部库存一些部件，以加快装配速度，也可以库存一批成品，以满足消费者的急需。即使在大规模的家具工厂，也可以采用这种办法，采用这种方式可缩短交货期，增加在家具市场中的竞争力。

28.4.5 板式家具生产工艺

板式家具可以采用素板或装饰人造板及薄木贴面板加工成零部件后再进行涂饰，无论是哪一种板材，其基本的机械加工程序是一致的，工艺流程为：

生产设计 → 裁板 → 边部处理 → 钻孔 → 其他特殊加工 → 安装与包装

28.4.5.1 生产设计

32mm系统板式家具要求也有条件进行细致、周到的预先设计，生产系统分工明确，将工人的精力集中于本岗位的操作，让机器最大限度地发挥效率。

完善的生产设计除常规的产品外型图与三视图外，还应包括零件图、裁板图、封边指示(可在零件图上标识)、排钻调机图、装配图与包装图等。至于零部件加工的工艺流程，对常规构件而言，可采用标准工艺规范，而无需对每个具体零件再行编排，以减少重复劳动。

28.4.5.2 裁板

裁板是将标准工业板材切削成家具零件所需的形状与尺寸规格。对32mm系统板式家具而言，精确的裁板是首要的前提条件，欧美有些资料认为所有的尺寸必须精确到1/64英寸(～0.4mm)，超过这个数值时装配就会出现问题。当然，现代家具机械已能达到0.1mm的加工精度，但采用不同的工艺与机械配置，可以保证的精度是不同的。

锯口质量对板式家具来说也是极其重要的。在锯切过程中，板材上表面与下表面迎刃方向不同。对于上表面，锯刃是由表及里的，切削时边部所受到的挤压力向内，表面就比较光洁；而对于下表面，则切削时边部受到一个向外的推力，因此下表面的锯口会因受锯刃的反向冲击而剥裂，形不成光洁、挺直的锯口线。据此，现有裁板锯均配有引锯(Scoring blades)，以确保下表面锯口的切削质量。这是一种成功的手段，但在调试时必须将两个锯片(主锯与引锯)调到锯路重合的位置，这项工作必须极其精确，否则会使切削面产生“台阶”，这是影响封边质量的致命点。目前，引锯有两种形式，一种是两片式，中间夹放垫片，以得到与主锯一致的厚度，另一种形式是采用梯形齿结构，即在齿尖部较窄，而根部较宽，通过锯片的上下调整引锯锯路的深浅，从而控制锯路的宽窄，使其与主锯锯路完全重叠。此时，可能出现的问题是，如果被锯解的板材在台面上放不平的话，在翘起部分的板面上引锯的槽口将变得很窄，这样，引锯实际上已失去了修整锯口的作用。

根据投资规模大小，裁板有三种常用的设备配置方案。

1. 小型规模

对于小型工厂来说，可用滑动工作台圆锯机(俗称导向锯)来进行裁板。这是小型企业用得最多的方案。导向锯按主要功能分有三种类型，一是只能锯直边，如F-90型；另一种可通过锯片的倾斜来锯出斜边，如F-45型；现在还有专用于锯裁后成型构件的导向锯，其引锯可自动升起，以确保型边下部的切削质量。导向锯要达到足够的裁板精度还需通过熟炼的操作工来获得。由于毛板往往缺乏精确的基准，也就难以得到精确的加工尺寸，因此，在锯切时应首先锯掉毛边，得到一条精确的基准边。

2. 中等规模

立式裁板机适合于中等规模的板式家具厂，这种设备具较高的精度、较高的生产能力，而且占地面积小，1人就可操作。

有的立式裁板机装有引锯，而有的没有。未装引锯者需与导向锯等设备配套使用。立式裁板锯通常是纵横双向都可锯裁的。这种设备在价格上比导向锯贵。

3. 大批量生产

大批量生产时的合适配置是电子开料锯与双端铣联合使用。

不少人迷信电子开料锯，一是认为这么昂贵的机器一定很精确，二是认为用电子器件者必然精细。但实际情况并非如此。其实电子开料锯只是用于粗加工的机械，其任务是开料，而不是用来精确地定尺寸的。为什么它不宜用来精裁，原因有二：一是毛板不具备精确基准，二是因为此机采用间歇式加工，生产能力较低，要提高其生产能力，设备制造商配置了大功率装置，可以将多块材料叠起来锯切，尽管锯切时有压梁压紧，但由于各种原因不能完全避免其层间滑移，尺寸精度也就难以保证了。

不过，在双端铣上加工薄而长的零件时，由于工件是两端支撑，中间悬空的，所以往往会出现板子下垂现象，从而影响裁板尺寸以及边与面的垂直度。因此，对三夹板等薄型构件还是应在导向锯或电子开料锯上细心加工。一般对于长度超过2200mm，厚度小于15mm的构件在双端铣上就有可能出现问题了。

在尺寸精度控制过程中，容易忽略的一个问题是量具自身的精度问题。很多量具精度不够，特别是钢卷尺，甚至有误差数毫米的。因此，量具应选择可靠的品牌，同时全厂应使用同一种品牌与型号的卷尺，还要与机器上的标尺核对过，然后确定一把标准量尺。

材料本身也会影响加工精度，原板买回来时一般都是干燥的，但在潮湿环境下贮存时板子会吸湿膨胀，尤其是边部的厚度膨胀。如果将这样的板堆在一起，在压梁下不会平整，因为边部比中心厚，锯切时不仅会影响尺寸精度，而且叠在中间的板子下部边缘会悬空，切削时相当于无引锯状态，产生毛边。所以严格说来，原料板在运输与存放中均应保持干燥。

28.4.5.3 封边

板式家具的边型主要有直边、曲边与型边等3种。封边材料有PVC、三聚氰胺层压纸、木单板及实木条等。

小型家具厂可用价格低廉的曲直线两用封边机或手工封边来解决，此时封边与修边的质量受人为因素的影响较大，对0.8mm以下的薄边尚能取得理想效果。

大、中型规模的工厂可配置自动直线封边机，这种封边机包括几个部分或称作“站”。

1) 仓储区：是储存封边条的，有些机器带有倾斜装置，可封斜边。

2) 涂胶区：它包括胶罐、胶辊或挤压施胶系统。一般热熔胶要有一定的预热时间。胶黏剂可施在工件上、封边条上或两者都施。当用PVAc胶粘厚封边条时，最好在工件与封边条上都涂上胶。

3) 压紧部分：在这一区域的封边材料被胶压在工件上。为使封边条紧贴板边而又不使胶层太厚，压紧是极为重要的。若用热熔胶，压紧系统必须紧靠涂胶处，以免封边条在粘贴之前就冷却。材料和车间气温都应高于15.5℃(60° F)，许多封边的质量问题都出在胶液的提前冷却上。

4) 修边部分：这一区域有时只有前后切刀和上下修边刀头，有时还可能包括一些厚板修圆角的刀头和一些成型修边铣刀。

5) 精加工区域：用来砂磨和抛光。如果厚PVC封边条要修圆角，铣削的痕迹必须去除，所以这时通常要增加1个磨轮，磨削时可能会使PVC材料褪色，所以要用1个小型加热器使PVC稍微有些软化并可使其颜色恢复。

砂光头用于实木条封边，而软膜砂光则可用于清除塑料封边条封边时多余的胶，这类机器较复杂。

由于封边机在板式家具生产系统中是一个非常重要的部分，而且这种设备很贵，所以选择合适的封边机很重要。

在选购封边机时需考虑的一个重要因素是要选择能提供安装调试和人员培训的供应商，供应商还应有能力提供备件，以备不时之需。由于这些大型封边机很复杂，必须安装精确才能获得高质量的效果。人员培训也很重要，它将使你能够充分发挥机器的潜能，并知道如何进行日常维护，有能力的供应商在封边机出现问题时会很有帮助。

另一个重要的问题是要考虑哪一种机器最合适，要选择一种对你想用的材料最适用的封边机。例如，如果只用PVC封边条，就没有必要要求兼有实木条封边功能。

封边时对板材的厚度公差要求极为严格，一般应控制在0.2mm以内。否则，在负公差区域，封边条不能修平而会产生毛边，在正公差处修边时可能会将贴面材料切除而露出芯层材料。

28.4.5.4 钻孔

钻孔是为板式家具制造接口，其中包括结构孔和系统孔。

最简单的钻孔方式是采用普通台钻或手工钻。根据生产规模的大小还可分别配置单排钻与多排钻。对于给定的构件而言，钻孔次数减少，则生产效率提高，同时加工精度越能得到保证。钻孔的质量在于定位是否精确、孔边是否光洁。

28.4.5.5 装配与包装

小型柜体可采用固定式装配结构;大型柜体可采用拆装式结构，以便于搬运和节省运输费用。

固定式装配详见28.4.4，拆装式家具以散件包装，对于自装配家具，还应在包装箱内配上装配说明书、五金件及管装胶水与简易安装工具。

28.4.6 曲木家具生产工艺

曲木家具生产工艺的关键是曲线形零部件的制作，其他加工方法与实木家具制造工艺相似。制造曲线形零部件的方法有锯割和加压弯曲加工两大类。锯割加工是用锯将木材锯成弯曲形状毛料后再进一步加工成弯曲零件的，由于大量的纤维被割断，因此零件强度低，涂饰质量差，出材率低。加压弯曲加工又称弯曲成型加工，是用加压的方法将方材、单板(薄木)或碎料(刨花、纤维)制成各种曲线形零部件。

具体方法有：方材弯曲、方材——锯口弯曲、薄板弯曲胶合、碎料模压成型以及“V”型槽折叠成型等，这里仅介绍方材弯曲和薄板弯曲胶合技术。

28.4.6.1 方材弯曲

方材弯曲是将方材软化处理后，在弯曲力矩作用下弯曲成所要求的曲线形，并使其干燥定型的过程。

1. 弯曲工艺

(1) 毛料选择：制作弯曲构件应选择弯曲性能好的木材，曲率半径越小，则弯曲性能要求越高。

(2) 软化处理：软化处理的目的是使木材具有暂时的可塑性，以使木材在较小力的作用下能按要求变形，并在变形状态下重新恢复木材原有的刚性、强度。处理方法可分为物理方法和化学方法两类。

物理方法——火烤法、水煮法、汽蒸法、高频加热法、微波加热法。

化学方法——用液态氨、氨水、气体氨、亚胺、碱液(NaOH、KOH)、脲素、单宁酸等化学药剂处理。

(3) 加压弯曲：加压弯曲是利用模具、钢带等将软化好的木材加压弯曲成要求的形状。

木材弯曲操作可用曲木机或手工进行，其工作原理见图28-2。

(4) 干燥定型：将弯曲状态下的木材干燥到含水率为10%左右，使其弯曲变形固定下来。不论木材软化方法如何，弯曲木在定型时最好加热，并宜固定在模具上定型，以保证弯曲形状的正确性。按定型方式可分为：

①窑干法定型：将弯曲好的毛料连同金属钢带和模具一起从曲木机上卸下来堆放在小车上，送入定型干燥室。

②自然气干法定型：将弯曲好的毛料放在大气条件下自然干燥定型。此法所需时间长，质量不易保证，除了对一些大尺寸零件如船体弯曲零件、大尺寸弯曲建筑构件外，家具生产中极少采用。

③高频干燥定型：将弯曲木置于高频电场中使其内部发热，干燥定型。

④微波干燥定型：由于微波的穿透能力较强，弯曲木只要在微波炉内经数分钟照射，就能干燥定型，效率高而且定型质量较好。

2. 弯曲木形状的稳定性

弯曲木形状的稳定性与其含水率密切相关。当环境湿度增大时，弯曲木吸湿，已经定型的弯曲木就会产生回弹变形，使其曲率半径增大；当外界条件使弯曲木吸湿时，则其曲率半径又会减少；当弯曲木吸水受热同时作用时，弯曲木甚至会几乎完全恢复伸直状态。

用化学药剂软化后制成的弯曲木，其形状稳定性有很大差异。如用液态氨软化处理后成型的弯曲木，在水分、热量作用下几乎不产生回弹。而气态氨软化成型弯曲木的形状稳定性就不及前者。将水青冈弯曲木进行各种化学后期处理，如用苯乙烯与聚乙烯醇类单体进行塑合化处理，或涂饰聚氨酯涂料以及浸渍酚醛树脂都能有效地抑制弯曲木吸湿初期的变形回复。用甲基丙烯酸甲酯与聚乙烯醇甲基丙烯酸类单体与弯曲木塑合木化处理以及聚甲基丙烯酸甲酯浸渍处理，则对抑制弯曲木吸湿后期的变形回复很有效。

28.4.6.2 薄板弯曲胶合

薄板弯曲胶合是将一叠涂过胶的薄板按要求配成一定厚度的板坯，然后放在特定的模具中加压弯曲、胶合和定型制得曲线形零部件的一系列加工过程。

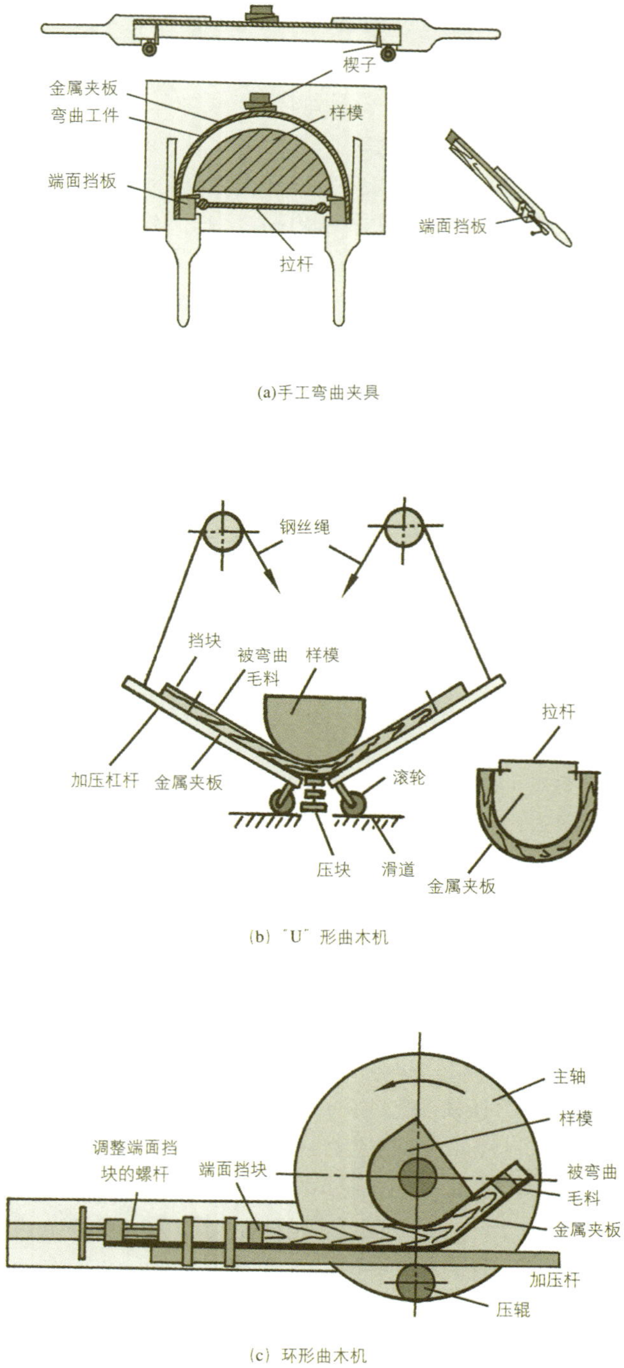

(a)手工弯曲夹具

(b) "U" 形曲木机

(c) 环形曲木机

图 28-2 木材弯曲工作原理图

1. **薄板弯曲胶合的特点**

(1) 可以弯曲胶合成曲率半径小、形状复杂的零部件。弯曲件造型多样，线条流畅，简洁明快，具有独特的艺术美；

(2) 节约木材：与实木弯曲工艺相比，可提高木材利用率约30%左右，凡是胶合板用材均可用来制造弯曲胶合构件；

(3) 省工：简化了产品加工过程，可提高劳动生产率；

(4) 具有足够的强度，形状、尺寸稳定性好。制品在湿度变化的环境下能保证不松动、不开裂等；

(5) 可做成拆装式制品，便于生产、贮存、包装运输，有利于流通。

2. **弯曲胶合工艺**

(1) 工艺流程：薄板弯曲胶合件的生产工艺可以分为：薄板准备、涂胶配坯、加压成型、部件加工、涂饰和装配等工序。若用单板制造弯曲胶合件，则其工艺流程为：

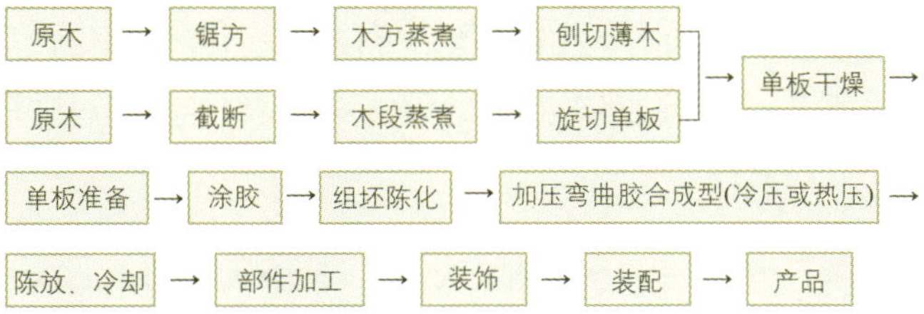

(2) 基本工序

①薄板种类及选择

薄板种类有：单板、竹片、竹单板、胶合板、硬质纤维板等。

一般来讲，芯层单板应保证弯曲件强度与弹性的要求，而表层单板应选用装饰性好，木纹美丽，具有一定硬度的树种。

②薄板制作：薄板分旋切、刨切两种。在切削前均需进行蒸煮软化处理。加工成的单板厚度应均匀，表面光洁。单板的厚度根据零部件的形状、尺寸，即弯曲半径与方向来确定。弯曲半径越小，则要求单板厚度越薄。通常刨切薄木的厚度为0.3～1mm，旋切单板厚度为1～3mm。

③薄板干燥：日本提出干燥后的单板含水率为5%～8%。我国目前一般控制在6%～12%，最大不能超过14%。

④涂胶：用于弯曲胶合的胶黏剂主要有脲醛胶，三聚氰胺改性脲醛胶。

单板涂胶量取决于胶种、树种等因素，一般脲醛胶为120～200g/m²(单板)，氯化铵加放量为0.3%～1%，有时可在脲醛胶中加入5%～10%的工业面粉作填料。

⑤组坯陈化：薄板的层数根据薄板的厚度，弯曲胶合零件厚度及弯曲胶合时板坯的压缩率来确定，通常板坯的压缩率为8%～30%。

用单板时，各层单板纤维的配置方向与弯曲胶合零部件使用时受力方向有关，有三种方法：

a.平行配置：各层单板的纤维方向一致，适用于顺纤维方向受力的零部件。

b.交叉配置：相邻层单板纤维方向互相垂直，适用于承受垂直板面压力的部件，如椅座和大面积部件。

c.混合配置：一个部件中既有平行配置又有交叉配置，适合于复杂形状的部件，如椅背、座、腿一体的部件。

陈化时间是指单板涂胶后到开始胶压时所放置的时间。陈化有利于板坯内含水率的均匀，防止表层透胶。通常采用闭合陈化，时间约5～15min。

⑥弯曲胶合：这是制造弯曲胶合零部件的关键工序，本工序使放在模具中的板坯在外力作用下产生弯曲变形，并使胶黏剂在单板变形状态下固化，制成所需的弯曲胶合件。弯曲胶合时需要模具和压机，以对板坯加压变形，同时还需加热以加速胶黏剂的固化。胶压工艺参数见表28-6。

高频加热时，根据发生器的功率、电压和频率以及负载的大小确定加热时间。高频发生器的高压升动时即为高频加热时间。为防止胶合弯曲件在加热结束后立即卸压而引起鼓泡，脱胶和回弹变形，必须利用板坯中的积蓄热量使胶黏剂充分固化，将弯曲胶合件在热压结束后保压一定时间，一般为10～15min。

⑦陈放：为使胶压后的弯曲胶合件内部温度与应力进一步均匀，减少变形，从模具上卸下的弯曲胶合件，必须放置4～10个昼夜后才能投入下道工序，进行切削加工。

⑧成型切削加工：对弯曲胶合后的成型坯料进行剖切、锯解、截头、裁边、砂磨、抛光、钻孔等，加工成尺寸、精度及表面粗糙度符合要求的零部件。

(3) 弯曲胶合用的设备与模具：弯曲胶合零部件的形状、尺寸多种多样，制造时必须根据产品要求采用相应的模具、加压装置和加热方式，这是保证弯曲胶合零部件质量、劳动

表28-6 胶压工艺参数

胶压方式	单板树种	胶种	压力（kg/cm²）	温度(℃)	加热时间	保压时间(min)
冷压	桦木	563冷压脲醛胶	8～20	20～30	20～24h	0
蒸汽加热	柳桉	脲醛胶	8～15	100～120	板坯每1mm厚约加热	10～15
	水曲柳	酚醛胶	8～20	130～150	0.75～1min	
高频介质加热	马尾松	脲醛胶		100～115	75 min	15
	意大利杨			110～125		
低压电加热	柳桉、桦木	脲醛胶	8～20	100～120	板坯每1mm厚约加热1min	12

生产率和经济效益的关键。

①模具：硬模一般用铝合金、钢、木材及木质材料制造。有时也用电工绝缘工程塑料、水泥制作，但不普遍。软模用耐热耐油橡胶制成的橡皮袋或弹性囊、胶带。可向囊中压进热油或蒸汽进行加热加压。

设计和制作的模具需满足以下要求：

a.有准确的形状、尺寸和精度，模具啮合精度为±0.15mm；

b.具有足够的刚性，能承受压机最大的工作压力；

c.板坯各部分受力均匀，成品厚度均匀，表面光滑平整，特别是分段组合模的接缝处不允许产生凹凸压痕。

d.加热均匀，能达到要求的温度，板坯装卸方便，加压时，板坯在模具内不产生位移的错动。

②加压装置：

a.单向压机：分为单层压机和多层单向压机。单层压机为一般胶合用的立式冷压机，配一副硬模使用。多层压机的上下压板为一副阴阳模、中间的压板可以是兼作阴模和阳模的成型压板。也可是平板两面分别装上阴模与阳模。这种压机生产效率较高，但制作的弯曲胶合件的形状有限，适用于制造椅背、椅座、带圆角的衣柜旁板、门板等。

b.多向压机：是成型压机，一般为门型结构立式压机(也有卧式的)，有多个油缸，可以从上下和左右两侧加压或从更多方向加压。

③加热方式：在弯曲胶合时，通常采用热压成型。正确地进行加热能加速胶液的固化，提高生产率，也是保证弯曲胶合件胶合质量所必需的。

④加压程序与二次成型：用分段组合模制造复杂的弯曲胶合件时，必须注意模具的加压程序。例如弯曲胶合U型构件时，先进行垂直方向加压，待板坯下压到一定厚度后，再进行侧向水平加压，这样才能保证弯曲部件的形状、尺寸和胶合质量。如果先侧向加压，然后垂直加压，则阳模下移就会受阻而不到位，底部往往胶合不牢，或单板起皱。

对于H型、h型、X型等带填块的复杂形状弯曲胶合件可用一次成型法或二次成型法。一次成型法是将所有的涂胶单板和填块同时装入模具中，一次加压弯曲胶合成型。该法操作麻烦，板坯不易正确定位。二次成型法是先将部分板坯弯曲胶合成型，然后用它与其余单板再次组坯，弯曲胶合成型。

28.4.7 家具产品的工艺设计

28.4.7.1 工艺设计的必要性

在家具工业中，要求进行产品工艺设计有以下一些主要原因：

(1) 需要保持产品在市场上的竞争地位；

(2) 尽可能地研制适于采用新材料、新结构的产品；

(3) 采用新工艺和新设备，以减少工人劳动强度；

(4) 产品设计应满足工业化生产的要求。

目前，不论工厂的规模大小，都力求进行产品设计和新产品的研制，以获得更为广阔的市场。而产品设计应当满足制造工艺的要求，以保证产品的加工质量，提高生产率。

现代工业化生产，要求产品具有下列特性：

(1) 设计的产品必须适于生产工厂的制造工艺流程；

(2) 尽量减少手工操作；

(3) 家具装配前，应先进行部件涂饰；

(4) 节约天然木材，尤其是珍贵材的使用；

(5) 考虑贮运等辅助功能；

(6) 考虑零部件的通用性、互换性；

(7) 产品规格及接合方式应尽量实现标准化；

(8) 设计的产品规格应适应市场上能买到的半成品、原材料规格，尽可能降低加工中产生的废料量。

28.4.7.2 家具产品的工艺设计

产品的生产工艺设计是家具和木制品制造之前的主要步骤之一，它设计的质量直接影响到原材料的有效利用和工厂的生产能力。工艺设计部门的主要任务是编制两类计划：

第一类：原辅材料耗用量的计划，包括各种零件和部件的规格和数量，例如：裁板图、配料工艺卡等。

第二类：零件或部件机械加工、装配、表面装饰及其他加工工序的工艺卡片。这些加工卡片可使某一生产批量的家具产品在整个制造过程中保证产品的加工精度和质量。

工艺卡片应包括下列一些主要内容：

(1) 加工过程中所需要使用的机床及其他设备，在表上应按照加工工序所要求的顺序绘制简图。所使用的机床和其他设备可以用代号方式标明。表28-7介绍了几种主要木工机床的年生产量(加工能力)；

(2) 在加工工艺卡片上应标明加工工艺的详细要求，例如：专用工具、需用砂带的粒度等；

(3) 在生产过程中，卡片经各道加工工序时，对已完成和未完成的加工工序，均应在卡片上详细标明。

家具生产用的主要木工机床的平均加工能力(表28-7)是按加工木材制品量(木材材积)来计算的，但对其他木质人造板同样具有参考价值。

工厂的生产管理对企业和生产能力有很大的影响，企业管理不完善，必然会出现很多问题，使生产无法正常进行。合理的经营管理，可使每一生产批量都能按时完成，这对增强工厂的竞争能力来说是非常重要的。

在涉及到计算工厂生产能力时，应当考虑到以下一些因素的影响：

(1) 有关影响生产流程的因素，以确定单独使用的主要加工机床和设备，应保证工厂的生产能力(见图28-3)；

(2) 机床的生产能力应逐步提高，也就是要达到按单一机床台数的倍数来提高产量(见图28-4)。

表 28-7 某些木工机床的平均加工能力 *

木工机床的类别	加工能力（m³/年）
横向截锯	2300
具链式进料器的齐边锯	2300
平面刨床	1400
压刨床	
四面成型机	2300～4700
截头圆锯机（单锯片）	1400～1900
截头圆锯机（双锯片）	2800～3700
带锯机	2300～4700
立轴成型机	100～1400
镂铣机	2300
开榫机	1400～1900
带式砂光机（卧式）	1900～2800

注：* 上述数据是家具生产的平均有效值，以实材为计算依据

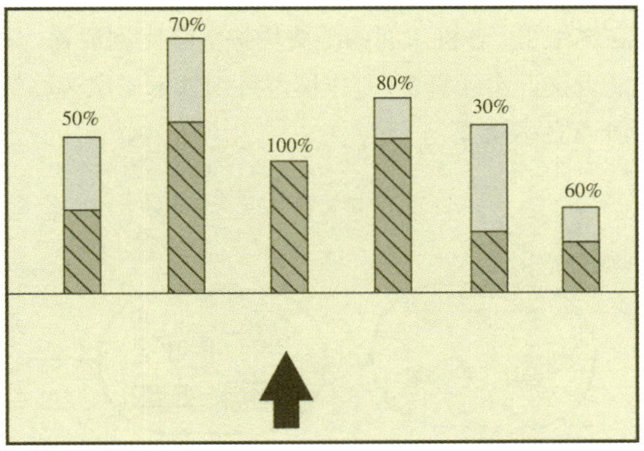

图 28-3 生产线上影响生产流程的因素及形成图解

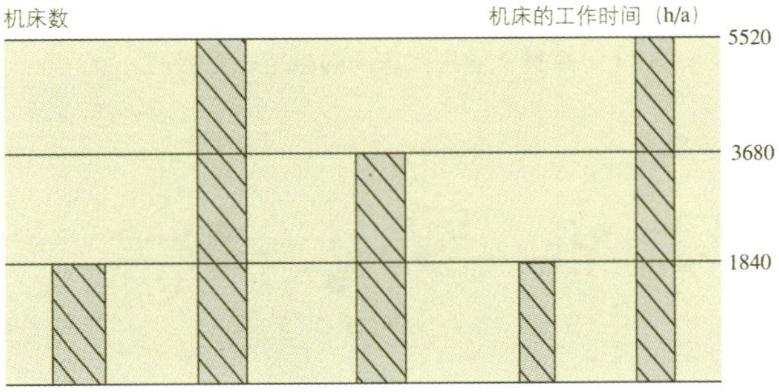

图 28-4 机床系列中的加工能力

28.4.7.3 影响产品生产流程及工艺设计的因素

采用下列方法，可以消除生产中影响生产流程的因素：

(1) 增加某些机床设备；

(2) 在生产线上增加高效率机床；

(3) 提高操作工人的技术水平；

(4) 对生产中的薄弱环节，适当增加生产时间；

(5) 某些生产工序可采用轮班工作法，提高其生产能力；

(6) 某些工作可用承包方式，让有关部门加工，以提高产品的生产速度。

工厂实践表明：某些影响生产流程的因素消除后，往往在生产线上会出现其他一些新的问题和新的影响因素。

家具生产中，影响工艺设计的因素是很多的，其中主要的因素有：

(1) 加工工艺中可用机床及设备的数量；

(2) 生产批量的大小；

(3) 产品的质量；

(4) 使用原材料和辅助材料的数量；

(5) 工人的技术熟练程度。

生产工艺设计与工艺过程的关系见图 28-5。

28.5 家具车间的规划与设计

家具车间的规划设计，指的是对车间生产的总的工艺组织和规划设计。包括车间内机床设备和工作位置的布置、厂内运输设备的合理安装设计，以及工厂厂房的设计与施工等，以便为家具生产提供现代化的生产条件和制造工艺。

根据设计任务书的要求，可以对生产车间进行规划设计，此项工作可以是重新设计，也可以是原有车间的改造设计。车间规划设计应当被看作是为了整个企业保持竞争能力所必须持续进行革新和改造规划的设计过程。

28.5.1 家具车间规划与设计的任务

家具车间规划与设计的内容如下：

(1) 工作方法和工作区域的划分；

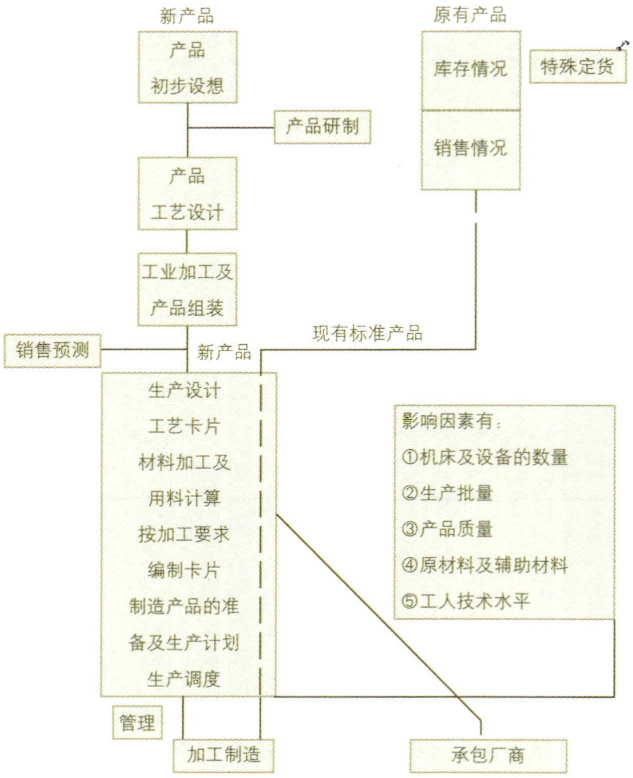

图 28-5 生产设计与生产工艺过程的关系

(2) 确定工艺流程；

(3) 设计和划分机组和工段；

(4) 各工段中机床和工作位置的布置；

(5) 按照选用的机床设备、工艺流程和平面布置进行厂房设计；

(6) 对车间的电路、水路、汽路、压缩空气系统、吸尘系统进行设计和规划；

(7) 为工厂总平面布置设计提供基础。

家具车间规划设计所需要的基本资料如下：

(1) 产品的生产计划；

(2) 产品的类别、结构和主要原材料；

(3) 对产品的质量要求和质量标准。

28.5.2 家具工业生产设计的特点

家具工业中由于下列一些特点，对车间的规划设计有一定的影响，其影响因素如下：

(1) 产品品种的复杂程度；

(2) 生产规模的大小；

(3) 家具式样的流行特性；

(4) 同类产品生产周期的长短；

(5) 使用原材料的种类，例如：除使用木材以外，还可使用各种塑料、金属及其他木质半成品等。

28.5.3 家具生产车间的工艺布置

家具车间可分成一些工段或再细分成一些机组，如图28-6。

家具车间连续化自动生产线见图28-7。

一般说来，车间生产流程的设计方式有以下五种：即直线形流程、曲线形流程、U形流程、环形流程、不规则的交叉形流程等。车间生产工艺流程的设计方式可见图28-8。

28.5.4 家具车间的规划与设计方法

进行家具车间规划与设计时，最好先在1mm的方格坐标纸上绘制厂房建筑的示意平面图，在图上要画出墙壁、支柱、门窗和其他起限止作用的结构物的位置、(图纸绘制的比例常用1∶50)在绘制的建筑物示意图上，要按比例布置各种机床、设备、传送装置、纵向和横向通道，原料、半成品和成品的贮存区等的位置。

在进行家具车间设计时，最好先按比例制出模型，按顺序排列在图纸上，各机床间的距离均按实际比例放置，用这种方式能更接近实际需要。制作模型可用软木或聚苯乙烯泡沫塑料雕成立体模型。

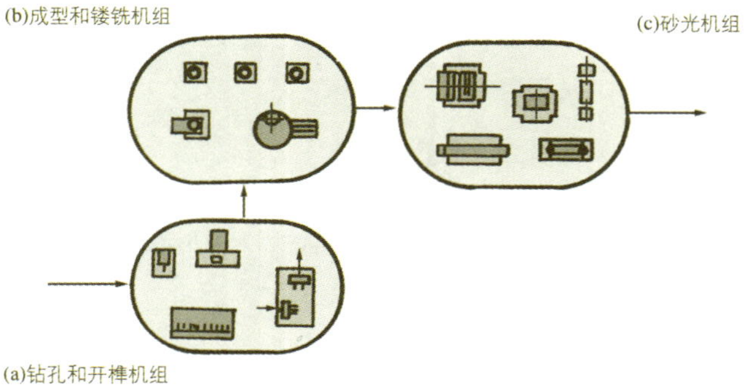

图 28-6 家具工业生产车间的机组布置图例

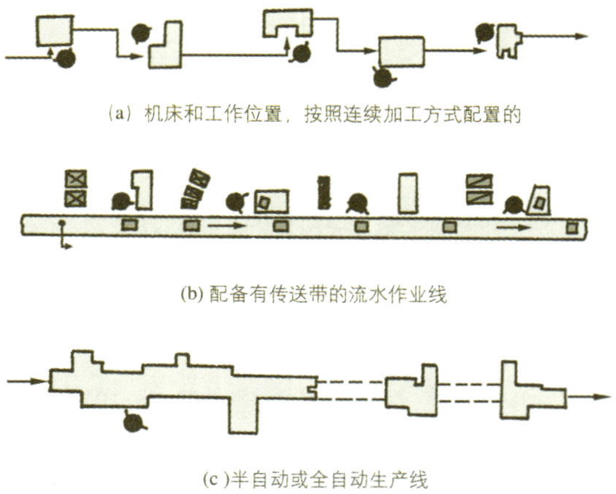

图 28-7 家具工业生产车间连续化自动化生产线图例

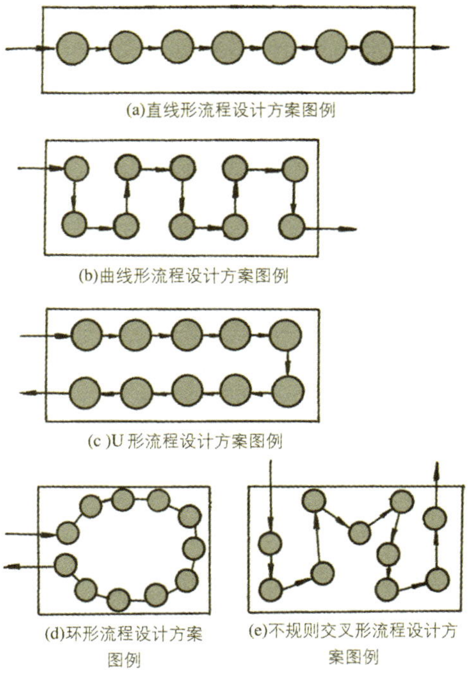

图 28-8 五种车间生产工艺流程设计图例

利用木材为原料的实材加工生产线，主要用于制作椅子、器具、桌腿和横木、抽屉等。板料加工生产线主要用于生产橱柜部件、桌面、板式家具部件等。

为了提高家具车间同类机床的生产能力，可将同类机床组成机组。实践证明，这是一种有一定优点的、值得设计时采用的方法。通常加工车间的机组划分方法如下：

(1) 横截锯和齐边锯机组；

(2) 刨切机机组；

(3) 开榫和打眼机机组；

(4) 立式铣床和镂铣机机组；

(5) 砂光机机组；

(6) 单板饰面设备机组。

家具工业中，车间内部的运输设备为手动式装卸机、升降式运输机。这类输送方式使用比较灵活，也比较适用于家具制造企业使用。饰面生产线，通常使用特殊的传递带，但这类设备都是专用的，没有通用性。

家具生产的车间规划与设计中，要求达到良好生产条件的主要设施有原辅材料的合理运输与使用等等。车间内部设计应尽可能选择标准化的设备，并最大限度地发挥运输设备的效率。车间内的材料运输机、贮料架、工作台的设置应当合理布置。

家具车间原材料和半成品的运输、装载，在车间内应单向运输，避免相反和交叉运输。

在家具工业中，中间仓库往往较大，在某些工厂中甚至占整个工厂总面积的50%。在生产过程中，半成品和成品需要两种不同类型的贮存位置。各种不同工序之间的中间贮存区，应当根据产品的要求来确定。

主要加工工序之间的贮存区用于机械加工后的零件、装配好的产品、表面加工后的零件和表面装饰后产品的贮存等。

在生产家具的工厂中，需要建立不同类型的加工车间，也需要一些原材料供应车间或工段，例如：下列一些项目也需一定的贮存仓库。

(1) 木材干燥窑；

(2) 单板加工工段；

(3) 半成品板、胶合板、塑料贴面板等车间或工段；

(4) 胶黏剂生产车间或工段；

(5) 金属附件和配件及砂光用材料等生产或加工工段；

(6) 包装材料工段等。

原料或半成品的贮存区必须建立在工厂内邻近主车间的地区，以及可以通卡车或铁路车。

电气照明和管道系统一般可设在机床设备的上方，安装在厂房和天花板的构架中，以便今后重新布置时仍可利用，还应考虑安全生产问题。

28.5.5 家具工业中的厂房建筑及设计原则

家具厂建立时应当考虑到厂房建造的一些具体要求，通常要注意以下一些特点。

(1) 设计的厂房最好在同一层上，即最好是单层建筑，这样可避免垂直运输，还可节约基础工程的投资，也有利于将来工厂的扩建。

(2) 厂房的外形结构最好为长方形，这有利于车间建筑面积的合理利用。在厂房中应尽量采用天然照明，光线可通过天窗照进车间内部。但电力照明装置是更为重要的，设计中应当进行计算，以达到良好的照明效果。

(3) 在车间内部、各工段之间尽量不要采用隔墙，但砂光工段应单独隔开，以防木尘飞扬，影响车间的卫生。由于这种原因，厂房中应备有洒水的管路系统。

(4) 为了扩大车间的利用面积，设计厂房时应当尽量避免使用立柱，即尽可能用单跨建筑形式。

(5) 墙的转角应减少，这将便于工艺设计和使车间内部运输方便。

(6) 在设计厂房时，应考虑到厂房扩建的可能性。

家具工厂总体布置是设计时应当充分考虑的问题。在设计中应当认真研究和解决以下问题：

(1) 选择的厂址应当有扩建的可能性，而且扩建厂房和原有厂房应当尽可能接近，减少运输路线，以符合工厂总体规划的要求；

(2) 工厂的贮木场和其他室外贮仓，应设置在工厂内便于运输的地区，使原材料的运送路线缩短；

(3) 对厂区人员流动、原料输送、成品运输方法和线路，均应有所考虑，以避免出现运输混乱现象；

(4) 在总体布置中，应考虑到生活区的建立及合理安排和建设工厂的管理区等。

参考文献

[1] 刘忠传主编. 木制品生产工艺学. 北京：中国林业出版社, 1993
[2] 唐开军编著. 家具设计技术. 武汉：湖北科学技术出版社, 2000
[3] 梁启凡编著. 家具设计学. 北京：中国轻工业出版社, 2000

29 家具五金配件

Furniture Hardware

家具五金配件在世界各国的应用已有着千百年的历史，然而真正作为现代家具配件的工业产品才30多年。20世纪60年代随着世界经济与科学技术的发展，各种新材料不断开发并被工业界广泛采用。作为家具基材的新材料——刨花板率先被德国、意大利等西欧国家的家具生产企业所采用，制成了板式家具，从而带动了家具设计、制作工艺、木工机械等领域的一系列变革，进而也促进了与其相配套的家具五金工业的发展。也正因为有了欧洲家具业、家具五金业和家具设备制造业的通力合作才开发出了32mm标准孔距的家具工业化生产体系。70年代后，世界家具工业蓬勃发展，欧美的家具工业及其科技开发进一步深化，以瑞典的宜家(IKEA)公司为先开发的拆装式家具及稍后自装配家具的兴起，办公室自动化，厨房家具的变革等外部条件再一次促进和推动了国际家具五金向高层次发展，使家具五金产品在深度和广度上发生了质的飞跃，并因此迎来了家具五金配件的国际化时代。

随着现代家具五金工业体系的形成，国际标准化组织于1987年颁布了ISO8554、8555家具五金分类标准，将家具五金分为以下九类，即：

(1) 锁；

(2) 连接件；

(3) 铰链；

(4) 滑道；

(5) 位置保持装置；

(6) 高度调整装置；

(7) 支承件；

(8) 拉手；

(9) 脚轮。

上述家具五金可按装饰五金和功能五金归为两大基本类别。前者是指安装在家具突出面部位兼具装饰作用的五金配件和各类拉手、捏手、锁孔饰板、装饰线条等。其余则可归入功能五金这一大类里。在工业化生产水平较低的条件下，两者在设计上是各有侧重的。如前者以艺术(造型)设计为主；后者以工程设计为主，但在工业化理论指导下的今天，两者正在逐步走向统一。

29.1 家具五金的技术指标

在装饰五金大类中，拉手和捏手类产品最具代表性；在功能五金大类中，技术难度最大者首推暗铰链(杯型铰)，其次是抽屉滑道，而品种最多、应用最广的则是各类连接件。

29.1.1 拉手

拉手见图29-1。

29.1.1.1 材料及表面处理

基材主要有钢、铜、不锈钢、精炼锌合金、电解铝、锻铁、尼龙、塑料、树脂浇铸、大理石、花岗岩、瓷器、实木、木塑复合材(WPC)等。

表面处理主要有静电喷塑、浸塑、树脂粉末喷涂、镀镍、镀铬、保护涂层、镀金、镀钛、镀银、仿古铜、仿金、金银色系列真空镀膜等。

29.1.1.2 用色

黄、米色、红、深红、白、黑、深蓝、深绿、深橄榄色、烟色、木本色等。

29.1.1.3 品种分类

一般按材料分类，有的再以造型特点或用途作细分，重视工业设计，跟上设计潮流。

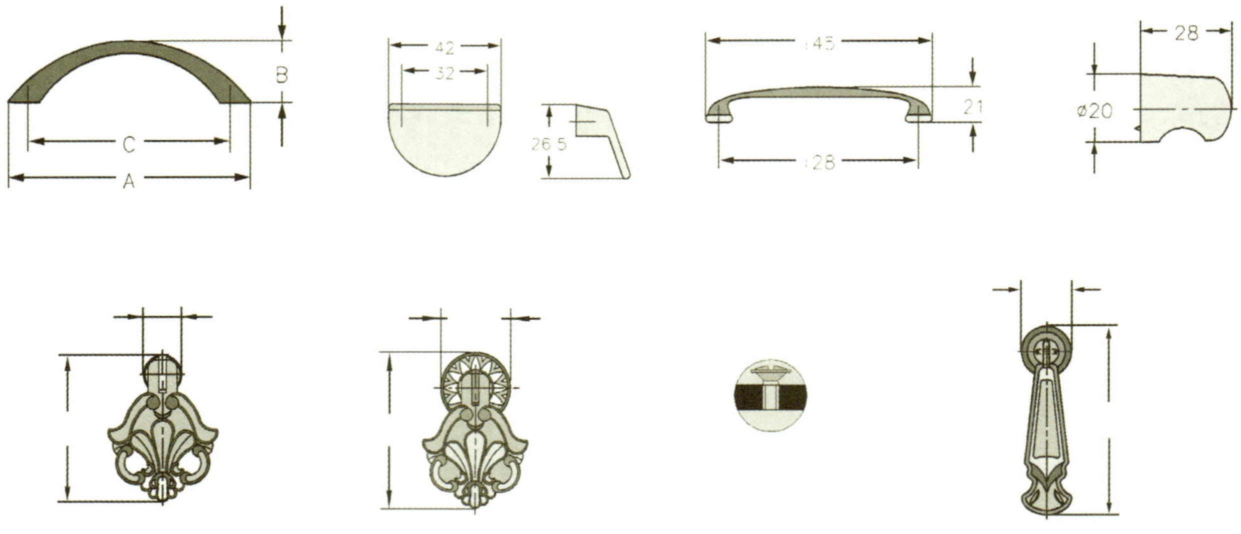

图 29-1 拉手

29.1.1.4 结构特点

有整体式和组合式两种。后者在塑料、尼龙类拉手中多见。跟踪模具技术的新进展，不断提高模具加工质量并致力于“零疵点”加工技术的研究。

29.1.1.5 连接方式

主要采用机螺钉或自攻螺钉连接。金属类拉手以M4机螺钉连接为主，尼龙类拉手配 ϕ 4 自攻螺钉，塑料类拉手配 ϕ 3.5 自攻螺钉或嵌铜螺母配 M4 机螺钉。实木类拉手以嵌铜螺母配 M4 机螺钉为主。重视采用专用螺钉，提高安装速度和连接强度。

29.1.1.6 技术规范与标准

孔距标准都符合32mm系列系统，包括整模数或半模数。

29.1.2 暗铰链

暗铰链见图 29-2。

29.1.2.1 材料及表面处理

(1) 铰杯：锌合金压铸，镀镍；钢板冲压，镀镍；不锈钢冲压，尼龙。

(2) 铰臂：与铰杯相仿。

(3) 底座：锌合金压铸，镀镍；尼龙。

29.1.2.2 品种分类

主要按用途分类。品种以常规的直臂、小曲臂、大曲臂，ϕ 35 及 ϕ 26 杯径产品为主。开启角在大于 90°，小于 180° 范围内。欧洲与日本的企业还向用户提供一些特型的暗铰链，以适应门与旁板非 90° 关闭形式(如角框)的设计要求。为适应某些特重门的需要，铰杯直径还有加大到 ϕ 40 的。

29.1.2.3 结构特点

铰结构形式一般为单四连杆机构，现已能使开启角达到 130°，当要求更大开启角时，采用双四连杆机构。为实现门的自弹和自闭，现一般均附带弹簧机构，簧的结构形式包括圈簧(采用矩形截面的钢丝)、片簧、弓簧(外装)、反舌簧(内装)等。

29.1.2.4 连接方式

(1) 铰杯与门：除预钻盲孔(ϕ 35 或 ϕ 26)嵌装铰杯外，主要通过铰杯两侧耳片上的安装孔(两孔)与门连接。当门的长度达到要求安装3个或3个以上铰链时中间的暗铰可用不带耳片的塑料铰杯，以降低成本。紧固件为螺钉或带倒齿的尼龙塞。对刨花板或中密度纤维板的门现均采用 ϕ 3.5的刨花板专用螺钉(不预钻孔)或 ϕ 6 的 Euro(欧式)螺钉(预钻 ϕ 5 系统孔)。

(2) 铰臂与底座：有匙孔式(key-hole)、滑配式(slide-on)和按扣式(clip-on)等三种连接方式。

(3) 底座与旁板：同铰杯与门的连接方式相仿，但在采用尼龙倒刺棒塞时，前者配 ϕ 8孔径即可，后者(底座与旁板)须加大至 ϕ 10。

29.1.2.5 技术规范与标准

五金制造厂现在向用户提供的技术规范指导包括：

(1) 给出参量定义；

(2) 给出参量关系值表；

(3) 给出相应的坐标曲；

(4) 除给出门打开后其内面超出旁板内面的距离，同时还给出铰臂最高点超过旁板内面的距离。

一般已不要求用户按公式计算，而是以直观的图表来给出反映参量变化趋势的曲线和明确无误的数据选择，从而使用户感到更方便可靠。安装孔距标准则以 32mm 系统为主要依据。

29.1.3 抽屉滑道

抽屉滑道见图 29-3。

29.1.3.1 材料及表面处理

钢板成型，环氧树脂涂覆，镀锌，ABS 工程塑料。

29.1.3.2 品种分类

有各种不同长度、承载量、抽伸量的规格品种，分经济型、普通型和专用型等。其中专用型产品如：

(1) 用于打字机或电唱机的抽盒（或抽板）；

(2) 用于带电视机转盘的滑道组件；

(3) 可将柜门藏入柜旁两侧的铰链一滑道组件；

(4) 用于墙挂式抽柜的；

(5) 用于塑料抽盒的；

(6) 用于抽板的；

(7) 用于带抽面、抽板的；

(8) 藏书用滑道系统；

(9) 厨房用滑道系统；

(10)办公柜滑道系统。

29.1.3.3 结构特点

主要由尼龙滑轨及滑轮构成。结构形式因满抽或半抽以及不同安装位置而异。传统的安装位置在抽屉旁两侧中间，现在已开发有多种安装结构的产品，如：

(1) 托底安装式；

(2) 在底部两侧安装式；

(3) 在底部中间安装式（简易、单轨）；

(4) 在抽旁两侧的后端安装，可在传统的木条滑道式抽屉下面的隔板（搁板）上滑行。

29.1.3.4 连接方式

滑道的安装精度对其工作性能有直接的影响。现在多已采取预钻孔安装欧式(Euro)螺钉的连接方式，对现场安装的

盖门式

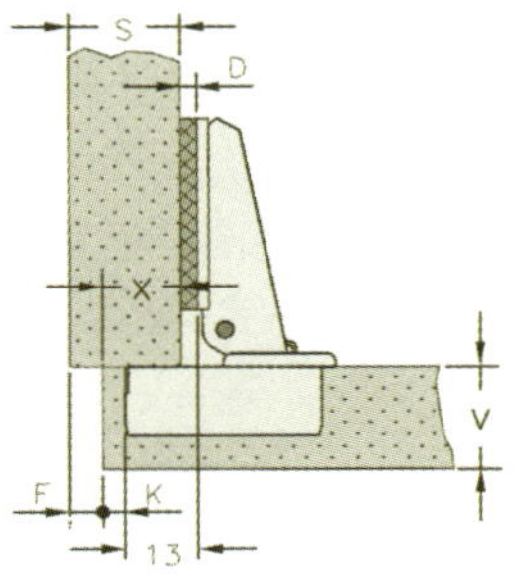

S+D=F+K+13
X+D=K+13
F=S-X
K=3~5
D=0,3,6,(9)

X \ D \ K	3	4	5
10	6		
11		6	
12			6
13	3		
14		3	
15			3
16	0		
17		0	
18			0
V	16	18	20	22
Fmin	0.6	1.2	1.6	2.1

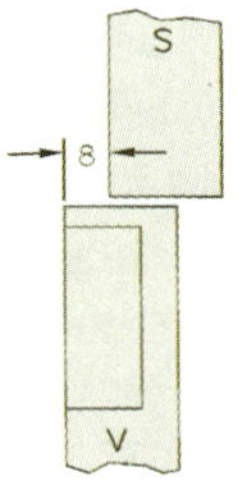

半盖门式

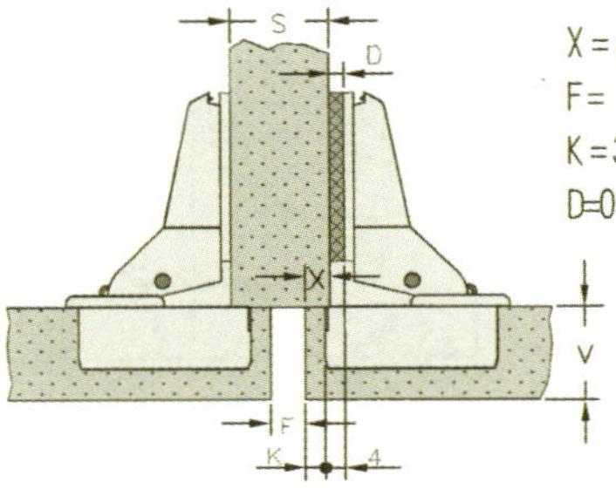

X=4+K-D
F=(S-2X) >Fmin
K=3~5
D=0,3,6,(9)

X \ D \ K	3	4	5
1	6		
2		6	
3			6
4	3		
5		3	
6			3
7	0		
8		0	
9			0
V	16	18	20	22
Fmin	1.2	2.4	3.2	4.2

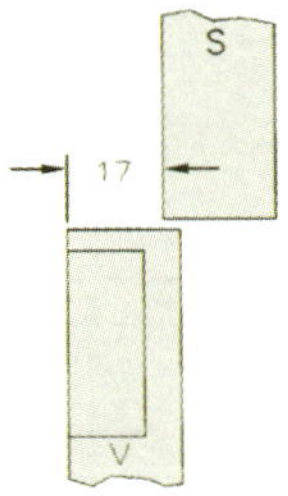

嵌门式

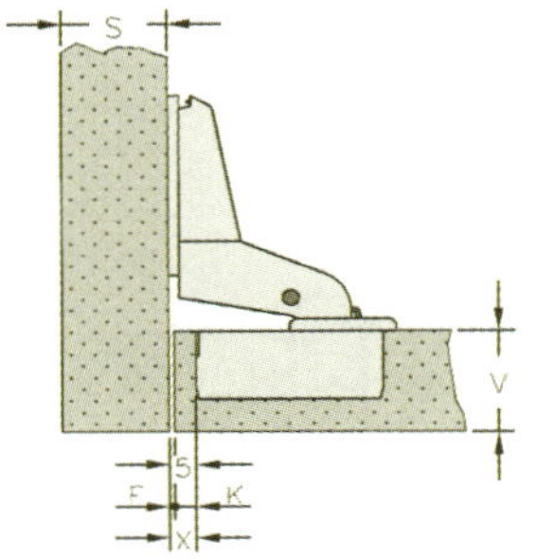

X=5+D=K+F
X=F (D,F)
F=f (V)
K=3~5
D=0,3

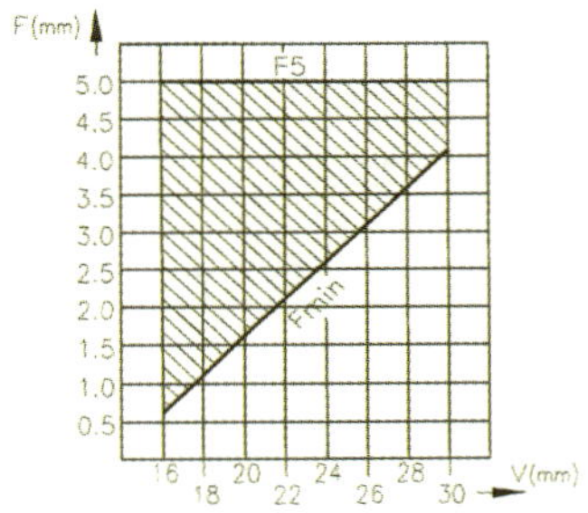

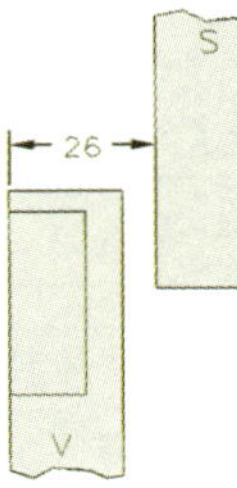

图 29-2 暗铰链

用户，配套专用工夹模具，以实现快速准确的钻孔和安装。

29.1.3.5 技术规范与标准

一般均采用公制，也有采用英制的产品。大多数两侧安装的产品，已将抽屉旁及柜旁之间的距离规范为12.5mm(或1/2英寸)。为适应中心线上第一安装孔距前端28或37mm的32mm系列尺寸规范，都采用并列双孔的设计，使第一孔适合28mm靠边距的系统孔安装用，间距9mm处的第二孔适合37mm靠边距的系统孔安装用。

29.1.4 拆装连接件(见图29−4)

29.1.4.1 材料及表面处理

材料有钢、锌合金、工程塑料等；表面处理为镀锌、抛光、镀镍、镀铜、仿古铜等。

29.1.4.2 品种分类

可分为“一次性固定”(如钉与普通木螺钉等)及“可拆装”两大类。可拆装连接件按家具用基材可分为：

(1) 实木家具拆装连接件；

(2) 板式家具拆装连接件；

(3) 金属家具拆装连接件；

(4) 其他家具拆装连接件。

按木家具的类别还可分为

(1) 柜类家具拆装连接件；

(2) 桌类家具拆装连接件；

(3) 椅类家具拆装连接件；

(4) 床类家具拆装连接件；

(5) 附墙家具拆装连接件。

现国际上拆装连接件的门类已扩展到室内，如大空间办公室以及展览馆等室内用的活动隔板拆装连接件已有了相当大的发展。

29.1.4.3 结构特点

“钻孔安装”是现代大工业生产中采用的主要方式，因而使一大部分拆装连接件具有圆柱形外形的结构特点，但一些处在隐蔽部位的拆装连接件则不受此限制。拆装连接件一般由2～4个部件配成一副，其中比例最大的是由2个部件配成一副的拆装连接件，称作“子母件”，子件多为螺钉或螺杆，但带有与母件相配合的各种结构形式的螺杆头。母件多为圆柱体并带有可与子件杆头相配合的“腹腔”，子母件多处在被连接部件的一方。子件首先在甲部件上固紧，然后穿过乙部件进入母件的“腹腔”再将母件或母件腹腔内的部件转动一个角度，两者的配合便进入扣紧状态，从而实现了部件之间的连接。母件腹腔内最初采用的是具有偏心凸轮形状的(蜗线状的)腔道结构设计，故亦称作“偏心连接件”，这类产品现仍在大量使用，但新的结构已在不断开发。如扣紧改母件转动一个角度为螺纹锁紧的四合一连接件，这种连接件体积虽小，扣紧力及自锁力却明显提高，不易松脱。另外还有母件对子件采用自上而下插接的方式并依靠斜面机构获得扣紧的产品。

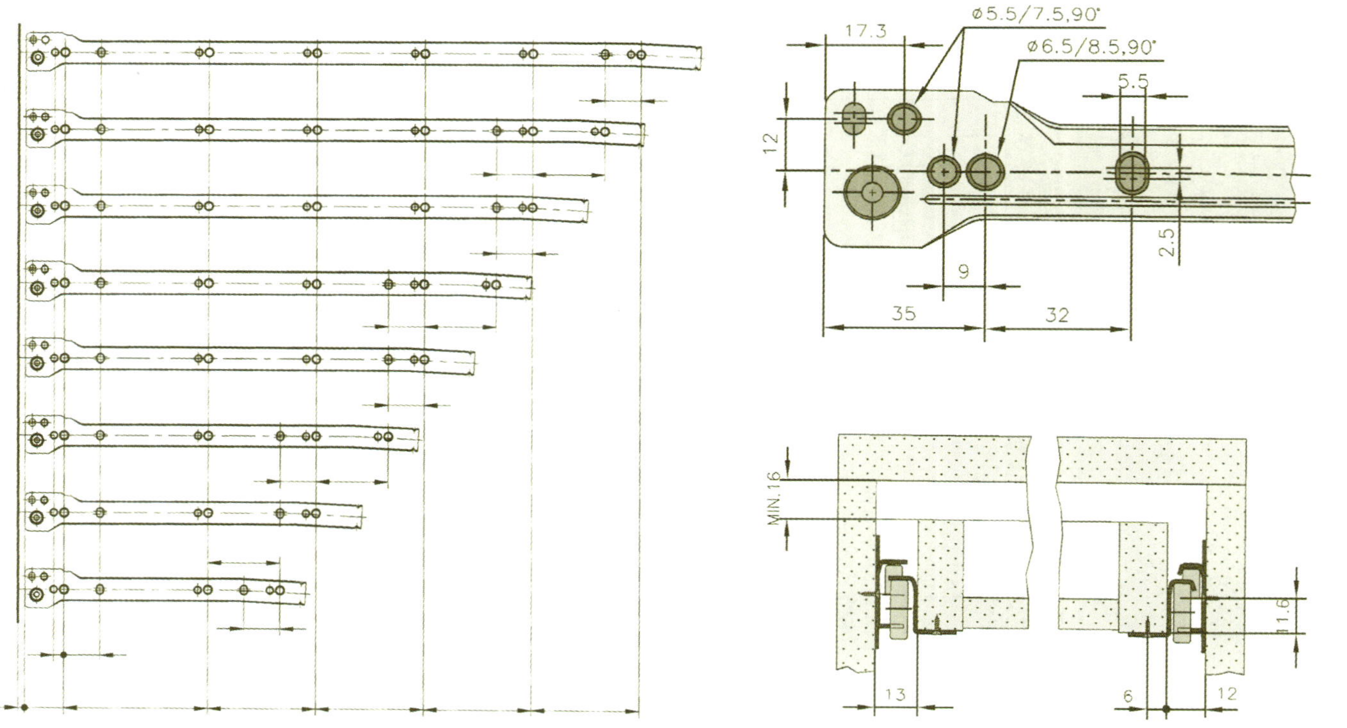

图29-3 抽屉滑道

29.1.4.4 连接方式

(1) 子件：主要通过螺钉(自身结构或另配)与部件连接。在旁板内面以 ϕ 6螺钉与 ϕ 5预钻孔直接配合为最常见。

(2) 母件：根据其功能、结构、形状不同而异，可以是自身在部件预钻孔内活嵌、死嵌或另通过螺钉与部件相连接。

29.1.4.5 技术规范与标准

拆装连接件品种结构繁多，新品还在不断地开发，但绝大多数以钻孔安装为主，并且其安装孔径已被规范在如下系列中：

3、5、8、10、15　子件采用
(18)、20、25、(28)、30、35 (mm)　母件采用

29.1.5 其他家具配件

其他家具五金配件包括各种锁，位置保持装置，如内嵌式碰轧、蟹嵌式碰轧、单门磁碰、双门磁碰、塑料碰轨、梯形磁门吸、方形磁门吸、塑料柜门弹簧插销、金属柜门弹簧插销、金属柜门明插销、磁性球形门阻、磁性方形门阻、翻板门撑杆、翻板门吊杆等；高度调整装置，如条形脚垫、可调脚垫、圆脚垫、钢椅脚垫、带钉脚垫等，支承件，如各种衣管托、衣通管、层板托等，脚轮，如四方盘型、牙型、套筒型等。

29.2 家具五金的发展趋势

29.2.1 总的趋势

(1) 以工业设计理论为指导：在此方向上强调功能、造型、工艺技术、内在品质和工效的完美统一。产品不仅给人以视觉

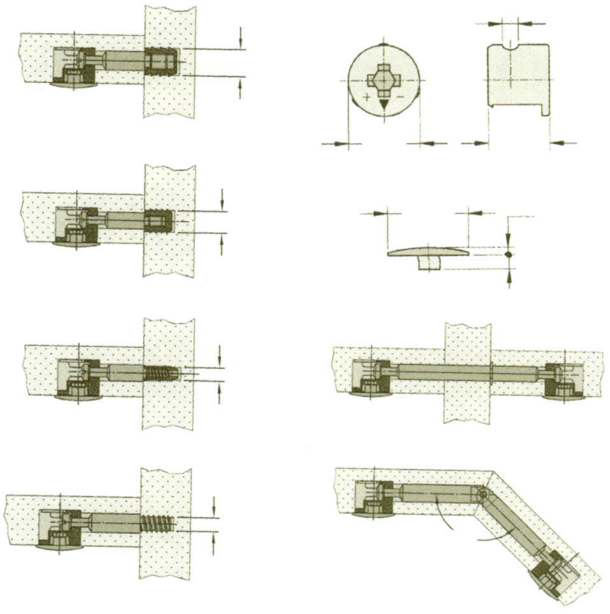

图 29-4 典型安装示意图

上的美感，同时也能通过触觉强烈地感受到产品的精致、灵巧，充分体现出产品的加工美，甚至可当作艺术品加以陈设。

(2) 功能趋向完备，安装使用更加方便：近年来在国际上有一种较为流行的销售方法称为DIY "Do it yourself"(你自己做)，即把成套的组件、工具、安装说明书等用塑壳包装，陈设在专营DIY连锁店或超市上，让顾客买回家去自己动手拼装。因此家具设计时一定要考虑到安装的容易性。

(3) 强调造型设计的风格和个性特点，充分反映时代特征和现代人多层次的精神内涵。

(4) 将高新工艺技术注入到产品中去，以追求创新和高品质，生产中采用"Zero Defect"(零疵点)的生产控制程序。

(5) 将提高工效的设计推向"热点"，把时间设计到产品中去：提倡"Only one-shot，Can arrive into the posibion"(只要一次动作，就能到位)。

(6) 标准化：强调现代家具生产要按零部件标准化的要求去组织实施，应使零部件具有很好的互换性。同时，也相应提出了开发一系列新型RTA五金件的要求，对其标准化、通用化、系列化的要求更高。

29.2.2 典型家具五金件的发展方向

1. 拉手

造型及用色开始强调个性化设计。表面处理趋向高贵，如以镀金、镀钛来强调质感及在金属拉手的捏手部位包覆氯丁橡胶，同时致力于高技术产品的开发。

2. 暗铰链

在增大开启角的难题得到解决以后，开始致力于铰臂与底座之间实现快速拆装的设计研究，如近年来纷纷推出了按扣式(Clip-on)结构铰链。

3. 抽屉滑道

新品开发围绕安装简便、美观耐用、使用舒适、功能延伸等方面进行。如将滑道与暗铰链组合在一起，用于侧藏式柜门的连接组件，在厨房柜和电视柜等须长时间保持开门状态的家具上有广泛用途。

4. 拆装连接件

此类产品的开发目标为：

(1) 减少母件的直径。

(2) 变革传统偏心件的自锁性能。

(3) 变革螺钉连接结构。要求简便、快捷，又能适合 ϕ 5系统孔及板源的限制。

(4) 解决处在中间的水平结构板与搁板之间功能互换的问题。目的是使柜类家具在垂直方向上获得更大的组合自由度，但又要求小巧灵便，不影响美观。

5. 其他

一方面拓宽适用范围，如向整个室内构件延伸，另一方面积极开发专用五金，以填补家具结构设计上的某些空白。

参考文献

[1] [德] Hettich mternational. 1999. 技术和应用
[2] [德] HÄFELE. 2000. 产品手册

30 木材涂装

Wood Coating

木材涂装是指对木材表面进行着色、磨光、涂饰涂料等一系列加工，形成一层漆膜，使木材表面具有一定的色彩、质感、光泽以及耐磨性、耐水性、耐化学药品性等理化性能，从而延长制品的使用寿命，提高其附加价值。

木材表面经涂装后形成的漆膜，具有以下作用：

(1) 保护作用：提高了木材表面的硬度、耐磨性、耐候性、耐化学药品性等，能防水湿、防腐朽和防开裂变形，延长木材的使用寿命。

(2) 装饰作用：赋于木材表面各种要求的颜色、光泽，突显木材天然纹理和自然质感，为木材制品增色添辉。

(3) 其他作用： 包括易于清洁，手感滑爽，触感良好，标识指示等作用。

木材涂装可以按面漆品种、漆膜透明与否、漆膜的光泽和填孔与否等方面进行分类。如图 30-1 所示。

- 木材涂装分类
  - 按面漆品种分——硝基漆、聚氨酯漆、聚酯漆、紫外线固化漆、酚醛漆等；
  - 按漆膜厚度分
    - 厚　　膜——漆膜厚度>20 μ m，甚至达 2mm，如浇涂不饱和聚酯漆漆膜
    - 中等厚膜——漆膜厚度为几十 μ m 至 200 μ m 之间，如硝基漆，聚氨酯漆，UV 漆等漆膜
    - 薄层漆膜——涂料渗入木材表层，并形成一饰面层，木材表面几乎看不到漆膜，如用柚木油进行的油饰，通常为显孔装饰
  - 按漆膜光泽分——亮光(高光泽)，亚光、半亚光
  - 按漆膜填孔状况分
    - 填孔(俗称闭口，封闭)
    - 半显孔(俗称半开放)
    - 显孔(俗称开放式)
  - 按漆膜透明性分
    - 透明涂饰(以色彩作基调)
      - 本色涂饰——在木材上只涂透明涂料
      - 白木涂饰——透明涂料中加入 5%～10% 白色颜料
      - 着色涂饰——对木材进行着色，仿成柚木色，红木色、胡桃木色等，或其他颜色
      - 仿古涂饰——包括古董色、古铜色(晕色着色边部色深到中间色渐淡)，美式仿古涂饰等
    - 不透明涂饰(以色彩为主)
      - 磁漆涂饰——包括填孔和显孔磁漆涂饰
      - 高彩微粒子颜染料涂饰
      - 调合漆涂饰
      - 模拟涂饰——模拟天然木纹，石纹等
      - 艺术涂饰——包括爆花、锤纹、珠光、裂纹、幻彩等涂饰

图 30-1 木材涂装的分类

传统的溶剂型涂料是由多种有机化合物组成。大多数有机涂料在生产过程中都使用了一些对人体、对环境有害的原材料，在生产过程和施工过程中会排放出大量有害的废气和废水，甚至在形成漆膜后，供人使用过程中，还会释放出有害气体。为此，世界各国纷纷制订了一系列技术标准、产品标准，以限制涂料及其涂饰制品中所含的有害物质含量。我国在 2001 年 12 月正式颁布实施了 GB18581-2001《室内装饰装修材料溶剂型木器涂料中有害物质限量》，GB18584-2001《室内装饰装修材料木家具中有害物质限量》等强制性标准。对涂料和漆膜中的有机挥发性化合物、可溶性铅、镉、铬、汞重金属的含量进行了限量规定。这对淘汰对环境和人体有害的原材料，限制传统溶剂型涂料使用，促进涂料的改进、更新换代向无溶剂型、高固体分、水性化方向发展起了极大的推动作用。今后木材涂料将向光固化涂料、粉末涂料、水性涂料和高固体分涂料方向发展，木制涂饰向绿色涂装方向推进。

30.1 涂料

30.1.1 涂料的定义及组成

301.1.1 定义

涂料是一种有机高分子胶体混合物的溶液或粉末，将它

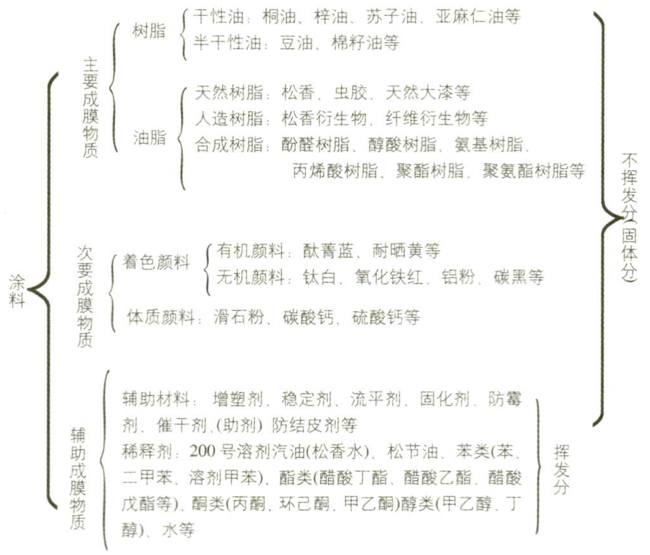

图 30-2 涂料的组成

涂在木材表面后，形成连续的牢固附着且坚韧的固态漆膜，起保护和装饰材料的作用。

30.1.1.2 涂料的组成

涂料通常由不挥发分和挥发分两部分组成。涂在木材表面上的涂料，其挥发分逐渐挥发散失，而不挥发分在木材表面上固结成膜。不挥发的成膜物质称为涂料的固体分。

每种涂料通常由主要成膜物质、次要成膜物质与辅助成膜物质组成。如图 30-2 所示。

301.1.3 木材涂料应有的特性（见表 30-1）

表 30-1 木材涂料应具备的性能

应具备的性能	说 明
优良的亲水性、湿润和适度的渗透性	漆膜对木材有良好的附着性。虽然木材是多孔性结构，但木材是亲水性材料，因此涂料必须是亲水性的，方能形成良好的结合。如疏水性则附着力差。此外涂料应有高度的湿润性和适度的渗透性
漆膜良好的耐水性	因木材是吸湿的材料，漆膜具有良好的耐水性才能阻绝水分进出入木材，这样漆膜才能起保护作用
涂料能低温干燥（<60℃）	要求木材涂料能在常（低）温下干燥。若温度高，木材内水分会蒸发，而产生木材干缩、变形。木材内空气膨胀泄出会造成漆膜起泡
漆膜强韧的可挠性	木材受温湿度变化的影响，会产生干缩湿胀，且有异向性，均质的漆膜应能承受木材的胀缩变形
硬度和韧性良好	具有良好的硬度，以保证承受外来磨擦与碰撞，但硬度高则漆膜往往脆，当木材胀缩变形时易脆裂，故漆膜要有一定韧性
高度透明性，良好的触感	漆膜高度的透明性，利于显现突出木材特殊的颜色、纹理、质感，滑爽柔和的触感，与缓和的质感相调和，更加宜人
优良的施工作业性	木材是多孔性材料，为显现强调木材纹理、颜色质感，涂饰工艺较复杂，分多次进行，黏度要适宜，可调，要避免涂料过度渗透

30.1.2 涂料的种类与命名

30.1.2.1 涂料的种类

涂料的分类方法主要有按涂料功能、装饰性、涂料主要成膜物质、涂料状态、涂料干燥固化特点分类等，详见表 30-2。

30.1.2.2 涂料的命名和型号编制原则

1. 涂料的命名

涂料品种很多，命名时需将涂料的性能、特点和用途反映出来，我国涂料的名称由 3 部分组成。

即涂料全名=颜色或颜料名称+主要成膜物质名称+基本名称

例如：白色硝基磁漆

聚氨酯亚光透明面漆

基本名称表示涂料的基本品种、特性和专业用途。例如清漆、磁漆、底漆等。木材用主要涂料基本名称、代号见表 30-3。

2. 涂料的型号

涂料的型号由三部分组成，每部分具有不同的含义。

例如：B_{22}-1

- 1 — 序号（用于区别同名称漆的不同品种）
- 22 — 基本名称，代号（木器漆）
- B — 涂料类别代号（丙烯酸漆类）

我国涂料以主要成膜物质为基础进行分类，木材常用涂料类别见表30-4。目前木材用涂料绝大部分是造漆生产的成品涂料。各造漆厂对生产的涂料系列产品均有各自的编号，购漆时应予充分了解。

辅助材料同样也有型号与名称，如 X-20 硝基稀释剂。

X-20

- 20 — 序号
- X — 辅助材料种类（稀释剂）

表 30-3 木材用主要涂料基本名称代号表

代号	基本名称	代号	基本名称
00	清油	17	皱纹漆
01	清漆	18	金属漆、闪光漆
02	厚漆	22	木器漆
03	调合漆	23	玩具漆
04	磁漆	28	塑料用漆
06	底漆	55	耐水漆
07	腻子	60	防火漆
09	大漆	61	耐热漆
12	乳胶漆	65	粉末涂料
13	水溶漆	66	光固化漆
14	透明漆	80	地板漆
15	斑纹漆、裂纹漆，橘纹森	84	黑板漆
16	锤纹漆	86	标漆

表 30-2 涂料的分类

分类方法	种类		特性	备注
按涂料主要成膜物质	硝基纤维素漆(NC 漆)		单液性干燥较快，装饰性好，易装饰施工修补，但固含量低	俗称蜡克
	不饱和聚酯漆(PE 漆)		三个组分按比例调配使用，快干，几乎全部成膜，对环境污染小，适于形成厚漆膜，但活性期短	俗称保丽漆、玻璃漆
	聚氨酯漆(PU 漆)		双组份漆，漆膜综合性能好，附着力好，固含量较高，有一定活性期，使用量大，普遍	俗称树脂漆
	氨基醇酸漆(AA 漆)		常温固化，干燥较快，固体分高，漆膜坚硬，耐热、耐水、耐药品性均好，有气味，会腐蚀金属件	俗称酸固化漆
	紫外线固化漆(UV 漆)		快速固化(以秒计)，近 100% 成漆膜，对环境污染极小，漆膜性能优良，宜平面涂装	俗称光敏漆
	酚醛漆		附着力、耐候性、耐水性好，价廉，装饰性差，慢干	
	天然大漆		漆膜坚牢、平滑、耐候性好、耐水、耐酸、附着力均好，需阴干、慢干	俗称大漆、国漆
按漆膜装饰性	光泽	亮光(高光)漆	漆膜表面具有镜面光泽	
		亚光漆	漆膜光泽柔和，如蛋壳、丝绸、粉墙表面的光泽感	光泽可调整，分不同亚光程度
	透明性	透明漆	透明漆漆膜透明，可显示基材的纹理、颜色、质感，不含着色颜料，没有遮盖力	又称清漆，通常用于实木家具，木制品
		不透明漆	漆膜有遮盖力，不透明，完全遮住基材的纹理颜色，涂料内含着色颜料和大量体质颜料，有各种颜色	又称色漆，如调合漆，磁漆等
	特种艺术效果	锤纹漆	利用涂料喷涂后不易流平和铝粉的旋转运动，形成锤纹状效果	如自干型的硝基醇酸锤纹漆
		珠光漆	在涂料中加入适量的颜料和闪光物质，使漆膜呈珍珠样的彩虹光泽	属硝基漆类
		裂纹漆	在涂层干燥成膜时，漆膜产生粗大的龟裂花纹，与底漆的颜色相映成美丽的花纹	属硝基漆类
		爆花漆	利用溶剂对已干色粉层的溶解流展作用形成彩色斑烂的焰火纹效果，有金爆花，银爆花，蓝爆花等	
按涂料状态	液态	单液型	涂料单个包装，可直接使用或加稀释剂后进行涂装	如 NC 漆，酚醛漆等
		两液型	涂料分主剂和固化剂，使用时按一定比例混合后再进行涂装，涂料才会硬化，调配涂料有一定活性期	如 PU 漆，AA 漆
		三液型	涂料分主剂、促进剂、固化剂三个部分，三者按比例，相互混合后才会硬化，活性期短。	如 PE 漆
		水性漆	涂料以水为溶剂和稀释剂	如水性丙烯酸乳液漆
	固体粉末	粉末涂料	呈固体粉末状，不含挥发性溶剂和稀释剂，靠加热融熔流展冷却成膜	如丙烯酸树脂，聚酯树脂粉末涂料
按涂层固化特征	溶剂挥发型涂料		涂料属单液型，靠溶剂挥发后形成固态漆膜，不用固化剂，溶剂可再次溶解固态漆膜	如 NC 漆、虫胶漆等
	反应型涂料		涂料利用主剂，固化剂混合后，产生化学反应，形成大分子漆膜，理化性能优良，	如 PU、PE、UV 漆，电
	漆膜不会被溶剂再次溶解		子线辐射固化漆等	
	改变物理状态的涂料		在高温下粉末涂料融熔，流展成均匀涂层，冷却后固化成漆膜	如丙烯酸粉末涂料
按涂料功能	按在漆膜中的功能	腻子	用于嵌补虫眼、缝隙、凹陷不平。应快干，易磨平，黏度大，固体分高，干时体积收缩小，颜色可调，因材而异。亦含不透明漆填平用腻子	
		填孔剂	用于填平木材表面的导管槽等细胞腔，突出木材纹理，作基础着色	商品名木纹宝、擦色宝等
		着色剂	透明涂饰时，赋于木材表面要求的颜色 擦色色精、调色色精、色浆等	如水性着色剂，商品名
		底漆	用于封固木材表面，与木材的附着力好，着色均匀，固色	
		中层漆	在封闭底漆和面漆之间，可多次涂饰，用于形成一定厚度的漆膜，且易于磨平	又称二度底漆，砂磨底漆
		面漆	漆膜最上层的涂料，赋于漆膜所需的硬度韧性，触感，光泽等	
	按特种功能	防火漆	具有防火、阻燃功能	
		防虫漆	具有防止白蚁或其他虫类侵蚀功能	
		家具漆	专用于木质家具涂饰用，装饰性好，有不同档次、品种	如 PU 漆、NC 漆
		室内装饰漆	专用于室内木质件涂饰用，干燥较快，易施工修复，对环境污染小	如 NC 漆(华润 ID 漆)
		地板漆	专用于木地板涂饰，耐磨性，耐候性，特别优良	如不泛黄的 PU 漆(商品名水晶地板漆)

表 30-4 木材用涂料的类别代号

代号	涂料类别	主要成膜物质
Y	油脂漆类	天然植物油、鱼油、合成油等
T	天然树脂漆类	松香及衍生物，虫胶，大漆及其衍生物等
F	酚醛漆类	改性酚醛树脂、酚醛树脂
C	醇酸漆类 醇酸树脂	甘油醇酸树脂、季戊四醇醇酸树脂，其他改性
A	氨基漆类	脲醛树脂、三聚氰胺树脂等
Q	硝基漆类	硝酸纤维素，改性硝基纤维素
G	过氯乙烯漆类	过氯乙烯树脂，改性过氯乙烯树脂
B	丙烯酸漆类	丙烯酸树脂，丙烯酸共聚物及其改性树脂
Z	聚酯漆类	饱和聚酯树脂，不饱和聚酯树脂
S	聚氨酯漆类	聚氨基甲酸酯

表 30-5 辅助材料的分类

代号	X	F	G	T	H
名称	稀释剂	防潮剂	催干剂	脱漆剂	固化剂

辅助材料的分类见表 30-5。

30.1.3 常用木材涂料

30.1.3.1 常用木材涂料的性能

常用木材涂料的性质及适用性见表30-6，常用木材涂料性能比较见 30-7。

30.1.3.2 常用木材涂料的组成

常用木材涂料的组成见表 30-8。

表 30-6 常用木材涂料的性能及适用性

涂料品种	优点	缺点	主要用途
硝基漆 (NC 漆)	涂层干燥快，单液型易调漆，不受使用时间限制，漆膜修补方便，有良好装饰性，可用多种方法施工，黏度低，固含量小，宜作显孔装饰	固体分含量低，仅 20% 左右，一次无法得到厚的漆膜，漆膜可再次被溶剂溶解，在潮湿环境下施工涂层易发白，漆膜不耐高温、易燃烧，耐药品性、耐热性、硬度、光泽持久性较差	室内木质件、中等质量以上的家具、铅笔、木制工艺品装饰，可做封闭底漆、面漆，宜作显孔装饰
聚氨酯漆 (PU 漆)	与木材附着力好，漆膜坚韧耐磨、耐冲击；固化的漆膜不会再次溶解，耐药品污染性，耐热性，耐候性好，光泽高，透明性好、装饰性良好，固含量可达 50% 左右，可用多种方法施工	是二液型涂料，调漆不便，并有活性期限制，在高温潮湿条件下施工时，易生针眼、气泡、变色，重涂时应砂光以保证层间附着力，稍具毒性，注意良好排气	是目前应用最广，量最大的漆种。宜作木家具、门窗木地板，文体用品的涂装
不饱和聚酯漆 (PE 漆)	是无溶剂型涂料，固体分近 100%，涂一次即可得到厚的漆膜，漆膜填平性好，不易缩孔，抛光可得镜面光效果，漆膜硬度高，理化性能均佳。 清漆漆膜透明，色浅，保光保色性佳，装饰性好	属三液型涂料，配漆繁杂，可使用时间极短，施工时间受限制，漆膜硬度高，磨光困难，对底漆有选择性，对着色剂有相溶性选择，促进剂与引发剂(固化剂)不可直接接触，否则会爆炸引起火灾。损伤的漆膜不易修补	人造板饰面做保丽板，家具、钢琴等涂饰，可做成腻子，中层漆和面漆使用
酸固化氨基醇酸漆 (AA 漆)	干燥快，与硝基相仿，漆膜厚实丰满，固含量是 NC 漆的 2 倍，漆膜硬度高，耐溶剂性良好，光泽度高，调好的漆可使用时间达 24h 以上，价格低廉	涂料具有酸性，易腐蚀金属连接件、螺钉等，会引起某些着色剂的变色，不易与其他涂料搭配，而影响附着力，涂料易脆化，耐久性差，会龟裂，有刺激眼鼻的气味，需注意通风排气，重涂时需砂光后再涂漆	一般木家具、木装饰件的涂饰
紫外光固化涂料(UV 漆)	固体分近 100%，一次即可得厚漆膜，属无溶剂漆，干燥极快，数秒即可，生产周期短，单液型，高硬度，耐溶剂性，耐磨性，耐水性好，施工场地小，对环境污染低	只适宜于透明涂料，宜平面涂装，不宜立体件涂饰，须慎选着色剂，以免因紫外线而褪色和涂料泛黄，UV 灯管寿命有限，需及时更换，涂料单价较高	适于人造板、板式家具和室内装饰平面型木构件、地板。可做成腻子、底漆、面漆
丙烯酸漆	漆膜丰满，光泽高，色浅，保色性良好，耐候性好，具有一定的耐酸、耐碱、耐化学药品性，耐热性也较高	耐溶剂性差，固体分含量低	用于家具、木制品
水性漆	用水作稀释剂、溶剂，价廉易清洗，是环保型漆，可用多种方法涂饰，施工方便	漆层干燥时间稍长，单价较高	用于家具、室内装饰木构件
大漆	漆膜坚硬，封闭性好，光泽和附着力高，耐水、耐热、耐溶剂性和耐其他化学药品性均良好，耐久性出色，耐磨性高，装饰性较好	漆膜色深，黏度大施工不便，工艺较复杂，涂层需在高湿度和一定温度下才能固化，周期较长，漆液会引起皮肤过敏	漆器，中国传统家具，古建筑，室内装饰木件，工艺品，中式乐器，木碗，筷等
酚醛漆	漆膜柔韧，耐候性好，耐水性，耐热性和耐化学药品性良好，附着力高	涂层干燥缓慢，色较深，装饰性差	低档的木家具，室内木构件涂饰用，可做成调合漆、清漆或调制腻子
醇酸漆	漆膜柔韧，光泽较高，耐候性优良，附着力较高，施工性好	涂层干燥缓慢，漆膜耐水性，耐碱性稍差	同上
油脂漆	漆膜柔韧，对木材渗透性好，附着力高，耐大气侵蚀，易施工，价廉	慢干，漆膜软，光泽低，耐水、耐化学药品性较差	低档木质构件和家具涂饰用。包括清油、厚漆调合漆，可调配腻子底漆，面漆

表 30-7 常用木材涂料性能比较

性能	硝基漆(NC)	聚氨酯漆(PU)	不饱和聚酯漆(PE)	氨基醇酸漆(AA)	紫外线固化漆(UV)
涂料稀释固成分	15%～30%	30%～45%	95% 以上	30%～45%	95% 以上
涂料调合比	1：1	2：1：0.5～1	100：1：1：20～30	10：1：1～3	1：0.3～0.5
喷涂底漆	18～25″	15～18″	30～45″	15～18″	30～40″
黏度面漆	10～15″	10～13″	18～35″	10～14″	15～30″
干燥硬化时间 / 次	1h	2h	4h	1.5h	30s
涂料可使用时间	无限制	4～8h	30min 以内	24h	无限制
砂光容易度	很容易	容易	砂光较困难	容易	砂光较困难
作业性	很好	好	不好	好	最好
涂料气味	稍好	稍差	不好	刺激眼	一般
漆膜厚实度	较差，易消瘦	不易消瘦	很好，不消瘦	易消瘦	最好，不消瘦
密着性	很好	最好	好	稍差	好
针孔起泡性	起泡	容易起泡	不起泡	不易起泡	不起泡
单次涂布量	130g/m²	120g/m²	220g/m²	130g/m²	120g/m²
涂膜硬度	F-H	H-2H	H-3H	H	3H 以上
耐溶剂性	不耐溶剂	最好	好	稍差	好
耐热性	极低，易燃	很高	高	高	高
涂膜耐久性	较差	很好	好	差	好
面漆鲜度持续性	不持久	很持久	持久	持久	特久
涂料单价	低	中高	中高	低	中高

表 30-8 常用木材涂料的组成

涂料分类	组　成	品种举例
硝基漆类 (NC 漆)	硝化棉 树脂　硬树脂：如松香改性醇酸树脂，顺丁烯的酸酐，松香甘油酯等 　　　软树脂：如不干性油改性醇酸树脂 增塑剂：如苯二甲酸二丁酯等 溶剂(香焦水)：是酯、酮、醇、苯类溶剂混合组成。 助剂：如流平剂，防白剂等。 说明：①以上是硝基清漆的基本组成成分，通过原料种类和配比的变更，可得到不同性能和用途的硝基清漆。包括底漆，打磨底漆，面漆等。②硝基色漆中应加入相应量的体质颜料、着色颜料。③在清漆中加入消光剂和分散剂、防沉剂等助剂，即可制成硝基亚光漆。	Q06-6 硝基底漆 Q22-1 硝基木器漆 Q04-62 各色硝基亚光磁漆 华润涂料公司： NC-100 硝基亮光清面漆 NC6003 硝基亚光特清面漆 NC110 白色硝基亮光面漆 NC1703 黑色硝基亚光面漆 华润产硝基漆施工配比(质量比)：漆：天那水(NX310)=1：1～1.5，天那水(香焦水)用量可根据施工需要调整。
聚氨酯漆类 (PU 漆)	聚氨酯漆是聚氨基甲酸酯涂料的简称。在木材上主要使用双组份羟基固化型聚氨酯涂料： 主剂：带羟基(—OH)的聚酯或丙烯酸等树脂 固化剂：含异氰酸基(—NCO)的预聚物 溶剂：醋酸丁酯、环已酮、二甲苯 助剂：流平剂、消溶剂等 说明：①主剂，固化剂的原材料种类不同时，对涂料性能有很大影响。如用芳香族的异氰酸酯树脂为原料制成的 PU 漆漆膜会泛黄。而用脂肪族的异氰酸酯为原料制成的 PU 漆，保色性特别好，不会泛黄。改变原料种类、配比，可以制造性能有异，适用不同场合的涂料品种。如封闭底漆、打磨底漆、填孔剂、面漆等。②在涂料中加入一定量的体质颜料和着色颜料即可制成各种实色不透明的涂料。③不同品种的 PU 漆应配套使用，即主剂、固化剂、稀释剂要按同一涂料厂提供的配套使用，这样才能保证漆	上海家具涂料厂： 685 聚氨酯木器清漆 8621 各色聚氨酯磁漆 华润涂料公司： PG100 镜面亮光清漆 PG600 耐黄变镜清漆 P12003 PU 亚光清漆(光泽约 25%) P28004 PU 耐黄变亚光清漆(光泽约 40%) P1221 PU 浅灰色亮光漆 P12105 PU 白色亚光漆 PQ01 水晶地板漆 P60 × × 系列，P60 × × 系列 PU 有色透明亮光面漆

表 30-8（续）

涂料分类	组　成	品种举例
	膜质量。应注意稀释剂还有冬、夏季之分。④双组分 PU 漆按两组分分开包装市售。	P62/P65 系列 PU 有色透明亚光面漆系列 PS900 底得宝 PS800 打磨封闭底漆 PTS ×× 有色封闭底漆系列 PT9 系列是 PU 着色木纹宝系列 其他还有大宝化工制品有限公司生产的大宝 PU 漆 齐齐哈尔油漆总厂生产的北方牌 PU 漆等等
不饱和聚酯漆(PE 漆)	不饱和聚酯漆是以不饱和聚酯树脂为主要成膜物质的一类漆，简称聚酯漆。不饱和聚酯漆又分为厌氧型和气干型。前者施工时必须用蜡或薄膜封闭隔氧，否则涂料表层不干。气干型在空气中即能固化，使用方便，宜做打磨底漆。 厌氧型不饱和聚酯漆的组成如下： 线型不饱和聚酯 活性稀释剂(苯乙烯) 引发剂(固化剂、俗称白水)：如过氧化环己酮、过氧化甲乙酮 促进剂(俗称蓝水)：环烷酸钴 助剂：如稳定剂、蜡液等 说明：①不透明漆需加入体质颜料和着色颜料； ②厌氧型 PE 漆如果用薄膜、玻璃等隔氧，则涂料中不需加入蜡液；对于曲面、型面边线类制品则用蜡型 PE 漆； ③ PE 商品供应时通常按主剂、引发剂、促进剂三者分别包装供应。主剂是线型不饱和聚酯漆的苯乙烯溶液。蜡型 PE 漆则有四个包装； ④使用 PE 漆时，应该用同一涂料厂供应的各组分配套使用，配比应按涂料厂提供的技术资料执行。注意施工环境温度湿度变化时配比要作相应调整	Z222-1 聚酯木器漆蜡型分四个包装供应 Z22-2 聚酯木器漆 华润牌： EF000 PE 亮光清面漆 ED000 PE 透明底漆 ED0512 PE 灰色底漆 ED0600 PE 透明腻子 易涂宝公司： PE01 透明亮光面漆 PE68 透明底漆 PE37 黑色底漆 PE38 白色底漆
紫外线固化涂料(UV 漆)	紫外线固化涂料又称光敏漆，涂层必须照射一定波长的紫外线后才会固化。 光敏树脂：如线型不饱和聚酯、丙烯酸酯环氧树脂聚氧酯丙烯酸树脂等 活性稀释剂：如苯乙烯、丙烯酸单体等 光敏剂：如安息香醚类、蒽醌等 助剂：如流平剂，稳定剂等 说明：① UV 漆也可做成底漆、腻子、面漆、亮光、亚光等不同品种； ②用不同光敏树脂和活性稀释剂制成的 UV 漆性能上有很大差别。如若将苯乙烯改成丙稀酸单体，则 UV 漆的固化速度则大大提高，可以以秒计	华润牌： UV222 UV222A(B、C)紫外线固化面漆 灯塔牌(天津油漆厂)光固化木器清漆 易涂宝公司： 家具用 UV 漆系列 RPS06、RPS08 透明辊涂 UV 底漆 S10 透明喷涂 UV 底漆 CTM900 透明淋涂 UV 面漆 S80 透明喷涂 UV 亚光面漆 木地板用 UV 漆系列 RPS10 透明辊涂 UV 底漆 CTM800、806、808 透明淋涂 UV 亚光面漆 RTM 透明辊涂 UV 亮光面漆
油脂漆类	桐油加入干性油加热聚合后再加入催干剂组成。 加入着色，体质颜料混碾成色漆。 溶剂为 200 号溶剂汽油(松香水)、松节油。	Y007 清油 Y02-1 各色厚漆 Y03-1 各色油性调合漆

30.1.3.3 木材封闭底漆的性能比较

木材底漆分封闭底漆和打磨底漆(二道底漆)，前者起封闭隔离、固色、减少面漆消耗等作用，后者内含一定量的体质颜料起填充加厚漆膜的作用，易砂光，各种木材封闭底漆的性能比较见表30-9。适应面漆的木材封闭底漆和打磨底漆见表30-10。

30.1.4 木材漂白剂和着色剂

要制造出符合设计要求的颜色美丽、均一的木制品及家具，就必须消除同一制品上不同树种木材，心边材等的材色差，以及由于酸碱、菌等污染所引起的变色。在家具等涂装过程中可进行木材漂白和着色等调色处理。

30.1.4.1 木材的漂白剂(脱色剂)

木材的漂白剂及助剂分别见表30-11，表30-12。木材漂白的抑制化助剂见表 30-13。

30.1.4.2 木材的着色剂

木材着色剂的种类见表 30-14，着色剂的性质及着色方式见表 30-15。

表 30-10 适应面漆的木材封闭底漆和打磨底漆

面漆	木材封闭底漆	打磨底漆
硝基漆	虫胶，聚氨酯树脂，硝基纤维素	硝基纤维素，聚氨酯树脂
不饱和聚酯漆	聚乙烯醇缩丁醛树脂，聚氨酯树脂，硝基纤维素	聚氨酯树脂
氨基醇酸漆	聚乙烯醇缩丁醛树脂，聚氨酯树脂，硝基纤维素	氨基醇酸树脂
聚氨酯漆	聚乙烯醇缩丁醛树脂，聚氨酯树脂	聚氨酯树脂、不饱和聚酯树脂

表 30-9 各种木材封底漆的性能比较

木材封闭底漆 性能项目	虫胶	硝基类	聚乙烯醇缩丁醛类	聚氨酯类
干燥性	●	●	●	△
附着力	△	○	●	●
封闭树脂效果	○	×	○	●
透明性	×	○	●	○
耐水性	△	○	●	●
耐热性	×	×	×	○
防漆膜裂纹	×	○	○	●
施工性	○	●	●	○
成本	●	●	△	×

注：●优，○良，△可，×不可

表 30-11 木材的漂白、脱色剂

种类		化学药剂名称
氧化型漂白剂	无机氯类	氯、二氧化氯、次氯酸钙(漂白粉)、次氯酸钠、亚氯酸钠
	有机氯类	氯胺B、氯胺T
	无机过氧化物	过氧化氢，过氧化钠，过碳酸钠，过硼酸钠
	有机过氧化物	过醋酸、过蚁酸、过氧化苯甲酰、过氧化甲乙酮
还原型漂白剂	氢化化合物	硼氢化钠
	含氮化合物	联氨(氨基脲)
	无机硫化合物	次亚硫酸钠、亚硫酸氢钠、连二亚硫酸钠、雕白粉、二氧化硫
	有机硫化合物	甲苯磺酸、蛋氨酸(甲硫基丁氨酸)、半胱氨酸
	酸类	草酸(乙二酸)、次磷酸、抗坏血酸(维生素C)、山梨酸钠
	其他	聚乙二醇、甲基丙烯酸酯

表 30-12 木材漂白的活性化助剂

漂白剂类别	活性化助剂的化学名称和添加要点
过氧化氢	①氨水、碳酸氢钠、氢氧化钠、碳酸钠、碳酸胍。水溶性有机氨类等碱性物质的水溶液。为了促进浸透，根据需要适当添加乙醇、甲醇等把pH值调整到9．5~11； ②与无水醋酸用1∶1的容积百分比混合，使生成过醋酸，在酸性条件下漂白，适当添加草酸于其中； ③把无水马来酸(顺丁烯二酸)适当溶解，与其混合生成过醋酸。在酸性条件下漂白，适当添加柠檬酸、草酸等有机酸于其中
过碳酸钠 过硼酸钠	其水溶液都是碱性，用其原样呈现温和的漂白作用，根据树种不同，有时出现碱烧伤，应适当添加无水醋酸，在弱酸性条件下漂白为好
亚氯酸钠	①适当添加醋酸、柠檬酸等把pH调整到3~5； ②添加次乙基尿素，或尿素和次乙基尿素，使其活性化； ③添加有机酸、无机酸或这些酸混合物的铝盐、锌盐、镁盐，或这些酸的混合物，使其活性化； ④适当添过氧化氢或过碳酸钠、过硼酸钠等和尿素，使其活性化； ⑤添加乙烯碳酸盐、丙烯碳酸盐、二烷等使浸透性变好，这类方法对于过氧化氢作漂白剂时也能适用
次氯酸钠	适当添加安息香酸的水溶液和酞酸(邻苯二酸)的水溶液，使其活性化
氯胺T、氯胺B	添加无机酸或有机酸来增加活性
连二亚硫酸钠、其他亚硫酸化合物	添加醋酸、蚁酸、草酸、柠檬酸等有机酸，或少量次磷酸、盐酸等无机酸调整为微酸性时，若活性化增加，漂白力就得到提高，特别是添加少量次磷酸时，漂白力倍增
次氯酸钙(漂白粉)	在漂白粉的饱和水溶液中，添加硫酸镁调整了次氯酸镁的水溶液，稳定性良好

表 30-13 木材漂白的抑制化助剂

漂白剂类别	抑制化助剂的化学名称和添加要点
过氧化氢	如适当添加硅酸钠、胶态硅、焦磷酸钠、硫酸镁、乙二铵四醋酸钠等。能抑制无助于漂白的无效分解，使漂白力持久，羧甲基纤维素(CMC)的添加，能使漂白液增加黏着性
过醋酸、过马来酸、过乙酸	用有机过酸在酸性条件下漂白时，添加 CMC、硅胶能在很大程度上抑制漂白液的无效分解
硼氧化钠	添加硅胶能抑制活性氢的无效分解
联氨	联氨水合物因碱性强的缘故，根据树种不同有时会着色，为此添加硼酸、草酸、醋酸等弱酸性物质，如 pH 调整到 8.0～10 范围内，能起到具有耐光性的漂白效果

表 30-14 木着色剂的种类

	水性着色剂	油性着色剂	醇性着色剂	不起毛 NGR 着色剂	硝基着色剂	媒染剂(药品着色剂)
主要成分	水溶性染料(酸性染料，直接染料、碱性染料)，动物胶酪素	油溶性染料(磺化染料)，氧化铁红，铬绿，石粉，蛤粉，高岭土，其他无机颜料，干性油，短油度钙酯清漆，油性清漆，合成树脂，杂酚油。松香水(200 号溶剂汽油)，汽油，催干剂	醇溶性染料(碱性染料等)，漂白虫胶，甲醇，改性乙醇，丁醇，乙二醇，二乙二醇	酸性染料，醇性染料，部分碱性染料，二己二醇，单乙醚，溶纤剂(乙二醇一乙醚)，甲苯，甲醇	油溶性染料，颜料，硝化纤维素漆	木醋液，硫酸铁；苏木红，儿茶棕，氧化亚铁，高锰酸钾，氨，重铬酸钾
优点	①无火灾危险； ②施工性好； ③无臭； ④透明度,鲜明度高； ⑤便宜； ⑥不渗色	①不使基材润胀； ②渗透性好； ③木纹清晰； ④吸收涂料少； ⑤能进行有层次的着色； ⑥若用颜料则耐光性好	①渗透性好； ②干燥快； ③发色鲜明； ④不产生返色	①不使基材润胀； ②不起毛； ③染着性好； ④不渗色	①不使基材润胀； ②起毛少； ③着色均匀； ④干燥快； ⑤工序少	①色调雅致； ②耐光性好； ③能进行有层次(深度感)的着色； ④鲜明地显现木材树种的特性
缺点	①使基材润胀； ②起毛； ③干燥慢； ④需要特殊的基材磨光	①易产生渗色； ②染料类着色剂耐光性差； ③干燥缓慢； ④价格高； ⑤颜料类着色剂木纹不清晰	①刷涂易产生颜色不匀； ②耐光性差	①难以刷涂； ②因涂料而发生变色； ③价格高； ④干燥缓慢	①刷涂易产生颜色不均匀； ②木纹不清晰； ③伤痕显眼	①颜色随树种而不同； ②难以得到要求的颜色； ③工艺复杂； ④增加处理废液的费用
备注	可用于所有的木家具；可以使用喷涂、刷涂、浸涂法	适于喷涂、刷涂	用于小工艺品，适于喷涂	用于高级家具，适于喷涂	用于家具、建材、乐器；适于喷涂、逆向辊涂	用于手工用品，民间艺术家具；适于刷涂、浸涂

表 30-15 木材着色剂的性质和着色方式

分类	着色剂的种类			溶剂	着色方式			性质				颜色的种类
					基底着色	木纹着色	涂膜着色	耐光性	透明性	渗透性	膨润性	
染色 染料着色	染料		一般染料	水	适用	-	-	小-中	大	中-大	大	多
		酸性染料		水	适用	-	-	中-强	大	小-中	大	多
				甲醇，乙醇	适用	-	适用	中-强	大	中	小	多
			金属铬盐	二乙氧乙烷+酒精								
				二甘醇+酒精	适用	-	适用	中+强	大	中	小	多
				乙二醇+酒精								
			直接染料	水	适用	-	-	小-中	大	中-大	大	多
			油溶性料	甲苯或甲苯+石油醚	适用	-	-	小	大	中	小	多
颜料着色	颜料	微粒颜料、无机颜料有机颜料		水	适用	-	-	强	小-中	小	大	多
				石油醚+稀释剂	适用	适用	适用	强	小-中	小	小	多
化学着色	发色成分的助剂	金属盐	重铬酸钾、高锰酸钾、硫酸亚铁、氯化铁等	水	适用	-	-	中-强	大	-	大	少
		碱	碳酸钠、碳酸钾等	水	适用	-	-	-	大	-	大	少
			氨熏	-	适用	-	-	中	大	大	小	少
		盐	硝酸等	水	适用	-	-	-	大	-	-	少
			酸	-	适用	-	-	强	-	-	-	少
	发色成分和助剂	天然色素和化学药品	例①苏木精和铁盐(木醋酸铁)溶于氢氧化钠 例②儿茶和硫酸亚铁	水	适用	-	-	中-强	大	中-大	大	少
		二种化学药品	例①盐酸苯胺和硫酸铜、重铬酸钾和盐酸。例②连苯三酚和重铬酸钾	水	适用	-	-	中-强	大	中-大	大	少

表 30-16 体质颜料

颜料名称	同义语(化学-记号)	成分	原料	性质
重晶石粉	-	$BaSO_4$	重晶石	白色或浅橙红色，成分为硫酸钡，粒子大小 1~214 μm，密度大 3.9~4.6，吸油量 6.6~8.0，着色力小，耐光、耐风化、耐热性良好，对酸、碱、湿气安定，使用量仅次于白垩
沉降性硫酸钡	沉降性质量石粉 沉降性硫酸钡粉	$BaSO_4$	重晶石	白色，成分为硫酸钡，密度 4.0~4.6，粒子很细，因此其吸油量较重晶石粉大(12~21)，涂料中沉降较少，着色力小。耐光、耐风化、耐药品性良好，安定度高
白垩	碳酸石灰粉，石灰石粉，石粉	$CaCO_3$	石灰石	白色，粒子大小 0.6~12 μm，密度 2.17~3.1，吸油量 11~16。着色力：水溶性白垩时大，油溶性白垩时小，耐光性良，耐风化性不良，可溶于稀酸。对碱性不变，易吸水分。因为活性，故与强酸性展色剂起反应，不可与油性假漆及酒精性假漆混合使用，因廉价应用多
沉降性碳酸钙	轻质碳酸石灰，碳酸钙	$CaCO_3$	石灰与二氧化碳	粒子比白垩较小，轻质纯白，吸油量 31，普通呈弱碱性，其他性质同白垩，涂料中沉降少
贝壳粉	面胡粉，砌粉	$Ca(OH)_2$—$CaCO_3$	牡蛎，蛤蜊等	贝壳白色，碱性，其他性质类似白垩，用于涂料，其可塑性比白垩大，沉降性小
中国黏土	高岭土,黏土，陶土，黏土粉	$Al_2O_3SiO_2$—H_2O	黏土、白陶土	白色，纯度高者谓高岭土，密度 2.2~2.62，吸油量 21~47，着色力小，耐光耐热性良好，碱性，不溶于酸及碱。以水搅拌即有可塑性，用于水性涂料

表 30-16（续）

颜料名称	同义语（化学记号）	成分	原料	性质
板岩粉		$Al_2O_3SiO_2$—$2H_2O$	粘板岩	密度 2.6～2.8，吸油量 19～25，着色力小，耐光、耐热、耐酸、耐碱性良好
砥粉	黄土粉	Fe_2O_3+$Al_2O_32SiO_2$—$2H_2O$	黄土	粒子细小，密度 2.63，吸油量约 35，着色力小，部分溶于酸，对碱不变
地粉	土灰	包含 $SiO_2Al_2O_3$、Fe_2O_3 等	黏土，火山灰，瓦(不涂釉)废品	粒子粗，密度 2.22～2.59，着色力小，一部分溶于酸，对碱不变，用于底层涂料
滑石粉	法兰西白垩	$3MgO_4SiO_2$—H_2O	滑石	白色，粒子大小 6 μm，密度 2.38～2.85，吸油量 22～38，感觉滑，其他性质类似黏土，用于消光涂料、砂光底漆、水性涂料
藻土		SiO_2nH_2O		粒子大小 7～47 μm，密度 1.93～2.31，吸油量 22，着色力小，耐光、耐风化、耐热性良好，不被酸、碱侵蚀
矽石粉	矽白、白碳、无水矽酸、石英粉	SiO_2	石英质矿石、矽岩	白色，相似玻璃碎粉，坚硬，密度 2.55～2.65，吸油量 20～29，耐碱性良，光线曲折率最低，油中几乎透明，用于填充剂或研磨材等
石骨	结晶硫酸石灰，含水硫酸钙	$CaSO_4$	石膏矿石	白色，密度 2.36～2.63，吸油量 17～27，耐光、耐热性良，不溶于酸、碱，因迟延油类之干燥，故不适于油性涂料，不可与油性或酒精假漆混合使用
矾土	铝白，氧化铝，白色淀	$A1_2O_3$	铝，硫酸铝	白色，遇酸性物起反应，用于消光涂料或沉淀性体质剂

表 30-17 常用着色颜料

色调	颜料名称	同义语	成分	性质
红	铅丹	光明丹,红铅,红色氧化铅	Pb_3O_4	红橙色，粒子大小 5～20 μm，密度 8.32～9.93，吸油量小 5.5～11，促进油的干燥，受酸、碱侵蚀，防锈力大，用于防锈涂料有毒
	朱红	银朱，硫化汞	HgS	鲜红～深红，有纯粹朱红及洋朱(以色淀颜料为主要成分)，密度 8，吸油量 5.6～10.0，着色力、隐蔽力大，耐光、耐热性不良，阻碍油之干燥，对酸不变，对碱变黄，有毒，高价
	红氧化铁	红壳，铁丹银朱，血朱	Fe_2O_3	深红—深紫红色，密度 2.5～5.15，吸油量 9.3～54，着色力、隐蔽力大，耐光、耐风化、耐热性优良，可溶于酸，不溶于碱，用于各种涂料
	镉红		红 CdSCdSe 黄 $CdSCdCO_3$ 或 $CdSCdC_2O$	深红～橙～黄色，依其颜色不同称为镉红或镉橙，密度 2.9～4.0，着色力、隐蔽力大，耐光性优良，对碱不变，除石灰或新混凝土以外之面耐风化性大，有时与含有铅、铜等颜料混合使用则变黑，用于高级涂料，高价有毒
黄	铬黄	黄铅	$PbCrO_4$	浅黄～橙黄色，密度 5.3～7.3，吸油量 5.5～30，着色力、隐蔽力大，耐风化性优良，可溶于强酸碱，不得与含有硫黄颜料(如金黄、朱红、翠青、锌钡白)混合使用，浅色铬黄与含碱展色剂混合使用则变红，促进油之干燥，有毒，以前使用较广
	镉黄		CdS	黄～橙黄色，密度 5.3～7.3，吸油量 5.5～30，着色力、隐蔽力大，耐风化性优良，可溶于强酸碱，不得与含有硫黄颜料(如镉黄、红、青、锌白混合使用，浅色铬黄与含碱展色剂混合使用变红，促进油之干燥，有毒，普遍被采用
	群青黄	重晶石黄,银黄	$BaCrO_4$	浅黄色，密度 4，着色力小，耐光性在黄色铬酸盐料中最佳，耐风化性良好，耐热性 120℃以下，可溶于酸，对碱不变，可与所有颜料、展色剂并用，有毒
	黄赭土	赭石	含有含氢氧化铁之黏土,其他含有 CaO、SiO_2、长石,白石,$CaSO_4$、$MgCO_3$ 等	浅黄～深橙黄色，密度 2.9～3.4，着色力、隐蔽力小，吸油量 52～72，耐光性良好，对碱不变，一部分可溶于酸，加热变红
	氧化铁黄	黄氧化铁	$Fe_2O_3 \cdot 3H_2O$	黄～褐黄色，密度 2.0～3.2，着色力、隐蔽力大，耐光、耐风化性优良，耐热性 120℃以上，可溶于酸，对碱不变
	铬绿	米洛丽绿	$PbCrO_4$+Fe_7CN_{18} 铬黄与普鲁士	浅绿～深绿色，铬黄与普鲁士青之混合物，一般混合沉降性硫酸钡或重晶石粉，比重 2.3～5.9，吸油重 8.3～42，隐蔽力、着色力大，耐光、耐风化性良好，耐热性 120℃以下，触酸颜色青加重晶石粉等变深，不可与碱并用，促进油之干燥，有毒

色调	颜料名称	同义语	成分	性质
绿	氧化铬绿	氧化铬，铬绿	Cr_2O_3	橄榄色，密度 4.7，吸油量 9.4～17，着色力、隐蔽力大，耐光、耐风化、耐热性良好，对酸、碱不变，可与所有颜料、展色剂并用，用于耐酸耐碱涂料，高价
绿	锌绿		锌黄($ZnCro_4$)与普鲁士青(Fe_7CN_{18})之混合物	浅碌～深绿色，密度 3..30～3.35，隐藏力、着色力大，耐光、耐风化性不良，耐热性 120℃以下，遇酸变青，不可与碱并用，含锌，有毒
蓝(青)	普鲁士青	米洛鹿青，青铜青	含 $Fe_4(Fe_3CN_{18}$ 或 Fe_7CN_{18}	粒子甚细 0.3～1.0 μm，密度 1.75～1.9，吸油量 34～74，隐蔽力大，着色力在有彩色颜料中最大，稍透明，耐光、耐风化性良好，耐热性 150℃以下，对酸安定，不可与碱并用，普遍被采用
蓝(青)	群青	矽 Ultra Blue	$Na_4A1_3Si_3S_2O_{12}$ 酸铝钠与硫酸钠构成之复杂盐	普通是青色(有的呈红、紫、绿色)，粒子大小 1～40 μ m，密度 1.9～3.8，吸油量 29～35，隐蔽力在水溶性涂料中大，在油性涂料中小，属于透明性颜料，着色力大，耐光、耐风化、耐热性良好，受酸侵触，对碱安定，青色及绿色群青不阻碍油之干燥，但红色及紫色群青则阻碍油之干燥，白色颜料加微量群青即可强调白色
棕	生褐土 烧褐土		$Fe_2O_3Mn_2O_3A1_2O_3$ —$2SiO_2H_2O$	生褐土呈暗棕色，烧褐土是暗红棕色，粒子极细小，8 μm 以上者少，比重 2.5～3.6，有隐蔽力大者或透明性者，耐光、耐风化性良好，一部分可溶于酸，对碱不变，促进油之干燥
白	锌白	氧化锌，白锌粉，锌华	ZnO	粒子大小 2～10 μm，密度 5.1～5.7，吸油量 11～27，着色力大，耐光、耐风化、耐热性良好，呈现碱性，依酸、碱之浓度而呈不同程度之溶解、不溶解及被侵触程度。与高酸价的熟炼油、假漆混合使用则有时固化，增加涂膜硬度，烧焦现象(变色)较白铅少，不可与石灰性涂料并用
白	白铅	铅白，唐土，次碳酸碱性碳酸碱	$2PbCO_3PbZ(OH)_2$	粒子大小 2.5～50 μm，密度 5.9～7.6，吸油量 8～17，耐光、耐风化性良好，碱性，可溶于酸，碱，促进油之干燥，暗处促进烧焦变黄，但在明亮处可复原原来颜色，活性强，形成强韧涂膜，不可与含有石灰性、硫黄者并用，与高酸价油，树脂并用则产生固化，故不可并用，有毒
白	钛白	氧化钛	TiO_2 或 TiO_2+$nBaSO_4$	粒子大小 0.2～0.6 μm，密度 3.1～4.5，吸油量 20～28，隐蔽力、着色力最大，中性(不活性)，可用于所有涂料
白	锌钡白		$ZnS+BaSO_4$	比重 4.1～4.3，吸油量 9～27，可溶于酸，不溶于碱，着色力小，中性，与含铅化合物(如铬黄)混用则产生硫化铅，变暗色
黑	碳黑	瓦斯灯黑	C 纯粹碳，灰分 1% 以下	粒子细小，1～3 μm，密度 1.6～2.0，吸油量 100～258，隐蔽力、着色力大。耐光、耐风化、耐热性良好，中性，对酸、碱及其他药品安定，迟延油及涂膜之干燥，被采用最多
黑	松烟	油烟，灰黑，	灯黑油	以油类为原料者称油烟，以树脂(如松根树脂)为原料者称松烟或灰黑，比碳黑略带灰色，粒子大小 0.5 μ m，比重 1.68～2.10，吸油量 60～158，着色力比碳黑较劣，溶于溶剂，其他类似碳黑，与白色颜料混合则变青灰色
黑	石墨	黑铅	C	黑～灰色，金属光泽，密度 1.8～2.5，隐蔽力、着色力、吸油量小，有导电性，耐光、耐风化、耐热、耐酸耐碱性优良，可与所有颜料、展色剂并用，除用于面漆外，因配合于涂料可得良好研磨性，故亦用于底漆
锈紫	氧化铁粉	氧化铁，锈粉	Fe_2O_3	锈色，暗紫～黑紫褐色，粒子略粗，密度 3.9～5.3，吸油量 16～29，耐风化性良好，着色力、隐蔽力比红氧化铁小，含水溶性物多者耐风化性小，且促进铁板之腐蚀，中性，其他性质同红氧化铁，用于油漆，廉价
	铝粉	铝、青铜、银粉	Al	银白色，鳞状片，粒子大小 100～250 号，片厚 0.3～2.0 μm，密度 2.48～2.57，吸油量 15～25，隐蔽力大，耐光、耐风化、耐热性良好，可溶于酸、碱，光线之反射率大，精练性大
	青铜粉	金粉 金色粉	金色系列：纯合金。银色系列：铜、锌、	金色，银色，铜色及带红、橙黄、黄、绿、青、紫、棕等颜色，比重 2.5～2.51，隐蔽力大，着色力小，耐光耐风化性小，可溶于酸，含有锌者一部分可溶于碱，遇酸、碱变色，阻碍油之干燥。金粉、银粉、铜粉、镍粉、锌粉、铅粉、黄铜粉
	其他		镍之合金	

表 30-18 色淀颜料

色调	颜料名称	性 质
红	甲苯胺红	红(绯)黄色，耐光性优良，隐蔽力大，耐油，耐溶剂性良好，被采用最多
	黄色颜料红	红色，耐光，耐油性不良，隐蔽力稍大
黄	蓝光(酸性)色淀钡红	红青色，耐光性稍良，隐蔽力大，耐油，耐溶剂性良好
	汉撒黄	黄色，耐光，耐水，耐溶剂性良好，隐蔽力大，用于高级涂料
蓝	酞花青	青色，着色力，耐光性优良，完全不溶于水及溶剂，比普鲁士青较优

表 30-19 木材着色常用染料

分类	染料名称	性 质
酸性染料	酸性嫩黄 G(酸性淡黄 G)	黄色粉末，易溶于水和丙酮，溶于酒精时呈黄色，微溶于苯，不溶于其他有机溶剂
	酸性橙 Ⅱ，(酸性金黄 Ⅱ，俗称金黄粉)	是金黄色粉末。溶于水时呈桔黄溶液，溶于酒精呈橘色溶液
	酸性红 G(酸性大红 G)	红色粉末，溶于水呈大红色，微溶于酒精，不溶于其他有机溶剂
	酸性红 G(酸性紫红、酸性枣红)	暗红色粉状，溶于水呈紫红溶液，溶于酒精时呈红色，微溶于丙酮，用于木材染色
	酸性黑 ATT(酸性毛元 ATT)	红棕色粉末。溶于水呈黑色溶液，可用于木材的染色
	酸性粒子元(酸性粒子元 NBL)	黑色带有闪光的粒状，溶于水呈蓝紫色溶液，溶于酒精呈蓝色溶液，可用于木材染色
	黑钠粉	它是几种酸性染料的混合物，其主要成分是酸性金黄和酸性紫红，酸性黑，此外还含有硼砂、栲胶等。呈红棕色粉末状，能溶于酒精中，也溶于水中。常用于仿红木色着色
	黄钠粉	它也是几种酸性染料的混合物，其主要成分是酸性金黄和酸性淡黄、酸性黑，也含有硼砂、栲胶。呈黄棕色粉末状，能溶于酒精与水，它和黑钠粉都是被广泛应用的染料，常用于仿柚木色着色
	酸性媒介棕 PH(酸性媒染棕)	棕色均匀粉末，溶于水和酒精时呈黄至黄棕色，微溶于丙酮，不溶于其他有机溶剂
碱性染料	碱性嫩黄(品黄，水黄)	黄色均匀粉末，可溶于冷水中，易溶于热水及酒精，呈黄色
	碱性橙(俗称块子金黄)	棕红色结晶块或砂状，溶于水时呈橙黄，溶于酒精，微溶于丙酮，不溶于苯，可用于木器着色
	碱性品红(盐基品红)	黄绿色结晶块或砂粒状，溶于冷或热水中呈红紫色，极易溶于酒精，呈红色。遇浓硫酸呈黄棕色，稀释后几乎无色
	碱性艳蓝 BO	棕色膏状物，微溶于冷水，溶于热水，易溶于酒精，均呈蓝色。用于竹、木着色
	碱性艳蓝 B	深蓝色或灰绿色粉末，溶于水及酒精中呈蓝色。可用于竹、木着色
	碱性绿(盐基品绿)	绿色结晶。溶于冷水、热水中呈绿色，易溶于酒精，呈绿色带光泽，用于竹、木着色
	碱性棕(盐基棕 G)	棕色粉末，易溶于水中呈棕黄，微溶于酒精，不溶于丙酮和苯。用于竹木着色
直接染料	从略	

30.1.5 颜料和染料

30.1.5.1 颜料

颜料是一些不溶于水、油、树脂和有机溶剂的固体粉末，按其成分分为无机颜料和有机颜料；按其用途可分为体质颜料和着色颜料。

1. **体质颜料**

又称填充颜料，是一种无遮盖力和着色力的无色粉状物。可增加漆膜厚度，加强漆膜体质，使其坚硬、耐磨。主要用于调配腻子，填孔剂、各种色漆。主要体质颜料见表 30-16。

2. **着色颜料**

着色颜料具有色彩和遮盖力，主要用于木材表面着色，可与油、树脂等调合，制成填孔剂、填平剂、腻子、厚漆、磁漆等各种色漆。常用着色颜料见表 30-17。色淀颜料见表 30-18。

30.1.5.2 染料

染料是能使木材、纤维材料等染上各种鲜明的牢固颜色的一种着色材料，大多数是有机化合物，可溶于水或某些溶剂中，染料可分天然染料和合成染料两类。用于调配木材着色剂。木材着色处理时常用染料见表 30-19。

30.1.6 溶剂

在涂料制造和施工过程中，凡能溶解油类、树脂、硝化纤维素等成份的易挥发的有机物质均称为溶剂。同一种溶剂对于不同的成膜物质的溶解能力是不相同的，因此各类漆所用的溶剂是不同的，必须配套使用。木材涂料的溶剂种类、特性和理化性能见表 30-20，表 30-21。

30.2 木材与涂装的关系

木材是由多种中空管状的细胞按一定规律大量集合而成的一种天然高分子材料，具有多孔性、各向异性、干缩湿胀的特性，含有水分和空气，具有美丽的颜色和花纹，并

表 30-20 木材涂料的溶剂种类与特性

类别	溶剂名称	特　性	应　用
萜烯溶剂		无色或呈浅黄色透明液体，对天然树脂和油料的溶解力大于石油溶剂小于苯类，对眼睛和皮肤有刺激	油基漆、酚醛漆、醇酸漆，调配油性腻子
石油烃类溶剂	200 号溶剂汽油(松香水)	无色透明液体,有汽油味。有毒性，能溶解油类、长油度改性树脂及松香等	油性漆的溶剂和稀释剂，调配油性腻子
	煤油	无色液体，有臭味，挥发慢	油性填孔料，漆膜抛光
苯类溶剂	苯	无色透明液体，有特殊芳香味，挥发快，有毒，易爆易燃	硝基漆
	甲苯	无色透明液体，有芳香味，挥发速度比苯慢，毒性比苯小	醇酸树脂漆、硝基漆、丙烯酸漆等
	二甲苯	无色透明液体，挥发速度中等，有低毒	醇酸树脂漆、聚氨酯漆等
	苯乙烯	无色透明液体，具辛辣味，易燃，易挥发，有毒	聚酯漆及光敏漆
醇类溶剂	乙醇(酒精)	无色透明液体，有酒气味，易燃，易挥发，能与水混和	调配虫胶漆、硝基漆助溶剂
	丁醇	无色透明液体，有酒气味，挥发速度比乙醇慢，能调节溶剂的挥发速度防止硝基漆膜发白	氨基树脂漆、硝基漆的助溶剂
酯类溶剂	醋酸乙酯	无色透明液体，有水果香味，挥发快，易燃，沸点低	硝基漆、聚氨酯漆
	醋酸丁酯	无色透明液体，有水果香味，挥发速度中等，为中沸点溶剂，对眼及呼吸道有刺激作用	硝基漆、聚氨酯漆
	醋酸戊酯	无色透明液体，具香蕉味，沸点高，挥发速度较慢，能改善涂层的平流性，防止漆膜发白，对眼与结膜有刺激作用，与醋酸乙酯，醋酸丁酯合用可以提高溶解力	硝基漆、聚氨酯漆
酮类溶剂	丙酮	无色透明液体，极易挥发和易燃，溶解力强，对中枢神经有麻醉作用	硝基漆、过氯乙烯漆
	环乙铜	无色或浅黄色透明液体有杏仁气味，沸点高，挥发慢，溶解力强，低毒，能改善涂层的流平性和防止发白	聚氨酯漆

表 30-21 常用有机溶剂的理化性能

序号	溶剂名称	沸点(℃)	闪点(℃)	自燃点(℃)	比重(20℃)	挥发率(min)5ml/25℃	最高允许浓度(mg/m³)
1	苯	81.1	－11	580～650	0.878	12～15	50
2	甲苯	110.6	4	550～600	0.871(15℃)	36	100
3	二甲苯	135～145	29.5	490～550	0.862	81	100
4	200 号溶剂汽油	165～200	33	/	0.795	440～450	300
5	松节油	150～170	30	263	0.87～0.89	450	300
6	煤油	160～285	/	227.7	0.800	4000	/
7	乙醇	78.32	14	390～430	0.789	32	1500
8	丁醇	117.75	35	340～420	0.809		200
9	丙醇	56.2	－17	600～650	0.791	5	400
10	环乙酮	156.7	47	520～580	0.948		/
11	甲乙酮	79.57	－7	550～615	0.805		/
12	醋酸乙酯	77.15	－5	480～550	0.902	10.5	200
13	醋酸丁酯	126.5	23	420～450	0.880	65	200
14	醋酸戊酯	142.1	－34.4	560～600	0.876	90	100
15	三氯乙烯	86.7	/	/	1.465		50
16	三氯乙烷	113.65	/	/	1.443		/
17	二氯乙烷	83.7	17	450	1.225		50
18	氯化苯	131.8	28	/	1.107		50
19	石油醚	40～70	－50	246	0.60	/	/

表 30-22 木材构造与涂装之间关系

构造名称	说　明	与涂装之关系
年轮	生长于寒、温、暖带之树木在一年中，因春夏生长较迅速，秋冬生长较慢，生长于热带之树木，因雨季生长较快，干季较慢，所形成之木材有粗细之分，自木材一端横断面观察，有明显圈形可见，即年轮，表示一年之生长期	美观，龟裂
秋材	每一年轮由一层春材与一层秋材所组成，较内一层，系于生长期间早期形成密度较低，细胞较大部分称为春材而较外一层，于生长期间后期形成之密度较高，细胞较小部分称为秋材	涂料吸收差异，附着性不均匀
边材 心材	树干中心部分与外周部分之比重、含水量等均有差异，颜色较淡含水量较高者谓边材，颜色较深含水量较低者称心材，而心材常较边材易于发生面裂、蜂巢裂，而耐久性亦大	不同材色，反翘，龟裂
细胞 导管	仅存在于阔叶树，具有较大直径之管状细胞，运输树液	陷落，收缩皱纹，龟裂、针孔
管胞	存在于针叶树，呈两端尖形之细长中空管状细胞，细胞膜具纹孔，有导管与木纤维之作用，运输树液及强化树体	陷落，收缩皱纹，龟裂、涂料吸收
木纤维	存于阔叶树，细长两端尖之细胞，膜壁厚，纹孔小且少，赋予强固性	涂料吸收差异
放射组织	在横断面自髓心及其他部分横跨年轮向树皮方向形成放射状之细长细胞组织，起分配及贮存养分作用	美观、涂料吸收差异、龟裂
树脂沟	贮藏或移动树脂的细胞间隙	收缩皱纹、干燥不良

表 30-23 主要阔叶树材弦切面上空隙所占的比例

树 种	导管				弦切面上空隙所占的比例(%)		R	c%
	管孔的排列	V_v(%)	A_v(%)	A_v/c' ×100%	c'	c''		
水曲柳	环孔材	5.6	4.4	10	44.4	60.1	0.52	65.4
麻栎	放射性散孔材	7.2	5.8	29	20.0	32.8	0.84	34.0
白蜡树	环孔材	11.7	8.2	15	52.9	64.2	0.49	67.4
桦木	散孔材	16.5	13.8	32	43.0	51.4	0.68	44.6
椴木	散孔材	28.3	24.9	37	65.7	68.8	0.47	58.7
桑木	环孔材	28.6	25.4	49	51.8	61.8	0.58	51.3
榆木	环孔材	32.3	27.3	58	47.0	58.0	0.61	49.4
山毛榉	散孔材	41.2	36.2	76	48.1	60.3	0.62	48.7
日本七叶树	散孔材	32.9	28.0	48	58.3	65.5	0.48	58.0
连香木	散孔材	51.9	42.0	72	57.7	63.0	0.47	58.7
印度紫檀	不完全环孔材	7.1	6.5	10	68.2	77.1	0.52	65.4
龙头树	散孔材	7.4	6.8	18	37.1	54.1	0.72	42.0
白柳桉	散孔材	17.0	16.0	23	69.6	77.4	0.49	67.4
阿必东	散孔材	23.0	21.6	65	33.4	48.5	–	–
红柳桉	散孔材	25.5	24.5	36	68.3	79.7	0.61	49.4
奥蒙柳桉	散孔材	30.6	29.4	52	56.4	72.3	0.58	51.3
登吉红柳桉	散孔材	34.6	32.3	54	60.1	77.3	0.52	65.4
麻可尔	放射性散孔材	18.7	16.8	39	43.4	58.7	0.67	45.4

注：V_v：导管容积比例；A_v：在弦切面上导管槽面积所占比例

c'：在弦切面上木射线组织以外的空隙面所占比例

c''：在弦切面上空隙面所占比例

R：密度

c：空隙率 = 1～0.667R

表 30-24 磨料(粒度)和组织鲜明度的关系

材面 粒度	水青冈			桦木			光叶榉			大齿蒙栎			日本水曲柳		
	材面纹理	射线	导管	材面纹理	射线	导管	材面纹理	射线	导管	材面纹理	射线	导管	材面纹理	射线	导管
80 号	×	△	×	×	△	×	×	△	△	×	△	△	×	△	△
120 号	×	△	×	×	○	△	×	○	△	×	△	△	×	△	△
150 号	△	○	×	○	○	○	△	○	○	△	○	○	△	○	○
180 号	△	○	△	○	○	○	○	○	○	○	○	○	△	○	○
240 号	○	○	△	○	○	○	○	○	○	○	○	○	○	○	○
280 号	○	○	○	○	○	○	○	○	○	○	○	○	○	○	○

注：○鲜明，△尚鲜明，× 不鲜明。在磨削表面上涂一次木材封闭底漆后进行观察

表 30-25 适于涂装的木材含水率

	使用地点	中国台湾(%)	日本(%)	美国(%)	英国(%)	丹麦(%)	中国大陆(%)
家具材	常湿～轻度暖气设备屋内	8～15	10～15	10～15	5～10	≤10	8～15
	有火炉暖气设备屋内	–	–	–	–	8～12	
	有蒸汽暖气设备屋内	6～8	8～10	–	–	5～8	6～8
建材	窗 框 材	10～16	13～15	13～15	–	12～15	10～16
	屋 外 门 扉 材	–	–	–	12～15	14～18	
	室内地板	–	–	–	–	8～10	–
	建筑用材	10～16	15～17	15～16	–	–	10～16
年平均温度、湿度		–	27℃ 75%～80%	20℃ 70%～75%	25℃ 60%～65%	–	–

含有单宁、树脂与色素。纤维板、刨花板等木质材料是由纤维、刨花等按一定要求用胶结合压制而成，同样具有多孔性，各向异性，干缩湿胀，含有空气、水分的特点。这些都给涂装带来重大的影响，在进行涂装时，必须了解它并予以充分考虑。

30.2.1 木材构造与涂装的关系

(1) 木材构造与涂装的关系见表 30-22。

(2) 木材表面的空隙：木材表面具有一定的粗糙度和空隙率，木材表面的空隙见表 30-23。

(3) 木材表面组织鲜明度与磨光的关系：木材表面组织结构鲜明度关系到制品涂装后木材质感的呈现，表面组织结构鲜明度与磨光(磨料粒度)的关系见表 30-24。

30.2.2 适于涂装的木材含水率

木材含水率的高低极大地影响涂装的质量和木制品的尺寸、形状的稳定性及牢固度，通常要求被涂饰木材的含水率应低于或等于制品使用环境的年平均木材平衡含水率。适于涂装的木材含水率见表 30-25。

30.2.3 木材在涂装中的变色与阻聚

木材主要由纤维素、半纤维素、木素三种化学成分组成，同时含有微量的抽提成分如单宁、树脂色素、精油等。在木材加工和涂饰过程中，由于接触酸、碱、光、菌、酶，往往引起变色，涂料不干等，严重影响施工及其质量。

表 30-26 木材变色的特性

分类	变色原因	实例
采伐之后 外界污染 生物因素	微生物繁殖	蓝变色
化学因素	金属离子的结合 酸的结合 碱的结合	铁污迹 柿树科斑木的红变色 水泥的胶结
物理因素	受热 光照射	垫条污迹 太阳光引起的变色
接近污染源	酶 树脂	日本柳杉的黑变色 树脂的渗漏
在庇荫处	修枝不规范 沉积物质	棕色条纹 存在污点

30.2.3.1 木材变色

1. 木材变色的特性

木材变色的特性见表 30-26。

2. 铁变色

木材在涂装中用氧化铁红腻子填补孔缝，有时材面会发黑，在铁钉和铁质接件的周围木材也会变黑，这是木材中单宁与铁离子在一定条件下发生化学反应而产生的黑色物质所致。不同树种木材对铁的敏感度不同，如表 30-27。

3. 酸变色、碱变色

各种树种木材对酸、碱变色的敏感性，见表30-28、表30-29。

30.2.3.2 木材对不饱和聚酯树脂漆和苯乙烯的阻聚

某些树种木材内含的一些抽提成分对不饱和聚酯树脂和

表 30-27 导致各种木材变色的氯化铁($FeCl_3$)溶液的最低浓度

木材树种	浓 度
黑核桃、柚木、楝树	0.00005
黄波罗、娑罗双属、樟树、春榆、桃花心木、斑木、日本山毛榉	0.00001
栎木、桦木、椴木、山樱、梨属、日本栗、槭属、光叶榉、日本赤松、金合欢属、日本柳松、美国扁柏、花旗松	0.000005
日本扁柏、泡桐	0.0000013

表 30-28 各种木材树种对酸变色(污染)的敏感性

变色等级	树 种	单宁含量(%)	色差(△E)
强	日本赤松	0.1	15.3
	日本山毛榉	0.4	13.3
	金合欢属	–	13.8
	槭属	0.6	10.0
	日本扁柏	0.1	10.6
	日本柳杉	0.3	6.3
	花旗松	0.3	10.9
中	美国扁柏	0.2	7.4
	桦木属	0.3	6.3
	娑罗双属	0.2	5.9
	木兰属	0.4	6.3
	水胡桃	2.1	4.7
弱	黑核桃	2.0	3.1
	日本栗	–	1.9
	日本泡桐	0.6	5.0
	栎	5.6	3.1
	柚木	0.4	1.5

表 30-29 各种树种木材对碱变色(污染)的敏感性

变色等级	树 种	单宁含量(%)	色差(△E)
强	水胡桃(心材)	2.1	25.6
	栎(心材)	5.6	11.9
	黑核桃(心材)	2.0	9.5
	日本山毛榉(心材)	0.4	20.9
	花旗松(心材)	0.3	15.2
	日本柳杉(心材)	0.3	15.3
	栎(边材)	1.2	18.2
	槭属(心材)	0.6	16.0
中	日本泡桐(心材)	0.6	9.3
	美国扁柏(边材)	0.1	12.7
	美国扁柏(心材)	0.2	4.1
	桦木属(心材)	0.3	7.7
	娑罗双属(心材)	0.2	5.8
	日本赤松(心材)	0.1	3.3
弱	柚木(心材)	0.4	3.6
	楝属(边材)	0.2	1.5
	楝属(心材)	0.4	1.6
	日本扁柏(心材)	0.1	8.2
	日本柳杉(边材)	0.1	3.4

表 30-30 发生阻聚的树种、涂料、起因物质

树 种	起因物质*	受阻聚的涂料**
大绿柄桑	带氯菌素	UPR、St
北美肖楠	羟基百里醌，百里醌等	UPR
婆罗洲铁木	醚抽提物	UPR
鱼鳞松	热水抽提物	氯化乙烯树脂 + γ 线
铅笔柏	甲醇抽提物	UPR
弓木	羟基白藜芦醇	UPR
落叶松	黄杉素，山奈二氢素，槲皮黄素等	St
柿树	黑条纹的部分	UPR
龙脑香树	香兰素，阿魏酸，没食子酸	UPR、St
巴西黄檀	醚抽提物	UPR
昆士兰内药樟	局部产生不固化	UPR
大花羯布罗香	局部产生不固化	UPR
云南石梓	醚抽提物	UPR
光叶榉	榉黄素，二氢榉黄素，α - 萘醌	UPR
柿树科	萘醌类物质	UPR
巴拿马黄檀	黄檀素，Latifoling,$C_{10}H_{14}O_3$	UPR
日本花柏	日本花柏生物碱	St+ γ 线，UPR
日本罗汉柏	橙皮油素	St+ γ 线
澳洲黑假山毛榉	黄杉素，儿茶酚鞣花酸	UPR
美国西部侧柏	黄杉素，儿茶酚鞣花酸	UPR
美国花柏	大叶崖柏素	UPR
红桧	稀丙基芸香碱	UPR
美国鹅掌楸	乙醇抽提物	UPR
梧桐	萘醌衍生物	UPR
愈疮木	愈疮木酚，愈疮	UPR
木姜子类	醚抽提物	UPR
娑罗双树属	醚抽提物，产生点状不固化	UPR
黑黄檀	醌类	UPR
交趾黄檀	醌类	UPR
日本柳杉	山达海松酸	UPR、St+ γ 线
亚杉	木聚糖	UPR
兴安落叶松	丙酮抽提物	St
柚木	二氢柚木焦油，tectol 等	UPR
紫檀	丁酰芪	UPR

注：* 在起因物质中也包括从构造上推定的物质
**UPR：不饱和聚酯树酯
St：苯乙烯

苯乙烯起阻聚作用，如表 30-30 所示。

30.3 涂装方法与设备

30.3.1 涂装方法的分类

涂装方法的分类见表 30-31。

30.3.2 手工涂装方法与工具

手工涂饰方法与工具见表 30-32。

表 30-31 涂装方法的分类

原理	涂装方法	使用器具、机械	特点	适合工程、被涂物	效率
A 接触	毛刷涂装	用毛刷粘涂料	简便，涂料浪费小	均可	低
	刮涂	用刮刀均匀刮涂	高黏度，厚膜，浪费小	基材填孔，嵌补	低
	擦试涂装	用棉布擦涂料、着色剂	填充木材导管，着色鲜明	涂腻子，着色剂，防止缩孔，基材平坦，可着色	低
	辊筒涂装	利用回转的辊筒将涂料转移到工件表面上	适合平面、大量连续涂装	适合平板涂装	高
B 浸涂	浸渍涂装	在涂料中浸渍，残余部分自然滴下	简便，全面涂装，涂膜均匀，但木毛会浮出	一次可多量浸渍，小型物品可同时着色，均匀	高
B+A	抽涂	通过涂料，捋去多余涂料	涂膜均一，但不易厚涂	细长的圆棒，如钓竿，铅笔等	中
C 流下	淋涂	涂料如帘幕状流下落在工件上	涂膜均一，浪费小，可大量连续涂装。	适合平板涂装	高
C+A	转桶涂装	被涂物倒入涂料桶内加入涂料，回转涂料桶，被涂物与涂料接触	涂料浪费小，适合小型物品	小型大量物品(球型状零件)适合底漆，并可用滚动方式砂光	高
C+E	流涂离心	笼状器内流入涂料，笼状器转动被涂物，离心振动去除残余涂料	涂膜会有不均匀的情形发生	小型大量物品的生产，适合简单的涂装	高
D 雾化喷涂	空气喷枪	压缩空气将涂料雾化喷涂	涂膜平滑均一，需要较多的稀释剂。涂料利用率较低	适用面广，但不适合极细小的网状工件	高
	加温喷涂(热喷涂)	用加温降低涂料黏度，减少涂料内稀释剂用量，适合雾化喷涂	涂膜平坦均一，减少稀释剂的使用，增加涂膜涂布，减少发白现象	适应性广，不适合反应型涂料	高
	无气喷枪	利用高压泵压送涂料于喷头作雾化喷涂	涂膜平滑均一，可厚涂，涂料反弹少	适应性广，但较细小的物品不宜	高
	辅助式无气喷枪	降低无气式雾化不良的缺点	涂膜平滑均一，较无气式喷涂优良	适应性广，较细小的物品不宜	高
D+E	静电涂装	雾化的涂料带负电，被吸引到带正电的被涂物，涂料包覆被涂物	涂料浪费少，涂膜最均匀，适于大量作业	立体面、弯曲面	高

表 30-32 手工涂饰方法与常用工具

种类	工具名称	工 具 概 况	用 途
漆刷类	排笔	由 4～20 支羊毛笔组合而成	用于刷虫胶、硝基漆、聚氨酯漆、丙烯酸漆和水性染色剂等黏度较低的涂料。
	羊毛板刷(底纹刷)	羊毛制的木柄刷子，原用于绘画刷底色	同上
	毛笔	用于写字的大小楷笔，羊毛等制作	同于补色
	油漆刷(扁鬃刷)	用猪鬃制成，刷毛宽度 15～150mm 多种规格，毛较粗硬，弹性好	涂刷酚醛、醇酸等黏度较高的清漆和色漆
	大漆刷(国漆刷)	用人发或牛尾制成，先将毛发胶成整支，再外包木板，毛口短	刷涂生漆、推光漆和广漆等高黏度大漆
刮刀类	铲刀(油灰刀)	木柄铲刀由薄钢板制作，38、50、75mm 等多种宽度，弹性较好	常用于调配嵌刮腻子、填孔剂，铲除旧漆膜，胶迹等
	钢板刮刀	用薄钢板制成，宽度较大	刮涂腻子、填平剂。用于面积较大的工作平表面施工
	橡皮刮刀	用耐油橡胶制成，分装手柄的和无手柄的，前者适于平面施工，后者可用于弧面，曲线施工	刮涂腻子和印刷木纹的底漆，无柄的橡胶板块，可弯曲与工件的曲面(如弯腿、圆柱形档子等)相应后刮涂腻子
	塑料刮板	可用多种合成树脂塑料板制成，弹性、硬度可调节、刮涂腻子、填孔剂等	刮涂腻子、填孔剂等
	嵌刀(脚刀)	长条状，一端平口，一端斜口	将腻子嵌补于制品的虫孔、钉眼、裂缝、榫头接缝等，使表面平整。用于剔除线角等处积聚的腻子、填孔剂的残留物，使线角清晰
	牛角刮刀	用水牛角制成，富有弹性，不易刮伤木材表面	刮腻子和油性填孔剂
揩擦涂具	棉花团	在脱脂棉或旧羊毛绒线、尼龙丝等细纤维团外包细棉布或涤棉布、细麻布等，成团状。可吸收一定量涂料，在揩擦时将涂料敷在工件表面	擦涂虫胶漆、硝基漆等挥发性涂料
	填孔染色剂	有棉纱团，海绵、竹刨花(竹花)等	用于擦揩填孔剂，也可用于揩涂水性染色剂，不起毛着色剂等

表 30-33 国产喷枪的技术参数和特点

型号	喷嘴直径(mm)	压缩空气压力(MPa)	漆雾截面尺寸(mm)		漆壶容量(kg)	喷涂距离(mm)	质量(kg)	特点
			圆形	椭圆形长轴				
PQ-1	1.0 1.2 1.5	0.28～0.35	38	—	0.6	250	0.4～0.46	涂料损失小适于喷涂小型工件
PQ-2	1.2 1.5 1.8 2.1	0.4～0.5	35	≥140	1.0	260	1.2	操作简便稳定性好，易更换涂料品种，适于中、小喷涂量的涂装

表 30-34 喷枪按供漆方式分类

型 式	特 点
吸入式	①贮漆罐安装在枪身下方涂料添加和更换容易；②喷出量受涂料黏度影响；③贮漆罐容量小，仅适于小面积喷涂；④喷枪重，不适于长时间喷涂作业；⑤过度倾斜贮漆罐，涂料易溢出
自流式	①贮漆罐安装在枪身上方；②少量涂料也可喷涂；③如贮漆罐换成吊桶，则适于大面积喷涂；④喷出量受涂料液面高度影响；⑤多种涂料要备多个贮漆罐或吊桶；⑥涂料吊桶输料管长，清洗困难
压入式	①适于大面积大批量喷涂；②喷涂量可调；③喷枪方向不受限制；④无贮漆罐，喷枪质量轻；⑤多种涂料要备多个压力漆桶及输料连管；⑥需配空气压缩机，费用高；⑦清洗困难

30.3.3 机械涂饰方法及设备

30.3.3.1 空气喷涂

1. 空气喷涂的工作原理

当压缩空气从喷枪的环状喷嘴喷出时，在喷嘴处形成局部真空，从喷漆嘴流出的涂料一进入真空区，就被后续喷出的高速气流所分散，成雾状涂料微粒射流，并溅落在工件表面，微粒叠落流展形成连续的涂膜。

2. 空气喷涂设备

空气喷涂设备通常由喷枪，空气压缩机，压力漆桶，输漆(气)饮管，油水分离器和喷涂柜(室)等组成。

(1) 喷枪：喷枪是将涂料分散形成涂料微粒射流并喷到工件表面上的专用器具。国产的PQ-1型称对嘴式喷枪，PQ-2型称同心式喷枪。同心型喷枪使用广泛。国产喷枪的技术参数和特点见表30-33。喷枪按供应方式分类见表30-34。

(2) 空气压缩机：用以产生压缩空气，供喷枪和压力漆桶，以进行喷涂和将桶中涂料不断输送给喷枪。喷涂时通常用小型往复式空压机。应根据喷枪的空气耗量确定空压机的容量。

(3) 压力漆桶：在涂漆量较大时使用。桶内贮放涂料，当通入压缩空气时，涂料被压送入喷枪，供喷涂。

(4) 油水分离器：压缩空气中通常带有油和水，若油、水进入涂层中，就会产生漆膜发白、针孔、失光等缺陷。故必需用油水分离器。

(5) 喷涂室：主要作用是排除空气中的漆雾和溶剂蒸汽，保护环境。喷涂室的种类很多。按工件装卸和作业方式可分为间歇式和连续两类。间歇式多用于单件或小批量工件的涂装。连续式适于大批量生产。按漆雾过滤方式可分为干式和湿式喷涂室。干式采用折板、垫网进行过滤，结构简单，过滤漆雾不彻底，适于小量喷涂。湿式用水过滤漆雾，效果较好，需要循环系统，定期清除废漆。湿式喷涂室应用广泛。废水需净化处理后，才能排放。

3. 空气喷涂工艺

喷枪操作技术正确与否是影响喷涂质量的最重要因素：如保持喷枪垂直工件表面，喷枪平行移动进行喷涂，相邻涂层应有30%～50%重叠，先喷边线再喷平面，喷涂杆状工件时可边迴转工件，边沿工件轴向移动喷涂等。常用涂料的工艺条件见表30-35。

表 30-35 常用涂料喷涂的工艺条件

工艺条件	硝基漆	酸固化漆	聚氨酯漆	聚酯漆
空气压力(MPa)	0.22～0.40	0.25～0.40	0.35～0.40	0.15～0.20
喷嘴直径(mm)	1.5～1.8	1.5～1.8	1.2～1.9	0.8～1.2
涂料湿度(℃)	20～24	20～24	20～24	20～24
涂料黏度(涂-4)(s)	10～20	20～45	11～18	14～30
喷距(cm)	小型喷枪 15～20，大型喷枪 20～25			

4. 空气喷涂特点

优点：适应性强，可喷黏度10～60s的涂料。不受制品形状尺寸的限制，设备价格较低，操作较方便。

缺点：涂料损耗大，涂料利用率一般为30%～70%，喷涂椅子等框架制品时仅为10%～30%，污染环境严重，大量有机溶剂逸散到大气中。

30.3.3.2 无气喷涂

1. 无气喷涂的工作原理

无气喷涂又称高压无气喷涂，是利用压缩空气等驱动高压漆泵，使涂料增压到10.0～30.0MPa，经软管送入喷枪，当高压涂料通过喷嘴进入大气时，因失压体积立即剧烈膨胀，

表 30-36 喷嘴口径的应用性能

口径(mm)	涂料流动特性	实 例
0.1 7～0.25	非常稀薄	水、溶剂
0.27～0.33	较稀薄	硝基清漆
0.33～0.45	中等黏度	底漆、油性清漆
0.37～0.77	较黏稠	油性色漆、乳胶漆
0.65～1.80	非常黏稠	沥青漆、厚浆涂料

分散成极细的涂料微粒，被喷到制品表面形成涂层。

2. 无气喷涂设备

无气喷涂有常温无气喷涂、加热无气喷涂和静电无气喷涂三种。常温无气喷涂在生产中使用较普遍，它主要由高压泵(柱塞泵)、蓄压贮漆桶、过滤器、喷枪等组成。压缩空气驱动柱塞泵，吸入涂料并加压后送入蓄压贮漆桶中贮存，喷涂时通过高压软管送至喷枪进行喷涂。常温无气喷涂适于低黏度的涂料。

(1) 喷枪是高压无气喷涂最重要的部件，由枪身、喷嘴、过滤网与管接头等组成，它只有一个涂料通道。喷嘴用蓝宝石、碳化钨等耐磨材料制成，多呈橄榄形，喷嘴孔的几何形状和光洁度要求极高，以保证涂料微粒化，喷涂射流形状等进而保证涂饰质量。

喷嘴的射流角度通常为 30°～80°，常用射流幅度为 200～450mm，使用不同性能的涂料时应选用相应规格的喷嘴，喷嘴口径的应用性能见表 30-36，常用喷嘴的型号和性能见表 30-37。

(2) 高压泵由高压泵赋于涂料高压以实现无气喷涂。按泵结构有柱塞泵和双隔膜泵，驱动泵工作的动力可以是压缩空气、油压和电机。无气喷涂设备型号及性能见表 30-38。

表 30-37 常用喷嘴的型号与性能

中国 6801 厂			美国 craco			日本旭大隈			日本岩田		
型号	流量(l/min)	幅度(mm)	型号	流量(l/min)	口径(mm)	型号	流量(l/min)	幅度(mm)	型号	流量(l/min)	幅度(mm)
008-30	0.8	300	163-615	0.80	0.38	14C13	0.90	330	2507	0.90～1.02	230～280
011-35	1.1	350	163-617	1.02	0.48	18C15	1.16	380	3003	<0.54	280～350
014-35	1.4	350	163-619	1.29	0.48	25C15	1.42	380	3004	0.54～0.72	280～350
017-35	1.7	350	163-621	1.59	0.53				3005	0.72～0.90	280～350
017-40	1.7	400	163-721	1.59	0.53	25C17	1.42	430	3006	0.90～1.08	280～350
020-35	2.0	350	163-623	1.89	0.59	10C15	1.93	380	3007	1.08～1.26	280～350
020-40	2.0	400	163-723	1.89	0.59	0C17	1.93	430	4003	<0.72	350～450

表 30-38 无气喷涂设备型号及性能

型号	压力比或功率	空气压力(MPa)	涂料压力(MPa)	最大输料量(l/min)	生产厂	动力
DGP-1	0.4kW/220V	–	18.0	1.8	上海液压件三厂	电动
$GP2A_1$	36：1	0.4～0.6	18.0	10	上海液压件三厂	气动
GPQ2C	64：1	0.4～0.6	31.4	10	中国 6801 厂	气动
GPQ3C	44：1	0.4～0.6	21.6	14	中国 6801 厂	气动
GPD-08	0.8kW/380V	–	21.6	1.7	中国 6801 厂	电动
Bulldog	30：1	0.4～0.7	20.6	11	美国 Craco	气动
King	45：1	0.4～0.6	27.5	13	美国 Craco	气动
AP1224	25：1	0.4～0.6	14.7	6.0	日本旭大隈	气动
AP1844	30：1	0.5	14.7	14.0	日本旭大隈	气动
AP2544	65：1	0.5	31.9	14.0	日本旭大隈	气动
AP2554	45：1	0.5	22.1	14.0	日本旭大隈	气动
AP3354	70：1	0.5	34.3	6.0	日本旭大隈	气动
AM-600	0.6kW/200V	–	17.7	1.8	日本旭大隈	电动
AM-750	0.75kW/100V	–	17.7	3.0	日本旭大隈	电动
ALS-533	32：1	0.1～0.7	22.0	13.1	日本岩田	气动
ALS-31-C	14：1	0.4～0.7	0.8	11.4	日本岩田	气动
ALS-453	53：1	0.4～0.7	36.3	4.0	日本岩田	气动
ALS-543	45：1	0.4～0.7	30.9	9.6	日本岩田	气动
DAE-07	0.7kW/100V	–	20.6	3.3	日本岩田	气动
Finish104	0.45kW	–	25.0	1.1	德国 Wagner	电动
Finish106	0.85kW	–	25.0	1.6	德国 Wagner	电动
Finish205	1.2kW	–	25.0	2.1	德国 Wagner	电动
Finish207	2.2kW	–	25.0	3.6	德国 Wagner	电动

表 30-39 无气喷涂工艺条件

涂料种类	黏度(涂-4)s	涂料压力(MPa)	喷距(mm)	喷枪运行速度(cm/s)
硝基漆	25～35	8.0～10.0	以上一般为 300～500，太远会使漆粗糙，损耗涂料；太近可能产生流挂和涂层不匀	一般宜 50～80。据喷嘴口径、涂料黏度、压力、喷距和涂漆量决定，以保证漆膜厚度和均匀性
挥发型丙烯酸漆	25～35	9.0～11.0		
醇酸磁漆	30～40	10.0～11.0		
合成树脂调合漆	40～50	9.0～11.0		
热固性氨基醇酸漆	25～35	10.0～12.0		
热固性丙烯酸漆	25～35	12.0～13.0		
乳胶漆	35～40	12.0～13.0		
油性底漆	25～35	12.0		

(3) 高压贮漆桶用于贮存并稳定获得高压的漆料，以保证连续向喷枪供应压力稳定的涂料。

(4) 过滤器用于滤去涂料中的杂质、漆皮、污物、以免堵塞喷嘴，影响喷涂质量。

(5) 高压软管用于输送高压涂料。要求耐高压、耐油、耐腐。

3. 无气喷涂工艺（表 30-39）

4. 无气喷涂的特点

优点：生产率较气压喷涂高，一支喷枪每分钟可涂3.5～5.5m²，一次可喷较厚涂层，涂料利用率高，漆雾损失小，适用性强，可喷高黏度涂料。不受工件形状尺寸限制，拐角凹陷处涂装质量也好。

缺点：喷出量和喷涂幅度不能调节，只有更换喷嘴才能改变装饰质量，表面精细度不及空气喷涂。

5. 空气辅助高压无气喷涂

空气辅助高压无气喷涂（Air Assisted Airlesss Pray，简称AA喷涂）是近年在国外兴起的一种新型喷涂方法，它是克服了空气喷涂与高压无气喷涂的缺点（前者涂料损耗大，后者质量不理想）并巧妙将二者结合一起的一种新方法。此法主要保留无气喷涂诸多优点，以无气喷涂为主，但是降低高压无气喷涂的涂料压力，减小喷涂射流的前进速度。无气喷涂时喷涂射流的前进速度过低则使射流造成雾化不均匀的现象，此时加上少量空气帮助改善雾化效果，故称空气辅助高压无气喷涂，其最大特点是涂料失少，喷涂表面质量好。

原高压无气喷涂的喷枪比较简单，只用输漆软管将高压涂料关入喷枪，经小的喷嘴喷出即可，AA法则在原喷枪喷头上增加空气孔将少量低空气（100kPa左右）送入喷枪经空气孔喷出，帮助雾化使高压涂料的漆雾变得非常的柔软细腻，这样便改善了高压无气喷涂的涂饰质量又保持了低的涂料损耗。此时涂料压力可降至5MPa以下。

AA喷涂法的优点如下：

(1) 涂料损失少：AA是几种喷涂法中涂料损失较少的一种。根据有关实际测定资料：空气喷涂的涂着率平均20%～40%，高压无气喷涂为40%～60%，AA为70%～80%，静电喷涂为80%～95%。

(2) 雾化质量好：AA喷涂实际上是将涂料加上一定压力（压力低于无气喷涂），使其涂料自身能够雾化，同时加上较小的空气压力来使用彻底雾化，该过程实际上是二次雾化的过程，因此雾化效果好，喷涂质量比无气喷涂好。

(3) 可以调节喷束形状：由于喷枪上有喷束调节孔，可以根据被涂饰产品形状调节喷束形状以达到最佳效果。

此法应用范围广泛，适于各类高档家具与工艺品的涂饰，在国外家具表面喷涂应用较多，近年在我国家具行业也开始应用起来。

30.3.3.3 静电喷涂

1. 静电喷涂原理

静电喷涂利用电晕放电现象，将喷具接负极作电晕电极，而被涂工件接地作正极，当两者接上直流高压时，被喷具分散的涂料微粒带负电，在电场力作用下，被吸引和附着沉积在工件表面上形成涂层。

2. 静电喷涂装置

静电喷涂装置（表 30-40）有自动涂饰的固定式和手提喷枪的移动式两类。按涂料雾化方法，可以分静电喷雾化，空气喷雾化和液压喷雾化。

转杯式静电喷涂使用较多，它由喷杯、高压静电发生器，运输装置和供漆装置等组成。

表 30-40 静电喷涂装置的组成

序号	主要装置名称	作　用
1	喷涂机	喷具、电机、支架等，用于将涂料微料化，实施喷涂
2	高压静电发生器	提供静电喷涂所需的，输出稳定的高压直流电，电压通常为 0～12 万 V
3	供漆装置	贮漆桶和定量供漆装置，向喷具供应涂料
4	运输装置	运送被涂制品，如悬式运输链等
5	喷涂室	是喷涂实施的空间，排出喷涂时产生的漆雾和溶剂蒸汽，以保护环境

3. **静电喷涂工艺**

木材表面静电喷涂的工艺条件如下：

电压：6.0～12kW，常用 8.0～10.0kW；

喷距：20～30cm，当喷距<20cm时，就有可能产生火花放电的危险，当喷距>40cm时，涂料的涂着效率就非常差；

涂料黏度：宜 18～30s。

涂料的电阻率：宜 5～50MΩ，cm，电阻率一般表示涂料的介电性能，它直接影响涂料的荷电性能，喷涂效率。可用二丙酮醇、二甲苯等溶剂或某些助剂来调整涂料电阻率。

木材含水率：宜在 8% 或以上。

4. **静电喷涂的特点**

优点：涂料利用率高，可达85%～90%，涂饰质量好，利于涂饰自动化，减轻劳动强度，改善施工环境，涂饰效率较高。

缺点：设备投资稍高，技术要求高，必须严格操作规程，防止火花放电而引发火灾，对涂料与溶剂有一定要求，形状复杂的制品，如凹陷、尖端、凸出大的部位难以获得均匀厚度的深层。

30.3.3.4 淋涂

1. **淋涂的工作原理**

涂料从淋漆机头下部流出，形成一个连续的漆幕，当被涂工件被传送带载送从漆幕下通过时，其表面上就被涂盖上一层涂料。淋涂法被广泛用于板件的涂饰。

2. **淋漆机**

淋漆机(表30-41)主要由淋漆机头、贮漆槽、涂料循环装置和输送带等组成。

3. **淋涂工艺(表 30-42)**

4. **淋涂的特点**

优点：生产率高，涂料损失极小，可用于硝基漆、聚氨酯漆、聚酯漆等多种涂料的涂饰，涂饰质量较高。

缺点：只适宜于板件平表面和形状变化极小的工件，只能单面涂饰，更换涂料品种时，清洗费时，宜批量生产。

30.3.3.5 辊涂

1. **原理**

辊涂法是先在涂布辊上形成一定厚度的湿涂层，再部分或全部转移到被涂饰工件表面上的一种涂饰方法。

2. **辊涂设备**

辊涂机通常由辊筒、工件进给系统、供料系统、涂布辊清理装置(刮刀等)组成。按涂布辊与板件运动方向可分为顺转辊涂机和逆转辊涂机；按功用分为填腻机、着色机、涂底面漆机。辊涂机类型及特点见表 30-43。

某些辊涂机技术参数见表 30-44。

3. **辊涂机的特点**

优点：辊涂机生产效率高，涂料损失极小，可用以低黏度和高黏度的各种涂料的涂装，涂层可厚、可薄，可涂厚度小于 10μm 的涂层。

缺点：只适用于平表面板件的涂装，被涂板件的厚度尺寸精度要求较高，厚度偏差应小于 ± 0.2mm。

30.4 涂层干燥固化

30.4.1 涂层固化机理

30.4.1.1 定义

涂装在木材表面上的液态涂层逐渐转化为固态漆膜的过程称为涂层固化或涂层干燥。

表 30-41 淋漆机的组成

序号	主要组成名称	作　用
1	淋漆机头	形成连续均匀漆幕，目前底缝式机头应用较多
2	涂料循环系统	向淋漆机头连续供应涂料，并回收漆幕未涂在工件上的涂料。漆泵将漆槽中涂料吸出，通过过滤器、调节阀送入淋头，一部分涂料由溢流阀回送到漆槽
3	传送带	输送工件，前后传送带应在同一水平面上，速度相同。输送速度可调，常为 60～90m/min
4	贮漆槽	存放涂料，为保证涂料黏度符合要求，往往装有加热和冷却装置，内置斜板、隔板用以消泡
5	受漆槽	接受未落在工件上的漆幕部分涂料
6	淋头高度调节机构	调整淋头高度到适宜值，以适应工件厚度变化

表 30-42 淋涂工艺条件

项目	工艺参数	说　明
涂料黏度(涂 -4)(s)	15～130，常为 25～55	黏度高的涂料流平性差，黏度过低，不易形成良好的漆幕，应根据涂料品种，经试验确定其适宜的施工黏度
传送带速度(m/min)	60～90	传送带速度可无级调速，为 0～150m/min 要求前后传送带速度相同，速度均匀
机头底缝宽(mm)	敞开式 0.2～1 封闭式 0～0.2，常取 0.12 左右	底缝宽度大，涂料带厚，涂层变厚；底缝宽度小，涂层变薄，过小则不成幕，应根据料黏度等确定调节缝宽
机头中涂料的压力(MPa)	0～0.02 常用约 0.01	用以调节封闭式机头涂料的流出量

表 30-43 辊涂机类型及特点

类型	工作简介	特点和适用性
顺转辊涂机	工件由涂布辊和进给辊夹持送给，涂布辊旋转方向与工件运动方向一致，进给中，涂布辊上的涂料转移到工件表面上而形成涂层。涂布辊上涂层厚度由分料辊与涂布辊的间隙大小和转向而定。用泵将涂料送到涂布辊与分料辊之间	A 型涂布辊与分料辊同向转动，用刮刀清洁分料辊表面。适于涂装高黏度(100～150s 涂-4 杯)涂料 B 型，涂布辊与分料辊逆向转动，多用于低黏度清漆的涂饰 涂层厚度可通过涂布辊、分料辊间隙，进给速度，涂布辊对工件的压力和涂料的黏度调节，可涂 10～2 μm 的涂层
逆转辊涂机	工作时，分料辊将涂料转移到刮辊上，再转移到涂布辊上，涂布辊逆工件进给方向转动，将涂料涂在工件表面上	涂布辊对工件不加压，工件进给速度由进料辊的转速决定，分别调节涂布辊与进料辊的转速，即可调节涂层的厚度，适于涂装腻子，起填平作用
精密辊涂机	工作时，分料辊从涂料盘中吸起涂料，涂在网辊上，涂料附着在网纹内，多余涂料用刮刀刮去，涂料再从网辊转移到涂布辊上，然后涂在工件表面上。涂布辊上残余的涂料由刮刀除去，以保证涂饰量	涂层厚度控制较精确，由网辊的网纹槽尺寸结构决定。可用于涂着色剂。涂层厚度可小于 10 μm
辊式填孔机	进给辊将工件送进时，涂布辊将填孔剂涂敷在工件表面，接着由一组刮刀，将填孔剂压入木材孔槽内并刮掉浮在表面的多余填孔剂	用于填孔

表 30-44 辊涂机技术参数

型号 项目	BN1113 辊涂着色机	T/10-2AN 辊涂机	DAL1 辊涂机	DAL2 辊涂机	RC-4.5 型辊涂机
加工件宽度(mm)	1250	1400	1300	1300	1250
加工件厚度(mm)	60	0～100			
工件传送速度(m/min)	7～26.7	6～32	6～30	6～30	10～40
涂料辊直径(mm)	200	250	238	238	
送料辊直径(mm)		163.5	174	174	
刷辊直径(mm)		250			
除尘量(m^3/h)		1000			
电动机功率(kW)	8	3	5	5	6
第一涂料辊		0.56			
第二涂料辊		0.56			
刷辊		0.75			
漆泵		0.75			
外形尺寸(长×宽)(mm)	3190 × 1830	3350 × 2950	1020 × 1400	2100 × 1400	1400 × 3150
生产厂家	信阳木工机械厂	意大利 SORBINA 公司	德国贝高公司	日本望月机工制作所	

30.4.1.2 涂层固化机理(表 30-45)

30.4.2 涂层固化方法(表 30-46)

30.4.3 涂层的固化规程

30.4.3.1 涂层的固化阶段

(1) 表面干燥：是指涂料表面已干燥到不沾尘土，或手指轻触不留痕迹。

(2) 实际干燥：是指手指揿压不留指痕，涂层达实干阶段，这时漆膜硬度：硝基漆约为0.30～0.35(摆杆硬度)；聚酯约为 0.35～0.55。零件可堆放，有的漆膜可以磨光，抛光。

(3) 完全干燥：漆膜硬度基本稳定，停止下陷，已具备保护装饰性能。

30.4.3.2 涂层的固化规程

影响涂层固化速度和漆膜质量的因素，有涂料种类、品种、涂层厚度、干燥固化方法、设备以及固化条件(温度、时间、升温速度、紫外线强度等)。为保证漆膜质量，需确定并控制涂层的固化条件，即制定涂层的固化规程。

涂层的固化规程举例见表 30-47。

30.5 漆膜修饰

30.5.1 漆膜修饰的意义

涂层在固化过程中会发生体积收缩，使漆膜表面毛糙不平整，此外，底层不平整，涂饰不均匀，涂料流平性差，干

表 30-45 涂层固化机理

分类	种类	机理模型	固化因子	反应的分类	涂料实例
物理性质的干燥固化	蒸发干燥	液态涂层 —(涂剂蒸发)→ 连续漆膜 ↑温度	温度 风量 气压	蒸发	各种硝基涂料 乳液类涂料 水性涂料
	融解冷却干燥	固体 → 融解 → 液态 → 冷却 → 连续漆膜 ↑温度	温度	融解、冷却	粉体涂料，道路标志涂料，聚乙烯
	膨润凝胶化干燥	膨润溶液 → 融解 → 连续漆膜 ↑温度	温度	膨润、融解	氯乙烯溶胶
化学性质的干燥固化	聚合干燥	主剂 + 固化剂 —(溶剂蒸发 化学反应)→ 连续漆膜	温度 催化剂	游离基：过氧化物 光敏剂 –	不饱和聚酯 紫外线固化型涂料 电子线固化型涂料
		含不饱和基团的涂料 → 连续漆膜 ↓金属皂 ↑紫外线	附加能量(紫外线、电子线)	缩聚 加聚 加成聚合	醇酸，三聚氰胺，丙烯酸漆 两液型环氧涂料 两液型聚氨酯涂料 氨基涂料，醇酸涂料

表 30-46 涂层固化方法

固化方法	含义	特点	固化方式与设备	适用范围
自然干燥	利用自然流通的空气对涂层进行干燥固化	①方法简便，不需任何干燥设备和装置 ②应用广泛； ③干燥缓慢，占用场面积大； ④需控制温湿度，温度不低于10℃，相对湿度不高于80%	①直接在涂饰现场干燥。零部件可放在架子上，制品、零部件间留适当距离； ②专门的自然干燥室固化，冬季能采暖达常温(20～25℃) ③通风遮棚下干燥固化	水性染料，醇性涂料等，快干，无有害气体的涂料 适于硝基漆、聚氨酯漆等，慢干涂料可利用下班后昼夜干燥
热空气对流干燥	用蒸汽、热水等将空气加热，再用热空气加热涂层使之固化	①热空气温度根据涂料品种确定。挥发性涂料40～60℃，非挥发性涂料为40～80℃； ②适应性强。制品、工件形状不限，大部分涂料适用； ③涂料固化速度较快； ④宜分阶段加热，先常温挥发，再逐渐达要求温度，否则漆膜会产生针眼、气泡等缺陷	①周期式干燥室，制品零件放在室内干燥后取出，宜小批量，单件多品种生产用。包括周期式自然循环干燥室；周期式强制循环热空气干燥室； ②通过式干燥室：被涂饰制品、零件由输送装置从干燥室一端进入向另一端移动，在移动过程中加热并干燥涂层。室内分几个加热区，传送装置有带式、板式、多层小车、悬挂式等	①可对各种形状、尺寸的家具或零部件表面涂层干燥； ②适用各种涂料涂层的干燥。干燥温度可调节范围较大
红外线干燥	涂层吸收一定波长的红外线，红外线辐射能量转化成热能，使涂层从内部加热而干燥固化	①红外线波长为0.72～1000 μm，涂料高分子吸收3～50 μm的远红外线，并转化为热能，加热涂层； ②干燥速发快，热效率较高； ③涂层干燥质量较好； ④红外线直线传播，未照射到的涂层难以固化	远红外线辐射器分管状、板状、灯状，通常用于通过式涂层干燥装置	①平面型和外型简单的零件； ②热固性树脂涂料
紫外线固化	光敏涂料吸收特定波长的紫外线后，光敏剂分解出游离基，引发光敏树脂与活性稀释剂的活性基团化学反应而交联成网状体型结构漆膜	①快速固化，照射紫外线在数秒至数十秒内即可固化； ②几乎100%成漆膜，光敏涂料是无溶剂涂料； ③不照不干，只宜板式部件的透明涂层； ④紫外线对人体有损伤，应避免与它接触	紫外线固化装置。内装2～3支高压泵灯，工件用传送带传送。除工件进出口外，其余部分均用罩壳封闭	光敏涂料，透明清漆平板状工件

表 30-47 涂层的固化规程举例

涂料品种	涂层的固化规程
水性涂料	宜<60℃下固化。若超过 60℃可能会引起颜色变化，30℃下固化时，约 30～50min，红外线辐射固化时间约 12min
油性涂料 如 Y00-1 清油	宜在 80℃以下固化。涂层厚度增大，固化时间将大为延长，故油性漆涂层不宜厚。常温自然干燥，表干为 4h，实干<24h，45℃热空气干燥时，需干 6h
Y03-1 油性调合漆	自然干燥时间，表干为 4h，实干≤24h
虫胶漆	常温自然干燥时间，表干为 10～15min，实干 50min
酚醛清漆如 F01-1	常温自然干燥时间表干为 5h，实干≤15h
各色酚醛磁漆如 F04-1	常温自然干燥时间，表干为 6h，实干≤18h
硝基木器清漆如 Q22-1	常温自然干燥时间，表干为≤10min，实干为≤50min，用通过式干燥室时，热空气对流加热，宜分以下三阶段进行：陈放挥发阶段：20～25℃，5～10min；加热干燥阶段：40～45℃，干 15～20min；冷却阶段：20～25℃，5～10min
不饱和聚酯漆(蜡型)	涂层厚宜 150～300μ，起始阶段固化温度为 15～20℃，固化时间 25min
酸固化氨基醇酸漆	固化剂加入量为涂料质量的 5%～10%，在 15℃时，固化剂为 10%，20℃时，为 8%，固化时间约 40min。25～30℃时，约为 5%。固化时间约 45～50min
聚氨酯漆(685 聚氨酯漆)	常温自然干燥时，表干约 1h，实干为 10～20h
玉莲牌 PU801S (半光聚氨酯清漆)	常温自然干燥，表干为<8min，实干<2.5h
玉莲牌 PU208 (聚氨酯清底漆)	常温自然干燥，表干<10min，可打磨<2h
华润 PU 清面漆	常温自然干燥，表干<20min，实干<24h
华润 PS900 底得宝	常温自然干燥，3～4h，漆膜实干后可打磨
光敏涂料 华润厂产 UA3022 底漆	辊涂 20～25g/m²，三支灯照射 8～10s
UA62225 面漆	辊涂 10g/m²，三支灯照射 8～10s，环境温度 25℃，相对湿度 75%

表 30-48 漆膜磨光的分类

漆膜种类	磨光材料与方法	备　注
嵌补的腻子	用 1～1/2 号木砂纸，手工干磨	要磨掉腻子，磨平整
填平的腻子	0 号木砂纸，手工或手提磨光机干磨	表面完全磨平整
封闭底漆	00 号木砂纸或 0 号旧砂纸，手工轻轻干磨	去木毛等
打磨底漆	00 号木砂纸手工或手提磨光机打磨，或用带式磨光机磨光，320～600 号砂带	要打磨平整，干磨或湿磨，目前除 NC 漆外，大多用干磨
面漆	用 600～1000 号砂纸磨光，可手工或磨光机磨光	PU 漆等热固性漆可干、湿磨，NC 漆可用湿磨，质量要求不太高时，面漆可以不磨光，亚光涂饰时，也不磨光

燥不良，沾附灰尘等都会造成漆膜不平，光泽欠佳，为了获得装饰性好，平整光滑，手感滑爽的漆膜，在涂层干燥后，必须对漆膜进行修饰加工。

漆膜的修饰加工包括磨光和抛光。通常腻子、底漆和面漆漆膜均需进行磨光，而抛光只对面漆漆膜进行。

30.5.2 漆膜的磨光

30.5.2.1 漆膜磨光的分类(表 30-48)

30.5.2.2 磨光设备

1. 磨具

(1) 砂纸：用皮胶或骨胶等将一定粗细的砂粒粘结在纸上制成，木砂纸不耐水，可用于腻子、底漆、漆膜的干磨，砂粒按粗细分成许多规格，砂粒材质有黑色碳化硅，棕刚玉，白刚玉，玻璃砂和燧石。涂附磨具涂料精度代号对照见表 30-49。砂纸型号规格见表 30-50。

(2) 耐水砂纸：用氧化铝作磨料，用耐水的醇酸水砂纸清漆将磨料粘于纸上制成。

(3) 砂布：用黏结剂将磨料粘于布上制成。强度大而柔软，一般呈棕褐色，可用于硬度较高的漆膜(如PE漆)的研磨。

2. 磨光机

(1) 手持式磨光机，有气动和电动两类。它体积小、轻便、灵活、效率也较高，生产中使用较普遍。规格种类较多。

(2) 带式砂光机：分窄带式和宽带式，窄带式又分为压块手动的水平上带式磨光机及自动水平带式磨光机等，宽带式也有多种结构规格型号，带式磨光机研磨漆膜的效率很高。

(3) 宽带式磨光机：据意大利 DMC 公司分类标准(非国

表 30-49 涂附磨具、磨料精度对照表

涂附磨具、磨料粒度标准 JB3630-84	磨料粒度(目) 国家标准 GB2477-83	干磨砂布粒度代号	耐水砂纸粒度代号	用途
P16	16			
P20	20			特粗磨
P24	22			
	24			
P30	30	–		
P36	36	$3\frac{1}{2}$		粗磨
P40	40	3		
	46	$2\frac{1}{2}$		
P50	54	–		
P60	60	2		
P70	70	–		
P80	80	$1\frac{1}{2}$	80	
P100	90	–	100，120	中磨
P120	100	1	–	
	120	0	180，220	
P150	150			
P180	180	2/0	240，260	
P220	220	3/0	280，330	细磨
P240	240		320	
	W63	4/0	360	
(P280)				
P(320)	W50			
P(360)			400	
P(400)	W40		500	
(P500)		5/0	600	
P(600)	W28		700	
P(700)			800	
P(1000)	W20			
(P1200)				

注：此表取自于中国第二砂轮厂产品样本

表 30-50 砂纸型号规格

种类	砂纸号	粒度(目)	规格尺寸(mm)
木砂纸	00	164	
	0	140	页状：228 × 280
	1/2	120	
	1	100	
	$1\frac{1}{2}$	80	卷状：228 × 5000
	2	60	
水砂纸	240	160	
	280	180	
	320	220	页状：228 × 280
	360	240	
	400	260	卷状：228 × 5000
	500	320	648 × 5000
	600	400	

注：此表取自天津砂纸厂产品样本

标标准分类)，宽带式柔光机和宽带式组合砂光机适用于漆膜磨光。

30.5.3 漆膜的抛光

漆膜抛光是指用抛光材料擦磨漆膜表面以及用溶剂或成膜物质溶平漆膜表面的一种加工方法。面漆漆膜虽经精细研磨，但在面上仍会有微细的不平，采用抛光膏进一步研磨，漆面才能达到很高的光洁度，显出柔和、舒适、稳定的光泽。

抛光处理只用于较硬的漆膜，如NC漆、PU漆、PE漆等漆膜。

30.5.3.1 擦磨抛光

生产中普遍用抛光膏擦磨漆膜。擦磨抛光可以手工进行，也可机械操作。

1. 手工抛光

手工抛光劳动强度大，效率低，抛光材料见表30-51及表30-52。步骤是擦砂蜡——擦煤油——上光蜡。

2. 抛光机

抛光机又称擦蜡机，有多种，分辊式和盘式。辊式又为单、多辊和卧式、立式，应用最广，生产效率高。部分抛光机的技术参数见表30-53。

3. 手提式抛光机

有电动与气动式两类。

30.5.3.2 溶平抛光

对挥发性漆膜，可用溶平填补法消除不平，提高光洁度，如在硝基漆膜表面擦除部分溶剂，将漆膜的凸出部分溶解填充到凹处，或擦涂涂料，填平低凹处等，以提高光洁度。

表 30-51 木材漆膜用抛光材料

材料名称	性　能	用　途
抛光膏	用硅藻土、煅制白云石、氧化铝等细磨料粉与矿物油、水等混合而成。机械抛光用的抛光膏为条块状，使用时将抛光膏直接涂于抛光布轮上	硝基漆、丙烯酸漆、聚氨酯漆等漆膜的抛光研磨
上光蜡	由蜂蜡、石蜡等溶于松节油中构成的膏状物，常用的有乳白色(汽车蜡)和黄褐色(地板蜡)两种	对已抛光的漆膜表面上蜡，增加表面光亮度，并起到防水、防尘、保护家具表面的作用

表 30-52 抛光上光材料型号规格

产品种类	编号	砂号	应用范围	尺寸(mm)	重 量
3MTM	PN2021	1000		40 × 229	
皇牌砂纸	PN2022	1200	对具有橘皮、尘料等不光滑的漆膜表面研磨	140 × 229	
	PN2023	1500		140 × 229	
3MTM 精蜡	PN5955	–			4.6L
3MTM 粗羊毛球	PN6031	–	配合 2000 转的磨光机，可磨去较深的刮痕和砂痕		4.6L
	PN5701	–		203(直径)	
3MTM 机蜡	PN5928	–			12.7kg
3MTM 粗羊毛球	PN5991	–	配合 2000 转的抛光机，可将细微砂痕、刮痕除去，达到抛光效果		12.7kg
	PN5705	–		203(直径)	
3MTM 皇牌手蜡	PN5990	–	能除去木材漆膜表面的污垢，使表面洁净光亮获得镜面效果		12.7kg

注：此表取自 3M 香港有限公司产品样本

表 30-53 抛光机的技术参数

类型 项目	BULLO120 平面抛光机	FLADDER300SH 边部抛光机	MC-2000 自动抛光机	HPC081B 自动打蜡机	
工件最大长度(mm)	2500		2000	1830	2440
工件最大宽度(mm)			800	915	1220
工件最大高度(mm)	350		200		
抛光辊长度(mm)	1200	300			
抛光辊直径(mm)	350		200～250		
抛光辊转速(r/min)	960	935	900		
抛光辊电机功率(kW)	11	0.45	3	粗抛光辊 11.3 × 2,细抛光辊 7.5 × 2	
工作台移动电机功率(kW)	0.75		0.75	0.75	
工作台升降电机功率(kW)	1.1		0.75		
进料速度(m/min)			8～10		
抛光辊振幅(mm)	30				
生产厂家	意大利 AGLA 公司	意大利 BINI 公司	上海亚木工机械厂	中国台湾新百强有限公司	

溶平抛光后装饰效果不及擦磨抛光，而对操作技巧要求又高，故应用不广泛。

30.6 涂装工艺

30.6.1 涂装工艺过程的构成

用涂料涂装木材表面的过程，包括木材表面处理、涂饰涂料、涂层固化和漆膜修整等一系列工序。由于漆膜质量要求的不同，以及基材情况和涂料品种等不同，涂装过程的内容和复杂程度有很大差别。按漆膜能否显现木材纹理的性能，通常可分为透明与不透明两大类。木材透明与不透明涂装工艺过程的构成见表 30-54。

表 30-54 木材透明与不透明涂装工艺过程的构成

阶段	主要工序	
	透明涂装	不透明涂装
表面处理	表面洁净(去污、去油迹等)、去树脂、脱色、嵌补、磨光白坯	表面洁净、去树脂、嵌补、磨光白坯
涂饰涂料	填孔、着色、修色、涂底漆、涂面漆	填平、涂底漆、涂面漆
漆膜修整	磨光、抛光	磨光、抛光

注：①对某一种质量要求的漆膜来说，可据涂料和基材情况设计多种涂装工艺，各工序的先后顺序，和工序的重复次数也可以调整

②为保证获得平整、光滑的漆膜，通常各涂层均进行干燥和漆膜磨光。但需灵活掌握，区别对待，如在湿涂装时，第一层涂饰的漆层只需表干，也不需磨光，即可涂上第二层涂料。漆膜的磨光与否需根据具体情况而定

30.6.2 涂装的基本工序

木材涂装的基本工序，见表 30-55。

30.6.3 涂装工艺举例

30.6.3.1 着色半显孔透明硝基漆(NC)涂装工艺(表30-56)

30.6.3.2 着色半显孔亚光聚氨酯(PU)漆涂装工艺(表30-57)

30.6.3.3 木材本色透明亮光聚氨酯漆涂装工艺(表30-58)

30.6.3.4 **实色聚氨酯漆涂装工艺（表 30-59）**

30.6.3.5 **幻彩、云石效果聚酯漆涂装工艺（表 30-60）**

30.6.3.6 **贴纸透明聚氨酯(PU)漆涂装工艺（表 30-61）**

30.6.3.7 **贴纸透明 PE 涂装工艺（表 30-62）**

30.6.3.8 **木纹涂装工艺（表 30-63）**

30.6.3.9 **本色红木家具涂装工艺（表 30-64）**

表 30-55 木材涂装的基本工序

工序名称	作用	材料及施工方法
表面清净(去污)	将家具白坯面上的尘土、胶迹、油迹等清除干净，确保后续工序的顺利进行	1.用压缩空气喷吹或用笤帚将制品白坯表面和孔槽中的尘土除净 2.胶迹用 50～70℃的热水润湿后再用铲刀铲除。油迹用汽油、酒精或其他溶剂揩擦，待干后用较细的木砂纸顺纹理砂磨，得到滑净表面
去树脂	防止针叶材中的树脂渗到表面上，影响涂装时涂料固化不良，着色不匀，漆膜回黏以及附着力降低等	1.洗涤法：用 5%～6% 的碳酸钠(碱)溶液，或用 4%～5% 的苛性钠(火碱)溶液涂擦木材表面，然后用热水将表面洗净。此法会使处理后的材色变深。在生产中应用较普遍 2.溶解法：①按丙酮与水 1∶3～4 的比例配制，擦涂在有树脂处，可除去树脂，操作时应注意防火。②将火碱液和丙酮液按 4∶1 比例配液，去脂效果好 3.铲除法：用烧红的铁铲反复铲熨有树脂的表面以去除树脂，铲除时注意不要烧焦木材表面 4.挖补法：用刀将集中大量树脂的节子。树脂囊部位挖去，并补上相同的木材，注意补木的纹理与材色。 树脂去除后应涂饰虫胶漆或聚氨酯封闭漆进行封闭，使树脂不再渗出表面。
脱色(漂白)	除去木材的天然色素或加工中产生的污染变色，以消除表面上的色斑和不均匀的色调，使制品表面材色均匀一致。仅在透明涂饰中使用	用喷枪或刷子将脱色剂涂于表面，刷涂时需顺木材纹理进行。脱色剂及处理方法举例如下： 1.双氧水脱色：用浓度为 30%～40% 的双氧水和 25%～30% 的氨水配制而成，其配比为 1∶1，涂于表面上后静置。40～50min，用清水洗净 2.草酸脱色：将 75g 结晶草酸、75g 硫代硫酸钠及 25g 结晶硼砂各溶于 1000mL 水中配成三种溶液；使用时先蘸取草酸溶液涂于表面上，干后再涂硫代硫酸钠液，待褪色达到漂白效果再涂硼砂液以中和残留于木材上的酸性物质，最后用清水洗净表面，并进行干燥，此法对色木、柞木漂白效果好 3.亚氯酸钠脱色：3g 亚氯酸钠溶于 100g 水中配成漂白液，使用前再加入 0.5g 冰醋酸和 100g 水，涂于需脱色的木材表面，在 60～70℃下干燥 5～10min 即可漂白，此种脱色剂对泡桐、山毛榉、柞木、白蜡木有较好漂白效果 4.次亚氯酸钠脱色：5g 次亚氯酸钠和 95g 水混合加热后涂于木材表面，或加入少量草酸、硫酸后再涂，此适用于柳桉材的漂白脱色 5.pH 值为 8～9 的 2% 的双氧水处理，边观察去污情况，边逐渐提高双氧水浓度，不超过 10%。为避免脱色过度而使颜色不匀，要求未污染部分也涂极稀(约 0.2%)的双氧水溶液 附：①木材脱色、漂白剂、活性化助剂和抑制化助剂分别见表 30-11、表 30-12、表 30-13。 ②处理操作前应将木材表面和管孔槽清理干净。漂白以后须用清水洗去脱色溶液，因漂白剂多属于强氧化剂类化学药品，所以用玻璃或陶瓷容器，施工中要戴防护用具。漂白溶液不能流入胶合的部位，以免发生开胶现象
去木毛	清除已被切削但尚未脱离木材表面的细小木纤维或纤维束，以免产生着色不均，表面粗糙木纹不清和不能将管孔孔槽充分填实等问题	用水、胶液和漆液润湿木材表面，使木毛膨胀竖起，干后砂磨除去； 1.用 40～50℃温水润湿木材表面，木毛吸湿竖起，干后轻轻砂磨掉 2.用 3%～5% 皮胶或骨胶溶液润湿木材表面，木毛竖起，干后变硬变脆，再用砂纸轻磨除去 3.用稀的油性漆、虫胶漆、硝基漆或聚氨酯漆等漆液润湿木材表曲，木毛竖起，干后硬脆易于磨去。 目前生产中普遍用黏度约 10s(涂-4，20℃)左右，固体分 7%～10% 的聚氨酯封闭底漆进行去木毛处理
嵌补	将木材表面上的节子、虫眼、钉孔、裂纹、缝隙、切削凹坑等局部凹陷不平用腻子嵌补填平，以保证木制品表面的平整度	根据木制品表面所选用的涂料品种和质量要求等，使用不同的腻子(腻子有涂料厂生产的成品腻子，也有漆工在施工中自行调整配的)。腻子调配及施工方法举例如下： 1.胶性腻子 配比(质量份)： 碳酸钙 90；着色颜料 10；15%～20% 胶液 适量；水 适量 调配中应掌握胶水加入量，搅拌中感觉有一定黏度即可，胶水过量会影响制品着色均匀度。胶性腻子强度高于水性腻子。 2.虫胶腻子 配比(质量份)：

表 30-55（续）

<table>
<tr><th>工序名称</th><th>作用</th><th>材料及施工方法</th></tr>
<tr><td></td><td></td><td>
<table>
<tr><td>碳酸钙</td><td>虫胶清漆(15%~20%)</td><td>着色颜料</td></tr>
<tr><td>75</td><td>24.2</td><td>0.8</td></tr>
</table>
虫胶腻子干燥迅速，附着力强，易于着色，硬度适中，施工方便，在木材表面着色前后均可用于嵌补缺陷。
此种腻子在使用中酒精易挥发，所以不要一次调得过多，腻子过稠时可再加入适量酒精调匀。
3.硝基腻子
配比(质量份)：
<table>
<tr><td>石膏</td><td>酚醛或醇酸清漆</td><td>松香水</td><td>着色颜料</td><td>水</td></tr>
<tr><td>65</td><td>16</td><td>19</td><td>适量</td><td>少许</td></tr>
</table>
调配时，先将前三种材料，按比例混合加入适量着色颜料搅匀，静置 2~4h，按需用量取出放在容器中加入少许水搅拌，待石膏吸水膨胀达适宜稠度方可使用。此种腻子干燥慢，硬度大，不易磨平，但附着力好，可用于局部缺陷的嵌补和不透明涂饰的全面填平。
</td></tr>
<tr><td>白坯磨光</td><td>消除嵌补腻平时造成的不平，构成平整光滑的基础表面，再进入着色和涂饰阶段，它是保证制品涂饰质量的重要一环。</td><td>采用先粗砂后细砂的方法，可用手工和机械磨光，以提高生产效率，降低劳动强度。各种类型的窄带式和宽带式砂光机用于平面型部件的砂磨；盘式砂光机主要用于小平面和零件尖锐棱边的砂磨；刷式砂光机适用于对成型面的砂磨；手提式磨光机适用面较广，具灵活性。表面有雕刻起线等复杂造型则可用手工砂磨。砂磨后应清除尘屑达到平整、光洁、无砂痕的效果。砂磨后发现有些缺陷漏补的应及时再作嵌填腻平，干后砂磨平整</td></tr>
<tr><td>填孔</td><td>用填孔剂填塞木材管孔(导管槽)，把基材表面填平，同时上底色，并凸显木纹。在此基础上再涂底漆和面漆，能获得厚实平滑的漆膜，提高其丰满度，减少底面漆消耗。本工序用于木材透明涂饰。</td><td>
填孔剂及处理方法举例：
1.水性颜料填孔剂(水老粉)
<table>
<tr><td>材料</td><td>碳酸钙(老粉)</td><td>水</td><td>着色颜料</td></tr>
<tr><td>质量比</td><td>1</td><td>粗孔材 1
散孔材 1.5</td><td>微量</td></tr>
</table>
注：据需要，有时也可加 1% 左右乳白胶(PVAc 胶)以增加附着力。
施工时应根据色板要求选用相应的颜料，正确掌握好色调，用细刨花、竹花、棉纱等擦涂。
此种填孔剂适用于普通、中级家具透明涂饰的基础着色与填孔。
2.油性颜料填孔剂(油老粉)
配比(质量份)：
<table>
<tr><td>碳酸钙</td><td>硫酸钙</td><td>油性清漆</td><td>松香水</td><td>着色颜料</td></tr>
<tr><td>65</td><td></td><td>5</td><td>30</td><td>适量</td></tr>
<tr><td></td><td>53</td><td>3</td><td>44</td><td>适量</td></tr>
</table>
调配时，先将体质颜料放入容器中倒入清漆，待松香水加入后再作充分搅拌，按色板加入适量着色颜料，施工操作时，应边搅拌边使用，防止着色颜料沉淀影响颜色均匀度，可擦涂或刮涂。
此种填孔着色剂能保证木质不受水分影响而产生管孔膨胀，着色后表面纹理清晰，色泽纯正，适用于中、高级家具的填孔着色。
3.树脂色浆填孔剂
配比：
<table>
<tr><td>滑石粉</td><td>聚氨酯乙组</td><td>二甲基甲酰胺</td><td>二甲苯</td><td>着色材料颜料、染料</td></tr>
<tr><td>100</td><td>50</td><td>5</td><td>100</td><td>适量</td></tr>
</table>
此种混合树脂色浆可填充着色，填孔效果好，色泽纯正，用擦涂法施工。
4.木纹宝(涂料厂供应的填孔剂成品，商品名)。如华润厂生产的 PT9 系列木纹宝，有多种颜色，若用原色浆与 PTA 系统调色浆配合使用，可获得所需的颜色。该木纹宝属 PU 类。使用时应按工厂提供的技术资料进行施工
</td></tr>
</table>

表 30-55（续）

<table>
<tr><th>工序名称</th><th>作用</th><th>材料及施工方法</th></tr>
<tr><td>填平</td><td>在粗管孔的木材表面或刨花板表面进行不透明涂饰时，需做全面填平工作，以获得平整和丰满的表面漆膜</td><td>以油性填平剂为例：
配比：(质量份)
<table>
<tr><td>石膏</td><td>33</td><td>30.2</td></tr>
<tr><td>清油</td><td>8</td><td>40.2</td></tr>
<tr><td>酚醛清漆(或醇酸清漆)</td><td>18</td><td>–</td></tr>
<tr><td>松香水</td><td>14</td><td>20</td></tr>
<tr><td>水</td><td>27</td><td>9.6</td></tr>
</table>
油性填平剂较稀薄，在已进行表面清洁的基底上满刮 2～3 遍填平剂，干后细磨平滑，再涂表面色漆。
目前国内一些涂料厂生产的腻子只须刮涂一遍即可，如玉莲 PU480 填充剂即有此效。
不透明涂饰的家具表面色调取决于色漆的颜色或几种原色漆按色板要求调配成的颜色。</td></tr>
<tr><td>涂层着色</td><td>在填孔着色后，用底漆封闭，在此基础上涂各种染料溶液或加入相应染料的有色面漆、有色封闭底漆，进行涂层着色，可以对已涂的底色作加强和修整</td><td>木材着色剂基本上是染料着色剂，其色彩鲜明亮丽，不遮盖木纹。可分为水性、醇性、油性、树脂性各种着色剂。
水性、油性等着色剂只起着色作用，而树脂性(如 PU)和醇性着色剂(如酒色)，兼起着色和封闭两种作用。举例如下：
1.水性染料着色剂(水色)
热水溶解一定量的酸性染料(酸性大红、酸性橙等)或成品酸性染料(黄钠粉、黑钠粉等)调制而成，根据产品的色泽要求来选定染料的品种及其配比。
水性染色剂除用于涂层着色外，也可用于基材上底色，其渗透性好，着色力强，色泽鲜艳，木纹清晰，耐晒、耐光、可仿制贵重木材的颜色，如红木色、紫檀色等效果逼真，适用于中、高档家具，可用浸涂、刷涂、擦涂等方法施工。最好使染溶温度保持 40～50℃，否则影响着色度，为保证着色均匀，可先在被涂面上用 30～40℃温水薄薄地刷一遍，并在半干状态下立即刷涂或擦涂着色剂。
2.醇性染料着色剂(酒色)
将碱性染料(品红、品绿等)或醇溶性染料(如醇溶性耐晒黄、醇溶黑等)溶于酒精或虫胶漆中调配而成，根据需要也可使用少量着色颜料或酸性染料。
醇性染料着色剂干燥快，着色力强，渗透性好，色泽鲜艳，木纹清晰，适用于中高档家具，可喷涂和刷涂。
用虫胶漆调配成的醇性染料着色剂，既可着色又可作封闭底漆，起到涂层着色和封闭打底的双重效果。
在调色前，须将各种醇溶性染料用酒精浸泡溶解，然后再根据色板将已溶解的染料液适量调入虫胶液中，也可加入少量颜料后搅匀使用。
3.聚氨酯有色封闭底漆
这是当前普遍使用的涂层着色剂，兼有着色和封闭双重作用，如华润厂生产的 PTS 系列漆。施工时，可擦、可喷。大面积上擦涂时，可适量加入慢干水。(着色剂详见表 30-15)</td></tr>
<tr><td>修色
(拼色)</td><td>木制品白坯表面经基础着色和涂层着色后，往往色泽不匀。必须进行修色，使漆膜颜色均匀一致</td><td>传统的拼色常用的是醇性染料着色剂，根据颜色不匀差异程度适量加入各种染料和着色颜料，在现代木材涂装中常用专门的修色剂。修色剂有各种颜色，可直接加入底漆或面漆中进行中层或面层的修色。调配拼色剂时，加入涂料中的颜色量应视底色深浅而调整，不宜过深，若用颜料时量过多会影响木纹清晰度和装饰效果。拼色常在作完底色和面色后，涂上几遍底漆的基础上对色泽不匀的部位进行。
用排笔、毛笔顺纹理方向作仔细的修拼，现代生产中主要用喷涂进行修色，拼色后待涂层干燥用旧的细砂纸作轻轻打磨，清除浮尘后再涂底漆封闭保护。用有色聚氨酯漆修色时，不需另外涂封闭漆。
拼色修色是透明涂饰工艺中的重要工序，主要用于中高档家具以确保各种基材着色均匀</td></tr>
<tr><td>涂底漆
①涂封闭底漆</td><td>起封闭隔离作用，防止木材中的树脂、抽提成份渗入漆膜中而产生阻聚或变色等不良后果，也起固色，加固填孔剂，防止面漆沉陷，增加漆膜厚度，减少面漆消耗等作用</td><td>常用的木材封闭底漆有虫胶漆、硝基封闭底漆、聚氨酯封闭底漆、不饱和聚酯封闭底漆等。要求封闭底漆与基材和面漆有良好的附着力，干燥快，有较好的韧性，体积收缩小，易于施工，可用喷、淋、刷、浸等方式施工。
当前生产中广泛应用聚氨酯封闭底漆，其综合性能良好，施工性好，可与硝基漆、丙燃酸漆、聚酯漆等配套使用。
过去封闭底漆主要用虫胶漆，其封闭性好，干燥快，使用方便，污染极小，可与大部分漆配套使用。但不能与不饱和聚酯漆配套使用，因为附着力很差。</td></tr>
</table>

表 30-55（续）

工序名称	作用	材料及施工方法
②涂打磨底漆(二道底漆中层漆)	为使漆膜厚实、丰满，面漆无沉陷，减少涂底漆次数而涂饰的，含有一定体质颜料的底漆。	打磨底漆应具有良好的填充性、打磨性、透明性和快干性，目前广泛使用的PU透明底漆，有很多品种，自成系列，适用于一般实木家具、贴纸家具、贴薄木高档实木家具等。此外还应用气干型不饱和聚酯底漆。 打磨底漆主要用于填孔装饰，显孔装饰时不用。涂底漆时要根据底漆品种确定涂料黏度，涂布量及干燥时间，次数。
涂饰面漆	涂面漆是整个涂饰涂料阶段的最后工作，面漆品种的选择和涂饰质量决定着家具的档次和产品的价值，面漆漆膜应具有良好的保护性和装饰性。	选用面漆种类取决于产品的等级和使用性能，家具上使用的面漆品种有油性漆、天然树脂漆、酚醛漆、醇酸漆、硝基漆、聚氨酯漆、聚酯漆、丙烯酸漆、光敏漆等 必须在面漆前的涂饰工序全部完成后再涂饰面漆，以使形成的漆膜能达到装饰和保护效果，充分满足使用要求。 面漆可采用刷涂、喷涂、淋涂、揩涂等涂饰方法施工，涂饰方法的选用取决于现有的生产工艺条件、设备状况及生产工艺的要求。 涂饰时一次涂层不宜过厚，一般分1～2遍涂饰，最后形成要求达到的漆膜厚度，这样使每一层涂层干燥快，涂层中的内应力小，不易发生漆膜的各种缺陷。
漆膜修整	漆膜砂光包括，中间漆膜砂光和面漆膜砂光，其作用都是为了消除粗糙不平的部分，使漆膜获得较高的光洁度、平整度，提高制品表面的装饰效果。	砂光的方法：干砂、湿砂、手工、机械砂光(带式砂光)，其砂光要领是都要顺木纹方向砂，不宜横砂、斜砂，以免影响涂饰面漆及面漆抛光效果。 中间漆膜砂光常用干砂法，即木砂纸，手工砂磨，一般用0号旧砂纸或00号细木砂纸，手砂时用力均匀，机械砂光时，用320～360号砂带磨光，注意制品表面的边角线不允许砂露白茬。 面漆膜砂光可用干砂、湿砂，机械砂光时砂纸一般选用400～1000号(国产、进口均可)，其操作要领与上述相同，其目的是要达到漆膜抛光前将其表面粗糙不平全部砂磨平整，为漆膜抛光打好基础，亚光效果的涂膜可用1000号砂纸砂磨。 涂多道底漆时，磨光的安排视产品质量要求而定，可以每道底漆干后磨光，也可在完成多道底漆后，在涂面漆前进行磨光，面漆施工和干燥如在空气净化室内进行，往往可省去面漆磨光工序。
漆膜抛光	提高高档家具制品表面的光洁度、平整度及装饰效果，延长漆膜的使用寿命，还能起到防尘、防水、耐磨作用。	漆膜抛光分手工抛光和，其操作要领是掌握抛光的压力(手工压力、机械压力)及抛光时漆膜的温度，因漆膜经抛光而摩擦生热，易起泡脱落，因此在操作时要用手经常测试一下漆膜温度及光洁度。抛光后漆膜光泽应一致，不能有光泽不均、光度不够的现象。
漆膜修整	保证涂饰后的制品完美，故须对制品在涂饰过程中遗留的缺陷进行检查、修整。	漆膜修整是对涂饰后的制品作检查，发现有边、角线砂磨时露白，或处理时不干净，色、光泽不均等问题须修补后再上光蜡，露白色着色常用小毛笔蘸取调配好的着色剂(挥发快的涂料)描涂，着色剂颜色要与制品颜色相同，修整面积大时，可在修整后再重涂面漆、抛光等。

表 30-56 着色半显孔透明硝基漆(NC)涂装工艺

序号	工序	材料与配比	施工要点	备注
1	白坯砂光	240号砂纸	机械或手工磨光，磨平表面，去除木刺等缺点	
2	胶固着色	着色剂TcNER,用NC香蕉水稀释	喷涂，涂料黏度9～12s，固化时间30min	
3	素材着色	NC擦拭着色剂GLAZE或橡木油	擦涂，要全面均匀着色，干燥5min	
4	涂底漆	NC二度底漆用NC香蕉水稀释	干燥2h以上	
5	磨光	320号砂纸	用手工或机械，轻轻磨光，消除颗粒等不平	
6	涂面漆	NC亮光(或亚光)面漆，用NC香蕉水稀释	喷涂1～2次，涂料黏度10～12s，干燥8h	

注：①以上取自大宝化工制品有限公司的涂装工艺，施工温度25℃，相对湿度75%

②本工艺适用于橡木、橡胶木、水曲柳、柞木等环孔材、半环孔材

③本工艺采用大宝公司的NC系统涂料，包括NC封闭底漆、二度(砂磨)底漆，NC面漆(亮光或哑光)以及配套的香蕉水，油性着色剂，色精等

表 30-57 着色半显孔亚光聚氨酯(PU)漆涂装工艺

序号	工序	材料与配比(质量比)	施工要点	备注
1	白坯磨光	320 号砂纸	手工或机械磨光，白坯要磨平，去污迹。	
2	涂封闭底漆	PS900：PR50：PX807 1：0.2：0.5～1	喷涂，对基材进行封闭，干燥 3～4h。	或刷涂、擦涂。
3	磨光	320 号砂纸	手工轻轻磨光，去除木毛。	
4	着色	有色士那：PR50，1：0.2	擦涂，要擦到擦匀，可加适量慢干水，干燥 4h。	喷涂着色时工序,2,3 可省去
5	磨光	320 号砂纸	手工轻磨，切忌磨穿，可根据情况不磨光。	
6	涂底漆	PD3000：PR55：PX807 1：0.4：0.5～0.6	喷涂，根据显孔(开放)程度，可再加一次底漆干燥 5～8h， 若涂二次底漆，则中间须磨光，手工或机械磨光，切忌磨穿。	
7	磨光	320 号、600 号砂纸	手工或机械磨光，切忌磨穿。	
8	修色	清面漆(配好)：士那 1：1～1.5	喷涂，可适量加入稀释剂。使家具颜色均匀一致。干燥 5～8h。	
9	磨光	600 号～1000 号砂纸	手工轻磨，只磨去颗粒。	也可省略本工艺
10	涂面漆	P1500 系列：PR800：PX803 1：0.4：1～1.5	喷涂，要喷匀，干燥 8～10h。	

注：①本工艺是华润涂料厂提供的涂装工艺，适用于胡桃木贴面办公家具，也可供其他家具涂装参考。所有涂料详见华润厂有关资料。当贴面薄木树种变更或光泽要求等变化时，所用材料(如有色士那、面漆品种等)和工艺应作相应变化

②涂料按质量比配好后，搅拌均匀过滤静置 15～20min，然后使用

③基材含水率要求干燥到与家具使用环境相当的木材平衡含水率

④若要求进行填孔亚光涂装，则在涂封闭漆后，增加填孔工序，同时增加一次涂底漆工序。将木材表面的孔槽均填满填平，并增加底漆层厚度

表 30-58 木材本色透明亮光聚氨酯漆涂装工艺

序号	工序	材料与配比(质量比)	施工要点	备注
1	白坯磨光	320 号砂纸	用机械或手工磨光，使白坯表面平整、无污迹	
2	涂封闭底漆	PS900：PR50；1：0.2	喷涂，起封闭隔离作用，喷一个十字，干燥 3～4h，即可磨光。	也可刷涂、擦涂、淋涂
3	磨光	320 号砂纸	手工磨光，清除木毛、木刺	
4	刮腻子	PP1500：PR55；1：0.2	刮涂，将木材表面的细胞槽孔、木眼等填平，干燥 3h	
5	磨光	320 号砂纸	手工或机械磨光，要求全面磨平，去除木眼外的腻子(野腻子)	
6	涂底漆	PD1000: PR66: PX807: 1: 0.5: 0.5～1.2	喷涂，湿碰湿一次，要求全面喷涂均匀，无流挂等缺陷，干燥 5～8h	
7	磨光	320 号砂纸	手工或机械磨光，要全面磨平	
8	涂底漆	同“6”	同“6”	
9	磨光	300 号、600 号砂纸	机械或手工磨光，要全面磨平	
10	涂面漆	PG200：PR50：PX803；1：1：1～1.5	喷涂，要均匀全面喷涂，干燥 8～10h	
11	磨光	600 号～1000 号砂纸	手工轻轻磨光，除去颗粒，切忌磨穿	
12	涂面漆	同“10”	同“10”	

注：①本工艺采用华润涂料厂生产的聚氨酯(PU)系列涂料，底面漆固化剂等相配套，具体涂料品种是 PS900 底得宝，PP1500 双组分透明腻子，PD1000 PU 透明底漆；PG200 PU 亮光清面漆；PR50、PR55、PR66 为固化剂；PX803、PX807 均为稀释剂。详见该厂提供的技术资料

②本工艺所列的涂料配比仅供参考，举例树种为水曲柳，施工场所温度 25℃，相对湿度 70%。当施工场所条件变化或漆膜光泽等要求不同时，涂料的配比、品种要作相应变化。如要求光泽为 45% 亚光涂装时，面漆应改用 P12005 亚光清漆，配比改为 1：0.5：1～1.5。并省去原 11.12 道攻序。又如，环境温度低于 20℃时，应选用冬用稀释剂 PX801 或 PX805

③涂料按质量比配好后，搅拌均匀静止 15～20min，然后过滤使用

④基材含水率要求干燥到与家具使用环境相当的木材平衡含水率

⑤面漆喷涂与干燥应在净化的环境内进行

表 30-59 实色聚氨酯(PU)漆涂装工艺

序号	工序	材料与配比(质量比)	施工要点
1	表面准备	240 号砂纸	白坯磨光达一定光洁度要求,平整,去除胶迹、污垢，检查被涂表面无碰伤，结构无缺陷
2	涂底漆	PU1633 底漆：1V45 固化剂 2：1 稀释剂 RS611 加入 20%～50%	喷涂，黏度(涂-4)，20℃时 13～15s 配制后涂料有效期 4h，表干时间 10～15min
3	涂底漆	同"2"	同"2"用 40～45℃热空气干燥 2～4h 后可进行磨光
4	磨光	400 号～600 号砂纸	用机械或手工将漆膜砂磨平整
5	涂面漆(PU 亚光漆)	PU1010：1V5：RS511 实色面漆固化剂 稀释剂 2：1：0.2～0.6。使用 PU1010 作面漆时可按需加入亚光粉，调成不同光泽度。PU1010B 与色浆混合可调成各种颜色	喷涂，喷涂黏度(涂-4)20℃时 14s 表干 15min，实干 1h(20℃)，配漆后有效使用期 4h(2℃)

注：①以上取自意大利"意菲比"涂装工艺
②本工艺适用于以刨花板、中密度纤维板、胶合板或实木为基材的家具进行不透明聚氨酯(PU)漆涂装

表 30-60 幻彩、云石效果聚酯漆涂装工艺

序号	工序	材料与配比(质量比)	施工要点	备注
1	表面准备	240 号砂纸	打磨平整基材，除去表面污迹，并除尘	
2	刮腻子	原子灰(聚酯腻子)	满刮表面，将基材表面整平，干燥 4h。或用猪血腻子	
3	磨光	240 号砂纸	打磨平整，光滑	
4	涂底漆	① PE 底漆：促进剂：引发剂：稀释剂 100：2.0：2.0：30～50 ② PU 底漆：固化剂：稀释剂 3：1：2～3	喷涂，一般喷头道底漆干燥后用 400 号砂纸磨光，再喷第二道底漆，干燥 3h 先用 400 号磨光后再用 1000 号砂纸打磨平滑	PE、PU 底漆可任选一种
5	磨光	400 号、1000 号砂纸	先用 400 号磨光后再用 1000 号砂纸打磨平滑	
6	涂面漆	① PE 面漆：促进剂：引发剂：稀释剂 100：2.0：2.0：适量 ② PU 面漆：固化剂：稀释剂 2：1：1.5～2	根据装饰要求选用所需颜色的面漆涂料，以做成不同色调的基底漆层。施工场所不宜温度高湿度大，应保证无尘。喷涂	可任选一种 PE 或 PU 面漆
7	作幻彩、云石	幻彩珠光浆或云石浆化石水	薄薄喷涂一层幻彩浆(或云石浆)，稍干即用化石水洒或喷在其上面使其化开即可，使用不同施工方法可以获得风格迥异的图案	
8	磨光	1200 号砂纸	装饰层干透后用 1200 号砂纸轻轻磨光，除去颗粒	
9	罩光	PU 清漆	喷涂在幻彩装饰层上，起保护使用并增加层次感	
10	打磨抛光	1200 号砂纸,100、300、500 号蜡，羊毛球	用 1200 号砂纸轻轻磨去颗粒，然后依次用 100 号、300 号、500 号蜡作抛光处理，再用羊毛球进行研磨抛光，即可	

注：①以上取自天津德福制漆有限公司的涂装工艺
②工序 7 也可改作裂纹、珠光、爆花等表面效果装饰

表 30-61 贴纸透明聚氨酯(PU)漆涂装工艺

序号	工序	材料与配比(质量比)	施工要点	备注
1	白坯磨光	320 号砂纸	机械或手工磨光，使白坯表面平整，无污染	
2	涂封闭底漆	PS900：PR50=1：0.2	刷涂(或擦涂)，对材面进行封闭，干燥 3～4h	
3	磨光	320 号砂纸	手工轻轻磨光，去除木毛颗粒	
4	涂底漆各色	PU 或 PE 实色底漆	喷涂，要求全面均匀喷涂无漏底，达一定厚度，颜色遮盖力强	
5	磨光	320 砂纸	用手工或机械将底漆砂磨平整、光滑	
6	贴纸	用 PVAc 胶或 PVAc 胶与 UF 胶的混合胶	干贴或湿贴，要求贴面后无气泡、无皱纹等，用预油漆纸，曲面、弧线、角落接缝不易看出	
7	涂底漆	透明 PU 或 PE 底漆	喷涂，PU 底漆时湿碰湿一次，干燥 5～8h,PE 底漆涂一次，PU、PE 可任选一种，干燥 8h	
8	磨光	320 号或 600 号砂纸	手工打磨平整，光滑、无砂迹、无亮点	
9	修色	士那或修色剂漆：颜料 =5：2	喷涂，使家具表面颜色一致	
10	磨光	800 号或 1000 号砂纸	手工轻轻磨去颗粒即可	
11	涂面漆	PS20 03(5)：PR88：PX803=1：0.5：0.7	喷涂均匀，使漆膜平整，光滑，无流挂，光泽一致，手感细腻	

注：①本工艺可用于办公桌和民用家具装饰。基材为中密度纤维板，如采用刨花板做基材，在贴纸前应注意将基材平整

②本工艺采用华润涂料厂的涂料，详见该厂的技术资料

③油漆按质量比配好后，搅拌均匀过滤静止 15～20min，然后使用

表 30-62 贴纸透明 PE 涂装工艺

序号	工序	材料与配比(质量比)	施工要点	备注
1	表面准备		检查贴纸质量，有无气泡、起皱、划伤等	
2	涂封闭底漆	PU 封闭底漆	喷涂一次，干燥 1h	
3	涂面漆	PE 面漆	喷涂二次，第一次涂后干 40min，再涂第二次，干燥 8h，涂料黏度 30～40s，涂布量 250g/m²·次。	
4	磨光	400 号砂纸	手工或机械磨光，轻工磨平，去除颗粒	
5	涂面漆	各种 PU 亚光面漆	喷涂，干燥 8h	也可用 PU 亮光面漆

注：以上取自大宝化工制品有限公司的技术资料

表 30-63 木纹涂装工艺

序号	工序	材料与配比(质量比)	施工要点	备注
1	封边处理	PU 封边漆	喷涂 2 次，涂料黏度 20s，干燥 2h	
2	磨光	180 号砂纸	手工或机械磨光底漆	
3	封边处理	PU 指定色封边漆	喷涂 2 次，黏度 20s，干燥 8h	
4	磨光	240 号砂纸	手工或机械磨光底漆，去除颗粒等	
5	作木纹	木纹用色浆	用毛刷或粗布作木纹，手工操作，干燥 5min	
6	修色	PU 面漆加修色精	喷涂，使颜色达要求，干燥 10min	
7	涂面漆	PU 面漆(亮光或亚光)用指定的 PU 溶剂	喷涂 1～2 次，涂料黏度 10～12s	

注：①以上取自大宝化工制品有限公司的技术资料

②本工艺适于中密度纤维板家具的装饰，常用于边部处理

表 30-64 本色红木家具涂装工艺

序号	工序	材料与配比(质量比)	施工要点	备注
1	白坯磨光	240 号砂纸	磨平表面，去除木刺、胶迹等，除尘	
2	补色	HS2047：HR55：HX807=1：0.2：1.2	擦涂，使白坯的颜色基本一致	
3	涂封闭底漆	HS2000：HR50：X807=1：0.2：0.5	擦涂，要涂匀一致，干燥 6h，起封闭作用，防油防水	可喷涂或刷涂
4	磨光	240 号砂纸	手工轻磨，除去木毛、木刺，要求磨至光滑无亮点	
5	填孔	HP2037 抽木色填孔宝	刮涂，要填平木材表面导管槽孔(木眼)、凹孔，起基础或擦涂着色除作用，干燥 6h	
6	磨光	240 号砂纸	除去孔槽外的填孔剂，使木纹清晰	
7	着色	HS2037：HR50：HX807=1：0.2：0.2	擦涂，使颜色富有层次感，深浅一致，达要求色相，干燥 4h	
8	修色	HS2030：HR50：HX807=1：0.2：0.2	喷涂，使制品颜色均匀一致	又称拼色
9	涂底漆	HD2200：HR66(55)：HX807=1：0.5：1	喷涂，采用湿碰湿工艺(一次)，干燥 6h，起平整底面，增加丰满度作用	
10	涂面漆	HD2005：HR50：HX807=1：0.5：1	喷涂，干燥 24h；要求平整，无流挂等缺陷	漆膜应光滑，光泽一致，手感细腻

注：①本工艺采用的华润涂料厂开发的华润·华彤红木漆，涉及的涂料品种是 HS2047 华彤栗子色红封宝；HP2037 华彤花梨色填孔宝；HS2037 华彤柚木色红封宝；HS2030 华彤原木色红封宝；HD2200 华彤红底宝；HF2005 华彤亚光红面宝；HR55、HR50、HR66D 华彤红固定；HX807 华彤稀释剂。详细可参考该厂提供的技术资料
②涂料的配比仅供参考。树种为花梨木，施工环境温度 25℃，相对湿度 70%，当施工条件变更或颜色、光泽要求不同时，材料应作相应变化
③涂料按质量比配好后，搅拌均匀静止 15～20min，然后过滤使用
④基材含水率要求干燥至与家具使用环境相当的木材平衡含水率
⑤喷底漆、面漆前均需先用压缩空气除尘，应在净化的喷漆间内喷涂，并干燥

30.6.3.10 红木家具深花梨色亚光涂装工艺（表 30-65）

30.6.3.11 板式家具 UV 漆涂装工艺（表 30-66）

30.6.3.12 酚醛清漆涂装工艺(用虫胶)(表 30-67)

30.6.3.13 调合漆涂装工艺（表 30-68）

30.7 漆膜缺陷及其对策

在讨论漆膜缺陷时，首先要充分把握被物白坯处理、涂

表 30-65 红木家具深花梨色亚光涂装工艺

序号	工序	材料与配比(质量比)	施工要点	备注
1	白坯磨光	240 号砂纸	磨平表面的粗糙度，去除木刺，除尘	
2	补色	HS2047：HR50：HX807=1：0.2：0.5～1	擦涂，使白坯的颜色基本一致	
3	涂封闭底漆	HS2000：HR50：HX807=1：0.2：0.5	擦涂，要均匀一致，干燥 6h，起封闭隔离作用，可喷涂或刷涂，防油防水	
4	磨光	240 号砂纸	手工轻磨，除去木毛、木刺，要求磨到光滑无亮点	
5	填孔	HP2074 深花梨色填孔宝	刮涂，填平木材表面导管槽孔(木眼)和凹坑，起基础或擦涂着色作用，干燥 6h	
6	磨光	240 号砂纸	除去孔槽外的填孔剂，使木纹清晰显现	
7	着色	HS2047：HR50：HX807=1：0.2：0.4	擦涂，使颜色达要求色相，富于层次感，深浅一致，干燥 4h	
8	修色	HS2047：HR50：HX807=1：0.2：1	喷涂，使家具颜色均匀一致，干燥 4h	又称拼色
9	涂底漆	HD2200：HR66：HX807=1：0.5：1	喷涂，湿碰湿一次，干燥 6h，起增加丰满度，平整底面的作用	
10	涂面漆	HF2005：HR50：HX807=1：0.5：1	喷涂，要求涂饰均匀，平整，无流挂等缺陷，干燥 24h	漆膜应光滑光泽一致，手感细腻

注：①本工艺采用华润涂料厂生产的华润、华彤红木漆，涉及的涂料品种为：HS2047 华彤栗子色红封宝；HS2000 华彤原木色填孔宝；HP2074 华彤花梨色填孔宝；HS2047 华彤栗子色红封宝；HD2200 华彤红底宝；HF2005 华彤亚光红面宝；HR50，HR66 华彤红固宝；HX807 华彤稀释剂。详细可参考该厂提供的技术资料
②涂料的配比仅供参考，树种为花梨木。施工环境温度 25℃，相对湿度 70%，当施工条件变更，或漆膜颜色、光泽等要求不同时，涂料品种或配比要作相应变化，如要求亮光涂装时，面漆应改用 HF2000 华彤亮光红面宝
③涂料按重要比配好后，搅拌均匀静止 15～20min，然后过滤使用
④基材含水率要求干燥到与家具使用环境相当的木材平衡含水率
⑤喷涂底漆，面漆前均需先用喷枪的压缩空气除尘，应在净化的喷漆间干燥室内涂饰，干燥
⑥若底漆漆膜有小气泡，颗粒等缺陷，则需用 800～1000 号砂纸轻轻磨去颗粒

表 30-66 板式家具 UV 漆涂装工艺

序号	工序	材料与配比(质量比)	施工要点	备注
1	定厚砂光	240 号	用宽带式定厚砂光机定厚磨平，并除尘	
2	着色	水性着色剂：水＝1：0.3	海绵辊涂	
3	干燥		用红外线干燥 2～5min,保证水分充分挥发	
4	涂底漆	UA3002	辊涂，涂漆量 20～25g/m²	若木眼深，则用 VA3812 填充底漆，涂漆量相应增大
5	半固化		用一支紫外线灯固化，使漆膜固化到轻划发粘，有划痕程度	
6	涂底漆	UA3022	辊涂，涂漆量 20～25g/m²	
7	固化		用三支紫外线灯，达完全固化	
8	磨光	320 号砂纸	用机械磨光，要求精细磨光，并除尘	
9	涂面漆	UA62225	辊涂，涂漆量约 10g/m²	
10	半固化		要求同 5	
11	涂面漆	UA62225	辊涂，涂漆量 5～8g/m²，漆膜薄，主要用于板件背侧，内面的表面涂装。用三支紫外线灯，达完全固化	如作家具台面，正表面涂饰则涂漆量要增大

注：①以上取自华润涂料公司资料

②本工艺适用于贴薄木或装饰纸的板件的涂装，如在实木上涂饰或涂饰质量要求变更，则涂饰工艺要作相应变更调整

③木地板 UV 漆涂饰工艺可参考本手册第 8 章

表 30-67 酚醛清漆涂装工艺(用虫胶)

序号	工序	材料与配比(质量比)	施工要点	备注
1	白坯表面处理	1～1½号木砂纸精刨等	除去胶痕，油迹	
2	嵌补虫胶腻子	虫胶 1 份、酒精 6 份、老粉、颜料	用脚刀手工嵌补，干燥 15～25min	
3	砂磨	1 号木砂纸	手工砂磨	
4	揩擦水老粉	老粉、水、颜料	用排笔手工涂擦，干燥 1～2h	
5	刷虫胶清漆	虫胶 1 份、酒精 4 份	用排笔手工刷涂，干燥 7～15min	或稀油
6	砂磨	0 号或 1 号木砂纸	手工砂磨	
7	补油腻子	石膏、酚醛清漆、水颜料	用牛角刮刀，手工刮补，干燥约 4～8h	
8	批油腻子	同上	用牛角刮刀，手工批刮，干燥约 4～8h	
9	砂磨	1 号木砂纸	手工砂磨	
10	刷带色虫胶透明漆	虫胶 1 份酒精 4 份	用排笔手工刷涂，干 7～15min	加入相应的颜(染)料
11	刷虫胶清漆	同上	同上	可同工序 10，也可用清漆
12	拼色	虫胶 1 份，酒精 5 份颜(染)料	用排笔、大小楷笔手工修整，干燥时间 7～15min	清漆
13	砂磨	0 号旧木砂纸	手工砂磨	轻磨，不能把颜色磨掉露白
14	刷酚醛清漆酚醛	清漆	用猪鬃油漆刷手工刷涂，干燥时间 17～24h	

注：①本工艺适用于民用低档普通家具或建筑木构件

②本工艺也适用于醇酸清漆、酯胶清漆

③根据产品质量要求、木质情况，确定白坯表面处理的内容，如椴木的普通产品，就不需专门进行去木毛、去树脂等操作

④根据产品情况，有些工序次数可增减，如做底漆用的虫胶漆可刷一道或二道。做面漆用的酚醛清漆也可刷一道或二道

⑤桌子、茶几一类家具，其面子漆膜要求耐热性好，则一般不宜用虫胶清漆做底漆，对普通产品来说，可以刷稀油

⑥满批油腻子，常用于家具的门面部位或漆膜质量要求较高的产品。要求低的部位或产品，也可不做这道工序

⑦涂料的干燥时间，除与涂料本身性质有关外，还与气候、涂料用量等有关。表中仅列入涂料干燥时间的大致范围

⑧工序 5，10 刷虫胶漆可改为刷颜色稀油，即 1：2 适量，本工艺可提高漆膜的耐热性

表 30-68 调合漆涂装工艺

序号	工序	材料与配比(质量比)	施工要点	备注
1	白坯表面处理	凿刀、胶、木砂纸	手工挖补树脂囊等	或用碱洗法
2	刷猪血料水	熟猪血、水	用猪毛油漆刷子手工刷涂，干燥 30～60min	
3	砂磨	1 号木砂纸	手工砂磨	
4	补油腻子	石膏、酚醛清漆、水	用牛角刮刀，手工刮补，干燥约 4～8h	
5	砂磨	1 号木砂纸	手工砂磨	
6	批油腻子	同 4	同 4	
7	砂磨	1 号木砂纸	手工砂磨	
8	批猪血腻子	熟猪血、老粉	用牛角刮刀，手工批刮，干燥 30～60min	
9	砂磨	1 号木砂纸	手工砂磨	
10	复补油腻子	石膏、酚醛清漆、水、颜料	用牛角刮刀，手工嵌补，干燥 4～8h	
11	砂磨	1 号木砂纸	手工砂磨	
12	刷第一道底漆	白厚漆、酚醛清漆、汽油	用猪毛油漆刷子涂，干燥 12～24h	溶剂汽油即松香水
13	砂磨	0 号或 1 号木砂纸	手工砂磨	
14	刷第二道底漆	同 12	同 12	
15	砂磨	0 号木砂纸	手工砂磨	
16	刷调合漆	调合漆	和猪毛油漆刷子刷涂，干燥 12～24h	

装环境、涂装工艺、机器设备、干燥条件等事项。了解漆膜是在什么情况下形成的。

30.7.1 漆膜缺陷及其起因

漆膜缺陷及其起因见表 30-69。

30.7.2 漆膜缺陷及对策

漆膜缺陷及对策见表 30-70。

表 30-69 漆膜缺陷及其起因

发生的时间	主要起因 / 涂膜缺点	涂料						涂装方法、操作						涂装工程				被涂物		设备		环境		
		组成性能	树脂	颜料	添加剂	溶剂沸点	溶解力	黏度	调合搅拌	不纯物质	涂装方法	涂装器具	作业熟练	膜厚	工序组合	干燥程度	素材处理	形状	材质	换气	空气清净	温湿度	采光	立地条件
涂装时发生者	刷痕		○	○		○		●					●	○										
	橘皮		○		○	●	○	●			○	●	●	○								○		
	流挂			○		●		●				○	●	●				○						
	喷涂痕							○			●	●	●	○									○	
	砂痕	○									●	●	●	○			○		○					
涂膜的干燥前后发生者	鱼眼	○			○					●		○					○		○		●	○		○
	吸陷	●	○					○			○			●	○	●	●		○					
	针孔	○			○	●	○	●			○			●		○	○	○	○			●		
	气泡	●				●	○	●			○		○	●		○	○	○	○			●		
	光泽	○					○	○	●	○	○		○	●		○							○	
	回粘	●			○	●	○	○						●	○	●				●		●		
	皱纹	○	○			●	○	●			●	○	●	○	●								○	
	粗糙							○		●	●	●	●					○		●	●		○	
	不干	○			●	○			○					○		●			●	○		○		
	粒状			○					○	●	●	○	○					○			●		○	
由于经历时间变化	黄变		●	●																			○	
	龟裂	○	○	○	○					○	○			○	●		○		●					
	变色		○	●											●									
	剥离	○	○	○	○					○	○			○	●		●	○						

注：○：表示有关连；●表示主要原因

表 30-70 漆膜缺陷及其对策

序号	缺陷种类	原因	对策
1	针孔	1.木材表面修整不良，材面起毛，填充困难； 2.底涂的干燥不完全，即进行上层涂装，上层涂膜急速干燥； 3.涂膜中含有尘埃、气泡，黏度过高； 4.涂料与被涂面之温度差异过大； 5.加温干燥时，温度过高，静置时间不够，溶剂未充分挥发； 6.一次厚涂，表面干燥底层仍断续蒸发而凸起； 7.使用不良的涂料稀释剂，或错误的涂料稀释剂	1.白坯木材的修整应彻底，砂光达到要求； 2.多次喷涂时，重涂时拉长待干时间，让底层干燥较充分； 3.涂装时的作业应予彻底清理； 4.被涂物的表面温和环境温度应相同； 5.加热干燥时，涂膜的溶剂充分挥发后(静置时间延长)再施行； 6.避免一次过于厚涂，及调整适当的喷涂黏度，底层与表面干燥一致； 7.使用时确认正确的稀释剂，及选用适当的稀释剂与涂料； 8.按指定的调漆比率正确调漆，并且充分搅拌均匀； 9.设法改善作业环境，并适当地控制温湿度，或适当添加慢干溶剂
2	气泡	1.木材表面导管深，填充困难，发生气泡； 2.使用过高黏度的涂料； 3.喷涂空气压过高，涂料中混入空气过多； 4.预热(加温干燥)过激，或急剧加热； 5.涂装表面附着油分、灰尘、汗水等，这些不洁物周围集结水分； 6.压缩机及空气管内有水分，或设备发生水溅到作业物上面； 7.大部分与针孔发生原因一样	1.导管较深的素材事前作填充后喷涂； 2.调整合适的涂料黏度。； 3.调整空气压力，减少空气的混入； 4.加热干燥时，静置时间需控制，充分挥发后施行； 5.注意涂装表面清洁，避免污染不洁物； 6.定时泄掉压缩机水分，装油水过滤器； 7.参考针孔对策
3	鱼眼(后拨、发笑、火山吕、开花、缩孔)	1.被涂物有水分、油分、或油性蜡等； 2.涂料中有水、油分(空压机为主因)； 3.作业场所被污染，或使用油性蜡污染环境，及作业物； 4.使用过多的添加剂，或涂料不良及使用过期涂料； 5.污染的布、抛光场所的油性蜡； 6.底漆或着色剂品质不良，或被污染； 7.充满溶剂气体的场所，作业场所排气不良	1.避免被涂物污染，且需彻底砂光； 2.水墙、流水墙保持清洁，流水顺畅，避免跳水，空压机油水也应注意； 3.作业场所，器具避免污染油分、蜡油等，手、衣物污染应清洗后才可触碰作业物； 4.涂料保存不能超出储藏期限； 5.涂装时远离污染地，应清理污染碎布； 6.注意涂料品质是否含有其他物质； 7.作业环境注意充分排气； 8.旧漆膜在喷漆前用溶剂擦拭干净及再砂光后进行喷涂； 9.严重鱼眼发生时可用鱼眼防止剂
4	沉陷、吸陷、目陷	1.使用不合适的稀释剂(溶解力太强)； 2.底漆涂膜不足，形成多孔的场合； 3.下层涂料未充分干燥，或未干燥即研磨； 4.研磨时使用太粗的砂纸； 5.面漆黏度太低，或涂布量不足； 6.使用品质不良的涂料； 7.被涂物表面附着灰尘，漆粉未清除； 8.素材腻子填充不良，或含有水分过多； 9.底漆一次厚涂，到底层干燥不充分(或重涂时间太快)	1.选用品质良好之稀释剂； 2.底漆涂膜应足够，砂光后应平坦； 3.涂膜应充分硬化或干燥再施予上涂； 4.应选适合面漆细度的砂纸； 5.涂料黏度合适，涂布量均匀、足够； 6.使用品质良好的涂料，喷涂前需清理被涂物表面； 7.涂装前素材处理需确实砂光、填充腻子，木材含水率需适中； 8.涂装要领需分多次薄涂且控制间隔时间拉长，使下层漆充分干燥

表 30-70（续）

序号	缺陷种类	原因	对策
5	橘皮	1.喷涂时，雾化的涂料粒子附着在涂装表面不能流展平滑； 2.喷枪调整及喷涂技术问题，空气量多，距离太远； 3.工厂温度太高，干燥过快，不能流展平坦； 4.用喷枪吹干表面，涂料粒子不能充分流展； 5.使用沸点低的稀释剂，涂料粒子抵达涂面前即干燥； 6.涂料黏度过高时，或一次厚涂； 7.涂料未充分搅拌混合，影响其流展性； 8.表面不清洁，附着蜡、油等不纯物； 9.作业环境有风，且风速过大； 10.涂料本身性质不合	1.喷枪性能应保持良好状态。 2.充分熟练喷枪使用方法。 3.改善涂装工场温度，使用适当的稀释剂调漆。 4.不可厚涂，以中程度涂布量，调整适当黏度喷涂。 5.涂膜表面及里面均要充分干燥。 6.调整适当的涂料黏度，过高或过低都不好。 7.涂装前涂料应充分搅拌均匀。 8.防止有风处涂装。 9.选择适当流平性较好的涂料。 10.涂膜处理，改进操作技术，重磨平坦再涂装一次。
6	喷涂漆痕	1.喷枪的喷射幅不良； 2.喷枪的运行技术不佳，喷涂时重叠不充分，不均匀； 3.面漆调整时未充分稀释搅拌； 4.对遮盖力低的面漆，下层的颜色选择不当； 5.使用不当的稀释剂； 6.被涂物的表面太热或太冷	1.正确保养喷枪及调整喷幅； 2.涂装运行方式正确，喷涂重叠均匀； 3.使用良好的稀释剂，调漆时充分搅拌； 4.降低色浓度，或减低一次的涂布量，或选择适当的下层涂料； 5.调整室内温度
7	砂纸伤痕	1.逆木纹砂光或横木纹砂光造成砂痕； 2.使用过粗的砂纸布砂光，或研磨方法错误； 3.涂膜未干燥即以加研磨(尤其两液型涂装较明显)； 4.使用太慢干溶性，致涂膜无法在一定时间干燥； 5.面漆涂膜太薄，黏度过低； 6.砂光后未彻底清洁，涂料无法渗透； 7.砂纸使用时因表面滞留漆粉，某部位已无砂光功用形成移动痕迹	1.选择适合的研磨纸番号，前粗后细； 2.砂光时应按木材纹理方向顺木纹砂光； 3.涂膜应干燥后研磨，除去灰尘漆粉； 4.使用砂光机或手持砂纸研磨； 5.砂纸如滞留漆粉则予更换； 6.研磨的方向、动作要正确； 7.涂料黏度应适当，喷涂厚膜应覆盖砂盖痕； 8.视情形可先一层底漆而再短时间内涂面漆，增加膜厚； 9.使用使涂膜干燥研磨的稀释剂；
8	粗糙漆膜	1.喷涂时黏度过高； 2.使用过低沸点的溶剂稀释剂； 3.喷涂距离不当或过远，喷枪或机器故障； 4.涂装室内温度过高； 5.超喷之半干燥涂膜，涂料附着(在角落或背面侧面此现象较多)； 6.被涂物附着灰尘或环境灰尘太多	1.调整适当的涂料黏度； 2.使用适当的稀释剂与溶剂； 3.熟练喷涂技术与喷枪的正确操作，定期保养机器； 4.调整室内温度； 5.训练操作者的喷涂技术、姿势等； 6.喷涂场所保持清洁，尽量避开污染地
9	流挂(下垂、垂流)	1.稀释剂过多，使涂料的黏度过低； 2.一次喷涂过高的涂布量，尤其是较慢干的涂料，更易发生； 3.喷涂时的距离、角度或重叠不当，使涂料分布不均匀； 4.喷涂时喷枪移动速度不适当，或慢或喷射幅歪斜，空气压力过低，漆量过高与空气量搭配不适； 5.喷枪保养不当，孔道变形，或部分孔道阻塞以致漆形不良； 6.使用过多高沸点的溶剂及香蕉水，因而干燥过慢； 7.湿度高，温度低，干燥迟缓的场合	1.调整适当的涂料黏度，喷涂立面时黏度应有所增加； 2.适度的涂布量，避免一次喷涂过厚，但仍需喷到且膜厚均匀； 3.熟练喷枪的调整，其运行方法角度、速度等，及良好保养喷枪； 4.使用适合的稀释剂调合涂料； 5.室内温湿度充分予以考虑； 6.在照明良好的场所喷涂，许多流漆是因为视线不良所引起的

序号	缺陷种类	原因	对策
10	细粒皱	1.涂装时涂黏度过高； 2.使用不当的稀释剂、溶剂(溶解力)； 3.喷涂距离不当，空气压力过大； 4.环境风速过大，或温度过高干燥过快； 5.涂料干燥过快或涂料的问题	1.调整涂料黏度，使延展性达到最佳； 2.使用品质良好的稀释剂溶剂与涂料； 3.调整适当的空气压力，加强涂装技术； 4.充分考虑室内温湿度； 5.在照明良好的场所喷涂
11	变色	1.紫外线直接或其他物质附着； 2.硬化剂添加过量或涂料贮存过久； 3.使用易褪色的着色剂、颜料、染料； 4.高温干燥时变色。(UV 紫外线涂料有此变色的)	1.应使用能抗紫外线之涂料； 2.适量正确的硬化剂比率； 3.不用贮藏过久的涂料，用不易褪色着色剂； 4.防止过高温度烘干
12	颗粒(粒子)	1.涂料树脂或添加剂、颜料的固体块； 2.涂料的夹杂物、异状物、硬化颗料等直接涂布；附着在漆膜上； 3.硬化剂添加过多或调合搅拌不均； 4.涂料储藏过久超出安全使用期限，凝胶、或涂料分散不均； 5.尚未指触干燥，空中的飞絮砂粒附着； 6.涂布时被涂物本身污物吹于漆膜中； 7.置物架等不清洁，于漆膜未干时移动或震动，灰尘污物掉落湿涂面； 8.使用溶解力差的稀释剂，无法充分溶解涂料，或错用不当的稀释剂溶剂	1.涂料过期会产生胶固块，应不再使用； 2.彻底清理涂料容器，涂装面漆应过滤； 3.两液型涂料之主剂、硬化剂调配比率需正确，并充分搅拌均匀； 4.应检视涂料品质，有否 块或夹杂物； 5.作业场所应经常清扫，并避开污染源； 6.作业的置物架、喷台、排气设备、输送带等应经常保持干净清洁无尘； 7.抽排风设备吸尘需良好，减少涂料雾化粒子及灰尘的停留； 8.工件表里在喷涂前应擦拭干净； 9.同一场所避免做其他工作，闲人勿近
13	回粘	1.涂料中过多慢干溶剂，溶剂无法挥发； 2.反应型涂料的硬化剂添加量不足； 3.涂面被污染不洁； 4.空气不流通，受热气侵袭； 5.气候突变，雨季施工，湿度高； 6.性质不同涂料未干即施面漆或共用； 7.面漆涂料硬度不够； 8.涂膜厚涂或多次重涂，漆膜未干燥即行包装重叠； 9.使用品质不良的涂料	1.选择干燥适当的溶剂稀释时，不过量； 2.硬化剂添加比率应正确； 3.保持涂面不被异物污染再涂饰； 4.涂装完全的待干漆膜，应置于通风良好的地方，让溶剂充分挥发； 5.在不良气候下施工时，放置时间应加长，或加温干燥； 6.选择不同涂料时，应待下层充分干燥后再上涂，不同涂料千万不可混用； 7.面漆视需要使用硬度适当的涂料； 8.测试厚膜，待干时间； 9.选用品质良好的涂料
14	不干	1.被涂面含有水分、油分或蜡质等物； 2.酸、碱性硬化剂或颜料、染料合并使用； 3.硬化剂使用错误，或比率不对，以及稀释剂使用错误； 4.涂料中混入水分、油分； 5.温度过低，未达干燥条件	1.保持被涂面之清洁； 2.使用硬化剂前应确认。调合比率要正确和指定稀释剂稀释； 3.不用过期或含有水、油分等杂物涂料； 4.在正常室温内喷漆； 5.调漆时搅拌均匀，使能正确干燥； 6.涂料若无法干燥(加热)则将涂面去除
15	发白(起雾、白化)	1.空气高温高湿，相对湿度高于 80% 以上时，一般夏天下雨时最常见； 2.被涂物或容器含有水分； 3.稀释剂香蕉水沸点太低，挥发过快，或混入水分； 4.空气压缩机或空气含有水分； 5.涂膜含有水分未清除干净	1.降低室内湿度，避免在高湿度下涂装作业，或适量使用慢干溶剂； 2.容器与涂料避免混入水分，涂料稀释剂避免于露天存放否则会侵入湿气； 3.空压机装水分过滤器，定时排泄水分； 4.湿度高时应避免厚涂； 5.发现发白现象立即停止作业，并予以修正； 6.轻度的发白可以喷涂后加热干燥； 7.注意周围环境及设备等避免涂膜沾水

表 30-70（续）

序号	缺陷种类	原因	对策
16	光泽不良	1.被涂物多孔粗糙，或涂膜不足吸陷，或附有油、水分不纯物； 2.上涂涂膜不足或采用干喷，喷涂的压力过大，黏度过低； 3.干燥室换气不良，溶剂蒸发的气体污染空气，漆膜发白； 4.稀释剂的品质不良，沸点低干燥过快； 5.抛光的漆膜，未充分干燥即研磨抛光，或抛光蜡太粗； 6.在湿度高温度低的场合涂装； 7.超喷的部位或发白的部位； 8.使用品质不良的涂料涂装； 9.砂光粗糙，或漆粉灰尘未除干净	1.被涂物砂平细腻，清除表面不洁物质； 2.控制适当的涂料黏度，以正确的方法喷涂适中厚的膜； 3.在窑干过程中，保持良好的换气； 4.选择干燥适中的稀释剂； 5.涂膜应完全干燥后才可以进行抛光工作，并选择蜡的细度； 6.要有良好的涂装作业温湿度； 7.训练喷涂方法，并熟知工件喷涂方式； 8.注意选用品质好的涂料； 9.用细砂纸砂光，喷涂前应清理表面
17	皱纹	1.表面干燥过快，涂膜干燥不均一； 2.一次厚涂，只在表面急速干燥，不能同时干燥，下层松弛上层绷紧； 3.大热天异常高温，或太阳直射环境； 4.底漆干燥不完全，且面漆强制干燥； 5.底漆及面漆的涂料组合不当，面漆的稀释剂溶解力太强，硬化不完全的 PU、AA 涂膜上，涂布 NC，或在 NC 涂膜上涂布 PU 或 AA 涂料； 6.硬化剂调配不当； 7.第一层涂膜半干或聚合硬化不完全，而施予第二道涂膜时； 8.下涂涂膜无充分研磨，即施予上涂	1.使用慢干稀释剂，和适合溶解的溶剂； 2.调节适量的涂布量； 3.避免在异常高温下涂装； 4.绝对禁止超厚膜，每次喷涂间要让溶剂充分挥发； 5.使用性质相合的涂料； 6.涂装后需静置指触干燥后才加温干燥； 7.二液型或多液型涂料，硬化剂需调配正确及搅拌均匀； 8.在使用不同或同类涂料时，底漆应使其硬化干燥； 9.聚合型干燥涂膜，干燥后砂光应尽量充分
18	黄变	1.涂料不良，未使用非黄变涂料； 2.环境因素、空气、水……等； 3.日晒涂膜老化分解； 4.高热干燥	1.慎选涂料，使用非黄变涂料； 2.对家具应勤予保养，经常打蜡保护； 3.不要直接日照，选择非黄变涂料； 4.加热不可过高
19	龟裂	1.木材含水率过高，致使下底收缩； 2.涂装时一次涂层过厚； 3.底漆未充分干燥，即进行面漆； 4.硬化剂添加过量，或误用硬化剂； 5.上、下层不同种类的涂料、性质不合； 6.涂料不良，缺乏伸张性； 7.已有裂痕的旧涂膜再布上新的涂膜； 8.使用品质不良的稀释剂，或随意添加添加剂、颜料	1.木材含水率应干燥至 10% 以下； 2.适当的涂布量，少量多次，并充分干燥，间隔干燥充分； 3.调漆硬化剂比率应按要求正确调漆； 4.正确了解不同种类涂料的搭配； 5.选择品质信誉良好的涂料； 6.有裂痕的涂膜需刮除后才可再喷涂； 7.使用适当指定的稀释剂，非专业人员不需另添加其他涂料
20	色分离	1.涂膜过厚，尤其是一次厚涂或下层颜色未干重涂； 2.稀释剂溶解力不足； 3.调合涂料搅拌不充分； 4.加过量稀释剂，黏度过低，延展过度； 5.颜料分散不良	1.适量的涂布量，及底层颜色干燥后再涂布； 2.使用指定的稀释剂； 3.充分搅拌涂料； 4.调整到不会产生颜色分离的黏度； 5.选择良好品质的涂料或着色剂
21	剥离	1.被涂物表面不洁，附着油、水、灰尘、蜡、手垢、清洁液等； 2.涂料性质不良，容易收缩，涂料搅拌不均，使用不良稀释剂	1.被涂物应不受污染，并保证其清洁； 2.慎选涂料。(尤其需厚涂的涂装)涂布前充分搅拌； 3.涂装最好均能事先砂光(尤其需添加硬化剂涂料)充分，增加粗糙度及附着力

表 30-70（续）

序号	缺陷种类	原因	对策
21	剥离	3.附着力差，被涂物光滑度高，下层或已喷漆干燥硬化涂膜研磨不充分，即予喷涂。(尤其二液型涂料硬化后未砂光)； 4.涂料中渗有油分、水分； 5.下层涂料与上层涂料性质不合； 6.底漆未充分干燥即予中涂； 7.涂装时未按指定要求进行下涂； 8.使用过期的涂料或添加不当； 9.二液型涂料超出可使用时间过久	4.涂料中严防渗入水、油分等异物； 5.最好不要使用不同性质涂料，使用适合重涂的涂料； 6.充分干燥涂膜再进行中涂； 7.按指定涂装工程施工； 8.二液型涂料硬化剂不可超量，检查过期涂料是否变质； 9.不可再使用已超出可使用时间(二液型混合后的时间)的涂料
22	光泽不均	1.喷射幅重叠不均匀，过多或过少； 2.喷枪、喷嘴有颜料附着，吐出量不均一； 3.喷射幅雾化不完全，喷枪移动不正确； 4.操作不当，技术欠佳； 5.涂料品质欠佳	1.注意喷漆操作，重涂正确； 2.清洗喷枪，平时做好保养； 3.调整及检查喷枪； 4.训练纯熟的喷漆技术； 5.使用良好品质的涂料

30.8 涂料及涂饰木制品有害物质限量

当前，人们重视生态环保，崇尚绿色消费，需求绿色产品，极大地关注商品的“健康、安全性”。我国政府极大地重视环保，人民的健康，为此制订了一系列相应的环保法规，强制性标准。GB18581-2001《室内装饰装修材料 溶剂型木器涂料中有害物质限量》等强制性标准的颁布、实施，为维护消费者的权益，规范木制品市场、涂料市场，造就新的市场空间提供了强有力的保证，这是我国木材加工业的一件大事，做为环保工作，生产绿色木制品，也是我们面临的一项重要的任务。

在涂饰中涉及到的有害 物质包括挥发性有机化合物和可溶性重金属，现分别讨论如下：

30.8.1 挥发性有机化合物（VOC）的限量

挥发性有机化合物(VOC)是指可参加气相光化学反应的有机化合物。这类化合物通常在1个大气压下，沸点（或初馏点）在50～250℃，种类很多，如苯、甲苯、二甲苯、环乙酮，丙酮、醋酸丁酯、苯乙烯等。

挥发性有机化合物在浓度低时，人有头痛、恶心，疲劳和腹痛等现象，在浓度较高时对人体神经产生严重刺激性和危害性，有造成抽搐、头晕、昏迷，瞳孔放大等症状。不同的挥发性有机化合物其毒性和临床表现较大差异，如大量吸入丙酮蒸气后，眼和呼吸道出现刺激症状，伴有头痛、头晕、乏力等。苯、甲苯、二甲苯，则会使人引起神经衰弱及植物神经功能紊乱，对骨髓的造血细胞引起损伤，使白血球下降。苯的毒性最高，是甲苯、二甲苯的9倍。当空气中苯含量超过25ppm时，可以引起食欲不振、易倦、头昏、呕吐等症状，也可能导致血液变化，如血小板减少，白血球导常增多以及红血球减少甚至引起白血病。生产车间空气中苯浓度超过1000ppm，可引起急性中毒，超过2000ppm时在短时间内可出现强麻醉症状等。低浓度醋酸丁酯对粘膜有刺激作用，高浓度则有麻醉作用，甚至出现黄疸、血尿症状。而甲苯二异氰酸酯（TDI）会刺激人的呼吸道，诱发气管炎、哮喘等疾病，甚至更严重的后果。

北京化学毒物检测研究所于1998～1999年对北京市94个不同用途建筑的室内环境进行了检测评价，共测了包括甲醛在内的空气浓度，结果显示7种VOC（不含甲醛）的平均水平和总水平比欧美等国的相应数值高出1倍表30-71。鉴于挥发性有机化合物对人们的危害性，国内外进行了大量研

表 30-71 各国挥发性有机化合物的限量

项目	VOC 平均值（μg/m³）	VOC 平均值（μg/m³）
日本信宅 8 个月（不含甲醛）	19.85	
德国 500 户家庭 53 种 VOC（不含甲醛）	25	121.8
加拿大 757 户住宅 57 种 VOC（不含甲醛）	–	
英国 100 户住宅 VOC（不含甲醛）	20	
北京 94 个住宅场所 VOC（不含甲醛）	47.95	335
国际标准	20～50	300

究，并提出了挥发性有机化合物（VOC）和总挥发性有机化合物（TVOC）对室内环境污染控制的规范，我国从规定涂料，胶黏剂中VOC、TVOC的值着手，控制室内VOC、TVOC的值。GB18581-2001《室内装饰装修材料　溶剂型木器涂料中有害物质限量》规定的VOC和苯、甲苯、二甲苯，TDI的限量值见表30-72。GB18583-2001《室内装饰装修材料　胶黏剂中有害物质限量》规定的苯、甲苯、二甲苯和TVOC的限量值见表30-73、表30-74。

家具中挥性的有机化合物（VOC）来源于涂料和胶黏剂和各种助剂，在家具生产中减少源于家具的挥性有机化合物（VOC）的措施如下：

1) 使用无溶剂，少溶剂的涂料，如不饱和聚酯漆，紫外线固化涂料等。

2) 使用水溶性涂料，溶剂性涂料和胶黏剂时，应采用符合国家标准的涂料和胶黏剂（含水基型、溶剂型），尽可能采用水性涂料和胶黏剂。

3) 涂饰好的家具，应放一定时间后再提供给用户。因为涂料的有机溶剂绝大部分在涂料固化过程中逸散出来，少量残留溶剂在几天内亦将继续挥发掉，而不像甲醛释发是缓慢长期的过程。

表 30-72 溶剂型木器涂料中有害物质限量值

项目	限量值		
	硝基漆类	聚氨酯漆类	醇酸漆类
挥发性有机物（VOC）a/（g/L）	750	光泽（60℃）≥ 80,600 光泽（60℃）> 80,700	550
苯 b/% ≤	0.5		
甲苯和二甲苯总和 b/% ≤	45	40	10
游离甲苯二异氰酸酯（TDI）c/% ≤	–	0.7	–
重金属（限色漆）/（mg/kg）≤	可溶性铅	90	
	可溶性镉	75	
	可溶性铬	60	
	可溶性汞	60	

a.按产品规定的配比和稀释比例混合后测定，如稀释剂的使用量为某一范围时，应该照推荐的最大稀释量稀释后进行测定。

b.如产品规定了稀释比例或产品由双组分或多组分组成时，应分别测定稀释剂和各组分中的含量，再按产品规定的配比计算混合涂料中的总量。如稀释剂的使用量为某一范围时，应按照推荐的最大稀释量进行计算。

c.如聚氨酯漆类规定了稀释比例或由双组分或多组分组成时，应先测定固化剂（含甲苯二异氰酸酯预聚物）中的含量，再按产品规定的配比计算混合后涂料中的含量，如稀释剂的使用量为某一范围时，应按照推荐的最小稀释剂量进行计算。

表 30-73 溶剂型胶黏剂中有害物质限量值

项目	指标		
	橡胶胶黏剂	聚氨酯类胶黏剂	其他胶黏剂
游离甲醛 /（g/kg）≤	0.5	–	–
苯 /（g/kg）≤		5	
甲苯十二甲苯 /（g/kg）≤		200	
甲苯二异氰酸酯 /（g/kg）≤	–	10	–
总挥发性有机物 /（g/L）≤		750	

表 30-74 水基型胶黏剂中有害物质限量值

项目	指标				
	缩甲醛类胶黏剂	聚乙酸乙烯酯胶黏剂	橡胶类胶黏剂	聚氨酯类胶黏剂	其他胶黏剂
游离甲醛 /（g/kg）≤	1	1	1		1
苯 /（g/kg）≤	0.2				
甲苯十二甲苯 /（g/kg）≤	10				
总挥发性有机物 /（g/L）≤	50				

4) 家具涂饰应在有喷涂设施的工厂进行，在住宅等室内装修现场涂饰会污染周边环境。

30.8.2 可溶性铅、镉、铬、汞等重金属的限量

铅是一种质地较软、灰白色的金属。铅及其化合物常作为油漆中的颜料，塑料工业的稳定剂等使用。通常使用铅的化合物有一氧化铅（密陀僧）为黄红色，二氧化铅（PbO_2）为褐色，三氧化二铅（黄丹）为橙黄色，四氧化三铅（铅丹、红丹）为鲜红色，铅白［$Pb(OH)_2 2PbCO_3$］、铬酸铅（铬黄）等。铅及其化合物可以铅烟和铅尘的形式通过呼吸道进入人体，也可因手和食物被污染而通过消化道进入体内，影响中枢神经。铅中毒的典型临床表现为腹绞痛、贫血、麻痹、脑病等，对于神经系统往往以神经衰弱症为多见，并有头痛、头晕、失眠、多梦、记忆力减退等症状；对于消化系统来说，则会发生消化不良、食欲不振、腹疼等症状。国外严禁用含铅的颜料涂装儿童家具、玩具。在制造厨房家具时，也应禁止使用含铅颜料、含铅的玻璃等。此外，筷子、木碗、托盘等制品也应禁用含铅的颜料。

铬是一种银白色有光泽的硬金属，耐腐蚀性强。铬及其化合物广泛用于电镀、油漆颜料等方面，常用的有重铬酸钾、重铬酸钠、铬酸钾等。在工业生产中铬及其化合物主要以烟雾粉尘形态经呼吸道进入体内。铬中毒的临床表现以皮肤和粘膜的局部损害为主，经呼吸道吸入会起鼻炎、咽炎、支气管炎等，长期接触铬化学物，还会出现贫血、消瘦、消化系统障碍等症状。在生产家具的金属电镀配件时，应注意劳动保护。

在国家标准《室内装饰装修材料　木家具中有害物质限量》中规定的重金属含量的限值见表 30-75 可溶性重金属含量用火焰原子吸收光谱法或无焰原子吸收光谱法测定。

表 30-75 喷嘴口径的应用性能

	项目	限量值
甲醛释放量	mg/L	≤ 1.5
重金属含量（限色漆）	可溶性铅	≤ 90
	可溶性镉	≤ 75
	可溶性铬	≤ 60
	可溶性汞	≤ 60

参考文献

[1] 涂料工艺编委会. 涂料工艺. 北京：化学工业出版社，1997
[2] 耿耀宗. 现代木器家具漆生产与 实用配方. 北京：中国轻工出版社，1999
[3] 邹茂雄. 木材涂装. 中国台湾：淑馨出版社，1987
[4] 徐特雄. 家具涂装. 中国台湾：正文书局，1991
[5] 张广仁，木材涂饰原理. 哈尔滨：东北林业大学出版社，1990
[6] 张彬渊主编. 新编家具油漆. 南京：江苏科技出版社，1990
[7] 任宗发等. 家具油漆. 南京：江苏科技出版社，1981
[8] 刘忠传主编. 木制品生产工艺学. 北京：中国林业出版社，1993
[9] 张勤丽. 人造板表面装饰. 北京：中国林业出版社，1986
[10] 川村二郎. 木材涂装. 桢书店，1977
[11] 华润涂料厂有限公司. 华润家具漆产品说明及技术施工简要，1998
[12] 大宝化工制品有限公司. 木器涂装技术，1997
[13] 张彬渊. 家具的有害物质必须限量. 家具. 2002.NO5
[14] 杨建文等. 光固化涂料及应用. 北京：化学工业出版社，2005
[15] 张广仁等. 现代家具油漆技术. 哈尔滨：东北林业大学出版社，2002
[16] GB18581-2001《室内装饰装修材料　溶剂型木器涂料中有害物质限量》. GB18584-2001《室内装饰装修材料　木家具中有害物质限量》. 北京：中国标准出版社，2002
[17] 张彬渊主编. 家居涂饰技术问答. 南京：江苏科学技术出版社，2005
[18] 张广仁主编. 木材工业实用大全涂饰卷. 北京：中国林业出版社，1998

Other Wood Products 31

其他木制品

其他木制品涉及体育用品、娱乐用品、装饰用品及家用木制品等几方面。具体从产品的分类、材料、规格、要求、特点、生产工艺以及产品标准等方面进行阐述。

31.1 体育用品

木材在体育用品领域中应用比较广泛，这是由于木材具有质量轻、弹性好、强度高、表面纹理美丽等特点。在繁多的体育用品中，全部木制或部分采用木制的器械有乒乓球台和拍、双杠、平衡木、门球槌、网球拍、羽毛球拍、棒球棒、跳马等等。

31.1.1 乒乓球台(GB7902－1987)

乒乓球台台面主要由天然实木或人造板等材料制成，乒乓球台腿部由木材或金属制成。

(1) 用材树种：槭木、樟科、黄杞和椴木等，或由这些树种制成的细木工板、五夹板，现也用中密度纤维板。腿部用材为：锥属各类商品材。

(2) 用材要求：台面用材应是同一种或材性相近的材料，早晚材不明显，胶合时不应该产生离缝以免影响乒乓球的反弹。其材料尺寸要稳定、无翘裂缺陷。

31.1.1.1 分类和规格

(1) 级别：乒乓球台根据工艺技术、结构、用材和质量的不同，分为高级、中级、普级三种。

高级品：适合于国际和国内重大比赛；

中级品：适合于国内一般比赛；

普级品：适合于训练。

(2) 规格尺寸见表 31-1。

表 31-1 乒乓球台尺寸表　　单位：mm

分类 / 项目名称	高级		中级		普级	
	尺寸	偏差	尺寸	偏差	尺寸	偏差
台长	2740	+3 0	2740	+4 0	2740	+5 0
台宽	1525	± 2	1525	± 3	1525	± 3
台高	760	± 1	760	± 2	760	± 2
台面厚	15～30		15～30		15～30	
半张台面对角线误差(≤)	2		3		4	

注：台长可分为两个半张，每半张为 1370mm，其公差为台长公差的一半

31.1.1.2 技术参数与要求

技术参数见表 31-2。技术要求：

①台腿外边距任何一面的台边应不少于 200mm；任何撑档离地面应不小于 300mm；

②台腿撑立时应保持稳固，折叠时应灵活方便；

③用木料制做台面，木纹应与台长一致；

④乒乓球台台面的要求比较高，台面应该弹性均匀；

⑤每半张球台的两边轧网处底面应各装上一块轧网铁

表 31-2 技术参数表　　单位：mm

分类 / 性能，指标	高级	中级	普级
弹性	220～250	220～250	220～250
弹性均匀度(≤)	5	10	15
台面光泽度(≤)	6	20	---
球台的稳定性(≤)	7	7	14
半张台面不平整度(≤)	3	4	5
台面与球面的磨擦系数（COF）	0.4～0.6	---	---

板，其长宽度不小于 50mm × 20mm，厚度 1.5～2.0mm。

31.1.1.3 台面外观要求

(1) 台面表面没有裂纹、开胶、伤痕、脱漆等缺陷。

(2) 漆色

①高级：台面应漆成不反光的墨绿色，漆色均匀一致，不脱漆，无斑点，无灰粒、气泡及凸凹痕；

②中级：台面应漆成不反光的墨绿色，漆色基本一致，无明显斑点、气泡及凸凹痕；

③普级：台面应漆成墨绿色，允许有轻微的刷痕，允许有轻微反光及灰粒的缺陷。

(3) 边线和双打线：沿着台面（整副）四边喷（或刷）宽20mm的白色边线，在台面中间喷（或刷）宽 30 ± 0.5mm 与边线平行的白色双打线，均不宜喷（或刷）得过厚。

31.1.1.4 工艺过程

实木制乒乓球台的加工与实木家具加工工艺基本相同，人造板制乒乓球台加工过程如下：

选择质量合格的板子 → 幅面裁截 → 铣槽 → 打孔 → 胶合 → 封边 → 涂饰 → 装配 → 包装入库

31.1.1.5 检验方法

(1) 规格尺寸：用毫米尺测定；对于厚度、线及轧网铁板尺寸用游标卡尺。

(2) 弹性和弹性均匀度的测定：用专用声控电子弹性测定仪（系统误差≤ 2mm，球底部距台面 300mm 高度自由落下）测定，测半张。台面四角和中间点的弹跳高度，每点测三次取平均值，其值即为弹性。各弹性的极差即为弹性均匀度。

用一只优级的乒乓球放在弹性测定仪上，球由下表面离台面 300mm 处自由落下，测球弹起的高度（指球的下表面）应符合表 31-2 规定。以这一方法，在台面四角和中间各点测台面弹性的均匀度，其最高点与最低点的差应符合表 31-2 规定弹性均匀度的指标。

(3) 台面的光泽度和台面暗度分别用 SS-82 型光电光泽测定和用 TSC-81 型色度仪作样板对比测试（样板的涂饰工艺条件与产品一致）

(4) 不平整度的测定：用 2m 以上的标准直尺（直线度允许误差 0.5mm）平放在台面上，用塞尺测量直尺与台面之间的最大空隙（取绝对值）或两边最大空隙度的平均值。

(5) 产品出厂时，收购部门有权对产品进行抽验，抽验量为 10%。不足十副可任抽一副，按前述的规定进行抽验，满足条件为合格，否则要另抽二倍复验，再不合格时，由生产单位负责整理返修后，重新抽验出厂。

(6) 在合理的贮存条件下，保质期自出厂日起高级为二年，中级、普级为一年。产品保管时应避免受压、受潮，受热。要小心轻放，不得曝晒、雨淋和撞击。

31.1.2 乒乓球拍(GB 9831−1988)

乒乓球拍分比赛用和锻炼身体用二种。主要由底板、手柄、海绵胶片等部分组成。

31.1.2.1 材料

(1) 乒乓球拍主要组成材料有：木材、橡胶或其他材料制成的底板、海绵胶粒片、胶黏剂等。

(2) 底板所用木材要求：材质轻或略轻，结构细致、均匀，加工容易，切削面光洁，弹性好，无缺陷，胶黏及油漆性能好。多用椴木制成的五夹板，次为槭木、桦木、黄桐、樟属等木材制成的五夹板。

(3) 底板要用木材，并且厚度至少 85% 是天然木材。底板的黏合层也可以加增强纤维材料，但不得超过底板厚度的 7.5% 或是 0.35mm。不管哪种计算方法取其数小的一种。

(4) 外柄用槭木、桦木、鸭脚木、核桃木、白蜡木、水曲柳等木材直接胶黏于内柄上。

31.1.2.2 类型、品种、等级、规格

(1) 类型：分成年用拍和少年用拍两类。

(2) 品种：分直拍（包括方拍）和横拍两种。

(3) 等级：分优级品，一级品，合格品三个等级。

(4) 规格：形状部位见图 31-1，规格尺寸应符合表 31-3 规定。

乒乓球拍把顶或把尖下面，用汉语拼音字头和阿拉伯数字组成二位字全国统一代号。

左起第一位字：P——代表乒乓球拍

Y——代表优级品

1——代表一级品

2——代表二级品

3——代表三级品

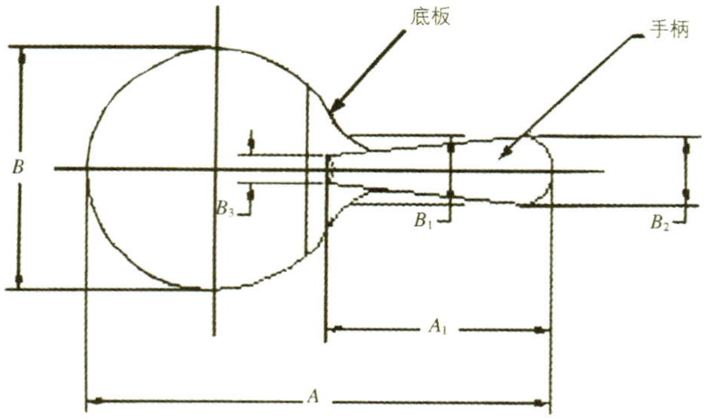

图 31-1 乒乓球拍形状

表 31-3 乒乓球拍尺寸

单位：mm

类型 \ 部位		拍长 A	拍宽 B	把长 A_1	虎口 B_1	椭圆形把宽 把顶 B_2	椭圆形把宽 把尖 B_3
成年	直握 椭圆	235	151	78	35	31	25
成年	直握 方拍	255	137	70～100			
成年	横握拍	261/265	151/156	104		31/33	26
少年	直握椭圆拍	226	143	76	30	30	25
少年	横握拍	250	143	100		30/32	25

注：优等品乒乓球拍的两面颜色必须是黑色和国际乒联认可的红色。
允许公差：优级品 ± 1mm；
一级品 ± 1.5mm；
二级品 ± 2mm；
握把均为 ± 1mm

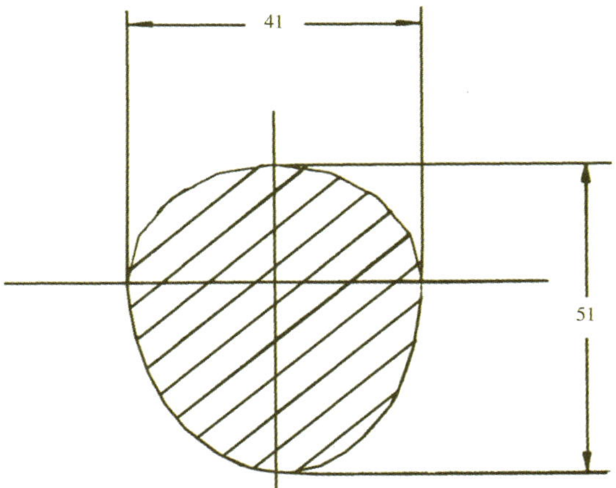

图 31-2 杠面剖面图

握把的其他形状规格不限。特别要求不受此限。

31.1.3 双杠（GB8391－1987）

双杠是体操运动器械是体育运动器械之一。主要由杠面、柱脚、支柱和杠柱等组成。

31.1.3.1 材料要求

杠面要求抗弯强度、弹性模量、冲击韧性及硬度较大，耐磨损，纹理直，易车旋，绝对无缺陷，胶黏性好的木材。

双杠的杠面要求：由层压加固的木材制成（至少是木制表面）或具有相同木材功能的任何其他吸湿材料制成（冲击强度、吸湿、对氧化镁呈中性），通常是外用的（一般内夹钢筋，以增加强度）。杠面剖面见图 31-2。

主要树种为：白蜡木、水曲柳、山核桃、红锥、黄锥、白青冈、红青冈、麻栎、槲栎、刺槐等。

柱脚、支柱和杠柱由钢或铸铁制成。

31.1.3.2 双杠分类

双杠类型及杠面尺寸见表31-4。杠面的技术参数见表31-5。

31.1.4 平衡木(参照 GB8397－1987)

31.1.4.1 材料

主要为针叶材，如冷杉、云杉、红松及杉科商品材。要求木材长、大、无缺陷。

31.1.4.2 基本尺寸(图 31-3 及表 31-6)

31.1.4.3 技术指标见表 31-7

31.1.4.4 检测方法

(1) 规格尺寸用示值相同的游标卡尺、卷尺或专用量尺测量。

表 31-4 双杠杠面的尺寸

单位：mm

项目	竞赛型 基本尺寸	竞赛型 极限偏差	普通练习型 基本尺寸	普通练习型 极限偏差
杠长	3500	± 10	3500	± 10
杠面断面	短径 41	0	短径 41	0
为卵圆型	长径 51	－ 1.0	长径 51	－ 1.5

表 31-5 杠面的技术参数

单位：mm

序号	指标名称	竞赛型	普通练习型
1	杠面弹力	杠面静载荷力 1350N； 挠度在 54～66mm 范围内； 取消外力残余变形不超过 1mm； 两杠间挠度差应不超过 2mm	杠面静载荷力 1350N； 不裂不折，取消外力； 残余变形不超过 3mm
2	杠面直度	偏差不超过 3mm	偏差不超过 8mm
3	表面质量	粗细均匀，无硬楞； 无裂缝，无疤节，无腐朽	粗细均匀无硬楞，在中段 1.5m 以外的杠面两端； 直径不大于 8mm 的活节，一根不得超过 3 处

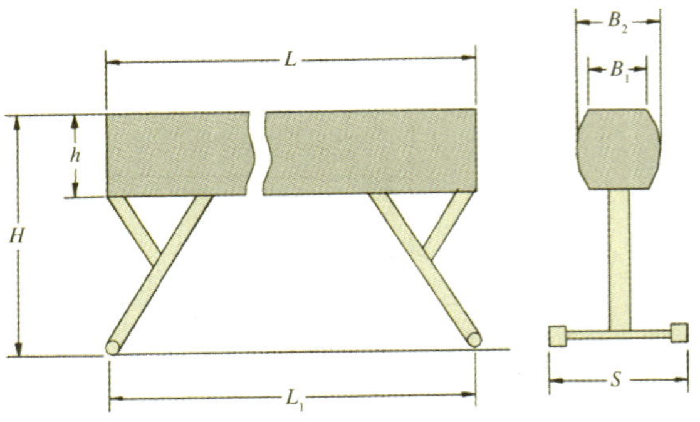

图 31-3 平衡木基本尺寸

表 31-6 平衡木基本尺寸　　单位：mm

项目		竞赛型		普通练习型	
		基本尺寸	极限偏差	基本尺寸	极限偏差
高度范围	最低 H_1	700	+3	1000	± 5
	最高 H	1200	0	1200	
横　梁	长 L	5000	± 5	5000	± 8
	上宽 B_1	100	+2	100	± 2
		130	0		
	中宽 B_2	100		130	
	下宽 B_3	160	+3	120	± 3
	高 h	50	0	160	
升降间距		1200	---	50	---
底座横管长度 L_1			+50	1200	+50
			0		0
两底腿内侧距离 S		5000	---	5000	---

(2) 横木直度测量用一细绳一头固定在横木顶端，另一端纵向通过横木，并悬挂一定质量的重物，使绳挺直后量出横木直度。

(3) 表面质量用目测检查。

31.1.5 门球棒槌头

门球棒是门球运动的主要器械，主要由槌头、手柄等组成，其中门球棒槌头是决定该器械性能的关键部件。

31.1.5.1 门球棒槌头的分类与用材

(1) 分类：槌头有整体式和组合式两种，组合式的槌头在提高性能的前提条件下能节省材料，易于更换，延长整体门球棒的使用寿命。

(2) 材料要求：槌头要求具有密度大、硬度高、耐磨性好、使用寿命长等特点。所用原料为实木、层积塑料、压缩木、硬质橡胶、浸胶尼龙布等材料，相比之下，层积塑料的性能比较好。

门球棒槌头用桦木等树种木材的单板进行浸渍酚醛树脂后进行层积加工，所得门球棒槌头的密度、端面布氏硬度、静曲强度、冲击韧性等指标均较好。

31.1.5.2 层积塑料槌头制作工艺

材料准备（单板、胶黏剂）→ 单板浸渍 → 组坯 → 分批预压 →

厚板组坯 → 热压 → 冷却 → 形状加工 → 砂光 → 安装

(1) 单板：为桦木等树种，一般由旋切制造；胶黏剂：酚醛树脂等。

(2) 单板浸渍：根据胶种的不同，可以采用常温常压法、真空—加压法。真空—加压法即先对单板进行抽真空，然后在该条件下，浸胶加压，使胶能尽快、尽可能多地浸入单板中，后者浸胶的效果比常温常压法较好。

(3) 组坯：大多数单板的纹理方向是一致的，但是，应该增加几层与单板纹理方向互相垂直的单板，减少各向异性的程度。

(4) 分批预压：将少数组好坯的单板进行加压，便于后面再组坯及减少压机的闭合时间，使层积塑料胶合得更好。

(5) 厚板组坯：将预压好的板坯再组坯，然后热压。

(6) 形状加工：对于组合式的槌头，更要加工。

具体尺寸如图 31-4。

31.1.5.3 门球棒槌头技术参数（表 31-8）

表 31-7 平衡木技术指标

序号	指标名称	竞赛型	练习型
1	横木直度	偏差不大于 5mm	偏差不大于 8mm
2	横木受力	静载荷 1350N，弯曲不大于 8mm	
3	配合性	各连接件配合严密，升降灵活，锁紧牢固，底座平稳	各连接件配合严密，升降灵活，锁紧牢固，底座平稳
4	电镀层抗蚀性	耐蚀级别不低于 7 级	耐蚀级别不低于 7 级
5	表面质量	横木上面平整，黏合牢固， 喷漆或烤漆色泽均匀一致，不得有起泡、 皱纹、脏点、漆缕	横木上面平整，黏合牢固，直径 10mm 以下的疤节， 不得超过 5 处； 喷漆或烤漆色泽均匀一致，无漆缕和露底

表 31-8 门球棒槌头技术参数

	密度（g/cm³）	端面布氏硬度（MPa）	静曲强度（MPa）	冲击韧性（kJ/m³）	24h吸水率（%）
国家标准	1.3	196	274	78	5

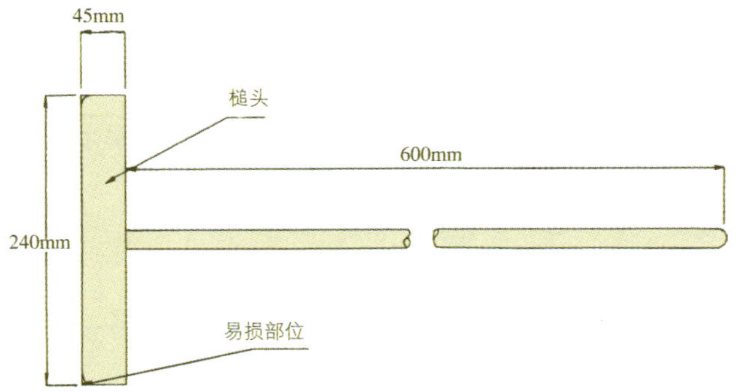

图 31-4 门球棒的结构

31.1.6 其他体育器械

31.1.6.1 网球及羽毛球拍

木材要求：抗弯性能良好，强韧，直纹理，容易切削、胶黏和油漆，中等硬度。

框及柄的外部用白蜡木、水曲柳、山核桃、核桃木、槭木、桦木、柳木、水青冈等木材，内部用楝木、臭椿等，框与柄的相交楔形部分，内面的楔子可用桃花心木与悬铃木等。

拍框和拍柄的总长不得超过 81.28cm，总宽不得超过 31.75 cm，拍框内沿总长不得超过 39.37cm，总宽不得超过 29.21cm；工艺过程：主要采用单板胶合弯曲的方法。

31.1.6.2 棒球棒和垒球棒

(1) 用材要求：木材的冲击韧性大，耐劈开，颇重硬，直纹理，车旋性能良好。例如：山核桃、白蜡木、水曲柳和槭木（轻软者除外），其次为榆木、朴木、白青冈、红青冈等。

(2) 棒球棒：可用整块金属或硬木或几条木片胶合制成，呈圆柱形，棒长不得超过1.07m，最粗直径不得超过7cm。为了便于握棒，从握棒顶端起至45.7cm的长度内，可用布条、胶布带或橡带胶缠绕。

(3) 垒球棒：整块硬木或几块木片按直线纹路胶合制成，也可以用塑料或竹料制成。这类拼合球棒只能胶合，还要完全抛光。棒长不得超过86.36cm，最大直径不得超过5.72cm，允许有0.079cm的误差，棒重不得超过 1077.30g。握柄应用软木，胶布带或其他混合缠绕，从棒的细端起，长度不得短于 25.40cm 或长于 38.10cm，球棒可用金属制成，但必须是正规球棒厂制品。

31.1.6.3 曲棍球棍

棍的左侧是平面，称为棍面。右侧是椭圆形，称为棍背。球棍上端手握部分称为棍柄，下端弯头部分为棍头。棍头为木制，不得包覆和嵌入任何金属或其他材料，棍头应为圆形，不允许为方形或尖形。球棍长度一般为0.80～0.95m，质量为340～790g，球棍的粗细（包括表面缠线或胶布）以能从直径为 5.10cm 的圆圈中穿过为合格。

31.2 家庭用品

31.2.1 木牙签

31.2.1.1 分类和规格

(1) 分类：扁形木牙签（表31-9）、圆形木牙签(表31-10)。

(2) 主要原料：桦木、杨木、槭木、黄桐、椴木所生产的产品质量较好，冬青、山香圆、七叶树等次之，也可选取纹理直的荷木。原木料的要求见表 31-11。

(3) 木牙签必须符合食（饮）具消毒卫生标准GB14934；木牙签的外观为木材本色，手感光滑，长度方向应与木材纤维方向一致；木牙签出厂时含水率为 8%～15%。

31.2.1.2 外观质量

根据木牙签的材质和加工质量分为特等、一等、二等

表 31-9 扁形木牙签规格　单位：mm

名称	尺寸	极限偏差
长度 L_1	58	± 1.0
中间厚度	1.0，1.2	± 0.1
大头宽度	2.3，2.7	± 0.3
小头宽度	1.3	± 0.3
大小头端部厚度	0.7	± 0.2
端部倒角	4～8	

表 31-10 圆形木牙签规格　单位：mm

名称	尺寸	极限偏差
长度 L_1	60,65,68,80,100,105	± 0.5
直径 ϕ_1	2.0,2.2,2.4,4.2,2.5,3.0	+0.15 − 0.05
端部平面直径 ϕ_2	0.2～0.4	
小头宽度端部锥角（°）	8～13	

表 31-11 原木料的要求

缺陷名称	允许限度		
	特等品	一等品	二等品
腐朽、异味、污染、霉变、虫眼、夹皮、节子	不许有	不许有	不许有
裂纹	不许有	不超过长度的 10%	不超过长度的 20%
毛刺	不许有	极轻微	轻微
沟痕	不许有	深度、宽度不超过所在部位的 1/3	长度不超过 10mm
断支	不许有	不许有	不许有
边棱	极轻微	轻微	轻微
虚尖、勾尖、钝尖、劈尖	不许有	极轻微	轻微
棱尖	不明显	较明显	较明显

注：极轻微与不明显是指距产品 50 cm，肉眼观察不到，用手可感到有缺陷；如距产品 50cm 用肉眼可观察到，则为轻微和较明显

品。牙签的生产都采用成套设备加工。牙签要经过双氧水漂白，滑石粉磨光等处理后才符合要求。

31.2.1.3 木牙签检验规则

(1) 检验方法：对提交检验成批木牙签实施质量检验时，样本应从提交检查批中随机抽取。在批量较大时，可以把整批产品等量依次分成小批，然后再按小批量范围确定样本数量，在各小批中随机抽取。

(2) 外形尺寸检验

1) 规格尺寸检查：量具

①游标卡尺：长度 150mm，精度 0.02mm；

②万能角度尺：0°～320°，精度 0.02mm；

③钢板尺：长度 150mm ,精度 0.5mm。

扁形木牙签的厚度测定在全长 1/2 处，宽度测定分别在小头距端部 1～2mm 处，大头最宽处用游标卡尺测量。圆形木牙签的直径在全长 1/2 处用游标卡尺测定。扁形木牙签倒角和圆形木牙签锥角用万能角度尺分别在两端测量。

规格尺寸应符合表 31-9、表 31-10 规定，抽样方案按 GB2828 的规定，采取正常检查一次抽样方案类型，其检查水平为 S-4，合格质量水平为 2.5。检验其合格与不合格的判定见表 31-12。

2)外观以目测和手感为主。抽样方案按GB2828的规定，采用正常检查一次方案类型，其检验水平为 S-4，合格质量水平为 6.5。检验其合格与不合格的判定见表 31-13。

(3) 含水率测定：按上述方法进行抽样，样本分四组，每组 10～20 支，检测方法及计算按 GB1931 进行，各组样本含水率的算术平均值，即为所测样本的含水率，精确至 0.1%。

表 31-12

批量范围	样本数	合格判定数	不合格判定数	样本合格数
10001～35000	50	3	4	47
35001～150000	80	5	6	85
150001～500000	80	5	6	85
≥ 500001	125	7	8	118

表 31-13

批量范围	样本数	合格判定数	不合格判定数	样本合格数
10001～35000	50	7	8	43
35001～150000	80	10	11	70
150001～500000	80	10	11	70
≥ 500001	125	14	15	111

(4) 发酵法的采样检验方法：取木牙签 10 支约 $50cm^2$ 置于 50ml 灭菌蒸发皿内，再将 15 支木牙签并列放于纸片上。之后再将另一张浸湿的纸片覆盖在牙签上，用灭菌的玻璃棒或吸管将牙签的尖端压实使其与纸片充分接触，过 30s 后，将纸片放入灭菌塑料袋封口，在 37℃下培养 16～18h 观察结果。

经外形尺寸、外观质量、含水率和微生物指标四项检验均合格时，判定该批产品为合格，否则，判定该批产品为不合格。单项不合格时应对单项加倍检验，检验后仍不合格，该 批产品为不合格。

(5) 贮存和运输：木牙签在贮存和运输过程中，要注意防潮，防破损，禁止与有毒、有异味的物品混放，并远离火源。

31.2.2 精制卫生筷子

31.2.2.1 分类、原料、规格

(1) 精制卫生筷按其形状可分为A型（锯割型）、B型（径切式）、C 型、D 型等；

(2) 材料：以桦木、椴木等材质软，纹理较细腻的木材为主。

(3) 分等：精制卫生筷子按木材质量和加工质量分为一、二、三等。

31.2.2.2 卫生筷子的加工工艺

原木截断 → 原木蒸煮 → 木段剥皮 → 旋切 → 刻切 → 干燥 → 初选 → 倒楞 → 精选 → 包装 → 入库

其中木段蒸煮及干燥是关键工序，蒸煮的主要目的是软化木材，由于木段的长度比较短，而旋切的单板又较厚，所以需要的蒸煮工艺与生产胶合板的工艺不同，主要体现在入池前的温度控制，升温速度，保温时间以及出池时间要注

意，主要防止木材开裂。升温过速容易引起变形。产品有时要进行漂白处理。

31.2.3 雪糕棒生产工艺

雪糕棒生产工艺与卫生筷的生产工艺基本相似。

原木截断 → 原木蒸煮 → 木段剥皮 → 旋切 → 冲切 → 干燥 → 磨光 → 分选 → 检验 → 包装 → 入库

(1) 主要原料：桦木等无味、无毒、无嗅、适合旋切或刨切的木材，符合国家食品卫生标准。可供雪糕，热狗等冷饮、食品作为把柄之用；根据具体情况决定是否对雪糕棒进行漂白。尺寸及公差见表31-14；材质缺陷见表31-15。

(2) 蒸煮：要求具有较高的光洁度，较好的颜色，比制造胶合板的单板的质量要求高。蒸煮过度，表面毛糙；蒸煮不足，裂隙多；

表31-14 尺寸及公差　单位：mm

项目	A型		B型	
	尺寸	公差范围	尺寸	公差范围
长度	203、205、210	± 0.5	180、205、210、240	± 0.5
大端宽度	12.5	+0.5 − 0.2	13.5、14.5	+0.3 − 0.2
小端宽度	7.5	± 0.2	8(7.5)	± 0.2
厚度	4.5、5	+0.2 0	4.5、5、5.5	+0.3 0
连体长度	30	0 − 2	30	± 1.0
斜面长度	---	---	15	+0.5 0
倒角长度	---	---	60	± 0.5
侧角高度	0.5	+0.3 0	0.8	+0.2 0
中逢宽度	0.5	± 0.2	---	---

表31-15 材质缺陷

材质缺陷名称	筷子等级		
	一	二	三
节子	不许有	A型小端面60内不许有，其外允许 ϕ 2的节子1~2个，B型不允有	小端面60内不许有，其外允许 ϕ 2的节子1~2个
夹皮	不许有	不许有	不许有
树脂道	不许有	不明显	有细窄条
虫害	不许有	不许有	不许有
色变	不许有	不明显	较轻微
腐朽	不许有	不许有	不许有
气味	不许有	不许有	不许有
露表皮	不许有	不许有	不许有

(3) 剥皮：注意木材的保温和保湿；

(4) 旋切或冲切：决定产品的厚度和形状；

31.2.4 木珠加工工艺

主要采用二种方法：一种是传统的加工工艺；一种是采用先进的圆棒螺旋机进行加工。

(1) 传统的方法如下：

选料 → 加工小方 → 倒棱 → 车珠 → 磨光 → 着色 → 晾干 → 打孔 → 涂漆 → 晾干 → 编织 → 入库

①材料主要是桦木等纹理比较细腻的树种，桦木最好是当年采伐材；

②根据木珠的要求加工出一定规格小木条；

③倒棱的主要目的是便于在车床加工时，容易固定；

④车珠采用半自动车床，加工出17、11、10mm等几种规格。

(2) 螺旋机加工工艺：主要是按要求加工出一定的规格尺寸的木方条，然后螺旋机将其加工成圆棒，再切成木珠。

31.2.5 木盆、木桶

用材主要采用是杉木，因为杉木材质较轻，不容易变形。

习惯用杉木、柏木做水桶，因为有气味，所以不太适合。对于酒桶可用：白青冈、红青冈、麻栎、黄锥、苦槠等侵填体丰富而材质坚硬的木材；对于装干物的桶主要用松木、合欢、椴木、杉、柏等；对于装食品的应选择无气味、无污染食品的树种，例如：鸡毛松（盛蜂蜜等）、悬铃木（盛面粉、食糖）、桦木、杨木（盛肉）、泡桐，刺桐等。

木桶又分为圆口和板口两大类。圆口木桶见图31-5、图31-6。

木桶的结构：壁板、底板、腰箍、脚箍等组成；一般情况下木桶的口径要大于底板的直径，比例为1：0.85。

主要是农村家庭使用的，其制作以手工为主，也可以采用机械加工。常用木制盆桶规格见表31-16。

工艺过程：

材料准备 → 壁板制作 → 拼板 → 桶身刨削 → 底板制作 → 装箍 → 擦缝

图31-5 圆口木桶

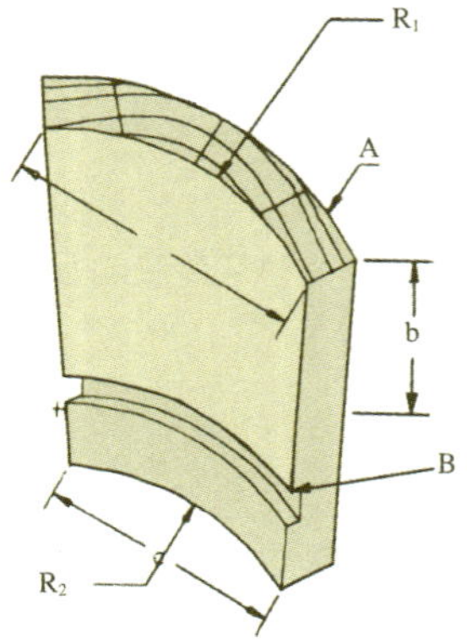

图 31-6

(1) 材料准备：准备与桶身高相等的原木段,制材采用劈的方法（顺纹理）；

(2) 壁板制作：要求壁板是弦切板；根据口径的大小确定所需壁板的块数；确定壁板侧边的角度和尖削度。手工操作时，应该检查角度和尖削度，尖削度可以采用“里口外腰”的方法进行检查，即测桶的顶端里面的宽度应该等于从壁板顶端算起向下（口径与底板直径的比例）处的宽度；

(3) 拼板：准确的定出榫眼的位置，榫眼要与壁板的侧面垂直，用竹榫接合，先使两块壁板的竹榫接合、拆开后，留作最后进行拼合，其他的壁板用锤逐个接合，因为最后一个无法使用锤子。

(4) 桶身刨削：分二步，先粗刨，使其成为圆锥形，然后再刨光；先刨外面，然后再刨里面，将桶的上下口径锯平整，并且互相平行。将木桶的外边缘倒棱，底槽加工。

(5) 底板的制作：杉木弦切板利用竹榫进行接合，主要工序为制板坯、钻孔、拼接、刨光、锯圆、倒棱和嵌板等。

(6) 装箍：可以采用竹箍、铁丝箍、铁皮箍。其中铁皮箍的质量最好。先装腰箍，后装脚箍。

31.3 娱乐用品

31.3.1 钢琴

31.3.1.1 概述

钢琴分为立式钢琴、卧式（三角）钢琴。钢琴是一个结构非常复杂的产品，本文仅就钢琴的规格尺寸、材料、结构和工艺等方面内容进行介绍，主要以立式钢琴为例。

(1) 使用材料

①共振材：云杉、红松、泡桐；

②非共振材：红松、云杉、核桃楸、槭木（色木）、水曲柳、黄波罗、椴木、山毛榉、桦木；

③琴键板、击弦机板材、弦码材要求是弦向；

④其他材料：合成树脂、羊毛制品、革制品、各种涂料，各种胶黏剂（动物胶、合成树脂胶），钢材。

(2) 尺寸：卧式钢琴的规格按长度划分，立式钢琴按高度划分，见表 31-17。

白键前端长度为 48.0～52.0mm；八度音程的白键中心距宽度为 164～166mm；

黑键上端面宽度为9.0～10.5mm，黑键底宽度为11.0～12.5mm，黑键长度为 94～96mm。黑键高度前端距白键面12.0～14.5mm，后端距白键面9.5～11.0mm，表面的平整度，间隙为 1.1 ± 0.4mm，琴键面两侧要倒角。

(3) 琴壳的平面度

对角线长度	公差
大于 1200mm	4mm
1200～500 mm	3mm
小于 500mm	2mm

表 31-16 常用木制盆桶的规格表　　单位：mm

品名	规格					
	口径	高	底径	壁厚	底牙	底厚
1 尺 3 寸木盆	485	225	425	14		14
1 尺 4 寸木盆	525	235	460	16	14	14
1 尺 8 寸木盆	675	260	600	17	15	15
7 寸　水桶	260	245	215	13	10	13
9 寸　水桶	340	340	300	13	10	13
1 尺 2 寸茶（饭）桶	450	450	385	18		
1 尺 4 寸茶（饭）桶	520	520	432	18		

注：凡 1 尺 5 寸以上的木盆要加底横档一条（40 × 10）；所有茶（饭）桶要有底横档。尺寸加注换算

表 31-17 钢琴规格

规格		尺寸（mm）	琴键数（个）
卧式钢琴	大型	≥ 2300	≥ 85
	中型	1700～2300	
	小型	<1700	
立式钢琴	大型	≥ 1200	≥ 85
	中型	1100～1200	
	小型	<1100	≥ 66

31.3.1.2 钢琴部件名称

钢琴无论是立式还是卧式，其结构原理是相同的，由于其结构比较复杂，所以在此就以立式钢琴为例对钢琴进行一些介绍。立式钢琴结构见图 31-7 及图 31-8。

31.3.1.3 制造工艺

钢琴的制造工艺非常复杂而繁琐。

(1) 背框的支架：一般采用针叶材，但是国外有采用榆木、山毛榉、栎木等阔叶材。为了更好的增加材料的强度，多采用层积材。主要是其所承受的张力很大（约 12t）。

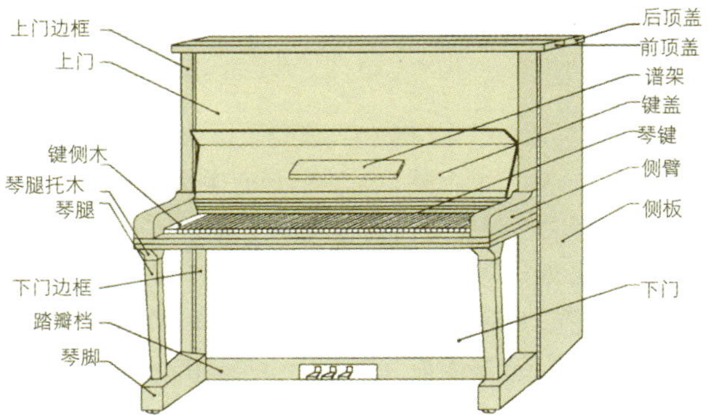

图 31-7 立式钢琴

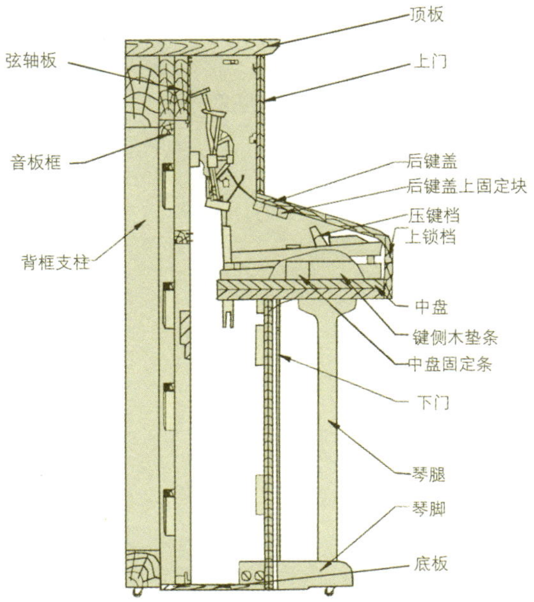

图 31-8 立式钢琴结构示意图

(2) 弦轴板：该部件是用于固定琴弦。要求用材结构均匀，纹理直，握钉力强，干后尺寸稳定，强度大，坚硬，耐磨，含水率4%～6%，无腐朽等缺陷。主要为山毛榉、枫木及色木等硬杂木，而且采用是层积材（木材的纤维是互相垂直的，采用合成树脂胶黏剂）。与铁板采用螺钉连接，精度要求较高。

另外弦码、击机用色木、山毛榉等硬木。

(3) 音板与肋木（图 31-9）：要求用材的密度小，纹理直，结构均匀（早、晚材细胞壁厚度渐变，相差不大），晚材率平均不大于30%，年轮每厘米4～10轮，宽度均匀一致，共振性能良好，色白、无任何缺陷（包括应力木），径切、含水率4%～6%。

音板、肋木、键盘用云杉、鱼鳞松、红松等树种的木材制作。这部分是钢琴中最重要部分之一，因为钢琴的音质、音量等都与音板与肋木的用料、材质、制造方法有密切的关系。

材料要求充分干燥，在制造音板时所用的材料切向要求大于50°，而肋木要求是弦向，肋木应与音板的木纹方向交叉胶合。

共振材年轮极限宽度不得大于5mm（泡桐除外），疏密度要均匀，晚材率平均不大于30%。贴面材的板面纹理疏密度要均匀，色泽一致。接近原木髓心处（100mm × 100mm）不许加工共振材。

1) 音板的尺寸：小型为1000mm × 1500mm，大型为1500mm × 2500mm 音板采用将板条进行横拚、倾斜拚及层积成型等方式，采用的胶黏剂为合成树脂。

2) 肋木：采用实木加工成型，各公司生产的尺寸是相同的。

3) 工作要点：

①材质中的缺陷应该被清除；②音板及音板与肋木的拚接胶合时，应该拚缝完全吻合，胶合完全；③拚板采用的材料应是同一根木材；④音板的拚接胶合加热应该是完全的；⑤肋木的成型加工要认真；⑥对于重要的尺寸部分应该认真研究；音板要形成弧面，四周要安装牢固。

(4) 弦码（图 31-10）：

弦码分为中高音弦码和低音弦码。

1) 使用材料：

山毛榉、枫木等，当然也可以采用层积材。

2) 工作要点：

①肋木的成型要与音板形状相吻合；②肋木要与音板完全粘牢；③注意弦码形状设计与其他零件的关系；④肋木成型的拼合要完全吻合。

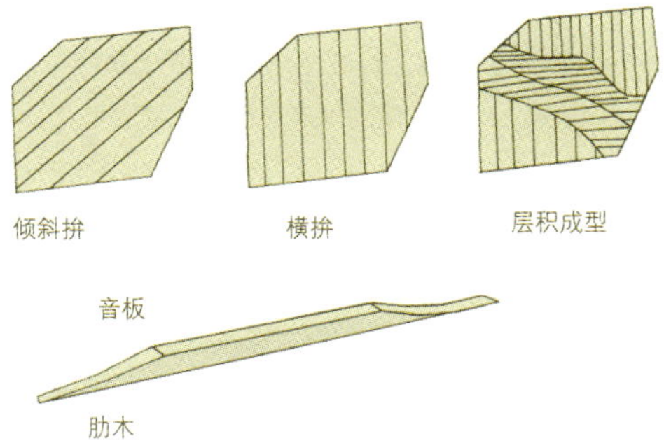

图 31-9 音板与肋木示意图

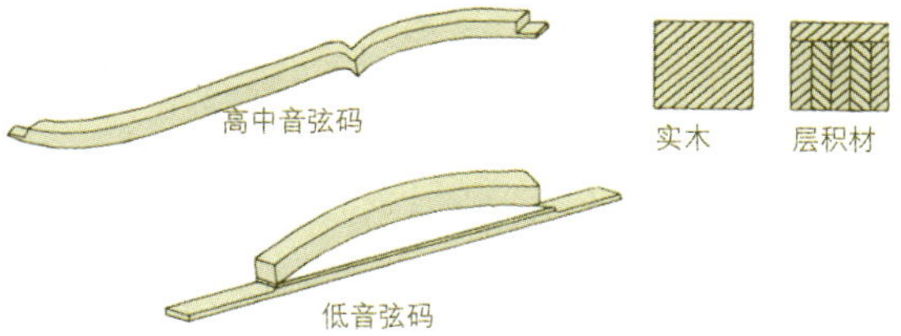

图 31-10 弦码示意图

(5) 外观：钢琴的外观要求美丽，具有耐久性，材料应该无特殊气味，加工要精细，精度高尺寸稳定，加工容易，油漆和胶粘性能好。

1) 使用的树种：最好为柚木、麻楝、香红木、核桃木、红木及桃花心木等（这些木材具有较高装饰价值），其次为香樟、桢楠、桦木、桂树等树种，再次为榉木、水曲柳等。具体形式可采用实木拚接，单板贴面，普通胶合板饰面等方法。

2) 工作要点：

①钢琴的外表面处理应该精细，加工精度要高，各部件的互换性要好；②涂饰时，要求白坯及涂料好；③最后砂光要谨慎。

(6) 装配：无论何种品牌钢琴其结构都是相当复杂的，在加工各个零件之后，首先能装配成部件的，先装配成部件；同时按着外形、音箱、键盘等部分分别进行组装，然后再总装，调音，入库。

中盘底面距地面高度 570mm 以上，（不足 85 键的钢琴不作要求）；

白键面距地面高度640～750mm（不足85键的钢琴不作要求）。

要求：

琴键应灵敏，不互相磨擦；装配应该结构牢固，缝隙均匀对称；涂饰应光滑平整，无明显划痕碰伤。

(7) 钢琴的平整度的检查方法：将钢直尺放置在试件一对角线上，如两点接触，由塞尺测量试件与钢直尺间的最大平面度公差值；如一点接触，分别测量试件两对角线与钢直尺间的最大平面度公差值。以两次中最大的公差值来评定。

(8) 钢琴主要部件加工工序：钢琴主要部件加工工序归纳见下面的流程图。

31.3.2 小提琴

31.3.2.1 概述

小提琴的基本结构由琴头、琴颈、琴身、琴弓和配件组成，每一部分又有许多零件，见图 31-11。

制材 ↓ 自然干燥 ↓ 人工干燥 ↓ 配料 →

- 顶板（前）→确定尺寸→尺寸加工→砂光→涂饰
- 顶板（后）→确定尺寸→尺寸加工→砂光→涂饰
- 上　门→确定尺寸→砂光→涂饰
- 前 键 盖→划线→槽 加 工→修补→确定尺寸→尺寸加工→装锁→涂饰
- 下 锁 档→截断→打孔→砂光→安锁→涂饰
- 键盖固定块→纵解→锥形加工→截断→砂光→涂饰
- 键 侧 木→截断→胶合→确定尺寸→锥面加工→砂光→涂饰
- 谱 架 台→横截→确定尺寸→尺寸加工→整型→砂光→涂饰
- 中　盘→横截→胶合→纵解→横截→开榫→开槽→打孔→组合→砂光→确定尺寸→开槽→打孔→涂饰
- 下　门→确定尺寸→涂饰
- 侧 底 座→横截→确定尺寸→尺寸加工→整型→开槽→打孔→砂光→涂饰
- 前 底 座→横截→确定尺寸→砂光→涂饰
- 底　板→横截→胶合→纵解→横截→确定尺寸→斜边加工→打孔→涂饰
- 背　柱→截断→拚接→胶合→截断→确定尺寸→斜面加工→榫加工→孔加工→砂光
- 上　梁→截断→胶合→截断→确定尺寸→孔加工→砂光
- 下　梁→截断→胶合→截断→确定尺寸→孔加工→砂光
- 中　梁→截断→胶合→截断→确定尺寸→孔加工→砂光
- 里　板→尺寸加工
- 音　板→粗加工→截断→拚接胶合→加热→砂光→ }
- 肋　木→纵解→确定尺寸→截断→面砂光→斜面加工→侧边砂光→ } 胶合→砂光
- 高中音弦码→截断→拚接→整形→砂光 }
- 长 中 板→截断→整形→砂光 } →胶合→砂光
- 长　足→截断→胶合→纵解→整形→砂光 }
- 高中音弦码→截断→整形→砂光 }
- 长 中 板→截断→整形→砂光 } →胶合→砂光
- 长　足→截断→确定尺寸→砂光 }

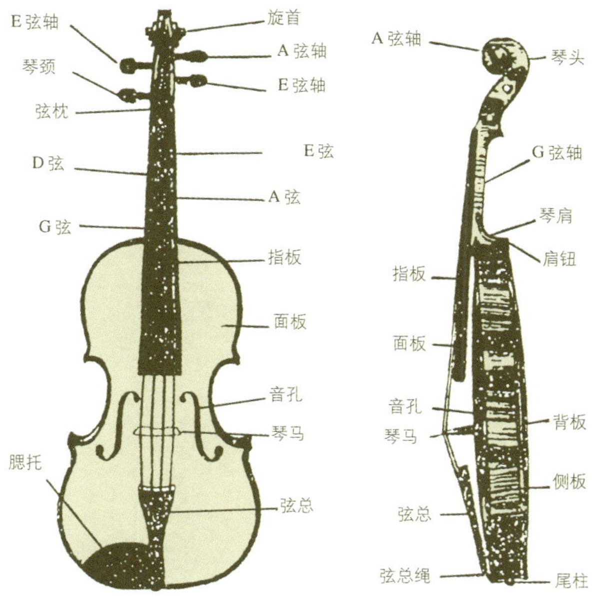

图 31-11 小提琴的构造

小提琴的规格尺寸（成人用、少年用、儿童用和女用、）见表 31-19。

31.3.2.2 材料

面板使用匀直鱼鳞云杉；琴头、背板和侧板的木材是用花纹明显而有规律的槭科的色木、枫木或材性相近的树种，西南云杉的材质仅次于鱼鳞云杉，冷杉适用于练习用小提琴的面板，质坚而轻、纹理顺直、均匀的木材，无缺陷、成龄材，中段木材；含水率控制在 4%～6%，一般≤ 8%。

31.3.2.3 工艺

以手工为主，同时采用了一些专用机床，旋首仿形床和琴颈圆弧铣床；小提琴的木材干燥应该采取自然干燥与人工干燥相结合的方法，木材纹理对音质有重大影响。用动物胶进行胶合的音质最好。

(1) 琴头和琴颈

选材 → 配料 → 绘制样板 → 锯切坯料→画线（正面图形、展开图形）
钻弦轴孔 → 开弦轴槽 → 去边 → 旋首 → 粗加工 → 细加工

(2) 面板

选材 → 干燥 → 备料 → 拼合 → 绘制样板 → 画线锯切 →
修边 → 做板面 → 做板里 → 开音孔

1) 低音梁：长 × 宽 × 高 =280mm × 8mm × 15mm；四面刨光，用木铿或平铲铿削至 280mm × 6mm × 14mm，同时应注意弧度的一致。

2) 音板（面板）：材质要求和树种利用同上述“钢琴”的音板。

(3) 背板

选择材料 → 材料干燥 → 备料 → 拼合 → 画线 → 锯切 → 修边 →
做板面 → 做板里

背板、侧板、及琴头所用材料：木材要求结构细致、均匀，油漆和胶粘性能优良，木材强韧并富于弹性，不变形，无任何缺陷，通常用槭木或笔木（水纹笔）。

(4) 弓杆（琴弓）（图 31-12）

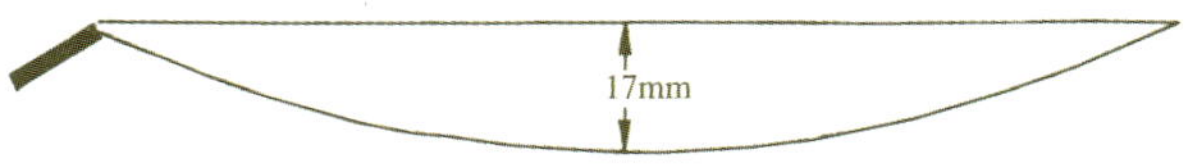

图 31-12 琴弓

选料(苏木、火果木、红木、色木) →备料(纹理要直，绝对不能弦切，含水率为 6%)
粗坯 → 烤弯定型(用煤火炉、炭火炉、煤气炉、酒精炉最好) → 精修 →
最后定型 → 涂饰

材料：木材富于弹性和韧性，坚硬，不变形，尺寸稳定。高级的琴弓公认用苏木，也用其他可代替如紫檀、红木、香红木、黑紫檀、青皮等树种，但是由于尺寸稳定性差，实际效果较差。普及型琴弓用槭木。对于弓托可用紫檀，红木、乌木、香红木、黑紫檀及蚬木等。

(5) 指板、弦轴、弦总、腮托及马尾库

要求木材结构细致、均匀，耐摩擦，坚硬，不变形，握钉力强，光泽性强，材色美观。常用乌木，也可以采用替代树种：绿心木、紫檀、红木及国产香红木、黑紫檀等，如果产品要求不高可采用铁力木、格木、蚬木及枣木、梨木、柿木等。普及型琴的腮托、弦总用塑料。

琴码：槭木、悬铃木、笔木等。

提琴规格尺见表 31-18。

31.4 装饰用品

31.4.1 木线

31.4.1.1 概述

(1) 主要用于室内装修如：顶棚与墙面的交线、门、门套、窗套、挂镜线、柱、护墙板、梁、踢脚板等部位的装修及家具的装饰等用途。

(2) 使用材料：可用的木材品种繁多，主要有榉木、枫木、水曲柳、椴木、桦木、杨木、泡桐等等。

31.4.1.2 制造工艺

有些木线是用四面刨进行加工的，其横断面都是相同的。也有些木线的横断面是不相同的，主要采用电脑刨花机进行加工，或木线机进行加工（采用通过式加工）。

目前也有用烙花的方法进行加工装饰线条，即将木线条

表 31-18 小提琴规格尺寸（成人用、少年用、女用、儿童用）

单位：mm

名称	项目	规格尺寸													允许误差		备注
		355	343	330	317	305	292	279	267	254	241	228	216	203	高级	普级	
	琴体全长	593	576	556	534	513	491.5	469.5	451	429	406.5	386.5	365	345	± 2	± 4	琴头顶端至尾柱
	有效弦长	328	317	303	292	280	267	257	247	233	222	210	200	189	± 0.5	± 1	弦枕至弦马
	长	107	102	101	96	92.5	88	84	81.5	77.5	73.5	70.5	66	63	± 0.5	± 1	顶端至弦枕
琴头	宽	42	38	36	35	34	33	32	31	30	29	28	27	26			
	厚	52	49	47	46	44	42	41	39	37	35	34	33	32			
	长	24	23	22.5	22	21	20.5	20.5	20.5	20.5	19	18	17.5	16			高出指板 1.2～1.5
弦枕	宽	5	5	5	5	5	5	4.5	4.5	4.5	4.5	4	4	4			
	厚	8.2	7.9	7.5	7.3	7	6.5	6	5.7	5.7	5.2	5.2	5.2	5.2			
	弦槽距离	7.5	5	4.8	4.8	4.7	4.7	4.6	4.6	4.5	4.5	4.2	4.1	4			
	长	138	132	126	122	116.5	112	107	102.5	97.5	92.5	88.5	83	29			弦枕以下至木榫
	上宽	13	12.5	12	11.5	11	11	11	11	10	10	9.5	9	9		± 0.5	不包括指板
琴颈	下宽	33	31	30	29	28	27	26	25	24	23	22.5	21.5	20.5			
	两边厚	40	39	37	36	35	34	33	32	31	30	29	28	27			
	下端弧高	6	6	6	6	5.5	5	5	4.5	4.5	4.5	4.5	4	4			
	下弧高至面板中缝	5.5	5	4.5	4.5	4.5	4.5	4	4	4	4	3.8	3.7	3.7	± 0.3	± 0.5	
	长	271	260	250	240	230	220	210	200	190	180	170	160	150	± 0.5	± 1	
	上宽	24	23	22.5	22	21	20.5	20.5	20.5	20.5	19	18	17.5	16	± 0.1	± 0.3	
指板	下宽	42	40	39	38	38	36	36	35	35	33	29	28	26			
	两边厚	5	5	5	5	5	5	4.5	4.5	4.5	4	4	4	4			
	下端弧高	11.5	11	10	9.5	9.5	9.5	9.5	9.5	8	8	8	7	7			
	下弧高至面板中缝	21	19.5	19	18	18	17	17	17	15	15	14.5	14	14.5	± 0.5	± 1	弧度最高处
琴弦	G 弦距指板下端高	5	4.5	4.5	4	4	4	4	4	4	4	4	4	4			
	E 弦距指板下端高	2.5	2.5	2.5	2.5	2.5	2.5	2.5	2.5	2.5	2.5	2.5	2.5	2.5			
	长	355	343	330	317	305	292	279	267	254	241	228	216	203	± 0.3	± 1	板下部最宽处
	上宽	168	168	156	150	144	138	132	126	120	116	110	105	100	± 0.2	± 0.5	板的边厚不计在内
	中宽	110	108	104	100	97	93	89	86	82	78	74	71	67			安放弦马部分
	下宽	210	203	195	187	180	172	164	158	151	143	137	130	125			板四周近边缘处
圆	中部弧高	12	11	10.5	10	9.5	9.5	9	8	8	7.5	7.5	7	6.5			板中央部分
背	面板最厚部分	3.7	3.6	3.4	3.3	3.1	3.1	3	3	3	3	3	3	3			板四周近边缘处
板	面板最薄部分	2.5	2.4	2.3	2.2	2.1	2.1	2	2	2	2	2	2	2			
	背板最厚部分	4.7	4.6	4.4	4.2	4	3.9	3.7	3.5	3.5	3.5	3.5	3.5	3.5			板的一侧相邻的上
	背板最薄部分	2.5	2.4	2.3	2.2	2.1	2.1	2	2	2	2	2	2	2			下角
	板的边缘厚度	4	3.8	3.6	3.6	3.6	3.5	3.5	3.5	3.5	3.4	3.4	3.4	3.2			
	板上下琴角距离	79	76	73	70	67	64	62.5	60	57	55	53	52	51			

表 31-18（续）

名称	项目	规格尺寸													允许误差		备注
	背板肩钮长	13	12	12	11	11	11	10.5	10	10	10	9.5	9	8			
	背板肩钮宽	20	18	17	17	16	15	14.5	14	14	13.5	13.5	13	12.5			
音孔	长	70	68	66	62.5	60	57.5	55.5	53	51	49	47	44	43			
	内缺口至面板上边	195	189	181	174	167	160	153	147	140	132	126	119	112	±0.5	±1	
	两孔上端距离	41	40	39	38	36	34	33	31	30	29	28	27	26			
低音梁	长	280	270	260	250	240	230	220	210	200	190	180	170	160			
	宽	6	5.8	5.6	5.4	5.2	4.9	4.7	4.5	4.3	4.1	3.9	3.7	3.4	±1	±2	
	最高部分	14	13.5	13	12.5	12	11.5	11	10.5	10	9.5	9	8.5	8			
琴首	长	52	52	50	50	50	50	50	50	48	45	45	42	40	±1	±2	
木块	厚	15	15	14	14	14	14	14	14	14	12	12	12	12			
琴尾	长	47	44	40	40	40	36	36	36	36	35	35	33	32	±1	±2	
木块	厚	14	12	12	11	11	11	11	11	11	10	10	10	10			
衬条	宽	5	5	5	4	4	4	4	4	4	4	4	4	4			
	厚	1.5	1.5	1.5	1.5	1.5	1.5	1.5	1.5	1.5	1.5	1.5	1.5	1.5			
尾枕	长	34	34	34	34	32	32	32	31	30	29	28	25	25			
	宽	5.5	5.5	5.2	5	5	5	5	5	4	4	4	4	4			高出面板 3～4mm
	高	7	6.7	6.5	6.2	6	5.7	5.5	5.5	5.5	5.4	5.4	5.4	5.2			
饰缘	宽	1.3	1.3	1.2	1.2	1.2	1.2	1.1	1.1	1.1	1	1	1	1			
	深	2	2	1.5	1.5	1.5	1.5	1.5	1.5	1.5	1.5	1.5	1.5	1.5			
	距板边缘	4	4	3.5	3.5	3	3	3	3	3	3	3	3	3			
音柱	长	56	54	52	50	48	46	44	42	40	38	36	34	32			
	直径	6	5.8	5.6	5.4	5.2	5	4.8	4.51	4.5	4.3	4.2	4.1	4			
侧板	厚	1.2	1.1	1.1	1.1	1	1	1	1	1	1	1	1	1			
	上高	30	29.5	28.5	27.5	26.5	25.5	24.5	24	23	22	21	20	19.5	±0.5	±1	面背板突出边框为 2.5mm
	下高	31	30.5	29.5	28.5	27.5	26.5	25.5	25	24	23	22	21	20.5		±1	
尾柱	长	24	24	24	24	24	22	22	22	22	20	20	20	20			
	钮径	14	14	14	14	14	10	10	10	10	9	9	9	9			
弦轴	轴长	32～38	32～38	31～36	31～36	30～35	28～32	26～30	26～30	25～28	25～28	24～26	24～26	23～25			
	钮宽	22	22	21	20	19	18. 5	18	17	16	16	15	15	14			
弦马	上宽	46	44	42	40	40	38	36	34	32	31	30	29	28			
	底宽	40	37	36	36	34	33	31.5	28	28	26.5	26	25	24			
	上厚	2	1.9	1.9	1.8	1.7	1.6	1.6	1.5	1.4	1.4	1.3	1.2	1.1			
	下厚	4.5	4.3	4.2	4	4	4	4	4	3.7	3.7	3.7	3.5	3.5			
	弧高	35	32	31	30	29	27	26	25	24	23	22	21	20			

表 31-18（续）

名 称	项 目	规格尺寸													允许误差	备 注
	长	110	104	100	96	93	89	85	81	77	73	69	66	62		
弦总	宽	42	42	41	40	38	36	34.5	33	31.5	30.5	29.5	28	28		
	弧高	12	11	11	10	10	9	9	8	8	7.5	7.5	7	7		
	杆长	730	725	695	670	645	615	590	570	550	530	510	495	475		
	上端直径	5～5.5	5～5.2	5～5.2	5～5.2	5～5.2	5～5.2	5～5.2	5～5.2	5～5.2	5	5	5	5		
	中段直径	8-8.5	8	8	8	8	8	8	8	8	7.5	7.5	7.5	7.5		
	下端直径	7.7～8.7	7.5～8	8	8	8	8	8	7.5	7.5	7	7	7	7		调节螺丝不计在内
琴弓	弓头高	23	22	22	22	21	21	21	20	20	20	19	19	19	± 3　± 5	弓杆最细处
	弓头宽	10	10	9.5	9.5	9.5	9.5	9.5	9	9	9	9	9	9		全长二分之一处
	弓毛库长	45	44.5	43	40	40	38	38	36	36	34	34	33	33		根部
	弓毛库宽	14	13	12.5	12.5	12.5	12	12	12	12	11.5	11.5	11.5	11.5		
	弓毛库高	20.5	19.5	19	19	18	18	18	16	16	16	15.5	15.5	15.5		

图 31-13 木线线型 I

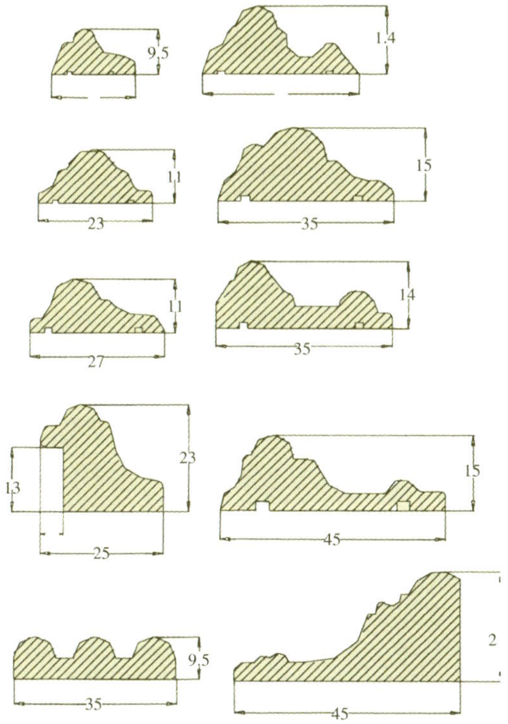

图 31-14 木线线型 II

加工成一定的形状，然后用一个模具对其短时间内加热，使线条表面有规律的烙焦。

利用圆棒螺旋机采用连续式加工，可以加工各种直径、螺矩的螺旋棒，一般可达 3～5m/min；

利用模具对于单板或薄木进行软化，模压成型。

图 31-13 及图 31-14 列举木线条的部分种类及图示。

主要设备：四面刨（其中包括 5～7 轴），圆棒螺旋机，模压冲床，电脑刨花机等。

木线型的加工主要是利用四面刨的水平刀轴所换的成型铣刀进行加工的，而铣刀有整体的及分体的两种，分体铣刀的维修比较方便。

电脑刨花机的加工与普通的机床不同，主要是它能六维加工，即：XYZ 三个方向加工和其旋转加工。

31.4.2 装饰画

(1) 材料的选择及工具：

①材料主要是五层椴木胶合板或进口柳桉胶合板，板面要求平整，正面应该砂光。其规格应根据所选取的板材的规格进行统一设计，便于提高出材率；

② 单板主要应该是旋切的或刨切的单板，以椴木、桦木和杨木为主。要求材色洁白，材质细腻，具有良好的加工性，装饰性和涂饰性；

③胶黏剂可采用乳白胶，40 号或 80 号强力胶；

④主要工具为刻刀，小油石，压板，胶刷，电烙铁等。

(2) 装饰画的加工工艺：

材料准备 → 画面设计 → 单板图案制作 → 胶贴 → 砂光 → 画的细部用电烙铁加深 → 框与画组装 → 喷漆

(3)要求：在制作刻画时剩余物可作为下次刻画的模具。

砂光要求先用 120 号木砂纸，然后再用 360 号水砂纸砂光，达到光洁的效果。

利用电烙铁对于细部进行加深和描绘。电烙铁可完成山、水、瀑布、云、雾等景色，也可以上色，可以借用国画的表现技法。

油漆可用聚氨酯清漆。

当吸胶后单板有翘曲应进行木压板加压直到贴牢为止。

造型设计时，应该抽象一些，以提高装饰效果。

将画好的白稿用复写纸描到单板上，然后用刻刀刻出轮廓，将不需要粘贴的镂空的部分，留作批量生产时使用的模具。

31.5 包装用品

31.5.1 概述

木包装主要用于商品的流通、储运等；可用于大型、重型物品包装，也可用于食品、茶叶、水果、蔬菜、玻璃器皿、精密仪器以及机械产品等。

31.5.2 木包装的种类

按结构分有八种：木框、条板箱、钉板箱、捆板箱、木撑合板箱、木桶、筐篓、托盘。

31.5.3 木包装用材

(1) 要求：一般木材的密度为 400～750kg/m³ 的木材最适用

①便于加工的松木和软杂木（如杨木、桦木等）；

②对于尖物如钉子等的握钉力和抗劈力较好的木材；

③对于特殊用的包装材要无气味、抗腐蚀力强；

④木材的含水率为 12%～18%；

⑤加工承重的木箱底楞材，其木材纹斜度不超过 100°；

⑥箱板厚度容许公差：当木板厚度≥ 1cm时，允许公差为± 0.06cm；当木板厚度＜ 1cm 时，允许公差为 +0.06cm。

(2) 国内常用的一般包装箱材：红松，樟子松（蒙古赤松、海拉尔松），马尾松，鱼鳞云杉（鱼鳞松），臭冷杉（臭松），杉木，紫椴（椴木），大叶杨（毛白杨），枫杨，白桦，白皮榆，核桃楸，枫香，槐树，黄波罗，拟赤杨，柚木，花椆木，楝树等。

(3) 特殊包装用材

1) 茶叶包装箱用材

要求无气味和污染。公认的枫香属树种最适合包装茶叶，其次有荷木、枫杨、马蹄荷、刺桐、橄榄、桦木、泡桐等。

2) 食品包装箱用材

除同茶叶包装用材要求外，还要求无嗅、无味、色浅。树种除同茶叶包装用材外，还有鹅掌楸、油桐（水果箱）、七叶树、喜树等。

3) 机械等重型包装箱

主要考虑木材的强度。阔叶材如云南龙脑香、白锥、苦槠、水青冈，针叶材的松科和柏木等。

31.5.4 木箱的加工工艺

选材 → 锯解 → 刨光 → 接合 → 加固成型

31.5.5 木箱的种类

木箱的种类有：榫接木箱、钉板箱、条板箱、带底梁木箱、缩角木箱、木撑合板箱、捆板箱。

参考文献

尹思慈主编. 木材学. 哈尔滨：东北林业大学出版社，1996

物品输送与物料处理

32

在木材加工生产过程中，物品的运输和物料的处理在生产工艺操作中占有相当大的比重。相应地，涉及物品及物料处理的机械设备随处可见。如木质成件物品的运输、散碎物料的制备、输送、分选、贮存和气固分离以及车间的除尘。这些成件物品的运输和散碎状物料的处理贯穿了整个木材加工过程。

32.1 物料处理与物料特性

32.1.1 物料处理的对象

在木材工业生产过程中，加工的对象主要为两类：木材成件物品和散碎状物料。散碎状物料主要有工艺原料类碎料和切削废料类碎料。就物料的形态而言，典型的木材碎料有木片、刨花、锯屑、纤维和各类生产性粉尘。

木材散碎物料是由众多颗粒形态各异的单体所构成的颗粒群体，这一颗粒群体构成了一个非常复杂的颗粒系统。这一复杂性主要表现在以下两个方面：①碎料颗粒单体在材质构造及材性方面的变异性和非均质性；②碎料颗粒之间在几何形态及尺寸方面的差异。

木材的材质构造和材性决定了切削碎料形成的机理十分复杂，同时碎料的形态尺寸又受到木材材种及含水率、加工工艺所要求的切削类型及切削参数（包括切削速度、工件进给速度、切削方向、切削量等）和切削刀具及设备等众多因素的影响。因而，木材碎料是由几何形状各异、尺寸大小不等的碎料颗粒混合体。即使在由粗大颗粒占主导构成的散料中，也会存在一定数量的细微或超细微粒子。

构成木材碎料系统的颗粒单体在材种、几何形态和尺寸上存在着一定的差异，因此，无论在物理性质方面，还是在流动堆积性能等力学特性方面存在着较大的差异。故木材碎料颗粒系统是一离散的、非均匀的颗粒系统。

32.1.2 物料特性与处理的关系

木材散碎物料特性是散碎物料处理的技术基础，也是提供碎料处理设备结构设计的重要依据。

从表32-1可见，物料特性与物料操作处理之间关系十分密切，它对散碎物料处理的影响是多方面的。在物料的气力输送、混合气流的分离、碎料的仓贮堆积及出料、运输等方面决定着各类装置能否正常地运行，同时在一定程度上还决定着物料处理设备运行的经济性。

例如：气力输送所要求的气流速度与碎料的这些特性密切相关。在稀相气力输送的气流中，碎料颗粒的重度、形状和大小以及表面状况等还决定了碎料颗粒在气流中呈悬浮状

表 32-1 木材碎料特性与碎料处理之间的关系

碎料特性及特性参数		操作类型				
		碎料输送	气固分离	物料分选	气流干燥	仓贮、供料
物理特性	几何形状	√	√	√	√	√
	表面状况	√	√	√	√	√
	尺寸分布	√	√	√	√	√
	空隙率	√				√
	密度	√	√	√		√
	含水率	√	√	√	√	√
	体积	√		√		√
	表面积	√				
力学特性	堆积密度	√		√		√
	堆积角	√	√	√		√
	内、外摩擦角	√	√			√
空气动力特性	沉降速度	√	√	√	√	
	悬浮速度	√	√	√	√	
	颗粒层阻力		√			

态输送所必需具有一定的气流速度，即不同类型的碎料，这一速度的大小是不同的，而这一气流速度的大小直接决定着输送管路的阻力和气流的压力损失以及输送所消耗的动力。

木材散碎物料在料仓内和出料排料处的表现行为与其动态特性密切相关。掌握这一动态特性，可为料仓和分离装置锥体结构的合理设计提供科学的依据，从而防止物料的搭桥，实现均匀地排料和定量出料。

碎料的大小与形态还决定了被分离难易程度和气流所消耗的能量。即使是在相同的分离动力的作用下，碎料粒径上的差异决定分离难易程度的不同。如在重力或离心力中，大颗粒的碎料易于从气流中分离，10～100μm或以上的颗粒也能被分离，而粒径5～10μm以下的颗粒（尤其是1μm以下的超微粒子）分离就极为困难。随着被分离物料颗粒粒径的减小，需要的能量损耗也随之增加。

研究碎料颗粒在低雷诺数气流场中的阻力特性还是合理选择袋式除尘器的滤料、正确确定运行技术参数的依据。

在各种运输机械运输木材散碎物料时，碎料的堆积和流动特性决定其在运输机上堆积和充填的状态，从而影响到运输机的实际生产能力。在一些运输场合（如倾斜向上运输），被运输碎料的堆积和壁摩擦性能还决定着运输机的性能是否能正常地发挥。

32.2 成件物品的输送

32.2.1 带式运输机

32.2.1.1 主要类型

带式运输机分类见表32-2。

表 32-2 带式运输机分类

普 通 型	特殊型带式运输机
通用带式运输机	钢绳芯带式运输机
轻型固定带式运输机	大倾角带式运输机
移动带式运输机	可弯曲带式运输机
	移植式带式运输机
	吊挂式带式运输机
	压带式带式运输机
	气垫带式运输机
	磁性带式运输机
	钢绳牵引带式运输机
	网带带式运输机

32.2.1.2 基本结构

带式运输机是以带为牵引构件的连续运输机，通常带也是承放物料的工作构件。在木材工业中用于运送板材、方材、板皮、人造板、木制品等。

带式运输机的一般结构形式和组成部分如下。

1. 运输带

在木材工业中广泛使用的输送带有橡胶输送带、塑料运输带和某些特种运输带。

(1) 橡胶输送带：这种带在木材工业中应用最广。它是用棉织物或化纤织物粘胶后叠成的多层带芯材料，四周用橡胶作为覆盖材料。其主要品种和带宽系列见表32-3，普通橡胶输送带规格见表32-4。

胶带的接头方式有机械接头和硫化接头两种。

机械接头采用卡子连接，接头的强度仅为胶带强度的35%～40%，带芯外露易受腐蚀，使用寿命短，仅适用于短距离的或移动式的带式运输机。所谓硫化接头，即将接头部位按衬垫数切成阶梯状，涂胶，在压力50～80N/cm²、温度140～145℃的胶合条件下，保温适当时间，即成为无接缝的硫化接头，其强度可达到胶带强度的85%～90%，且能防止带芯腐蚀，带的寿命效长。

橡胶带的强度安全系数与带中橡胶布层数及接头方式有关，具体参考表32-5。

(2) 塑料输送带：塑料输送带以维尼纶——棉混纺织物编织成整体带芯，用聚氯乙烯塑料作覆面，能耐油、酸、碱，特别适合于温度变化不大的地方。表32-6为常用塑料带的规格。

(3) 特种带：当采用表面光滑的橡胶带倾斜运输木材成件物品时，运输倾角一般不超过18°。为提高运输倾角，可用表面带槽的橡胶带，槽深2～3mm。但此带清刷困难，磨损很快。

当要求有较高的抗拉强度时，可用强力型的橡胶输送带，如用高强度尼龙作衬垫层或之间夹有细钢丝绳的橡胶带。钢丝绳芯输送带的参数见表32-7。

当输送过程要求平稳，输送过程中有加压、加热等工艺要求时，可采用钢带。输送过程中有透气、透水等要求时，可采用金属丝或其他材料编织成的网带。

2. 带的支持机构

(1) 光滑导板：当所运输物品要求运行平稳，在运行过

表 32-3 橡胶输送带主要品种和带宽系列

品 种	带宽 mm（GB523-74）									强度	工作环境	各种环境
	300	400	500	650	800	1000	1200	1400	1600	kgf/cm（层）	温度（℃）	温度（℃）
普 通 型	√	√	√	√	√	√	√	√	√	56	-10～+40	50
耐 热 型		√	√	√	√	√	√	√	√	56		120
维尼纶芯				√	√	√	√	√	√	140	-5～+40	50

表 32-4 普通橡胶运输带的规格

胶布层数 (i)	上胶＋下胶厚度 (mm)	带宽（mm）								
		300	400	500	650	800	1000	1200	1400	1600
		每米长的质量 q （kgf/m*）								
3	3.0+1.5	3.01	4.01	5.02	6.53	8.03	13.03			
	4.5+1.5	3.53	4.71	5.88	7.64	9.41	11.76			
	6.0+1.5	4.05	5.39	6.74	8.77	10.79	13.49			
4	3.0+1.5	3.49	4.65	5.82	7.57	9.31	11.64	13.95		
	4.5+1.5	4.01	5.35	6.68	8.70	10.70	13.37	16.05		
	6.0+1.5	4.53	6.04	7.55	9.82	12.10	15.10	18.10		
5	3.0+1.5	3.88	5.31	6.63	8.62	10.60	13.25	15.90	18.55	21.20
	4.5+1.5	4.49	5.98	7.48	9.73	11.98	14.98	17.95	20.95	23.95
	6.0+1.5	5.02	6.69	8.36	10.87	13.38	16.71	20.05	23.40	26.75
6	3.0+1.5		5.94	7.32	9.66	11.80	14.86	17.82	20.80	23.80
	4.5+1.5		6.64	8.30	10.80	13.28	16.59	19.90	23.20	26.55
	6.0+1.5		7.32	9.17	11.95	14.65	18.32	22.00	25.65	29.35
7	3.0+1.5			8.24	10.72	13.18	16.47	19.80	23.10	26.38
	4.5+1.5			9.10	11.85	14.55	18.20	21.85	25.50	29.10
	6.0+1.5			9.97	12.97	15.95	19.93	23.95	27.95	31.90
8	3.0+1.5			9.04	11.75	14.45	18.08	21.65	25.30	28.90
	4.5+1.5			9.92	12.90	15.85	19.81	23.80	27.75	31.70
	6.0+1.5			10.77	14.00	17.22	21.54	25.82	30.10	32.40
9	3.0+1.5				12.80	15.75	19.69	23.60	27.55	31.50
	4.5+1.5				13.95	17.15	21.42	25.70	30.00	32.30
	6.0+1.5				15.05	18.50	23.15	27.80	32.40	37.10
10	3.0+1.5					17.00	21.30	25.55	29.80	32.10
	4.5+1.5					18.42	23.03	27.65	32.25	36.90
	6.0+1.5					19.80	24.76	29.70	32.70	39.60
11	3.0+1.5						22.91	27.50	32.10	36.70
	4.5+1.5						24.64	29.60	32.50	39.50
	6.0+1.5						26.37	31.60	36.80	42.10
12	3.0+1.5							29.40	32.30	39.20
	4.5+1.5							31.50	36.70	41.90
	6.0+1.5							33.60	39.20	44.80

表 32-5 橡胶输送带的强度安全系数

带芯胶布层数（i）	3～4	5～8	9～12
硫化接头	8	9	10
机械接头	10	11	12

表 32-6 常用塑料带的规格

名称	宽度 (mm)	总厚度 (mm)	上塑料厚 (mm)	下塑料厚 (mm)	整芯厚 (mm)	强度 (kgf/cm)	每米重 (kgf/m)
普通型	400	9	3	2	4	224	4.54
	500						5.67
	650	10			5	336	8.15
	800						10.00
强力型	800	11	3	2	6	500	10.80

*1kgf = 9.8N

程中不产生波动时，带可仅用光滑导板作支持物。

(2) 支持托辊：采用托辊支承带，可减小运行阻力。

托辊可用无缝钢管、塑料、增强尼龙、夹布酚醛树脂等材料制造。当运输成件物品时，常用圆柱形平型托辊。

在输送带的受料处，可采用橡胶圈式的或弹簧板式的缓冲托辊。为防止带跑偏，可采用调心托辊。

3. 承装零件

即辊筒，通常为铸造的，也可用钢板焊接。一般为光面，但为了增加牵引能力，可在表面镶覆皮质、橡胶或覆以木制轮缘。为了防止带跑偏，主动辊筒表面中间略微突起，起对中作用。

4. 张紧装置

带式运输机所用的张紧装置有螺杆式和重锤式两种，其

表 32-7 钢丝绳芯输送带的参数

代　号	GX-650	GX-800	GX-1000	GX-1250	GX-1600	GX-2000	GX-2500	GX-3000	GX-3500	GX-4000
强度 σ_d（kgf/cm）	650	800	1000	1250	1600	2000	2500	3000	3500	4000
钢丝直径（mm）	4.5	6.75	8.1	9.18	10.3					
钢丝结构	7*7*3-0.25				7*7*7-0.25		7*7*7-0.3	7*7*7-0.327*7*7-0.38		
钢丝破短拉力（kgf）	1400	3300	4300	5500	6900					
上、下覆盖胶厚（mm）	6+6	7+7	8+8	8+8	8+8					
带总厚（mm）	18	22	25	27	28					
钢丝间距（mm）	20	17	13.5	11	20	16	17	18	15.5	17
每平方米带重（kgf/m²）	23.54	24.33	24.63	25.33	32.25	33.42	39.93	41.51	43.23	47.10
胶带宽度（mm）	800	800～1000	800～1200	800～1400	800～1800	800～2000	800～2000	800～2000	800～2000	800～2000

适用功率范围和许可张紧力见表32-8。重锤式张紧装置适用于长度较大、功率较大的情况，其中，垂直安装式的仅用在小车重锤式布置有困难的场合。

5. 驱动装置

带式运输机的驱动装置一般由电动机、减速器、联轴器和驱动辊筒等组成。为了适应满载启动，通常选用Y系列电动机。一般选用JZQ或ZL减速器，如驱动装置的空间位置较小，可采用结构紧凑的WD系列摆线针轮减速器或TD75系列油冷式电动鼓轮。

当采用单辊筒驱动时，为提高牵引能力，可增加辅助导辊，也可采用双辊筒或多辊筒驱动，目的都是为了增加包角。

32.2.1.3 主要参数的确定

1. 带宽 B

运输成件物品时，通常按所运物品的最大宽度B'确定带宽：$B=B'+100\sim200$mm，物品对输送带的比压应小于0.05kgf/cm²。

2. 带速 v

带式运输机的工作速度决定于物料的性质和工作条件，运送大件笨重的物品时速度不宜过快，如运输板材、方材，一般取0.6～1.2m/s；运输板皮等装卸条件没有严格要求的可取1.5～2 m/s；当人工装卸或在运输过程中进行物品分选时，可取0.2～0.3 m/s；在刨花板或纤维板生产的备料工段，运送小径级材或枝桠材的带式运输机速度应低于1.5 m/s。

带式运输机运输成件物品时，其生产率根据不同的单位，可用下列诸式计算：

$$n = 3600vj/L \ (\text{件/h})$$

$$Q = 3600vjG/L \ (\text{kg/h})$$

$$A = 3600vjC/L \ (\text{m}^3/\text{h})$$

式中：v——带速，m/s

L——物品平均长度，m

j——长度充满系数(物品长度与物品之间中心距之比)

G——一件物品的质量，kg

C——一件物品的体积，m³

可见，当生产率要求一定时，可以选取带的工作速度，从而计算带的宽度。

3. 功率

$$N=v\ (P+P_{主}+P_{惯})\ /\ (1000\eta)\ (\text{kW})$$

式中：P——运行阻力，N

$P_{主}$——带绕过主动轮的阻力，N

$P_{惯}$——在有载情况下启动时由惯性力所产生的阻力，N

η——驱动装置的传动效率

表 32-8 螺杆式张紧装置的功率和许可张紧力

B(mm)	500	650	800	1000	1200	1400
适用功率(kW)	15.6	20.5	25.2	35	42	58
张紧力(N)	12000	18000	24000	38000	50000	66000

32.2.2 纵向链式原木运输机

链式运输机是以链作为牵引构件的连续运输机。木材工业中用于运输成件物品的链式运输机有纵向和横向原木运输机、原木和板材的横向提升机、悬式运输机、板式运输机等。

32.2.2.1 适用场合

顺着物品长度方向运输称为纵向运输。纵向链式原木运输机其结构设计要适合于运输原木的需要，因而有其专称。它常用于原木楞场中原木的运输和分选，将原木运输到加工车间，将江河运来的原木从水中起运到贮木场（常称为原木出河机），或是从贮木池中将原木起运到制材车间等。

32.2.2.2 基本结构

1. 牵引链条

常用圆环链或板片链，通常是单链式的，也有双链式的。

2. 工作构件

链上固接的通常是钢制的横梁，横梁上固定着托板或托架，以承放原木。水平运输时可用月牙形托板，倾斜运输时可根据斜度的大小和工作条件，选用锯齿形、尖爪形托架，使原木不易脱落。

3. **支承装置**

工作构件在导轨上滚动或滑动。滚动式即在横梁两端装上滚轮，滑动式即横梁直接在导轨上滑动。为避免横梁磨损，可在横梁底边与导轨接触处装上垫块。

4. **链轮**

分无齿链轮和有齿链轮两种。

32.2.2.3 布置

一台运输机不宜过长，每台运输机的长度按所运原木的直径，一般不超过120～250m。当运输线路过长时宜设几台运输机联合使用。分段不仅是考虑链的强度和规格问题，也应结合工作条件，如水平运输和倾斜运输的工作构件可能不同；经常开动和不经常开动的区段应分开等。

倾斜运输原木时，倾角一般不超过22°，最大可达25°～27°。

当出河时，下端导向轮沉在水中，距水面的深度不应小于所运原木的最大直径，且出河部分应有一段铰接机架。

32.2.2.4 基本参数的确定

1. **齿数** z

纵向原木运输机的牵引链节距较长，如果链轮齿数较多，则链轮直径大，笨重，但若齿数太少，则动载荷大，故一般取5～10齿。

2. **节圆直径** D

$$D=\{[a^2+b^2+2ab\cos(180°/z)]^{1/2}/[\sin(180°/z)]\}(\mathrm{mm})$$

式中：a，b——链条的长、短节距，mm

z——链轮齿数

t——链条几何节距，mm

3. **工作速度** v

由于纵向原木运输机的牵引链条一般均属于长节距链条，为了减小动载荷，工作速度不能取得太高，通常取0.5～1.0m/s，具体可根据生产率的要求和运输机的工作条件确定。当根据运输机的工作条件选择速度时，人工卸载时应较慢，机械卸载时可较快；当运输过程中进行原木分等时应较慢，纯粹运输时可较快。

4. **生产率**

$$n=3600vj/L\ (根/h)$$

或

$$V=3600vjC/L\ (\mathrm{m^3/h})$$

式中：n和V——每小时要运输的原木根数和材积

L——原木的平均长度，m

C——原木的平均体积，m^3

j——长度充满系数，一般为0.7～0.85，有时可达0.9以上

v——工作速度，m/s

5. **功率** N

$$N=vP/(1000\eta)+v_a(P_主+P_惯)/(102h)$$

式中：v——工作速度，m/s

v_a——圆周速度，m/s

P——运行阻力，N

$P_主$——链绕过主动轮的阻力，N

$P_惯$——有载情况下启动时由惯性力所产生的阻力，N

η——驱动装置的传动效率

32.2.3 横向链式运输机

32.2.3.1 使用场合

横向链式运输机常用于板材、方材，原木、人造板及其垫板的运输。

32.2.3.2 基本结构

1. **链条**

横向链式运输机常用圆环链或板片链。总有两条以上的链条，木材横向放在链条上进行输送。链条的数目和各条链之间的距离决定于所运物品的长度和工作性质，长度规格多，链条数就多，应使物品至少支持在两条链上。

2. **工作构件**

当水平运输板材、方材时一般可不用工作构件，当运输原木或倾斜运输物品时，通常在链上固定简单的推钩或挡块。

3. **支承装置**

这种运输机通常无特设的支持机构，链条直接在导轨上滑动，其回空边一般不设导轨，只装一些固定的支持滑轮。当短距离运输时甚至没有支持滑轮，链条自由悬挂着。

4. **驱动装置和张紧装置**

运输机的主动轮可用同一根轴集中驱动。为了便于根据各条链的不同磨损和拉伸情况调节张力，应对从动轮分别单独设置张紧装置。若在回空边中间张紧则诸从动轮也可同轴。当运输机很短、载荷较轻时也可不设张紧装置，利用链条的自重和垂度来调节张力。

32.2.3.3 基本参数的确定

1. **工作速度** v

横向链式运输机的工作速度决定于运输机的工作性质，可参考以下数值：

用于成材或板皮的运输：0.5～1.25m/s

用于原木运输：0.1～0.3 m/s

用于板材分等：0.15～0.3 m/s

用于机床间的传送：0.1～0.3 m/s

2. **生产率**

$$n=3600v/a\ (件/h)$$

式中：v——工作速度，m/s

a——物品的平均中心距，m

32.2.4 悬式运输机

32.2.4.1 概述

悬式运输机是将其运行轨道和支架大部分悬挂在建筑物上的一种连续运输机，在木材加工企业中，常用于木制品的油漆（浸漆或喷漆）、干燥、装配等作业，其主要特点是驱动功率小，占地面积小（地面型除外），能构成立体空间的连续运输线路，实现整个工艺过程的综合机械化和自动化。

根据运输物品的方式，悬式运输机可分为承载式、推动式和拖动式三种。

32.2.4.2 结构特点

悬式运输机的基本结构形式如下。

1. 牵引构件

悬式运输机的牵引链条通常要求可在两个相互垂直的平面内弯曲，圆环链可用，但由于其磨损大，不易装拆，故不常用。可拆链最常用，它不仅装拆方便，而且在销轴的轴向也可适当弯曲。一般的板片式关节链只能向一个方向弯曲，一种特殊的板片式链将链片在水平和垂直两个方向相间排列，中间用一个双向的联接件相连，使链条可在水平和垂直片面上任意弯曲，而且使得运输机不需设置转向轮或其他转向机构，简化了运输机结构。

2. 小车及轨道

根据所运物品的大小和质量，承放物件的吊架可挂在一个或几个小车下面。当吊架之间的距离超过1m时，中间应设空载小车，以限制链的垂度。

轨道形式应根据所运物品的性质、线路结构特点、运送物品的方式等因素进行选择。当采用双铰接链时需用槽形轨道，普通悬式运输机（承载式）多用工字钢作为轨道，推运式悬式运输机有上下两层轨道，且多用角钢。悬式运输机由于线路较长，轨道的接头不应全部固定，应设有可伸缩的活接头，当温度变化时使其有自由伸缩的余地，轨道不易变形。当轨道在直立的平面内向上弯曲时，应在上面设反轨，以防止小车拉起脱轨。

3. 驱动装置

驱动装置通常设于轨道在水平面上拐弯的转角处，使其牵引构件对主动轮有90°～180°的包角。主动链轮或导向链轮通常水平设置，有时也可在直立区段用带式的驱动装置。当运输线路很长时，为了减小链的最大拉力，可在同一台运输机中设置几个驱动装置同时、同步驱动。

4. 张紧装置

多用重锤式的张紧装置。设置张紧装置之处，必须使张紧轮的绕入边和绕出边小车的轨道有一段是互相平行的，并使轨道在一定范围内能随张紧轮的移动而伸缩，轨道可伸缩的距离应与张紧装置所要求的张紧行程相适应。

32.2.4.3 基本参数的确定

1. 承载工具的间距 T

T的最小值应根据承载工具或物品在运行方向的最大宽度 b_{max} 来确定，并留一定间隙，使其不会互相碰撞。为保证悬挂物在倾斜区段能顺利通过，间距 T 应满足以下条件：

$$T \geqslant T_{min} = (b_{max} + e) / [\cos(\beta_{max})] (mm)$$

式中：T_{min}——最小间距，mm

β_{max}——运输线路上轨道的最大倾角

e——两个承载工具（或物品）间的最小间距，不小于100mm，一般应取200～300mm

b_{max}——承载工具或物品在活动方向上的最大宽度，mm

2.生产率和牵引构件的速度

悬式运输机的生产率可按下式计算：

$$Q=3.6 \times G \times v \times j/T \quad (t/h)$$

或

$$n=3600 \times m \times v \times j/T \quad (件/h)$$

式中：G——每个承载工具上的物品质量，kg

m——每个承载工具上的物品件数，件

v——牵引构件的运行速度，m/s

T——承载工具间的距离，m

j——装载后备系数，一般取为0.8～0.9

可见，牵引构件的速度是根据给定的生产率和选定的承载工具间的距离求得的，如果工艺操作对速度有一定要求，则 v 和 T 决定了生产率。

32.3 散碎物料的输送

32.3.1 带式运输机

32.3.1.1 结构

1. 运输倾角

当采用表面光滑的橡胶带倾斜运输木材散碎物料时，最大运输倾角为25°～27°。为提高运输倾角，可采用具有特殊凸面的橡胶带，它能够在45°～60°的倾角条件下工作，在刨花板、纤维板生产车间中用它运输刨花、木片等散碎物料。

2. 支持托辊

运输散碎物料时，带式运输机的回空边仍然采用平型托辊支持，但为了提高生产率，工作边的上托辊一般采用槽型托辊，一般由2～5个辊子组成，其数目由带宽和槽角决定。槽角的大小由带的成槽性决定，一般可在0°～60°内取值，目前最常用的三节式托辊的槽角为30°。槽角增大，可起到防止跑偏、撒料和提高生产率的作用。

3. 装卸载装置

带式运输机运输成件物品，通常是由工艺性设备或转载装置来给料或是人工装载，运输机本身没有专门的装载机构；若运输到端头卸载，一般不需设卸载装置，可直接抛落或进入别的转载装置。

散碎物料向带式运输机装载时，一般都设一个装载漏斗；当物料通过容量较大的料斗或贮存的料仓向运输机供料时，需通过一个供料器来避免运输机直接承受料仓中物料的压力，也可有效地控制给料量。散碎物料当用槽型带进行运输时，中间卸载可用双鼓轮卸料小车。

4. **清扫装置**

运输散碎物料的带式运输机通常都具有清扫装置，如转动毛刷、刮板等，使没有卸干净的物料能及时被清扫，避免带受到很强的局部挤压或带跑偏。

32.3.1.2 输送参数

散碎物料在带上堆放的断面形状和尺寸决定于带宽、物料的堆积角 β、带的输送速度、托辊的直径等。

1. **带宽 B**

带宽 B（m）可按下式计算：

$$B=[360A/(k_d k_v k_b v\gamma)]^{1/2}$$

式中：k_d—— 断面修正系数，见表 32-9

k_v—— 速度修正系数，见表 32-10

k_b—— 物料堆积特性修正的倾角系数，见表 32-11

v—— 带的运行速度，m/s

γ_0—— 物料的堆积密度，kN/m³

A—— 输送能力，t/h

用以上公式计算带宽时，k_d 用逐次渐进法选取。求得 B 值并根据带宽系列选取后，还需按物料粒度校核。各种带宽所能输送的最大粒度见表 32-12。

2. **运输速度 v**

运输散碎物料的带式运输机，其运输速度不能与运输成件物品的相同，一般而言，运输距离较长以及水平运输的运输机可较快，而运输倾角较大或运输距离较短时，应取较低的运输速度。同时应考虑粉尘、锯屑等细小物料不致飞扬。采用离心式卸料器时带速不宜超过2m/s。人工配料称重时带速约为 1.25m/s。手选时带速取 0.2～0.3m/s。运输木材散碎物料时运输速度一般可取 0.75～1.5m/s。

32.3.2 刮板运输机

32.3.2.1 概述

刮板运输机利用在牵引构件（链条或钢丝绳）上固结着的工作构件——刮板，沿着料槽运动而使被输送的物料实现在一定输送线路上的运输，用于运输散碎状物料，在木材工业中常用于运输锯屑、刨花、木片等物料。

表 32-9 断面系数 k_d

α	0°					20°					30°					45°				
γ_d	15°	20°	25°	30°	35°	15°	20°	25°	30°	35°	15°	20°	25°	30°	35°	15°	20°	25°	30°	35°
B（mm） 300	90	110	145	175	205	200	220	250	280	310	240	260	290	320	325	305	320	350	370	395
400	100	120	160	195	230	225	245	285	315	350	275	295	330	360	390	325	320	370	395	420
500 650	105	130	170	210	250	245	265	305	320	375	300	320	355	390	420	355	370	400	430	455
800 1000	115	145	190	230	270	270	300	320	380	415	335	360	400	435	470	400	420	450	480	505
≥1200	125	150	200	240	285	290	315	360	400	440	355	380	420	455	500	420	440	475	505	535

注：α 为侧辊角，γ_d 为物料的动堆积角

表 32-10 速度系数 k_v

v（m/s）	≤1.0	≤1.6	≤2.5	≤3.2	≤4.5
k_v	1.05	1.0	0.980.95	0.940.90	0.840.80

注：当带速较小、较大 γ_d，粒度较大时 k_v 取大值

表 32-11 倾角系数 k_b

倾角 β	≤6°	8°	10°	12°	14°	16°	18°	20°	22°	24°	25°
k_b	1.0	0.96	0.94	0.92	0.90	0.88	0.85	0.81	0.76	0.74	0.72

表 32-12 最大粒度表

B（mm）		300	400	500	650	800	1000	1200	1400	1600
粒 度	已 筛 分	30	70	100	130	180	250	300	350	400
	未 筛 分	50	100	150	200	300	400	500	600	700

注：未筛分物料中的最大粒度不超过 15%（按质量）

刮板运输机具有结构简单、造价低、装卸载方便等特点，但是，由于工作时刮板和物料都以滑动摩擦的形式在槽底拖动，因而运行阻力较大。另外，刮板运输机的生产率较低，尤其当倾斜运输时，其生产率随着运输机工作倾角的增大而急剧下降。此外，刮板运输机在输送碎料的过程中，因挤压和搓捻作用将造成物料的破碎，故刮板运输机一般不用来输送含水率较低、脆性较大的工艺刨花。

32.3.2.2 基本结构

根据输送要求，刮板运输机可布置成水平式或倾斜式及水平—倾斜组合式。

1. 牵引构件

刮板运输机的牵引构件可采用直片式关节链、圆钢扁钢组合链和钢丝绳。牵引构件类型和规格的选用依据是运输机的工作条件，如使用场合、输送对象、输送距离、生产率等。一般有滚子或滚轮的片式关节链使用较多；在低速、短距离的运输机中有时也用无滚子或滚轮的片式关节链，而钢丝绳则较少使用。当运输较轻的锯屑或刨花时常用圆钢扁钢组合链。刮板运输机中牵引链的根数由刮板的宽度决定，多为单链式的。当运输木片等块度较大的物料时建议采用套筒辊子链，且为双链式的。应注意保证链条同步运行，以避免刮板的损坏而影响运输机的工作。

2. 刮板

刮板的形状和尺寸视运输机使用场合、输送对象以及生产率等因素而定。在木材工业中，运输工艺木片、刨花等碎料的刮板运输机，可采用冲压成的梯形或矩形刮板；对于锯屑和木粉的运输，可用木制的矩形刮板或圆盘形刮板（钢丝绳运输机用）。

3. 料槽

料槽由4～6mm厚的钢板焊接或冲压而成。刮板与料槽之间的间隙取3～6mm。整个运输机的料槽由2～3m一节的料槽连接而成。

4. 驱动装置及张紧装置

为防止刮板运输机在偶尔过载的情况下，发生机构损坏，驱动装置最好采用极限力矩联轴节。

刮板运输机一般采用螺杆式或弹簧螺杆式张紧装置，其张紧行程不得小于链条节距的1.6倍，初张力一般最小取1000～3000N。

5. 支承装置

一般采用运行滚轮支承（对于片式关节链）和滑动支承（对于圆钢扁钢组合链）。

32.3.2.3 生产率计算

刮板运输机的生产率可用下式计算：

$$A=360C\psi\gamma vF \quad (t/h)$$

式中：C——考虑运输机倾斜布置对生产率的影响系数，见表32-13

ψ——考虑料槽装填程度的充填系数

γ——物料的堆积密度，kN/m^3

v——链的工作速度，通常取为0.2～0.5m/s

F——物料在料槽上运输的断面积，m^2

在正常情况下，运输块度（粒度）较大、流动性较差的木片或刨花时，通常取 ψ =0.8～0.9；当运输流动性相对较好的、粒度较小的锯屑或木粉等碎料时，可取 ψ =0.4～0.5。

表 32-13 考虑运输机倾斜布置时的影响系数

输送物料的特性	当倾角为下列数值时的 ψ 值					
	0°	10°	20°	30°	35°	40°
流动性好的物料	1	0.85	0.65	0.5	–	–
流动性不好的物料	1	1	0.85	0.75	0.6	0.5

32.3.3 埋刮板运输机

32.3.3.1 输送原理

埋刮板运输机是输送粉尘状、小颗粒及小块状等散碎物料的连续运输机，可水平布置，也可完成倾斜甚至直立提升的运送，输送物料时刮板链条全埋在物料之中，故称为埋刮板运输机。

当刮板的类型和规格以及刮板的间距设计或选用合理时，即可利用物料的散碎特性，使得牵引构件及刮板穿过料槽内的物料层时，物料的切割阻力即物料的内摩擦力大于整个物料层对槽壁和槽底的摩擦阻力，使全部物料、牵引构件和刮板形成一体向前运行。

32.3.3.2 应用特点

埋刮板运输机利用物料的起拱特性来输送物料，除具有刮板运输机的一般特点外，还具有以下特点：

(1) 工艺选型及布置较灵活，可实现水平、倾斜和直立向上的输送；

(2) 设备结构简单、质量轻、体积小；

(3) 物料在封闭的料槽内缓慢输送，无“扬尘”现象，且物料破碎率低；

(4) 料槽和链条易磨损，尤其链关节磨损严重。

32.3.3.3 基本结构

主要由断面封闭的壳体（机槽）、牵引构件、驱动装置及张紧装置等部件组成。

1. 牵引构件

埋刮板运输机有其专用链条，主要有套筒滚子链（GL）、双板链（SL）和模锻链（DL）（如表32-14所示）。套筒滚子链的内外链板、双板链和模锻链的链杆用45号钢或45Mn2，销轴材料用35号钢、45号钢或40Cr钢，均需调质处理。套筒滚子链用15号钢或20号钢表面渗碳淬火。

2. 刮板

刮板由A_3扁钢、圆钢、方钢或三角钢热弯曲成型。刮板型式对不同的碎料有不同的适应性。刮板型式选择的主要根据是物料的特性，同时要结合运输机本身的特点。

当运输坡度较大、流动性较差的散碎物料时，可选用T型（水平时）或U_1型刮板，当物料的流动性较好时，可采用V_1型（水平时）、O型或O_4型等刮板。水平运输时，刮板主要克服物料对槽底的摩擦阻力，可采用T型或U_1型刮板；垂直提升时，主要克服由物料对槽壁的侧向压力所引起的摩擦阻力，因而刮板外廓应设计成沿槽四周的结构，可采用V_1型（水平时）、O型或O_4型等刮板。此外，对那些流动性大且不易压实的碎料，为保证物料之间能产生足够的内摩擦力，也可采用结构较复杂刮板，如H型刮板等。

3. 驱动装置及张紧装置

埋刮板运输机的驱动装置有定整及变速两种。为防止运输机过载损坏机件，可采用液力联轴节等过载保护装置，最简单的方法是在驱动链轮上装设安全销，过载时安全销被剪断，从而切断动力的传递。

埋刮板运输机的张紧装置多采用螺杆式，其张紧行程S一般由料槽宽度b决定，S随着b的增大而增大，当b=160mm时，S=150mm；当b=250mm时，S=200mm；当b=250～400mm时，S=250mm。

32.3.3.4 输送能力计算

埋刮板运输机的生产率可按下式计算：

$$A=360k_1k_2k_3bh\gamma v \quad (t/h)$$

式中：v——链条的工作速度，m/s

γ——物料的堆积密度，kN/m³

h——料槽工作部分的高度，m

b——料槽工作部分的宽度，m

k_1——物料速度滞后链条速度的速度系数。若$v_{平均}$表示物料运动的平均速度，v表示物料运动的速度，则$k_1=v_{平均}/v$，其值见表32-15

k_2——链条和刮板在料槽内所占容积的几何系数。对于平型刮板，可取k_2=0.95；对于轮廓刮板的运输机，可取k_2=0.86

k_3——物料在料槽内的填实系数。决定于物料性能，对木片、竹片、工艺刨花、锯屑等可取k_3=1.05～1.15

当已知生产率时，可根据料槽的工作宽度与高度的关系求出b或h。

表32-14 链条节距t_1　　单位：mm

链条型式	链条节距t_1						
套筒滚子链GL	80	100	125	160	200	250	300
双板链SL			125	160	200	250	300
模锻链DL	80	100	125	160			

表32-15 速度系数k_1

物料特性	速度系数k_1	
	水平或倾斜布置的运输机	垂直或急陡倾斜布置的运输机
小块物料	0.9	0.3
小颗粒物料	0.9	0.6
粉末状物料	0.8	0.45

32.3.4 斗式提升机

32.3.4.1 应用特点及分类

斗式提升机是在牵引构件上连接斗状工作构件的提升机，用于垂直或倾斜提升粉状、颗粒状及小块状物料。木材工业中常用于提升木片、刨花等散碎状物料，也可用于锅炉房上煤。

斗式提升机提升物料的高度可达30m，一般为12～20m。输送能力在300t/h以下。一般情况下多采用垂直式斗式提升机，当垂直式斗式提升机不能满足特殊工艺要求时，才采用倾斜式斗式提升机。由于倾斜式斗式提升机的牵引构件在垂度过大时需增设支承牵引构件的装置，而使结构复杂，因此一般很少采用。

斗式提升机的优点是：其横断面上的外形尺寸较小，可使输送系统布置紧凑；提升高度大；有良好的密封性等。其缺点是：对过载的敏感性大；料斗和牵引构件较易损坏。

斗式提升机的分类方法很多，见表32-16。

斗式提升机结构种类的选择，主要决定于其工作条件，即所运物料的性质和装卸方式。

32.3.4.2 基本结构及工作条件

斗式提升机的基本构造是：固结着一系列料斗的牵引构件环绕在提升机的驱动轮与从动轮之间构成闭合轮廓，驱动装置通过驱动轮使提升机获得运转的动力。物料从提升机底部供入，通过料斗提升至运输机顶部，并在该处卸载。

1. 料斗

料斗的形式主要决定于料斗的工作条件，即运输物料的特性和物料的装卸方式。用于木材工业的斗式提升机有三种结构的料斗：浅料斗、深料斗和导向边料斗。浅料斗前壁斜度大、深度小，适宜于运送潮湿的和流动性不良的碎料，如木片、刨花等。深料斗前壁斜度小而深度大，适宜于运输干燥的、流动性好的碎料，如锯屑、木粉等。导向侧边的夹角形料斗绕过驱动轮时，前面料斗的两导向侧边即为后边料斗的卸载导槽，适宜于运输较重的块状物料及有磨损性的物料。浅料斗和深料斗均布置在料斗作稀疏布置的提升机中，而导向边料斗用在料斗作密集布置的提升机中。

2. 牵引构件

斗式提升机的牵引构件有输送胶带和链条。带斗式提升

表 32-16 斗式提升机的分类

按安装方式不同		按卸载特性不同			按装载特性不同		按牵引构件型式不同		按料斗形式的不同		
垂直式	倾斜式	离心式	离心-重力式	重力式	掏取式	流入式	带式	链式	深斗式	浅斗式	鳞斗（三角斗或梯斗形式）

机运行平稳，工作速度可调，一般为0.8～2.5m/s，检修方便，木材工业中常用，但带的强度较低，对比重较大的物料，其提升高度受到一定限制。链斗式提升机所用的链条多为片式关节链，有时也采用圆环焊接链。由于链的强度较高，料斗易牢固地固结，工作可靠，故可用于工作载荷较大的场合。但速度较低，一般为0.4～1.25m/s。

3. 驱动装置和张紧装置

驱动装置常设在上部。为了防止提升机在有载情况下停止工作时逆向运动，驱动装置上应设置制动器。

张紧装置设在运输机下部、从动轮一端，常用螺杆式，张紧力一般取1000～1500N。

4. 装卸载装置

斗式提升机的生产率在很大程度上取决于料斗的正确装填和抛卸。斗式提升机在尾部装载，其形式有：

(1) 掏取式：由料斗在物料中掏取装载。掏取式主要用于输送粉末状、颗粒状、小块状的散状物料。由于在挖取物料时不会产生很大的阻力，所以允许料斗的运行速度较高，为0.8～2m/s；

(2) 流入式：物料直接流入料斗内。流入式用于输送大块状和摩擦性大的物料。其料斗的布置很密，以防止物料在料斗之间撒落。料斗的运行速度较低，一般不超过1m/s。

斗式提升机在头部卸载。卸载的形式有三种，即离心式、离心－重力式及重力式。

在离心式卸载中，料斗中的物料主要是通过绕过主动轮所产生的离心力进行卸载，即当料斗以一定速度绕过主动轮时，料斗中物料的离心力须大于物料重力的向心分力，使物料由料斗直接落到运输机上部罩壳的卸料管内。为保证离心力卸载的正常进行及避免物料洒落到底座中，须正确选择料斗的运动速度，并正确布置卸载处罩壳。木材工业中，木片、刨花等碎料的离心式卸载必须满足以下条件：

$$v=(2\sim2.35)D^{1/2}\ (\mathrm{m/s})$$

式中：D——主动轮直径，m

该式将物料从料斗中利用离心力卸载的条件体现为主动轮直径D与工作速度v的关系。牵引构件的工作速度可由所要求的生产率和斗的容积及间距确定。当然，还可以适当调节料斗的容积和间距，从而调节v，使D不至于过大或过小。

离心式卸载适用于运送流散性较好的粉粒状物料和块状物料，并适应于料斗稀疏布置的高速提升机，料斗的工作速度可选至5m/s，而且主要是带斗式的。

重力式卸载适用于料斗作连续布置的提升机或倾斜提升机。当料斗绕过主动轮时，物料主要在重力的作用下从料斗内卸在前一料斗后部的外壁上，并被旁边的两个侧边引导到提升机的卸料管中。在料斗的运动速度为低速的提升机中，常采用该卸料方式来运输块状物料。

32.3.4.3 斗式提升机的生产率及功率计算

1. 生产率计算

斗式提升机的生产率主要取决于物料容重、料斗的填充系数、料斗工作速度、料斗容积及其间距等。生产率可按下式计算：

$$A=360i\psi\gamma v/a\quad(\mathrm{t/h})$$

式中：i——料斗容积，m^3

a——料斗间距，m

v——提升速度，m/s

ψ——料斗的平均填充系数。运输木片时可取0.5～0.7；运输刨花、锯屑时可取0.7～0.9

γ——物料密度，kN/ m^3

2. 功率计算

在计算提升机的功率时，须考虑料斗在装载时的附加运行阻力所引起的附加装载功率，这部分功率可近似计算如下：

$$N_l=a\cdot\frac{A}{3.6\times10^2}\ (\mathrm{kW})$$

式中：a——克服装填每千克物料的附加阻力所做的功，N · m/kg。装载木材碎料时，可取$a=(10\sim30)$ N · m/kg

A——斗式提升机的生产率，t/h

32.3.5 螺旋运输机

32.3.5.1 应用特点

螺旋运输机属于无挠性牵引构件的连续运输机，由固结着螺旋片的螺旋轴在一封闭的料槽内推动物料，物料在本身重力及其对槽的摩擦力作用下，沿着料槽向前运移。在木材工业中，螺旋运输机常用于短距离输送干燥的、潮湿的、黏性的木质或其他植物散碎物料。除了作输送用途外，螺旋运输机还可根据刨花板和纤维板生产的工艺要求，在输送同时完成某些工艺操作，如湿物料的挤压脱水、料仓出料、刨花的均匀给料和定量、碎料意外着火的回火排料等。

与其他输送设备相比，螺旋运输机具有结构简单、横截面尺寸小、密封性能好、可以中间多点装料和卸料、操作安全方便以及制造成本低等优点。其缺点是机件磨损较严重、输送量较低、消耗功率大以及物料在运输过程中易破碎。

螺旋运输机使用的环境温度为-20 ～50℃；物料温度小于200℃；输送机的倾角$\beta \leqslant 20°$；输送长度一般小于40m，最长不超过 70m。

32.3.5.2 基本结构及布置

1. 基本结构

螺旋运输机由螺旋机本体、进出料口及驱动装置三大部分组成。螺旋机本体包括头部轴承、尾部轴承、悬挂轴承、螺旋、机壳、盖板及底座等。

(1) 螺旋：螺旋是螺旋运输机的基本构件，由螺旋轴和螺旋片组成。螺旋的旋向有左旋与右旋两种旋向，可以是单头、双头或三头，单头螺旋常用于运输装置上，多头主要用于工艺搅拌、混合及脱水装置中。物料的输送方向由螺旋旋向和回转方向决定。螺旋直径通常取D=100、120、150、200、250、300、400、500、600mm。

运输用途的螺旋片多由钢板冲压后焊接而成，用于运输木材碎料的螺旋片一般厚2～4mm。当螺旋直径很小且运输距离较短时，螺旋片厚度甚至可在2mm以下。对某些工艺用途(如挤压脱水或强制进料等)，较短的螺旋可采用整体铸造。

螺旋运输机的螺旋片的形状可根据输送物料的种类、物理力学特性和特定的工艺要求进行设计和选择，有实体面型、带式面型及叶片面型三种。实体螺旋面称为S制法，其螺旋节距为叶片直径的0.8倍，适用于输送流动性好、含水率低的粉状和小颗粒状物料。带式螺旋面又称D制法，其螺旋节距与螺旋叶片直径相同，适用于输送小块、片状或具有一定粘性的碎料。叶片式螺旋面应用较少，主要用于输送黏度较大的和可压缩性的物料，在输送过程中，同时完成搅拌、混合等工序，其螺旋节距约为螺旋叶片直径的 1.2 倍。

为了便于制造和装配，螺旋一般制成2～4m的节段。可实心，也可空心。各节段通过穿透螺栓连接起来。

在螺旋运输机工作时，螺旋将受到物料对螺旋面的摩擦力、料槽或嵌入螺旋片与料槽间的物料对螺旋的摩擦力等，为了防止这些作用力使螺旋扭曲、变形、卡死甚至扭断，螺旋除通过首末轴承装于料槽外，还应隔适当距离装设中间轴承。中间轴承一般采用由青铜或巴氏合金等耐磨材料制成的滑动轴承，有时为了减小阻力，也可采用双列向心球面球轴承。中间轴承用润滑油杯润滑。当螺旋直径D=200～300mm时，中间轴承间距$l = 2～2.5$m，若螺旋直径较大，则$l = 2.5～3.0$m。

(2) 料槽：一般由薄钢板制成，其厚度由螺旋直径和被输送物料的磨搓性决定，通常约为螺旋片的厚度。料槽圆柱部分的轮廓与螺旋片之间应保证适当间隙，它直接影响运输机工作性能的发挥和功耗。较小的间距对减少物料的破碎及功率消耗十分有利，小间距易发生物料咬夹现象。

2. 运输机布置

螺旋运输机的类型有水平固定式螺旋运输机、垂直式螺旋运输机及弹簧螺旋运输机三种。水平固定式螺旋运输机是最常用的一种型式，其输送倾角小于20°。螺旋叶片有实体面型及带式面型两种，输送长度一般在40m以下。垂直式螺旋运输机用于短距离提升物料，输送高度一般不大于6m，螺旋叶片为实体面型，它必须有水平螺旋喂料，以保证必要的进料压力。弹簧螺旋运输机是用挠性的螺旋弹簧代替刚性的螺旋轴输送物料，它的特点是结构简单、安装维修方便，但输送量较小，输送距离较短，一般用于距离不大于15m的水平或垂直方向的输送。

螺旋运输机的驱动装置由电动机、减速器、联轴器、及底座所组成。按装配方法的不同分为Ⅰ型(即右装)和Ⅱ型(即左装)两种，站在电动机尾部向前看，减速器低速轴在电动机的右侧者为Ⅰ型；减速器低速轴在电动机的左侧者为Ⅱ型。

在总体布置时还应注意不要使支撑底座或出料口布置在机壳接头的法兰处，进料口也不应布置在机盖接头处及悬挂轴承的上方。

32.3.5.3 螺旋运输机生产率和功率的计算

1. 生产率的计算

螺旋运输机的生产率可按下式计算：

$$A=6 \cdot \frac{\pi D^2}{4} \cdot S \cdot n \cdot \psi \cdot \gamma \quad (\mathrm{t/h})$$

式中：D—— 螺旋直径，m

S—— 螺旋的螺距，m

n—— 螺旋的旋转速度，r/min

ψ—— 填充系数

γ—— 物料密度，kN/m³

在木材工业中，对于流动性较好的锯屑，一般推荐物料的充满系数φ为0.30～0.40；对于木片、刨花、纤维等散碎物料，推荐φ为0.5～0.6。

螺旋的转速与物料的特性有关，运输较轻的、磨搓性较小的碎料时，转速可高些；运输质重的、磨搓性较大的碎料，转速应低些。通常按下式推荐选用（D：m）

锯屑、刨花 —— $n=60D^{1/2}$，r/min

运输木片 —— $n=45D^{1/2}$，r/min

运输磨搓性较大的物料 —— $n=30D^{1/2}$，r/min

2. 功率计算

水平运输条件下螺旋运输机所需功率按下式计算：

$$N=CAL\mu / (3.6 \times 10^2) \quad (\mathrm{kW})$$

式中：A—— 螺旋运输机生产率，t/h

L—— 运输机长度，m

μ —— 物料对槽的滑动系数

C—— 阻力修正系数，取3～5

倾斜运输条件下，螺旋运输机所需功率按下式计算：

$$N= (CAL\mu \pm AH) / (3.6 \times 10^2) \quad (\mathrm{kW})$$

式中：H——运输机的上升高度，$H=L \cdot \sin a$，当倾斜向上运输时取正号，反之取负号，m

32.3.6 气力输送装置

32.3.6.1 气力输送的概念

气力输送是一种借助于气流的能量、在沿一定输送线路布置的管路内输送散碎状物料的输送技术。在多相流的范畴内，它属于气固两相流。

由于木材工业散碎物料的特性与其他行业输送对象存在着较大的差别，因此，木材工业的气力输送装置在装置结构、输送参数等方面均有着很大的不同。

32.3.6.2 分类

气力输送装置通常是按照其混合气流的浓度和用途进行分类的，也可按照气流的流动形式或风机最大工作压力分类。

按照多相流的浓度概念，气力输送有密相流和稀相流之分。由于木材碎料的自由堆积容重较小，因此，在绝大多数情况下，木材工业气力输送系统均属于稀相流。对于木粉和锯屑，因其气密性和成栓性较好，也可以密相形式进行输送。

根据气力输送装置的用途，它可分为：气力集尘装置和气力运输装置两类。前者是用于吸集和清除加工车间内各类木材切削废料，如刨花、锯屑、生产性粉尘等；后者则是解决生产工艺过程中各种散碎状木材原料或废料的运输问题。其中，按照其结构及其工作特点，气力吸集装置通常又可分为普通型和通用型两种基本型式。

按照气流在管道内的流动形式，气力输送装置可分为负压式、正压式和混合式。

若按照风机的最大工作压力，系统又可分为低压式（$H<5000\text{Pa}$）、中压式（$H=5000\sim20000\text{Pa}$）和高压式（$H>20000\text{Pa}$）。

32.3.6.3 特点与适用场合

气力输送装置与其他输送散碎物料的设备相比，具有下列特点：

(1) 自动化程度高，且输送能力强；

(2) 结构简单、操作简便、易于维护且费用低；

(3) 输送线路可灵活布置。

32.3.6.4 主要技术参数

1. 混合浓度

混合浓度是指在气流输送管中，单位时间内被输送的物料质量$G_{物}$与通过的气体质量$G_{气}$之比，习惯上又称之为固气比。即

$$m=G_{物}/G_{气}$$

通常说来，气力集尘装置的混合气流的浓度较低，一般$u\leqslant0.2$；气力运输装置所取用的浓度相对较高，一般浓度u在0.4～1.2范围内。对于气力运输用途而言，混合浓度的取值应视输送对象、运输距离、系统布置等具体输送条件而定。当系统要求混合气流通过风机时，应该考虑物料能顺利地通过风机，所以，所用的浓度一般应小于0.5。

2. 物料输送气流速度

为使木材散碎物料在输送管内呈稳定的悬浮状态下被输送，输送管道内必须具有一定的气流速度。

(1) 在通直的水平管内，为获得稳定输送所要求的最小气流速度，$V_{最小}$由下式计算：

$$V_{最小}=C\mu0.46+0.01\gamma_{物}+b$$

式中 $V_{最小}$——碎料输送所需的最小气流速度，m/s

C——碎料的形状系数。细小的碎料（锯屑、切屑）取5.12；杆状碎料取5.53；工艺木片取6.15

μ——混合气流的质量混合浓度

$\gamma_{物}$——碎料对应的木材密度，N/m^3

b——系数。锯屑取$b=7$；刨花取$b=9$；木片取$b=11$

(2) 在非通直水平管内，输送所需最小的气流速度为$V_{最小}'$：

$$V_{最小}'=k\ (C\mu0.46+0.01\gamma_{物}+b)$$

式中：k——管道中的弯管等局部阻力而取的修正系数，$k=0.1\sim0.2$

(3) 在直立上升管内，物料输送所需的气流速度$V_{直立}>V_{悬浮}$：

$$V_{悬浮}=0.14\sqrt{\frac{g_{物}}{g_{气}\ (0.02+\frac{a}{h})}}$$

式中：$V_{悬浮}$——木材碎料的悬浮速度，m/s

$g_{物}$——碎料对应的木材密度，N/m^3

$g_{气}$——空气的密度，N/m^3

a——碎料截面形状系数，端面为矩形取$a=0.9$，正方形或圆形取$a=1.1$

h——木材碎料的厚度，mm

(4) 气流在直立和水平串联管道内，正常输送所需要的气力速度为$V_{要求}$：

$$V_{要求}=V_{最小}+V_{悬浮}$$

32.3.6.5 气力输送管道系统阻力的计算

气力输送管道的阻力可视为由直管段和局部阻力构件引起。

1. 直管段阻力计算

根据速度压力计算法，当相同流量的纯空气和混合气流通过同一直管道时，其阻力分别由下式计算：

$$H_{直纯}=\frac{\lambda l}{d}\times\frac{g_{气}v^2}{2g}$$

$$H_{直混}=(\frac{\lambda l}{d}\times\frac{g_{气}v^2}{2g})\times(1+ku)$$

式中：$H_{直}$——管道构件对应的阻力，Pa

V——管道构件内气流的速度，m/s

d——管道的内径，m

g——重力加速度，g=9.81m/s^2

k——综合阻力系数，k=0.7～0.9

l——直管道的长度，m

λ——管摩擦阻力系数，无因次

u——混合气流的质量混合浓度，无因次

$\gamma_{气}$——气体的密度，N/m^3

2. 局部阻力的计算

(1) 一般的局部阻力构件：当同流量的纯空气和混合气流流过弯管、三通管、变截面管段、进出口处、阀门等局部阻力构件时，其阻力分别由下式计算：

$$H_{局}=\xi\frac{\gamma_{气}v^2}{2g}$$

$$H_{局}=\xi\frac{\gamma_{气}v^2}{2g}(1+Km)$$

式中：γ——综合阻力系数，K=0.7～0.9

$H_{局}$——局部阻力构件对应的阻力，Pa

v——局部阻力处气流的速度，m/s

ξ——管道构件对应的阻力系数，无因次

m——混合气流的质量混合浓度，无因次

(2) 特殊局部阻力的计算：对于一些特殊局部阻力构件(如使物料分开、物料加速等)，其阻力可由下列方法计算。

①在上升管段，由于物料位能增加而产生的阻力，其大小为：

$$H_{位能}=\gamma_{气}hu$$

式中：$H_{位能}$——物料上升引起的阻力，Pa

$g_{气}$——空气的密度，N/m^3

u——混合气流的质量混合浓度，无因次

h——上升管段的垂直高度，m

②在装料处，使物料加速产生的阻力，这一阻力可按下式计算：

$$H_{加}=(u\gamma_{气}V_{物}^2)/2g$$

式中：$H_{加}$——物料加速引起的阻力，Pa

$V_{物}$——物料在加速后达到的稳定速度，m/s

$\gamma_{气}$——空气的密度，N/m^3

u——混合气流的质量混合浓度，无因次

③分离装置的局部阻力可作为一般的局部阻力构件进行计算。值得注意的是，旋风分离器在处理纯空气时的阻力比处理同流量混合气流的阻力要大，故计算其阻力时均按纯空气考虑。

32.3.6.6 气力输送系统的评价

气力输送装置的性能不仅决定着系统工作可靠性，同时还决定系统运行的经济性。因此，对于气力输送系统的评价主要为以下两个方面。

1. 系统工作的可靠性评价

具体评价系统工作可靠性主要从以下几个方面：

(1) 系统能满足输送量的要求；

(2) 系统各构件能按照设计的输送参数，进行正常稳定地工作，而不发生物料在管道内堵塞等现象；

(3) 系统能根据输送条件的改变，作相应的调整；

(4) 气力集尘用途的系统对加工碎料及粉尘的吸净率；

(5) 气力输送系统分离装置的分离效率或除尘装置的净化率。

2. 系统经济性评价

气力输送装置的运行经济性评价：

(1) 气力输送装置的一次性设备投资费用；

(2) 输送装置的消耗性费用；

(3) 输送装置的维护及维修费用。

输送装置的消耗性费用和维护维修费用均属于装置的运行费用。

气力输送装置消耗性费用主要包括工作时电能、水、压缩空气等工作介质的消耗。在这些费用中，电能消耗占装置运转费用的95%以上，即气力输送装置运转的主要成本来自能耗费用。

32.4 碎料的仓贮

32.4.1 料仓分类

按照料仓的结构形式可为：立式和卧式；圆形和方形。

按照其出料方式可分为：自流式和强制排料式。

各种不同的散碎物料流动性能不同，从料仓中排出的难易程度不一，因而料仓的结构类型、出料方式也不同。图32-1为生产过程中常见典型木材碎料从料仓中排料时难易程度的比较及适宜的料仓类型和排料方式。

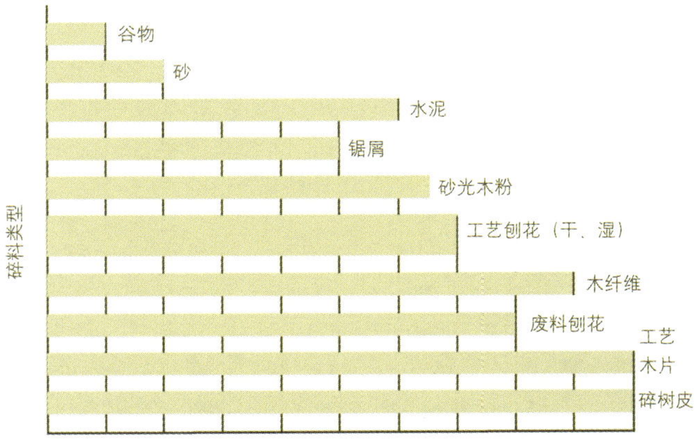

图 32-1 排料难易程度（级）

32.4.2 结构形式及排料方式

对于谷物、砂等排料难易程度为1～2级的物料，可使用锥形底的料仓进行自重排料，无需辅助排料装置。而用于贮存锯屑、砂光木粉、工艺刨花这些流动性能稍差的碎料，也可使用锥形底的料仓，但需以振动、喷气等装置进行辅助排料。对于废刨花、碎树皮，因其流动性极差，宜采用锥形或平底的料仓，并配以机械式强制排料设备。工艺木片则宜使用平底料仓和特别的破拱助流的排料设备，避免碎料在料仓内起拱堵塞。

料仓内部产生的“搭拱”现象，会阻碍物料连续稳定的排出。为了消除搭拱，应采用相应的破拱助流措施。根据料仓贮存的碎料对象，从以下几方面采取助流措施：具有破拱结构的料仓；采用一定的装置进行助流。

助流装置有：料仓壁面振动器、机械松散破拱装置、空气喷吹装置。

料仓壁面振动器是一种共振型电磁振动器，专供料仓破拱使用。机械松散破拱则是利用安装转动的松散耙来消除料仓内部物料的对称内力。空气喷吹是以压缩空气为动力，利用气流的冲击力进行破拱助流。

CZ系列振动器是采用橡胶弹簧或螺旋弹簧作为弹性元件与电磁铁构成，结构紧凑。

料仓助流是否奏效，决定于所采取的助流措施、装置选型和正确安装及操作。当采用振动器助流时，选型应以搭拱部位物料质量的1/10作为其振动力。振动器的安装及位置应按产品说明书的要求；振动器应与料仓阀门联锁，即当阀门开启时，振动器方可启动，以免料仓中物料被振实。

CZ型仓壁振动器主要技术参数见表32-17。

表32-18为物料类型与排料方式。

料仓破拱的另一种方式是使用压缩空气，即利用压缩空气的动力对在料仓中已产生的物料“拱桥”进行破拱。这类装置有自制和定型产品，如ZJ-019系列空气炮见表32-19。

表32-17 CZ型仓壁振动器主要技术参数

技术参数	CZ10	CZ50	CZ100	CZ250
振动力（N）	100	500	1000	2500
振动功率（kW）	0.008	0.030	0.1	0.06
工作电压（V）	220	220	220	220
工作电流（A）	0.11	0.3	1	1
振动频率（Hz）	50	50	50	50
振动体振幅（mm）	1.5	1.5	1.5	2
适于仓壁厚（mm）	0.6～0.8	1.2～1.6	2.5～3.2	1.0～4.0
外形尺寸（mm）	166×102×62	280×180×110	300×210×145	300×190×242
质量（kg）	2	7.5	22	22

表32-18 物料类型与排料方式

物料类型	排料方式								
	自重	辅助排料			强制排料装置				
		振动	喷气	破拱助流	螺旋	板链+排料辊	拔料耙	液压推料器	输送带
砂光木粉	△	△	△		△				
锯屑	△				△				
木纤维						△			△
废料刨花	△	△					△		
普通工艺刨花		△			△			△	
工艺木片				△	△			△	
特种工艺刨花						△			

表32-19 料仓的结构与适用场合

料仓型号	料仓结构	排料特点	适用场合
MFC	立式方形	螺旋出料器	木粉、干刨花、废料刨花
BLC	立式圆形	机械推料器	湿刨花、工艺木片
BWC	卧式矩形	链式出料＋出料辊组	木质纤维

32.4.3 典型结构及主要性能

在木材工业中，用于贮存木材碎料的料仓有：MFC系列方形料仓、BLC系列圆形料仓和BWC21系列卧式料仓。在此介绍这三种料仓的主要性能和适用场合（表32-20至表32-22）。

32.5 分离与除尘

32.5.1 概述

在散碎物料处理的范畴中，把诸多相互混合物中颗粒与

表32-20 MFC系列方形料仓主要性能参数

主要性能参数		料仓型号、规格			
		MFC50	MFC75	MFC100	MFC150
有效容积（m³）		50	75	100	150
连续出料量	（kg/h）	2.5～12	2.5～12	3.0～15	3.0～15
	（m³/h）	500～2400	500～2400	600～3000	600～3000
装机容量（kW）		8.2	8.2	8.2	8.2
外形尺寸	长（mm）	4000	5000	6500	6500
	宽（mm）	3500	3500	3500	4500
	高（mm）	6250	6250	6900	8900
质量（kg）					
适用场合	适用于各种人造板砂光、裁边以及木制品加工所产生的加工废料				

表 32-21 BLC 系列圆形料仓主要性能参数

主要性能参数		料仓型号、规格			
		BLC20	BLC25	BLC30	BLC26150
有效容积（m^3）		20	25	30	150
连续出料量（m^3/h）		3.0～17.5			9.0～54.0
出料螺旋	出料螺旋转速（r/min）	2.5～25（机械无级调速）			
	螺旋直径（mm）	Φ 290			
	螺旋驱动功率（kW）	4.0			7.5
液压推料	推料速度（m/min）	700～1000			
	推料行程（mm）	1000			1400
	驱动功率（kW）	4.0			15
	总装机容量（kW）	8.0			22.5
外形尺寸	料仓直径（mm）	2860			5000
	高度（mm）	11000	12500	14100	11100
	质量（kg）	6050	7200	8569	18150
适用场合		BLC20、25、30 适用于贮存普通刨花板生产用干、湿芯层和表层刨花 BLC26150 适用于年产 5 万 m^3 普通刨花板生产用湿刨花或工艺木片			

表 32-22 BWC21 系列卧式料仓主要性能参数

主要性能参数		料仓型号、规格	
		BLC2130	BL C2150
有效容积（m^3）		30	50
连续出料量（m^3/h）4.95～99		8.25～165	
驱动功率（kW）	均平螺旋	2×4	4×4
	送料板链（变频调速）	5.5	7.5
	供料辊组	5.5	7.5
总装机容量（kW）19		31	
外形尺寸	长（mm）	12720	12720
	宽（mm）	1670	2670
	高（mm）	4430	4430
质量（kg）		16500	18500
适用场合		BLC21 系列适用于 5000～15000m^3/a 定向结构刨花板生产用干、湿刨花的贮存	

气体分开的操作统称为分离。若分离对象的颗粒粒径是小于 100 μm 的微粒，习惯上将这一操作称为除尘。

32.5.1.1 分离装置类型与性能（表 32-23）

根据作用于固体颗粒上使其分离的作用力进行分类，分离装置可分为：重力沉降式、惯性式、离心式、机械过滤式、静电式等。若按照分离过程中是否有液体对固体颗粒进行湿润，分离装置又可分为干式和湿式分离装置两类。

1. 重力沉降式

惯性分离是借助于流动的混合气流中空气和物料颗粒的惯性力的差异，实现颗粒分离的。在惯性分离器中，气流在压差或弯曲气道的作用下，使得气流方向发生改变。由于混合气流中物料颗粒的质量较空气重，因此，惯性较大的物料颗粒基本保持原有的运动方向。而空气则在叶片内外或弯曲管道前后压差的作用下，气流方向发生急剧改变，并从挡板（叶片）间隙或管道排出。在这一过程中固体碎料颗粒就从混合气流中析出达到分离的目的。

惯性分离器的分离效率较低，一般难以有效分离小于 30 μm 直径的碎料颗粒，因而常将其用作前置预分离器、粉尘浓缩器或与其他分离方式结合使用。

2. 机械过滤式

从实用的观点，旋风分离器能有效地分离出 X_p=15 μm

表 32-23 常用分离装置的类型与性能比较

类 型	主要分离作用力	装置种类	适用范围			阻 力	不同粒径效率（%）		
			颗粒粒径（μm）	颗粒对象	混合度（g/m^3）	（Pa）	粒径（μm） 50	5	1
干 式	重 力	沉 降 室	>50	锯屑刨花	>80				
	惯 性	惯性分离器	>30	锯屑刨花	>15	200～1000	96	16	3
	离 心	旋风分离器	>10	混合碎料	>10	400～2700	94	73	27
	机械过滤	袋式除尘器	>0.1	木 粉	<10	800～2000	100	>99	>99
	离心＋机械过滤	旋风袋式除尘器	>0.1	木粉或混合碎料	<120	1000～1200	100	>99	>99
	惯性＋接写过滤	惯性袋式除尘器	>0.1	木粉或混合碎料	<120	1000～1200	100	>99	>99
湿 式	惯性凝集	喷舞洗涤器	<100	细微粉尘	<10	800～10000	100	96	75
		自激式洗涤器	<100	细微粉尘	<10		100	93	40

的木质粉尘等细小颗粒物，也能处理高温气体。

经袋式过滤器处理可达到理想的净化效果。袋式过滤装置对气流流量的脉动不敏感，对高浓度含尘气流总伴随有磨损等不利因素，不适宜处理高湿度含尘气流。

32.5.1.2 分离装置的选型

下列碎料的性质和工艺条件决定了分离装置的选型：

(1) 气体的温度和湿度；

(2) 混合气流的混合浓度；

(3) 散碎物料的种类、形状和密度；

(4) 碎料的分布。

对于较为细小的碎料，为便于区分，特定义如下：

粗粒：X_p=100～1000μm

细粒：X_p=10～100μm

微粒：X_p=0.1～10μm

烟雾：X_p=0.001～0.1μm

32.5.2 木材工业常用分离装置

32.5.2.1 CFM51系列旋风脉冲袋式除尘器

1. 结构与工作原理

该除尘器（图32-2）由离心预分离室、过滤室、排风室、脉冲清灰装置等部分组成。当含尘气流由进气管进入除尘器时，混合气流首先由旋风预分离室对其进行预分离。气流中较为粗大的碎料或约72%的锯屑和木粉在此被分离。这部分被分离的碎料沿着锥体落入废料料仓，此时未被离心力分离捕获的细微粉尘颗粒随气流上升至过滤室。在机械过滤、碰撞、扩散等作用下，粉尘微粒被阻留在滤料的外表面，而气流在压力差的作用下，透过滤料进入排风室。清灰系统则随着在滤料表面的粉尘积累至一定厚度时进行清灰动作。清灰是采用压力为0.3～0.4MPa的压缩空气，喷吹动作由脉冲控制仪控制的电磁脉冲阀按一定顺序和周期进行。

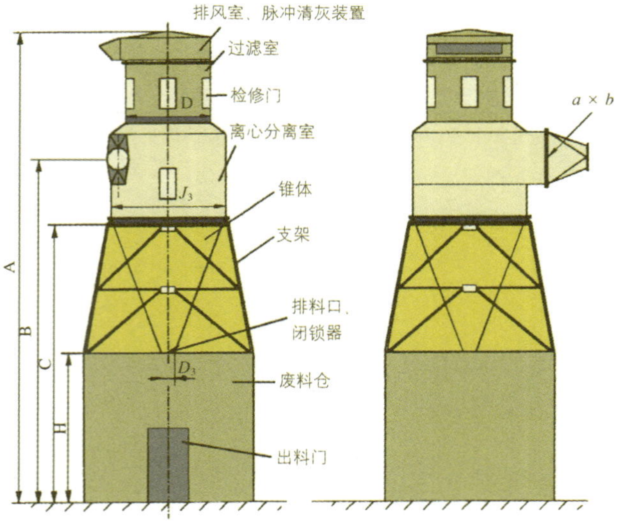

图32-2 CFM51系列除尘器结构与安装示意图

由于含尘滤袋瞬间在压缩空气静压的作用下实现清灰同时，滤袋整体可获得微振，因而有较好的清灰效果。此外，滤袋由于采用悬挂方式固定，能有效地吸收脉冲气流的脉冲波，不会使滤袋受到机械损伤。由滤袋表面清除的微粒在重力作用下，经过离心分离区，最终由排料口排出。

2. 特点与适用场合见表32-24

CFM51系列旋风脉冲袋式除尘器是旋风分离和袋式过滤双作用的组合式固气分离装置。它根据木材加工与人造板工业中木质碎料的特性，充分利用离心分离和机械过滤这两类分离机理的优点，将旋风分离器和袋式过滤器合为一体。

CFM51系列除尘器不仅克服了传统旋风分离器难以分离10μm以下的细微粉粒的局限，同时也有效地解决了普通袋式除尘器不宜处理高粉尘负荷混合气流的难题，充分发挥了各自的分离优势，使之相互间得以有益的补充。它不仅可处理各类木材加工车间产生的混合碎料（如废刨花、锯屑、木粉），也能分离MDF和刨花板砂光作业所产生的高负荷木粉，且均具有较高的分离除尘效率，能满足严格的工业废气排放标准。此外，该除尘器还具有以下特点：

(1) 此除尘器的离心效应达30，离心预分离率高达62%～80%，因而可有效地减轻滤袋的负荷；

(2) 高达3.5的过滤面积与体积比，使其比同类具有更紧凑的结构；

(3) 合理的结构设计，减少了除尘器的结构阻力；

(4) 旋风分离和袋式过滤二级合一，使其占用较小的场地，也减小分离装置的总阻力；

(5) 有效的清灰方式和经济的清灰参数，充分体现了除尘器的高效和节能的优化设计；

(6) 除尘器内无运转部件，无需特殊机械维护。

3. 规格和性能参数见表32-25

4. 安装与调试

(1) 需为除尘器工作提供压力为0.6～0.7MPa的纯净压缩空气气源；

(2) 在安装前，需对除尘器进行各部位检查，包括运输缺陷、零部件缺少或损坏；如发现除尘器筒体压陷、漏气或滤袋破漏等可修复的缺陷，待修复后方可进行安装；

(3) 整个除尘器安装检查无问题，并经试运转后，方可

表32-24 CFM51系列除尘器适用场合

适用场合	木材碎料特点	碎料负荷
家具、地板、集成材	锯屑、废刨花、木粉的混合物料	120 g/m³
各类人造板的表面砂光	细微木粉，如锯屑、砂光木粉	40 g/m³
矿山、水泥、煤炭等行业	细微粉料或粒料	60 g/m³

表 32-25 CFM51 系列旋风袋式脉冲除尘器规格和性能参数

	型号规格	CFM51-61	CFM51-91	CFM51-127	CFM51-169	CFM51-217A	CFM51-217B
性能参数	处理风量（m^3/h）	12760～14290	19030～21310	26560～31870	35340～42410	45380～54460	56670～68000
	效率（%）	>99.5	>99.5	>99.5	>99.5	>99.5	>99.5
	阻力（Pa）	<1200	<1200	<1200	<1200	<1200	<1200
安装尺寸	D_1（mm）	f1890	f2166	f2616	f2986	f3350	f3350
	A（mm）	7206	11520	12065	12500	13000	14500
	B（mm）	3550	8360	8840	9200	9640	9640
	C（mm）	4200	7018	7560	7990	8490	8490
	H（mm）	4000	4000	4000	4000	4000	4000
	D_2（mm）	f2600	f3110	f3650	f4100	f4600	f4600
	$a \times b$（mm）	350 × 810	460 × 920	520 × 1050	580 × 1170	640 × 1280	640 × 1380
	预留孔尺寸（mm）	f550	f700	f800	f850	f900	f950
	总质量（kg）	2700	2550	3050	3480	3940	4440
	废料仓顶部负荷（kg）	3800	3600	4100	4600	5200	5700

投入正式运行；

(4) 脉冲参数的确定：脉冲参数决定着清灰效果和压缩空气的耗量，因而，经济合理的脉冲参数应视除尘器处理的对象、粉尘的负荷、表观滤速等因素来确定。

5. 维修保养

(1) 除尘器投入运行后，应由熟悉除尘器工作原理和技术性能的人员进行使用管理和维修；

(2) 除尘器下面的贮尘室应定期清灰，严防堵塞除尘器下方的排料口，造成故障；

(3) 排气口如有冒灰现象，应检查滤袋有否脱落，破损等问题；

(4) 每 6 个月应检查滤袋完好状况。每两年应对除尘器各部位进行刷油漆防锈处理一次；

(5) 脉冲控制仪应有专人负责保养，每天检查运行情况。如发现故障应及时排除，并注意做好控制仪周围的清洁工作。

32.5.2.2 旋风分离器

表 32-26 为分离器应用及性能。

各种旋风分离器的型号、性能参数及安装尺寸见表 32-27 至表 32-32。

32.6 气流输送用风机

风机是气力输送或气流系统中重要的组件之一。在木材工业中，风机的应用极为广泛。它主要用于各类木材加工和人造板生产车间。

32.6.1 类型

就风机及其系统在生产过程中所起到的作用而言，主要有以下几个方面：

(1) 散碎状生产原料的输送：刨花板和中密度纤维板生产过程中，气力输送装置用于输送散碎状原料，如木片、刨花、纤维等。

(2) 废料的收集输送和生产性粉尘的控制：主要为各类木材加工车间收集和清除木材切削废料及控制生产过程中生产性粉尘污染的气力集尘装置。

(3) 伴随着某些工艺操作的气流系统：在生产过程中，这类系统主要用于完成木材散碎物料的干燥、原料的风选、

表 32-26 分离器应用及性能

分离器类型	适用场合及分离对象	性能评价
BFL2 型	适用于木片高浓度输送的分离	分离效率为 99.5%，分离阻力≤ 50mmWG
BFL4 型	主要用于刨花板干湿刨花气力输送的分离，也可用于木制品、地板、制材车间所产生的木质混合切屑碎料的分离	分离效率为 98.0%，分离阻力≤ 110mmWG
BFL5 型	适用于木制品、地板、制材车间所产生的木质混合切屑碎料的分离	分离效率为 99.5%，分离阻力≤ 60mmWG
BFL6 型	主要用于刨花板干湿刨花气力输送的分离	分离效率高，阻力较大
BFL7 型	适合分离对象为削片机、刨片机及单板粉碎机所产生的较为粗大的木材碎料	分离效率高，阻力较小
BFL8 型	主要用于中密度纤维板生产，适合分离对象为干湿纤维	分离效率高，阻力适中

管道施胶、板坯铺装等工艺操作。

(4) 控制生产车间内有害气体的污染。

(5) 木材干燥的干燥介质的强制循环：上述用途的气力输送或气流系统均为生产过程服务，并与生产工艺和设备紧密地联系在一起。此外，在一些场合下，生产工艺还将对风机提出某些特定的要求，如风机的通过能力、风量的稳定性、气流分布的均匀性等，故木材工业的气力输送及气流系统具有行业特点，风机则具有相应的特殊性，而不同于一般行业的通风机。

木材工业常用的风机主要有：叶轮离心式风机、容积式风机和轴流式风机三种类型。

表 32-27 BFL2 尔特阿型

序号	规格	处理风量（m^3/h）	H（mm）	H_1（mm）	H_2（mm）	$a\times b$（mm）	预留口尺寸（mm）	质量（kg）	备 注
1	1050	4100	3075	1125	1142	225 × 315	380	310	分离对象：干、湿木片 分离效率：99.5% 阻力系数：2 压力损失：≤ 50mmWG
2	1200	7500	3500	1350	1260	250 × 380	410	380	
3	1350	9500	3945	1575	1372	275 × 455	430	460	
4	1500	12000	4420	1800	1492	300 × 515	480	560	
5	1700	14500	4940	2000	1720	350 × 560	520	690	
6	1900	17500	5465	2275	1907	400 × 585	580	850	
7	2100	20500	6010	2550	2090	450 × 620	620	1020	
8	2300	24500	6610	2850	2270	500 × 660	550	1230	
9	2500	28000	7260	3250	2440	550 × 720	700	1450	
10	2800	35000	8000	3600	2650	650 × 800	750	2170	

表 32-28 BFL4（南林普通型）性能参数及安装尺寸

序号	规格	处理风量（m^3/h）	H（mm）	H_1（mm）	H_2（mm）	$a\times b$（mm）	预留口尺寸（mm）	质量（kg）	备 注
1	550	2200	2700	1415	675	140 × 270	270	225	分离对象：木材切屑混合碎料、干湿工艺刨花 分离效率：98% 阻力系数：5 压力损失：≤ 110mmWG
2	675	3200	3330	1725	787	170 × 325	310	250	
3	800	4000	3980	2080	910	200 × 400	380	330	
4	950	6600	4715	2480	1055	235 × 490	410	440	
5	1150	9500	5685	2980	1295	290 × 570	500	605	
6	1400	14000	6955	3710	1530	350 × 700	580	905	
7	1500	16000	7470	4010	1625	370 × 750	630	1050	
8	1600	17000	8145	4495	1725	370 × 750	670	1285	
9	1800	19000	8735	4720	1850	450 × 900	750	1575	
10	2000	24500	9410	5350	2050	500 × 1000	840	1750	
11	2200	29560	10325	5880	2240	540 × 1100	870	2570	

表 32-29 BFL5（南林 I 型）性能参数及安装尺寸

序号	规格	处理风量（m^3/h）	H（mm）	H_1（mm）	H_2（mm）	$a\times b$（mm）	预留口尺寸（mm）	质量（kg）	备 注
1	550	1800	2930	1415	465	140 × 270	270	290	分离对象：木材切屑混合碎料 分离效率：99.5% 阻力系数：2.5 压力损失：≤ 60mmWG
2	675	2600	3435	1725	537	170 × 325	310	325	
3	800	3800	4115	2080	650	200 × 400	380	440	
4	950	6000	4825	2480	695	235 × 490	410	605	
5	1150	7500	5735	2980	785	290 × 570	500	810	
6	1400	10500	6850	3710	900	350 × 700	580	1060	
7	1500	13000	7405	4010	925	370 × 750	630	1250	
8	1600	15600	7975	4495	975	370 × 750	670	1495	
9	1800	18500	8360	4720	1100	450 × 900	750	1840	
10	2000	24430	9720	5470	1150	500 × 1000	840	2045	
11	2500	33250	11400	6330	1300	600 × 1200	960	2560	
12	2800	38100	12860	7220	1460	750 × 1300	1080	2870	

表 32-30 BFL6 型性能参数及安装尺寸

序号	规格	处理风量（m^3/h）	H（mm）	H_1（mm）	H_2（mm）	$a \times b$（mm）	预留口尺寸（mm）	质量（kg）	备 注
1	710	3650	3600	2780	1815	125 × 580			
2	800	4515	4000	3110	2215	140 × 640			
3	900	5670	4700	3590	2415	150 × 750			
4	1000	7230	5100	4025	2995	175 × 820			
5	1120	8620	5800	4550	3095	190 × 900			分离对象：刨花板工艺碎料
6	1250	11600	6400	5100	3495	230 × 1000			分离效率：99.5%
7	1400	13100	7050	5680	3895	250 × 1040			压力损失：≤ 200～276mmWG
8	1600	16000	8000	6525	4390	275 × 1150			
9	1800	18750	8650	7150	4990	310 × 1200			
10	2000	25600	9950	8175	5790	350 × 1450			
11	2240	32430	11450	9375	6550	390 × 1650			
12	2500	41000	12850	10475	7450	440 × 1850			
13	2800	50350	14250	11775	8350	540 × 1850			

表 32-31 BFL7 性能参数及安装尺寸

序号	规格	处理风量（m^3/h）	H（mm）	H_1（mm）	H_2（mm）	$a \times b$（mm）	预留口尺寸（mm）	质量（kg）	备 注
1	800	3427	2800	2350	1830	170 × 480			
2	1000	5290	3500	3010	2290	220 × 480			
3	1250	8400	4375	3810	2890	285 × 630			
4	1400	9770	4900	4435	3250	310 × 630			
5	1600	12870	5600	4998	3730	360 × 705			
6	1800	16160	6300	5650	4210	400 × 800			分离对象：刨花板工艺碎料
7	2000	19960	7000	6310	4690	450 × 880			分离效率：99.5%
8	2240	24970	7840	7095	5226	500 × 990			阻力系数：13.7～14.3
9	2500	31185	8750	7948	5850	560 × 1105			压力损失：≤ 150～200mmWG
10	2800	39115	9800	8935	6570	630 × 1230			
11	3150	49360	11025	10055	7400	680 × 1440			
12	3550	62720	12425	11345	8360	750 × 1660			
13	4000	79830	14000	12685	9440	820 × 1930			
14	4500	100620	15750	14365	10640	880 × 2270			
15	5000	144280	17500	15745	11840	950 × 3010			

表 32-32 BFL8 性能参数及安装尺寸

序号	规格	处理风量（m^3/h）	H（mm）	H_1（mm）	H_2（mm）	$a \times b$（mm）	预留口尺寸（mm）	质量（kg）	备 注
1	1700	12700	6880	6010	4530	300 × 840			
2	1900	15870	7330	6375	4815	350 × 900			分离对象：纤维板工艺纤维
3	2000	20160	7630	6675	5015	400 × 1000			分离效率：99.5%
4	25000	39150	9140	7940	5690	560 × 1400			压力损失：≤ 150～165mmWG
5	2800	50650	10250	8900	6330	640 × 1570			

32.6.2 叶轮离心式风机

32.6.2.1 典型结构

叶轮离心式风机是由叶轮、主轴、驱动机构、电机、机壳、溢流罩、出口、截流板、机架、支承底座等部件组成。此类型风机的工作特点是：空气沿着叶轮轴向进入，而在叶轮内沿着径向流动，并由蜗壳形机壳的圆周方向的出口排出。

以下介绍对风机性能影响较大的风机主要部件。

32.6.2.2 叶轮

叶轮是风机的重要部件之一。叶轮型式对风机的性能有着相当大的影响。它的结构型式等将直接影响风机的输出压力，流量，风机效率和风机对混合气流的许可通过能力等。

叶轮一般由前盘、叶片、后盘和轮毂所构成。而叶轮型式主要的区别在于叶轮中叶片的结构和安装型式及其数量、前盘和后盘的结构型式。

叶片的断面形状有曲叶形、直叶形和机翼形。直叶形叶片制造简单。机翼形断面叶片的强度高、刚性好，同时还具有良好的空气动力性能，因而风机的效率一般较高。但机翼形叶片的缺点是：加工较为复杂；当输送含尘浓度较高的介质时，叶片容易磨损，并且磨损造成的缺陷难以修复。由于这一磨损的不均匀性和杂质一旦进入磨穿后的叶片内将使叶轮失去平衡，从而引起风机振动的加剧。虽然，机翼型断面的叶片有着较多的特点，但目前一般在中、小型风机中较少使用，则较多采用直叶形或曲叶形叶片。

按其出口安装角分，叶轮的叶片有前向、径向和后向三种型式。前向式叶轮一般采用曲叶型叶片。后向式大型离心式风机多采用机翼型叶片。

虽然，机翼形断面的叶片有着较好的气动特性，但加工较为复杂，并且叶片受物料磨损造成的缺陷难以修复，目前一般较少使用。

离心式风机常采用半开式和闭式叶轮。对于闭式叶轮，前盘的形式有平直前盘、锥形前盘和弧形前盘三种。平直前盘因叶片进口转弯后分离损失较大，相应效率较低，但叶轮的制造工艺较简单。弧形前盘叶轮的效率较高，而叶轮制造相对复杂。锥形前盘叶轮的效率和制造的复杂程度均居中。与平直前盘相比较，采用锥形和弧形前盘对前向式叶轮的风机的效率提高并不显著，而对后向式叶轮的效率的提高较为明显。

叶轮可由钢板制成或铝合金铸造。对于钢制结构的叶轮，叶片与前盘和后盘的联接一般采用焊接或铆接。因焊接的叶轮可有光洁的流道，因而焊接优于铆接。

风机的通过能力主要受到叶轮叶片数量、叶形、叶轮直径、叶轮的结构型式等因素的影响。叶片采用优质钢板制成。叶轮经过动静平衡实验。

32.6.2.3 集流器（又称溢流罩）

集流器的作用是保证气流能平稳加速，而后又均匀扩散并充满叶轮，从而减小流动损失。集流器性能的评价主要视气流在其内的流动状态是否理想和集流器的压力损失的大小。集流器对风机的效率有着显著地影响，可影响其效率的5%～8%。

集流器的形状应符合气流在进口处流动状态的流线形。其形状一般为圆筒形、圆弧形、圆锥形和组合曲线形。不同型式的集流器其结构和制造的复杂程度不一。以流动状况理想程度而言，依次为弧形、锥形、筒形。以下介绍一种性能较为理想的组合型集流器——锥弧形集流器。此集流器由三段组成，前段为圆锥形的加速段，中部为圆弧形的喉部，后部为近似双曲线的扩散管。气流进入集流器后，逐步加速，在喉部处形成较高的风速。在其后的双曲线扩散管内气流能均匀地扩散。因此，从集流器流出的气流能均匀地充满整个叶轮的流道。此外，双曲线扩散管能与叶轮的前盘进行较好的配合，减小了气流在风机内的容积损失。故在总体上，这种锥弧形集流器可提高8%左右的风机效率。

32.6.2.4 机壳

机壳的作用是将离开叶轮的气体收集、导流，并将气体的部分动能扩压转变为气流的静压。在动能转变为静压能的过程中，伴随着气流的压力损失。而这一压损大小取决于机壳中气流速度分布和机壳的轮廓线型。目前常用的线型有等进螺线和对数螺线。

蜗壳形的机壳大都采用钢板制造的焊接结构。当输送流体为高浓度的气固两相流体时，往往在易磨损部位采取局部加厚，以防止机壳的磨损或磨穿。

32.6.2.5 扩压器或扩压管

机壳出口处的气流速度，一般均大于其后继管道中的流速。为了减少气流的压损，可在机壳出口处加装扩压器或扩压管。由于气流在沿扩压器横截面上的速度分布是不均匀的，且气流偏斜于叶轮一侧，故扩压器或扩压管也宜制成偏向于叶轮一侧的单边扩压器。扩压器的扩散角通常为6°～8°。

32.6.2.6 叶轮驱动

叶轮离心式风机的原动机通常选用交流电动机。叶轮可通过三角皮带传动或与电动机直联进行驱动。

对于电动机的选型，应根据应用的场合和使用的要求加以正确的选择。在一般气力输送或通风用途的应用场合下，可选用Y系列的电动机。若输送热湿气体或风机在此环境中运行，则必须选择耐温耐湿型的电动机（例如，刨花干燥机排湿排尘所用的风机，木材干燥室中用于干燥介质循环的叶轮离心式风机）。对于木材制品油漆车间，用于排除有害及挥发性气体时，就需采用防爆型的电动机。

为便于生产和维护，主轴的支承一般选用滚动轴承。

32.6.2.7 性能特点

1. 特点

与容积式风机相比较，此类风机具有以下性能特点：

(1) 能产生较大风量和较低风压：与容积式风机相比较，在提供相同风压条件下，能产生的风量较大。

(2) 工作噪音较小。

(3) 此类风机的H-Q特性曲线相对较平缓：由于H-Q特性曲线相对较平缓，当系统阻力有微小的波动时，其风量将发生相对较大的变化。即风量的稳定性较差，而表现出较软的工作特性。这一特性正与容积式风机相反。

(4) 此类风机的比转速n_s范围较宽：此类风机的比转速范围为n_s=15～73，基本上包括了按压力分类的低压、中压和高压风机。一般如按比转速n_s划分，低压离心式风机$n_s>60$；中压离心式风机$n_s=30\sim60$；高压离心式风机$n_s=15\sim30$。而容积式风机的比转速为$n_s<10\sim15$，属于高压风机的范围。

(5) 此类风机的工况可调节性较好：风机的风量范围可调。工况调节的方法将在后面介绍。值得注意的是：风机的工况点调节后，风机仍应在高效区内运行，并避免在非稳定区工作，否则，将引起风机的喘振。

(6) 风机的Q-H特性曲线：在一般转速下，叶轮离心式风机存在一最高效率点。风机在相应于该点的风量、风压的工况下运行称之为最佳工况条件。在风机的选用时，应尽可能选择在最佳工况条件下进行。

(7) 流量与功率Q-N特性曲线：在相同的叶轮转速下，风机的功率消耗N随着风量Q的增加而随之迅速增加。叶片安装型式不同，其功率消耗增加的程度不一。对于前向式，功率消耗与转速的三次方成正比，而对于后向式，几乎成正比关系。

(8) 叶轮离心式风机的通过性能：一般叶轮离心式风机对输送的空气介质中细微颗粒有一定的通过能力，即允许输送的空气中含有一定浓度（$\mu<150\ mg/m^3$）的非粘性物质，而且这一浓度的大小取决于风机叶片的数量和叶片形状及安装型式等。作为通风用途的叶轮离心式风机的通过能力通常较低，如4-72离心通风机（十片后向式机翼型叶片）的最大通过能力仅为了150 mg/m³，即使是所谓用于排尘意义上的排尘通风机，其最高允许通过混合气流的浓度也仅为150 mg/m³。在输送浓度稍高，含有尘埃、木质碎屑、细碎纤维等混合气体时，尤是硬质颗粒，要求必须在风机进口前加以分离除尘。

在气力运输系统中应特别注意风机的通过性能。在混合气流要求通过风机的场合，应选用对混合气流能力较好的物料输送类型的风机。否则，风机极易损坏。因为物料在通过风机时对叶轮的叶片产生不均的磨损，以及尺寸较大的物料对叶轮的冲击而引起叶轮的变形，均可造成叶轮不平衡的加剧，使风机和系统的振动加剧直至风机完全失去工作能力。

风机对物料的通过能力取决于叶轮中叶片形状、数量、安装型式和叶轮的尺寸等因素。此外，风机的这一通过能力还与物料的特性有关，并影响风机的效率。一般而言，风机的通过能力愈强，效率则愈低。以C4-73和C6-46为例，前者叶轮上装有的10片后向式机翼型叶片，后者有6片前向式弯曲叶片；就通过能力而言，C4-73较C6-46差，但风机最高的全压效率分别为76.8%和61%。因此，气力输送中物料输送类风机具有其特殊性，即既要解决物料通过能力，同时也要考虑效率问题。对于只通过纯空气或稍许含有微粒物料（不超过150mg/m³）的叶轮离心式风机，其叶片数可达到12～44片；而对于通过混合气流的叶轮离心式风机，其叶片数一般选用6～10片。

2. 叶轮离心式风机的应用场合

因叶轮离心式风机具有上述特点，故较为适用以下场合：木材干燥时室内干燥介质的强制循环（常用中、低压式离心式风机）；木材散碎物料的气力运输（当混合气流不通过风机时，一般采用中、高压式风机）；气流运输与气力吸集装置（一般的中、低压风机）。常用的风机有：MQS5-54-11、C6-46、4-72、C4-73、7-40、9-26、8-18、9-19、Y4-73等。

叶轮离心式风机的种类繁多，且国内还没有统一的标准和系列。对于气力输送系统所用风机，目前可供选择的较少，还有待于进一步研制和开发。

在木材加工车间内，车间木屑气流吸集装置大多采用具有较大风量、较小风压，且叶片数较少的叶轮离心式风机。这是因为气流吸集装置要求气流量大，而管路系统的阻力一般也不太大，并往往有混合气流通过风机的要求。用于车间内部的气力吸集装置气流量要求一般在2000～46000 m³/h范围，风压范围为1500～4000 Pa，通过风机的混合气流浓度一般小于0.2。常用风机有MQS 5-54-11、4-72、6-46、7-40、C4-73等。

目前国内物料输送用风机品种不多，一些物料气流输送场合常以排尘通风机代替，物料易在风机内堵塞，以致风机的使用时间很短，便产生振动直至损坏。就木材工业气流输送而言，木材碎料尺寸较大，生产过程要求输送量亦较高。目前国内适合木材工业的输送风机MQS5-54-11的通过能力最高可达到1.0，是目前较为理想的物料输送风机，在国内木材加工行业中普遍受到欢迎并推广应用。

对于输送木材碎料的气流运输装置，运输距离较短（不超过100m），且运输物料量不太大，有时也可以采用高压的叶轮离心式风机，如MQS5-54-11、8-18、9-19、9-26等。

木材工业气力吸集系统十分适宜选用叶轮离心式风机，除它可为系统提供合适的风量和风压外，其主要原因有二：一是气流吸集系统一般要求混合气流通过风机，为简化系统和减少装置的投资费用，气流吸集系统均为混压式系统。物料由吸料口在负压下收集于管道系统内。如不设置中间分离器，混合气流势必通过风机。而叶轮离心式风机一般是允许一定浓度的混合气流通过。其二是气流吸集系统对叶轮离心式风机软特性的适应性较好。离心式风机在外部因素的干扰（如转速、物料量的波动等）下，工况点将会发生偏移，即风机的风量和风压会发生变化。但在气流吸集场合，混合气流的浓度一般较低（$u<0.2$），且管路输送距离较短，仅因物料量的波动导致风机工况偏移而带来风量减少的程度一般较小，对系统正常地输送影响不大。

用于木材干燥场合下的叶轮离心式风机主要在喷气型干燥室和炉气体直接或间接加热的干燥装置中，风机均安装在干燥室之外。由于干燥介质或热载体需通过风机，尤其是在以木废料燃烧炉气作为热载体的干燥装置中，炉气的输送和烟气的除尘必须考虑风机的介质温度，而选用耐高温的叶轮离心式风机，如Y4-73。

木材干燥场合下风机循环风量和风压的要求依据干燥窑的类型、单窑干燥量而定。一般风量范围为6000～24700m³/h，风压为900～1100 Pa，属于中、低压式叶轮离心风机。

用于通风换气场合下，一般宜选用中、低压式通风用途的通风机。当输送的气体中含有水蒸气、挥发性易燃气体、腐蚀性和有害气体，在选用风机的类型时须作相应的考虑。

3. 叶轮离心式风机的实际工况点及其调节方法性能比较见表 32-33

(1) 风机的实际工况点：风机运行工况及工况点的概念在前述有关章节中已作介绍。根据管路特性曲线 $R = KQ^2$ 和风机的性能曲线（在某一转速下），可确定其工况点。其中，K（管路系统的总阻力系数）与诸多因数有关。在理论上，若假设管路中的气流量与风机的风量完全相等，即管路系统内外无任何流体交换，则上述工况点为风机理论工况点。但是，在实际管路系统中的风机，往往因外界因素的影响，其实际运行工况点会偏离这一理论工况点。

非人为因素造成工况点偏离主要有三种情况：一般的工况波动、系统密闭性能降低和叶轮失速造成工况点的偏离。

一般的工况波动是指由电网电压、物料负荷等因素的瞬间变化而造成的工况波动。这一偏离仅发生瞬间时段，会在较短时间内引起风机流量、压力、功率等的波动。一但波动消失，风机又将恢复原来的工作状态。即风机总是可在较稳定的工况状态下运行，这一波动对系统的正常运行一般影响不大。

气流系统的管道及管道部件彼此之间以法兰和石棉绳加以联接和密封，难免因制作、安装不当或日久欠维护而锈蚀，造成系统密封性能的降低。其结果是风机的实际工况点将会偏离理论工况点。

除风机三种直联型传动方式外，其他方式均采用三角带传动。由于传动部件的安装精度较差、传动带张紧程度不足或风机在工作一段时间后传动带发热或磨损引起带的松弛而并未及时予以张紧，破坏了三角带的正常传动条件，最终都会导致风机在低于原定设计转速条件下运行。即所谓风机的失速。在上述两种情况下，风机工况点会偏离原设计的工况点较远。如不及时采取相应措施，风机运行的工况愈来愈不稳定，并可长时间地影响系统运行的可靠性和稳定性。为避免生产线气力输送系统中风机的失速，其轴端一般安装一失速保护器。

(2) 风机工况调节方法性能的比较：在确定风机运行参数时，是以气流系统要求的最大气流量或基本气流量和相同流量的气流流经相应管路系统对应的阻力为依据。但在实际运行时，系统实际要求的气流量往往随着生产过程的变化（如产品类型、产量和输送量的改变、机床开起率等）而改变。在木材加工生产过程中，这一情况的发生极为普遍。从系统运行经济性的角度，风机应随着输送要求变化。

这时，应对其工况点加以调整。风机工况点调整的方法较多。各种调节方法的原理、特点和适用的场合不同，因此，工况的调节存在着合理性和经济性的问题。以下针对木材工业气流系统应用特点，就离心式风机各种工况调节的方法，比较和讨论其调节效率、节能效果和适用的场合。

工况调节的方法有：风机出口端节流、风机进口端节流、改变叶轮转速和采用进口导流器四种。

通常，这些方法对于纯气体的气流系统均为适用。但在气力吸集系统或中低混合浓度的气力运输装置中，因混合气流中的物料有通过风机的要求，所以其工况的调节就不宜采用进口导流器。

由上述各种调节方法的调节原理可知：风机工况点的调节是通过改变管路特性或风机的性能曲线或者同时改变两者未实现的。在实现系统相同气流量调节范围条件下，各种调节方法的调节效率和节能效果不同。故在设计气流系统时，风机工况调节方法的选择应根据系统的使用场合、用途、系统气流量的要求，以及所选风机的工况可调节范围等因素进行综合考虑。

32.6.2.8 典型输送用风机

MGS7-30 结构、主要性能参数（表 32-34 至表 32-36）。

32.6.3 容积式风机

容积式风机是另一种木材工业中应用较多的风机。目前，常用容积式风机有：旋转式和往复式二类。而旋转式风机又有转子式、片式和水环式三种。

木材工业应用较为广泛的转子容积式风机（又称罗茨风机），其叶片采用优质钢板制成单根圆弧弯曲型，叶片数按需要为 4～8 片，其安装角度可为 15°、20°、25°、35° 四种，根据叶片数的多少和安装角度可获得不同的风量和风压。

风机的叶轮通过传动机构与电机联接，或电机与叶轮直

表 32-33 各种调节方法的比较

工况调节方法	调节原理	调节效率与调节后稳定性	节能效果	综合评价
出口端节流	增加管路阻力 改变管路特性	最差 趋于不稳定	最差	结构、维护简单，便宜，节能效果差
进口端节流	增加管路阻力， 改变管路特性和风机性能特性	较好 趋于不稳定	一般	结构和维护简单，便宜，节能效果稍差，但较出口节流好。最实用
进口导流器	强制改变进口气流方向， 改变管路特性和风机性能特性	较好 趋于稳定	较好	结构和维护稍麻烦，调节装置费用稍高 特定使用场合下较实用
变速调节	改变风机性能特性	最佳 调节性能好	最好	调节系统费用高，维养麻烦，调节性能好

表 32-34 MGS7-30（No.7）主要性能参数

主轴转速 (r/p·m)	序号	全压 (Pa)	流量 (m^3/h)	电机		三角带	
				型号	功率（kW）	型号	根数
	1	7100	2370	Y160M2-2	15	B	5
	2	6900	2850				
2900	3	6700	4610	Y160L-2	18.5	B	5
	4	6500	5520				
	5	6110	6100	Y180M-2	22	B	6
	1	5067	1940	Y160M1-2	11	B	3
	2	4924	2407				
2450	3	4782	3886				
	4	4639	4646	Y160M2-2	15	B	4
	5	4360	5153				

表 32-35 MQS5-54（No.5）主要性能参数

主轴转速 (r/p·m)	序号	全压 (Pa)	流量 (m^3/h)	电机		三角带	
				型号	功率（kW）	型号	根数
	1	367	2997	Y132S2-2	15	B	2
	2	357	4571				
	3	343	6141	Y160M1-2	18.5	B	53
2700	4	329	7710				
	5	315	9280				
	6	299	10847	Y160M2-2	22	B	4
	7	280	12421				
	8	258	13900				
	1	328	2831				
	2	318	4318	Y1132S2-2	7.5	B	2
	3	306	5800				
2550	4	293	7280	Y160M1-2	11	B	3
	5	282	8763				
	6	267	10245				
	7	250	11710	Y160M2-2	15	B	4
	8	230	13213				
	1	283	2631	Y132S1-2	5.5	B	2
	2	275	4013				
	3	264	5390	Y132S2-2	7.5	B	2
2370	4	253	6767				
	5	243	8144				
	6	231	95220	Y160M1-2	11	B	3
	7	215	10905				
	8	199	12280				
	1	218	3135				
	2	214	3715	Y132S1-2	5.5	B	2
	3	209	4540				
2110	4	202	5450				
	5	197	6330	Y132S2-2	7.5	B	2
	6	191	7100				
	7	189	8154	Y160M1-2	11	B	3
	8	180	9133				

联，叶轮装于圆筒内。传动组、圆筒、电机皆固定于支架上，叶轮需经过动静平衡实验若通过传动机构来驱动，则传动机构由主轴、轴承和联轴器组成。

风机经过镀锌（65 μm）之后，风机静止零件得以保护，以防止大气腐蚀。适用于无显著粉尘，温度一般不超过45～60℃，相对湿度小于90%。含尘量及其他固体悬浮物的含量小于100mg/m^3的非易燃、低腐蚀性气体。

表 32-36 MQS5-54（No.6）主要性能参数

主轴转速 (r/p·m)	序号	全压 (Pa)	流量 (m^3/h)	电机		三角带	
				型号	功率（kw）	型号	根数
	1	367	2997	Y132S2-2	15	B	2
	2	357	4571				
	3	343	6141	Y160M1-2	18.5	B	53
2600	4	329	7710				
	5	315	9280				
	6	299	10847	Y160M2-2	22	B	4
	7	280	12421				
	8	258	13900				
	1	328	2831				
	2	318	4318	Y1132S2-2	7.5	B	2
	3	306	5800				
2500	4	293	7280	Y160M1-2	11	B	3
	5	282	8763				
	6	267	10245				
	7	250	11710	Y160M2-2	15	B	4
	8	230	13213				
	1	283	2631	Y132S1-2	5.5	B	2
	2	275	4013				
	3	264	5390	Y132S2-2	7.5	B	2
2400	4	253	6767				
	5	243	8144				
	6	231	95220	Y160M1-2	11	B	3
	7	215	10905				
	8	199	12280				
	1	218	3135				
	2	214	3715	Y132S1-2	5.5	B	2
	3	209	4540				
2240	4	202	5450				
	5	197	6330	Y132S2-2	7.5	B	2
	6	191	7100				
	7	189	8154	Y160M1-2	11	B	3
	8	180	9133				
	1	218	3135				
	2	214	3715	Y132S1-2	5.5	B	2
	3	209	4540				
2160	4	202	5450				
	5	197	6330	Y132S2-2	7.5	B	2
	6	191	7100				
	7	189	8154	Y160M1-2	11	B	3

参考文献

[1] [苏]B.H.乌索夫等著. 李悦等编译. 工业气体净化与除尘过滤器. 哈尔滨：黑龙江科学技术出版社，1984

[2] 金国淼. 除尘设备设计. 上海：上海科学技术出版社，1985

[3] 卢监章. 粉尘爆炸特性及试验方法. 通风除尘. 1987, (2)，14

[4] 李烈勋，肖开方等. 生产环境粉尘测定. 北京：冶金工业出版社，1990

[5] 杨光任. 木粉尘的分散度分析. 木材工业. 1990, (2), 30～31

[6] [日]小川明著，周世辉等译. 气体中颗粒的分离. 北京：化学工业出版社，1991

[7] 李维礼主编. 木材工业气力输送与厂内运输机械. 北京：中国林业出版社，1993

[8] 赵立. 林产工业环境保护. 北京：中国科学技术出版社，1993

[9] [英]T.艾伦著，喇华璞等译. 颗粒大小测定. 北京：中国建筑工业出版社，1984

[10] 黄标编著. 气力输送. 上海：上海科学技术出版社，1984

[11] 童景山，张克编著. 流态化干燥技术. 北京：中国建筑工业出版社，1985

[12] 化学工业手册编辑委员会. 颗粒与颗粒系统. 化学工程手册第五卷（第一册）. 北京：化学工业出版社，1989

[13] [英]M.E.Fayed ane L. Otten著，卢寿慈等译. 粉体工程手册. 北京：化学工业出版社，1992

[14] 梁庚煌主编. 运输机械手册. 北京：化学工业出版社，1993

[15] 李华富译. 如何节省气力输送系统的能量. 木材工业，1993, (7), 48～49

[16] 李天无主编. 简明机械工程师手册. 昆明：云南科技出版社，1994

33 木材加工自动化

Automatization of Wood Processing

在生产中，常常要使某些物理量（如干燥窑的温、湿度，热压机的压力等）保持恒定或按照某一定的规律变化。要满足这种需要，应对生产机械和设备进行及时控制，以消除外界对它产生的影响。这种控制除了由人工操作外也可由其他设备代替人工进行控制，即自动进行。用来完成这种控制的设备称为控制器，被控制的机械和设备称为被控对象，被控对象和控制器一起，称为自动控制系统。自动进行操作或控制的过程称为自动化。

自动控制是实现自动化的主要手段。自动控制所用的技术手段多种多样，电气方法、机械方法、液压方法、电气液压方法以及气动方法等等均可用来实现自动控制。电气自动控制则是应用最为普遍的方法。

所谓自动检测就是在没有人的直接参加下，利用仪器仪表检查或测量某种工艺或其他过程中参数的方法。

在木材加工生产中，经常要对某一些物理量，如温度、压力、料位、流量等工艺参数进行检测，以便及时掌握生产情况和监视、控制生产过程，为安全经济和自动化生产提供可靠的依据。与此同时，各种参数的自动检测及其仪表的使用对于能源的节约，现代化企业管理和经济效益提高等方面均是非常重要的。

33.1 自动检测

33.1.1 温度检测

33.1.1.1 温度检测仪表的分类

温度检测仪表按测温方式可分为接触式与非接触式两大类。前者检测部分与被测物体直接接触，通过传导或对流达到热量平衡来实现测温；后者检测部分与被测物体互不接触，而是通过其他原理，如辐射热交换来实现测温。其分类如表 33-1 所示。

表 33-1 温度检测仪表的分类

	温度计的分类	常用测温范围(℃)	主要特点
接触式仪表	膨胀式温度计 ①液体膨胀式 ②固体膨胀式	－200～700	结构简单，价格低廉，一般只用作就地测量
	压力式温度计 ①气体式 ②液体式 ③蒸汽式	0～300	结构简单，具有防爆性，不怕震动，可作近距离传示；准确性低，滞后性较大
	电阻温度计 ①铂电阻 ②铜电阻 ③热敏电阻	－258～900 －200～150 －50～300	准确度高，能远距离传送，适于低、中温测量
	热电偶温度计	0～1600	测温范围广，能远距离传送，适合中、高温测量；需自由端温度补偿，在低温段准确度较低
非接触式仪表	辐射式温度计 ①光学式 ②辐射式 ③比色式	600～2000	适用于不能直接测温的场合

33.1.1.2 膨胀式温度计

膨胀式温度计分为液体膨胀式温度计和固体膨胀式温度计两类。液体膨胀式温度计是应用最早的温度计，最常见的有玻璃管式温度计。温度计中工作液体的选择主要决定于所需的测温范围。

玻璃温度计由于结构简单，读数直观，测量准确，价格便宜等，所以应用相当普遍。其缺点是信号不能远传，不能自动记录。

表 33-2 内标式玻璃温度计品种规格

产品名称	型　号	外　形	测量范围（℃）	尾长（mm）
内标式工业玻璃（有机液体）温度计	WNY-11	直　形	－100～20，－80～50，－50～50，0～50，0～100	60 80 100 120 160 200 250 320 400 500
	WNY-12	90° 角形		
	WNY-13	135° 角形		
内标式工业玻璃（水银）温度计	WNG-11	直　形	－30～50，0～50，0～100，0～150，	60～2000
	WNG-12	90°	0～200，0～250，0～300，0～350	110 130 150 170 210 250 300 370
	WNG-13	135° 角形	0～400，0～450，0～50060～200	450 530 680 850 1050 1300
带金属保护管内标式水银温度计	WNG-11	直　形	同　上	60～2000
	WNG-12	90° 角形		110～1300
	WNG-13	135° 角形		110～1500
内标式电接点固定温度计	WXG-11F	直　形	－30～70，0～50，0～100	60～500
	WXG-12F	90° 角形	0～200，0～300	110～550
内标式电接点可调温度计	WXG-11T	直　形	－30～70，0～50	60～500
	WXG-12T	90° 角形	0～100，0～200	110～550
	WXG-13T	135° 角形	0～300	110～300

主要生产厂：北京玻璃研究所、沈阳玻璃计器厂、上海医用仪表厂、常州热工仪表厂、武汉温度计厂、福建南平玻璃器厂、郑州热工仪表厂、温州玻璃仪表厂等

表 33-2 为内标式玻璃温度计品种规模。

33.1.1.3 双金属温度计

双金属温度计是采用膨胀系数不同的两种金属牢固粘合在一起构成的。当温度变化时，一端固定的双金属片，由于两种金属膨胀系数不同而产生弯曲，自由端的位移通过传动机构带动指针指出相应的温度。

为了提高双金属温度计的灵敏度，则希望双金属片具有更大的伸长弯曲程度，因此常把双金属片做成直螺旋形和盘旋形两种结构形式，如图 33-1 所示。

目前，我国生产的双金属温度计的测量范围是 -80～600℃，精度有 1，1.5 和 2.5 级(表 33-3)。

(a) 直螺旋形

(b) 盘旋旋形

图 33-1 螺旋形双金属片

33.1.1.4 热电偶

热电偶是由两根不同的导体（或半导体）材料焊接而成。焊接的一端称为热电偶的测量端，又称工作端、热端；另一端和导线相连，称为参比端，又称自由端、冷端。组成热电偶的两根热偶丝 A、B 称作热电极。最简单的热电偶测温系统如图 33-2 所示。

1. 工作原理

热电偶测温基于热电效应或塞贝克（Thomas Seebeck）

表 33-3 直螺旋形双金属温度计型号规格

型　号		外壳名称直径（mm）	精度等级	测量范围（℃）	尾长（mm）	
					插入长度（mm）8，10	直径（mm）12
轴向型	WSS-301	ϕ 60	1	－80～40，－40～80,0～50，0～100，0～150，0～200,0～300，0～400，0～500，0～600,100～500，+200～600	75，100，150，200，250，300，400，500，750，1000	75，100，150，200，250，300，400，500，750，1000
	WSS-401	ϕ 100				
	WSS-501	ϕ 1501	1.5			
径向型	WSS-411	ϕ 100	2.5			
	WSS-511	ϕ 150				

主要生产厂：常州热工仪表厂、成都温度表厂、天津自动化仪表十六厂、杭州自动化仪表厂等

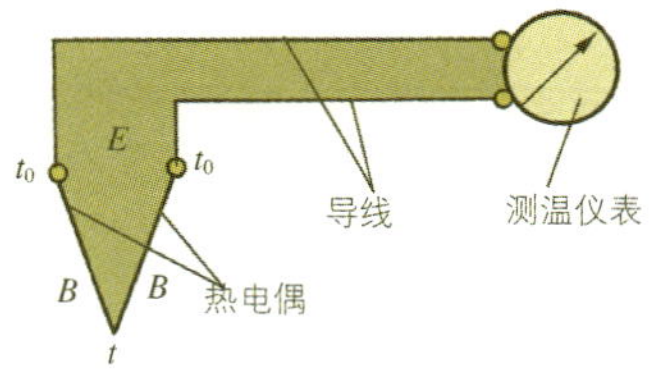

图 33-2 最简单的热电偶测温系统

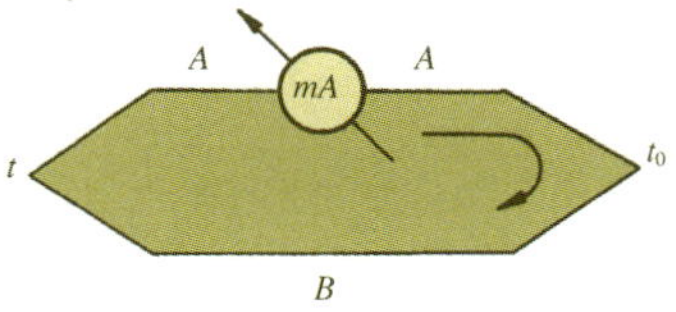

图 33-3 热电偶原理图

效应。如图 33-3 所示。把两种不同材料的导体 A 和 B 的两端连在一起成一闭合回路，将它们的两个接点分别置于温度各为 t 和 t_0（使 $t>t_0$）的热源中，则在该回路中就会产生一个电动势，通常称之为热电势或塞贝克电势。这种现象就称作热电效应或塞贝克效应。

热电偶的热电势由接触电势和温差电势组成。两导体接点处产生的电动势称为接触电势或帕尔帖（Peltier）电势。接触电势是由于两种不同导体的自由电子密度不同（如$N_A>N_B$）而在接触处形成的。温差电势是沿单一匀质导体的温度梯度产生的电动势，又称汤姆逊（Thomson）电势。温差电势是由同一导体高、低温端的自由电子所具有的能量不同而产生的。一个由 A、B 两种匀质导体组成的热电偶（假设 $N_A>N_B$），当两接点温度分别为 t 和 t_0 时（$t>t_0$），其产生的总热电势 E_{AB}（t，t_0），只与组成热电偶的两种热电极材料 A、B 及两接点温度 t、t_0 有关，而与热电极的长度和直径无关。根据物理学的推导，当 A、B 两导体材料一定时，热电偶的总热电势 E_{AB}（t，t_0）是其两接点温度 t 和 t_0 的函数差，即：

$$E_{AB}(t,\ t_0)=f(t)-f(t_0)$$

由此可见，若使热电偶的一个接点温度（参比温度）t_0 保持恒定，则 $f(t_0)$ 为常数，热电偶的热电势 E_{AB}（t，t_0）与另一接点温度（测量端温度）t 成单值函数关系，这样只要测出热电势的大小，就可以求得温度 t 的数值，这就是热电偶测温的工作原理。

热电偶的热电势与温度的关系是依据国际实用温标用实验方法得到的。规定取 t_0=0℃，将 E_{AB}（t，t_0）与 t 的对应关系制成表格，就是各种热电偶的分度表，供使用时查阅。

在实际使用时，欲测得热电偶的总电势 E_{AB}（t，t_0），就需要通过连接导线将测量电势值的仪表接入热电偶回路中，只要第三种导线两端温度相同，则热电偶所产生的热电势保持不变，即不受第三种导体引入的影响。

2. 国内常用热电偶种类

国内常用热电偶可分为标准化和非标准化两大类。标准化热电偶是指国家标准规定了其热电势与温度的关系，允许误差，并有统一的标准分度表的热电偶。非标准化热电偶一般没有统一的分度表，主要用于某些特殊场合。

1977 年，国际电工委员会（IEC）对七种热电偶制订了国际标准，称为标准型热电偶。从 1988 年 1 月 1 日起我国热电偶和热电阻全部按IEC国际标准生产，停止销售一切淘汰产品，并指定 S、B、E、K、J、T 六种标准化热电偶为我国统一设计型热电偶。六种标准化热电偶的使用特性见表 33-4。

表 33-4 标准化热电偶的使用特性

热电偶名称	型 号	分度号	热电极材料		测温范围℃	使用气氛	特 点
			极 性	化学成分			
铂铑 10- 铂	WRS	S	正	90%Pt，10%Ph	0～1600	氧化、中性短期可用于真空	①测量精度高，稳定性好 ②抗氧化性能好 ③抗还原性气氛差 ④热电势较小，线性差，价贵
			负	100%Pt			
铂铑 30- 铂铑 6	WRB	B	正	70%Pt，30%Rh	0～1800	氧化、中性短期可用于真空	①具有铂铑—铂热电偶各种优点 ②在定型产品中测量温度最高 ③在 100℃以下热电热很小，冷端可以不用补偿 ④定型产品中热电势最小，线性差，价贵
			负	94%Pt，60%Rh			
镍铬—镍硅（镍铬—镍铝）	WRK	K	正	9%～100%Cr，0.4% Si，其余 Ni	－200～1300	氧化、中性	①抗氧化性能好，长期使用稳定性好 ②热电势大，定型产品中线性最好，价贱 ③在含硫气氛中易脆
			负	2.5%～3%Si，Cr≤0.6%，其余 Ni			

表 33-4（续）

热电偶名称	型号	分度号	热电极材料		测温范围℃	使用气氛	特点
			极性	化学成分			
断铜—铜镍（康铜）	WRT	T	正	100%Cu	－200～400	任何气氛	①测量精度高 ②抗潮气侵蚀性能好 ③低温时灵敏度高，价贱 ④测温上限较低
			负	60%Cu，40%Ni			
镍铬—铜镍（康铜）	WRE	E	正	9%～100%，Cr，0.4%，Si，其余 Ni	－200～900	氧化、弱还原性	①稳定性好，灵敏度高 ②定型产品中热电势最大，价贱
			负	60%Cu,40%Ni			
铁—铜镍（康铜）	WRJ	J	正	100%Fe	－40～750	任何气氛	①稳定性好，灵敏度高 ②定型产品中价格最贱
			负	60%Cu,40%Ni			

3. **热电偶冷端的温度补偿**

由热电偶测温原理可知，只有当热电偶的冷端温度保持不变时，热电势才是被测温度的单值函数，在应用时，由于热电偶的工作端（热端）与冷端离得很近，冷端又暴露于空间，容易受到周围环境温度波动的影响，因而冷端温度难以保持恒定。为此采用下述方法处理。

(1) 补偿导线法：为了使热电偶冷端温度保持恒定，可以把热电偶做得很长，使冷端远离工作端，但这种方法要耗费许多贵重的金属材料，因此一般是用一种导线（称补偿导线）将热电偶冷端延伸出来（图 33-4）。这种导线在一定温度范围内（0～100℃）具有和所连接的热电偶相同的热电性能，其材料又是廉价金属。在使用热电偶补偿导线时必须注意：

①和热电偶型号配套；

②极性不能接错；

③热电偶和补偿导线连接处两接头的温度必须保持同温，且温度不应超过 100℃。

标准热电偶用补偿导线见表33-5，补偿导线表面都印有标志：G、H 表示常温级，耐热级；下标 A、B 表示精密级、普通级。如 SC-HB 为配合 S 分度号热电偶，耐热使用，普通级补偿导线。

(2) 计算修正法：由于热电偶分度表是以冷端温度 t_0=0℃时分度的，与它配套的显示仪表也是直接按照这一关系曲线进行刻度的，因此当冷端温度不等于 0℃时，其输出电势可用计算修正法来修正到冷端 t_0=0℃时的电势，电势换

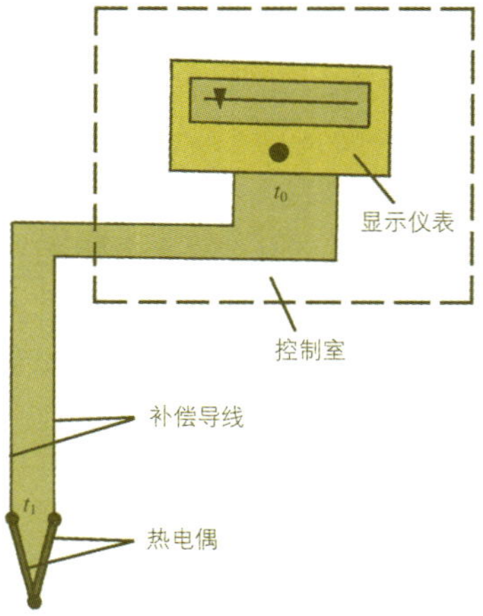

图 33-4 补偿导线延伸冷端温度

表 33-5 热电偶补偿导线

补偿导线型号	配用热电偶的分度号	补偿导线合金丝		绝缘层着色		100℃时允差（℃）		200℃时允差（℃）	
		正极	负极	正极	负极	普通级	精密级	普通级	精密级
SC	S	SPC（铜）	SNC（铜镍）	红	绿	±5	±3	±5	–
KC	K	KPC（铜）	KNC（铜镍）	红	蓝	±2.5	±1.5	–	–
KX	K	KPX（镍铬）	KNX（镍硅）	红	黑	±2.5	±1.5	±2.5	±1.5
EX	E	EPX（镍铬）	ENX（铜镍）	红	棕	±2.5	±1.5	±2.5	±1.5
JX	J	JPX（铁）	JNX（铜镍）	红	紫	±2.5	±1.5	±2.5	±1.5
TX	T	TPX（铜）	TNX（铜镍）	红	白	±1.0	±0.5	±1.0	±0.5

算的关系式为：

$$E_{AB}(t,0)=E_{AB}(t,t_0)\ tE_{AB}+E_{AB}(t_0,0)$$

式中：$E_{AB}(t,0)$——热电偶工作端温度为t，冷端温度为0℃时的热电势

$E_{AB}(t,t_0)$——热电偶工作端温度为t，冷端温度为t_0时的热电势，即实际测得的热电势

$E_{AB}(t_0,0)$——热电偶工作端温度为t_0，冷端温度为0℃时的热电势，即冷端温度不为0℃时应补偿的热电势修正值

只要知道热电偶冷端的温度，则通过查表计算就可以求得热电偶工作端的实际温度。

(3) 仪表零点修正法：此法适于现场测量，不需要很精确时。对于具有零位调整的显示仪表而言，如果热电偶冷端温度t_0较为稳定，则可将显示仪表的机械零点调整到t_0，相当于把热电势修正值$E_{AB}(t_0,0)$预先加到了显示仪表上；当此测量系统投入工作后，显示仪表的示值就是实际的被测温度值。

(4) 当热电偶冷端所处温度波动较大时，一般采用补偿电桥法，其测量线路如图33-5所示。补偿电桥法是利用不平衡电桥（又称冷端补偿器）所产生的不平衡电压来补偿热电偶因冷端温度变化而引起的热电势变化。从而达到等效地使冷端温度恒定的一种自动补偿法。

热电偶经补偿导线接至补偿电桥，热电偶的冷端和电桥处于同一环境中。补偿电桥由电阻温度系数很小的锰铜丝绕制的电阻R_1、R_2、R_3和电阻温度系数较大的铜丝绕制的电阻R_{cu}组成的桥路和稳压电源所组成。使用时，串联在热电偶测温回路中。电桥通常取在20℃时处于平衡。此时桥路对角线电压U_{ab}=0，电桥对仪表的读数没有影响。当电桥环境温度变化时，例如高于20℃，热电偶因冷端温度的升高而使热电势减小；但因桥臂电阻R_{cu}是由铜丝绕制的，它的电阻值随温度升高而增加，电桥失去平衡，产生不平衡电压U_{ab}，它与热电偶的热电势迭加，一起送入测量仪表。如果适当选择桥臂电阻和电流的数值，可以使电桥产生的不平衡电压U_{ab}正好补偿由于冷端温度变化而引起的热电势的变化值，仪表即可指示出正确的温度。必须指出，如果电桥是在20℃时平衡，则采用这种补偿电桥时必须把测温仪表的机械零点预先调至20℃处；如果补偿电桥是0℃时平衡的，则仪表零位应调在0℃处。

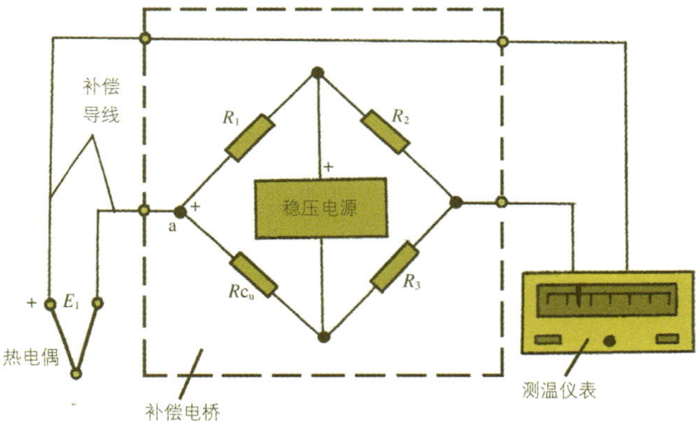

图33-5 补偿电桥法线路

用于补偿电桥法的装置称热电偶冷端补偿器。

表33-6列出了国产常用冷端补偿器。

冷端温度补偿器通常使用在热电偶与动圈显示仪表配套的测温系统中。由于自动电子电位差计或温度变送器及数字式仪表等的测量线路里已设置了冷端温度补偿电路，故热电偶与它们配套使用时，不必另行配置冷端温度补偿器了，但补偿导线仍旧需要。

除上述几种补偿方法外，科研和实验中还常采用冰浴法。

4. 热电偶的实用测温线路

(1) 利用热电偶测量两点之间的温度差

将两支同型号的热电偶反向串联，如图33-6所示，这样组成的热电偶称之为微差热电偶。其输出热电势ΔE反映了

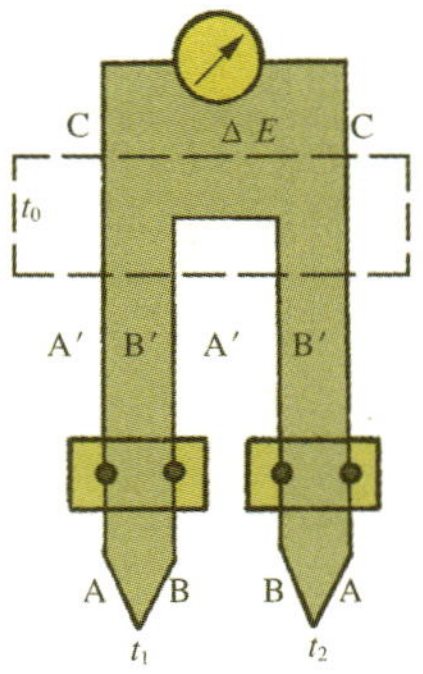

图33-6 热电偶测温差连接电路

表33-6 常用的冷端补偿器

型　号	配用热电偶	补偿范围（℃）	平衡温度（℃）	电源（V）	内阻（Ω）	功　耗	补偿误差（mV）
WRRB-10（WBC-01）	铂铑10-铂						±0.045
WPRB-20（WBC-02）	镍铬-镍硅（铝）	0～50	20	交流220	1	＜8W	±0.16
WPRB-30（WBC-03）	镍铬-考铜	0～50	20				±0.18
WPRB-11（WBC-57-LB）	铂铑10-铂						±（0.015+0.0015·Δt）
WPRB-12（WBC-57-EU）	镍铬—镍硅铝	0～40	20	直流4	1	14～60mA	±（0.04+0.004·Δt）
WPRB-13（WBC-57-EA）	镍铬—考铜						±（0.065+0.0065·Δt）

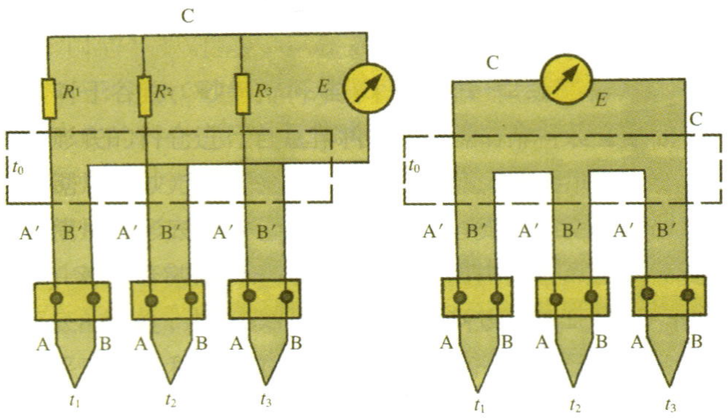

(a) 并联电路　　(b) 串联电路

图 33-7 热电偶测量平均温度连接电路

两个测量点（t_1 和 t_2）温度之差。

$$\Delta E=E(t_1, t_0)-E(t_2, t_0)$$
$$=E(t_1, t_2)+E(t_2, t_0)-E(t_2, t_0)$$
$$=E(t_1, t_2)$$

如果两个热电偶的热电特性相同，且线性好，则测量精度可以提高。

(2) 利用热电偶测量设备中的平均温度

利用同型号热电偶的并联或正向串联可测量设备中的平均温度。

图 33-7 是测量平均温度的连接电路。在图 33-7 (a) 中，输入到仪表两端的毫伏值为三支热电偶输出热电势的平均值，即 $E=(E_1+E_2+E_3)/3$。如三支热电偶均工作在热电特性的线性区间，则可求得三个测量点的平均温度。图中 R_1、R_2、R_3 较热电偶本身电阻大得多。为减少信号损失，显示仪表以采用电位差计为好。

图 33-7 (b) 中输入到仪表两端的热电势为三支热电偶产生的热电势之和，即 $E=E_1+E_2+E_3$。如三支热电偶均工作在热电特性的线性区间，则可按仪表测得的总电势值的 1/3 算出三个测量点的平均温度。此电路的优点是热电偶烧坏可立即知道。而图 33-7 (a) 所示并联电路不易很快觉察出来。

33.1.1.5 热电阻

热电阻是中、低温区最常用的一种温度检测器。它的主要特点是性能稳定、测量精度高。其中铂热电阻的测量精度是所有温度检测器中最高的。因此它不仅广泛用于工业测温，更重要的是制成标准的和基准温度计。

1. 工作原理

热电阻的测温原理是基于金属导体的电阻值随温度变化而变化（大多数金属的电阻在温度升高 1℃时，其阻值将增加 0.4%～0.6%），再用显示仪表测出热电阻的电阻值，从而得出与电阻值相应的温度值。

在现有的各种金属中，铂、铜和镍是制造热电阻的最合适的材料。

2. 常用热电阻

我国按统一国家标准规定生产的标准化热电阻有铂热电阻（现用型号 WZP，原用型号 WZB），铜热电阻（现用型号 WZC，原用型号 WZG）和 WZN 镍电阻。工业上广泛应用的是铂热电阻和铜热电阻。

(1) 铂热电阻：铂因具有易于提纯，在氧化性介质中具有很高的稳定性和良好的复制性，电阻与温度变化关系近似线性，并具有较高的测量精度等优点，而成为制造热电阻的理想材料。铂的缺点是电阻温度系数较小，在还原介质中使用时易被沾污变脆，此外价格较贵。

我国统一设计的铂热电阻温度特性如下：

在 −200～0℃ 范围内：

$$R_t=R_0[1+At+Bt^2+C(t-100)t^3]$$

在 0～850℃ 范围内：

$$R_t=R_0(1+At+Bt^2)$$

式中：R_t、R_0——分别为温度为 t℃ 与 0℃ 时的电阻值

A、B、C——常数，其中：

$$A=3.90802\times10^{-3}\ [1/(℃)]$$
$$B=-5.802\times10^{-7}\ [1/(℃)^2]$$
$$C=-4.27350\times10^{-12}\ [1/(℃)^4]$$

铂电阻和温度的分度关系由上面两式决定，铂热电阻的技术性能详见表 33-7。

(2) 铜热电阻：铂热电阻的性能虽优越，但属贵金属，所

表 33-7 常用热电阻的技术性能

名称（代号）		分度号	温度范围（℃）	温度为 0℃时电阻值 (R_0，Ω)	电阻比 R_{100}/R_0	主要特点
标准化热电阻	铂电阻 (WZP)	Pt10	0-200～850	10 ± 0.01	1.385 ± 0.001	测量精度高，稳定性好，可作为基准仪器
		Pt50		50 ± 0.05	1.385 ± 0.001	
		Pt100		100 ± 0.1	1.385 ± 0.001	
	铜电阻 (WZC)	Cu50	−50～150	50 ± 0.05	1.428 ± 0.002	稳定性好，价格低廉。但体积较大，或机械强度较低
		Cu10		100 ± 0.1	1.428 ± 0.002	

表 33-7（续）

名称（代号）		分度号	温度范围（℃）	温度为0℃时电阻值（R_0，Ω）	电阻比 R_{100}/R_0	主要特点
低温热电阻	镍电阻（WZN）	Ni100	−60～180	100 ± 0.1	1.617 ± 0.003	灵敏度高，体积小。但稳定性和复制性较差
		Ni300		300 ± 0.3	1.617 ± 0.003	
		Ni500		500 ± 0.5	1.617 ± 0.003	
	铟电阻		3.4～90K	100		复现性较好，在4.5～15K的温度范围内灵敏度比铂电阻高十倍。但复制性较差，材料软，易变形
	铑铁热电阻		2～300K	20、50或100	$R_{4\cdot 2K}/R_{273K}$ 约为0.07	有较高的灵敏度，复现性好，在0.5～20K温度范围内可作精密测量。但长期稳定性和复制性较差
	铂钴热电阻		2～100K	100	$R_{4\cdot 2K}/P_{273K}$ 约为0.07	热响应快，自然小，机械性能好，温度低于30K时灵敏度大大高于铂。但不能作为标准温度计

以在一些测量准确度要求不很高且测温范围较低的场合，广泛使用铜热电阻。铜容易提纯，工艺性好，价格便宜，它的电阻率低但电阻温度系数比铂高，在规定使用温度范围内，铜电阻与温度的关系是线性的。铜易于氧化，不宜在腐蚀性介质或高温下工作。由于电阻率低，制成一定阻值的热电阻时，体积较大，热惯性增大。

在−50～150℃范围内，铜电阻与温度是线性关系，可用下式表示：

$$R_1=R_0\ (1+at)$$

式中符号意义同上，其中 a=4.25～4.28 × 10^{-3}［1/℃］

根据上式可制成铜热电阻的标准化分度表。

(3) 镍热电阻：由于镍的电阻温度系数较大，故用纯镍丝制成的镍热电阻比铜热电阻更为灵敏。我国虽已将其规定为标准化的热电阻，但尚未制定出相应的标准分度表，故目前多用于温度变化范围小，但灵敏度要求高的场合，如精密恒温。

3. 热电阻温度计的组成

热电阻温度计由热电阻，连接导线和显示仪表组成。在组成电阻温度计时必须注意以下两点：

(1) 热电阻和显示仪表的分度号必须配套；

(2) 为消除连接导线电阻的影响，热电阻和显示仪表之间应采用三线制接法。

33.1.1.6 热敏电阻

1. 工作原理

热敏电阻是由镍、锰、钴、铜、钛、镁等金属的氧化物，按技术性能要求经选配、混合，最后经高温烧结而成。

热敏电阻按其基本性能可分为三种类型：负温度系数NTC型、正温度系数PTC型和临界温度CTR型。NTC型热敏电阻常用于测量温度；PTC型和CTR型在一定温度范围内阻值随温度而急剧变化，可用于检测特定温度。

NTC型热敏电阻的阻值随温度上升呈指数关系下降。其电阻值与温度的关系，可用下式表示。

$$R_T = R_{T_0} \cdot exp\ \left[B\ \left(\frac{1}{T}-\frac{1}{T_0}\right)\right]$$

式中：R_{T_0}——热敏电阻在温度为 T_0 时的电阻值

R_T——热敏电阻在温度为 T 时的电阻值

T——绝对温度值

B——与热敏电阻材料有关的常数，具有温度的量纲。通常在1500～5000之间

2. 热敏电阻的结构

热敏电阻的结构型式常作成棒状、球状、片状等。棒状的保护管外径为1.5～2mm、长度为5～7mm；球状的外径为1～3mm；圆片状的直径在3～10mm间，厚度为1～3mm。

热敏电阻常用于测量−100～300℃之间的温度。我国规定在−40～150℃之间允许误差为±2%，其显示仪表常用不平衡电桥。

表33-8为国产热敏电阻元件的特性参数，与金属热电阻相比具有如下优点：

(1) 电阻温度系数大，比金属热电阻约高十倍，灵敏度很高；

(2) 电阻率很大，可以制成极小的测温电阻元件，热惯性小适于测量点温、表面温度及快速变化温度；

(3) 阻值很大，其连接导线电阻的变化可忽略，适用于远距离的温度测量；

(4) 结构简单，价格便宜，使用寿命长，在应用过程中性能稳定。

热敏电阻的主要缺点是元件温度特性离散性大，互换性

表 33-8 国产热敏电阻元件的特性参数

型号	主要用途	标准阻值（kΩ）	材料常数（K）	额定功率（W）	测量功率（mW）	时间常数（s）	耗散功率（mW/C）
RRC_2	测温控温	6.8～1000	3900～5600	0.4	0.1	≤ 20	7～7.6
RRC_5		8.2～1000	2200～3300	0.6	0.05	≤ 20	
RRC_{7B}		3～100	3900～4500	0.03		≤ 0.5	
RRW_2	稳定振幅	6.8～500	3900～4500	0.03		≤ 0.5	≤ 0.2
MF11	温度补偿	0.01～15	2200～3300	0.5	0.13	≤ 60	≥ 5
MF12-0.25		1～1000	3900～5600	0.25	0.04	≤ 15	3～4
MF12-0.5		0.1～1200	3900～5600	0.5	0.47	≤ 35	5～8
MF12-1		0.056～5.6	3900～5600	1	0.2	≤ 80	12～14
MF13		0.82～300	2200～3300	0.25	0.1	≤ 85	≥ 4
MF14		0.88～330	2200～3300	0.5	0.2	≤ 115	7～7.6
MF15		10～1000	3900～5600	0.5	0.1	≤ 85	≥ 7
MF16		10～1000	3900～5600	0.5	0.1	≤ 115	7～7.6

表 33-9 热敏电阻温度计的温度测量范围

类 型	A 型	B 型	C 型	D 型	E 型	F 型
测量温度范围（℃）	0～50	0～100	75～150	0～150	－ 50～50	150～300

差，因此使用维修不方便。同时其温度测量范围较窄（表33-9），这就限制了它在工业生产中的推广应用。不过近年来，随着半导体技术的发展，各生产厂采用了热敏电阻测温元件特性归一化处理工艺，使元件离散性减少，互换性加强，可望热敏电阻的应用将进一步扩大。

33.1.1.7 半导体温度传感器

1. PN 结型温度传感器

PN结的许多电学性质都与温度有关。PN结的正向结压降随温度变化而变化，当正向导通的PN结流过恒定工作电流时，在一定的温度范围内，正向压降和PN结所处的环境温度之间呈现良好的线性关系。温度每升高1℃，结压降约减小2mV，即其温度系数约为－2mV/℃。呈现这种线性关系的温度区段以半导体材料种类而异。用硅半导体材料制造的PN结温度传感器结性工作区大约在－220～200℃。用砷化镓、磷化镓或磷砷化镓制成的PN结，约为－196～400℃。PN结温度传感器具有灵敏度高、体积小、质量轻、响应快，在一定温度范围内呈线性变化，具有很强的抗干扰能力特点，近年来在许多领域获得了广泛的应用。国内产品有2CWM、JCWM、BLTC、ICTS等系列，以及HWC、BWG、BHTS等系列。

2. 晶体管温度传感器

硅晶体管的基极和发射极之间的电压U_{be}约有－2mV/℃的温度系数。利用这种现象可以制成高精度、超小型的温度传感器。测温范围在－50～200℃左右。由于这种传感器适于批量生产，又可与放大电路一起制成集成化温度传感器，因此近年来发展很快。

晶体管温度传感器体积小，灵敏度高，具有优良的稳定性及检测精度，在－50～150℃范围内有较好的线性，因而可用于控温仪器或温控系统。

3. 集成温度传感器

将温度传感器与信号放大电路、电源电路，补偿电路等，用集成化技术制作在同一基片上而成的集传感与放大为一体的功能器件。这种传感器输出信号大，与温度有很好的线性关系，同时测量精度高，使用方便。

集成温度传感器按输出方式可分为电压输出型和电流输出型。前者适合于与次级电子线路匹配，后者因为输出的是电流，适合于远距离传输，不会因为电压降而产生误差，可用于各种温度测量及温度控制电路中。

电流输出型集成温度传感器的主要性能参数如下：

灵敏度：1mA/K

测温范围：－55～150℃

测量精度：±1℃

满量程线性偏离：±0.5℃

电源电压：4～30V

该类产品有上海无线电元件16厂生产的SL134型、杭州大学研制的HTS型和美国模拟器件公司生产的AD590。

33.1.1.8 温度显示仪表

热电偶和热电阻仅仅是将被测温度的变化分别转换成热电势和电阻值的感温元件。为了将被测温度显示出来，就必须采用显示仪表与它们配套使用，组成一个测量系统。工业

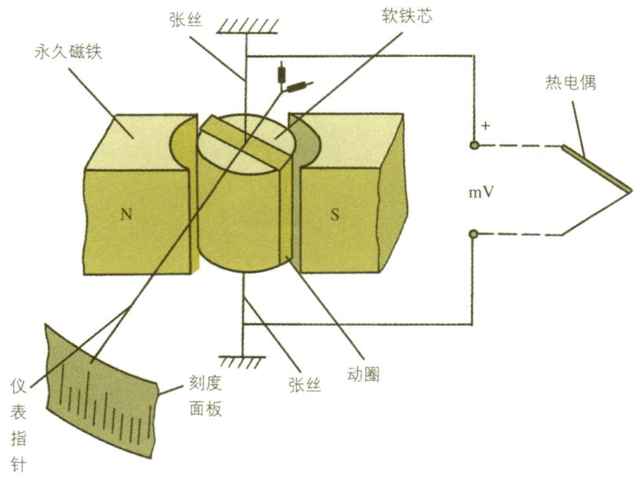

图 33-8 **动圈式仪表结构原理图**

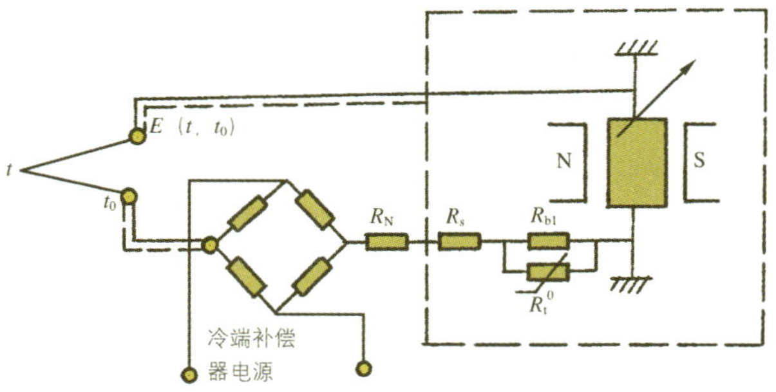

图 33-9 **配热电偶的测量线路**

上广泛应用的显示仪表有动圈式和自动平衡式两大类型仪表。

1. 动圈式显示仪表

动圈式显示仪表可以对直流毫伏信号进行显示，也可以对非电势信号但能转换成电势信号的参数进行显示。

(1) 组成及工作原理

动圈式显示仪表的组成结构原理如图 33-8 所示。

动圈式仪表是一种磁电式仪表，动圈中通以电流，在磁场中产生一个偏转力矩。当仪表动圈在偏转力矩作用下产生偏转时，张丝被扭转一个角度，产生一个反转矩，当这两个转矩达到平衡时动圈就停在某一位置上，这时装在动圈上的指针就在面板标尺上指示出被测毫伏或温度的数值。动圈偏转角的大小与流过动圈的电流成正比。

(2) 测量线路

①配热电偶的测量线路

配热电偶的动圈仪表测量线路如图33-9所示。在使用中需注意冷端温度补偿和外线路电阻两个问题。

a. 冷端温度补偿

与热电偶配套的动圈仪表，是直接按照热电偶的分度号进行刻度的，即热电偶的冷端温度处于0℃条件下刻度的。如果热电偶冷端不为0℃，则动圈仪表的读数便不能真实地反映被测温度值，并产生一个随冷端温度变化而变化的误差，因此在实际测温中，必须考虑冷端温度补偿问题。

b. 外线路电阻

仪表的外线路电阻是热电偶电阻、冷端补偿电桥等效电阻、补偿导线和连接导线电阻以及外线路调整电阻 R_N 的总和。配热电偶的动圈仪表的外线路电阻统一规定为15W，当外线路电阻不足 15W 时，就借助 R_N 补足 15W。

②配热电阻的测量线路

配热电阻的动圈仪表测量线路如图33-10所示。动圈仪表要求输入是直流毫伏。为此，在动圈仪表内增加一个不平衡电桥线路，把热电阻 R_t 作为电桥的一个桥臂，其电阻值的变化将引起电桥输出端不平衡电压的改变，并将该电压输入动圈表头，进行测量并指示出相应的温度。

图33-10中采用三根导线（阻值均为 R_1）将热电阻 R_t 接入测量线路，是为了抵消环境温度变化对测量结果的影响。按三线制接法，一根导线接到电桥电源的负端，另两根线分别接到电桥相邻的两个臂上，当环境温度变化使连接导线电

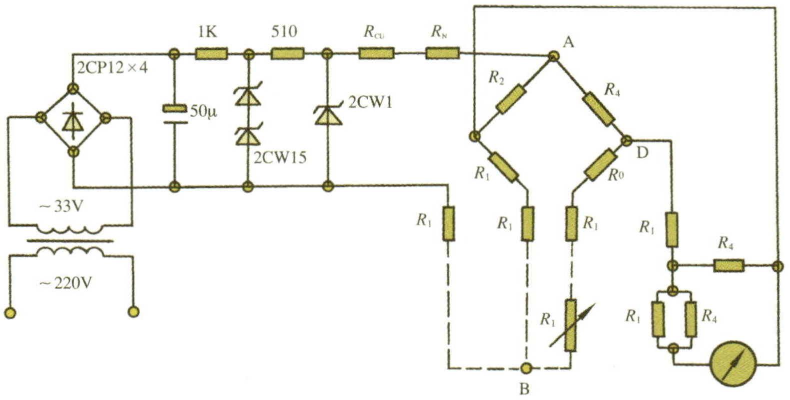

图 33-10 **配热电阻的测量线路**

表 33-10 动圈式显示仪表测量电路及其技术指标

测量电路	检测元件	分度号	测量范围	单位	外线电阻或外接电阻	一般技术指标
热电偶或其他毫状信号测量电路	热电偶 镍铬—康铜	E	0~300，0~400，0~600	℃	15 Ω	安装形式 仪表盘式 精度等级 1.0 级 刻度弧长 110mm 工作环境 温 度 0~50℃ 相对温度 ＜85% 无腐蚀性气体，无震动 重 量 ＜2kg
	热电偶 镍铬—镍硅	K	0~600，0~800，0~1100，0~1300	℃		
	热电偶 铂铑 10- 铂	S	0~1600	℃		
	热电偶 铂铑 30- 铂铑 6	B	0~1800	℃		
	WFT-202 辐射感温器	T_2	700~1400，900~1800，1100~2000	℃	5 Ω	
	霍尔式压力变送器		输入信号 0~20mV，分度以压力表部颁标准中 1.5 级分度	100kPa		
	CEB 电子式差压变送器		输入信号 0~30mV；以差压表部颁标准中 1.5 级分度	100kPa mmHg mmH₂O		
热电阻或其他发信电阻测量电路	热电阻 铜电阻	Cu50 Cu100	0~30，0~50，0~100，－50~50，－50~100，0~150	℃	3×5 Ω	安装形式 仪表盘式 精度等级 1.0 级 刻度弧长 110mm 工作环境 温 度 0~50℃ 相对温度 ＜85% 无震动，无腐蚀性气体 重 量 ＜2kg
	热电阻 铂电阻	Pt10 Pt100	0~50，0~100，0~150，0~200，0~250，0~300，0~400，0~500，－50~50，－50~100，－100~0，0~30，－100~50，－100~100，－120~30，－150~50，－150~150，－200~50，－200~500，200~500	℃		
	YCD-150 远传压力计		0~1，0~1.6，0~2.5，0~4，0~6，0~10，0~16，0~25，0~40，0~60，0~100，0~160，0~250，0~400，0~600	100kPa		
			－1~0.6，－1~1.5，－1~3，－1~5，－1~9，－1~15，－1~24	100kPa		
			－760~0	mmHg		

阻变化时，可以互相抵消一部分.从而减少对仪表示值的影响，在规定的导线电阻（$R_1 = 5W$）及环境温度（0~50℃）下使用，仪表的最大附加误差不超过 ± 5%。若每根导线电阻不足 5W 时，则须用锰铜丝电阻补足 5W，调整阻值应精确到 5 ± 0.01W。

动圈仪表与热电阻配套使用时，必须注意仪表的分度号应与热电阻分度号相同。

动圈式显示仪表的测量线路及其技术指标如表 33-10 所示。

2. 自动平衡式显示仪表

自动平衡显示仪表。具有较高的准确度。已得到普遍的应用。这一类仪表有两个基本系列：电子电位差计和电子自动平衡电桥。它们分别与热电偶、热电阻及其他器量元件配套后，可以测量显示温度、压力、物位等参数。

(1) 电子电位差计：电子电位差计与热电偶配套使用，指示和记录被测温度。图 33-11 是其原理方框图。热电偶的热电势与测量电路产生的直流电压比较，所得之差值电压（即不平衡电压）由放大器放大，输出足以驱动可逆电机的功率。根据不平衡电压的极性或正或负，可逆电机相应地正转或反转，通过传动系统移动测量桥路中滑线电阻的滑动端，改变测量桥路的输出电压直至与被测电势相等。不平衡电压为零，可逆电机停止转动。滑动端停在一定的位置，同时指示机构的指针也就在刻度标尺上指出被测温度的数值。同步电动机带动记录纸以一定的速度转动，与指示指针同步运动的记录装置在记录纸上画线或打印出被测温度随时间变化的曲线。这就是电子电位差计自动测量、显示、记录被测电势（温度）的主要过程。

图 33-12 所示为 XW 电子电位差计测量桥路原理线路，

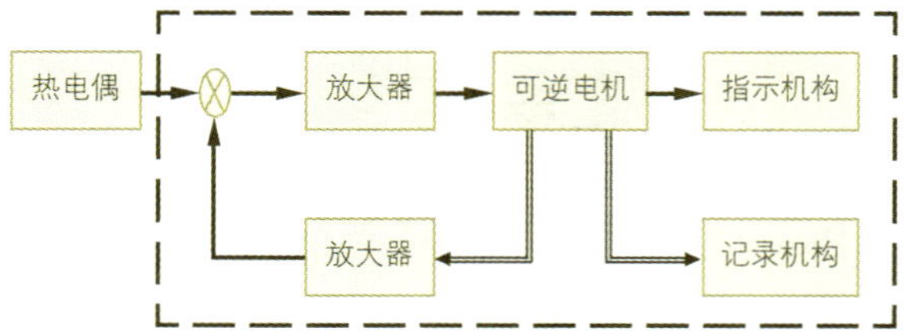

图 33-11 电子电位差计原理方框图

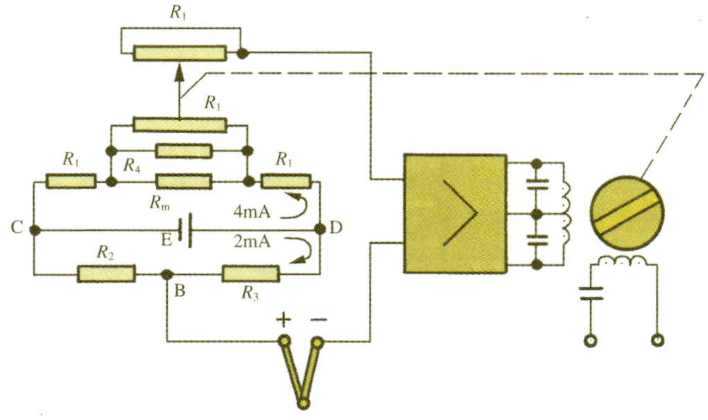

图 33-12 为 XW 系列电子电位差计测量桥路原理

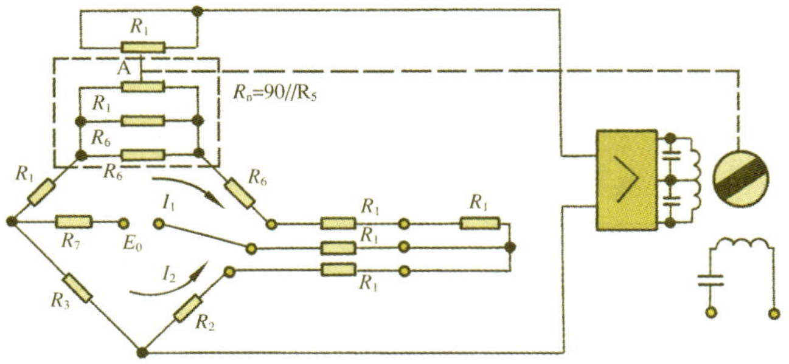

图 33-13 自动平衡电桥测量桥路

电子电位差计是一种测量直流电势或电位差的显示仪表。如果配用热电偶测量温度，则应注意相配套问题，即两者分度号必须一致。仪表的外形尺寸、记录方式、走纸速度，测量范围，应按实际测量要求选择。

(2) 电子自动平衡电桥：电子自动平衡电桥与热电阻配套使用，除了可对被测温度进行指示外，尚能自动记录，且测量准确度较高。它与电子电位差计相比较，除测温元件是热电阻，测量桥路的结构也有所不同外，其原理框图与图33-11 相同。

图 33-13 所示为自动平衡电桥测量桥路。

当被测温度变化时，则R_t阻值变化，桥路失去平衡，这一不平衡电压由电桥的对角线引至放大器进行放大，可逆电机带动滑线电阻上的滑动触点移动，使电桥重新平衡，电机停转，仪表指针停留的位置即表达了相应的被测温度值。

必须指出选用自动平衡电桥与热电阻配套使用时，则应注意相配套问题，即两者分度号必须一致。

33.1.1.9 接触式测温仪表的选用

接触式测温仪表的选型可根据实际要求参考表 33-11 进行。

确定了接触式测温仪表的种类后.再选择温度计的类型、保护管类型、安装结构类型等。最后按制造厂的产品样本，确定测温仪表的型号和规格。

选型完成后。还需要针对特定的对象和任务，采用一些

表 33-11 接触式测温仪表的选择

要 求	选 择	
温度范围*	膨胀类温度计为－100～300℃ 半导体温敏器件为－50～150℃ 热敏电阻为－100～300℃ 工业热电阻为－200～600℃ 工业热电偶为－200～2300℃	
仅要求现场指示	膨胀类温度计	玻璃水银温度计，精确度高，稳定性好
		压力式温度计，近距离远传
简易控制	温度开关、带电接点的膨胀类温度计	
气动控制	气动温度仪表	
自动调节	工业热电偶、工业热电阻、热敏电阻、半导体温敏器件	稳定性好。铂热电阻；精确度高
		热敏电阻、铠装热电偶；热响应快
		热敏电阻、半导体温敏器件；灵敏度高

注：＊此处指各类温度计最常用温度范围

应用技术。

33.1.2 压力检测

33.1.2.1 概述

1. 压力及其单位

压力是垂直而均匀地作用在单位面积上的力，用数学式表示为

$$P=F/S$$

式中：P——压力

F——垂直作用力

S——受力面积

在国际单位制中，压力单位是帕斯卡（Pa）。它的定义是在每平方米面积上，垂直作用 1 牛顿的力，即

$$1Pa=1N/m^2$$

2. 各种压力之间的关系及仪表

被测介质作用在容器表面单位面积上的全部压力称为绝对压力P_i。用来测量绝对压力的仪表，称为绝对压力表。如果将压力表表壳抽成真空，而且加以密封。这样就可制成测量绝对压力的仪表。用来测量大气压力（P_q）的仪表称为气压表。若把压力表弹簧臂或者膜盒抽成真空，即可以制成气压表。大气压力是随地理纬度、海拔高度和气象情况而变化的。通常压力测量仪表所测得的压力值等于绝对压力值与大气压力值之差，称为表压力P_b。当绝对压力值小于大气压力时，表压为负压值（即负压力）。此负值的绝对值称为真空度P_z，用来测量真空度的仪表。称为真空表（或负压表）。既能测量压力值，又能测量真空度的仪表，称为压力—真空表。

绝对压力、大气压力、表压力与真空度之间的关系如图33-14所示。

工程技术上惯用的压力单位有工程大气压、标准大气压、毫米水柱及毫米水银柱等，这些单位与我国法定计量单位的换算关系是：

1 工程大气压 =1 千克力 / 平方厘米（$1kgf/cm^2$）=98066.5Pa

1 标准大气压 =760 毫米水银柱（760mmHg）=101325Pa

1 毫米水银柱 =13.6 毫米水柱（$13.6mmH_2O$）=133.322Pa

1 毫米水柱 =1 千克力 / 平方米（$1kgf/m^2$）=9.80665Pa

3. 压力表的分类原理与测量范围（表 33-12）

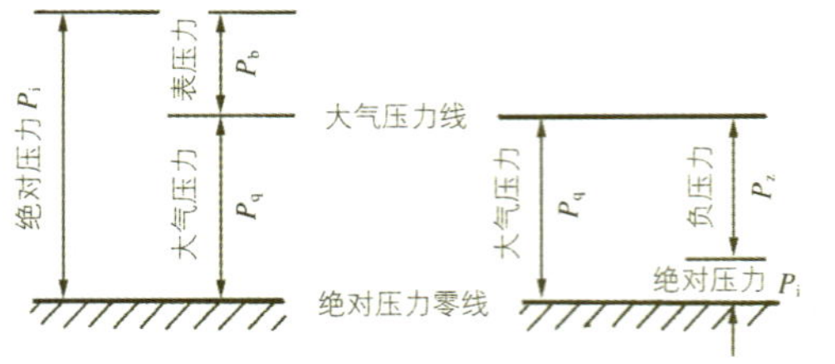

（a）绝对压力>大气压力（$P_i > P_q$）　（b）绝对压力<大气压力（$P_i < P_q$）

图 33-14 绝对压力、大气压力、表压力与真空度之间的关系

33.1.2.2 弹性式压力表

表 33-12 压力检测仪表的分类、测量原理、测量范围与用途

类别	测量原理	分类		测量范围	用途
液柱与压力计	液体静力平衡（被测压力与一定高度的工作液体产生的重力相平衡）		U形管压力计	$-10^4\sim10^4$Pa	低微压测量，高精确度者可用作基准器
			单管压力计	$-10^5\sim10^5$Pa	
			倾斜微压计	$-10^3\sim10^3$Pa	
			补偿微压力	$-10^3\sim10^3$Pa	
			自动液柱式压力计	$-10^4\sim10^4$Pa	
弹性式压力表	被测压力使弹性元件产生位移，经传动放大机构指示或记录	弹簧管压力表	一般压力表	-10^5Pa$\sim10^5$kPa	表压、负压、绝对压力测量，就地指示，报警，记录或发信，或将被测量远传，进行集中显示
			精密压力表	-10^5Pa$\sim10^5$kPa	
			特殊压力表	$0\sim10^4$kPa	
			膜片压力表	-10^5Pa$\sim10^5$kPa	
			膜盒压力表	-10^4Pa$\sim10^5$Pa	
			波纹管压力表	$0\sim10^5$kPa	
			钣簧压力计	$0\sim10^5$kPa	
			压力记录仪	$0\sim10^3$kPa	
			电接点压力表	-10^5Pa$\sim10^5$kPa	
			远传压力表 压力表附件	-10^5Pa$\sim10^5$kPa	
负荷式压力计	被测压力与活塞及加于活塞上的专用砝码的重力平衡	活塞式压力计	单活塞式压力计	$0\sim10^5$kPa	精密测量，基准器
			双活塞式压力计	$-10^5\sim10^5$kPa	
			浮球式压力计	$0\sim10^3$kPa	
			钟罩式微压计	$-10^3\sim10^2$kPa	
数字式压力计	将被测压力经模/数转换以数字量显示出来			$0\sim10^6$kPa	用于工业流程测试或作基准仪器
压力传感器	①被测压力推动弹性元件产生位移或变开，通过转换部件转换为电信号输出；②利用半导体、金属等的压阻、压电等特性或其他固有物理特性，将被测压力转换为电信号输出	电阻式压力传感器	电位器式压力传感器	-10^5Pa$\sim10^5$kPa	将被测压力转换成电信号以监测、报警、控制及显示
			应变式压力传感器	-10^5Pa$\sim10^5$kPa	
		电感压力传感器	气隙式压力传感器	$0\sim10^4$kPa	
			差动变压器式压力传感器	$0\sim10^5$kPa	
			电容式压力传感器	$0\sim10^4$kPa	
			压阻式压力传感器	$0\sim10^4$kPa	
			压电式压力传感器	$0\sim10^4$kPa	
		振频式压力传感器	振弦式压力传感器	$0\sim10^2$kPa	
			振筒式压力传感器	$0\sim10^3$kPa	
			霍尔式压力传感器	$0\sim10^3$kPa	
压力开关	被测压力使弹性元件产生位移，经放大后控制水银开关、磁钢—开关及触头等的断开及闭合		位移式压力开关	$0\sim10^3$kPa	位式控制或发信报警
			力平衡式压力开关	$0\sim10^3$kPa	

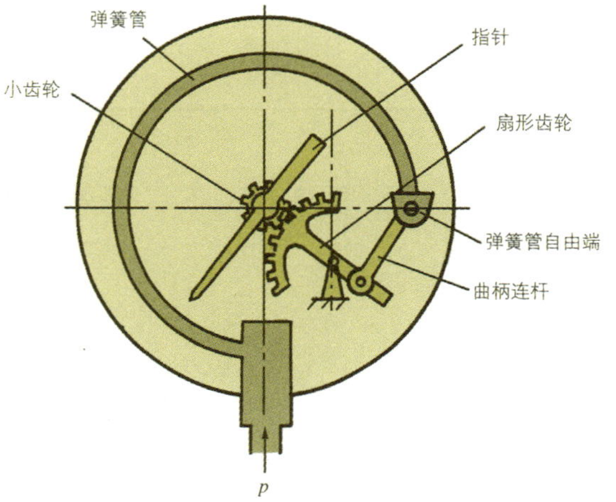

图 33-15 弹簧管压力表

(1) 原理：弹性式压力表系基于弹性元件（单圈或多圈弹簧管、膜食、膜片及波纹管等）受压后产生的位移与被测压力间呈一定关系的原理制成的。图 33-15 所示的弹簧管压力表，被测压力p迫使弹簧管自由端位移，经传动机构（由曲柄连杆、扇形齿轮与小齿轮等组成）放大，由指针在度盘上指示被测压力值。

(2) 特点：弹性式压力表是历史悠久、应用广泛的压力检测仪表，其价格低廉、结构简单、坚实牢固，可直接装在各种设备上或露天工作。特殊型压力表。还能在恶劣环境条件（如高温、低温、振动、冲击、腐蚀、黏稠、易堵及易爆等）下工作。但其响应频率低。宜于测量动态压力，由于弹性元件固有的迟滞、后效等影响。多数弹性式压力表的精确度为 1～1.5 级左右。

33.1.2.3 数字式压力计

随着数字技术的发展，压力检测仪表也逐渐由模拟仪表向数字仪表转化。数字仪表的读数精确度高，克服了摸拟仪表由视差引起的读数误差。

1. 分类

根据使用场合的不同，数字式压力计可分为以下两大类：

(1) 基准数字式压力计作为基准用的数字式压力计，要求精确度较高，其精确度应比被测压力精确度高 3 个等级。

表 33-13 典型数字式压力计的主要技术性能

项　目	内　容
精 确 度	在（20 ± 1）℃时为 ± 0.05%，± 0.1%
显　示	带小数点和正负号的 LED（发光二极管）显示，有四位或五位
分 辨 力	1/30000
变换周期	数据显示和数字输出信号为 250ms 最大 / 最小跟踪存储为 83ms 模拟量输出为连续响应
使用温度（℃）	− 7～49
超压能力	为量程上限的 400%（1.6MPa 以下）、100%（2.5MPa 以下）、30%（40MPa 以下）、20%（60MPa 以下）和 10%（200MPa 以下）

例如，要校验 0.1 级的精密压力表，应用 0.02 级的数字式压力计作校验基准。

(2) 现场指示数字式压力计根据被测系统的精确度要求，可以选择不同精确度的数字式压力计。

2. 功能

带微处理器的数字式压力计，具有单位选择，净压力，高低压力值设定和最大 / 最小压力值跟踪等多种功能，可单独或同时输出模拟和数字信号。

3. 技术性能

有的数字式压力计的传感器，采用无接触式光电传感器，具有温度自动补偿功能，并用微处理器连续进行修正，保证了仪表有极高的稳定性和重复性。技术性能见表 33-13。

33.1.2.4 压力传感器

压力传感器是压力检测仪表的重要组成部分，它借助于检测元件接受被测压力信号，并转换为电信号输出，供显示和控制之用。

压力传感器由于其频率响应高、抗环境干扰能力强，耐腐蚀、精确度高、体积小、质量轻、高低温环境性能好，并具有良好的过载能力，因而广泛用于工业流程中。

常见压力传感器的性能与特点见表 33-14。

33.1.2.5 压力开关

压力开关是一种具有简单功能的压力控制装置，所以又

表 33-14 常见压力传感器的性能与特点

类　别	电阻式				压 阻 式	电 感 式	
	电位器式	应 变 式				气 隙 式	差动变压器式
		非黏接式	黏接箔式	黏接梁半导体			
测量范围（MPa）	（− 0.1～0），（0～0.035）至（0～70）	（0～0.04）至（0～250）	（0～0.035）至（0～70）	（− 0.1～0），（0～0.035）至（0～70）	（0～0.0005），（0～0.002）至（0～210）	（0～0.00025）至（0～70）	（0～0.04）至（0～210）
工作温度范围（℃）	− 50～150	− 200～300	− 50～120	− 50～130（隔热或强制冷却可达 3000）	− 50～130（隔热或强制冷却可达 30000）	− 200～300	− 30～80

类　别	电　阻　式				压　阻　式	电　感　式	
	电位器式	应　变　式				气　隙　式	差动变压器式
		非黏接式	黏接箔式	黏接梁半导体			
精确度(%)	1，1.5	0.25	0.2，0.1	0.25	0.2～0.02	0.5，0.1	1.5，1，0.5
输出信号	电压、电流	mV	mV	mV	mV,mA	mV	mV,mA
输入输出特性曲线	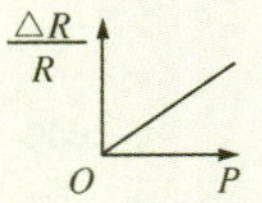		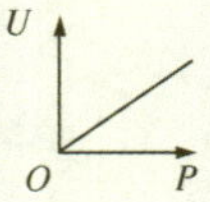		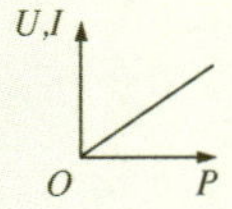	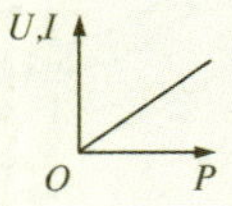	
频率响应(kHz)	0～70	0～2	0～12	0～70	0 至数百	0～1	0～100
耐振动及冲击性能	差	好	好	好	好	好	差
特　点	结构简单，成本低廉，输出信号大，振动条件下寿命短，有电器噪声，体积较大	输出信号小，体积较大	线性好，输出信号小	自然频率高，可做静态、动态压力测量，温度影响大	体积小，精确度高，自然频率高，适于静态、动态压力测量，工艺复杂，一次投资大	结构坚实，输出信号大，交流励磁，对外磁场影响敏感，数据传输导线要求高	结构简单，机械超负荷无影响，在可动环境中易受损伤，精确度不高

类　别	电　容　式	压　电　式	振　频　式		霍　尔　式
			振　弦　式	振　筒　式	
测量范围(MPa)	(0～0.00001) 至 (0～70)	(0～0.0007) 至 (0～70)	0～0.0012	(0～0.014) 至 (0～75)	(0～0.00025) 至 (0～60)
工作温度范围(%)	－30～450	－260～200	－40～120	－50～150	－10～50
精确度(%)	0.25～0.05	1，0.2，0.06	0.25	0.1，0.01	1.5，1，0.5
输出信号	V，mA	V	Hz，mA	Hz	mV
输入输出特性曲线	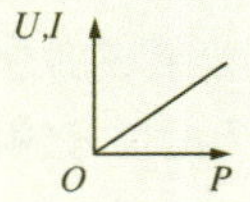	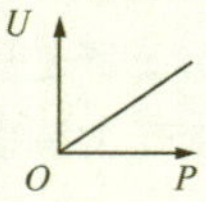	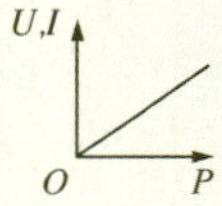	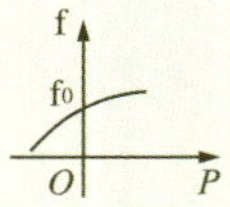	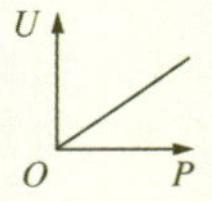
频率响应(kHz)	0～500	0～400	0～100	0～100	0～100
耐振动及冲击性能	好	好	好	好	差
特　点	精确度高，灵敏度高，结构坚实，过载能力大，易实现微压，工艺复杂，输出阻抗高，需特殊信号传输导线	自然频率高，不需外加能源，适用于动态压力测量，输出阻抗高，需特殊信号传输导线，不能测静态压力	过载能力强，自然频率低，信号需做线性化处理	精确度高，体积小，自然频率高	结构简单，灵敏度高，寿命长，对外磁场影响敏感，受温度影响大

称压力控制器。它可以在被测压力达到额定值时发出报警或控制信号，以监视或控制被测压力在某一预定范围内。

压力开关按其工作原理可分为位移式和力平衡式两类。其工作原理为：当被测压力达到设定值时，弹性元件自由端位移直接推动（位移式）或经过比较（力平衡式）后推动开关部件。改变开关的通断状态，达到控制被测压力的目的。

压力开关的分类、特点与性能见表 33-15。

表 33-15 压力开关的分类、特点与性能

类 别	位移式压力开关	力平衡式压力开关
原 理	当压力达到设定值时，弹性元件自由端位移推动触头板或开关，改变电路的通断状态	当压力达到设定值时。弹性元件产生的力矩和比较装置的力矩进行比较，超过时即推动开关装置，改变电路的通断状态
特 点	①弹性元件为单圈弹簧管、膜片等； ②控制元件多采用触头扳或徽动开关； ③触头形式有常开与常闭两种，触点功率大，有的达380VA； ④可制成密封型 1.弹性元件为单圈弹簧管、波纹管等	①弹性元件为单圈弹簧管、波纹管等； ②控制元件多为微功开关； ③压力控制一般为两位式； ④触点功率大，有的达660VA；
精 确 度	1.5，2.5级	约3～5级
测量范围（MPa）	0.025～0.5，0.6～3，8～16	0～0.2，0～4
用 途	适用于工业流程或控制系统中做压力的位式控制或报警	

33.1.2.6 压力检测仪表的选用

1. 压力表的选择

压力检测仪表的选择与安装使用，是保证仪表正常工作和生产过程中发挥作用的重要问题。如果选用不当，不仅不能正确反映压力的大小，还可能引起生产事故。选择压力表的原则是：根据生产工艺对压力测量的要求，被测介质的性质、现场环境、经济适用等条件合理地考虑压力表的类型、量程、精度和指示形式。

(1) 量程的选择：根据被测压力大小，确定仪表量程。测稳定压力时，最大压力值应不超过满量程的3/4；在测波动较大压力时，最大压力值应不超过满量程的2/3。为了保证测量准确度，最低测量压力值应不低于全量程的1/3。

(2) 精度选择：根据生产允许最大测量误差，以及经济实惠的原则，确定仪表的精度，只要测量精度能满足生产的要求，就不必追求选用高、精、尖的压力表。

一般工业生产用仪表，其精度选1.5级或2.5级，科研或精密测量用，应选用0.5级或0.35级。

(3) 使用环境及介质性能的考虑：环境条件如高温、腐蚀、潮湿、振动等。介质性能如温度高低、腐蚀性、易结晶、易爆、易燃等。以确定压力表的种类及型号。

如果被测压力数据需保存的，则采用记录式压力计。

(4) 外型选择：现场就地指示一般表面直径为100mm。照明条件差，安装位置高，示值看不清楚的场合，应用表面直径为200～250mm，盘装的表面直径为150mm，或矩形压力表。

2. 压力表的安装使用

压力表的安装是否正确，影响到测量结果的准确性及仪表的寿命。一般应注意以下事项：

(1) 取压点的设置应选在能正确而及时反映被测压力实际数值的地方。例如，设置在被测介质流动平衡的部位，不应太靠近有局部阻力或其他受干扰的地方。取压管内端面与生产设备连接处的壁应保持平整，不应有凸出物或毛刺，以免影响液体的平稳流动。压力表安装见图 33-16。

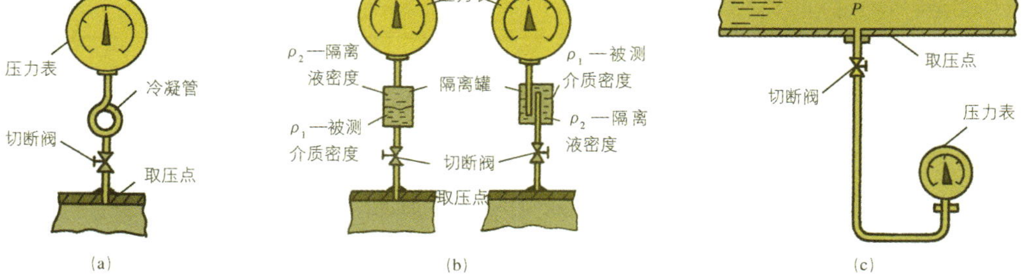

图 33-16 压力表安装示意图

(2) 测量蒸汽压力时，应加装冷凝管，以避免高温蒸汽与压力表中的测压元件接触，见图33-16 (a)。测量有腐蚀性或黏度较大、有结晶、沉淀等介质，应安装相应的隔离罐，罐中充以中性的隔离液，以防腐蚀或堵塞导压管和压力表（ρ_1为被测介质密度，ρ_2为隔离液密度），见图33-16 (b) 所示。

(3) 取压口到压力表之间应有切断阀，以备检修压力表时使用，见图33-16。切断阀应装在靠近取压口的地方。需要进行现场校验或经常冲洗导压管的地方。可改用三通阀。

(4) 当被测压力较小。而压力表与取压口又不在同一高度上，如图33-16 (c) 所示，对由此液程高度差而引起的测量误差，应按$\Delta P=\pm H\rho_1$，进行修正，其中H为液柱高度差，ρ_1为被测介质密度。

(5) 当被测压力波动剧烈和频繁（如泵、压缩机的出口压力）时，应装缓冲器或阻尼器。

各类压力测量仪表的性能比较和压力检测仪表的选择见表33-16和表33-17。

表33-16 各类压力测量仪表的性能比较

仪表类别	液柱式压力计	活塞式压力计	弹性式压力计	压力传感器
主要特征及优缺点	① 按其工作原理和结构形式不同，可分为：U型管式、倾斜式、杯式和补偿式等几种； ② 结构简单，使用方便； ③ 测量精度受工作液的毛细管作用、重度及视差等因素影响； ④ 若工作液是水银，则容易引起水银中毒	① 按其活塞的形式不同。可分为单活塞和双活塞式两种； ② 测量精度很高，可达0.05%～0.02%； ③ 测量精度受浮力、温度和重力加速度的影响，故使用时需作修正； ④ 结构较复杂，价格较贵	① 按其弹性元件的不同，可分为弹簧管式（包括单圈和多圈弹簧管）、膜片式、膜盒式、波纹管式和板簧式等种； ② 使用范围广，测量范围宽（可以测量真空度、微压、低压、中压和高压）； ③ 结构简单，使用方便，价格低廉； ④ 若增设附加机构（如记录机构、控制元件或电气转换装置）则可制成压力记录仪、电接点压力表、压力控制报警器和远传压力表	① 按其作用原理不同，可分为电位器式、应变式、电感式、霍尔式、振频式、压阻式、压电式和电容式等； ② 输出信号根据不同的形式，可以是电阻、电流、电压或频率等； ③ 输出信号需要通过测量线路或信号处理装置相配使用； ④ 适用范围广，发展迅速，但品种系列及质量尚需进一步完善和提高
主要用途	用来测量低压力及真空度或作标准计量仪器	用来检定低一级的活塞式压力计或检验精密压力表，是一种主要的压力标准计量仪器	用来测量压力及真空度，可以就地指示，也可以远传、集中控制，或记录或报警发信号。若采取膜片式或隔膜式结构，尚可测量易结晶及腐蚀性介质的压力或真空度	多用于压力信号的远传，发信号或集中控制，如和显示、调节、记录仪表联用，则可组成自动调节和自动控制系统，广泛用于工业自动化和航空工业中
精　度	1.5%；1%；0.5%；0.2%；0.05%；0.02%	一等0.02%； 二等0.05%； 三等0.2%	一般压力表精密压力表 2.5%；0.4%；0.25% 1.5%；1%；0.6%；0.1%	0.2%～1.5%
测量范围	0～15至0～2000×133Pa 0～15至0～2000×9.8Pa (±25～±800)×133Pa (±25～±800)×9.8Pa	(−1～215)×9.8×10^4Pa (50～250)×9.8×10^4Pa	(−1～0)×9.8×10^4Pa (±8～±400)×9.8Pa (0～0.6)×9.8×10^4Pa～ (0～1000)×9.8×10^4Pa	($7\sim10^{-10}\sim5\times10^5$)×9.8×$10^4$Pa

表 33-17 压力检测仪表的选择

指示地点	工艺要求	测量范围	仪表
现场	一般	0.001～0.002MPa	液柱式压力计
		－0.025～0.04MPa	膜盒式压力计
		－0.1～100MPa	弹簧管压力计
		0.4～6MPa	双针双管压力表
		0.025～0.4MPa	波纹管压力表
		0.6～16MPa	多圈螺旋管压力表
	专用	－0.1～160MPa	氨气压力表
		0.16～160MPa	氨气压力表
		0.25～2.5MPa	乙炔压力表
		0.25～60MPa	氢气压力表
		4～60MPa	耐酸压力表
		0.3～1.6MPa	传感式油压表
	特殊	高精度 6～160MPa	精度压力表
		防震－0.1～2.5MPa	船用压力表
		耐腐蚀防堵塞 －0.1～2.5MPa	膜片压力表
	联锁报警	1.6～4MPa	压力信号器
		0.6～3MPa	压力继电器
		0.1～2.5MPa	防爆压力开关
		－0.1～160MPa	电接点压力表
		－0.1～60MPa	防爆电接点压力表
		0.1～250MPa	远传压力表
		－0.1～40MPa	霍尔压力表
		－0.1～250MPa	压力变送器

33.1.3 流量检测

33.1.3.1 概述

流量是指单位时间内流经有效截面的流体数量，即瞬时流量。流量有体积流量和质量流量两种表示方法。

当流量以体积计算的称体积流量Q，单位用m^3/h、l/h 等表示。

当流量按质量计算的称质量流量M，单位用t/h、kg/h表示，它们之间的关系是：

$$Q = \frac{M}{r}$$

式中：r——流体的密度

总量（累积流量）是指某一段时间间隔内流过管道或通道中某一有效截面的流量。总量也可用体积或质量表示，其单位为m^3、l 或 t、kg 等。

流量检测仪表可分为体积流量仪表和质量流量仪表两大类。流量检测仪表的分类及仪表输出与流量的关系见表33-18。

表 33-19 为流量检测方法及仪表性能比较，表 33-20 为流量仪表代号。

表 33-18 流量检测仪表的分类及仪表输出与流量的关系

类别	仪表名称	仪表输出与流量的关系
体积流量仪表	差压式流量计	节流件前、后压差与流量（流速）成平方根关系
	浮子（转子）流量计	浮子所处的位置高度与流量基本成线性关系
	容积式流量计	运动元件的转速与流体的连续排出量成比例
	水表涡轮流量计	转速与流量（流速）成比例
	电磁流量计	感应电动势与流量（流速）成比例
	靶式流量计	靶上所受的冲击力与流量成平方根关系
	旋进旋涡流量计	旋涡进动频率与流量（流速）成比例
	涡轮流量计	旋涡产生的频率与流量（流速）成比例
	超声波流量计	超声波在流体中产生的速度差与流量（流速）成比例
质量流量仪表	冲量式流量计	检测板上冲击力与流量成比例
	科里奥利流量计	动量（动量矩）与质量流量成比例
	热式流量计	测量元件的前、后温差与流量成比例
	推导式质量流量计	体积流量经密度补偿或经温度、压力补偿求得质量流量

表 33-19 流量检测方法及仪表性能比较

检测方式	技术参数 / 类别	被测介质	管径（mm）	流量范围（m³/h）	工作压力（kPa）	工作温度（℃）	精度（%）	最低雷诺数或黏度界限	量程比	压力损失（mm）H2O	安装要求	体积和质量	价格	使用寿命
差压式	孔板液体	气体 蒸汽	500～1000	1.5～9000 16～100000	20000	500	±（1～2）	＞500～8000	3：1	＜2000	需装直管道	小	低	中
	喷　嘴	液体 气体 蒸汽	150～400	5～2500 50～2600	20000	500	±（1～2）	＜20000	3：1	＜2000	需装直管段	中	较低	长
	文丘里管	液体 气体 蒸汽	150～400	30～1800 2400～18000	2500	500	±（1～2）	＞80000	3：1	＜500	需装直管段	重	中	长
转子式	玻璃管转子流量计	液体 气体	4～100	0.01～40 0.016～1000	1600	1200	±（1～2.5）	＞10000	10：1	10～700	要垂直安装	轻	低	中
	金属管转子流量计	液体 气体	15～150	0.012～100 0.4～3000	6400	150	±2	＞100	10：1	300～600	要垂直安装	中	中	长
容积式	椭圆齿轮流量计	液体	10～250	0.005～500	6400～10000	60	±0.5	500	10：1	＜2000	要装过滤器	重	中	中
	腰轮流量计	液体 气体	15～300	～1000	6400	60	±（0.2～0.5）	500	10：1	＜2000	要装过滤器	重	高	中
	旋转活塞流量计	液体	15～100	0.2～90	6400	120	±（0.2～0.5）	500	10：1	＜2000	要装过滤器	小	低	中
	皮囊式流量计	气体	15～25	0.2～10	400	40	±2	－	10：1	13	－	小	低	长
速度式	水　表	液体	15～600	0.045～3000	1000	40～100	±2	－	＞10：1	＜2000	水平安装	中	较低	中
	涡轮流量计	液体 气体	4～500 10～50	0.04～6000 2～200	6400	120	±（0.5～1）	20	10：1	＜2500	有直管段并装过滤器	小	中	较低

表 33-20 流量仪表代号

代 号	名 称	代 号	名 称	代 号	名 称
LG	差压流量计	LL	腰轮流量计	LB	靶式流量计
LZB	玻璃管转子流量计	LH	旋转活塞流量计	LD	电磁流量计
LZ	金属管转子流量计	LX	水　表	LU	旋进旋涡流量计
LC	椭圆齿轮流量计	LW	涡轮流量计	LR	涡列流量计

33.1.3.2 差压流量计

差压式流量计是工业上使用最多的一种流量计，大概有70%以上的流量计是选用这一型式的。它的特点是结构简单，安装方便，使用可靠。节流装置只要按照国家规定标准要求设计加工成形，并按规定安装以后，就可以使用。不作个别标定也能在1%～2%的准确度范围内进行流量测量。

差压式流量计由节流装置和差压测量装置组成。节流装置一般包括节流件、取压装置和符合要求的上下游直管段等。

在管道中放置一个固定的节流装置，当充满圆管的单相流体流经节流装置时，流束将在节流件处形成局部收缩，使流速增加，静压力降低，于是在节流件前后产生压差。压差流量计的原理如图 33-17 所示。

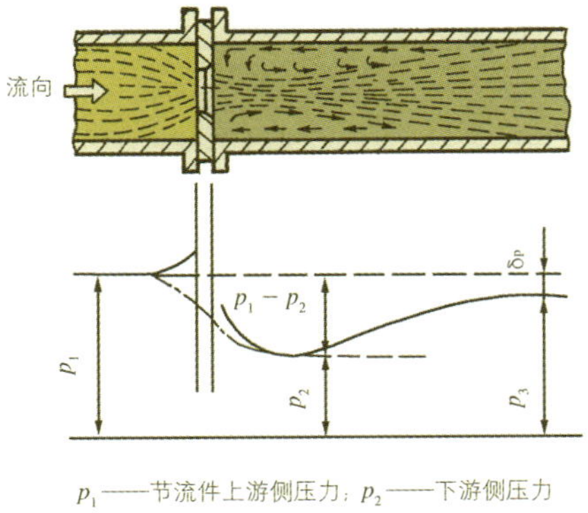

p_1——节流件上游侧压力；p_2——下游侧压力

图 33-17 差压流量计的原理图

压差通过管道引入到差压流量计内，测得压差 Δp，便可求得流过管道流体的体积流量 Q，质量流量 M。压差与流量的关系为

$$Q=\frac{C}{\sqrt{1-\beta^4}}\varepsilon\frac{\pi}{4}d^2\sqrt{\frac{2\Delta P}{\rho}}\quad (\mathrm{m^3/s})$$

或 $$Q=\alpha\varepsilon\frac{\pi}{4}d^2\sqrt{\frac{2\Delta P}{\rho}}\quad (\mathrm{m^3/s})$$

$$M=\alpha\varepsilon\frac{\pi}{4}d^2\sqrt{2\rho\Delta p}\quad (\mathrm{kg/s})$$

$$\alpha=\frac{C}{\sqrt{1-\beta^4}}$$

$$\beta=d/D$$

式中：β——节流件直径比

d——节流件开孔直径，m

D——管道内径，m

Δp——节流件上游侧压力 p_1 和下游侧压力 p_2 之差，Pa

ρ——节流件上游侧一定温度和压力下流体的密度，$\mathrm{kg/m^3}$

C——流出系数

α——流量系数，由实验求得

ε——气体膨胀系数（测液体时 $\varepsilon=1$）

节流装置可分为标准节流装置与非标准节流装置两类。

(1) 标准节流装置已有国家标准和国际标准，节流件可根据计算结果制造和使用，不必用实际方法进行单独标定。其结构简单，使用寿命长，适用性比较广泛，几乎能测量各种工况条件下的单相流体的高温高压下的流体，范围度（最大测量范围与最小测量范围之比）与差压变送器有关，不小于4：1。但对安装要求比较严格，上下游需要有足够长的直管段，压力损失较大。标准节流装置的主要技术参数与适用范围见表 33-21。

表 33-21 标准节流装置的主要技术参数与适用范围

节 流 件	名称主要技术参数	适用范围
角接取压孔板	流出系数的计算式 $C=0.5959+0.0312\beta^{2.1}-0.1840\beta^{8}+0.0029\beta^{2.5}\times(10^6/R_{eD})^{0.75}$ C 的不确定度	广泛用于清洁流体，流体必须充满圆管和节流装置，流体必须是单相流体或者可认为是单相流体使用极限范围为

表 33-21（续）

节 流 件	名称主要技术参数	适用范围
角接取压孔板	当 $\beta \leqslant 0.6$ 时为 ± 0.6% 当 $0.6< \beta \leqslant 0.75$ 时为 ± β % 流束膨胀系数的计算式 $\varepsilon = 1 - (0.41+0.35\beta^{4}) \frac{\Delta p}{\gamma} P_1^{-1}$ γ——比热比 ε 的不确定度为 ± $\frac{4\,\Delta p}{P_1}(\%)$ 压力损失估算式 $\Delta\omega = \frac{\sqrt{1-\beta^4 - c\beta^2}}{\sqrt{1-\beta^4+c\beta^2}}\Delta p$	50mm ⩽ D ⩽ 1000mm $d \geqslant 12.5$mm $0.20 \leqslant \beta \leqslant 0.75$ R_{ed} 为雷诺数 ①当采用角接取压方式时 $R_{ed}>5000$（$0.20 \leqslant \beta \leqslant 0.45$） $R_{ed} \geqslant 10000$（$\beta<0.45$） ②当采用法兰取压孔板、D 和 $D/2$ 取压孔板时 $R_{ed} \geqslant 1260\beta^2 D$
法兰取压孔板	流出系数的计算式 当 $D \leqslant 58.42$mm 时 $C=0.5959+0.312\beta^{2.1} - 0.1840\beta^{8}+0.0029\beta^{2.5} \times (10^6/R_{eD})^{0.75}+0.039\beta^{4}$ $(1 - \beta^{4})^{-1} - 0.856\beta^{3}D^{-1}$ 当 $D>58.42$mm 时 $C=0.5959+0.0132\beta^{2.1} - 0.1840\beta^{8}+0.0029\beta^{2.5} \times (10^6/R_{eD})^{0.75}+2.286D^{-1}\beta^{4}$ $(1 - \beta)^{-1}D^{-1} - 0.856\beta^{3}D^{-1}$ C 的不确定度、流束膨胀数的计算式、ε 的不确定度以及 压力损失估算式均与角接取压孔板的相同	
D 和 $D/2$ 取压孔板	流出系数的计算式 $C=0.5959+0.0312\beta^{2.1} - 0.1840\beta^{8}+0.0029\beta^{2.5} \times (10^6/R_{eD})^{0.75}+0.039\beta^{4}$ $(1-\beta^{4})^{-1} - 0.0185\beta^{3}$ C 的不确定度、流束膨胀系数的计算公式、不确定度以及 压力损失估算式均与角接取压孔板的相同	
ISA 1932 喷嘴	流出系数的计算式 $C=0.9900-0.2262\beta^{4.1} - (0.00175\beta^{2} - 0.0033\beta^{4.15} (10^6/R_{eD})^{1.15}$ C 的不确定度 当 $\beta \leqslant 0.6$ 时为 ± 0.8% 当 $\beta > 0.6$ 时为 ±（$2\beta - 0.4$）% 流束膨胀系数的计算式 $\varepsilon = \left[\left(\frac{\lambda\tau\frac{2}{\lambda}}{\lambda-1}\right) \left(\frac{1-\beta^4}{1-\beta^4\,\tau\frac{2}{\lambda}}\right) \left(\frac{1-\tau\frac{\lambda-1}{\lambda}}{1-\tau}\right) \right]^{0.5}$ ε 的不确定度为 ± $2\,\frac{\Delta p}{P_1}(\%)$ 压力损失估算式与角接取压孔板的相同	压力损失小，适用于测量蒸气流量 使用极限范围为 50mm ⩽ D ⩽ 500mm $0.30 \leqslant \beta \leqslant 0.80$ $0.30 \leqslant \beta \leqslant 0.44$ 时 $70000 \leqslant R_{ed} \leqslant 10^7$ $0.44 \leqslant \beta \leqslant 0.80$ 时 $2000 \leqslant R_{ed} \leqslant 10^7$
长径喷嘴	流出系数的计算式 $C=0.9965 - 0.00653\beta^{0.5} (10^6/R_{eD})^{0.5}$ C 的不确定度为 ± 2% 流束膨胀系数的计算式、不确定度均与 ISA1932 喷嘴的计算式 相同。压力损失估算式与角接取压孔板的相同	使用极限范围为 50mm ⩽ D ⩽ 630mm $0.20 \leqslant \beta \leqslant 0.8$ $\times 10^4 \leqslant R_{ed} \leqslant 1 \times 10^7$
粗铸收缩段文丘里管	流出系数 C=0.984 C 的不确定度为 ± 0.7% 流束膨胀系数 ε 的计算式与 ISA1932 喷嘴的相同 ε 的不确定度为 ±（$4+100\beta^{8}$）$\frac{\Delta p}{P}$（%） 压力损失大约是差压的 5%～20%	使用极限范围 100mm ⩽ D ⩽ 800mm $0.30 \leqslant \beta \leqslant 0.75$ $2 \times 10^5 \leqslant R_{ed} \leqslant 1 \times 10^6$

表 33-21（续）

节流件	名称主要技术参数		适用范围
机械加工收缩段文丘里管	流出系数 C=0.995 C 的不确定度为 ± 1% 流束膨胀系数的计算式、不确定度以及压力损失均与粗铸收缩段文丘里管的相同	压力损失小，适用于测量脏污流体	使用根限范围 50mm ≤ D ≤ 250mm 0.40 ≤ β ≤ 0.75 $2\times10^5 \leqslant R_{ed} \leqslant 1\times10^6$
粗焊铁板收缩段文丘里管	流出系数 C=0.985 C 的不确定度为 ± 1.5% 流束膨胀系数的计算式、不确定度以及压力损失均与粗铸收缩段文丘里管的相同		使用极限范围 200mm ≤ D ≤ 1200mm 0.40 ≤ β ≤ 0.70 $2\times10^5 \leqslant R_{ed} \leqslant 1\times10^6$
文丘里喷嘴	流出系数 $C=0.9858-0.196\beta^{4.5}$ C 的不确定度为 ± $(1.2+1.5\beta^4)$（%） 流束膨胀系数的计算式、不确定度以及压力损失均同粗铸收缩段文丘里管		使用极限范围 65mm ≤ D ≤ 500mm d ≥ 50mm 0.316 ≤ β ≤ 0.775 $1.5\times10^5 \leqslant R_{ed} \leqslant 2\times10^6$

(2) 非标准节流装置它的工作原理与标准节流装置的工作原理相同。只是由于缺乏足够的试验数据，尚未实现标准化。流出系数与膨胀系数可根据经验公式或者借助图表计算出来。为了提高精确度，对非标准节流装置，可以采用标定方法，确定其流出系数。

33.1.3.3 转子流量计

在流量测量中，转子流量计是量大面广的产品之一。它适用性广，可测液体，气体和蒸汽的流量；宜测中小管径的中小流量；压力损失小且恒定；测量范围比较宽；工作可靠且刻度线性；使用维护方便；对仪表前后直管段长度要求不高；测量精确度为 ± 2% 左右，受被测流体的密度、粘度、纯净度以及温度、压力的影响，也受安装垂直度的影响。转子流量计可分为玻璃转子流量计与金属转子流量计两大类。

玻璃转子流量计结构简单，成本低，易制成防腐蚀型仪表。它可直接读数，使用方便，应用最广泛。

金属转子流量计适用于不透明液体，以及高温、高压的场合，并可制成防爆型仪表。金属转子流量计输出标准信号，能实现流量的指示、计算、记录、控制和报警等多种功能。它既能就地指示，又能远传指示。

根据远传方式不同，金属管转子流量计又分为电远传和气远传两种。电远传转子流量计把浮子位移转换成0～10mA或4～20mA直流电流信号，气远传转子流量计把浮子位移信号转换为相应的气压信号输出。

转子流量计的结构如图33-18所示。当流体自下向上流过环隙时，把浮子托起，使锥管壁与浮子之间构成的环隙增大。当环隙对流体节流所产生的压差与浮子的质量相等时，

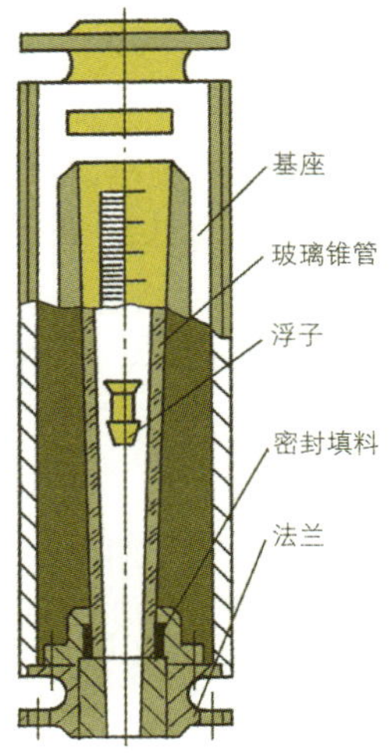

图 33-18 转子流量计结构图

浮子即处在一定的平衡位置，这个平衡位置的高度，就代表转子流量计的流量读数。

图33-19为电远传转子流量计原理图，它由流量变送器和转换器两部分组成。浮子随流量的变化产生位移，通过磁钢的磁耦合，传递给杠杆，通过四连杆机构的调整，可以使指针有线性的流量指示。再通过第二套连杆机构的传动，使铁芯相对差动变压器产生位移，从而使差动变压器次级线圈输出相应的电势信号，经电转换单元后输出 0～10mA、DE或4～20mA、DC的标准电流信号给显示仪表，以指示记录瞬时流量和累积流量；也可同时输入调节器作控制信号对流量进行自动控制。

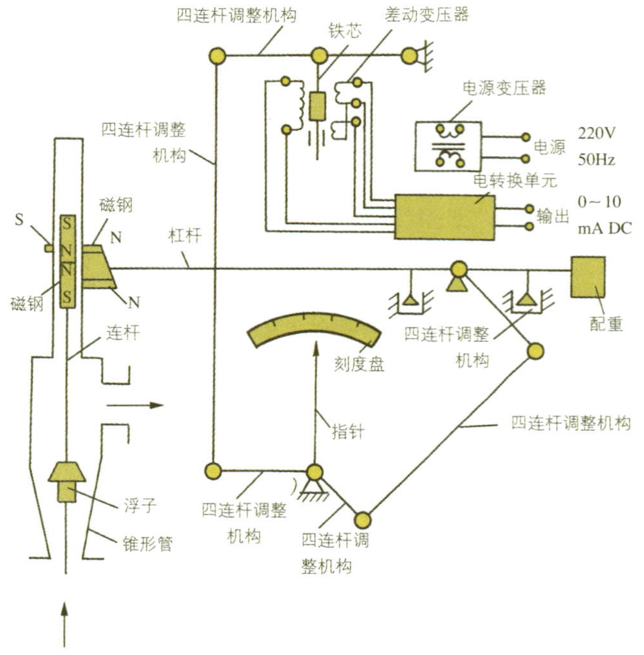

图 33-19 电远传转子流量计工作原理图

33.1.3.4 容积式流量计

容积式流量计主要用来测量不含固体杂质的液体。尤其适宜于测量较高黏度的液体流量和总量。它的测量范围较宽。一般量程比为 10∶1。精度较高，可达 ± 0.2%。安装方便，仪表前后直管段要求不高。但仪表结构比较复杂，使用时需要细心维护。

1. 工作原理

容积式流量计测量原理如图 33-20 所示，它类似于一种标准容器，流量计内部的运动构件与壳件形成一个测量室，在仪表的入口和出口压力差的作用下，运动构件不断地将充满在测量室中的流体由入口排向出口，运动构件通过传动机构与计数器连接，计数器的读数即为流体总量。

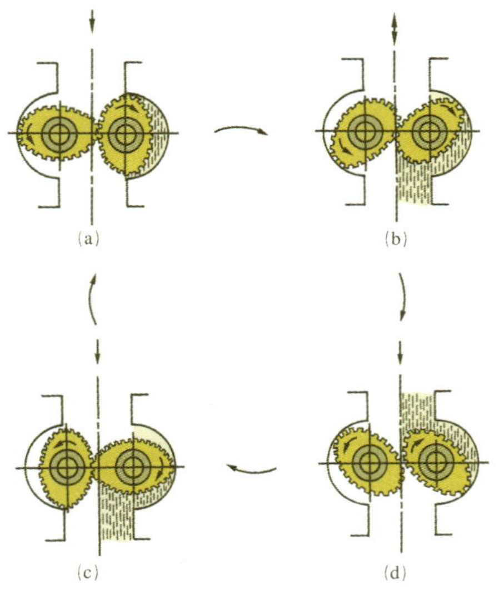

图 33-20 容积式流量计的结构图

2. 分类与用途

(1) 分类：容积式流量计有椭圆齿轮流量计、刮板流量计、活塞式流量计、腰轮流量计、伺服流量计、摆盘流量计与膜式煤气表等。

(2) 用途：椭圆齿轮流量计、刮板流量计和活塞式流量计宜测量黏性液体；腰轮流量计和伺服流量计，既可测黏性液体，又可测气体；摆盘流量计宜测量气体；膜式煤气表宜测量煤气。

3. 性能（表 33-22、表 33-23）

表 33-22 容积流量计的技术性能

项　目	内　容
精确度	液体为被测量值的 ± 0.5% 气体为测量上限值的 ± 1%
范围度	10∶1
设计压力（MPa）	<9.5
设计温度（℃）	液体≤ 315 气体≤ 121
管径（mm）	300 以下

表 33-23 椭圆齿轮流量计主要技术数据

型号	口径（mm）	最小流量（m³/h）	最大流量（m³/h）	精度	工作压力	主要生产厂
LC-10	10	0.04	0.4	0.5	1.6 MPa	合肥仪表厂、辽宁营口市仪表厂、天津花园仪表厂、济南第四仪表厂、上海光华仪表厂、广东湛江仪表厂等
LC-15	15	0.15	1.5			
LC-20	20	0.3	3			
LC-25	25	0.6	6			
LC-40	40	1.5	15			
LC-50	50	2.4	24			
LC-80	80	6	60			
LC-100	100	10	100			
LC-150	150	12	120			

33.1.3.5 涡轮流量计

涡轮流量计是将涡轮置于被测流体中，流体流动冲击涡轮叶片转动，用测量涡轮的转速来反应流体的流量，涡轮流量计由变送器和显示仪表两部分组成。应用涡轮流量计，可以实现流量的指示、总量的计算。

涡轮流量变送器的结构如图 33-21 所示。当被测流体冲击涡轮叶片，使涡轮旋转时在规定的流量范围内，和在一定流体黏度下，转速与流速成线性关系。涡轮转动使导磁叶片通过磁钢时，周期地切割磁力线，使磁路的磁阻发生周期性的变化，通过线圈感应出频率与流量成正比的交流信号。该信号经放大、整形，送到十进制计数器或频率计进行计数，显示总的累积流量。同时，将脉冲频率经过频率—电压转换进行瞬时流量指示，其原理方框图如图33-22所示。

表3-24是LW系列涡轮流量变送器的主要参数。

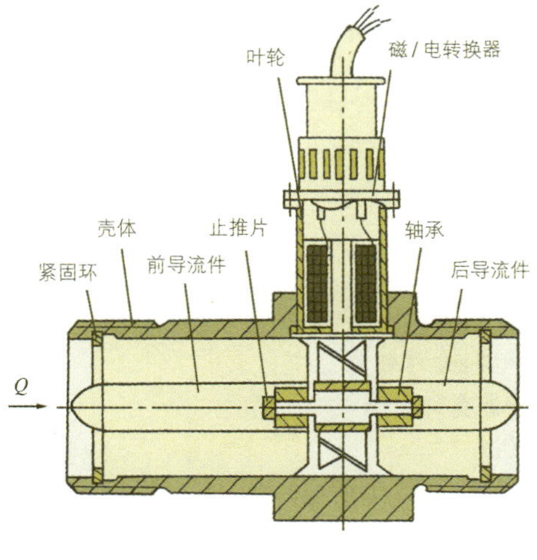

图33-21 涡轮流量变送器的结构

33.1.3.6 电磁流量计

电磁流量计是利用电磁感应原理制成的流量检测仪表。凡是导电液体均可用电磁流量计进行计量。它能测量具有一定电导率的酸、碱、盐溶液，并允许其含有固体颗粒或纤维状杂质。由于电磁流量计有许多特点，目前在工业上得到了广泛应用。

电磁流量计整套仪表由电磁流量变送器和转换器两部分组成。变送器安装在被测介质的管道中，将流经管内的流体流量值线性地变换成感应电势信号，并通过传输线将此信号送到转换器中去。转换器将变送器送来的流量信号进行比较、放大，并转换成统一标准的输出信号（0～10mA直流信号），以实现对被测液体流量的远距离指示、记录、计算或调节。

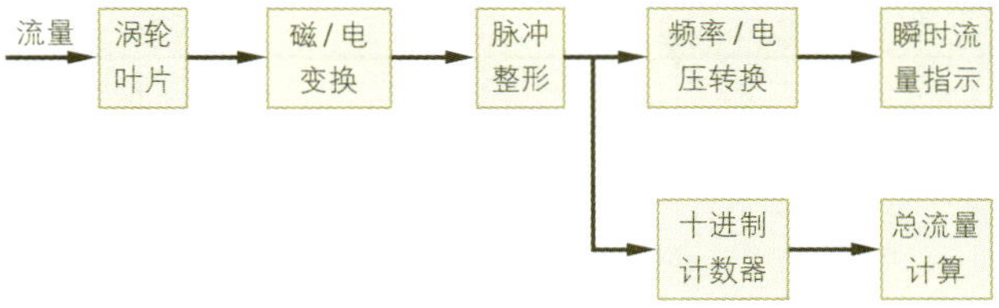

图33-22 涡轮流量计组成方框图

表33-24 LW系列涡轮流量变送器主要技术参数

型号LW		6	10	15	25	40	50	80	100	150	200
口径（mm）		6	10	15	25	40	50	80	100	150	200
测量范围	最小流量	0.028	0.069	0.166	0.44	0.889	1.66	4.44	6.94	13.89	27.77
（水）L/s	最大流量	0.17	0.44	1.11	2.77	5.551	1.112	7.774	4.44	88.89	166.6
承受最大工作压力MPa			16				6.4			2.5	
最大流量下压力损失kPa						≤25					

主要生产厂：天津自动化仪表三厂、上海自动化仪表九厂、广东湛江仪表厂

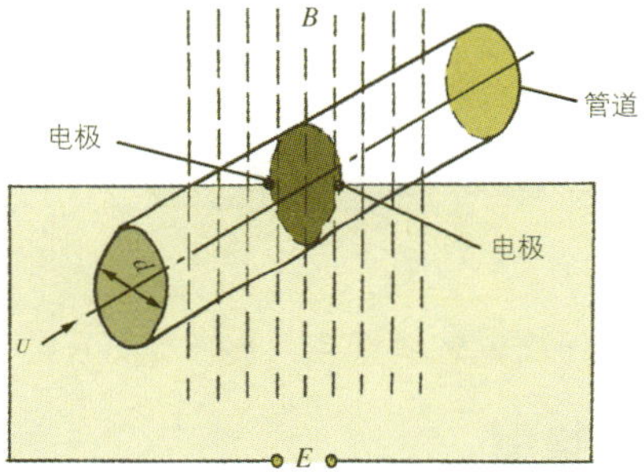

图33-23 电磁流量计原理图

电磁流量计的原理如图33-23所示。它是根据电磁感应定律而工作的，在由非磁性材料制成的管道内，流过导电液体如同无数连续直径为d的导电薄圆盘，它等效于长度为d的导电体，做垂直于磁场方向的运动，液体圆盘切割磁力线，根据电磁感应定律，在与液流方向V和磁力线方向B都垂直的方向上产生感应电动势E，该感应电动势的大小与介质的体积流量成比例。

变送器输出的感应电动势E是一个微弱交流信号，其中包括各种干扰成分。因此要求转换器具有很高的输入阻抗，且能抑制各种干扰成分，图33-24是转换器原理方块图。电磁流量计主要技术数据见表33-25。

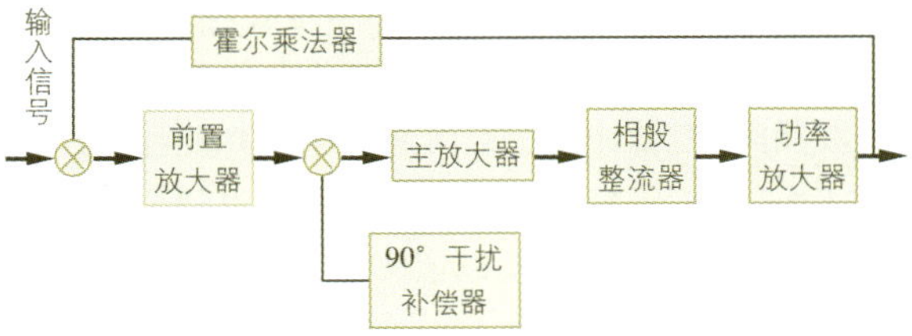

图33-24 电磁流量转换器原理方块图

表 33-25 电磁流量计主要技术数据

型　号	LD-4	LD-6	LD-8	LD-10	LD-25	LD-50	LD-80	LD-150	LD-400
口径（mm）	4	6	8	10	25	50	80	150	400
满量程的起始值	70l/h	120l/h	270l/h	450l/h	–	–	–		
最大流量	–	–	–	–	60、120、200/min	15、30 m^3/h	40、70 m^3/h	800 m^3/h	5000 m^3/h
最小流量为				最大流量的 3%				200m^3/h	1000m^3/h
工作电流（安）		1.4			4	2.5	3		
被测液体的最低电导率				10^{-4}s/cm				10^{-4}s/cm	
介质温度				0～60℃				5～60℃	
最高工作压力（MPa）		0.3				1.6		1.6	
精　度				2.5				2.5	
衬里材料	聚四氟乙烯塑料或其他氟塑料		三氟氯乙烯塑料			三氟氯乙烯、耐酸搪瓷或耐酸橡胶		硬橡胶	
电源电压		交流 220V，50Hz（附隔离变压器）				交流 220V$^{+5\%}_{-10\%}$，50Hz		交流 220V，50Hz	
消耗功率		50VA			880VA	550VA	660VA		
重　量		约 5kg			约 32kg	约 36kg	约 70kg		

主要生产厂：武汉 265 厂、上海光华仪表厂、开封仪表厂、天津自动化仪表三厂等

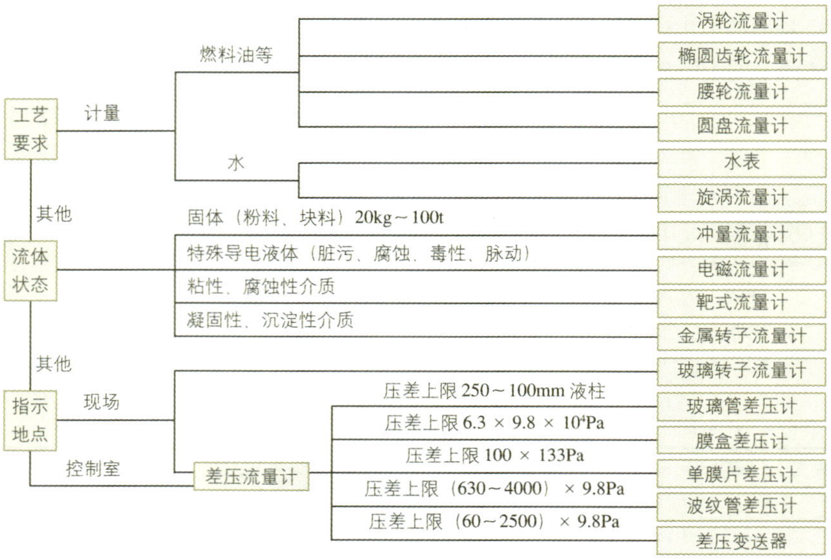

图 33-25 流量检测仪表的选用

33.1.3.7 流量检测仪表的选用（图 33-25）

33.1.4 物位检测

33.1.4.1 概述

物位检测在现代工业生产中占有重要地位。物位检测的主要目的有两个。一个是通过物位测量来确定容器里的原料、半成品或产品的数量，以保证能连续供应生产中各环节所需的物料或进行经济核算；另一个是通过物位检测，了解物位是否在规定的范围内，以便使生产正常运行，保证产品质量、产量和安全生产。

物位是液位、料位和相界面位置（界位）的总称。

(1) 液位是指液体表面的位置，即液体在容器中的高度。

(2) 料位是指固体块料、颗粒体、粉体等固体物料在各种容器中的高度。

(3) 界位是指两种互不相溶、密度不同的液体之间或固体与液体之间的分界面位置的高度。

测量、指示和控制物位的仪表叫做物位测量仪表。

物体测量仪表按测量方式可分为连续测量与定点测量两大类。

(1) 连续测量测量物位整个变化范围的称为连续测量。

(2) 定点测量检测物位是否到达上、下限等某个特定位置的称为定点测量。

物位检测仪表的分类和主要技术性能见表 33-26。

表 33-26 物位检测仪表的分类和主要技术性能

类 另		适用对象	测器范围 (m)	允许温度 (℃)	允许压力 (kPa)	使用特征	测量方式	安装方式
直接式	玻璃管式	液 体	<1.5	100～150	常 压	直 观	连 续	侧面、旁通管
	玻璃板式	液 位	<3	100～150	<4000	直 观	连 续	侧 面
差压式	压 力 式	液位、料位	50	200	常 压	适用大量程、开口容器	连 续	侧面、底置
	吹 气 式	液 位	16	200	常 压	适用粘性液体	连 续	顶 置
	差 压 式	液位、界面	25	200	4000	法兰式可用于粘性液体	连 续	侧 面
浮力式	浮 子 式	液位、界面	2.5	<150	1600	受外界温度、湿度、强光、以及灰尘的影响小	定点、连续	侧面、顶置
	翻 板 式	液 位	<2.4	－20～120	<6400	指示醒目，可带信号远传	连 续	侧面、旁通管
	沉 筒 式	液位、界面	3	<200	32000	受外界温度、湿度、强光和灰尘的影响小	连 续	内沉筒、外沉筒
	伺 服 式	液位、界面	40	<100	常 压	测量范围大，精确度较高	连 续	顶 置
机械接触式	重 锤 式	料 位	23	<500	常 压	受外界环境条件变化影响小，但可动件易卡死而使仪表失灵	连续、断续	顶 置
	旋 翼 式	料 位	由安装位置定	80	常 压	受外界环境条件变化影响小，但可动件易卡死而使仪表失灵	定 点	顶置、侧置
	音 叉 式	液位、料位	由安装位置定	120	1000	适用于测量密度较小的非粘滞性物料料位	定 点	侧面、顶置
新型及其他物位计	电 阻 式	液位、料位	几 十 米	200	5000	适用于导电介质的液位测量	定点、连续	侧面、顶置
	电 感 式	液 位	5	100	6400	介质介电常数变化影响不大	连 续	顶 置
	电 容 式	液位、料位	几 十 米	－200～200	32000	使用范围广	定点、连续	侧面、顶置
	超声、（声波）式	液位、料位	60	<150	400	不接触介质	定点、连续	顶置、侧面
	核辐射式	液位、料位	20	1000 左右	由容器定	不接触介质及容器	定点、连续	侧 面
	光 学 式	液 位	由安装位置定	400 左右	20000	防爆安全性好	定 点	顶置、侧面
	热 导 式	液 位	由安装位置定	200	20000	适用于高粘度或含气液体	定 点	顶置、侧面

图 33-26、图 33-27、图 33-28 为部分液位测量仪表、料位测量仪表和界位测量仪表的安装和使用示意图。

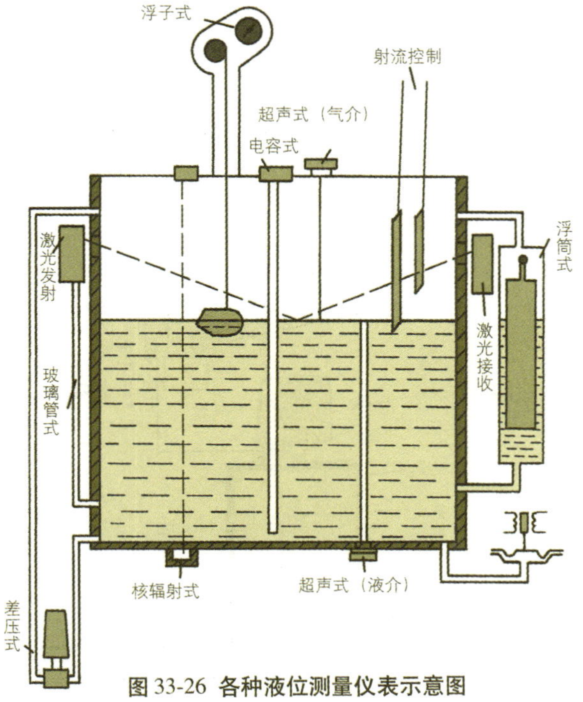

图 33-26 各种液位测量仪表示意图

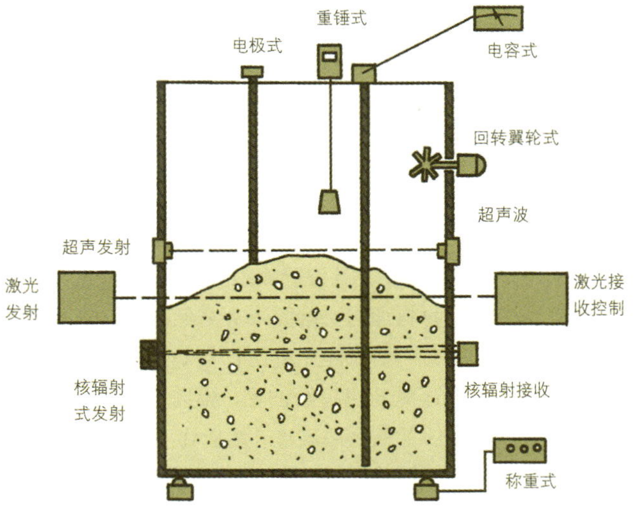

图 33-27 各种料位测量仪表示意图

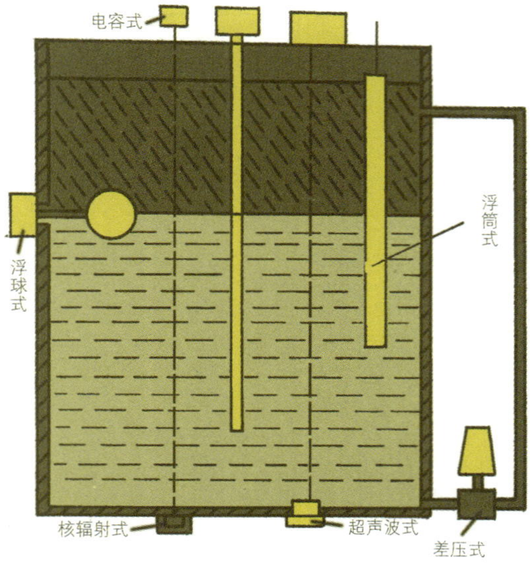

图 33-28 相界面位置的各种测量方法示意图

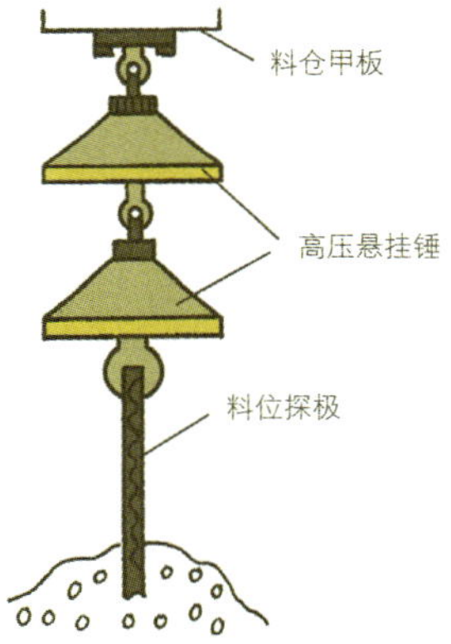

图 33-29 电阻式料位计的探极

33.1.4.2 电阻式料位计

电阻式料位计可用来定点指示导电物料或导电性能虽不很好，但含有一定水分，能弱导电的物料料位。

料位计的探极（图 33-29）可用普通的钢丝绳或圆钢棒料，钢丝绳吊于悬挂锤上，然后装在料仓甲板上。

线路采用射极耦合双稳态触发器，当物料未接触探极时，晶体管T_1导通，T_2截止（图 33-30）。当物料接触探极后，T_1管的基极经电阻R_m接地，基极电位升高，使晶体管T_1截止而T_2导通，于是继电器J吸上，信号灯D燃亮。这样，上限料位信号灯亮时应立即停止进料，下限料位信号灯灭表明已低于下限料位，应进料。

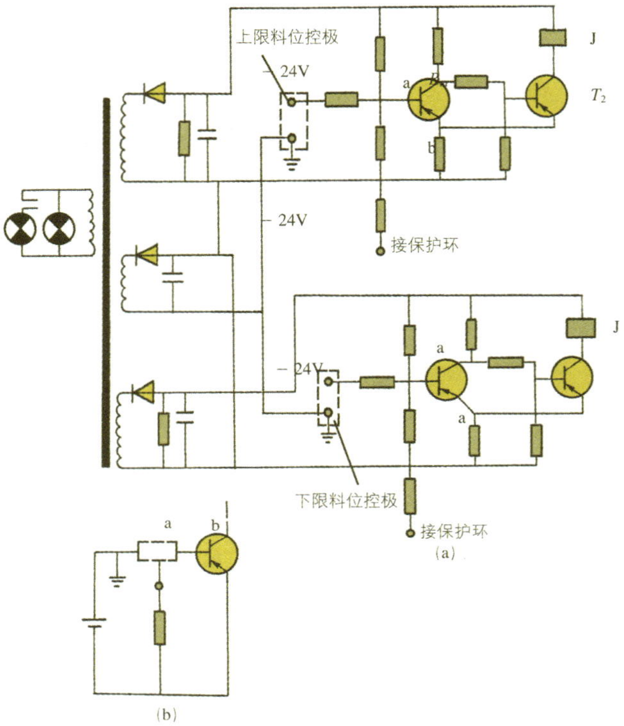

图 33-30 电阻式料位计原理电路图

33.1.4.3 重锤探测式料位计

1. 结构与原理

重锤探测式料位计是用机械——电子系统模拟人工探测方式来检测料位的。其结构原理如图 33-31。在测量过程开始前，挂在钢缆一端的重锤处于起始位置（最高位置），当定时器（或手动给出）的起动信号到来时，测量过程开始，在清除前次测量值的同时，电动机转动，放下重锤，在重锤下放过程中，测量仪表给出与下放距离成正比的电脉冲信号。当重锤接触至物料面时，钢缆张力突然减小，张力检测元件产生一个失重信号，在停止发出计数脉冲的同时，控制电动机反转，将重锤提升回起始位置，测量过程结束。在计算显示单元中，可预置料仓总高度，然后将所接收脉冲减法计数，这样减去空间部分长度后，显示值即为料仓内的物位。同时可用带寄存器的数模转换器转换成4～20mA DC电流信号输出。

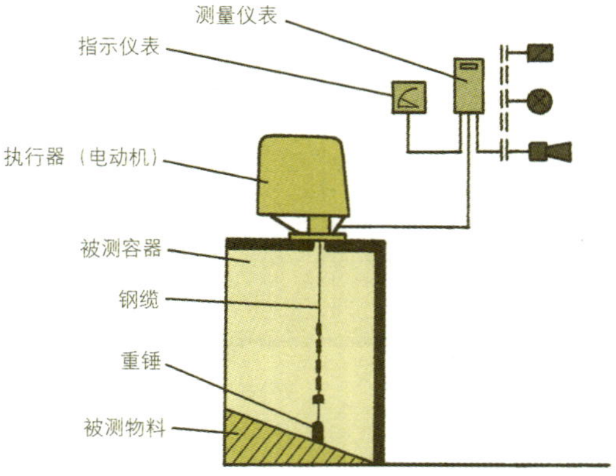

图 33-31 重锤探测式料位计的结构原理图

表 33-27 重锤探测式料位计的技术指标

项　目	内　容
测量范围（m）	30（最大可达 70）
分辨力（cm）	1～10
输出信号	脉冲信号（每个脉冲表示 1cm），4～20mA DC

主要生产厂：上海自动化仪表五厂、上海自动化仪表十一厂、大连第五仪表厂、辽阳市自动化仪表厂等

2. 特点

可用于高温及粉尘环境、量程大，可连续测量。但由于是接触式测量。易受物料的影响（如加料时不能测量，因为此时重锤易被覆盖，影响电动机正常工作），机械故障率高，维护量大，大量程时测量周期长。

3. 技术指标（表 33-27）

33.1.4.4 电容式物位计

电容式物位计是直接把物位变化量转换成电容的变化量，然后再转换成统一的电信号进行传输、处理，最后进行显示或记录。

1. 工作原理

电容式物位计的原理如图 33-32 所示。两个相互绝缘的电极间的电容量由电极的形状、尺寸、相对位置及电极间介质的介电常数决定，若同心圆筒电极间，如果原来存在介电常数为E_1的物质，而下部高度为L部分改变为介电常数为E_2的物质后，则两种场合电容量的变化ΔC可由下式表示：

$$\Delta C = K\frac{E_2 - E_1}{\lg D/d}L$$

式中：E_1、E_2——两种物质的介电常数

d——电极直径

D——圆筒直径

L——液体高度

当条件不变时，$K(E_2 - E_1)/\lg(D/d)$为常数；ΔC与L成正比，测量ΔC即可得知物位L

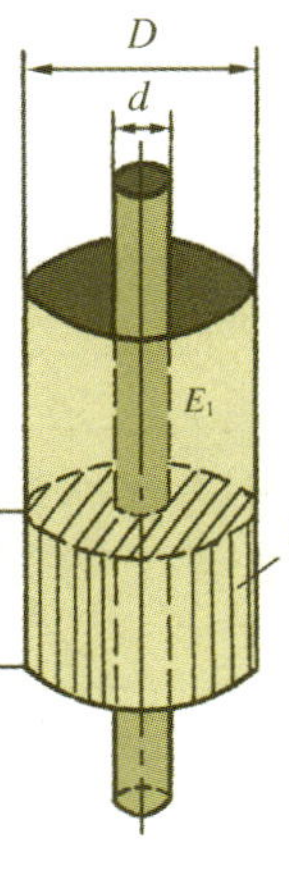

图 33-32 电容式物位计的原理

表 33-28 电容式物位计的技术指标

项　目	内　容
量程（m）	50（最大）
精确度（%）	± 1.0
使用压力（kPa）	600，2500
使用温度（℃）	－40～100（普通型），－196～200（特殊型）
输出信号（mADC）	4～20

主要生产厂：上海自动化仪表厂、江苏海安自动化仪表厂、银河仪表厂等

2. 特点

电容式物位计一般不受真空、压力和温度等环境条件的影响，安装方便，信号能远传，结构牢固，维护量少，成本低。

工业生产中应用的电容物位计，其电容变化量值很小（一般为 PF 数量级），直接测量电容变化量有困难，因此需要通过测量电路、放大器和转换器才能作显示和远传。

3. 技术指标（表 33-28）

33.1.4.5 回转翼轮式料位讯号器

图 33-33 为料位讯号器实例，它主要由同步电机，齿轮，蜗轮－蜗杆，微动开关和回转翼轮等组成。用于料斗或料仓内对料位的上限报警。同步电机通过齿轮对、蜗轮—蜗杆带动回转翼轮，以 1.2r/min 的速度旋转。当翼轮触及物料时，受到阻力停止转动，但在电动机作用下，蜗杆轴继续转动，并沿蜗轮切向向前移动，压缩弹簧，推动微动开关，切断电机电源；同时闭合报警触点，发出讯号。当料位低于回转翼轮时，阻力消除，弹簧力推动蜗杆退到原来位置，微动开关复位，电机重新正常运转，这样就可以进行高料位发讯。同理，根据不同安装也可实现低料位报警。

上述仪表使用于常温常压，与物料接触部分，用不锈钢制成，这样不致产生铁锈，也不致受物料粘染而腐蚀。并且

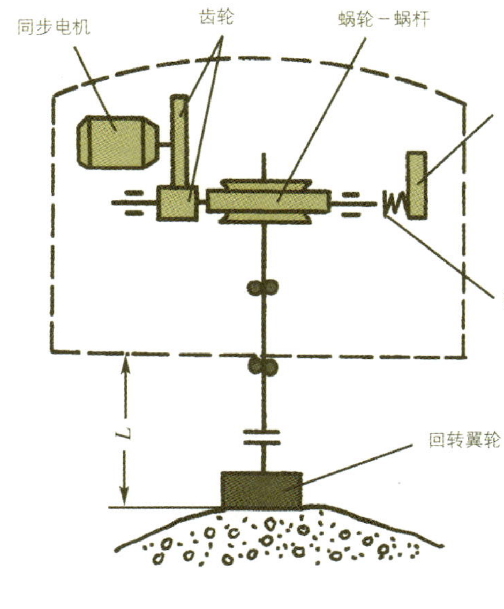

图 33-33 回转翼轮式料位讯号器

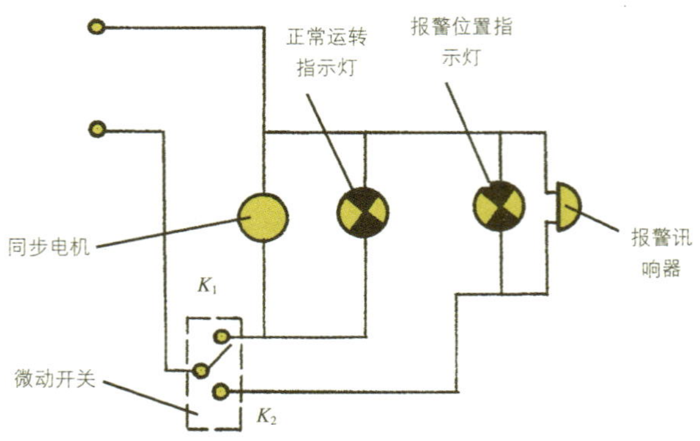

图 33-34 电路原理图

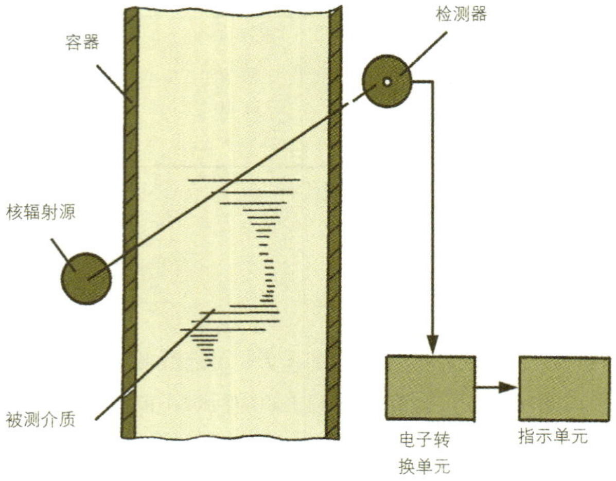

图 33-35 核辐射物位计组成示意图

经常保持蜗轮正反转及蜗杆轴向移动的灵活。翼轮阻力、弹簧推动与摩擦力应合理配合。

仪表电路原理示于图33-34，微动开关位置K_1为正常运转，这时指示灯①工作；K_2为报警位置，报警时指示灯②及讯响器工作。

33.1.4.6 核辐射式物位计

放射线同位素的射线透过某些物质，因物质不同，则对射线的穿透与吸收能力也不等。一般固体吸收能力最强，只有一部分射线能穿透过去，大部分射线被固体介质吸收，穿透过去的射线强度也随着所通过的介质厚度增加而减弱；液体的吸收能力次之；气体最弱。这样利用物质对放射性同位素射线的吸收作用来测量物位的仪表称为核辐射式物位计。

1. 工作原理

射线穿透物质时，被物质的原子散射和吸收，它的强度随着被穿透物质的增加呈指数规律衰减。

$$I=I_0e^{-\mu d}$$

式中：I——射线穿透物质后的辐射强度

I_0——射线穿透物质前的辐射强度

μ——物质对射线的吸收系数

d——射线穿透物质的厚度

γ射线比α和β射线的波长更短，穿透能力更强。因此，在核辐射式物位仪表中所应用的核辐射线以γ射线居多。物位仪表所选用的γ射线放射源通常为钴－60（CO^{60}）或铯－137（CS^{137}），人造板生产中亦有用镅－241（AM^{241}）的。

2. 组成

核辐射物位计一般由核辐射源（放射源及其防护容器）、检测器（常用的核辐射检测器有：电流电离室、盖格计数管、闪烁计数器等）、电子转换单元及指示单元四个部分组成。

核辐射物位计的组成如图33-35所示。核辐射源及检测器分别安装在容器的两侧。检测器处的射线强度将根据容器内被测介质物位的变化而改变，并把射线强度转换成电信号，然后通过电子转换单元，由指示单元显示物位值。电子转换单元将检测器所输出的电信号转换成直流信号供指示或报警，也可供常规仪表记录和控制。除放射源和检测器外，仪表的其余部分皆可安装于主控制室或操作台，其间由远传电缆相连。

3. 应用及防护

在使用核辐射式物位计时需经卫生和安全检查部门的批准。实际使用时只要按规范进行操作，并无危险。放射源放在焊接密封的不锈钢容器中，铅制的保护罩使射线只向特定的方向辐射，其余方向均被吸收，任何人接近放射源罐都不会有危险。放射强度的选择保证即使在料仓室的情况下，在接收侧对人身也无危害。同时放射源罐上有一开关控制装置，在仪表停用或检修时，可关闭射线辐射。

图33-36为核辐射源安装使用实例。放射源密封于铅罐中，仅在发射一侧的圆柱形铅封上有一偏心小孔，使用时用把手转动铅封头，让射线经偏心小孔透过铝板射出。不用时旋转铅封头，将偏心孔封住。为防止放射源落出，在放射源小孔口用薄层不锈钢芯头封死，为确保安全，可用指针及标记来指示放射源是否处于工作中。

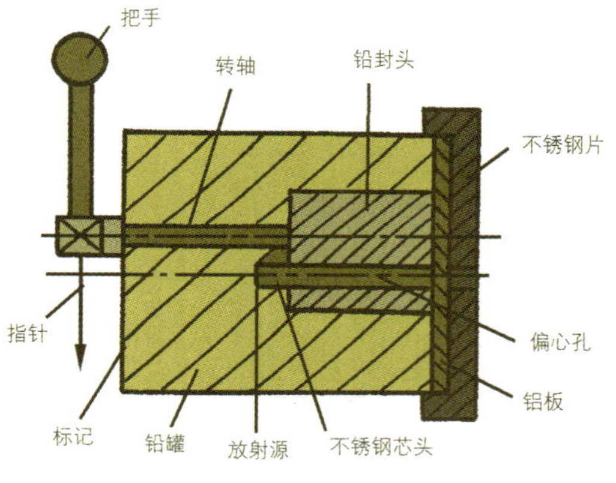

图 33-36 核辐射源安装防护

33.1.4.7 物位检测仪表的选用（图 33-37）

33.1.5 位移检测

位移检测仪表是对物体位置移动量进行检测的仪表。它一般采用位移传感器和相应的电路，将直线位移或角位移转换成可测电信号再进行测量，位移传感器在生产过程中应用得很广，它不仅是检测位移和尺寸的传感器，而且也可以作为其他物理量（如力，压力，转矩和振动等）的传感器。因为这些物理量的变化，可以转换为位移量的变化。

位移检测仪表的分类按选用的传感器作用原理，可分为差动变压器、差动电感、自整角机、旋转变压器、转角编码器、感应同步器、光栅、磁尺、电位器、电容和电阻应变式等。

表 33-29 所列为位移检测仪表的分类、原理、量程范围与特点等。

33.1.6 速度检测

速度测量分为转速测量和线速度测量两类。转速测量的方法有把转速转换为位移（如离心式转速表，磁性式转速表），把转速转换为电压（如测速发电机），把转速转换为脉冲信号（如转速传感器等）。线速度的测量大都是从距离和

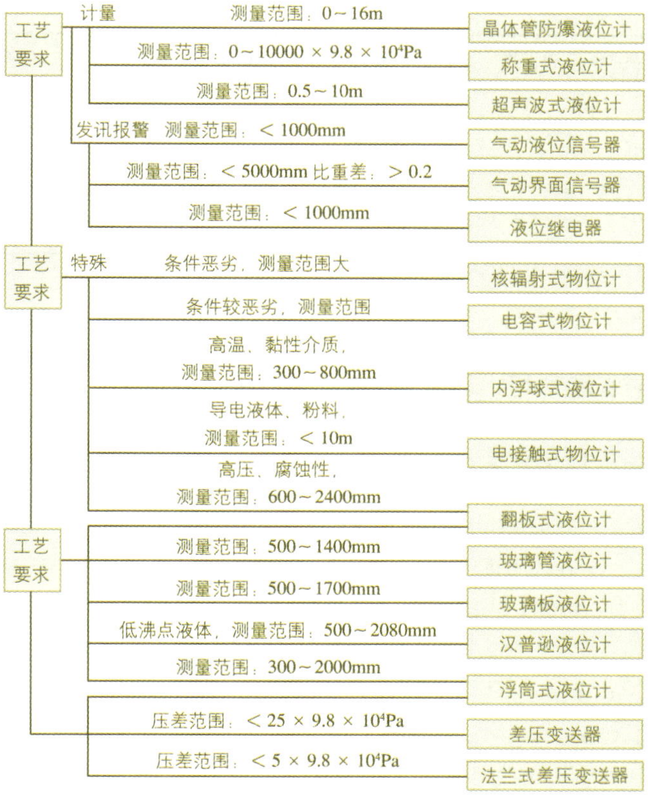

图 33-37 物位检测仪表的选择示例

表 33-29 位移检测仪表的分类、原理、量程范围与特点

分 类	测量原理	量程范围	特 点	典型产品例
差动变压器式位移测量仪	把位移转换成线圈互感量变化	0.01μm～1500mm	测量力小，无滞后，线性好（0.05%），输出灵敏度高（0.1～5V/mm），负载阻抗范围宽。但有零点残余电压，有相位差	直线位移测量仪
差动电感位移测量仪	把位移转换成线圈电感量变化	0.01μm～1500mm	同差动变压器式位移测量仪，但无相位差	直线位移测量仪
感应同步器	把位移转换成两个平面形印制电路绕组的互感量变化	长感应同步器为 1050mm，圆感应同步器为 φ 385mm	非接触，寿命长，检测精确度及分辨力高（可达 1μm），测量长度不受限制，温度影响小。但测量电路较复杂，输出信号小	圆感应同步器、长感应同步器
磁 尺	把位移转换成用录音磁头沿长度方向录音波长的变化	30m	安装容易，对使用环境无特殊要求。但抗干扰和稳定性较差，需防外磁场影响	液压缸位置测量仪
光栅位移测量仪	将位移转换成随标尺光栅移动而产生的横向莫尔条纹的移动数变化	直线为 200mm，圆光栅为 φ 70～100mm	测量精确度高（0.21μm），输出数字信号，光栅刻度要求高，光电信号夹杂慢变化干扰信号	直线光栅位移测量仪、圆光栅位移测量仪
电容位移测量	将位移转换成极板电容量的变化	250mm	结构强度高，动态响应好，测量精确度高（0.01%），分辨力高（0.011μm）。但测量电路复且杂，输出阻抗高，易受干扰	直线位移测量仪

表 33-29（续）

分　类	测量原理	量程范围	特　点	典型产品例
增量型轴角编码器	通过编码器将角位移（转角）转换成脉冲信号	6000 脉冲数 / 转	结构简单，易进行零位调整和旋转方向判别。但抗干扰能力差，不能停电记忆	辊间距测量仪
绝对型轴角编码器	通过编码器将角位移（转角）转换成二进制数码信号	2^{14} 位	能停电记忆，抗干扰能力较强。但结构较复杂，不易判别旋转方向	辊间距测量仪

表 33-30 速度检测仪表的分类、原理、量程范围与特点

分　类	测量原理	量程范围	特　点	典型产品例
透光式速度检测仪	利用两个刻线盘的相对运动，形成明暗的窗口，通过光电作用，把速度变换成频率的脉冲	（6～7）× 10^5r/min	能测量极低转速，输出大、加工方便，但寿命受光源的限制	光电转速仪、手持式数字转速表
反射式速度检测仪	利用被测点由反光面到无反光面（或相反变化时），通过光电作用，把速度变换成频率脉冲	30～4.8 × 10^5r/min	不增加被测轴的负载，但被测轴直径应大于 2mm	光纤转速仪
霍尔元件式速度检测仪	利用磁性元件转动时与霍尔元件交链的磁通发生变化，把速度转变成霍尔电动势的变化	6000r/min	无触点，频率范围宽，寿命长	霍尔测速仪
激光式速度检测仪	利用多普勒频偏原理	0.01～1000m/s	能直接测量线速度，测量精确度高，量程宽，频率响应快，实时性能好。	激光式线速度测量仪
磁电式速度检测仪	利用感应齿轮与感应齿座相对角位移时，磁路中产生的磁阻变化	30～5000r/min	环境适应性强，温度变化对测量精确度无影响，结构简单，刚性寿命长（半永久性）。但低速测量性能差	传送带传送速度测量仪

时间间接求得的，即把速度的测量转变为时间的测量，也可把线速度转变为转速后测量。或者用对加速度的积分、对线位移微分等方法测量。

速度检测仪表可分为接触式测量与非接触式测量；按测量方式，可分为直接测量与间接测量；按选用的速度传感器的工作原理，可分为光电、磁电、霍尔元件、激光等型式。在工业上应用得较多的是光电和磁电式。

速度检测仪表的分类、原理、量程范围与特点见表33-30。

33.1.7 水分检测

测量水分的方法有用电阻法、电容法、近红外线吸收法等，表 33-31 所示为水分计的原理、用途及含水率的范围。

红外水分仪

红外水分仪是利用水分对不同的红外能量吸收和反射而制成的。其特点为非接触式自动测量，可实现在线检测，红外水分仪由测量及信号处理和显示部分组成。测量部分主要

表 33-31 水分计的原理、用途及含水率范围

仪表类型	原　理	用　途	含水率范围
电阻水分计	利用电阻随水分增减而变化的原理	用于测量谷物、木材、纸张、土壤、烟草、砂糖等物质的含水量	0～50%
电容式水分计	利用比其他物质有更高的介电常数的特点	用于测量谷物、砂、布、木材等物质的水分	0～30% 误差为 ± 5%
红外线吸收水分计	利用近红外的四个波长，对水有不同的吸收关系的原理。仪表分透光和反光测量两种类型	用于测量粉状、原板状等固体物质的水分	0～10% 误差为 ± 1%
中子水分计	利用放射出来的中子与水分的氯元素相碰撞而减速的原理测含水量	用于测量土壤、矿石、纸张等物质的水分	50%～70% 误差为 ± 0.5%～± 2%
微波水分计	利用微波在含水的土壤中传输，会产生介质损耗和水的介电常数比干土壤大得多的关系，可从衰减量换算成土壤的含水分值	用于土壤的水分测量	0～70% 误差为 ± 0.5%

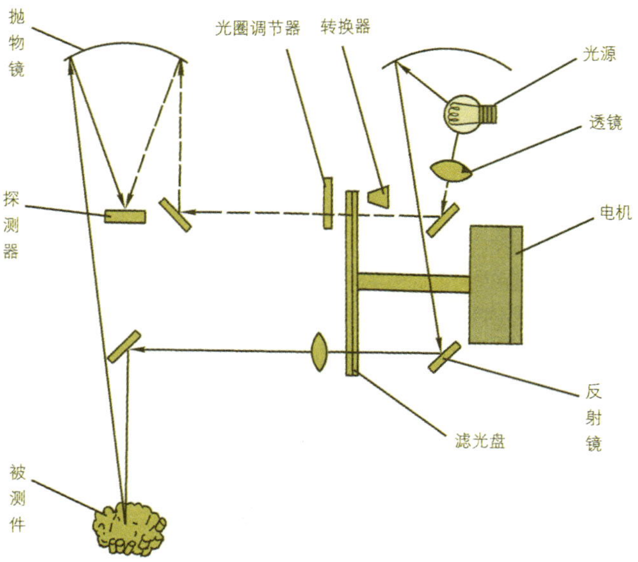

图 33-38 红外水分仪

包括红外光源、滤波器、光学系统和用来接收红外光信号的红外探测器等，如图 33-38 所示。

从红外光源发出的光束一路经滤光盘调制成水分能吸收的波长，此为测量光束，另一路亦经滤光盘调制成不受水分影响的另一波长的参考光束。这两股光束均反射到探测器上（探测器为硫化铅光电池），通过测量这两个光束反映到探测器上的能量的比例，就可得出被测物质所含的水分。

33.1.8 火花探测

在木材加工生产过程中往往因为极小的火星、灼热的微粒和燃烧的薄片而引起火花和爆炸，目前常用探测火灾的方法有热检测和红外检测两种。

1. 热检测器

热检测的方法一般是在干燥滚筒出口处温度升高超过规定值时，就要减少燃烧气体进入炉内或者增加湿刨花的进料量，以降低筒内温度。此外，出现火焰时，调节器接通灭火装置的执行机构，向干燥滚筒出口处喷射蒸汽以制止火灾的发生。但热检测存在的主要问题是响应速度较慢。

2. 红外光检测器

红外光检测是探测木质碎料在燃烧时辐射出的红外光，这种检测器的响应速度极为迅速。我国从德国引进的人造板生产线中采用了 Grecon 公司的火花探测及灭火技术。该系统由三部分组成：

(1) 火花探测器；

(2) 火花信号处理中心单元；

(3) 自动灭火执行单元。

火花探测器是利用硅光电池感受火花，当干燥系统中出现火花时，探测器迅速探测信号，当火花经过装在探测器上的透光间隙时，光电池接收火花所辐射出的红外光，探测器则将火花的光信号变为脉冲电信号，并送到信号处理中心，根据脉冲的个数多少，认为有发生火灾的危险时，则电控单元发出火灾报警，或自动喷水灭火中断生产过程。

33.1.9 数控机床位置检测元件

33.1.9.1 概述

检测元件是数控机床伺服系统的重要组成部分。它的作用是检测位移和速度，发送反馈信号，构成闭环控制。不同类型的数控机床，对检测元件及由它构成的检测系统的精度要求不同。检测系统的精度直接影响数控机床的加工精度。数控机床对检测系统的主要要求有：

(1) 高可靠性和高抗干扰能力；

(2) 满足精度和速度要求；

(3) 使用维护方便，适合机床运行环境；

(4) 成本低。

常用的位置检测元件，见表 33-32。

表 33-32 常用的位置检测元件

	增 量 式	绝 对 式
回 转 型	增量式脉冲编码器 旋转变压器 圆感应同步器 圆光栅，圆磁栅	多速回转变压器 绝对式脉冲编码器 三速圆感应同步器
直 线 型	直线感应同步器 计量光栅 磁尺激光干涉仪	三速感应同步器 绝对值式磁尺

按工作条件和测量要求的不同，可采用不同的测量方式。

(1) 数字式测量和模拟式测量：数字式测量是将被测的量以数字的形式表示，测量信号一般为电脉冲。模拟式测量是将被测的量以连续物理变量来表示，如电压变化、相位变化等。

(2) 增量式测量和绝对式测量：增量式测量用以测量相对位移量，如测量单位为0.01mm，则每移动0.01mm就发出一个脉冲信号。绝对式测量用于测量绝对位移量。对于被测量的任意一点的位置均由固定的零点标定。

(3) 直接测量和间接测量：直接测量将检测元件直接安装在执行部件上。间接测量通过传动链与执行部件相连。前者不受传动链误差的影响，但受长度限制。

33.1.9.2 旋转变压器

旋转变压器是一种角度测量元件，在结构上和两相绕线式异步电动机相似，由定子和转子组成，分有刷和无刷两

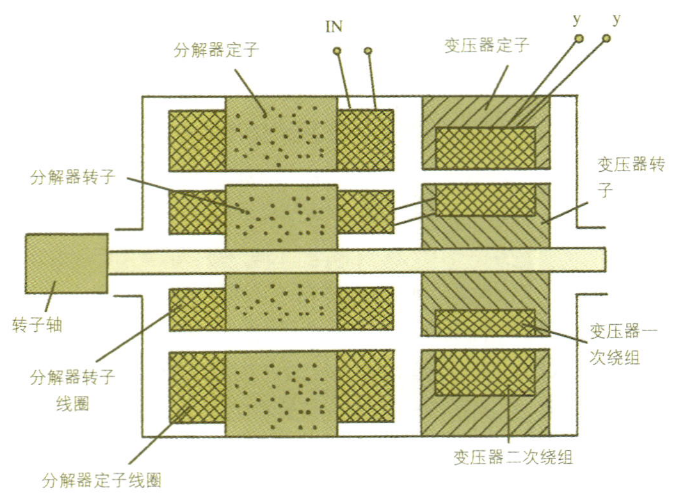

图 33-39 无刷旋转变压器结构示意图

种。在有刷结构中，定子与转子上均为两相交流分布绕组。绕组轴线分别相互垂直，转子绕组的端点通过电刷和滑环引出。无刷旋转变压器没有电刷与滑环，由两大部分组成，一部分叫分解器，其结构与有刷旋转变压器基本相同；另一部分叫变压器，它的一次绕组绕在与分解器转子轴固定在一起的轴线上与转子一起旋转；它的二次绕组绕在与转子同心的定子轴线上。分解器定子线圈接外加的励磁电压，它的转子线圈输出信号接到变压器的一次绕组，从变压器的二次绕组引出最后的输出信号。

无刷旋转变压器结构见图 33-39。

旋转变压器可靠性高，寿命长，不用维修，输出信号大，已在数控系统中广泛应用。

旋转变压器是根据互感原理工作的。它的结构设计与制造，保证了定子和转子之间的气隙内磁通分布呈正弦规律。当定子绕组加上交流励磁电压（频率为 2～4kHz）时，转子绕组中产生的感应电动势为：

$$e_2=Ke_1\sin\theta \ (\mathrm{V})$$

式中：e_1——定子绕组感应电动势（V），它与外加电压大小相等，相位相反

K——电磁耦合系数

θ——定子绕组与转子绕组轴线间的夹角（图 33-40）

旋转变压器的工作原理见图 33-40。

实际上，当转子绕组中接负载时，其绕组中便有正弦感应电流通过。通常，在定子和转子上各安装两组互成 90°、匝数相等的绕组，这两组绕组称为正弦和余弦绕组，见图 33-41。

在图 33-41 中，转子绕组中一个接高阻抗作为补偿，另一作为输出信号。当定子绕组用两个相位相差 90°、幅值

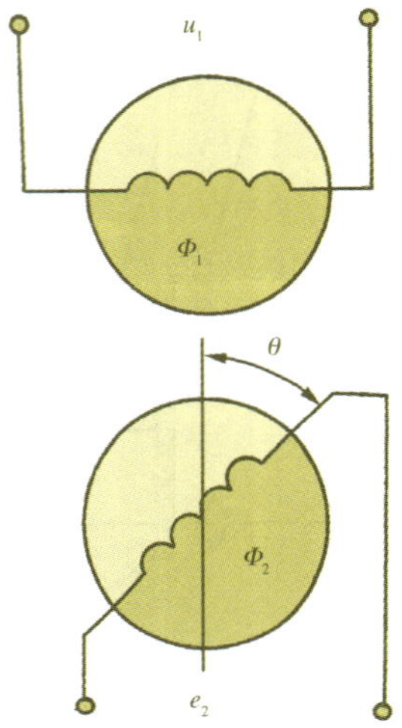

图 33-40 旋转变压器的工作原理（单相励磁）

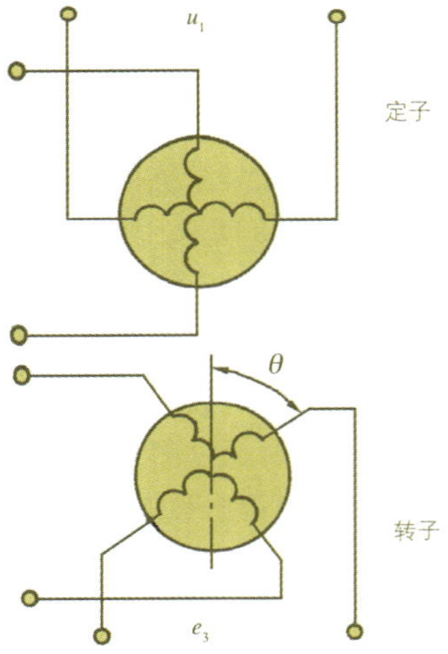

图 33-41 旋转变压器的工作原理（两相励磁）

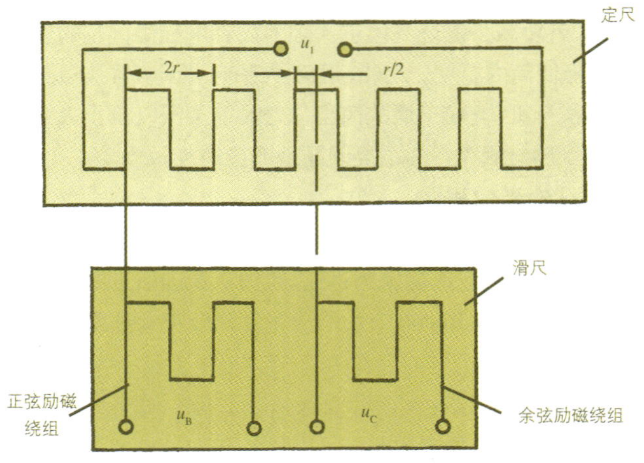

图 33-42 感应同步器工作原理

相等、频率相同的交流电压励磁时，即 $U_1=U_m\cos\omega t$、$U_2=U_m\sin\omega t$，应用叠加原理，转子绕组中的感应电动势为：

$$e_3=KU_m\sin\omega t\sin\theta+KU_m\cos\omega t\cos\theta$$

式中：U_m——外加到定子的最大电压

K——电磁耦合系数

ω——励磁电压的频率

θ——定子绕组与转子绕组之间的夹角（图 33-41）

33.1.9.3 感应同步器

感应同步器有回转式（圆盘式）和直线式两种基本结构型式，前者用于转角位置的测量，后者用于直线位移的测量，它们工作的基本原理是相同的。

直线感应同步器由作相对平行移动的定尺和滑尺组成，定尺和滑尺之间保持一定的间隙，标准的感应同步器的定尺长度为250mm，表面制有连续绕组，绕组节距为2mm；滑尺上制有两组分段绕组，构成多结构，连接成两相绕组，即正弦绕组和余弦绕组，两相对于定尺绕组在空间错开1/4节距，节距用 $2t$ 表示，见图 33-42。

当滑尺两个绕组内供以一定频率的交流电压时，由于电磁感应，在定尺绕组中产生感应电动势，感应电动势的大小和相位取决于定尺和滑尺的相对位置，图 33-43 中，在 a 点，滑尺与定尺绕组重合，这时感应电势最大，a 点处于最高位置。当滑尺相对于定尺作平行移动时，感应电势就慢慢减小，移动到 b 点时，错开 1/4 节距，感应电势为零。如果再继续移动1/2 节距，即到 c 点位置，得到的感应电势与 a 点相同，但极性相反，在 3/4 节距的 d 点时，感应电势又变为零，当移动一个节距到 e 点时，情况又与 a 点位置相同。这样，滑尺移动了一个节距，感应电势变化了一个余弦波形。感应同步器就是利用这种感应电势的变化，而进行位置检测的。

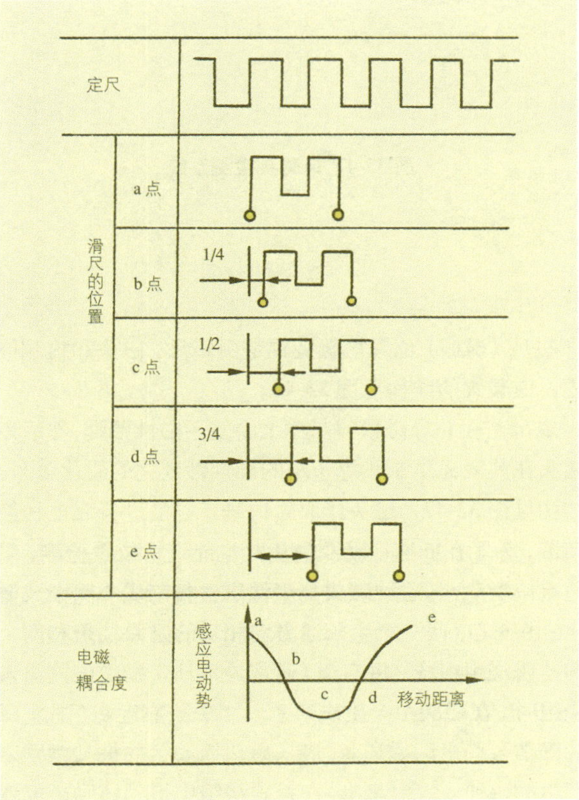

图 33-43 感应同步器的工作原理

感应同步器把位移量变成电信号，然后由检测系统对电信号进行检测，从而达到测量位移的目的，根据供给滑尺两个绕组励磁的不同信号，感应同步器的测量方式有以下两种：

1. 鉴相方式

在滑尺的两个绕组中加上频率相同、幅值相同、相位相差90° 的交流电压，则从定尺绕组取得的感应电势的幅值不变，但其相位随滑尺位移变化而变化，通过鉴相器测量定尺感应电动势的相位角，即可测量定尺相对滑尺的位移。

2. 鉴幅方式

当滑尺的两个绕组分别供以相位相同、频率相同、幅值不同的交流电压，则从定尺绕组输出的感应电势的幅值随着定尺和滑尺的相对位置的不同而发生变化，通过鉴幅器可以测量位移量。

感应同步器的测量精度高、测量距离长、抗干扰能力强，能直接输出数字信号，以及制造方便，使用寿命长，因此得到广泛应用。

感应同步器的主要性能：

动态范围	0.2～40m
精度	2.51mm
分辨率	0.11mm

33.1.9.4 光栅

光栅是在透明玻璃上或金属镜面反光平面上刻制的平行、等间距的密集线纹。用透明玻璃作基体，使用透射光的称为透射光栅；用金属镜面作基体的称为反射光栅。光栅位置检测装置见图 33-44。标尺光栅和指示光栅分别安装在机床的移动部件及固定部件上，两者相互平行，保持 0.05mm 或 0.1mm 的间隙。

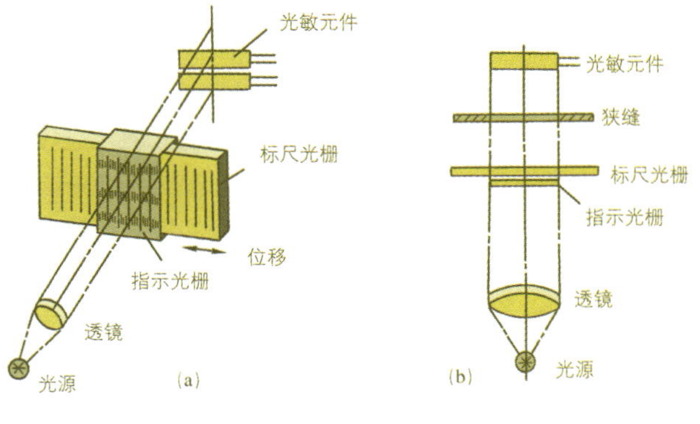

图 33-44 光栅位置检测装置

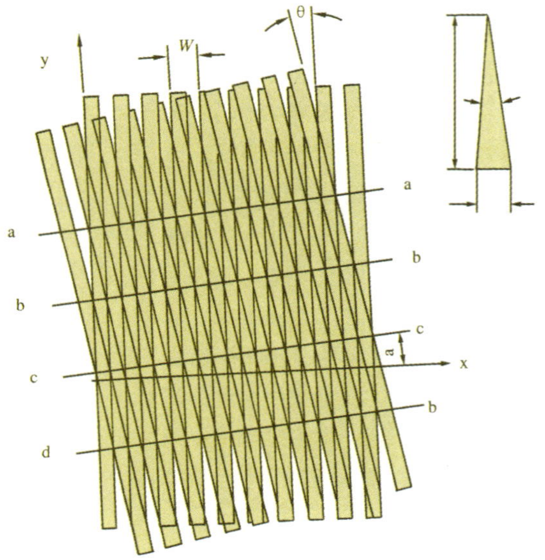

图 33-45 莫尔条纹原理

下面以透射光栅为例说明其工作原理。若标尺光栅和指示光栅的栅距 W 相等。两块光栅平行安装，并使它们的线纹倾斜一个很小的角度 θ，当光源通过聚光镜呈平行光线垂直照射在标尺光栅上时，在与光栅线纹大致垂直的方向上产生明暗相间的条纹，这些条纹称为莫尔条纹，见图 33-45。

当标尺光栅相对于指示光栅移动时，莫尔条纹也移动，移动的方向与标尺光栅方向垂直。光栅作反方向移动时，莫尔条纹移动方向亦相反。从固定点观察到的莫尔条纹光强的变化近以正弦曲线，光电器件所感应的光电流的变化规律也近似正弦曲线，将光电流经放大、整形及微分处理后，可转换为数字脉冲信号。

每当指示光栅移动一个栅距 W，莫尔条纹则移动一个间距 B_H，相应地产生一个计数脉冲，用计数器来计算脉冲数，则可测得机床工作台移动的位移量。

莫尔条纹的间距 B_H 与光栅栅距 W 以及光栅线纹夹角 θ 有如下关系：

$$B_H=\frac{W}{2\sin\frac{\theta}{2}}\approx\frac{W}{\theta}$$

当 θ 很小时，B_H 将比 W 大许多倍，这就是光栅的放大作用，若 $W=0.01$mm 时，把莫尔条纹的间距调成 10mm，则放大倍数相当于 1000 倍。

通过对莫尔条纹信号内插细分和辨向，即可检测出比光栅距还小的正、反向位移。

主要性能：

动态范围	30～1000mm
分辨率	0.1～10mm

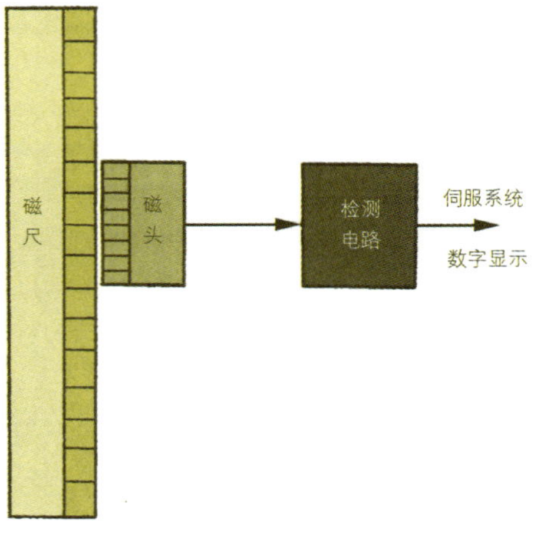

图 33-46 磁尺位置检测系统

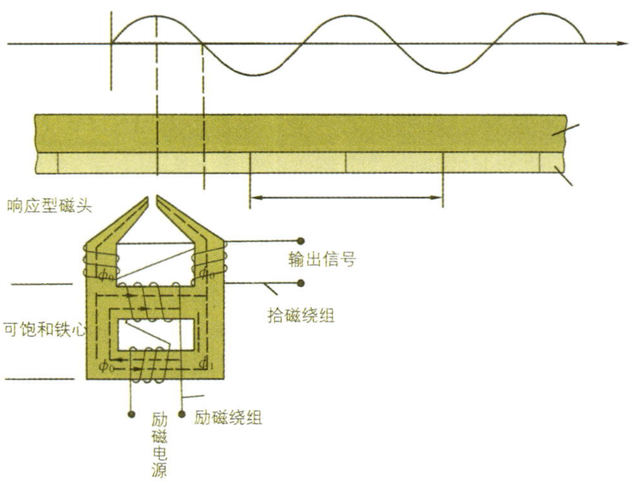

图 33-47 单磁头检测系统

33.1.9.5 磁尺

磁尺（磁栅）位置检测装置是由磁尺、磁头和检测电路组成，该装置的结构见图 33-46。

磁尺是在非导磁材料基体上涂复了磁性薄膜，然后用录磁磁头在其表面录制相等节距的周期性变化的磁化信号。磁头结构见图 33-47，磁头读取磁信号，它是进行磁电转换的变换器，为了在低速运动及静止时也能进行位置检测，采用磁通响应型磁头。这种磁头是用软磁材料制成二次谐波调制器。它由铁心、两个产生磁通方向相反的励磁绕组和两个串联的拾磁绕组组成。将高频（通常为 5kHz）励磁电流通入励磁绕组时，在磁头中产生磁通 ϕ_1。当磁头靠近磁尺时，磁尺上的磁信号产生的磁通 ϕ_0 进入磁头铁心，并被高频励磁电流产生的磁通 ϕ_1 所调制。在拾磁绕组中得到该励磁电流的二次调制电动势。

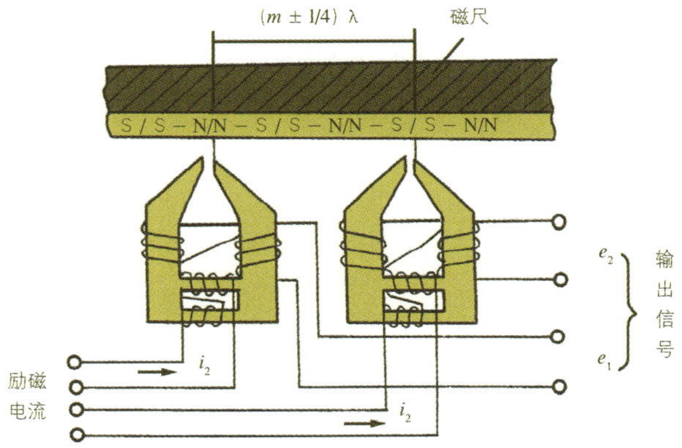

图 33-48 双磁头检测系统

$$e = E_0 \sin \frac{2\pi x}{\lambda} \sin\omega t$$

式中：E_0——感应电动势系数

λ——磁尺上磁化信号的节距

x——磁头相对于磁尺的位移量

ω——励磁电流的角频率

为了辨别磁头在磁尺上的移动方向，通常采用了间距为 $(m \pm 1/4)\lambda$ 的两组磁头（其中 m 为任意正整数），见图 33-48。图中，i_1、i_2 为励磁电流，在两拾磁绕组中感应的电动势 e_1、e_2 分别为：

$$e_1 = E_0 \sin\frac{2\pi x}{\lambda} \sin\omega t$$

$$e_2 = E_0 \cos\frac{2\pi x}{\lambda} \sin\omega t$$

e_1、e_2 是相位差 90° 的两个信号，根据它们相位超前或滞后，能确定移动方向。

由磁尺组成的检测系统，根据检测方法的不同可分为鉴幅型和鉴相型两种。

主要性能：

动态范围	1～20m
分辨率	1 μm

33.1.9.6 脉冲编码器

脉冲编码器是一种回转式脉冲发生器，能把机械转角变成电脉冲，是数控机床上使用很广泛的位置检测装置，脉冲编码器分为光电式、接触式及电磁感应式多种，目前使用较为广泛的是光电式脉冲编码器。

1. 增量式脉冲编码器

增量式脉冲编码器是指旋转的码盘给出一系列脉冲，然后根据旋转方向由计数器对这些脉冲进行加减计数，以此来表示转过的角位移。

光电增量编码器的原理如图 33-49 所示，在圆盘上刻有节距相等的辐射状窄缝，与之对应的还有两组检测窄缝，其节距与圆盘的节距相同。

在图 33-49a、b 两组检测窄缝错开 1/4 节距，其目的是使 A、B 两个光电转换器的输出信号在相位上相差 90°。测量时，两组窄缝是静止不动的，圆盘与被测轴一起转动，这时在光电变换器 A 和 B 上就输出一个相位差 90° 的近似正弦波，经逻辑电路处理后用来判别被测轴的转动方向，其原理框图如图 33-50（a）所示。

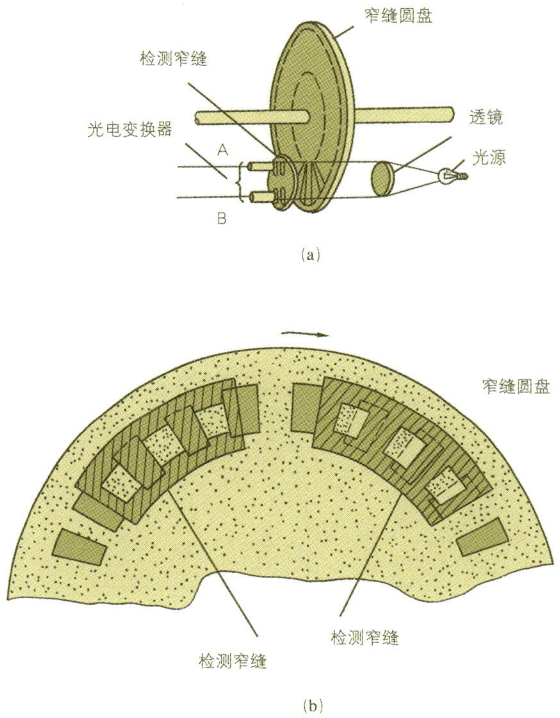

图 33-49 光电增量编码器结构原理图

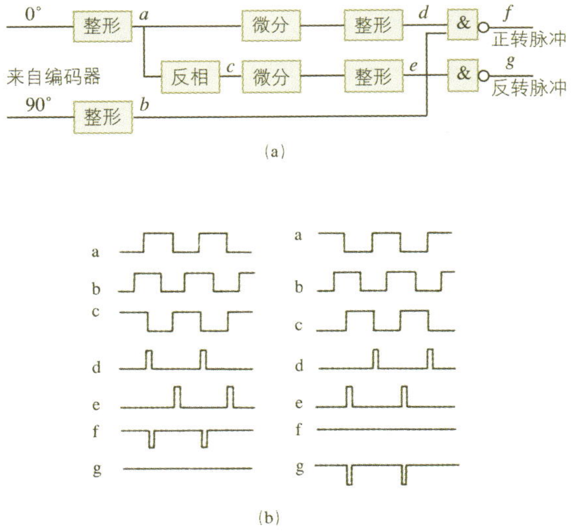

图 33-50 信号处理电路及光电输出波形图

表 33-33 编码器的参数表

类 型	脉冲测速电机式	金属光栅盘式	玻璃光栅盘式		
生产单位	西安微电机研究所	台州无线电厂	长春第一光学仪器厂	南京 3304 厂	江苏张家港市光电仪器厂
型 号	130CYM600	SSJ-2	LEC LFM	Bl270 MBl200	BMl BM2
脉冲数（P/r）	600	1200	LEC：1000 LF：1200	1270 1200	1024
电源电压（V）		12	5	12	5
外形尺寸：直径 ϕ × 长度（mm）	ϕ 130 × 72	ϕ 30 × 90	LFC：ϕ 36 × 53 LE：ϕ 30	ϕ 30 × 90	BM< $\frac{1}{2}$ ϕ 70 × 69 ϕ 70 × 73
轴径尺寸：直径击 ϕ × 长度（mm）	ϕ 14 × 32	ϕ 8 × 15	LFC：ϕ 5 × 15 LE：ϕ 15	ϕ 3	BM< $\frac{1}{2}$ ϕ 5 × 19 ϕ 3 × 20
其 他	分 离 式			用 001 线路板	

表 33-34 脉冲编码器主要性能

生产厂及产品型号 / 主要技术指标	西德海登海茵 ROD426	日本小野测器 RP-432Z	日本东京精机 RIT5
脉冲数（P/r）	50～5000	60～104	40～500
电源（V）	5	5 或 12	5 或 12
最高频响（kHz）	20	50	15
最高转速（r/min）	12000	5000	6000
温度范围（℃）	0～50 或 -30～80	0～50	0～50
外形尺寸（mm）	ϕ 58 × 72	H70 × L88	ϕ 55 × 40

当圆盘正转时，光电输出波形如图 33-50（b）中左边图形所示。b 超前 a90°，经过逻辑电路处理后，输出脉冲信号 f，即为正转脉冲信号。同理，当圆盘反转时，输出反转脉冲信号 g，见图 33-50（b）右边脉冲序列。把此正转和反转脉冲信号分别输入到双时钟可逆计数器的正、反向计数端进行计数，则可得到被测轴的旋转角度。为了能得到绝对转角，应在起始位置时，对可逆计数器清零。

增量编码器有多种规模型号，每转一圈产生的脉冲数在 100～4000 之间。

表 33-33 和表 33-34 列出部分国产编码器和国外编码器数据。

2. 绝对式脉冲编码器

绝对式脉冲编码器是一种直接编码和直接测量的检测装置，它能指示绝对位置，没有累积误差，电源切除后，位置信息不丢失。绝对式脉冲编码器通过读取编码盘上的图案来表示轴的位置。编码类型有多种：二进制编码、二进制循环码（葛莱码）、二一十进制编码等。编码盘的读取方式有光电式、接触式和电磁式等。

图 33-51 所示为简化的二进制编码盘。图中空白的部分透光，用“0”表示，涂黑的部分不透光，用“1”表示。此

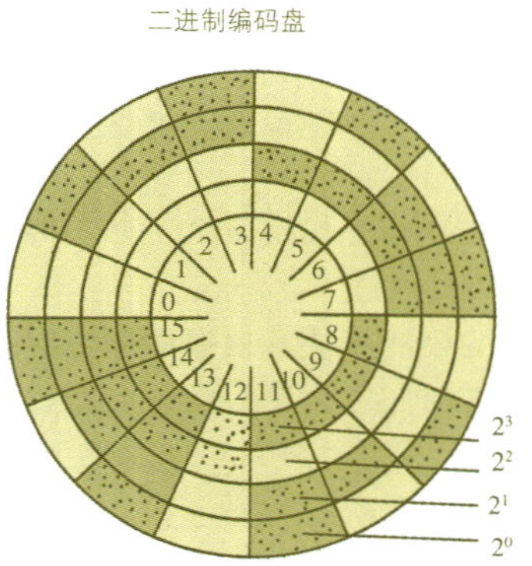

图 33-51 二进制编码盘

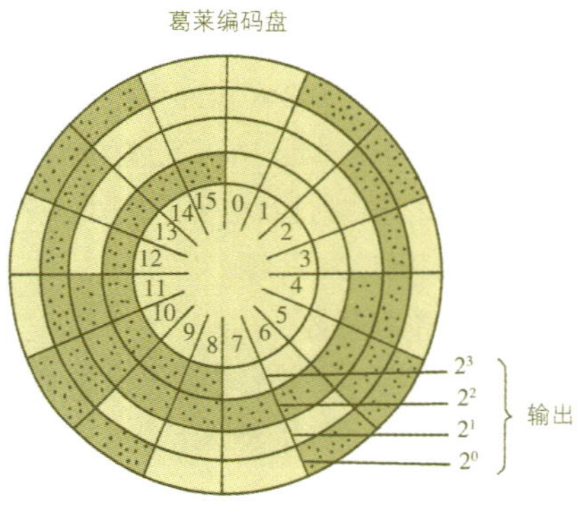

图 33-52 葛莱码编码盘

编码盘共有四环，从里到外按 2^3、2^2、2^1、2^0 配置。如二进制的“1101”对应十进制的13的角度坐标值。此二进制编码器的缺点是图案转移点不明显，容易产生误读。采用图33-52所示的葛莱码编码盘，由于图案的切换，每次只改变一位，因此，能把误读限制在一个数单位内。

目前，光电绝对式编码盘可做到18位二进制。近年来，有将增量式和绝对式的码同时做在一个圆盘上，构成混合式绝对值编码器，更为实用。

33.2 自动控制

33.2.1 常用控制电路典型基本环节（表33-35）

表 33-35 常用典型继电－接触器控制线路的基本组成环节

线路名称	线　路	功　能
自保持线路	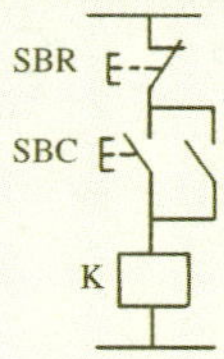	记忆线路的一种基本型式，用于记忆外部信号
互锁线路	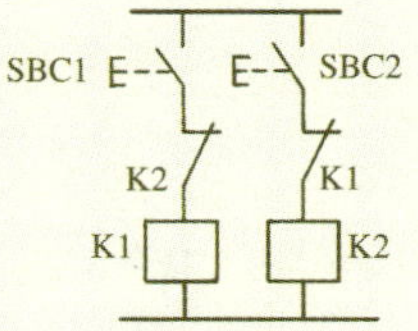	在两个输入信号的线路中，以先动作的信号优先，另一信号因受联锁作用不会动作
先动作优先线路	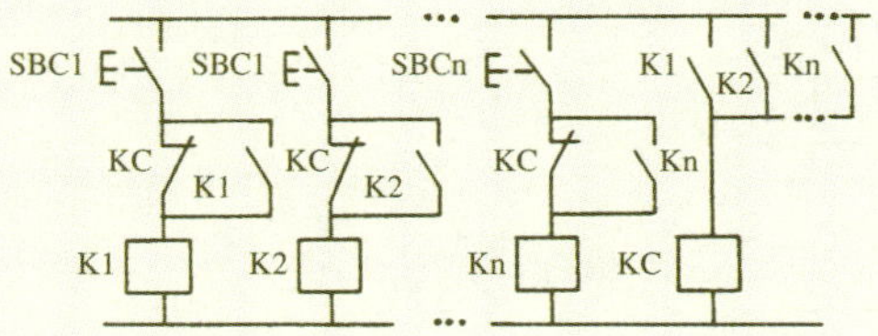	在数个输入信号的线路中，以最先动作的信号优先。在最先输入的信号除去前，其他信号无法动作
后动作优先线路	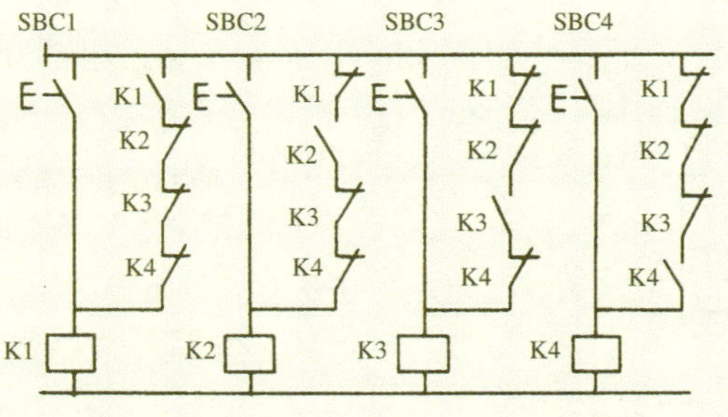	在数个信号输入的线路中，以最后动作的信号优先，前面动作所决定的状态自行解除
延时复位线路	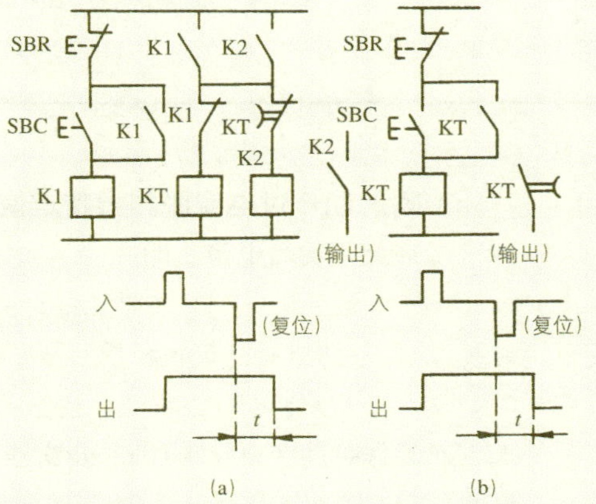	输入信号加入后有瞬时信号输出，当输入信号解除后经过设定的时间 t 后才会停止输出。图a为采用通电延时的继电器，图b为采用断电延时的继电器

表 33-35（续）

线路名称	线路	功能
延时复位线路	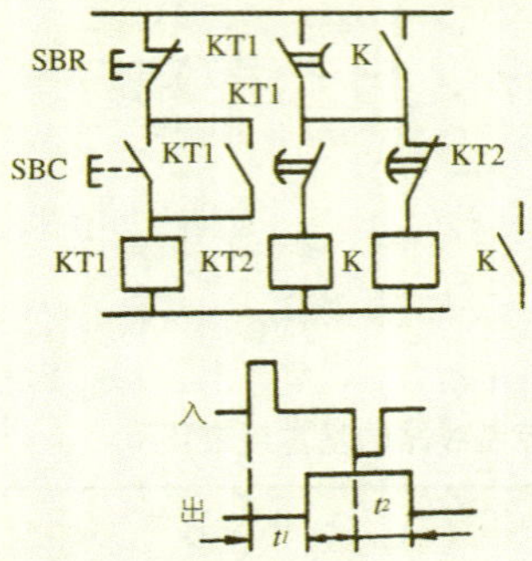	输入信号加入后，经设定时间 t_1 后有信号输出，输入信号解除后经设定时间 t_2，停止输出信号
同期动作线路	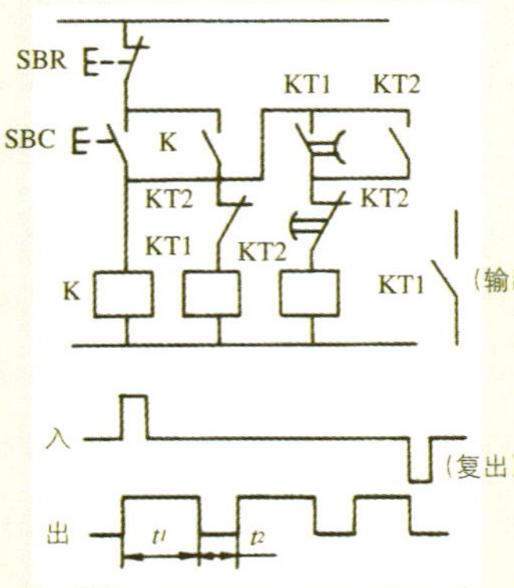	输入信号加入后，产生输出量周期变化
信号发生检测线路	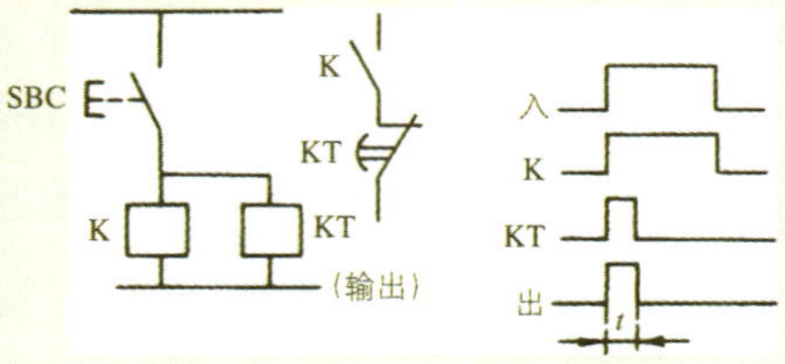	在输入信号发生瞬间产生脉冲输出
信号解除检测线路	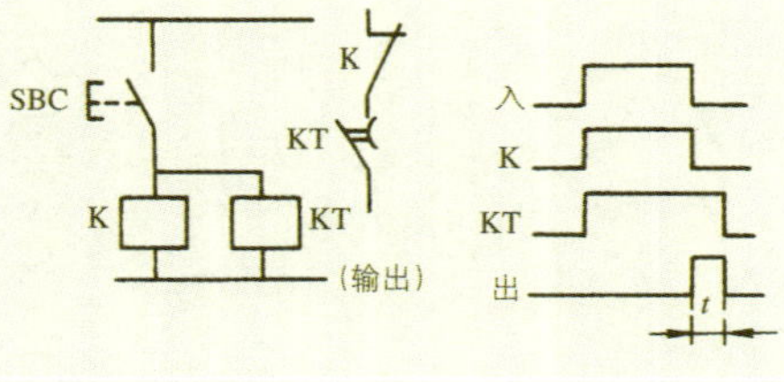	在输入信号解除瞬间产生脉冲输出
干扰抑制线路	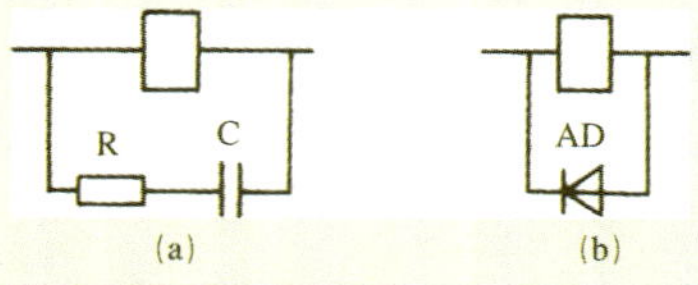	图 a 用于交流电源回路，图 b 用于直流电源回路

33.2.2 常用控制电器的选择

33.2.2.1 低压断路器的选择

断路器主要用于线路的过载，短路，逆电流，欠电流及漏电保护。按用途的不同，低压断路器的分类见表 33-36。

1. 额定电流与额定电压

断路器的额定电流和额定电压应大于或等于线路的计算电流和最大工作电压。

2. 瞬时动作过电流脱扣器整定值 I_{zd}

I_{zd} 应大于尖峰电流，即

$$I_{zd}>KI_s\ (A)$$

式中：I_s——电动机的起动电流（A）

K——考虑整定误差和起动电流容许变化的可靠系数

对动作时间在 20ms 以内的断路器，不需考虑非周期分量的影响；对动作时间大于 0.02s 的断路器，K 一般取 1.2～1.35；对动作时间小于 0.02s 的断路器，K 取 1.7～2。

表 33-36 按用途分类的低压断路器

名称	电流种类和范围*	保护特性			主要用途	可选用的断路器类型
配电用断路器	交流 200～4000A	选择型 B类		两段保护，瞬时，短延时	作电源总开关和靠变压器近电源端支路开关	DW10、DW15、ME系列，AH系列，DZ20系列，DZX10系列
				三段保护，瞬时，短延时，长延时		
		非选择型 A类	限流型	长延时，瞬时	靠变压器近端支路开关	
			一般型		支路末端开关	
	直流 800～8000A	快速型		有极性，无极性	保护硅整流设备	
		一般型		长延时，瞬时	保护一般直流设备	
电动机保护用断路器	交流 60～630A	直接起动	一般型	过电流瞬时动作倍数：(8～15) I_N	保护笼型异步电动机	DZ10系列，DZ20系列，TO、TG系列
			限流型	过电流瞬时动作倍数：$12I_N$	同上，还可装在I近变压器端	
		间接起动	间接起动	过电流脱扣器瞬动倍数：(3～8) I_N	保护笼型和绕线转子异步电动机	
导线保护用照明用断路器	交流 6～125A 常用 6～63A	过载长延时，短路瞬时			用于生活建筑内电气设备和信号二次电路，多为单极	DZ15，DZ13系列，C45N系列
漏电保护断路器	交流 20～200A	电磁式		漏电动作灵敏度按使用目的不同分档，如15、30、50、75、100mA，0.1s分断	确保人身安全，防止因漏电而引起火灾或触电死亡	DZ15L，DZ12L
		集成电路式				
灭磁断路器	直流 200～2500A	瞬时动作，与发电机组配套			当发电机发生内、外部故障时，切断励磁回路，用作灭磁开关、闭合开关等	DM2，DM3

注*电流范围根据需要可以超出

保护电动机用的断路器，其可调式瞬时过电流脱扣器的整定电流调节范围为3～6倍或8～12倍脱扣器额定电流；其不可调式瞬时过电流脱扣器的整定电流为5（或10）倍脱扣器额定电流，动作电流值与整定电流值的误差不大于±10%。

3. 长延时动作的过电流脱扣器整定值

$$I_{zd} \geqslant 1.1I_{js}\ (\text{A})$$

式中：I_{js}——线路计算电流（A）

长延时动作的过电流脱扣器在电动机长期过载（<20min）20%时应动作，而在电动机起动时不应动作。

延时可调式过电流脱扣器的整定电流调节范围为0.7～1.0倍脱扣器额定电流，返回电流值为其整定值的100%，不可调式过电流脱扣器的返回电流值亦为100%。

33.2.2.2 熔断器的选择

熔断器的熔断电流，取决于流过熔体的工作电流，周围介质的温度，熔断器的预热情况和电动机的起动时间等。熔断器一般不作过载保护用，而是长期工作制电动机的起动和短路保护。

表 33-37 *K* 值

起动时间（s）	*K* 值
3以下	0.25～0.35
3～8	0.4～0.5
8或起动频繁或带反接制动者	0.5～0.6

(1) 对于减压起动的交流电动机，选用熔断器熔体的额定电流等于或略大于电动机额定电流。

(2) 对于直接起动的鼠笼型异步电动机，若熔断器的熔体选得过小，造成某一相熔断，会发生电动机单相运转烧毁事故。所以熔体额定电流值 I_{RN} 与起动电流及起动时间应适当配合，即

$$I_{RN} = KI_s$$

式中：I_s——起动电流（A）

K——随起动时间而定的系数（表 33-37）

(3) 熔断器熔体的熔断时间与起动设备的动作时间要配合好，当短路电流超过起动设备的极限分断电流时，要求熔体的熔断时间小于起动设备的分断时间，以免损坏起动设备。如果不能满足此条件，可以采用下述方法之一：

1) 改用快速动作的低压断路器；

2) 选用较大分断电流的起动设备。

33.3.2.3 接触器的选择

接触器用途广泛，在不同的使用场合，其差别很大，即其额定工作电流或额定控制功率是一个随使用条件（额定工作电压，使用类别和操作频率等）不同而变化的参数。因此，应根据不同的使用条件，正确地选择产品的类型及容量等级，才能保证接触器在控制系统中长期可靠地运行。选用原则如下：

(1) 按使用类别选用，见表33-38和33-39。通常交流接触器的电寿命指标大都是指AC-3负载下的参数。由于其电寿命几乎与实际断开电流的二次方成反比，如在AC-3下电寿命为100万次的接触器用于AC-4时，其电寿命降低到不足3万次。因此，用于AC-4时，必须降容使用。通常视AC-4负载所占比重的大小而确定降容的多少。如小于10%时降容一个等级，大于10%时降容两个等级。

(2) 按电动机的额定功率或负载的计算电流选择接触器的容量等级，并适当留有余量。

表33-38 交流接触器的使用类别及控制对象

使用类别代号	负载性质	接通条件			分断条件			可选用的接触器
		电流(A)	电压(V)	功率因数*	电流(A)	电压(V)	功率因数*	
AC_1	无感或微感负载，电阻炉	I_N	U_N	0.5	I_N	U_N	0.95	各类接触器均可选用
AC_2	绕线转子异步电动机起动和运转中断开	$2.5I_N$	U_N	0.65	I_N	$0.4U_N$	0.65	CJ12系列
	绕线转子异步电动机的起动、反接制动、反向与密接通断	$2.5I_N$	U_N	0.65	$2.5I_N$	U_N	0.65	
AC_3	笼型异步电动机的起动和运转中断开	$6I_N$	U_N	$I_N \leqslant 16A$ 0.55 $I_N > 16A$ 0.35	I_N	$0.17U_N$	$I_N \leqslant 16A$ 0.55 $I_N > 16A$ 0.35	CJ10、CJ20、CJZB系列、LCD等
AC_4	笼型异步电动机的起动、反接制动、反向　与密接通断	$6I_N$	U_N	$I_N \leqslant 16A$ 0.55 $I_N > 16A$ 0.356	I_N	U_N	$I_N \leqslant 16A$ 0.55 $I_N > 16A$ 0.35	各类接触器均可选用，但应降容使用

注：*功率因数误差为±0.05

表33-39 直流接触器的使用类别及控制对象

使用类别代号	负载性质	接通条件			分断条件			可选用的接触器
		电流(A)	电压(V)	时间常数①(ms)	电流(A)	电压(V)	时间常数①(ms)	
DC_1	无感微感负载，电阻炉	I_N	U_N		I_N	U_N		CZO等系列
DC_3	起动和运转中断开的并励电动机	$2.5I_N$	U_N	20	I_N	$0.1U_N$	7.5	
	起动、反接制动、反向与密接通断的并励电动机	$2.5I_N$	U_N	2	$2.5I_N$	U_N	2	
DC_5	起动和运转中断开的串励电动机	$2.5I_N$	U_N	15	I_N	$0.3U_N$	20	CZO系列，但应降容使用②
	起动、反接制动、反向与密接通断的串励电动机	$2.5I_N$	U_N	15	$2.5I_N$	U_N	15	

注：①时间常数误差为±15%

②由于直流接触器一般均采用磁吹灭弧结构，存在断开临界电流问题，若电流太小将不能灭弧，故降容后的额定工作电流不应低于产品的临界熄弧电流

表 33-40 主要的保护用继电器的选用

类　型	功能说明	选用方法
热继电器	作长期或间断长期工作制交流异步电机的过载保护和起动过程的过热保护，不宜作重复短时工作制的笼型和绕线转子异步电动机的过载保护	按电动机额定电流 MN 选择热元件额定电流 J_{jN}=（0.95～1.05）I_{MN} 在长期过载20%时应可靠动作，此外，热继电器的动作时间必须大于电动机起动或长期过载时间
过电流继电器	用于频繁操作的电动机起动及短路保护	①继电器额定电流 I_{jN} 应大于电动机额定电流 I_{MN}，即，$I_{jN} > I_{MN}$； ②动作电流整定值，I_{jd} 一对交流保护电器，按电动机起动电流 I_s， I_{jd}=（1.1～1.3）I_s。对直流继电器，按电动机最大工作电流 I_{Mmax}， I_{jd}=（1.1～1.5）I_{Mmax}
过电压继电器	用于直流电动机（或发电机）端电压保护	①继电器线圈额定电压U_{jn}按系统过电压时线圈两端承受的电压不超过继电器额定电压来选择，一般线圈必须串接附加电阻R_t，其阻值计算方法（假定继电器动作电压 U_{jd} 为额定值 U_{jN} 的 40% 及线圈电阻为 R_i 时）取 R_f=（2.75～2.9）$\frac{U_{MN}}{U_{JN}}R_j\text{-}R_j$ 式中，U_{MN} 一电动机的额定电压； ②过电压动作整定值 U_{jd} 按电动机额定电压 U_{MN} 选取， U_{jd}=（1.1～1.15）U_{MN}

(3) 按主回路的工作电压选择接触器的额定电压。

(4) 根据控制电源要求，选择吸引线圈电压。

(5) 按联锁触头的数目和所需分断的电流大小确定辅助触头。

(6) 用接触器控制电容负载时，必须考虑接通瞬间的浪涌电流峰值，应尽量选用专用于容性负载的接触器。如果用普通接触器，一般应按该电容支路的最大工作电流加大一级容量选用，可以在回路中增加限流电抗或限流电阻来限制涌流。

33.2.2.4 保护用继电器的选择（表 33-40）

33.2.2.5 时间继电器的选择

时间继电器按照其延时原理有：阻尼式、水银式、钟表式、电动机式、晶体管式、热敏电阻式等。必须了解各类时间继电器的特点，并根据使用场合及控制系统的要求，选择合适的时间继电器。

对操作频繁的场合，常采用电磁式时间继电器。

空气阻尼式延时继电器可吸合延时（通电延时），但是其延时精度差，一般常用于延时精度要求不高的控制系统。

对延时精度要求较高，动作频率较高的场合，可用晶体管式时间继电器。

对要求长延时（以 min 或 h 计）的场合，可采用电动机式时间继电器。

对多尘或有潮气的场合，可用水银式时间继电器，或用封闭式或防潮式时间继电器。

33.2.3 可编程序控制器

33.2.3.1 概述

可编程序控制器（Programmable Controller）简称 PC，它是以计算机技术为基础的新型工业控制装置。

国际电工委员会（IEC）的定义为：“可编程序控制器是一种数字运算操作的电子系统，专为在工业环境下应用而设计。它采用可编程序的存储器，用来在其内部存储执行逻辑运算、顺序控制、定时、计数和算术运算等操作的指令，并通过数字式或模拟式的输入和输出，控制各类机械或生产过程。可编程序控制器及其有关设备，都应按易于与工业控制系统联成一个整体，易于扩充其功能的原则设计。”

早期的可编程序控制器仅具备逻辑控制、定时、计数等功能，当时把它称为可编程序逻辑控制器（Pro-grammable Logic Controller），简称 PLC。

为了区别于个人计算机（Personal Computer）的简称 PC，也将可编程序控制器简称为 PLC，现在，PC 和 PLC 这两个简称都在使用。

由于 PC 是为工业控制所设计的，所以具有很强的抗干扰能力，它广泛用于各个行业，是用于工业自动化控制领域中的一种通用控制装置，是工业自动化的理想工具。

33.2.3.2 可编程序控制器的特点

PC 的设计是以工业现场运行为前提，因此是有以下显著特点。

(1) 具有高度的可靠性。PC 的设计考虑了工业现场恶劣的环境，在硬件设计和软件设计上都采取了强有力的措施，

表 33-41 可编程序控制器的分类

分 类		特 点	
按处理I/O点规模分	超 小 型	I/O 点<30，一般无特殊功能模块	这两类的应用量目前占整个 PC 应用台数的 70% 以上
	小 型	I/O 点<128，可扩充各类特殊功能模块	
	中 型	I/O 点在 256～512 点之间	可联网通信，构成远程 I/O 站，就地控制站独立使用的大型 PC 将被联网通信的中小型 PC 所取代
	大 型	I/O 点在 1024～2048 点之间	
	超 大 型	I/O 点在 2048 点以上可扩充各类特殊功能模块	
按用户程序存储容量分	超 小 型	存储容量在 500～800 步（或字）以下	
	小 型	存储容量在 1000～2000 步（或字）以下	
	中 型	存储容量在 2000～8000 步（或字）以下	
	大 型	存储容量在 8000 步（或字）以上	
按结构分	单 元 式	将 CPU、I/O 模块、电源做成一体，小型以下 PC 往往设计为单元式。一般 I/O 点为固定搭配，输入点与输出点之比为 3∶2。近年出现 1∶1 的机种，便于在同一 CPU 机型的情况下通过各种扩展单元，达到覆盖更大范围 I/O 点数配置，使整个系统的 I/O 点数比由 1∶3～3∶1，更经济地满足不同用户对 I/O 点灵活配置的要求	
	模 块 式	将 CPU、I/O 模块、特殊功能、电源等做成各种各样的模块，模块以插件形式插在机架（或基板）上，由用户按控制系统的要求和规模自行配置，中型、大型、超大型均为模块式	
按能否联网通信分	独 立 型	为满足单机自动化要求和降低成本，只有超小型和小型才设计为独立使用型	
	可联网型	可联网型又可分为挂 PC 专有局域网和开放型联网两类	
集 成	型近年来推出的新机种，把 PC 与个人微机或其他计算机结合在一起，PC 的 CPU 与计算机的 CPU 通过高速数据通道（如 PC 总线，VME 总线）访问公共存储区，这种新式的体系结构，使它既能运用计算机的信息处理软件，又能以安全可靠方式与 PC 紧密耦合。这是目前 PC 诸机种中销售增长最快的品种		

保证了PC在控制系统中的可靠运行。目前PC产品平均无故障时间一般都能达到几万小时，甚至有的达到上千万小时。

(2) 功能完善现代PC具有数字和模拟量输入输出、逻辑和算术运算、定时、计数、顺序控制、功率驱动、通信、人机对话、自检、记录和显示等功能，使设备控制水平大大提高。

(3) 编程简单，使用方便。目前大多数的PC采用继电控制形式的“梯形图”和指令表的编程形式。采用继电器梯形图形式编程，主要考虑到大多数工矿企业、电气自动化人员比较容易接受，易于掌握，而且清晰直观；指令表的编程形式也很简单。这两种都是面向生产过程的编程方式，电气人员在几天内便可掌握使用。

另外，它所具备的体积小、省电、维修量少等优点，都是非常受用户欢迎的，所以PC应用领域非常广阔。有关专家预言，PC技术将在今后的自动化领域中居于首位。

33.2.3.3 可编程序控制器的分类（表 33-41）

33.2.3.4 可编程序控制器的应用领域

PC在国内外已广泛用于冶金、化工、机械、汽车、造纸、纺织等所有的工业部门。我国木材工业从国外引进的一些设备和生产线也有不少采用了PC控制，国产的一些生产设备，以及对旧设备的技术改造，也已有用PC控制替代原先的继电—接触控制。PC的应用大致分为以下几个领域。

1. 开关量逻辑控制

这是PC最基本最广泛的应用。PC最基本的功能是逻辑运算、定时、计数等，用来进行逻辑控制，可以取代传统的继电器控制。很多机床控制、生产自动线控制都属于这一类。

2. 闭环过程控制

过程控制是指对温度、压力、流量等连续变化的模拟量的闭环控制。大中型PC都有多路的模拟输入输出和PID控制，甚至有的小型PC也带有模拟量输入输出。这样，PC可以作模拟量控制，用于过程控制。

3. 位置控制

各主要PC生产厂家生产的PC几乎都有位置控制模块，用于控制步进电机或伺服电机，实现对各种机械的位置控制（运动控制）。

4. 监控系统

用PC可以构成监控系统，进行数据采集和处理、监控生产过程。

5. 分布控制系统

近年来，随着计算机控制技术的发展，国外正兴起工厂自动化（FA）网络系统。较高档次的PC都有联网功能，通过联网可以将PC与PC、PC与上位机联接起来，构成多级分布式控制系统。

33.2.3.5 可编程序控制器的组成和工作原理

1. 可编程序控制器的组成

可编程序控制器主要由“中央处理单元（CPU）、存储器（RAM、ROM）、输入/输出部件（I/O单元）、电源和编程器几大部分组成，其结构框图如图 33-53 所示。

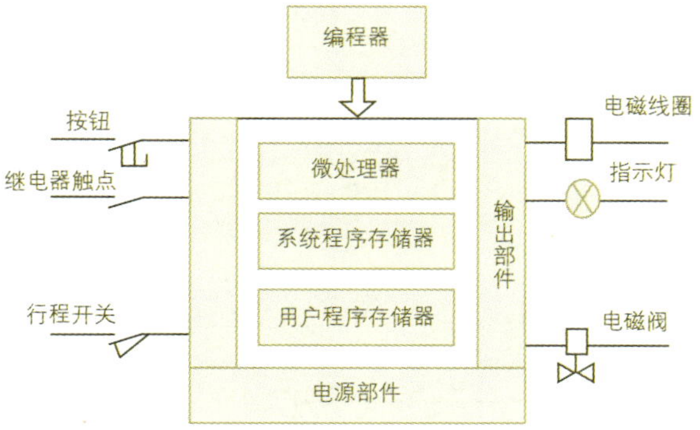

图 33-53 PC 结构框图

(1) 中央处理单元（CPU）：中央处理单元是PC的核心部件，指挥整机进行工作。它按系统程序所给的功能，接收并把编程器键入的用户程序和数据存放在存储器中，按扫描方式从存储器中○○○○地址存放第一条用户程序开始，到最后一条程序，不停地周期扫描，将逐条读取的用户程序经过命令解释后按程序指令规定的任务产生相应的操作。如读取输入信号、进行逻辑运算和算术运算、输出控制或制表打印等功能。

不同型号的PC使用不同的微处理器芯片，中、小型PC一般使用单片机（如8031、8051、8032等），中、大型PC一般采用位片式微处理器（如AMD2900、2901、2903等）。

(2) 存储器PC：存储器主要存放系统程序和用户程序，另外还存放逻辑变量和其他一些信息。所谓系统程序是指监控程序，用来控制和完成PC各种功能的程序，如指令解释，模块化的应用功能子程序，管理程序以及按对应定义（I/O，内部继电器、计时/计数器、移位寄存器等）存储各种系统参数。这些程序都由PC制造厂家编写，并固化到只读存储器（ROM）或紫外线可改写只读存储器（EPROM）中。一般情况下，PC功能越强，系统程序容量越大。所谓用户程序，是用户根据生产过程、工艺要求编写的梯形图或指令表等控制程序，通过编程器输入到PC的随机存储器（RAM）中，并采用锂电池做后备供电，以防断电丢失信息。目前大多数PC的用户程序在调试中存放在RAM中，可随意修改，一旦调试成功，就将用户程序固化在E^2PROM或EPROM中。

(3) 输入/输出部件（I/O模块）：I/O模块是中央处理单元与现场（如按钮、限位开关、传感器、接触器、电磁阀、指示灯等）之间的连接部件。PC对输入信号进行处理，产生输出信号，对系统进行控制，以达到自动控制的目的。PC的输入与输出信号的分类一般是这样的：以信号的种类分，有数字信号和模拟信号；以电气的性能分，有直流信号和交流信号。

数字信号（开关信号）有的是取自传感器的开关状态，如光电开关、接近开关、微动开关、干簧开关的输出。作为与PC的接口，一般用光电耦合输入的多，与PC的接口也比较容易。

模拟信号是在对温度、压力、流量、速度、位移等进行检测时得到的连续信号，一般有电压、电流、频率、电容、电感等。信号的电平在一个从很低到很高的范围内变化，为了使信号统一为电压或电流，信号电平控制在一定范围内，就要有一个合适的接口。

输入模块是从被控对象上取出信号并传递给中央处理单元的接口。

输出模块是输入信号通过中央处理单元等处理后，把结果送出去执行控制过程的工作。

常用I/O模块的分类与规格见表33-42。

(4) 编程器：编程器用作用户程序的编制（程序写入、读出、修改和清除），编辑（插入、删除、搜索），调试和监视，还可通过键盘去调用和显示PC的一些内部状态和参数。编程器通过通信端口与中央处理单元联系，完成人机对话。编程器分简易型和智能型两类。小型PC常用简易编程器，大、中型PC多用智能CRT编程器。除上述简易型和智能型这两种编程器外，还可采用计算机作为编程器。

表 33-42 常用I/O模块的分类与规格

I/O分类	规　格	外接器件举例
开关量输入（数字量）	DC24V，DC100V，DC5～24V，（CMOS，TTL电平），AC100V，AC200V	按钮、开关、限位开关、光电开关、接近开关、各种接点
开关量输出（数字量）	继电器触点输出（AC200，DC24V）晶体管输出（DC5～24V），双向晶闸管输出（AC100V、AC200V）	继电器线圈、接触器线圈、电磁阀、信号灯
模拟量输入	DC4～20mA，0～10V，1～5V，－10V～0～+10V，热电偶mV信号，热电阻信号，mV信号，其中又分独立通信和多路转换采样	变送器、传感器、热电偶、热电阻、测速发电机
模拟量输出	DC2～20mA，0～10V，1～5V，－10V-0～+10V	执行器、伺服电动机、仪表指示
中断输入	DC12V，24V响应＜0.2ms	限位开关、光电传感器、数据通信总线信息
高速脉冲计数输入	0～2kc/s，0～10kc/s，0～20kc/s，0～50kc/s，0～100kc/s	光电编码器、脉冲发生器、输出脉冲的传感器

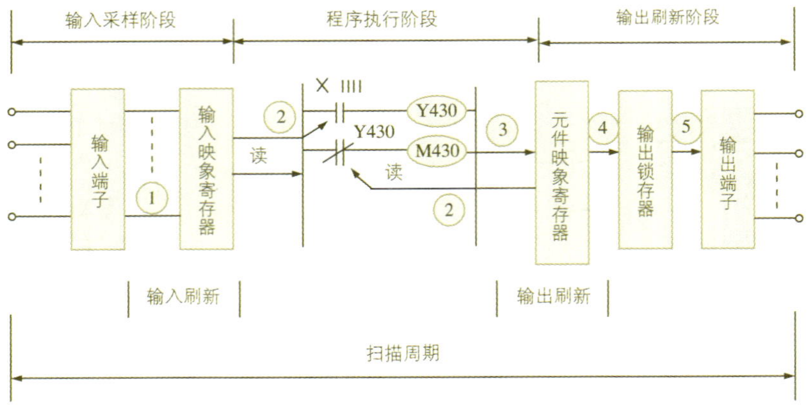

图 33-54 PC 扫描工作过程

2. 可编程序控制器的工作过程

PC 采用周期循环扫描的工作方式，这个过程可分为输入采样、程序执行、输出刷新三个阶段。如图 33-54 所示。

(1) 输入采样阶段：在此阶段，PC 首先扫描所有输入端子，并将各输入端的状态（接通/断开）存入输入映象寄存器。此时，输入映象寄存器被刷新。接着进入程序执行阶段，在程序执行期间，输入映象寄存器与外界隔离，即使输入状态如果变化，输入映象寄存器的内容也不会改变，其内容一直保持到下一个扫描周期的输入采样阶段，才重新写入输入端的新内容。

(2) 程序执行阶段：PC 在程序执行阶段，按先左后右、先上后下的步序语句逐句扫描。但遇到程序跳转指令，则根据跳转条件是否满足来决定程序的跳转地址。当指令中涉及到输入、输出状态，PC 从输入映象寄存器和其他元件映象寄存器中"读入"有关元件的通/断状态，然后，根据用户程序进行运算，运算结果再存入元件映象寄存器中。

(3) 输出刷新阶段：在所有指令执行完毕后，元件映象寄存器中所有输出继电器的状态（接通/断开），在输出刷新阶段转存到输出锁存继电器中，通过一定方式输出，驱动输出负载，这才是可编程序控制器的实际输出。

PC经过这三个阶段的工作过程，称为一个扫描周期，然后 PC 又重新执行上述过程，周而复始地进行。

33.2.3.6 编程语言

PC 的编程语言最早是作为替代继电器控制电路图而发展起来的，因此，由继电器电路图衍变而来的梯形图目前仍是PC编程语言的主流。随着PC的发展及要求进行更复杂的运算，又引入了其他一些语言。常见的 PC 编程语言有以下几种。

1. 梯形图

梯形图编程语言与电气控制原理图相似。这种编程语言继承了传统继电器控制逻辑中使用的框架结构，逻辑运算方式和输入输出形式，使得程序直观易读。当今世界各国的PC制造厂家所生产的 PC 大都采用梯形图语言编程。这种梯形图语言编程方式如图 33-55。

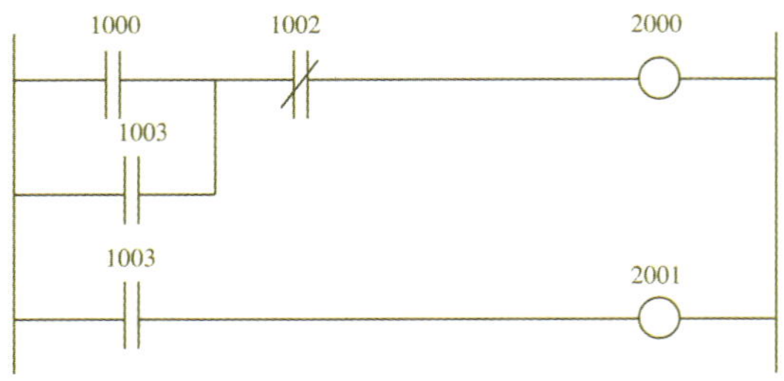

图 33-55 梯形图语言编程方式

在梯形图中继电器常开触点用 ┤├，常闭触点用 ┤╱├，线圈用 -○- 表示。

2. 语句表

这种编程语言是一种与汇编语言类似的助记符编程方式，不同的 PC，语句表使用的助记符不相同，下列六行指令是以 H 型系列 PC 编程语言对上例的编程。

步序	指令符号	元件号
1	LD	1000
2	OR	1003
3	AND NOT	1002
4	OUT	2000
5	LD	1003
6	OUT	2001

3. 功能图编程

功能图编程是一种较新的编程方法。它的作用是用功能图来表达一个顺序控制过程。目前国际电工协会（IEC）也正在实施发展这种新编程标准。

4. 高级语言

为了增强PC的运算和数据处理功能，方便用户的使用，许多 PC 都配备了高级编程语言。采用高级语言编程后，用户可以像使用普通微型计算机一样操作PC。除了完成逻辑控制功能外，还可以进行PID调节、数据采集和处理以及与计算机通信等。

33.2.3.7 命令语言

在中小型PC中，广泛使用一种命令语言（指令）编程，其助记符号大多是逻辑功能的英文缩写，便于记忆与编程。所使用的编程器也是廉价的便携型。每条命令语句都是由命令部分和数据部分组成的，命令部分主要是指令逻辑功能，数据部分则是指参考号（或称编程地址）。表33-43示出了H型系列PC采用的基本指令及应用指令。

H系列PC除上述基本指令和数据运算指令外，还有逻辑运算指令三条，功能指令六条，它们分别是：

表33-43 H系列PC指令一览表

指　令	功能说明
	1.基本指令
LD	常开触点与母线连接
LD NOT	常闭触点与母线连接
AND	常开触点串联
AND NOT	常闭触点串联
OR	常开触点并联
OR NOT	常闭触点并联
ANDLD	并联电路串联
ORLD	串联电路并联
OUT	输出逻辑运算结果
OUTNOT	输出运算结果的非
SFT	移位寄存器移位操作
KEEP	自保继电器
DIFU	对输入信号上升沿微分，把结果送到指定继电器
DIFD	对输入信号下降沿微分，把结果送到指定继电器
TIM	计时器的延时操作
CNT	计数器的计数操作
IL	在分支处形成新母线
ILC	消除分支的指令，返回原母线
JMP	跳转指令，不执行某段指令
JME	结束跳转指令
FEND	主程序结束
END	全部程序结束
	2.数据运算指令
MOV	数据传送
CONST	常数设定
CMP	不同内部继电器的内容比较
BIN	十到二进制转换
BCD	二到十进制转换
ADD	加法
SUB	减法
MUL	乘法
DIV	除法
PID	PID运算

逻辑运算指令

(1) 逻辑“与”指令：ANL

(2) 逻辑“或”指令：ORL

(3) 逻辑“异或”指令：XRL

功能指令

(1) 调用子程序指令：CALL SONP RET

(2) 调用用户宏指令：USER

(3) 暂停运行指令：WAIT

(4) 断电恢复功能指令：HOLD

(5) 中断处理指令：INT～RETI

(6) 通讯指令：COM

33.2.3.8 可编程序控制器机型的选择

机型选择是应用设计很重要的一步，在选用PC时应主要考虑以下几方面的问题。

1. 结构合理

对于工艺过程比较固定，环境条件较好（维修量较小）的场合，选用整体式结构PC。其他情况则选用模块式结构PC。

2. 功能相当

对于只需要开关量控制的设备，无须考虑其控制速度，一般的小型PC都可以满足要求。

对于以开关量控制为主，带少量模拟量控制的工程项目，可选用带A/D，D/A转换，加减运算、数据传送功能的低挡机。

对于控制比较复杂，控制功能要求更高的工程项目，例如要求实现PID运算、闭环控制、通信联网等，可视控制规模及复杂程度，选用中、高档机。

3. 容量要适当

要确保PC有足够的I/O点数，并留有一定的余地，一般要考虑10%～15%的备用量。

PC的用户程序存储器的容量可按下述经验公式计算。

对开关量输入、输出系统

只有模拟量输入系统中

内存字数＝开关量（输入＋输出）总点数×10

模拟量输入时：

内存字数＝模拟量点数×100

模拟量输入输出同时存在时：

内存字数＝模拟量点数×200

这些经验公式的算法是在10点模拟量左右，当点数小于10时，内存字数要适当加大，点数多时可适当减小。

对存储器总容量，推荐下面的经验计算公式：

总存储器字数＝(开关量输入点数＋开关量输出点数）×10+模拟量点数×150

然后按计算存储器字数的25%考虑余量。

4. **根据输入输出信号进行选择**

除了I/O点的数量，还要注意输入、输出信号的性质、参数和特性要求等。例如：要注意输入信号的电压类型、等级和变化频率；注意信号源是电压输出型还是电流输出型；是NPN输出型还是PNP输出型等。要注意输出端点的负载特点（例如负载电压、电流的类型），数量等级以及对响应速度的要求等。

33.2.3.9 常见PC性能简介

目前市场上的PC类型很多，现将下列几种较典型的产品性能作些介绍。

1. **F1系列PC性能简介**

日本三菱电机公司生产的F_1系列PC性能见表33-44、表33-45、表33-46和表33-47。

表33-44 F_1系列一般技术指标

电　源	AC110～120V/220～240V 单相50/60Hz
电源波动范围	AC99～132V/198～264V，电源可瞬间失效10ms
环境温度	0～55℃
环境湿度	45%～96%（无凝露）
防震性能	10～55Hz，0.5mm（最大：2G）
抗冲击性能	10G，在x，y，z三个方向定时
抗噪声能力	1000V峰-峰值，1μs，30～100Hz（噪声模拟器）
击穿电压（绝缘耐压）	AC1500V，1min（接地端与其他端子间）
绝缘电阻	5MΩ，500VDC（接地端与其他端间）
接地电阻	小于100Ω（如接地有困难，可不接地）
环　境	无腐蚀性气体，无导电粉末，微粒

表33-45 F_1系列基本单元的功能技术指标

执行方式		存储程序，反复执行，输入输出的集合体
执行速度		平均12μs步
程序语言		继电器和逻辑符号
程序容量		1000步
指令	基本逻辑指令	20条
	步进指令	2条
	功能指令	87条（包括+、－、×、÷等）
程序存储器		机内RAM，EPROM EEPROM匣（选件）
辅助继电器	无保持功能	128点
	有保持功能	64点
	特殊辅助继电器	16点
状态寄存器（有保持功能）		40点（可作普通辅助继电器）
数据寄存器		64点
定时器	0.1s定时器	24点延时接通定时器（0.1～999s）
	0.01s定时器	8点延时接通定时器（0.01～99.9s）
计数器（有保持功能）		30点减计数器（0～999）
高速计数器（有保持功能）		1点，加/减计数器（0～999999）最高频率2kHz
掉电保护用电池		锂电池，寿命约5年
自诊断		程序检查（求和检查，语法检查，电路检查）监控定时器，电池电压电源，电压监视等

表33-46 F_1系列的输入技术特性

		直流（24V）	交流（110V）	交流（220V）
额定输入电压		DC24V ± 4V（内部供电）	AC100/110V $^{+10\%}_{-15\%}$ 50/60Hz	AC200/220V $^{+10\%}_{-15\%}$ 50/60Hz
输入阻抗		约3.3kΩ	约9.6kΩ/50Hz	约21.2kΩ/50Hz
工作电流	断→通	最小4mA DC	最小8mA AC	最小7mA AC
	通→断	最大1.5mA DC	最大3mA AC	最大3mA AC
响应时间	断→通	约10ms	约15ms	约15ms
	通→断	约5ms	约8ms	约8ms
隔　离		光耦合隔离		
指　示		当有输入时发光二极管亮		

表 33-47 F1 系列的输出技术特性

		继电器输出 AC：100V；200V；DC：24V	可控硅输出 AC：100V；200V	晶体管输出 DC：24V
额定输出电流（电阻负载）		2A/1 点	1A/1 点，4A/8 点合计	1A/1 点，4A8 点合计
最大负载	电感性	80VA	50VA（AC 100A） 100VA（AC 200A）	24W（DC 24V）
	灯泡	100W	100W	3W
	冲击电流	10A/ 周期	10A/ 周期	3A DC
最小负载	电感性		1.6VA（AC 200V） 0.4VA（AC 100V）	同左
	灯泡		1W（AC 200V） 0.5W（AC 100V）	同左
响应时间	断→通	约 5ms	< lms	< lms
	通→断	约 10ms	最大 10ms	< lms
隔离		继电器隔离	光可控硅	光耦合
指示		当继电器接通发光二极管	当可控硅接通发光二极管亮	当光耦合器通发光二极管亮亮

2. FX2 系列 PC 性能简介

FX2 系列 PC 是三菱公司近年来推出的高性能小型机，整体式结构。它由基本单元、扩展单元、扩展模块和特殊适配器组成，系统最大 I/O，点数为 128 点。

FX2 系列的一般技术指标与 F1 系列的技术指标基本相同。只是电源电压为 AC100-240V，FX2 的性能指标见表 33-48，输出技术指标见表 33-49。

表 33-48 FX2 的性能指标

项目		性能指标	注释	
操作控制方式		反复扫描程序	由逻辑控制器 LSI 执行	
I/O 刷新方式		批处理方式（在 END 指令执行时成批刷新）	有直接 I/O 指令及输入滤波器时间常数，调整指令	
操作处理时间		基本指令：0.74μs/ 步	功能指令：几十～几百 μs/ 步	
编程语言		继电器符号语言（梯形图）+ 步进顺控指令	可用 SFC 方式编程	
程序容量 / 存储器类型		2K 步 RAM（标准配置） 4K 步 EEPROM 卡盒（选配） 8K 步 RAM，EEPROM EEPROM 卡盒（选配）		
指令数		基本逻辑指令 20 条，步进顺控指令 2 条，功能指令 87 条		
输入继电器	DC 输入	24V DC，7mA，光电隔离	XO～X177（8 进制）	I/O 点数一共 256 点
	–	–		
输出继电器	继电器	250VAC，30VDC，2A（电阻负载）	YO～Y177（8 进制）	
	双向硅	24VAC，0.3A/ 点，0.8A/4 点		
	晶体管	30VDC，0.5A/ 点，0.8A/4 点		
辅助继电器	通用型		M0～M499（500 点）	范围可通过参数设置来改变
	锁存型	电池后备	M500～M1023（524 点）	
	特殊型		M8000～M8255（256 点）	
状态	初始化用	用于初始状态	S0～S9（10 点）	
	通用		SI0～S499（490 点）	可通过参数设置改变其范围
	锁存	电池后备	S500～S899（400 点）	
	报警	电池后备	S900～S999（100 点）	

表 33-48（续）

项　目		性能指标		注　释	
定时器	100ms	0.1～3276.7s		T0～T199（200点）	
	10ms	0.01～327.67s		T200～T245（46点）	
	lms（计算）	0.001～32.767s	电池后备（保持）	T246～T249（4点）	
	100ms（计算）	0.1～3276.7s		T250～T255（6点）	
计数器	加计数器	16bit.1～32.767	通用型	Co～C99（100点）	范围可通过参数设置
			电池后备	C100～C199（100点）	
	加/减计数器	32bit，-2147483648～2147483648	通用型	C200～C219（20点）	范围可通过参数设置
			电池后备	C220～C234（15点）	
	高速计数器	32bit加/减计数	电池后备	C235～C255（6点）（单相计数）	
寄存器	通用数据寄存器	16bit　一对处理32bit	通用型	Do～D199（200点）	范围可通过参数设置
		16bit	电池后备	D200～D511（312点）	
	特殊寄存器	16bit　D8000～D8255（256点）			
	变址寄存器	16bit　V，Z（2点）			
	文件寄存器	16bit（存于程序中）	电池后备	Dl000～D2999，最大2000点，由参数设置	
指针	跳转/调用			Po～P63（64点）	
	中断用	X0～X5作中断输入，计时器中断		I0□□～18□□（9点）	
嵌套标志		主控线路用		No～N7（8点）	
常数	十进制	(K)16bit：-32768～32767 32bit：-2147 483648～2 147 483 647			
	十六进制	(H)16bit：0～FFFFH32bit：0～FFFFFFFFH			

表 33-49 FX2 系列的输出技术指标

项目		继电器	双向可控硅输出	晶体管输出
外部电源		AC250V，DC30V以下	AC85～242V	DC5～30V
最大负载	电阻负载	2A/点	0.3A/点，0.8A/4点	0.5A/点，0.8A/4点
	感性负载	80VA	15VA/ACl00V，30VA/AC240V	12W/DC24V
	灯负载	100W	30W	1.5W/DC24V
开路漏电流		−	lmA/ACl00V.2.4mA/AC240V	0.1mA/DC30V
最小负载		−	0.4VA/ACl00V.2.3VA/AC240V	−
响应时间	OFF→ON	约10ms	lms以下	0.2ms以下
	ON→OFF	约10ms	最大10ms	0.2ms以下
隔离方式		继电器隔离	光电可控硅隔离	光电耦合器隔离

3. C系列PC性能简介

日本立石公司（OMRON）生产的SYSMAC-C系列PC，主要有C系列普通型、C系列P型（袖珍型）、C系列H型（高功能型，包括C20H/C28H/C40H）和超小型SPl0，其主要技术指标见表33-50、表33-51、表33-52和表33-53。

表 33-50 C 系列 P 型机的一般技术指标

C20P/C28P	C40P	C60P
电源电压	AC：100～240V，50/60HZ。或DC，24V	
允许电源波动范围	AC：85～264V；DC20.4～26.4V	
功　耗	交流型＜40VA，直流型＜20W	交流型＜60V，直流型＜40W
DC24V输出端子	DC24V±10%，最大0.2A	
绝缘电阻	＞10MΩ（全部AC外端子与外壳之间）	
绝缘耐压	AC2000V50/60Hz（全部AC端子与外壳间）	
	AC500V50/60Hz（全部DC端子与外壳间）	

表 33-50（续）

C20P/C28P		C40P	C60P
抗噪性		1000V_{P-P} 脉冲宽 100ns～1μs，上升沿 Ins 的脉冲	
耐震动		10～35Hz 双向振幅 2mmX，Y，Z 各方向 2h	
耐冲击		10G，X，Y，Z 各方向三次	
使用环境温度		0～55℃	
使用环境湿度		35%～85%RH（不结露）	
结　构		袖珍式箱体结构，分主箱体和扩展箱体	
外形尺寸（mm）	250 × 110 × 100（mm）	300 × 100 × 100（mm）	350 × 140（mm）
重　量　CPU 单元	1.9kg	2.2kg	2.6kg
重　量　I/O 单元	1.7kg	2.0kg	2.4kg

表 33-51　C 系列 P 型机的功能技术指标

项　目	C20P	C28P	C40P	C60P
执行方式	存储程序反复执行			
编程方式	梯 形 图			
指令字长	1 步 /1 指令 6 字节 /1 指令			
指　令	37 条（基本指令 12 条，应用指令 25 条）			
处理时间	平均 10 μ s/1 指令（RAM）、平均 13 μ s/1 指令（ROM）			
用户存储容量	1194 步			
I/O 点数	20～40 点 输入 12～24 点 输出 8～16 点	28～56 点 输入 16～32 点 输出 12～24 点	40～80 点 输入 24～48 点 输出 16～32 点	60～120 点 输入 32～64 点 输出 28～56 点
输入方式	开 关 量			
输出方式	继电器、双向可控硅、晶体管			
内部辅助继电器	136 点（1000～1807）			
特殊辅助继电器	16 点（1808～1907）			
保持继电器	160 点（HR000～HR915）			
暂存继电器	8 点（TR0～TR7）			
数据存储器	64 字（DM00～DM63），每个字 16 位，占用一个通道			
定时器 / 计数器	48 点（TIM，TIMH，CNT，CNTR 合计 48 点）；TIM00～47（0～999.98）；TIMH00～47（0～99.98）；CNT00～47（0～9999 计数）；CNTR00～47（0～9999 计数）			
联网功能用	I/OLink 单元与其他 C 系列 PC 连接；用 Host Link 单元与上位计算机连接			
高速计数器	1 点高速计数器输入（0000）；最高响应频率 2kHz；设定值（0000～9999）			
停电保持功能电池寿命	保持继电器、计数器、数据存储器的内容在 25℃条件下为 5 年。在高于该温度的环境下使用时，寿命会缩短。电池异常显示（ALARM LED）闪烁时，请在一周内更换电池。			
自诊断能力	CPU 异常（时钟、监视、定时器）			
程序检查功能	程序检查（只在运行开始时检查），无 END 指令，指令异常，JMP 溢出。除此以外，编程器还有下列检查功能：线圈重复使用、回路错误，IL-ILC 错误、JMP-JME 错误微分指令数超出。			

表 33-52 C20H/C28H/C40H 的性能规格

项 目			规 格
控制方式			存储程序方式
输入输出控制方式			采用循环扫描方式与同时中断处理方式
程序格式			梯 形 图
指 令 长			1Step/一条指令 1～4 字 /1 条指令
指令种类			130 种（基本指令 12 种，应用指令 118 种）
指令处理速度			基本指令 0.75～2.25μs
程序容量			2878 字
数据区域	输入输出继电器		20～160 点（00000～03915）（C20H：140 点、C28H：148 点、C40H：160 点）
	内部辅助继电器		3472 点（04000～24615）
	特殊辅助继电器		136 点（2.4700～25507）
	保持继电器（HR）		1600 点（HR0000～9915）
	暂时记忆继电器（TR）		8 点（TR0～7）
	辅助记忆继电器（AR）		448 点（AR0000～2715）
	链接继电器（LR）		1024 点（LR0000～6315）
	计时 / 计数器（TIM/CNT）		512（TIM/CNT000～511）
	高速计数器		计时器 0～999.9s，高速计时器 0～99.99s，计数器 0～999，高速计数输入 1 点（00000），硬复位输入 1 点（00001）最大响应频率 2kHz，设定值 0000～9999
	数据存储器（DM）	允许读 / 写	1000 字（DM0000～0999）只有 DM0900～0999 在系统中被使用
		只允许读	1000 字（DM1000～1999）只有 DM1900～1999 在系统中被使用
	停电记忆功能		可以记忆保持继电器（HR），辅助记忆继电器（AR），计数器（CNT），数据存储器中的内容
	电池寿命		在 25℃时为 5 年。在此以上温度下使用时，寿命将缩短，取出电池后，请在 1min 内更换。
	程序检查功能		常在程序开始时检查（无 END 指令，指令异常等）也可用编程控制器，用图形编程器（GPC）检查。设有 3 级检查。
RS-232C 接口 DSUB9 脚	通信方式		半 双 式
	同步方式		异 步
	传送速度		300/600/1200/2400/4800/9600BPS
	传送距离		最大 15m
计时功能（内有实时时钟时）年，月，日，星期，时，分，秒（对润年也有对应）精度，月差 ± 30s（25℃以下）			

表 33-53 SP10 的性能规格

控制方式		存储程序方式	
输出输入控制方式		循环扫描方式	
程序方式		梯形图方式	
命令字长		1 步 /1 命令 1～5 字 /1 命令	
命令的种类		34 种（基本命令 12 种，应用命令 17 种，运算命令 5 种）	
处理时间		最小 0.2μs 基本接点命令平均 0.721μs	
程序容量		最大 144 字	
输出入继电器		10 点（输入 6 点、输出 4 点）	
内部辅助继电器		36 点	
特殊辅助继电器		20 点	
数据保持继电器（DR）		最大 256 点链路继电器（LR）	256 点
		最大 128 点共计	
定时器 / 计数器		共计 16 点（其中高速定时器 1 点，模拟定时器 1 点）	
停电保持功能		用户存储器：RAM、EEP-ROM 并用数据：RAM 电容器备用（20 天保存，环境温度 25℃）EEP-ROM 可传送	
自诊断功能	停止异常	CPU 异常（监视时钟）存储器异常，无 END 命令（LED 显示）	
程序检查功能		程序检查（运行开始时常检查）无 END 命令、命令异常	
PC 链路		最多 4 台（另需链路适配器）	

4. GE-1 系列 PC 简介

美国通用电气公司生产的 GE-I 系列有 GE-I、GE-I/J 和 GE-I/P 三种。GE 系列 PC 机除 GE-I/J 为整体式结构外，其他机型全部为模块式结构。GE-I 系列的性能指标见表 33-54。

表 33-54 GE-I 系列 PC 的性能指标

特　性	GE-I/J（SR-10）	GE-I（SR-20）	GE-I/P（SR-21）
I/O 点数（最大）	50/64/96/（12）	112	168
存 储 器			
700 字 CMOSRAM	标　准	标准	标准
扩展到 1724 字	NO	Yes（1）	Yes（1）
EPRM	Yes（2）	Yes（2）	Yes（2）
典型扫描时间　0.5K 程序	20ms	20ms	5.1ms
1.OK 程序	40ms	40ms	10ms
1.7K 程序		60ms	17ms
内部功能元件	160	144	144
非停电记忆线圈	96	112	112
停电记忆线圈	59	28	28
特殊功能线圈	5	4	4
定时器 / 计数器	20（4 位）	64（4 位）	64（4 位）
拨盘接口模块	No	Yes	Yes（3）
定时 / 计数器设定单元	Yes	No	Yes（3）
移位寄存器	155 步	128 步	128 步
数据寄存器	No	No	128（8 位）
步进器（鼓形控制器）	20（10000 步）	64（10000 步）	64（10000 步）
高速计数器			
内装（2kHz）	Yes	No	Yes
I/O 模块（10kHz）	No	Yes	Yes
开关量 I/O 模块	Yes（4，5，6）	Yes	Yes
模拟量 I/0 模块	Yes（4，7）	Yes（7）	Yes
远程 I/0	No	Yes（8）	Yes（8）
远程系统 I/0		96	96
I/O 扩展模块	Yes（9）	（10）	（10）
扩展系统 I/O 数	26/40/72（12）	（10）	（10）
编程语言			
基本梯形图功能	Yes	Yes	Yes
数据操作	No	No	Yes
手提式编程器			
IC610PRG100	Yes	Yes	Yes（11）
IC610PRG105	Yes	Yes	Yes
便携式编程器（液晶显示）	Yes	Yes	Yes
用 Workmaster 编程	（13）	Yes	（13）
CPU			
IC610CPU101	不用	Yes	No
IC610CPU105	不用	Yes	Yes
经过字保护	No	No	Yes
框　架			
IC610CHS110（5 槽）（14）	Yes（扩展）	Yes	Yes
IC610CHS114（5 槽）（15）	Yes（扩展）	Yes	Yes
IC610CHS120（10 槽）（14）	Yes（扩展）	Yes	
IC610CHS124（10 槽）（15）	Yes（扩展）	Yes	
IC610CHS130（10 槽）（14）	Yes（扩展）	Yes	Yes
IC610CHS134（10 槽）（15）	Yes（扩展）	Yes	Yes
数据通讯单元，CCM100	Yes	Yes	No
CCM105	Yes	Yes	Yes
Rs-232/422 适配器	Yes	Yes	Yes
外围设备			
打印机接口单元	Yes	Yes	Yes
PROM 写入单元	Yes	Yes	Yes
盒式磁带录音机	Yes	Yes	Yes
附 件 袋	随 机 带	Yes	Yes

5. SIMATIC S5U 系列 PC 性能简介

德国西门子公司生产的SIMATIC S5自动化系统U系列PC，其较常用的机种型号及其主要技术特性如表33-55所示。

表 33-55 为 SIMATIC S5U 系列 PC 技术特性一览表。

H 型系列 PC 性能简介（表 33-56，表 33-57）。

表 33-55 SIMATICS5U 系列 PC 技术特性一览表

SIMATICS5 –	90U	95U	101U	100U			115U				135U				155U
适配 CPU				100	102	103	941	942	943	944	920	922	928	928B	946/947
程序、数据主存储容量(Kb)	4	16	2	2	4	20	18	42	48	96	128	64	64	64	896
数据存储器(磁泡)(Kb)	–	–	–	–	–	256	256	256	256	–	256	256	256	256	
CP580/CP521	30	30	–	30	30	30	40Mb	40Mb	40Mb	40Mb	–	40Mb	40Mb	40Mb	40Mb
BASIC(Kb)1K 二进制语句扫描时间(ms)	2-5	2-5	70	70	7	1.6	1.6	1.6	1.6	0.8	–	20	1.1	0.6	1.4
IK 典型程序平均执行时间(ms)	5	5	75	75	15	10	10	10	5	1.5	–	20	7.5	0.9	1.75
中间标志位/可扩展标志位	1024	2048	512	1024	1024	2048	2048	2048	2048	2048	–	2048	2048	2048/8192	2048/ 32768
计数器定时器	32/32	128/128	16/16	16/16	32/32	128/128	128/128	128/128	128/128	128/128	–	128/128	256/256	256/256	256/256
算术功能	+ –	+ – ×	+ –	+ –	+ –	+ – ×	+ – ×	+ – ×	+ – ×	+ – ×	–	+ – ×	+ – ×	+ – ×	+ – ×
数字量输入/输出	10/6①	16/16②	40/20	128	256	256	512	1024/ 1024	1024/1024	1024/102	44096/4096	4096/4096	4096/4096	4096/4096	4096/4096
模拟量输人/输出	–	8/1	–	8	16	32	64/64	64/64	64/64	64/64	192/192	192/192	192/192	192/192	192/192
可否使用智能输入输出模块	–	–	–	–	–	–	–	–	–	–	–	–	–	–	–
有否操作员通信、过程显示系统	–	–	–	–	–	–	–	–	–	–	–	–	–	–	–
SINEC 局部网络	L1	L1,L2	L1	–	L1	L1,L2,H	L1,L2,H	L1,L2,H1	L1,L2,H1	L1,L2,H1	L1,L2,H1	L1,L2,H1	L1,L2,H1	L1,L2,H1	L1,L2,H1
点对点连接	–	–	–	–	–	–	–	–	–	–	–	–	–	–	–

注：①另可扩展 6 个模块(I/O 最多另加 48 点)

②另可扩展 32 个模块(I/O 最多另加 256 点)

表 33-56 H 型系列 PC 各单元技术规格

类别	型号	技术规格								备注
		开关量输入		开关输出		模拟量输入		模拟量输出		
基本单元	S40H	DC 输入(24V 电源机内提供)	24 点	继电器、可控硅、晶体管 三种	24 点	0～5v、4～20mA 二种		0～5v		高速计数二点，外中断一点；RS～232/485通讯口各一个；对外提供+24V服务电源；可带扩展机一台
	S40HA		16 点		16 点		8 点		2 点	
	S60H		32 点		32 点					
	S60HA		32 点		32 点		8 点		2 点	
扩展单元	S40E		24 点		24 点					对外提供 +24V 服务电源
	S60E		32 点		32 点					
特殊功能单元	HAE						8 点		2 点	12 位精度
外围设备 编程器	S40-HP	液晶显示二行 16 个字迹，配备 2m 连接电缆，自备储存器和 CPU，可 8 位密码设定。								连机编程、脱机编程
外围设备 模拟调试板	40T	开关量 24 点输入。								通过指示灯监控
外围设备 外置数板	T/CAU	通过主机扩展口连接，可实现多组多位程序外置数和显示。								拨盘或键盘输入
外围设备 个人计算机		通过主机 RS-232 口连接，借助于 DOC 软件，在上位机屏幕上梯形图编程。实时监控，强制执行。								推荐 386、486 兼容机，市售品
外围设备 通讯网络 NET		通过主机 RS-485 口连接，可构成多达 32 台主机通讯网络。								
外围设备 打印机		推荐 EPSON 1600K								市售品

表 33-57 H 型系列 PC 基本技术规格

项目			基本单元 S40H	S40HA	S60H	S60HA
控制部分	控制系统		程序存贮式周期性系统			
	处理速度		6 μs/字平均值(基本指令)			
	程序容量		2048 条			
	存贮器	基本单元	RAM 区 8K			
		存贮单元	EEPROM32K			
指令	指令基本		22 条			
	算术运算指令		10 条			
	逻辑运算指令		3 条			
	功能指令		6 条			
输入/输出处理	外部输入	开关量点数	24	16	32	32
		模拟量点数		8		8
	外部输出	开关量点数	18	16	28	28
		模拟量点数		2		2
	内部输出		640 点			
	特殊内部输出		67 点			
	延时/计数器	点　数	64 点			
		设 定 值	0～9999.(计时单位可选，最小 0.01s			
	高速计数器	点　数	2 点			
		位　数	6 位(1～99，9999 次)			
		计数速度	30kHz/min			
	中　断	外部中断	1 点			
		内部限值中断	2 点			
		内部定时中断	2 点			
	外部输入类型		24VDC（机内电源）			
	外部输出类型		①继电器 AC220V/DC24V2A；②双向可控硅 AC220V2A；③晶体管 DC24 V0.5A			
	通　讯	RS-232 口	1 个			
		RS-485 口	1 个			
	外围设备		手持式液晶编程器、个人计算机（DOC 支持软件），外置数面板、模拟调试开关			
	扩展单元		S40E		S60E	
	自 诊 断		CPU 故障，电池异常，RAM 故障，电源故障			

参考文献

[1] 周春晖主编. 过程控制工程手册. 北京：化学工业出版社，1993年

[2] 机械工业手册编委会编. 电机工程手册(第2版). 北京：机械工业出版社，1997

[3] 颜本慈主编. 自动检测技术. 北京：国防工业出版社，1994

[4] 李良贸等编. 常用测量仪实用指南. 北京：中国计量出版社，1998

[5] 张是勉等编. 自动检测. 北京：科学出版社，1987

[6] 常健生编. 检测与转换技术机. 北京：械工业出版社，1981

[7] 秦永烈编. 物位测量仪表. 北京：机械工业出版社，1978

[8] 李标荣等编. 电子传感器. 北京：国防工业出版社，1993

[9] 中国科学技术协会. 自动化技术. 北京：中国科学技术出版社，1994

[10] 林奕鸿等编. 机床控制技术及应用. 北京：机械工业出版社，1994

[11] 高钟毓编. 机电控制工程. 北京：清华大学出版社，1994

[12] 王永章等编. 机床的数字控制技术. 哈尔滨：哈尔滨工业大学出版社，1995

[13] 林小峰编. 可编程序控制器原理及应用. 北京：高等教育出版社，1991

[14] 扬长能等编. 可编程序控制器（PC）基础及应用. 重庆：重庆大学出版社，1992

[15] 王兆义主编. 可编程序控制器教程. 北京：机械工业出版社，1993

[16] 田瑞庭主编. 可编程序控制器应用技术. 北京：机械工业出版社，1994

[17] 熊葵容主编. 电器逻辑控制技术. 北京：科学出版社，1998

[18] 人造板生产自动化.南京林业大学 . 1993

[19] 上海兰星电气有限公司. H型系列可编程序控制器使用手册

Utilization of Computer in Wood Industry

34 计算机在木材工业中的应用

计算机在木材材性研究方面的应用，包括在热学、电学性质的研究过程中利用计算机建立数学模型、编制程序和分析结果，以及计算机在木材识别检索中的应用；计算机在木材工业过程控制中的应用，包括在制材工业中计算机结合步进电机实现带锯机位置的控制、成材分类归垛、国外计算机技术在木材无损检测的应用现状、人造板生产过程中单板干燥剪切过程控制，板胚成型质量控制，热压过程控制，人造板缺陷检测，制胶过程控制，MDF生产过程控制，计算机软件在家具生产中的应用特点及其优越性；计算机在企业管理中的应用，包括利用网络技术建立企业数据信息系统，计算机在企业财务管理中的应用。

34.1 计算机在材性研究中的应用

34.1.1 材性研究中的计算

34.1.1.1 木材热学性质研究中的计算

在木材热学性质的研究中，往往要了解和标定不同条件下，木材的各项热学性能指标。这些性能指标对各个用材部门是非常有用的，尤其对于建筑行业更是至关重要。

最常用的热性能指标有：导热系数、导温系数、比热系数和蓄热系数。不同树种的木材在上述指标上是有差异的。一般，这几个系数的值是与木材的含水率、木材的密度、外界的温度及木材不同的纹理方向相关的。

下面以研究红松材的导热系数同含水率、密度之间的相关关系为例。研究者取22个试样，在7个不同含水率梯度上(即分为0～2%、7%左右、13%左右、18%左右、21%～26%、28%～40%、68%以上)进行试验。其中小于27%的5个含水率在纤维饱和点以下，大于27%的2个含水率在纤维饱和点以上，共得22 × 7=154个试验数据(不同含水率梯度的试验做二次)。

根据已有资料及试验结果知道导热系数同木材的含水率及密度这两个变量之间呈显著的线性相关关系。且在纤维饱和点以下及纤维饱和点以上可能有较大差异。研究者试图找到能反映这三个变量之间关系的相关方程式。考虑到纤维饱和点以上及纤维饱和点以下可能产生的差异，需分别拟合回归方程式，同时也要求出总体的相关方程式，进行比较和选用。根据数理统计要求，还要对所求的方程式用复相关系数检验其相关关系的显著性，并比较含水率与密度这两个因素哪个对导热系数的影响更为显著。

1. 数学模型的建立

显然，这是一个二元线性回归分析问题，其数学模型为二元线性回归方程式，即

$$Y=B_0+B_1X_1+B_2X_2$$

式中：Y——导热系数

X_1——含水率

X_2——密度

只要分别求出对应于纤维饱和点以上和纤维饱和点以下及总体的回归方程的系数B_0、B_1、B_2，便可得到所求的三个相关方程。

2. 程序的编制

考虑纤维饱和点以上和纤维饱和点以下及总体的样本回归计算模型相同，程序可采取循环方式，设置一自动计数器单元M，通过M值的改变，程序自动循环，依次求出纤维饱和点以上和纤维饱和点以下及总体样本的三个回归方程。为了增强程序的通用性，对样本数据的分类数M_0（本例中分为纤维饱和点上、下两类），每类样本数$N(i)$（i=1，2，……，M_0）及样本的总数N_1均采用人机对话方式，在程序的运行开始时由键盘输入。这样，一般的二元线性回归问题均可使用此程序。程序中用一个二维数组$X(i, j)$来存放N_1试验数据，用另一个二维数据$L(i, j)$来存放运算中间结果L_{11}、L_{12}……，以备反复使用。

程序中变量分配：

输入变量：M_0——分类数

N_1——样本总数

$N(i)$——每类样本数

Q_1——每一含水率下试样数

Q_2——含水率梯度数

B_0——回归方程常数项

B_1——对应于 X_1 的偏相关系数

B_2——对应于 X_2 的偏相关系数

R——回归方程的复相关系数

P_1——对应于 X_1 的标准回归系数

P_2——对应于 X_2 的标准回归系数

数组变量：$X(i、j)$——存放 N_1 组数据

其中：$X(0、j)$——存放导热系数

$X(1、j)$——存放含水率

$X(2、j)$——存放密度

$L(i、j)$——存放 L_{11}、L_{22} 等中间结果

计数单元：M——循环次数计数

3. 结果分析

(1) 根据查表，在0.01水平下，复相关系数 $R_{0.01}$ 的临界值为

在纤维饱和点以上，即 $N(2)=44$ 时，$R_{0.01}=0.454$

在纤维饱和点以下，即 $N(1)=110$ 时，$R_{0.01}=0.297$

总体回归：$N_2=154$ 时，$R_{0.01}=0.244$

与计算结果比较，所拟合的三个相关方程的复相关系数均大于查表所得的临界值，说明所要确定的相关关系是显著的。求出的结果亦符合要求。

(2) 由计算结果可看出

$|P_1| \geqslant |P_2|$ 三个回归方程的检验结果均是如此。这说明含水率（X_1）对木材导热系数的影响比密度（X_2）的影响更为显著。因此，可以说含水率是影响木材导热系数变化的主要因素，而密度相对来说是次要因素。

(3) 从求出的三个相关方程式中可以看出

纤维饱和点上、下两个回归方程差异较大。因此，分别用两个回归方程来拟合更适合于表达变量之间的相关关系。

34.1.1.2 木材电学性质研究中的计算

研究木材的电学性质在木材工业的应用中有着重要的意义。木材的电学性质主要表现为下面三个物理量的变化，即木材的介电常数 ε 、损耗角的正切 tg δ 和木材的电阻率 γ 。这三个量值的大小与一定的条件、因素有关，并且有一定的统计规律。其中，木材的含水率的大小对木材的电学性质影响较大。含水率低时。木材为绝缘体；含水率为一定值时，木材为半导体；含水率很高时，木材将成为导体。因此，若能确定出木材的电学性能参数随含水率变化的关系，那么就可以用测量木材的电性能参数的量值大小来间接获取木材含水率的大小。这对于木材的微波干燥、高频加热以及定向纤维板、定向刨花板的电场定向等方面非常有用。同时也提供了木材进行无损检测的手段。

据有关资料表明，木材的介电常数、损耗角的正切、电阻率与含水率的变化呈指数曲线相关关系。即

$$y=ae^{\frac{b}{x}}$$

为了确切地求出这种指数相关的表达式，要对不同的树种在不同的温度下，做反复大量的试验。在取得大量的原始测量数据基础上，计算出不同树种木材的含水率、介电常数、损耗角正切及电阻率。然后对这些计算值用回归分析的方法进行回归计算，以分别求出介电常数、损耗角正切及电阻率这三者关于木材含水率的指数相关表达式。最后还要检验它的显著性如何。

以上统计分析工作运算复杂，数据量大，可采用微型计算机来完成。

计算实例：由试验取得若干多组样本的原始数据。根据原始数据计算每个样本的含水率 M、介电常数 ε、损耗角的正切 tgδ 及电阻率 γ，计算公式为：

$$M=\frac{W-W_0}{W_0}\times 100\%$$

$$\varepsilon=1+\frac{14.4d(C_1-C_2)}{D^2}\times 100\%$$

$$\mathrm{tg}\,\delta=\frac{14.4dC_0}{\varepsilon D^2}\left(\frac{1}{Q_2}-\frac{1}{Q_1}\right)$$

$$\gamma=\frac{1.8d\times 12^{10}}{f\varepsilon\,\mathrm{tg}\,\delta}$$

式中：δ——试件的厚度

D——圆试件的直径

W——湿试件的质量

W_0——试件干燥后的质量

C_0——测量仪开路电容

C_1——以空气为介质时测得电容

C_2——以试件为介质时测得电容

Q_1——空气介质时 Q 值

Q_2——试件介质时 Q 值

f——测试频率

回归采用的数学模型为：

$$y=ae^{\frac{b}{x}}$$

式中：Y——可为介电常数、损耗角正切或电阻率

X——含水率

a、b——曲线回归方程的系数

为了简化计算，对模型做直线化处理，方程两边同时取对数，得出：

$$\ln y=\ln a+\frac{b}{x}$$

令 $Y=\ln y$，$X=\frac{1}{x}$　$A=\ln a$

则得直线化方程：

$$Y=A+bX$$

此方程可采用一元线性回归的方法进行回归运算。

利用最小二乘法，求得线性回归方程的系数A、b，得：

$$b=\frac{\sum_{i=1}^{n}(x_i-X)(y_i-Y)}{\sum_{i=1}^{n}(x_i-X)^2}$$

式中，X、Y分别为样本数据的均值。

求出系数A后，对A求反对数，即得到a值，将a，b代回原指数方程，便得到了所求的指数曲线回归的方程式：

$$y=ae^{\frac{b}{x}}$$

最后，可用F检验法进行相关方程显著性检验，以判断所得曲线方程拟合的好坏。

本程序的流程图如图34-1所示。

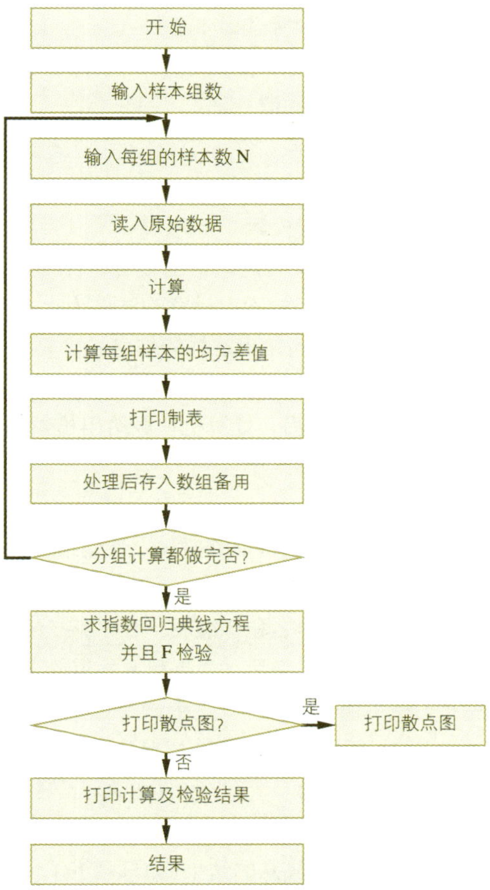

图34-1 木材电学性质计算流程图

根据程序的框图可以编制具体的用户程序。因篇幅所限，故不赘述。

34.1.2 木材识别检索

木材的识别最早是凭借经验，根据木材的质量、颜色、光滑度、光泽、强度等因素进行判断。以后又发展为“对分法”。它是按木材特性的稳定性主次依次排列，按顺序检索。但当树种很多时，容易出错，检索很慢，若有修改或增加树种都需重新编制检索表。1939年，克拉克发明了穿孔卡片检索法，后来这种方法在许多国家普遍使用。这种方法是首先把木材切片放在显微镜下观察，然后将构造特征（微观构造）依次编号，按1，2，3…顺序印在一张厚纸卡片上。然后在卡片四周每一特征的顶端打一圆孔，对每一树种都制作一张卡片。在这个树种具有特征的圆孔地方剪一个V形缺口。在识别木材时，先按木材切片标本微观构造上的特征，用钢针穿过卡片上相应特征的圆孔，然后轻轻晃动几下，具有该特征的卡片（树种）因有缺口，就从钢针上掉下来。将掉下的卡片收齐，再穿另外的特征的圆孔。如此连续进行，直至剩下一或两张卡片为止，最后剩下的卡片就是识别出的木材树种。穿孔卡片检索的出现，使木材识别不需要按固定顺序而是根据样品的显著特征进行检索，增加树种或修改特征只需重做一张卡片。

但是，随着木材识别研究工作的发展，树种越来越多。人工的穿孔卡片检索已不能满足需要，因而开始了应用计算机识别木材的研究。近年来在一些发达国家已取得了一些进展。我国也在进行这方面的研究工作。计算机检索建立在人工穿孔卡片的基础上。其优越性突出地表现在速度快、可靠性高、灵活方便等方面。计算机检索可以把全部特征一次输入给计算机，一次便可以检索出结果。此外，树种及其特征修改、增删可以通过计算机的软件来实现，因而经济、灵活、方便，杜绝了人工穿孔检索可能出现的错误。

本节将介绍一种用微型计算机进行阔叶树材识别的检索系统。

34.1.2.1 微型计算机检索系统的硬件配置

1. 主机

包括中央处理机和内存。中央处理器可486或586。内存容量16MB。

2. 外部设备

带键盘的显示终端一台，宽行打印机一台。

3. 软件

配有完善的系统软件，即有方便灵活的操作系统，丰富的高级语言，以及诊断故障的能力。

34.1.2.2 数据结构和文件组织

检索系统的数据结构，是以人工穿孔卡片检索表的数据格式为基础，每一张卡片组成一条记录，记录由项组成，树种学名（初等项），树种特征（组合项）。

记录格式举例：

杧果（*Mangifera illdica*）7，14，27，28，29，32，33，39，42，47，59，65，66，82。

特征用1～92整形数值代表，按升序排列。

由以上格式组成的若干记录的集合形成树种的数据文

件。在本检索系统中有以下四种数据文件。

1. 分类文件

这是根据对分法的分类特征，把同属于一大类的树种又分成若干小类。以阔叶树材为例，具有半环孔材（83特征）的为83类，具有环孔材特征（84特征）的为84类，具有散孔材特征（82特征）的为82类。而散孔材类又可分为同形类（具有52或53，54特征），异形类（具有58特征）等等。每类都建立一个磁盘数据文件。每个文件都取个名字。为便于记忆，名字是以分类特征前加一个字母W，再加扩展名DAT组成，例如W83. DAT、W84. DAT等等。各文件中的记录数不一定相等，记录的长度也可不等。每个数据文件的最后一条记录都用字符串END OF FILE作为文件结束标志。

2. 顺序文件

把全部阔叶材树种建立在一个数据文件中，构成文件的记录按其在磁盘上的物理顺序排列，故称为顺序文件。

3. 索引文件

在树种识别检索中，往往所掌握的特征并不能辨别出类别。这时可用顺序文件进行检索，若要检索某一树种必须从文件的第一条记录开始顺序地一一读取到内存中作检查（看是否具有输入的全部特征）。这种办法当然很费时间。如果将文件的记录按其树种特征作关键字，其余记录项是特征所具有的地址（即顺序文件中的记录存取号）即形成一个索引文件。用索引的办法来检索是随机的读取文件中的某条记录，而不必把文件中的记录通读一遍，大大提高了检索的速度。

4. 排序文件

按树种学名的英文字母顺序，从小到大，升序排列成一个文件。

检索系统的管理功能如图34-2所示。

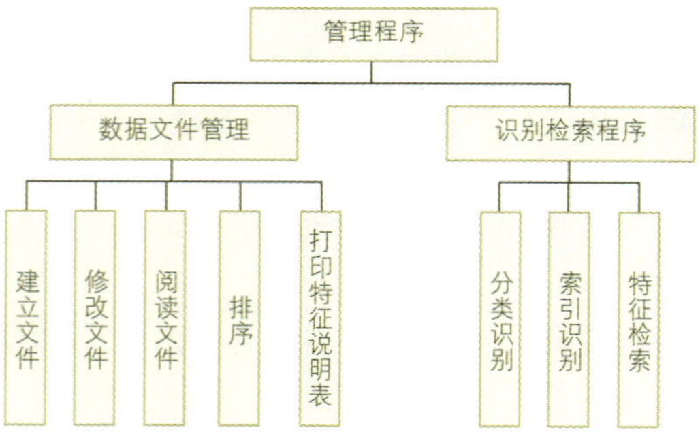

图34-2 检索系统管理功能

34.1.2.3 识别检索程序

识别检索程序有三种，通过一个引导程序可将它们调入内存。

1. 分类识别

分类识别检索是指对分类数据文件作检索。当被检索的样品的类别特征较明显时，便可选择此识别检索方法。这种方法的优点是缩小了检索范围，因而检索较快。此程序提供了七种功能，用命令号1，2，3，……，7代表。显示器不断显示出这七种功能的说明，供用户参看选择。操作人员只要在键盘上打入一个命令代号，计算机便会执行命令功能。

这七个功能和它们的解释如下：

(1) 第一次检索

如果对某一样品是作初次检索，必须首先用此命令。在执行这条命令时，计算机会给出这样的提示：

请选用以下分类特征输入：

82——散孔材类；

83——半环孔材类；

84——环孔材类。

用户可根据检索的样品具有的分类特征，选择其中之一从键盘打入。如选择83类，则在键盘上打入83。在类别选择后，计算机又显示（在此计算机输出的是英文，下面是译文）：

“请输入样品的特征”。

用户可以输入若干个已知的特征。在输入结束时给一个结束符END。然后计算机便把检索结果显示出来：

“从×××个树种中筛选出×个”。

如果输入的特征有错，或者类别有错，有可能检索不出结果。这时计算机给出的信息是：

“没有找到这个树种”。

用户可重新打入新的类别进行以上操作。

(2) 对同一树种继续检索

在第一次检索之后，可能检索出多个树种。这时用户可继续使用2号命令，直至检索出满意的结果为止。每执行一次2号命令，计算机都会给出这样的信息：

“请输入特征”。

在用户输入完特征后，计算机便会给出检索结果：

“从××树种筛选出×个”。

“你曾用过的特征：××，××……”。

如果找不到具有输入特征的树种，便会给出：

“没有找到这个树种”。

(3) 筛选出的树种学名和特征表

在1或2号命令执行完后，如果想要知道筛选出的树种学名和特征，便可使用此命令。这个命令是很有用的。在检索过程中，用户可随时查看检索的情况，并可参考列表作进一步检索。

(4) 检索出的树种学名和特征说明表

当用户在检索到较满意的结果（如只剩下了一个或两个树种时），可用此命令列出检索出的树种学名和特征，以及各特征的解释。

(5) 同一类中检索其他样品

如果要检索的样品不止一个，而又同属一类，便可在检索第一个样品之后，用5号命令接着检索其他样品。这比采用1号命令作第一次检索的速度快。

(6) 在新的一类中检索

同一样品在1号或2号命令检索无结果时，可改换类别再作检索，便可采用此命令。

(7) 重新运行程序

在用户想改换检索方法或是一个新用户时，可用此命令。这条命令的执行使程序返回到引导程序。

2. **索引识别**

这种检索方法是通过索引文件作识别检索。但如果对输入的特征全部索引一次也是很慢的,可以从输入特征中挑出一个共同性最少的特征作关键字,到索引文件中找出具有这个关键字的所有记录读取到内存中。然后再输入其余特征依次进行查找。由于是在小范围内的内存查找,能很快地得到正确的答案。

索引识别程序也提供了五种命令功能：

1——第一次检索；

2——对同一样品继续检索；

3——列筛选出的树种名和特征表；

4——列检索出的树种名和特征解释；

5——重新运行程序。

各种功能的解释与前面相同。

3. **特征检索**

此检索提供了把树种学名作为检索的关键字检索出该树种所属的全部特征，故称特征检索。

用户在进行某树种的检索时，可以输入树种全名，也可只输入前三个字母或从第一个字母开始的任意个字母。当然检索的结果可能不只一个。可以从打印列表作参考进一步检索。

34.1.2.4 文件管理程序

1. **建立文件**

用这个管理程序可以建立新的磁盘数据文件,其程序流程如图 34-3 所示。

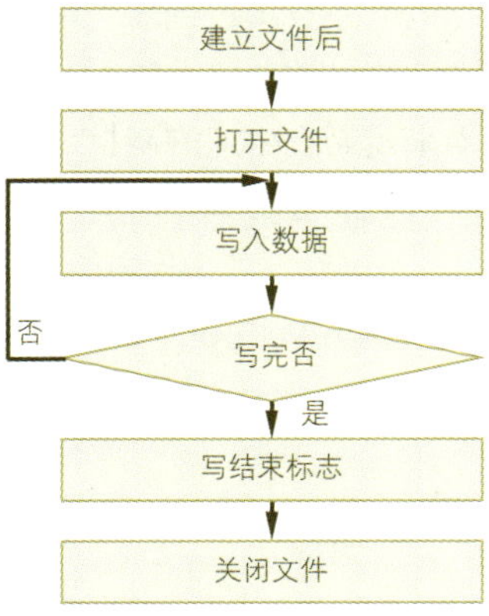

图 34-3 建立数据文件程序流程图

建立文件时所用指令意义如下，

(1) CREATE 指令——建立文件

首先要给文件建立一个名字（即先挂一个号）然后才能读写文件。

格式：CREATE“字符串”。

字符串由一组有序的字符所组成。字符包括数字、字母、符号等，凡是字符串都要加一引号括起来。

例如执行 CREATE“W83.DAT”这条命令之后，在磁盘文件目录区中建立了一个文件名“W83.DAT”的文件，便可以对此文件进行读写。

(2) OPEN 指令——打开文件

一个用CREATE指令建立的文件，在对它读或写之前必须要先“打开”。所谓“打开”就是为了开辟一个内存与磁盘之间交换信息的通道，通过此通道才能“读”或“写”。现以某一台微型计算机的BASIC语言为例。它提供了5个通道，即通道0、1、2、3、4。其中通道0供系统专用，其余1～4通道用户可以选用。

格式：OPEN/n，p/“字符串”。

n——通道号1，2，3，4之一；

p——文件中记录的长度。若不写表示为128字节。字符串见CREATE指令中的解释。

(3) PUT 指令——给文件写入数据

格式：PUT/n，p_1，p_2 / 表达式1，……表达式k。

n——通道号1，2，3，4之一；

p_1——记录号，不写下标1表示顺序写入方式；

p_2——写记录中某项的开始位置。不写下标2表示从0开始；

表达式——可以是算术表达式、数值变量、数值常数，也可以是字符串或字符串变量。

(4) CLOSE 指令——关闭文件

在一个文件被打开之后就表示某一通道被这个文件所占用，别的文件就不能再用此通道，因此，一个文件在读写完毕之后必须“关闭”，以让出通道供别的文件读写用。否则别的文件使用“打开”，机器便会给出错误信息。

格式：CLOSE/通道号/。

2. **阅读文件**

提供了查看某文件的内容或打印出某文件的全部内容。阅读文件的流程图如图 34-4 所示。

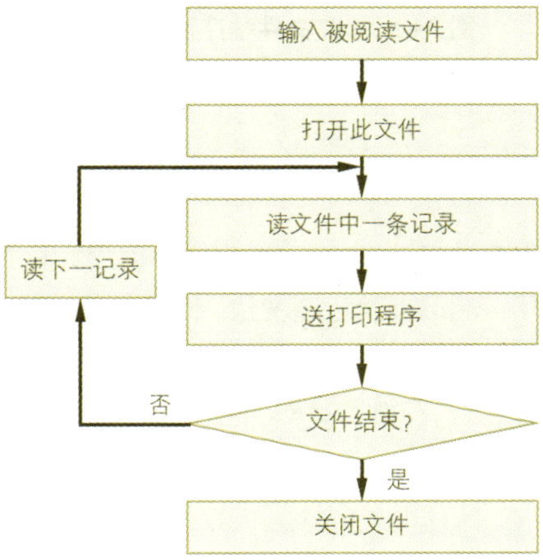

图 34-4 阅读文件程序流程图

阅读文件与建立文件的不同之处是前者从文件中读数据到内存，后者是写数据到文件中。与写命令PUT相对应的读命令是GET。

格式：GET/n，p_1，p_2/变量1，变量2，……，变量k。

n，p_1，p_2的解释与PUT命令解释中的相同。p_1和p_2决定了开始读的位置。读出的内容多少完全由变量来决定。

PUT与GET是一对指令。当然在用法上不是这么简单。详细用法和规定可根据某语言文本而定。

3. 修改文件

要想修改某个树种的特征或要增删树种，可以用此功能。其流程图如图34-5所示。

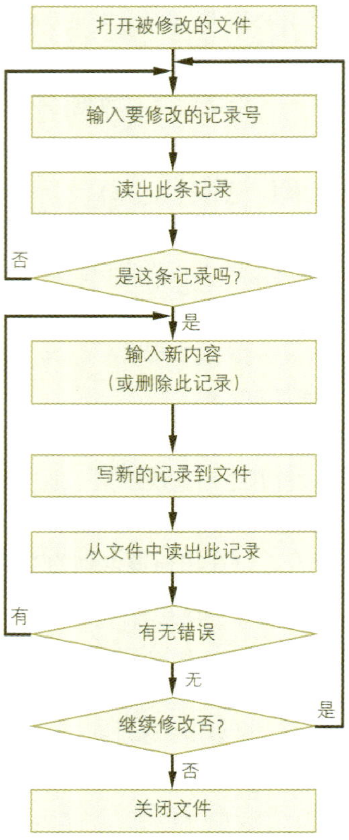

图34-5 修改文件程序流程图

34.2 计算机在生产控制中的应用

在工业生产过程控制中，一般有两种使用计算机的途径。

一种是用一台容量大、速度快、性能好的中小型计算机控制整个生产过程（可能还需要一些小型或微型计算机做次级计算机）。显然，在微型计算机问世以前，采用这一途径是唯一的途径。当时，计算机的字长一般较长，速度也较快，但价格则很贵。只有用一台计算机控制尽可能多的设备，在经济上才是合算的。但是，这就要求工厂设备的精度高，工艺成熟。否则在使用中会出现许多问题。这一途径的优点是自动化程度高，工作人员少。但是，这一途径所花投资大，妨碍了推广普及。

在微型计算机问世后，许多木材厂采用了另一途径，即采用几台微型计算机，对生产过程实现分段控制。这一途径的优点是投资小，容易实现。待有了使用计算机控制经验后，再考虑购置容量更大、速度更快的微型计算机。由于微型计算机的价格下降得很快，这样做的结果是大大地节省投资总额，提早实现生产过程的计算机控制。

下面我们只讨论用微型计算机对木材工业生产过程中的分段控制。

34.2.1 计算机在制材工业中的应用

有些国家，已在制材生产线的计算机控制方面做了许多研究工作。在美国，虽然制材生产线并未标准化，各厂生产线的布置、所用设备都有很大差异，但控制内容则大致相同。一般均是在把原木树皮剥去之后，用光电扫描方法测定原木两端和中间的直径，然后将这些数据送到计算机里面去，再由计算机控制削片制材联合机、带锯机等设备进行加工。

虽然制材生产线前面部分的工艺和设备的变化很大，但是，制材生产线的结尾部分，即成材分类归垛设备却十分相似。一般这种分类归垛机可用一台微型计算机来控制。下面介绍制材和成材分类归垛的计算机控制。

34.2.1.1 制材带锯位置的控制

计算机用于制材生产线的关键是：精确地控制被加工物和机械设备的位置、转速和直线速度。有些公司，如匹兹堡国际自动控制公司，已经设计和生产了一些用于木材工业的、计算机化的电子自动控制器。ICC3200就是该公司生产的微型电子计算机控制器。Can Car和Superior公司已采用这种控制器来控制它生产的制材设备。这种控制器采用扩充后的、适用于自动控制的BASIC语言，因此使用比较方便。

现在我们就来讨论如何利用微型计算机来控制制材带锯的位置。

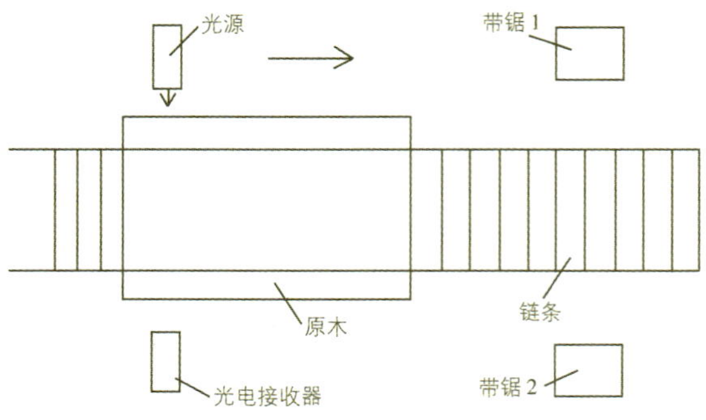

图34-6 制材生产线示意图（局部）

图 34-6 所示是用两台带锯锯去原木边皮的制材生产线（局部）。两台带锯的原始位置是远离原木的位置。当原木经过 G 处时，光电式原木尺寸检测器测出原木各部位的尺寸，并将这些数据送入计算机进行计算，得出两台带锯应处的最佳位置。然后，计算机输出驱动信号，使带锯由原始位置移动至各自的最佳位置。在锯完一根原木后，带锯退回原始位置，准备锯下一根原木，这一过程的流程图如图 34-7 所示。

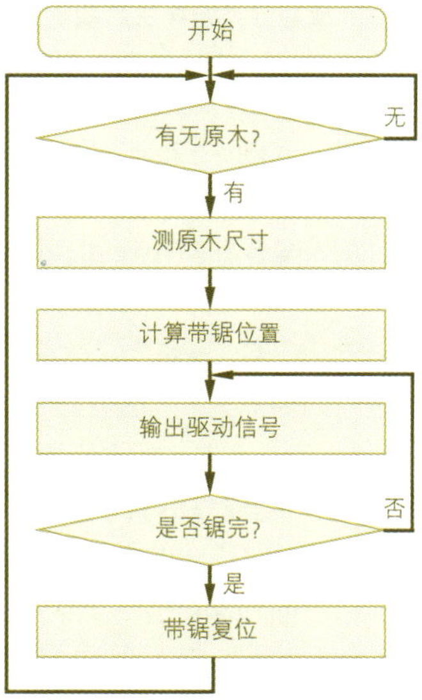

图 34-7 原木检测和带锯控制流程图

用功率步进电机来控制带锯位置的方法最为简便。因此，我们首先来讨论步进电机的控制方法。

步进电机的定子实际上是一组电磁铁，而转子则是铣有很多齿的铁芯。定子上也铣有许多个齿。当定子上的某一相线圈通电时，定子就产生磁场，并与转子形成磁路。如果定子与转子的齿没有对齐。转子转动一个角度，使齿对齐。齿对齐后转子就停止转动。如果在这时把原来通电的那一相绕组断电，改通另一相绕组，由于电机结构上的关系，齿又未对齐，转子必须转一个角度；再使齿对齐。如果轮流接通定子上的各组线圈，转子就在磁力的作用下旋转起来。转子转动角度的大小不仅由电机的构造决定，而且由通电方式决定。转子转动的速度和方向则由控制脉冲的频率和定于各相绕组通电次序决定。

对于国产 SB-3 型或类似的三相步进电机来说，如果按 A、B、C，A、B、C 的次序给电机通电，则每通一次电，电机正向转动 3°。如果按 A、C、B，A、C、B 的次序通电，则每通一次电，转子转动的角度仍然是 3°，但是转动的方向则相反。

对于SB-4型或类似的四相步进电机来说，如按AC、AD，BD、BC的次序通电则为正转，且步距为2° 22″；如按BC，BD，AD、AC的次序通电，则步距仍为2° 22″，但转动方向则相反。

为了增加控制精度，可以改变定子的通电方式。对于三相步进电机来说，可按 A、AB，B、BC，C、CA 的次序或 CA、C，BC、B，AB、A 的次序通电。此时步距减少为原来的一半，即 1.5°。

对于四相步进电机，则可按 AC、A、AD、D、BD、B、BC、C 的次序，或者按 C、BC、B、DB、D、AD、A、AC 的次序通电。这两种通电方式都使电机的步距减小到 1° 11″，但两种通电方式的转动方向正好相反。

当用微型计算机控制步进电机时，最好用光电耦合器做隔离器件。图34-8是用光电耦合器把步进电机连接到微型计算机并行输出接口的电气原理图。

由图 34-8 可见，定子 A、B、C 三相绕组分别受到并行输出数据 b_0、b_1 和 b_2 以及 b_3、b_4 和 b_5 的控制。如果此并行输

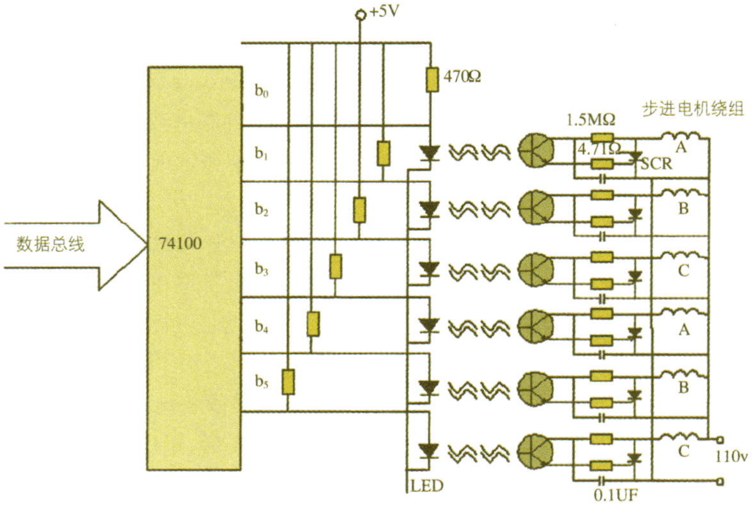

图 34-8 步进电机的控制线路

出接口的地址是 49315，则命令 POKE 49315，1 就将 A 绕组接通，而命令 POKE 49315，2 则将 B 相绕组接通，以此类推。

假定根据测得的原木尺寸，已算出带锯1和带锯2分别应从原始位置转动*N*（1）步和*N*（2）步，且每步为3°，才能达到它们的最佳位置。控制这两台电机的程序为：

```
100 I = 0
110 I = I + 1
120 IF N (1) = 0 THEN GOTO 160
130 POKE 49315, 2 (1-1)
140 N (1) = N (1) -1
150 FOR X = 1 TO M: NEXT
160 IF N (2) = 0 THEN GOT0 200
170 POKE 49315, 2^ (I + 2)
180 N (2) = N (2) -1
190 FOR X = 1 TO M: NEXT
200 IF N (1) = 0AND N (2) = 0 THEN
    GOT0 230
 210 IF I = 6 THEN GOTO 100
 220 GOT0 110
 230 POKE 49315, 0
 240 RETURN
```

在这个程序中的*M*为一个不大于255的正整数。*N*（1）和 *N*（2）也为正整数（或零）。*M* 的作用是：第一使驱动电机的信号足够长，以使电机转子完成转动一步这个动作；第二用改变*M*的大小的方法，来改变步进电机的平均转速。

因此，*M*可根据所需的转动速度而定。程序中的语句130使电机1转动一步；语句170使电机2转动一步。语句230将步进电机的电源切断，因为此时两个电机均已转至最佳位置。至于*N*（1）和*N*（2），则是根据原木的径级和所用的数学模型计算出来的。至于带锯复位程序则比较简单，故不赘述。

当然实际上的制材生产线远比这里所讲的复杂，不过，我们可以将它分成一个一个的小问题来处理。

利用微型计算机来控制步进电机，可以省去常规的脉冲分配器，从而节省费用。

34.2.1.2 成材的分类归垛

在现代化制材厂中，成材的分类归垛生产线均已实现自动化。在成材分类归垛机中的传送线上有若干个缺口，相邻两缺口之间的距离相等。在每个缺口的下面有一个放成材的堆位。不同规格的成材从不同的缺口掉到不同的材堆里面去，从而达到成材分类归垛的目的。平时，各缺口之间由一可转动杠杆填平，以便木材能在缺口上面自由通过。成材由带钩爪的链条带动在传送架上滑行。当它们到达预定的存放与它们同规格木材的材堆上方的缺口时，活动杠杆转动，它们就从传送架上滑下，掉到各自的材堆里面去。这些动作都

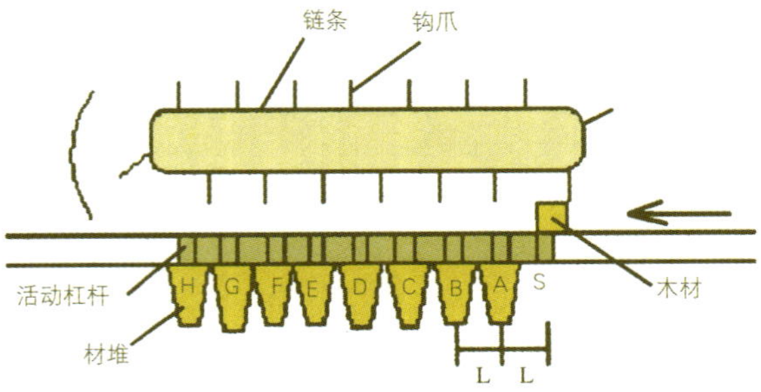

图 34-9 成材分类归垛生产线示意图

是在计算机的指挥下完成的。下面我们就来讨论一下怎样利用微型计算机来完成上述的成材分类归垛任务。

设成材的长、宽、厚各有两种尺寸，即一共有2 × 2 × 2 = 8种规格的木材。这就需要在传送架上设置8个缺口，我们用A、B、C、D、E、F、G、H来表示达8个缺口（图34-9）。假定两相邻缺口之间的距离为L。在距第一缺口A的距离为L的S处，设置检测成材长、宽、厚的检测器各一只。平时，各检测器的输出为“0”，当成材的长、宽、厚超过一定值时，相应的检测器的输出变成“1”。此外，在S处还设有检测有无木材和有无钩爪通过的检测器各一只。平时它们的输出也都是“0”，只有当木块或钩爪通过S处时，相应检测器的输出才是“1”。现在，将检测长、宽、厚以及有无木材经过S，和有无钩爪经过S的检测器的输出，通过并行输入接口，分别接到计算机数据总线的D_0，D_1，D_2，D_3和D_4上面去。这样，二进制的10000就表示只有钩爪通过S；11000则表示有一块规格由000表征的木块通过S；11001表示有一块规格由001表征的木板通过S，以此类推。由于链条上相邻两钩爪之间的距离正好是传送架上两相邻缺口之间的距离，所以钩爪通过S的时刻，也正是木材通过各缺口的时刻。如果这时活动杠杆转动，缺口打开，则正好通过此缺口的木材就会下滑到下面的材堆中去。

下面介绍一种新式自动化制材系统（ALPS Automated Lumber Processing System）。

这种制材系统使用一台由计算机控制的*X*射线层析摄影机来确定原木内部节疤的大小和位置。然后，由计算机根据原木尺寸、节疤的大小和部位等参数，计算出应如何下锯才能使出材率为最大，并使成材的等级为最高。生产线上的各种机械设备也在计算机的控制下，将原木锯成板材。

不过，这样制成的板材，有些还会有各式各样的缺陷，如节疤、开裂、腐朽、虫眼等等。在将这些板材制成家具零件时，必须将这些缺陷去掉。因此，在将前面制得的板材干燥和刨光后，再用光电扫描装置探测板材中的缺陷并将探测结果输入计算机去计算。然后，大功率激光器在计算机的控制下从每块板材上截取尽可能多的家具零件。最后，由零件分类机将截下来的各种零件分类储存到各种零件库里去。

这种新式制材系统的优点是：

(1) 由于计算机根据 X 射线层析摄影机的数据指挥各种机械的动作，故能做到合理下锯，提高出材率；

(2) 由于计算机指挥激光器根据光电扫描装置（在这里是摄像机）的数据截割板材，所以能截出尽可能多的家具零件；

(3) 由于使用激光器截割板材，锯路狭窄，故而能提高出材率。

如果这种新式自动化制材系统能正式投入生产，必将使家具工业用同样多的原木，生产出更多更好的家具。不过，这种系统还处在研究实验阶段，要投入生产中使用则还需要作许多研究工作。

34.2.1.3 锯材干燥过程的控制

木材干燥窑的温湿度计算机自动控制的研究工作始于20世纪60年代末。美国Madison林产品实验室的E．M．Wengert和P.G．Evans，首先利用电子计算机实现了对木材干燥窑温、湿度的自动控制。他们利用的是放在窑外的称重传感器测量整个材堆的平均含水率。此后许多国家都对成材干燥窑计算机控制进行研究。有的国家还制成了计算机化的木材干燥窑控制器出售。但是这些控制系统有一个很大的缺点，即不能很好地掌握窑内木材的物理状态。Wengert等人的控制系统只能测知窑内木材的平均含水率，而测得窑内个别样品的含水率则更为重要。有的控制系统，如德国制造的Tromatic 410木材干燥窑控制器，则利用电阻式含水率测定器来测量窑内木材样品的含水率。但是，测定含水率的这种方法是不够准确的。

下面介绍一种测量窑内木材质量变化的传感器，并利用这种传感器和微型计算机Apple II Plus组成一个木材干燥窑计算机控制系统。

在这个系统中，用4只称重传感器分别测量四块检验板的含水率，还可增加称重传感器数目；用2只温度传感器分别测量材堆左右两边的干球温度，用另一只温度传感器测量湿球温度；计算机则根据最湿两块检验板的平均含水率，和储存在计算机里的，以含水率为自变量的干燥基准，对窑内的温度、湿度进行自动调节；所用干燥基准可以是常规阶梯式基准，也可以是别的基准，如平滑基准。

用软磁盘储存干燥程序，各种基准，以及测量数据；各种测量数据可以用打印机打印出来，供参考分析之用；荧光屏上可显示干、湿球温度，各检验板含水率的瞬时值，以及上述各参数随时间变化的曲线图。

图34-10就是该控制系统所用控制程序的流程图。

在该系统中采用了一种半导体温度传感器测量温度。这类半导体温度传感器的优点是输出信号大，接线长短对测量精度影响很小，输出与温度成线性关系。LM135就是这类测温传感器中的一种。它的使用温度为-55～150℃。它的输出是10mV/K，在这里“K”是绝对温度。从理论上讲，当温度为绝对零度时，LM135的输出为零。为了测量25～125℃的温度，可采用图34-11所示的电路，此电路的调整方法很简单。首先调整 W_1，使温度传感器两端的电压为：

$$E=(2.732+0.010t)\ V$$

式中：t（℃）是LM135的温度

其次调节零位调节电位器 W_2，使LM308的输出为：

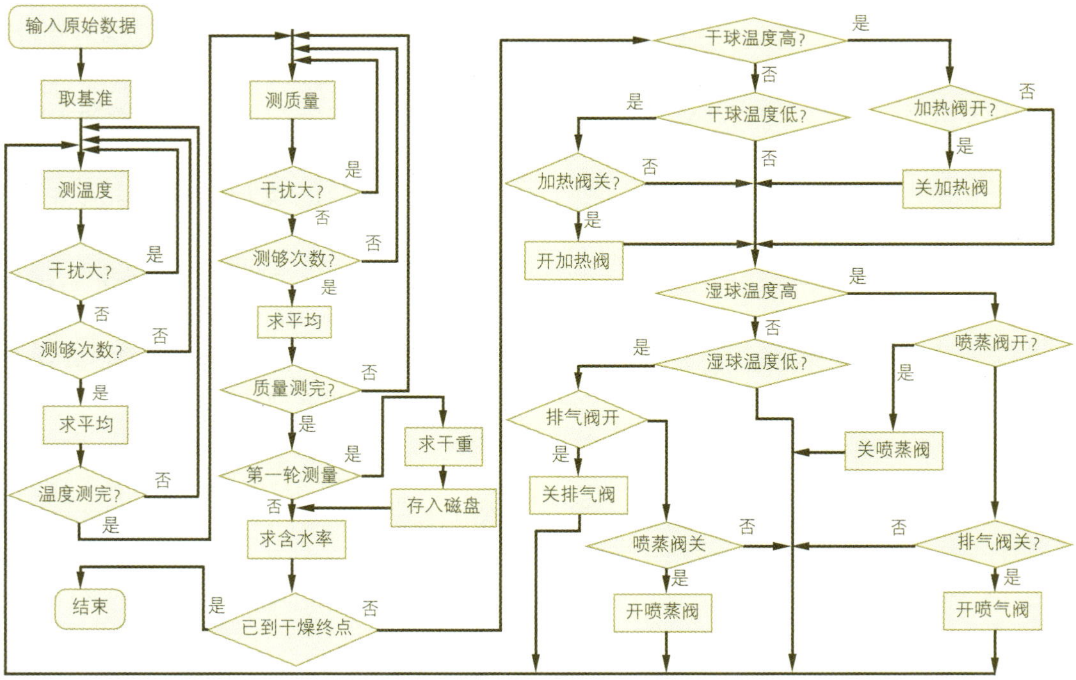

图 34-10 木材干燥窑控制流程图

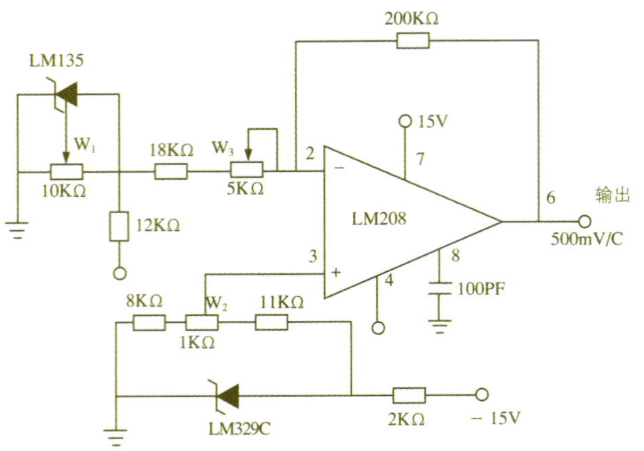

图 34-11 半导体测温电路

$$U = 50\ (t - 25)\ mV$$

例如，当$t = 25$℃时，$E = 2.982V$，$U = 0V$。然后调节输出电位器W_3，使输出电压真正满足上式。为此可将$LM135$加热至100℃，此时：

$$U_{100} = 3.750V$$

U_{100}是电路在100℃的输出。这样反复地调整几次，即可将电路调整好。

图34-11是采用半导体做传感器的测温电路。

利用这一电路和A/D变换器测量干燥窑内两个干球温度计和一个湿球温度计的子程序如下：

```
LIST
100 FOR I = 0 TO 2
110 POKE （49312+I），1
120 A （I） = PEEK （49315）
130 D （I） = PEEK （49315）
140 FOR N = 1 TO9
150 POKE （49312+I），1
160 B （N） = PEEK （49315）
170 IF ABS （D （I） -B （N）） ＞4 THEN
    GOT0 110
180 A （I） =A （I） +B （N）
190 NEXT N
200 A （I） = A （I） /10
210 T （I） = 100* A （I） +25
220 NEXT I
230 RETURN
```

在这里T（I）是两只干球温度计和一只湿球温度计的温度，单位为℃。语句170是用来检验测量过程中有无干扰，当干扰信号大于一定值，则重新测量。如果干扰信号小于上述数值，则取连续测量10次所得的平均值为所需要的温度值。

检验板的质量由应变式荷重传感器测量；称重用的子程序与上面讲的测量温度用的子程序相似，也设置了排除干扰的程序。在此不予赘述。

窑内温度、湿度的控制是这样实现的：由3只电磁阀分别控制加热和喷蒸管路里的气动薄膜阀，以及排气装置中的气动杠杆。而电磁阀则是将计算机的输出控制信号，经达林顿放大器放大后去驱动小型机械式继电器，再用继电器的触点来带动的。

假定把上述3只电磁阀分别接在地址为49320的输出通道的b_0、b_1、b_2位置上，并且令b_0控制升温阀、b_1控制喷蒸阀、b_2控制排气阀，则POKE 49320，1这条命令将使加热阀打开；而POKE 49320，3则把加热和喷蒸阀同时打开；POKE 49320，4则只把排气阀打开等等。由于重新启动程序的设置，在电源断电后，一旦恢复供电，系统能自动地恢复运行，不需人工干预，也不必在硬件上下功夫去搞断电保护。上述系统仅对于燥窑内的温度和湿度进行了控制。在美国，还有人利用计算机调节干燥窑内的风速，可省电50%～70%。

34.2.1.4 计算机在木材无损检测中的应用

原料和产品的检测是生产管理的基础，它对于降低产品成本，提高产品的使用价值，确保产品的安全使用具有重大意义。

在木材工业中，通常由于检测方法与仪器设备比较落后，不够精确，不能迅速得到检测的结果，因而不能满足产品或原料的质量管理的各种要求。例如：测定人造板的主要物理性能（如弹性模量、断裂模量等）的传统方法是从生产线上取一张整板，把它拿到实验室锯成小块试样后才能进行各种试验，测取各种性能数据。当检测完成后，才能够确定此块人造板的性能是否满足质量要求，并存在什么缺陷与问题，但与此同时，生产线上已生产出相当数量的同一质量的人造板。因此这种检测方法和设备不能对连续化、自动化生产及时提供产品质量变化的信息，所以无法对生产工艺与设备进行必要而且及时的调节与控制。亦就无法保证产品质量和进行生产的质量管理工作。

为了克服传统检测方法的缺陷，近年来木材工业使用了无损检测技术。这种检测技术由于应用电子技术与电子计算机，因而得到更进一步的发展，在连续化、自动化生产线上得到较为广泛的应用，并且取得相当可观的经济效益。例如美国在成材生产线上采用无损检测技术之后，提高了成材的等级，因而每生产1000B.F（相当于$2.3597m^3$）的成材可增加收益约17美元。

计算机（或微处理器）在木材工业无损检测仪器中的主要作用是控制与数据处理。目前在工厂的生产线上或实验室中使用较普遍配有计算机或微处理器的无损检测设备有：

1. 横向振动弹性模量计算机检测仪（简称E—COMPUTER）

该仪器通过对被测材料的横向自由振动的频率和减幅率及材料密度的测定，来确定被测材料的弹性模量。

被测材料的一端安放在一个转动支点上，而另一端放在一个传感器上。向计算机输入被测材料的外形尺寸和被测材料的两个支承点的距离后，给被测材料一个干扰，使之产生横向振动。传感器将振动的数据输入计算机。计算机将数据进行处理后，立即显示与打印出被测材料的弹性模量，检测的速度达到 3～4.5m/min。这种仪器已在许多工厂与实验室使用。主要型号为 3300 型 ECOMPUTER。

2. 纵向应力检测系统

该检测系统除用于木材与人造板的主要物理性能检测外，还能检测各种缺陷，而且检测时不受被检测物尺寸与形状的影响和限制，并立即显示检测结果。

该检测系统由微处理器控制测试程序，并对测试数据进行数据处理。该检测系统可安装在热压机的出板端。当人造板从热压机卸出后，该检测系统在被测人造板上产生一个纵向应力波。此时传感器将纵向应力波传经人造板的时间测取并输入微处理器。与此同时，由微处理器控制的红外测温仪将被测试的人造板的温度数值亦输入微处理器。微处理器把全部输入数据进行数据处理之后，即将被测人造板的主要物理性能、缺陷都显示与打印出来，并给被测人造板喷印上质量等级。微处理器亦可输出信号，作为生产过程自动控制的反馈环节。从检测开始到显示打印出检测结果所需要的时间不超过 5s。

3. 机械应力锯材分等连续测试设备

该设备在美国与加拿大应用得很广泛，而且收益较为显著。该设备依据锯材的弯曲刚度与锯材的强度之间的相互依从关系，由测试锯材的刚度确定锯材的强度。在检测前将被测材料的横断面的几何尺寸输入该设备的微处理器。当被测锯材进入该设备后形成两个相对方向的挠曲。此时该设备中的传感器测定被测材料的弯曲力，并将此值输入设备的微处理器。微处理器对输入数据进行数据处理后，即将被测材料的弹性模量显示打印出来，并在被测试材表面喷印上该测试材所属等级。该设备的最大生产能力为每 min 检测 365m 锯材。

美国农业部林产品实验室研制成功了一台由计算机控制的超声波扫描锯材缺陷探测仪。取名为 DEFETOSCOPE。由于使用了计算机控制，超声波锯材检测速度达到了 15m/min。超声波发射极沿长度方向移动的精确度达到 0.022mm。计算机将检测结果记录在磁带上可供分析，或通过打印机打印出来，亦可操纵绘图机将锯材图形在 X—Y 方向绘制出来。

我们在前面已经介绍了计算机在木材无损检测中能够做些什么。现在我们就来讨论如何利用计算机来进行木材的无损检测。在测量木材弹性模量的各种无损检测法中，以超声速度法应用最广，也最准确。超声纵波的传播速度与弹性模量的关系是：

$$\varepsilon_u = c^2\rho$$

式中：ε_u——弹性模量（因为是用超声波测量出来的，所以又叫超声弹性模量）

c——超声纵波的平均速度

ρ——被测木材的平均密度

据J. Kaiserlik介绍，压缩弹性模量的相关系数为 0.96，静态弯曲强度的相关系数 γ =0.916，动态弹性模量的 γ =0.873。他还用声阻抗 ρc 估计抗压强度（γ =0.994），用 ε_u 来估计抗拉强度（γ =0.987）。利用计算机可以求得超声纵波在木材中的平均传播速度 c 的超声弹性模量 ε_u。

测量系统方框图如图 34-12 所示。

系统中发射和接收超声波的换能器均为钛酸钡陶瓷。发射换能器由可控硅供电，而此可控硅则由光电耦合器与计算机输出通道的 b_0 相连接。当 b_0 为“1”时，可控硅导通，发射换能器输出一串振幅递减的超声波。与此同时，计数器开始计数。当接收“换能”器接收到超声波脉冲后，它就产生一串振幅递减的电信号。将此电信号放大和整形后，用以使计数器停止记数，并通知计算机：计数完备，可以开始读数。

这个系统的流程图如图 34-13 所示。

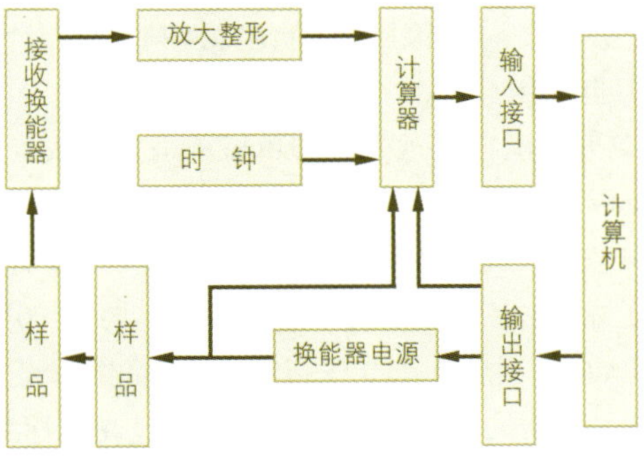

图 34-12 弹性模量测量的超声速度法方框图

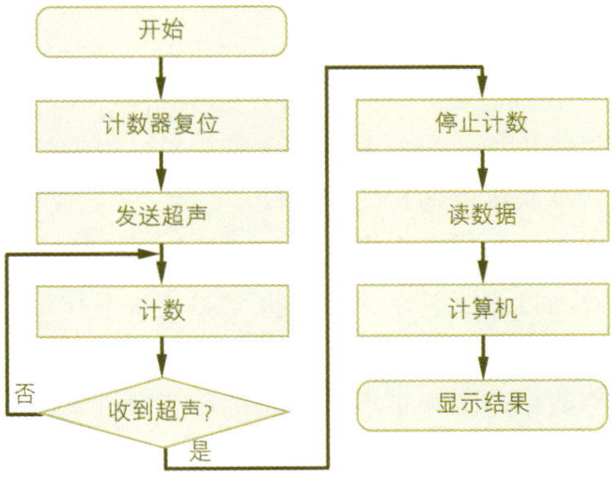

图 34-13 超声速度法测量弹性模量的流程图

下面假定：

(1) 输入计数器的时钟频率为 N MH子。

(2) 计数器为 3 只 4 位同步计数器级联的并行进位同步计数器。这一计数器的高 4 位与并行输入接口 49315 的低 4 位相连。而计数器的低 8 位则分别与并行输入接口的 b_0，b_1，……，b_7 相连接，且此接口的地址为 49314。而停止计数信号则接到一位输入接口 49313 上去。

(3) 触发信号和计数器复位信号则接到输出接口49312 的 b_0 和 b_1 上面去。

在这些假定下，求 c 和 E_u 的程序如下：

```
100 INPUT “L=?”；L
105 REM L = LENGTH OF SAMPLE
110 INPUT “H=?”；H
115 REM H = HEIGHT
120 INPUT “B=?”；B
125 REM B = WIDTH
130 INPT “W=?”；W
135 REM W = WEIGHT
```

注解：L 为试件长度，亦即两个换能器之间的距离。H 和 B 为试件的厚度和宽度，W 为试件的质量。

```
140 POKE 49312，2 计数器复位
150 POKE 49312，1 触发
160 IF PEEK （49313） = 0 THEN GOTO 160
170 T = 256* PEEK （49315） +PEEK
      （49314）
180 T = T/（N*10^6）
190 C = L/T
200 EU = C* C*（W/（L*B*H））
210 PRINT “C =”；C，“EU =”； EU
```

34.2.2 计算机在人造板生产中的应用

在人造板工业中使用微型计算机，不仅可以提高劳动生产率，而且可以提高质量，降低原材料消耗。下面介绍微型计算机在人造板工业中的几个重要工序过程控制中的应用。

34.2.2.1 单板干燥和剪切过程的控制

喷气式单板干燥机的控制比较简单，可通过固定喷气速度。只改变单板运行的速度即可达到目的。但是，由于原始含水率的变化也会影响单板的最终含水率，因此，在考虑单板运行速度时，应将单板原始含水率和最终含水率的影响都考虑进去。不仅如此，单板干燥机的后面往往还与单板剪截相连。为了不在干燥机和剪截机之间设置单板储存架，当单板干燥机运转速度加快时，剪截机的运行速度也应加快。

采用调节单板运行速度的办法来控制干燥过程的流程图如图 34-14 所示。

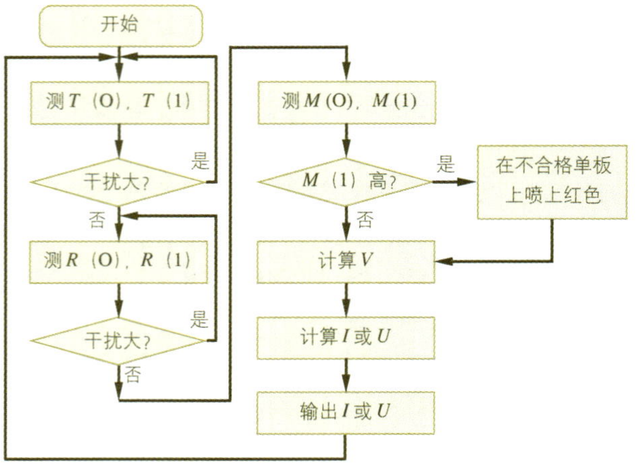

图 34-14 单板干燥过程控制流程图

图中的 M（0）和 M（1）分别代表干燥前后单板的含水率；T（0）和 T（1）代表干燥前后单板的温度；R（0）和 R（1）代表干燥前后单板的电阻；v 为单板运动速度；电流 I 和电压 U 是控制电机转速所需之信号，它们是 U 的函数。

用微型机测量温度的方法已在讨论木材干燥窑的控制时讨论过。测量电阻所用的传感器虽然与测量温度的不同，但是二者所需的软件则相似。拖动单板前进的电动机则可使用直流电动机，其转速由供电电压或电流决定。将计算出来的 I 或 U，通过前面讨论过的 D/A 转换器输出，再将输出信号放大后去控制直流电动机的转速。

由于单板在干燥时会产生收缩，因此对于连续式干燥机来说，单板的运动速度在干燥机内不应是常数。刚进干燥机时，单板的运动速度应当比干燥一段时间后的运动速度快。因此在调速时应分段调速。

由于单板剪切速度与干燥机的运行速度有关，下面我们就来讨论单板剪切过程的控制。

在单板干燥机的速度不太高时，人工控制单板铡刀的方法现已不能满足连续化生产的需要。例如上海某厂的喷气式单板干燥机的最高速度仅 18m/min，该厂所用的常规电动铡刀已不能满足连续生产的要求。现在，现代化的单板干燥机的速度已高达 60～100m/min。采用高速自动铡刀来剪切单板，就是势在必行之事。下面介绍如何利用微型计算机来使单板铡刀自动化。

在铡刀的前方不远处，与单板前进方向成直角的方向上，在单板上方安装一排光电探测器。在单板的下方正对各探测器处安装光源。当单板通过这些探测器时，如果没有缺陷，则光源将被遮住，所有探测器的输出均为“0”。如果有缺陷，比如有一个洞，则光线将穿过这个洞照到上面的探测器，使该探测器的输出为“1”。在单板通过光电探测器之后，再被送到铡刀下面去，并由计算机决定是否有缺陷，应在什么地方剪切。当单板无缺陷时，则将单板按需要的宽度进行剪切。因为从光电探测器到铡刀之间有一段距离，所以从探

测到发现缺陷起，再到缺陷移动至铡刀下为止，应当有一段时间延迟。因此，本系统应当有一只实时时钟，为了讨论方便，作如下的一些假定：

(1) 单板从探测器处到铡刀下面需要经过18个时钟周期；

(2) 共有58个光电探测器。如果有3个或3个以上的探测器输出为“1”，则可认为单板在此处有缺陷，应铡去。如果光电探测器中有48个或48个以上的输出为“0”，则可认为单板在此处无缺陷；

(3) 在每个时钟周期之中，计算机首先决定铡刀是否需要动作，然后对各光电探测器扫描一次，计算机则根据扫描结果确定有无缺陷，并决定是否在经过18个时钟周期后对单板进行剪切；

(4) 在做完上述操作后，计算机转入等待状态，等待下一个时钟脉冲的到来。在下一个时钟脉冲到来后，系统重复上述动作。系统的分辨率为在一个时钟周期里单板所走过的路程。

在单板前进速度不变时，采用上面的方法控制铡刀的动作是可以的。但是，如果单板运行速度随干燥机速度而变化的话，采用上述方法就会遇到麻烦。补救的办法有两种，一种办法是改写软件；另一种办法是用频率与单板运行速度成正比的时钟来代替固定频率的时钟。可以用固定在驱动单板传送带的电机轴上的转盘式光电脉冲发生器做这种时钟。这样就可以不必改写软件了。用计算机控制铡刀，可使线路大为简化，节省投资。

34.2.2.2 板坯成型质量的控制

刨花板和中密度纤维板的板坯成型工序对于产品质量影响很大。因此对板坯成型必须进行检测、控制。目前发达国家中一些刨花板厂和中密度纤维板厂对成型工序均采取了程度不同的控制方式。例如德国Gre Con公司生产的利用计算机控制成型工序的5100装置，硬件部分包括0型扫描架、质量传感器、厚度传感器、校准单元、数字显示器、图像显示器、打印机、键盘和软磁盘。该系统功能包括：①确定横向分布曲线并计算平均值；②显示横向分布曲线；③可存储在此之前的400条横向分布曲线，并可随时调用，以便与正在检测中的曲线对照；④根据测得的单位面积质量和厚度计算材料的密度；⑤每隔一定时间自动校准仪器；⑥将单位面积质量的横向分布曲线的最小值与给定值相比较，当低于给定值时，发出脉冲，调整生产线的速度；⑦可以储存10条垫板单位面积质量分布曲线；⑧在CRT上显示生产过程中的一些重要参数。例如干燥刨花的含水率、施胶刨花的含水率、速度、热压周期、刨花和胶的流量等。

以下介绍一种使用TP-801单板机对板坯成型进行检测控制的系统方案。在这一系统中，使用同位素仪表作为板坯单位面积质量的传感器，以差动变压器作为扫平辊高度的位置传感器，以步进电机作为执行元件，由程序设定采样时间间隔。达到预定时间后，由CTC发出中断申请，转入服务程序，读入板坯单位面积质量。每8次采样后，计算出平均偏差。根据平均偏差的符号决定步进电机的转向；根据平均偏差的大小决定是否启动步进电机，以及步进电机应当转动的步数。当偏差超出允许范围时，发出声光信号。程序还规定每测试一定次数，例如5次，打印一次平均偏差。

此系统中，点与点之间的延时时间较长。因此采用CTC定时器，并且允许中断。每一点上的数据采用无条件传送方式，所以EDG悬空，步进电机选用的是三相六拍工作方式。以软件代替脉冲分配器，这样做使系统结构进一步简化，节省费用。

由于使用了微处理器，使系统结构简化，可以通过改变程序变换其功能，使用灵活。本系统的流程图如图34-15，方框图如图34-16。

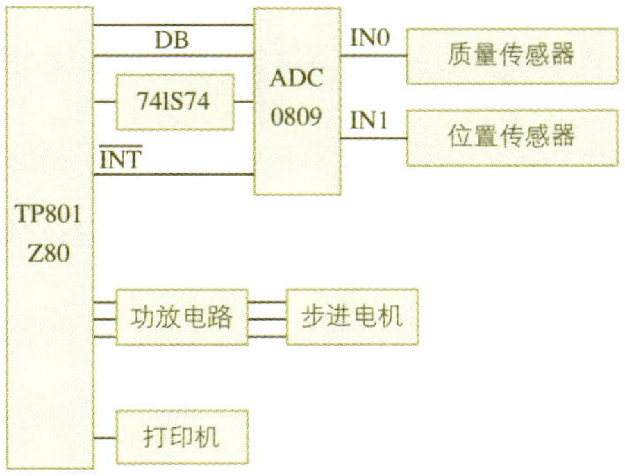

图34-15 板坯质量控制系统流程图

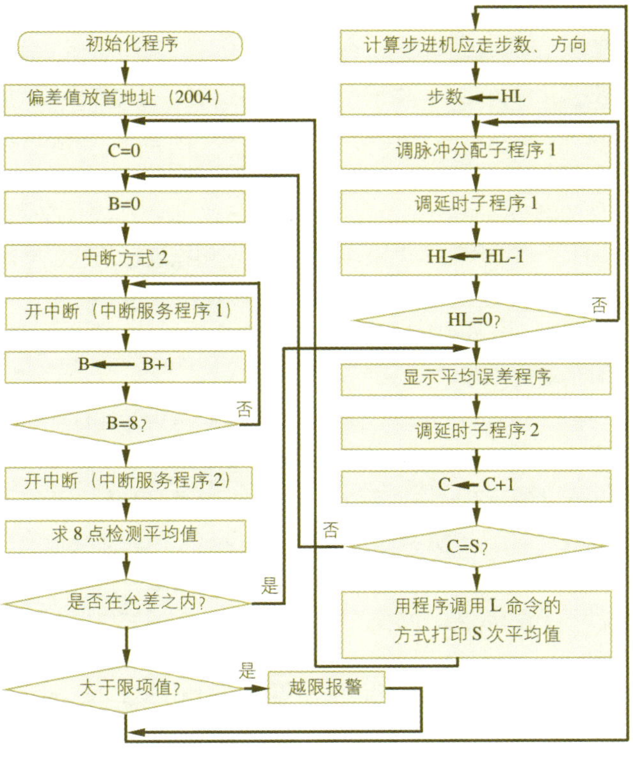

图34-16 板坯质量控制系统方框图

由于 TF-801 使用的是机器语言，故程序部分从略。

美国威耶豪斯公司在俄勒冈州的一条刨花板生产线上，安装了一套用电子秤做质量传感器的计算机控制系统。该系统使板坯成型不合格率由7%下降到4%；板坯质量的偏差由±2.27 kg 下降到±0.45kg；垫板寿命延长了22%。当时，由于计算机价格很贵，所以整个系统花了约20万美元。但是，由于质量提高，也就增加了利润，所以不到两年便将全部投资收回。该系统工作特点是：先称量垫板质量，再称量垫板加板坯的总重，两者相减即可得到板坯的真正质量。合格产品才送入热压机，不合格品则不送去热压。系统根据测得的板坯质量对铺装机进行调节。这个系统还有这样的功能，即如果要改变生产速度或产品规格，只需用一条相应的指令就可完成这种改变。

由于从铺装机到电子秤之间有一段距离，这就有一个时间上的差距。计算机在控制时也考虑到了这种时间上的滞后。此外，在生产中，由于某种原因而停机的时候，施过胶的刨花将变得越来越干。在恢复生产以后，如果仍按原来的计划，根据质量铺装，则铺出的板坯必然过重。因此，该系统设有停机补偿程序，以自动地补偿刨花因停机而变干的效应。此外，在这一程序里还加有反馈。当第一次补偿不合格时，它会自动地变换补偿量，以使其合格。

34.2.2.3 热压过程的控制

热压是人造板生产中的重要工序，热压机的精确控制也就十分重要。因此，有些厂家已在生产计算机控制的热压机。但是，因为热压机价格较贵，所以有些用户就对现有热压机进行技术改造，把机械性能较好的热压机改用计算机控制。热压时，最重要的参数是温度、压力、热压周期。现在人们常用的方法是，根据产品的规格确定上面这些参数。控制这些参数值，既可用常规仪表，也可用计算机。不过，这种只根据产品规格来控制上述参数的方法，并未充分发挥计算机的潜力。使用计算机的时候，还可根据板坯的状况（如湿度）来确定热压工艺条件。德国已在根据板坯的状况来改变刨花板单层热压机热压参数方面取得了一些结果。至于多层热压机，因为情况比较复杂，还需要从事工艺研究的人作大量的研究工作。

单层热压机的控制之所以比较简单，是因为通过热压机的刨花板板坯的物理、化学性能比较一致。对于多层热压机，情况却大不一样。即使在铺装时板坯性能比较一致，但是到装进热压机的时候，性能已不一致了。因此实现最佳控制的难度较大。只有对在各种不同条件下的最佳热压工艺参数作了大量研究工作之后，刨花板热压工序的最佳控制才能实现。

不仅对于刨花板的热压是这样，对于胶合板、纤维板的热压过程的控制也是这样。以湿法纤维板为例，在生产中合理掌握三段加压曲线是提高正品率和劳动生产率的关键。在加压的第一阶段是机械脱水阶段，以便将多余的水从板坯中挤出，并使板坯内部温度接近100℃，但不超过100℃；第二阶段称为气化阶段，使板坯内部温度提高到100～110℃，并将水分减少到10%左右；第三阶段是塑化阶段，在高温高压条件下使板坯中的木质素熔解和黏合成坚固的板材。这三个阶段所需时间的长短，压力和温度的高低，均不是一成不变的。它们应根据材种，板坯的原始含水率，纤维的滤水度和酸度而变。因此，只有从事工艺研究的人对上述这些因素与压力、时间、温度等的关系作了大量研究，得出规律性的结果后，湿法纤维板热压过程最佳控制的实现才有可能。

如果不考虑最佳控制，只考虑程序控制，则可用前面讲过的带模拟量输入的可编程序控制器来实现。不过，即使要实现这种程序控制，对于我国人造板工业来说，也还有两方面的问题需要解决。第一、要提高设备的精度。常见的装、卸板机与热压机对不准等毛病必须克服，否则对自动化生产不利；第二、在工艺上要解决粘板、翘曲等不利于自动化生产的因素。这些不利因素不解决，人造板工业自动化生产也难于实现。

在我国进口的中密度纤维板生产线的热压工序中，PC 与常规仪表并存。这是利用计算机取代常规仪表控制的早期阶段。由于人们熟悉常规仪表，或者是由于生产线中已经有了常规仪表，所以就出现了常规仪表控制与计算机控制并存的局面。在我们实现热压工序计算机控制的开始阶段也可走这条路。但是，这样做不能充分发挥计算机的作用，而且会增加投资，不利于计算机的推广普及，所以要尽量少用常规仪表，以减少设备投资。

34.2.2.4 人造板缺陷的检测

人造板的鼓泡和脱胶分层，是人造板生产中常见的缺陷。下面介绍一种超声鼓泡探测器，其组成如图34-17所示。图中只画出了一个通道。实际的探测系统是由5～12个相同的通道组成的。究竟需要多少通道，视检查对象的尺寸及品种而定。

图 34-17 中的超声发射器所发射的频率是这样选定的：频率不能太高，太高时超声在空气中的衰减太大；也不能太

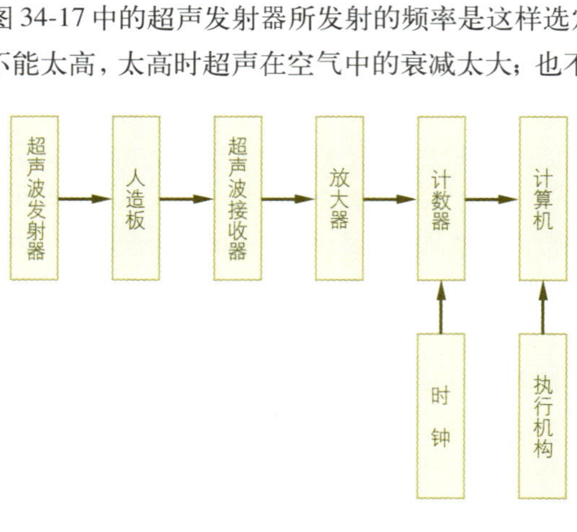

图 34-17 超声鼓泡探测器方框图（一个通道）

低，太低时会受到机械噪声的干扰。大约在25kHz左右。超声脉冲重复频率为每秒60次。当人造板在超声发射器下经过时，超声波束在板上的轨迹为一条宽度约38mm的带。由于空气和木材的声阻抗相差很大，当超声波由空气进入人造板时，大约有90%的超声波被反射回来，余下约10%的超声波才能穿过人造板。如果板中有鼓泡，则当超声波由鼓泡中再次进入人造板时，又有90%的超声能量损失了。因此，有鼓泡时，到达接收器的能量就很少了，大约只有发射能量的1%。超声接收器将收到的信号放大后送到比较器去比较。如果信号大于某一值，则认为该处人造板无上述缺陷；如果信号小于某一值，则认为该处有缺陷。即有缺陷时会失落超声信号。失落超声信号时间的长短，可换算成缺陷的大小。当缺陷大到一定程度时，继电器动作，将有缺陷的板子从生产线上剔除出去，并标明其为不合格产品。如果板中的缺陷不够大，但很多，当多到一定程度时，检测器也会发出警告信号，提示人们找寻原因。

早期的这种探测器完全用的是常规电子技术，后来也只在内部加用了一些计算机技术。事实上，要用微处理器来作这种探测器的心脏是不难的。不过，由于生产线的运动速度较高，所用程序最好用机器语言或汇编语言来写。在此，只给出流程图。图34-18就是超声鼓泡探测器的简化流程图。

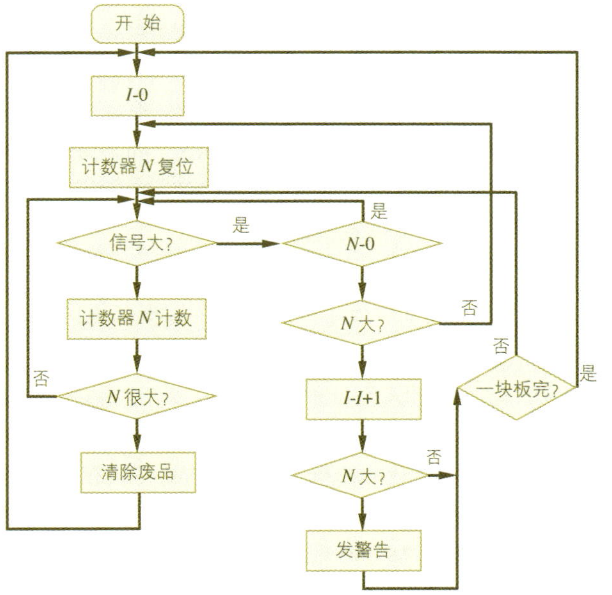

图34-18 超声鼓泡探测器简化流程图

34.2.2.5 制胶过程的控制

在我国已实现了制胶过程的常规继电器控制，现在正用微处理器化的可编程序控制器来取代常规继电器。下面简要说明如何用Micr084可编程序控制器来取代常规继电器。

我国木材厂制胶车间大都用间歇式反应釜进行生产。在制胶过程中，基本上靠人工操作。采用继电器逻辑电路组成的仪表盘集中控制设备后，整个反应釜的生产过程能够做到以自控为主，手动为辅集中控制。如生产脲醛树脂胶的反应釜为实现其继电器逻辑控制电路，则需要使用50个继电器和10个电动时间继电器。为了将这些继电器组成控制电路，得用数百根连接导线。因变更制胶工艺，而更改控制电路的工作量以及故障检修的困难程度是可想而知的。如用M84A-002型PC，加上相应的软件，便可取代50个继电器和10个电动时间继电器与数百根导线。利用PC的软件功能，不但能实现定值控制，还可实现设定值可变的均匀升温控制。Micr084可编程序控制器是美国1981年研制出来的一种以微处理器为基础的控制器。适于在需要6～60个继电器的控制电路中使用。它能执行所有的继电器、计时、计数、运算和顺序功能。设备小巧，成本较低，使用很方便。

现以反应釜通入蒸汽的时间控制电路为例简要说明PC的程序编制步骤。

生产工艺要求：反应釜处于自控工作状态，当一次尿素加完定量值W后，开启蒸汽阀。蒸汽阀工作在全开或全关状态。加完尿素后，根据工艺要求进蒸汽10s，再停止进蒸汽30s。这种间断通入蒸汽的方式要求持续45min后，整个蒸汽加热过程结束。

按照工艺要求设计的继电器控制电路如图34-19所示。

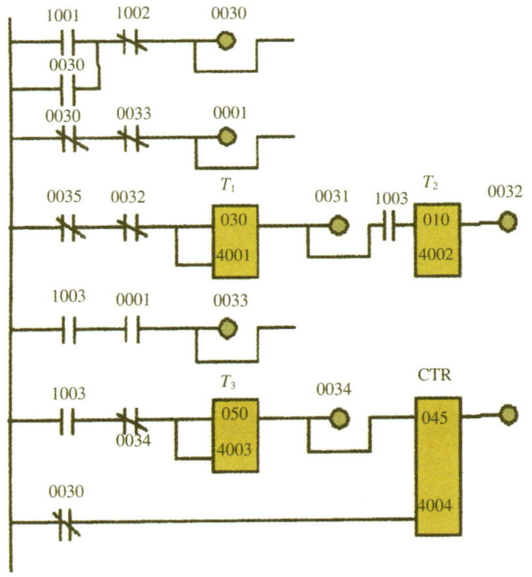

图34-19 制胶过程继电器控制原理图

根据图34-19，按照下列步骤编制程序：

(1) 将控制电路图上的接点、元件进行编号启动按钮QA，选其开关量输入编号为1001；

(2) 将停止按钮TA的开关量输入编号定为1002；

(3) 将一次尿素定量W的开关量输入的编号定为1003；

(4) 将控制蒸汽阀动作的继电器22编号定为0001；

(5) 用梯形图语言组成多节点网络（图34-20）。

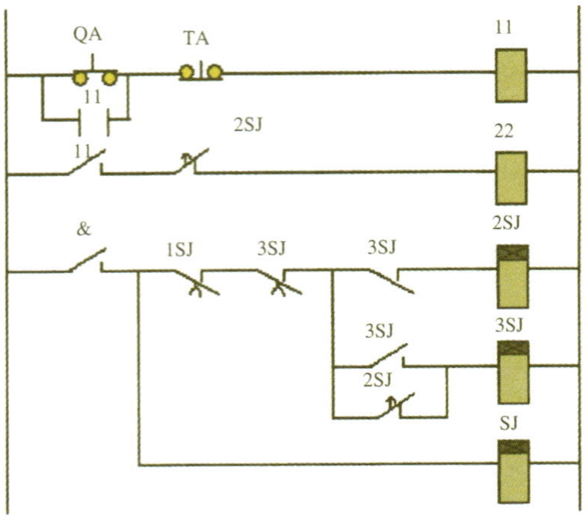

图 34-20 多节点网络

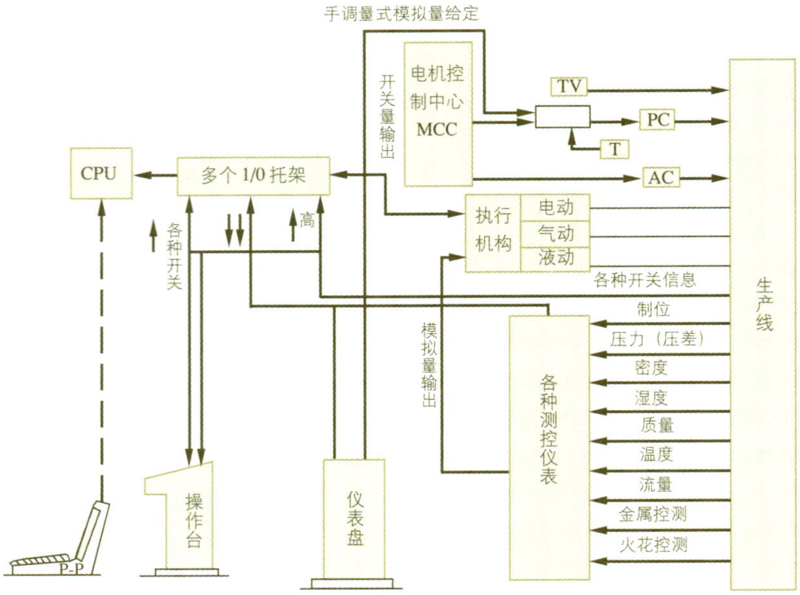

图 34-22 各装置之间和信息传递

在图34-20网络图中，功能元件定时器T_1相当于时间继电器 3SJ；T_2：相当于 2SJ；定时器和计数器串联运用相当于 lSJ 的功能；内部逻辑线圈是 0030-0035 作网络内部功能转移用。

对比继电器控制电路图和节点网络图可知，继电器控制电路需用 25 根导线、2 个中间继电器、3 个电动时间继电器才能组成，而 PC 的节点网全部是由梯形图语言写成的。上述多节点网络图可划分为三个网络，用编程器输入 PC 的控制器里。自然，它的修改也很容易。

34.2.2.6 中密度纤维板生产过程的 PC 控制

我国从美国引进的某中密度纤维板生产线中，使用了美国通用电气公司的 Logitrol -400 型可编程序控制器系统（图 34-21）。包括一台编程器、两台 CPU 和 4 个 I/O 模块架，在热磨工段（水洗——蒸煮——纤维分离）使用了 2 个 I/O 模块架，输入接点 64 个，输出接点 50 个。成型工段（板坯成型——预压——规格锯）使用 3 个 I/O 模块架，其中输入接

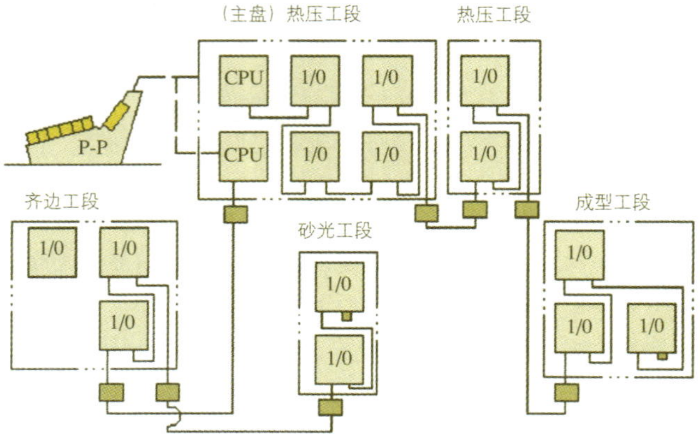

图 34-21 Logitrol-400 型 PC 控制系统

点 152 个，输出接点 86 个。热压工段（板坯中间运输与存储——装板——热压——卸板——冷却——堆垛）使用 4 个 I/O 模块架，其输入接点 90 个。齐边工段使用 2 个模块架，其输入接点 90 个，输出接点 42 个。砂光工段（砂光——分等）使用两个 I/O 模块架，其输入接点 84 个，输出接点 40 个。

各种装置信息的相互传递如图 34-22 所示。输入信息的来源包括：①操作台各个起停按钮和选择开关；②仪表盘的各个高低限位值的开关量；③随机设置的各个行程开关、限位开关、控制按钮、流量开关、压力开关、温度开关和液面开关等等；④各电机启动控制中心（MCC）的各接触器的辅助接点，⑤各可控硅整流装置（SCR）的辅助继电器；⑥ PC 系统内存储器中的输出点的信息。

输出信息所作用的对象包括：①操作台的指示灯和报警器等；②仪表盘的故障显示屏及部分继电器；③随机设置的各个液压电磁阀、气动电磁阀和电磁离合器等；④各 MCC 中的接触器；⑤各 SCR 的辅助继电器。

Logitrol -400 可编程序控制器有专用的模拟量 I/O 模块。不过各工艺参数的检测系统均还有专门的仪表装置来进行检测、运算和控制。有的仪表本身就采用了计算机技术。如纤维计量与施胶所用纤维计量电子秤就已包括一个专用的数字计算机系统。热压过程中厚度控制的 LVDT 控制器是一个由运算放大器构成的模拟计算机系统。因此对一些模拟量的过程控制以专用仪表为主。然后将仪表的上下限值作为开关量输入到 PC 系统，而不再在 PC 系统中使用模／数转换器。

PC 系统可以与外存系统直接连接，或通过公用接口直接与数据中心连接。这些连接可以用来在短时间内（如 6min）改变或修改原来存储的逻辑程序和数据。

该机还可通过专用的接口与Macsym Ⅱ 型监控计算机相

连接。该机采用扩展的BASIC语言。该系统完成后可以对工厂的各种工艺参数进行监控、记录和实时处理等操作。

为了进一步阐明PC在中密度纤维板（MDF）工厂中的应用，下面分四个方面来介绍。

1. 普通组合逻辑与时序逻辑方面的应用

MDF工厂与普通工厂一样，大量采用组合逻辑和时序逻辑来控制生产过程。400型的继电器功能和锁存器功能主要用来解决各种条件组合逻辑的工艺过程的要求。而三种不同的计时器功能则用来解决工艺过程中某些时限或时序的要求。因为各个工段都使用这两种逻辑程序，为此这里仅举一个例子来说明。

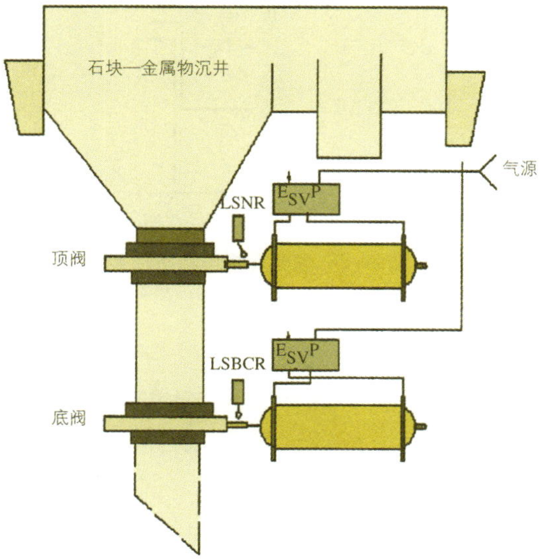

图 34-23 木片水洗装置

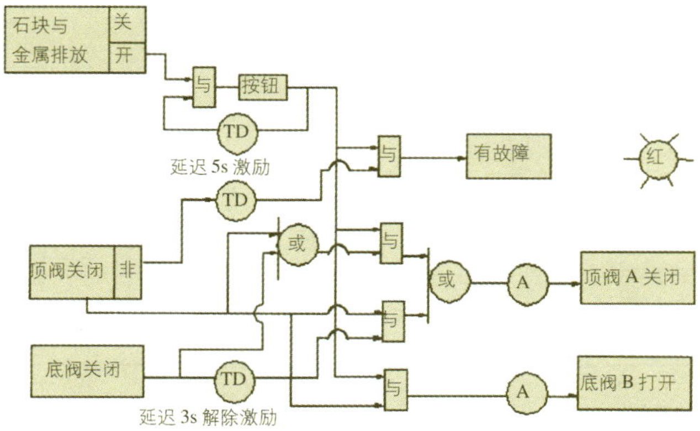

图 34-24 石块和金属物自动排放逻辑图

图34-23所示就是木片水洗最主要的部分。其形状如漏斗，里面充满了水。木片经过这里时，在水的浮力作用下，木片中的泥沙、金属物和石块便下沉。在通常的工作状态下，顶阀开启，底阀能关闭，结果金属物、石块等将沉积在两阀之间的管道中。为了实现自动排放，采用如图34-24所示的逻辑关系。

如图34-24所设定，选择开关（SS）打开（ON），按钮（PB）按一下，便产生下列动作：首先，A电磁阀激磁，顶阀关闭；继而B电磁阀激磁，底阀打开，石块与金属物等排放。10s后AB两电磁阀断电，顶阀开启，底阀关闭。若按钮给出指令5s后顶阀不关闭，故障显示灯亮，通知操作者“线路失灵”。其中底阀关闭信号3s后解除，为逻辑转换所需而安排。上述的过程可用PC系统执行。其硬接线程序如图34-25所示。图中470R也可采用TDK功能——延时解除激励

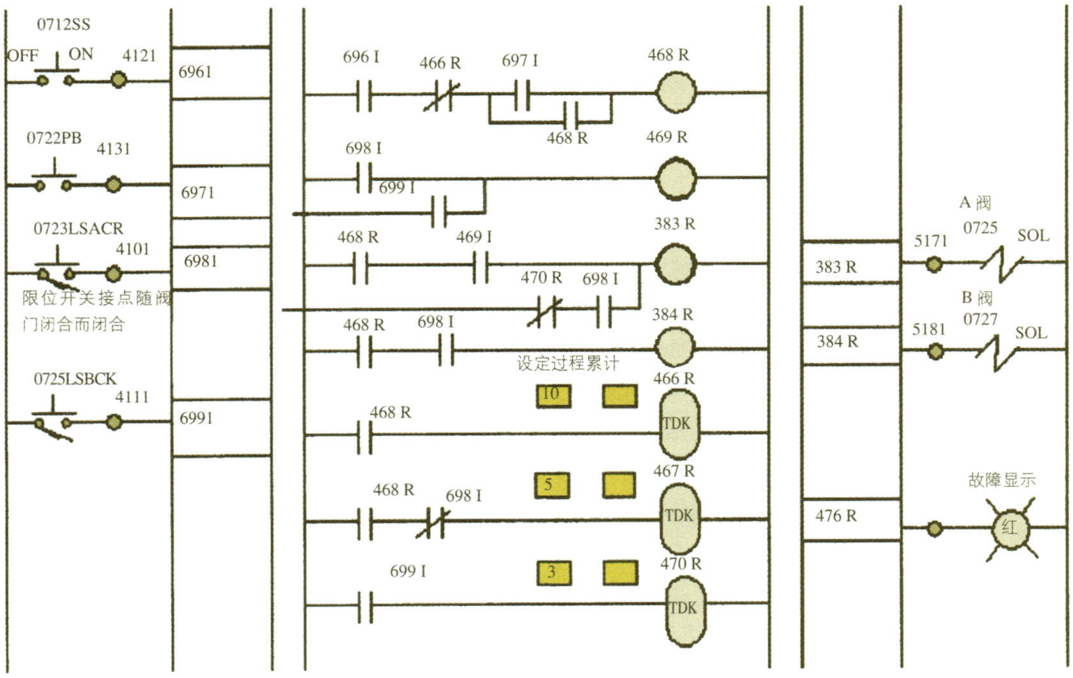

图 34-25 石块、金属物自动排放程序图

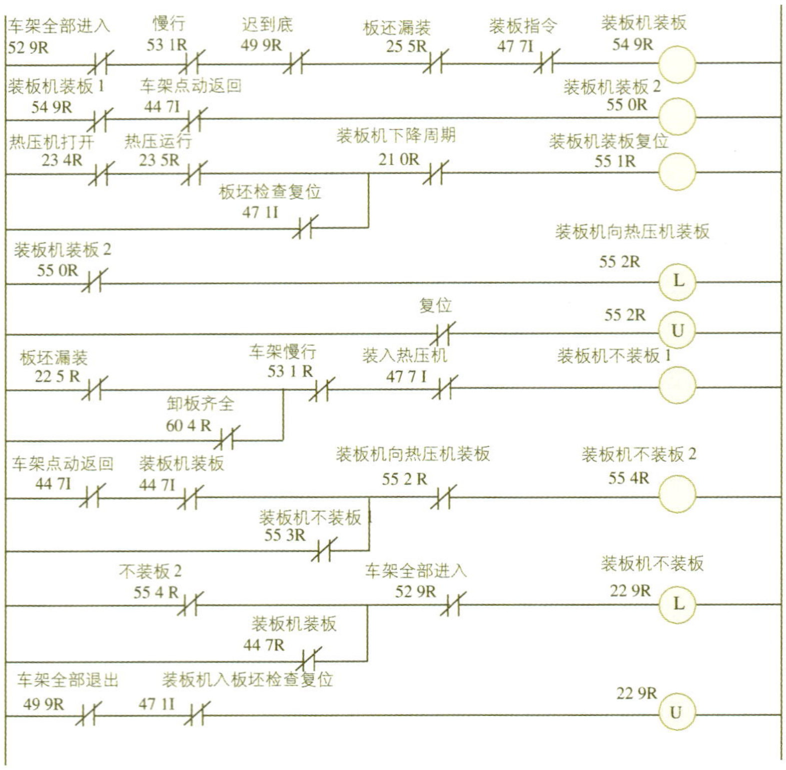

图 34-26 热压工段部分逻辑程序

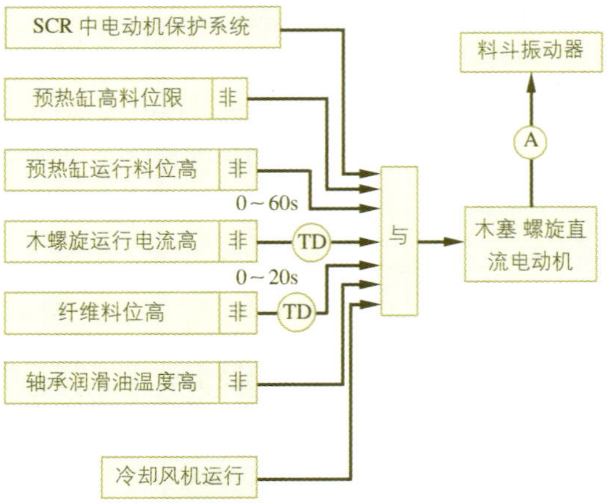

图 34-28 木塞螺旋进料机控制逻辑框图

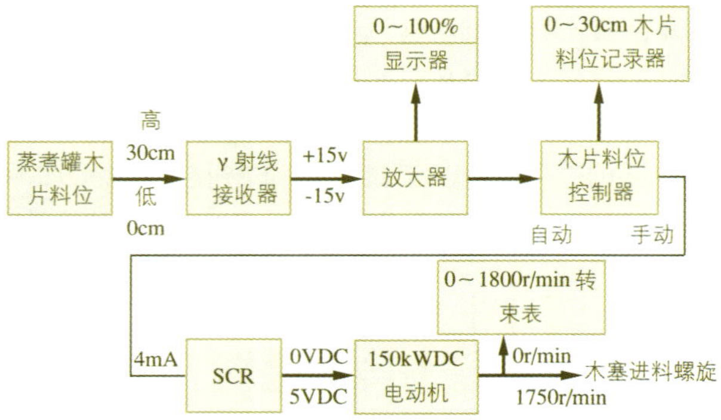

图 34-27 木片料位控制方框图

功能。若采用 TDD，则 383R 的逻辑线中 470R 常闭接点应换成 470R 常开接点（即取正译码）。

工厂也经常采用 PC 的锁存器功能。使用这种功能的好处是生产中一旦电源中断供电，生产过程的执行步骤可以得到记忆。在恢复供电后，生产得以继续进行，而不必从头开始。图 34-26 所示就是热压工段的部分逻辑程序。

在这样的程序中。552R 就是一个举足轻重的锁存器功能程序。图 34-26 仅取热压工段的部分程序，与 552R 有关的二十几条继电功能程序并没有画出。一旦 552R 激励，装板机向热压机装板的过程便开始执行。单层驱动将自动停止；装、卸板隔热门不能关闭；装板机升到顶而不得下降；卸板机升到顶而且保持“升”状态；热压机全部开启而不得启动等等，凡此种种将依其激励而做相应的程序动作。如果此时电源突然中断而后复得，所有的有关程序就不会被打乱，仍然依失电之前情况继续执行。229R 与 552R 相似，但执行的是装板机不装板的过程。

在 MDF 工厂中，PC 的计数功能主要用于成板的堆叠成垛，或板垛卸板以及在齐边、砂光、分等几个工序使用。计数分为“升”计数和“降”计数，正好满足生产要求。

2. 专用仪表、可控硅驱动系统和可编程序控制器的联合使用

这种联合控制的方法是美国人造板行业 20 世纪七八十年代所采用的一种最常见的手段。模拟量与开关量之间具有各自独立性又有相互联系。这对寻找故障及生产过程灵活应变有一定的好处。

在木片蒸煮软化过程中应有效地控制生产过程中木片料位的高度。为此采用 (射线料位探测器与 PC 控制系统，以使动态的料位能保持在 ± 15cm 的偏差范围内。这就要求只要料位稍有偏高，木塞进料螺旋的转速就必须相应降低，相反亦然。这个系统的方框图如图 34-27 所示。

同时，生产过程还要求木塞进料螺旋的直流电机应按相应的逻辑程序来做自动和停机的操作。图 34-28 所示是生产实际要求的逻辑关系。这些逻辑在 400 型 PC 系统得到了妥善的解决（程序从略）。

在 MDF 工厂的整个过程控制中，采用仪表与 PC 联合控制的过程很多，其中最主要的有：

(1) 蒸煮罐蒸汽压力的控制；

(2) 蒸汽流量控制；

(3) 板坯的金属探测与自动翻板剔除；

(4) 板坯湿度探测与自动翻板剔除；

(5) 板坯密度探测与自动翻板剔除；

(6) 板坯热压过程厚薄自动控制。

所有这些过程控制将有效地保证产品的质量，并为高速生产的流水作业提供良好的控制手段。

3. 单层进板装置的精确定位

由于松软而庞大的纤维板坯以 30m/min 左右的速度前进，这就给板坯装板过程中的精确定位带来了困难。采用简单的限位或时限显然不易满足生产要求。为此，这里采用脉冲计数定位方式。

图 34-29 所示为板坯定位装置。高速行走的板坯进入装板机的每个单层托盘时，分为两种运输行程——快速行程和慢速行程。每个行程用脉冲的个数来计量。脉冲产生自与直流电机测速机同轴的脉冲发生器，每转 100 个脉冲。当板坯进入单层驱动区域，SCR 按其应有逻辑条件启动运转。板坯经过光电限位开关（LS_2），计算机计数器开始计算脉冲个数。板坯以同步高速前进。当计数总和等于预定快速行程量时，计数器发出信号给 PC 系统。由 PC 指令 SCR 转入慢速运行。计数器仍不停地计算脉冲，当计数总和等于预定的总行程量时，计数器再次发出信号给 PC 系统，并且 PC 指令 SCR 停止运行，计数器复位。逻辑程序转入其他动作——如换档等。下一块板坯满足逻辑条件时，再次重复这个过程。这样就能使板坯精确地定位。

4. 采用计算技术的专用仪表

美国 20 世纪 80 年代所出产的一些专用仪表常常采用计算机技术。MDF 生产线上的红外线测湿仪（Anacon 1106），就用 μe14433 大规模集成块来完成计数与数据显示，数据为百分比。它共有三位数。

在纤维施胶工段，THAYER 固体物质皮带电子秤也是一种应用计算机原理来设计的测量系统。

该机采用线性变化的差动变压器（LVDT）作为物料质量检测元件，主要的电子线路分别为两部分：一部分是模拟量运算，主要采用高增益的积分器；另一部分则是数字量的运算，主要由计数器和累加器组成。该机还带有一个小型的 16 × 4RAM。通过皮带秤的纤维质量经过电子秤可有下列的输出量：

(1) 显示通过的纤维总质量（8 位十进制数）；

(2) 通过纤维的瞬时量（以百分数表示）；

(3) 将纤维的瞬时量、最大值和最小值以 4～20mA 的形式输出，以便其他仪表使用。最大值和最小值可由使用者设定；

(4) 可提供二进制输出，以便监控计算机使用；

(5) 质量不合格时报警。

MDF 生产线的施胶系统则如图 34-30 所示。由电子秤、比例控制器、流量反馈系统及 SCR 驱动系统组成木质纤维按质量比例施胶的控制系统。其中脲醛胶为木质纤维的 8%～12%，依工艺要求可作适当调整。

34.2.3 计算机在家具生产中的应用

家具如同成千上万的其他产品一样，要以市场需求为依据来创造和确定设计方案，然后进行结构设计和零部件的设计和生产。

当今世界处于一个以电子计算机为智能工具的新技术革命的时代，新的科学技术要用来解决和改进旧的工业中存在的问题和落后的技术。为此，一种具有高智力、速度快、精度高、综合性强的新的设计手段——计算机辅助设计 CAD（Computer aided design）技术已在欧美各国的家具工业中开始应用。

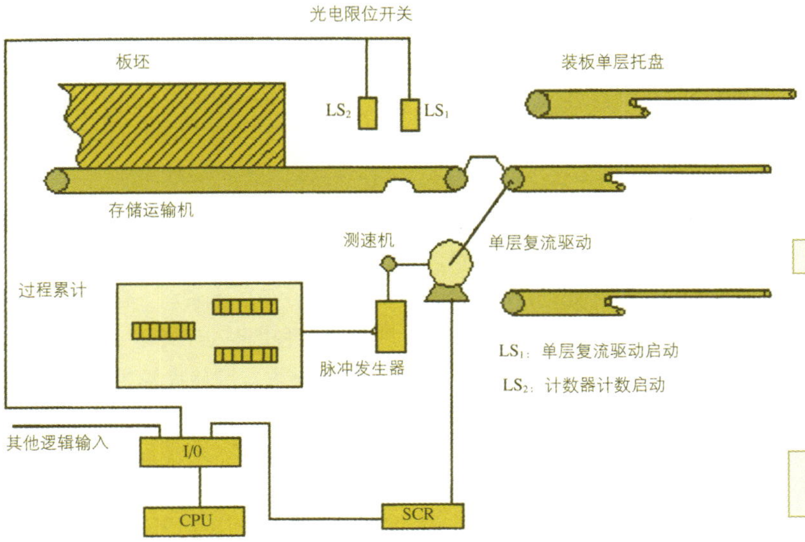

图 34-29 板坯定位装置

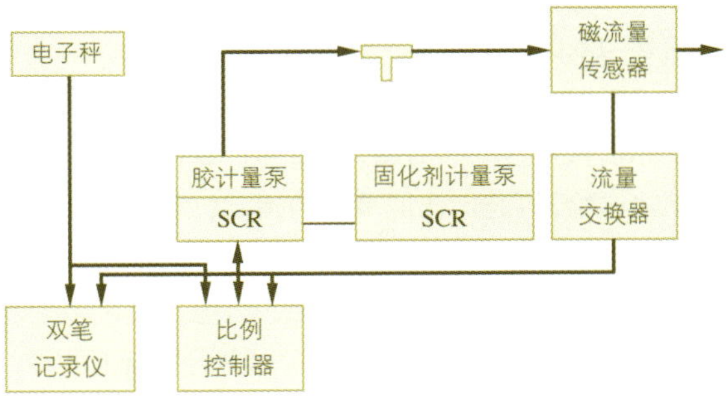

图 34-30 施胶系统方框图

目前，在美国已形成专为木材加工和家具企业设计和开发软件的行业，各个家具工厂已把CAD软件看作一种普通工具，根据具体条件选购合适的CAD系统来提高和改进企业的竞争能力。它能设计家具、画透视图、3D图和转换成正视图、平面图。能把用户设计的效果象拍照片一样在屏幕上、纸上或录象中展示出。能计算出家具部件（门或抽屉）的尺寸、贴面和封边余量；开出下料单；计算出五金配件的种类和数量；进行成本核算，作出报价等。

在美国市场上提供的用于家具工业的计算机软件已由处理办公室事务软件，发展到计算机辅助设计家具软件，近年来又进一步与计算机辅助制造（CAM）以及室内设计相结合。用于计算机辅助制造家具零部件以及应用于家具展销市场。

我国对CAD的研究也是从航空工业开始，20世纪80年代中期，进入机械、电子、建筑、宇航及轻纺等部门；研究和开发计算机辅助设计家具的技术是在80年代中期开始的。如：1986年北京木材工业研究所研制成计算机辅助设计家具零部件及结构的系统；接着南京林业大学和南京木器厂共同开发了一套家具结构的计算机辅助设计系统（FCAD）；上海家具公司与上海交通大学开发了室内设计和家具造型设计CAD系统；东北林业大学家具教研组又于1990年先后开发研制成刨花板家具结构强度有限元分析软件（SFCAD）和32系列板式家具CAD系统（DLFD-1）；1992年重庆大学开发了计算机辅助设计家具造型设计系统（FCAD）。

由于各个家具企业对计算机辅助设计家具技术了解不够，往往认为投资大，没有太大优越性，并且觉得计算机应用是高技术，有点高不可攀，至今仍未能广为应用。为推动家具CAD，就家具CAD系统的设备组成、设计方法和使用特点介绍如下。

34.2.3.1 计算机辅助家具设计系统

CAD家具系统由硬件和软件两大部分组成。

1. CAD系统的硬件包括四个部分

(1) 主机：有大型、小型和微型之分，前两种设备的价格十分昂贵，不适于CAD系统，目前计算机辅助设计家具系统中的主机是微型计算机，要求、功能各不相同，通常使用的是486以上的机型，最小内存贮32MB。

(2) 图形输入设备：图形输入板、数字化仪、光笔、鼠标器和键盘等，用来将设计人员向计算机发出的指令和有关数据输送给计算机，在屏幕上的指定位置生成图象并进行各种变换，是人机交互作业的重要组成部分。

(3) 图形显示器：外形如同一台电视机，在绘图软件的支持下，可在屏幕上绘制和显示出各种图形和符号，还可以进行各种处理加工，它与图形输入设备配合起来，以实现操作者和计算机间的交互作用，它的种类可分：高、中、低分辨率和黑白、彩色显示器；CAD中常用的是高分辨率的彩色显示器。

(4) 图形输出设备：有绘图机、打印机、拷贝设备及照相机等，另如近年来出现的喷墨打印机、激光打印机和静电式绘图机等。可使输出的图形速度加快，精度提高。

2. CAD系统软件

计算机辅助设计家具的技术，除了要有硬件外，还必须有相应的软件支持。软件是指各种计算机程序的集合，设计编写CAD软件的人员必须具有较丰富的计算机知识和较高的专业技术水平。而对使用CAD软件的人员的要求条件，将随着软件的发展而愈来愈放松。

一般CAD软件包括：基本程序、功能程序和应用程序三部分，前两部分是通用的CAD系统，后一部分是根据专业需要编写的专业性很强的应用程序，很多是在通用软件的基础上经两次开发而成。

由于目前CAD软件大部分是用高级算法语言编成的，用户掌握和应用十分方便，很多是采用汉字化的屏幕菜单进行人机交互方式，设计人员可以直接从屏幕菜单上选择命令。

国外很多家具CAD软件已经商业化了，如同购买机床和工具一样，在市场上直接购得。好的软件可以充分发挥硬件应有的作用。

34.2.3.2 计算机辅助家具设计过程和方法

计算机辅助家具设计的过程，是由设计人员将有关的设计资料输入计算机，通过CAD系统的图形交互技术和数据库技术，按用户要求迅速地把图形库中的或者是新设计的制品和零部件的二维或三维图形在屏幕上显示出来；通过缩放、移动、旋转及消隐等操作做出修改、增删、选定接合方式，输出图纸（零件图、部件图、结构图和透视图、立体图）和材料清单。

计算机辅助家具设计的方法可分以下三种：

(1) 全新产品开发：全新的产品设计，无法利用系统中已有的图形档案，需从头做起，利用三维造型设计模块绘制出外形图、效果图；利用工程设计模块绘制零部件图和制品结构施工图，以及在数据库管理系统下建立和编制有关的数据库和程序。

(2) 新产品设计：在计算机辅助家具设计系统中找不到合适的定形图纸和资料时，可在基本信息资料库中提取有关国家标准（或部标准、专业标准）等技术资料，在原有的图形库和数据库的基础上加以修改和调整。

(3) 组合设计：根据用户要求，可从计算机辅助家具设计软件的数据库和图形库中取出有关程序、参数和图形（外形图、施工图及零部件图）直接进行组配和确定，或稍加变更后，绘出结构施工图和列出有关下料单及其他工艺文件。

其中，第一种设计花费时间最长，最后的方式所需设计时间最短，第二种设计方法介于两者之间。因为它利用已建立的有关家具设计的各种基本资料，如技术标准，连接件接合方式和节点图及组合设计菜单等。随着CAD系统的使用时间的加长，有关家具设计的基础资料积累愈丰富，设计效率也愈高。

34.2.3.3 计算机辅助家具设计的特点

家具CAD的特点是绘图及设计速度快、精度高，便于推广标准化、系列化和通用化，可成倍地缩短家具设计周期和减少直接设计费；增强企业的竞争力；可提高企业的内部管理（如档案管理体制及情报信息交流等），以及改进销售和广告宣传等对外联系；同时还为计算机辅助制造家具（CAM）奠定了基础。

1.计算机辅助绘图技术在家具CAD中应用的优越性

可在显示屏幕上直接绘制出家具结构草图，如同目前设计人员用铅笔在绘图纸上相仿，但绘图人员不用整天弯着腰趴在图板上用尺一条一条的画，而是坐在计算机前的转椅上用手指轻松地按动键盘或鼠标上的控制键钮，就可按要求绘制出各种线型和不同尺寸的图形。

设计人员徒手绘制的草图可通过图形输入装置（图形输入板、扫描仪、数字化仪等）输到计算机内，由于速度极快，因此在屏幕上看到的效果，如同操作者直接在屏幕上画的一样，而且图形中的线条均匀平直，曲线圆润光滑。根据需要，可直接储存或进行各种加工处理后存入计算机的图形库内，以供其他产品设计时比较、分析和参考。

用计算机辅助设计的家具图形如有更改时，不用将图纸作废重画，只要使用“擦除”、“移动”或“旋转”功能，就可以把图形修改到设计师满意为止，不仅大量地节约设计绘图的劳动量，同时可得到图面整洁，图形正确的高质量的设计图。

可在结构图和零部件图上按家具制图标准标出尺寸和写出技术要求等文字说明，在绘制形状相似而尺寸不一的零部件尺寸时，可以利用图形库中的档案，在“拉伸”功能下1min内就可将图形拉伸，图中所标注的尺寸也立即自动地改动成相应的数字。因此计算机辅助设计家具对由板件组成的板式家具更具有优越性，可提高绘图效率数十倍，使设计绘图人员从极为枯燥冗长的劳动中解脱出来。

储存后的家具图可随时从计算机的图形库中调出，由输出装置（绘图仪或打印机）绘出施工图纸，输出速度每秒钟可达几十到几百毫米。

CAD系统还具有良好的图形转换和显示控制功能，为了便于设计人员对图形进行改进和观察，可以在屏幕上完成正视图与俯视图和侧视图间的转换，二维图和三维图间的相互转换，同时还能从不同角度和以不同比例观察图形。

可以对通用化、系列化的部件或单元体组配成多种款式的组合家具，并能与室内装修和室内设计相结合。随着计算机技术和CAD系统的发展，还可生成不同色泽、浓淡和纹理的图形。

2. 提高方案设计质量，加强资料的管理和信息交换

方案设计是家具设计的第一步，设计人员需根据市场需求信息和有关规定（如手册、标准及文献资料），确定产品性能和设计方向；采用计算机辅助设计家具，就可把这些信息资料存放于软盘中。查阅时，只要利用“寻找”功能，在几分钟内就能把所需资料在屏幕上显示和打印出来，供设计人员参考构思，供企业管理人员、工艺技术人员、销售人员及其他有关人员共同参阅讨论；必要时可把存储在CAD系统图形库中的本企业的名牌产品、设计档案立即调出来；或者通过图形输入设备把设计师的初步设想，送入CAD系统中显示出来，供大家归纳总结和做出决策。

由于计算机可把数十万字的文献资料或上百张图纸储存在只有手掌大小的薄薄的一张软盘中，家具设计的有关档案就可以集中存放在抽屉里，调用时，不论是多少年前的档案，也不用翻箱倒柜，而是只要把软盘插入计算机中按动键盘或鼠标，就可将需要的图纸和资料找到，既保险又方便，能使档案管理提高到一个新的水平。

3. 增加产品广告和销售功能

采用计算机辅助设计家具的技术可在屏幕上直接显示出彩色或黑白的家具外形图和结构图，可根据需要转换成不同的观察角度的画面，这样就可直接在屏幕上选择和拍摄后作成广告。此外，在销售中也可直接通过屏幕显示，使顾客加深对制品的了解。并可按用户意图选购的家具，为他们做出室内布置方案；通过CAD系统的计算功能，可根据用户选定的家具规格和款式，立即列出所需的部件规格和数量，计算出价格，这将使家具的销售能力及售后服务功能进入一个新的阶段。

4. 缩短试制周期，保证结构强度

近年来大量新材料的涌现和新的接合方式的使用，凭经验和采用类比法来确定家具的结构强度的传统的设计方法明显地不能满足要求，必须先进行样品试制，但周期长、效率低。如采用计算机分析软件，只要用几分钟即可进行计算分析和确定部件规格、连接方式、数量及部件等，不仅提高效率，同时也节约了大量的试制材料和工时。

由此可见，在家具设计和生产中采用计算机辅助设计家具系统，不仅可极大地提高家具质量和缩短设计生产周期，并为家具工业开辟了一个新的领域。在当今复杂的社会环境下，计算机的应用不是一个时髦的名词，而已成为一个代表高效率、高精度的新趋向。计算机辅助设计家具的技术将成为改造传统工业的一个有效手段，时代也要求掌握并运用这一技术。

34.3 计算机在企业管理中的应用

34.3.1 计算机网络的介绍

计算机网络技术是20世纪60年代末期出现的一种新技术。它是数据处理和数据传输技术相结合的产物。它把计算机的通信设备结合在一起组成了一个新系统,以达到资源共享和充分发挥计算机效率，扩大计算机的应用范围，提高处理能力的目的。

34.3.1.1 计算机网络的定义

对于计算机网或计算机网络，自问世以来有多种定义，它们从不同的角度对计算机网下定义,主要可以从应用目的和物理结构来考虑。

1. 应用目的的计算机网络定义

把多台计算机通过通讯线路,以相互共享资源的方式而连结起来，并各自具备独立功能的计算机系统的集合体。

2. 物理结构的计算机网络定义

在协议下由一台或多台计算机、若干终端设备、数据传输设备以及便于终端和计算机之间、或计算机与计算机之间进行数据流动的通讯控制机等系统所组成的集合体。

这个定义表明,计算机网络是在协议控制下通过通讯系统来实现计算机之间的连接。协议是指网络中各计算机之间进行数据流动时，所必须遵守的规约。协议是计算机网络的重要概念。有无协议是计算机网与其他多机系统的分界线。

34.3.1.2 计算机网络的功能

计算机网络有以下主要功能和特点：

(1) 实现资源共享计算机网络实现了硬件、软件及数据等资源的共享，这也是建立计算机网络的主要目标之一。

(2) 实现数据信息的快速传输和集中处理。这是计算机网络的最基本功能。如网络化的计划统计系统、股市分析系统、银行管理系统、订票系统、联机检索系统等。

(3) 均衡负载、互相协作、提高使用效率。

(4) 设备分散、安全可靠、使用方便。

(5) 维护方便、系统扩展性好，提高了整个系统的性能价格比。

34.3.1.3 计算机网的分类

计算机网络可以多种角度来划分类型。

(1) 从范围、距离和传输速率来看，有局部网（局域网）和远程网（广域网）；

(2) 从数据传输和转接系统的拥有性，有专用网（内部网）和公共网；

(3) 从网络中主机多少，有单主机网——联机系统和多主机网——计算机网络。

目前，计算机网络技术又有了新的发展，已实现了把多种互不兼容的计算机网互连起来，形成一个国际网 Internetwork，即当前使用极广的 Internet 网络，也称为互联网。

34.3.1.4 Internet 简述

Internet 的前身是一个称之为 ARPANET 的互连网。而如今它已是一个全球性的网络集合，是当今世界上规模最大的计算机网络，目前已延伸到近两年 170 个国家和地区，有着丰富的信息资源和应用。网上的用户已达数千万个。

Internet 是一个仍在不断变化、不断发展的网络。不断有新的国家和地区、新的计算机加入到 Internet 中来，网上的应用和资源也在日新月异地发展变化。Internet 被人们看成是信息高速公路的雏形。

Internet的服务是向用户提供的各种功能被称为“Internet的信息服务”或“Internet的资源”。Internet 提供的服务很多，下面列出主要的几个方面。

1. 电子邮件（E-mail）

E-mail 是一种电子式的邮政服务，采用简单邮件传送协议 SMTP。在 Internet 上开有电子邮箱的（E-mail）地址用户之间，可以互相发送和接收电子信件。与常规的邮政相比，在通常情况下，电子邮政几乎没有时间的延迟，具有很大的时效性和方便性。电子信件可以是任何文本文件。对于非文本文件等，可在发信端将其编码转换成文本文件后送往收信端，而后在收信端将其解码转换成原来形式的非文本文件。如果使用支持 MIME 的电子邮件软件，非文本文件就可以直接传送。E-mail 是 Internet 上最繁忙的应用之一。

2. 远程登录（Telnet）

用户使用这个服务可使自己的计算机，成为 Internet 网络上另一台计算机的远程终端，享用该计算机的各种资源。网络上的超级计算机往往用这种方式供大家共享。

3. 文件传输协议（FTP）

依照文件传输协议FTP,可以直接进行任何类型的文件的双向传输。既可以把自己计算机上的某个文件拷贝到网络上某个计算机中去,也可以从网络上的某个计算机上把某个文件拷贝到自己的计算机中来。文件传输的条件是，用户事先要了解网络计算机的帐号和口令。

4. 匿名 FTP

匿名FTP服务也采用文件传输协议FTP。在FTP上有着数量庞大的匿名FTP服务器。这些服务器中存有大量可供人们自由拷贝的各类信息，例如各类免费或共享软件、技术文档。许多使用 Internet 所必需的客户和服务器软件，都能从匿名 FTP 服务器中拷贝到。许多正在开发的 Internet 软件的中间版本往往由匿名 FTP 服务器向公众发表，供大家试用。这些服务器构成了 Internet 的巨大信息资源，是 Internet 最重要的服务之一。

5. Archie 服务

匿名FTP服务器成千上万，并分布在世界各地。若想要拷贝一个文件，但只知道文件名或部分文件名，有时很难找到其所在的匿名 FTP 服务器，就像大海里捞针或者很费时间。Archie 服务可以根据用户给出的文件名或部分文件名，在匿名FTP服务器中搜索，并向用户报告在哪些匿名FTP服务器中有所需的文件。

6. Gopher 服务

Archie 服务提供了一种查找文件的方法。然而 Internet 还有除文件以外的其他类型的信息资源，为了方便查询，这些信息存储在成千个分布在各处的 Gopher 服务器中，也称为Gopher空间。用户使用Gopher客户软件连接到Gopher服务器上，在一级套一级的菜单引导下，能透明地漫游各个有关的 Gopher 服务器，方便地取得所需的信息。

7. World Wide Web

通常又称为 WWW 服务。采用超文本传输协议 HTTP，是目前发展最快、最热门的 Internet 应用。它采用超文本和超媒体技术，用多媒体向用户展现丰富的信息。超文本和超媒体的链接功能直观地导引用户得到所要的信息。WWW浏览器是目前得到广泛应用，而且具有极其强大功能的工具。

8. 新闻组（Usenet）

新闻组为用户提供专题讨论的服务。Usenet开辟若干个讨论组，每个专题讨论组都有一个反映其讨论内容的固定名称。用户可根据需要参加某个组的讨论。Usenet也称为电子论坛。

除以上所列出的服务外，Internet还有许多方面的应用，这里不再多述。

34.3.2 计算机在企业管理中的应用

计算机应用于企业单位，可以涉及很多方面。我们这里只阐述企业管理中的各类大量数据处理问题，不讨论全面的管理信息系统、决策信息系统等进一步的内容。本章，首先概述数据处理的概念；再介绍数据处理的特点，即说明编制数据处理应用软件的重点在于描述数据结构；然后，根据企业管理的职能，介绍这方面的应用领域。

34.3.2.1 数据处理的概念

“数据处理”通常是指用计算机对反映企业内部业务活动的数据进行处理，也就是对数据进行综合分析。在企业管理中，有大量的信息，诸如人员情况、设备情况、资金情况、原料情况、产品情况。这些信息贯穿在企业管理的全过程中，我们常常把信息流认为是和具体产品生产的物流同样重要的，这些信息总是通过“数据”来具体反映其客观特征的。

那么，“数据”这个词的确切含义到底是什么呢？数据可以是一个表示数量、价格、质量、距离、时间等的数字集合；也可以是一个代表人物、地方和事物名字和字符集合。诸如人员情况、设备情况、资金情况、原料情况、产品情况都可以用具体和数据来表述。“数据”就其类型来说也是很多的。可以是数字型的（通常的十进制数或者计算机内部表示的二进制数以及定点、浮点数。对于数量、价格、质量之类的数据就属于这种情况），也可以是字符型的（数据用字符数字串表示，例如人员姓名、物品名称、规格……就是属于这种类型）。作为“数据”的例子是不胜枚举的。正因为“数据”这个词具有这么多的涵义，计算机对于“数据”的处理任务也就显得越来越重要。

计算机完成的数据处理，就是要按照不同的使用要求对数据进行各式各样的加工。大体上说，可以包括以下几个方面：

(1) 数据收集：汇集所需要的信息，将实际企业管理中的数据通过计算机输入设备送入计算机。

(2) 数据检验：计算机对原始数据进行正确性校验。

(3) 数据存贮：将原始数据按一定的结构要求存贮在计算机的外部存贮器上。这里，应用计算机高级语言编制的程序主要只考虑数据的逻辑结构。至于逻辑结构向物理结构的映射，则是由计算机的系统软件——操作系统来自动完成的。

(4) 数据运算：对数据进行各种算术运算和逻辑运算，以得到进一步的信息。

(5) 数据分类排序：将数据按要求排好次序或进行分类，例如将全部人员按工作证编号排定次序或按科室进行分类整理等。

(6) 数据统计：对一批数据进行统计，得出累加和、最大值、最小值、平均值等。

(7) 数据查询：按业务要求，提供有用的信息，例如在全部人员中找出满足某种条件的人员。

归纳起来，我们可把数据处理分成三个阶段：

输入阶段——包括数据收集、数据检验、数据存贮。简单地说，就是将实际描述对象以数据形式表达出来，组织合理的数据结构，存放在计算机里。

处理阶段——对企业管理来说，对数据的处理主要是指计算、分类排序、统计和查询。利用计算机来完成平时靠人们手工进行的业务管理活动。

输出阶段——我们要从计算机里取得业务管理上有用的数据，一定要有输出结果。通常，计算机可用屏幕显示或快速打印来得到结果。这里必须考虑输出的格式，以报表或图表（如对定期生产报表可绘制数据分布曲线）的形式供给用户。

上面所说的一些处理，一般不涉及复杂的数学模型，不使用繁冗的计算公式，主要是对数据进行大量的数字运算和逻辑运算。但是，数据处理却有自身的特点，即数据量大、时间性强。虽然在使用计算机的方法上与数值计算相同，但鉴于其特点不同，故仍把数据处理单独作为一门学科来研究。随着国民经济的发展，数据处理量日益增大，单靠人工来完成不仅时间长，也容易出错。因此应用计算机处理数据已是必然趋势，发展十分迅速。

为了适应数据处理的需要，对计算机系统有一定的要求。

首先，在配件方面，必须配备容量较大的外部存贮器。配备硬盘的容量一般在1GB以上。有了这种外部存贮器，数据处理就有了存放数据的基础，而其容量对于中小木材加工企业来说，也是比较适当的。

其次，在系统软件方面，要求有较强的计算机语言功能。目前，系统软件的进一步发展，出现了称为“大众数据库”的计算机 Foxbase、Visual FoxPro 等数据库系统，它们已成为实现数据处理较为理想的一种工具。用它来组织数据和编制应用软件，往往比使用 Basic 语言或 Cobol 语言可更加快周期，容易实现。

此外，对于一些较大的企业，一个单位的信息要在企业的各业务部门流通，数据量又比较大，使用单台计算机不能满足需求。对于这种情况，一种理想的方案是采用计算机网络来建立企业管理信息系统。为了获得国内外同行业的市场信息，可以加入国际互联网。

34.3.2.2 数据处理的特点

计算机内部是根据人们编制的程序按规定的次序工作的。随着计算机技术的发展，现在早已不是停留在只能用机器指令编写程序的阶段，而是普遍采用计算机高级语言来编写程序。

应用计算机语言编写的程序，可以看成是算法和数据结构的综合。即：

程序（一组操作命令）＝算法（信息的加工步骤）＋数据结构（加工对象）

对于数值计算，由于涉及复杂的数学问题，解决算法问题成为它的主要矛盾，这属于计算数学的范畴。数值计算关心的是运算结果的有效数字，通常参与计算的原始数据数量不大，而且数据之间没有多少内在结构联系。此外，数据类型也比较简单，只涉及单精度、双精度的数字型量。故其数据结构也是比较简单的。

数据处理则不然，它的特点是数据量大、数据内部联系密切。所以，与数值计算比较，编制数据处理方面的应用软件有很大的不同，重点是解决复杂的数据结构问题，而算法则相对比较简单，不涉及复杂的数学公式，通常只是一些较为简单的算术运算和逻辑运算。

数据结构，是计算机科学中的一个重要分支。设计好数据结构是完成数据处理的重要一步。因此，要注重数据处理中常用的一些数据结构。

34.3.2.3 计算机在企业管理方面的应用

在企业管理中，要提高管理水平，增加经济效益，关键在于掌握物流和信息流。利用计算机来处理企业中大量存在的信息流，对于企业管理是至关重要的问题。

因为信息是物流的性质、内容与实际状况的反映，一个企业的领导人和管理人员必须有效管理五项基本资源：人、物、财、设备与技术。因此，企业管理就其职能划分来说，可以分为若干子系统来实现。针对上述五项基本资源的管理，一个企业的管理信息系统可以划分为如下子系统：人事系统、生产系统、财务系统、设备系统、库存系统、科研项目管理系统。

一个单位使用计算机进行数据处理，开始阶段就可以按照这些职能划分，一个一个地建立各自的管理系统，应用领域可以逐步加以拓宽。一般，企业管理方面的应用领域是非常广泛的，可以这样说：只要有信息，就可以用“数据”将它表达出来，就可以建立相应的管理子系统。

必须指出，这样逐个按职能来建立子系统的方法是有一定缺点的。实际上，各个子系统内的数据相互之间存在横向联系，因此最好是能统一地将企业的数据存放在计算机里，以达到综合处理的目的。但由于单个计算机受到功能上的限制，要做到这一点是困难的。为克服这一困难，可采用大中型计算机和数据库的方法；或者采用计算机的网络系统，再用数据库方法也可实现。

34.3.3 计算机在账务管理中的应用

对于一个企业的财务科来说，工资发放是比较简单的一项工作。财务科所要处理的各类财务工作是很多的，财务数据来源很多，企业内部外部都有财务来往，每天会有大量的数据处理任务。在各种财务处理中，总账是财务的核心问题，解决好总账的计算机处理是财务管理的重要问题，现就这一问题加以介绍。

34.3.3.1 系统分析

先分析一个单位总账管理的手工处理现状。

1. 收集原始凭证

财务处理的原始数据来自各类原始凭证。一个单位只要发生经济业务就必须填报财务往来的原始凭证，它记录经济业务的执行完成情况。原始凭证所包含的内容是很多的，其基本数据项是：原始凭证编号、凭证的来源（企业外部/企业内部）、名称、日期、接受凭证的单位、经济业务（要能反映该凭证的记账类别以及借贷双方的会计科目，即总账中的分类账号）、金额、实物数量、填制单位、填制人。

2. 建立记账凭证

编辑原始凭证，检验填写是否正确，按记账要求，由原始凭证编制出三种记账凭证，即收款凭证、付款凭证和转账凭证。记账凭证的基本数据项是：

记账凭证编号、记账凭证类别（即付款凭证、收款凭证、转帐凭证）、借方账户编号、贷方账户编号、日期、金额、原始凭证编号。

3. 登记凭证建立分科目的总账

一个企业的总账，是企业会计科目的总分类账，是连续记载和反映整个企业财务活动的记录。应用总分类账，能全面地、概括地反映一个企业的经济活动情况，能够为编制各种会计报表提供所需资料，这是一个企业财务管理的核心。

总账按其经济内容可粗略地划分为四大类：一是反映资金运用的分类会计科目；二是反映资金来源的分类会计科目；三是反映成本费用的分类会计科目；四是反映收入成果的分类会计科目。如果细分的话，各个企业按照各自系统的规定，都有会计科目要求。

总账的基本数据项是：

凭证字号、分类会计科目编号、名称（财会人员根据记账凭证的内容自行填入）、日期、摘要（财务活动的情况纪要）、借方（金额）、贷方（金额）、余额。

这样，就登录凭证建立了各类会计科目下的明细账（会计科目可能有：固定资产、材料消耗、工资、生产费用、企业管理费、库存现金、银行存款、税金、福利事业、上交利润、基建支出、拨付资金、银行借款等）。

4. 登录建立企业内部各个部门的明细账

为了便于经济核算，一个企业内的各个部门都要建立各自的明细账。财务人员要根据记账凭证，在登录总账的同时，登录建立各部门的明细账。

5. 定期汇总统计，做出各种报表

报表的类型是很多的，各种企业都有自己系统的财务报表要求。一般有三类报表：

(1) 反映资金来源和运用的报表，如资金平衡表、固定资产和折旧明细表等；

(2) 反映企业经营过程中的成本和费用支出的报表，如产品成本计算表、企业管理费明细表等；

(3) 反映经营过程中的收入和财务成果的报表，如利润表、营业外损益明细表等。

报表的格式是计算机处理中输出设计的依据，在系统分析中应给予充分重视。根据上述手工处理的流程，即可确定计算机处理方案。此时，一是选定文件的数据结构，二是画出处理流程。这两点说明如下：①确定数据文件种类和格式。处理财务总账涉及总分类明细账以及分部门的分类明细账。我们可统一考虑建立原始文件：总账中的每一条款是一项原始记账凭证，大量的凭证汇总，就建成了这一总账原始文件（此外，原始凭证与记账凭证一并处理，由账务人员进行手工处理，建立总账中的记录）。②用分层输入——处理——输出的分析方法确定流程。这里，与手工处理流程有较大的差别。手工处理时，要分别登录不同账本，进行汇总。计算机处理可以统一登录总账，根据随时发生的经济业务活动，及时在总账文件中增加记录，并可不定期地进行汇总，及时反映当前企业经济状况。这一点，手工处理是办不到的，它只可能定期经很大努力才能作出某一方面的报表。在这方面，计算机处理显示出很大的优越性，便于及时掌握企业的经济活动现状。

34.3.3.2 系统设计

处理流程比较简单，重要的是输入/输出设计。由输出设计开始，设计所要求的种类报表格式。指定报表的表头以及报表包含多少栏目等。处理流程则要确定报表栏目中的数据如何从原始总账文件中获取，即根据原始文件中的数据，采取分类排序、汇总的办法得到需求的结果。另一问题是输入设计，即原始凭证如何输入、输入后存贮，建立总账文件。

34.3.3.3 系统方案

分别按总账管理涉及的数据结构及处理流程介绍如下：

1. 数据结构

原始数据来自每一笔账务，它被看作是一个记录。经过财务人员对原始凭证的检验填写，每笔账务记录的基本数据项包括：

日期、部门、会计科目、摘要、借方、贷方、凭证编号。

可以建立以凭证编号为关键字的索引文件。这个文件是总账的原始根据。

2. 处理流程

简单概括，可分三步来完成：

(1) 建立数据文件对经济活动中的每笔账务，按上面数据结构的要求，看作一个记录，贮存在外存文件上。这一部分的模块，除了解决输入贮存以外，应具备增加、删除、修改记录的功能。

(2) 分类排序，建立两类明细账，将原始数据文件按会计科目分类，在同一类中又按某个顺序排列（如按账务的日期），建立整个企业的总分类明细账。这个总账除存贮在磁盘上以外也可打印输出。二是将原始数据文件按部门分类，在一个部门内又按会计科目分类，并按某个顺序排列，建立企业内部各个部门的分类明细账。

(3) 统计汇总，打印表格按照上级的各种报表要求，完成有关统计汇总。一方面是设计报表格式，例如表头的要求、报表的栏目安排等；另一方面是从总账中取得数据加以统计汇总，由计算机自动填入报表中的相应栏目。因为企业的各类财务报表种类繁多，每一表格中栏目花样又很多。所以这一部分和程序设计工作量是比较大的。要在总的这一打印模块下分设若干子模块，分别完成各类报表的编制。

参考文献

[1] 王建光. 应用微机进行木材检验统计管理. 林业科技资料, 1995 (总 48) 30～31

[2] 刘耀麟等. 微型计算机在木材工业中的应用. 北京：中国林业出版社. 1986

[3] 王克奇. 人造板表面缺陷的自动检测. 林业机械, 1995(15), 37～38

[4] 王晓春. 木材干燥微机控制系统. 自动化仪表, 1995, 16(6), 34～36

[5] 徐忠. 纤维板热压机微机自动控制系统. 吉林林业科技, 1995(2), 44, 19

[6] 朱益民. 木材无损检测的现状和展望. 云南林业科技, 1996(1), 82～84

[7] 金继卿. 提高制材生产经济效益的几个途径. 木材加工机械, 1996 (1), 7～8

[8] 仲斯林. 对人造板生产中应用微机控制的思考与实践. 木材加工机械, 1996, (2), 11～13, 24

[9] 贺永珍. WJK-2 型微机木材监控系统中的抗干扰措施. 林业资源管理, 1996(特刊)16～18

[10] 王金满. 计算机视觉技术在木材工业科研与生产中的应用于. 世界林业研究, 1994(3), 49～55

[11] 孙廷才. 微型计算机在工业控制中的应用技术. 北京：光明日报出版社, 1987

[12] 孙增圻. 计算机控制理论及应用. 北京：清华大学出版社, 1989.10

[13] 章高建. 过程控制原理. 北京：化学工业出版社, 1991.11

[14] 王毓银. 脉冲与数字电路. 北京：高等教育出版社, 1992, 05

[15] 王以和. 微型计算机接口. 上海：上海科学技术文献出版社, 1985

[16] （美）戴维. 办公室自动化. 北京：机械工业出版社, 1988.05

[17] 沈钧毅. 微电脑在企业管理中的应用. 西安：西安交通大学出版社, 1986

[18] 许开发. 人造板企业现代化管理初探. 1994(3), 19～22

[19] 于万钦. 计算机辅助家具造型设计系统 FCAD. 家具, 1992(2), 8～10

[20] 王蓝等. 计算机辅助家具设计. 西北林学院学报, 1994, 9(1), 83～86

[21] 李重根. 计算机辅助快速设计板式家具的方法. 家具, 1997(1), 4～5

[22] 杨铁牛. 计算机家具图符研究. 家具 1997(2), 4～6

[23] 蔡士杰. CAD 技术应用于家具制图的尝试. 家具, 1988(4), 44～46

35 木材工业主要能源与节能

The Main Sources of Energy and Energy Efficiency in Wood Industry

能源是指可以从其获得能量的资源。人们利用这些资源可以获得各种形式的能量（如热能、电能、机械能等），为社会生产和人类生活服务。自然界里存在着的能源有很多种，除了人们熟悉的煤炭、石油、天然气等以外，还有来自太阳的阳光、大气中的风、河里流的水、涨落的潮汐、起伏的波浪、生物质能、地下的热水以及原子核反应时释放出来的核能等等。广义的能源还包括一些载能工质，如蒸汽、压缩空气、新鲜水和锅炉软化水等。

35.1 木材工业主要能源

35.1.1 能源的分类

能源的分类方法一般有下述 4 种。

1. 按地球上能源的来源分类

(1) 来自地球以外天体（主要是太阳）的能源。目前人类所需能量的绝大部分，都是直接或间接来源于太阳能。

(2) 地球本身蕴藏的能源，主要有地热和原子核能。

(3) 地球和月亮、太阳等天体之间有规律的运动，造成相对位置周期性变化，它们之间的引力使海水涨落形成潮汐能。

2. 按能源资源的再生性分类

(1) 可再生能源：上述各类能源中有一些能源是能够再生的，如太阳能和由太阳能转换而成的水力、风能、生物质能等等，它们都可以循环再生，不会因长期使用而减少，所以称它们为可再生能源。

(2) 非再生能源：有一些能源是不能循环再生的，如煤炭、石油、天然气、核燃料等等，由于储存量有限，用一些就少一些，所以称其为非再生能源。从可持续性发展的战略考虑，人类社会应高度重视可再生能源的开发利用，尽可能少用越来越短缺的各种非再生能源。

3. 按利用能源的方式分类

(1) 一次能源：自然界中天然存在的、可不需要加工或转换而直接加以利用的能源，称为一次能源。如煤炭、石油、天然气、太阳能、水能等。

(2) 二次能源：为了满足生产和生活的特定需要，为了便于输送和使用，为了提高劳动生产率和能源利用效率，自然界现成的能源，除有些可直接使用外，通常需要经过加工以后再加以使用。一次能源加工转换而成的能源产品，一般称为二次能源，如电力、煤气、蒸汽及各种石油制品等。随着科学技术的发展和社会的现代化，在整个能源消费系统中，直接使用一次能源的比重不断下降，而二次能源的消费比重日益增大。

4. 按人类利用能源的程度分类

(1) 常规能源：有一些能源如煤炭、石油、天然气、水力、核裂变能等，为人类所利用的时间已很长，为人们所熟悉，目前开发技术已比较成熟，生产成本比较低，而且也是当前主要能源和应用范围广的能源，这些能源习惯上称为常规能源。

(2) 新能源：是指目前处于试验研究阶段、技术上尚未过关，或价格非常昂贵、目前应用较少的能源，如太阳能、地热能、原子能等。另外，有些能源，如风能、生物质能等，虽然在古代就使用过，但目前又采用现代技术加以利用，也常被列入新能源之列。目前，地球生态环境日益恶化，常规能源渐趋枯竭，开发利用低污染、资源丰富的新能源已成为当务之急。为了便于分析，表35-1列出了各种能源的分类。

35.1.2 木材工业选用能源的基本原则

能源的种类繁多，而且能源的性质、品位、储量、价格各不相同，应用起来差别很大，因此必须根据具体情况合理选择。我国木材工业企业目前使用的能源品种主要有：煤、木材加工剩余物（俗称“木废料”）、电力、蒸汽及少数其他能源品种（如石油产品、天然气、煤气、太阳能等）。木材

表 35-1 能源的分类

分 类		常规能源	新 能 源
一次能源	可再生能源	水 能	太阳能、风能、生物质能、波浪能、海水温差、潮汐能、地热能、原子核能
	非再生能源	煤炭、石油、天然气、核裂变能	核聚变能
二次能源		焦炭、煤气、电力、氢、蒸汽、沼气、酒精、汽油、柴油、煤油、重油、液化气、电石	

工业企业在选择和使用能源时，应遵循如下基本原则。

35.1.2.1 尽可能少用电加热设备

电力具有应用方便、清洁、没有污染、易于转换和传输等优点，一般用于带动电动机驱动机器，也用于电焊、电镀等必须使用电力的场合。但采用电加热设备将电力转化为热能使用则原则上是不合理的，因为1kW · h（1度）电全部转化为热，仅可得到 3600 kJ的热能，而我国电站每生产1 kW · h 电平均需要消耗燃料 0.404kg（标准煤），如将这部分燃料直接在工业锅炉中燃烧，则可向用热设备提供 7460 kJ 的热能（锅炉效率以 70% 计，管道输送效率以90% 计），所提供的热能比通过电加热设备多出一倍以上，所以，在需要热能的场合，应尽可能少用电加热设备。

35.1.2.2 在选择燃料时，一般应多用煤，少用油、气

我国煤储量丰富，分布也较广，而石油、天然气资源则相对不足，且主要集中在少数地区，所以我国在相当长的时期内，对大多数地区来说仍将以煤作为主要能源。当然，用油、气比较方便，能量转换效率较高，而且污染小，因此，在一些特殊场合，如在大城市市区、旅游风景区，以及一些能耗较少的设备，也可考虑适当烧油、烧气。

35.1.2.3 应尽可能利用木废料能源

目前由于技术、经济等方面的原因，木材在加工过程中，不可避免地会产生一些加工剩余物（木废料），如树皮、锯屑、截头、刨花、砂光粉等，如不加以利用，则一方面会造成环境污染，甚至火灾、爆炸等事故，另一方面也浪费了大量的生物质能源。据资料表明，综合型的木材加工企业，如能充分利用企业自身的木废料能源，则可减少三分之一以上的燃料消耗，因此利用木废料能源是木材工业的一大优势，也是木材工业能源利用的一个主要特点。

35.1.2.4 选用能源应考虑地区条件

鉴于能源资源在地域分布上的局限性，并考虑到交通运输的限制，因此应当选用能够就近获得的能源，特别是当地生产的能源。例如煤矸石、石煤等劣质燃料，长途运输很不经济，应提倡就地使用；有些地区电力资源（尤其是小水电资源）十分丰富，可以考虑采用电加热设备；有的地区具有丰富的天然气资源，而煤资源较少，在这种情况下，就可以考虑燃用天然气，而不一定机械地考虑非要烧煤。

35.1.2.5 应尽可能减少能源转换环节

根据工艺要求，木材工业中常需要采用不同形式的二次能源，如：热磨工艺需要蒸汽作为热源，热压工艺需要高温热油（或蒸汽）作为热源，干燥工艺需要热空气（或烟气）作为热源，而企业购进的能源则主要为一次能源（如煤等），所以，在企业内部通常都存在一次能源向二次能源的转换环节，这是必要的，也是合理的。但是，所有的转换过程都不可避免地存在能量损失，多一个转换环节，就多一次能量损失，所以，应尽可能减少能源转换环节，尤其要尽可能避免二次能源之间的相互转换。例如：对于干燥工艺来说，应尽可能采用炉烟气作为干燥介质，这样，在燃料与干燥介质之间，仅需要进行一次能量转换[见图 35-1（a）]；而目前许多企业采用的是图 35-2（b）所示的能量转换模式，即先在锅炉中产生蒸汽，然后再用蒸汽加热空气，以热空气作为干燥介质，与前一种模式相比较，采用这种模式需要进行三次能量转换，显然，采用前一种能量转换模式更为合理一些。

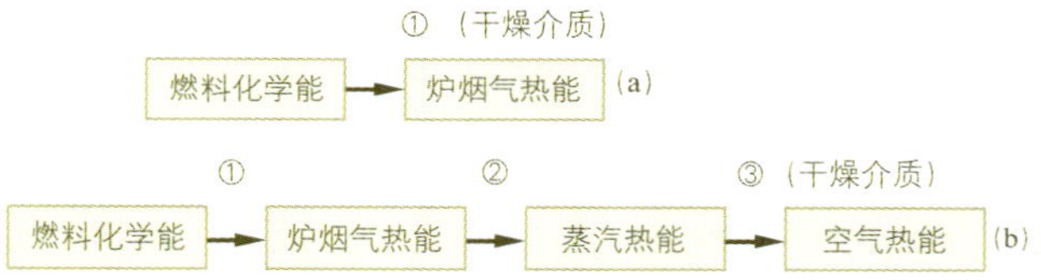

图 35-1 能量转换

35.1.2.6 其他方面

选用能源，还要考虑管理上的方便，不宜选用过多品种的能源；要考虑安全生产，在某些场合不允许选用有明火的能源；如果本地区有区域性的集中供热系统，则应优先考虑采用集中供热系统提供的蒸汽作为企业生产和生活的热源。

35.1.3 煤炭

煤炭属化石燃料，是古代植物遗体经过长期复杂的炭化作用而形成的可燃性的岩石状物质。煤炭是我国的主要能源，在能源消费构成中占 60% 以上。在我国的木材工业中，煤炭也是最主要的能源。

35.1.3.1 煤的组成成分

煤是复杂的有机物，不便写出分子式，但可作元素分析，得出元素分析成分。

表 35-2 煤中各成分对煤燃烧过程的影响

成 分	煤中各成分对煤燃烧过程的影响
碳（C）	碳是煤的主要可燃成分，约占可燃成分的70%～95%，它是决定煤发热量高低的主要元素。碳元素的着火温度（着火点）较高，故含碳量越高的煤（如无烟煤），在炉子中越不容易着火燃烧
氢（H）	氢是煤中另一个重要的可燃成分，尽管煤中氢的含量不高（仅占可燃成分的2%～8%），但它易于着火，发热量也很高
硫（S）	煤中硫的含量约占可燃成分的0～8%，它虽能燃烧，但燃烧生成的二氧化硫与水蒸汽结合生成酸，对金属有强烈的腐蚀作用，对人体和动植物也都有害
氧（O）	氧不可燃烧，是煤中的内部杂质
氮（N）	氮不可燃烧，是煤中的内部杂质
水分（W）	水分是煤中的主要杂质之一，其含量越多，燃料的发热量就越低。而且，如水分较多，则将延缓煤的着火（因水分汽化还要吸热），会使炉内温度有所下降
灰分（A）	灰分是煤中最主要的杂质，其含量越多，燃料的发热量就越低。灰分多的煤通常不易燃烧，燃烬，而且会引起受热面的磨损，同时还会造成环境污染。所以，含灰分多的煤，通常称为劣质煤

根据所含元素分析，煤的组成成分主要有碳(C)、氢(H)、硫(S)、氧(O)和氮(N)等元素，此外还包含一定数量的水分(W)和灰分(A)。煤中各成分对煤燃烧过程的影响见表35-2。

煤的组成成分用质量百分数表示。由于煤中的水分和灰分易受开采、运输和贮存条件的影响而变化，即使同一种煤，其各种成分的百分数也会随之变化，因此，单用成分的百分数难以准确鉴别煤的种类和性质，还须同时说明计算这种成分百分数时所用的计算基准。计算基准也即计算成分百分数时采用的分母。燃料常用基准有：应用基、分析基、干燥基和可燃基四种。以实际应用于燃烧设备（如锅炉）的煤的质量作为计算基准的成分称为应用基成分，以符号“y”作为上角标表示。采用应用基成分时，煤的组成可写成：

$$C^y + H^y + S^y + O^y + N^y + W^y + A^y = 100\%$$

以在实验室内按规定条件进行自然干燥后的煤的质量作为计算基准的成分称为分析基成分，用上角标“f”表示。以去除全部水分的完全干燥的煤的质量为基准，就得到干燥基成分，其上角标用“g”。干燥基成分不再随水分变动而变化，因此，干燥基灰分A^g便可确切地表示煤含灰量的多少。如果去掉水分和灰分之后，以剩下的那部分煤的质量作为计算基准，则可得到可燃基成分，可燃基成分以“r”作为上角标。这里，习惯上把元素氮和氧也列入“可燃基”之中。上述各种基准的相互关系，可由图35-2清晰地加以表达。各种基准的成分可以相互换算，其换算关系为：

欲求基成分＝已知基成分×换算系数K

换算系数K见表35-3。

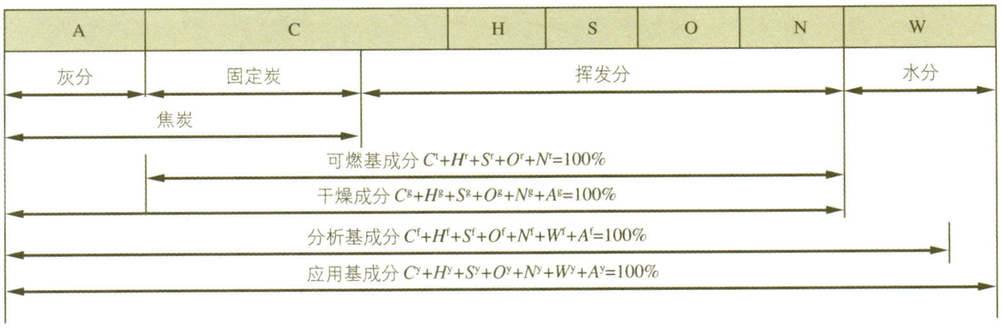

图 35-2 煤的各种基组成

表 35-3 换算系数 K

		欲求成分			
		应 用 基	分 析 基	干 燥 基	可 燃 基
已知成分	应 用 基	1	$\frac{100-W^f}{100-W^y}$	$\frac{100}{100-W^y}$	$\frac{100}{100-W^y-A^y}$
	分 析 基	$\frac{100-W^y}{100-W^f}$	1	$\frac{100}{100-W^f}$	$\frac{100}{100-W^f-A^f}$
	干 燥 基	$\frac{100-W^y}{100}$	$\frac{100-W^f}{100}$	1	$\frac{100}{100-A^g}$
	可 燃 基	$\frac{100-W^y-A^y}{100}$	$\frac{100-W^f-A^f}{100}$	$\frac{100-A^g}{100}$	1

35.1.3.2 煤的燃烧特性

煤的燃烧特性是指煤在燃烧过程中起重要作用的某些指标，如发热量、挥发分、水分、灰分、灰熔点以及焦渣的特征等。由于不同的煤种具有不同的燃烧特性，往往需要有不同的燃烧方法和燃烧设备来适应它，因此，了解煤的燃烧特性是很重要的。

1. 发热量

发热量是评价煤质的一项重要指标，它是指每kg煤完全燃烧时所放出的热量，单位为kJ/kg。煤的发热量有高位和低位之分，应用基高位发热量和低位发热量分别以 Q^y_{gw} 及 Q^y_{dw} 表示。高位发热量包括煤燃烧生成物中水蒸气的汽化潜热，低位发热量则不包括这部分汽化潜热。由于烟气在离开燃烧设备（如锅炉）时温度还比较高，水蒸气一般不会凝结，所以，在燃烧设备的热力计算中都以煤的应用基低位发热量为依据，煤炭供应商向用户提供的煤质资料中也应包括煤的应用基低位发热量数据。

煤的发热量通常采用氧弹量热计来测量，当缺少实测数据时，也可根据元素分析成分用门捷列夫经验公式进行近似计算。

$$Q^y_{dw}=339C^y+1030H^y-109(O^y-S^y)-25W^y\ (kJ/kg)$$

$$Q^y_{gw}=Q^y_{dw}+226H^y+25W^y=339C^y+1256H^y-109(O^y-S^y)(kJ/kg)$$

式中：C^y、H^y、O^y、S^y、W^y 分别为燃料中碳、氢、氧、硫、水分的应用基成分。

2. 挥发分

如果将煤干燥后在隔绝空气的条件下加热、干馏，那么它所逸出的气态物质（C_mH_n、H_2、CO 等）称为煤的挥发分，其含量通常用可燃基百分数 V^r 表示。挥发分高的煤（如烟煤）不但着火迅速，燃烧也较稳定，且易于燃烬。因此，挥发分是煤的重要特性指标，也是划分煤种的主要依据之一。

3. 固定碳、焦炭与煤的结焦性

挥发分析出后剩下的固体物质，称为焦炭。它由煤中不挥发的固定碳和全部灰分组成（图 35-2）。含固定碳多的燃料（如无烟煤），发热量较高，但不易着火，燃烧也较困难。煤种不同，生成的焦炭的物理性质也各不相同，如有的呈粉状，有的松软，有的则十分坚硬。焦炭呈粉状的煤称为不结焦性煤，焦炭呈坚硬块状的煤称为强结焦性煤，两者之间的煤称为弱结焦性煤。燃用不结焦炭性煤时，焦末、炭屑易从炉排漏落或被气流吹起带走，造成较大的固体不完全燃烧损失；燃用强结焦性煤时，则易结成较大的焦块，增大通风阻力，使燃烧条件恶化，一般来说，层燃炉宜燃用弱结焦性煤。

4. 灰熔点

灰熔点是指使固态灰软化、变形时的温度。灰熔点对燃烧的影响也比较大，低熔点的灰易在炉内结渣，堵塞炉排通风孔隙，熔化的灰渣还会将未燃烬的焦炭裹住，妨碍它继续燃烧。

35.1.3.3 木材工业常用煤种

我国木材工业常用煤种及其主要特点见表35-4。我国木材工业使用的燃煤装置主要是工业锅炉，表 35-5 列出了我国工业锅炉有代表性的设计用煤种。

表 35-4 木材工业常用煤种及其主要特点

煤种		挥发物 V^r（%）	应用基低位发热量 Q^y_{dw}（kJ/kg）	主要特点
石煤、煤矸石	Ⅰ		≤5440	石煤比重大，硬度高，外观象褐色石头。灰分高达 50%～85%，发热量极低，挥发分少，难点燃。煤矸石灰分也很高，发热量很低。煤矸石与石煤一样，均属劣质燃料
	Ⅱ		5440～8370	
	Ⅲ		8370～11300	
褐煤		＞40	8370～14650	外表一般呈褐色，无光泽，质脆易碎，不宜远运；易风化，易自燃，难以贮存。挥发分很高，极易着火。但水分和灰分也很高，发热量较低，属低质燃料
无烟煤	Ⅰ	5～10	14650～20930	俗称白煤，质地坚硬，具有明亮的黑色光泽。其成煤年代最长，挥发分含量很低，所以着火困难。无烟煤的结焦性很差，一般作民用燃料或作为工业原料，锅炉单纯用无烟煤时着火困难，燃烧不稳定
	Ⅱ	＜5	＞20930	
	Ⅲ	5～10	＞20930	
贫煤		10～20	≥18840	其燃烧特性介于无烟煤和烟煤之间，比较接近于烟煤
烟煤	Ⅰ	≥20	11300～15490	外表呈黑色，无光泽，质地松软，其挥发分含量较高，一般 Vr= 20%～40%，易于着火，发热量也比较高；烟煤是锅炉较理想的固体燃料，其中优质烟煤结焦性强，大多用于冶金工业，锅炉一般燃用劣质烟煤
	Ⅱ	≥20	15490～19680	
	Ⅲ	≥20	＞19680	

表 35-5 工业锅炉有代表性的设计用煤种

煤种		代表性设计用燃料	V^r (%)	W^y (%)	A^y (%)	C^y (%)	H^y (%)	S^y (%)	O^y (%)	N^y (%)	Q^y_{dw} (kg/kg)
石煤、煤矸石	Ⅰ	湖南株洲煤矸石	45.03	9.82	67.10	14.80	1.19	1.50	5.30	0.29	5033
	Ⅱ	安徽淮北煤矸石	14.74	3.90	65.79	19.49	1.42	0.69	8.34	0.37	6950
	Ⅲ	浙江安仁石煤	8.05	4.13	58.04	28.04	0.62	3.57	2.73	2.87	9307
褐煤		黑龙江扎赉诺尔	43.75	34.63	17.02	34.65	2.34	0.31	10.48	0.57	12288
无烟煤	Ⅰ	京西安家滩	6.18	8.00	33.12	54.70	0.78	0.89	2.23	0.28	18187
	Ⅱ	福建天湖山	2.84	9.80	13.98	74.15	1.19	0.15	0.59	0.14	25435
	Ⅲ	山西阳泉三矿	7.85	8.00	19.12	65.65	2.64	0.51	3.19	0.99	24426
贫煤		四川芙蓉	13.25	9.00	28.67	55.19	2.38	2.51	1.51	0.74	20901
烟煤	Ⅰ	吉林通化	21.91	10.50	43.10	38.46	2.16	0.61	4.65	0.52	13536
	Ⅱ	山东良庄	38.50	9.00	32.48	46.55	3.06	1.94	6.11	0.86	17693
	Ⅲ	安徽淮南	38.48	8.85	21.37	57.42	3.81	0.46	7.16	0.93	22211

35.2 木材工业主要产品的能源消耗指标

35.2.1 基本概念

35.2.1.1 节能的基本概念

能源供应紧张是世界各国面临的长期性的、共同性的问题，因此节能工作引起了世界各国的重视。所谓节能是指加强用能管理，采取技术上可行、经济上合理以及环境和社会可以承受的措施，减少从能源生产到消费各个环节中的损失和浪费，更加有效、合理地利用能源。根据节能的定义可知，节能不是简单的能源消费数量的减少，更不应该影响社会活动、降低生产和生活水平，而是要充分发挥能源利用的效果，力求以最少数量的能源消耗，获得最大的经济效益，为社会创造更多财富。也就是说，生产同样数量的产品或产值，要尽可能减少能源消耗量，或者以同样数量的能源，能生产出更多的产品或产值。

35.2.1.2 能耗的基本概念

根据节能的定义，木材工业新建、改（扩）建工程项目的节能设计水平、现有企业的节能管理水平、节能技术改造后的成效等，都可以通过企业产品单位产量的能源消耗（简称“能耗”）来集中体现。下面简单介绍有关“能耗”的一些基本概念。

1. 标准煤与等价折标准煤系数

所谓标准煤，是指人为规定的一种理想煤种，其低位发热量为29308 kJ/kg。计算单位产量能耗时，企业消耗的各类能源和耗能工质均需等价折算成一次能源的消耗量，并采用“kg标准煤”作为计量单位。折算公式为：

$$B_b=B\times k_z$$

式中：B_b——等价折算成一次能源的消耗量，kg 标准煤

B——能源或耗能工质的消耗量，单位见表 35-6

k_z——折算系数，称为该能源或耗能工质的等价折标准煤系数，单位见表35-6。企业实际消耗的各种燃料的等价折标准煤系数应按下式求得：

$$k_z = Q^y_{dw}/29308$$

式中：Q^y_{dw}—— 燃料的应用基低位发热量，kJ/kg

当没有燃料的应用基低位发热量数据时，各种燃料的等价折标准煤系数也可取表 35-6 中的参考数值。

表 35-6 各种能源和耗能工质的等价折标准煤参考系数

序号	名称	单位	等价折标准煤参考系数
1	电	kW·h	0.4040（kg 标准煤 / kW·h）
2	汽油	kg	1.4714（kg 标准煤 / kg）
3	柴油	kg	1.4571（kg 标准煤 / kg）
4	原煤	kg	0.7143（kg 标准煤 / kg）
5	城市煤气	Nm^3	1.1000（kg 标准煤 / Nm^3）
6	天然气	Nm^3	1.3300（kg 标准煤 / Nm^3）
7	砂光粉	kg	0.5909（kg 标准煤 / kg）
8	绝干阔叶材	kg	0.6295（kg 标准煤 / kg）
9	绝干针叶材	kg	0.6623（kg 标准煤 / kg）
10	蒸汽	kg	0.1359 *（kg 标准煤 / kg）
11	新鲜水	t	0.2570（kg 标准煤 / t）
12	软化水	t	0.4860（kg 标准煤 / t）
13	压缩空气	m^3	0.0404（kg 标准煤 / m^3）

注：锅炉热效率为 70%，饱和蒸汽压力为 12.75×10^5Pa

企业实际消耗的各种二次能源和耗能工质均应按相应的能源等价值折算为一次能源的消耗量〔所谓能源等价值，是指生产二次能源或耗能工质所消耗的一次能源数量（以“kg标准煤”为计量单位）〕，当没有相应的等价值数据时，也可按表35-6所列参考系数进行折算。

2. 单位产量单项能耗与单位产量综合能耗

单项能耗是指单项能源品种的消耗，如：热耗、电耗等。综合能耗是指各种能源消耗的总和，综合能耗有时也简称为能耗。综合能耗可以较为全面地反映能源消耗情况，因而更为常用。单位产量的综合能耗应根据统计期（一般为一年）的统计数据按下式计算：

$$E_{dh}=E_z/M_z$$

式中：E_{dh}——某种产品的单位产量综合能耗

M_z——统计期内产出的某种产品的合格品的数量

E_z——统计期内的总综合能耗

企业的总综合能耗，包括主要生产系统、辅助生产系统和附属生产系统用能；不包括生活用能和批准的基建项目用能。生活用能是指企业系统内的宿舍、学校、文化娱乐、医疗保健、商业服务等方面用能。

35.2.2 刨花板生产及人造板饰面的能源消耗指标

表35-7、表35-8、表35-9、表35-10分别列出了刨花板生产的三个生产系统、刨花板单位产量综合能耗指标、刨花板主要生产工序能耗率、人造板饰面每平方米的的单项能耗及综合能耗指标。

表35-7 刨花板生产的三个生产系统

生产系统	系统范围
主要生产系统	原料准备、刨花制备、刨花干燥、施胶（不含胶粘剂制造）、铺装、热压、后处理
辅助生产系统	三废处理、生产设备维修、压缩空气、生产车间取暖（或降温）、照明
附属生产系统	仓库、与生产相关的公共场所取暖（或降温）与照明

表35-8 刨花板单位产量综合能耗指标 (kg 标准煤 /m³)

地区 \ 指标级别	一级（进口设备）	二级（国产设备）
南方（即冬季不装设建筑采暖设施的地区）	≤ 310	≤ 335
北方*（即冬季装设建筑采暖设施的地区）	≤ 350	≤ 390

注：*对建在黑龙江省、吉林省、内蒙古自治区的企业，其能耗指标在北方的基础上再乘以1.07的系数；辽宁省乘以1.03的系数

表35-9 刨花板主要生产工序能耗率

工序名称	原料准备	刨花制备	刨花干燥	施胶	铺装	热压	后处理	总计
能耗率（%）	0.26	11.19	44.16	9.40	2.07	32.11	0.81	100

表35-10 人造板饰面每 m² 的的单项能耗及综合能耗指标

能耗 \ 饰面	浸渍纸饰面	木质单板饰面
热（kJ）	5580	15534
电（kW · h）	0.60	1.04
综合能耗（kg 标准煤）	0.442	0.95

35.2.3 纤维板生产的能源消耗指标

湿法生产硬质纤维板主要生产系统包括的五个生产工序及其能耗率见表35-11，辅助生产系统和附属生产系统的系统范围与刨花板相同。湿法生产硬质纤维板单位产量综合能耗指标见表35-12。

中密度纤维板主要生产系统包括的八个生产工序及其能耗率见表35-13，辅助生产系统和附属生产系统的系统范围与刨花板相同。中密度纤维板单位产量综合能耗指标见表35-14。

表35-11 湿法生产硬质纤维板主要生产工序能耗率

工序名称	备料	制浆	成型	热压	后处理	总计
能耗率（%）	1.1	33.5	1.1	54.3	10.0	100

表35-12 湿法生产硬质纤维板单位产量综合能耗指标

（kg 标准煤 /m³）

地区 \ 指标级别	一级（进口设备）	二级（国产设备）
南方（即冬季不装设建筑采暖设施的地区）	≤ 700	≤ 750
北方*（即冬季装设建筑采暖设施的地区）	≤ 700	≤ 750

注：* 对建在黑龙江省、吉林省、内蒙古自治区的企业，其能耗指标在北方的基础上再乘以1.07的系数；辽宁省乘以1.03的系数

表35-13 中密度纤维板主要生产工序能耗率

工序名称	备料	纤维分离	施胶	纤维干燥	铺装成型	预压	热压	后处理	总计
能耗率（%）	2	30	1	15	3	1	30	18	100

表35-14 中密度纤维板单位产量综合能耗指标

（kg 标准煤 /m³）

地区 \ 指标级别	一级（进口设备）	二级（国产设备）
南方（即冬季不装设建筑采暖设施的地区）	≤ 365	≤ 400
北方*（即冬季装设建筑采暖设施的地区）	≤ 465	≤ 515

注：* 对建在黑龙江省、吉林省、内蒙古自治区的企业，其能耗指标在北方的基础上再乘以1.07的系数；辽宁省乘以1.03的系数

35.2.4 胶合板生产的能源消耗指标

胶合板主要生产系统包括的七个生产工序及其能耗率见表35-15，辅助生产系统和附属生产系统的系统范围与刨花板相同。胶合板单位产量综合能耗指标见表35-16。

表 35-15 胶合板主要生产工序能耗率

工序名称	备 料	旋 切	干 燥	单板整理	热 压	锯边砂光	入 库	总 计
能耗率（%）	18.5	3.0	61.8	0.7	12.7	1.5	1.8	100

表 35-16 胶合板单位产量综合能耗指标

指标级别 / 地 区	一级（进口设备）	二级（国产设备）
南方（即冬季不装设建筑采暖设施的地区）	≤ 320	≤ 450
北方 *（即冬季装设建筑采暖设施的地区）	≤ 420	≤ 600

注：* 对建在黑龙江省、吉林省、内蒙古自治区的企业，其能耗指标在北方的基础上再乘以1.07的系数；辽宁省乘以1.03的系数

35.2.5 制材生产和木材干燥的能源消耗指标

35.2.5.1 制材生产的的能源消耗指标

表35-17、表35-18分别列出了制材生产的三个生产系统和制材主要生产工序能耗率。

制材生产的单位产量综合能耗与总加工木材株数中针阔叶比例、原木径级、锯材厚度、机械化程度及采暖降温时间有关。对针叶树比例占总加工株数25%～50%、原木径级为30～38cm、锯材厚度为25～30mm、锯割能耗占直接生产能耗55%～57%、冬季采暖4个月或夏季降温3个月的制材厂，其单位产量综合能耗指标见表35-19。

当制材的原料、产品规格、机械化程度等与上述情况不一致时，应对综合能耗进行修正计算。修正公式为：

$$E = E_1 \times K_s \times K_j \times K_h \times K_d$$

式中：E—— 修正计算后的综合能耗，kg 标准煤 /m³

E_1—— 表35-19所列能耗值，kg 标准煤 /m³

K_s—— 树种修正系数，见表35-20

K_j—— 原木径级修正系数，见表35-21

K_h—— 锯材厚度修正系数，见表35-22

K_d—— 机械化程度（锯割能耗占直接生产能耗的比例）修正系数，见表35-23

表 35-18 制材主要生产工序能耗率

工序名称	卸 车	上 料	锯 割	车间运输	堆 垛	装 车	总 计
能耗率（%）	6.0	6.5	56.4	13.1	10.5	7.5	100

表 35-19 制材生产单位产量综合能耗指标（kg 标准煤 /m³）

指标级别 / 地 区	一级（进口设备）	二级（国产设备）
南方（即冬季不装设建筑采暖设施的地区）	≤ 6.1	≤ 6.7
北方 *（即冬季装设建筑采暖设施的地区）	≤ 6.6	≤ 7.3

注：* 对建在黑龙江省、吉林省、内蒙古自治区的企业，其能耗指标在北方的基础上再乘以1.07的系数；辽宁省乘以1.03的系数

表 35-20 树种修正系数 K_s 表

针叶材比例（%）	0～25	≥ 25～50	≥ 50～75	≥ 75～100
修正系数 K_s	1.07	1.00	0.93	0.87

表 35-21 原木径级修正系数 K_j 表

原木径级（cm）	20～28	30～38	≥ 40
修正系数 K_j	1.01	1.00	0.99

表 35-22 锯材厚度修正系数 K_h 表

锯材厚度（mm）	12～21	25～30	40～60
修正系数 K_h	1.02	1.00	0.95

表 35-23 机械化程度修正系数 K_d 表

锯割工序能耗率（%）	＜ 55	55～57	＞ 57
修正系数 K_d	1.14	1.00	0.95

35.2.5.2 木材干燥的能源消耗指标

木材干燥的综合能耗量包括木材干燥生产过程中用于板院、板垛运输和装卸、干燥室各系统的检查、预热处理、中间处理、终了处理、干木料的贮存、设备维修，以及与生产相关的设施取暖和照明的能耗。木材干燥的单位产量综合能耗指标见表35-24。

表 35-24 木材干燥的单位产量综合能耗指标
（kg 标准煤 /m³）

硬 材	软 材
≤ 180	≤ 110

表 35-17 制材生产的三个生产系统

生产系统	系统范围
主要生产系统	卸车（出河）、上料、锯割、车间运输、堆垛和装车
辅助生产系统	锉锯、压缩空气生产、加工剩余物清理、除尘、生产设备维修、生产车间取暖（或降温）和照明
附属生产系统	楞场、板院、仓库、与生产相关的公共设施取暖（或降温）和照明，供电设施损耗

35.3 工业锅炉与节能

35.3.1 工业锅炉的组成

锅炉是将燃料（在木材工业中现阶段主要是煤）的化学能转化为热能，将热能传递给水，从而产生一定温度和压力的蒸汽和热水的设备。木材工业中所采用的锅炉绝大部分为生产饱和蒸汽的工业锅炉，这种锅炉每小时的产汽量一般小于35t，所产生蒸汽的压力一般不高于2.5 MPa。工业锅炉是木材工业企业中最主要的热工设备。图35-3所示为木材工业中使用较多的SHL型（双锅筒、横置式、链条炉）工业锅炉设备简图。以SHL型工业锅炉为例，表35-25列出了工业锅炉的各个组成部分及其主要作用。

图35-3 工业锅炉设备简图

35.3.2 工业锅炉的主要类型

工业锅炉用途广泛，使用条件复杂，制造厂众多，因而种类也很多。为了识别，将锅炉按照结构型式、燃烧设备、燃料种类等分成若干类，并用汉语拼音编成适当的代号。例如，图35-3所示的SHL型锅炉，型号中的SH表示该锅炉的结构型式为双锅筒横置式（S、H），L表示燃烧方式为链条炉排（L）。工业锅炉的类型见表35-26。工业锅炉的型号编制方法见图35-4。

图35-4中，符号"Δ"为汉语拼音字母，符号"×"为阿拉伯数字。如图所示，完整的工业锅炉型号由7个部分组成：

① 锅炉结构型式代号（表35-26）；

② 燃烧方式代号（表35-26）；

③ 锅炉蒸发量，单位为t/h；

④ 锅炉出口蒸汽表压力，单位为MPa；

⑤ 锅炉出口过热蒸汽温度，单位为℃，生产饱和蒸汽的锅炉无此部分及前面的"/"线；

ΔΔ Δ ×× — ×× / ××× — Δ ×

① ② ③ ④ ⑤ ⑥ ⑦

图35-4 工业锅炉型号表示方法

表35-25 工业锅炉的组成及其作用

名称		组成	作用
锅炉本体	炉子	由炉排、炉排下的送风室和炉排上方的炉膛等组成	燃料在其中燃烧放热，并生成高温烟气
	汽锅	由炉膛四周的水冷壁、横置的上、下锅筒和连接在上、下锅筒之间的对流管束组成	通过汽锅受热面，锅内的水被高温烟气加热，进而沸腾汽化而产生具有一定压力和温度的蒸汽
	蒸汽过热器	它是辅助受热面，由许多蛇形管组成	从汽锅中引出的饱和蒸汽流过蒸汽过热器时继续从烟气中吸热而变为过热蒸汽
	省煤器	通常由带翅片的铸铁管组装而成，也可用钢管制作。为辅助受热面，因设置在尾部烟道内，故又称为尾部受热面	锅炉给水由给水泵送入省煤器中，吸收排烟余热，使给水温度升高后进人汽锅
	空气预热器	整个结构为数量众多的钢管制成的管箱组合体。作为辅助受热面，因设置在尾部烟道内，故又称为尾部受热面	燃烧所需的空气在管外流过时受到管内烟气的加热，空气温度升高后进入炉膛，可以改善燃料燃烧的条件
辅助设备	运煤、除灰系统	通常包括皮带运输机、煤仓和灰车等	为锅炉运入燃料和排出灰渣
	通风、除尘系统	通常由送风机、风道、烟道、引风机、除尘器和烟囱等组成	向炉子送入空气，并将烟气经除尘后排入大气
	水、汽、排污系统	通常由水处理装置、贮水箱、给水泵、分汽缸、连续排污装置、定期排污装置及必要的管道、阀门等组成	水经水处理装置去除泥砂、钙镁盐物质及溶解的气体后，由给水泵送入汽锅；蒸汽由分汽缸分配、送出；排污装置排出杂质浓度很高的锅筒水
	仪表、控制系统	由蒸汽流量计、水量表、烟温计、风压计及各种自动控制和自动调节装置等组成	监督锅炉设备安全、经济运行

表 35-26 工业锅炉的类型

分 类	方法锅炉类型	
按锅炉结构型式	火管锅炉	立式水管（LS），立式火管（LH），卧式内燃回火管（WN）
	水管锅炉	单锅筒纵置式（DZ），单锅筒横置式（DH），单锅筒立置式（DL），双锅筒纵置式（SZ），双锅筒横置式（SH），纵横锅筒式（ZH），强制循环式（QX）
按燃烧方式	固定炉排（G），活动手摇炉排（H），链条炉排（L），抛煤机（P），倒转链条炉排加抛煤机（D），振动炉排（Z），下饲式炉排（A），往复推饲炉排（W），沸腾炉（F），半沸腾炉（B），室燃炉（S），旋风炉（X）	
按燃料种类	无烟煤（W），贫煤（P），烟煤（A），劣质烟煤（L），褐煤（H），油（Y），气（Q），木柴（M），甘蔗渣（G），煤矸石（S）	
按供热介质	蒸汽、热水及其他介质	

表 35-27 木材工业常用工业锅炉的蒸发量与参数范围

蒸汽压力（MPa）	蒸汽温度（℃）	给水温度（℃）	蒸发量（t/h）
0.5	饱和	20	0.05、0.1、0.2
0.8	饱和	20	0.4、0.7、1.0、1.5、2、4
1.3	饱和，250，300，350	20、60、105	1、2、4、6、10、20
2.5	饱和，400	20、60、105	1、2、4、6、10、20

⑥ 锅炉燃料种类代号（表 35-26）；

⑦ 锅炉的变型设计次序，如为第一次设计，则型号中无此部分。我国木材工业常用工业锅炉的蒸发量与参数范围见表 35-27。

35.3.3 工业锅炉能量利用情况分析

35.3.3.1 锅炉能量平衡

锅炉能量平衡又称为锅炉热平衡，主要研究燃料的热量在锅炉中被利用的情况：有多少被有效利用；有多少成为热量损失；这些损失又表现在哪些方面以及它们产生的原因等。研究的目的是为了提高锅炉的热效率，尽可能地减少各项热量损失以节约燃料。锅炉热平衡即是指锅炉在正常运行工况下的热量收、支平衡关系。对燃用固体、液体燃料的锅炉而言，以 1kg 应用基燃料作为计算基准。在燃煤的工业锅炉中，输入锅炉的热量一般就是煤的应用基低位发热量 Q^y_{dw}。锅炉支出的热量则包括两个部分：一是被有效利用于生产蒸汽的热量 Q_1，二是各种热损失。热损失包括排烟热损失 Q_2、气体不完全燃烧热损失 Q_3、固体不完全燃烧热损失 Q_4、散热损失 Q_5 和灰渣物理热损失 Q_6 五项。因此，锅炉的热平衡方程式可写成：

$$Q^y_{dw} = Q_1+Q_2+Q_3+Q_4+Q_5+Q_6 \quad (kJ/kg)$$

如果把输入热量作为 100%，即将上式两边同时除以 Q^y_{dw}，则可得：

$$q_1+q_2+q_3+q_4+q_5+q_6=100\%$$

式中各项依次表示有效利用热量和各种热损失占锅炉输入热量的百分数。

35.3.3.2 工业锅炉各项热损失分析

工业锅炉运行时各项热损失产生的原因及其主要影响因素见表 35-28。

表 35-28 锅炉各项热损失分析

热损失项目（%）	热损失定义	影响热损失的主要因素
排烟热损失 q_2	烟气离开锅炉本体时的温度一般还比较高，其中还含有相当数量的热量，随烟气排走的这部分热量就是 q_2	q_2 是锅炉各项热损失中最大的一项。其值主要取决于排烟的温度和排烟容积。排烟温度越高，q_2 越大。工业锅炉的排烟温度一般为 160～200℃，q_2 约为 8%～14%，一般说来，排烟温度每降低 13～18℃，q_2 将下降 1%。当排烟温度一定时，排烟容积越大，q_2 也越大
气体不完全燃烧热损失 q_3	在排出的烟气中往往含有少量的 CO、H_2、CH_4 等可燃气体，即有部分燃料的化学能尚未转变为热能，这一部分能量损失就是 q_3	q_3 的大小与燃料特性、炉子结构、燃烧过程的组织以及运行操作水平等因素有关。在层燃炉中，q_3 一般不大，通常约为 1%～3%
固体不完全燃烧热损失 q_4	在进入炉子的燃料中，有一部分未参与燃烧或未燃烬就被排出炉外所造成的能量损失就是 q_4	q_4 是燃煤锅炉的主要热损失之一，其大小不仅与燃料特性、燃烧方式、炉子结构以及运行操作水平有关，而且与 q_2、q_3 之间有着相互制约关系。对于层燃炉，q_4 一般在 5%～15% 之间；煤粉炉 q_4 较小，约为 6%～8%；燃用煤矸石等劣质燃料的沸腾炉 q_4 较大，约为 15%～27%。如锅炉设备状态或燃烧不正常，q_4 可高达 35% 左右

表 35-28（续）

热损失项目（%）	热损失定义	影响热损失的主要因素
散热损失 q_5	锅炉运行时，从炉墙、钢架、管道等的表面以及通过炉门向外散失的热量就是 q_5	影响 q_5 的因素主要有炉墙结构、散热表面积大小、保温材料性能和厚度以及周围空气温度与流动状况等。对蒸发量为 1～20 t/h 的锅炉来说，q_5 一般在 1%～5% 之间
灰渣物理热损失 q_6	灰渣排出炉外时的温度一般都在 600～800℃以上，由灰渣带出锅炉的热量就是 q_6	对于层燃炉，q_6 通常在 1% 以下，对于沸腾炉，因燃料的灰分高，q_6 也较高

35.3.3.3 工业锅炉热效率

1. 锅炉热效率定义

锅炉热效率是指锅炉中被有效利用的热量(即水蒸气或热水所吸收的热量)与同一时间内锅炉燃料完全燃烧时所放出的热量之比，用符号“η”表示。

$$\eta = \frac{Q_1}{Q^y_{dw}}$$

热效率越高的锅炉，各种热损失越小，燃料消耗越低，所以，热效率是锅炉运行的最主要的热经济性指标。

2. 锅炉热效率的计算方法

(1) 正平衡法：根据上述锅炉热效率的定义式确定锅炉热效率的方法称为正平衡法。对于蒸汽锅炉来说，如果在热平衡测试中停止排污，并测得运行时的实际蒸发量为 D（kg/h），蒸汽和给水的焓分别为 h_q、h_{gs}（kJ/kg），燃料的低位发热量为 Q^y_{dw}（kJ/kg），燃料的消耗量为 B（kg/h），则锅炉热效率 η 就可方便地用下式计算：

$$\eta = \frac{Q_1}{Q^y_{dw}} = \frac{D(h_q - h_{gs})}{BQ^y_{dw}}$$

如锅炉生产饱和蒸汽，则蒸汽可能或多或少带水，这时蒸汽焓值 h_q 可由下式计算：

$$h_q = h'(1-x) + h''x \quad \text{kJ/kg}$$

式中：x—— 蒸汽的干度

h'、h''—— 锅炉工作压力下饱和水及干饱和蒸汽的焓值，kJ/kg

(2) 反平衡法：正平衡法简便而可靠，是测定工业锅炉热效率常用的方法，但正平衡法仅能求出锅炉热效率，却不可能借以研究和分析影响锅炉热效率的种种因素，以寻求提高热效率的途径。因此，在实际的热工试验中，往往辅以“反平衡法”测出锅炉的的各项热损失，在反平衡法中，在测定计算出锅炉的各项热损失的百分数 q_2、q_3、q_4、q_5、q_6 后，求得锅炉的热效率，即：

$$\eta = q_1 = 100\% - (q_2+q_3+q_4+q_5+q_6)\%$$

3. 锅炉鉴定热效率与测试热效率

(1) 锅炉鉴定热效率：鉴定热效率是锅炉作为产品进行鉴定试验时获得的热效率。选用锅炉时，在燃料符合要求的条件下，锅炉的鉴定热效率应不低于 ZB J98011-1988《工业锅炉通用技术条件》中有关热效率的规定（表 35-29）。

(2) 锅炉测试热效率：通过锅炉热平衡（热效率）测试所获得的热效率为测试热效率。

通常在下列情况下需要进行锅炉热效率测试。

1) 所用锅炉无鉴定热效率数据，需要了解其额定工况下的效率性能；

2) 所用锅炉已陈旧老化，性能下降需要了解现时所能达到的效率性能；

3) 所用锅炉经过结构改造，需要了解改造后的效率性能；

表 35-29 工业锅炉热效率标准（%）

燃料品种		应用基低位发热量（kJ/kg）	锅炉蒸发量（t/h）					
			＜0.5	0.5～1	2	4～6	10～20	＞20
劣质煤	Ⅰ	6500～11500	55	60	62	66	68	70
	Ⅱ	＞11500～14400	57	62	64	68	70	72
烟煤	Ⅰ	＞14400～17700	61	68	70	72	74	75
	Ⅱ	＞17700～21000	63	70	72	74	76	77
	Ⅲ	＞21000	65	72	74	76	78	79
贫煤		≥17700	62	68	70	73	76	77
无烟煤	Ⅰ	＜21000	54	59	61	64	69	72
	Ⅱ	≥21000 V^r＜5%	52	57	59	62	65	68
	Ⅲ	≥21000 V^r=5%～10%	58	63	66	70	73	75
褐煤		≥11500	62	67	69	74	76	79

表 35-30 工业锅炉最低测试热效率

蒸发量（t/h）	<1	1～1.5	2	4～6	≥10
η_{min}（%）	50	55	60	65	72

4) 所用锅炉的实际使用工况与设计工况相差甚远(包括热负荷，汽、水参数，煤种等)，需要了解实际使用条件下的效率性能；

5) 其他有必要时。

锅炉热平衡（热效率）测试，一般应委托专业节能技术测试机构进行。

现阶段国家规定，在燃用Ⅱ、Ⅲ类烟煤和褐煤的情况下，工业锅炉测试热效率不得低于表 35-30 所列数值。

35.3.4 工业锅炉节能的途径

35.3.4.1 提高炉子的燃烧效率

锅炉首先应保证燃料实现完全燃烧，将燃料的化学能全部转换为热能。但是，由于设计、制造、安装和运行管理等方面水平所限，燃料在锅炉内很难完全燃烧，而产生 q_3 和 q_4 两项不完全燃烧热损失。燃料在锅炉中完全燃烧的程度可用燃烧效率 $\eta_{燃烧}$ 来表示，显然，$\eta_{燃烧}$ 与 q_3 和 q_4 之间的关系为：

$$\eta_{燃烧}=100\% - (q_3+q_4)\%$$

提高锅炉的燃烧效率，应主要从以下几个方面着手：

(1) 正确选择锅炉型号：锅炉制造厂制造的每一种型号的锅炉都是针对某一种或几种特定的燃料而设计和制造的，一般说来，任何一台锅炉只有在燃用设计煤种的情况下才有可能达到最大的燃烧效率，因此，木材工业企业在购置锅炉时，应根据本地区能长期稳定供应的燃煤种类来选择锅炉型号。

(2) 合理组织燃料供应：对于企业现有的锅炉来说，应尽可能根据锅炉的设计煤种供煤，如供应设计煤种有困难，也应选择燃烧特性尽可能相近的煤种。

(3) 适当改造炉子结构：如锅炉的长期供应煤种与设计煤种的燃烧特性相差较大，则需要考虑是否应改造炉子结构，改造炉子结构时，应注意以下几点：

1) 如供应煤种的结焦性较差而细末又多，或挥发物含量较高时，应考虑适当增加炉膛尺寸，延长烟气在炉内的流程和停留的时间，使烟气中的可燃气体及飞灰中的可燃物能在炉膛内得到充分燃烧。如增加炉膛尺寸有困难，也可考虑设置二次风，以增加对炉膛烟气的扰动，延长烟气的流程。

2) 如供应煤种的挥发分很少，或挥发分虽高，但水分也较高，或为灰分很多的劣质煤，则应考虑提高炉膛温度，以使燃料能尽快着火燃烧。提高炉膛温度的措施主要有增设空气预热器以提高进入炉膛的空气温度；利用耐火砖或耐火混凝土遮挡一部分辐射受热面以降低炉内水冷程度等。但炉内温度的提高，应以低于燃料灰熔点为极限，否则会引起炉灰熔融结渣，阻碍通风，增加灰渣中可燃物的不完全燃烧损失。

(4) 提高运行操作水平：锅炉运行时，应根据负荷的大小，适时调整供煤量，并根据煤种和供煤量，及时调节供入的风量，使炉膛出口过量空气系数*控制在推荐范围内。如过量空气系数过小，则炉内空气供应不足，不利燃烧，使 q_3、q_4 增大；如过量空气系数过大，则飞灰损失增加，并会引起炉温降低，同样对燃烧不利，同时，过量空气系数增大，还会使排烟热损失 q_2 增加。

层燃炉运行时，应合理控制煤层厚度。若燃料层过厚，则在其上方会产生较厚的还原区，导致一氧化碳等可燃气体增多；若燃料层过薄，则细小煤粒易被气流吹起，导致飞灰损失增加。

应合理控制燃料的应用基水分含量。如煤过干而细屑又多，则燃烧时飞灰损失较大，这时应对炉前燃料适当喷一些水；反之，如煤过湿，则应稍加风干后再燃用。对于移动式炉排锅炉，应注意利用各分段送风挡板，合理调节各风段的送风量。

35.3.4.2 提高受热面的传热系数

燃料燃烧产生的热量，必须通过受热面才能传递给汽锅中的水，而成为有效利用热量。因此，为了提高锅炉热效率，必须提高受热面的传热系数，以降低传热的阻力（热阻）。

为提高受热面的传热系数，在设计、改造锅炉时，则应设置足够的辐射受热面，并合理组织烟气流程，尽可能使烟气以较高的流速横向冲刷对流管束。此外，在锅炉运行时，应采取以下一些措施。

(1) 由于1mm厚水垢的热阻几乎与数厘米厚的钢管壁相当，因此，必须对给水进行处理，使其符合国家标准，防止锅炉受热面内结水垢，对于已结水垢的锅炉，应及时进行酸洗，清除水垢。

(2) 受热面外表面常会积灰，而灰垢对传热的危害更甚于水垢，1mm 厚灰垢的热阻几乎是相同厚度钢管的几百倍，因此，灰垢是影响传热的最主要热阻，应及时清除，清除灰垢的方法是用高压蒸汽（或高压空气）对受热面（主要是对流管束）的外表面进行定期吹扫（吹灰），也可在炉膛内添加清灰剂，使灰垢剥离受热面外表面。

* 过量空气系数是指实际空气量与燃料完全燃烧所需的理论空气量的比值，通常以符号 α 表示。α 通常应大于 1.1。

35.3.4.3 利用排烟余热

对于没有尾部受热面的工业锅炉，增设省煤器和空气预热器，回收排烟余热，这是提高锅炉热效率的主要途径。

实际上，即使是设置尾部受热面的工业锅炉，为避免结露腐蚀，其排烟温度仍在大约160℃以上，即仍有大量的余热可资利用，但要利用这部分余热，则还有一些技术问题需要解决。对木材工业企业来说，如能有效排除锅炉排烟中的飞灰及酸性气体，并经适当的调温、调湿处理，处理后的洁净烟气则可用于刨花、纤维及单板与成材的干燥，如此可节约大量的能源。

35.4 木材工业蒸汽热能的有效利用

蒸汽作为一种载热体*，具有较好的热力学性质，且无色、无味、无毒、价格便宜、易于获取，可以集中生产，分散使用，距离输送较远，而且易于实现热能的梯级利用，因而在工程上应用相当广泛。目前国内大多数木材工业企业均采用蒸汽作为载热体，因此，蒸汽热能的有效利用是木材工业中有效利用热能的主要内容。

35.4.1 选择合适的蒸汽参数

一般说来，蒸汽不易储存，产汽、供汽与用汽之间是密切相关的，而各种用汽设备对蒸汽流量、压力、温度的要求往往并不一致，因此，对蒸汽参数的选用要统筹考虑，兼顾各种要求，使供汽和用汽两个环节总的效率达到最高。

选择蒸汽参数的基本原则为：

(1) 尽可能采用饱和蒸汽，不用过热蒸汽。与采用过热蒸汽加热相比较，采用饱和蒸汽加热具有放热系数大（凝结放热）、加热时温度恒定不变的特点，因而尤其适用于人造板生产中的热压、干燥等加热工序。另外，饱和蒸汽的汽化潜热相当大，每1kg饱和蒸汽完全凝结时的放热量比1kg过热蒸汽降温所放出的热量要大得多，所以，完成相同的加热任务，所需要的饱和蒸汽量也就比过热蒸汽量要少得多。

(2) 尽可能采用较低的蒸汽压力。木材工业中，绝大多数用汽设备的加热方式都是间接加热，间接加热主要是利用蒸汽凝结时的汽化潜热，压力越低，汽化潜热越大，所以在保证用汽温度要求、足以克服管网阻力和不破坏锅炉水循环的前提下，应当尽可能选用较低的蒸汽压力，以提高蒸汽利用效率。

需要说明的是，锅炉的供汽压力必须大于各用汽点的最高压力，一般应比最高用汽压力大0.05～0.2MPa，用以克服蒸汽的流动阻力。如果现有锅炉的供汽压力比最高用汽压力高很多，则应考虑“压差发电”的可能性。

(3) 尽可能提高蒸汽的干度。所谓蒸汽的干度是指蒸汽中干饱和蒸汽所占的百分数，因此，蒸汽干度越高，蒸汽中能够凝结放热的部分越多。蒸汽中所夹带的水分，其放热量极少，在管网中实际上是作无效流动，既增加了管网设备的负荷，又增加了流动阻力，所以，蒸汽中的水分越少越好。提高蒸汽干度的措施主要有：保持锅炉压力稳定，减少锅炉供汽中的水分；提高管网保温性能，减少管网中由于散热而引起的蒸汽凝结；设置汽水分离装置，及时排除管网中的凝结水等。

35.4.2 提高管网输送效率

提高管网输送效率的主要途径和具体措施见表35-31。

表35-31 提高管网输送效率的主要途径和具体措施

主要途径	具体措施
合理地设计和整顿厂内热网	厂内热网管道的铺设应考虑热负荷的分布、性质，并力求工作安全、经济和省能，特别要注意如下几点： (1) 总长度越短越好，管道直径按饱和蒸汽流速15～30m/s考虑； (2) 锅炉房应设分汽缸，汇集各台锅炉的蒸汽，分送至各用汽场所。装有多台用汽设备的车间最好也装设分汽缸； (3) 主干线应接近主要用汽区，支管最好并联布置，尽量避免串联。管网一般采用树枝状布置，并考虑地形、交通运输及建筑物的影响； (4) 不必要的管道应割除，直角弯头、小月亮弯或十字管接头等都应尽量避免。阀门的选用与安装要考虑降低阻力，方便调节； (5) 应设蒸汽疏水阀和排空气阀； (6) 要加强管理，完善保养，使管道中每一千个接口的泄漏点控制在2处以下，即泄漏率应低于2‰
减少设备和管道的散热损失	(1) 必须重视设备和管道的保温工作。凡有下列工况之一设备、管道及其附件必须保温： 1) 外表面温度超过50℃者； 2) 工艺生产中需要减少介质的温度降或延迟介质凝结的部位； 3) 工艺生产中无需保温的设备、管道及其附件，其外表面温度超过60℃，而又需要经常操作维护，又无法采取其他措施防止引起烫伤的部位。

* 传递热能的媒介物质称为载热体，又称为热载体、热媒、介质

表 35-31（续）

主要途径	具体措施
减少设备和管道的散热损失	(2) 采用的保温材料及其制品应具有以下性能： 1) 在平均温度小于或等于 350℃时，其导热系数应小于 0.14 W/（m · K）； 2) 密度应小于或等于 500 kg / m³； 3) 硬质成型保温制品的抗压强度应大于 294 kPa； 4) 应能承受管内介质温度的反复变化，并具有较好的耐热性； 5) 化学稳定性好。 (3) 保温层的厚度原则上应按"经济厚度"的方法计算（见 GB4272-1984《设备与管道保温计算通则》）
合理选择、正确安装并经常维护疏水阀	(1) 合理选择疏水阀： 疏水阀是一种能排除热网管道和用热设备内的凝结水（和空气），又能防止蒸汽泄露的自动阀门。为了适应不同的蒸汽压力和排水温度，并在不同背压条件下满足所需排水量的要求，以及自动排除空气的需要，它有多种不同的型式和规格。通常采用的有钟型浮子式、热动力式、热膨胀式、自由浮球式等。应按各自用汽设备的类型和用汽特点选用合适的疏水阀。应特别注意：不可仅根据管径来套用疏水阀的尺寸，而应根据凝结水的排水量选定，因排量与疏水阀的进出口压差有关，即疏水阀的尺寸不仅与进汽压力有关，也与疏水阀出口背压（回水管路的阻力，管线提升高度和回水箱的压力）有关。同时，产品说明书所列排水量是指连续排水量，且与凝结水温度有关，而设备冷态起动时的排水量比平常运行时多。因此，选择时要考虑备用系数，一般为 2～4。凝结水量较大，选用一个疏水阀有困难时，可并联安装 2～3 只，但不能串联。 (2) 正确安装疏水阀： 1) 每一个用汽设备单独安装，不允许几台设备共用； 2) 疏水阀应尽可能接近用汽设备，并装在底部，使凝结水顺利流入； 3) 疏水阀前一般应装过滤器，其后应装止回阀； 4) 如装旁通管路，必须与疏水阀装在同一平面上，或装在它上面，切不可装在它下面。 (3) 经常维护疏水阀：疏水阀要定期维修，当漏汽（漏汽率大于等于 3%）或排水不畅时，则应随时维修。企业必须设专人对疏水阀进行维护和管理，疏水阀很多（≥ 200 只）或凝结水回收量较大（≥ 10t/t）的企业，应配备专用的疏水阀检测装置。要定期对全厂疏水阀进行巡回检查，重要疏水点的检查每周至少 1～2 次

35.4.3 采用蒸汽蓄热器平衡供用汽矛盾

工业锅炉只有在最佳稳定工况下运行时才能具有最高的热效率，但实际上几乎所有的人造板生产企业的用汽量都是不稳定的，即是随时间变化的，有时变化甚为剧烈（例如热压机工作时），这就使得锅炉经常处于变负荷下运行，锅炉不管是在低负荷、超负荷还是在急剧的变负荷下运行都会降低其热效率，所以，如何使工业锅炉在最佳稳定工况下运行是锅炉节能的一个重要课题。在供热系统中设置蒸汽蓄热器即是解决这一课题的一个重要措施。

35.4.3.1 蒸汽蓄热器的工作原理

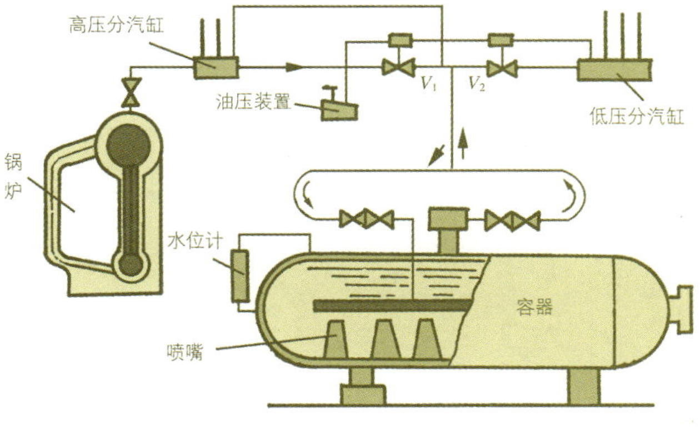

图 35-4 蒸汽蓄热器的基本结构

蒸汽蓄热器是以饱和水作为介质储蓄热能的压力容器，它连接在锅炉与车间的蒸汽用户之间。当用户用汽量低于锅炉经济蒸发量时，蓄热器能自动地吸收过量的蒸汽热能；而当用户用汽量大于锅炉经济蒸发量时，蓄热器又能自动地放出蒸汽，补充锅炉供汽的不足，以满足用户的需要。所以蓄热器在供热系统中能自动调节锅炉供汽与用户用汽之间的不平衡工况，保证锅炉在最佳工况下运行，实现节能的目的。

蓄热器基本结构见图35-4。蒸汽蓄热器在冷态启动前，容器内先盛半罐水，然后由进汽蒸汽管徐徐通入蒸汽，水温和压力逐步升高，水容积也不断增多，最后充水容积达到 90% 左右时，压力也升高到蓄热器最高工作压力。这些高压的饱和水蓄积了大量的热能，当用户用汽超过锅炉经济蒸发量时，蓄热器内压力开始下降，引起容器内饱和水降压汽化，向外界供汽。从热工学中可知，饱和水的焓值随着压力的升高而增加，即高压饱和水的焓值比低压饱和水高，当高压饱和水降压变为低压饱和水时，多余的焓值将成为汽化潜热，使部分饱和水汽化而产生蒸汽。因此，蓄热器在蓄汽时，必然伴随着压力的升高，蓄热器要产生蒸汽，则必须使压力下降。这种借压力变动而发挥蓄热能力的蓄热器也称为变压式蒸汽蓄热器。

35.4.3.2 蒸汽蓄热器的主要热工计算

1. 蓄热器热容量计算

蓄热器热容量一般应根据锅炉房负荷曲线按积分法进行计算*，如锅炉出口未安装蒸汽流量记录仪，则也可按下述高峰负荷计算法进行计算：

$$G_0 = (D_{max} - D) \times \tau$$

式中：G_0—— 蓄热器热容量，kg 蒸汽

D_3—— 锅炉房在高峰负荷时的供汽量，kg 蒸汽/h

D—— 锅炉房在正常负荷时的供汽量，kg 蒸汽/h

τ—— 高峰负荷的持续时间，h

2. 蓄热器的工作压力

蒸汽蓄热器的工作压力是变化的，压力变化的上限称为蓄热器的充热压力，表示蓄热器充热过程结束时的最高压力；压力变化的下限称为蓄热器的放热压力，表示蓄热器放热过程结束时的最低压力。

蓄热器的充热压力p_1等于锅炉运行压力p减去蓄热器进汽管道、阀门等的阻力损失（通常约为0.05MPa）；蓄热器的放热压力p_2等于用户要求压力p_3加上蓄热器排汽管道、阀门等的阻力损失（排汽管道较短时，可按0.05MPa计算；管道较长时按实际情况计算）。

3. 每 m^3 饱和水能产生的蒸汽量

每m^3饱和水能产生的蒸汽量g。可按充热压力、放热压力的数值查表 35-32。

表 35-32 每 m^3 饱和水能产生的蒸汽量 (kg/ m^3)

蓄热器充热压力（表压）(MPa)		0.7	0.8	0.9	1.0	1.2	1.4	1.5	1.6	1.8	2.0	2.2	2.4
蓄热器放热压力（表压）(MPa)	0.2	66	74	81	82	99	110	115	119	127	136	143	149
	0.3	48	57	65	71	84	95	99	104	113	121	127	134
	0.4	33	42	50	57	69	81	86	91	100	108	116	122
	0.5	22	31	39	46	59	70	76	80	90	97	106	112
	0.6			28	34	47	59	65	69	78	87	95	102
	0.7					38	50	56	61	70	78	86	92
	0.8						43	47	53	63	71	78	84
	0.9								44	55	63	70	76
	1.0									47	56	64	70
	1.1										49	57	63
	1.2										43	50	56

4. 蓄热器容积计算

蒸汽蓄热器容积按下式计算：

$$V = G_0 / (g_0 \beta)$$

式中：V——蒸汽蓄热器计算容积，m^3

β——蒸汽蓄热器的充水系数，一般取0.75～0.95。其他同前

35.4.3.3 蒸汽蓄热器的安装和使用

(1) 蓄热器既可与锅炉并联，也可与锅炉串联（见图 35-5）。并联或串联方式的选用一般须根据用汽负荷波动情况和用汽参数等因数来决定。在实际使用中，采用并联方式较多。

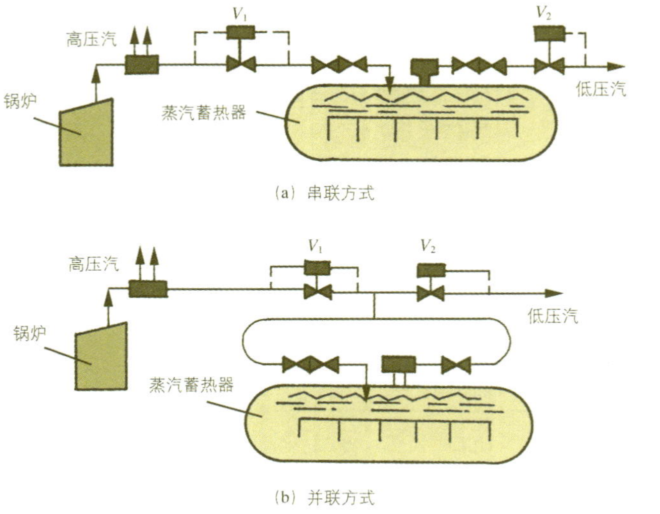

图 35-5 蒸汽蓄热器与锅炉的连结方式

(2) 当锅炉向高压和低压两个用汽系统供汽时，蓄热器应串联在低压用汽系统，使“供热”与“放热”两者的压差增大，以提高蓄热能力。

(3) 蓄热器是一种受压容器，应按有关规定进行设计、制造和使用。

(4) 蓄热器的内压不可能高于锅炉的允许工作压力。如果锅炉工作压力与用汽设备所需压力之差较小，则蓄热能力很低，甚至失去实用价值。

35.4.3.4 蒸汽蓄热器的效用

(1) 节约能源

人造板生产企业合理配备蒸汽蓄热器后，锅炉使用热效率一般可提高 5%～15%；

(2) 能保质保量地供汽；

(3) 可减少锅炉房的总容量，减少基建投资；

* 详见本章参考文献[7]

木材工业手册

(4) 可延长锅炉的使用寿命；

(5) 在锅炉房停电或发生故障时，可延续供汽时间，使生产用汽不致马上中断，也为抢修、排除故障争取了时间；另外，深夜、节假日也可做到停炉供汽。

35.4.4 凝结水的回收利用与蒸汽热能的梯级利用

35.4.4.1 凝结水回收利用的重要意义

蒸汽在用热设备中放出汽化潜热冷凝后，经阻汽排水装置（疏水器等）排出凝结水，再经过室内外凝结水管网送回到锅炉房的总凝水箱中，这一套系统就是凝结水回收系统，简称为凝水回收系统或回水系统。蒸汽供热系统实际上包括供汽管路和凝结水回收系统两部分，在这两部分中，凝结水回收系统对整个蒸汽供热系统能否经济、有效地运行起着举足轻重的作用，这主要表现在以下几个方面：

(1) 凝结水是良好的锅炉补给水，如果不能回收，或回收的凝结水质不符合要求，则会使锅炉补充的新水量增加，从而增加水处理的设备投资和运行费用；

(2) 凝结水具有的热量，通常约占蒸汽本身热量的12%～15%，如果包括疏水器的漏汽、串汽，这一比例则可达20%～50% 或更高。凝结水如果不能回收，则一方面浪费了大量的热能，增加了锅炉的燃料费用；另一方面也加大了锅炉的热负荷，增加了锅炉设备的投资。

(3) 由于蒸汽供热系统中用户众多，参数不一，凝结水回收问题解决不当时，会使整个供热系统供热失调，造成部分用汽设备供热不良，所以，为了节约燃料并经济而有效地供热，必须重视凝结水的回收利用。

35.4.4.2 凝结水回收利用的基本要求

(1) 应尽量回收合乎质量的凝结水，对受油等污染的凝结水，必须净化处理后再予以回收（受污染的凝结水量较少时，也可不回收）；

(2) 凝结水的回收率应达到 60%～80%，回收确有困难又不经济时，允许暂不回收，但必须就地加以利用；

(3) 应充分利用凝结水的热量，即使不能回收的凝结水也应考虑回收其热量，使其降温以后再排放掉，排放到下水道的凝结水温度，不得高于 40℃；

(4) 应合理设计凝结水回收系统，防止空气渗入系统造成管路的腐蚀。

35.4.4.3 凝结水回收系统的分类

1. 按是否与大气相通分类

(1) 开放式凝结水回收系统——凝结水箱与大气相通。

(2) 密闭式凝结水回收系统——凝结水箱与大气不通。

过去许多企业主要采用开放式系统，开放式系统中，凝结水箱与大气相通，凝结水中漏汽、串汽以及凝结水降压后产生的二次蒸汽都通过开放式凝结水箱上的排气管排入大气之中，这不仅损失了大量的热量，也损失了一部分凝结水，同时又由于有空气进入管路系统中，因而会引起管道和附件的腐蚀，所以，近年来开始普遍采用密闭式系统。密闭式系统中的凝结水不和大气接触，管道和附件不象开放式系统那样易于腐蚀，同时，密闭式系统也可以回收利用二次蒸汽及系统的漏汽、串汽，减少热能和凝结水的浪费。

2. 按驱使凝结水流动的动力分类

(1) 重力回水系统—— 利用凝结水管路始末两端高度差所形成的重力位能差来输送凝结水；

(2) 余压回水系统—— 利用疏水器出口处凝结水所具有的压力（余压）来输送凝结水；

(3) 加压回水系统—— 利用水泵或其他加压装置来输送凝结水；

(4) 混合回水系统—— 利用上述两种或三种动力共同输送凝结水。

单纯的重力回水系统，由于回水动力较小，凝结水流速较慢，因而需要较粗的管径，通常用于回水量较小、压力较低的系统。在单纯的余压回水系统中，当相互并联的各热用户蒸汽压力相差较大时，如设计或调节不当，则各用户的回水会产生相互干扰，常使低压用户的回水受阻，系统不能正常工作，所以，在设计余压回水系统时，对蒸汽压力相差较大的用户，其凝结水可采用专管输送，如采用合管输送，则应根据水力计算中的流量分配定律，仔细计算和调节各用户系统的流量和压力损失，并保证各用户尤其是高压用户的疏水器不能严重漏汽，可见余压回水系统对设计、运行调节和维护都有很高的要求。加压回水系统适用于用热设备较多、用户较为分散且距锅炉房较远的蒸汽供热系统，目前在工程上应用较多。

35.4.4.4 密闭式高温凝结水回收技术

人造板生产工艺中，有的工序需要使用高温高压蒸汽（如纤维板热压机需要的蒸汽压力约为1.8～2.0 MPa，温度超过200℃），蒸汽在用汽设备中放热后，排出的凝结水仍具有较高的压力和温度，如采用传统的凝结水回收系统，则必须将高温高压凝结水扩容降压，使之产生二次蒸汽供低压用户使用，系统只能回收低温低压的凝结水。尤其当系统较大而采用加压回水系统时，为了避免离心泵内产生“汽蚀”现象，通常还要将凝结水的温度降至70℃以下，因而这些回收方式的热能利用率比较低。当没有低压蒸汽用户时，如果将二次蒸汽排空，则造成的热能浪费更加严重。20世纪90年代初期以来，我国先后研制了多种密闭式高温凝结水回收技术，这些技术的基本原理相同，都是将用汽设备排出的高温高压凝结水直接回收返回锅炉利用，没有二次蒸汽排空造成的热能损失，因而节能效果十分显著。这些技术解决的关键问题都是如何防止或避免离心泵在输送高温凝结水时的“汽蚀”现象。目前，下述两种技术已在木材加工行业推广应用。

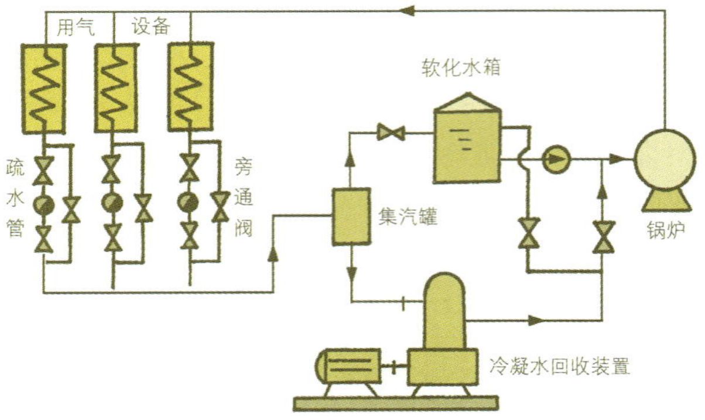

图 35-6 LN 系列密闭式凝结水回收系统及回收装置

(1) LN 系列密闭式凝结水回收系统及回收装置：LN 系列密闭式凝结水回收系统及回收装置如图 35-6 所示。该方案的关键设备是高温凝结水回收装置，该装置由喷射泵和离心泵共同组成，离心泵输出的一部分高压水通过喷射泵回流至离心泵进口端，使离心泵进口压力增加，可以有效地防止离心泵出现“汽蚀”现象。

该装置的主要技术参数为：

凝结水回收量：4～15 m³/h

扬程：75 ～ 275 m

回收的凝结水温度：≤ 150 ℃

(2) YS 型废蒸汽及凝结水回收压缩系统：YS 型废蒸汽及凝结水回收压缩系统如图35-7 所示。用汽设备排出的高温凝结水和废汽经过集汽筒（起缓冲稳压作用）进入压缩机，由压缩机将汽水混合物直接压入锅炉。装置中的关键设备是回收压缩机，这是一种新型的活塞式往复泵，可以连续交替地将汽水混合物吸入汽缸内，在活塞压力推动下由泵的出口经逆止阀压入锅炉。活塞式往复泵不存在汽蚀问题，可回收高于200℃的高温凝结水。该装置的主要技术参数为：

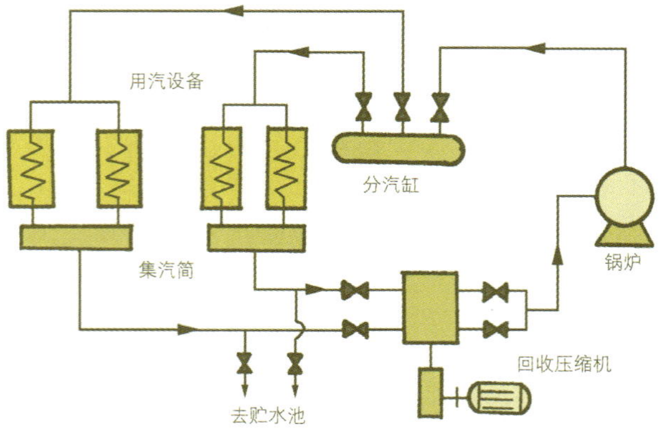

图 35-7 YS 型废蒸汽及凝结水回收压缩系统

A 型：

回收量：2 t/h

进出口压差：0.05～0.5 MPa

最高工作压力：2 MPa

回收的凝结水温度：≤ 211℃

B 型：

回收量：4 t/ h

进出口压差：0.05～0.5 MPa

最高工作压力：3.5 MPa

回收的凝结水温度：≤ 225℃

35.4.4.5 蒸汽热能的梯级利用

以蒸汽作为载热体有一个很显著的优点，这就是易于实现热能的梯级利用。由表 35-32 可知，当高温高压的凝结水降压时，可产生一定量的低压蒸汽（称为二次蒸汽，或闪蒸蒸汽），供企业的低压蒸汽用户使用，低压蒸汽用户产生的凝结水再次降压，还可产生压力更低的蒸汽，如此，可一层一层依次套用下去，实现蒸汽热能的梯级利用。

图 35-8 为蒸汽热能梯级利用的一个示例。某人造板厂湿法硬质纤维板生产车间有两台主要用汽设备：热压机（用汽压力为 1.8～2.0 MPa）与热磨机（用汽压力为 0.8～1.2 MPa）。锅炉供给的蒸汽进入热压机之前，先进行汽水分离（图中未标出），排除夹带的水分，提高进入热压机的蒸汽质量。蒸汽在热压机中释放出大部分热量，其废蒸汽与凝结水一起，经压力调节器进入闪蒸稳压罐，在闪蒸稳压罐中进行汽水分离，产生的二次蒸汽与废蒸汽一起供热磨机使用，闪蒸稳压罐底部的低压凝结水经疏水器、回水管线回到锅炉房的集水罐，由高温凝结水回收装置泵入锅炉。闪蒸稳压罐具有一定的水容量，可以起到类似于蒸汽蓄热器的稳压作用。另外，如果闪蒸稳压罐的压力过低，则可以补充主蒸汽以提高压力，如果闪蒸稳压罐的压力过高，则可通过安全阀排汽降压，以此保证热磨机及整个蒸汽系统的正常稳压运行。

以上仅是蒸汽梯级利用的一个局部实例，从图中可以看出，要实现蒸汽的梯级利用，必然要增加一些设备，增加投资和运行费用，而且不同企业供热系统的实际情况千差万别，因此，在实际应用时，必须针对企业供热系统的实际情

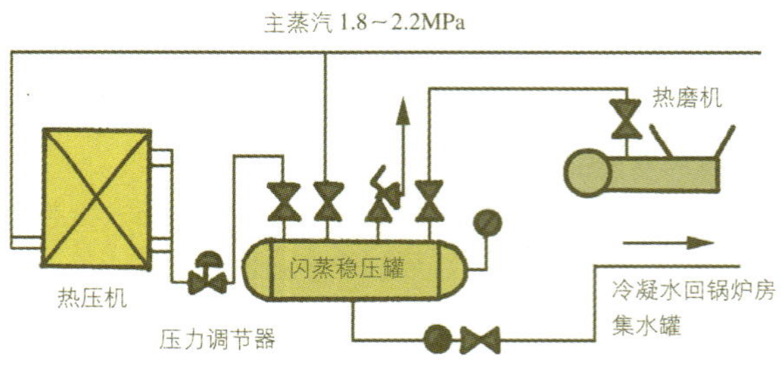

图 35-8 蒸汽热能的梯级利用

况综合考虑，并应进行必要的技术经济分析。

35.5 热油供热技术在木材工业中的应用

35.5.1 概述

人造板生产工艺中的热压工序过去主要采用蒸汽作为加热的媒介物质（载热体），蒸汽作为载热体尽管具有许多优点（见35.4节），但用于人造板热压工序时，则有一些不易克服甚至难以克服的缺点，这主要表现在以下三个方面。

(1) 热压工序通常需要较高的温度，例如，刨花板的热压温度一般在180～200℃之间，湿法硬质纤维板的热压温度一般在190℃左右，中密度纤维板的热压温度一般以160～170℃（适用于脲醛树脂）或190～200℃（适用于酚醛树脂）为宜，为满足加热要求，通常需要蒸汽温度超过200℃甚至220℃，与此相对应的蒸汽压力为1.6～2.5MPa，因此，需要整个供热系统（包括锅炉、管道及其附件与接头等）具有较高的耐压强度，这就使供热系统结构复杂，投资增大，运行管理不便；

(2) 热压工序需要热压板面温度尽可能均匀一致，以保证热压质量，这就要求载热体在进出热压板时的温度差要尽可能小。饱和蒸汽在凝结放热时温度保持不变，从理论上讲完全能满足热压工序的这一加热要求，但在实际使用时，往往会由于凝结水排放不及时，凝结水在热压板中继续放热而导致较大的进出口温度差，使热压质量降低；

(3) 相对于低压用汽设备来说，高压用汽设备排出的凝结水的回收难度要大得多，若处理不当，则可能造成严重的能源浪费。

为解决这些难题，人造板生产行业已逐步采用热油（又称为导热油）加热来代替传统的蒸汽加热。热油加热具有如下主要优点：

(1) 可以在较低的压力下获得较高的温度。例如，HD系列导热油在常压（0.098MPa）下即可获得330℃的高温（参见表35-34），如考虑系统的压力损失及一定的安全系数，热油系统中的最高压力一般也仅在0.6 MPa左右，因此热油系统结构比较简单，运行、管理也比较方便。这是热油系统的最大的优点；

(2) 热油供热系统中进行的是液相封闭循环流动（图35-9），系统无泄漏，也没有类似于蒸汽供热系统的凝结水及二次蒸汽的热损失；

(3) 热油供热系统向热压机供热时，可以采用“二次循环”技术，使热压板上的导热油进出口温度差控制在10℃以内，热压板面的温度基本均匀一致，可以提高热压质量。

但与蒸汽供热系统相比，热油供热系统具有如下缺点：

(1) 导热油价格比水高得多，加上导热油需要经常添加和定期更换，因此系统运行成本较高；

(2) 与水相比，导热油具有一定的毒性，而且更换下来的废油有可能造成一定的环境污染；

(3) 导热油为可燃物，热油系统如发生泄漏，极易造成火灾事故。

35.5.2 热油供热系统及主要设备

35.5.2.1 热油供热系统的基本组成与工作原理

图35-9为热油供热系统的基本组成与工作原理示意图。循环泵将导热油泵入热油炉中吸热升温，高温导热油经热油管路进入用热设备，放热后进入油气分离器，分离出液态油中夹带的气体和油蒸汽，然后经过滤器，再由热油泵泵入热油炉，如此不断循环。

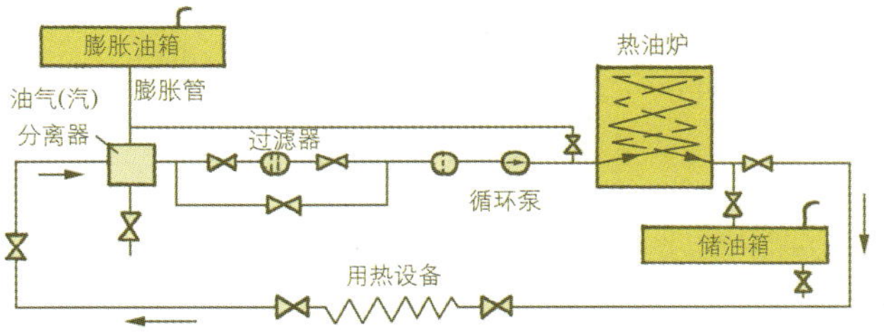

图35-9 热油供热系统基本组成示意图

35.5.2.2 热油供热系统的主要设备

1. 热油炉

热油炉又称为导热油锅炉。热油炉一般不设锅筒，其受热面仅由盘管或蛇形管组成，通常采用循环泵强制循环方式。热油炉大多采用整体快装式，炉体可分为圆筒形（盘管式）和箱形（管架式）两种形式。前者一般为小型炉。目前国内生产的供热量为1700kW的热油炉（约相当于2.5 t/h蒸汽锅炉的供热量），一般采用立式圆筒形炉，其炉体内由2～3层同心圆盘管组成，内层盘管接受炉膛辐射热，外层盘管接受烟气对流换热。大型热油炉一般采用箱形炉体，箱形炉内方形盘管组成辐射受热面，后部蛇形管组成对流受热面。表35-33所示为国产QXL系列箱形热油炉的基本参数。

热油炉按所用能源不同，可以分为燃气（煤气、天然气）炉、燃油（重油、轻柴油）炉、燃煤炉和电加热炉。国产热油炉以燃煤为主，燃煤装置主要为：手烧炉、链条炉和往复炉排炉。

2. 膨胀油箱

膨胀油箱位于整个供热系统的最高处，膨胀油箱不得安装在热油炉的正上方，以防止因膨胀而喷出的导热油引起火灾。膨胀油箱的容积应不小于膨胀油量的1.3倍，其高度应高于热油炉顶部1.5m 。

膨胀油箱的主要功能为：

(1) 储存系统加热后的膨胀油量（每升温100℃，导热油体积膨胀约8%）；

表 35-33 国产 QXL 系列箱形热油炉的基本参数

型　号	额定供热能力 kW（10^4kcal/h）	设计压力 MPa	最高使用温度 ℃	设计循环流量 m^3	热效率 %	进出口管直径 mm
QXL－40	465（40）	1	≤330	≥30	≥70	100
QXL－60	695（60）	1	≤330	≥45	≥72	100
QXL－80	930（80）	1	≤330	≥50	≥74	125
QXL－100	1162（100）	1	≤330	≥80	≥74	125
QXL－120	1395（120）	1	≤330	≥90	≥74	125
QXL－160	1860（160）	1	≤330	≥110	≥75	150
QXL－200	2325（200）	1	≤330	≥160	≥75	150
QXL－250	2910（250）	1	≤330	≥200	≥75	200
QXL－300	3490（300）	1	≤330	≥250	≥75	200

(2) 向加热系统补充导热油；

(3) 热油炉启动升温过程中，排除热油炉和加热系统中的气体；

(4) 突然停电时可以利用膨胀油箱中的冷油置换热油炉中的热油，以免油炉中的热油过热；

(5) 在向加热系统注油时，也可把油注入膨胀油箱，由膨胀油箱自流到热油炉及系统。

3. 储油箱

储油箱的容积应不小于热油炉中导热油总量的 1.2 倍，并应放在加热系统最低位置，以便应付突然停电或其他紧急事故时泄放热油炉中的导热油。

储油箱的主要功能为：

(1) 提供和回收全系统需用的导热油；

(2) 运行中补给全系统需添加的导热油；

(3) 接收膨胀油箱油位超高时溢流的导热油，或当膨胀油箱油位过低时，补给导热油。

4. 循环泵

常采用离心式油泵，需耐高温，通常应配备 2 台，2 台的规格、型号应相同，其中 1 台为备用，以防循环泵出现故障使导热油停止流动而导致热油炉中的导热油过热、变质。选择循环泵的流量应为设计流量的1.1～1.15倍；循环泵的扬程应为计算阻力的 1.1～1.2 倍，计算阻力是由热油炉本体管路、输油系统和用热设备三部分的沿程阻力和局部阻力之和。

35.5.2.3 热油供热二次循环系统

当人造板生产工艺中的热压工序采用热油供热时，图 35-9所示的系统型式仅能适用于小型系统。而对于比较大型的热油供热系统，如采用图35-9所示的系统型式则会产生以下两方面的问题：

(1) 从导热油在热压板放热的计算公式 $Q = mc\Delta t$ 可以看出，当热负荷 Q 一定时，如要尽可能地减小导热油进出热压板时的温差 Δt，则必须加大导热油的质量流量 m（导热油的比热 c 在放热时变化不大），这导致整个系统的总阻力相应增大，循环泵的扬程要相应增加；

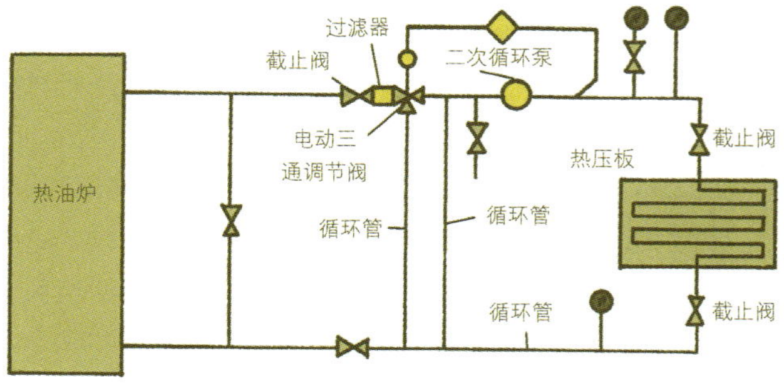

图 35-10 热油供热二次循环系统

(2) 当热压板的温度高于或低于设定要求时，控制系统可以迅速将温度信号反馈给热油炉，使热油炉出口油温迅速降低或升高，但由于大型系统的热油管线较长，输油管中的导热油不可能迅速改变温度，这就使得热压板的温度偏差难以及时纠正，以至影响热压质量。

为了解决以上问题，工程上设计了热油供热二次循环系统（如图 35-10 所示）。

与图35-9所示的系统型式相比，热油供热二次循环系统增加了电动三通调节阀、二次循环泵、再循环管及必要的控制仪表等，其中电动三通调节阀是二次循环的关键设备。

热油供热二次循环系统的工作原理如下所述。

系统开始工作时，开电动三通调节阀，开启二次循环泵，来自热油炉的导热油经截止阀、过滤器、电动三通调节阀、二次循环泵、截止阀，进入热压板中，然后通过截止阀、循环管、截止阀回到热油炉中；当热压板的温度或二次循环泵出油口的温度（视测量点位置而定）达到设定值后，电动三通调节阀在控制信号作用下自动关闭，此时导热油流向分为二个部分，第一部分即所谓的一次循环，导热油从热油炉出来经截止阀、滤液器、电动三通调节阀、循环管、截止阀回到热油炉；第二部分即所谓的二次循环，导热油从二次循环泵出来经截止阀、热压板、截止阀、循环管、再循环管回到二次循环泵；当热压板的温度或二次循环泵出油口的温度低于设定值时，电动三通电动调节阀在控制信号作用下，自动部分开启，此时一次循环路线基本保持不变，而二次循环路线则作了调整，即二次循环泵吸进来自热油炉的部分高温导热油掺入二次循环中，二次循环中由于加入了外部高温导热油而多出来的部分导热油经循环管、截止阀直接回到热油炉加热。为了保证从一次循环获取较少的高温导热油即能稳定二次循环内导热油温度，设计时要求一次循环导热油温度始终比二次循环导热油温度高50℃以上。

由于热油供热系统的热容量较大，故在实际使用中，只要调整好三通电动调节阀的开启量，即能保证热压板始终维持在设定温度下工作，而不必频繁地调节电动三通调节阀。

35.5.3 导热油

导热油一般分为两大类。一类是矿物油型导热油，以矿物油为基油，再添加抗氧剂，如我国目前生产、使用的YD型和HD型等导热油。另一类是合成型的导热油，如联苯混合物等。

国内生产的热油炉主要采用矿物油型导热油，如YD、HD、SD、JD等系列，价格相对于合成型的导热油来说也比较便宜，其最高使用温度可达350℃（一般使用都在300℃以下），在这一范围内，导热油热稳定性好，饱和蒸汽压较低，且基本无毒性，没有难闻的气味，凝固点较低，但在高温下使用易氧化，遇火就燃烧。试验证明，芳烃型导热油，遇到明火就会燃烧，而烷烃型导热油当加热至280℃以上时，洒在水泥地上即使没有明火也会燃烧。

热油炉能否正常运行，与导热油的质量有极大关系。为了保证导热油正常使用，对其质量及性能指标，如最高使用温度、黏度、闪点、残碳、酸值都有规定值。对使用中的导热油每年应进行一次分析，如黏度、闪点、残碳和酸值等四项指标中有两项不合格，或分解产物含量超过10%时，导热油应进行更换或进行再生。

表35-34列出了国内某厂生产的HD系列导热油的主要质量指标。

使用导热油应注意以下事项：

(1) 导热油在高温下运行时，其化学键易断裂分解，因此应注意一定要在最高使用温度以下使用；

(2) 热油炉管中的导热油流速应大于2 m/s，以保证液膜温度不超过导热油允许的液膜最高温度；

(3) 高温导热油禁止与空气长期接触，以免导热油氧化速度加快而缩短其使用寿命；

(4) 除非经试验可行，否则，禁止混合使用不同牌号的导热油；

表35-34 国产HD系列导热油的主要质量指标

项　目	HD-330	HD-320	HD-310	HD-300	HD-280
外　观	淡黄色～深黄色、无浑浊、无沉淀				
闪点（开口）（℃）	≥200	≥195	≥190	≥180	≥175
凝点（℃）			≤－12		
残碳（%）			≤0.015		
酸值（mgKOH/g）			≤0.02		
馏程（5%）（℃）	≥350	≥340	≥330	≥320	≥310
液膜最高温度（℃）	360	350	340	330	310
主流体最高使用温度（℃）	330	320	310	300	280
最高使用温度下的饱和蒸汽压（MPa）	0.098	0.098	0.098	0.098	0.078

(5) 热油炉正常停炉时，必须将油温降到80℃以下，主循环泵才能停止工作；

(6) 如遇突然停电使主循环泵停止工作，则应采取紧急冷却措施，迅速冷却热油炉中油温。可采用以下紧急冷却措施：

①设置小型汽油机或柴油机驱动的备用循环泵；

②打开相应阀门，让膨胀油箱中的冷油通过热油炉流至储油箱中。

35.6 木废料能源及其利用

35.6.1 概述

35.6.1.1 作为能源的木废料及其来源

森林采伐和木材加工过程中会产生相当数量的剩余物，如树梢、枝桠、锯屑、树皮、碎木、刨花、板边和砂光粉等，这些剩余物过去常常作为废料处理，故又称为木废料。木废料是一种生物质能源，对大多数木材工业企业来说，如能充分利用企业自身的木废料能源，则可减少1/4～1/3的外购能源量，对于处于林区的企业，如能再利用一部分采伐剩余物，则基本可实现能源自给，甚至还有可能外供蒸汽、电力等二次能源；反之，对木废料若不加以利用，则不仅浪费了宝贵的能源资源，而且还会造成环境污染，甚至会导致火灾等恶性事故。

一般来说，对于一棵有代表性的树，经过采伐，只有不到2/3的材积送去进一步加工。经过加工，仅仅有28%的材积变成了板材，其余均成为剩余物（表35-35）。

各类木材加工企业产生的木废料比例各不相同，随着森林资源的逐渐减少和木材加工技术的不断进步，产生木废料的比例将会有逐渐下降的趋势。表35-36列出了各类加工企业产生木废料的平均比例。

制材厂和胶合板厂约产生40%～55%的木废料，可以满

表 35-35 一棵有代表性的树变成锯材过程中的剩余物

剩余物与锯材	采伐剩余物			锯切剩余物				锯 材	总 计
	树梢、树枝和树叶	树根	锯末	板皮、边条和下脚料	锯末和刨花	各种损耗	树 皮		
比例（%）	23.0	10.0	5.0	17.0	7.5	4.0	5.5	28.0	100

表 35-36 各类加工企业产生木废料的平均比例 （%）

企业类型	制 材 厂	胶合板厂	刨花板厂	综合加工厂
成品（范围）	45～55	40～50	85～95	65～70
成品（平均）	50	47	90	68
剩余物（燃料）	43	45	5	24
损 失	7	8	5	8
总 计	100	100	100	100

说明：本表数据为发展中国家的平均值，数据来源于联合国粮农组织 1990 年发表的专题论述——《木材机械 加工领域的节能》

足自身的能源需求而有余；刨花板厂产生的木废料很少，仅有 5%～10%，还不足以满足其用热的需求；如果将上述三类工厂综合起来，则企业基本可以实现能源自给。

35.6.1.2 木废料的燃烧特性

将木废料转化为能源的最主要的途径是燃烧，而了解木废料的燃烧特性则是选择木废料燃烧方法和燃烧设备的前提。

1. 木废料的成分

木废料的化学成分（元素分析成分）随树种和树的不同部位而略有差异，其变化范围和平均值见表 35-37。

表35-38 列出了几种典型树种绝干木材及砂光木粉的工业分析成分。

表 35-37 绝干木材的元素分析成分 （%）

元素分析成分	C^g	H^g	O^g	N^g	S^g	A^g
变化范围	48～53	5～7	40～45	0.1～0.7	0～0.1	0.1～5
平 均 值	50	6	42	0.1	0	1.9

表 35-38 几种典型树种绝干木材的工业分析成分 （%）

树种 / 成分	花旗 木质部	花旗 树皮	马尾松 木质部	马尾松 树皮	杨木 木质部	杨木 树皮	砂光 木粉
挥 发 分	86.2	70.6	85.2	76.8	86.2	73.1	75.1
灰 分	0.1	2.2	0.3	2.0	0.2	4.9	0.4
固 定 碳	13.7	27.2	14.5	21.2	15.6	22.0	24.5

对比表 35-37、表 35-38 与表 35-5 可以发现，与常用的煤种相比，木质燃料的挥发分很高，灰分极低，且基本不含氮、硫，其燃烧产物对环境的污染较小，是一种易于燃烧的清洁能源。

2. 木废料的发热量

根据表 35-37 所示的木材元素分析成分的平均值，可由门捷列夫经验公式近似计算出木材的应用基低位发热量Q^y_{dw}和高位发热量 Q^y_{gw} 分别为：

$$Q^y_{dw}=(18563-25u)\frac{100}{100+u}=18563-210.63W^y\ (\mathrm{kJ/kg})$$

$$Q^y_{gw}=19919\frac{100}{100+u}=19919-199.19W^y\ (\mathrm{kJ/kg})$$

式中：u —— 木材的含水率，%

W^y —— 木材的应用基水分，%

从上式可以看出，水分是影响木材发热量的主要因素。绝干木材（$W^y=0$）的应用基低位发热量 Q^y_{dw} 和高位发热量 Q^y_{dw} 非常高，约相当于 II 类烟煤的发热量，但随着木材中水分的增加，木材发热量迅速下降，当水分 $W^y\leqslant 50\%$ 时，$Q^y_{gw}\geqslant 8031.5$ kJ/kg，这时木废料尚可稳定地燃烧，当 $W^y\geqslant 60\%$时，木废料的燃烧就变得困难了，水分达到68%时，Q^y_{dw} 仅有 4240.16 kJ/kg，这时，炉子就会出现"熄火"等不正常燃烧现象，可以认为，水分达到 65%～70% 是燃烧不能继续进行的转折点。上述计算结果与实测值相差不大，实测结果显示，绝干阔叶材木质部的高位发热量平均值为19800kJ/kg，绝干针叶材木质部的高位发热量平均值为20770 kJ/kg，略高于阔叶材。木质本身发热量的变化是很小的，其高位发热量约为19000 kJ/kg，不同树种之间的发热量差异主要是含脂量的不同，也正因为如此，树皮中的树胶和树脂均比木质部多，因此，树皮的发热量也比木质部高。

35.6.1.3 木废料的燃烧

1. 木废料的燃烧过程

木废料的燃烧过程见表 35-39。

2. 木废料的燃烧产物

木废料燃烧的产物有灰和烟气。木废料的灰分很低，因而木废料燃烧后残余的灰烬很少，大部分都呈粉末状态。从灰的化学成分来看，木废料灰分中含有较多的碱性化合物，其氧化钙（CaO）、氧化钠（Na_2O）和氧化钾（K_2O）含量都

表 35-39 木废料的燃烧过程

序 号	炉膛温度	木废料燃烧阶段
1	～100℃	水分开始蒸发
2	150～180℃	挥发份开始析出
3	225℃	挥发份着火
4	400℃	挥发份燃尽
5	500～580℃	木炭着火、燃尽
6	780～850℃	重碳氢化合物燃烧、燃尽

表 35-40 木废料能源的主要利用途径与方法

途　径	主要方法	主要特点
直接燃烧	将木废料经简单处理后，直接送入锅炉或专用燃烧炉中燃烧	简便易行，投资较少，见效快，适合于木废料的就地转化利用，目前在国内应用较多
压制成固型燃料	将木废料加热加压，使木废料碎屑经挤压、塑化变形后黏结成木片砖、燃料棒、刨花饼、锯木球等固型燃料；如经进一步炭化处理，还可制成木炭	木质固型燃料易于运输、存放，其形状大小可根据不同型号锅炉对燃烧的不同要求而进行选择控制。此项技术比较适合于林区企业应用
转化成气体燃料	在气化炉中，通过木废料的燃烧、热解、还原等过程，生成CO、H_2、CH_4等可燃气体，再将这些可燃气体送入锅炉等燃烧设备中燃烧	1. 由于气体燃料燃烧完全、迅速，所以把木废料转变为气体燃料，可以提高燃料的利用率； 2. 减少对环境的污染。气体燃料的燃烧非常完全，生成的产物主要是CO_2和H_2O，因此无黑烟和尘粒出现，CO极少，污染远低于木材直接燃用； 3. 气体燃料一般不便于长期储存和运输
转化成液态燃料	木废料经水解、液化、发酵等工艺过程，生成重油、甲醇、酒精等液体燃料	液体燃料用途广泛，其燃烧产物不污染环境。但木废料转化为液体燃料的工艺较为复杂，所需的设备较多，因此目前在国内应用尚不多

比较高，这些碱性化合物在高温下能与炉膛耐火材料的某些成分发生化学反应，使耐火材料的耐火性能下降，另外，对木废料和煤混烧的锅炉来说，这些碱性化合物对煤灰起着助熔剂的作用，与煤灰中的某些成分形成共熔体，一般来说，这些共熔体的熔融温度都在800℃以下，这增加了炉膛结渣的可能性。烟气中含着大量的水分、焦油以及木醋酸等，这些成分可使尾部受热面和烟道产生腐蚀。

3. **木废料的燃烧速度**

与煤相比，木废料的挥发分很高，密度较低，灰分很低，因而其着火和燃烧速度比煤快得多，也容易燃烬。影响木废料着火和燃烧速度的主要因素是其含水率和尺寸大小，含水率越低，尺寸越小，燃烧速度也越快，因此，在有些情况下，为了加快木废料的着火和燃烧速度，需要对木废料进行破碎和炉外预干。

35.6.1.4 木废料能源的主要利用途径与方法

木废料能源的主要利用途径与方法见表35-40。

35.6.2 木废料的直接燃烧利用

直接燃烧利用是目前利用木废料能源的主要途径，燃烧设备和装置主要有：链条炉排炉、往复推饲炉排炉、旋风炉、木粉燃烧机和链条炉喷砂光粉复合燃烧装置等。

35.6.2.1DZL4-0.7-M（AⅡ）燃木屑（煤）锅炉

这是国内近年研制的以燃烧木屑为主的锅炉，其主要设备有链条炉排、木屑喷播系统及送风系统，图35-11是该锅炉的示意图。木屑由车间送至木屑贮藏室，然后通过送料风机将木屑送入锅炉内。由于炉膛的风量调节是由鼓风机来控制的，因此要求送料风机在将木屑送入炉膛内时，不能带入过多的冷空气，以使炉膛内保持持续的高温区。在前拱处，设有一个“小燃烧室”，即前拱和距离前拱很近处设置的一花墙

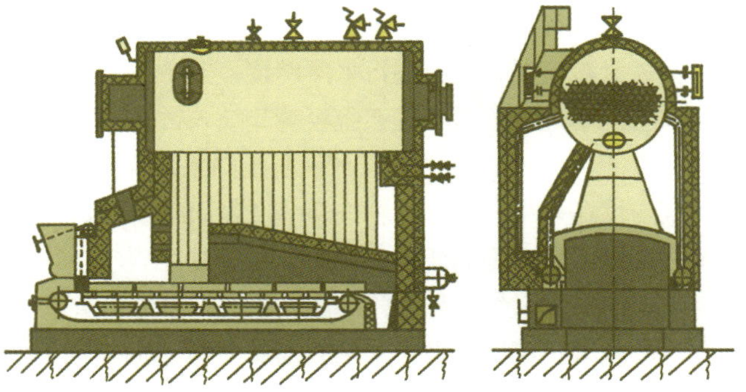

图 35-11 DZL4－0.7－M（AⅡ）燃木屑（煤）锅炉示意图

中拱之间的燃烧空间，花墙中拱距离炉排面的高度为500 mm。木屑经木屑喷播系统播散在“小燃烧室”内形成半悬浮燃烧，其中的细粉在炉膛内悬浮燃烧。由于小燃烧室的加热作用，使炉排前部产生高温区，木屑进入炉膛内高温区时可以得到充分燃烧。该锅炉锅筒外径为1500mm，锅筒内布置85根ϕ70×3.5mm的螺纹烟管，锅炉的右侧由20根ϕ51mm×3.5mm的上升管形成单排水冷壁，而左侧由39根ϕ51mm×3.5mm的上升管布置成了沉降室（图35-11中右图），使得烟气在经过烟道时，得以沉降灰粒，起到消烟除尘的效果。左右分别布置有ϕ219mm×6mm和ϕ159mm×6mm的集箱，同时锅筒内部还布置了锅内省煤器，在解决了锅筒后部温度过高的同时，也降低了排烟温度。该炉的炉膛容积为10.7m^3，由于前拱和中拱构成“小燃烧室”，使得木屑在进入锅炉内时得以充分燃烧，因此，前拱布置得较高较长，有利于前拱接受炽热火床和高温烟气的辐射。由于木材废料灰分很少，在炉排末端工作时，过量空气很多，为了适应这种特性，该锅炉设有低而长的后拱，引导多余的空气到需要大量空气、燃烧最激烈的炉排中前部，同时空气将后拱下方炽热的燃烧颗粒带到炉排前部，落在燃料层上加快燃料的干燥过程。

经测试，该锅炉在额定负荷下的热效率为80.81%。

35.6.2.2 链条炉喷砂光粉复合燃烧装置

链条炉是一种结构比较完善的机械化燃烧设备，这种燃烧设备有较好的燃烧稳定性，对负荷变化适应性强，符合人造板企业生产过程中热负荷多变的用热特点，因此，我国人造板企业广泛使用链条炉作为燃烧设备。但是，链条炉中燃料的着火条件较差，主要依靠炉拱热辐射引燃，而且不同燃烧特性的燃料需要有不同型式的炉拱，因此，链条炉对煤种的适应性较差，当煤种改变时，链条炉的燃烧效率和锅炉出力常常会大幅度下降。

要从根本上解决链条炉的着火条件和煤种适应性问题，就必须从改善炉排上煤的着火条件着手，并且要改变链条炉主要依靠炉拱热辐射引燃的状况，对于人造板企业来说，最理想的措施莫过于将生产过程中产生的木废料砂光粉喷入链条炉内，与炉排上的煤共同进行复合燃烧。

所谓复合燃烧，是指在保持链条炉排层式燃烧的基础上，将砂光粉喷入炉膛中进行悬浮燃烧。

将砂光粉通过管道输送系统经喷管喷入链条炉膛后，一遇炉排上的明火，即可进行悬浮燃烧。砂光粉在炉膛内的悬浮燃烧与煤在炉排上的层式燃烧两个过程同时进行，可以起到优势互补、相互促进的作用。砂光粉在炉排上方空间悬浮燃烧形成的高温火焰，可以明显提高炉内温度水平，为炉排上煤层的着火与燃烧提供了大量的辐射热量，同时，大量尚未燃尽的砂光粉颗粒像“火雨”一样落在炉排的煤层上，这就改变了链条炉主要依靠炉拱热辐射引燃的状况，大大改善了新煤的着火和燃烧条件，链条炉的适用煤种不再受炉拱的限制，从根本上解决了链条炉的煤种适应性问题，使同一台锅炉高效燃用不同煤种成为可能。同时，炉温的提高也提高了锅炉受热面的热强度，可以使锅炉出力明显提高。另一方面，炉排上炽热的煤层也为砂光粉的悬浮燃烧提供了长久的旺盛火源，因而不需要设置专门的点火装置，如果设计合理、运行正确，则也不会出现熄火、爆炸事故，可以保证砂光粉燃烧的安全可靠性。

链条炉喷砂光粉复合燃烧装置包括砂光粉除尘系统，锅炉燃烧系统和砂光粉风送、喷燃系统三个组成部分。如果企业已有比较完善的砂光粉除尘系统和锅炉燃烧系统，则仅需在原除尘系统与锅炉之间加装一套砂光粉风送、喷燃系统即可组成链条炉喷砂光粉复合燃烧装置。砂光粉风送、喷燃系统如图 35-12 所示，来自除尘系统的砂光粉由送粉风机（图中未标出）输送，经风送管道进入袋式除尘器，分离出的砂光粉经排料器进入砂光木粉料仓，砂光木粉料仓起贮存、缓冲作用，料仓装满时可以提供连续喷燃数小时所需要的砂光粉。链条炉复合燃烧时，启动料仓中的卸料螺旋，将砂光粉从料仓中排出，并经均匀给料螺旋运输机、排料器进入送风管道中，风机产生的高压空气与砂光粉混合形成砂光粉气流，流过风送管道经喷管喷入锅炉炉膛中进行悬浮燃烧，为保证安全，风送管道上还设置了防爆和防回火装置。根据炉膛尺寸和炉外送粉管道布置情况，砂光粉喷管可设置在链条炉前拱中心，也可设置在锅炉侧墙上。

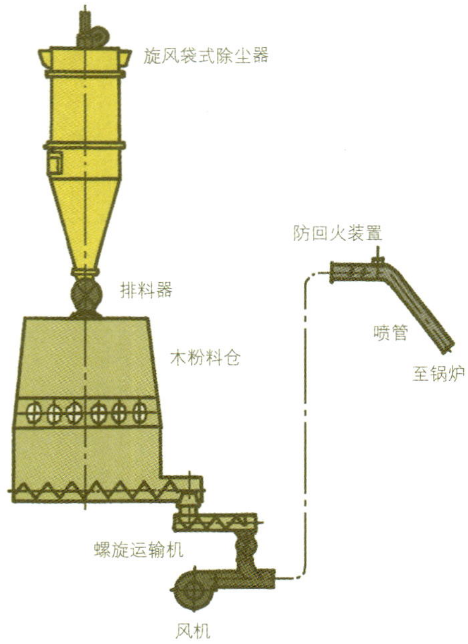

图 35-12 砂光粉风送、喷燃系统

35.6.2.3 旋风燃烧炉

旋风燃烧炉(图35-13)是专为燃烧木粉等散碎木废料而设计的圆筒型燃烧设备，该炉由主燃烧室和相邻的二次燃烧室组成，两个燃烧室连接处可以自由伸缩，用硅酸铝耐火毡密封，炉壁由耐热钢板卷焊成，内砌高铝质耐火砖，外包硅酸铝耐火毡保温层，表面卷覆薄钢板。在进料口下方不远处，设有点火孔。可喷液体或气体燃料点火，正常燃烧时该孔紧闭。在炉体圆周切向有三对喷气管，左右相对地向炉膛喷射空气，以鼓动木粉螺旋式旋转并充分燃烧。木粉由罗茨鼓风机的压气管向下喷入燃烧炉的主燃烧室，木粉进料量的多少由定量料仓下的定量螺旋的转速来调节，喷气量的大小由喷气管上三只蝶阀分别控制。炉子一端的端盖可拆开，以便整修炉腔。另一端设有扼

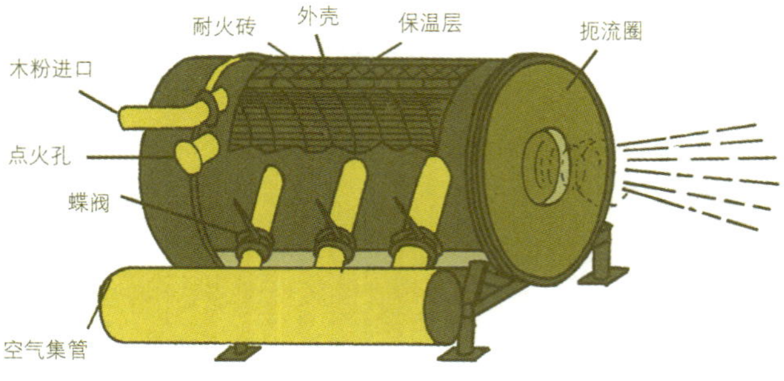

图 35-13 旋风燃烧炉

流圈，以阻挡未完全燃烧的火星，直至燃尽为止。

燃气从主燃烧室喷向二次燃烧室。二次燃烧室圆周切向也设有喷气管，以推动气流继续旋转。出口处设有第二道扼流圈，进一步阻挡未烧完的火星。高温烟气经调温调湿处理后，可直接作为干燥纤维、刨花的干燥介质，也可作为间接加热的载热体。

35.6.3 固型燃料的生产工艺与主要设备

35.6.3.1 固型燃料的成型原理

植物细胞中除含有纤维素、半纤维素，还含有木质素（木素）。在绝干阔叶材、针叶材中木素含量约为27%～34%。木素是具有芳香族特性的结构单体为苯丙烷型的立体结构高分子化合物，木素在植物细胞中，有增强细胞壁、黏合纤维的作用。在常温下，木素主要部分不溶于任何有机溶剂，木素属非晶体，没有熔点，但有软化点，当温度为 70～110 ℃ 时，黏合力开始增加。在 200～300℃温度条件下，木素会发生软化、液化，此时若加以一定压力使其与纤维素紧密黏接，并与相邻颗粒互相胶接，冷却后即可固化成型。因此，采用热压法生产固型燃料可不用任何添加剂或黏接剂，这大大降低了加工成本。固型燃料就是利用这一原理将木屑经成型机通过热压制得的。

35.6.3.2 固型燃料的典型生产工艺

尽管固型燃料的种类有多种多样，但其生产工艺基本上都是类似的，下面以生产木屑炭棒为例，说明固型燃料的生产工艺。

木屑炭棒的生产工艺流程如下：

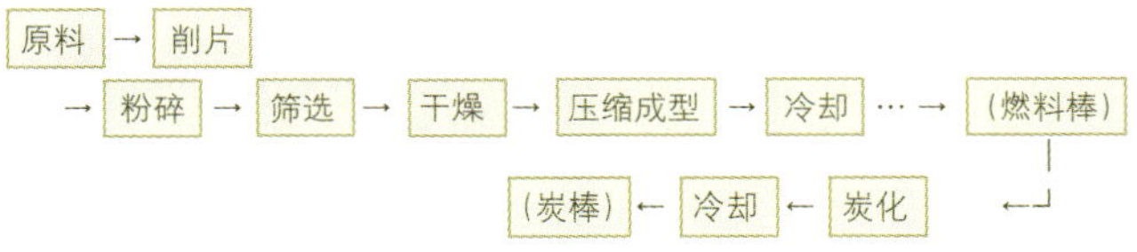

1. 原料

将收集来的原料，如树根、枝桠、树皮、截头、木芯、碎单板、板皮、板条、刨花、锯屑、砂光粉尘等原料送往备料场分类堆放，以便生产时按类生产。一般要求原料的初含水率不得高于50%，如果含水率过高，则将相应地增加了运输及干燥费用。

2. 削片、粉碎、筛选

因压缩成型机对原料长度及颗粒度的要求一般不得超过10mm，所以必须对不符合规格的原料进行削片和粉碎，将粉碎后的原料进行筛选，不合格的原料再粉碎。筛选可用机器筛选，也可用人工筛选，筛选后的原料进行干燥。

3. 干燥

如原料含水率过高，则在挤压成型时会导致不能成型，或受高温而产生的高压蒸汽来不及排出压缩腔，棒料在离机时的瞬间，其所受压力急剧下降，致使高压蒸汽压力也急剧下降，体积急剧膨胀，产生了强大的膨胀力，从而使棒料产生横向裂纹、断裂、炸裂等现象，因此，对原料必须进行干燥。干燥可采用自然干燥或干燥机干燥，鉴于自然干燥受到气候的影响，目前一般均采用旋转式炉气体干燥机或管道气流干燥。由于各种型号的压缩成型机压缩成型的方式各不相同，有的采用螺旋挤压式，有的采用柱塞挤压式，这样在压缩成型时原料中的水分逸出多少也就各不相同，所以，原料干燥后的最终含水率要根据不同型号的压缩机对原料的含水率要求严格控制，一般原料终含水率以在 6%～20% 为宜。

4. 压缩成型

这是生产木屑炭棒的主要工序，影响压缩成型的主要因素是温度、时间、压力。

(1) 温度：给原料加热分为原料预热和成型加热，预热是使原料温度快速上升，排出原料中的部分水分，这一阶段的温度范围一般控制在 40～60 ℃。对成型加热来说，一般温度越高，棒料的强度就越高，但温度过高会使棒料部分炭化，棒料得率下降，因此生产中温度的高低要根据原料性质及生产情况来确定，一般控制在 150～300 ℃内。

(2) 时间：成型时间越长，棒内气体被排出的时间也就越长，这样也就减少了棒料离机时由于气体膨胀而造成的缺陷，因此，成型时间是保证棒料质量的一个重要因素，在生产中应根据原料、对棒料质量要求等情况来选定成型时间。

(3) 压力：在高压的作用下，原料的细胞被破坏，使其与分解出的粘合剂重新结合成为密实的形体，压力越高，棒料密度越大，质量也越好，但机器所受的磨损也越严重，所以，压力一般以 25～140 MPa 为宜。

5. 冷却

压制成的棒料出机时的温度较高，强度也较低，并且由于棒料与压缩腔表面接触会出现部分炭化而产生烟雾现象，这些烟雾也必须排除，因此必须对棒料进行冷却以达到使其进一步硬化及排除烟雾的目的。冷却后的棒料密度可达 0.7～1.8 g/cm^3，抗压强度约 1.96MPa，外表光滑，横向裂纹少。这一生产过程即为中间产品——燃料棒的生产过程。

6. 炭化

得到的中间产品燃料棒可作为燃料产品销售，但由于燃料棒未经炭化，挥发物含量高，在燃烧过程中产生的烟尘大、灰分多，会造成较大的污染。同时，燃料棒的发热量也较低，所以，燃料棒的用途也就受到了一定的限制，于是，在燃料棒的基础上发展了另一种产品——炭棒。炭棒是燃料棒炭化后的产物。炭化的方式一般是采用干馏法，即将燃料棒放在特制的干馏釜内密闭，不与空气接触，然后加热，使燃料棒逐渐分解炭化。在干馏过程中，棒料中一部分物质受高温而分解为气体，此种气体是多种成分的混合物，将此混合气体在焦油分离器或列管冷凝器中冷凝，则可得到占棒料重 20%～30% 的不凝性气体——木煤气、占棒料重 40%～

50% 的可凝性气体——木醋液和占棒料重 5%～6% 的木焦油，最后在干馏釜内留下约占棒料重 30% 左右的固体成份即为炭棒。由此可见，采用干馏法生产木屑炭棒，不仅可以得到炭棒，而且可以得到木煤气、木焦油、木醋液等副产品，木煤气含有 50% 左右的可燃成分，如一氧化碳、甲烷、氢等。在生产过程中，木煤气可作为干馏时的燃料，也可用来干燥原料，这样可节约大量的燃料，降低生产成本。木焦油和木醋液是很好的化工原料。目前，生产炭棒的企业大都是中小型企业，所采用的干馏釜通常是小型移动式直立干馏釜，这种干馏釜内的温度必须均匀，密封严密，这样才能使棒料均匀炭化。炭化温度过高会使产量降低，故一般炭化温度范围以 350～500 ℃为宜。炭化的速度对产品的质量影响很大，炭化速度过快，则炭棒产生的裂隙增多，强度下降，产品质量差，如炭化速度过慢，则产量较低。生产时必须由低温缓慢升温，逐渐提高温度。当达到最高温度时，须快速冷却，这样才能得到固定碳含量高、挥发份少的高质量炭棒。采用这种干馏釜的炭化时间一般是 5～6h。

7. 冷却

在干馏釜中炭化后的炭棒，需送入冷却窑中消火冷却到 40～60℃，冷却时间一般在 10h 左右，冷却后的产品就是木屑炭棒。在冷却过程中，密封必须严密，不能进入空气。否则，炭棒会由于表面吸入大量氧气而大量氧化，使炭棒中的固定碳成份含量下降，产品质量降低。

35.6.3.3 固型燃料压缩成型机

固型燃料压缩成型机是生产固型燃料的关键设备。根据挤压方式，压缩成型机分为螺旋挤压式和柱塞挤压式两种，下面介绍较为常用的螺旋挤压式压缩成型机。

1. 螺旋挤压式压缩成型机的基本结构（图 35-14）

挤压螺杆是压缩成型机的心脏，挤压螺杆大致可分为两段，即输送段和压缩段，输送段靠近料斗，采用等深等距螺纹，当木废料碎屑落入料斗后，就进入了螺杆输送段，螺杆旋转时，物料与螺杆表面间的磨擦作用，使其向前进入压缩段。压缩段通常采用等深不等距螺纹，随着木废料向前移动至压缩套筒，螺纹距离逐渐变小，使木废料受到轴向压缩而成型。螺杆头端处的外径逐步减小，这样可以使已成型的固型燃料较顺利地脱离螺杆。螺杆与原料间的磨擦挤压作用，随着压力的由小变大而逐渐强烈，强烈的磨擦作用使绝大部分机械能转化为热能，造成植物质碎料的温升，促进了木素的塑化。但是，由于木废料本身为不良导热体，因此只有在磨擦的区域温度较高，而在外部周围温升不够，所以在成型压缩套筒上还必须采用电加热装置，补充木素塑化所需要的热量。

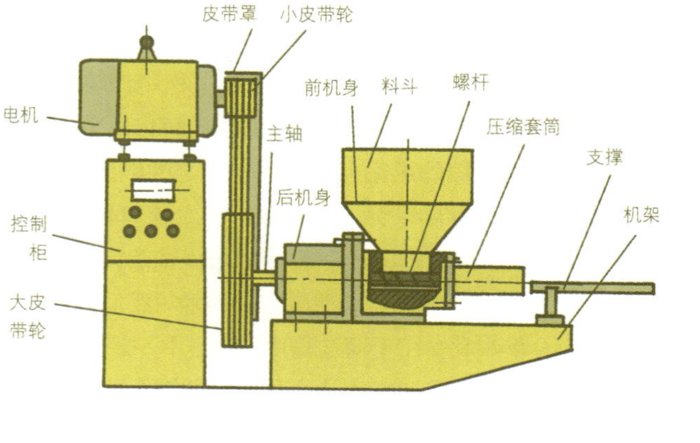

图 35-14 螺旋挤压式压缩成型机结构简图

2. 螺旋挤压式压缩成型机的工作原理

(1) 进入料斗的木废料，靠自重下落进入螺杆输送段；

(2) 主电机的动力与运动，经一对皮带轮减速后传给主轴，主轴再带动螺杆旋转，将原料向前输送，进入压缩套筒；

(3) 连续不断送进的原料在套筒内受到螺杆压缩段的挤压，同时，在电热线圈的加热下，被塑化的物料在套筒内缓慢地前进，逐渐固化成型从套筒口挤出；

(4) 装在压缩套筒内的感温元件，测出温度数值后，直接反馈到温度控制仪表，以使塑化温度稳定保持在正常工作时所需的数值。

35.6.4 木废料能源的气化

木废料能源的气化是一种特殊的不完全燃烧过程，通过不完全燃烧，木废料中的能量被转移到生成的可燃气中，这些可燃气主要包括 CO、H_2、CH_4 等气体。木废料气化所用的设备称为木废料气化炉。

35.6.4.1 木废料气化炉的工作过程

木废料气化炉的主体通常为一直立的圆筒，一般用钢板做成，里面用耐火材料作为内衬。通过上面的料斗向气化炉

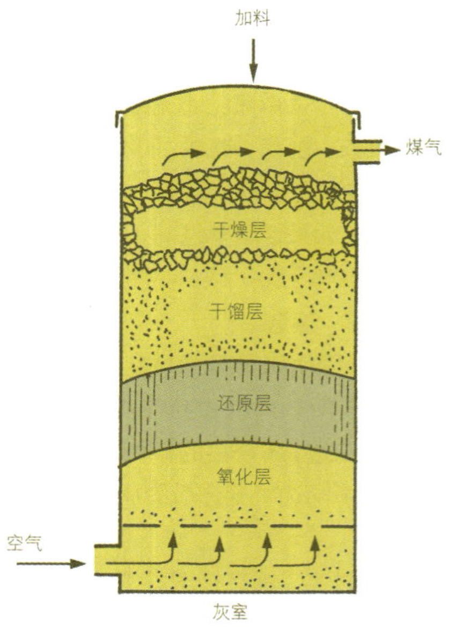

图 35-15 上吸式气化炉

添加木废料，木废料落在炉栅上，在炉栅下面进行鼓风（图35-15）。得到的可燃气体在燃料层上面的出气口引出，灰渣结集在炉栅上，经过炉栅上的缝隙落下去，然后通过炉栅上面及下面的灰渣门把它除去。

气化炉工作时，在炉栅附近的木废料充分燃烧而全部成为灰烬，进入炉子的冷空气经过灰渣层预热后进入燃烧层（氧化层），空气中的氧与燃料中的碳起作用，主要生成CO_2和一小部分CO。燃烧层的上面是还原层，在这里，由于遇到炽热的燃料，CO_2被碳还原成CO，水蒸气被还原成H_2。

炽热的气体继续向上运动，还原层上方的木废料被下部及炽热的气体加热，蒸馏出挥发物，形成干馏层。随着挥发分的不断挥发，干馏层木废料逐渐变成焦碳，干馏产物（即挥发物）与可燃气体混合继续上行。由于可燃气体仍有很高的温度，上方刚落下的木废料与可燃气体接触时被干燥，形成干燥层。

可燃气体中CO和H_2的含量愈多愈好，而它们主要产生在还原层内，因此还原层是影响可燃气体品质和产量的最重要的地区。试验表明，温度愈高，则CO_2还原成CO的过程进行得愈顺利，还原区的温度应保持在700～900℃。另外，CO与赤热的炭接触时间愈长，则还原作用进行得愈完全，CO得的获得量也愈多。

35.6.4.2 木废料气化炉的种类

按照鼓风方法不同和可燃气体相对于燃料的流动方向不同，气化炉通常分为上吸式、下吸式、平吸式以及流化床式，这些方式相互结合还可构成复合式气化炉。

1. 上吸式气化炉（图35-15）

木废料自气化炉上面加入而逐渐下降，空气自炉栅下面进入并逐渐上升，形成的可燃气体由下向上被吸至炉外，故称为上吸式气化炉。由于可燃气体是顺着热气流方向吸出，故运行时动力消耗较小，起动容易；可燃气体中混有干馏出的挥发物，发热量一般较高，可燃物燃烧后产生的灰分落在炉栅下面，不会被出口可燃气体带走，故可燃气体中灰分较少。同时，可燃气体流经上面各层时，实际上已进行了初步过滤，这亦可使可燃气体的灰分减少。

上吸式气化炉一般不宜用于气化油脂较多的木废料，因为富含油脂的木废料气化时，干馏产物会混于可燃气体中，流动时常会凝结在可燃气体管道、阀门和燃烧器上，产生腐蚀和污染。

2. 下吸式气化炉（图35-16）

木废料自上部加入，靠其质量逐渐下降。在炉身的一定高度处，空气自炉壁或炉中央送入，使木废料燃烧，可燃气体流过下面的还原层而从炉栅下吸出。因此，氧化层就位于空气入口处附近，而还原层反而在氧化层下面。因可燃气体是向下流动被吸出的，故称为下吸式气化炉。下吸式气化炉的最大特点是干燥和干馏产物全部经过氧化层。因而焦油就可在高温下被分解，水分亦参加反应形成可燃气体。当气化含油脂较多的木废料时，就常常采用这种气化炉。下吸式气化炉有效层高度几乎不变，工作稳定性好，运行时可随时打开料盖添料。但因可燃气体流动方向与热气流上升方向相反，所以吸出可燃气体的动力消耗较大。另外，由于可燃气体须经灰分层和存灰室吸出，所以可燃气体中灰尘含量较多，可燃气体经高温的有效层流出，也使可燃气体的出炉温度增高。

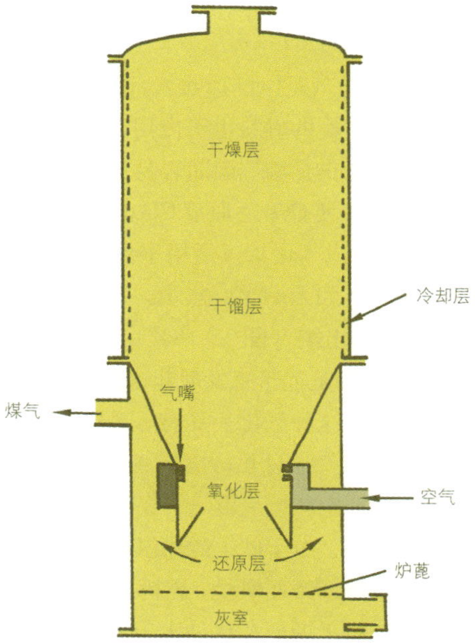

图35-16 下吸式气化炉

3. 平吸式气化炉（图35-17）

空气从位于炉身一定高度处的风嘴以高速送入炉内，所

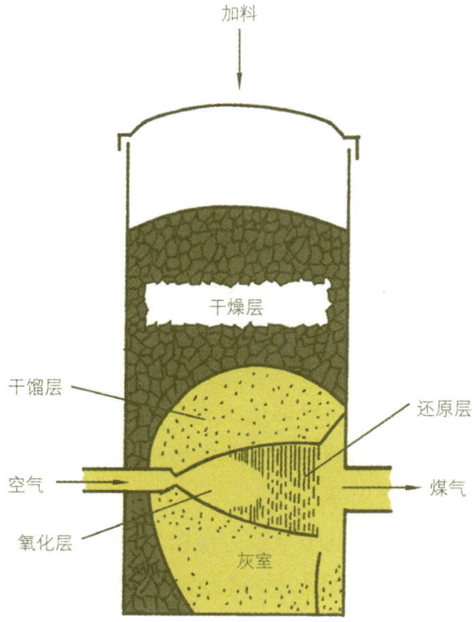

图35-17 平吸式气化炉

产生可燃气体由对面炉栅处被吸到炉外。因可燃气体水平流动，故称作平吸式气化炉。

此种炉子由于空气是以高速吹入，燃料燃烧层的温度可高达2000℃，较难燃烧的燃料也可应用。但也正因为炉中心温度高，超过了灰分的熔点，因而容易造成结渣。同时、炉子还原层容积很小，使CO_2还原成CO的机会减少，使可燃气体质量变坏。平吸式气化炉仅适用于含焦油很少及含灰分不大于5%的燃料，如无烟煤、焦炭、木炭等。

4. 流化床式气化炉（图35-18）

流化床式气化炉是近年来发展起来的一种型式，它能应用的燃料范围较宽。这种气化炉具有一个热砂床，燃烧与气化在热砂上发生，空气通过热砂床形成泡状，造成一种“流动”作用，使燃料与空气彻底混合，提高燃烧效率，燃烧开始前，砂子需要预热。由于砂子能保温较长时间，故在运行中断后，仍能很快重新开始燃烧。燃料成细粒状与空气一起加到砂床上，燃烧和干馏便在热砂床上发生，所生成的可燃气体中通常含有灰分，因而仅适宜于作锅炉燃料。

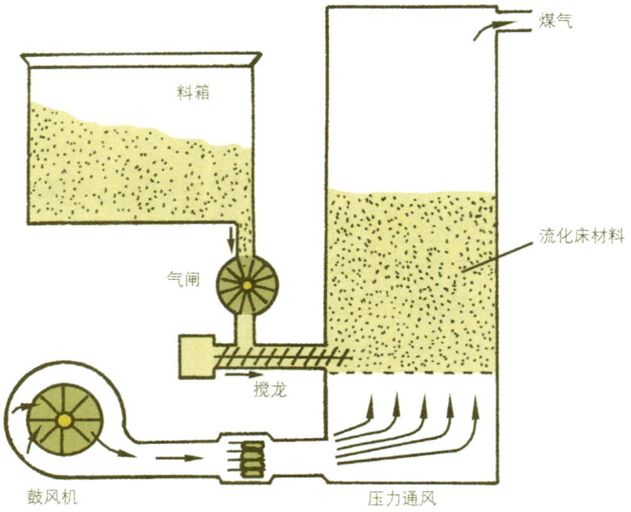

图35-18 流化床式气化炉

35.7 供、用电系统与节能

35.7.1 供、用电系统的一般要求

35.7.1.1 供配电系统

供电系统的设计，应根据技术安全适用，经济合理，节约能源和保护环境的原则进行，确保企业安全、稳定、连续供电和较高的电能利用率。

供电系统的供配电电压等级应根据当地电网和本企业负荷等级、容量和分布等情况，经过经济技术比较后确定。林产工业企业的供电负荷一般为二级和三级。二级负荷一般应有双回路供电，如当地条件有困难或负荷较小时，允许采用一条10kV及以上的专用架空线供电。双回路一般采用同级电压供电，当一路中断供电时，另一路应能供给全部二级负荷的用电。如能减少配变电级数，简化接线，节约电能和投资，提高电能质量，则宜采用35kV配电电压。若供电电压为35kV，需降压运行。在进行电压选择时，一般宜采用10kV；若供电电压为35kV，且用电容量较小，没有高压用电设备，则宜采用35/0.4 kV的变压器，以0.4kV的电压供电。

配变电所的位置应尽量靠近负荷中心，以减少低压配电线路的电压及电能损失，提高供电质量。二级负荷具有双回路供电时，通常应选两台变压器，三级负荷在负荷较小时则只选用一台，但根据使用要求或因运行方式变化可以节约电能的，则可增加台数。当厂区较小时，可以实行低压配电；厂区较大，负荷分散，送电距离较远，低压配电不经济时，应根据技术经济比较选定变点。

变压器容量的选择，一般情况下负荷率应选在70%左右为宜。对二级负荷尚需考虑停止运行一台变压器时，另一台应能负担全部二级负荷的供电。对电气设备非连续运行、负荷周期波动大的企业，在对变压器容量和台数进行选择确定时，应对各方案中变压器运行效率进行比较，选择运行损耗小、效率高的方案。多台变压器运行，宜选用随负荷变化自动调整运行台数的装置。变压器型号的选择，应选用低损耗、高效率的节能变压器，如S_6、S_7、S_9、SL_7。

35.7.1.2 电力线路

对1kV以上的高压线路，一般宜先按经济电流密度选择导线截面，然后校验其最高温升和允许的电压损失；对1kV以下的低压线路，一般宜先按发热条件选择导线截面，再验算允许的电压损失和经济电流密度。在380/400V低压架空线路设计中，除按常规选择导线截面外，当负荷较大时，应考虑节能截面，即一般将导线按标称值加大一级，但这种做法不适用于道路照明及负荷容量较小的线路。另外，还应考虑降低企业受电端至用电设备的线损，各次变压的线损率应达到表35-41所列的数值。

表35-41 受电端至用电设备的线损率

一次变压	二次变压	三次变压
$<3.5\%$	$<5.5\%$	$<7\%$

35.7.1.3 功率因数

企业的功率因数应达到国家规定的0.9以上的指标。为达到这一指标，首先应努力提高自然功率因数，如正确选择电动机、变压器等电力设备，减小线路的感抗，有条件的可选用同步电动机。自然功率因数达不到0.9指标时，应安装无功功率补偿装置。对于无功功率补偿，一般宜采用高压、低压集中补偿和大容量电动机就地补偿相结合的形式。

35.7.1.4 电力设备

选择电力设备时，必须选节能型产品，或采取节能措施。如果目前尚无此类产品，设计时应考虑日后改造或更换的可能性。

电动机的类型应在满足其安全、启动、调速等方面要求的情况下，按节能的原则来选择。目前应用Y系列三相异步电动机取代JO_2、JO_3系列电动机。电动机容量的选择要适当，使其能经常工作在高效率范围内。一般不得使其经常负荷低于额定负荷的40%。

200kW以上的电动机，在条件许可时可选用高压电动机。50kW以上的电动机应配备电流表、电压表、有功电度表等测量仪表，同步电动机还应配备功率因数表，以便监测与计量。经常出现空载的电动机应装设空载自停装置。电动机轻、重载变换时，可采用Y/△自动切换装置。

为提高电能利用率，应选用高效节能的机械设备。一般通风机、鼓风机的效率应大于70%，离心泵、轴流泵效率应大于60%。由于流量调节需要调速的设备，宜采用变频调速或可控硅调速装置。

35.7.1.5 照明

设计照明系统时，首先要求充分利用自然光，降低照明能耗。工业建筑的开窗面积及室内表面的反射系数应符合TJ33-1979《工业企业采光设计标准》的规定。厂房内照明应按工作场所条件和照明的要求，采用不同类型的光源和灯具，确定合理的悬挂高度以提高照明光效，必要时可配备局部照明灯具。各种工作场所的照度标准，应符合GB50034-1992《工业照明设计标准》的规定。灯具悬挂高度在4m以上的高大厂房等场所的照明，宜采用高光效、长寿命的高强气体放电灯（如高压钠灯）及其混光照明。除特殊情况外，一般不宜采用管型卤钨灯、白炽灯、自镇流式荧光高压汞灯。在灯具悬挂高度在4m及以下的场所照明，宜采用荧光灯，一般不宜采用白炽灯。应优先选用配光合理、效率较高的灯具。在保证照明质量的前提下，应优先采用开启式灯具，并应少采用装有格栅、保护罩等附件的灯具。室内开启式灯具的效率不宜低于70%；带有包合式灯罩的灯具，其效率不宜低于55%；带格栅灯具的效率不宜低于50%。功率在40W以上的气体放电光源，可根据具体情况，分散或集中安装电容器，补偿无功功率，补偿后的功率因数应在0.85以上。对集中控制的室外照明宜选用光电自动控制装置，每处集中控制的范围不宜过大。

35.7.2 供、用电系统节电措施

35.7.2.1 电力网节电与变压器经济运行

在电力网中，输、变配电的电能损失与发电厂自用电不同，它是电能在输送及分配过程中自身的损耗。这部分损失由两部分组成，即线路损失和变压器损失。

1. 线路损失

线路损失就是电阻上的有功损耗和电抗（感抗、容抗）上的无功损耗。其计算公式为：

$$\Delta P = (P^2+Q^2)\ R/U^2$$

$$\Delta Q = (P^2+Q^2)\ X/U^2$$

式中：ΔP、ΔQ——为有功损失和无功损失，kW、kVar

U——线电压，kV

R、X——为电阻和电抗，Ω

上式表明，有功损失和无功损失与电压平方成反比。因此，电压降低，则损失增大。从三相电路$P=\sqrt{3}UI\cos\phi$、$Q=\sqrt{3}UI\sin\phi$可以看出，当输送功率和功率因数cosφ一定时，增大输送电压，可减小输送电流，降低有功损失和无功损失。所以，电力网的输电电压等级应尽量选择高一级，以减小输电网的线路损失。

若电力网的功率因数（亦称力率）低，无功功率则大，损失也将增大。另外，电力网的电抗总是大于电阻，在输送功率一定条件下，无功损失将比有功损失大得多。

电力网的基本功能就是输送功率。要想多送有功功率，减小无功输送容量，就必须提高力率，以降低功率损失，节约电能，这是提高输电能力的重要措施。一般可通过采用无功分段补偿等方法来减小无功输送容量。

2. 变压器功率损失

变压器的功率损失，也就是在电阻和电抗上发生的有功功率和无功功率损失。只是变压器有功损失，可以分成两部分，一部分在绕组上的损失，称为电损（亦称铜损）。它是随着变压器负载变化的，与负载电流平方成正比。另一部分是建立磁场的有功损失，称为磁损（亦称铁损）。

当变压器处在额定负载时，电损比磁损大，一般大2～4倍。对于一台具体的变压器而言，磁损是不变的恒定损失，只要变压器一投入电力网，就有这部分损失，其大小称为空载损失。而电损是变压器有载后，增加的损失。变压器容量越大，磁损也越大；容量相同时，电压等级越高，磁损也越大。所以，根据负荷情况调整变压器容量，避免"大马拉小车"，减少不必要的磁损；或者采取装设多台变压器随着负荷需要进行运行，是减少变压器损失的重要措施。

变压器的输出功率和输入功率之比，称为变压器的效率，用公式表示即为：

$$\eta=\frac{P_1}{P_2}\times100\%=\frac{P_2}{P_2+P_{Cu}+P_{Fe}}\times100\%=\frac{\sqrt{3}\,U_2I_2\cos\phi}{\sqrt{3}U_2I_2\cos\phi+P_{Cu}+P_{Fe}}\times100\%$$

式中：η——变压器的效率，%

P_1、P_2——变压器的输入、输出功率，kW

P_{Cu}、P_{Fe}——变压器的铜损、铁损，kW

U_2、I_2——变压器的二次侧输出电压、电流，kV、A

$\cos\phi$——变压器二次侧功率因数

由上式可知，在变压器轻载运行（此时I_2较小）或二次侧（低压侧）功率因数降低时，都将引起变压器效率的降低，

从而降低整个电网的运行效率，这是不利于节约电能的。

3. 变压器的经济运行

变压器的经济运行是不可忽视的。就变压器运行节电而言，在最高效率下运行省电，三相变压器比单相变压器省电。当容量相等时，变压器台数愈少愈省电。变压器最高效率时的负载率，对不同系列、不同容量的变压器不完全一样。一般出现在45%～60%左右。在选择变压器时要充分注意到最高效率时的负载率，但这并不是唯一的考虑原则。变压器容量和台数的选择与企业的生产班次、负荷分布、配电系统的灵活性，以及企业性质等因素有关。同时，变压器容量的等级是阶跃式的，不可能只考虑最佳负载率。但总的来说，变压器的最佳负载率不可低于30%，一般也不宜超过80%。

4. 调荷节电

送变电系统中的各个环节（线路、开关、变压器等）都有电阻和电抗，负荷电流通过这些环节时，就会造成有功和无功损耗。在输送总电能不变的情况下，通过调节负荷，努力做到均衡用电，是降低其损失的有效手段之一。

在全部用电时间内负荷应力求均衡。实际负荷偏离平均负荷的程度越大，或偏离的时间越长，线变损和波动系数就越大。在总用电量不变的情况下，当用电峰值一定时，高峰宽度（用电时间）越大的线变损越大；高峰宽度一定时，峰谷悬殊越大，线损越大。绝对均衡用电是不可能的，但降低用电峰值，减窄高峰宽度却是可以做到的。个别特大设备应力求避峰运行，以达到节电目的。避峰运行后的线路电流越小，用电设备越趋于用电低容时，节电效果就越显著。

三相负荷也应力求均衡。有的企业在增添一些单相用电设备时，有时只考虑施工方便，而忽略三相均衡用电问题。如果三相负载不均衡，有一相过载，将会烧毁变压器。对一个三相四线制线路，如果其中一相负荷为平均负荷的0.75，另一相为0.8，则可以计算其线损将增加25%。实际上，三相四线制线路中的零线一般比火线细，所以线损的增加率比计算值还要大一些。

综上所述，无论是从用电的全部时间来说，还是从三相线路来说，负荷都应当均衡。否则，线损都将增加，甚至是大幅度增加。而将特大型设备避峰填谷运行，使日用电负荷曲线趋于平坦，是达到节电目的的有效方法之一。所以，企业在实际生产中应注意到调荷节电这个问题。

35.7.2.2 改善功率因数

企业使用的大量电力设备，都是由电阻、电感、电容性元件组成的。其中白炽灯、电阻炉等可看成电阻性负载；电容器是电容性负载；而使用量占绝大部分的电动机（包括风机、水泵、压缩机等）、变压器（包括电焊机）等是电感和电阻性负载组合而成的感抗性负载，它们的用电量很大，而且不仅要消耗有功功率，还要消耗一定的无功功率。为了达到节电的目的，可以通过改善功率因数来实现。

首先，功率因数低限制了发、供、配电设备的容量利用率。因为电网电压一般比较稳定，所以功率因数越低，流过设备的电流就越大，这样就使输送的功率不能全部用于有功功率部分，还要为设备提供部分无功功率。因此，改善功率因数就可使供用电设备的容量利用率提高，相应地可增加供电用户，或在选择这部分设备容量时，可以选择得小一些，减小设备的投资。

其次，功率因数低，增加了线路损耗。在输送功率一定时，功率因数低，电流就要加大，而线路损耗与电流平方成正比，故线损将会随之增加。所以，改善功率因数可减少电力系统的线路损耗，从而直接节电。

第三，功率因数低，电流增大，使线路和电器设备上的电压降增加，影响供电电压质量。所以改善功率因数，可以提高供电电压的质量，从而也减少由于电压质量差这个因素对设备的寿命、产品产量和质量带来的不利影响。

第四，功率因数低要增加用户的电费支出，而改善功率因数则可以减少用户的电费支出。

总之，改善功率因数可以达到不可忽视的节电效果，不管是对供电部门，还是对用户都有好处。改善功率因数的方法有很多种，但归纳起来不外乎有两大类。一类是采用自然调整的办法；另一类就是人工补偿法。

1. 采用自然调整法

采用自然调整的主要方法有：合理选择电动机、变压器等设备的容量规格；适当提高电动机、变压器的负载率；减少电动机、变压器的空载时间。

对变压器的节电就是通过合理选择变压器的容量，提高负载率，减少空载时间，以提高功率因数达到节电效果。对电动机采用上述自然调整，改善自然功率因数，同样可达到节电的目的。

2. 人工补偿法

通过自然调整法可以改善功率因数，但改善的幅度不是很大，改善功率因数更为有效的方法是人工补偿法。人工补偿的方法及其特点见表35-42。

3. 移相电容器补偿法的选择

移相电容器补偿方式有许多种，表35-43列出了不同补偿方式的适用场合及其特点，可根据实际情况选择合适的补偿方式进行无功功率的补偿。

在实际补偿中，也可采用功率因数自动补偿控制器。移相电容器补偿无功功率，若采用人工调节补偿容量大小，虽然简单、经济，但由于负载昼夜不停变化，仅靠人工操作来改变投入电网的电容器容量，既麻烦又不及时，经常会出现过补偿或欠补偿。为此可采用功率因数自动补偿器。该装置常由测量、控制、可逆计数器、执行部件，以及稳压电源组成。测量部分通过连续测量电网功率因数的变化，然后将电流与电压间的相位变化转换为直流电压变化，输出给控制部分，并在无功指示仪表中显示出来。控制部分根据测量部分

表 35-42 人工补偿的方法及其特点

功率因数人工补偿方法	特 点	适用场合
采用同步电动机作调相运行	优点是在不影响电动机正常工作的情况下，得到额外的无功功率，并可调节无功功率输出的大小；缺点是在得到无功功率的同时，一般还要消耗较多的有功功率	一般适用于电力系统，投资高，维修不便
异步电动机同步化	可达到同上述一样的可提供无功功率	此法有时需要改造设备，一般适用于特定场合使用，投资高，维修不便
利用电缆和高压架空线路	3～35kV的电缆线路和电压在110kV以上的架空输电线，在带电运行时，都可以提供一定的无功功率。这是一种不需要任何额外投资的无功补偿装置，但是它们所提供的无功功率大小是无法调节的，且补偿量较小	适用于所有的工矿企业
并联移相电力电容器	由于并联移相电力电容器能为电感线圈提供在相位上超前电压的无功电流，所以可提供无功功率。这种无功补偿的主要优点是：造价低，使用材料来源方便；属于静止装置，维修方便；而且损耗小	适用于所有的工矿企业

表 35-43 移相电容器补偿方式的比较

补偿方式分类		电容器接入方式	特 点
安装方式	集中补偿法	将电容器组集中装设在变压器高压或低压母线上，用单独的开关与一定容量的电容器组连接	利用率更高。这种方式主要用来补偿电网和主变压器的无功功率，但对各馈出线路不起补偿作用
	分组补偿法	将移相电容器装设在各分配电盘处	利用率比单独补偿高，运行管理也较为方便。它主要对配电变压器和至车间分配电盘电路进行无功补偿，对车间内部各支线路和用电设备不起补偿作用
	单独补偿法	将单台或数台电容器并联在用电设备端	这种补偿方式多用在补偿异步电动机上，能使无功负载得到较为彻底的补偿。缺点是投资大，利用率低
电路接入方式	并联补偿法	电力电容器与用电设备，如电动机按并联关系安装	并联补偿法最常用
	串联补偿法	电力电容器与输电线路串联，以减少线损	在采用串联补偿法时，有时在电容器旁并接有开关，必要时可将电力电容器短路

输出信号的不同极性，发出加法（投入电容器）或减法（切除电容器）的计数信号，并按一定的时间间隔发出脉冲信号，供给可逆计数器做加法计数或减法计数，按二进制数控方式控制执行部分动作，执行部分则由继电器通过接触器自动将电容器分组逐步投入或切除运行。合理选择每步投入或切除电容器的容量，既能保证具有一定的功率因数整定范围，又能避免补偿时出现过补偿或欠补偿，以达到所需要的恰当补偿。通常工厂的配电室都装有这种功率因数自动补偿控制器，以使企业的功率因数达到较佳的值。

必须指出，目前国内生产的无功功率自动补偿装置皆为三相电容器联动投切方式，它不可能把三相不平衡负载的各相功率因数都补偿到最佳状态，因而对发掘变压器容量潜力的可靠性并无把握，有时甚至可能造成个别相过补偿电流反而增大，所以对三相不平衡负载应选择相控式无功自动补偿装置。

35.7.2.3 电动机节电

对电动机的节电，一方面是要降低电动机本身的损耗，提高电动机的效率，即从电动机本身来节电；另一方面就是要改进电动机的运行状况，使其运行得更加合理、高效，从而达到节电的目的。

1. 改善电动机的功率因数

异步电动机运行时，必须从电网吸收无功励磁功率，从而将使电网的功率因数降低。它是电网无功功率的主要来源，因此改善电动机的功率因数具有重大意义。通过改善电动机的功率因数，使它从电网吸收无功功率降低，从而提高电网的功率因数。提高电网的功率因数，不仅可降低线路和变压器的损耗，而且还可提高用电设备的利用率。

提高异步电动机的功率因数，可采用电力电容器个别补偿的方法来实现。个别补偿即是将单只或数只电容器并联在电动机的接线端，使功率因数提高到0.95～1之间为佳。补偿电容量 应根据电动机的空载电流或负载工作电流来计算。

2. 异步电动机降压节电

在配套选用电动机时，其容量往往大于实际需要的容量，因此在某些加工设备中普遍存在着负载不足的情况。对于经常在轻负载下运行的△形接法电动机，适当降低电动机运行电压可以明显节约电能。因为电动机的效率随负载减小而减小，所以电动机在轻载运行是不合理的。如果在轻载时把电压降低，则电动机的空载电流降低，损失减小，达到节电目的。

降压的最简单的办法就是采用Y/△切换。当电动机处于满载时仍按电动机原来的△形接法工作，在电动机轻载时由△接法切换成Y接法，则电动机每相绕组上的电压从380V降到220V，即电压降低到原来的$1/\sqrt{3}$。此时电动机的功率减小到原来的1/3。所以，对于经常在1/3负载下运行的△接电动机，适合推广Y/△自动转换器，一般可节电17%左右。

但是，使用中值得注意的是，Y/△转换方法简单，效果较好。但只有在电动机负载率小于三分之一额定值时，将△接法改Y接法才有节电效果。当负载增大时，必须切换回△接法。如果不注意这一点，仍用Y接法，不但不节能，反而会增大损耗，而且还可能烧坏电动机，这必须引起注意。

3. 减少电动机空载运行

电动机是无功负荷的主要设备，根据电力系统的统计，电动机耗用的无功负荷占整个电力系统无功负荷的60%。而经测定，电动机空载时的无功负荷又占电动机额定负荷的60%～80%。因此，必须千方百计地限制和减少电动机的空载运行。

减少电动机空载运行的节电效果是显著的。一般中、小型电动机的铁损几乎占全部损耗的30%。以一台15kW电动机为例，其铁损为0.85kW，假如每天累计空载运行1h，全年以300天计算，耗电可达255kW·h。当电动机功率越大，台数越多，则由铁损引起的损耗是不可忽视的。所以，应尽量减少电动机的空载运行。

减少电动机空载运行的方法最常见的有两种：一种是顺序控制。对于断续负载，电动机如果在空载时还连续运行，则可采用顺序控制，使电动机在空载时停止运转，或直接使用空载自停装置。另一种是运行台数控制。为了同一目的使用数台生产机械时，如果按照负载容量控制运行台数，可以缩短空转时间，获得节电效果。

4. 用小容量的电动机代替轻载负荷的大电动机

该措施可使功率因数提高20%～25%，并能充分利用电动机的容量，提高设备利用率。大部分机械设备在电动机选型时，都留有较大的保险系数。有时还会放大一级选容，造成电动机容量过大，欠载运行严重。如果采用小容量电动机能满足负载要求的话，既可节约用电，又可提高功率因数。

5. 合理选择电动机的容量、型号和规格

在电动机容量相同的情况下，转速高的电动机，功率因数也高；开启式、防护式的电动机比封闭式电动机的功率因数高；电动机容量、转速基本相同时，鼠笼式电动机比绕线式转子电动机的功率因数高4%～5%。因此，只要负载允许应尽可能选用较高功率因数的电动机。

对某些设备可以采用同步电动机，以提高功率因数。虽然一次性投资较多，维护较复杂，但与用补偿同样容量无功的电力电容器相比，经济上是合适的。维护问题随着可控硅技术的普及和电子技术水平的提高已不成问题，因此值得推广。

6. 加强电动机的日常维护和管理

即使采用高效率的电动机，但如果不加强电动机的日常维护和管理，也还是不能达到使其高效运行。电动机的旋转部分较多，如果不搞好检查和维护，会加大损耗且还可能会发生故障。所以进行日常必要的维护保养是必需的。此外，除进行日常检查、加油和清洁工作外，还应注意定期进行详细检查和大修，以便使电动机能高效运行。

35.7.2.4 风机与泵类机械的节电

据1995年普查，风机与泵类机械耗电总量约为3200亿kW·h，约占当年全国电力消耗总量的1/3强。而且据统计，风机与泵类机械配套使用的电动机容量约占全国生产用电动机总容量的一半左右。然而我国风机、泵的效率平均仅为75%（比国外低10%左右），实际运行效率更低，仅为30%～40%，比发达国家低15%～20%。所以若能对其进行技术改造和实行节电措施，那么就可以节约大量的电能。如采用先进的调速节电技术进行系统改造，节电率普遍可提高20%～30%，按25%计算，一年就可节电800亿kW·h。

淘汰低效、费能风机泵类产品，推广高效、节能风机泵类产品（如高效节能风机、水泵），是重要的节能措施之一。但值得注意的是，工业中应用较广泛的风机、泵类机械与电动机的关系是密不可分的，对风机、泵类机械的节电当然将牵涉到电动机，但是它们又具有自身的特点，所以对其进行节电措施又具有独特性。

对于风机、泵类机械的耗能有一个最突出的特点是与机组的转速有关。风机、泵的流量Q、压力H，需要的轴功率P和转速N之间有以下的关系：流量（风量、输出量）$Q \propto N$；压力（扬程、压头）$H \propto N^2$；轴功率$P \propto Q \cdot H$，所以$P \propto N^3$。说明风机、泵类机械的耗能是和转速的三次方成正比的。因此，如果用阀门、挡板等设备控制流量，在流量控制较低时，就会产生较大的阻尼损耗，造成电能的浪费。而且流量越低，损耗越大。但是，如果采用转速控制流量，则可大为减小这种损耗。亦即通过对电动机的速度控制，在低流量时，速度相应成比例地降低，而电动机的输出功率从理论上则与转速的三次方成正比地减小，从而实现大幅度的节电效果。这对减少白白浪费的阻尼损耗是十分有利的。

实现调速节电的方案很多。常用的调速节电方案及其特点见表35-44。

交流调速传动装置按其效率高低，可以分为低效和高效两类，如上述的转子串电阻控制、液力偶合器控制、电磁滑差离合器控制都属于低效控制方式；而变极数控制、变频变压控制、串级控制等都属于高效控制方式。其中变频调速效率高，可以说是最为理想的，例如对三相鼠笼式电动机，或同步电动机，采用晶闸管无源逆变技术（即将直流电转换成交流电后，直接对负载供电的一种再生技术）变压变频，

表 35-44 常用的调速节电方案及其特点

调速节电方案	调速原理	特 点
改变极数调速	交流电动机的旋转磁场的转速$n=60f/p$，式中f为电流频率，p为极对数。所以，改变极对数p就可以改变电动机的转速。它需要可变接线的多绕组或单绕组抽头的特殊电动机，通过改变电动机定子绕组的接法，获得几档不同的速度	其为有级调速。这种调速的控制设备简单，仅需要开关电器，维护方便，对于不要求连续但需频繁调节流量的风机、泵类设备是比较合适的。目前国内已有这类电动机的成型产品
用滑差离合器调速	用滑差离合器实现调速的电动机，常被称为"电磁调速异步电动机"。它是通过改变通入电磁离合器的励磁电流来改变离合器的输出转速	其为无级调速。国内亦有电磁调速异步电动机的成型产品，用这种电动机和风机泵类机械配套，可以获得相当好的节电效果
异步电动机变频调速	它是通过电流型、电压型、脉宽调制型变频器，连续改变频率以改变电动机的转速	从节能的角度来看，对交流电动机进行变频调速可以说是最为理想的。因为在变频的情况下，电动机的旋转磁场的转速随着频率而变化，电动机的转速也随之变化，而转差率始终保持在较小数值，因此不存在转差功率的消耗问题。所以它的效率是较高的
转子串接电阻调速	转子串接电阻就是改变转子电阻，从而改变电动机的机械特性，实现转速调节	转子串接电阻调速仅用于线绕型电动机。其调速范围较宽，一般为有级调速用线绕型异步电动机转子串接电阻的方法，对风机泵类机械进行调速，节能效果较好，但由于转差功率主要消耗在电阻上，所以主要用于大功率机组
异步电动机串级调速系统	它是将转差频率的转子能量利用可控硅逆变器逆变成交流电，经逆变变压器回送到电网。逆变能量的大小可以控制可控硅的开放角，从而控制转速的大小	线绕型异步电动机转子串接电阻调速方法简单，节电效果也较好，但串联的转子电阻消耗能量，对大功率机组，这部分能量浪费，仍十分可观。可以把这部分能量回收利用，使其变成交流电能回送到电网，这就是所谓的异步电动机串级调速系统。这种调速节电率普遍达 20%～30%

实现无触点无级调速，这是目前交流调速效率最高的一种，总效率可达85%～90%，节电率达10%～20%。异步电动机串级调速系统的节电效果也是很好的，例如西安电力整流器厂生产的RGJF系列晶闸管串级调速装置，可供100～500kW线绕式电动机调速用，调速范围2:1为宜，其设备投资可在1～1.5年间收回。

从取得最大节电效果的观点出发，当然应选用高效控制装置，但在实际选用时还应考虑实际因素，寻求最优方案。例如，有些企业考虑到调速精度和范围不要求太高、很宽，且希望传动系统简单，操作运行可靠，更希望对原设备不作过大的变动，则常常采用电磁调速电动机作为风机泵类机械的调速节电传动系统。

35.7.2.5 照明节电

电气照明是一门综合性的技术，它不仅要应用光学技术和电学技术，而且还涉及到建筑学和生理学等方面。电光源和灯具是电气照明的重要组成部分。照明技术的发展趋向是：电光源方面，要求提高光效、延长寿命、改善光色、增加品种和减少附件；在灯具方面，要求提高效率、配光合理，并满足不同环境和各种光源的配套需要，同时采用新材料、新工艺，逐步实现灯具系列化、组装化、轻型化和标准化。概括地说，就是要求提高照明质量，节约用电，减少购置和维护费用。

我国现在主要的几种照明光源有：白炽灯、卤钨灯、荧光灯、荧光高压汞灯、金属卤化物灯、高压钠灯和低压钠灯。其性能参见表 35-45。

对于光源的选择主要是应考虑到场所，以及对光色、照度的要求，再加以选择。从节能的角度来说，则应选择高效率的光源。新建建筑的照明设施应尽量不用效率低的白炽灯和管形卤钨灯；对现有照明实施，应逐步用气体放电灯替换普通的白炽灯和管形卤钨灯，用发光效率高的气体放电灯替换发光效率低的气体放电灯。

目前普遍作为照明光源的仍是白炽灯、荧光灯、汞灯和高压钠灯。各种金属卤化物灯中，日光色的镝灯是一种具有高光效，显色性能好的新型气体放电灯。它利用加入放电管中的碘化镝、碘化汞等物质，发出其特有的光谱，从而使灯的发光效率大为提高，可达80Lm/W。它的光色十分接近于日光，所以常称为日光色镝灯。由于其节电效果较好，深受用户欢迎，是一种很有发展前途的照明光源。

对照明节电，一方面可通过改进照明技术，提高照明效

表 35-45 常见灯种性能表

性 能	灯 种					
	白炽灯	卤钨灯	荧光灯	汞 灯	钠 灯	镝 灯
发光效率(Lm/W)	7～15	20	30～40	40～50	100	80
寿命（h）	1000	1000	3000	5000	1000	1500
显色指数	95～98	95～98	50	30～35	20～25	90

注：① Lm是光通量的单位"流明"。光源在单位时间内，向周围空间辐射并引起视觉的能量，称为光通量

② 显色指数是光源反映物体本来颜色的能力，太阳光的显色指数为100

率；另一方面就是采用电子技术进行照明节电。常见的节电措施及节电效果见表 35-46。

35.7.2.6 电焊机节电

1. 各种电焊机电耗比较

影响电焊机电耗的主要因素有：焊接设备的效率、空载损耗、电焊功率，以及焊条熔化系数等。熔化系数是指在单位时间内金属的熔化量。它与焊接电流、焊条伸出长度、电弧电压、焊接速度、工件热容量及散热条件等因素有关。

若以直流发电机手工焊接耗电为100% 计，则硅整流手工焊接为76.5%，交流手工焊为53%，自动埋弧焊为45.5%，二氧化碳焊接为31%。可见二氧化碳焊的能耗最低，应大力推广。交流焊接和二氧化碳焊接适用于占我国钢产量80%的结构钢的焊接，可大量取代直流焊接。目前我国直流焊接仍占38%，交流焊接只占42%，二氧化碳焊接只占1%。所以，应积极推广二氧化碳焊接。

2. 电焊机节电措施

电焊机也是一种感抗性负载设备，对它的节电方法常见的有：加装电力电容器改善功率因数；对老式接触焊机采用晶闸管电子技术；减小或消除电焊机空载等方法都可达到节电的目的。各种节电措施及节电效果见表 35-47。

表 35-46 照明节电措施及节电效果

照明节电方法		采取的措施及节电效果
改进照明技术	采用效率更高的光源	工业厂房采用85W、125W大功率荧光灯比白炽灯效率高80%，可节电50%；室外对光色要求不高的场所，可采用100W、250W、400W、1kW 的钠灯比高压汞灯光效高 50%，可节电 25%；生产区、办公室采用 3W、8W、20W、40W 荧光灯代替白炽灯，可节电 50% 左右。荷兰菲利浦公司销售的一种新型节能灯，功率为 18W，但其发光效率效果相当于 75W，寿命比普通灯泡长 5 倍，灯光的颜色和白炽灯相似。若全国 5000 万乡镇家庭中，每家用一个这样的新型灯泡，一年就可节电约 36 亿 kW·h
	重新布置合理的照明点	采用非均匀照明亮度，可节电 10%～40%；改变按每个设备为独立单元布置灯具，而按照设备群联合布置灯具，可节电 50%；严格控制照度，非生产区、走廊处的特大灯泡换成小灯泡，可节电 80%；增设必要的分开关，便于按需要开闭照明
采用电子技术进行照明节电	电子镇流器	将扼流线圈式、漏磁变压器式的镇流器（损耗约为灯输入功率的9%）改为电子式（或称半导体式）镇流器，可减少损耗 15%～20%。我国目前采用的是由直流变换电路和滤波器组成的简易电子镇流器，造价较低，比普通荧光灯用的镇流器可节电 20%～30%。如再加装一只开关，切换配用电容的容量，还可获得调光效果
	调光器	根据不同需要适当调整照度，不但可节电，还可大大延长灯泡的使用寿命。调光器可采用晶闸管作为调整元件，通过调整晶闸管的导通角达到调压、调光的目的。从家庭的台灯、壁灯到企业用的大型灯具；从白炽灯到荧光灯，只要设备的功率能满足负荷的要求，都可进行适当的亮度调整
	照明自动控制器	夜间照明主要存在两个问题。一个是夜间电网电压偏高，有时会超过额定值的 10%～15%。这不但浪费了电力，而且还会缩短灯具的使用寿命；另一个问题是照明关闭不及时，有时天亮灯还亮着，造成额外的浪费。对第一个问题，有条件的单位可以采用晶闸管限压器或稳压器来解决；第二个问题，则可以通过采用自动照明控制器来解决。亦可以将二者做成一个控制器统一解决。使用这种控制器一般可节电 20%，一年即可收回投资费用
	提高灯的功率因数	大多数工矿企业均采用荧光灯、高压汞灯和钠灯进行照明，这些灯自然功率因数均较低。为提高其功率因数，减小无功功率，应对其加装电力电容器。许多单位采用集中或分组补偿，而最理想的还是单灯分别安装电容器。高压汞灯、钠灯的补偿容量较大，效果尤为显著

表 35-47 电焊机节电措施及节电效果

电焊机节电方法	采取的措施及节电效果
加装电容器改善电焊机功率因数	电焊机的功率因数是较低的，一般在0.5左右，同提高电动机功率因数可加装电容器一样，亦可对电焊机加装电容器，以改善电焊机的功率因数。加装电容器后，使其功率因数由0.5提高到0.95，可节电29%～75%，节电效果明显。例如，BX1 − 300 型电焊机就带 7 档 40μF 电容器，共 280μF，以供其选择补偿电容器的容量
使用空载自动断电装置	通常交流电焊机在使用过程中，空载时间约占总运行时间的 50% 以上。以一台 10kVA 的交流电焊机为例，其空载损耗功率约为 1kW，而且空载时的功率因数仅为 0.4 左右。消除或缩短电焊机空载运行，节电率一般可达到 15%～20% 。在一般场所，电焊机在不焊接时，操作者可切断电源，以限制空载损耗。当在高空作业时，操作者不能方便地切断电源以限制电焊机的空载损耗，可以用空载自动断电装置，使电焊机在空载时自动断电，可节约电能。例如带有空载自动断电装置的 BX1-330 型 28kW 交流电焊机，按一年 300 天，每天 8h，利用率为 40% 计算，一年则可节电近 1000kW·h
对老式电焊机进行技术改造	用晶闸管或硅整流管接在交流电焊机的二侧就可变成直流弧焊机，以此代替直流旋转式弧焊机，效率可提高 30%。无铁芯晶闸管电焊机不仅可省掉普通电焊机的大变压器，而且效率还可以提高到 44%，功率因数可达到 1.0。所以，该技术有明显的节电效果，在允许的条件下，应大力加以推广

参考文献

[1] 陈学俊等. 能源工程概论. 北京：机械工业出版社，1985
[2] 孙恩召. 企业节约能源技术. 北京：国防工业出版社，1984
[3] 国家计划委员会《企业热平衡》组. 节能技术. 北京：机械工业出版社，1984
[4] 姚锡棠等. 工业企业能源的利用与节约. 北京：北京出版社，1988
[5] 同济大学等. 锅炉与锅炉房设备(第二版). 北京：中国建筑工业出版社，1990
[6] 陈秉林等. 供热、锅炉房及其环保设计技术措施. 北京：中国建筑工业出版社，1989
[7] 程祖虞. 蒸汽蓄热器的应用与设计. 北京：机械工业出版社，1986
[8] 吴相淦等. 农村能源. 北京：中国农业出版社，1988
[9] 葛永乐. 实用节能技术. 上海：上海科学技术出版社，1993
[10] 荣秀惠等. 实用供暖工程设计. 北京：中国建筑工业出版社，1987
[11] 孙军. 热工理论基础. 北京：中国林业出版社，1995
[12] 孙军. 砂光粉运动轨迹的初步研究. 南京林业大学学报，1997(3)
[13] ZB B 60003-89 胶合板生产综合能耗. 北京：中国林业出版社，1989
[14] ZB B 60002-88 湿法硬质纤维板生产综合能耗. 北京：中国林业出版社，1989
[15] 林业部节能技术服务中心等. 林产工业设计节能技术规定. 北京：中华人民共和国林业部，1996

[16] 冯正中等. 密闭式高温蒸汽凝结水回收技术与装置系列化研究. 农村能源, 1997(2)
[17] 马隆龙等. 密闭式蒸汽冷凝水回收技术及其应用. 中国能源, 1995(9)
[18] 杨延洲. 高效节能的高温冷凝水回收技术. 中国能源, 1994(6)
[19] 冯正中等. 蒸汽梯级利用和密闭式高温蒸汽凝结水回收系统. 节能, 1994(9)
[20] 张荣其. 导热油加热二次循环系统浅析. 木材加工机械, 1997(2)
[21] 俞建洪等. 导热油锅炉及其设计运行中的若干问题. 福建能源开发与节约, 1996(12)
[22] 刘诚等. 有机载热体加热炉在刨花板热压机中的应用. 林业节能, 1995(3)
[23] 顾炼百等. 利用砂光木粉的燃气干燥纤维. 林产工业, 1990(2)
[24] 吴创之. 木材废料气化利用. 林产工业, 1993(1)
[25] 陈图瑛. 循环硫化床气化新技术的应用. 木材工业, 1996(5)
[26] 宋辉等. DZL4-0.7-M(A Ⅱ)燃木屑(煤)锅炉的研制. 工业锅炉, 1998(4)
[27] 张大雷等. 林产加工废弃物的综合利用技术. 林产工业, 1998(6)
[28] 牛庆年等. 相控无功自动补偿是降耗节能的有效措施. 节能, 1999(3)
[29] 胡景生. 电网改造节电技术综述. 节能, 1999(4)
[30] 夏纯玉. 提高自然功率因素的重要措施. 节能, 1985(10)
[31] 王云林. 风机水泵设备的节电措施. 节能, 1985(10)
[32] GB50034-92 工业企业照明设计标准. 1993
[33] 日本照明学会. 照明手册. 北京: 中国建筑工业出版社, 1985

36 木材工业环境保护

Environment Protection in Wood Industry

木材工业环境保护是研究木材工业污染的特征，处理方法、工艺流程，净化效果等技术学科。本章介绍了木材工业水污染及其治理技术、木材工业噪声控制、人造板甲醛散发、木材工业空气污染及其治理技术等。

36.1 木材工业水污染治理

木材工业中，由于原料、生产过程和产品的不同，会产生不同性质和成分的工业废水。某些废水仅需简单处理，即可循环使用，或直接排入水体；而另一些工艺废水，污染程度严重，必须对其进行严格处理后，才能使用或排放。

本节仅就工业废水治理的有关基本技术以及木材工业中常见工业废水污染和控制（治理）技术作简单论述。

36.1.1 工业废水处理技术概述

36.1.1.1 工业废水来源及分类

不同工业部门，由于原料、产品不同，相应产生不同工业废水，即使同类工业部门，也会因加工流程和工艺条件不同，产生性质和成分不同的工业废水。根据水中所含成分不同，又可分为下列四类：

第一类：主要含无机物的废水，来自钢铁厂和建筑材料厂等。

第二类：主要含有机物的废水，来自食品工业、纤维板工业和制胶、塑料等相关工厂。

第三类：同时含有大量有机物和无机物的废水，来自制药、氮肥等工厂。

第四类：含有放射性物质的废水，主要来自有关工业和使用部门。

36.1.1.2 废水对水体的污染及其危害

含有各种污染物的工业废水排入水体后，不但使水中原有物质的组成发生变化，而且污染物还参与了能量和物质的转化及循环过程。当水中污染超过允许浓度时，就破坏了水体，甚至危及原有的生态系统。

水体遭到污染，对人类健康、工农业生产和鱼类生存及自然环境都能造成危害，危害的程度取决于废水中污染物的浓度、特性等多种因素。常见的主要几种污染物有：固体悬浮物、油类、酸或碱、酚或氰化合物、重金属（汞、镉、铬、铅、砷、铜……）、有机物、营养物质以及热污染等等。

36.1.1.3 废水处理的主要原则

废水处理应符合我国制定的环境保护法规和方针政策。在废水处理的规划设计中，必须把生产工艺和环境保护联系起来考虑。其主要原则为：

(1) 改革生产工艺，抓源治本：废水是生产工艺过程中的产物，改革生产工艺过程，尽可能做到不排放或少排放废水，降低污染物浓度，从根本上消除或减轻废水的危害。例如纤维板干法生产替代传统湿法生产的方法。

(2) 提高水的循环利用率：进行废水处理时，必须考虑废水循环利用或重复使用，提高水的循环利用率，尽量减少废水的排放。

(3) 回收利用综合治理：工业废水中的污染物，都是在生产过程中进入水中的原材料、辅料等物质，排放这些废水，就会污染环境，造成危害。但若加以回收，便可变废为宝，化害为利，综合治理，就可节省水处理费用。比如制胶废水中，回收化学药品，重新用于胶料制备。

36.1.2 废水处理的基本方法

36.1.2.1 废水处理程度

通常把废水处理按其处理程度划分为：一级处理、二级处理和三级处理三种。

一级处理：主要为预处理，用机械方法或简单化学方法，使废水中的悬浮物或胶体物质分离出来，或初步酸碱中和。

二级处理：又称生物处理，用来降低废水中的溶解性有机污染物。一般能去除90%左右可被生物降解的有机物，可大大改善水质。

三级处理：又称深度处理。采用物理化学法处理经过二级处理后的废水。三级处理可以除去可溶性无机物、除去不能被微生物分解的有机物、除去各种病毒、病菌以及其他物质，最后达到水质标准。

36.1.2.2 基本方法与原理

工业废水处理的基本方法一般分为：物理法、化学法、物理化学法及生物法四大类。

1. **物理法**

又称机械处理法。优点是简单、经济。主要是分离废水中的悬浮物质。一方面回收废水中有用物质，另一方面可以使废水得到净化。常用的方法有：重力分离法，是使废水中的悬浮物在重力作用下与水分离；离心分离法，是使废水中的悬浮物或乳化油在离心力作用下与水分离的方法；过滤法，是使废水通过带孔的过滤介质，大于孔眼尺寸的悬浮颗粒被截留。常用的过滤介质有格栅、筛网、石英砂、微孔管等材料。由于材料不同，过滤效果也就大不一样；反渗透法，用在废水处理的主要目的是浓缩回收有用物质，减轻污染，同时使处理后的废水重复利用。

2. **化学法**

主要是分离废水中的胶体物质和溶解性物质，达到回收有用成分、降低废水中的酸碱度等目的。常用的化学方法有：混凝法，它是在废水中投加电解质作混凝剂，混凝剂水解后在废水中形成胶团，使废水中原有胶体物质失去稳定而凝聚成絮状绒粒，分散的固体颗粒被絮绒吸附，形成较大絮状颗粒一起沉降。常用的混凝剂有硫酸铝、硫酸亚铁、三氯化铁、石灰、硫酸、聚合氯化铝、聚丙烯酰胺等。应根据废水性质、当地材料来源，经济效果等条件进行选用。另外还有中和法和氧化还原法。

3. **物理化学处理法**

主要是分离废水中的溶解性物质，回收有用成分，使废水得到深度处理。现用得较广的为气浮法：就是在废水中通入空气，有时也加入混凝剂，使废水中粒径为0.5～25μm的细小固体粘附在空气泡上，随气泡一起上浮到水面，使污染物以浮渣形式排除，同时净化了废水。一般气浮设备有加压气浮、曝气气浮、真空气浮等。

4. **生物法**

是利用微生物的作用处理废水的方法。主要是用来除去废水中的胶体和溶解性的有机物质。生物法处理废水的基本原理是利用微生物的活动，将复杂的有机物分解成简单物质。生物处理根据微生物对氧气要求不同可分为好氧处理和厌氧处理两大类。

以上各种处理与利用的方法，都有它的特点和适用条件，有时也往往需要配合使用。对于某一种废水来说，究竟采用何种方式或几种方法联合使用，必须根据废水的水质和水量、回收的经济价值、排放标准、处理方法的特点等，通过调查、分析、比较后决定，必要时要进行试验研究。调查研究和科学试验是确定处理方法的重要途径。

36.1.3 工业废水水质指标、水质污染的控制标准

36.1.3.1 工业废水的水质指标

评定某一水质的好坏，判定污染物含量、判定污水的排放标准，必须选用一些标准、规范的指标，确实能较准确反映水质的本质。表征废水污染程度的水质指标，可以概括为物理指标、化学指标、生物指标和生理指标几种。

1. **物理指标**

主要有浊度、色度、温度、总固形物、悬浮物、溶解物、电导率、放射性等。

总固形物，是水样在一定温度下蒸干后所残余的固体物质总量。

悬浮物（SS），是把水样过滤，截留物蒸干后的残余固体量。是反映水中固体含量的一个常用水质指标。

2. **化学指标**

主 要有pH、生化需氧量、化学需氧量、溶解氧、总有机物、有机氮、有机毒物（酚、多环芳烃、有机汞等）、无机毒物（氰、硫化氢、铬、砷等）。下面重点对某些指标说明一下：

生物需氧量（BOD），表示生物氧化水中的有机物所需要的氧气量，单位以mg/l表示。通常以20℃培养5d后水中消耗溶解氧的mg数来表示，亦称五日生化需氧量（BOD_5）。BOD是反映水中有机物含量的主要指标之一。生化需氧量越高，表示水中有机物越多，污染就越严重。

化学耗氧量（COD），表示用重铬酸钾作氧化剂氧化水中有机物所需要的氧量，单位mg/l表示。由于CODcr反映的需氧量接近于水中有机物的总量，所以一般用于表示有机物含量高的工业废水。

酚是芳香烃苯环上的氢原子被羟基（－OH）取代而成的化合物，按照能否与水蒸汽一起挥发，而分为挥发酚与不挥发酚。酚的含量是目前最常用的水质毒物指标之一。

3. **生物指标**

主要有大肠菌数、细菌总数、病毒等。如细菌总数，指

1ml 水中所含各种细菌的总数。

4. **生理指标**

主要指嗅、味、外观、透明度等。

36.1.3.2 水质污染的控制标准

为贯彻执行中华人民共和国《环境保护法》和《水污染防治法》，控制水污染，保护水资源，分别制定有国家标准《地面水环境质量标准》（GB3838-1988）和国家标准《污水综合排放标准》（GB8978-1988），见表 36-1、表 36-2。

GB8978-1988 标准将排放的污染物按其性质分为二类。

第一类污染物，指能在环境或动植物体内蓄积，对人体健康产生长远不良影响者，含有此类有毒污染物质的污水，

表 36-1 第一类污染物最高允许排放浓度

序号	污 染 物	最高允许排放浓度（mg/l）
1	总汞	0.05
2	烷基汞	不得检出
3	总镉	0.1
4	总铬	1.5
5	六价铬	0.5
6	总砷	0.5
7	总铅	1.0
8	总镍	1.0
9	苯并（a）芘	0.00003

表 36-2 第二类污染物最高允许排放浓度

标准值 污染物	标准分级 规模	一级标准		二级标准		三级
		新扩改	现有	新扩改	现有	标准
1	pH 值	6～9	6～9	6～9	6～9	6～9
2	色度	50	80	80	100	－
3	悬浮物	70	100	200	250	400
4	生物需要氧量（BOD_5）	30	60	60	80	300
5	化学需氧量（COD_{cr}）	100	150	150	200	300
6	石油类	10	15	10	20	30
7	动植物油	20	30	20	40	100
8	挥发酚	0.5	1.0	0.5	1.0	200
9	氰化物	0.5	0.5	0.5	0.5	1.0
10	硫化物	1.0	1.0	1.0	2.0	2.0
11	氨氮	15	25	25	40	－
12	氟化物	10	15	10	15	20
	－	－	20	30	－	
13	磷酸盐	0.5	1.0	1.0	2.0	－
14	甲醛	1.0	2.0	2.0	3.0	－
15	苯胺类	1.0	2.0	2.0	3.0	5.0
16	硝基苯类	2.0	3.0	3.0	5.0	5.0
17	阴离子合成洗涤剂（LAS）	5.0	10	10	15	20
18	铜	0.5	0.5	1.0	1.0	2.0
19	锌	2.0	2.0	4.0	5.0	5.0
20	锰	2.0	5.0	2.0	5.0	5.0

表 36-3 水质指标检测方法

序 号	项 目	测定方法	方法标准编号
1	苯并（a）芘	纸层析－荧光分光光度计	GB 5750 － 1985
2	pH 值	玻璃电极法	GB6920 － 1986
3	色 度	稀释倍数法	
4	悬 浮 物	滤纸法	
		石棉坩埚法	
5	生物需氧量（BOD_5）	稀释与接种法	GB 7488 － 1987
6	化学需氧量（COD_{cr}）	重铬酸钾法	
7	石 油 类	重量法	
		非分散红外法	
8	动植物油	重量法	
9	挥 发 酚	蒸馏后用 4 －氨基安替比林分光光度法	GB 7490 － 1987
		蒸馏后用溴化容量法	GB 7491 － 1987
10	氰 化 物	异烟酸－吡唑啉酮比色法	GB 7487 － 1987
		碘量法（高浓度）	
11	硫 化 物	对氨基二甲基苯芪比色法（低浓度）	
12	氨氮（NH_3 － N）	蒸馏－中和滴定法	GB 7478 － 1987
		纳氏试剂比色法	GB 7479 － 1987
		水杨酸分光光度法	GB 7481 － 1987
13	氟 化 物	氟试剂分光光度法	GB 7483 － 1987
		离子选择电极法	GB 7484 － 1987
		茜素磺酸锆目视比色法	GB 7482 － 1987

表 36-3（续）

序　号	项　目	测定方法	方法标准编号
14	磷 酸 盐	钼蓝比色法	
15	甲　醛	乙酰丙酮比色法	
16	苯 胺 类	重氮偶合比法或分光光度法	
17	硝基苯类	还原—偶氮比色法或分光光度法	GB 7449 － 1987
18	阴离子合成洗涤剂	亚甲蓝分光光度法	
19	铜	原子吸收分光光度法	GB 7475 － 1987
		二乙基二硫化氨基甲酸钠分光光度法	GB 7474 － 1987
20	锌	原子吸收分光光度法	GB 7475 － 1987
21	锰	原子吸收分光光度法	
		过硫酸铵比色法	
22	有机磷农药		
23	大肠菌群	数发酵法	GB 5750 － 1985
24	样品采集与保存	采样方法	

不分行业和污水排放方式，也不分受纳水体的功能类别，一律在车间或车间处理设施排出口取样，其最高允许排放浓度必须符合表 36-1 的规定。

第二类污染物，指其长远影响小于第一类的污染物质，在排污单位排出口取样，其最高允许排放浓度和部分行业最高允许排水定额必须符合表 36-2 和表 36-3 的规定。

36.1.4 工业废水水质分析及监测技术

工业废水水质分析与监测，是废水处理和利用的一个重要组成部分。对工业废水进行水质分析的目的是，监测废水水质指标，鉴定废水的处理效果，保证水处理设备能够正常工作（GB3838 － 1988 和 GB8978 － 1988 两标准中各参数的检测分析方法按表 36-3 执行）。

36.1.5 湿法纤维板工业水污染及其控制

36.1.5.1 湿法纤维板生产废水的水量与水质

湿法纤维板生产过程是用水作为工作介质的，所以有许多用水点与相应的排水点，见表 36-4。

表 36-4 湿法纤维板生产用水点、排水点与水量情况

序　号	用水点、排水点	用水量 (m^3/t 板)	排水量 (m^3/t 板)
1	热磨机设备用水（冷却密封）	2.0	2.0
2	热磨机木塞废水		0.2～0.4
3	浆料稀释	60.0～65.0	
4	成型冲网	8.0	4.0
5	成型真空泵	2.0	2.0
6	成型废水		60.0～62.0
7	热压机冲缸	2.0	2.0
8	热压板坯挤出水		1.0～1.5
9	化学添加剂用水	0.5	
10	小　计	75.5～79.5	71.2～73.9

从上表可看出，湿法纤维板生产主要废水是热磨机的木塞废水、成型废水和热压废水。木塞废水与木片含水率和进料螺旋转速有关；成型废水水量最大，与浆料上网浓度、排水回用率有关；热压废水去除冲缸水则水量不大，主要决定于板坯含水率以及热压板闭合速度、热压温度等因素。

湿法纤维板生产排出大量高浓有机废水，其污染物质大体有以下几类：细胞碎片；随水流失的细小纤维；木材中的胶体物质；可溶性胶体物；生产过程中施加的各种化学物质如防水剂、增强剂等。在多数情况下，湿法纤维板废水不含剧毒物质，污染环境主要是有机物造成的。废水中的污染物，以溶解态的占 80%（质量比），其中 70%～80% 为各类低分子的糖类物质；悬浮物质及胶体物质占 20%。表 36-5 为湿法纤维板废水水质示例。

工艺废水的组成和污染程度，主要决定于生产原料和工艺条件，表 36-5 是 1983～1984 年对全国 34 个厂家进行调查结果的平均值。

对照前面所列我国对湿法纤维板行业排放标准与生产实际，表明该工业废水污染浓度高，废水量大，因此必须进行控制和治理，绝不能直接排放，造成对水体的污染。

表 36-5 纤维板工业废水水质情况

指　标	单　位	长　网	热 压 机	排 水 口
pH 值	/	4.36	4.60	5.14
SS	mg/l	2129	1347	1007
COD_{cr}	mg/l	2977	6234	3314
BOD_5	mg/l	958	1416	563
游 离 酚	mg/l	10.7	9.1	3.57
游 离 醛	mg/l	9.7	/	3.69

36.1.5.2 湿法纤维板废水治理途径

在湿法纤维板废水治理中同样存在着“在源改变”和“终端处理”两种途径。“在源改变”即内部治理；“终端处理”即外部净化处理。而“内外结合”更有可能完全消除污染。国外对湿法纤维板废水声称做到的“零排放”，在技术上是可行的，而在经济上是否合理值得探讨。

纤维板车间内部治理途径。

1. 减少污染物发生量

减少污染物发生量是防治污染的治本措施。如前所述，污染物发生量取决于原料性质（树种、树皮及枝桠材含量等）以及热磨条件（预热温度和时间）。

对于原料质量尽可能合理选择与搭配。

改进热磨工艺，采用减少污染的“高得率浆法”。显然，热磨过程中浆料得率越高，产生的污染物越少，废水的污染程度越小。例如：当预热的蒸汽压力从1.2MPa降到0.6MPa时，木浆的得率从92%提高到96%，木材的损失减少一半，废水中的BOD_5从79kg/t板下降到37kg/t板。又如：当预热蒸汽的表压为0.98MPa，预热时间2min，此时BOD_5的发生量为65kg/t板；如将预热时间延长到5min以后，BOD_5上升到110kg/t板，增加40.9%。因此，应将预热蒸汽压力控制在0.7MPa和时间在2～3min之内。若蒸汽压力过低，木片未充分软化导致电耗上升，磨浆质量下降。为此，必须全面衡量。

提高得浆率的另一个措施是在制浆时喷入少量的碱液，可以调节pH值，减缓酸性水解的程度。但用量过多将引起新的污染。

2. 提高工艺废水的回用率

对废水必须做到“清浊分流”，将工艺废水与设备用水分开；热压水与长网水分开。因各种废水的水质不同，应分别处理。纤维板工艺废水治理的核心方案是循环使用长网水。但是，长网水长期循环使用引起水中的污染物累积，浓度比敞开用水时提高10倍以上。随之会出现粘网、粘板和产品吸水率上升等工艺故障。轻则使产品降等，重则使生产无法进行。为了排除故障，应对工艺和设备进行改造，使其适应废水回用新工艺。因此，应该在全面核算的基础上选择适当的废水回用率。这是一个值得研究的课题（将在下一节中详述）。

3. 减少设备用水量

设备用水量很大，当自由排放时，高达15kg/t板。在设备用水量中，长网冲洗水数量最大，通常在8～9t左右。采取以下措施可以减少冲网水：①定期清洗长网；②用真空吸去长网上粘附的细纤维；③冲网水循环使用。其次，用白水代替真空泵的循环水和改进压机结构，降低活塞温度，从而取消压机缸芯冷却水。

采取上述有效措施可将设备用水减少到3～4t。

36.1.5.3 湿法纤维板废水封闭循环

1. 循环形式和流程

“封闭系统”的涵义：“封闭系统”的严格定义是全部工艺废水循环使用，整个系统不排出任何废水，达到所谓“零排放”。而生产实践中所采用的“封闭循环”并非指“零排放”。较好的情况只能做到长网水的全部回用，甚至仅大部分长网水回用。为了区别这些具有不同封闭程度的体系，将全部工艺废水（包括长网水和热压水）回用的系统叫“全封闭”；没有达到全部回用的系统叫“局部封闭”。

两种循环形式：根据循环系统中有无净化设施，将其归为两类，如图36-1所示。

未经净化的废水直接循环使用（内循环）这种循环系统中，废水未经任何净化处理，直接回用，可以是全封闭，也可以是局部封闭。全封闭应用较少，多数是回用大部分长网废水。热压水不进入循环系统，以免恶化水质。长网水全封闭系统中，循环水的COD_{cr}，浓度一般在（3～4）×10^4mg/1以上，最高可达10×10^4mg/1。在这种状态下，除采取一系列工艺和设备改造之外，还要求工人有很高的技术素质，以保持系统的稳定平衡和正常运转。

- 未经净化的废水直接循环使用（内循环）
  - 全封闭——长网水热压水全部回用
  - 局部封闭
    - 长网水全部回用，热压水外排
    - 长网水大部回用，其余外排
- 废水经净化后循环使用（内外循环）
  - 长网水（包括预压水）净化
    - 全部回用
    - 大部回用
  - 高浓废水（热压水、挤浆水）净化——大部回用
  - 混合废水净化——大部回用

图36-1 废水循环形式

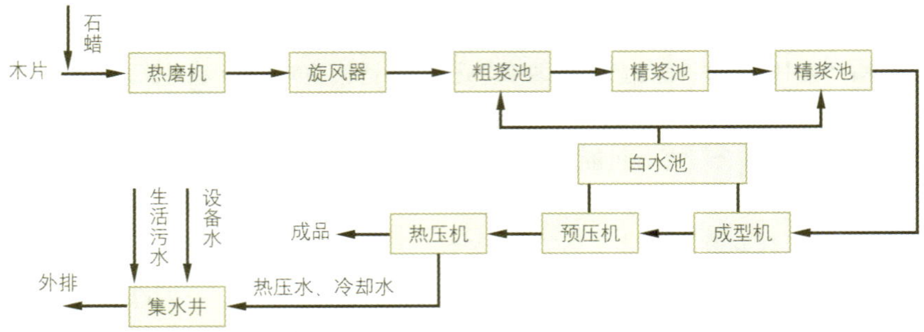

图 36-2 长网水、预压水直接循环

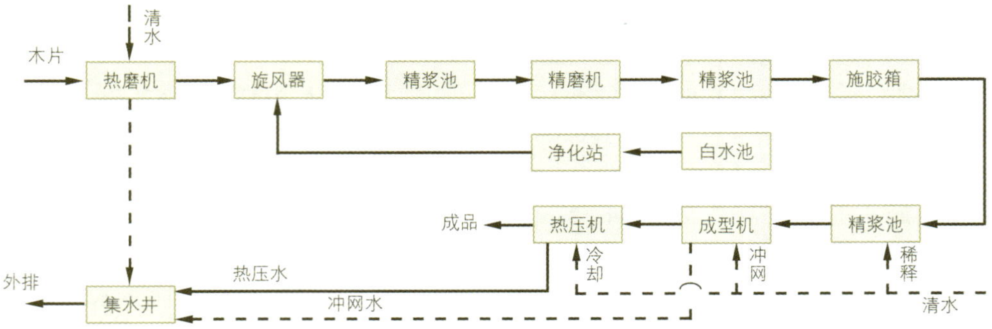

图 36-3 长网水经净化后再循环

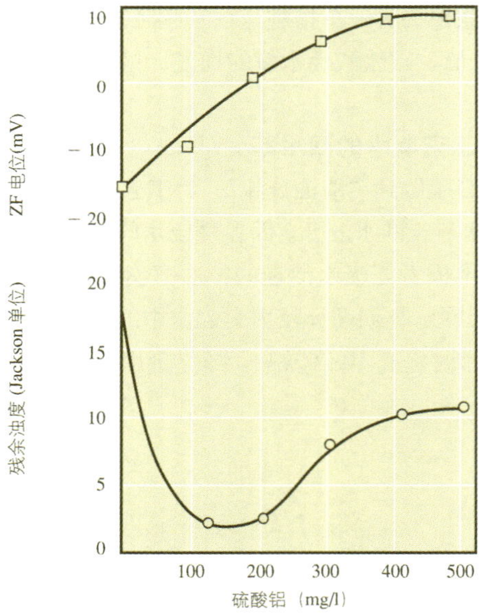

图 36-4 硫酸铝用量与沉淀效果的关系

在直接局部循环系统中，所排出的废水如不采取适当措施净化，而仅靠设备水和生活污水稀释，很难达到排放标准。

2. 废水经净化后循环回用（内外循环）

在这种系统中串联有废水净化站，循环水经过净化后全部或部分回用。在净化过程中消除一部分污染物，以降低循环水的浓度并减少板坯中污染物含量。经净化后的废水可能达不到排放指标，需要排放的那一部分和热压水混合后用设备水冲淡方可排出。

高浓度废水的数量不大，最好与综合利用相结合进行处理。

混合废水净化就是将各种需要排放的废水（包括工艺水、设备水和生活污水）混合后送入净化设施（如好氧处理构筑物、氧化塘），经处理后返回车间使用。

工艺流程举例。

长网水直接循环或长网水和预压水直接循环，见图36-2。

长网水未经净化直接回用，热压水和其他废水混合后排放。如不能达到排放标准，则需另行净化处理。也有增加了预压工序，以减少进入热压机的水量，从而提高回用率和改善板面颜色。由于热压水数量减少，经其他水稀释后有可能达到排放指标。

长网水经净化后再循环见图 36-3。

长网水经净化处理（气浮法或其他方法）后回用大部或全部，根据产品质量适当调节。

硫酸铝用量与沉淀效果的关系见图 36-4。

水量、污染量及热量平衡：在废水封闭循环系统中，保持水量、污染物含量和热量的稳定平衡是维持正常生产的必要条件。水量和污染物含量的变化都会引起废水浓度的变化，导致板坯内污染物含量的增减，从而引起产品质量的改变。系统内热量的变化将影响水温和浆温。浆温升高使效果降低和浆料发酵起泡，从而出现浮浆和成型脱水困难等工艺故障。同时加剧设备的腐蚀，循环水腐败。保持三个参数的平衡就是使进入系统中的量必须等于送出系统的量，达到"收支平衡"。

保持平衡措施：保持水量平衡措施有：①清浊分流；②严格控制用水量；③热磨机出口后增加热空气干燥器，除掉部分水分；④增加长网重力脱水面积，提高脱水量；⑤增加真空脱水；⑥用高压水冲洗长网，改善长网脱水效果；⑦增加预压机脱水；⑧增设白水池，保持稳定供水量；⑨投入一定数量的阳离子高分子絮凝剂，提高脱水速度。

降低板坯内污染物含量的措施有：①原料去皮，可降低废水内木材可溶物40%；②低压热磨，可降低污染物45%～50%；③热磨时投加少量碱液，减少酸性水解的破坏；④热磨前低温软化木片，以利于低压制浆。

降低浆温措施有：①以旋风分离器代替减压稀释器，可将热磨后纤维浆料热量的70%散失掉（主要靠蒸发高温水）；②冷却循环水；③向白水池鼓风，搅拌降温，并能保持水的新鲜。

36.1.5.4 湿法纤维板废水的净化处理

废水净化作为封闭循环的补充措施，净化方法很多，对纤维板废水的净化方法有以下几种：

图 36-5 混凝沉淀工艺流程图

1.混凝

混凝亦称絮凝，是指在液体中加入化学药品，使液体中颗粒不稳定而发生附聚现象。根据所用混凝剂不同，凝聚和混凝过程的作用亦不同。混凝效果与用量有关，对每种液体都有最佳用量，最佳用量应是浊度最小如图 36-4，ZP 电位接近零（示例中用量为 100～200mg/l）。对于纤维板废水以 600～800mg/l 为宜。

湿法纤维板废水中的溶解物或胶体，经混凝处理，由于混凝剂种类不同，絮聚体将会出现沉淀或上浮的不同现象，所以废水混凝处理后，就有两种净制措施。

混凝沉降图 36-5 为某纤维板厂处理流程图。

废水汇集在混合池，池内有鼓风搅拌，加入混凝剂，混合后送入反应池，在反应池内絮凝反应，最后送入沉淀池分离。在混凝剂和助凝剂作用下，SS 去除率 64%～98%，平均为 78%；COD_{cr} 去除率 68%～82%，平均为 71.9%。

混凝气浮：在一定的压力下，将空气溶解在水里，作为工作介质，然后通过浸在水中的释放器，骤然减压释放出

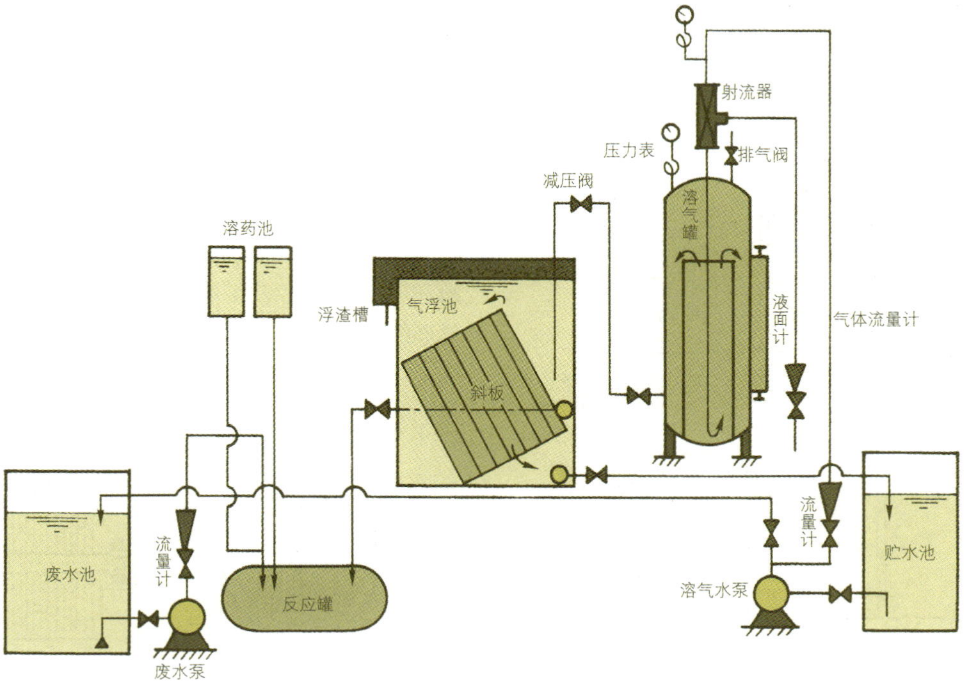

图 36-6 热压废水气浮处理工艺流程示意图

来，使其产生无数的微细气泡，与废水中经过凝聚反应后的杂质颗粒黏附在一起，使其密度小于水，从而浮于水面成为浮渣而被除掉。

图 36-6 为某厂气浮处理流程示意图。

保证好的气浮处理效果，对溶气水的要求有：气泡直径小于500μm，溶气压力大于0.2～0.25MPa，气泡保留时间大于3min，水温小于32℃；溶气水量不少于处理水量的30%，处理效果见表 36-6。

2. 好氧生物处理

好氧生物处理是利用好氧微生物的生命活动过程把废水中的有机物转化为简单无机物形式。好氧微生物又叫需氧微生物，它的活动是一个复杂过程，如图 36-7 所示。

纤维板废水采用需氧微生物处理常用方法有活性污泥法、生物转盘法等。

(1) 活性污泥法：活性污泥是指一群菌胶团属的好氧细菌和原生动物为主体所组成的微生物集团与废水中有机物、无机性悬浮杂质所构成的絮状体。该法是利用活性污泥在有氧的条件下吸附、吸收、氧化分解废水中的有机物，使之成为稳定的无机物。这一方法主要除去溶解性的有机物，一般作为二级处理。曝气池是活性污泥法的核心构筑物，是生物氧化过程的反应器，图 36-8 为混合曝气池装置原理示意图。

表 36-6 混凝气浮与沉淀处理效果比较

指　标	混凝沉淀	混凝气浮
CODcr 去除率，%	>50	>80
SS 去除率，%	~90	>95
酚去除率，%	差	>50
处理时间，h	2～5	0.25～0.35
处理池容积，m^3	800～1000	120～150

图 36-7 需氧生物氧化示意图

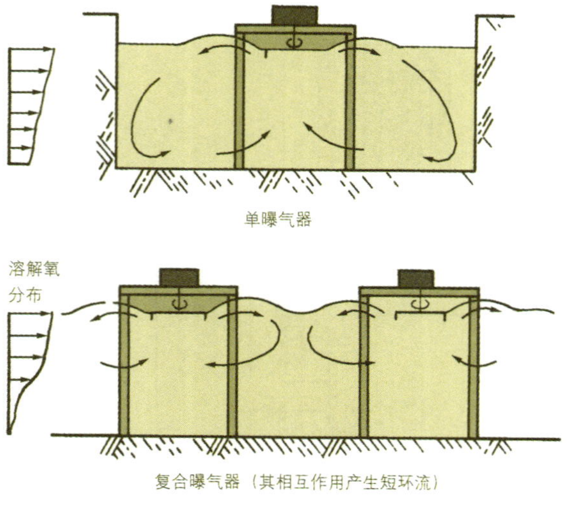

图 36-8 混合型曝气装置示意图

曝气池必须控制好正常工艺参数：供氧量、废水浓度、污泥浓度、营养盐添加量、pH值和水温等。对于纤维板废水，可采用下列参数：水气比 1：89，废水浓度（COD_{cr} 计）<2500mg/L，污泥平均浓度 9.8g/L，污泥回流率约 50%；营养盐投加比按 BOD_5：N：P=100：5：1；pH 值在 6.0～6.5；水温为 20～30℃，按以上处理条件，经 18h 处理：SS 去除率为 81.5%；COD_{cr} 去除率为 83.6%，出水可达排放标准。

此法不足之处是电耗大，管理比较复杂，占地面积大等。

(2) 生物转盘法：是固定生物膜处理中最常见的方法，转盘是由一系列间距 1.5～3cm 转动圆盘组成。圆盘材料可用硬质塑料、玻璃钢、木材等制作。圆盘直径 1～3m，一半浸在废水槽中，一半暴露在大气中，在水平轴的带动下慢速转动（见图 36-9）。在圆盘表面生长一层固定的生物膜。浸在水中时，生物膜吸附废水中的有机物，离开水面后生物膜从空气中吸氧，并进行氧化分解。如此反复循环，使废水中的有机物得到氧化分解。

生物转盘工艺条件为：进水浓度 COD_{cr}，2250mg/L；流量 $1m^3/h$，9>pH>6～6.5；进水量 0．035m^3/m^2·d；水中溶解氧 3～4mg/L；营养物为尿素和磷酸；一般净化效果：COD_{cr} 去除率为 74%～79%，BOD_5 去除率为 85%～90%。此外，若适当投入混凝剂和提高水温都可提高净化效果。

3. 厌氧生物处理

厌氧处理原理是在无氧的条件下，利用厌氧菌将其中有机物转化为甲烷和二氧化碳等稳定物质，使水质得到净化。对大多数基质来说，厌氧过程分为两个阶段，首先借助于产酸菌群转换为挥发性有机酸，而后这些有机酸在甲烷菌的作用下，转换为甲烷和二氧化碳。

厌氧处理的构筑物有接触消化池、厌氧滤池、澄清消化池和厌氧污泥床等。上流式厌氧污泥床反应器在我国已用于处理纤维板废水，其结构原理如图 36-10，高浓废水 pH 调到

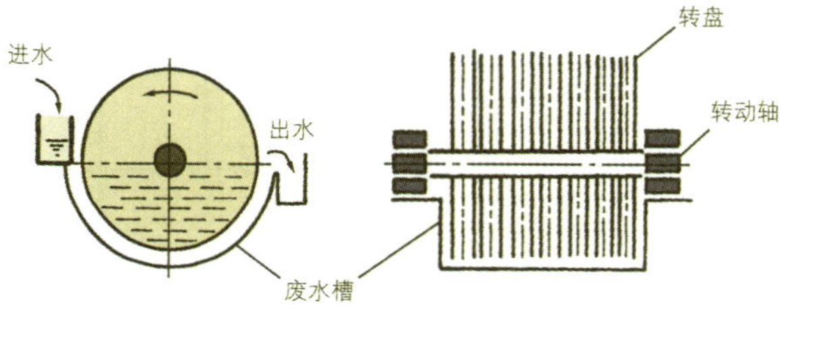

图 36-9 生物转盘工作原理

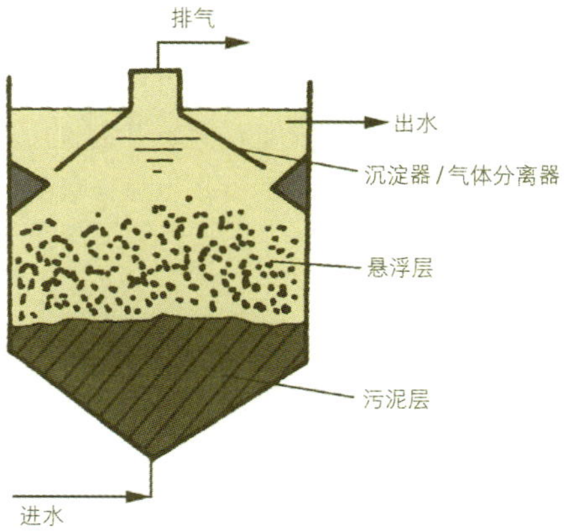

图 36-10 上流式厌氧污泥床反应器

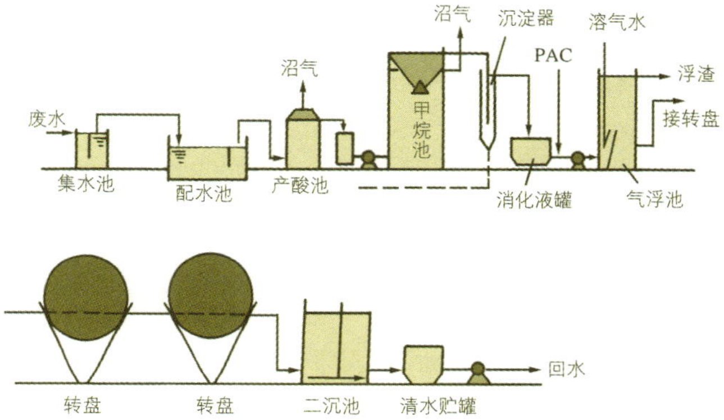

图 36-11 厌氧一气浮一好氧处理流程示意图

中性，并配入营养物（按 BOD_5：N：P=100：2.5：0.5），逐渐加入反应器中，待整个容器充满水，产气正常后方可连续加料，转入正常工作。在正常运转期间，必须控制下述条件：

(1) 温度：甲烷发酵有中温（30～45℃）和高温（50～55℃）两种。

一般中温反应比较容易控制，故常用 38～40℃；

(2) pH 值：正常发酵的 pH 值为 6.8～7.2，此时反应速率最大。

(3) 反应器负荷：以每 m^3 容器内部所容纳的 COD_{cr} 或 BOD_5 物质的数量来衡量。一般 COD_{cr} 平均负荷在 5～7kg/m^3·d 为宜。

(4) 废水的组成及营养平衡：废水中氮的最低含量应为有机碳含量的 2.5%，磷为 0.5%。

(5) 污泥浓度：污泥浓度越高，可以承受的负荷越大。反应中生成活性活泥量，通常是废水的 3%～5%。

厌氧处理产生的气体中 50%～70% 为甲烷，30%～45% 是二氧化碳。甲烷产量与废水中 COD_{cr} 有关。

厌氧处理的优点之一，是适合高浓度废水处理，进水浓度可高达 20000mg/l（以 COD_{cr} 计），但经处理后的出水浓度也很高，因此，一般厌氧与好氧生化处理结合起来加以应用（图 36-11）。最后出水浓度 BOD_5 降至 30～50mg/l，COD_{cr}350～600mg/l。

通过图 36-11 流程的处理效果见表 36-7。

当进水 COD_{cr}，为 30000mg/l 时，每 m^3 废水产气量为 6～8m^3，甲烷池甲烷含量为 63% 左右。

36.1.6 胶合板工业水污染及其控制

胶合板工业中的水污染，已越来越为人们所重视。胶合板生产的主要水污染有：木段水力剥皮、木材的水热处理、单板干燥机冲洗，以及调胶及涂胶设备的冲洗等。自 20 世纪 80 年代以来，国内外特别是国外胶合板工业采取了一系列控制污染措施，达到各国排放要求。表 36-8 为美国胶合板工业主要工序废水水质和排放量（按一百万 m^2 产量计）。

表 36-7 联合生化处理结果

指　标	进　水	出　水	去除率（%）
pH 值	4.5	7	
COD_{cr}（mg/l）	28317.4	231.4	99.2
SS（mg/l）	3285.2	68.2	97.9
挥发酚（mg/l）	8.7	0.23	97.4

36.1.6.1 木段水力剥皮废水控制

胶合板生产用原木，可用机械或水力等剥皮方式去除树皮。水力剥皮是用高压水冲击木段表面树皮，达到去皮目的，据有关资料统计，lm³ 木材水力剥皮排放废水量达 5～12m^3，废水的 BOD_5 在 50～250mg/l，且 SS 较多，为胶合板工业主要废水源之一，对此废水的有效处理，是废水的循环回用。具体可采用如图 36-12 所示处理途径。

由于水力剥皮会产生大量废水，增加了水处理费用，因此，现已广泛开发其他剥皮方式，从而使剥皮废水量显著减少。

36.1.6.2 木材水热处理废水控制技术

单板和胶合板生产中，通常需对木材进行水热处理（即软化处理）。常用的方式有水煮、汽蒸或水浸渍等方法。不论采用那种方式，均会产生一定量的废水，其污染物主要有：有机水溶物和悬浮物。不同材种在煮木条件下水质也不同（表 36-9）。

煮木池的废水量较大，废水处理比较困难，一般采用改进设备或改进蒸煮工艺条件，进而采用全封闭的循环回用系统的方式。比如用间接加热的热水喷淋处理木材，喷淋水入回收系统，重复使用，可减少废水量。再有处理工艺的改进，即由煮木法改为蒸木法能大幅度降低废水排放量，污染量可

表 36-8 胶合板工业主要工序废水水质和排放量

主要工序	COD_{cr}（mg/l）	酚类（mg/l）	SS（mg/l）	总固体（mg/l）	重金属	排放量（l/周）
原木剥皮	/	/	1450	/	/	/
木材水热处理						
(1) 蒸汽处理	4900	0.44	661	3388	/	87540
(2) 水热处理	7293	<0.70	935	2660	/	/
干燥机冲洗	3140	2.06	1855	2883	/	6122
涂胶设备冲洗						
PF 胶	32650	25.7	15252	19850	/	5747
蛋 白 胶	8850	90.5	5900	8850	/	5747
UF 胶	21050	/	10200	27500	/	5747
防腐处理	50～8000	10～300	200	1200	1～10	215～6445

表 36-9 不同树种在煮木条件下的水质

树 种	煮木条件		项 目				
	温度（℃）	时间（h）	COD_{cr}（mg/l）	BOD_5（mg/l）	pH	色 度	单宁（mg/l）
柳 桉 木	85	48	498	159	7.6	200	21
花 梨 木	90	168	715	70	8.5	250	24
桦 木	85	36	610	117	8.2	250	69
落 叶 松	85	48	1290	415	6.4	800	/
水 曲 柳	85	36	687	228	7.7	350	150
椴 木	40	24	153	43	7.4	50	150

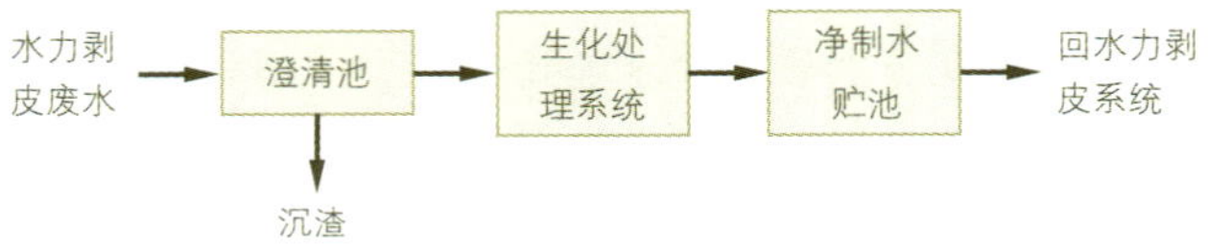

图 36-12 水力剥皮废水处理流程示意图

相应减少 40%～80%。

	煮木法	蒸木法
COD_{cr}（kg/m^3）	1.02	0.2
BOD_5（kg/m^3）	0.306	0.127

木材水热处理的废水治理，主要采用物理法及化学法。物理法设备结构简单、成本低、管理方便、效果稳定。它能较容易地去除SS、COD_{cr}、色度和单宁等。处理方法有沉淀或气浮等。一般在废水排放口使用 100 目 / 英寸（1 英寸 =25.4mm）尼龙网过滤。

煮木池废水则需利用化学作用，处理溶解物、胶体物、无机物、色素、植物营养素等，即主要除去废水中的 COD_{cr} 和色度。研究表明：硫酸铝、硫酸亚铁和碱式氯化铝等有明显效果。硫酸亚铁对 COD_{cr} 与单宁去除率最高，铁质与单宁生成单宁铁盐，呈黑色沉淀，成本较低，并可用作生物处理混凝沉淀剂，但必须注意正确把握用量。

物理及化学法处理煮木废水，可取得较好的效果，但还达不到排放要求。为此，对需排放的工厂则要设置二级生化处理。具体处理流程见图 36-13。

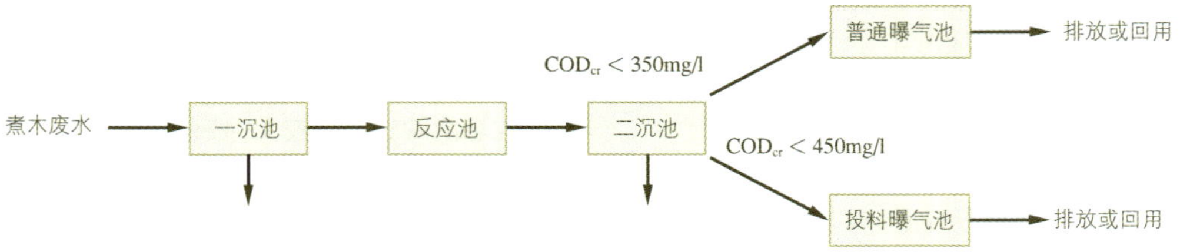

图 36-13 煮木废水处理流程示意图

36.1.6.3 单板干燥系统清洗废水的治理

胶合板的单板干燥机上，往往堆积着碎木屑和粘附着各种合成树脂，为此应定期用水或水与去污剂将这些脏物冲洗掉。冲洗排水量与下列因素有关：耗水量、干燥机运转条件、单板树种等。若在冲洗前，先刮除污物并吹掉，则可节水达75%以上。单板干燥机冲洗废水，一般与胶合板厂其他废水（如上述煮木废水）一并贮存，采用综合废水治理，并尽可能回收及综合利用。

36.1.6.4 调胶和涂胶系统废水的治理

胶合板工业所用的胶种根据产品用途不同主要有：UF、PF及蛋白胶等几种。随着胶种不同，在调胶机、涂胶机及管道输送系统中清洗水的水质是不同的，水量也是可观的。目前，不少生产单位是循环使用，或回收用于调胶和制胶系统，若仍有多余，必须进行处理后再排放。

在胶合板工业的调胶和涂胶工序中，含有高浓有毒废水的治理，应给予足够的重视，现主要治理方法有：贮存、蒸发焚烧以及循环利用等，在后续的合成树脂工业废水处理中将有进一步叙述。

36.1.7 合成树脂水污染及其治理

36.1.7.1 合成树脂废水水质及排放要求

随着人造板工业的迅速发展，合成树脂在该工业中得到了广泛的应用。由于不同树脂的原料、配比、生产工艺、调胶方式等的不同，因此，树脂在制造和使用过程中排放的废水水质、水量有很大的差异。

对于生产和使用UF、三聚氰胺树脂（MF）为主的车间，所排放的废水中主要含有：尿素、甲醛、氯化铵、聚醋酸乙烯、羧甲基纤维素、小麦粉等。

PF制造车间，在树脂脱水浓缩过程中会产生具有多种有机物含酚废水，其中，污染物含量与原材料、配比、反应程度、脱水情况等因素有关。据有关资料表明，每生产1t热固性PF约产生0.6～0.9m^{3}废水，其中含酚17～83g/l，甲醛20～51g/l，以及其他有机物等。废水外观为暗黑色或红棕色，带有刺激味，悬浮物较多，有时还带有少量木屑以及其他飘浮物。据有关资料介绍，合成树脂真空脱水水质情况见表36-10。

表36-11为国外胶黏剂工业废水主要有害物质的控制标准。

36.1.7.2 合成树脂含酚废水的治理

制胶车间废水的危害性较大，无论是排入水体、回收利用，还是灌溉农田，都必须进行处理。高浓度的含酚废水（酚浓度>1000mg/l），应尽量进行回收与综合利用。浓度较低的含酚废水，则经过适当浓缩处理，重新用于生产系统。如果要排放，必须进行有效的处理，达到无害程度才向水体排放。

含酚废水的处理方法甚多，下面介绍几种常用的方法。

1. 生物氧化法

含酚废水种类繁多，各种工业含酚废水的特性也不尽相同，但其中绝大部分有机污染物是可生物降解的。利用微生物将酚氧化，分解为二氧化碳和水，其反应式为：

$$C_6H_5OH+7O_2 \rightarrow 6CO_2+3H_2O - \triangle H\text{（能量）}$$

根据生物氧化处理构筑物的不同，可分为吸附再生曝气池、完全混合曝气池、生物转盘、生物滤池、塔式滤池等。图36-14为吸附再生曝气生物处理流程图。

吸附再生曝气池处理含酚废水是将废水与回流污泥一并从曝气池一端流入，在曝气池中，废水中的有机物被活性污泥吸附并氧化，再进入二沉池，出水排放，污泥部分回流，部分排放。

吸附再生曝气池处理效果好，处理技术成熟，进入废水

表36-10 UF、PF树脂脱水水质 单位：mg/l

树脂种类	项目				
	COD_{cr}	BOD_5	游离酚	游离醛	甲醇
UF	74000	18330		30000	50000
PF	64400		767	431	

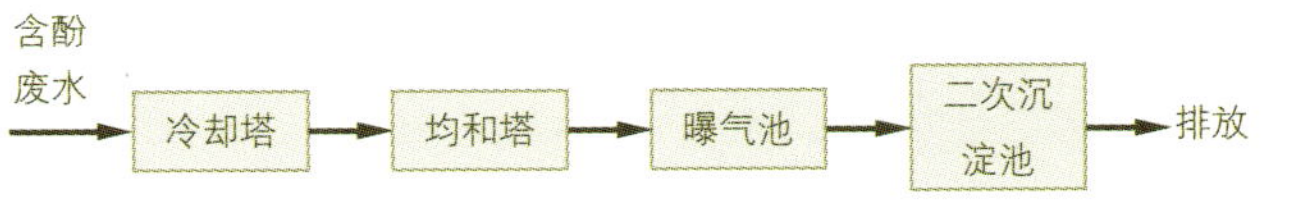

图36-14 吸附再生曝气处理流程图

表36-11 胶黏剂工业废水中主要有害物质控制标准

标准及要求	游离酚（mg/l）	游离醛（mg/l）	SS（mg/l）	pH	BOD_5（mg/l）	COD_{cr}（mg/l）
世界卫生组织标准	0.001	/	/	/	/	/
美国工业废水排放控制标准	<3.0	/	≤200	6.0～8.5	/	/
日本废水国家排放标准	<5	/	/	5.0-9.0	<120	<120
俄罗斯农业灌溉水质标准	125	/	总固体<1700	/	/	/
英国向内陆河道排放废水标准	<1	<1	/	/	<20	/

含酚浓度接近500mg/l，出水含酚浓度小于1mg/l，去除率达99.5%，此法适于含酚废水的处理。

吸附再生曝气池是方形池，它是用压缩空气充氧的；完全混合曝气池是圆形或方形的，它是用叶轮旋转充氧的，然而两者的处理机理是相同的。完全混合曝气池的构筑物较紧凑，不足之处是耗电量稍大，运转管理较复杂。采用表面加速曝气池时，其脱酚效率可达98%以上，曝气池出水含酚浓度小于0.3mg/l。

采用生物转盘处理含酚废水，有多种处理流程，有时单独使用，有时与其他处理方法组合使用，见图36-15。一般可以先从高浓度废水中回收有用物质，而后再用生物转盘处理排低浓度含酚废水。

实验表明，采用生物转盘处理酚、甲醛废水的效果，与其负荷值和停留时间等因素有关。而停留时间一般小于1.8h。处理时水的温度对COD_{cr}，去除率影响较大，而对酚的去除率影响不明显。表36-12为生物转盘法处理酚、醛废水的效果。

2. 化学氧化法

化学氧化法处理含酚废水包括：氯化处理、过氧化氢处理、臭氧处理等。

氯化处理是一种使用较普通的低浓含酚废水处理法。酚废水进行氯化处理时，必须对投氯量、pH值、反应时间进行严格的控制。为了防止产生氯酚，pH值应控制在7～10范围内。例如，使酚浓度从118mg/l降低到3mg/l，反应时间为10～60min，有效投氯量6000mg/l。

酚完全被氧化所需的投氯量为酚的6倍左右。除了酚以外，还有一些耗氯物质，如氨、氰等。所以，实际需氯量还要大得多。甚至可达到理论值的4～5倍，它与水质状况以及预处理条件等因素有密切关系。

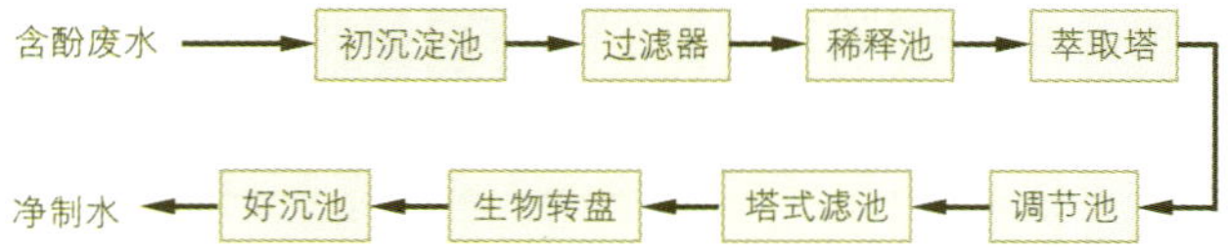

图36-15 生物转盘与塔式滤池处理含酚废水流程图

二氧化氯是一种良好的酚氧化剂，采用二氧化氯处理含酚废水，比氯的反应时间短，而且不易产生氯酚。在室温和酚类物质初浓度0.2～1.0mg/l条件下，分解酚所需二氧化氯的用量为5.0～8.4mg/mg酚，在低温条件下处理时，二氧化氯用量较多。一般含酚废水经生物氧化处理，再用二氧化氯作三级处理，酚的浓度可降低到0.02mg/l。由此可见，二氧化氯用于废水最终处理是比较适宜的。

过氧化氢是一种氧化剂，它使酚氧化所需的反应时间短，不产生氯酚，且后处理容易。如果用过氧化氢与亚铁盐联合氧化，不但能氧化苯酚、对苯二酚、邻苯二酚，而且能氧化苯、硝基苯等。若先采用次氯酸盐对含酚废水进行预处理，不但可减少过氧化氢的用量，还能降低水的COD_{cr}值，但在多数情况下，由于产生很多副产物，妨碍了联合氧化剂的氧化作用。

臭氧氧化法是处理含酚废水的一种有效方法。臭氧氧化能力强，没有二次污染问题，不产生氯酚臭味，臭氧对去除废水中的酚、硫化物、氰、COD_{cr}、BOD_5、油类以及杀菌及脱色等有明显效果。研究得知，在酚浓度较高条件下，易被臭氧分解，而在低浓度下则不易被氧分解。臭氧处理法具有工艺简单、安全可靠、不产生污泥等优点，但耗电较多，处理费用较高。

3. 物理化学氧化法

该法是根据物理化学氧化作用使酚降解破坏，以达到处理酚类和其他有害物质的目的。目前，使用较多的方法有：燃烧法、电解法、纯氧氧化法等。

燃烧法：木材工业生产中排放的废水，有时不仅含酚，而且含多种高浓度有机污染物，对这些物质进行回收利用是很困难的，也是不经济的。直接排放又不允许，因为它会造成环境污染。在这种情况下，采用燃烧法处理比较适宜。尤其在有多余热量和廉价燃料条件下，此法更实用。研究表明，废水中的有机物（包括酚含量0.5%～3%）和矿物盐（含量为2.8%～15.7%）时，当废水在800～1000℃温度条件下在燃烧炉内雾化后，一般均可达到破坏的目的。

燃烧法的主要优点是投资较少，可使有机物全部破坏，

表36-12 生物转盘法处理酚、醛废水的效果

	名 称	进水水质	出水水质				去除率（%）
			一 级	二 级	三 级	四 级	四级平均
停留时间4.2h	挥发酚	40～320	7～60	4～35	0.5～4	0～4	73～100
	COD_{cr}（mg/l）	390～1031	200～580	110～450	110～320	84～283	41～80
	甲 醛	160～240		≤15			>90
	氨 氮	10～15		1～2			80～94
	pH	5～7		5～7			
	水温（℃）	3～14					
停留时间2.8h	挥发酚（mg/l）	170～200	100～160	70～85	0.25～20	0.15～3	85～99.5
	COD_{cr}	974～1620	697～1185	559～981	308～691	114～539	67～89

不足之处是废水中的酚类物质不易被破坏，而且不能回收，且消耗热量大。

电解法：向含酚废水中加入适量电解质，利用氧化铅或石墨等作阳极；铁或钢板作阴极，在一定的电压、电流条件下电解，藉助于阳极形成的氧与氯将废水中的酚氧化的方法。

通常，电解过程是在投加食盐后进行的。由于含酚废水的浓度及BOD_5值等水质状况的不同，食盐的投加量也各不相同。研究表明，在电化学氧化反应中，酚转化为多羟基苯、醌，再经苯环破裂，绝大部分转化为有机酸等产物，仅6%～17%的酚氧化成二氧化碳。

36.1.7.3 人造板工业含胶废水的治理

人造板工业含胶废水的治理，不但要考虑单项指标，而且还应根据水量、水质的特点，制定对COD_{cr}、BOD_5、酚及醛等有害物质的治理方法，主要处理措施有：

废水经稀释后直接排入水体；排放到工厂自建的污水池，经适当处理后，再进入生化处理系统；排入城市下水道或进入公共的废水处理构筑物；经沉淀处理后，再按稀释比排入水体；锯末吸附焚烧；调节pH值，按一定比例使酚与甲醛重新生成酚醛类树脂；重复使用于调胶或冲洗工序等。

凝聚沉淀处理法：凝聚沉淀处理法是一种比较简单的胶黏剂废水治理方法。对于胶合板生产中残留的脲醛树脂胶黏剂，可用10倍清水洗涤，稀释配成不挥发成分低于4%～5%的含胶废水。采用凝聚沉淀法处理含胶废水具有一定作用。处理后的各项指标中以SS及透明度的变化较大，而COD_{cr}仍相当高，有10000～13000mg/l，但如果重复于调胶工序时，COD_{cr}去除率即使仅5%，对胶合质量仍无影响。

研究表明，对于pH>11的酚醛树脂废水，采用此法处理时，如冲洗水中酚和甲醛以甲基酚的形式存在，在投加矾以后，可去除酚类树酯10%～20%；COD_{cr}50%。当pH＝9时，即可沉淀；pH＝5时效果更显著。废水再经石灰中和后即可排出。此法对处理酚醛树脂废水有一定效果。

酸化处理法：在含酚和甲醛的废水中添加酚达1∶1.02～1.12的酚一甲醛克分子比，加入盐酸到0.1～0.15N酸度，在80～85℃条件下加热48h，经沸腾脱水，即可完全净化。

原水含酚浓度达40000mg/l，除含酚外还含甲醛的条件下，可加入硫酸并加热，在酚与甲醛的克分子比为1∶3，水温90～99℃，硫酸浓度3%，反应2～4h，可使酚含量降低到800～850mg/l。

研究表明，采用草酸处理，调节废水pH<6，处理后的废水中不挥发部分小于1/3；COD_{cr}7mg/l，上部为澄清透明液，这种方式的处理效果较佳，成本也较低。

吸附处理法：活性炭吸附处理含酚胶废水，工艺流程见图36-16。

含酚胶废水排入天然的废水池，先用硫酸将pH调至4.2，沉淀后悬浮物降至50mg/l以下，而后流入活性炭吸附塔进行吸附处理。活性炭失效后用苛性钠溶液洗涤，使酚转变为酚盐后回收。处理后的废水送入澄清池澄清。净化后废水中酚浓度为1mg/l，可直接排入河流。

以液体树脂胶生产人造板车间的含胶废水，主要是洗涤污水，用水量不大，可以重复作调胶用水，尽可能使其平衡。例如，先用胶黏剂废水粗洗调胶机、涂胶机或拌胶设备，而后再用净水清洗；利用贮槽使洗涤水再次用于粗洗调胶设备等，采取这些措施来减少含胶废水量。胶黏剂洗涤水重复使用流程如图36-17所示。

胶黏剂废水内部重复使用不能完全平衡或在回收利用后排出低浓度含胶废水时，可采用生化处理法处置。低浓度胶黏剂废水的生化处理流程如图36-18所示。

采用活性污泥法去除COD_{cr}、BOD_5、酚及甲醛等，其中，

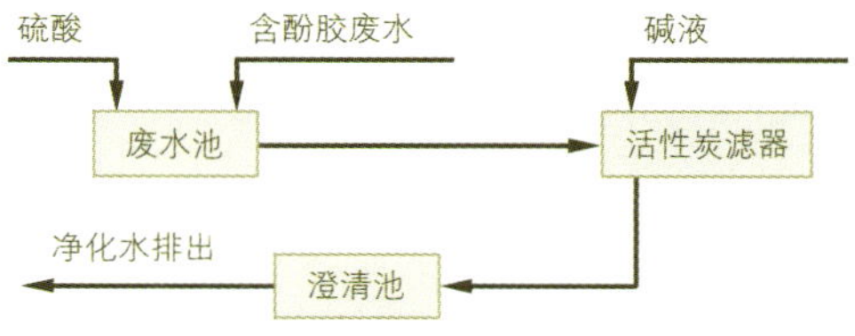

图36-16 活性炭处理工艺流程

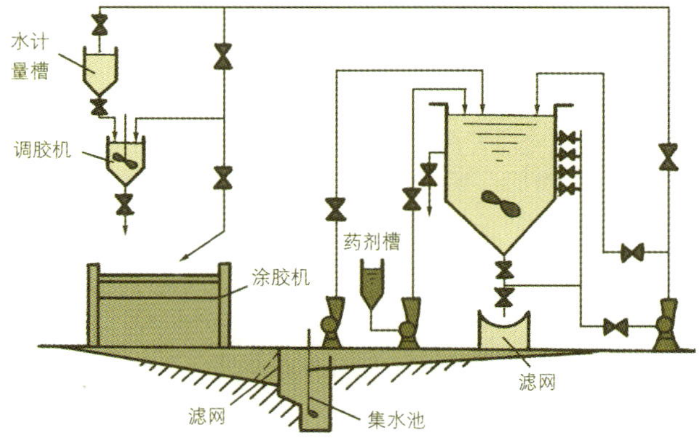

图36-17 胶黏剂废水重复使用流程图

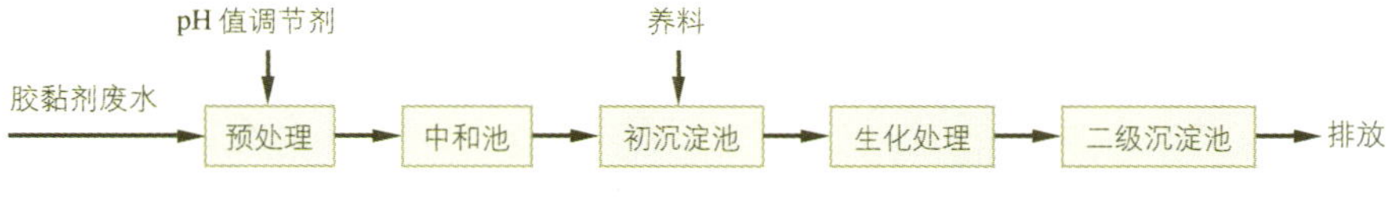

图36-18 低浓度胶黏剂废水的生化处理流程图

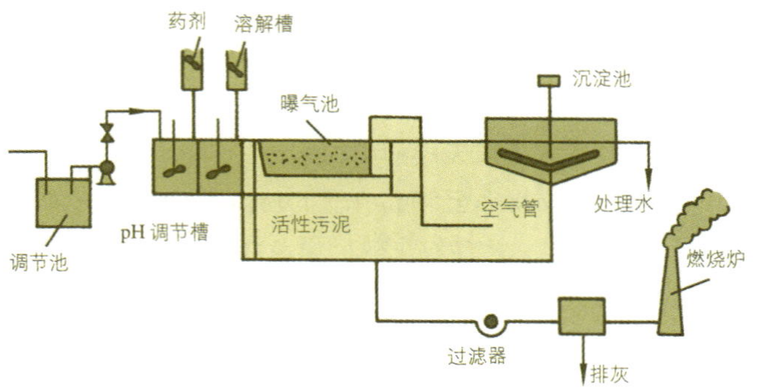

图 36-19 低浓度胶黏剂废水活性污泥法处理流程

生物滤池较好，但运行费用较高，操作管理也较复杂。图36-19为低浓胶黏剂废水活性污泥法处理流程。

36.1.8 家具工业电镀水污染及其治理

36.1.8.1 家具工业电镀水污染

随着钢木结构家具工业的发展，家具厂的电镀车间规模也日益扩大，则同时产生电镀废水的污染问题。国内外对电镀废水的治理，主要有以下几方面：电镀工艺实行机械化连续操作；电镀后的清洗采用多级逆流洗涤；浓洗涤水蒸发浓缩后回用于电镀液；酸洗水用钛或玻璃蒸发器蒸发浓缩后回用；用离子交换树脂或活性炭吸附重金属离子后，再回用或排放等方法。

在电镀工艺上采用无氰电镀、低铬钝化、多槽逆流漂洗等新技术，使处理工艺简化，而且废水量也有所减少。低铬钝化新工艺不仅能改善产品质量，而且钝化液铬酐含量由250g/l降为5g/l，硫酸由20mg/l降至0.5～15mg/l，这不但降低了成本，尤其使废水中铬浓度降低50～160倍，减轻了铬污染。

低浓度镀铬新工艺，可节省铬酸50%～60%，减少废水排放浓度8～10倍，废水六价铬含量由原来的150～180mg/l降至15～20mg/l，还降低了车间内空气中铬的含量，有利于工人健康及环境保护。

由于无氰电镀新工艺的发展，所以含铬废水的污染成为最突出的问题。含铬废水的处理方法很多，如化学还原法、离子交换法、电解法、铁氧体法、钡盐法、活性炭吸附法等。含铬废水在厌氧条件下与生活污水一起进行生物净化，是目前去除废水中六价铬最简单和最廉价的新方法。采用这种方法，不需要向废水投加专用药剂，也不需特殊的防腐设备，处理过程中仅耗电，因此是最有发展前途的新技术。

电镀废水的成分比较复杂，其中主要有剧毒的氰化物（NaCN、KCN）、铬酸酐（CrO_3）、H_2SO_4、HNO_3、HCl 等毒物。

36.1.8.2 电镀含铬废水的治理及回用

化学还原法用还原剂将六价铬还原成三价铬的硫酸盐，然后提高 pH 值使铬盐沉淀。如硫酸亚铁—石灰法是将含铬废水中投加硫酸亚铁，将 Cr^{6+} 还原成 Cr^{3+}，再投加石灰，使三价铬生成难溶于水的氢氧化铬沉淀。此法化学药品价格低廉，处理效果较好；缺点：占地面积大，污泥体积大，出水色度较高。此法处理流程见图 36-20。

电解法该法处理含铬废水，是用普通铁板作阴阳极，在废水中投加食盐，电解时阳极使铁变为 Fe^{2+}，将六价铬还原成三价铬；阴极氢离子将 Cr^{6+} 还原成 Cr^{3+}。随着电解过程的进行，消耗大量氢离子，产生大量 OH^-，当被电解的废水由酸性过渡到碱性时，金属离子生成氢氧化物沉淀。废水无色透明，出水可以达到排放标准。图 36-21 为间歇式电解法处理含铬废水工艺流程。此法适于处理浓度变化大，而流量较小的含铬废水。

铁氧体法目前国际上广泛应用于处理重金属离子废水。该法在含铬废水中投加硫酸亚铁溶液，使 Cr^{6+} 还原成 Cr^{3+}，再通过加碱、加热，通空气使铬离子成为铁氧体的组成部分，并转化成类似于尖晶石结构的铁氧体晶体而沉淀。三价铬被铁离子包在晶体里面，因而比较稳定，不会对环境造成二次污染。

铁氧体法的主要优点是，设备较简单，处理效果好，投资少，污泥可综合利用。图 36-22 为铁氧体法处理含铬废水工艺流程图。

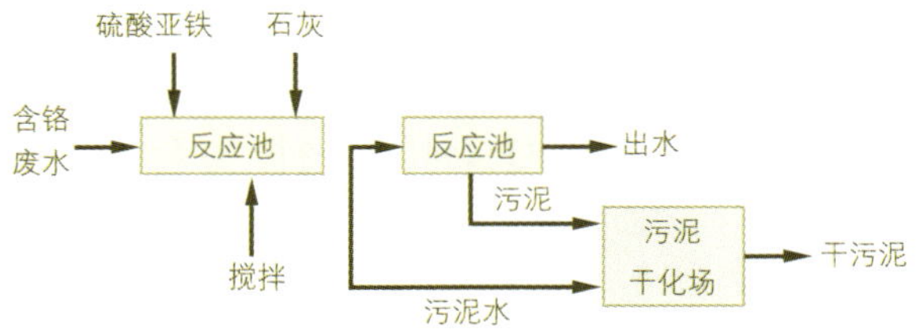

图 36-20 “$FeSO_4$ − CaO”法处理含铬废水工艺流程图

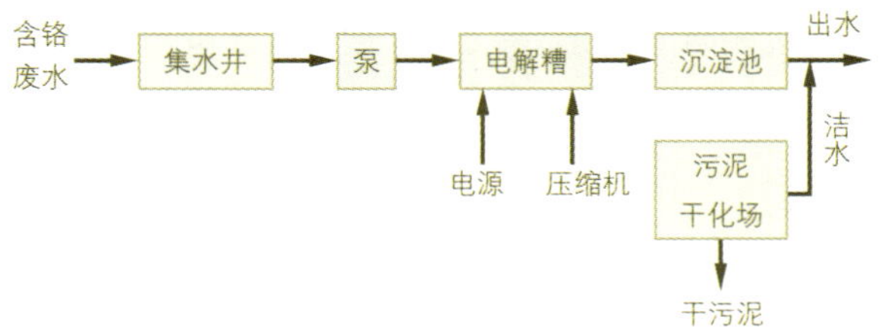

图 36-21 间歇式电解法处理含铬废水工艺流程图

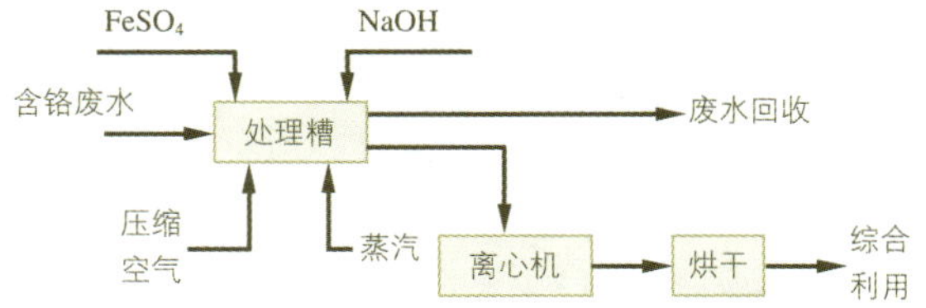

图 36-22 铁氧体法处理含铬废水工艺流程图

表 36-13 常用染料的染色废水主要成分

染料类别	废水的主要成分
直接染料	染料、元明粉、纯碱、食盐、表面活性剂
酸性染料	染料、硫酸铵、元明粉、醋酸、硫酸、表面活性剂
碱性染料	染料、硫化碱、元明粉、纯碱
金属络合染料	染料、硫酸、醋酸钠、硫酸铵、元明粉、表面活性剂

36.1.8.3 含铬废水的生物净化处理

来自电镀车间的废水，应先调整pH值和测定Cr^{6+}含量，池内先投放从城市污水处理厂来的剩余活性污泥，进行8h左右搅拌混合，促使嗜铬细菌大量繁殖，然后将处理的含铬废水放入净化池内，并不断搅拌。

含铬废水采用生物净化法，与通常的化学净化法相比，含Cr^{6+}废水用生物处理的设备投资费用可节约3～5倍。由于生物法无需添加化学药剂，因此处理费用仅为化学法的1/5～1/7。图36-23为含铬废水的生物处理工艺流程图。

36.1.9 木材染色废水的治理

木材染色包括处理纤维、刨花、单板、成材以及木制品等范围。染色所用的染料很多，其中用得较多的人造染料有：酸性、碱性以及直接染料等。

36.1.9.1 木材染色废水的污染

木材染色像其他化学工业一样，在生产时要产生废水、废气及废渣，而其中废水量很大，成分也很复杂，危害相当严重。

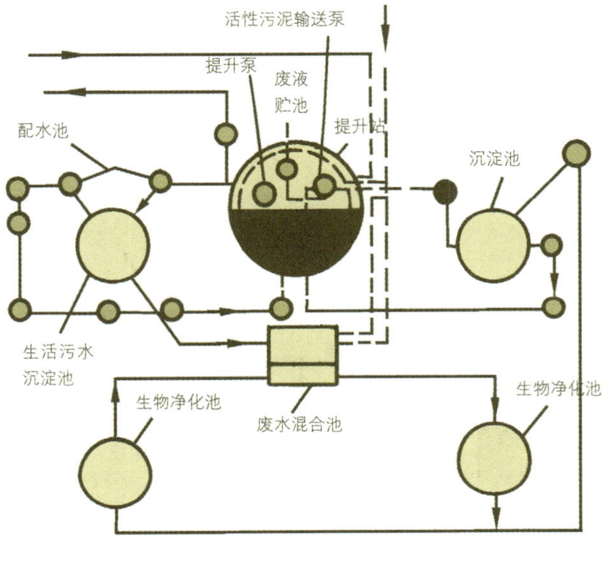

图 36-23 含铬废水生物净化工艺流程图

染色工业废水中，常含有磺酸基、硝基、氨基、氰基、氯等的芳烃衍生物和染料，不同的酸或碱，以及无机盐等，且废水颜色深。

由于树种不同，需要不同的染料、助剂和染色方法，而染料本身的性能、染液浓度、染色设备和规模的不同，染色废水的变化很大、污浊度的差异也很大，表36-13为常用染料染色废水的主要组成成分。

从上表中可看出：不同染料废水中有毒物质不同。染料中除β-苯酚外，本身的生化需氧量较小，一般最高也仅有几百mg/l，但化学需氧量却高得多。主要是木材染色废水中悬浮物的数量变化很大，一般说来，除含纤维屑以外，还含有某些树脂、甲醛以及其他一些浸出物质等。

任何工业废水治理，从根本上讲都应是以防为主，所以新的染色技术则在很大程度上从废水防治方面考虑，首先是改变加工工艺，尽量采用用水量少的染色方法，减少废水量。同时，在工艺流程中采用循环回用，有效处理剩余废水，达到无污染排放。目前，新的染色工艺有溶剂染色法、气相染色法、微粒染色法等。

36.1.9.2 染色废水的治理方法

木材染色废水成分复杂，根据去除污染物的要求不同，常需用几种方法进行综合治理。一般先用絮凝、中和等方法去除一部分有机悬浮物；调整pH值，而后再进行生化处理，去除有机物；剩下的无机盐类，再采用厌氧脱氨法、离子交换树脂法、反渗透法等处理。

1. 絮凝处理

此法是借助絮凝剂的作用，使废水中的悬浮粒子凝聚成粗大粒子，达到分离悬浮物。它有利于降低某些染色废水的色泽、COD、BOD等；但对含有酸性染料、活性染料以及某些直接染料的废水脱色效果不显著。常用的无机絮凝剂见表36-14。

当絮凝物不易沉降时，可加入少量助凝剂。目前使用的无机助凝剂有活性硅酸，应用广，效果好。有机助凝剂中。天然的有淀粉、琼脂、动物胶等；高分子助凝剂，根据电荷分为：阴离子型、阳离子型、非离子型等几种。

絮凝法的主要处理步骤是，调节废水的pH值，加入絮凝剂或助凝剂，搅拌、沉降除渣，调节清液pH值，出水待

表 36-14 常用的无机絮凝剂

名　称	处理时最佳 pH 值	特性及处理效果
硫 酸 铝	5.5～8.0	凝聚速度快，可脱色，但需一定量
碱硫酸亚铁	5.5～8.0	沉降速度快，脱色效果差，需碱量大
硫 酸 铁	5.0～11.0	凝聚速度快，脱色效果好，pH 范围大
氯 化 锌	8.5～11.0	凝聚速度快，脱色效果较好
三氯化铁	8.5～11.0	凝聚速度快，脱色效果一般，腐蚀性强
铝 酸 钠	5.0～8.5	凝聚速度快，可脱色，但水中会残留铝离子

表 36-15 絮凝剂对各种染料的凝聚效果

染料种类	絮凝剂的用量（g/l 废水）及处理效果									附　注
	明　矾	石　灰	硫酸亚铁	三氯化铁	硫 酸 铁	氯 化 钙	硫　酸	pH 值变化	脱色率（%）	
苯 胺 黑	0.11	0.05	–	–	–	–	–	6.5 → 7.0	83.8	
	–	0.07	0.27	–	–	–	–	6.5 → 6.9	80.0	
	–	0.07	–	0.18	–	–	–	6.5 → 7.7	83.8	
	–	0.76	–	–	–	–	–	6.5 → 11.7	80.8	
显色染料	–	0.25	1.39	–	–	–	–	3.3 → 5.6	85.0	
	–	1.26	2.19	–	–	–	–	3.3 → 7.0	65.0	
直接染料	–	–	–	–	0.34	–	–	10.8 → 3.6	75.0	
	0.89	–	–	–	–	–	–	10.8 → 4.3	75.0	
	–	–	–	0.41	–	–	–	10.8 → 3.5	85.0	
	–	6.27	0.42	–	–	–	–	10.8 → 11.9	90.0	
靛　黑	–	0.84	–	–	–	–	–	10.5 → 11.8	65.0	
	–	1.53	0.70	–	–	–	–	10.5 → 11.5	94.5	
	1.20	–	–	–	–	–	–	10.5 → 4.2	65.0	
	–	–	–	–	–	18.48	–	10.5 → 8.2	94.0	
冰染染料	–	–	–	–	–	–	2.62	11.6 → 4.5	99.0	
	–	–	–	–	3.34	–	–	11.6 → 6.0	99.5	
	6.69	–	–	–	–	–	–	11.6 → 4.5	99.5	
	–	–	–	4.06	–	–	–	11.6 → 5.6	99.5	
硫化染料	–	–	–	–	–	–	4.38	11.7 → 3.5	99.0	
	6.69	–	–	–	–	–	–	11.7 → 3.5	99.0	生成 H_2S
	–	–	25.68	–	–	–	–	11.7 → 5.0	99.5	生成 H_2S
还原染料	–	1.50		111.36	–	–	–	11.7 → 11.1	85.0	
	–	–	13.92	–	–	–	–	11.7 → 11.0	87.5	
	27.90	–	–	–	–	–	–	11.7 → 6.3	87.5	

处理。各种絮凝剂对染色废水的凝聚效果见表 36-15。

2. **染色废水的生化处理**

对染色废水的生化处理（图 36-24），主要是对废水的脱色作用。这是因为微生物生长过程中要产生大量胶体凝聚物，对有机物有良好的吸附作用，从而对有色废水起到一定脱色作用。研究表明，活性污泥法和生物滤池法具有较好的处理效果。

生化法处理染色废水对经过絮凝处理后的废水，去除悬浮物 95% 以上，接着用小于 10 倍的循环水稀释，调节浓度后，再进行生化处理。

生化处理可分为一次处理及二次串联处理。废水经二次串联生化处理，一般都可达到排放标准。

采用加速曝气法处理染色废水时，负荷在 0.5～1.0BOD_5/

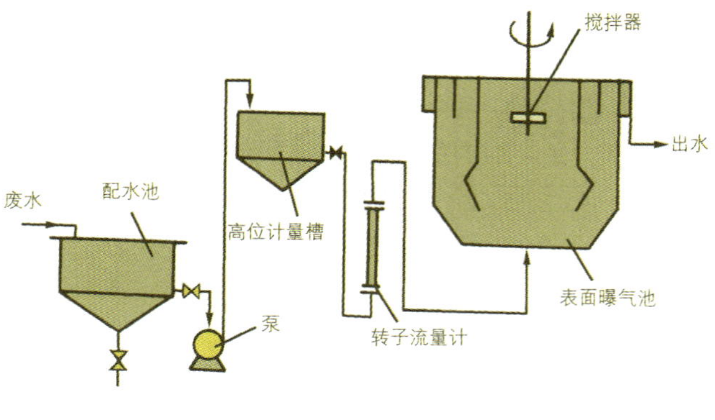

图 36-24 染色废水的加速曝气法生化处理流程

$m^3 \cdot d$，曝气时间7～10h，废水的COD_{cr}去除率为82%～86%，BOD_5去除率达94%～96%，脱色效率为30%～60%。

生物滤池法处理染色废水此法占地面积大，设备投资多，需要一定时间处理才能稳定，故处理效果低。它的最大优点是：不易受废水中药剂量影响；对废水数量与质量上的变化不敏感，容易管理，运行费用低。废水处理能力可达10t/$m^3 \cdot d$。

经过絮凝预处理后的染色废水进行生物处理的结果如表36-16所示。

表36-16 染色废水生化处理效果

废水水质	沉淀后的原废水	2/3沉淀原废水+1/3絮凝沉淀处理水
pH		
处 理 前	7.9	7.0
处 理 后	8.0	7.9
COD_{cr}		
处理前（mg/1）	817	729
处理后（mg/1）	197	176
去除率（%）	76	72
BOD_5		
处理前（mg/l）	353	288
处理后（mg/l）	46	57
去除率（%）	87	80

国外某厂木材染色废水处理流程见图36-25。

36.1.9.3 木材染色废水综合利用

染色工业废水中，染料、助剂的回收利用率不是很高的，回收利用设备投资很大，经济效益较低，但由于环境保护的要求，因此水的循环回用还是首先应考虑的。

染色废水综合利用的途径很多，如废水中产生各种废酸，其中含有有机、有害的污染物，通常可先采用萃取、吸附、氧化等方法进行处理，而后再进行蒸发浓缩、回收利用。回收利用方法有：蒸发浓缩法、循环回用法、超滤以及用于农田、草地灌溉等。

染色废水的深度处理染色废水经生化处理后，出水仍有较深的色泽，这对于生产回用或排放都是不利的，要求进一步脱色，降低BOD，则需进行深度处理。

目前，对染色废水的深度处理用得较多的有：光氧化法、臭氧氧化法、活性炭催化氧化法、活性硅藻土吸附法等。

光氧化是向废水中投加氧化剂，吸收光能，从而产生新生态氧。新生态氧具有强烈的氧化作用，可把废水中有机物以及残留染料氧化，从而使废水脱色和进一步得以净化。

常用的氧化剂有：氯、二氧化氯、臭氧、过氧化氢等。通常用紫外线作为照射光源。如光照40min，控制加氯点，余氯在30mg/l时，废水的耗氧量与色度可降低90%以上。

臭氧处理是基于染色废水中的染料发色光团，如偶氮基、羟基、乙烯基、硝基、氧化偶氨基等，这些基团中均含有不饱和键，臭氧能把不饱和键打开，使染料氧化与分解，生成分子量较小的有机酸、醛类等物质，从而失去发光能力。

将硅藻土进行酸化处理成为活性硅藻土其有较强的吸附能力，用于染色废水的脱色。活性硅藻土对不同染色废水处理效果存有差异。主要是pH值对脱色效果有影响，pH值在5～7范围效果较好，见表36-17。

36.1.10 木材防腐工业废水的治理

木材防腐处理已从煤焦油处理枕木，发展到用水溶性和油溶性防腐剂来处理电杆、细木工板材、人造板用材和建筑工业用材等方面。现主要类型的防腐剂是：油质性、油溶性和水溶性防腐剂。

木材防腐厂废水主要来源是生产废水，其次还有实验及生活污水等。生产废水主要为车间真空泵冷凝水、机动罐排出水、贮油罐排水、残渣收集槽排水等组成。排水量及水质情况与木材含水率、防腐工艺等有关。

对于一个用常规木材防腐剂的防腐厂排出的废水中，主要污染物质是油、酚类物质，其他还有硫、氰、砷、氟等污染物。当生产中使用五氯酚及其钠盐时，废水中相应含有五

表36-17 活性硅藻土对染色废水的脱色效果

染料类别	色度（稀释倍数）	pH	平均脱色率（%）
活性、还原、分散		9.5～11.2	51.9
酸性直接、阳离子	75～900	6.6～8.4	69.8
还原、硫化	20～200	7.9～10.8	77.8
硫　化	20～600	9.2～11.2	87.7

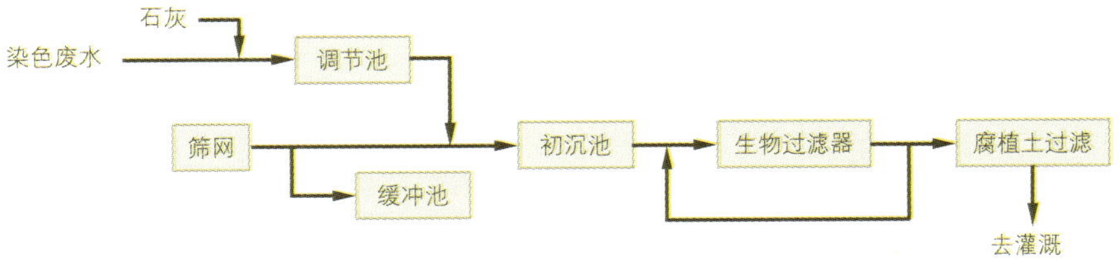

图36-25 染色废水处理流程图

氯酚或五氯酚钠。从总体看来，酚、油、BOD_5及COD_{cr}值均大大超过排放标准，必须处理才能排放。

36.1.10.1 木材防腐废水的治理技术

随着木材防腐剂品种的不断增加，废水危害日趋严重，废水的治理日益引起关注，处理工艺要求有新的发展。木材防腐废水处理的典型工艺流程如图36-26所示。

木材防腐废水处理工艺使用最多的有“隔油浮选—曝气池”及“隔油浮选—生物转盘”两个流程。

隔油浮选—曝气池实践证明，用曝气池作二级处理设备，系统完善，处理效果好。对于高浓含酚废水，采用不回收酚，而用曝气吸附再生法处理。表36-18为某木材防腐厂废水水质与水量。

生化处理中的曝气设备，对于中、小型木材防腐厂，最好用表面曝气装置，动力消耗及占地面积都比较节省。大型木材防腐厂常利用煤焦油、防腐油等有毒化学药剂处理，废水中含油量高，因此，必须采用隔油、浮选、混凝沉淀等工序进行处理，图36-27为某大型木材防腐厂生化处理工艺流程。

上述流程处理效果见表36-19。

隔油浮选—生物转盘对木材防腐厂含油、含酚、含五氯酚的废水采用“隔油浮选—生物转盘”处理系统可取得良好的效果，图36-28为其处理流程图。

上图处理流程中，隔油池除油用作一级处理，生物转盘脱酚作为二级处理，再经二次沉淀后，即可排放。

36.1.10.2 含油木材防腐废水的过滤处理

过滤处理，可作为曝气处理后的补充处理或活性炭深度处理的预处理。因此这里的过滤是深度处理一部分，作为木

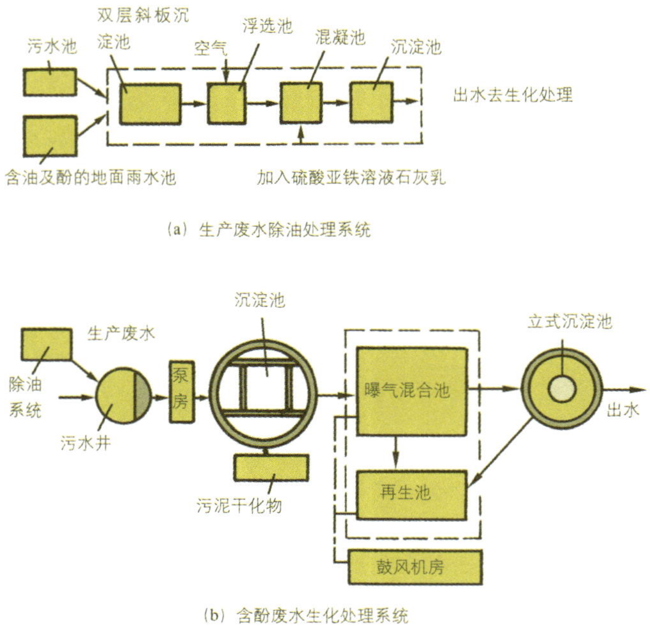

图36-27 某大型厂生化处理流程

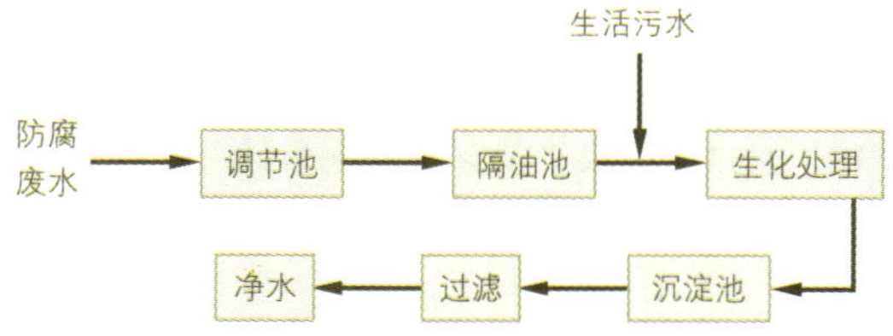

图36-26 防腐废水典型处理工艺流程

表36-19 某木材防腐厂废水生化处理效果

项目	处理前含量(mg/l)	处理后含量(mg/l)	去除率(%)
含酚量	100	0.1	99.9
含油量	10000	1	99.9
COD_{cr}	300	15	95
BOD_5	300	10	96.6

表36-18 某厂防腐废水水质与水量

废水来源	水量(m^3/d)	可溴化物(mg/l)	酚(mg/l)	COD(mg/l)	BOD_5(mg/l)
真空泵冷凝水	6.0	2000	1800	6800	3500
机动罐排水	5.0	2500	1500	10000	2700
室内地沟排水	–	2000	1800	6800	3500
贮油罐排水	3.5	2500	1500	10000	2700
油泵排气冷凝水	18.0	12.5	12.5	47	25
主车间到泵房段的滴油雨水	65.0	100	90	350	180
蒸制罐蒸汽回水	47.5	–	–	–	10
残油收集槽	–	2000	1800	6800	3500
室外工业地沟雨水	31.4	150	140	530	280
油槽车油泥雨水	11.5	200	180	680	350
油槽车地区污染雨水	8.2	150	140	530	280

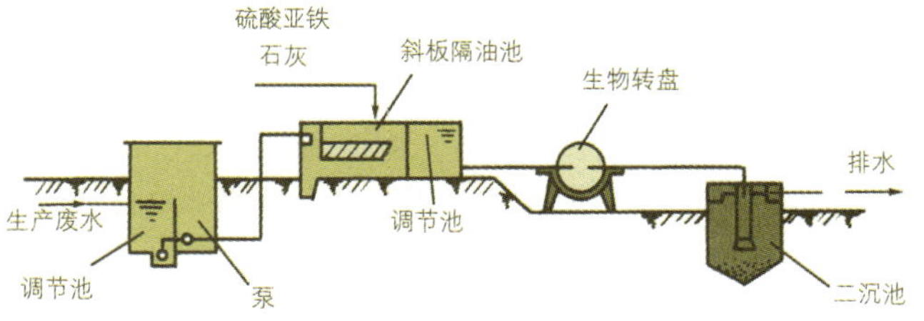

图 36-28 木材防腐厂"隔油浮选—生物转盘"废水处理流程图

材防腐含油废水完整处理流程是：隔油→浮选→曝气→过滤→活性炭。研究证明，过滤处理废水中的油和悬浮固体的去除率为60%～70%，如果投加助滤剂后可使去除率提高到95%。过滤对酚、BOD_5 等也都有一定的去除效果。

高分子絮凝剂的投加量通常仅为0.02～0.05mg/l。投加量加大，过滤效果会有所改善，但过滤水压损失也相应增加。

过滤技术进步，出现了许多自动操作新型滤池，下面介绍几种常用滤池。

重力式快速滤池图 36-29 为快速滤池的标准型式。

此种过滤池滤出水堰位于滤料面上，可避免滤床的事故脱水，避免滤池内产生负水头；设有进水堰箱，故保证运行中滤池流量的平均分配，过滤速度不变；便于反冲洗和反冲洗后再次运行；过滤水头损失可由滤池中的水位判定，当达最高水位时即需反冲洗。

由于过滤是三级处理构筑物，滤池的处理效果与进水水质密切相关。在正常情况下，对油和悬浮物的去除率约60%～70%。

重力虹吸滤池它是利用简单的水力学原理达到自动反冲洗，省去了真空泵及自动控制系统。图 36-30 为重力虹吸滤池结构示意图。

自动反冲洗过程包括过滤和反冲洗两个步骤。随着滤料中截污量的增加，过滤水压损失加大，滤池内水位提高，而

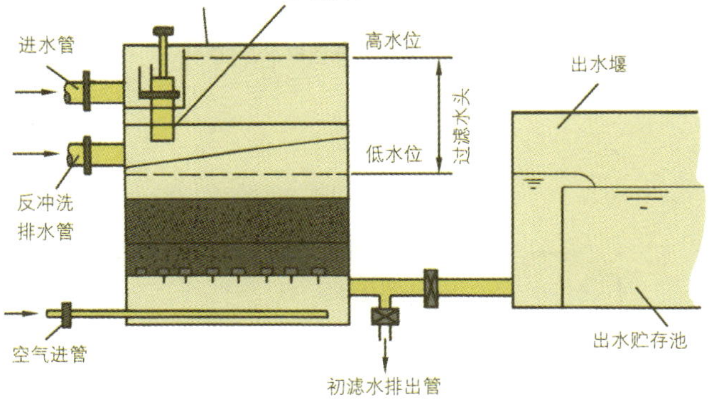

图 36-29 典型快速滤池结构及流程图

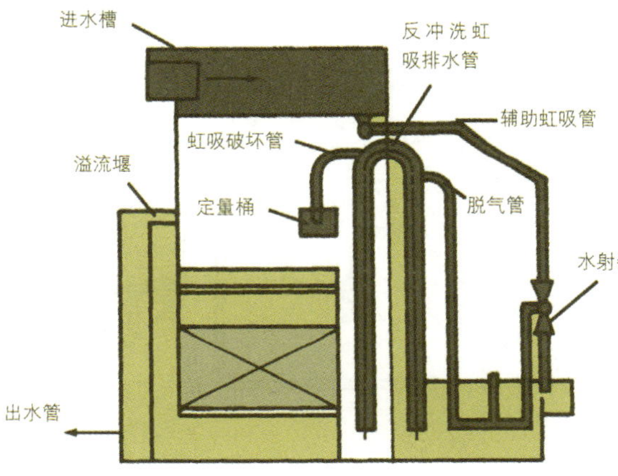

图 36-30 虹吸滤池结构示意图

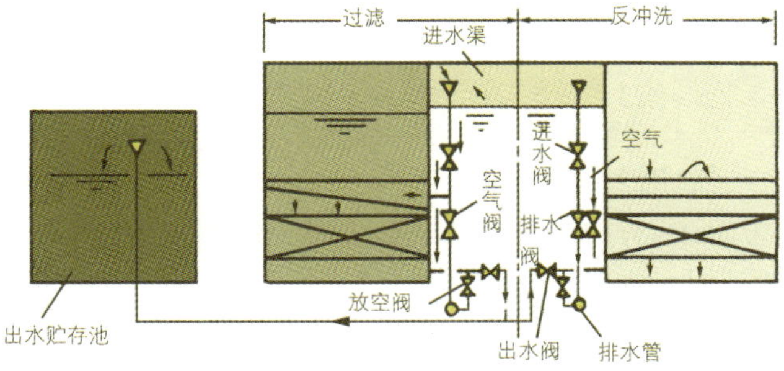

图 36-31 联合式过滤池

反冲洗虹吸管的另一端在水封槽中，被水封着，所以虹吸管中空气被压缩。当滤池内的水位快要达到辅助虹吸管的喇叭口顶时，反冲洗虹吸管处于平衡状态。反冲洗时间，可通过改变定量桶底小阀门的开启度来控制，也可在虹吸破坏管上设置伐门来调节。滤池可在辅助虹吸管中，通入压力水进行人工反冲洗。

联合式过滤池是应用快速过滤池和虹吸过滤池特点的一种新型过滤池（图 36-31）。

该池的特点是：操作灵活，由于是小阻力的集水系统，还可利用虹吸滤池一格滤池的反冲作用，及其他滤格正常过滤出水的特点。即一格滤池检修，其他滤池仍正常工作。同时省去反冲洗水贮存池和其他辅助设施，因此是一种值得推广的过滤池。

循环再生高速滤池它是采用形状和粒径均一的合成滤料，其截污物的能力大，过滤周期长，反冲洗水量小，图 36-32 为循环再生高速过滤池。

应用上述循环再生高速滤池处理废水，在以30m/h高速过滤条件下，处理出水悬浮物固体含量小于5mg/l。

前面已介绍几种滤池形式，在选择滤池设计方案时应考虑下面一些因素：废水流量，操作需要水压，滤池布置的要

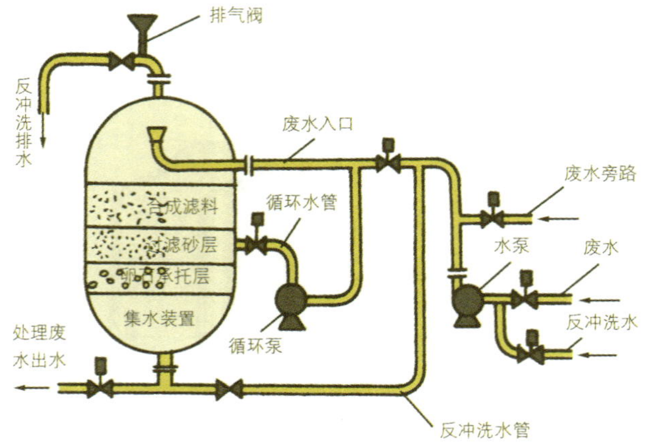

图 36-32 **循环再生高速过滤池**

求，过滤装置费用，木材（包括滤料）的来源等，既保证处理效果又要考虑经济成本。

36.1.10.3 含砷木材防腐废水的治理方法

三氧化二砷（As_2O_3）作为木材防腐剂，在治理白蚁危害方面有良好的效果。代表性配方铜－铬－砷（CCA）是使用很广泛的木材防腐剂。但 CCA 在处理过程中会造成环境的污染，有较大的危害性。

含砷废水的处理方法很多，常见的有石灰法、硫化法、二氧化锰法、铁盐法等，下面分别作简单介绍。

1. 石灰处理法

此法一般用于砷含量较高的酸性废水。投加石灰乳，使之与砷酸根或亚砷酸根反应生成难溶的砷酸钙或亚砷酸钙沉淀。

$$3Ca^{2+}+2AsO_3^{3-} \rightarrow Ca_3(AsO_3)_2\downarrow$$

$$3Ca^{2+}+2AsO_4^{3-} \rightarrow Ca_3(AsO_4)_2\downarrow$$

含砷废水与回流沉渣混合，分离后的清液再投入石灰乳混合沉淀。含砷废水的石灰处理工艺流程如图 36-33 所示。

研究表明，如果不先用回流沉渣混合，而直接用石灰处理出水，含砷达不到排放要求。石灰投加量在 50～60kg/m³ 时，出水达到排放标准。本处理工艺及操作简单，费用低；不足之处：产生大量沉渣，且对三价砷的处理效果较差。

2. 含砷废水硫化法处理

此法处理含砷废水是极其有效的。但硫化物沉淀需在酸性条件下进行，即在酸性条件下，砷以阳离子形式存在，加入硫化剂后，则生成难溶的 As_2S_3 沉淀。

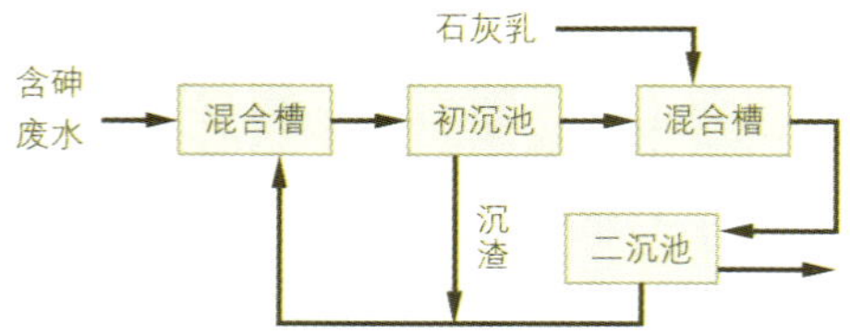

图 36-33 **含砷废水石灰法处理工艺流程图**

硫化法处理工艺设备简单，主要由混合槽和沉淀池组成。废水进入混合槽后，向槽内投放硫化钠 1g/l 左右，搅拌 10～15min；然后进入沉淀池并投加高分子絮凝剂，以加速沉淀分离。如若进口废水含砷量为 121mg/l，经硫化处理后，出水含砷量仅为 0.05mg/l。采用此法处理，每 m³ 含砷废水消耗工业硫化钠 0.7～0.8kg 高分子絮凝剂 0.005kg 左右。

3. 含砷废水二氧化锰法处理

此法采用粉碎的 MnO_2（含量 78%～80%）粉末作处理药剂，使 As^{3+} 氧化成 As^{5+}，而后投加石灰乳，生成砷酸锰沉淀。

$$H_2SO_4+MnO_2+H_3AsO_3 \rightarrow H_3AsO_4+MnSO_4+H_2O$$

$$3H_2SO_4+3MnSO_4+6Ca(OH)_2 \rightarrow 6CaSO_4\downarrow+3Mn(OH)_2+6H_2O$$

$$3Mn(OH)_2+2H_3AsO_4 \rightarrow Mn_3(AsO_4)_2\downarrow+6H_2O$$

MnO_2 处理含砷废水的工艺流程如图 36-34 所示。

进入处理系统的含砷废水，先加温至 75～80℃，曝气 60min 左右；接着按含砷量加入 MnO_2，氧化 2.5～3.0h，再投放 10% 浓度的石灰乳，调节 pH 至 8～9，最后沉淀 30min 以上，出水含砷量可降至 0.02～0.05mg/l。

4. 含砷废水铁盐处理

铁盐法用于含砷量较低接近中性或弱碱性的废水处理。它是利用砷酸盐、亚砷酸盐能与铁、铝等金属形成稳定的络合物，并被铁、铝的氢氧化物吸附共沉而达到除砷的目的。研究表明，$Fe(OH)_3$ 吸附 As^{5+} 的 pH 值范围要求较 As^{3+} 大得多，所需铁砷也比较少。而当 pH>10 时，砷酸根、亚砷酸根离子与氢氧根置换，使一部分砷反溶于水中，故 pH 值不宜超过 10。含砷废水铁盐处理法工艺流程见图 36-35。

含砷废水先经沉淀后，送入混合槽，接着向槽内投加石灰乳调整 pH 值至 14，搅拌 15～20min 后，用压滤机脱水，此

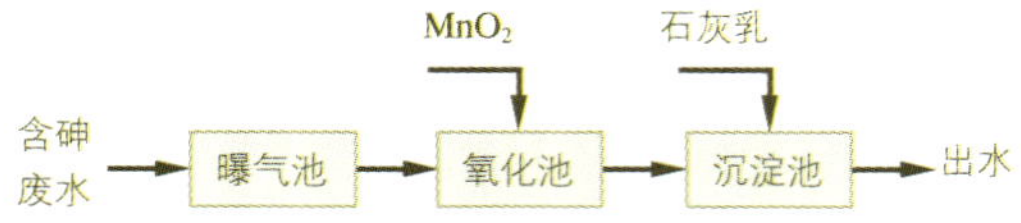

图 36-34 **MnO_2 处理含砷废水流程**

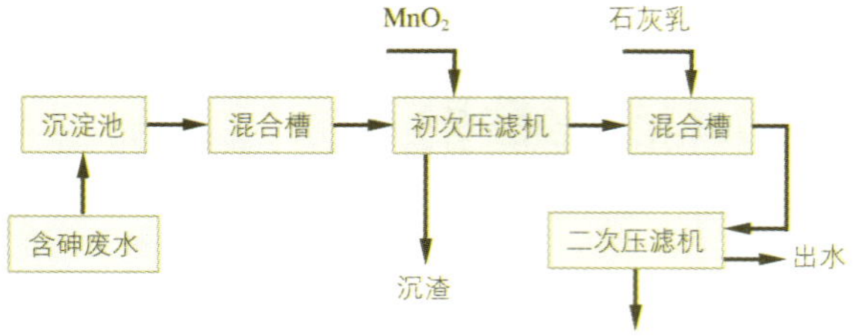

图 36-35 **含砷废水铁盐处理流程**

时砷去除率在95%以上。然后进入第二个混合槽，投加三氯化铁，并搅拌20min左右，而后再次压滤。研究表明，在含砷量460mg/l，pH=3～5条件下的废水，经铁盐处理后，出水的含砷量约为0.45mg/l以下。此法流程简单，所需设备少，操作也较方便，而且除砷效果好，是有效的处理方法之一。

36.1.10.4 含氟木材防腐废水的治理

氟是木材防腐剂的元素之一，特别是氟化合钠已用作多种复盐防腐剂的一个组成部分。水体中的氟能与各种阳离子结合成钾、钠、钙、镁、硼、铁、铝等的氟化合物或络合物，含氟化合物对人类健康、农业和渔业生产均有危害。

含氟废水的处理方法，可分为混凝沉淀法及吸附法两类，其中前者用得较为普遍。根据所用药剂不同，分为石灰法、“石灰—镁盐”法、“石灰—铝盐”法、“石灰—过磷酸钙”法等。吸附一般用于深度处理。含氟废水经混凝沉淀后，含氟量已降至10～20mg/l，再用吸附法进一步处理，使废水达到净制目的。下面简要介绍几种较好的处理方法。

(1)“石灰—镁盐”法先对含氟废水中投加石灰乳，调整pH至10～11，而后投放镁盐，生成Mg（OH）$_2$絮凝体，吸附水中氟化镁及氟化钙，沉淀除去。镁盐加入量一般为F：Mg=1：12～18。镁盐可采用氯化镁、硫酸镁等。此法工艺流程简单，操作比较容易，沉降速度较快；不足之处，管道容易结垢，生产成本稍高，出水硬度大。

(2)“石灰—铝盐”法此法处理流程见图36-36。

研究表明，除氟效果与投加铝盐量成正比关系。对含氟4.8mg/l的废水投加Al$_2$（SO$_4$）$_3$57.48mg/l、水玻璃53.6mg/l后，可使氟含量降至0.6mg/l左右，效果非常好。

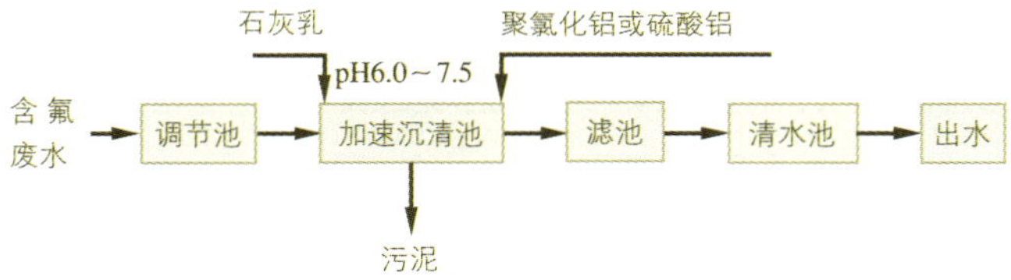

图36-36 含氟废水“石灰一铝盐”法处理流程

36.2 木材工业噪声控制

36.2.1 噪声及其危害

噪声是声音的一种，具有声波的一切特性。从物理学的观点来看，噪声是指声强与频率变化都无规律的杂乱无章的声音。图36-37是噪声与乐音的波形比较。

噪声污染与其他方面的环境污染不同。噪声污染面积大，到处都有，高低不等，有时低到不易被察觉。噪声一般是不致命的，它直接作用于人的感观。噪声源发出噪声时，一定范围内的人们立即会感受到噪声污染；而噪声源

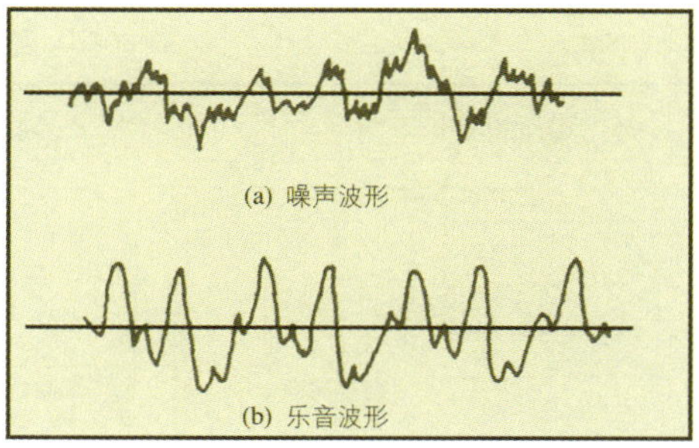

图36-37 噪声与乐音的波形比较

停止发声时，则噪声污染立即消失。由于噪声污染的特殊性，它的危害常常不会被一般人理解，因而也容易被忽视。其实，随着近代工业的发展，噪声已成为危害人们身体健康和污染环境的重要因素。噪声污染与大气污染、水污染一起，被称为是当代世界的三大污染。因此日益引起各方面的注意和重视。

噪声污染对人的危害相当严重，是多方面的，主要表现在以下几个方面。

(1) 对听力的影响：噪声对听力的影响与噪声的强度、频率及作用时间等因素有关。噪声强度越大，频率越高，作用时间越长，危害就越大。噪声对听力的影响，轻则是暂时性的听阈迁移，重则引起听力损失，甚至造成耳聋。表36-20是对各声级各工龄组听力损失的调查结果。

(2) 对人们正常生活的影响：噪声影响人们的正常生活，它妨碍人们休息、睡眠，干扰语言交谈和日常社交活动，使人们烦躁异常。一般40～50dB的噪声就开始对正常人的睡眠发生影响，据研究40dB的连续噪声级使10%的人受到影响；70dB即可影响到50%的人；突然噪声在60dB时可使70%的人惊醒。噪声除影响人们的休息、睡眠外，对谈话、听广播、打电话等都会带来一定的影响。噪声对谈话的干扰程度如表36-21所示。

(3) 对工作的影响：在嘈杂的环境中人们心情烦躁，工作容易疲劳。强噪声会妨碍人们的注意力集中，影响思考问题，致使工作发生差错。由于噪声的心理作用，分散人们的注意力，容易引起工伤事故。表36-22列出了噪声对工效影响的结果。

(4) 对身体健康的危害：长期暴露在强烈的噪声环境中还会引起其他心理作用，如恶心、呕吐、视觉模糊、胃部不适、血管扩张等等。但这些现象都是在产生噪声性耳聋的声级以上很多才能产生，所以如果能做好听力保护工作，其他生理作用就不会发生。

36.2.2 噪声的测量仪器与方法

36.2.2.1 噪声测量仪器（表36-23）

36.2.2.2 噪声测量的基本方法（表36-24）

表 36-20 各声级各工龄组 6 个频率听觉损失的百分率

噪声级 dB(A)	能进行正常交谈的最大距离 (m)	电话通话质量
45	10	很 好
55	3.5	好
65	1.2	较 困 难
75	0.3	困 难
85	0.1	不 可 能

表 36-21 噪声对谈话的干扰程度

来 源	国 际 统 计 ISO			国 内 统 计		
工龄（年） 耳聋 百分率（%） 噪声级 dB(A)	10	20	30	10	20	30
80	0	0	0	0.2～2	1.5～7.9	0.9～7.9
85	3	6	8	0.2～2.6	0.3～8	3.3～11.3
90	10	16	18	0.5～3.1	0.5～3.7	4.0～13.6
95	17	28	31	0～2.1	9.2～18	13.4～34.2
100	29	42	44	8.8～18	42～59.8	65.5～83.1
105	42	58	62	22.1～50.5	78.9～89.5	73.8～93

表 36-22 噪声对工效影响的研究结果

噪声效应	各声级 dB(A) 下的平均反应等级		
	50，55，60	65，70，75，80	≥90
对精神集中程度的影响	2.3	2.75	3.1
对动作准确性的影响	1.85	2.1	2.8
对工作速度的影响	2.0	2.3	2.8

表 36-23 噪声测量仪器

仪 器	用途与特点	基本原理
声级计	声级计是一种用来测量现场噪声级大小的基本测试仪器。声级计是由传声器、放大器、计权网络、指示表头等部分组成。其体积小，重量轻，便于携带。可应用于环境噪声、机械噪声、车辆噪声等测量。若将电容传声器换成加速度计，还可用来测量振动的加速度、速度和振幅	声压信号通过传声器被转换成电压信号，馈入放大器成为具有一定功率的电信号，再通过具有一定频率响应的计权网络，经过检波则可推动以分贝定标的指示表头
频率分析仪	频率分析仪是用来分析噪声频谱的仪器，它主要由测量放大器和滤波器组成。工厂噪声测量一般常用的滤波器有倍频程的和 1/3 倍频程的，如果对噪声源的频率成分进行更详细的分析以便加以控制，可用窄带频率分析仪	测量放大器的原理大致与声级器相同；滤波器是将复杂的噪声成份分成若干个宽度的频带，测量时只允许某个特定的频带声音通过，表头指示的读数是该频带的声压级
自动分析仪	在现场测量中为了迅速而准确地测量、分析和记录噪声频谱，分析仪与自动记录仪联用可将噪声频谱自动记录在坐标纸上	

表 36-23（续）

仪　器	用途与特点	基本原理
磁带记录仪	磁带记录仪又称录声机。在现场测量中如果没有频谱仪与自动记录仪，或在测量现场噪声时，往往不能直接使用频谱分析仪。可先用磁带记录仪把被测试的噪声记录下来，然后在实验室内用适当的仪器进行频谱分析。利用示波器还可以对录制在磁带上的脉冲声和间歇声进行波形观察	声压信号通过传声器被转换成电压信号，馈入放大器成为具有一定功率的电信号，再通过具有一定频率响应的计权网络，经过检波则可推动以分贝定标的指示表头

表 36-24 噪声测量的基本方法

测量条件	在进行噪声测量的过程中，要考虑测量的条件不受干扰。 本底噪声 本底噪声是指被测量的噪声源停止发声后的周围环境噪声。本底噪声应低于所测噪声 10dB 以上，否则应对所测噪声源声值进行修正。 现场反射声的影响 在传声器或声源附近如有较大的反射物时，会因反射声的加强而产生测量的误差。因此在噪声测量选点时，要将传声器尽量放在远离反射物的地方。 其他外界因素 如风、气流、温度、湿度、电磁场等都会影响噪声测量的准确性。当室外风或气流吹向传声器时，使传声器膜上的压力涨落而产生一种不正常的低频噪声，就会引起读数不准。在这种情况下，必须用防风罩将传声器罩起来。
测点选择	传声器与被测噪声源的相对位置对测量结果有显著影响，对于不同的测量目的选点的要求也不相同，测点选择的一般原则如下： 测量机械设备噪声时，一般宜选距机械表面 1m。若机械本身尺寸较小（如＜0.5m），则测点应距机械表面较近，如≤ 0.5m。对于大型机械设备、有危险的设备或噪声源强度大的设备，则测点位置可远点。 若现场条件复杂，如果反射声与本底噪声较强时，传声器可离机器近些。 当机械系统的各个噪声源相距较近时，如小型液压系统中的液压泵及其驱动电机是相邻很近的两个噪声源，测点宜距所需测量的噪声源很近（如 0.2 或 0.1m）。 测点应在所测机械的规定表面的四周均布，一般不应少于 4 点。如相邻测点测出声级相差 5dB（A）以上，应在其间增加测点。机械的噪声级应取各测点的算数平均值。 测点的高度一般以机器半高度为准，但最小要求距地面 0.5m 高，测量时传感器要对准机器表面。 测量空气动力设备的进排气噪声：进气噪声的测点应选在进气口轴向，与管口平面距离等于管口直径；排气噪声测点应放在排气管轴线 45° 方向上，与管口平面上外壳表面的距离等于管口直径。 为了研究机械噪声对操作人员的影响，可将测点选在工人经常所在的位置。传声器放在操作人员的耳位，以人耳的高度为准，选择数个测点，如工作台、机械旁等位置。 对于工厂附近的环境噪声，如果要了解某一设备对环境噪声的干扰，即从环境保护的观点测量噪声，则把测点选在需要了解的地点。为了防止反射声的干扰，选择距离墙面 2m，高度 1.2～1.5m 的位置，取数点进行测量。测量工作要在工厂机器正常运行时进行
测量的量与读数方法	工厂噪声测量的数据应以 A 声级为主要依据，同时把 C 声级记录下来作参考。如果为了控制噪声还要进行倍频程频谱分析，对于明显呈中低频特性的噪声及有调噪声，一般也应进行倍频程频谱分析。测量中心频率为 63，125，250，500，1000，2000，4000，8000 八个倍频程的声压级就够了。 读数方法，对于车间噪声测量一般使用慢档，环境噪声测量可使用快档。对于恒定的或随时间变化较小的稳态噪声应以观测时间内电表指针的平均偏转读出，观测时间一般为 2～5s，对于稳态噪声的偶然变化可以不考虑。对于不稳定的噪声，可按等效连续声级方法取读数
数据记录	现场测定后，应做好资料的记录工作。 噪声源的声级及各频带的声压级； 测量所用仪器的名称和型号； 测试对象的型号、功率等主要参数； 环境噪声及频谱，测试位置，测试环境（包括房间大小、室内吸声情况、周围机器大体分布情况）等； 气象条件，如风速、温度、湿度、气压等情况

36.2.3 木材工业中的噪声源

向外辐射噪声的振动物体被称为噪声源，声源有固体的、液体的和气体的。在木材工业中噪声源主要有机械性噪声与空气动力性噪声两大类。

36.2.3.1 机械性噪声源

木材加工企业有多种机械噪声，如削片机切削木材时的冲击声、锯机工作时的切削声、木工机械运转时零部件之间的撞击声等。当机器的零部件受到诸如撞击力、摩擦力、交变机械力或电磁力等的作用时，这些零部件就会形成一个振动系统，并向空间辐射噪声。这些机器的振动部分如外壳、轴杆、机架等，都可以看作是机械噪声源。

(1) 机械噪声（表 36-25）。

(2) 电磁噪声（表 36-26）。

(3) 液压系统的噪声（表 36-27）。

表 36-25 机械噪声

种类	特点	例子
撞击噪声	利用冲击力做功的机械会产生较强的撞击噪声	削片机切削木材时切削刀与木头的冲击
周期性作用力激发的噪声	旋转机械的作用力主要是周期性的，常见的周期力是由于转动刀轴、飞轮等转动系统的静、动态不平衡所引起的偏心力。不平衡的转动系统当其转速达到临界转速时，该系统自身便产生极大的振动，并将振动力传递到与其相连的其他部分，激起强烈的机械振动和噪声	若风机叶轮不平衡或某些叶片粘附有潮湿的木屑，当叶轮高速旋转时产生振动，并带动机壳发出噪声。铣床刀轴上的刀片若安装不正确，由于不平衡，刀轴运转时带动机架振动产生噪声
摩擦噪声	物体在一定的压力下相互接触并作相对运动时，则物体之间产生摩擦，摩擦力以反运动方向在作用面上作用于运动物体。摩擦会激发物体振动并发出噪声	木工带锯机工作时，锯条在下锯轮的带动下运转，其工作边受到拉力，非工作边受到压力。因锯条为弹性物体，所以锯条与锯轮之间产生弹性滑动，即主动下锯轮的运动速度高于锯条的运动速度，被动上锯轮的运动速度低于锯条的运动速度。锯轮与锯条之间相对滑动便产生摩擦噪声
结构振动辐射的结构噪声	机械噪声是由于机械振动系统的受迫振动和固有振动所引起的，其中主要的是固有振动。这种噪声以一个或多个固有振动频率为主要组成成份，振动系统的固有频率与其结构性质有关，故简称这种噪声为结构噪声	木工圆锯机工作时由于高速旋转的锯片周期性冲击与自激，引起锯片弯曲振动，从而产生噪声。特别当锯片的固有频率与锯片涡流分离的频率一致时，产生共振噪声
机械零件之间接触产生噪声	固体之间接触，如滚动接触、滑动接触和敲击接触，相互作用发出的声音。零件接触时，接触点上的噪声表现为高频，并且当接触振动传递到附近结构中的共振点时，往往表现为极尖锐的噪声	由于滚动轴承圈表面波纹而引起噪声。皮带轮机构的轮子与皮带之间存在不同的表面结构或形状误差产生噪声；啮合的齿轮对或齿轮组由于互撞和摩擦引起齿轮体的振动而辐射齿轮噪声

表 36-26 电磁噪声

种类	特点
直流电机的电磁噪声	不平衡的电磁力使电机产生电磁振动并辐射电磁噪声。如旋切机的直流调速电动机发出的电磁噪声
交流电机的电磁噪声	同步交流电机的电磁噪声特点与直流电机相同；异步交流电机的电磁噪声是由于定子与转子各次谐波相互作用而产生的，也称槽噪声，它的大小取决于定子与转子的槽配合情况
变压器的电磁噪声	变压器在运行中发出的“嗡嗡”声，是由于铁芯在磁通的作用下产生磁致伸缩性振动所引起的

表 36-27 液压系统的噪声

种类	特点
液压泵噪声： (1) 流体动力性噪声 (2) 泵的机械噪声	液压泵工作时连续出现动力压强脉冲，从而激发泵体和管路系统等部件振动，由此而辐射噪声。 由于泵体内传递的不平衡运动，形成部件间冲击力或摩擦力，引起结构振动而发声

种 类	特 点
阀门噪声	带有节流或限压作用的阀门是液体传输管道中影响最大的噪声源 当管道内流体流速足够高时，若阀门部分关闭，则在阀门入口处形成大面积扼流。在扼流区域流体流速提高而内部静压降低，当流速大于或等于介质的临界速度时，静压低于或等于介质的蒸发压力，则在流体中形成气泡。气泡随流体流动，在阀门扼流区下游流速渐渐降低，静压升高，气泡相继被挤破，引起液体中无规则压力波动。这种特殊的现象称为空化，由此而产生的噪声称空化噪声
管路噪声	液压系统的泵体噪声和阀门噪声主要沿管体传播并透过管道壁辐射出去，管道愈长愈粗，这种辐射也愈强 液体流经管道时，由于湍流和摩擦激发的压强扰动，也会产生噪声 管路设计不当，也能产生空化噪声

36.2.3.2 空气动力性噪声

高速气流、不稳定气流以及由于气流与物体相互作用产生的噪声，称为空气动力性噪声。

36.2.4 噪声控制的原理与基本方法（表36-29）

噪声对环境的污染和废水、废气、废渣有所不同，它是声源向空气中以弹性波的形式辐射出来的一种压力脉动，在环境中不积累、不持久，也不远距离扩散。对人的干扰是局部性的，当声源停止发声时噪声立即消失。只有当声源，声音传播的途径和接收者三因素同时存在，才对听者形成干扰。因此控制噪声必须从这三个方面去考虑，既要对其分别进行研究，又要将其当作一个系统综合考虑。既满足降噪量的大小，又符合技术经济指标合理性，权衡利弊研究一个比较合理的解决方案。空气动力噪声见表 36-28。

表 36-28 空气动力噪声

	特 点	例 子
风机噪声： (1) 旋转噪声 (2) 涡流噪声	旋转噪声是由于风机的旋转叶片周期性地打击空气质点，引起空气压力脉动产生的噪声 风扇叶片在旋转时，使周围气体在叶片后面产生涡流，形成压缩与稀疏过程而产生涡流噪声	木材工业气力输送与除尘设备中大量使用的风机和带有各种结构形式冷却风扇的设备（如电动机）
喷射噪声	气流从管口以高速喷射出来，由此而产生的噪声	如气动控制设备中使用的空压机等
周期性排气噪声	当气缸排气时，气体以脉冲形式迅速经排气口冲入大气，产生能量大、成分多的排气噪声	人造板贴面生产线中的真空吸盘

表 36-29 噪声控制原理与方法

方 法	措 施
降低声源噪声	1. 对机械噪声源 研制和选用低噪声的机械设备； 改进生产加工工艺； 提高机器的加工精度及装配精度，平时注意检修，减少撞击与摩擦。 2. 对气流声源 根据发生机理采用适当的消声措施； 高压、高速管道的辐射噪声要从降低压差和流速或改变高温、高速、高压气流喷嘴的形状去考虑； 一般风机应从改进结构形式，选择最佳叶型，确定合理转速，提高加工精度和装配质量等办法减低声源噪声强度。
在传播途径上控制噪声	1. 在总体设计上要布局合理 在规划上尽量把高噪声的工厂或车间与居民区分隔开，防止相互干扰； 在厂址的选择上，把噪声级高、污染面积大的工厂、车间或作业场所建立在比较边远的偏僻地区，使噪声最大限度地随距离自然衰减； 将工厂车间内部的强噪声设备与其他一般生产设备分隔开来，或将各车间同类型的噪声源如空压机集中在一个空压机房内。这样不仅防止声源过于分散、扩大噪声的污染面，同时也便于采取声学技术措施进行集中处理。

表 36-29（续）

方 法	措 施
在传播途径上控制噪声	2. 利用屏障阻止噪声传播 可以利用天然地形如山岗、树木、草丛或已有的建筑屏障等有利条件，阻断或屏蔽一部分噪声的传播； 如把噪声严重的工厂、施工现场或交通道路的两旁设置足够高度的围墙或屏障，可以减弱声音的传播。 3. 利用声源的指向性来控制噪声 对于环境污染面大的高声强声源，如果在传播方向布置得当，也会有显著的降噪效果。如①将车间内小口径高速排气管道引出室外，向上空排放，可改善室内的噪声环境；②工厂中使用的各类风机的进、排气噪声大都有明显的指向性，如果把排气管道与烟道或地沟连接起来，可以减少噪声对环境的污染
常用的声学技术措施	1. 吸声处理 采用吸声材料如玻璃棉、泡沫塑料、木丝板等布置室内或制成悬挂空间的吸声体，可将室内的反射声吸收，降低室内噪声，适用于高频噪声。 对于低频噪声，可采用多孔板共振吸声结构或微孔板吸声结构，有较好的吸声效果 2. 消声处理 消声是消除空气动力性噪声的方法。将消声器安装在空气动力设备的气流通道上，就可以降低这种设备的噪声。如各种风机、空压机、内燃机的进排气消声器 3. 隔声处理 在许多情况下，可以把发声物体或需要安静的场所封闭在一个小的空间中，使它与周围环境隔绝，这种方法叫隔声。典型的隔声措施有隔声罩、隔声间、隔声屏。 4. 隔振与阻尼 为了减小机器振动通过基础传给其他建筑物，通常的办法就是防止机械基础与其他结构的刚性连接，这种方法叫基础隔振。主要措施有： 在机器基础与其他结构之间铺设具有一定弹性的软材料，如橡胶板、软木、毛毡、纤维板等； 在机器上安装设计合理的减振器； 在机器周围挖设一定深度的隔振沟
对接收者的防护	当在声源传播途径上无法采取措施，或采取了声学措施仍不能达到预期效果时，就要对工人进行个人防护：1.限制工作时间；2.配带防护用品，如耳塞、耳罩、头盔等

36.2.5 典型木材加工设备

36.2.5.1 木工圆锯机

木工圆锯机是目前应用最为广泛的一种木工机床，但其噪声响度大、频率高、声音刺耳，是制材、木材加工车间的主要噪声源。其空载噪声一般在 76～96 dB（A），负载噪声达 90～107 dB（A）。见表 36-30。

表 36-30 木工圆锯机的噪声控制

产生噪声的主要原因	噪声控制的途径
锯片高速旋转时扰动周围空气，形成疏密变化的弹性波，从而产生空气动力性噪声。主要有三种类型： 1. 高速旋转的锯片上的锯齿周期性地拍击周围空气质点，引起空气压力波动，从而产生齿间噪声 2. 锯齿高速旋转时在锯片边缘形成不规则界面层分离而产生涡流，这些涡流的产生与分裂引起锯片振动及空气振动，从而产生涡流噪声 3. 锯片高速旋转时，使每一个齿尖产生单源辐射流，并周期性地通过工作台上的锯缝向外排放，气流压力发生变化，从而产生排气噪声	1.选择合理的锯片结构参数 在不影响锯切性能的条件下，尽量减小齿高； 合理设计齿槽面积； 在一定范围内减少锯齿数量； 在满足切削工艺要求的情况下，尽量减小锯片直径，降低切削速度。确定最佳锯片厚度。 2. 在锯片的两侧或一侧装设“制流控制板”，其作用是限制锯齿边的空气涡流的形成，吸收锯片的振动并起到吸声作用。可使圆锯机降噪达 20～25 dB（A）之多。 3. 在圆锯机工作台面的锯缝两侧的盖板上开设齿形扩压孔，可降低气流噪声。降噪量达 15 dB（A）左右

表 36-30（续）

产生噪声的主要原因	噪声控制的途径
锯片振动噪声 由于高速旋转的锯片周期性冲击与自激，引起锯片弯曲振动，从而产生噪声。特别是当锯片的固有频率与锯片涡流分离的频率一致时产生共振噪声	1. 在锯片上开减振槽，可使锯片的固有频率改变并减弱锯片的振动。使用减振槽可获降噪 2～4dB（A）的效果。 2. 在锯片的一侧粘接金属阻尼片，锯片高速旋转时产生的振动使阻尼片弯曲变形，锯片与阻尼片之间便产生剪切应力，这种剪切力使阻尼片与锯片之间产生摩擦与位移。这样就把一部分振动机械能转变为阻尼材料的分子热运动，以热能的形式向四处耗散。于是阻尼片就从锯片上吸收了振动能，从而降低了噪声。 3. 采用阻尼锯片夹盘并适当加大夹盘直径，有利于抑制锯片振动，提高锯片刚度，达到降噪目的。 4. 在锯机上安装具有吸振材料或具有吸振性能的锯片振动抑制器，可控制锯片振动的噪声。这种抑制器有磁力、水力、气力和机械压力式等多种形式
机械噪声 由于高速旋转的主轴不平衡引起整机振动，激发周围空气，从而产生机械振动噪声 由于整机结构刚度不足，声源振动通过一定传递路线诱发具有较大辐射面的构件向外发出二次噪声	1.校正主轴动平衡； 2.调整主轴承，使径向跳动及轴向窜动在 10 μ m 以内； 3.采用减振基础
圆锯机负载的情况下锯齿与木料的撞击及木料断裂引起周围空气振动从而产生冲击噪声与断裂噪声	在不影响圆锯机工作与工人操作的前提下进行吸声与隔声处理。圆锯机的隔声罩通常是以钢板制成罩壳，内衬以 20～30 mm 的聚氨酯泡沫塑料。隔声罩分上、下两部分，为了适应锯切不同厚度的工件，上部隔声罩应做成可调式。通过吸声、隔声处理，可使整机降噪 6 dB（A）左右

36.2.5.2 木工带锯机

木工带锯机是制材加工的主要设备，也是木材加工企业的主要噪声源之一。一般锯轮直径在 1000 mm 以上的木工带锯机，其空转噪声达 94～97dB(A)，负载时噪声高达 101～106dB（A）。通过降噪综合治理后，空转噪声可控制在 70～80dB(A)，负载噪声可控制在 81～85dB(A)。木工带锯噪声控制见表 36-31。

表 36-31 木工带锯的噪声控制

产生噪声的主要原因	噪声控制的途径
幅条式上锯轮高速回转时产生的空气动力性噪声，即锯轮幅条搅动空气产生的气流旋转噪声、涡流噪声等	1. 将带锯机的幅条式上锯轮改制成幅板式锯轮（整体铸造式或盖板式结构），可使整机降噪 3 dB（A）左右。 2. 在上锯轮进、出气口安装微孔共振器，利用共振吸声原理吸收噪声，可使整机降噪 2～3 dB（A）
锯机运行时，锯条的横向振动产生噪声，其主要原因是： 1. 锯条的紧边、松边受力不均匀使其振动； 2. 锯轮与锯条的加工精度不高，使锯条在运行时产生振动； 3. 高速运转锯条的锯齿产生空气涡流和涡流分裂，造成空气对锯条的压力变化，而使其振动	1. 在锯条紧边采用阻尼锯卡，即将原来的硬木导向锯卡改用阻尼锯卡，如磁性锯卡、气动锯卡、毛毡锯卡等。 2. 在锯条紧边采用移动式阻尼导板。 3. 在锯条松边采用弹性压紧式阻尼控制器或阻尼导板。 通过以上方法可以有效抑制锯条的横向振动，使整机降噪 2～4 dB（A）
锯条与锯轮的接触、摩擦、冲击产生的噪声	在锯轮的绕带表面加工出螺旋槽，将由高分子材料制成的高强度圆形带绳缠绕在锯轮表面的螺旋槽内，带轮略突出轮缘表面形成排气槽。这种结构可降低锯条与锯轮的摩擦与冲击，同时还能减小锯条的振动与锯轮旋转时的排气强度。可使整机降噪 4～6 dB（A）
在锯机噪声的传播途径上采用声学技术措施	目前使用的锯罩多数是由薄钢板内衬木板制成的，隔声效果差。若改用内衬为 30～50 mm 厚的泡沫塑料并处理好周边缝隙，可达到整机降噪 6 dB（A）的效果；若改用双层穿孔板结构的锯罩，在穿孔板与底板之间填充超细玻璃丝棉，可使整机降噪 10～20 dB（A）

36.2.5.3 木工平刨床

木工平刨床是木制品车间的主要生产设备，其空载噪声一般为80～93dB（A），负载噪声达90～104dB（A）。通过处理后可降至空载为76dB（A）左右，负载时82～85dB（A）。木工平刨床的噪声控制见表36-32。

36.2.5.4 木材工业中的气力输送装置（表36-33）

表36-32 木工平刨床的噪声控制

产生噪声的主要原因	噪声控制的途径
平刨床的空气动力性噪声主要包括下面三个方面： (1) 刀轴高速旋转时，由于伸出刀轴体的刀片周期性搅动周围空气，引起空气压力波动，产生气流噪声； (2) 高速旋转刀轴形成的气流沿着后工作台刀口板端部斜面与旋转刀片之间形成的缝隙排除，高速、高压的气流在此部位形成排气噪声； (3) 对于普通的直刀片刀轴，其压块与刀轴体之间存在一狭长的凹槽。刀轴旋转时，凹槽内便形成空气涡流，由此而产生涡流噪声	1. 适当降低刀轴转速，增加刀片数量。 2. 平刨床的前后刀口板开消音槽、消音孔或适当加大工作台面刨口的开口量，可降低排气噪声。 3. 将刀轴改成螺旋装刀片结构或整体螺旋刀轴，可降噪15～20dB（A）。 4. 将装刀后压块在刀轴体上留下的凹槽封闭或填实，可降低由此产生的涡流噪声
平刨床的结构振动噪声的主要振源有： (1) 高速旋转的刀轴在运转过程中由于刀轴部件的振动而直接辐射出噪声。同时刀轴的振动是按一定的路线传递给其他构件如工作台等，引起这些构件的振动而间接辐射出噪声； (2) 在切削过程中，刀片周期性地接触工件表面时产生碰撞与冲击，引起工件振动而产生噪声	1. 将刀轴部件整体动平衡处理，同时提高轴承精度和机床安装精度。 2. 将吸声材料（如毛毡、泡沫塑料或其他粘弹性阻尼材料）粘贴在刀口板下方，或用橡胶板制成挡屑板，可以起到吸声与减振的作用，一般可降噪2dB（A）左右

表36-33 气力输送装置的噪声控制

产生噪声的主要原因	噪声控制的途径
风机的噪声： 在气力输送装置中，风机是最主要的噪声源，一般风机噪声的声功级都要超过100dB（A），有的甚至超过120dB（A）。风机产生的气流性噪声主要表现为旋转噪声和紊流噪声两种形式。在木材工业气力输送系统中，物料与叶片及机壳的撞击仍为风机的一个很重要的噪声源	首先要正确选用风机，在木材工业气力输送系统中，要求叶轮结构型式对物料通过性能好；参数选用时尽可能选择较低转速的风机。对于风量、风压高，噪声严重的风机，应综合治理。如风机安装时采用弹性减振基础；在风机的进出口上管道的连接处加装减振套管；整台风机封闭在一个隔声室中，隔声室的内壁填以吸声材料
管路系统的噪声： 管路系统中产生的噪声主要是气动噪声，即不稳定的混合气流对管路系统形成的脉动作用力使管路振动引起噪声，以及由于管路截面变化和流动方向改变造成紊流产生噪声。在气力输送系统中一些构件（如三通、弯管、聚集器、旋风风离器等）选用不合理，也会加大噪声	1. 管径：一般地说，管径大些，管中的气流速度低，噪声就会小些。但管径的选择主要从输送物料的工艺性及造价上综合考虑。原则上讲，要减少噪声应保证管道中混合气流的流速均衡。一种较为有效的方法是采用变截面管道来保证气流速度一致，减少管道中紊流，起到降噪作用。 2. 管长：为了防止管路振动，在系统设计时应避免选用共振管长，或确定合理的管道支承位置以避开共振管长。 3. 弯管：为了减少弯管内壁产生的涡流，弯管的折片数应等于6片，弯管的内壁应光滑，弯管半径对于吸尘系统R=2d；对于输送系统R=5～12d。 4. 三通管：为了避免气流在三通中汇合时的强烈冲击，三通的两支管汇合角度要小于8°。支管到汇合点要保证过渡长度≥3d；合流后管长应≥2d。 5. 旋风风离器：应根据所输送物料的种类、浓度、气流量等正确选用分离器，应控制分离器的进口流速在12～25m/s的范围内

36.3 人造板甲醛散发处理

36.3.1 人造板甲醛

36.3.1.1 甲醛的应用与危害

甲醛，又称蚁醛，化学分子式为：HCHO，分子量30.03，有刺激性气味。易溶于水、醇和醚。其35%～40%的水溶液称福尔马林，此溶液在室温下极易挥发，加热更甚。

甲醛是化学上最简单而工业上最重要的脂肪族醛。一百多年来人们生产并在工业上广泛使用甲醛，尤其因为甲醛的化学反应性强，而且价格便宜，所以它在有机合成中起着重要的作用，在无数工业分支中被广泛用作化学试剂。

甲醛在人体内可转化为甲醇，甲醛与蛋白质反应生成不溶的物质，而且该反应是不可逆的，因而甲醛对人体有较大的毒害。长期大量的研究表明：甲醛对人体的许多器官（如视觉、嗅觉、呼吸、消化和中枢神经等）有影响。甲醛对皮肤和黏膜有强烈的刺激作用，长期接触低浓度甲醛会出现眼睛干涩、鼻炎、气管发炎、头痛、恶心、软弱无力、皮肤干燥以及哮喘等症状；长期在较高浓度甲醛环境中生活和工作的人，会出现丧失食欲、体重减轻、持久性头痛、心悸和失眠等症状，有时甚至会引起肺癌和肝癌。尤其对老人、小孩以及曾经患有哮喘、过敏和肺部疾病的人危害性更大。

36.3.1.2 人造板甲醛散发产生的原因

人造板生产过程中，甲醛的来源有两个：一个是木材原料本身含有少量甲醛，另一个就是甲醛系胶黏剂中未参与化学反应的那部分游离甲醛。其中，木材原料中所含甲醛量很少，并随树种不同而有所差异，穿孔法测试一般不超过3mg/100g，所以对产品的甲醛散发影响不大，可以忽略不计。人造板产品中的甲醛主要来源于生产人造板所使用的胶黏剂中所含的游离甲醛，因此，胶黏剂中游离甲醛的含量对于人造板产品的甲醛散发起着至关重要的作用，尤其当使用较高摩尔比配方的脲醛树脂时，树脂溶液中的游离甲醛含量也会很高，这些游离的甲醛虽然在人造板生产过程中会挥发掉一部分，但仍有相当一部分会残留于最终产品中，成为人造板产品的甲醛散发源。由于脲醛树脂具有价格便宜、固化速度快、胶合性能好等特点，已成为人造板工业最为常用的一种胶黏剂。目前，我国绝大多数的人造板产品都是采用脲醛树脂生产的，因此，我国人造板的甲醛散发问题不容忽视。

36.3.1.3 有关甲醛散发的国内外标准

1. 国内标准

我国目前在室内装饰装修用人造板（刨花板、中密度纤维板、胶合板、细木工板）及其制品（包括地板、墙板等）中甲醛释放量的指标值、试验方法和检验规则均有明确的规定（GB18580-2001）。具体详见表36-34。尤其对胶合板、细木工板的最低甲醛释放限量增加了E_0（≤0.5mg/l）的规定。

2. 国际标准

(1) 欧洲标准：在欧洲，依照板子甲醛散发量的高低，通常将人造板划分为二个等级（E_1～E_2），划分的标准见表36-35。德国有关部门规定，E_1级板可以直接用于建筑和室内装修，E_2级板必须经过专门处理后使其甲醛散发等级达到E_1级后方可用于室内，测试方法一般采用穿孔法。

(2) 日本标准：采用干燥器皿法进行测试，标准规定值如表36-36所示。

表36-35 欧洲中密度甲醛散发量标准

等 级	甲醛散发允许值	
	穿孔值（mg/100g）	气体分析值（mg/m^3）
E_1	＜8	≤0.124
E_2	≤30	＞0.124

表36-36 日本人造板甲醛散发量标准

等 级	平均值（mg/l）	最大值（mg/l）
F☆☆☆☆	＜0.3	＜0.4
F☆☆☆	＜0.5	＜0.7
F☆☆	＜1.5	＜2.1
F☆	＜5.0	＜7.0

表36-34 人造板及其制品中甲醛释放量试验方法及限量值

产品名称	试验方法	限量值	使用范围	限量标志[①]
中密度纤维板、高密度纤维板、刨花板、定向刨花板等	穿孔萃取法	≤9mg/100g	可直接用于室内	E_1
		≤30mg/100g	必须饰面处理后可允许用于室内	E_2
胶合板、装饰单板贴面胶合板、细木工板等	干燥器法	≤1.5mg/l	可直接用于室内	E_1
		≤5.0mg/l	必须饰面处理后可允许用于室内	E_2
饰面人造板（包括浸渍纸层压木质地板、实木复合地板、竹地板、浸渍胶膜纸饰面人造板等）	气候箱法[②]	≤0.12mg/m³	可直接用于室内	E_1
	干燥器法	≤1.5mg/l		

注：①仲裁时采用气候箱法

②E_1为可直接用于室内的人造板，E_2为必须饰面处理后允许用于室内的人造板

36.3.2 人造板甲醛散发的测试方法

目前在世界范围内，有关人造板甲醛散发的测试方法分为试验室法和测试室法两大类，共10余种方法（表36-37），这些方法中，有的已被某些国际组织或国家列为官方标准，有的仅作为科技人员的研究手段。现主要介绍几种在国际上具有权威性而又较常用的测试方法。

36.3.2.1 穿孔法

1.概述

穿孔法是当今世界上应用最为普遍的测试人造板甲醛散发的基本方法。在许多国家已经将穿孔法列为国家标准测试方法。我国颁布的刨花板和中密度纤维板检测标准中都规定用穿孔法进行甲醛散发量的测试。

穿孔法的基本原理如下：将溶剂甲苯与试件共热，通过液—固萃取使甲醛从试件中分解出来混合于甲苯之中，继而将溶有甲醛的甲苯再通过穿孔器与蒸馏水进行液—液萃取，把甲醛转溶于水中。将溶有甲醛的水溶液用碘量法定量分析。以mg/100g板表征穿孔法的测试结果。

2. 操作步骤

(1) 测试仪器：穿孔法的测试装置如图36-38所示。该仪器由专门机构监制和指定的玻璃仪器厂生产。

(2) 试件截取：被测板子必须是热压后冷却的产品。试件包括用穿孔法测甲醛散发和测含水率的两部分试件。尺寸均为25mm × 25mm × 厚度。试件应当在距板子边缘500mm范围内截取。试件截取后要尽可能立即进行试验，或者用塑料袋密封起来存于室温下。穿孔测试和含水率测试所需的试件总量约400g。

(3) 穿孔测试：取100g（精确到0.1g）左右试件放入容量为1000ml的烧瓶中，再往瓶中倒入600ml甲苯（分析纯），将装有甲苯和试件的烧瓶与穿孔仪器的接头相连。为保证密封，通常在接头磨口处涂上润滑剂。把烧瓶落入可无级控温的圆形电炉中，使瓶底与炉壁稳妥接触，既不能悬空也不可压得过紧。在萃取器内加入1000ml蒸馏水，保持液面与穿孔器的回流管有10～20mm的间距。冷凝器通上自来水。为了尽可能收集到逸出的甲醛气体，须在接收瓶中加入100ml的蒸馏水，并将气体接收管置于蒸馏水液面以下。

接通加热电炉的电源开始升温，烧瓶内甲苯逐步加热至沸腾形成甲苯蒸汽。从试件中分解出来的甲醛混合于甲苯蒸汽中，并沿着穿孔器外侧的支管上升，到达冷凝区后又变成液体并滴入穿孔器杯口内，通过玻砂过滤进入萃取管的蒸馏水中，甲醛溶解于水中，甲苯因比重比水小而浮于水面，当甲苯液面到达溢流管位置时开始回流。整个回流过程持续2h。一般当发现冷凝管上第一滴甲苯滴下时作为萃取的开始时间，通常在加热后20～25min时出现。及时调整电炉温度，使回流速度保持稳定。在整个抽提过程中不允许气体接收器前置瓶中的水倒流进入穿孔器，并要保持烧瓶内甲苯在一定液位线上。

萃取结束后停止加热，移开电炉，让测试仪器迅速冷却，此时三角烧瓶中的液封水会通过冷凝管回到穿孔器中，起到洗涤仪器上半部的作用。待穿孔器中的蒸馏水冷却至20℃后，从下部的排放旋塞将溶有甲醛的蒸馏水放入2000ml的容量瓶中，放液时切勿将浮于水面的甲苯混入容量瓶中，如不慎误入，可用吸管小心地将甲苯吸去。用200ml蒸馏水分两次洗涤仪器，将洗涤液倒入甲醛溶液瓶中，最后在甲醛溶液

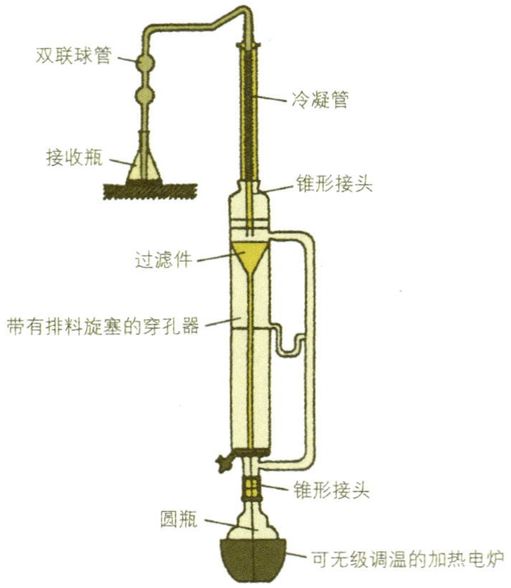

图36-38 穿孔法甲醛散发测试装置

表36-37 人造板甲醛散发量的测试方法

方法名称	提出人或出处	备　注
1. 实验室法		
穿　孔　法	FESYP	世界各国通用
WKI 法	WKI 木材研究所	德国标准
Roffael 法	Roffael	荷兰标准
气体分析法	FESYP	德国标准
缝隙抽吸法	H · R Mohl	
干燥器法	JIS A 5908-2003	日本标准
Stoger 法	Stoger	
微量扩散法	Pluth	
风　道　法	Kazakevics etc.	
Fahrni 法	Brunner	
TNO 气体分析法	CHR 丛书 78-4	荷兰标准
双　缸　法	Skiest	美国标准
空气循环法	周定国等	
2. 测试室法		
$1m^3$ 测试室法	WKI 木材研究所	
$20m^3$ 测试室法	BAM 木材研究所	
3. MEST 法		
$20m^3$ 测试室法	美国胶合板协会	美国标准
$40m^3$ 测试室法	德国建筑统一技术委员会	德国标准

的容量瓶中加入蒸馏水至刻度线，加盖后置于阴暗处待测。

将穿孔器中的甲苯和烧瓶中的甲苯一起倒入废甲苯收集容器，因甲苯对人体和环境有害，切不可随意倾倒，应将其全部回收后集中进行处理，亦可经蒸馏脱水后重复使用。萃取后的废试件也应统一进行妥善处理。

用蒸馏水反复冲洗试验仪器，连接磨口要涂上润滑油，按照顺序放置好各个零部件，以便下次使用。

(4) 含水率测试：按照穿孔值表示法（每100g绝干试件中所含的甲醛mg数），必须测出被测试件的含水率。此项测试根据刨花板或中密度纤维板标准中含水率的测试方法进行。

(5) 甲醛定量分析：用碘量法对甲醛进行定量分析，具体操作程序如下。

从2000ml容量瓶中，准确吸取100ml萃取液于500ml碘量瓶中，从滴定管中精确加入0.01mol/l的碘标准溶液50ml，立即倒入1mol/l的氢氧化钠20ml，摇匀加塞液封后静置暗处15min，取出并加入1：1硫酸10ml，即以0.01mol/l的硫代硫酸钠标准溶液滴定到棕色褪尽至淡黄色，加0.5%淀粉指示剂1ml，继续滴定至溶液变为无色为止，记录下0.01mol/l硫代硫酸钠标准液的用量。同时用同样体积的蒸馏水进行空白试验，并记录下空白试验所消耗的0.01mol/l硫代硫酸钠标准液的量。每种吸收液须滴定两次，平行测定结果所用的0.01mol/l硫代硫酸钠标准液的量，相差不得超过0.25ml，否则需重新吸样滴定。

如果板子的甲醛散发量高，则滴定时吸取的萃取液的用量可以减半，但必须加蒸馏水补充到100ml后进行滴定。

(6) 穿孔值计算：穿孔值用以下公式计算（精确到0.1mg）

$$E=\frac{0.003(B-A)(100+U)}{M}$$

式中：E——被测试件的甲醛散发量，mg/100g

B——空白试验所消耗的0.01mol/l硫代硫酸钠标准液的量，ml

A——萃取液试验所消耗的0.01mol/l硫代硫酸钠标准液的量，ml

M——试件的湿重，g，精确至0.1

U——试件含水率，%

36.3.2.2 光度法

标准曲线：标准曲线是根据甲醛溶液绘制的，其浓度用碘量法测定（图36-39）。标准曲线至少每周检查一次。

(1) 甲醛溶液标定

把大约2.5g甲醛溶液（浓度35%～40%）移至1000ml容量瓶中，并用蒸馏水稀释至刻度。甲醛溶液浓度按下述方法标定：

量取20ml甲醛溶液与25ml碘标准溶液（0.1mol/l）、10ml氢氧化钠标准溶液（1mol/l）于100ml带塞三角烧瓶中混合。静置暗处15min后，把1mol/l硫酸溶液15ml加入到混合液中。

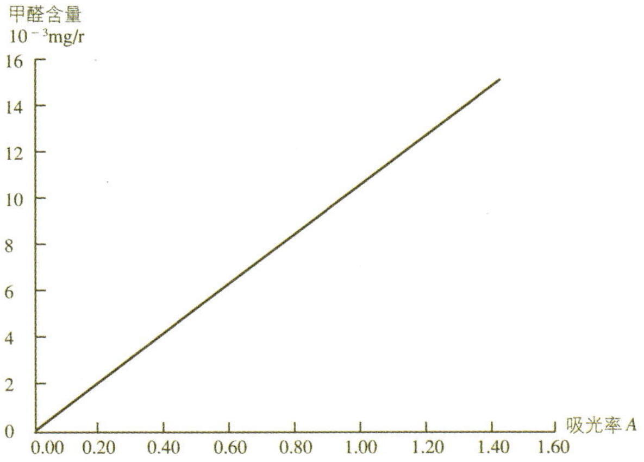

图36-39 标准曲线

多余的碘用0.1mol/l硫代硫酸钠溶液滴定，滴定接近终点时，加入几滴0.5%淀粉指示剂，继续滴定到溶液变为无色为止。同时用20ml蒸馏水做平行试验。甲醛溶液浓度见下式：

$$c_1(\mathrm{HCHO})=(V_0-V)\times 15\times c_2\times 1000/20$$

式中：c_1——甲醛浓度，mg/l

V_0——滴定空白液所用的硫代硫酸钠标准溶液的体积，ml

V——滴定甲醛溶液所用的硫代硫酸钠标准溶液的体积，ml

c_2——硫代硫酸钠溶液的浓度，mol/l

15——甲醛（$\frac{1}{2}CH_2O$）摩尔质量，g/mol

注：1ml0.1mol/l硫代硫酸钠相当于1ml0.1mol/l的碘[$c(\frac{1}{2}I_2)$]溶液和1.5mg的甲醛。

(2) 甲醛校定溶液

按(1)中确定的甲醛溶液浓度，计算含有甲醛15mg的甲醛溶液体积。用移液管移取该体积数到1000ml容量瓶中，并用蒸馏水稀释到刻度，则1ml校定溶液中含有15μg甲醛。

(3) 标准曲线的绘制

把0，5，10，20，50和100ml的甲醛校定溶液分别移加到100ml容量瓶中，并用蒸馏水稀释到刻度。然后分别取出10ml溶液，按上述方法进行光度测量分析。根据甲醛浓度（0～0.015mg/ml之间）吸光情况绘制标准曲线。斜率由标准曲线计算确定，保留四位有效数字。

量取10ml乙酰丙酮（体积百分浓度0.4%）和10ml乙酸铵溶液（质量百分浓度20%）于50ml带塞三角烧瓶中，再准确吸取10ml萃取液到该烧瓶中。塞上瓶塞，摇匀，再放到（40±2）℃的恒温水浴锅中加热15min，然后把这种黄绿色的溶液静置暗处，冷却至室温（18～28℃，约1h）。在分光光度计上412mm处，以蒸馏水作为对比溶液，调零。用厚度为0.5cm的比色皿测定萃取溶液的吸光度A_s。同时用蒸馏水代替萃取液作空白试验，确定空白值A_b。

甲醛释放量按下式计算（精确至0.1mg）

$$E=\frac{(A_s-A_b)\times f\times(100+H)\times V}{M_0}$$

式中：E——每100g试件释放甲醛毫克数，mg/100g

A_s——萃取液的吸光度

A_b——蒸馏水的吸光度

f——标准曲线的斜率，mg/ml

H——试件含水率，%

M_0——用于萃取试验的试件质量，g

V——容量瓶体积，2000ml

一张板的甲醛释放量是同一张板内二个试件甲醛释放量的算术平均值。精确至0.1mg。

36.3.2.3 气体分析法

1. 概述

气体分析法最早是由欧洲刨花板工业联合会（FESYP）提出来的，经过不断的完善和改进，现已被列入德国的检测标准（DIN52368）。联邦德国材料研究所（BAM）和WKI木材研究所在测试人造板的甲醛散发量时都经常用到气体分析法。穿孔法和气体分析法是欧洲国家应用最普遍的测量人造板甲醛散发量的两种方法。

气体分析法对被测产品的适应性比较广，一些不适于用穿孔法或其他方法测试的人造板往往可以用气体分析法来检测。胶合板、刨花板、中密度纤维板以及三聚氰胺浸渍纸均可用气体分析法来测试其甲醛散发量。

气体分析的工作原理如下：

将预热至60℃的稳定空气流（60L/h）持续送入金属圆管中，管内放有试件，从试件中散发出来的甲醛混合于热空气中。含有甲醛的热空气通入4组并联的洗瓶中，每1h自动切换一次。用碘量法或光度分析法定量分析吸收液中的甲醛。考虑到第1h因温度等因素导致散发出来的甲醛量波动较大，计算时舍弃不用。以第2～4h的3组气洗瓶收集到的甲醛除以试件的表面积和3个h，按每单位试件表面积每小时散发的甲醛[mg/（h·m²）]作为气体分析法的测试结果。

2. 操作步骤

(1) 仪器：气体分析法测试仪器如图36-40所示：

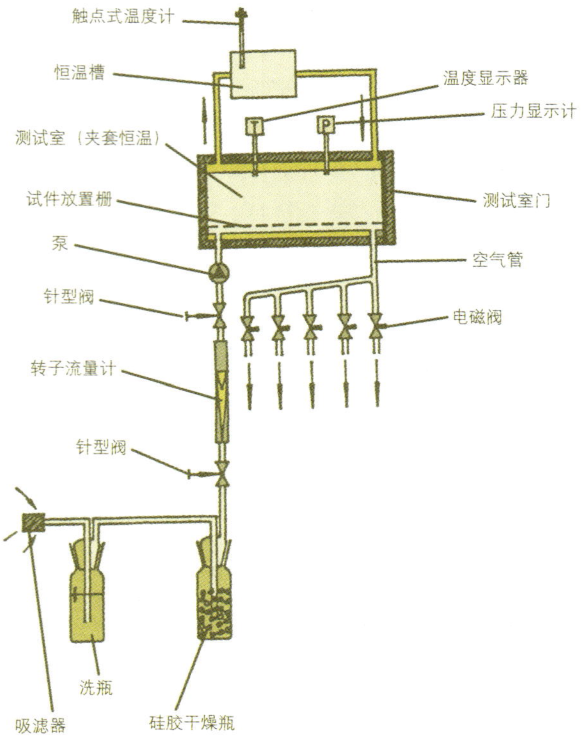

图36-40 气体分析法测试仪器

(2) 试件截取：试件应当在距板子边缘500mm范围内截取。试件尺寸为400mm × 50mm ×厚度（最厚不超过60mm）。另有25mm × 25mm ×厚度的小块试件用于含水率测定。每次气体分析法测试，需大尺寸试件3块，小块试件6块，板子试样切割后应立即裁割成试件，并用塑料袋封好存于室温下。

(3) 气体分析测试：将试件置于测试室内的试件架上，开启加热通风电源，测试室温度逐步升高直至达到60℃。热风（60L/h）持续地流经试件，并通过装有蒸馏水的串接的两个洗瓶排入大气（共有并联的4组洗瓶，每组洗瓶包括两只串联的洗瓶，每只洗瓶容量为100ml，内装20ml蒸馏水作为吸收液）。

空气进入测试室前先经过净化和硅胶干燥器除湿。由一个热水环流的反应管负责加热作为介质的空气。与此同时，热水也使测试室夹套内保持加热状态，这样做的结果可以确保在60℃条件下，反应管表面温度与热空气载体温度之间的平衡误差在0.5K左右。

测试过程为4h，由试件中散发出来的甲醛混合于热空气中经过洗瓶时为蒸馏水所吸收，每1h由电磁阀自动切换到另一组洗瓶。

试验结束后，把每1h收集到的蒸馏水吸收液准备好进行甲醛定量分析。

(4) 甲醛定量分析：气体分析法的甲醛定量方法可以用碘量法，也可以用光度分析法，比较而言后者更为合理一些。

将每组的吸收液（共40ml）倒入250ml的容量瓶中，然后加蒸馏水至刻度线，用光度分析法测定其甲醛含量。因第1h的测试条件还未稳定，其结果不具代表性，故应舍去，仅将2～4h的3组吸收液中的测定结果纳入计算范围。

(5) 气体分析值计算：气体分析值的计算根据甲醛光度分析法的标定曲线进行，具体步骤如下

$$C = a + (b \cdot E)$$

式中：C——甲醛含量，mg

E——在412nm处的消光值

b——在412nm处标定曲线的斜率

a——空白试验的结果，mg

则每h试件散发出来的甲醛量为

$$C' = 25[-a + (b \cdot E)] \quad (\text{mg})$$

计算出 2～4h 的 3 组吸收液的甲醛量，取其平均值后，再除以参与试验的试件表面积，便得到了气体分析法的测试结果。

$$C'' = \frac{1}{S} \cdot \frac{1}{3}\left(C'_2 + C'_3 + C'_4\right) \quad [\text{mg/(h} \cdot \text{m}^2)]$$

式中：C'' ——单位表面积的试件单位时间内甲醛散发量，mg/(h · m^2)

S —— 被测试件的表面积，m^2

C'_2、C'_3、C'_4——分别为第 2、3、4h 的吸收液中的甲醛含量，mg

36.3.2.4 干燥器法

1. 概述

干燥器法是一种已列入日本工业标准（JIS-A-5908-1986）的测试方法。在我国对日本的进出口人造板贸易中，经常有用于干燥器法测试甲醛散发量的合同条文。干燥器法在国际上也是一种比较普遍使用的甲醛测试方法。

干燥器法的测试装置如图 36-41 所示。

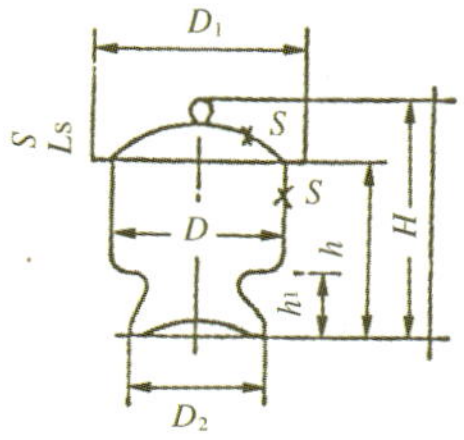

（a）玻璃干燥器

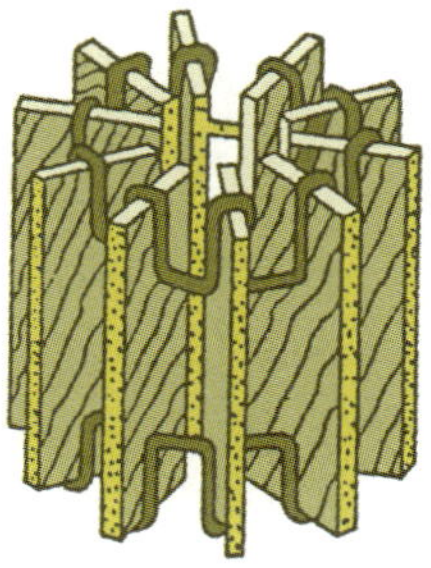

（b）试件架

（c）装有试件正在试验的干燥器

图 36-41 干燥器法测试装置

2. 操作步骤

取尺寸为 50mm × 50mm × 厚度的试件 7～10 块，放在试件架上，再将试件架放入干燥器中。干燥器内径为240mm，容量为 9～11L。干燥器标准编号为 JIS-R3503。在干燥器底部放一只直径为 120mm、高度为 60mm 的结晶皿，皿内装有 300ml 蒸馏水作为甲醛吸收液。将干燥器在 20℃条件下放置 24h，从试件中散发出来的甲醛为结晶皿中的蒸馏水所吸收。试验结束后，取出结晶皿，然后用光度分析法测定其甲醛含量，进而就可计算出被测试件的甲醛散发量。

36.3.2.4 测试室法

1. 概述

测试室方法测试人造板甲醛散发量是在试验室方法基础上的一大进步，两者最主要的区别在于测试室法所测试件的规格尺寸比较大，而且是在一定的温度、湿度、通风和装载度的条件下进行测试，测试条件更接近被测产品在实际使用中的环境条件，因此，测试结果更具科学性和合理性。

测试室法根据测试室的容量规模又分为小型测试室法（$1m^3$）和大型测试室法（$20m^3$和$40m^3$），其中 $1m^3$ 测试室法主要供科学研究用，在欧洲一些国家的工厂也有应用但不普及。$20m^3$（实际为 $22.6m^3$）和 $40m^3$（实际为 $43m^3$）测试室法都属于大型测试室方法，前者已被美国列为正式的检验标准，后者为德国建筑用人造板甲醛散发量的标准测试方法，两者在测试条件和操作步骤等方面基本相同。

2. $1m^3$ 测试室法

$1m^3$ 测试室法是由欧洲国家提出并加以发展的一种测量人造板甲醛散发量的方法。这种方法适合于胶合板、中密度纤维板和刨花板及其他用氨基类树脂胶合的人造板材的甲醛散发量的测试。除了常见的测量人造板平面的甲醛散发量外，用 $1m^3$ 测试室法还可以测量板材端面的甲醛散发特性。

$1m^3$ 测试室法的工作原理如下：

在一个容积为 $1m^3$（1000mm × 1250mm × 800mm）的测试室内，放入待测的人造板试件。测试室内保持给定的工作条件，比如，温度、相对湿度、换气数和装载度等。分"静态"（测试室内空气不与外界交换）和"动态"（测试室内空气与外界交换）两种状态测量测试室内空气中的甲醛浓度，直到达到平衡。确定"平衡浓度"的方法是从测试室内抽取一定量的包含有被测试件散发出的甲醛的空气，将其通入装有蒸馏水的洗瓶，甲醛为蒸馏水所吸收，再用光度分析法确定吸收液的甲醛含量并换算成测试室中的甲醛浓度。当测试室内空气中的甲醛浓度不再发生有统计意义的变化或者测试时间已超过 240h，此时测出的甲醛浓度就被视为"平衡浓度"，最后以每 m^3 室内空气中的甲醛量（mg）表征 $1m^3$ 测试室法的测试值。

3. 大型测试室法

$20m^3$ 和 $40m^3$ 都属于大型测试室方法。$20m^3$ 和 $40m^3$ 测试室在德国均有。前联邦德国卫生局 1977 年提出了一项把居住室内的甲醛浓度容许值限定在 $0.1mg/m^3$ 以下的建议，1980年前联邦德国统一技术建筑协调委员会制定了一个空气中游离甲醛含量的的标准，以规范和约束刨花板在建筑上的应用。标准规定，测试值应当在一个容积为 $40m^3$ 的可供大幅面人造板测试甲醛散发的测试室内产生。用这种方法得到的测试结果和被测试件在实际应用中所产生的结果应当是比较吻合的。正因为如此，用20m³和40m³测试室法给出的测试结果及相应文件在国际上有很高的权威性。

大型测试室法具有以下特点：

(1) 试件的幅面可以尽可能地大，4′ × 8′ 或 4′ × 16′ 的板子可以不加切割地直接放入测试室内进行测试，从而使得出的结果与实际结果更加吻合；

(2) 整个测试过程完全可以模仿被测材料的真实使用条件，测试结果可信度高；

(3) 大型测试室法作为一种最有权威性的方法，可以以其为目标值，在测试室法和任一种其他方法之间建立一定的关系。但大型测试室的建造费用和测试费用也相对较高。

大型测试室法的工作原理如下：

在一个容积为20m³或40m³的测试室内直接放入若干块大幅面的人造板（也可以放入用人造板做成的制品，如家具等），使室内装载度达到1m²/m³。然后按照一定的测试条件（温度、相对湿度和换气数等）进行操作。从被测试件中散发出来的甲醛混合于测试室内的空气中。按照一定的时间间隔从测试室内抽取一定量的空气试样，通过洗瓶将空气中所含的甲醛溶于洗瓶内的吸收液中，再用光度分析法确定其甲醛浓度。一般情况下，依照被测材料的种类不同，达到平衡浓度所需的时间约5～10d，达到平衡浓度时的甲醛浓度即为测试值。

40m³ 测试室的技术参数如下：

内部尺寸：	高 2400mm
	宽 2800mm
	深 6400mm
门 尺 寸：	高 2000mm
	宽 1000mm
温度范围：	± 5～50℃
误 差：	± 0.5K
湿度范围：	30%～90%
误 差：	± 2%
换 气 量：	200m³/h（max）

德国 ETB 条例中规定的测试室工作条件如下：

室内温度（℃）：	23 ± 1
相对湿度（%）：	45 ± 5
装载度（m²/m³）：	1
换气数（次/h）：	1 ± 0.1
气流速度（m/s）	0.3 ± 0.1

36.3.3 影响人造板甲醛散发的若干因素

人造板的生产原料、生产工艺、后期处理方式以及人造板的使用环境条件都会对人造板的甲醛散发产生一定的影响。

36.3.3.1 木材原料

穿孔法实际测试，证明木材本身确实含有一定数量的甲醛，并且不同树种的木材，其甲醛释放量也不尽相同，表36-38中列出了几种常见的人造板生产原料树种的穿孔法测试值。

表 36-38 5种木材甲醛释放量的测试结果

树种	含水率（%）	甲醛释放量穿孔值（mg/100g）
马尾松	16.7	2.55
水曲柳	34.3	3.28
杉木	43.2	2.01
杨木	12.8	1.17
柳桉	20.4	1.43

36.3.3.2 胶黏剂

脲醛树脂是尿素与甲醛在一定的反应条件下进行加成反应和缩聚反应而得到的。制胶过程中未参与反应的那部分甲醛称为游离甲醛，游离甲醛含量的高低与制胶工艺和配方有关。游离甲醛含量与制胶时F/U摩尔比成抛物线关系（图36-42），制胶过程中采用高摩尔比，其游离甲醛含量明显提高。反应速度与反应混合物中甲醛浓度成正比，反应温度过高会

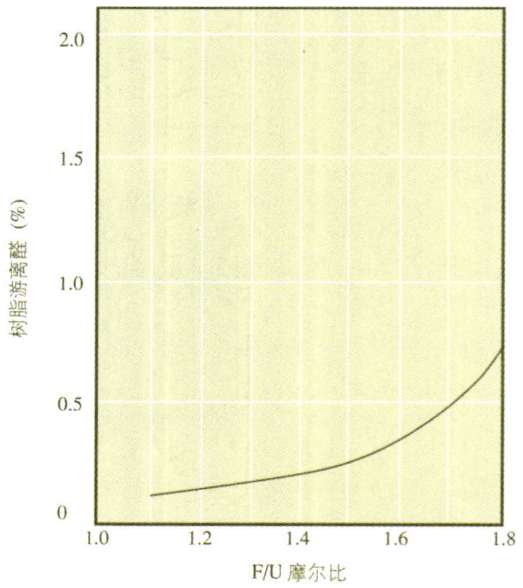

图 36-42 脲醛树脂的摩尔比与树脂中游离甲醛含量的关系

造成反应速度过快，反应不完全，使得游离甲醛含量增高。树脂未经脱水比脱水后的游离甲醛含量高。尿素加入次数越多，甲醛与尿素的反应越完全，游离甲醛含量越低。制胶时加入共聚物和甲醛捕捉剂可降低游离甲醛含量。

36.3.3.3 固化剂

各种不同的固化剂和用量对人造板的甲醛散发起着不同的作用。曾有人使用不同的固化剂对板子甲醛散发量的影响进行过研究，认为氯化铵与氯化镁和氯化铝相比，用氯化铵作固化剂的板子甲醛散发量较小。而在使用同一种固化剂时，板子的甲醛散发量随着固化剂用量的增加而增大。

36.3.3.4 热压工艺条件

不同的热压工艺条件对人造板的甲醛散发量也会产生一定的影响。延长热压时间可以使板子的甲醛散发量直线下降，热压时间的长短随着胶的摩尔比的不同而对降低板子游离甲醛所产生的作用也不同。胶的摩尔比越高，延长热压时间所产生的效果就越好。每延长1min板子的甲醛散发量穿孔值可降低5.23mg/100g。热压温度的高低对板子的甲醛散发量影响很大，随着热压温度的升高，热压过程中甲醛散发量直线增加，而成板中的甲醛散发量明显降低。板材的甲醛散发量随热压温度的升高而显著地降低，热压温度每升高10℃，甲醛释放量降低3.34mg/100g（穿孔值），但会影响板子的吸水厚度膨胀率。

36.3.3.5 施胶量

一般而言，人造板的甲醛散发量随着施胶量的增大而提高。施胶量对甲醛散发量的影响程度主要取决于所用胶黏剂的摩尔比，使用低摩尔比的脲醛胶时，施胶量的影响较小。

36.3.3.6 板材堆放

甲醛散发量随着堆放时间的延长而逐渐减少。板材在堆放时的甲醛散发与堆放环境的空气中甲醛浓度有关，板材堆放期间甲醛散发量的下降速率与环境空气中的甲醛浓度成反比。另外，在通风环境下堆放的板材比在密闭环境下堆放的板材甲醛散发量大得多。

36.3.3.7 后期处理

实践证明，经过后期处理可使人造板的甲醛散发量大幅度地降低。后期处理所采用的方法和处理时间对降低板材的甲醛散发量有较大的影响。

36.3.3.8 使用环境

使用环境的温度、相对湿度和空气流动情况等都会对人造板的甲醛散发产生影响。随着环境温度和相对湿度的提高，人造板的甲醛散发量会增加。在通常气候条件下，温度提高5～8℃，空气中的甲醛浓度将提高一倍；相对湿度增加12%，甲醛散发量将增加15%～20%。

36.3.4 降低人造板游离甲醛的措施

从影响人造板甲醛散发的因素来看，胶黏剂和后期处理是两个最主要的因素，因此，针对这两个方面可以采取以下方法来有效地降低人造板的甲醛散发量。

36.3.4.1 从胶黏剂入手

1. 采用无毒胶黏剂

随着胶黏剂制造技术的不断进步，使用无毒胶黏剂（如异氰酸酯和丹宁胶）进行人造板生产已成为可能。用这种无甲醛胶黏剂制造的人造板，甲醛散发量极低，德国已用于生产E_1级刨花板。

2. 采用低摩尔比脲醛树脂胶或改性脲醛树脂胶

脲醛树脂胶的摩尔比对胶黏剂中游离甲醛的含量起着决定作用。胶的摩尔比高，一般来讲成品板的甲醛散发量也大。因此，在对人造板的其他性能影响不大的前提下，应尽量使用低摩尔比的脲醛胶。用其他聚合物改性的脲醛树脂生产人造板也可以有效地降低其甲醛散发量。

3. 添加甲醛捕捉剂

实践证明，在树脂中或热压前加入适量的甲醛捕捉剂（如间苯二酚、尿素等）可以大大降低人造板的甲醛散发量。添加的甲醛捕捉剂可以在热压中以及热压后与游离的或分解出来的甲醛起化学反应，从而达到降低游离甲醛的目的。

36.3.4.2 从板子后期处理入手

对生产出来的人造板进行后期处理是降低人造板甲醛散发量的一个行之有效的方法。

1. 热处理

实践证明，对刨花板和中密度纤维板进行热处理，可使板子的甲醛散发量明显减少，同时对板子的物理力学性能略有改善。热处理温度120～170℃为宜，在此范围内温度每升高10℃，甲醛释放量平均减少2.3mg/100g（穿孔值）；热处理时间一般不超过45min，在0～45min范围内，时间每延长15min，板子的甲醛释放量约降低8mg/100g左右。

2. 氨处理

用氨对人造板进行后期处理可以显著地降低板子的甲醛散发量。在处理过程中，氨可以和被处理人造板中的游离甲醛反应生成六次甲基四胺（乌洛托平），同时还能提高板子的抗水性能。目前常用的氨处理方法除了氨熏和表面涂布的方法以外，还有气体穿透式处理机。氨处理的缺点是处理后的板子颜色较深并带有氨的气味。

3. 表面处理

众所周知，经过各种各样的表面处理可以降低人造板在使用中的甲醛散发量。表面涂饰和贴面是表面处理的最主要的方法。

表面涂饰：采用涂饰法能有效地降低甲醛散发量，而且适用于各种人造板，如果与甲醛捕捉剂同时使用效果更好。

贴面处理：贴面是降低刨花板和中密度纤维板的甲醛散发的最有效的方法之一，该方法是通过封闭的方式来阻止板子中的游离甲醛向外界散发。目前较常用的是浸渍纸贴面、微薄木贴面和各种薄膜贴面。

36.4 木材工业空气污染治理

36.4.1 木材工业空气的污染源

木材工业是以木材为主要原料的工业体系，每一个工业部门在生产过程中都会排出危害环境的污染物质，归纳起来，主要有粉尘、有害气体、废水、废渣等。

36.4.1.1 生产性粉尘

生产性粉尘又称原生粉尘，是指在生产过程中产生的或人为排放物中的粉尘。它们是能较长时间悬浮于空气中的固体粒子，如木粉尘、游离二氧化硅粒子，等等。在木材工业部门，完成木材加工的木工机床种类很多，规格不一，这些机床在加工木材的过程中，会产生大量木材碎料，这些木材碎料一般为刨花、锯屑、碎木片、小木块、木纤维及木粉等。这些木材碎料如处理不当，会造成相当程度的空气污染。木材工业生产性粉尘的产生过程可以概括为两类，即机械过程和物理化学过程。

1. 机械过程

通过机械过程产生木碎料空气污染物的加工过程和工序主要包括：

(1) 锯剖、刨削、铣削、磨削在木材加工车间中，各种锯机、刨床、铣床及砂光、磨光机使用最广泛。这些机床在加工木材过程中所产生的木材碎料的数量和性质，随木材材种、材质构造、材性、加工木材的温度和湿度、木工机床种类、所用刀具机加工工艺（如切削速度、工件进给速度、切削方向、切削量）等众多因素而异。例如，一台中型四面刨床在工作中所排出的碎料量约为300kg/h，而一台宽带双面四砂架砂光机在强行连续砂光中所产生的木粉达1000kg/h以上。又如，在切削加工中所产生的木粉尘的飞散率随所加工木材容重的增大而增大；在木材锯剖加工中所产生的粉尘的飞散率和粉尘浓度随所用锯齿的增长及切削量的增大而降低；同样条件下进行砂光加工，阔叶树材所产生的粉尘量高于针叶树材；砂光粉尘与锯剖粉尘也明显不同，前者本身具有很强的亲水性，而且容易沉降，后者往往是颗粒状粉末和木尘的混合体系。

(2) 露天贮存仓库中的碎料由于风力的作用呈粉尘飞扬，一般称这种粉尘为扬尘。

(3) 木片、刨花、纤维、锯屑、木粉等木质碎料在贮运、装卸、混合、筛选及包装过程中都会产生相当数量的粉尘污染。

(4) 在木工车间及人造板车间内，对材料或半成品进行干燥、喷雾或油漆以及对木质材料的清洗工序，也会产生相当程度的粉尘污染。

2. 物理化学过程

(1) 加工剩余物在焚烧处理过程中，形成一定数量的固体粒子，以及由燃烧所产生的气体形成的粒子，一般称其为烟或熏烟。

(2) 蒸汽或其他动力发生系统排放大量烟及烟雾。

(3) 木粉爆炸会产生一定程度的空气污染。

(4) 大气中物理与化学变化而生成的粉尘。

36.4.1.2 化学废气

在木材机械加工、合成树脂制造、油漆及装饰加工、木材及其半成品干燥和热处理、动力车间等处，都会产生大量的化学废气，如二氧化硫、氟化氢、甲醛、铬、碳氢化合物、三氧化硫，氮的化合物，等等。这些化学废气直接危害人体健康，污染大气环境。

一般来说，木材工业中产生化学废气的生产过程和工序可概括为以下几个方面：

(1) 家具油漆和人造板装饰工艺过程中挥发出来的溶剂蒸汽。

(2) 在人造板车间中，采用脲醛树脂、酚醛树脂等甲醛类树脂作胶黏剂时，在热压工序中将逸出大量具有刺激性的游离甲醛、游离苯酚等有毒气体，污染车间和大气环境，危害人体健康。

(3) 木材、单板、木片、刨花、纤维在加热过程中，由热分解产生的有害气体，如在木材蒸煮，单板、纤维、刨花干燥，人造板热压等工序或加工过程中，都会产生相当数量的有害气体。

(4) 在动力车间内，物质燃烧产生大量烟雾，污染大气环境。

(5) 在刨花、纤维的气流运载中，偶有爆炸现象产生，也会产生有害气体。

(6) 大气中物理和化学反应而生成的气态污染物。

36.4.1.3 其他污染物

1. 固体废弃物污染

木材工业中的固体废弃物一般可分为两类：即木材废料和工艺废料。木材加工过程所产生的木材废料如表36-39所示。工业废渣如表36-40所示。

表 36-39 木材废料

生产部门	木材废料
制材工业	原木截头、成材截断剩余物、板院作业中的剩余物、树皮、板皮、板条、锯屑等
家具工业	锯材加工剩余物、各种人造板裁边剩余物、层压板裁切剩余物、锯屑、刨花、木粉等
胶合板工业	原木剥皮剩余物、旋切及刨切剩余物、单板剪切剩余物、胶合板齐边废料、砂光木粉尘
刨花板工业	粉碎和分选剩余物、刨花板齐边废料、砂光木粉尘、刨花板加工废料
纤维板工业	贮木场作业剩余物、粉碎过程剩余物、纤维板齐边废料、纤维板加工废料

表 36-40 工艺废渣

生产工序废渣	辅助工序废渣
树皮、腐朽材、木材加工剩余物、锯屑、木粉	废水处理浮渣、沉淀污泥、活性污泥、炉（灰）渣
废填料：油泥渣、腐浆、塑料废物、电石渣	废弃处理收集物
废有机物、铬渣、废磨料、其他废渣	其他残渣

2. **电磁污染**

随着科学技术的发展，电子、电气设备在木材工业中的应用越来越广泛，由此引起的电磁污染也越来越严重。电子、电气设备的电磁漏泄以及长期的高频电磁辐射严重危害厂区操作管理人员和厂区附近居民的身体健康，它可引起神经衰弱、植物神经功能失调，严重的甚至可能使血液中的白细胞和红细胞数量减少，并缩短血凝时间。

36.4.2 生产性粉尘及化学废气的污染特征

36.4.2.1 生产性粉尘的污染特征

木材工业生产性粉尘的发生过程，可概括为两类：一是机械过程，包括木材的锯剖、刨削、铣削及磨削等加工，以及粉末状或散粒状物料的混合、筛选、输送、包装等。二是物理化学过程，包括物质的不完全燃烧或爆炸，以及物质被加热时产生的蒸汽在空气中凝结或被氧化等。

1. **生产性粉尘的分类（表 36-41）**

表 36-41 粉尘分类

分类方法	粉尘名称	特　点
按粉尘起因分	工业粉尘	在生产工艺过程中散发出来的，可人工控制
按粉尘起因分	自然飘尘	由风吹起的大地上的粉尘，随地球和气候条件决定，人工很难控制
工业粉尘按其形成的特性分	生产性粉尘	在生产过程中产生并能漂浮在空气中。粉尘形成时无物理或化学变化，多为常温状态下的粉尘
工业粉尘按其形成的特性分	烟　尘	在形成过程中伴随物理或化学变化，如由氧化、还原、升华、蒸发及冷凝过程而形成的固体微粒，多为高温炉烟气中的粉尘
按粉尘颗粒大小分	尘　埃	粒径一般大于 10mm，在静止空气中呈加速沉降状态。肉眼可见，又称可见粉尘
按粉尘颗粒大小分	尘　雾	粒径一般在 10～0.25mm 之间，在静止空气中呈等速沉降状态。用普通显微镜可观察到，又称显微粉尘
按粉尘颗粒大小分	尘　云	粒径在 0.25mm 以下，在静止空气中不沉降或非常缓慢、曲折地降落，受空气分子的冲撞而作布朗运动，扩散能力很强。用超倍显微镜才能观察到，又称超显微粉尘
按粉尘的理化性质分	无机粉尘	包括矿物性粉尘、金属粉尘和人工无机粉尘（如金刚砂、水泥、玻璃等）
按粉尘的理化性质分	有机粉尘	包括植物性粉尘和动物性粉尘（如兽毛等）
按粉尘的理化性质分	混合粉尘	无机与有机粉尘同时存在
从粉尘的卫生学角度分	无毒粉尘	如木粉、棉尘、铁矿石粉尘等
从粉尘的卫生学角度分	有毒粉尘	如铅、锰、敌敌畏粉尘等
从粉尘的卫生学角度分	放射性粉尘	如铀矿物粉尘
按粉尘的燃烧和爆炸性质分	易燃易爆粉尘	如煤粉、木粉、硫磺、火炸药粉尘等
按粉尘的燃烧和爆炸性质分	非燃非爆粉尘	如石灰石粉尘等

2. **生产性粉尘的性质**

粉尘具有许多不同的特性，与环境保护技术密切相关的粉尘性质有：形态及其大小、密度（或比重）、粒径及其分散度、安息角或滑动角、粘附性、润湿性与水硬性、磨损性、溶解度、比电阻、荷（带）电性以及粉尘的化学成分等。

(1) 粉尘的形态、粒径及分散度：木材工业中生产性粉尘的形态多种多样，大小不一，非常复杂。考虑到木材生产性粉尘的复杂性及受多种因素的影响，可粗略地将其分为四大类，即微细粉末、粉粒、颗粒、块状或不规则形状的物料。其中微细粉末是指粒径小于0.147μm的物料，粉粒的粒径小于3.3μm，颗粒的粒径小于12.7μm，块状是指那些在任意方向上的尺寸均大于12.7μm的物料，而不规则形状则包括纤维状、绳带状和其他异形的物料。

木材加工过程中产生的微细粉末主要来自于对木材、木构件及人造板的磨削和砂削加工，通常将其中粒径不超过0.1μm的木材细碎物料称为木粉灰。木粉灰在空气中可长时间地处于悬浮状态，对人体健康十分有害。

木材粉尘的单一粒径表示方法通常有三种形式，即：投影粒径、几何当量粒径和物理当量粒径。可一般的木材生产性粉尘并非都是均匀的尘粒，而是由各种不同尺寸的粒子所组成的尘粒群体，一般采用算术平均粒径来表示。在通风除尘技术中，通常把粉尘的粒径分布称为粉尘的分散度，即在某一粉尘群体（样本）中，不同粒径的尘粒在样品总数中所占的比例，通常以百分数表示。不同粒径的尘粒如以质量表示，则称为计重分散度；如以颗粒数表示，则称为计数分散度。

对木材微细粉末和粉粒一般通过筛分分析来确定其分散度，有时还要通过普通光学显微镜或电子显微镜来观察粒体的形状、大小、粒度。普通的筛子用平织的金属网制成，我国常用泰勒标准筛。

粉尘的形状、粒径及分散度直接影响粉尘的流动性能，对于除尘方式的确定、除尘装置的选型以及除尘器工作性能的评价十分重要。另外，它对了解粉尘对环境的影响和对人体的危害程度也具有积极意义。

(2) 粉尘密度：粉尘密度是指单位体积粉尘的质量，有堆积密度和真密度之分。自然堆积状态下单位体积粉尘的质量称为堆积密度（或容积密度），密实状态下单位体积粉尘的质量称为真密度（或尘粒密度）。粉尘在空气中的扩散程度、粉尘的贮运设备和除尘器灰斗的设计、机械类除尘器的工作和效率等都与粉尘的密度有关。

(3) 粉尘的安置角：将粉尘自然地堆放在水平面上形成圆锥体，该圆锥体母线与水平面的夹角称为安息角，也称静止角、堆积角、休止角或自然倾角。

粉尘的安息角是评价粉尘流动性的一个重要指标，它与粉尘的粒径、形状、粒子表面粗糙度、粘性及含水率等多种因素有关，对于合理设计料仓和除尘器灰斗的锥度，确定粉

表 36-42 几种常用工业粉尘的安息角

粉尘名称	静安息角（°）	动安息角（°）
白云石粉	—	35
黏　土	—	40
高 炉 灰	—	25
烧结混合料	—	30～40
烟 煤 粉	37～45	30
无烟煤粉	37～45	27～30
飞　灰	15～20	—
生 石 灰	45～50	25
水　泥	40～45	35
吹氧平炉灰尘	43～48	—

状物料输送管道和除尘管道的倾斜度具有重大意义。表 36-42 是几种常见工业粉尘的安息角。

(4) 粉尘的荷电性与比电阻：粉尘在产生及运动过程中，由于相互碰撞、摩擦、放射线照射、电晕放电及接触带电体等原因而带有一定电荷的性质称为粉尘的荷电性。电除尘器就是专门利用粉尘能荷电的特性从含尘气流中捕集粉尘的。

粉尘的比电阻则是关系到电除尘器的选用和净化效果的一个重要指标，它除了表示本身的电阻外，还包含粉尘颗粒表面和电阻荷颗粒之间所含气体的电阻，与粉尘本身的理化性质、含尘气体温度和湿度等因素有关。

(5) 粉尘的粘附性：粉尘之间或粉尘与器壁、管壁等固体表面之间的粘附性质称为粉尘的粘附性。粉尘相互凝并、粉尘在器壁或管壁上的堆积都与粉尘的粘附性质有关，前者会使尘粒增大，易于被除尘器捕集；后者易使除尘设备和管道发生故障或堵塞，因此，了解粉尘的粘附性对选择合适的除尘设备具有积极意义。粉尘的粘附性除与尘粒的组分特性及物理性质有关外，还与尘粒的荷电量、含水率及粒径有关。若按粉尘层的断裂强度分类，锯末、泥煤粉灰属中等粘性，而棉纤维、毛纤维及纤维尘等则属于强粘性。

(6) 粉尘的润湿性：粉尘的润湿性是指粉尘粒子被液体湿润难易程度，其中容易被水湿润的称为亲水性粉尘；很难被水湿润的称为憎水性粉尘。了解粉尘的浸润性（亲水性），对于正确选择除尘设备具有现实意义。

(7) 粉尘的磨损性：粉尘的磨损性通常是指粉尘在流动过程中对器壁或管壁的磨损程度，它与粉尘本身的硬度、密度、表面形状及粗糙度、粉尘浓度、含尘气流速度等诸多因素有关。了解粉尘的磨损性对正确选择除尘设备、选定除尘管道及气流速度、确定器壁厚度以及为除尘系统中的易磨损部件采取防磨措施，具有重要意义。

(8) 粉尘的溶解度：粉尘溶解度的大小与对人体危害程度的关系，因粉尘性质的不同而异。毒性粉尘随着溶解度的增加，有害作用增加；对人体仅起机械作用的粉尘，粉尘溶解得越迅速、越完全，危害性越小。

(9) 粉尘的燃烧、爆炸性：悬浮在空气中的某些粉尘，达到一定浓度时，在外界高温、明火、摩擦、震动、碰撞及电火花等火源作用下，会引起燃烧和爆炸，这类粉尘称为爆炸危险性粉尘。可见，粉尘的爆炸决定于粉尘的性质、表面积及其在空气中的浓度，另外还需要一定的引爆源。一般而言，粉尘的粒径越小，其表面积越大，越容易起火。对粉尘爆炸来说，最危险的粉尘粒径是570 μm，若粉尘的粒径大于150 μm，其危险性很小；若粒径大于420 μm，一般在空气中不发生爆炸。对于木材散碎物料，特别是砂削或磨削出来的木粉尘，粒径一般都大于100 μm，小于70 μm的木粉尘在总数中的比例不及10%，所以，木材工业气力输送装置在一般情况下不会发生爆炸现象。但在木刨花或木纤维的气力干燥系统中，干燥介质温度较高，如果刨花或纤维在系统中某部位停留时间过长，以至被局部烤焦，当局部温度超过木材碎料燃点时，将引起燃烧或爆炸。发生燃烧或爆炸的另一个原因是由系统中的机械摩擦或金属零件发生猛烈撞击而引起的。因此，在进行系统设计时，应考虑防燃烧和爆炸的安全措施。例如，在管道内装设火星探测仪，当出现火情时能自动报警并及时喷洒惰性气体或喷水灭火，或者在管道及分离器顶部等部位开设几处泻爆口，当管道内着火时，马上停止装料并停止风机运转，以防发生爆炸。在这类具有爆炸危险性的通风除尘系统中，最好采用防爆风机。

(10) 粉尘的化学成分：粉尘的化学成分及含量，直接决定粉尘对人体的危害程度，也是确定工业企业设计的卫生要求及粉尘回收利用方法的主要依据之一。

3. 粉尘的危害

在木材加工企业内，粉尘污染问题十分突出，它不仅危害人体健康，污染大气环境和生态环境，而且影响产品质量，降低设备使用寿命。粉尘危害的严重程度取决于散发的粉尘量、粉尘的物理化学性质及尘源周围的情况。

(1) 对人体的危害：粉尘污染是引起工人职业病的一个主要原因。研究结果表明，人体呼吸系统的不同部位对不同粒径粉尘的滞留、沉积作用不同，一般而言，落尘（粒径大于10 μm的粉尘）在空气中的停留时间很短，不易被人体吸入，即使被吸入呼吸道，也容易被鼻腔、鼻咽及气管的黏膜或纤毛所阻留。飘尘（粒径小于10 μm的粉尘）可较长时间地悬浮在空气中，易于被人体吸入，可通过呼吸系统到达肺泡管，其中被呼吸道黏膜颤毛粘附或阻留的大部分是5～10 μm的粉尘，通过颤毛的生理活动逐渐推移至咽喉部，最终经咳嗽、喷嚏等保护性反射作用，随痰咯出。小于5 μm的粉尘，尤其是小于3μm的微细粉尘，几乎可全部深入人体肺脏，引起弥漫性纤维病变。木纤维长而柔韧，可附着在粘膜或皮肤上，引起某些呼吸道疾病（如鼻炎、咽喉炎、支气管炎等）、眼病（如结膜炎等）、皮肤病（如皮肤瘙痒、毛囊炎、脓皮病、粉刺等）。英国海威克姆家具公司的有关研究结果表明，长期在木纤维和木粉尘飞扬的环境中工作，操作工人患恶性肿瘤的几率明显增加。

(2) 对生产的影响：如果木材加工车间内粉尘飞扬，势必加剧木工刀具的磨损，这不仅降低设备使用寿命，增加设备维护费用，而且降低产品质量。另外，操作工人若长期处于粉尘飞扬的环境中，不仅影响身体健康，而且影响工作情绪，降低工作效率。

在木材、木制品的砂磨过程中，尤其是人造板砂光作业，一方面产生大量木粉尘，另一方面砂轮高速旋转，飞扬的木粉尘遇砂轮火星即可发生燃烧，甚至引起除尘系统爆炸，严重影响正常生产。

(3) 对大气环境的污染：木材工业在加工过程中产生的大量木粉尘严重污染大气环境，给厂区附近的居民日常生活带来极大不便。飘尘会降低大气的可见度，并可促使烟雾的形成，从而影响太阳辐射能的传递。

(4) 对植物和农作物的影响：大量粉尘飘浮在大气环境中，并长期掉落在植物和农作物的叶片表面上，对其呼吸道造成堵塞，加上对太阳辐射能传递的影响，从而减弱绿叶植物的光合作用能力，影响植物和农作物的生长发育。

36.4.2.2 化学废气的污染特征

木材工业中的化学废气种类繁多，除36.3所述的游离甲醛外，还有含苯的氨基、硝基、烷基、卤素元素、磺酸化合物及其他有机溶剂，铅、汞、铬及其他金属、类金属有毒物，氯、氯化氢、氟化氢、二氧化硫、氨、光气、硫酸二甲酯、溴甲烷、磷化氢、甲酸等刺激性有害气体，一氧化碳、氰化物、硫化氢等窒息性有毒气体以及合成树脂类有毒气体，等等。

众多木材工业化学废气对环境的危害表现并不完全一样，其毒性也不完全相同，如多数苯的氨基、硝基、卤素元素、磺酸及烷基化合物可经皮肤吸收，或经口腔进入人体，引起中毒现象；家具和人造板装饰工艺过程中挥发出来的溶剂蒸汽，若浓度较高，可严重危害人体神经，引起抽搐、头晕、昏迷、瞳孔放大等病症。低浓度的溶剂蒸汽也能使人头痛、疲劳、腹痛。

工业生产中铅及其化合物可以铅烟和铅尘的形式通过呼吸道进入人体，或经手及被污染的食物通过消化道进入人体内。铅中毒可引起腹绞痛、贫血、麻痹、脑病、神经衰弱、头痛、头晕、失眠、多梦、记忆力减退、消化不良、食欲不振、恶心等症状。

汞及其化合物（氯化汞及其他无机化合物、有机化合物）为剧毒物质，可以蒸汽和粉尘形态经呼吸道侵入人体，也可经消化道和皮肤侵入。汞中毒的主要症状为头晕、头痛、无力、嗜睡、失眠、记忆力减退及神经精神症状。

铬及其化合物广泛用于电镀、油漆、颜料、染色、印刷及木材工业中的家具工业部门。铬对人体的危害多发生于电镀铬作业以及使用重铬酸盐的作业工序。它主要是以烟雾、粉尘的形态经呼吸道进入人体。铬中毒的临床症状主要表现为对皮肤和黏膜造成的局部刺激和腐蚀，可引起鼻炎、咽炎、支气管炎、贫血、消瘦、肾脏损害及消化系统障碍。

36.4.3 卫生标准和排放标准

36.4.3.1 粉尘的卫生标准和排放标准

1. 卫生标准

一般而言，非毒性粉尘对人体的危害程度主要取决于粉尘中游离二氧化硅的数量。1979年颁布的国家标准 工厂企业设计卫生标准 （简称卫生标准）（GB36-1979）就是根据粉尘中游离二氧化硅含量的不同来制定的。该标准对车间空气中粉尘的最高允许浓度做了具体规定。对于毒性粉尘则是根据不同有毒物质的毒性，作不同规定。

木材加工和人造板工业企业中，空气污染物的排放方式及其治理措施，取决于排放物的毒性、颗粒大小、分布状态及实际排放量等。

2. 粉尘的动力学特性

研究粉尘在空气中的动力学特性对研究粉尘的扩散非常重要。我们通常所说的含尘气体是指悬浮着固体微粒或液体微粒的气体介质，这种含有微粒的气体介质统称为气溶胶。一般情况下，由于气体介质的流动作用和扩散作用（分子扩散和紊流扩散等），以及微小尘粒间的布朗扩散、静电效应和各种外力作用，悬浮在气体介质中的微粒呈碰撞、凝聚、沉降等状态。促使尘粒在气体介质中运动的力主要有尘粒自重、空气介质对尘粒的浮力、尘粒运动时空气介质与它的摩擦阻力、外界施加的机械力（如机械设备运转部件的挤压冲击力、其他颗粒对它的碰撞力等）。

3. 尘粒在静止空气中的悬浮与沉降

尘粒在静止空气中受其自重、空气浮力和空气摩擦力的作用。其自重可用下式来表示

$$G=V_c\times\gamma_c$$

式中：G——尘粒自重，kg

V_c——尘粒体积，m^3

γ_c——尘粒的真比重，kg/m^3

根据阿基米德定理，尘粒在空气中的浮力可用下式表示

$$P_c=V_c\times\gamma$$

式中：P_c——空气对尘粒的浮力，kg

γ——空气的比重，kg/m^3

尘粒在其自重的作用下向下运动，而尘粒一旦开始向下运动，空气即对其产生摩擦阻力，该摩擦阻力与尘粒的运动方向相反。按照空气动力学理论，该摩擦阻力的大小可用下式表示

$$H=f\times A\times\gamma\times V^2/(2g)$$

式中：H——空气对尘粒的摩擦阻力，kg

V——尘粒在空气中的运动速度，m/s

A——尘粒在其运动方向上的投影面积，m^2

f——空气介质与尘粒间的摩擦阻力系数

γ——空气的比重，kg/m^3

尘粒在空气中作沉降运动时所受到的合力为

$$F=G-H-P_c=V_c\times\gamma_c-V_c\times\gamma-f\times A\times\gamma\times V^2/(2g)$$

对于球形尘粒，其体积 $V_c=(\pi D^3)/6$，其中 D 为尘粒直径（m）。

$$F=(\pi D^3)(\gamma_c-g)/6-f\times A\times\gamma\times V^2/(2g)$$

由于尘粒的真比重比空气的比重大得多，所以上式可表示为

$$F=\pi D^3\gamma_c/6-f\times A\times\gamma\times V^2/(2g)$$

于是，处理在空气中作沉降运动的运动方程式为

$$F=ma=mg-f\times A\times\gamma\times V^2/(2g)$$

于是，$a=dv/dt=g-f\times A\times\gamma\times V^2/(2G)$

$$dt=dv/[g-f\times A\times\gamma\times V^2/(2G)]$$

式中：m——尘粒的质量，m=G/g (kg.s^2/m)

a——加速度，m/s^2

t——运动时间，s

如果尘粒在其运动方向上受到一个与它方向相反、流速与尘粒沉降速度相等的空气流作用，此时尘粒还受到一个空气动力 P 作用，如果 P 和上述 F 处于平衡时，该物料即悬浮在空气中，不上也不下，此时的气流速度称为该尘粒的悬浮速度。可见，悬浮速度和沉降速度的定义是不同的，但其数值相等，于是，如果用 V_c 表示尘粒的沉降速度，当 $F=0$ 时，可推导 V_c 的表达式：

$$V_c=[4gD\gamma_c/(3f\gamma)]1/2\quad(\mathrm{m/s})$$

可见，对一定的尘粒，V_c 仅取决于摩擦系数 f。按照空气动力学的概念，f 随气流的运动状态而异。气流的运动状态一般用雷诺数 Re 来表征。

$$Re=\text{惯性力}/\text{粘性力}=D^2v^2\rho/(Dv\mu)=Dv\rho/\mu=Dv/\gamma$$

式中：μ——空气的绝对黏度（kg · s/m^2）；$\gamma=\mu/\rho$

可见，Re 是尘粒运动的函数，当尘粒达到沉降速度时，其相应的雷诺数为：

$Ret=Dvt\rho/\mu$，于是有：$=Re\,t\,\mu/D\rho$　(m/s)

4. 粉尘作业危害程度分级标准

这是国家标准《生产性粉尘作业危害程度分级》（GB5817-86）的简称，是确定生产作业场所内工人接触粉尘危害程度大小的依据。该标准根据生产性粉尘中游离二氧化硅含量、工人接尘时间肺总通气量（指工人在一个工作日的接尘时间内吸入含尘气体的总体积，以升 / 日（人表示）和生产性粉尘浓度超标倍数三项指标将接触生产性粉尘作业危害程度分为五级，即：0 级、Ⅰ级危害、Ⅱ级危害、Ⅲ级危害和Ⅳ级危害，如表 36-43 所示。表中的生产性粉尘浓度超标倍数是指在工作地点测定空气中粉尘浓度超过该种生产性粉尘的最高允许浓度的倍数。由于石棉粉尘对人体具有致癌性，所以标准将其列入游离二氧化硅含量大于 70% 这一类。另外，该标准不适用于放射性粉尘和能引起化学中毒的粉尘。

5. 粉尘的排放标准

排放标准的规定主要是以居住区大气中污染物最高允许浓度作为依据，即从烟囱排除的污染物质经过大气的混合、扩散和稀释作用后，落到地面的污染物浓度仍能满足卫生标准对居住区最高允许浓度的要求。1973 年由国家颁布的《工业"三废"排放试行标准》对 13 种有害物质的排放量或排放浓度作了具体规定。表 36-44 为其中有关粉尘的排放浓度，表中的排放浓度是指经局部通风除尘后所允许的排放浓度。

表 36-44 有关粉尘的排放浓度

排放有害物名称	排放浓度（mg/m^3）
工业及采暖锅炉排放物	200
水泥粉尘	150
含 10% 以上游离二氧化硅或石棉的粉尘、玻璃棉和矿渣棉粉尘、化物粉尘等	100
含 10% 以下游离二氧化硅的煤粉及其他粉尘	150

表 36-43 生产性粉尘作业危害程度分级表

生产性粉尘中游离二氧化硅含量	工人接尘时间肺总通气量（t/d · 人）	生产性粉尘年度超标倍数							
		0	～1	～2	～4	～8	～16	～32	～64
≤ 10%	～4000								
	～6000								
	> 6000	0	Ⅰ		Ⅱ		Ⅲ		Ⅳ
> 10%～40%	～4000								
	～6000								
	> 6000								
> 40%～70%	～4000								
	～6000								
	> 6000								
> 70%	～4000								
	～6000								
	> 6000								

1996年国家环境保护局根据《中华人民共和国大气污染防治法》的有关规定，在原有《工业“三废”排放标准》废气部分和有关其他行业性国家大气污染物排放标准的基础上，制定并发布了《大气污染物综合排放标准》(GB16297-1996)，作为国家强制性标准，于1997年1月1日实施。该标准规定了33种大气污染物的排放极限值。国家还修订并发布了若干行业性排放标准。

目前，国家修订并执行的、与木材工业通风除尘密切相关的若干行业大气污染物排放标准主要有：

《锅炉大气污染物排放标准》(GB13271 － 1991)

《工业炉窑大气污染物排放标准》(GB4915 － 1996)

36.4.4 木材工业空气污染物的控制方法和技术

36.4.4.1 综合措施

木材工业空气污染的治理工作非常复杂，实践证明，在多数情况下，单靠某一种方法难以解决木材工业的空气污染问题。目前，国内外的木材工业部门大都综合采用行政措施和技术措施来解决空气污染问题。

1. 行政措施

包括制定有关法律法规、建立污染标准、设置管理机构、进行污染监控等。一个企业或其管理部门在组织生产的同时，必须加强对防污工作的领导和管理，加强防污教育，实施卫生保健措施。

2. 技术措施

一般而言，防止或清除大气污染的技术措施包括两个方面，一是对已经产生的污染设法减轻或排除，如废水的处理、废气和粉尘的收集和治理等等；二是设法消除或减少污染源。归纳起来，防止或清除大气污染的技术措施有以下内容：

(1) 采用新型技术，改革生产工艺，甚至改变产品的结构和加工过程，形成新的工艺路线。

改革设备和操作方法，采用新技术，是消除或减少木材工业空气污染的根本途径。在改革中，首先应当采取使生产过程不产生空气污染物的治本措施，其次才考虑产生空气污染后如何治理的治标措施。

(2) 湿法作业，水力消尘　这是一种简便、经济而有效的防污染措施。在生产和工艺条件许可的情况下，应首先考虑采用这种方法。

(3) 密闭空气污染源，使生产过程管道化、机械化、自动化。

密闭污染源是防止污染物外逸的有效途径，它常和通风除尘措施配合使用。

(4) 通风除尘或空气净化　这是目前应用较广、效果较好的防污措施，在木材工业的粉尘处理、废气处理中已发挥积极作用。

36.4.4.2 木材工业有害废气的防治措施和技术

木材工业的生产过程散发出大量废气，严重危害人体健康和大气环境，其治理过程较为复杂，治理方法也不完全一样。一般地，应根据废气的产生过程、性质、数量、危害程度等诸多因素，选择不同的方法对生产过程中排放的有害气体进行处理和治理。

目前，木材工业有害气体的防治措施有以下几个方面：

(1) 研制并推广使用低毒性的胶黏剂和涂料：在木材工业的木制品加工、家具、人造板、油漆、二次加工等生产部门，广泛使用合成树脂胶黏剂（如脲醛树脂胶、酚醛树脂胶、三聚氰胺树脂胶、环氧树脂胶等）和涂料。这些合成树脂胶本身即具有一定毒性，在制造、贮存和使用过程（尤其是人造板的热压过程）中还会散发出大量有毒气体，如游离甲醛、游离酚等，这些刺激性的有毒气体弥漫在空气中，将严重污染车间和大气环境，危害人体健康，降低生产效率，降低产品质量。目前大量使用的木工涂料大多含有相当数量的有机溶剂，而且这些有机溶剂多具有挥发性，在其制造、贮存和使用过程中所造成的污染更为严重。为了防治这类污染，目前木材工业用树脂胶黏剂和涂料正朝着所谓的“三化”（粉末化、水性化、无溶剂化）方向发展。

对胶黏剂而言，木材科学研究人员和企业都试图采用低甲醛含量的胶黏剂来代替现在大量使用的甲醛类树脂胶黏剂，如单宁树脂胶、异氰酸酯树脂胶等。

对于涂料的污染防治，首先考虑使其粉末化，即涂料不含有机溶剂，以革除传统涂料在成膜过程中以有机溶剂为媒介所带来的弊端，这不仅有利于涂料的贮存和运输，而且可减少甚至消除涂料在使用过程中的易燃问题和有毒气体逸出问题。水性涂料和无溶剂涂料在涂料工业中具有广阔的发展前景。水性涂料以合成树脂代替植物油，不仅可提高涂料性能，而且可有效防治涂料的污染问题，目前使用较为广泛的当属乳胶漆和水溶性涂料。无溶剂涂料的成膜物质采用不含溶剂的低黏度合成树脂，所以在其固化、结膜过程中无溶剂挥发，属于无污染涂料。

(2) 生产设备的密闭化、管道化和机械化：这在工业生产中广泛用来减少或消除生产过程中的跑、冒、滴、漏现象。在不妨碍生产操作的前提下，尽量将会产生有害气体等有害物质的设备或某些敞口设备围罩起来，以防止有害物质外逸进入工作地点的空气中，使操作人员与有害物质脱离接触。如在胶黏剂车间，如有条件可尽量使将树脂反应釜处于密闭状态，将敞口的人工投料、出料改为使用高位槽、管道和机械操作，并尽可能实行管道化、机械化作业。另外，为了提高密闭效果，应尽可能使设备内部保持真空负压状态。

(3) 通风：将房间内不符合卫生要求的污浊空气排除，并将新鲜空气或经过专门处理的空气送入房间内代替排除的空气，使房间内保持良好的空气环境的方法称为通风，在工业上称为工业通风。

通风系统具有以下几种分类方法：①根据作用范围分为全面通风和局部通风；②根据工作动力分为自然通风和

机械通风；③根据气流流向分为进（送）风、排（抽）风和循环风。

在实际设计中，应根据生产工艺的特点、有害物质的性质及其散发情况，适当选择通风方法，综合解决车间的通风问题。

1) 自然通风

依靠室外风力造成的风压或室内外空气温度差所造成的热压使空气流动进行通风，它不需要专设动力，结构简单，经济实效。

2) 机械通风

依靠风机产生的风压或其他动力对室内进行通风。

3) 局部送风、局部排风、循环风

局部送风即是将经过处理的空气送到局部工作地点，使局部地区形成良好的空气环境，这对那些作业人员较少的大面积车间的环境改善既经济又有效。局部排风是在粉尘或有害物质产生的地点直接将其捕集并排出室外，从而减少甚至消除粉尘和其他有害物质在室内的扩散。局部排风系统在较小风量下可达到较好的通风效果，设计时应优选加以考虑。循环风（又称回风）是将排风系统排除的污染气体净化后再送回车间循环使用。使用循环风可节省费用，但必须保证回风的含尘浓度符合卫生标准的要求。

4) 全面通风

是对整个车间进行通风换气，即用新鲜空气将整个车间内的有害物质浓度冲淡到卫生标准所规定的最高允许浓度以下。全面通风所需的风量大大超过局部排风系统，设备投资及其所耗动力也较大。当局部排风系统受生产条件限制不能采用，或者即使采用了局部排风系统后，室内的有害物质浓度仍然超过卫生标准的要求，此时即需采用全面通风系统或辅之以全面通风。

全面通风的效果取决于通风气流量和气流组织等因素。所谓气流组织是指在系统设计中合理安排气流流向，使气流在管网中流动时尽可能减少涡流，提高风效。一般而言，全面通风的送风口应尽可能接近工作地点，并设在有害物质浓度较低的区域，而排风口应尽可能接近粉尘和有害气体发生源，设在有害物质浓度较高的区域，这样可以使新鲜空气尽量先流经操作工人的操作位置，改善操作条件。

全面通风所需要的换气量计算如下：

(1) 稀释室内有害物质所需要的换气量

$$L = m/(C_y - C_j)\ \mathrm{m^3/h}$$

式中：m——室内有害物散发量，mg/h

C_y——室内空气中有害物质的最高允许浓度，mg/m³

C_j——进入室内空气中有害物质的浓度，mg/m³

(2) 消除室内余热所需要的换气量

$$L=Q/c\rho(t_p - t_j)\ \mathrm{m^3/h}$$

式中：Q——余热量，kJ/h

c——空气的比热，1.01kJ/kg.℃

ρ——进入室内空气的密度，kg/m³

t_p——排出空气的温度，℃

t_j——进入室内空气的温度，℃

(3) 消除室内余热所需要的换气量

$$G=G_{sh}/d_p - d_j\ \mathrm{kg/h}$$

式中：G_{sh}——余湿量,g/h

D_p——排除空气的含湿量，g/kg

D_j——进入空气的含湿量，g/kg

当车间内同时散发有害物质、余热和余湿时，全面通风换气量应取三者中的较大值。当散入室内的有害物质数量不能确定时，全面通风换气量可根据类似房间的实测资料或经验数据按房间的换气次数确定。当有专业标准时，应按有关专业标准执行。

4. 隔离控制法

隔离控制法是将操作位置和生产设备隔开，即将生产设备放在隔离室内，并用排风系统使隔离室保持负压状态，隔离室边上或周围做成走廊式操作间。隔离室的设置主要依据生产设备和工艺操作等具体条件。在工业生产中采用隔离操作法，可有效防止有害物质侵入人体，使操作安全、卫生。

5. 个人防护

个人防护是综合防污染措施的一个重要方面，一般包括皮肤防护和呼吸防护两大类。皮肤防护就是采取一定措施来防止有害物质侵入人体，如在皮肤上涂抹防护油膏、身穿防护服、带防护手套等等。呼吸防护就是采用各种防护用具来防止有害气体和粉尘从呼吸道侵入人体。目前，个人防护用具主要包括送风面盔、过滤式防毒面具、口罩和氧气呼吸器等。

36.4.4.3 木材工业有害气体的净化技术

以气态存在的大气污染物，通常可采用各种气体净化技术进行治理。气体净化处理的方法很多，目前使用比较广泛的有吸收净化法、吸附净化法、化学催化法和燃烧处理法。

吸收净化法即采用适当吸收剂处理气体混合物，以除去气体中的一种或几种组分的方法。目前，工业中广泛用于气体净化处理的设备有填料塔、筛板塔和喷洒塔。

气体吸附净化法是使气体通过固体吸附剂，从而使气体中的杂质被吸附在固体表面上以达到净化目的的一种方法。目前，工业中广泛采用的气体净化吸附器包括固定填充床吸附器和流动填充床吸附器两大类，所用吸附剂的种类也很多，如活性炭、活性土、氧化硅 、酸盐、硅凝胶等，尤其是活性炭的使用尤为广泛。

在气体净化中，化学催化法有其独特性，即气体中的有害物质不是通过物理方法得以清除，而是通过各种催化剂将其转化为无毒物质，可以继续留在气相中，也可以是易于除去的物质。目前，工业气体净化所用的化学催化剂大多为金属或金属盐类，其所用载体通常为氧化铁、矾土、石棉、陶土、活性炭等。

通过燃烧净化气体的方法包括直接燃烧法和触媒燃烧法两类。前者系将含有毒物质的气体或有机溶剂加热，使其直接燃烧，氧化分解成二氧化碳和水；而后者系将含有机溶剂的气体加热，并通过触媒层进行氧化反应，所以可以在较低温度下燃烧，热能消耗较少。

36.4.4.4 通风除尘技术

所谓通风除尘通常是指在尘源处或其近旁设置吸尘罩，利用风机作为动力，将生产过程中产生的粉尘连同运载粉尘的气体吸入罩内，并经管道送至除尘器进行净化，达到有关排放标准后，再排入大气或回收利用。通风除尘系统在木材工业的粉尘和有害气体防治中发挥了巨大作用。一般来说，只要密切配合生产工艺，合理设计通风除尘系统，就能起到改善车间环境、保护工人身体健康、减少大气污染、维护正常生产、提高产品质量、防火防爆安全生产的作用，另外，设置通风除尘系统还可以回收有价值的工业原料，降低生产成本，增加经济效益。

在木材加工行业中，一般称通风除尘装置为气力吸集装置。

通风除尘系统一般包括吸尘罩、除尘器、管道和风机等设备。在木工车间的气力吸集装置中，吸尘罩又称为木工机床吸料器或吸料口。

1. 木材工业气力吸尘装置的类型

在工业通风除尘中，一般根据工艺设备配置、生产流程和厂房结构的不同，将通风除尘系统分为就地式、分散式和集中式。

就地式通风除尘系统就是将除尘器或除尘机组直接设置在产尘设备上，就地捕集或回收粉尘。该系统布置结构简单、紧凑，维护管理方便，能同时起到防止粉尘外逸和净化含尘气体两个目的。在木材工业部门，就地式通风除尘系统常用在人造板生产车间，如运输木材碎料的皮带运输机转运点、碎料仓等处。

分散式通风除尘系统是将一个或数个产尘点作为一个系统，除尘器和风机安装在产尘设备附近，一般由操作工人看管。该系统特别适用于产尘设备比较分散，而且厂房比较宽阔的场合。这种布置在木制品车间、装配成型车间都有采用，尤其是单机吸尘（即每台木工机床配置一套除尘机组，含尘气体经过净化后直接排入车间内部）的应用比较广泛。

集中式通风除尘系统是将多个产尘点或整个车间甚至全厂的产尘点全部集中为一个系统，设置专门的除尘室，由专人负责管理。

在木材工业的通风除尘系统中，就地式、分散式和集中式都有采用，一般地，除家具和木制品油漆车间的“喷漆棚”，干、湿去除漆雾装置，以及上述单机吸尘等装置以外，我们常将木材工业通风除尘装置分为普通型气力吸尘装置、通用性气力吸尘装置两大类。

2. 吸尘罩

(1) 吸尘罩的作用与分类：吸尘罩是通风除尘系统中的一个重要部件，对于木工机床而言，又称为吸料器或吸尘口。其作用是将尘源散发的粉尘予以捕集，以防粉尘扩散到工作环境中。吸尘罩的设计和安装是否合理，直接关系到整个通风除尘系统工作的可靠性和经济性。一般根据其工作原理，将吸尘罩分为密闭罩、外部罩、接受罩和吹吸罩。

密闭罩将扬尘点或产尘设备包围在罩内并尽可能地密闭起来，使粉尘的扩散被限制在较小的空间内，一般只在罩上留出必要的工作孔或物料进出口以及不经常开启的观察门和检修门。由于密闭罩的开口面积较小，故用较小的排风量即可有效防止粉尘外逸，所以在设计时只要条件允许，应首先考虑采用密闭罩。

当受到生产设备或工艺条件限制，不能将尘源全部或局部密闭时，可将罩子设在尘源近旁，依靠罩口外吸气流的运动把尘源散发出来的粉尘吸入罩内，这类吸尘罩称为外部罩。根据尘源情况和工艺过程的不同，可将外部罩设在尘源的上部、下部或侧面，分别称为上吸罩、下吸罩和侧吸罩。

有些生产过程或设备本身会产生或诱导一定气流，带着粉尘一起移动，如热源上部的对流气流、砂轮磨削工件时抛出的磨屑和大颗粒粉尘所诱导的气流等。此时，常将吸尘罩设置在含尘气流的上方或前方，使其开口迎着含尘气流的运动方向，以使该气流直接进入罩内。这类吸尘罩称为接受罩。

吹吸罩利用吹风口吹出的射流，将尘源散发的含尘气流吹向吸风口（排风罩的罩口），在吸风口前汇流的作用下被吸入罩内。当由于受到生产和工艺条件限制，既不能将尘源密闭，又不能在尘源近旁设置外部罩，在采用接受罩后由于设置高度太高排风量很大时，可考虑采用吹吸罩。

在木工机床的通风除尘系统中，吸尘罩大多采用外部罩和接受罩。

(2) 吸气口的气流特征：吸气口的气流特征与送风口的气流特征是完全不同的。在送风口处，气流是在一个比较有限的圆锥形范围内逐渐扩大，流速消失得比较缓慢，因此气流能够作用到离送风口较远的地方；而在吸气口处，气流系从四面八方汇集而来，流速消失很快，因此气流只能在离吸气口较近的范围内产生作用。所以说，在吸气口处的气流速度急剧衰减现象是吸气口的一个很重要的特点。一般地，在离吸气口仅一个直径远的地方，气流速度就只有进口处的5%左右；而在送风口处，往往在离送风口20～30个直径的地方，气流速度还能保持出口时的10%左右。由此可见，吸气口的气流作用范围，远比送风口小。这一基本特点，是任何形状的吸气口所共有的，只是不同结构的吸气口，其速度衰减情况不同而已。

(3) 吸尘罩的设计和安装：这里主要介绍木工机床吸料口的设计和安装注意事项。

木工机床吸料口的结构和形状取决于木工机床的构造及制品的加工方式。由于木工机床的结构及制品的加工方式很多，设计时应认真进行调查研究，根据实际情况进行具体考虑。考虑到吸气口附近的气流速度急剧衰减的特性，以及加工时碎料扩散的方式，木工机床的设计与安装应符合所谓的六字原则，即近、顺、通、封、便、兼。

近——吸料器尽量接近尘源。

顺——根据碎料的扩散情况，吸料器要尽量顺着碎料散发的主方向，使吸料器充分利用碎料散发的原有动能，尽量避免较多碎料在进入吸料器时发生速度方向的急剧改变。

通——吸料器的轮廓应尽可能光滑，以减少气流阻力。吸料器后尽可能不要直接接弯管等局部阻力构件。

封——吸料器应尽可能把尘源封闭起来。如果吸料器能将尘源有效封闭，不仅除尘效果好，而且可以减少所需要的吸气量。

便——吸料器的结构和安装要便于工人操作，便于装、拆。

兼——只要条件允许，应尽可能使吸料器兼作机床刀具的防护罩。

在通风除尘系统的设计中，为系统中的每一个吸料器确定合理的吸气量是非常重要的环节，这不仅关系到吸料器甚至整个系统的工作可靠性，而且直接关系到系统工作的经济性能。吸料器的吸气量可按下列公式进行计算

$$Q=3600vA \quad (m^3/h)$$

式中：v——吸料口处的平均风速，m/s

A——吸料器的料口面积，m^2

为了解吸料器工作的经济性能，并为改进吸料器的结构型式、安装方式及位置等积累必要数据，有必要对吸料器的吸气量和阻力进行测定。

吸料器的吸气量一般可根据以下两种情况得到：

一是通过测定吸料口的平均风速得到。测定吸料口风速所用的仪器有翼型风速计、杯型风速计等。当吸料口面积很大时，可将其分成若干相同面积的小块，分别测定每块的风速，然后取平均值。当吸料口面积不大时，可将风速计沿整个断面徐徐移动，所测结果即认为是该断面上的平均风速。测得吸料口的平均风速和吸料口的面积之后，即可根据上式计算出吸料口的吸气量。

二是利用动压法测定吸料口的吸气量，即通过测定接管中的风量来代替吸料口的吸气量。这要求在接管处无漏气现象，且要在气流比较稳定的断面进行测定。当测得吸料器接管处的平均动压后，按下式计算吸料器的吸气量

$$Q=3600A'\ (2gP_d/\gamma)^{1/2} \quad (m^3/h)$$

式中：A'——测点处管道的断面积，m^2

g——重力加速度

γ——空气的重度，N/m^3

P_d——吸料器接管处的平均动压，N/m^2

由于吸料器吸气口处的气流全压为零，吸料器的局部阻力为

$$H=P_q-0=P_q$$

P_q为在与吸料器紧相连的连接管内测得的气流全压值。

通常采用局部阻力系数（来表示吸料器的压损情况。ξ的表达式为

$$\xi=H/P_d$$

式中：P_d——吸料器连接管处的平均动压，N/m^2

3. 除尘设备（分离设备）

(1) 除尘设备的作用与分类：在通风除尘系统中，除尘设备的作用是将混合气流中的空气与碎料分离开来，使干净气体排入大气中，而碎料则被集中到指定地点，以回收有用物料，获得干净气体，或净化废气，保护环境。除尘装置的工作效果直接关系到整个通风除尘系统的工作性能。

除尘装置的分类方法很多，最常见的是按其分离捕集尘粒的机理来划分。按这种分类方法可将除尘器分为六个大类，即机械式除尘器、过滤式除尘器、电力除尘器、洗涤式除尘器、音波除尘器和热除尘器。

1) 机械式除尘器

根据作用于除尘器内含尘气流的作用力，可将机械式除尘器分为重力除尘器、惯性力除尘器和离心力除尘器。重力除尘器利用物料的重力沉降方法分离捕集混合气流中的物料。当混合气流的速度小于其中物料的均势速度时，物料即在其重力作用下沉降下来。沉降室或沉降槽就是典型的重力除尘器。重力除尘器的结构简单，造价低廉，但气流速度小，故设备轮廓大，而且只能分离100μm以上的粗颗粒。若利用惯性效应使颗粒从气流中分离出来，则可大大提高气流速度，使设备紧凑，这就是惯性沉降或动量沉降。在惯性除尘器中，混合气流中物料的质量越大，或混合气流的速度越高，转弯半径越小，就越有利于物料从混合气流中分离出来。惯性除尘器常作为高含尘量的气体预处理之用。

利用离心力作用使物料从混合气流中分离出来的分离设备称为旋风分离器。气流在旋风分离器内作高速旋转，所受离心力几千倍于重力，所以可分离出10μm左右的细粒，高效的还可将5μm的细粒分离出来。这是木材工业中应用最广泛的一种分离方法。其结构简单，制作容易，占地面积小，对5～10μm的细粒具有较高的分离效率。

总体而言，机械式除尘器结构较简单，造价较便宜，压损较低，管理维护较方便，工作条件限制较松，所以应用最广泛，但不能有效分离5μm以下的微粒。

2) 过滤式除尘器

含尘气流与过滤介质之间借助于惯性碰撞、扩散、截留、筛分等作用，将颗粒从混合气流中分离出来的装置称为过滤式除尘器。根据所采用的过滤介质和结构的不同，可将这类除尘器分为袋式除尘器（或布袋除尘器）和颗粒层过滤器。过滤分离可将1～0.1μm的微粒从混合气流中有效捕集

分离出来，常用于末级分离等要求较高的场合，如在木材工业木粉的分离捕集处理中，袋式除尘器使用很广泛，它包括各种织物过滤器。近年来发展出各种颗粒层过滤器，并向高温方向发展，其应用范围越来越广。

过滤式除尘器的分离效率很高，其中颗粒层除尘器还具有耐磨、耐腐蚀、耐高温的特点。但其压损较大，且大型结构较复杂，占用空间大，排料清灰较难，其投资及维修成本也较高，故一般仅在必要时用来分离很细微的物料，尤其是颗粒层除尘器。

3) 电力除尘器

依靠静电力为外力作用于混合气流上，使颗粒从混合气流中分离出来的除尘器称为静电除尘器，简称电除尘器。

静电除尘器对于 0.01～1μm 的微粒具有很高的分离效率，动力消耗小，但要求颗粒的比电阻在 $10^4 \sim 2 \times 10^{10}\ \Omega \cdot cm$，所含颗粒浓度一般在 $30g/Nm^3$ 以下为宜。另外，电力除尘器结构复杂，造价高，操作管理要求高，而且对于混合气流中的木粉灰而言，静电收尘还存在木粉灰发生燃烧的问题，所以在设计和使用这类通风除尘系统时需特别谨慎。在木材工业中，尤其在我国，应用较少。

4) 洗涤式除尘器

以水或其他液体为捕尘介质的除尘器称为洗涤式除尘器，又称湿洗除尘器。其工作原理是使混合气流穿过液层、液膜或液滴，使其中的颗粒粘附在液体表面上而被分离出来。根据设备能耗的高低，可将现有的洗涤式除尘器分为低能洗涤式除尘器和高能洗涤式除尘器，包括水浴除尘器、自激式除尘器和文丘里除尘器。

洗涤式除尘器可有效分离出 5～1μm 的细粒，效率高，工作可靠。但由于气体内需夹带液雾，而且只能在低温条件下使用，设备庞大，液体回收及循环系统庞大，所以应用不多。在木材工业中，水浴式除尘器因其结构简单，除尘效率高，投资费用低而时见使用，但泥浆的后处理仍是一个没有得到很好解决的问题。

5) 音波除尘器

音波除尘利用音波使含尘气流获得振动，该振动可使混合气流中的细粒随之发生振动，于是细粒相互碰撞并发生团聚凝并，从而使尘粒增大，易于被各种除尘器所捕集，利于分离。为了使尘粒发生有效团聚凝并，要求混合气体内的颗粒浓度大于 $10g/m^3$，若使用喷雾，效果更好。音场强度至少要在 160dB 以上。混合气流中的颗粒越小，所需音频也越高。对于 10μm 的细粒，常用超声波，如 Siens 超声波发生器。

在音波除尘器的工作中，尘粒的凝并起重要作用。尘粒凝并因其产生过程中所受力的不同有其不同称谓，仅由尘粒的布朗运动（热扩散）而产生的凝并称为热凝并；尘粒受流体的紊流运动、速度梯度、重力、电力等的作用而发生的凝并分别称为紊流凝并、梯度凝并、重力凝并和电凝并。尘粒凝并可使微细尘粒的粒径增大，易于被除尘器捕集，同时可大大节省能量。

6) 热除尘器

热除尘是在有温度梯度条件下实现的。在温度梯度场内，颗粒受到热致迁移力的作用，可从高温侧移向低温侧。在实验室内应用该原理可做成热沉降器，进行采样分析。目前，在木材工业的通风除尘中还未见使用。

表 36-45 为上述主要分离方法总评价。

在实际应用中，往往将几种除尘机理结合起来，例如目前木材工业中广泛使用的南林Ⅳ旋风袋式除尘器，即结合了旋风分离器和袋式除尘器的工作机理；卧式旋风水膜除尘器即结合了旋风分离器和水膜除尘器的工作机理等等。为了提高分离器的工作效率，具有多种除尘机理的分离器相继问世，如静电袋式除尘器、静电颗粒层除尘器等。

(2) 除尘设备（分离设备）的性能指标：除尘设备的分离性能有多种表示方法，如表示分离效果的全分离效率或穿透率或净化指数及粒级效率；表示能耗指标的压降；表示生产能力的处理气流量。这三类指标都属于技术性能指标。除此之外，还经常使用耗钢量、一次性投资、运转费用、维修费用、占地面积或占用空间体积、使用寿命等，这些都属于经济性指标。在设计和选择除尘器时，必须综合考虑这些因素，但总体而言，低阻、高效仍是评价除尘器

表 36-45 除尘装置的分离方法

分 类	机械力分离			静电分离	过滤分离	湿洗分离
主要作用力	重 力	惯 性 力	离 心 力	静电场力	惯性碰撞 拦截 扩散 静电力	惯性碰撞 拦截 扩散
分离介面	流动死区	器 壁	器 壁	沉降电极	滤 料 层	液滴表面
排 料	重 力	重力、离心力	重力、气流曳力	振打、人工	脉冲、反吹振打	液体排走
器内气速（m/s）	1.5～2	15～20	20～30	0.8～1.5	0.01～0.3	0.5～100
压 降	很 小	中 等	较 大	很 小	中 等	中等到较大
经济除净粒径（μm）	≥100	≥40	≥5～10	≥0.01～0.1	≥0.1	≥1～0.1
温 度		不限，取决于器壁材料		对温度敏感	取决于滤料材质	常 温
气体含尘浓度（g/m^3）		不限	<100	<40	袋式除尘器：<5～50 颗粒层除尘器：<70	水浴除尘器：<20 自激式除尘器：<20 文丘里除尘器：<5～50

性能的主要指标。

1) 全分离效率 η

对每台分离设备而言，全分离效率的定义如下

$$\eta = G_1/G_2$$

式中：G_1——单位时间内分离器捕集并排出的粉料质量，kg

G_2——单位时间内进入分离器的粉料质量，kg

有时因为分离效率很高，不便比较，且主要目标是要控制分离器出口浓度时，可采用另一些指标如穿透率或净化指数来表示分离效果。

穿透率或带出率 P 的定义如下

$$P=G_3/G_1=1-\eta$$

式中：G_3——单位时间内从分离器排气口排出的粉料量，kg

η——分离器的全分离效率

净化指数的定意如下

$$D.I.=\lg\ (1/P)$$

分离效率、穿透率和净化指数的对应关系如表36-46示。

表 36-46 η、P 和 $D.I.$ 的对应关系

η	99%	99.9%	99.99%
P	1%	0.1%	0.01%
$D.I.$	2	3	4

当几个分离器串联使用时，若处理的气流量相同，则该系统的总分离效率可按下式计算

$$\eta=1-(1-\eta_1)(1-\eta_2)(1-\eta_3)\cdots$$
$$=1-P_1\times P_2\times P_3\cdots$$

式中：η_1，η_2，η_2…——分别为第一级、第二级、第三级，…分离器的分离效率

P_1，P_2，P_3…——分别为第一级、第二级、第三级，…分离器的穿透率

2) 粒级效率

在进入某一台分离器的整个粉料群中，分离器对某一粒径的粒子具有的捕集效率称为粒级效率。

从以上定义可见，全分离效率是针对进入分离器的整个粉料群而言的，不仅随分离器的不同而不同，而且就同一台分离器而言，还随进入分离器入口的粉料的粒径而变化。所以，不宜采用全分离效率来比较分离器本身性能的高低，除非分离器入口的粉料的粒径相同。而粒级效率是针对粉料群中的某一粒径而言的，与进入分离器入口的粉料的粒径无关，仅取决于分离器本身的性能及单个颗粒的性质，所以采用粒级效率来衡量分离器的性能比较合适。

3) 压降

即分离器的流体阻力损失，它是分离过程必须损耗的能量。分离器的压降不仅取决于分离器的结构，而且与分离器的操作条件（如进入分离器入口的气体黏度、密度、气流速度等）有密切关系，很难用一个统一的公式来表示，一般按下列公式进行计算

$$\Delta p = K\gamma t v^2/2g \quad (\mathrm{Pa})$$

式中：γt——当温度为t℃时分离器入口处的空气重度，N/m³

v——分离器的入口速度，m/s

g——重力加速度，g=9.81m/s²

K——分离器的阻力系数，与分离器的结构型式、尺寸、表面粗糙度及雷诺数 Re 等因素有关

一般在层流区，K 与 Re 成反比，所以 Δp 近似与气流速度 v 的一次方成正比；在湍流区，K 与 Re 的关系不是很密切，所以 Δp 近似与气流速度 v 的二次方成正比。

(3) 除尘器的选择原则：选择除尘器时，首先应根据处理对象的特性（如物料种类、颗粒大小、含水率、混合气流的浓度和流动速度等等），并结合投资费用、运转费用、维修费用等因素，合理选择除尘器的种类。

通风除尘系统正常工作的关键之一是除尘器必须与系统所用风机相匹配，所以选择除尘器时，在确定除尘器的种类之后，接着应根据系统所要求的气流量，正确选择除尘器的规格（或大小）。

表 36-47 为各种除尘器的选择标准。

表 36-47 国外除尘装置的选择标准

除尘器类别	捕集粉尘的浓度（mm）	压力损失（mm 水柱）	最适宜风速（m/s）	设备费用
惯性除尘	20～50	30～100	(30)	小
离心除尘	5～15	100～200	15～20	小
布袋除尘器	0.1～1	100～250	0.01～0.1	大
充填层过滤器（片式）	0.1～10	10～100	0.1～3	中
洗涤式除尘器	0.1～10	50～1000	5100	中
电器除尘	0.1～1	20～50	1～3	大

注：1mm 水柱 =9.81Pa

(4) 旋风分离器：旋风分离器是木材加工和人造板生产企业通风除尘系统中使用最广泛的一种分离装置，其结构简单，占用空间小，使用维护方便，阻力适中，属于干式收尘，便于粉状物料的回收处理，可有效地用于粒径为10 μm以上的粉状物料的分离，也可用作多级分离工作中的第一级分离装置。

1) 旋风分离器的结构及工作原理

旋风分离器是一种使混合气体作旋转运动，借助物料的离心力，使物料从气流中分离出来的设备，其结构形式很多，从分离颗粒的方式可分为切流式和旋流式两大类，在木材工业中以前者为主，这里主要介绍切流式旋风分离器的结构和工作原理。

典型切流式旋风分离器主要由筒体、锥体和排气管组成。

混合气流从圆筒体上部切向入口，自上而下作螺旋形旋转运动，通常称这部分气流为外涡旋。外涡旋中的物料在离

心力作用下被甩向外筒壳体的内壁，并在重力和气流的带动下沿内壁而下从排料口排除。在外涡旋逐渐到达圆锥体下部的过程中，由于受器壁的限制，所受阻力越来越大，当该阻力大于气流向分离器上方的排气口排出的前进阻力(通常出现在外涡旋到达圆锥体底部时）时，空气便会在分离器轴心部位的低压区内以相同方向折转向上，形成通常称之为内涡旋的上升气流，并从分离器上部的排气管口排出，物料由此经过第二次分离。另外，由于上涡旋的形成，分离器顶部出现倒空现象，故也存在少量气流旋转向上，形成所谓的上涡旋。由于旋转离心力的作用，排气管外壁处于低压区，从而使上涡旋最终会沿着排气管的外壁旋转向下，并入内涡旋。上涡旋夹带的物料同样受离心力的作用得到分离，但由于尘粒的下降出路受上涡旋的阻挡，结果出现了所谓的上灰环，它在分离器顶部兜圈子，随着其处理浓度的增大，最后迫使尘粒降落。

由于内涡旋的存在，即使那些处于正压状态工作中的旋风分离器，其下部的中心部位仍可能出现负压，而那些处于负压状态下工作的旋风分离器就更加不容置疑了。因此在设计通风除尘系统时，一般都要求分离器的下部处于密闭状态，完成这一工作的装置称为旋风分离器的锁气器或排料器。

由于上升气流中心负压区的影响，含尘气流在旋转向下的过程中，也会有少量粉尘被内涡旋带走，这种现象称为“返混”。“返混”现象在分离器的设计和使用中是应该避免的。另外还需避免的一个现象就是“二次飞扬”，即由于种种原因，在分离器下部的排料口处，较多气流冲入灰箱，形成激烈的涡旋，并将已汇集的粉尘重新扬起，夹带到上升气流中的现象。这一般是由于排料口的直径过大所致。

旋风分离器工作时其内部气流的速度、压力及运动非常复杂，这里不加叙述。

2) 影响旋风分离器性能的主要因素

通过理论分析和试验研究，影响旋风分离器性能的因素主要有：

①进口风速：在旋风分离器内，物料颗粒主要依靠离心力的作用与空气分离。增加进口风速，可以增加物料所受的离心力，从而有利于分离效率的提高，同时也可增加分离器处理的风量，但是，如果进口风速太大，不仅造成分离器处理的分量超过其许可处理风量，出口风速也会超过许可范围，从而导致分离效率下降。另一方面，进口风速越大，分离器的压损也越大。一般取其进口风速为12～25m/s，多数取14～20m/s。

②筒体直径D与排气管直径d：筒体直径越小，在相同进口速度下，物料颗粒所受的离心力越大，分离效率得到提高，但是，当分离器高度一定时，筒体直径越小，则其处理的风量也越小，同时还增加了物料颗粒从排气口逸出的机会。一般木材工业用的旋风分离器的外筒体直径D不得小于250mm。

排气管直径过小，使分离器的压损增加。一般取d/D=0.5～0.6。

③进口型式：旋风分离器具有三种型式的进口：内旋型（水平切向进口）、下旋型（切向进口）和外旋型（涡壳式）。

内旋型进口采用沿外筒内壁切线进入的直入式。分离效率低，阻力系数随筒体直径的增大而增大。

下旋式进口的旋风分离器的外圆筒上部呈螺旋形(一般取螺旋角为10° 左右)，使混合气流进入后能够自然地形成向下的趋势，以减少上涡旋和上灰环的产生。分离效率较高。阻力系数与分离器筒体直径关系不大，通常可取其阻力系数为K=2.0～5.7。

外旋型进口采用从圆筒外侧旋入的涡壳式，又称为渐开线进口，可减少进入气流对内部气流的干扰和对排气管的冲击，涡角以180° 为好。其分离效率较高。阻力系数随分离器直径的增大而增大。

④排气管的插入深度：排气管的插入深度直接影响分离效率。过浅，上灰环中的尘粒可直接从排气管排出，从而降低分离效率；过深，干扰内涡旋中颗粒的分离。最合适的排气管插入深度与分离器的具体结构型式有关，一般采用实验方法求得。

⑤圆柱筒体和圆锥筒体的高度：适当增加筒体和锥体的高度，有利于提高气流在分离器内的旋转圈数，从而使气流中的物料颗粒获得更多的分离机会，但由于“返混”现象的存在，过高的筒体和锥体高度，并无什么实际意义。实验表明，一般取分离器的总高度以低于5倍筒体直径为宜。一般认为，取H_1=1.5D（H_1为筒体高度），H_2=2.5～3D（H_2为锥体高度），可以获得较满意的分离效率。

⑥排料口直径：排料口的直径过大，易形成“二次飞扬”。实际设计中，一般取de=0.3～0.5D（为排料口直径）。

参考文献

[1] 赵立. 林产工业环境保护. 北京：中国科学技术出版社，1993

[2] 陆仁书主编. 纤维板制造学. 北京：中国林业出版社，1993

[3] 环保工作者实用手册编写组. 北京：冶金工业出版社，1984

[4] 魏先勋等. 环境工程设计手册. 长沙: 湖南科学技术出版社，1990

[5] 杨玉致. 机械噪声控制技术. 北京：中国农业机械出版社，1983

[6] 王国才. 木工机械噪声及其控制. 北京：中国林业出版社，1990

[7] 陈秀娟. 工业噪声控制. 北京：化学工业出版社，1980.4

[8] 方丹群. 噪声控制与室内声学. 北京：中国工人出版社，1981

[9] 方丹群. 噪声控制. 北京：北京出版社，1986

[10] 徐克生. 木工机床噪声控制的途径和趋向. 林业机械，1991(3) P.40～42

[11] 刘利民. 国内木工机床噪声水平现状与噪声标准讨论. 木工机床，1979(2)P.1～11

[12] 丘湘荣. 浅谈木工机床噪声的控制. 木工机床，1979(2) P.12～21

[13] 王国才. 木工圆锯机噪声控制的途径. 林业机械，1992(1)P.30～33

[14] 花军，冯琪. 木工带锯机噪声控制的有效方法. 林业机械，1992(5)P. 40～42

[15] 丘湘荣. 木工平刨床的降噪研究. 木工机床，1987(4)P.8～14

[16] 王瑞玲，程岩. 降低压刨床噪声的措施. 林业机械与木工设备，1998(9)P.29

[17] 李莹. 木材工业气力输送装置噪声源分析及降噪途径. 木材加工机械，1995(1) P.24～27

37 木材工业质量管理与控制

Quality Control in Wood Industry

质量是指产品或工作的优劣程度，产品质量是产品使用价值的体现。而衡量产品质量优劣的尺度则是一系列的标准。为了保证产品的质量，所以在生产过程中必须有一种质量控制手段，以保证最终产品质量达到要求。

本章中概要地对“标准”、“质量”、质量管理及生产中常用的一些质量控制方法作简要的介绍，还收入了试验和计算结果的数值修约规则。

章节中还简要地介绍了 ISO 9000 系列标准与我国等同转化的 GB/T 19000 之间的对等关系，以便利企业根据市场情况、产品特点、市场需要等来选择相对的体系要素，以确立适用的质量体系。

37.1 质量管理基础

37.1.1 基本概念

37.1.1.1 标准的分类、代号与编号

根据 GB 3935.1 中所下的定义，标准是：“对重复性事物或概念所作的统一规定。它以科学、技术和实践经验的综合成果为基础，经有关方面协商一致，由主管机构批准，以特定形式发布，作为共同遵守的准则和依据”。

由主管机构批准，以特定形式发布，这是标准必须履行的法定手续，标准从制定到发布有一系列必须的工作程序。

1. 标准的分类

(1) 按标准的约束性可分为强制性标准和推荐性标准：涉及人体健康，人身、财产安全的标准和法律以及行政法规所规定强制执行的标准都是强制性标准。

强制性标准是指令性标准。标准一经批准发布就是法规，必须以强制手段加以实施。任何单位和个人都无权擅自更改或降低标准。对因违反标准而造成不良后果以至重大事故者，要根据情节予以处理，直至追究法律责任。

推荐性标准是指导性标准，这种标准具有指导性、参考性，无法律的强制性。在生产、交换、使用等方面，通过经济手段或市场调节而自愿采用；违反这方面的标准不构成法律责任，但一经采用，并纳入经济合同之中，就成为共同遵守的技术依据，具有法律上的约束性，必须严格贯彻执行。木材工业行业所采用的标准多为推荐性标准。

(2) 按标准化对象的性质和作用，可分为技术标准、管理标准和工作标准：技术标准又按标准化对象的特征和作用分为：基础标准；产品标准；检测方法标准；零件、部件标准；原材料标准；工艺及工装标准；设备标准；能源标准；安全、卫生及环境保护标准等。

管理标准按管理对象分为：技术管理标准；生产管理标准；质量管理标准和经营管理标准等。

2. 管理标准的代号与编号

标准的代号有：国际标准（ISO）、国家标准（GB，GB/T）、行业标准（用汉语拼音，如林业用LY）、地方标准（DB）和企业标准（QB）等，以上介绍的代号是标准代号的一部分。

我国实施《标准化法》以后使用的标准代号与编号如下：

(1) 国家标准的代号与编号：国家标准代号由大写汉语拼音字母组成，强制性能家标准代号为“GB”，推荐性国家标准代号为“GB/T”。

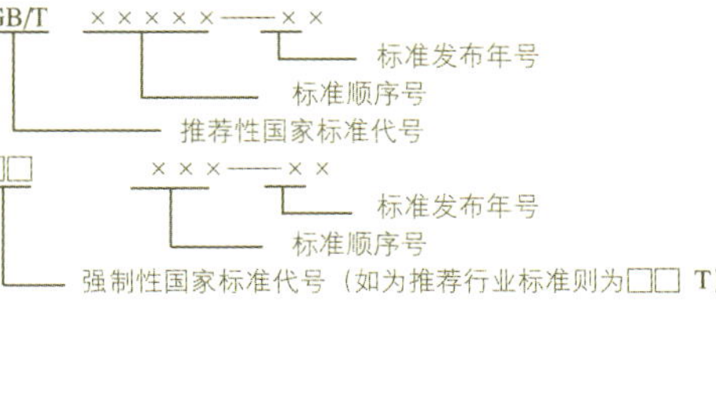

国家标准的编号由国家标准的代号、国家标准发布的顺序号和国家标准发布的年代号(即发布年份的后两位数字)构成。

(2) 行业标准的代号与编号：行业标准代号由国务院标准化行政主管部门规定、行业标准的编号由行业标准代号、标准顺序及年号组成，林业标准代号为“LY”。

国家及行业强制性和推荐性标准编号格式见上页。

(3) 地方标准的代号与编号：地方标准的代号为“DB”加上省、自治区、直辖市行政区划代码前两位数再加上斜线，组成强制性地方标准代号；在此代号后再加“T”，即组成推荐性地方标准代号。即：

DB × × / 及 DB × × /T

地方标准的编号由地方标准代号、地方标准顺序号和年号组成，格式如下：

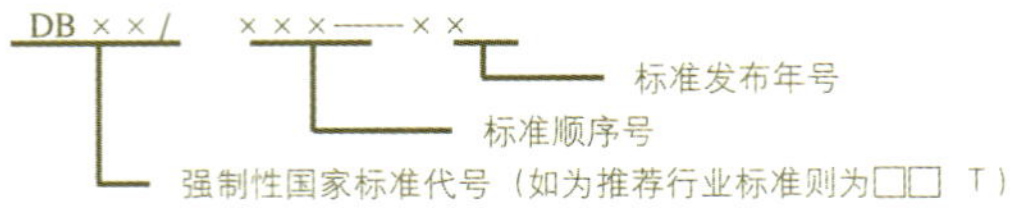

(4) 企业标准的代号与编号格式如下：

企业代号可用汉语拼音字母或阿拉伯 字或两者兼用而组成。企业代号，按中央所属企业和地方企业，分别由国务院有关行政主管部门和省、直辖市政府标准化行政主管部门会同同级有关行政主管部门作出规定。

37.1.1.2 中华人民共和国法定计量单位

我国的法定计量单位包括：

(1) 国际单位制的基本单位（表 37-1）；

(2) 国际单位制的辅助单位（表 37-2）；

(3) 国际单位制中具有专门名称的导出单位（表 37-3）；

(4) 国家选定的非国际单位制单位（表 37-4）；

(5) 由以上单位构成的组合形式的单位；

(6) 由词头（表 37-5）和以上单位构成的十进倍数和分数单位。

表 37-1 国际单位制的基本单位

量的名称	单位名称	单位符号
长 度	米	m
质 量	千克（公斤）	kg
电 流	安［培］	A
热力学温度	开［尔文］	K
物质的量	摩［尔］	mol
发光强度	坎［德拉］	cd

表 37-2 国际单位制的辅助单位

量的名称	单位名称	单位符号
平 面 角	弧 度	rad
立 体 角	球 面 度	sr

表 37-3 国际单位制中具有专门名称的导出单位

量的名称	单位名称	单位符号	其他表示式例
频 率	赫［兹］	Hz	S^{-1}
力；重力	牛［顿］	N	kg · m/s^2
压力；压强；应力	帕［斯卡］	Pa	N/m^2
能量；功；热	焦［耳］	J	N · m
功率；辐射通量	瓦［特］	W	J/s
电 荷 量	库［仑］	C	A · S
电位；电压；电动热	伏［特］	V	W/A
电 容	法［拉］	F	C/V
电 阻	欧［姆］	Ω	V/A
电 导	西［门子］	S	A/V
磁 通 量	韦［伯］	Wb	V · S
磁通量密度；磁感应强度	特［斯拉］	T	Wb/m^2
电 感	享［利］	H	Wb/A
摄氏温度	摄氏度	℃	
光通电	流［明］	lm	cd · sr
光 照 度	勒［克斯］	lx	lm/m^2
放射性活度	贝可［勒尔］	Bq	S^{-1}
吸收剂量	戈［端］	Gy	J/kg
剂量当量	希［沃特］	SV	J/kg

表 37-4 国家选定的非国际单位制单位

量的名称	单位名称	单位符号	换算关系和说明
时 间	分	min	1 min=60s
	［小］时	h	1h=60min=3600s
	天（日）	d	1d=24h=56400s
平 面 角	［角］秒	(″)	1″ ＝（π /64800）rad
	［角］分	(′)	1′ ＝ 60″ ＝（π /10800）rad
	度	(°)	1° ＝ 60′ ＝（π /180）rad
旋转速度	转 每 分	r/min	1r/min=（1/60）s^{-1}
长 度	海 里	n mile	1n mile=1852m（只用于航程）
速 度	节	kn	1kn=1n mile/h=(1852/3600)m/s（只用于航行）
质 量	吨	t	1t=10^3kg
	原子质量单位	u	1u ≈ 1.6605655 × 10^{-27}kg
体 积	升	L，(l)	1L ＝ 1dm^3 ＝ 10^{-3}m^3
能	电 子 伏	eV	1eV ≈ 1.6021892 × 10^{-19}J
级 差	分 贝	dB	
线 密 度	特［克斯］	tex	1tex=1g/km

表 37-5 用于构成十进倍数和分数单位的词头

所表示的因数	词头名称	词头符号
10^{18}	艾［可萨］	E
10^{15}	拍［它］	P
10^{12}	太［拉］	T
10^{9}	吉［咖］	G
10^{6}	兆	M
10^{3}	千	k
10^{2}	百	h
10^{1}	十	da
10^{-1}	分	d
10^{-2}	厘	c
10^{-3}	毫	m
10^{-6}	微	μ
10^{-9}	纳［诺］	n
10^{-12}	皮［可］	p
10^{-15}	飞［母托］	f
10^{-18}	阿［托］	a

37.1.1.3 质量与质量特性

1. 质量

质量通常是指产品或工作的优劣程度。广义的质量概念包括产品质量、工作质量和生活质量。

质量的概念不是绝对的，质量的“优”、“劣”、“完善”都是相对于某一标准而言的，所谓质量，实际上是指产品或有关的各项工作相对于某一标准的符合程度。

2. 质量特性

产品质量是通过一系列的质量特性表现出来的，质量特性可表现为以下几方面：

(1) 适用性指产品适合使用的性能。如刨花板创强度、密度、防水性和隔音性。

(2) 可靠性是指产品在规定使用条件下和规定的时间内，完成任务的概率。此性能一般指的是耐久性、安全可靠性。如胶合板水泥模板的使用次数及耐老化性能等。

(3) 环保性是指产品在生产和使用过程中应对环境与人体无害。如刨花板、中密度纤维板的游离甲醛含量；家具的结构尺寸必须适应人体的结构等。

(4) 美观性指产品在外观上满足用户审美要求的能力。影响外观的因素很多，主要是色彩、外形和材质三要素。

(5) 工艺性主要是指产品应便于加工，便于实现连续化、机械化生产，以及便于采用典型工艺规程等的性能。

(6) 经济性指产品在设计、制造和使用过程中的耗费以及使用的经济效果。

(7) 安全性指产品在流通和使用过程中保证安全的程度。

不同时期、不同用户对产品质量特性的侧重点往往各不相同。

37.1.1.4 质量管理与全面质量管理

1. 质量管理及其发展

质量管理是一门新兴的管理学科，它经历了三个发展阶段：质量检验阶段、统计质量控制（SQC）阶段和全面质量管理（TQC）阶段。

质量检验阶段中质量检验被作为一项专门职能或工种，从生产操作中分离出来，是社会生产发展中专业分工的必然结果。开始时，产品的质量主要依靠工人的实际操作经验来保证，工人既是操作者又是检验者、管理者。质量管理仅处于萌芽状态。随着生产的发展、市场竞争的不断加剧、产品结构的日趋复杂，质量要求越来越高，就出现了专职的检验人员和机构。开始出现了统一的质量检验标准。这些是质量管理中的重大进展。

质量检验阶段的特点是强调事后的终端把关，作为把关性质的质量检查，至今在工厂中仍是不可缺少的，但它没有考虑检验费用和质量保证问题，对预防废品出现等方面的作用比较薄弱，因此，一般把这阶段称为质量管理的初始阶段。

统计质量控制阶段是质量管理发展的第二阶段。由于质量检验是事后把关，虽然把合格品与不合格品进行了分离，但废品已产生，已造成了浪费。积极的做法是把废品消灭在产生之前，由事后的把关变为事前的预防，从质量管理看这是一大进步。随着生产的发展，生产效率的提高，每分钟都可能出现大量废品，因此，积极的预防显得越来越重要。

1924 年美国贝尔电话研究所应用数理统计的原理，提出了用“6σ”法控制生产过程中产品的质量。建立了第一张工序质量控制图，作为预防生产过程中出现废品的重要工具，根据数理统计方法所建立的工序控制图，是在生产过程中对产品进行定期抽样检查，并把检查结果当成一个反馈的信号，通过控制图发现或检定生产过程是否出现不正常情况，以便及时消除不正常因素，做到防止废品的发生，整个过程称为工序控制。它可用图 37-1 来表示。

全面质量管理的理论是 20 世纪 50 年代由美国学者提出的。他们认为要生产出用户满意的产品，单纯靠数理统计的

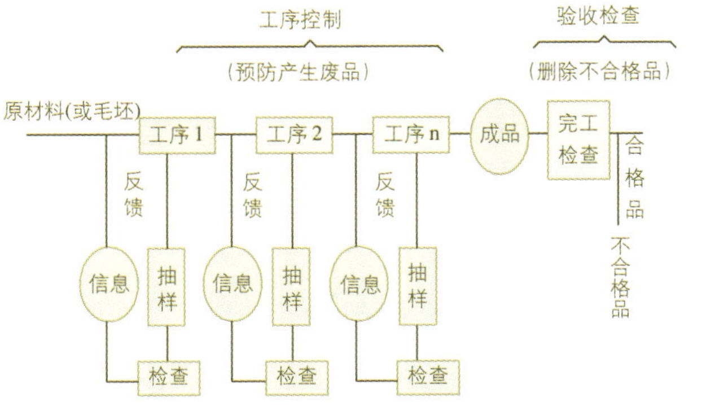

图 37-1 工序控制示意图

方法对工序进行控制是不够的。质量控制应从产品设计开始，直到产品到达用户手中，使用户满意为止。它包括市场调查、设计、研制、制造、检验、包装、销售、服务等各个环节都要加强质量管理，使企业所有职工都负有质量管理的责任。

我国在1978年引进和试行了全面质量管理，近年来不断推广应用，在部分企业中开始取得了良好的效果。全面质量管理的内容和意义正逐步为人们所认识。

2. 全面质量管理

通常所说的质量是狭义，它仅指产品的技术性能，如精度、耐用度、安全性等。而全面质量管理中的质量概念是广义的，它除了技术性能外还包括服务质量和成本质量。全面质量管理的另一个含义是：产品质量是企业的一切工作质量和工序质量的结果。企业抓质量管理应该首先抓原因，变单纯地管理结果为首先管理原因或管理因素。这是全面质量管理的一条重要经验。

全面质量管理认为，产品质量决定于设计质量、制造质量和使用等全过程。必须在市场调查、产品选型、研究试验、设计、制造、检验、运输、贮存、销售、安装、使用和维修等各个环节中都把好质量关。在全过程的质量管理中，除了基本生产过程外，还要重视辅助生产过程的质量管理。如工具、动力、机修等生产中的质量，这些都是保证工序质量的重要条件，它们常影响到产品质量。

全过程中各个环节的配合和信息反馈是非常重要的，及时把各种信息反馈到有关部门，是现代企业质量管理中的重要环节，是不断提高产品质量的重要条件。

全面质量管理是全员参加的质量管理工作，这是一个重要的特点。

3. 全面质量管理的基础工作

全面质量管理是一种科学的质量管理体系，必须做好以下基础工作：标准化工作；质量教育工作（包括质量意识教育、全面质量管理知识和方法教育、技术培训）；建立质量责任制；计量工作；做好质量信息工作；建立质量管理组织。

4. 全面质量管理的基本方法

全面质量管理的基本方法，可以概括成一个PDCA循环和为实现这一循环所必需的管理方法。

PDCA循环是指在全面质量管理中用以解决问题和改进工作的一种科学的工作程度，它是由美国质量管理专家戴明提出的，因此又称戴明循环。该循环的意思是：任何一个管理过程，从确定方针目标到贯彻执行，再通过了解及分析研究，最后提出下一步的措施，都是按计划（Plan）、执行（Do）、检查（Check）和总结（Action）四个阶段进行的。这四个阶段不断地循环才能实现目标。如图37-2所示。

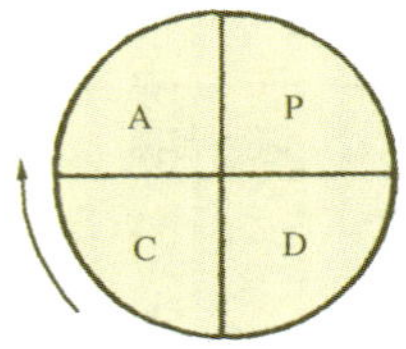

图37-2 PDCA循环

这四个阶段的具体内容如下：计划阶段——在调查研究的基础上确定目标，通过设计、试验、试制，最后选定方案.制定标准.并提出实施计划的具体方法、步骤。

执行阶段——实施计划，进行生产活动。

检查阶段——检查计划执行的情况，了解实施效果，及时发现问题。

总结阶段——总结经验找出遗留问题，继续循环。每通过一个PDCA循环，就要修订工作标准，再进入下一个循环。每通过一个循环，质量就提高一步。

PDCA工作方式有两个主要特点：

(1) 大环套小环，小环保大环，推动大循环，如图37-3所示。

(2) 管理循环每转一周就提高一步，不断转动，不断提高，如图37-4所示。

PDCA循环可以具体化为图37-5中的四个阶段8步骤。

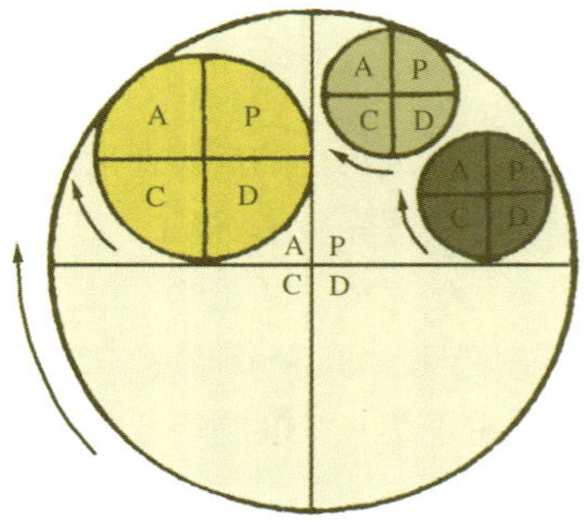

图37-3 大环套小环

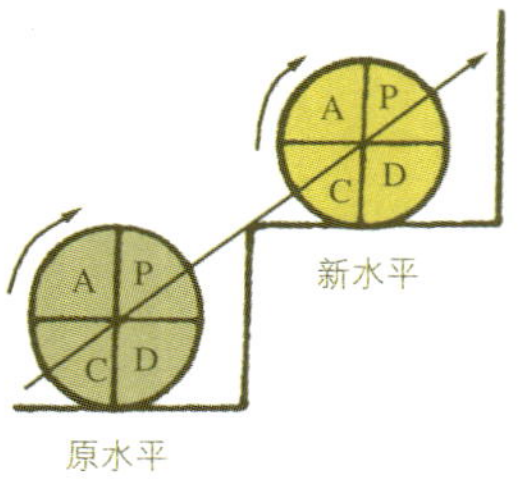

图37-4 循环升级图

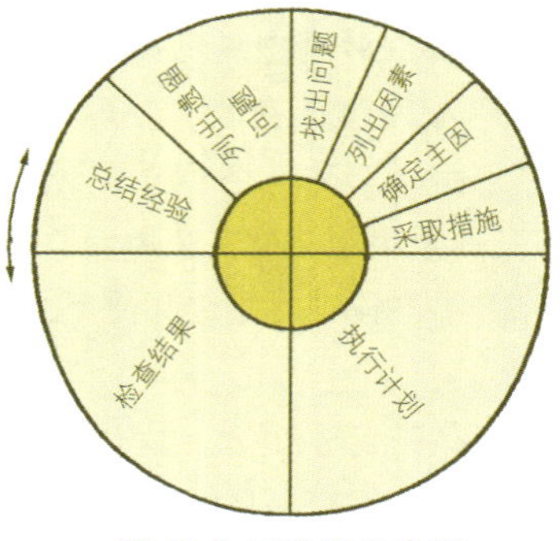

图37-5 四阶段8步骤

37.1.1.5 质量检验

一种工业产品从原料进厂到合格成品出厂，其中每一道工序，每一步操作及每一个管理步骤均受到许多主客观因素的影响。因此，不可避免地在产品形成过程中会带来质量波动，甚至出现废品。为及时发现不合格品并将其剔除，防止不合格品混入下道工序或流入市场，就必须建立质量检验制度。它是质量管理和质量保证的重要内容。

1. 检验的定义与功能

检验是指对产品或服务的一种或多种特性进行测量、检查、试验、度量，并将这些特性与规定的要求进行比较，以确定其是否符合的一种活动，它包含七大功能：

(1) 明标——明确检验标准（即依据），定检验方法。

(2) 抽样——随机抽取样品，全数检验时不存在。

(3) 度量——用试验测量、化验、分析及感官检验方法，度量产品的质量特性。

(4) 比较——将测定结果与质量标准要求作比较。

(5) 判定——通过比较来确定是否符合标准。

(6) 处理——对不合格的半成品或成品进行处理，采取相应措施。

(7) 记录——记录数据，出具报告，及时反馈信息。

为保证产品的质量，企业对产品的原材料、毛坯、半成品、成品以及外购件、外协件、包装、标志等必须进行全面检验。

2. 检验的方式与方法

检验方式按程序、目的、数量、方法等十四种不同的划分方法可列出三十多种。

按检验方法分，基本上可分为物理、化学检验和感官检验两大类。

3. 检验机构

随着工业化程度的日益提高和科学技术的发展，产品结构趋向复杂化、多样化，用户对产品质量的要求也越来越高。这就要求企业建立更严格的质量检验和控制网络，健全质量检验工作体系，设置专职检验机构。

按生产流程分工的检验组织体系见图37-6。

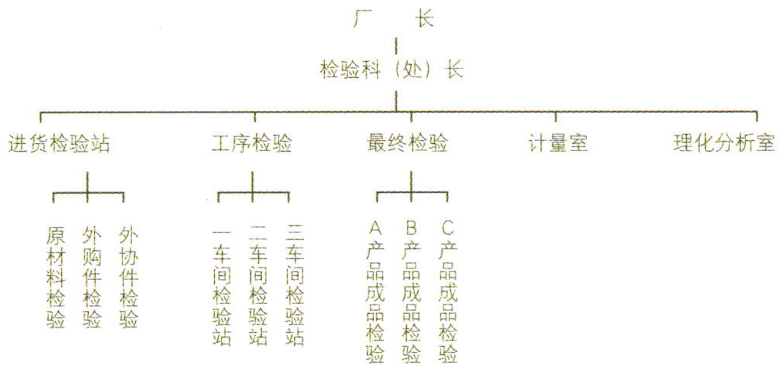

图37-6 检验组织体系图

37.1.1.6 质量检验程序

1. 进货检验

企业采购的物资包括原材料、辅助材料、外购件、外协件和配套件等均需作进货检验。检验程序如下：

(1) 核对采购的物资在数量、品种和规格上是否与合同及生产计划部门下达的采购任务单相符，货物有无合格证。

(2) 收货部门填写检验委托单交检验部门。

(3) 检验部门完成检验过程，若对某质量特性有疑问，可复检。

(4) 对外协件、外购件、检验部门可直接参加供货方的工序检验或成品检验。

2. 工序间检验

企业自制的产品在生产过程中应进行质量控制，这种控制包括工序质量控制和工序间质量检验。工序间质量检验包括：

(1) 首件检验：它是指对每个班次刚开始加工的第一个（批）半成品进行的检验。如人造板生产中对刚开机时的纤维浆料、刨花尺寸、单板厚度进行检验，对制材生产中刚开锯机时的板、方材尺寸和几何形状等进行检验。

无论如何，如首件检验不合格，不得继续加工或作业。

(2) 巡回检验：工序质量控制点（管理点）是巡回检验的重点，对质量控制点进行定时、定量的检查，将结果标在控制图上，以便及时发现问题并解决。如刨花板板坯重量的检验、干法中密度纤维板生产中纤维含水率的测定、胶合板生产中单板含水率的测定等均采用这种程序。

(3) 完工检验：完工检验是最终检验之一，是对全部加工活动结束后的半成品或完工的产品、零件进行的检验，人造板生产的成品检验过程属于完工检验。对于机械制造行业，靠模具或专用工装加工的零件，当批量加工完成后，对最后一件或几件零件还要进行“末件检验”。

3. 成品出厂检验

成品检验可分为成品完工检验和包装入库检验两个阶段。前者是按出厂检验标准进行的检验活动，包括外观检验、理化性能检验等；后者则是包装、打印等活动的过程。通过检验可以发现产品在设计、工艺、原料、质量控制方面存在的问题。通过对这些问题的调查分析，可以制订出相应的改正措施，改进设计、完善工艺、加强工序质量控制，保证不合格产品不重复出现。

一般来说，产品检验的依据是技术标准、产品图样和技术工艺。有些特殊要求的产品或出口产品，供需双方还应在合同中明确质量检验依据。质量检验离不开标准，标准是保证和提高产品质量的一项重要措施。

37.1.2 质量管理的统计方法

在质量管理中，用统计方法对质量进行控制称为质量统计控制。具体说就是通过对具有代表性的局部进行调查研究（检验测试），然后利用统计推理的方法来预测、推断总体的质量。也就是以子样的统计特征来推断母体的统计特征。以数理统计学的概率作为理论基础。

本节介绍的统计方法，是指生产现场经常使用，易于掌握的统计方法，包括直方图、排列图、因果图、波动图、工序能力指数、散布图等。

37.1.2.1 质量数据

1. 质量数据的特点

质量数据具有波动性：在生产过程中，产品的质量状态是波动的。即在同一生产条件下，生产同样的产品，其产品的质量特性不是一个定值，而是在一定的范围内波动。如表37-6中的数据是从生产现场随机抽取的100张未砂光的刨花板厚度尺寸，虽然名义厚度为16mm，但从表中可见其实际尺寸是有差异的。这种差异就反映了质量数据具有波动性，也称之为质量数据的分散性，如果质量数据总是一个定值，在大多数情况下，可以认为数据是不真实的，应加以分析。造成质量数据波动的原因很多，大致可分为偶然性和系统性的两类。

(1) 偶然性原因：也称随机性原因。它是指设备、工具、材料、操作、环境等因素的细微变化和差别，这是经常起作用的，而又不易察觉，不易测量、不易消除也不必消除的因素。这种偶然性因素造成的质量波动是允许的。公差就是承认和允许这种波动的程度和范围。如果生产中只是偶然性因素起作用，那么我们就认为生产过程是处于被控制状态，生产正常。

(2) 系统性原因：又称非偶然性因素，它是指设备、工具、材料、操作、环境等的重大变化。如刀具磨损过度，原材料品种的变化（树种的变化等），设备、刀具、夹具的安装和调整不当，测量的误差等等。系统性原因对质量的波动影响很大，容易识别，能设法避免。系统性原因是造成质量波动的不正常原因，必须密切注意，严加控制。质量控制图的主要任务就是控制系统性原因造成的质量波动。

从质量数据波动产生的原因来看，能从技术上控制的因素只占很少一部分。因此它的波动是客观的，必然的。对质量数据波动的过高限制，势必要使用更好的原材料和设备，提高操作技术水平，而这往往会增加产品的成本，使企业的经济效益下降。

2. 质量数据的规律性

当消除了系统性原因所造成的质量波动而只存在偶然性原因造成的质量波动时，可以发现质量数据的波动并不是杂乱无章的，而是有一定的规律性。如表37-1中的数据，其中间值为16.75mm。在这中间值附近数据出现的次数最多，其分布一般近似服从正态分布，经验证明人造板的厚度分布，近似正态分布。

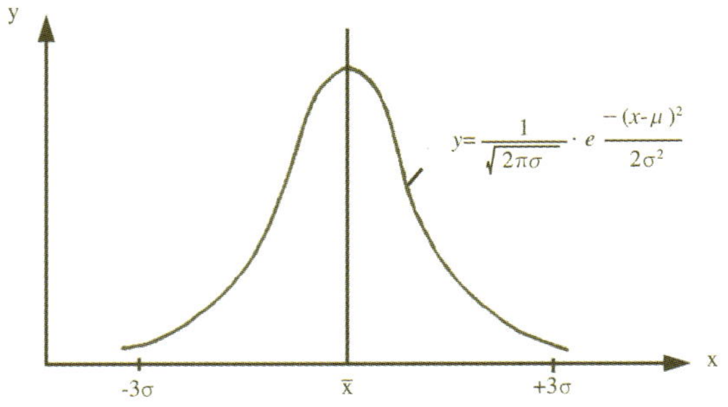

图37-7 正态分布曲线

正态分布的概率密度曲线（图37-7）也称高斯曲线，其数学方程如下

$$y=\phi(x)=\frac{1}{\sqrt{2\pi\sigma}}\cdot e^{\frac{-(x-\mu)^2}{2\sigma^2}}$$

式中：π——圆周率

e——自然对数的底

σ——曲线中x值的均方差

表37-6 未经砂光的刨花板厚度尺寸

单位：mm

序号	厚度									
1	16.52	16.72	16.50	16.81	16.58	16.70	16.61	16.62	16.58	16.70
2	16.73	16.67	16.68	16.95	16.74	16.97	16.80	17.51	17.15	17.10
3	17.71	17.13	16.67	16.83	16.87	16.31	16.72	16.98	16.96	16.51
4	16.66	16.63	16.33	16.09	16.49	16.84	16.77	16.25	16.64	16.57
5	16.70	16.45	16.71	16.88	17.15	17.02	16.29	17.33	17.12	17.08
6	16.45	16.93	16.16	16.19	16.91	16.72	16.78	17.62	16.87	16.98
7	16.60	16.75	16.47	16.69	16.62	16.82	16.89	16.87	16.72	16.55
8	16.80	16.81	16.60	16.73	16.71	16.74	16.75	17.09	16.80	17.01
9	16.66	16.85	16.99	16.81	16.71	16.69	16.54	16.69	16.67	16.53
10	16.78	16.73	16.91	16.87	16.48	16.52	16.78	16.90	16.72	16.58

表 37-7 正态曲线分布表

界限（±）	0.674s	1s	1.645s	2s	2.576s	3s	4s
累计概率（%）	50	66.25	90	95.45	99	99.73	99.99

μ——总体分布的中心值

σ表明了大量测量数据的变异集中程度，在这里它反映了厚度尺寸的波动程度，它决定了曲线形状的“胖”“瘦”。

μ值通常用样本的算术平均值x来估计，它表明了曲线对称轴的横座标位置。

正态分布曲线有下述数学性质：

(1) 以$\bar{x}=\mu$为对称轴，左右对称分布，两半边曲线所围的面积相等。

(2) 曲线以下与横轴所围的面积恒等于1，即所有各种事件出现的概率为1。在一定范围内出现的概率值是一定的，见表 37-7。

(3) 在相同的区间内靠近对称轴的概率大，远离对称轴出现的概率小，在$\mu+3\sigma$以外只有 0.27% 的概率；

(4) 正态曲线的分布中心μ是出现概率是最大的位置，μ通常用样本平均值X来表示

$$\mu=\overline{X}=\frac{X_1+X_2+\cdots\cdots X_n}{n}=\frac{1}{N}\sum_{i=1}^{n}X_i$$

式中：X_1，$X_2+\cdots\cdots X_n$——质量特性的测量值

n——样品数

(5) 总体的均方差（或称标准差）σ表明了偏差的分布情况，通常用样本标准差S来估计

$$\sigma=S=\sqrt{\sum_{i=1}^{n}(X_i-\overline{x})^2}$$

式中符号意义同前。

当μ相同，σ不同时，曲线中心位置不变，但形状的“胖”“瘦”各不相同。如图 37-8 所示。σ小，说明质量特性数据分布集中，产品精度高。这时的正态分布曲线就“瘦”；反之，σ大，说明质量特性数据分布离散，产品精度低。但在生产中不能不顾现有的生产条件和忽视成本去盲目追求过高的加工精度，而只需保证$3\sigma\leqslant 1$允许偏差 1 就行了。

3. 质量数据的种类

根据测定的对象和数据来源的不同，数据可分为计量值数据和计数值数据两大类。

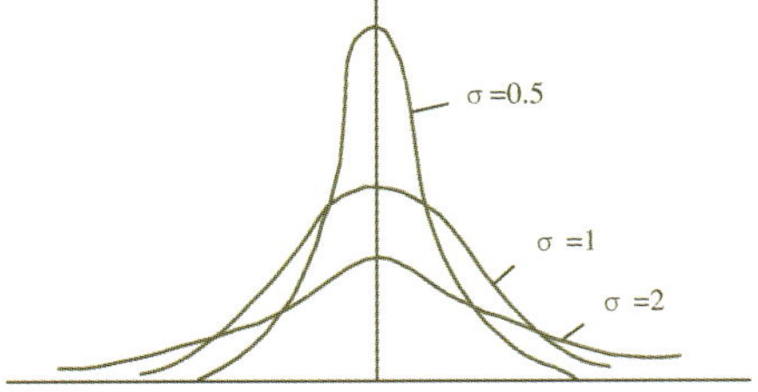

图 37-8 μ相同而σ不同的正态分布曲线

(1) 计量值数据：这种数据可连续取值，即可以有小数。它们可以用测量工具直接测量出，如长度、重量、温度、强度等。这种数据无论两个数值之间的范围多么小，总可以找到一系列数值落在这个范围内，以长度为例，在 1m 和 2m 之间，可连续取 1.1m、1.2m、1.3m 等，在 1.1m 和 1.2m 之间又可连续取 1.11m、1.12m、1.13m 等等。

(2) 计数值数据：这种数据不能连续取值，一般没有小数，只能用整数表示，它们一般不能用测量工具测量。计数值数据还可以分为计件数据和计点数据，前者如一批产品中的不合格品件数等，后者如纤维板表面上的油污、压痕的个数等。

4. 数据的搜集

(1) 母体和子样：也称为总体与样本，因为通常在收集质量数据时，不可能针对所有的产品，而往往只能针对其中某个部分，从中抽取若干个代表进行研究，研究对象的全体称为母体，也可称为总体。总体是由若干个体构成，从总体中抽取的一部分进行研究的个体称为子样，也称样本。

构成总体的个体应该是同类性质的事物。如两台不同型号的机床，它们加工两批同种零件，一般应属两个不同的总体。一个总体中所含的个体数量没有一定的限制。

在质量管理中，表达样本统计性质的度量值称之为统计量。如样本的平均值、中位值、极差等。表示母体统计性质的度量值为总体量。质量管理的方法通常是通过统计量的分析，再对总体量进行推测。

(2) 数据的用途：收集数据的目的决定了数据的用途，其用途分以下三项：

1) 分析用数据。为了改善生产工序条件，提高产品质量，减少不良品及缩小偏差而采集的数据。

2) 管理用数据。这种数据是用来研究和推测生产过程是否处于稳定状态，从而对制造过程的质量进行预防性的控制和管理。

3) 检验用数据。为了检验产品是否合格而收集的数据。

(3) 抽样的方法：抽样也叫取样，就是从总体中抽取样本，抽样有两种方法。一种是按一批产品随机抽样，这时的样品代表该批产品的状态，多用于产品验收；另一种方法是按工艺过程进行的时间顺序，随机抽样，这样的样本代表这个时间的工序情况，多用于工序质量控制。

(4) 收集数据时的注意事项：

1) 明确收集数据的目的。目的不同，数据的收集方法和过程也不同；

2) 收集的数据应尽可能做到真实、准确、可靠；

3) 收集完数据后，应按一定的标志进行分层；

4) 记下收集数据时的条件。

37.1.2.2 分类法

分类法又称分层法，就是按不同的使用目的，将收集到的数据加以分类，把性质相同，在同一条件下搜集到的质量数据归到一起，这样可把性质不同的数据和错综复杂的影响因素分析清楚。使数据所反映的事物更突出、更明显，以便找出问题的症结所在，并予以解决。

分类法一般与其他工具联用，一般先对数据分类整理，然后再用其他工具把这些数据加工整理成图表，如分层排列图、分层直方图、分层散布图和分层控制图等。

数据分层通常按下列原则进行：

(1) 按时间分：可按不同班次、不同日期分类。

(2) 按操作人员分：如可按不同姓别、年龄、班次等来划分。

(3) 按设备分：可按设备的不同型号和新旧程度来分。

(4) 按操作方法分：如按不同的操作条件、操作环境和工艺等来分类。

(5) 按原材料分：如按不同的供应单位，不同的材质来分类。

(6) 按检测设备、检测手段、取样方法的不同来进行分类。

37.1.2.3 图表法

在质量管理中使用图表能引起人们的注意，使人们迅速地、正确地理解事物，因为在质量管理中，即使是有目的地收集数据，若仅作数字罗列，也很难理解其中含义，难以发现其规律性，如果把数字图表化，就能迅速、正确地掌握现状，作出正确判断。图表直观醒目、制作简单。可广泛用于说明、解析、管理、计划、计算等用途。

根据图表的表现形式有下列6种图形：柱形图、折线图、圆形图、带形图、z形图和雷达图。

37 1.2.4 直方图法

大量计量值数据进行整理加工时，适合采用直方图，以从中找到统计规律，对数据的分布特征进行推断，直方图的图形为直角坐标中一些顺序排列的柱形（矩形）。这些矩形底边相等，即为数据的区间，矩形的高为该区间内质量特性数据的出现频数。

1. 直方图的作法

现举例说明直方图的作法。表37-8中的100个数据是实测得到的某厂生厂的16mm厚刨花板厚度，从100张未砂光刨花板测得，作图步骤如下：

(1) 收集数据：数据可采集50～200个，通常取100个．即总频数N=100。

(2) 找出数据中的最大值X_{max}和最小值X_{min}，表37-8中的最大值X_{max}=17.71.最小值X_{max} = 16.09。

(3) 确定组距h和组数K：当质量数据为50～100时，组数一般采用6～10（本例采用K = 10），组距按下式确定：

$$组距\ h=\frac{X_{max}-X_{min}}{K}=\frac{17.71-16.09}{10}=0.162$$

为使所有数据都落入分组范围和计算方便起见，将组距适当扩大并圆整，取h=0.18。

(4) 确定各组分界点，第一组的上、下界限值用下式决定：X_{min}= ± h/2，其余各组依次按组距确定其分界点。

本例中第一组的上、下界限值为：16.09 ± 0.18/2=16.09 ± 0.09，即为16.00～16.18，其余各组的分界点为16.18，16.36，16.54，16.72，16.90，17.08，17.26，17.44，17.62，17.80。

(5) 作频数分布表，列表（表37-8）将各组组界值和N个数据分别记入各对应组中。统计出各组的频数。各组频数之和应等于总频数。

(6) 作直方图：在平面直角坐标系中，纵坐标为频数。横坐标为数据测量值，依次画出一系列矩形，矩形底等于组距，高等于频数，即得到刨花板厚度分布的直方图（图37-9），同样的方法可用于制材成材尺寸、细木工机加工零件的尺寸等场合。

表37-8 频数统计表

组　号	分　组	组中值	频数统计	频　数
1	16.00～16.18	16.09		2
2	16.18～16.36	16.27	正	5
3	16.36～16.54	16.45	正正	10
4	16.54～16.72	16.63	正正正正正	28
5	16.72～16.90	16.81	正正正正正正	32
6	16.90～17.08	16.99	正正	12
7	17.08～17.26	17.17	正	7
8	17.26～17.44	17.35		1
9	17.44～17.62	17.53		1
10	17.62～17.80	17.71		2

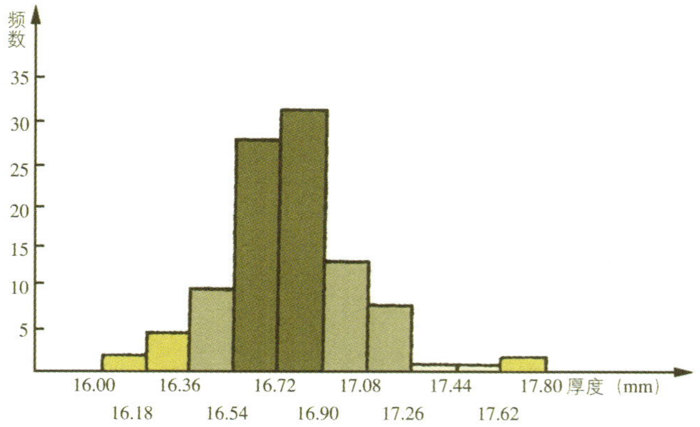

图37-9 刨花板厚度直方图

2.直方图的观察与分析

从直方图中可看出产品质量特性的分布形态，便于判断生产是否处于控制状态，从而可采取相应的处理措施。可通过观察图形本身的形状，并与标准中规定的允许偏差相比较，从而得出结论。

(1) 判断图形的分布类型，直方图的分布类型有正常型和异常型两种：正常型是表示工序处于统计控制状态的图形，即生产处于稳定状态，它的形状是“中间高、两边底、左右近似对称”。主要看整体形状，局部略有参差无妨。如图 37-10 即为正常型直方图。

如图形为异常型，还需进一步判断它属于异常型中的哪种类型，以便针对问题，加以处理。

常见的异常型有下列几种：

1) 孤岛型又称小岛型：(图 37-11)，当工序中有异常因素出现时，会形成这种异常直方图，例如，原料发生变化，在短时期内由不熟练工人操作，测量有错误等。这时应查明原因，及时采取必要措施。

2) 双峰型：双峰型直方图（图 37-12）出现两个峰，而正常状态只有一个峰，出现双峰是由于观测值来自两个总体、两个分布，若将它们混合在一起就会出现这种现象。例如，把有一定差别的两台设备或两种原料生产的产品混在一起，就会出现这种现象，这时应对检测对象进行分层。

3) 折齿型：折齿型直方图（图 37-13）出现凹凸不平的现象，这是由于作图时数据分组过多，或测量仪器误差过大，或观测数据不准确等因素造成的。出现这种情况应重新搜集和整理数据。

4) 陡壁型：直方图（图 37-14）像高山上的陡壁，向上边倾斜，通常在产品质量较差时，为得到符合标准的产品，需要进行全数检查，以剔除不合格品，当采用剔除了不合格品的产品数据作直方图时容易产生这种图形。这是一种非自然形态，有时用虚假的数据作直方图，也会出现这种状态。

5) 偏态型：直方图（图 37-15）的顶峰偏向一侧，有时偏左，有时偏右。

由于某种原因，使特性数据的允许偏差下限受到限制时，容易发生“偏左型”。例如，用标准值控制下限；不纯成分接近于零；疵点数据接近于零；或由于加工习惯（如：孔加工时尺寸往往偏小），这些因素都会造成偏左型。

由于某种原因使上限受到限制时，容易发生“偏右型”。例如，用标准值控制上限；纯度接近 100%；合格率接近 100%；或由于加工习惯（如：轴外圆加工往往偏大），都会形成“偏右型”。

6) 平顶型：直方图（图 37-16）没有突出的顶峰，呈平顶状，一般可能由以下三种原因造成：

① 与产生双峰型时类似，由于多个总体，多种分布混在一起。

② 由于生产过程中某种缓慢的倾向在起作用，如工具的磨损、操作者的疲劳等。

③ 质量指标在某个区间中的均匀变化。

(2) 与公差进行比较来观察直方图：当工序处于稳定状态时，直方图为正常型。这时还需进一步将直方图与规格标准进行比较，以判断工序满足要求的程度，比较的结果有以下类型：

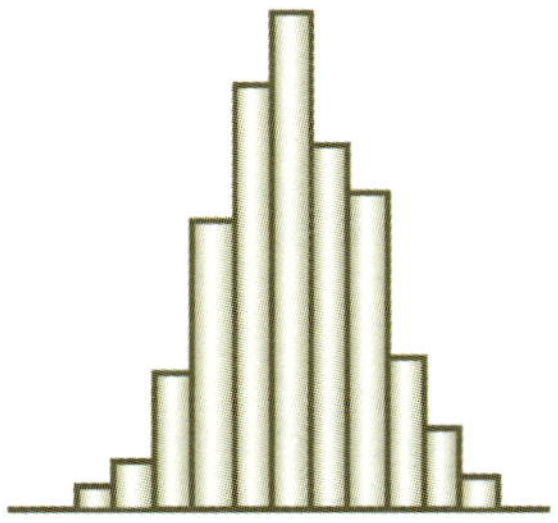

图 37-10 正常型直方图

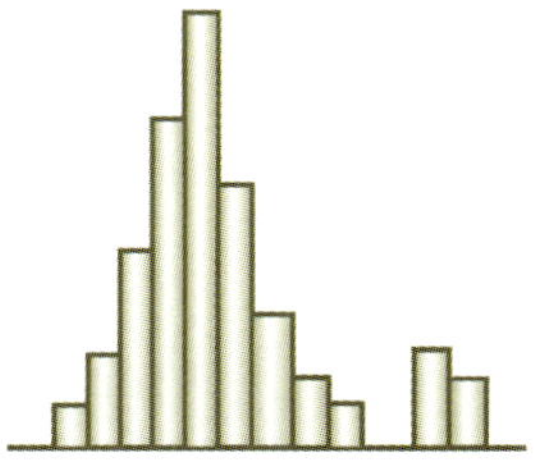

图 37-11 孤岛型直方圈

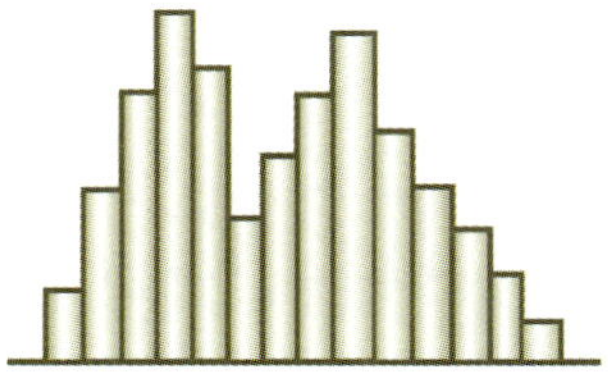

图 37-12 双峰型直方图

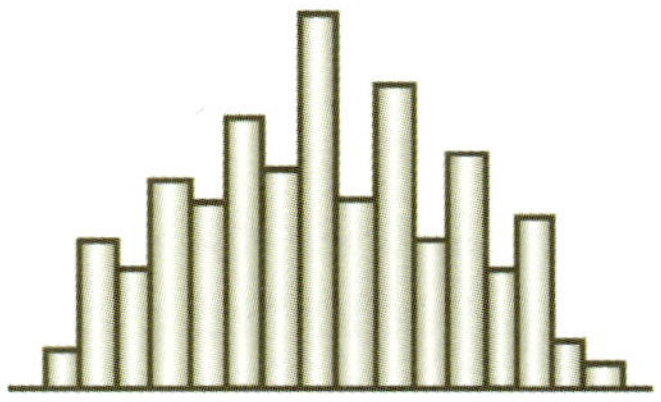

图 37-13 折齿型直方图

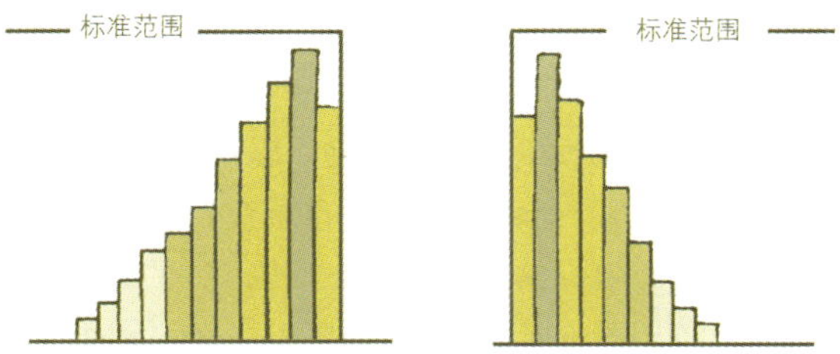

图 37-14 陡壁型直方图

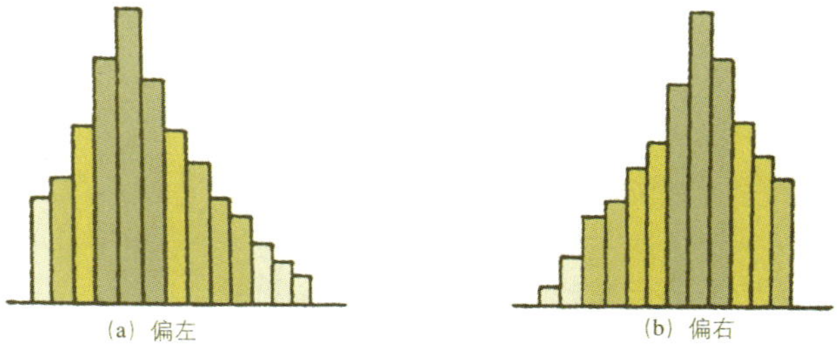

图 37-15 偏态型直方图

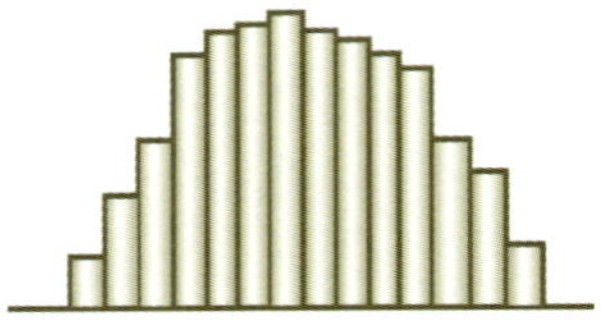

图 37-16 平顶型直方图

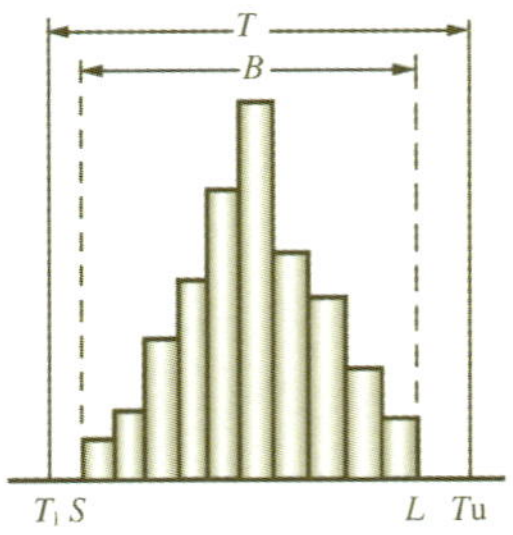

图 37-17 理想直方图

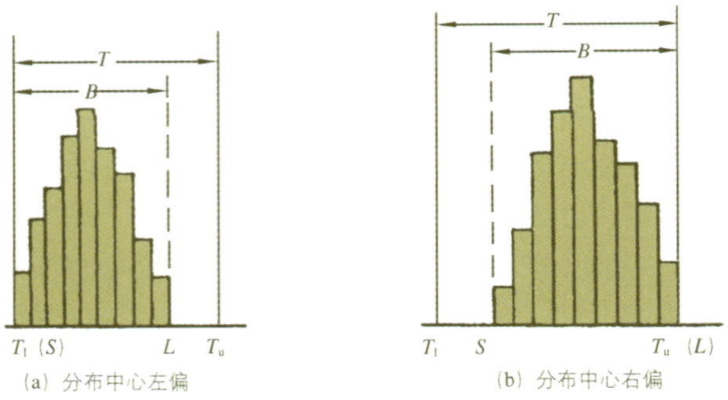

图 37-18 偏移直方图

1) 观测值分布符合规格的直方图有以下几种情况：

① 散布范围 B 在规格范围 T 内，$T=[T_l, T_u]$，两边略有余量，是理想的直方图，如图 37-17 所示（图中 T_u 为公差上限，T_l 为公差下限）。

② 散布范围 B 在规格范围 T 内，一边重合，一边有余量。分布中心偏移规格中心，这时应采取措施把分布中心纠正过来，使两者重合，否则会由于一边无余量而很易超差，造成产品不合格，如图 37-18 所示。

③ 散布范围 B 与规格范围 T 完全重合，这时两侧无余量，很容易出现不合格品，应该加强管理，设法提高工序能力，这种情况如图 37-19（a）所示。

2) 观测值不符合规格的直方图有以下几种情况。

① 分布中心偏移规格中心，一侧超出公差范围，出现不合格品，如图 37-19（b）所示。这时应找出原因，减少偏移，使两中心重合，以消除不合格品。

② 散布范围 B 大于规格范围 T，两侧均超出公差范围，出现不合格品，如图 37-19（c）所示。这时应提高加工精度，缩小产品质量散布范围。

③ 散布范围 B 完全不在规格范围 T 内，如图 37-19（d）所示，产品全部不合格，这时停产检查原因。

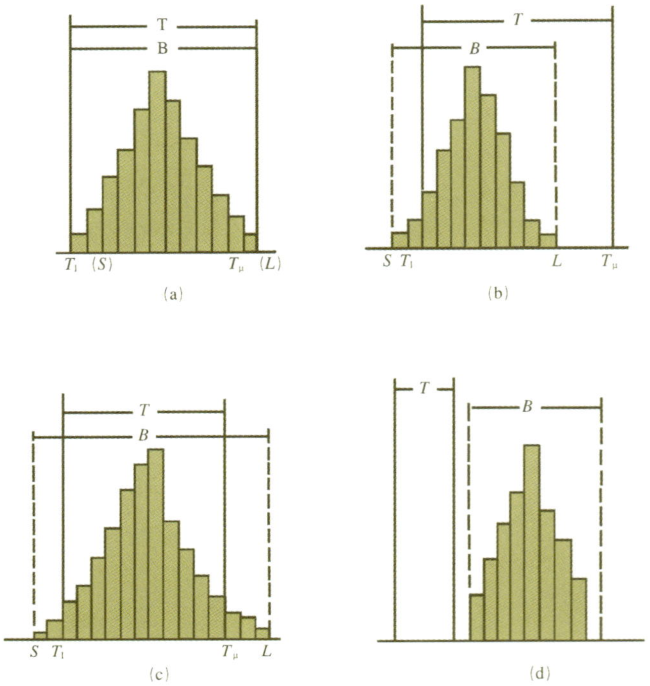

图 37-19 观察值的几种分布形状

37.1.2.5 检查表法

在质量管理中数据是不可缺少的决策依据，但往往由于来不及搜集或整理数据，人们只能靠直觉或经验去处理问题，因而失去采取措施的好时机。此外，工厂里每天（周、旬、月、年）需检查的项目很多，也很复杂。稍有不慎，发生漏查就会造成生产上的损失。

检查表能使人们轻易地搜集到数据，很快地进行整理，检查表是根据需要检查或核实的项目而预先设计的表格或图表。格式有多种，可按不同的检查目的来设计，常用的有以下几种：

(1) 不良项目检查表：不良项目是指一个工序或一件产品中不能满足标准要求的质量项目，也就是不合格项目。使用此表时，可在表中直接画标记，随时统计出现的不良品，如表 37-9 的胶合板生产中的单板（面板）不良项目调查表，检查中每当发现某种不良项目时，检查者就在相应的项内画上一个标记。这样当检查过一批单板后就可知道不良项目及发生的频次，根据表就可知道问题出在哪道工序。

(2) 缺陷位置调查表：当检查产品外观缺陷时，采用此表可取得较好的效果，其做法是检查产品缺陷时，将其产生缺陷的位置标在产品的结构、形状示意图或展开图上，不同的缺陷可用不同的符号或颜色标出，以示区别。如胶合板的边角开胶、刨花模压制品的边缘撕裂等缺陷，根据此记载可分析找出热压板及模压模具的问题，以便改进。

(3) 频数分布调查表：频数分布调查表是对某个质量特性现场调查的有效工具，这种表是根据以往的资料，将质量特性的分布范围分成若干区间，制成表格来记录和统计产品质量特性值落在各个区间的频数。

表 37-10 是中密度纤维板生产中检查板的厚度时所用。

表 37-9 单板不良项目调查表

日期 不良项目	9月2日（周一）	3日（周二）	4日（周三）	5日（周四）	6日（周五）	合计
单板过长或过短	||||	||||	卌|	|||	||	19
单板过宽或过窄	卌 卌	卌|||	卌||	||||	||	31
单板斜角（对角线不等）	卌|	||	||	卌	|	18
单板拼接板端不齐	|	|||	|	||	|	8
含水率过高或过低	|	|||	||	||||	|	11
单板拼接离缝	|||	||||	|	||	|||	13
单板拼接叠层	||||	|	||	|||	||	12
计	31	25	21	23	12	112
检查单板张数	650	700	540	600	800	3290

表 37-10 中密度纤维板厚度检查表

表格：1200 × 2440 × 6（mm）	时间：
6 ± 0.3（mm）（一级）	车间：
检查数：85	班组：
总数：	测量者：

以上所举三种只是调查表中的一些例子。

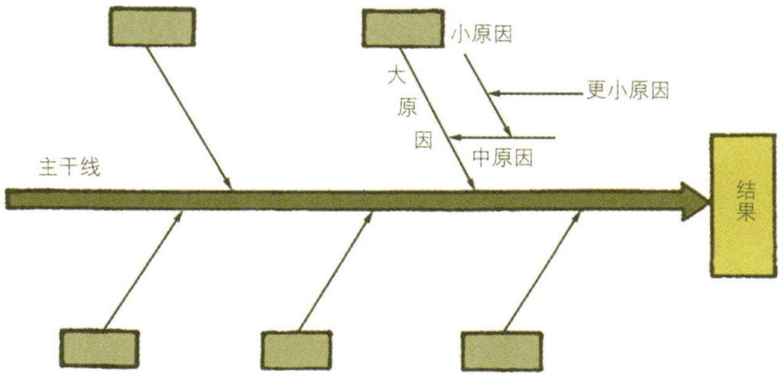

图 37-20 因果图格式

37.1.2.6 因果分析图法

因果分析图又称要因分析图或特性因素图。它是由日本质量管理专家石川馨于 1953 年提出的，故又称石川图，又因其形状像鱼刺和树枝，所以又称为鱼刺图或树枝图。它无深奥的原理，只是一种寻找主要问题的形象化的图解方法。

在产品生产过程中往往会出现一些不正常的因素(即系统性因素)，造成工序反常或不稳定，如果不能把这些不正常的因素找出来加以调查或剔除，则制造过程永远无法稳定，产品质量也就无法控制，为了能找出这些不正常因素，技术上常借助于因果分析图。

工业产品缺陷的产生，一般有很多原因，其中有主要的大原因和次要的小原因，还有一些无关紧要的更小原因。在实施质量管理时，应集中精力把影响程度较大的主要原因控制住。

因果分析图是按照由大到小，由粗到细的顺序，运用因果逻辑关系，把对结果有影响的因素按类逐层加以分析，最后寻求质量问题主要原因的一种图解方法，其根据是：

(1) 影响质量的因素很多，其间关系错综复杂，通过因果分析，把极少数的主要原因从众多的因素中分离出来，控制了要因即能稳定产品质量。

(2) 尽管影响质量的因素关系复杂，但归纳起来无非是平行关系和因果关系，通过排列图可找出属于同一层次有关因素的主次关系。要找出因素间纵向的因果关系，就需要构思一种能同时整理出这两种关系的方法，因果图就有这种功能，它既能平面展开，又能纵深挖掘，是一张因果关系的立体网络图，格式如图 37-20。

1. 因果分析图的作法

图 37-20 指向主干线的箭头表示造成质量问题的原因，原因一般有五大方面：原材料、制造工艺、操作人员、设备及测量。因果分析图大多以这些因素作为大原因，分析时可先把这五个因素列入五个箭尾指向的方格内，然后把分析出的原因用带箭头的线条按层次记录下，就形成了一张因果图。

2. 因果分析图的类型

(1) 问题分解型：这种图的要点就是沿着“为什么发生这问题”一追到底。凡是存在质量问题的地方，就一定要设法解决。

(2) 工序分类型：作这种分析图时，应先画上工艺流程，而后按每个工序记入原因，作这类图时的基本想法是质量问题产生于制造过程中。它的优点是作图简单，易于理解，缺点是相同原因有时重复出现，并且几个原因同时影响质量的情况不太容易表现出来，图 37-21 是胶合板生产中单板干燥后产生开裂的因果分析图。

(3) 原因罗列型：这种类型的图是把所有原因都罗列出来，先找大原因再逐级找中、小原因，它们之间必须成因果关系。它的优点是原因都罗列出来了，不太可能遗漏。缺点是作图较复杂。

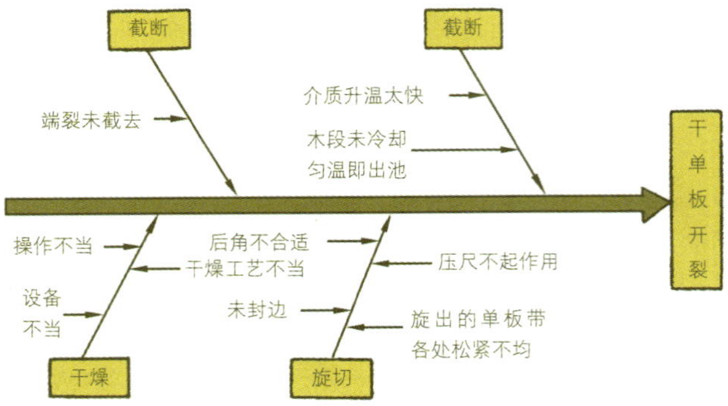

图 37-21 单板干燥后开裂的因果分析图

37.1.2.7 排列图法

排列图的全称是主次因素排列图，又称巴雷特图，这是一种找出影响质量的主要问题，确定质量改进项目的有效方法。

排列的作用是：找到关键因素，抓住主要矛盾，集中主要力量，投入少，收效大。

1. 排列图的作法

巴雷特图是由两个纵坐标、一个横坐标、几个直方图和一条曲线所组成，左边的纵坐标表示频数（或件数、金额数），右边的纵坐标表示频率（以百分率表示），横坐标表示影响质量的各个因素，按影响程度的大小，从左往右顺序排列，直方图的高度表示某个因素对质量影响的大小，曲线表示各影响因素大小的累积百分率，它称为巴雷特曲线，作图步骤如下：

(1) 确定坐标的标度内容（项目）。一般纵坐标的标度内容可取：金钱（可把不良品折算成经济损失金额）、不良品数、不良品率、时间或工时等。横坐标的分类项目可按不良项目、缺陷项目、作业班组、设备、产品等来标定。

当分类项目确定后，按此来搜集有关的数据。为了能对不同时期的排列图进行比较，搜集数据需在规定的时间内，可为一天、一周……甚至一年。时间范围可自行决定。

(2) 统计出各项目的损失金额或频数，再算出各项目占全部项目的百分比及累计金额或累计百分比。

(3) 在横坐标上，按照数据大小，从左到右列出各个分类项目。

(4) 作出各个项目的直方图。

(5) 对应于右纵坐标，按各项的累计百分比在相应直方图的右上方描点，并标出相应的累计百分比值，最后用一根折线连接各点，即成巴雷特曲线。

(6) 从右纵坐标百分比为80%、90%处分别向左引出平行于横轴的虚线，虚线与巴雷特曲线相交，找出累计百分比在0～80%之间的项目，即为所找的关键因素，称为A类因素：80%～90% 者为次要因素，称为B类因素；90%～100% 者称为一般因素，即C类因素。

2. 制作排列图的注意事项

(1) 一般来说主要因素最好是一、二个，至多不超过三个，否则就失去了“找主要原因”的意义，要考虑重新进行原因的分类。

(2) 当不太重要项目过多时，可将若干一般因素归并为“其他”项，一般将它排在横轴的最末端。因此，“其他”项直方高出它的前项是允许的。

(3) 同一问题在采取措施前后都要作出排列图，以验证措施的效果。最后是定期制作排列图，随时进行比较。

下面以胶合板缺陷与经济损失为例作巴雷特图（图 37-22），数据整理如表 37-11。

37.2 工序质量控制

产品制造过程中的质量管理是产品质量的重要保证，而工序控制是重点。

37.2.1 基本概念

37.2.1.1 工序质量控制与工序质量控制点

1. 工序

人们常提及的工序是指一个或一组工人，在一个工作地点对同一个或同时对几个工件所连续完成的那部分工艺过

表 37-11 胶合板各类缺陷及造成损失的统计

缺陷种类	每张合板因缺陷所造成的损失金额（元）	上月份生产的缺陷张数（张）	因缺陷损失的金额（元）	累计损失金额（元）	占总损失金额的百分比（%）
1. 胶着不良	9.00	1282	11538.00	11538.00	51.3
2. 局部鼓泡	6.00	869	5214.00	16752.00	23.2
3. 叠芯、离缝	4.00	598	2392.00	19144.00	10.7
4. 厚度不均	3.50	361	1263.50	20407.50	5.6
5. 压痕	3.00	204	612.00	21019.50	2.7
6. 撞伤	3.00	181	543.00	21562.50	2.4
7. 斜角	2.50	185	462.50	22025.00	2.1
8. 砂透	2.50	199	250.00	22275.00	1.1
9. 其他	1.00	200	200.00	22475.00	0.9
总　计		3980	22475.00		100

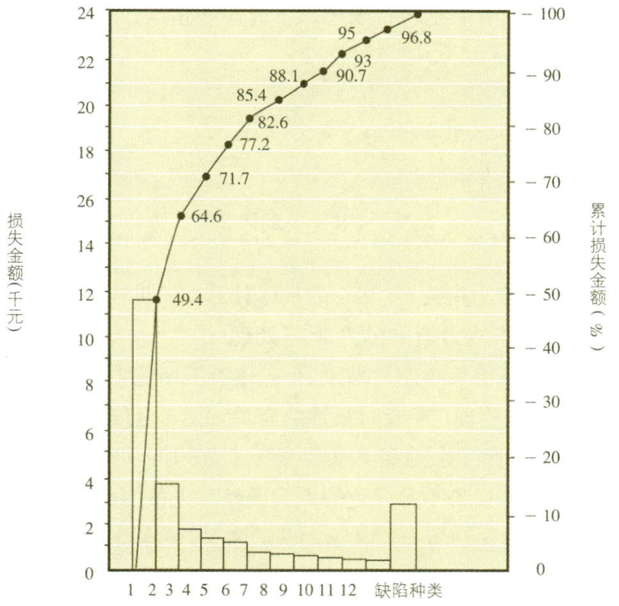

图 37-22 胶合板缺陷经济损失巴雷特图

程。如胶合板生产的旋切、制材生产中的带锯剖料、细木工生产中的开榫……。

2. **工序质量控制**

为了把工序质量的波动限制在所要求的界限内而进行的质量控制活动。

3. **工序质量控制点**

为了保证工序质量处于受控状态，在一定时间和一定条件下，产品制造过程是需要重点控制的质量特性、关键部件或薄弱环节，如刨花板生产中板坯质量的称重，纤维板生产中纤维滤水度的测定，这些均是需要经常检查的，这些即是生产过程中的质量控制点。

37.2.1.2 影响工序质量的因素

根据工业产品的特点，一般将影响工序质量的因素归纳为下列 6 个方面：

人——主要是操作者；

机——主要指生产设备、装置及工模夹具；

料——指产品的原材料和生产中用的辅助材料；

法——指操作方法和生产工艺流程；

环——指工序所在地点的环境条件；

测——指测量仪器和测量工具。

现在随着科学技术的进步，电子计算机技术已应用于工序操作，因此计算机软件也应列入影响工序质量的因素中，这应当予以重视。

37.2.1.3 工序质量控制方法

工序质量控制方法并非只局限于某一种，凡能够有效地对影响产品质量的因素进行控制的方法均可选择采用。不是非采用现代管理方法不可而对传统管理方法加以摈弃，工序质量控制有以下三种情况：

(1) 一般工序的工序质量控制：各企业都有自己的好方法，如编制合理的“操作规程”等工艺文件来用以指导生产操作；实行“自检”、“互检”、“专检”及“首检”、“巡检”和“完工检”这两个“三检”制度等，不论用什么方法，都是为了将工序质量稳定在要求的水平上。

(2) 设置工序质量控制点：设立工序质量控制点有下述的前提条件：

1) 设计部门已对质量特性的重要程度进行了分级，已承送了相应的文件；

2) 工艺部门已对工序进行了分析，确定了关键工序、重要工序及特殊工序；

3) 已形成了产品质量信息的反馈系统，获得了产品质量的信息；

4) 靠单纯的检验把关和一般工序的质量控制方法不能有效地控制工序质量状态的时候；

5) 已对全厂有关部门和人员，进行了有关质量控制点的知识教育。

凡符合下列条件之一者可设置工序质量控制点：

1) 对产品的性能、寿命、安全性等有重大影响的质量特性和部位；

2) 工艺上有特殊要求或对下道工序有较大影响的质量特性和部位；

3) 质量信息反馈中发现问题较多的质量特性和部位。

在木材工业生产中同样根据这三个原则来选择合适的工序质量控制点。

(3) 由法令来规定产品的工序质量控制方法：有些产品如压力容器、军工产品、航空航天产品等，企业凡从事上述产品生产时，就需要严格按照规定的工序质量控制方法进行控制，有相应的文本规定具体的方法。

37.2.2 工序能力和工序能力指数

37.2.2.1 工序能力

工序能力是指生产工序处于控制状态（即人员、机器、材料、方法、测量和环境充分标准化，并处于稳定状态）时所表现出来的保证产品质量的能力。

一般来说，质量波动越小，工序能力越高；质量波动越大，工序能力越低。通常用产品质量指标的实际波动来描述工序能力。对于控制状态下的工序，用质量指标分布标准偏差（σ）的 6 倍来表示工序能力（B），即 $B=6\sigma$。

正态分布的均值为 μ，标准差为 σ，则由正态分布的性质可知，质量特性值 X 落在 $\mu \pm 3\sigma$ 范围内的概率为 99.7%，因此 6σ 几乎包括了质量特性值的整个变异范围，这正代表了该工序能达到的质量水平。6σ 值越大，工序能力越低；6σ 越小，工序能力越高。由此可知，要提高工序的能力，关键在

于减小 σ 的数值。

37.2.2.2 工序能力指数

工序能力仅仅表示工序固有的加工能力或加工精度，还没有考虑到产品或工序的质量标准，要顾及这方面的要求，就必须引入工序能力指数的概念。

工序能力指数是产品质量标准中规定的质量要求（指公差或其他质量特征允许的偏差范围）与工序能力之比。用下式表示

$$工序能力指数（C_p）= \frac{公差（T）}{工序能力（6\sigma）}$$

1. 工序能力指数的计算方法

工序能力指数的计算要分清两种情况：

(1) 当标准中心值（M）与实际数据分布中心（X）一致时，采用下式计算

$$C_p = \frac{T}{6\sigma}$$

(2) 当标准中心值（M）与实际数据分布中心（X）不能达到一致而有偏移时，采用以下公式计算

$$C_{pk} = (1 - K_\varepsilon) = \frac{T}{6\sigma}$$

式中：K_ε——相对偏移系数，$K_\xi = \dfrac{|M - \overline{X}|}{T/2}$

M——标准中心值

$$M = \frac{上限标准值 + 下限标准值}{2}$$

工序能力指数 C_p、C_{pk} 的具体计算例子见表 37-12。

2. 工序能力指数的判断与处理

在计算出工序能力指数后，应该对工序能力指数进行评价、判断和处理，并及时反馈给有关部门，以便他们采取相应措施。判断和处理的内容汇集于表 37-13。

考虑到设备不可避免的调整误差和设备的磨损等因素，工序能力指数应留有 15%～25% 的余量。这样，对才材加工生产的 C_P 值一般取 1.18～1.33 为宜。但当 C_p 值很接近 1.18 时，则有超差产生的可能，因此必需加强控制，而 C_p 值太高的话保证产品质量的能力固然高，但通常会导致生产成本的增加。

表 37-12 工序能力指数 C_p、C_{pk} 的计算举例

公差特点	分布图	计算公式	举　例
双向标准时	M 与 $\overline{X}$ 一致时 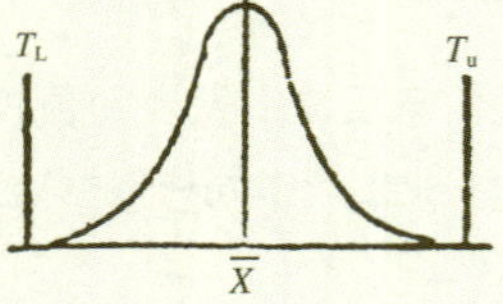	$C_p = \dfrac{T_u - T_L}{6\sigma}$	T_u=50，T_L=49 $\overline{X}$=50，σ=0.24 $C_p = \dfrac{51-49}{6\times0.24}$=1.38
	M 与 $\overline{X}$ 不一致时 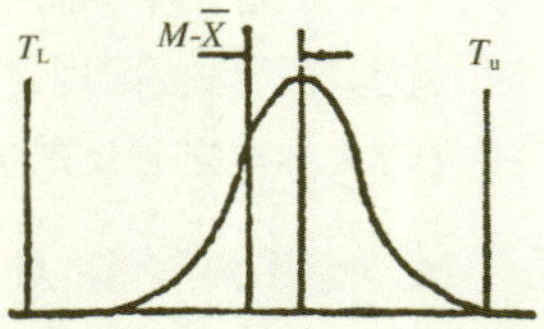	$K_\varepsilon = \dfrac{\lvert M-\overline{X}\rvert}{T/2}$ $C_{pk} = (1-K_\varepsilon) = \dfrac{T_u - T_L}{T/2}$ 当 $K_\varepsilon > 1$ 时 C_{pk}=0	T_u=50，T_L=49 $\overline{X}$=50，σ=0.24 $K_\varepsilon = \dfrac{\lvert(51+49)/2 - 50.1\rvert}{(51-49)/2}$=0.1 $C_{pK}=(1-0.1)\dfrac{51-49}{6\times0.24}$=1.24
单向标准时	仅规定公差上限时 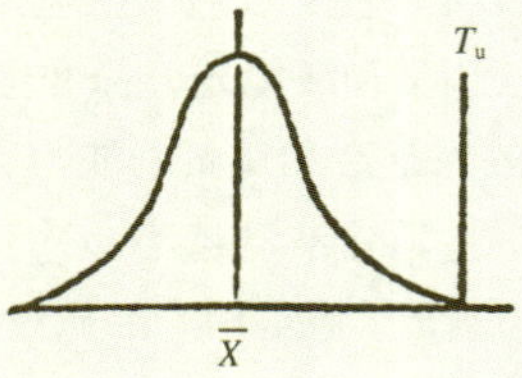	$C_p = \dfrac{T_u - \overline{X}}{3\sigma}$ $T_u \leqslant \overline{X}$ 时 C_p=0	T_u=51，$\overline{X}$=50.1，σ=0.24 $C_p = \dfrac{51-50.1}{3\times0.24}$=1.25
	仅规定公差下限时 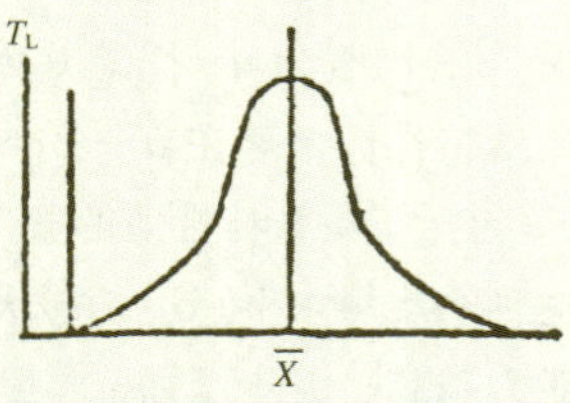	$C_p = \dfrac{\overline{X} - T_L}{3\sigma}$ $T_L \geqslant \overline{X}$ 时 C_p=0	T_L=49，$\overline{X}$=50.1，σ=0.24 $C_p = \dfrac{50.1-49}{3\times0.24}$=1.53

表 37-13 工序能力指数判断

图　形	工序能力指数	工序等级	评　价	处　理
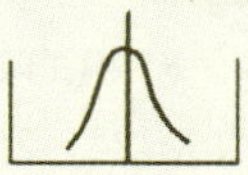	C_p（C_{pk}）> 1.67	特　级	过　高	可考虑放宽管理或降低成本，高精度设备可更换为低精度设备，或收缩标准范围，提高质量要求。
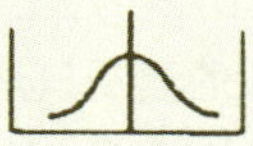	1.33 < C_p（C_{pk}）≤ 1.67	一　级	理　想	关键特性不变，非关键特性可降低管理要求。可考虑简化检验，改全检为抽检，或减少抽样频次。
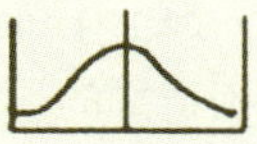	1 < C_p（C_{pk}）≤ 1.33	二　级	正　常	当 C_p 值为 1.33 时，工序处于理想状态；当 C_p 值接近 1 时，应加强管理，一般不能简化检验。
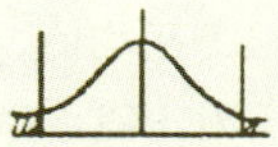	0.67 < C_p（C_{pk}）≤ 1	三　级	不　足	分析标准差大的原因，制定措施，加以改进，加强检验，实行全数检查。
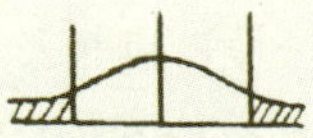	C_p（C_{pk}）≤ 0.67	四　级	严重不足	停止加工，立即追查原因，采取措施，实行全数检查加经筛选，或考虑放宽标准范围。

37.2.3 工序质量控制图

产品质量特性的波动是不可避免的，但却是可以控制的。

工序质量控制的实质是运用制作图（管理图）等统计方法检查工序中有无造成质量特性异常波动的系统性原因存在，使工序处于仅有随机性原因作用的控制状态之下。

表征质量特性值的数据有计量和计数两种形式，对应有计量控制和计数控制。

生产正常时计量数据的出现服从正态分布。计数数据的典型分布为二项分布，且以正态分布为其极限形式；木材加工生产中出现的质量特性值数据主要为计量数据。因而控制图主要讨论计量控制图。

37.2.3.1 质量控制图

质量控制图是指用于分析和判断工序是否处于稳定状态所使用的带管理界限的图。

1. 控制图的主要用途

(1) 判断生产过程是否处于控制状态，可称之为分析用控制图。

(2) 使生产过程中产品质量得到控制，预防不合档品产生，可称之为控制用控制图。

(3) 提供异常原因存在的信息，便于查明异常原因并采取措施。

(4) 为评定产品质量提供依据。

2. 控制图的基本格式

控制图有两部分内容，分别为标题部分（如表 37-14 所示）和控制图部分。控制图的基本格式如图 37-23。

横坐标为样本序号，纵坐标为产品质量特性，三条横坐标的平行线分别为：

(1) 实线 CL ——中心线；

(2) 虚线 UCL ——上控制界限；

(3) 虚线 LCL ——下控制界限。

生产过程中需要定时抽取样品，把测得的质量特性数值以点的形式——描绘在控制图上，完成控制图后进行判断分析。

表 37-14 控制的标题

控制图名称：×××控制图

产品名称		工作令编号		收集数据
质量特性		车间		期间
质量特性				
质量特性	规定日产量		设备编号	
规定界限（或要求）	抽样	间隔 数量		操作员
规范编号		观察仪器编号		检验员
生产过程质量要求				

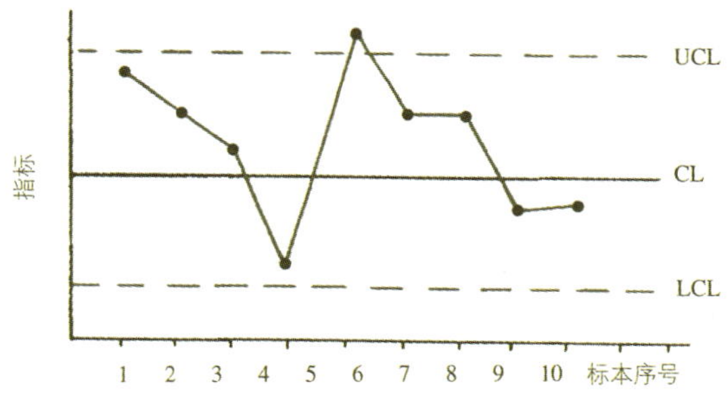

图 37-23 控制图的格式

37.2.3.2 制订质量控制图

根据产品质量特性，控制图可分为计量值控制图和计数值控制图。前者适用于长度、重量、时间、强度和成分等连续度量，常用的计量值控制图有：均值——极差（$\bar{X}$-R）控制图、均值——标准差（$\bar{X}$-S）控制图、中位值——极差（$\tilde{X}$-R）控制图和单值——移动极差（X-R_s）控制图四种。计数值控制图有：不合格品率（P）控制图、不合格品数（Pn）控制图、单位缺陷数（u）控制图和缺陷数（c）控制图四种。此处以均值——极差（X-$\bar{R}$）控制图为例介绍控制图，使用其他控制图时可参阅国家标准 GB 4091 · 2—83.GB 4091 · 4～9—83

制订控制图的准备工作：

1. 选择需控制的质量特性原则

(1) 能定量的质量特性；

(2) 与使用和生产关系重大的特性；

(3) 对下道工序影响较大的质量特性；

(4) 经常出问题的质量特性。

总之此质量特性应该是影响产品的关键特性，且在技术上是可加以控制的。

2. 生产过程的分析

(1) 了解规范对所选择的质量特性提出的要求；

(2) 研究每一生产步骤和各个特性间的关系，以说明生产过程可能发生异常的地点及起因；

(3) 研究所选择质量特性的检查方法，特别要注意产生测量误差的因素；

(4) 确定控制点。

3. 选择控制图类型

不同的控制图适用场合不尽相同，可根据需要选择。下面介绍两种常用的控制图。

(1) $\bar{X}$-R 图和 $\bar{X}$-S 图：当预备数据可合理分组时，为分析或控制生产过程的均值和离散程度，可选用（$\bar{X}$-R）图或（$\bar{X}$-S）图，因为 X 图的检出功效高，S 图的检出功效虽高于 R 图，但计算量较大。当样本大小（n）小于或等于 10 时可用 R 图；当 n 大于 10 时可用 s 图。详细内容可参阅 GB4091 · l-1983《常用统计图总则》。

(2) X-R_s 图：当预备数据不能分组，如下述情况时可使用此图。

一次只能得到一个测量值，如生产率、消耗定额等；

生产过程质量均匀，不需抽取多个样品，如液体浓度、调胶粘度等；

取得测量值既费时，成本又高。如复杂的化学分析，安全性检验等。

预备数据合理分组时，为了提高检出功能，可将 X 图与 $\bar{X}-R$ 图联合使用。

4. 搜集数据及分组列表

搜集近期数据，最好在 100 个或 100 以上。将收集的数据按测量顺序或批次分组，每组内含的数据个数以 n 表示，称之为样本大小或样本容量，一般取 n=4～5，组的数目以 K 表示，称之为样本个数或样本数，一般取 K=24～25。

数据合理分组的原则：尽量使一个组内的数据来自大体相同的生产条件，亦即组内的质量特性的波动只是由随机因素造成。所以组内不应包含不同性质的数据。应把同一批、同一天或同一班组得到的数据分在一个组内，而组与组之间的质量特性波动则可能是系统性原因造成的。

5. 数据计算

根据收集到的数据求出总平均值，极差平均值，控制图中心线 CL，控制图上、下控制界限 UCL 和 LCL。

6. 绘制控制图

作出纵横坐标，横轴表示组号（或子样），纵轴表示质量特性值（R），用计算值画出控制界限（以虚线表示）和中心线（以实线表示），同时在线的右侧注上 CL、UCL、LCL 等字母；在线的左侧标上相应的数值，控制图作图实例如下：

例：某中密度纤维板厂生产的中密度纤维板，砂光后的厚度要求为 15 ± 0.3mm，今从某制造过程中按时间顺序随机抽取 n=5 的 20 组子样（中密度纤维板），测得的厚度值列于表 37-10 中。试作出 $\bar{X}-R$ 控制图。解：

(1) 确定以中密度纤维板的砂光厚度值为需控制的质量特性。

(2) 用随机抽样方法从砂光工序中收集 100 个数据（根据产品国家标准取样测量），记在表 37-15 中。

(3) 计量各组平均值

$$\bar{X}_1=\frac{15.12+15.04+14.90+14.92+15.00}{5}=14.996$$

$$\bar{X}_2\cdots\cdots$$

$$\vdots$$

$$\vdots$$

$$\bar{X}_{20}=\frac{15.00+15.13+14.94+15.10+15.015}{5}=15.036$$

将计算结果列在表 37-10 中。

(4) 计算各组极差值

$$R_1=15.12-14.90=0.22$$

$$R_2=\cdots\cdots$$

$$\vdots$$

$$\vdots$$

$$R_{20}=15.13-14.94=0.19$$

将它们分别记入表 37-10 的对应行中。

(5) 计算总平均值

$$\bar{X}=\frac{\sum_{i=1}^{K}\bar{X}_i}{K}=\frac{14.99+\cdots\cdots+15.036}{20}+15.044\ (\text{mm})$$

(6) 计算极差平均值

$$\overline{R}=\frac{\sum_{i=1}^{K}R_i}{K}=\frac{0.22+\cdots\cdots+0.19}{20}=0.2045\ (\text{mm})$$

(7) 计算中心线和控制界限

$\overline{X}$图：$CL=\overline{\overline{X}}=15.044$（mm）

$UCL=\overline{\overline{X}}+A_2\overline{R}=15.044+0.577\times0.2045=15.159$（mm）

$LCL=\overline{\overline{X}}-A_2\overline{R}=15.044-0.577\times0.2045=14.929$（mm）

R 图：$CL=\overline{R}=0.2045$（mm）

$UCL=D_4\overline{R}=2.115\times0.0245=0.42$（mm），LCL 无意义

计算公式及 A_2、D_4 等系数可查阅表 37-16。

(8) 绘制控制图，画出中心线及上、下控制界限，见图 37-24。

(9) 打点、连线。

(10) 分析工序是否处于控制状态。这是后面要讨论的问题。

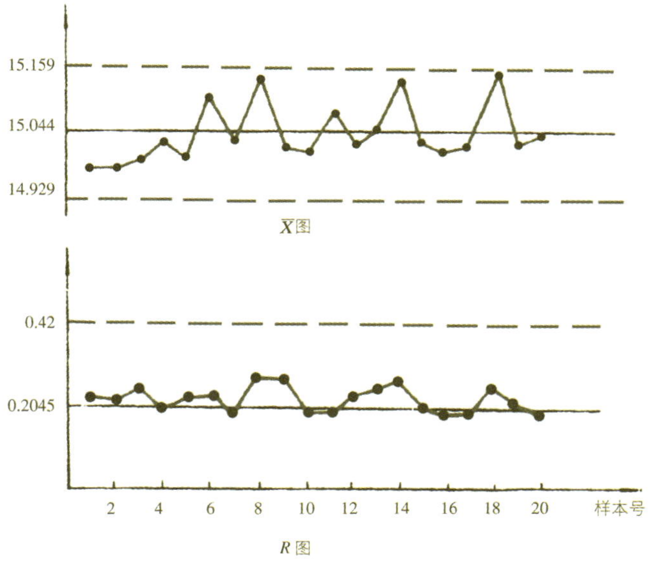

图 37-24 中密度纤维板厚度的 $\overline{X}-R$ 控制图

表 37-15 $\bar{x}$-R 控制图数据表

产品名称：中密度纤维板　　操作者：×××　　测量工具：0.01mm 百分尺

质量特性：15 ± 0.30mm　　测量者×××　　测量单位：0.01mm

工序：砂光

子样品	抽样时间	测定值					$\overline{X}_i$	R	备注
		X_1	X_2	X_3	X_4	X_5			
1	6月1日	15.12	15.04	14.90	14.92	15.00	14.996	0.22	
2	2日	15.08	15.10	14.90	14.92	14.96	14.99	20.20	
3	3日	15.00	14.86	15.10	15.02	15.06	15.008	0.24	
4	4日	14.94	15.13	15.02	15.08	15.00	15.034	0.19	
5	5日	15.15	14.98	14.94	15.00	14.96	15.006	0.21	
6	6日	14.96	15.17	15.10	15.12	15.08	15.086	0.21	
7	7日	15.00	14.98	15.15	15.00	15.02	15.030	0.17	
8	8日	15.30	15.08	15.10	15.05	15.13	15.132	0.25	
9	9日	15.02	15.01	14.92	15.15	15.00	15.020	0.25	按中密度
10	10日	15.10	15.00	14.92	15.03	15.04	15.018	0.18	纤维板国
11	11日	15.00	15.03	15.19	15.13	15.05	15.080	0.19	家标准取
12	12日	14.95	15.00	15.16	15.02	15.01	15.028	0.21	样测定
13	13日	15.00	15.03	14.96	15.05	15.18	15.044	0.22	
14	14日	15.10	15.23	15.21	14.98	15.09	15.122	0.25	
15	15日	15.00	14.92	15.11	15.04	15.06	15.026	0.19	
16	16日	14.98	15.00	14.95	15.02	15.11	15.012	0.16	
17	17日	15.02	14.96	15.04	14.98	15.11	15.022	0.15	
18	18日	15.00	15.10	15.23	15.21	15.12	15.152	0.23	
19	19日	15.05	14.98	15.02	15.08	15.00	15.026	0.20	
20	20日	15.00	15.13	14.94	15.10	15.01	15.036	0.19	

合计	300.88	4.09	
平均值	15.044	0.2045	
系数 / n			
4	0.729	2.282	—
5	0.577	2.115	—

$\bar{x}$图

$\bar{\bar{x}}$=CL=15.044

UCL=15.159

LCL=14.929

$\overline{R}$图

$\overline{R}$ = CL = 0.2045

UCL = 0.42

LCL 无意义

表 37-16 控制图系数表

样本大小 n	极差 R		$\bar{X}$-R			X 图	X 图（成组）	$\bar{X}$-S 图		
	系数		$\bar{X}\pm A_2\bar{R}$	$D_3\bar{R}$	$D_4\bar{R}$	$\bar{X}\pm m_3A_2\bar{R}$	$\bar{X}\pm E_2\bar{R}$	$\bar{X}\pm A_1\bar{S}$	$B_3\bar{X}\bar{S}$	$B_4\bar{X}\bar{S}$
	d_2	d_3	A_2	D_3	D_4	m_3A_2	E_2	A_1	B_3	B_4
2	1.128	0.853	1.880	–	3.267	1.880	2.659	2.659	–	3.267
3	1.693	0.888	1.023	–	2.575	1.187	1.772	1.954	–	2.568
4	2.059	0.880	0.729	–	2.282	0796	1.457	1.628	–	2.266
5	2.326	0.864	0.577	–	2.115	0.691	1.290	1.427	–	2.089
6	2.534	0.848	0.483	–	2.004	0.549	1.184	1.287	0.030	1.970
7	2.704	0.833	0.419	0.076	1.924	0.509	1.182	0.118	1.882	
8	2.847	0.820	0.373	0.136	1.864	0.432	1.054	1.099	0.185	1.815
9	2.970	0.808	0.337	0.184	1.186	0.412	1.010	1.032	0.239	1761
10	3.038	0.797	0.308	0.223	1.777	0.363	0.975	0.975	0.284	1.716
11								0.927	0.321	1.679
12								0.886	0.353	1.646
13								0.850	0.382	1.618
14								0.817	0.406	1.594
15								0.789	0.428	1.572
16	0.763	0.448	1.552							
17								0.739	0.466	1.534
18								0.718	0.482	1.518
19								0.698	0.497	1.503
20								0.680	0.510	1.490
> 20								$\frac{3}{\sqrt{n}}$ $(1+\frac{1}{4n})$	$1-\frac{1}{\sqrt{2n}}$	$1+\frac{3}{\sqrt{2n}}$

X-R_3 图

UCL=$\bar{X}+2.66\bar{R}_2$;　　UCL = $3.27R_2$

CL=$\bar{X}-2.\bar{6}6R_2$;　　LCL < 0

37.2.3.3 控制图的观察分析

绘制出的质量控制图对质量管理来说只是一种工具，重要的是利用它来观察分析问题。一旦生产过程中出现系统性误差影响时，控制图上的点就会出现异常状态；点超出界限，或是点的排列出现异常。这时生产过程就处于非控制状态。因此，利用控制图直观地发现问题，尽快分析原因，予以解决。把产生不合格品的因素消灭于萌芽状态，以实现对产品质量的控制。

1. 分析用控制图的判别准则

判断生产过程是否处于控制状态有如下规则：

规则 1：

绝大多数点子在控制界限内，即：

(1) 连续 25 点中没有一点在界限外；

(2) 连续 35 点中最多只有一点在界限外；

(3) 连续 100 点中最多有两点在界限外；

规则 2：

点子排列无下述异常现象：

(1) 链：若干点连续出现在中心线CL同一侧时，这些点子所连成的折线称为链（图 37-25）。

1) 出现 7 点或 7 点以上链时，生产处于非控制状态；

2) 出现 6 点链时应开始调查原因；

3) 出现 5 点链时应注意操作方法与工序的动向。

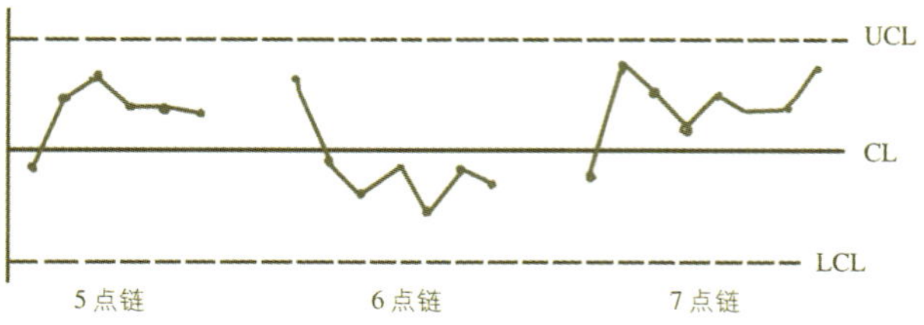

图 37-25 链

(2) 单调链：若干点连续上升（或连续下降）时，这些点子的连续折线称为单调链（图 37-26）。

若出现连续7点或更多点的上升或下降趋势，则认为生产过程不是处于统计控制状态中。

(3) 多数点子在中心线的一侧，出现以下情况之一时，则认为生产工序处于非统计控制状态。

1) 连续 11 点中至少 10 点在中心线同侧（图 37-27）；

2) 连续 14 点中至少 12 点在中心线同侧；

3) 连续 17 点中至少 14 点在中心线同侧；

4) 连续 20 点中至少 16 点在中心线同侧。

(4) 接近控制界限线（图37-28），如果在最外侧1/3带形区域内存在以下情形，则生产上处于非控制状态：

1) 连续3点中有两点在带形区域内（两虚线之间，即 l_1 与 UCL 和 l_2 与 LCL 之间）；

2) 连续 7 点中至少有 3 点在带形区域内。

2. 控制用控制图的判别准则

控制用控制图上的点子出现下列情况之一时，生产过程判为异常。

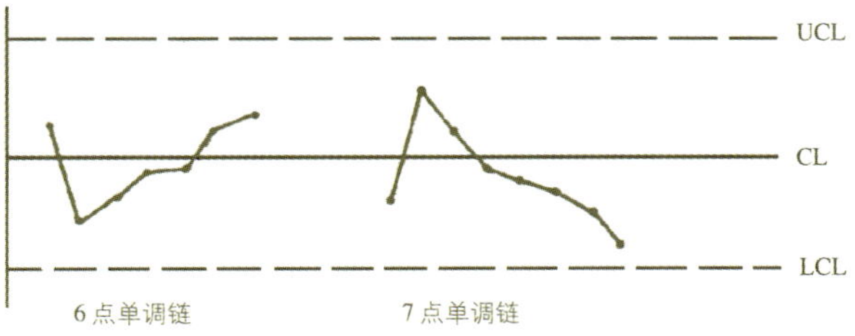

图 37-26 **单调链**

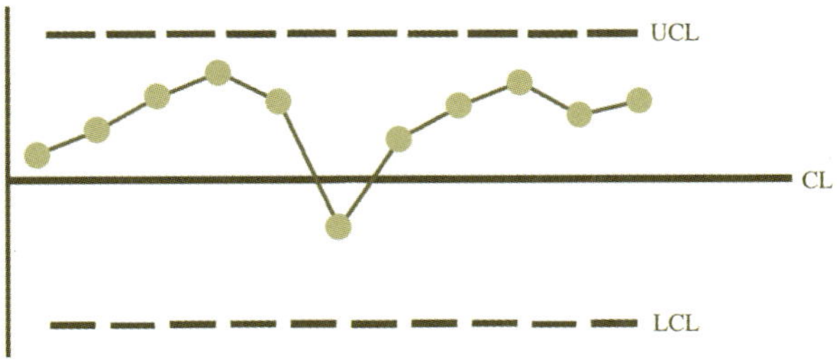

图 37-27 **连续 11 点中有 10 点在中心线一侧**

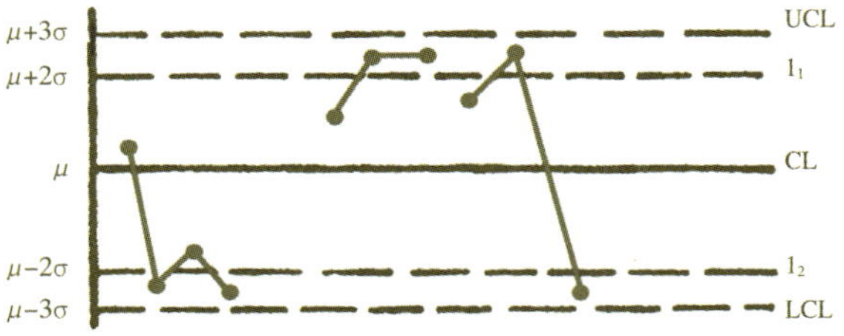

图 37-28 **接近控制界限线**

(1) 点子落在控制界限外（或界限上）；

(2) 控制界限内点子的排列出现上述规则 2 中所列的异常现象。

37.2.3.4 使用控制图的全过程

使用控制图的全过程可归纳为以下几个步骤：

(1) 确定产品质量特性，选择合适的控制图:最常用的是 $\bar{X}$-R 图。

(2) 搜集预备数据，作分析用控制图:若经分析（如前述的判断准则），生产过程处手非统计控制状态，则应采用以下措施：

1) 消除降低质量的异常原因，去掉异常数据点，重新计算中心线和控制界限。异常数据点比例过大时，应改进生产过程，再次搜集预备数据，计算中心线和控制界限。

2) 重新计算中心线和控制界限时，不能去掉对提高质量有利的或虽使质量降低但未能消除异常原因的数据。

当采取上述措施后，制定出新的控制图，直到达到正常。

(3) 分析用控制图转化为控制用控制图:利用分析用控制图计算工序能力指数 C_p，判断生产过程质量是否满足要求。若满足，则可将分析用控制图转化为控制用控制图。否则应调整有关工艺参数，对生产过程加以改进，重新收集数据，作控制图，直至满足 $C_p>1$。

如图 37-24 的例中可算出

$$C_p=T/6\sigma \quad T=(15+0.30)-(15-0.30)=0.60$$

$\sigma=\bar{R}/d_2$，而 $1/d_2=1/2.326$（表 37-11），代入得 $C_p=1.14>1$

由此可见对板厚而言，生产工序处于统计控制状态，又因C_p满足工序质量要求，所以图37-29可以作为控制用控制图。

(4) 用控制用控制图对生产过程进行控制，将测定的数据点画在控制图上，根据判断规则来分析生产过程是否处于统计控制状态，

(5) 修改控制图：控制用控制图不是一直不变的。在使用一段时间后，应根据实际质量水平对中心线和控制界限进行修改，此时须重复 1、2 步的内容。

例 1.某胶合板工厂利用单值控制图（X 控制图）（图 37-29）以管制调胶黏度，规定检验周期为每小时一次，并将早

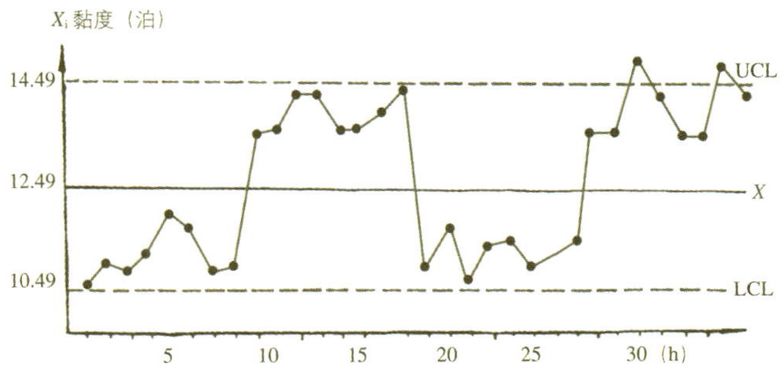

图 37-29 **调胶黏度 X 值控制图**

表 37-17 调胶黏度检测数据记录表

时 间	样本序号	X_j（泊）	R_{sj}	时 间	样本序号	X_j（泊）	R_{sj}
7：00	1	10.50	–	23：00	17	10.9	3.5
8：00	2	11.0	0.5	24：00	18	11.8	0.9
9：00	3	10.8	0.2	1：00	19	10.5	0.3
10：00	4	11.2	0.4	2：00	20	11.4	0.9
11：00	5	11.8	0.6	3：00	21	11.6	0.2
12：00	6	11.4	0.4	4：00	22	10.9	0.7
13：00	7	10.8	0.6	5：00	23	11.2	0.3
14：00	8	10.9	0.1	6：00	24	11.4	0.2
15：00	9	13.2	2.3	7：00	25	13.8	2.4
16：00	10	13.8	0.6	8：00	26	13.2	0.6
17：00	11	14.2	0.4	9：00	27	14.8	1.6
18：00	12	14.0	0.2	10：00	28	14.2	0.6
19：00	13	13.4	0.6	11：00	29	13.2	1.0
20：00	14	13.5	0.1	12：00	30	13.1	0.1
21：00	15	13.9	0.4	13：00	31	14.6	1.5
22：00	16	14.4	0.5	14：00	32	14.2	0.4

中班的检验结果（如表37-17中所列数据）依次点入管制图中，试计算控制上、下限及中心线，并判定其波动是否正常？若不正常则分析其造成原因。

$$计算：\bar{X}=\frac{\sum_{i=1}^{32}X_j}{N}=\frac{399.6}{32}=12.49\ (CL)$$

$$\bar{R}_s=\frac{\sum_{i=2}^{32}23.1}{N}=\frac{23.1}{31}=0.75$$

$UCL=\bar{X}+2.66\bar{R}_s=12.49+2.66\times0.75=14.49$

$UCL=\bar{X}-2.66\bar{R}_s=12.49-2.66\times0.75=10.49$

R_S 图：$CL=\bar{R}_s=0.75$ （R_S 值控制图见图 37-30）

$UCL=3.27\bar{R}_s=2.45$　　　LCL 不考虑

由上面两图中可见第17、27和31号三个数据超出控制上限，说明生产过程未处于控制状态，且点子周期性波动，属于非正常状态。这种不正常的原因可能是由于两班调胶人员操作方法不同或称量不一致而造成的，以致使一班的胶粘度偏高，另一班则偏低。这就是分析控制图的作用。在查明生产异常原因后，去掉不正常因素，再重新测量并计算作出新的分析用控制图。若这时所有的点子都落在控制范围内，则该图表明生产过程处于统计控制状态，此图还可转为控制用控制图。

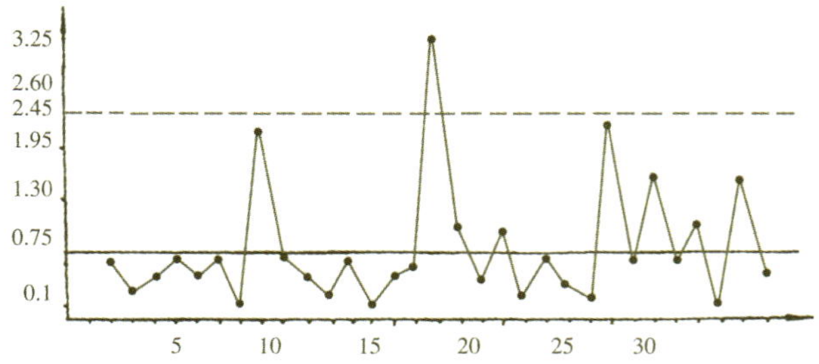

图 37-30 调胶黏度 R_s 值控制图

例 2. 为设立厚度为 12mm 旋切单板的管制标准，在正常的操作条件下开始收集数据。数据共25组（即样本数为25），每组中有5个数据（即样本大小为5）。数据如表37-18所列。试作出$\bar{X}-R$控制图，并判定是否可用此图作出初步的控制图？如不能则如何修订中心线和控制界限？修正后的$\bar{X}$-R 图能否用作控制图？

$$计算：\bar{X}图\ \sum_{i=1}^{25}\bar{X}_i=\frac{30.53}{25}=1.221$$

$$CL=\bar{X}=1.221,\ \bar{R}=\frac{\sum R_j}{N}=\frac{1.24}{25}=0.0496$$

$$UCL=\bar{X}+A_2\bar{X}=1.221+0.579\times0.0496=1.25$$

$$UCL=\bar{X}-A_2\bar{R}=1.221-0.579\times0.0496=1.19$$

$$R\ 图\ \bar{R}=0.0496$$

$$UCL=D_4\bar{R}=2.115\times0.0496=0.105,\ LCL\ 不考虑$$

根据以上计算结果，作出$\bar{X}-R$图（图37-31，图37-32）并将25组样本点入图中。

由图中可见到有两处点子出现异常：一是8号数据超出上控制界限（UCL）；二是第23数据正好落在下控制界限（LCL）上。因而判定此图不能用作初步控制图。

现剔除第8和第23号数据，重新计算中心线和控制界限。

表 37-18 单板厚度样本检测数据记录表

样本号	观测值					$\sum_{j=1}^{5}X_{ij}$	$\overline{X}_i$	R_i
	X_{i1}	X_{i2}	X_{i3}	X_{i4}	X_{i5}			
1	1.22	1.24	1.20	1.23	1.21	6.10	1.220	0.04
2	1.231	2.3	1.26	1.20	1.23	6.15	1.230	0.06
3	1.28	1.20	1.24	1.28	1.20	6.20	1.240	0.06
4	1.22	1.20	1.20	1.20	1.23	6.05	1.210	0.03
5	1.26	1.25	1.22	1.21	1.21	6.15	1.230	0.05
6	1.24	1.20	1.20	1.24	1.20	6.08	1.216	0.04
7	1.19	1.24	1.24	1.25	1.25	6.17	1.234	0.06
8	1.30	1.26	1.28	1.24	1.32	6.40	1.280	0.08
9	1.24	1.24	1.23	1.24	1.20	6.15	1.230	0.04
10	1.20	1.24	1.20	1.20	1.24	6.08	1.216	0.04
11	1.24	1.23	1.24	1.20	1.22	6.13	1.226	0.04
12	1.22	1.20	1.23	1.23	1.18	6.06	1.212	0.05
13	1.25	1.12	1.26	1.22	1.24	6.09	1.218	0.04
14	1.16	1.22	1.24	1.24	1.24	6.10	1.220	0.08
15	1.18	1.19	1.23	1.20	1.20	6.00	1.200	0.05
16	1.24	1.24	1.23	1.22	1.20	6.13	1.226	0.04
17	1.23	1.23	1.22	1.21	1.21	6.10	1.220	0.02
18	1.25	1.24	1.20	1.25	1.20	6.14	1.228	0.05
19	1.22	1.29	1.19	1.20	1.20	6.10	1.220	0.03
20	1.21	1.18	1.23	1.20	1.20	6.02	1.204	0.05
21	1.22	1.19	1.21	1.22	1.21	6.05	1.210	0.03
22	1.20	1.20	1.26	1.24	1.22	6.11	1.224	0.05
23	1.20	1.19	1.16	1.18	1.21	5.94	1.190	0.05
24	1.26	1.20	1.18	1.22	1.24	6.10	1.220	0.08
25	1.19	1.20	1.28	1.22	1.26	6.05	1.210	0.08

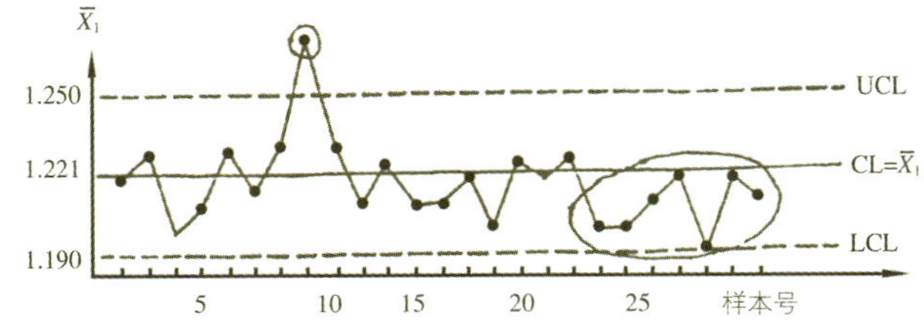

图 37-31 单板厚度 $\overline{X}$ 值控制图

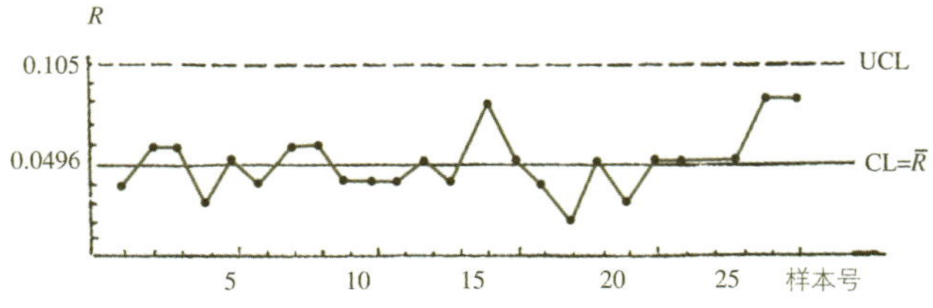

图 37-32 单板厚度 R 值控制图

$\overline{X}$图：$\sum_{\lambda=1}^{23}\overline{X}_i=28.06,\ \overline{X}=\frac{28.06}{23}=1.22$（CL）

$\sum_{i=1}^{23}R_i=1.11,\ \overline{R}=\frac{1.11}{23}=0.048$

$UCL=\overline{X}+A_2\overline{R}=1.22+0.579\times0.048=1.247$

$LCL=\overline{X}-A_2\overline{R}=1.22-0.579\times0.048=1.192$

R 图：$\overline{R}=0.048$（CL）

$UCL=D_4\overline{R}=2.115\times0.048=0.102$，LCL 不考虑

图 37-33 修正后可采用的单板厚度值控制图。

根据计算结果，作出如下控制图；并将剔除第 8 和第 23 号数据后的 23 组数据点入 $\overline{X}-R$ 图中（图 37-33、图 37-34）。这时可见控制图内各点的波动正常，没有点子超出控制界限和分布异常。所以可把此图作为质量控制的初步用图。

若已知旋切单板的厚度允许偏差为 ± 0.07mm，现在来计算其工序能力指数

$$C_p=\frac{T}{6\sigma}，T=1.27-1.13=0.14$$

$$\sigma=\frac{R}{d_2}=\frac{0.048}{d_2}，d_2=2.36（见附录）$$

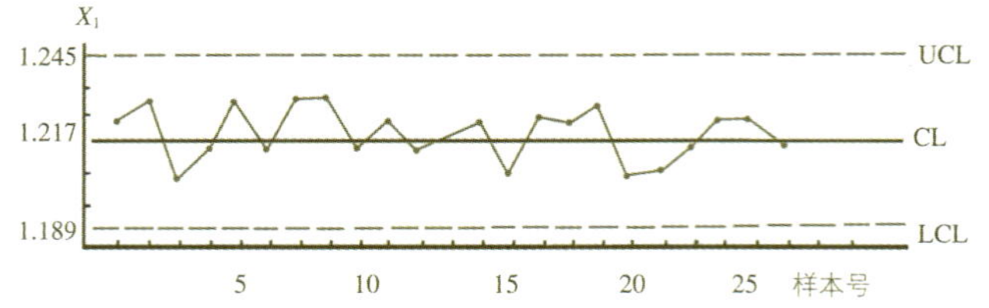

图 37-33 修正后可采用的单板厚度$\overline{X}$值控制图

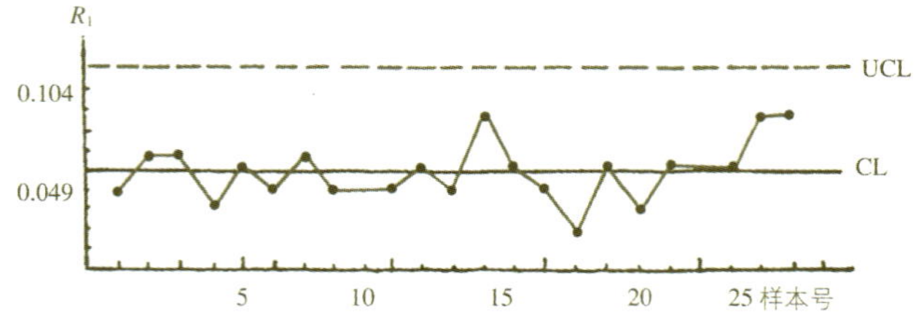

图 37-34 修正后可采用的单板厚度 R 值控制图

代入 C_p 式中得 C_p=1.1 5 > 1，所以此图可由分析用控制图转为控制用控制图，若不能满足 C_p > 1，就应调整有关工艺参数，对生产过程进行改进，重新收集数据作控制图，直至 C_p > 1。

37.2.4 质量管理和质量保证系列标准

37.2.4.1 概述

世界性贸易竞争的日益激烈，使产品质量竞争成为贸易竞争的重要因素。为适应国际贸易往来与经济合作的需要，国际标准化组织（ISO）于 1987 年颁布了 ISO9000《质量管理和质量保证》系列标准，使世界质量管理和质量保证活动有可能统一在 ISO 9000 系列标准的基础上，而 1994 年又对该系列标准进行了重新修订，形成了 ISO 9000-1994 版的系列国际标准。我国与它相应的标准是 GB/T 19000-94。

37.2.4.2 ISO 9000 标准的产生

任何标准都是为了适应科学、技术、社会经济等宏观因素发展变化的需要而产生的。标准涉及的范围及其深度总是处于发展之中。ISO 9000 系列标准也是这样。

(1) 企业生存和发展的需要是产生系列标准的重要原因

20 世纪以来，企业的质量活动已形成了一种世界的趋势，许多国家纷纷编制和发布了质量管理标准，例如 1979 年美国标准化协会发布了 ANSI Z-1 · 15《质量体系通用指南》，1980 年法国发布了 NFX50-110《企业质量管理体系指南》，美国发布了 GS5750《质量保证指南》等，这些质量管理体系标准为质量和质量保证系列标准的诞生奠定了基础。

(2) 科学技术的进步和社会生产力水平的提高是产生系列标准的重要技术基础

产品的质量由技术标准来体现，但对于现代产品来说，由于产品结构和制造工艺复杂，仅对成品按技术标准验证显然不够，因为当技术标准和生产方的组织体系不完善时，标准本身就不能保证产品质量始终达到要求，因而必须在产品质量的形成过程加强管理和实施监督，要求生产方建立相应的质量保证体系，提供能说明该质量符合要求的客观证据。

而企业为了避免因产品缺陷而追究的巨额赔款，宁可“先花少量的钱，来避免今后赔更多的钱”。开展质量保证活动，加强质量管理，企业为提高信誉和加强竞争力，还向权威机构申请对其质量体系进行认证，这就形成了 1SO 9000 系列标准产生的客观条件。

(3) 质量保证活动的成功经验为 ISO 9000 系列标准的产生奠定了坚实的基础

(4) 国际贸易发展需要是产生系列标准的现实要求

质量管理和质量保证标准是生产力发展的必然产物，也是质量管理科学发展的成果和标志，它既适应了国际商品经济发展的需要，又为企业加强管理提供了指导。

37.2.4.3 ISO 9000（GB/T 19000）

系列标准简单介绍:

(1) ISO 9000 系列标准:1987 年 3 月，ISO 正式公布了 ISO 9000～9004 等 5 个标准，也就是通常所称的“ISO 9000 系列标准”。

ISO 9000：1987《质量管理和质量保证标准——选择和使用指南》；

ISO 9001：1987《质量体系——设计，开发，生产，安装的质量保证模式》；

ISO 9002：1987《质量体系——生产和安装的质量保证模式》；

ISO 9003：1987《质量体系——最终检验和试验的质量保证模式》；

ISO 9004：1987《质量管理和质量体系要素指南》。

国际标准化组织 TCl76 在 1994 年对 ISO 9000～9004-1987 系列标准进行了修订，形成了 ISO 9000—1994 版的系列国际标准。使世界主要工业发达国家的质量管理和质量保证的原则、方法和程序，统一在国际标准的基础上，它标志着质量管理和质量保证走向了规范化、程序化的新高度。

(2) GB/T19000 标准的制定：1994 年我国及时等同转化了修订后的 ISO 系列标准（94 版），国家标准编号为 GB/T19000-1994 系列标准。目前已转化为国家标准化质量管理物质量保证标准有 15 个。

GB/T6583-1994（idt ISO 8402：1994）《质量管理和质量保证——术语》；

GB/T19000.1-1994.(idt ISO 9000-1：1994）《质量管理保证第一部分：选择和使用指南》；

GB/T19001-1994（idt ISO 9001：1994）《质量体系——生产安装和服务的质量保证模式》；

GB/T19002-1994（idt ISO 9002：1994）《质量体系——生产安装和服务的质量保证模式》；

CB/T19003-1994（idt ISO 9003：1994）《质量体系——最终检验和试验的质量保证模式；

GB/T19004.1-1994（idt ISO 9004-1：1994）《质量管理和质量体系要素 第1部分：指南》；

GB/T19004.2-1994（idt ISO 9004-2：1991）《质量管理和质量体系要素 第2部分：服务指南》；

GB/T1900.4.3-1994（idt ISO 9004-3：1993）《质量管理和质量体系要素 第3部分：流程性材料指南》；

GB/T1900.4.4-1994（idt ISO 9004-4：1993）《质量管理和质量体系要素 第4部分：质量改进指南》；

GB/T1900.2-1994（idt ISO 9002-2：1993）《质量管理和质量保证标准 第2部分：GB/T19001，GB/T19002，GB/T19003的实施通用指南》；

GB/T19000.3-1994（idt ISO 9000-3：1993）《质量管理和质量体系要素 第3部分：GB/T 19001-ISO 9001在软件开发、供应和维护中的使用指南》；

GB/T19021.1-1994（idt ISO 1001 1-1：1991）《质量体系审核指南 第1部分：审核》；

GB/T19021.2-1994（idt ISO 10011-2：1991）《质量体系审核指南 第2部分：质量体系审核员的评定准则》；

CB/T19021.3-1994（idt ISO 10011-3：1991）《质量体系审核指南 第3部分：审核工作管理》；

GB/T19022.1-1994（idt ISO 10012-1：1992）《测量设备的质量保证要求 第1部分：测量设备的计量确认》。

GB/T19000标准系列是等同采用ISO 9000标准系列的一套国家标准，它技术内容与ISO 9000完全相同，不作或稍作编辑性修改。采用国际标准的程度仅表示我国标准与国际标准之间的异同情况，而不表示技术水平的高低。

37.2.4.4 GB/T19000系列标准的作用

我国企业实施GB/T19000系列标准，对已初具质量管理基础的企业可促进其质量管理水平向国际水平靠拢，实现质量管理国际化。对我国企业参与国际经济活动消除了不必要的障碍，使质量管理的术语得到统一认识，概括起来有下列现实意义。

(1) 实施GB/T 19000-ISO 9000系列标准有利于保护消费者的利益

由于企业建立了完善的质量体系，使影响产品质量的因素始终处于受控状态，能稳定地生产满足需要的产品，这无疑是对消费者利益最有效的保护。

(2) 为发展外向型经济提供国际通用语言

由于在国际经济技术合作中，ISO 9000系列标准被作为相互认可的技术基础，因此在合作开发、合作生产、相互转让、产品贸易、技术交流、质量仲裁等国际经济活动中有了质量保证能力的确认依据。

(3) 为我国开展质量体系认证和加速产品质量认证工作提供标准

国家认证办公室把GB/T19000-ISO 9000系列标准作为企业质量体系的认证标准，便于企业根据市场情况、产品类型、生产特点以及用户需要等具体情况，选择相应的体系要素，以确立适用的质量体系。

(4) 贯彻GB/T19000-ISO 9000系列标准是提高质量，发展品种，增加效益的有效措施。

37.3 抽样检验

37.3.1 抽样检概述

生产中判定一件（台）产品是否合格，可按产品图样或产品标准所规定的技术要求，并用规定的检测方法，对产品进行逐项检查，若产品符合规定的各项技术要求则判定该件（台）产品合格；反之若有一项（或一项以上）技术指标不符合规定，则该件（台）产品为不合格。

通常采用的检验有两种：一种是全数检验，另一种是抽样检验。对于大批量的产品或破坏性的检验项目，用全数检验显然是不现实的，因而只能用抽样检验。

37.3.1.1 什么是抽样检验

抽样检验就是只从提交检查的产品批中抽取一部分产品（样本），按产品图样或产品标准所规定的技术要求，用规定的检测方法，对这一部分产品逐只逐项进行植查，然后根据对抽样部分产品的检查结果，利用数理统计的方法，对提交检查的产品批的质量作出判断。其用途主要有：

(1) 生产方的成品、半成品交库检验，使用方的入库复验等:这类检验一般是按产品技术标准所规定的检验规则进行。主要的目的是防止不合格品出厂，以减少使用方因接收了不合格批的产品而造成的经济损失。

(2) 为了决定产品的制造过程是否稳定、是否需要边行调整而进行的抽样检验称之为“抽样控制”：如生产方的质量管理点上的定期抽样检验，产品技术标准规定的型式（例行）检验等。其目的是防止不合格批出现，以提高产品质量的稳定性。它是比抽样验收更为有效的一种抽样检验。

37.3.1.2 抽样检验的特点

检查批产品合格与否，一般来说可用全数检查或抽样检验两种方法。由于全数检查是对批中产品逐件（台）进行检查，因此在某些情况下有一定的局限性。

(1) 对于破坏性检查项目，不能采用；

(2) 对于检查费用昂贵的检查项目或批量大、价格低的产品不宜采用；

(3) 全数检查有“错检”或“漏检”，不可迷信。

抽样检验仅从批中的抽检一部分产品，它与全数检查相比，大大减少了检验工作或产品的损坏数量。因此它有如下特点：

(1) 对于产品的各种检查基本上都适用；

(2) 节约检验费用；

(3) 有助于提高企业成员的质量意识。抽样检验将产品制造质量的责任公正地归于操作者（生产方），能避免操作者（生产方）不负责任的粗制滥造，否则他就将承受处理、拒收批而付出的巨大经济损失。

当然，抽样检验不能完全代替全数检验，对某些产品的某些性能（如压力容器的承压能力、防毒面具的通话膜是否穿孔）还必须采用全数检查。

合理选用抽样方案能减少错误判断的风险，使生产方和使用方的利益都获得合理的保护。

37.3.1.3 抽样检验方案的分类

抽样检验方案有很多种，可从不同的角度进行分类。

(1) 按产品质量指标来分：有计数抽检方案与计量抽检方案。

(2) 按制定原理来分：有标准型抽检方案，挑选型抽检方案和调整型抽检方案。

(3) 按抽检的程序来分：有一次抽检方案、二次抽检方案、多次抽检方案和序贯抽检方案。

37.3.1.4 随机抽样法

在抽样检验时应使抽出的用于检验的样本能反映出这一批产品的质量，即样本质量对于质量应有代表性，要做到这一点就必须采用随机抽样法。它使批中所有产品被抽到的可能性都相等。

常用的随机抽样法有：简单随机抽样、系统随机抽样和分层抽样。

(1) 简单随机抽样：样本在批中有同样被抽到可能的抽样过程称之为简单随机抽样。

为确保抽样的随机性，通常的办法是首先给批中的每个产品编号，然后按随机数抽取样品，获取随机数一般有两种方法，可用乱数表或掷骰子法。

(2) 系统随机抽样：对整批产品进行简单随机抽样有困难时，可采用每隔一定空间或时间间隔进行取样的方法，称为系统随机抽样，所得样本称为系统随机样本。

例 1 从批量 $N = 3000$ 的产品中抽取 $n=50$ 的样本。

解：(1) 按生产顺序将产品编号；

(2) 在流水线上每隔 60 个产品取样（3000 ÷ 50 = 60）；

(3) 起始抽样号码则用简单随机抽样法获得，如用骰子法得到随机数为 12；

(4) 产品编号则取 12、72、132、192、……2952 等共 50 个产品，合起来即组成系统随机样本。

例 2 从批量 $N=500$ 的产品中，抽取 $n=5$ 的样本。

解：(1) 将整批产品分成 5 组（盒、箱、排）；

(2) 从每组中用简单随机抽样法，抽取一件；

(3) 每组中抽得的一件合起来即组成系统随机样本。

系统随机抽样特别适用于流水线生产，系统随机抽样易产生较大的误差，使用时必须加以注意。

(3) 分层随机抽样将一批产品按某种原则（设备、操作者、班次、原材料批号等）分成若干子批（层），然后从各子批中抽取子样本。子样本的大小与子批的批量成正比，子样本用随机抽样从子批中抽取，最后将各子样本合起来，这种方法称为分层随机抽样。

例 3 某设备一昼夜生产了批量 $N=1000$ 的产品，其中早班生产了 400 件，中班与夜班各生产了 300 件。如需抽取 20 件作样品检查，则应该如何的抽取。

解：一般若

$$N=N_1+N_2+\cdots\cdots+N_i$$

$$n=n_1+n_2+\cdots\cdots+n_i$$

$$\text{则：}n_i=\frac{N_i}{N}\cdot n$$

式中：N——待检产品的批量大小

N_i——子批的批量大小

n——需从待检批中抽取的样品（样本大小）

n_i——每子批中应抽取的样品数（子批的样本大小）

所以早班制造的 400 件产品应抽取

$$n_1=\frac{400}{1000}\times 20=8\text{ 件}$$

中班和夜班分别应抽取

$$n_2=n_3=\frac{300}{1000}\times 20=6\text{ 件}$$

37.3.1.5 获取随机数的方法

1.随机数（乱数）表法

随机数表有两种：六张表式与二张表式（表 37-19），每张随机数表均由阿拉伯数 0～9 随机编排而成，这两种格式的表仅是决定表号的方法有所不同，而使用方法与步骤均相同。

(1) 决定页码：

1) 六张表式随机数据表：掷一下正六面体随机数骰子，骰子正面所示的数字作为表的页码数。

2) 二张表式随机数表：闭上眼睛，用铅笔尖轻指任一张表，若笔尖落在奇数上则取第一页表，若为偶数（00 作为偶数）则取第二张随机数表。

(2) 决定起点行：闭眼，用铅笔尖轻指所定页码的随机数表，笔尖所指两位数即为起点行数，因随机数表是由 50 行、50 列组成，而两位数是从 00～99，所以当该数大于 50 时则减去 50，以其差数作起点行数。如随机数为 00 则作为 100。

表 37-19 随机数表（Ⅰ）

03	47	43	73	86	36	96	47	36	61	46	98	63	71	62	33	26	16	80	45	60	11	14	10	95
97	74	24	67	62	42	81	14	57	20	42	53	32	37	32	27	07	36	07	51	24	51	79	89	73
16	76	62	27	66	56	50	26	71	07	32	90	79	78	53	13	55	38	58	59	88	97	54	14	10
12	56	85	99	26	96	96	68	27	31	05	03	72	93	15	57	12	10	14	21	88	26	49	81	76
55	59	56	36	64	38	54	82	46	22	31	62	43	09	90	06	18	44	32	53	23	83	01	30	30
16	22	77	94	39	49	54	46	54	82	17	37	93	23	78	87	35	20	96	43	84	36	34	91	64
84	42	17	53	31	57	24	55	06	88	77	04	74	47	67	21	76	33	50	25	83	92	12	06	76
63	01	63	78	59	16	95	55	67	19	98	10	50	71	75	12	86	73	58	07	44	39	52	38	79
33	21	12	34	29	78	64	56	07	82	52	42	07	44	38	15	51	00	13	42	99	66	02	79	54
57	60	86	32	44	09	47	27	96	54	49	17	46	09	62	90	52	84	77	27	08	02	73	43	28
18	18	07	92	64	44	17	16	58	09	79	83	86	19	62	06	76	50	03	10	55	23	64	05	05
26	62	38	97	75	84	16	07	44	99	83	11	46	32	24	20	14	85	88	45	10	93	72	88	71
23	42	40	64	74	82	97	77	77	81	07	45	32	14	08	32	98	94	07	72	93	85	79	140	75
52	36	28	19	95	50	92	26	11	97	00	56	76	31	38	80	22	02	53	53	86	60	42	04	53
37	85	94	35	12	83	39	50	08	30	42	34	07	96	88	54	42	02	87	98	35	85	29	48	39
70	29	17	12	13	40	33	20	33	26	13	89	51	03	74	17	76	37	13	04	07	74	21	19	30
56	62	18	37	35	96	83	50	87	75	97	12	25	93	47	70	33	24	03	54	97	77	46	44	80
99	49	57	22	77	98	42	95	45	72	16	64	36	16	00	04	43	18	66	79	94	77	24	24	90
16	08	15	04	72	33	27	14	34	09	45	59	34	68	49	12	72	07	34	45	99	27	72	95	14
31	16	93	32	43	50	27	89	87	19	20	15	37	00	49	52	85	66	60	44	38	68	88	11	80
68	34	30	13	70	55	74	30	77	40	44	22	78	84	26	04	33	46	09	52	68	07	97	06	57
74	52	25	65	76	59	29	97	68	60	71	91	38	67	54	13	58	18	24	76	15	54	55	95	52
27	42	37	86	53	48	55	90	65	72	96	57	69	36	10	96	46	92	42	45	97	60	49	04	91
00	35	68	29	61	66	37	32	20	30	77	84	57	03	29	10	45	65	04	26	11	04	96	67	24
29	94	98	94	24	68	49	69	10	82	53	75	91	93	30	34	25	20	57	27	40	48	73	51	92
16	90	82	66	59	83	62	64	11	12	67	19	00	71	74	60	47	21	29	68	02	02	37	03	31
11	27	94	75	06	06	09	16	74	66	02	94	37	34	02	76	70	90	30	86	38	45	94	30	38
35	24	10	16	20	33	32	51	26	38	72	78	45	04	91	16	92	53	56	16	02	75	50	95	98
38	23	16	86	39	42	38	97	01	50	87	75	66	81	41	40	01	74	91	62	48	51	84	08	32
31	96	25	91	47	96	44	33	49	13	34	86	82	53	91	00	52	43	48	85	27	55	26	89	62
66	67	40	67	14	64	05	71	95	86	11	05	65	09	68	76	83	20	37	90	57	16	00	11	66
14	90	84	45	11	75	73	88	05	90	52	27	41	14	36	22	98	12	22	08	07	52	74	95	80
68	05	51	18	00	33	96	02	75	19	07	60	62	93	55	59	33	82	43	90	49	37	38	44	59
20	46	78	73	90	97	51	40	14	02	04	02	33	31	08	39	54	16	49	36	47	95	93	13	30
64	19	58	97	79	15	06	15	93	20	01	90	10	75	06	40	78	78	89	62	02	67	74	17	33
05	26	93	70	60	22	35	85	15	13	92	03	51	59	77	59	56	78	06	83	52	91	05	70	72
07	97	10	88	23	09	98	42	99	64	61	71	62	99	15	01	51	29	16	93	58	05	77	09	51
68	71	86	85	85	54	87	66	74	54	73	42	08	11	12	44	95	92	63	16	26	59	24	29	48
26	99	61	65	53	58	37	78	80	70	42	10	50	67	42	32	17	55	85	74	94	44	67	16	94
14	65	52	68	75	87	59	36	22	41	26	78	63	06	66	13	18	27	01	50	15	29	39	39	43
17	53	77	58	71	71	41	61	50	72	12	41	94	96	26	44	95	27	36	99	02	96	74	30	83
90	26	59	21	19	23	52	23	33	12	96	93	02	18	39	07	02	18	36	07	25	99	32	70	23
41	23	52	55	99	31	04	49	69	96	10	47	48	45	88	13	41	43	89	20	97	17	14	49	17
60	20	50	81	69	31	99	73	68	68	35	81	33	03	76	24	30	12	48	60	18	99	10	72	34
91	25	38	05	90	46	58	28	51	36	45	37	59	03	09	90	35	57	29	12	82	62	54	65	60
34	50	57	74	47	98	80	33	00	91	09	77	93	19	82	74	94	80	04	04	45	07	31	66	49
85	22	04	39	43	73	81	53	94	79	33	62	46	86	28	08	31	54	46	31	53	94	13	38	47
09	79	13	77	48	73	82	97	22	21	05	03	27	24	83	72	89	44	05	60	35	80	39	94	88
88	75	80	18	14	22	95	75	42	49	39	32	82	22	49	02	48	07	07	37	16	04	61	67	87
90	96	23	70	00	39	00	03	06	90	55	85	78	38	36	94	37	30	69	32	90	89	00	76	33

表 37-19 随机数表（Ⅱ）

53	74	23	99	67	61	32	28	69	84	94	62	67	86	24	98	33	41	19	95	47	53	53	38	09
63	38	06	86	54	99	00	65	26	94	02	82	90	23	07	79	62	67	80	60	75	91	12	81	19
35	30	58	21	46	06	72	17	10	94	25	21	31	75	96	49	28	24	00	49	55	65	79	78	07
63	43	36	82	69	65	51	18	37	88	61	38	44	12	45	32	92	85	88	65	54	34	81	85	35
98	25	37	55	26	01	91	82	81	46	74	71	12	94	97	24	02	71	37	07	03	92	18	66	75
02	63	21	17	69	71	50	80	89	56	38	15	70	11	48	43	40	45	86	98	00	83	26	91	03
64	55	22	21	82	48	22	28	06	00	61	54	13	43	91	82	78	12	23	29	06	66	24	12	27
85	07	26	13	89	01	10	07	82	04	59	63	69	36	03	69	11	15	83	80	13	29	54	19	28
58	54	16	24	15	51	54	44	82	00	62	61	65	04	69	38	18	65	18	97	85	72	13	49	21
34	85	27	84	87	61	48	64	56	26	90	18	48	13	26	37	70	15	42	57	65	65	80	39	07
03	92	18	27	46	57	99	16	96	56	30	33	72	85	22	84	64	38	56	98	99	01	30	98	64
62	95	30	27	59	37	75	41	69	43	86	97	80	61	45	28	53	04	01	63	45	71	08	64	27
08	45	93	15	22	60	21	75	46	91	98	77	27	85	42	28	88	61	08	84	69	62	03	42	73
07	08	55	18	40	45	44	75	13	90	24	94	96	61	02	57	55	66	83	15	73	42	37	11	61
01	85	89	95	66	51	10	19	34	88	15	84	97	19	75	12	76	39	43	78	64	63	91	08	25
72	84	71	14	35	19	11	58	49	26	50	11	14	17	76	86	81	57	20	18	95	60	78	46	75
88	78	28	16	84	13	52	53	94	53	75	55	69	30	96	73	89	65	70	31	99	17	43	48	76
45	17	75	65	57	28	40	19	72	12	25	12	74	75	67	60	40	60	81	19	24	62	01	61	16
96	76	28	12	54	22	01	11	94	25	71	96	16	16	88	68	64	36	74	45	19	59	50	88	92
43	31	67	72	30	24	02	94	08	63	38	32	36	66	02	69	36	38	25	39	48	03	45	15	22
50	44	63	44	21	66	06	58	05	62	68	15	54	35	02	42	35	48	96	32	14	52	41	52	48
22	66	22	15	86	26	63	75	41	99	58	52	36	72	24	58	37	52	18	51	03	37	18	29	11
96	24	40	14	51	23	22	30	88	57	95	67	47	29	83	94	69	40	06	07	18	16	36	78	86
31	73	91	61	19	60	20	72	93	48	98	57	07	23	69	65	94	39	69	58	56	80	30	19	44
74	60	73	99	84	43	89	94	36	45	56	69	47	07	41	90	22	31	07	12	78	35	34	08	72
84	37	90	61	56	70	10	23	98	05	85	11	34	76	60	76	48	45	34	60	01	64	18	39	96
36	67	10	08	23	98	93	35	08	86	99	29	76	29	81	33	34	91	58	93	63	14	52	32	52
07	28	59	07	48	89	64	58	89	75	83	85	62	27	89	30	14	78	56	27	86	63	59	80	02
10	15	83	87	60	79	24	31	66	56	51	48	24	06	93	91	98	94	05	49	01	47	59	38	00
55	19	68	97	65	03	73	52	16	56	00	53	55	90	27	33	42	29	38	87	22	13	88	83	04
53	81	29	13	39	35	01	70	71	34	62	33	74	82	14	53	73	19	09	03	56	54	29	56	93
51	86	32	68	92	33	98	74	66	99	40	14	71	94	58	45	94	19	38	81	14	44	99	81	07
35	91	70	29	13	80	03	54	07	27	96	94	78	32	66	50	95	52	74	33	13	80	55	62	54
37	71	67	95	13	20	02	44	95	94	64	85	04	05	72	01	32	90	76	14	53	89	74	60	41
93	66	13	83	27	92	79	64	64	72	28	54	96	53	84	48	14	52	98	94	56	07	93	89	30
02	96	08	45	65	13	05	00	41	84	93	07	54	72	59	21	45	57	09	77	19	48	56	27	44
49	83	43	48	35	82	88	33	69	96	72	36	04	19	76	47	45	15	18	60	82	11	08	95	97
84	60	71	62	43	40	80	81	30	37	34	39	23	05	38	25	15	35	71	30	88	12	57	21	77
18	17	39	88	71	44	91	14	88	47	89	23	30	33	15	56	34	20	47	89	89	82	93	24	98
79	79	10	61	78	71	32	76	95	62	87	00	22	58	50	92	54	01	25	25	43	11	71	99	31
75	93	36	57	83	56	20	14	82	11	74	21	97	90	65	96	42	68	63	86	74	54	13	26	94
38	30	92	29	03	06	28	81	39	38	62	25	06	84	63	61	29	08	93	67	04	32	92	08	09
51	29	50	10	34	31	57	75	95	80	51	97	02	74	77	76	15	48	49	44	18	55	63	77	09
21	31	38	86	24	37	79	81	53	74	73	24	16	10	33	52	83	90	94	76	70	47	14	54	36
29	01	23	87	88	58	02	39	37	67	42	10	14	20	92	16	55	23	42	45	54	96	09	11	06
95	33	95	22	00	18	74	72	00	18	38	79	58	69	32	81	76	80	26	92	82	80	84	25	39
90	84	60	79	80	24	36	59	87	38	82	07	53	89	35	96	35	23	79	18	05	98	90	07	35
46	40	62	98	82	54	97	20	56	95	15	74	80	08	32	16	46	70	50	80	67	72	16	42	79
20	31	89	03	43	38	46	82	68	72	32	14	82	99	70	80	60	47	18	97	63	49	30	21	30
71	59	73	05	50	08	22	23	71	77	91	01	93	20	49	82	96	59	26	94	66	39	67	98	60

(3) 决定起点列：用上述同样方法决定起点列。

(4) 决定随机数

1) 如取一位数，则从所定页码之行、列数起，并在该数所在行向右依次取数；若到右端还不够，则移到下一行的左端继续往右取，直到取足为止。

2) 如取二位数，由从所定页码、行、列所指的数及其右侧数组成的二位数开始，然后从该数所在列向右依次取数；若到右端还不够，则移到下一行的左端继续往右取，直到取足为止。

3) 如取三位数或三位以上的数，则从所定页、行、列之数及右侧数添足位数，然后从该数所在列竖着向下依次取数，若到下端还不够，则移到下一列的上端继续往下取，直至取足为止。

(5) 决定样本数码:按以上规定，取出随机数后，必要时可除以批量数，取其余数，而后去掉重复的数码，直到所需的样本数码为止。

例1从批量 $N=100$ 的产品中，抽取样本大小为 $n=8$ 的样本。

解：(1) 将被检产品编号；

(2) 定随机数表页码：设铅笔尖所指数为07，因是奇数，故用第一页随机数表；

(3) 定起点行：设铅笔尖所指数是第一页中的“79”，因大于50，故起点行为第29行（79 − 50=29）；

(4) 定起点列：设铅笔尖所指数为随机数表第一页中的“48”，因小于50，故起点列就为第48列；

(5) 决定样本数码：由上述方法所定的起点数码为“83”，向右并移至下一行取数，去掉重复的数码，即得83、23、19、62、59、14、79、64等共8个样本数码。

例2从批量 $N=1000$ 的产品中，抽取 $n=20$ 的样本。

解：第(1)至(4)步同上例，现若起点行为第36行，起点列为第25列。则所定的起点数为5，与其右侧之15组成三位数据515，此即为起点数码，竖着向下直取到783，这还不够就移到下一列162，继续往下取，并去掉重复的数码.即得515、629、081、506、630、949、021、484、330、590、931、468、272、822、783、162、732、853、315、990等20个样本数码。

2.随机数骰子法

随机数骰子有正六面体和二十面体两种。

(1) 正六面体随机数骰子是一个匀质的立方体，在六个面上分别标以1～6六个阿拉伯数字，利用这骰子可得到1～6共六个随机数，六张表式的随机数表中决定页码时就可用它。

(2) 正二十面体随机骰子是一个匀质的正二十面体，它的每一面是一个正三角形，在二十个面上标以0～9的数字各二次，掷一下骰子就得到一个随机数。如要取二位随机数，可用这种骰子掷两次，若规定第一次掷得的随机数码为个位数，第二次掷得的随机数码为十位数，二者合起来就组成一个二位随机数，余则类推。

用掷随机数骰子的方法来获得随机数，这方法简便可行，值得推广应用。

37.3.2 计数调整型抽样方案

大概地讲，调整型抽样检验就是在实施抽样检验的过程中，不总是采用一个固定的抽样方案，而是根据以往已检验批的质量变化情况，依据事先设计好的转移规则在正常检查抽样方案加严检查抽样方案和放宽检查抽样方案之间进行调整。其特点是：在产品质量达到所谓合格质量水平（AQL）时提交检验的产品批将以高概率接收，其接收概率均控制在80%以上，对生产方提供了足够的保护；当产品质量变坏或生产不稳定时，转移规则就会指导你换用一个严一些的抽样方案。如果产品质量稳定地优于合格质量水平，转移规则就会指导你换用一个宽一些的抽样方案，通过抽样方案之间的不断调整，达到既有效地保证产品的检验质量，又充分地节约检验费用的目的。

一般而言，这类抽样检验仅适用于连续批，不适用于对孤立批的验收。对孤立批转移规则不起作用。

目前世界各国都采用计数调整型抽检方案。

37.3.2.1 基本概念

1. 单位产品

为实施抽样检查的需要而划分的基本单位，称为单位产品。例如：单件产品，一对产品，一组产品，一个部件或一定长度、一定面积、一定体积、一定重量的产品。它与采购、销售、生产和装运所规定的单位产品可一致，也可不一致。

2. 检查批（简称批）

为实施抽样检查汇集起来的单位产品，称为检查批，简称批。通常每个检查批应由同型号、同等级、同种类（尺寸、特性、成分等），且生产条件和时间基本相同的单位产品组成。应将批质量相同的小批尽可能地混成大批。

3.连续批

待检批可利用最近已检批所提供质量信息的连续提交检查批，称为连续批。

4. 批量

批中所包含的单位产品数，称为批量。

5. 样本单位

从批中抽取用于检查的单位产品，称样本单位。

6. 样本

样本单位的全体，称为样本。

7. 样本大小

样本中所包含的单位数，称为样本大小。

8. 不合格

单位产品的质量特性不符合规定，称为不合格。不合格按质量特性表示单位产品质量的重要性来分，或按质量特性不符合的严重程度来分，一般将不合格分为A类不合格、B

类不合格、C类不合格。

9. A类不合格

单位产品的极重要质量特性不符合规定，或者单位产品的质量特性极严重不符合规定，称为A类不合格。这通常是指产品的安全、卫生、环境保护及能耗方面的特性。如车辆刹车不灵、压力容器耐压能力不符规定、电气绝缘性能不良、食品中大肠杆菌超标、发动机标定功率的燃油消耗超标等等。

10. B类不合格

单位产品的重要质量特性不符合规定，或者单位产品的质量特性严重不符合规定，称为B类不合格。这通常指严重影响产品实用功能的质量特性。如电视机清晰度差、成衣脱线等等。

11. C类不合格

单位产品的一般质量特性不符合规定，或者单位产品的质量特性轻微不符合规定，称为C类不合格。这通常是指对产品实用功能仅有轻微影响或几乎没有影响的那些质量特性。如机电产品的外观质量等。

12. 不合格品

有一个或一个以上不合格的单位产品，称为不合格品，按不合格类型一般可分为：A类不合格品、B类不合格品、C类不合格品。

13. A类不合格品

有一个或一个以上A类不合格，也可能还有B类和（或）C类不合格的单位产品，称为B类不合格品。

14. B类不合格品

有一个或一个以上B类不合格，但不包含C类不合格的单位的产品，称为B类不合格品。

15. C类不合格品

有一个或一个以上C类不合格，但不包含A类和B类不合格的单位产品，称为C类不合格品。

16. 每百单位产品不合格品数

批中所有不合格总数除以批量，再乘以100，称为每百单位产品不合格数。

17. 每百单位产品不合格数

批中所有不合格总数除以批量，再乘以100，称为每百单位产品不合格数。

18. 批质量

单个提交检查批的质量（用每百单位产品不合格品数或每百单位产品不合格数表示），称为批质量。

19. 过程平均

一系列初次提交检查批的平均质量（用每百单位产品不合格品数或每百单位产品不合格数表示），称为过程平均。

20. 合格质量水平（AQL）

在抽样检查中，认为可以接受的连续提交检查批的过程平均上限值，称为合格质量水平。

21. 检查

用测量、试验或其他方法，把单位产品与技术要求对比的过程，称为检查。

22. 计数检查

根据产品技术标准规定的一组或一项技术要求，确定单位产品是合格品还是不合格品，或者计算单位产品的不合格数，称为计数检查。

23. 逐批检查

为判断每个提交检查批的批质量是否符合规定要求，所进行的百分之百或从批中抽取样本的检查，称为逐批检查。

24. 合格判定数

作出批合格判断，样本中所允许的最大不合格品数或不合格数，称为合格判定数。

25. 不合格判定数

作出批不合格判断，样本中所不允许最小不合格品数或不合格数，称为不合格判定数。

26. 判定数组

合格判定数和不合格判定数或合格判定数系列和不合格判定数系列结合在一起，称为判定数组。

27. 抽样方案

样本大小或样本大小系列和判定数组结合在一起，称为抽样方案。

28. 抽样程序

使用抽样方案判断批合格与否的过程，称为抽样程序。

29. 一次抽样方案

由样本大小n和判定数组（A_c，R_c）结合在一起组成的抽样方案，称为一次抽样方案。

30. 二次抽样方案

由第一样本大小n_1，第二样本大小n_2和判定数组（A_1，A_2，A_1，A_2）结合在一起组成的抽样方案，称为二次抽样方案。

31. 五次抽样方案

由第一样本大小n_1，第二样本大小n_2，第三样本大小n_3，第四样本大小n_4，第五样本大小n_5和判定数组（A_1，A_2，A_3，A_4，A_5，R_1，R_2，R_3，R_4，R_5）结合在一起组成的抽样方案，称为五次抽样方案。

32. 正常检查

当过程平均接近合格质量水平时所进行的检查，称为正常检查。

33. 加严检查

当过程平均显著劣于合格质量水平时所进行的检查，称为加严检查。

34. 放宽检查

当过程平均显著优于合格质量水平时所进行的检查，称这放宽检查。

35. 特宽检查

由放宽检查判为不合格的批，重新进行判断时所进行的检查，称为特宽检查。

36. 检查水平

提交检查批的批量与样本大小之间的等级对应关系，称为检查水平。

37. **样本大小字码**

根据提交检查批的批量与检查水平确定的样本大小字母代码，称为样本大小字码。

37.3.2.2 一般步骤

1. **规定产品的质量标准**

在产品技术标准或订货合同中，必须严格规定区分产品是合格品、不合格品的标准，或者用以判断各种缺陷的标准。

2.**规定合格质量水平（AQL）**

在抽样检查中，认为可以接受的连续提前检查批的过程平均上限值，称为合格质量水平，这里的“认为可以接受”显然应该是订货方和供货方共同认为可以接受才行。

原则上按不合格的分类分别规定不同的合格质量水平，对A类规定的合格质量水平要小于对B类规定的合格质量水平，对C类规定的合格质量水平大于对B类规定的合格质量水平。

在产品技术标准和订货合同中，应对产品的各项技术要求按它们对产品质量的重要性或它们与标准值的差异程度分类，然后对各种不合格类别分别规定不同的合格质量水平。其原则是：对重要的技术要求或与标准值差异大的技术指标规定较小的合格质量水平；反之，对次要的技术要求或与标准值差异小的技术指标，规定较大的合格质量水平。

GB2828-87对于合格质量水平的规定，只是给出了一个原则，对于某种特定的产品，要精确地确定各种不合格所对应的合格质量水平，就目前来说尚难办到。因此就现有的水平来说，只能通过协商或凭经验来确定产品的各类合格质量水平值。常用的办法有：

(1) 定性地确定合格质量水平：所谓定性即是在下面几个方面进行比较，综合地确定合格质量水平。

1) AQL（A类不合格）< AQL（B类不合格）< AQL（C类不合格）；

2) AQL（检验项目少）< AQL（检验项目多）；

3) AQL（电气性能）< AQL（机械性能）< AQL（外观质量）；

4) AQL（价格高）< AQL（价格低）；

5) AQL（军用）< AQL（民用）。

(2) 定量地确定合格质量水平。

1) 统计过程平均法：对于稳定连续的批量产品，生产厂通过统计近期的过程平均值，并以它们的上限值圆整到GB2828-87抽样表中AQL系列中的较大值，该值即为所求的AQL值。

以这种方法确定AQL值，生产方是十分赞同的，因为它生产产品一般来说都能通过验收。但没有考虑使用方的利益，而迁就了生产方现有的生产、管理水平。结果是社会效益差。

2) 经验数据法：按GB2828-1987中第4.3条中的规定，表37-20和表37-21中小于或等于10的合格质量水平数值，可以是每百单位产品的合格数，大于10的那些合格质量水平仅仅是每百单位产品的不合格数。因此，若产品技术标准或订货合同中引用GB2828-1987来验收批量产品，可参考下面的一些经验数据来确定新产品的AQL值。

3.**规定检查水平**

检查清单指提交检查批的批量与样本大小之间的等级对应关系。

根据GB2828-1987的规定，表37-22的样本大小字码中给出三个一般检查水平：Ⅰ、Ⅱ、Ⅲ和四个特殊检查水平：S-1、S-2、S-3、S-4。同时GB2828-87还规定：“除非另有规定，通常采用一般检查水平Ⅱ。当需要的判别力比较低时，可规定使用一般检查水平Ⅲ。特殊检查水平仅适用于必须使用较小的样本，而且能够或必须允许较大的误判风险。”

七种检查水平中S-1为最低水平，Ⅲ为最高水平。检查水平越低，样本大小越小，检查费用也越少，生产方和使用方的风险性也越大。检查水平Ⅰ、Ⅱ、Ⅲ的差异在于它们对使用方的保护不同。检查水平Ⅲ对使用方的保护能力最强，检查水平Ⅱ次之，Ⅰ则最差。特殊检查S-1～S-4在抽样检验中仅适于产品的破坏性检查项目和检查费用特别昂贵的检查项目。

a. 按产品的最终使用要求，参考下表确定AQL值

使用要求	特　高	高	中	低
AQL	≤0.1	0.15～0.65	1.0～2.5	≥4.0
适用范围举例	导弹、卫星、宇宙	飞机、舰艇等飞船等重要军工产品	一般军用品和重要民用品	一般民用产品

b. 按产品的性格，可参考下表确定AQL值

质量特征	电气性能	机械性能	外观性能
AQL	0.4～0.65	1.0～1.5	2.5～4.0

c. 按产品检查项目的数量确定AQL值

B类不合格		C为不合格	
检查项目数	AQL	检查项目数	AQL
1～2	0.25	1	0.65
3～4	0.4	2	1.0
5～7	0.65	3～4	1.5
8～11	1.0	5～7	1.5
12～19	1.5	8～18	4.0
20～48	2.5	＞18	6.5
＞48	4.0		

d. 按不合格品或不合格种类确定AQL值

使用对象	检查类别	不合格品或不合格种类	AQL
一般工厂	原料、成品件入厂检查	B类不合格品	0.65～2.5
		C类不合格品	4.0～6.5
	成品出厂检查	B类不合格品	1.5～2.5
		C类不合格品	4.0～6.5

表 37-20 正常检查一次抽样方案

样本大小字码	样本大小	合格质量水平（AQL）																									
		0.010	0.015	0.025	0.040	0.065	0.10	0.15	0.25	0.40	0.65	1.0	1.5	2.5	4.0	6.5	10	15	25	40	65	100	150	250	400	650	1000
		$A_c R_e$	$A_c R_e$	$A_c R_e$	$A_c R_e$	$A_c R_e$	$A_c R_e$	$A_c R_e$	$A_c R_e$	$A_c R_e$	$A_c R_e$	$A_c R_e$	$A_c R_e$	$A_c R_e$	$A_c R_e$	$A_c R_e$	$A_c R_e$	$A_c R_e$	$A_c R_e$	$A_c R_e$	$A_c R_e$	$A_c R_e$	$A_c R_e$	$A_c R_e$	$A_c R_e$	$A_c R_e$	$A_c R_e$
A	2													↓	↓	↑	↓	↓	1 2	2 3	3 4	5 6	7 8	10 11			
B	3												↓		0 1			1 2	2 3	3 4	5 6	7 8	10 11	14 15	14 15	21 22	30 31
C	5									↓	↓	↓		0 1	↑	↓	1 2	2 3	3 4	5 6	7 8	10 11	14 15	21 22	21 22	30 31	44 45
D	8							↓	↓				0 1	↑	↓	1 2	2 3	3 4	5 6	7 8	10 11	14 15	21 22	30 31	30 31	44 45	
E	13				↓	↓	↓					0 1	↑	↓	1 2	2 3	3 4	5 6	7 8	10 11	14 15	21 22	30 31	44 45	44 45		
F	20			↓							0 1	↑	↓	1 2	2 3	3 4	5 6	7 8	10 11	14 15	21 22						
G	32	↓	↓							0 1	↑	↓	1 2	2 3	3 4	5 6	7 8	10 11	14 15	21 22							
H	50								0 1	↑	↓	1 2	2 3	3 4	5 6	7 8	10 11	14 15	21 22								
J	80							0 1	↑	↓	1 2	2 3	3 4	5 6	7 8	10 11	14 15	21 22								↑	
K	125						0 1	↑	↓	1 2	2 3	3 4	5 6	7 8	10 11	14 15	21 22								↑		
L	200					0 1	↑	↓	1 2	2 3	3 4	5 6	7 8	10 11	14 15	21 22								↑			
M	315				0 1	↑	↓	1 2	2 3	3 4	5 6	7 8	10 11	14 15	21 22							↑	↑				
N	500			0 1	↑	↓	1 2	2 3	3 4	5 6	7 8	10 11	14 15	21 22					↑	↑	↑						
P	800		0 1	↑	↓	1 2	2 3	3 4	5 6	7 8	10 11	14 15	21 22				↑	↑									
Q	1250	0 1		↓	1 2	2 3	3 4	5 6	7 8	10 11	14 15	21 22		↑	↑	↑											
R	2000	↑	↑	1 2	2 3	3 4	5 6	7 8	10 11	14 15	21 22	↑	↑														

注：—— 使用箭头下面的第一个抽样方案，当样本大小大于或等于批量时，执行 GB2828 — 1987 中 4.11.4b 的规定

——使用箭头上面的第一个抽样方案，A_c——合格判定数；R_e——不合格判定数

表 37-21 加严检查一次抽样方案

样本大小字码	样本大小	0.010	0.015	0.025	0.040	0.065	0.10	0.15	0.25	0.40	0.65	1.0	1.5	2.5	4.0	6.5	10	15	25	40	65	100	150	250	400	650	1000
		A_cR_e	A_cR_e	A_cR_e	A_cR_e	A_cR_e	A_cR_e	A_cR_e	A_cR_e	A_cR_e	A_cR_e	A_cR_e	A_cR_e	A_cR_e	A_cR_e	A_cR_e	A_cR_e	A_cR_e	A_cR_e	A_cR_e	A_cR_e	A_cR_e	A_cR_e	A_cR_e	A_cR_e	A_cR_e	A_cR_e
A	2														↓	↓		↓	↓	1 2	2 3	3 4	5 6	8 9	12 13	18 19	27 28
B	3													↓		0 1	↓		1 2	2 3	3 4	5 6	8 9	12 13	18 19	27 28	41 42
C	5												↓		0 1			1 2	2 3	3 4	5 6	8 9	12 13	18 19	27 28	41 42	
D	8											↓		0 1		↓	1 2	2 3	3 4	5 6	8 9	12 13	18 19	27 28	41 42		
E	13								↓	↓	↓		0 1	↓	↓	1 2	2 3	3 4	5 6	8 9	12 13	18 19	27 28	41 42			
F	20					↓	↓	↓				0 1	↓		1 2	2 3	3 4	5 6	8 9	12 13	18 19						
G	32				↓						0 1	↓		1 2	2 3	3 4	5 6	8 9	12 13	18 19							
H	50	↓	↓	↓						0 1	↓		1 2	2 3	3 4	5 6	8 9	12 13	18 19						↑	↑	↑
J	80								0 1	↓		1 2	2 3	3 4	5 6	8 9	12 13	18 19					↑	↑			
K	125							0 1	↓		1 2	2 3	3 4	5 6	8 9	12 13	18 19				↑	↑					
L	200						0 1	↑		1 2	2 3	3 4	5 6	8 9	12 13	18 19				↑							
M	315					0 1	↓		1 2	2 3	3 4	5 6	8 9	12 13	18 19			↑	↑								
N	500				0 1	↓		1 2	2 3	3 4	5 6	8 9	12 13	18 19		↑	↑										
P	800			0 1	↓		1 2	2 3	3 4	5 6	8 9	12 13	18 19		↑												
Q	1250		0 1	↓		1 2	2 3	3 4	5 6	8 9	12 13	18 19	↑	↑													
R	2000	0 1	↑		1 2	2 3	3 4	5 6	8 9	12 13	18 19	↑															
S	2000			1 2																							

注：—— 使用箭头下面的第一个抽样方案，当样本大小大于或等于批量时，执行 GB2828—1987 中 4.11.4b 的规定

——使用箭头上面的第一个抽样方案，A_c——合格判定数；R_e——不合格判定数

表 37-22 样本大小字码

批量范围	特殊检查水平				一般检查水平		
	S-1	S-2	S-3	S-4	Ⅰ	Ⅱ	Ⅲ
1～8	A	A	A	A	A	A	B
9～15	A	A	A	A	A	B	C
16～25	A	A	B	B	B	C	D
26～50	A	B	B	C	C	D	E
51～90	B	B	C	C	C	E	F
91～150	B	B	C	D	D	F	G
151～280	B	C	D	E	E	G	H
281～500	B	C	D	E	F	H	J
501～1200	C	C	E	F	G	J	K
1201～3200	C	D	F	G	J	L	M
3201～10000	C	D	F	G	J	L	M
10001～35000	C	D	F	H	K	M	N
35001～150000	C	D	F	H	K	M	N
150002～500000	D	E	G	J	M	P	Q
≥ 50001	D	E	H	K	N	Q	P

原则上应按不合格的分类分别规定检查水平，不合格的等级越高，规定的检查水平的等级也应越高。如A类不合格对应一般检查水平Ⅱ，B类不合格对应一般检查水平Ⅰ等等。

规定检查水平时，必须注意与检查项目所规定的合格质量水平之间的协调一致，特别是规定特殊检查水平S-1～S-4时，应避免检查水平同所规定的合格质量水平之间的矛盾。

例如，某种产品批量为N=1000，标准规定其某项技术指标的合格质量水平为AQL=0.25，因该技术指标为破坏性检查，主观上希望样本大小尽可能小，于是规定检查水平为S-1，由表37-22查得所用的样本大小字码为“C”，再查表37-20（“正常检查一次抽样文字”，）得到抽样方案应为n=50、A_c=0、R_c=1，与样本大小字码“C”所对应的样本大小5相差甚远。这说明在规定AQL=0.25情况下，不能规定使用特殊检查水平S-1来检查破坏性项目，也就是说所规定的检查水平与合格质量水平不协调，应根据需要再设计抽样方案。

4. 规定抽样方案的严格性

如无特殊规定，开始一般应使用正常检查抽样方案，在特殊情况下，开始可使用加严检查或放宽检查抽样方案。严格性调整按表37-23中的转移规则进行。

5. 规定方案的类型

GB2828-1987规定的抽样方案类型有一次抽样方案、二次抽样方案和五次抽样方案，不论使用该标准的何类抽样方案进行检查，只要规定的检查水平和合格质量水平相同，其对批质量的判别能力基本相同。

6. 提交产品

单位产品的提交应按批的形式进行。提交检查批可以与投产批、销售批、运输批相同或不同。提交检查批的组成应便于实施抽样检查。一个提交检查批可以由若干小批组成，

表 37-23 检查转换表

转换方向	转换条件
正常检查→加严检查	若在不多于连续五批中有二批经初检查（不包括再次提交检查批）不合格，则从下一批检查加到加严检查
加严检查→正常检查	当进行加严检查时，若连续五批经初次检查（不包括再次提交检查批）合格，则从下一批检查转到正常检查
加严检查→放宽检查	当进行正常检查时，若下列条件均满足，则从下一批转到放宽检查 （1）连续10批（不包括再提交检查批）正常检查合格； （2）连续10批或多于连续10批所抽取的样本不合格（或缺陷）总数，小于或等于表37-15中所列的界限数LR； （3）生产正常； （4）质量部门同意转到放宽检查
放宽检查→正常检查	在进行放宽检查时，若出现下列任一情况，则从下一批检查转到正常检查 （1）有一批放宽检查不合格； （2）生产不正常； （3）质量部门认为有必要回到正常检查
加严检查→暂停检查	加严检查开始后，不合格批数（不包括再次提交检查批）累计到五批（不包括以前转到加严检查出现的不合格批数）时暂时停止按本标准进行的检查

但每个提交检查批应由具有基本相同的设计和材料、基本相同的条件和一定时间内制造的产品所组成。

7. 查抽样方案

由提交检查批的批量和检查水平确定样本大小字码，字码可从表37-22中查得。

根据样本字码大小及所要求的合格质量水平，抽样方案的严格性和类型，查表确定所需的抽样方案。

如批量为N=1000，检查水平为Ⅱ，合格质量水平AQL=4，由查表37-22得样本大小字码为J。由J和AQL=4查表37-20可得合格判定数A_c=7和不合格判字数R_e=8，并在样本大小栏中给出了相应的样本大小n=80。

同样的方法也可查另外一些表来得到不同的一次抽样方案、二次抽样方案和五次抽样方案。

8. 抽取样本

样本应从提交检查批中随机抽取。方便时最好把整批产品按某种合理方法分成若干小批或几部分，然后按各小批或各部分与整个批的百分比，按总样本大小成比例地在各小批或各部分中随机抽取。在使用二次或五次抽样方案时，每次取样都要从整批中随机抽取，抽样时间可在批的形成过程中，也可在批组成之后。

9.检查样本

样本的检查是按产品技术标准或订货合同规定的试验项目和顺序，根据所规定的产品质量标准，逐个对样本单位进行检查，并累计样本不合格总数或缺陷总数。

10.判断批合格或不合格

根据检查结果,若在样本中发现的不合格品数小于或等于合格判定数,判断该批为合格;若在样本中发现的不合格品数大于或等于不合格判定数,则判断该批为不合格。

11.批的处理

合格批被接受,不合格批原则上全批退给生产方或供应方。但是合格批中已发现的不合格品(指样本中的)也要退还给生产方或供应方。

生产方或供应方再次提交退回的不合格批时,必须是已全数换成的合格品或缺陷已经过全部修正的批。

37.3.3 计数一次抽样检查和多次抽样检查

37.3.3.1 计数一次抽样检查

最简单的计数抽样方法是一次抽样方案。它是从提交检查的一批产品(即总体N)中随机地抽取n件产品(即样品)进行检测。根据样品中的不合格品数(或不合格数)d与预先规定的合格判定数c进行比较,从而判定该批产品是否合格。若样本中发现的不合格品数大于合格判定数(即$d>c$),则判该批产品为不合格。计数一次抽样方案只有两个参数,一个为样本大小n,另一个是合格判定数c。通常用记号(n | c)来表示计数一次抽样方案。其抽样程序框图如图37-35所示。

37.3.3.2 计数二次抽样检查

计数二次抽样检查方法是在一次抽样检查方法的基础上发展起来的,它常比一次抽样更为准确的判断产品检验批的质量水平,减少错判所造成的损失。

计数二次抽样检查方法是对提交检验的批量为N的产品,随机抽取两个样本n_1和n_2对应有两个合格判定数A_{c1}和A_{e2};两个不合格判定数R_{e1}和R_{e1};又如两个样本中的不合格品数分别为d_1和d_2;其抽检和判断过程如下:

先抽取第一个样本n_1,若检验后不合格品数小于或等于第一合格判定数,即$d_1 \leqslant A_{c1}$,则判定该批是合格批。若在第一样本n_1中发现的不合格品数大于或等于第一不合格判定数,即$d_1 \geqslant R_{e1}$,则判该批为不合格批。

若在第一样本中发现的不合格品数大于第一合格判定数,但小于第一不合格判定数,即$d_1 < A_{c1} < R_{e1}$这时需抽第二样本n_2进行检查。如在第一样本和第二样本中发现的不合格品总数小于或等于第二合格判定数,即$d_1+d_2 \leqslant A_{c2}$,则判该批是合格批。若在第一和第二样本中发现的不合格品数的总和大于或等于第二不合格判定数,即$d_1+d_2 \geqslant R_{e2}$,则判该批为不合格批。其抽样程序框图如图37-36所示。

计数二次抽样方案可查阅GB2828~2829-8737.3.3.3计数五次抽样检查

计数多次抽样方案的类型很多,现根据GB2828-2829-87中介绍计数五次抽样方案,作框图(图37-37)如下:抽样的程序和判定方法与计数二次抽样类似,抽样方案参阅GB2828~2829-1987。

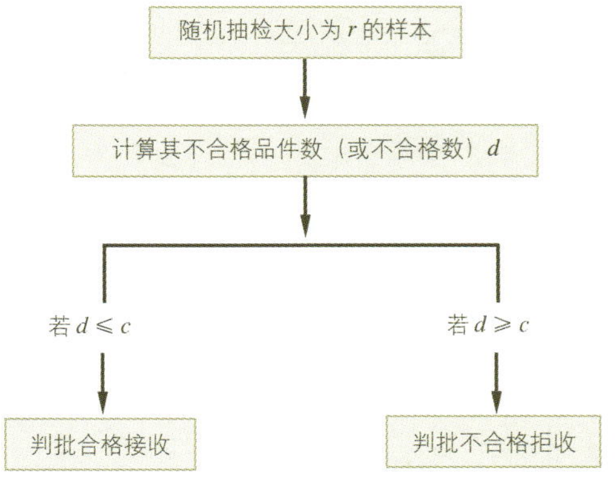

图37-35 计数一次样方案抽样程序框图

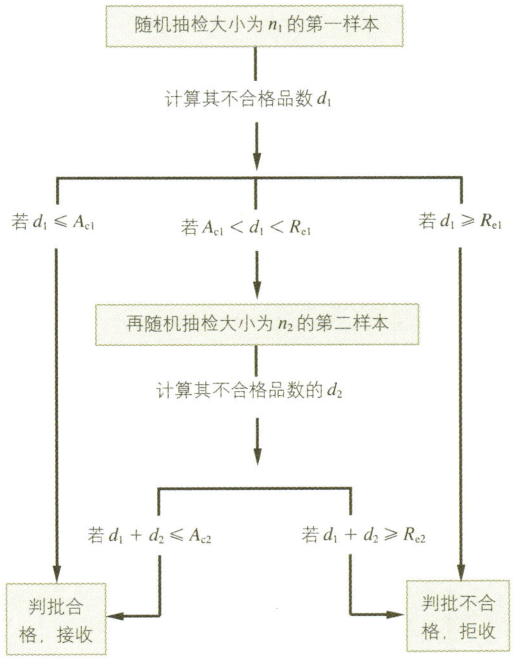

图37-36 计数二次方案抽样程序框图

37.4 数值修约规则

在科学技术和生产活动中,因进行试验测定和计算而得出了一系列数值,对这些数据需进行修约,修约时除另作规定者外,其余都应按国家标准GB8170-87《数值修约规则》的要求来进行。

37.4.1 术语

1. 修约间隔

这是确定修约保留位数的一种方式。当修约间隔的数值一经确定后,修约值应为该数值的整数倍。

例1. 如指定修约间隔为0.1,修约值即应在0.1的整数倍中选取,相当于把数值修约到一位小数。

例2. 如指定修约间隔为100,修约值即应在100的整数倍中选取,相当于把数值修约到"百"数位。

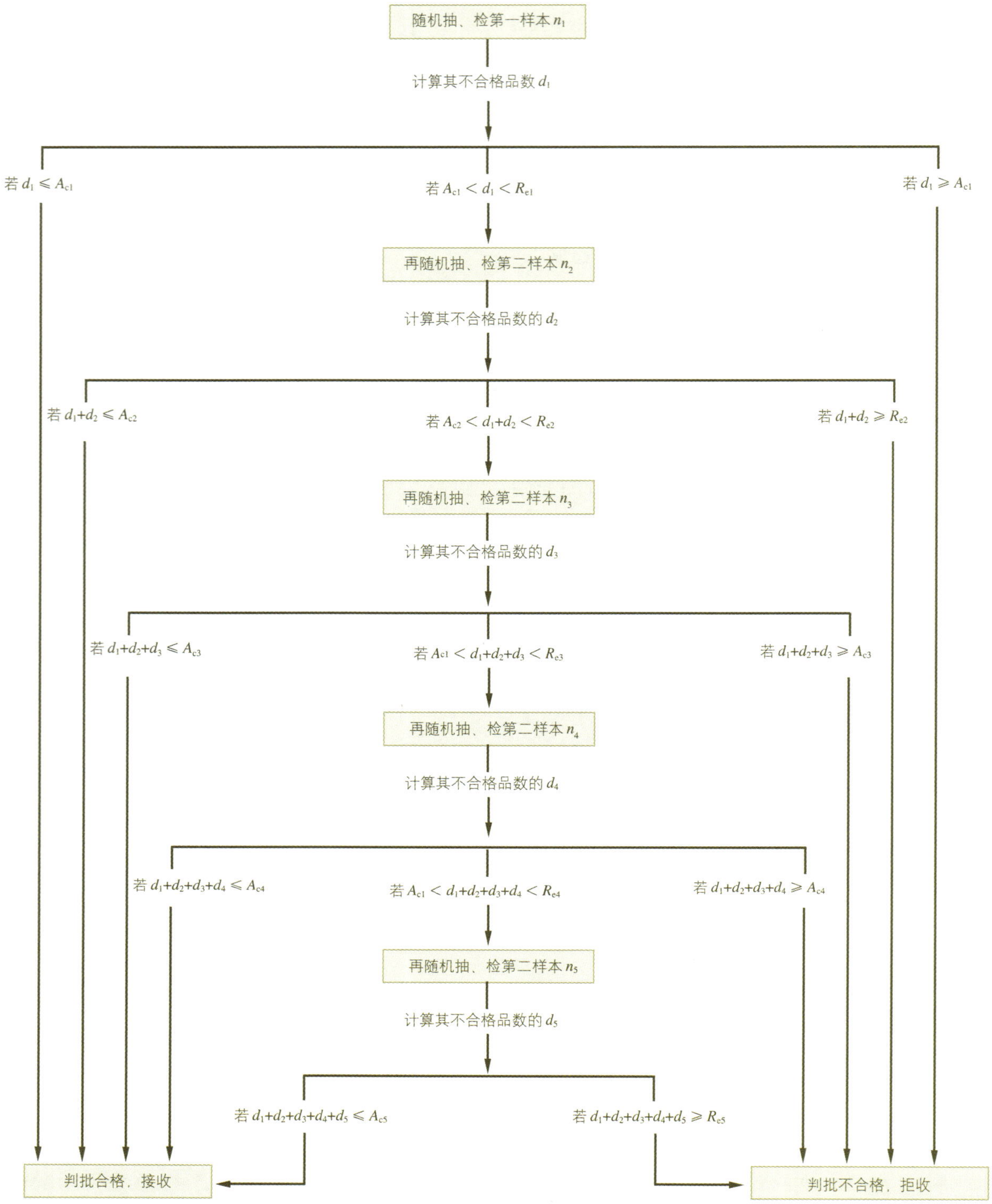

图 37-37 计数五次抽样方案抽样程序框图

2. 有效位数

对没有小数位且以若干零结尾的数值，以非零数字最左一位向右数得的位数减去无效零（即仅为定位用的零）的个数；对其他十进位数，从非零数字最左一位向右数而得到的位数，就是有效位数。

例1. 35000若有两个无效零，则为三位有效位数，应写为350×10^2；若有三个无效零，则为两位有效位数，应写为35×10^3。

例2. 3.2、0.32、0.0032均为两位有效位数；0.0320则为三位有效位数。

例3. 12.490为五位有效位数；10.00为四位有效位数（例如有的试验数据处理要求精确到小数点后三位，而算得的结果为12.49，这时应将结果写成12.490，同样道理，若数据处理要求精确到小数点后两位，而测量或计算的结果是10，则应将它写成10.00）。

3. 0.5 **单位修约（半个单位修约）**

指修约间隔为指定位数的0.5单位，即修约到指定数位的0.5单位。

例如：将60.28修约到个数位的0.5单位，得60.5。

4. 0.2 **单位修约**

指修约间隔为指定数的0.2单位，即修约到指定位故的0.2单位。

例如：将832修约到“百”数位的0.2单位，得840。

37.4.2 确定修约位数的表达方式

(1) 指定数位

1) 指定修约间隔为10^{-n}（n为正整数），或指明将数值修约到n位小数；

2) 指定修约间隔为1，或指明将数值修约到个数位；

3) 指定修约间隔为10^{n}，或指明将数值修约到10^{n}数位（n为正整数），或指明将数值修约到“十”、“百”、“千”……数位。

(2) 指定将数值修约为n位有效位数。

37.4.3 进舍规则

(1) 拟舍弃数字的最左一位数字小于5时，则舍去，保留的各位数字不变。

例1：将12.1498修约到一位小数，得12.1。

例2：将12.1498修约到两位数，得12。

(2) 拟舍弃数字的最左一位数字大于5，或者是5，而其后跟有并非全部为零的数字时，则进一，即保留末位数加1。

例1：将1268修约到“百”位数，得13×10^2（特定时可写为1300）。

例2：将1268修约成三位有效数，得127×10（特定时可写为1270）。

例3：将10.502修约到个位数，得11。

(3) 拟舍弃的最左一位数字是5，而后面无数字或皆为零时，若所保留的末位数是奇数（1、3、5、7、9）则进一；为偶数（2、4、6、8、0）则舍弃。此法概括成一句话即：“四舍六入，五单进双舍”。

例1：修约间隔为0.1（或10^{-1}）

拟修约数值	修约值
1.050	1.0
0.350	0.4

例2：修约间隔为1000（或10^3）

拟修约数值	修约值
2500	2×10^3（特定时可写为2000）
350	4×10^3（特定时可写为4000）

例3. 将下列数字修约为两位有效位数

拟修约数值	修约值
0.0325	0.032
32500	32×10^3（特定时可写为32000）

(4) 负数修约时，先将它的绝对值按上述规定修约，然后在修约值前面加上负号。

37.4.4 不许连续修约

(1) 拟修约数字应在修约位数后一次修约，获得结果，而不得多次按上述规则连续修约。

例如：修约15.4546，修约间隔为1。正确的做法是15.4546→15；不正确的做法是15.4546→15.46→15.5→16。

(2) 在具体实施中，有时测试与计算部门先将获得的数值按指定的修约位数多一位或几位报出，而后由其他部门判定。为避免产生连续修约的错误，应按下述步骤进行。

1) 报出数值最右的非零数字为5时，应在数值后面加（“+”）或（“−”）或不加符号，以分别表示已进行过舍、进或未舍、未进。

例如：16.50（+）表示实际值大于16.50，经修约舍弃成为16.50；16.50（−）表示实际值小于16.50经修约进1成为16.50。

2) 如果判定报出值需要进行修约，当拟舍弃数字的最后一位数字为5，而后面无数字或皆为零时，数值后面有（+）号者进1，数值后面有负号者舍去，其他仍按前述的规则进行。

例如：将下列数字修约到个位数后进行判定（报出值多留一位到一位小数）。

实测值	报出值	修约值
15.4546	15.5（−）	15
16.5203	16.5（+）	17
17.5000	17.5	18
−15.4546	−15.5（−）	−15

37.4.5 0.5 单位修约与 0.2 单位修约

1. 0.5 **单位修约**

将拟修约值乘以2，按指定位数依前述规则修约。所得数值再除以2。

例如：将下列数字修约到个位数的0.5单位（或修约间隔为0.5）。

拟修约数值	乘2	2A修约值	A修约值
60.25	120.50	120	60.0
60.38	120.76	121	60.5
−60.75	−121.50	−122	−61.0

2. 0.2 **单位修约**

将拟修约值乘以5，按指定位数依前述规则修约，所得数值再除以5。

例如：将下列数字修约到百数位的0.2单位（或修约间隔为20）。

拟修约数值（A）	乘5（5A）	5A修约值（修约间隔为100）	A修约值（修约间隔为20）
830	4150	4200	840
842	4210	4200	840
−930	−4650	−4600	−920

参考文献

[1] 质量管理和质量保证国家标准实施指南. 北京：中国标准出版社，1995
[2] 中华人民共和国国家标准 GB2828-8～2829-87
《逐批检查计数抽样程序及抽样表》(适用于连续批的检查)
《周期检查计数抽样程序及抽样表》(适用于生产过程稳定性的检查) 中国标准出版社
[3] 郎志正编著. 标准化与质量管理. 北京：中国标准出版社，1999
[4] 陈树兰编著. 工业企业标准化. 济南：山东人民出版社，1991
[5] 简瑞聪编著. 胶合板制造工业全面质量管理. 林业部林产工业公司

38 木材工业的劳动保护

Safety in Wood Industry

劳动保护是一门综合性的边缘学科。它研究生产过程及作业环境中一切有害因素对劳动者的不良影响，寻找消除或预防这些因素作用于人体的手段和途径。劳动保护，在国际劳工组织和某些国家也被称为“职业安全卫生”，或“劳动安全卫生”。

由于生产条件和技术水平的限制，在生产过程中，存在着各种不安全因素和潜在的职业危害，如不及时采取保护措施，防止和消除危险因素，就有发生工伤事故和职业病的可能。劳动保护就是要采取有效措施为劳动者创造安全、卫生、舒适的劳动条件，预防伤亡事故和职业病。

38.1 劳动保护的概念和意义

38.1.1 劳动保护的概念

根据我国职业安全卫生术语、国家标准GB/T15236-1994，劳动保护是指“以保障职工在职业活动过程中的安全与健康为目的的工作领域及在法律、技术、设备、组织制度和教育等方面所采取的相应措施”。

38.1.2 劳动保护工作的意义

保护劳动者在生产过程中的安全与健康，是我国的一项基本方针。“加强劳动保护，改善劳动条件”，是载入我国宪法的神圣规定。我国政府历来重视劳动保护工作。早在1956年，国务院就发布了《工厂安全卫生规程》、《建筑安装工程安全技术规程》和《工人职员伤亡事故报告规程》。在全国人大七届四次会议上通过的国民经济第八个五年计划纲要中，明确规定了要“加强劳动保护，认真贯彻‘安全第一，预防为主’的方针，强化劳动安全卫生监察，努力改善劳动条件，大力降低企业的工伤事故率和职业病发病率”。目前，国家正在不断通过健全劳动保护立法、强化劳动保护监察和安全生产管理，推进安全技术、职业卫生技术与有关工程等措施，来保证宪法所要求这一基本政策的实现。

劳动保护不仅具有社会意义，而且也是促进国民经济发展的重要条件。探索和认识生产中的不安全和不卫生因素，采取有效措施，减少和避免各类事故和职业危害的发生；创造舒适的劳动环境，可以激发劳动者的劳动热情，提高劳动生产率。加强劳动保护，还可以减少因伤亡事故和职业病造成的工作日损失和救治伤病人员的各项开支；减少由于设备损坏、财产损失和停产造成的直接或间接经济损失。

劳动保护也是我国社会主义物质文明和精神文明建设的一项重要内容。社会主义的生产目的，是为了满足人民日益增长的物质和文化生活的需要，让人们能过上安居乐业，幸福美满的生活。如果在生产过程中劳动者的安全和健康得不到保障，就会给劳动者及其家庭带来不幸。这就违背了社会主义的生产目的。

38.2 我国的劳动保护法规

劳动保护法规是调整劳动关系以及劳动中人与自然的关系，搞好安全生产和工业卫生，保护劳动者在生产过程中的生命安全和身体健康的行为规范。我国现行的劳动保护法规，可大体概括为三个方面的内容，即安全技术、工业卫生和劳动保护管理。如各种安全技术规程；工业卫生标准；对女工特殊保护的规定；关于劳动者工作时间、休息时间的规定等等。

当前我国的劳动保护法规，主要有以下几种形式：

1. 有关劳动保护的各种法律

它们是国家立法机构以法律形式颁布实施的。例如，自1995年5月1日实施的《中华人民共和国劳动法》，其中第六章对劳动安全卫生作了专门的法律规定。共分六条（第五十二条至第五十七条）。第五十二条规定："用人单位必须建立、健全劳动安全卫生制度，严格执行国家劳动安全卫生规程和标准，对劳动者进行劳动安全卫生教育，防止劳动过程中的事故，减少职业危害"。第五十六条规定："劳动者在劳动过程中必须严格遵守安全操作规程。劳动者对用人单位管理人员违章指挥、强令冒险作业，有权拒绝执行；对危害生命安全和身体健康的行为，有权提出批评、检举和控告。"第五十七条规定："国家建立伤亡事故和职业病统计报告和处理制度。县级以上各级人民政府劳动行政部门、有关部门和用人单位应当依法对劳动者在劳动过程中发生的伤亡事故和劳动者的职业病状况，进行统计、报告和处理"。除此之外，《中华人民共和国宪法》、《中华人民共和国刑法》和《中华人民共和国全民所有制工业企业法》等法律中，都有关于改善劳动条件，加强劳动保护的条款。

2. 有关的制度和规定

它们是国家或国务院有关部门以行政法规的形式发布的。例如《工厂安全卫生规程》、《工人职员伤亡事故报告规程》、《尘肺病防治条例》、《女职工劳动保护规定》和《禁止使用童工规定》等等。

3. 劳动安全与卫生的技术法规

劳动安全与卫生的技术法规主要是指劳动安全卫生标准。它们是由政府主管标准化工作的机构批准并以特定的形式发布的。到目前为止，国家已公布的劳动安全卫生标准有160多个。按内容可将这些标准分为四类。

(1) 基础性、分类性、通用标准：如《安全色》、《安全标志》、《体力劳动强度分级》、《企业职工伤亡事故分类标准》等。

(2) 生产设备和工具的安全技术标准：如《生产设备安全卫生设计总则》、《起重机械安全规程》和《木工平刨床的结构安全标准》等。

(3) 劳动卫生技术标准：如《工业企业设计卫生标准》、《工业企业噪声卫生标准》、《职业性接触毒物危害程度分级》、《生产性粉尘作业危害程度分级》等等。

(4) 劳动防护用品的产品标准：如《安全帽》、《安全鞋》和《安全网》等。

38.3 劳动保护与木材工业生产

切实保护劳动者的安全和健康，是当今企业经济发展中的一项重要任务。木材工业生产由于受材料加工特性、设备安全技术以及生产组织管理等多种因素影响，在劳动安全卫生方面存在的问题尤其突出。主要表现在两个方面。

(1) 事故危险性大，工伤事故多发。

(2) 在生产过程、劳动过程以及作业环境中存在多种职业性有害因素，如噪声、振动、木粉尘、化学有害有毒物或气体和作业时可能出现的劳动强度过大和强制体位等。

已有资料显示，即使在欧美许多工业发达国家（如德国、英国、加拿大和美国等），木材工业行业的工伤事故率也普遍高于其他一般行业。已经查明的与木材工业生产相关的常见职业病有：听力缺损、尘肺、毛囊炎、皮脂炎、粉尘性支气管炎、脊椎病和腺癌。

与工业发达国家相比，我国木材工业生产在设备安全技术、劳动安全卫生条件以及生产组织管理等方面还存在许多差距，生产中的劳动安全卫生状况更为严峻。一些企业工伤事故发生频繁。尤其是一些传统的木材加工设备，如圆锯机、木工平刨和木工铣床，事故危险性很大。

生产过程中产生的噪声、木粉尘在一些作业位置和生产企业经常超过国家卫生标准。有关资料显示：平刨床空转噪声一般在90dB（A）以上，切削噪声高达100～110dB（A）；带锯机空转噪声102dB（A），切削噪声105dB（A）；削片机的噪声常处在95～108dB（A）之间。严重的生产性噪声，不但会直接损害劳动者的健康，而且对周围的环境造成噪声污染。空气中木粉尘浓度在一些企业的车间作业位置超标严重。根据《工业企业设计卫生标准》的规定，空气中木粉尘浓度不得超过10mg/m^3。实际生产中有的高达100mg/m^3。据一项对十五家工厂的实测调查，超标设备率在胶合板和刨花板企业分别为60%和75%。在家具和细木工分别为100%和38%。木粉尘粒度小，浮游于空气中，长期接触高浓度粉尘，就会对人体健康造成危害。

38.4 劳动安全与事故防治

38.4.1 劳动安全系统

劳动安全是一个复杂问题，它不仅涉及许多专业领域，而且本身又具有多重性。因此，要对其多种形态的问题进行系统化就比较困难。但是，为了建立有效的方法和措施提高劳动安全性，有必要对一些个别问题根据其意义和互相关系作归纳分析。

38.4.1.1 劳动体系

劳动安全问题是劳动科学的一个部分。它涉及人与劳动之间关系的整个领域。而劳动科学的目标就在于：从考虑人和经济的角度优化这一关系。对于人来说，劳动不应该造成健康上的危害。从经济角度应该使劳动创造出尽可能高的价值。

图38-1展示了劳动过程中人与物之间的联系，用投入——劳动过程——结果这一因果作用系统表示。在这一劳动过程中存在着有一定特性的人和物。物的概念在这里指的是广义的物质环境的组成部分。它不仅包括了机器和加工物，而且包括了所有环境物质，如地板、台阶、粉尘、气体等。

这一劳动过程可以区分为三种不同情况。

(1) 人与物质劳动环境之间的流动关系最佳，这就意味着劳动者的安全和健康以及物质环境的可靠性。

(2) 人与物质劳动环境之间的互相适应性欠佳，例如：

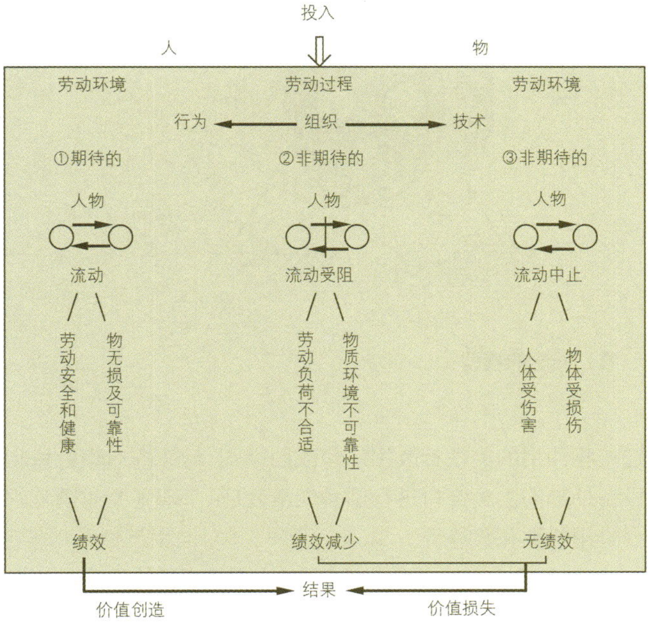

图 38-1 劳动过程中的人—物系统

由于人的能力欠缺，或者是因为设备工具的形态设计不合理，由此造成流动受阻。相应出现人的工作负荷过高或过低，以及物质系统部分缺少可靠性，结果使绩效减少。

(3) 流动关系完全中断，出现故障，造成人或者物的受损，结果是无绩效。

由此可见，工作结果可以是价值创造，也可能是价值的损失。

劳动体系的这一关系显示，人体受伤害以及非期待的劳动负荷事实上是价值创造过程中人与物质劳动环境互相作用而产生的一种非人们所意愿的副现象。第二种情况是人体工程学研究的问题。第三种情况则是劳动安全涉及的问题。这两种情况都涉及到劳动保护问题。

38.4.1.2 劳动安全工作的目标

为了实现劳动安全，劳动系统必须借助于相应的组织达到下列这些符合安全规则的目标（图 38-2）。

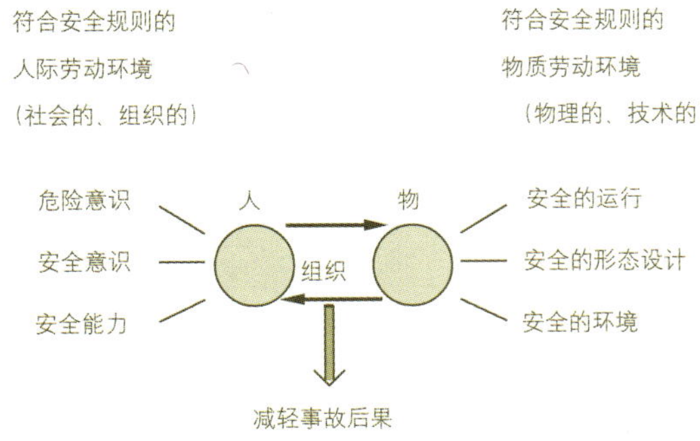

图 38-2 保障劳动安全的目标系统

(1) 劳动者必须了解危险，即要有危险意识，例如通过教育可以达到这一目标。

(2) 对符合安全规则的行为要给予鼓励，即培养安全意识，例如通过奖励措施实现这一目标。

(3) 劳动者必须有能力适应符合安全规则的行为。这可以通过选拔、训练和教育的方法达到。

(4) 人际劳动环境必须符合安全规则，例如通过相应的组织。

(5) 设备机械必须运行可靠，例如通过技术安全装置。

(6) 设备器具的形态设计必须符合安全规则。例如通过设计符合人体特性的机械操作构件。

(7) 设备器具等物件对工作环境和外部环境不构成有害物污染，例如不产生有害的粉尘污染。

(8) 物质劳动环境必须符合安全规则，例如通过充分的照明条件。

(9) 必须减轻事故的后果，例如通过建立良好的急救措施。

以上这九条目标，同样适用于劳动系统危险分析的检查内容。

38.4.1.3 事故

事故这一概念在职业领域是指一种基于外部作用而产生的、突然的、非意愿的、并造成人体损伤的事件。这一基于外部作用的事件是通过人与物的相互作用而发生。物在这里指的是一种广义的与作业者相关的物质环境。图38-3显示了事故这一概念的思维模型。

事故与职业病的区别在于它是突发性的。而与自残的区别在于事故是非意愿的一种事件。事故原因既可以是因为受伤者的问题（如能力欠缺），或者是事故物（如外露的钉子），也可以是由于其他的人（例如必要安全指导没有执行）和其他的物（例如爬梯子时因梯子踏板损坏而坠入地面）。

38.4.1.4 危险、危急和事故风险

危险是指有潜在的伤害性的能量以及具有潜在的伤害性能量的物体和物质。从事故发生机理分析，在一个系统内，如果人与物互相隔离，使它们彼此不能接触，那么，系统中的危险就不能发生作用，这样就能避免事故发生（图38-4）。例如，吊有货物的起重机对于在它下面工作的人来说是一种危险，但当人们不处在吊杆货物的作用范围内时，这一危险

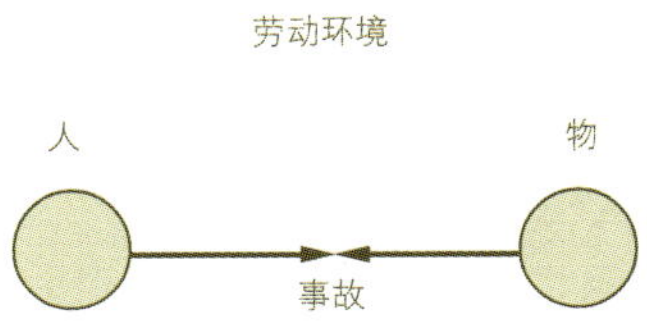

图 38-3 事故概念的模型

图 38-4 危险（左）和危急（右）概念的模型

不会对人构成伤害。

而当人处于起重机吊杆货物的作用范围内时，人就处在一种危急状态。这时人与货物有可能相互作用而导致事故。这个在空间及时间上人与物有可能相互作用的区域称为危急区域。在危急区域就存在事故发生的可能。

如对危急进行量化，就需要使用风险这个概念，风险大小是由伤害发生频率以及伤害程度决定的。因此事故风险大小事实上取决于事故发生频率以及事故的伤害程度。

事故发生频率的计量单位用风险时间里发生的事故数目表示。例如，事故发生数 / 每百分工时。事故严重程度可以用停工时间、受伤程度等级，受伤害的种类或者用事故的经济损失来表示。了解和确定事故风险的大小可以从过去、现在和将来三方面进行。风险数据可以采用实证调研或者是理论估测的方法获取。

事故风险大小取决于下列三个方面：

(1) 人与技术出错频数的期望值，例如每百万工时中出错的次数。

(2) 出错事件导致事故发生的概率，即事故数与出错事件数的比率。

(3) 事故的可能伤害程度。这取决于很多方面，如事物的能量和形状，受伤部位和衣着等。

事故风险在社会生活的不同领域以及同一领域的不同方面都有很大差别。例如，当今社会在道路交通领域承受很大的事故风险，但在核技术领域并非如此。

劳动过程中的事故风险是可以避免的。劳动安全工作的目的就在于：建立一个良好的人与劳动之间的关系，使事故风险最小。

38.4.1.5 事故防治途径

事故防治的目的在于：消除存在于人或物中间的各种危险，或者是减少这些危险的作用。根据其在劳动安全保障方面的有效程度可以将事故防治分为下列四种途径（图38-5）。

(1) 排除危险：排除危险是事故防治的最有效最根本措施。通过排除危险就消除了危害的可能。例如把信号设备器件上的高压电改成用低压电就可以避免触电事故。再如，把连接物件用的尖铁钉改用螺栓或胶黏剂；对厂内运输机械和设备外部的尖角锋口进行圆角光滑处理；厂内主要通道上的台阶用斜坡替代等等。

(2) 隔离危险＝排除危急：这种情况下虽然危险依然存在，但不会构成危害，因为人与物的相互作用区被隔离，因此不可能导致事故。例如使用带机械进料装置的木工平刨床可以避免操作者的手进入刨刀切削危险区；再如对危险的作业过程进行自动化改造等等。

(3) 防治危险=减少危急：这种情况下虽有危急存在，但通过对危急区进行危险防治，可减少发生事故的可能性。例如用防护门隔离敞开式的电流设备；机械设备的活动构件用防护罩屏蔽；搬运货物时脚穿安全鞋、使用手套这些个人防护用品等等。

(4) 适应危急：这种情况下人处于危急状态，为避免或减少事故的发生，必须采取措施使人适应这种危急状态。例如，使作业者了解所处的危险；激励作业者的行为符合安全规则；对作业者进行必要的安全教育，安全技术训练以及必要的人员挑选。

以上四条事故防治途径所产生的效果是不一样的。一般说来，与人行为关系越密切的措施，效果就越差。如第三条途径“防治危险”，只有在一定的条件下才起作用。因为这时如果作业者不遵守安全行为，“防治危险”的措施就不起作用。例如装好的电器防护门被打开；设备安全防护罩拆除；或者是不使用已有的个人防护用品。

仅依靠影响人的行为的安全措施往往不能达到好的效果。因为人的期望行为只能达到一定限度。符合安全规则的行为往往需要人们作出额外的努力，对此人们会有意或无意地产生一种抵抗心理。

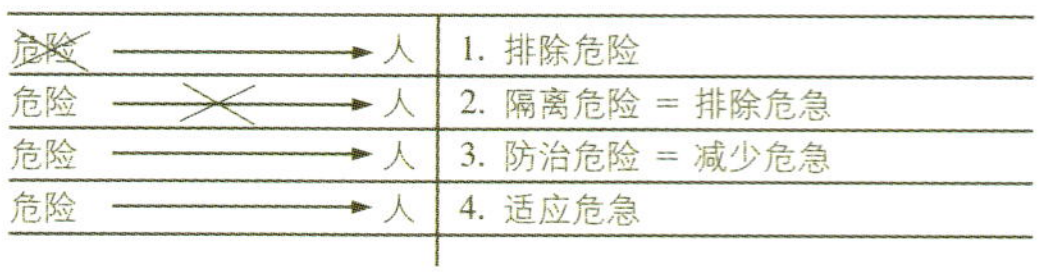

图 38-5 事故防治途径

38.4.2 木材工业生产中的工伤事故

38.4.2.1 木材加工工艺特点

作为木材工业生产主要原料和加工对象的木材是一种性质比较特殊的材料。具有不均匀性和各向异性，使它在不同的方向具有不同的性质和强度；由于切削力与木材纤维方向的夹角不同，木材的应力和破坏载荷也不同，它在加工过程中表现出许多复杂的机械和理化现象，如弹性变形、弯曲、压缩、开裂和起毛等。此外，多数木材硬度不高，机械极限强度低，容易切削加工。

从原木到成品的生产过程中，使用着各种木材加工设备，如带锯机、圆锯机、平刨床、铣床、削片机、裁边机和砂光机等，以完成木材的多种加工工艺。这些木材加工设备与金属切削机床相比，具有不同的特点。主要表现在：①木材加工机械在切削加工时，刀具对工件的切削速度比较高，噪声大；②木材加工设备的制造精度比较低；③木材加工设备的刀轴转速高，惯性大、制动困难；④在加工过程中手工操作的密度大。

38.4.2.2 工伤事故及其分类

工伤事故是指企业职工为了生产和工作，在生产区域中，由于生产过程中存在的危险因素的影响，或虽不在生产和工作岗位，但由于企业生产条件、设备条件、劳动条件或管理制度不良，人体受到伤害，部分地、暂时地或长期地丧失劳动能力的事故。

工伤事故根据伤害程度不同可分为以下五种：

(1) 轻伤事故：指一次事故只有轻伤的事故。

(2) 重伤事故：指一次事故只有重伤无死亡的事故。

(3) 死亡事故：指已有职工死亡的事故。

(4) 重大死亡事故：指一次事故死亡 3～9 人的事故。

(5) 特大死亡事故：指一次事故死亡 10 人以上的事故。

有关轻伤事故与重伤事故的划分标准可参见中华人民共和国国家标准《职业安全卫生术语》GB/T15236-1994。

38.4.2.3 事故分析

事故的发生与机械设备和物质环境的安全状况、作业者的安全行为以及企业的劳动安全措施等紧密相关。通过事故分析方法可以掌握多种事故相关信息。如事故的危险源，事故多发的作业和事故致伤形式等。下面以江苏某一木材工业企业的 92 起工伤事故资料为依据进行分析。

这 92 起事故中，死亡事故 1 起，重伤 4 起，其余 87 起为轻伤事故。统计结果显示：61% 的工伤事故发生于家具生产车间，23% 的事故发生于刨花板制造车间，而胶合板和油漆车间的事故发生比例分别占 12% 和 4%。

事故危险源：引发这些事故的危险源共有 14 种，引发 4 次事故以上的危险源有 7 种（表 38-1）。机械切削刀具是引发事故最多的一种危险源，相关事故 26 起，占事故总数的 28%。其次是木质加工材料，共导致事故 17 起，占 18%。最多发的这类事故形式是，切削过程中的木料或木片出现反弹使作业者受伤。

人体伤害部位：这 92 起事故的人体伤害部位分布情况显示，最易伤害的部位是手，占事故总数的63%。事故分析显示，在木工平刨、圆锯机以及木工铣床上发生的断指事故在伤手事故中占很大比例。加强这三类设备的安全防护措施对于有效减少伤手事故具有重要作用。其他的伤害部位还有：脚 16%、头 11%、手臂 4%、胸 3%、眼 3% 和背 1%。

事故相关的作业：与事故相关的作业主要有以下 5 种：机械操作、机械辅助、机械维修、物料运输和手工作业。最常发生事故的作业是机械操作，共计事故 46 起，占事故总数的 50%。事故分析显示，与机械操作事故相关的机械设备有 12 种，但 65% 的机械操作事故集中于圆锯机、木工平刨床和木工铣床这三种传统木材加工设备。其中，圆锯机上发生的事故最多，占 28%；其次是平刨，占 24%；木工铣床占 13%；其余 9 种设备上的事故占 35%。

38.4.3 木工机械的安全技术

木工机械刀轴转速高，木材切削速度快，由于木材各向异性、软硬不匀、且有种种木材缺陷等特性，加工过程中的事故危险性很大。操作人员若不熟悉设备性能和安全操作技术，就很容易发生工伤事故。下面介绍几种常用木工机械的安全操作技术。

38.4.3.1 带锯机的防护装置和安全操作

1. 防护装置

带锯机常见的伤害事故有：①操作者在操作过程中手触及锯条；②锯条折断、崩出伤人。因此，对于带锯机必须有良好的防护装置，通常是利用防护罩。为确保人身安全，带锯机的防护罩应达到以下两项要求：一是将高速运动的锯条及其传动件遮住，外露部分尽量减少；二是防护罩要有足够的强度，使断裂的锯条不致于弹出伤人。

带锯机的传动部位通常是用封闭式防护罩，但在锯条加

表 38-1 事故相关的危险源

危险源名称	事故数（起）	百分比（%）
机械切削刀具	26	28
木质加工材料	17	18
可活动机械构件	12	13
劳动工具	10	11
地面障碍物	7	8
热　物	6	7
玻　璃	4	4
其　他	10	11
共　计	92	100

工部位则应用网状防护罩，以便于观察。防护罩及工作台面的间隙，应小于操作者手指，确保手指不进入危险区域。

2. 安全操作要点

(1) 开机前做好全面的检查工作。机械各种部件及安全防护装置必须完好无损，锯条无损伤和裂口，木料上无铁钉或其他杂物等。

(2) 开机后，须待锯条达到最高转速时，方可进料。进料速度应根据木质硬软和有无节子、裂纹以及材料厚度等加以控制。进料时手要平放在锯切区域以外的工件表面上，手指要并拢。入锯时要稳，要慢，以防锯条损坏伤人。

(3) 锯割中如发现锯条前后窜动，发出破碎声及其他异常现象时，应立即停机。

(4) 锯割时，不允许回拉，不得边锯割、边调整导轨；锯条运行时不能调锯卡，以防发生事故。

(5) 当工作台上有碎木等阻塞时，应用器具消除。锯割中若出现夹锯现象，应由下手排除，以防锯条脱落。

38.4.3.2 圆锯机的防护装置和安全操作

1. 防护装置

圆锯机伤人的原因：一是由于操作者的手触及锯片；二是由于在锯解中遇到木材过湿，有节子或是锯片磨损变钝等原因，使木料弹出伤人。为防止这类事故的发生，可在圆锯机上装置防护罩。防护罩的作用是遮住圆锯片，防止手触及圆锯片。分离刀的作用是把锯开的木料连续分离，以免木料夹锯造成事故。

2. 安全操作要点

纵解圆锯机：纵解圆锯机主要用于纵向锯解剖分木材。操作时应注意以下几点：

(1) 开机前，应检查锯片是否有断齿或裂口现象，安装锯片应牢固。

(2) 锯台、锯片周围要保持清洁，上面的碎木等杂物要及时清理，以免碰到转动中的锯片而弹出伤人。切不要用手清除杂物，以防伤手。

(3) 锯解长料时，要两人配合进行。上手推料入锯，下手接拉锯尽。上手推料时，距锯片 30cm 处就得松手。下手回送木料时，要防止木料碰撞锯片，以免弹射伤人。

(4) 入锯要稳而且慢，进料速度应根据木料硬度、尺寸以及是否有节子等灵活掌握。木料夹锯时应关机后排除。

(5) 在一人锯解窄料（锯下部分宽度小于 120mm）时，在木料接近锯片时，要用助推杆推进木料。

横截圆锯机：横裁圆锯机主要用于横向锯割木材。操作时应注意以下几点：

(1) 开机前检查锯片是否装牢，锯片由锯轴上的法兰、螺母紧固。螺纹的旋转方向应与锯片的旋转方向相反。

(2) 开机前应清理工作场所、工作台面上的碎木及其他杂物。

(3) 使用带有推车的横裁圆锯机时，操作者应一手接木料，一手推车匀速进料。身体站立不要正对锯口。

(4) 当锯完一个锯程时，应使剩余木料离开锯口，防止倒车时木料碰撞锯片。

(5) 锯片两边的碎木、树皮等杂物，要用木棒清除，不能直接用手，以防伤手。

38.4.3.3 木工平刨床的防护装置和安全操作

1. 防护装置

木工平刨床是一种使用非常广泛的木工机械，它用于木材零部件基准面或基准边的加工，能把凹凸不平或是翘曲的表面迅速刨平。但是，木工平刨床的安全问题十分突出。许多事故统计资料表明，在木工平刨床发生的工伤事故占有很高比率，事故形式主要为刨刀伤手。

解决平刨床生产安全问题，应从两个方面着手。一方面在刀轴表面设置防护装置，使手在刨切时与刀轴隔离。另一方面，采用机械进料机构，从根本上解决平刨床的安全问题。

2. 安全操作要点

手工进料的平刨床应注意以下几点：

(1) 操作前应认真检查机械各部件及安全装置是否良好，刨刀是否锋利，料面上砂灰和钉子必须消除。

(2) 根据刨削平面的要求，调整工作台，刨削厚度一般控制在 1～2.5mm。试车正常后才能加工。

(3) 操作时，人要站在工作台的左侧中间，两手一前一后，左手压木料，右手均匀推送木料，当右手离刨刀口 15cm 左右时应脱离料面，靠左手推送。

(4) 刨削过程中遇有节疤、纹理不顺或材质坚硬时，应放慢进料速度，一般进料速度控制在 4～15m/min。

(5) 当刨削短料和薄料时，要用推板送料，以免伤手。

(6) 刨刀磨损变钝时要及时更换，刨刀不锋利时刨削木材振动大。易造成伤手事故。

38.4.3.4 木工铣床的防护装置和安全操作

1. 防护装置

木工台铣的用途相当广泛，可对直线或曲线零部件的表面进行平面或型面的铣削加工。由于木工台铣刀轴转速高，刀头又经常外露，因此事故危险性很高。常见的事故有：刀头伤手；加工时工件弹出伤人。为防止这类事故发生，在安全防护措施方面可考虑以下几点：

(1) 使用机械进给装置，这可以从根本上避免刀头伤手事故。辅助式机械进料装置安装时在进料方向上略倾斜，使工件在进给过程中紧靠导尺。

(2) 铣削长而窄的工件时，在切削区域的工件上方及外侧安装弹性压紧器。避免直接用手进给通过铣刀头。

(3) 铣削直线和外弧形工件时，前后导尺尽可能靠近刀头，使刀头开口最小 。刀头上部要使用安全罩。

2. 安全操作要点

(1) 开机前必须对安全装置、铣刀头和导尺等重要机械部位认真检查。安全装置和导尺必须安装牢固；铣刀必须锋利、刚性好；铣刀应由有经验的工人安装，安装间隙要适当，与刀轴配合应牢固。

(2) 进料速度不能太快，要与铣刀回转速度、切削量大小及材质软硬相适应。铣削过程中，遇到工件局部逆纹或节子时，应将木料压紧，减慢进料速度，以防工件打回伤人。

(3) 铣削工件过程中，不能随意将工件退回，否则很容易发生事故。刀头旋转时，不能调整导尺，以免伤手。

(4) 当使用样模铣削曲线型工件时，若工件较大，挡环最好安装在刀头上方，以确保操作安全。

(5) 铣刀在加工中损坏，从刀轴上飞出是很危险的，因此在铣削过程中，除必须选用质量好的刀具之外，还需要注意铣刀的工作状态。发现异常现象立即停车检查，以免发生意外。

38.5 劳动卫生与健康保护

38.5.1 职业性有害因素

劳动条件包括生产过程、劳动过程和生产环境三个方面，每个方面都是由许多因素组成的，这些与生产有关的因素称为职业性因素。职业性因素对于劳动者身体健康来说，有的起着无害的作用，有的起着有害的作用。这主要取决于职业性因素的性质和数量（强度）。对劳动者的健康和劳动能力可能产生有害作用的，称为职业性有害因素。

职业性有害因素按其来源和性质可分为：

(1) 生产过程中的有害因素，如木材工业生产中产生的噪声、振动和木粉尘就属这类；

(2) 劳动过程中的有害因素，如劳动强度过大或劳动安排不当，劳动时间长和休息时间不合理，劳动者长时间处于某种强制体位使个别器官或系统过度紧张等等；

(3) 生产环境中的有害因素，如生产场所建筑设施不符合设计卫生标准要求；缺乏适当的机械通风、人工照明等安全卫生技术设施。缺乏防尘、防毒、防暑降温和防寒保暖等设施。

38.5.2 职业病

职业病系指工人、职员在生产环境中，由于工业毒物、不良的气象条件等化学因素、物理因素和生物因素，不合理的劳动组织，以及一般劳动条件的恶劣等职业性危害而引起的疾病。职业病的术语在劳动保险和劳动保护立法上有重要意义。职业病具有一定范围，通常是指政府主管部门明文规定的法定职业病。目前我国由国家卫生部、劳动与社会保障部认定的职业病有九类，共96种。这九类职业病是：①职业中毒；②尘肺；③职业性皮肤病；④职业性耳鼻喉疾病；⑤职业性肿瘤；⑥物理因素引起的职业病；⑦职业性传染病；⑧职业性眼病；⑨其他职业病。与木材工业中的职业性有害因素相关的职业病种类主要有：噪声聋、局部振动病、职业性肿瘤（例如由粉尘引起的腺癌、由苯类化合物所致的白血病）、职业性皮肤病（如接触性皮炎、毛囊炎），和职业中毒（如二甲苯中毒和甲醛中毒等）。

38.5.3 噪声危害及其防治

噪声对人的听觉系统、神经系统、消化系统和心血管系统等均可构成危害。企业生产过程中产生的严重噪声，不仅直接危害职工健康，同时也对周围环境和附近居民造成噪声污染，噪声性听力损伤在木材工业生产中相当严峻。国外一些研究已经显示，在与木材工业生产相关的各种职业病中，听力损失的发病率高居首位。而且与其他行业相比，平均高出一倍以上。

木材工业生产中的噪声属于生产性噪声，它不同于生活噪声和环境噪声。下面就生产性噪声的特点和形态、噪声对人体的影响、木材工业企业中的主要噪声源以及防治噪声的途径和措施进行论述。

38.5.3.1 生产性噪声

生产性噪声就其产生的来源可分为：①机械性噪声，它是由于机械的撞击、摩擦、转动而产生，如削片机、热磨机、圆锯机等各种机床设备。②流体动力性噪声，它是由于气体压力的突变或液体流动而产生，如通风机、空压机、喷射器等发出的声音。③电磁性噪声，它是由于电机中交变力相互作用而产生，如电动机和变压器等发出的嗡嗡声。

生产性噪声根据持续时间和出现的形态，可分为连续声和间断声；稳态声和非稳态声（包括波动声和脉冲声）。声音持续时间小于0.5s，间隔时间大于1s，声压有效值在0.5s以内变化大于40dB者称脉冲噪声；声压波动小于5dB称稳态噪声。根据频率特性和频谱特征，又可将噪声分为低频（主频率在300Hz以下）、中频（主频率在300～800Hz）、高频（主频率在800Hz以上）、窄频带和宽频带噪声。

已有资料显示，木工平刨空载噪声特性呈中低频特性，噪声峰值250Hz附近。压刨空载噪声呈中高频特性，整机噪声以500Hz附近最大。圆锯机切削噪声则呈明显的高频特性，峰值一般在2000～4000Hz。削片机的切削噪声呈中高频特性，切削时最大噪声的中心频率是500～1000Hz。热磨机的噪声则呈明显的高频特性，其中心频率为1000～2000Hz。热磨机发出的高频声连续而稳定，其声压级最高达90～100dB（A）。

38.5.3.2 木材工业生产中的噪声现状

木材工业企业使用的许多设备在生产过程中产生强烈噪声。一些研究资料显示，木工平刨床的空载噪声达90dB（A）以上，切削噪声达110dB（A）。带锯机的空载噪声达102分贝（A），切削噪声达106dB（A）。圆锯机的空载噪声和切削噪声分别达100和106dB（A）。刨花板企业中使用的削片机、刨片机、裁边机和砂磨机的噪声都高达100dB以上。

作业工人的噪声负荷同时受到噪声强度、噪声工作时间以及个人防护措施等多种因素作用。根据一项对16个木材加工企业劳动安全卫生状况的调查研究，被评估为噪声负荷“严峻”“十分严峻”的11类作业位置是：旋切机、砂光机、打孔机、圆锯机、裁边机、木工平刨、木工铣床、削片机、圆木截断锯机、单板分选和刨花施胶工位。这些作业位置的噪声负荷指标的特征值见表38-2。

表38-2 噪声状况较严峻的11类作业位置的噪声负荷指标特征值及评价结果

作业位置	平均特征值（dB）	评价结果	作业位置（个）
旋切机	100	很严峻	5
砂光机	88	很严峻	8
打眼机	88	很严峻	2
圆锯机	84	很严峻	22
裁边机	83	很严峻	3
木工平刨	78	严峻	15
木工铣床	77	严峻	15
削片机	75	严峻	3
圆木截断锯	75	严峻	2
单板分选	75	严峻	2
刨花施胶	63	严峻	2

38.5.3.3 噪声对人体的影响

噪声对人体的影响可分为对听觉系统的影响和对其他系统的影响两类。

1. 噪声对听力的损伤

噪声对听力的影响和损伤程度是由噪声强度及噪声暴露时间两个条件决定的。听力损伤有一个发展过程，即由生理反应（功能性改变）到病理改变。

(1) 听觉适应：短时间暴露在噪声中而引起的听力短时间的缺损，这种现象称听觉适应，它属于一种暂时的保护性的生理反应，离开噪声几分钟即可恢复。听觉适应的表现为：在离开强噪声环境后的短时间内，听阈提高了10～15dB。所谓听阈提高，就是工作人员在噪声暴露前作听力检查，给他一个强度较小的声音就能听到，接触一定时间的噪声后，再作听力检查，就需要给他一个强度较大的声音才能听到。两个声音的声压级之差，就是提高的分贝数，或称为听力损失。

(2) 听觉疲劳：较长时间停留在强烈噪声环境中，听力明显下降，听阈提高超过15dB，甚至高达30dB以上，离开噪声环境后，需要经过几小时甚至十几小时、二十几小时的休息，听力才恢复原状。这种暂时性的听阈变化现象称听觉疲劳，听觉疲劳仍属生理性功能改变。如不采取措施，听觉疲劳继续发展，可导致病理性永久性听力损失。

(3) 噪声性耳聋：长期在强烈噪声环境下工作，听觉疲劳加重以致听力不能恢复原状，听力下降呈永久性改变。例如原来能听见声压级为10dB的声音，噪声影响后，对声压级提高到40dB的声音才能听见。这时原来是60dB的普通谈话声，听起来感到只有原来30dB那么响，跟耳语相当。永久性听力损失最初都在3000～6000Hz高频段发展迅速，所以很多患者主观上无耳聋感觉，因为语频段500～2000Hz未受大的影响，能正常交谈。但随着噪声暴露时间的延续及噪声强度的增加，语频段的听力损失也随之增加（图38-6），这时患者开始出现语言听力困难，这种现象称噪声性耳聋。有关资料表明：噪声的耳聋一般在20年接噪工作以后才有明显表现。根据听力损失程度可将噪声性耳聋分下列几级：25～40dB为微聋；41～55dB为轻度聋；56～70dB为中度聋；71～90dB为重度聋；90dB以上为全聋。

2. 噪声对人体其他系统的影响

噪声除损伤人耳的听力外，对人体的生理功能也会产生不良影响，长期接触强烈的噪声会使人的健康水平下降，容易诱发其他一些慢性疾病。

(1) 神经系统：噪声作用于人的中枢神经系统，会使人的基本生理过程——大脑皮层的兴奋和抑制过程平衡失调，导致条件反射异常。在强噪声刺激下，会使人烦燥难忍，注意力不能集中，容易疲劳，以致产生头痛、头晕、耳鸣、心悸、多梦失眠、乏力等症状。

(2) 消化系统：噪声作用于中枢神经系统还会间接影响人体其他器官的功能。在噪声影响下，会使胃功能紊乱，胃液分泌减少，蠕动减慢，往往引起消化不良，食欲不振、消瘦、恶心呕吐，从而导致消化系统疾病发病率增高。

(3) 心血管系统：噪声对心血管系统也会产生不良影响。噪声会使交感神经紧张度增加，表现为心跳加快，心律不齐，血管痉挛，血压升高等症状。有调查报告，在高噪声环境下工作的人员，高血压、动脉硬化和冠心病的发病率比低噪声条件下要高2～3倍。

(4) 内分泌系统：噪声还会对肾上腺皮质功能产生影响，引起新陈代谢紊乱，内分泌失调等内分泌系统疾病。

38.5.3.4 工业噪声卫生标准

目前国际上工业噪声防护标准制订的依据，大都从保护听力出发，使劳动者在该强度的噪声条件下反复接触不会使语言听力有明显影响，标准只能保护大多数人，不包括敏感者。我国自1981年1月1日起实施《工业企业噪声卫生标准》（试行）是根据A声级制订的，以语言听力损伤为主要指标并参考其他系统的改变。规定生产车间或作业场所的工作地点噪声容许标准，对新建企业为85dB（A），现有企业暂时达不到的可放宽到90dB（A）。对每天接触噪声不到8h的工

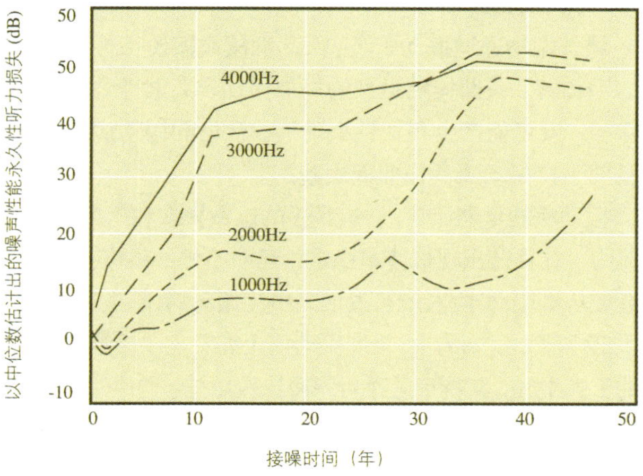

图 38-6 永久性听力损失与接噪时间关系

种，根据企业种类和条件，噪声标准可按表38-3放宽。但噪声强度最大不得超过115dB（A）。该标准只适用于连续稳态噪声，不包括脉冲噪声。对于间断的或随时间变化的噪声，应该用等效声级进行评价。工业噪声卫生标准是控制噪声危害的重要依据，它适用于我国所有木材工业企业生产车间或作业场所。

38.5.3.5 防止噪声危害的措施

各种噪声问题，基本上都可以概括为噪声源、传播途径和接受者三部分。确定防止噪声危害措施也必须从这些环节着手。

1. 降低和消除噪声

通过改进设备结构，改变操作工艺方法，提高加工精度和装配质量使噪声源发声降低或消除噪声源是防止噪声危害的根本措施。由于噪声源的多样性及其与生产条件的密切性应根据具体情况采取各种不同的方式解决。例如通过使用低噪声结构的木工平刨床、压刨床可以有效地降低作业位置噪声。国内已有研究显示，通过提高刨刀轴的动平衡精度以及改进刀轴压紧器的结构等技术措施，可以使木工平刨床的噪声级降为70.4dB（A），压刨床降为69.4dB（A），降噪量均在20dB以上。另有资料显示，通过使用圆锯非金属阻尼片，把它粘贴在锯片上，可使木工圆锯的噪声降低4～15dB（A）。

2. 控制噪声传播途径

在噪声传播的途径中采取控制措施也是一种积极、有效的办法，其包括吸声、消声、隔声、隔振和减振等一些常用的技术。

(1) 吸声：用吸声材料或吸声结构装置在车间的壁面上或空间内，以吸收辐射和反射出来的声能，从而达到降低噪声的目的。吸声材料和结构的品种很多，按吸声原理可分为多孔材料和共振吸声结构两大类，前者以吸收高、中频声音为主，后者主要吸收低、中频声音。因此应根据所需的各频

表 38-3 新建、扩建、改建和现有企业允许噪声标准

每个工作日接触	允许噪声 dB（A）	
噪声时间（h）	新建、扩建和改建企业	现有企业
8	85	90
4	88	93
2	91	96
1	94	99
最高不得超过115dB（A）		

注：* 该标准自1981年1月1日起实施

带噪声降低量，合理地选择吸声材料和结构。常用的吸声材料有玻璃棉、矿渣棉、泡沫塑料、毛毡、棉絮等。

(2) 消声：消声是防止空气动力学噪声的主要措施，用于风道、排气管。利用滤波原理，使声波在传播途中改变方向或形态，或在消声器内装设吸声材料，达到消耗声能降低噪声的目的。常用的有阻性消声器、抗性消声器、阻抗复合消声器。

(3) 隔声：用厚实材料和结构隔断噪声传播的途径，使噪声不能自由地传播出去，从而达到降低噪声的目的。常见的有隔墙、隔声门窗、隔声室、隔声罩、隔声屏等。所有隔声结构应严密无间隙且有一定质量不致产生共振，否则影响隔声效果。

(4) 隔振：为了防止通过固体传播的振动性噪声，应在机器或振动体的基础和地板、墙壁联接处设隔振式或减振装置或防振结构。

以上各项降噪措施各有其特点，相互之间也有一定联系，在进行噪声治理时往往需要根据具体情况，分清主次配合使用，进行综合治理才能达到较好的降噪效果。

3. 卫生保健措施

在采用技术措施不能有效地控制和降低噪声的情况下，可以通过合理的生产组织、采取个人防护等卫生保健措施减少或减轻噪声对职工的危害。

(1) 生产组织措施：通过作业位置的合理布局可以减少一些不必要的噪声作业。已有研究显示，在国内一些木材加工企业中，许多本身不产生噪声的作业位置（如单板分选、单板涂胶，家具零部件的手工修整和装配等）由于紧靠布置在高噪声设备附近而受到不必要的噪声干扰。对于一些强噪声作业位置如削片机、砂磨机和裁边机等，可以通过灵活机动的生产组织、控制和限定噪声作业时间，减轻职工的噪声负荷。

(2) 个人防护：在高强度噪声岗位上，可以通过配戴个人防护用具减轻或避免对听力的损伤。常用的听力防护用具是耳塞和耳罩。有关资料显示，这类用具能有效地减少在损伤听力的频率区域的噪声负荷。隔声效果可达20～30dB。这类用具可以用在噪声强度低于105dB（A）的作业场所。当噪声强度超过105dB（A）的，必须使用防噪帽，以免噪声对颅盖的损伤。在极端的噪声负荷（噪声强度＞130dB）的情况下，则必须戴防噪衣，以避免人体内脏受到损伤。

(3) 卫生保健：定期对接触噪声的工人进行健康检查，特别是听力检查，发现听力损伤应及时采取有效防护措施。进行就业前体检，对患有明显听觉器官、心血管及神经系统器质性疾病者，禁止其参加强噪声工作。

38.5.4 振动危害及其防治

振动对人体的影响与振动的频率、振幅、加速度有直接关系。人体能感受的振动频率自 1Hz 至 1000Hz 以上。一般认为有致病影响的频率大致在30～300Hz之间，人体对不同频率振动的反应也不相同。不同频率的振动对人体各器官系统的作用也不同，一定频率的振动对人体的危害随着加速度和振幅的增大而增大。

38.5.4.1 生产性振动

在生产环境中，运转中的设备机械，由于旋转部件各部分质量分布的不平衡，或是由于支承轴和轴承座的不同心以及零部件接合松动等原因而引起的振动属生产性振动。按生产性振动对人体的作用方式，可分为局部振动和全身振动。振动只局部地作用于如手、足等特殊部位时，称为局部振动。有意义的频率范围约在8～1500Hz之间。当振动通过某种支撑结构，如坐椅或楼板而传递分布人的全身时，称为全身振动。其有意义的频率范围约为 2～100Hz。木材工业生产中，有些工种所受的振动以局部振动为主，如在圆锯机和砂光机工位的作业。有的以全身振动为主，如胶合板车间的旋切机工位、制材车间中的跑车控制工位和厂内运输用的铲车工位。有的同时受到两种振动的作用，如某些木工平刨床工位和削片机工位。

38.5.4.2 振动对人体的影响

振动是以振动波的形式向周围传播，而对人体的组织产生交替压缩与拉伸作用，或者使人体以及内脏产生共振。人体整个组织都会感受振动，但以神经系统和骨骼系统为主。振动能量是通过对末梢神经的冲击，传入人体内部，再由脊髓传至大脑皮层。骨骼系统是振动物体良好的传导体和共振体。

1. 全身振动

低强度短时间的振动对人体有良好作用，可增强肌肉活动力，减少疲劳，提高代谢水平，增加神经、组织的营养供应。但强度过大或作用时间过长，则会对身体有不良影响，可以引起不适感，甚至不能承受。振动可以干扰发音，影响手眼配合，影响注意力集中，引起空间定向障碍，降低工作效率和影响作业能力。大强度剧烈的振动还可引起内脏移位或某些机械性损伤，如挤压、出血、甚至撕裂，但这类情况并不多见。长期慢性作用可能引起下列一些症状，如眩晕、恶心、血压升高、心率加快、疲倦、睡眠障碍、胃肠分泌功能减弱、食欲下降、胃下垂患病率增高，和内分泌系统调节功能紊乱等等。

2. 局部振动

局部振动通过振动工具、振动机械或振动工件传向操作者的手和臂。长期接触强烈的局部振动，又未得到合理的劳动保护，就可能产生职业性振动病。常见的振动病通常是由于长期手持振动工具作业而引起的。

振动病的早期症状，一般是手的感觉异常和疼痛，工作时手无力，往往还出现情绪不稳定，睡眠不好、头痛、头昏等。如继续从事振动作业，就可发展为中度振动病，除上述症状外，以手部疼痛和痉挛为主。重度振动病大都发生在接触振动工龄长的工人中间，其特征是手对寒冷比较敏感，遇冷时，手指出现明显的缺血发白，出现“白指”现象。医学上称“职业性雷诺氏征”。患者手指麻木、发僵、疼痛，手指往往握不牢工具。

38.5.4.3 预防措施

1. 隔振、减振技术措施

为防止全身振动，在建设厂房时地基应注意防振，产生强烈振动的机器设备应安装在单独隔离的基础上。设备的基础与建筑物的地基之间可利用钢弹簧、橡胶减振器、树脂胶结的玻璃纤维板、软木等隔开。具有振动源的车间不应安排在楼上。机械的撞击部件应加阻尼衬垫，以减少振动。

改进设备的防振技术，减少振动对人体的危害。通过改革工艺过程，加强生产过程自动化，取消或减少手臂受局部振动的作业。

2. 劳动休息制度

制订合理的劳动制度，工作日中应安排适当的工间休息。应按振动的频率和加速度对工人接触振动的时间给以一定的限制。

3. 个人防护及卫生保健

发放隔振、防寒手套，防寒工作服，以减振和保暖。提高室温和加强室外作业时保温措施，避免寒冷是防止诱发雷诺现象的重要措施。

对接触振动作业的工人进行就业前和工作后的定期体检。处理有职业禁忌症者。早期发现受振动损伤的作业工人，采取适当措施。及时治疗振动病患者。

38.5.5 粉尘危害及其防治

木材工业生产中，一个非常突出的劳动卫生问题就是粉尘污染。根据国家颁布的工业企业设计卫生标准的规定，车间空气中木粉尘浓度不得超过 10mg/m^3。然而，实际生产中相当一部分企业的粉尘污染状况远远超标。据一项实测调查，超标设备率在胶合板和刨花板企业分别为60%和75%，在家具和细木工分别为100%和38%。粉尘不但对空气环境产生污染，且直接影响和危害操作工人的健康。

38.5.5.1 生产性粉尘

生产性粉尘是指在生产中形成的，并能够较长时间浮游在空气中的固体微粒。它是污染环境，影响劳动者健康的职业性有害因素之一。生产性粉尘来源很广，许多工农业生产过程均可产生粉尘。粉尘分类方法很多，按粉尘的性质可分为：无机粉尘、有机粉尘和混合性粉尘三类。木粉尘属于植物性有机粉尘。

粉尘对人体危害的性质和严重程度主要决定于其化学成分和作业场所空气中粉尘浓度。粉尘的游离二氧化硅含量是其化学成分的一个重要指标。游离二氧化硅含量愈高，对人体危害愈大。木粉尘的游离二氧化硅含量在10%以下。

38.5.5.2 粉尘对人体健康的影响

粉尘对人体的危害，在于它在产生之后，随气流向四周扩散并长时间浮游在空气中，含尘气流通过人的呼吸道，使直径小于5mm的尘粒沉降在细支气管和肺泡壁上。粉尘粒子分散度愈高，其在空气中浮游的时间愈长，被人体吸入的机会就越多。人体对粉尘具有一定的清除功能，但是，如果长期吸入粉尘可使人体防御功能失去平衡，清除功能受损，而使粉尘过量沉积，酿成肺组织损伤，形成疾病。

木粉尘可以引起多种呼吸系统疾病，如支气管哮喘，慢性非特异性阻塞性肺病和矽肺等。长期在细小纤维、粉尘环境下工作的职工，慢性呼吸道病的发病率明显增加。细小的木纤维尘粒可以对皮肤和粘膜造成化学和机械的刺激。从而引起某些刺激性症状或炎症，如咽喉炎、支气管炎、鼻炎、毛囊炎、浓皮病和粉刺等。

长期暴露于木粉尘的作业可以导致恶性鼻肿瘤。

38.5.5.3 预防措施

防止生产性粉尘对工人健康的危害，是职业卫生工作的重要任务之一。要做好防尘工作，需要各方面的努力。

1. 组织措施

要做好防尘工作，关键在于加强领导，企业负责人对单位的治尘防病工作负有责任，应采取措施，不仅要使本单位作业场所粉尘浓度达到国家卫生标准，而且要建立健全粉尘监测、安全检查、定期健康监护制度。加强防尘教育宣传工作。

2. 技术措施

防止木粉尘危害的技术措施可概括为密闭、吸风和除尘六个字。所谓密闭就是首先要对产生粉尘污染的设备或作业位置通过适当的密闭装置将粉尘密闭，以免外逸。吸风就是指通过选用和安装合适的通风机和吸尘管道将粉尘有效吸出。除尘就是在含尘空气排向大气之前通过使用合适的除尘装置除去木粉尘，以免污染大气。一个良好的密闭吸风除尘系统必须满足下列基本要求。

(1) 密闭装置密闭设备的体积应尽量小，而又便于观察和操作；如不可能完全密闭而必须设置操作口时，则在不影响操作的情况下，操作口应尽量小；操作口应保持一定的控制风速，不使粉尘外逸，控制风速的大小决定于粉尘的密度，一般应为2～5m/s。吸尘口应接近粉尘发生源，排尘方向应与粉尘运动方向一致。

(2) 通风管管道不宜水平安装，要有一定的倾斜度，管内应维持一定的风速，以防粉尘沉降阻塞管道；管道不宜过长和弯头过多，或过于复杂，一般以4～5个吸尘口连在一起比较合适。

(3) 通风机要保证具有足够的风量和风压。为了保证通风排尘效果，风机的风压要比通风排尘系统的阻力大10%，风量也应比所需风量大10%。

(4) 除尘设备品种很多，需根据粉尘的浓度、颗粒度及对除尘的要求合理选择。例如粉尘沉降室适用于除去粗大粉尘。离心式除尘器适用于除去20μm以上的尘粒，除尘效率为80%左右。布袋式除尘器可用于清除细小的尘粒或作为二级除尘之用。除尘效率达90%～98%。此外还有湿法除尘器、静电除尘器和超声波除尘器等等，在国内外木材工业生产中都有研究和应用。

3. 个人防护与卫生保健措施

采用口罩防尘是一个辅助措施。但在特定生产条件下，粉尘浓度尚不能降到容许浓度以下时，佩带口罩就成为重要的防尘措施。防尘口罩要求滤尘率和透气率高、质软。此外，从事粉尘作业应注意个人卫生，勤换工作服，保持皮肤清洁。进行就业前的体检和就业后的定期检查。处理有职业禁忌症者。依据《粉尘作业工人医疗预防措施实施办法》的规定，不满18岁以及有下列疾病者不得从事粉尘作业：活动性结核病；严重的上呼吸道和支气管疾病；显著影响肺功能的肺或胸膜病变（如弥漫性肺纤维化、肺气肿等）；严重的心血管系统疾病。

38.5.6 其他职业性有害因素

除噪声、振动和木粉尘以外，木材工业生产中还存在一些其他的职业性有害因素。如人造板生产过程中产生的游离甲醛，家具制造企业油漆车间空气中的苯和二甲苯气体，劳动过程中的强制体位，劳动强度过大和劳动休息制度不合理以及不良的作业环境等等。对这些有害因素如不进行有效控制，都会影响和损伤职工的健康。例如若职工长期接触高浓度的苯和二甲苯气体，就可能引起职业中毒，对人体的神经系统，呼吸系统和血液系统均可构成损害。再如，劳动过程中的各种强制体位可以导致脊柱弯曲、下肢静脉曲张、和腰肌累积性劳损等病症。

木材工业生产中存在着多种职业性有害因素。一个生产企业若要有效地改善它的劳动卫生条件，必须全面了解和分析企业生产过程和作业场所中产生的各种有害因素。根据问题存在的性质和特点，结合采用多种不同的方法和措施，如生产技术措施、劳动组织措施、个人防护和卫生保健措施，有计划、有重点地处理和解决各个劳动卫生问题，从而减少或避免职业性有害因素对职工健康的影响。

参考文献

[1] Shen L.M., Untersuchung von Arbeitsbedingungen ir Betrieben der chinesische Holzindustrie mit dem Ziel der Verbesserung der Arbeitssicherheit, Hamburg: Verla Dr. Kovac, 1988
[2] Hauptverband der Gewerblichen Berufsgenossenschaften, Arbeitssicherheit und Gesundheitschutz: System und Statistik, Reheinbreibach, Druckerei Plump KO, 1991
[3] International Labour Office, General report-Report I, Geneva: International Labou Office, 1991, 92-107
[4] Skiba. A., Taschenbuch Arbeitssicherheit, Bielefeld: Erich Schmidt Verlag, 1997
[5] Luczak H., Arbeitswissenschaft, Berlin: Springer Verlag, 1998
[6] 沈培康. 劳动保护工作指南. 南京：南京大学出版社，1991
[7] 阮崇武，李伯勇. 安全知识实用大全. 北京：文汇出版社，1990
[8]《当代中国》丛书编写委员会. 当代中国的劳动保护. 北京：当代中国出版社，1992

39 木材工业项目工程设计

Production Line Design in Wood Industry

木材工业项目工程设计是木材工业中一个重要环节，它对加快建设进度，保证质量，节约投资和获得经济效益，起着主导作用。设计是科研成果转化为生产力的纽带，是消化吸收引进技术，搞好国产化的关键。也是带动本国设备、材料、劳务进入国际市场的先遣队。

设计是一门涉及科学、技术、经济和方针政策等各方面的综合性的应用技术科学。它是设计人员运用基础知识、先进技术、科研成果、实践经验进行的创造性活动。木材工业企业设计是以木材加工工艺为主体，以非工艺设计（土建、电气、动力、暖通、给排水、总图）相配合形成的综合性技术成果。它所创造的价值体现于木材加工企业的经济效益和社会效益上。

39.1 项目的程序、内容及发展

39.1.1 木材工业项目建设程序

木材工业建厂，是属于基本建设。国家规定：“凡固定资产扩大再生产的新建、改建、扩建、恢复工程及与之连带的工作为基本建设”。新建、改建、扩建及恢复工程都是形成新的固定资产的经济活动，但不是零星的（从实物量上看）、少量的（从货币额上看）固定资产的建设，而是具有整体性的固定资产的建设，例如一个胶合板车间，一个综合性的木材加工厂等的工程建设，以及与此相连带的机械设备的添量和安装。

木材工业建厂，也必须严格遵守规定的基本建设程序。现行的基本建设程序为如下的七个阶段：

(1) 项目建议书阶段（包括立项评估）；

(2) 可行性研究阶段（包括可行性研究报告评估）；

(3) 设计阶段；

(4) 开工准备阶段；

(5) 施工阶段；

(6) 竣工验收阶段；

(7) 后评价阶段。

基本建设涉及面广，内外协作配合的环节多，完成一项建设工程，需要进行多方面的工作，其中有些是前后衔接的，有些是左右配合的，有些是互相交叉的。这些工作必须按照一定的程序，依次进行，才能达到预期的效果。

从我国木材工业建厂正反两方面的经验充分证明，严格按照基本建设程序办事，投资效果就好；违反基本建设程序办厂，投资效果就差，给经济建设造成很大损失，如拖长建设工期、降低工程质量、增加事故、加大工程造价以及使一些工程无法建成，建成了也不能投产，或在经济上很不合理，长期亏损。

39.1.2 木材工业项目工程设计内容

木材工业项目工程设计要根据党和国家规定的方针、政策，从技术上和经济上对既定建设企业进行全面的规划。它是根据批准的项目建议书和可行性研究报告进行的。一般木材工业项目工程设计采用两段设计，即初步设计和施工图设计。对于技术复杂、新的科研成果等还缺乏经验的项目，经主管部门指定，需增加技术设计阶段。对一些木材加工的大型联合企业，为解决总体部署和开发问题，还需要进行总体规划设计或总体设计。

本节在介绍木材工业项目工程设计两阶段，即初步设计和施工图设计的同时，也根据基本建设程序内容，向读者介绍项目建议书的编写和项目可行性研究报告的编制。

39.1.3 木材工业项目工程设计现状与发展

从改革开放以来，我国木材工业项目工程设计的整体实力和水平有了长足的进步。通过引进、消化、吸收国外先进技术设备及与国外合作，将国内成熟的科技成果应用于工程设计，高速的、连续的、自动的、节能的大型设备如高效率、高精度的带锯机，削片机，连续式热压机，蒸汽喷注式热压机，大型节能型热磨机等被设计采用，设计出一批高度机械化、自动化的人造板生产厂、制材厂、家具厂。我国木材工业设计技术水平的提高，加速了引进项目国产化的进程。我国自行设计的一些木材加工项目在工艺方面已经接近国际先进水平，但在设备方面受到国产材料、零部件质量和金属加工水平的限制，在总体上与国外还有较大差距。

我国木材工业项目工程设计需要进一步做好工程项目的可行性研究和技术经济分析，采用先进、适用的生产工艺与机械设备，注意提高质量、效率；降低消耗，降低成本，减少污染；节约投资，力求整体最优，以实现工程项目最优的经济效益和社会效益。

现代设计方法及计算机辅助设计（CAD），目前已在我国木材工业项目工程设计中得到了应用，发挥了积极作用。根据建设部规划，我国在2000年主要设计单位计算机绘图率达到90%，实现计算、分析、绘图一体化。目前CAD在设计中的应用还只侧重于绘图及有限的计算、分析，很少用于整体化设计，与真正意义的CAD尚有一段距离。工艺设计应用CAD的程度低于建筑结构设计和设备设计。家具与室内装饰设计的CAD应用程度相对较高。

我国现行的设计程序，是初步设计—施工图设计组成的设计阶段程序，与国际通行的方法不一致。初步设计必须经过审批，然后才能开展下一步的工作。这种静态的、阶段性的程序导致设计与施工、预算与决算间有较大的出入。我国拟定中的设计程序将对此做出修改，采用多版次出图和多次估算费用的动态的程序，使设计完善、准确，并且与国际方式接轨，有利于开辟木材工业事业的国际市场。

39.2 项目建议书

39.2.1 项目建议书的意义和作用

木材工业项目的新建、扩建是根据国民经济和社会发展的需要，根据国家、地区、行业规划或企业的要求，有政府部门、企事业单位、家庭（个人）形成投资主体（主管部门），根据可获得的资源、建设条件、资金筹措等因素，进行调查研究、预测、分析，产生投资意向。投资意向实际上是投资时机和方向的初步选择。项目建议书是投资分析人员根据投资主体（主管部门）的意向用书面形式把投资项目分析的结果表现出来的，它相当于投资机会研究和初步可行性研究，是建厂程序中最初阶段的工作，是投资主体（主管部门）选择项目、确定是否进行下一步详细的项目可行性研究工作的依据。

项目建议书虽然只是选择项目的初始文件，但能提高投资决策的科学性，有利于控制基本建设规模，有利于国民经济的综合平衡。项目建议书经审查通过后，纳入工程建设的前期工作计划，可开展可行性研究，选择厂址，联系协作配套条件，签订意向性协议书等。

39.2.2 项目建议书的基本内容

木材工业新扩建项目的项目建议书编写是以同类项目作参考，用类比的方法进行，其投资额一般根据类似工程估算。它只是提供一个可能进行建设的投资项目。要求时间短，花钱不多。它在编写过程中应包括以下基本内容：

(1) 建设项目提出的必要性和依据（引进技术和进口设备，还要说明国内、外技术差距和概要以及进口的理由）；

(2) 产品方案、拟建规模和建设地点的初步设想；

(3) 资源情况、建设条件、协作关系和引进国别、厂商的初步分析；

(4) 投资估算和资金筹措设想（利用外资项目要说明利用外资的可能性，以及偿还贷款能力测算）；

(5) 项目进度安排；

(6) 经济效果和社会效益的初步估计。

39.2.3 项目建议书编写实例

为使木材工业企业项目投资人员进一步了解项目建议书的内容、要求及如何编写，现模拟木材工业项目举例《新建年产3万m^3中密度纤维板项目建议书》，以供编写时作参考。

× × ×人造板有限公司

新建年产3万m^3中密度纤维板项目建议书

1. 项目名称、性质

项目名称：× × ×人造板厂

建设单位：× × ×人造板有限公司

负责人： × × ×

建设性质：新建

企业性质：国营

2. 项目内容

拟新建年产3万m^3中密度纤维板生产线一套；

配套年产4000t脲醛树酯胶（干）车间；

配套相应的动力车间和检修车间；

配套相应的辅助生产车间和部分生活福利设施。

3. 建设依据和市场预测

充分利用林区的采伐、间伐和木材加工剩余物，发展人造板产品，是综合利用森林资源，繁荣林业经济的一项重大战略措施。生产1m^3中密度纤维板，可代替3m^3木材，生产3万m^3中密度纤维板，相当于节省9万m^3木材的采伐量。我公司所处的地区每年有大量的间伐材、小径材、木材加工剩余物被遗弃在山区和加工场地，没有充分利用。为变废为宝，提出年产3万m^3中密度纤维板项目，生产高档的人造板来发展地区的林业经济。

在过去的二十年间，全世界人造板产量增加了75%，年平均增长3%。到1996年已达1.49亿m^3。中密度纤维板是人造板中发展最迅速的品种，产量达到865万m^3，消耗量以每年13%速度增长。主要原因是这种板材内部结构均匀、强度高、稳定性好、耐水、耐燃、防虫，特别适合建筑、家俱用材。

从国内市场的情况来看，我国中密度纤维板生产历史不长，与国际相比起步晚了十余年，但发展速度更快。1985年从国外引进第一条中密度纤维板生产线以来，相继在上海、北京、广东、广西等地又引进了多条生产线。十多年来，生产中密度纤维板的厂已增至几十家，产量达到160万m^3。随着我国现代化建设和人民生活的需要，中密度纤维板还远远不能满足市场的需要。

4. 承建企业的现状

我公司位置× ×省× ×市，下属两个国营林场、一个苗圃和五个木材加工厂。现有森林总面积16万hm^2，总蓄积量达813万m^3，其中可采伐蓄积量达86万m^3，针叶树种占70%，阔叶树种占30%，每年销售商品材15万m^3，销售收入9200万元，上缴国家税收1500万元。

公司现有职工1300人，专业技术人员150人。

前年世行贷款造林10万hm^2，为我公司新建本项目奠定了充足的原料基地。

5. 建设条件

(1) 原料：建设年产3万m^3中密度纤维板厂年需木材原料4.8万m^3（每生产$1m^3$中密度纤维板耗木材原料$1.6m^3$），拟采用我公司两个林场采伐的小径材、采伐造材的木截头和木材加工的剩余物。其数量（表39-1）已能足够满足原料用量的要求。

(2) 交通运输：厂扯选在我市东面，厂门面向×××国道，林场到工厂都有乡镇公路相通，所以原材料的公路运输十分方便。我市有铁路通过，铁路货站在市东5km处，成品和辅助材料的铁路运输也十分方便。

(3) 电力供应：工厂供电由市供电局变电站用10kv供电线路供电。该工程设备装机容量4000kW，可在厂区设独立变配电站，能满足年产3万m^3中密度纤维板生产的电力供应。

(4) 水源：厂区供水水源可采用地表水。可从距厂址南约300m处的××河取水，水质无污染，可作为本工程的水源。厂区设水处理设施一套，设高位水池一座，以满足生产、生活、消防用水。

(5) 燃料：生产过程中用的燃料可以是煤和生产过程中产生的木粉、木屑混合燃料。煤可从位于我市西南的××煤矿得到供应。

(6) 劳动力来源：该项目的产品生产、原材料运输等劳动力可以从我公司的年轻职工中挑选一部分，余下再向社会招工。操作工人进行技术培训，同时要招聘专业技术人员、管理人员，保证正常生产。

表39-1 可供木材原料统计表

项 目	数量（万m^3）	备 注
小径材	10.32	按采伐蓄积量12%计
造材木截头	0.45	按商品材3%计
木材加工剩余物	0.50	
总 计	11.27	

6. 厂址方案

拟建3万m^3中密度纤维板厂的厂址，预选两个方案：

第一方案选在市东3km处，面临×××国道，距××河约300m，是我公司的贮木场和一木材加工厂的地址。场地可扩大到8万m^2，基本上可满足新建项目对用地面积的要求。其总平面布置如图（略）。

实施此方案的优点是：距公路和水源近，给公路运输和供水带来方便；可利用现有厂房5000m^2作仓库和一些公用设施用房，以节省投资；由于是贮木场，地质条件比较好；距市区近，厂区可不设职工宿舍，以减少生活设施的投资。但它的缺点是：拆迁工程量大，需要移地新建贮木场和木材加工厂；现建筑物会给新厂的布局带来困难；地势较低，要增加防洪设施。

第二方案选在市东10km处，距205国道3km，距金东河约400m，是我公司的林木培植场所。占地10万m^2，能满足新建厂的要求。

实施此方案的优点是：场地没有固定建筑物，可按现代化工厂的要求合理规划布置；位于小土山坡区，地质条件好，基础工程小；地势高，不受洪水威胁；但其缺点是：距市区较远，要建一定的职工宿舍，增加投资；距205国道建3km厂外运输公路；土地平整工程量大。

上述两个厂址方案，公司倾向于第二方案，它可保留我公司的贮木场和木材加工厂。此项工作待今后进行该项目的可行性研究时，进行经济技术对比和论证后再作确定。

7. 产品方向和生产规模

(1) 产品方向：中密度纤稚板 幅面：长×宽=2400mm×1200mm 厚度： 8～25mm。

(2) 生产规模：年产3万m^3中密度纤维板。

8. 生产工艺和设备

中密度纤维板生产采用多层压机平压法生产工艺。生产原料为小径木、造材截头和木材加工剩余物。为保证产品质量，原料削片后木片要清洗，以清除泥沙、控制树皮含量和保证含水率。为减少游离甲醛含量，拟采用改性脲醛树脂胶。全套设备在国内配套，多层压机要有同时闭合装置，保证板坯受热受压均匀。生产的板子经锯边、砂光质量达GB11718～1999的要求。

9. **环境保护**

(1) 所在地区的环境现状：所选厂址均为林木山区和农田区，无工业污染。林区工人和周围农民均取山间小溪流水为耕作和饮用水。

(2) 生产过程中产生的“三废”及治理措施：根据环境保护法、工业“三废”排放标准及工艺设计卫生标准的规定与要求，对新建中密度纤维板厂“三废”治理措施采取如下办法：

1) 废水

中密度纤维板生产过程中产生的污水，主要来自制胶车间的清洗水和热磨机的挤压水。制胶清洗水可用混凝、沉淀、瀑气方法处理，澄清水循环回用。热磨机挤压水量少，可与煤混合后一起燃烧处理。

2) 废渣

锅炉每日约排出15t灰渣，可作为市郊一制砖厂的原料。

3)木粉

中密度纤维板生产过程中产生的锯屑和砂光木粉每天约15t，可与煤混合作锅炉燃料。

4) 游离甲醛气体

中密度纤维板热压过程中产生的微量甲醛气体，采用通风、风罩、管道等措施排放到室外。

5) 噪音

中密度纤维板生产过程中产生的噪音主要来自削片工段，可采用局部封闭和隔开的办法解决。

10. **建筑工程量**

该项目建筑面积约10150m²，其中生产车间、辅助车间、仓库的建筑面积为8550m²，生活设施建筑面积为1600m²。

11. **资金估算与来源**

根据同类型工厂收集到的资料和我公司建设场地等情况估计总投资3776.5万元（表39-2），资金由我公司自筹1800万元，其余向我市中国农业银行贷款，年利率为7%。

12. **经济效益预测**

(1) 总产值（销售收入）

产品名称	年产量（m³）	售价（元/m³）	年销售收入（万元）	备注
中密度纤维板	30000	1600	4800	

(2) 生产成本

产品名称	年产量（m³）	单位成本（元/m³）	总成本（万元）	备注
中密度纤维板	30000	1150	3450	

(3) 税金和利润

产品名称	年销售收入（万元）	销售税金（万元）	利润总额（万元）	所得税额（万元）	净利润（万元）	备注
中密度纤维板	4800	280.5	1369.5	451.9	917.6	

(4) 投资回收期

用企业净利润和折旧偿还投资，回收期3.1年，百元投资利税49.9元。

表39-2 年产3万m³中密度纤维板厂投资估算表

项目	第一方案（加工厂）						第二方案（苗育场）					
	工程量m²	建设投资（万元）					工程量m²	建设投资（万元）				
		计	建筑	设备	安装	其他		计	建筑	设备	安装	其他
总计	8550	3214.5	667	2157	174	216.5	10150	3776.5	1217	2163	180	216.5
中纤板车间	6000	2444	400	1800	144	100	6000	2444	400	1800	144	100
制胶车间	600	66.2	30	32	3.2	1	600	66.2	30	32	3.2	1
成品备品库	800	32	32				800	32	32			
变配电站	400	147.8	20	120	4.8	3	400	147.8	20	120	4.8	3
锅炉房	350	190	15	150	15	10	350	190	15	150	1516.5	10
煤场							400	16	16			
供水设施	100	35.5	5	25	4	1.5	100	35.5	5	25	4	1.5
机修	300	49	15	30	3	1	300	49	15	30	3	1
食堂							400	24	16	5	3	
浴室							100	9	5	1	3	
车库							200	8	8			
宿舍							500	25	25			
厂区工程		150	150				200	200				
厂外工程								80	80			
其他费用		100				100		100				100

经以上分析，我公司新建3万m^3中密库纤维板厂在3.1年时间内就能回收全部投资。项目的投资效益是好的，应下定决心，加快建设步伐，争取早日投产。

13. **附图（略）**

39.3 可行性研究报告

39.3.1 可行性研究报告的含义

可行性研究是运用多种科学研究成果，在建设项目投资决策前进行技术经济论证的一门综合性学科。可行性研究的主要任务是研究新建或改扩建某个建设项目在技术上是否先进、适用、可靠，在经济上是否合理，在财务上是否赢利。所以可行性研究报告是建设项目投资决策的基础。是一个进行深入技术、经济论证的阶段，必须深入研究有关市场、生产纲领、厂址、建设条件、工艺技术和设备、土木工程、管理机构等各种可能的选择方案以及资金筹措的情况，以便使投资费和生产成本减到最低限度，取得显著的经济效果。

一份可行性研究报告，一般要回答以下几个问题：

(1) 项目在技术上是否可行；

(2) 经济上效益是否显著；

(3) 财务上是否赢利；

(4) 需要的人力、物力和资源；

(5) 需要多少长时间建设；

(6) 需要多少投资；

(7) 能否筹集到资金等。

39.3.2 编制可行性研究报告的依据和作用

39.3.2.1 编制可行性研究报告的依据

(1) 国家经济建设的方针、政策和市场的需求

编制一个项目的可行性研究报告必须从国家的经济建设方针、政策和市场的需求来考虑。所以对产品的选择、协作配套条件等都要从这些因素来设想和安排。

(2) 项目建议书及有关批准的文件与协议

项目建议书是进行各项准备工作的依据。项目建议书经项目主管部门批准后，才可以开展可行性研究工作。委托单位在委托编制可行性研究报告时要把项目建议书、有关批准的文件与协议以及对建设项目的设想说明（包括目标、要求、市场、原料、资金来源等）交给可行性研究单位。

(3) 经国家有关单位审核的资源报告、土地征用报告以及地区规划等资料

木材工业项目的建设要有原材料作保证，所以要有准确的资源报告，同时要有地区综合规划和土地使用报告等。

(4) 可靠的自然、地理、气象、地质、经济、社会等基础资料

这些资料是可行性研究进行厂址选择、项目和技术经济评价必不可少的基础资料。

(5) 有关的工程技术方面的标准、规范、指标等

这些工程技术方面的标准、规范、指标等都是项目设计的基本依据。承担编制可行性研究报告的单位都应具有这些资料。

(6) 国家公布的用于项目评价的有关参数、指标等

可行性研究在进行评价时，需要有一套参数、数据和指标，如基准收益率、折现率、折旧率、社会折现率、调整外汇率等。这些参数一般都是由国家公布实行的。

39.3.2.2 编制可行性研究报告的作用

(1) 作为建设项目最终投资决策的依据

是否投资一个木材工业企业的建设项目，最终依据是可行性研究报告得出的结论。它为投资决策提供科学依据，防止和减少决策失误，为提高投资效果起着重要作用。国家规定，凡是没有经过可行性研究论证的建设项目，不能进行设计建设。可行性研究报告经批准后，即为建设项目投资决策文件。

(2) 作为筹集资金和向银行申请贷款的依据

中国投资银行明确规定，根据企业提出的可行性研究报告，对贷款项目进行全面、细致的分析评价后，认为经济效益好，具有偿还能力，不会担太大风险时，才能同意贷款。

(3) 作为项目建设单位与各协作单位签订合同和有关协议的依据

一个建设项目的用地、原料、辅助材料、燃料、供电、供水、运输、通讯等很多方面需要由有关部门供应、协作，这些供应、协作的协议、合同都需要根据可行性研究报告签订。有关技术引进和设备进口项目，国家规定，项目可行性研究报告经过审查批堆后，才能据以同外国厂商正式签订合同。

(4) 可作为开展设计工作的依据

我国建设程序规定：建设项目应严格按批准的可行性研究报告的内容进行设计，不得随意变更可行性研究报告已确定的建设规模、产品方案、工程标准、建设征地范围和总投资等控制性指标；设计中采用新技术、新设备也需在可行性研究中经过试验研究认为可行，才能纳入设计；项目在初步设计中需要大量基础资料，有时资料不完整，需要补充地形、地质勘测工作和补充工业性试验，一般也要根据可行性研究报告中提出的要求进行

(5) 可作为安排项目的计划和实施方案，进行项目所需的设备材料订货等工作的依据

(6) 可作为环保部门审查项目对环境影响的依据

可行性研究报告有环境保护章节，提出建设项目产生的污染物、污染量、性质等，同时提出治理方案及预期效果，可作为环保部门审查的依据。

(7) 可作为国家各级计划部门编制固定资产投资计划的

依据

39.3.3 编制可行性研究报告的步骤和要求

39.3.3.1 编制可行性研究报告的步骤

建设项目可行性研究报告涉及的内容很广，有国家方针、政策问题，有工程技术问题，有经济财务问题。所以编制可行性研究报告，要选择技术力量强，有实践经验的工程咨询公司和设计院承担。木材工业建设项目编制可行性研究报告可按以下步骤进行。

(1) 组织准备工作：编制木材工业建设项目可行性研究报告一般应包括工业管理、工业经济、市场分析、财会、工艺、机械、土建、水、电、汽等专业。编制可行性研究报告的单位首先要确定项目负责人，组织以上各专业人员了解项目情况，明确建设项目的范围、界限，摸清主管部门的目标和意见。分工负责，明确各自的任务和职责。

(2) 调查研究：各编制人员根据自已的专业，深入实际，调查研究，搜集必要的基础资料，搞清与项目建设有关的基本条件。一般要进行产品的需求量，产品价格，产品在市场上的竞争能力，原、辅材料，动力供应，工艺要求，设备供应，运输条件，厂址，劳动力，环境保护等各种技术经济条件的调查研究。每项调查研究都要分别作出评价。

(3) 详细研究：在本阶段内要对选出的最佳方案进行更详细的分析、研究，明确建设项目的范围、投资、运管费、收入估算，对建设项目的经济和财务情况作出评价。经过分析研究应表明所选方案在设计和施工方面是可以顺利实现的，在经济上、财务上是值得投资建设的。为了检验建设项目的效果，还要进行敏感性分析，表明成本、价格、销售量等不确定因素变化时，对企业收益会产生的影响。

(4) 编制可行性研究报告：本阶段要编制出可行性研究报告，它的形式、内容、深度在下节详细介绍。

39.3.3.2 编制可行性研究报告的要求

(1) 坚持实事求是，保证可行性研究报告的科学性

编制可行性研究报告，必须在调查研究的基础上，实事求是地作出多方案比较后，按客观实际情况进行全面分析、论证和评价。按科学规律、经济规律办事。绝不能先定调子，搞唯意志论。必须保持编制单位的客观立场，以保证可行性研究报告的独立性、准确性，不受任何单位和个人的干扰。

(2) 内容、深度和质量要达到的要求

木材工业建设项目的可行性研究报告视不同项目在内容、深度上有所侧重，但基本内容要完整，文件要齐全，质量要保证，要符合国家的政策法令、本行业的标准、定额、规定。要能满足确定项目投资决策的要求和作为设计工作的依据。

39.3.4 编制可行性研究报告的内容及深度

按国家规定，不同行业的建设项目其可行性研究报告有不同的侧重。木材工业建设项目要侧重市场需求、生产工艺、经济效益等。随着规模大小、产品不同，编制时也有所差异。但各类项目要研究的基本内容是大致相同的。一般来说，木材工业建设项目的可行性研究报告可按以下内容和深度编制。

1. 总论

(1) 项目的名称及承办单位

1) 项目名称

企业或工程的全称（应和项目建议书所列一致，如有变动则需说明变更原因）。

2) 项目承办单位或建设单位

承办单位的全称、法人代表。中外合资、合作经营项目需注明合营各方名称、注册国家、法定地址、法人代表与国籍。

3) 项目的主管部门

项目的主管部门或有关集团、公司的全称。

4) 项目拟建地点

5) 项目可行性研究报告编制单位

单位的全称，承担可行性研究的资格证书编号，委托编制任务合同号；由若干单位协作承担可行性研究的项目，需注明总负责单位的全称，参加单位及具体分工，并说明分担的单项工程名称，说明各自的职责和合作关系。

(2) 项目提出的背景、投资的必要性和经济意义。

(3) 研究工作的依据列举所依据的重要文件名称、文号、日期。如项目建议书及其审批文件，可行性研究委托书，环境影响报告书，厂址选择勘察报告，有关生产性试验报告，批准的资源报告，收集提供的自然、地理、气象、地质、经济、社会等基础资料，技术引进项目的考察及询价等文件、资料。

(4) 项目构成范围：生产车间、辅助生产车间及其他民用建筑。

(5) 项目的主要技术经济指标（表39-3）(根据工程情况、内容可适当增减)。

(6) 研究报告的结论。

(7) 存在的问题及解决办法的建议。

2. 市场需求预测与拟建规模

(1) 国内现有生产能力的调查：根据拟定的产品方案、质量标准、规格与品种，作现有生产状况的调查。

(2) 产品在国内、外市场需求情况：说明本项目生产的产品，目前在国内市场上的流通方向、社会需求与供给情况，消费者对产品的要求。产品出口、在国外市场需求情况

表 39-3 项目的主要技术经济指标

序 号	项目名称	单 位	指 标	备 注	序 号	项目名称	单 位	指 标	备 注
1	产品产量				7	管理人员	人		
2	工作制度					技术人员	人		
	年工作日	日	8		8	全厂占地面积			
	日工作班次	班	9			全厂建筑面积			
	班工作小时	h			9	其中：工业建筑			
3	年原料消耗量					民用建筑			
4	年辅助材料消耗量				10	建设总投资	万元		
5	水、电、汽耗量				11	投资利润率	%		
	平均用水量	t			12	内部收益率	%		
	平均用汽量	t			13	投资回收期	年		
	装机总容量	kW			14	贷款偿还期	年		
6	年耗煤量	t			15	净产值现值	%		
7	职工总定员				16	净产值内部收益率	%		
	其中：生产人员	人							

及其进入国外市场优劣势分析。

(3) 销售预测：预测本项目产品在市场上竞争的有利和不利条件；分析产品品种、质量、价格在市场上的竞争能力；本项目销售额变化趋势、占需求量的比例。

(4) 拟建项目的规模：说明产品方案、建设规模和它的发展方向；论述在技术经济上的合理性。

3. 建厂条件与厂址方案

(1) 资源：落实的森林资源储量、树种、等级、可采伐利用的评述。

(2) 原材料、辅助材料、燃料的种类、数量、来源和供应条件。

(3) 厂址地区的交通运输、水电汽供应、社会经济现状及公用设施，可利用的条件及其发展趋势。

(4) 厂址的地理位置、地形、地貌、气象、水文及工程地质等条件。

(5) 报告对厂址优缺点的评述，并提出存在问题及处理意见。

4. 总平面布置与运输

(1) 厂址概况：阐明厂区地理位置、占地面积、厂区地势及场地整理和开拓、地区周围的环境和交通条件等情况。

(2) 厂区总平面布置的依据和原则，厂区总平面布置的要点说明。

(3) 厂区总平面设计指标（表 39-4）。

(4) 厂内外运输：全厂运输量分析并计算运输量，说明运输方式和选择货物运输设备，列出运输设备表。

(5) 仓贮与堆场方案：说明原辅材料、产品、半成品的贮（堆）存期、贮（堆）存量、贮（堆）方式；估计仓库和堆场面积，选择贮堆设备并列设备表。

(6) 防洪、排洪方案说明。

(7) 场地平整、土石方工程量估计和处理说明。

(8) 附件：总平面布置简图和主要设备表。

5. 生产工艺与设备选择

(1) 生产纲领：主要说明产品的品种、规格、质量标准、生产方法、生产规模及物料消耗计算等。

(2) 车间工艺技术和设备选择：说明方案比较和选择依据，采用新技术、新材料、新设备的情况，如系引进技术要说明来源，提出设备分交或合作制造的设想。

表 39-4 总平面主要设计指标

序 号	项 目	单 位	指 标	备 注
1	生产区占地面积			
1.1	其中：占耕地			
	占林地			
	占荒地			
1.2	其中：原料堆场			
	生 产 区			
2	生产区建筑占地面积			
3	生产区建筑系数			
4	生产区场地利用系数			
5	厂外占地面积			
	其中：生活区			
	道路			
	………			
6	生活区建筑占地面积			
7	生活区建筑系数			

(3) 生产工艺流程。

(4) 车间工艺布置及生产工艺简述。

(5) 岗位定员（表 39-5）。

(6) 车间主要设备清单（表 39-6）。

(7) 车间主要技术经济指标（表 39-7）。

6. 辅助设施与公用工程

(1) 辅助设施

1) 辅助生产车间：其编写可参照第5章的内容和深度进行，有些可按实际情况简化。

2) 维修车间、化验室、计量室等说明拟采用的方案、主要设备选择。

3) 设有煤气、空压站等设施项目视具体规模和要求，作专题叙述。

表 39-5 岗位定员表

序 号	岗 位	班次（班）	每班人数（人）	小计（人）	备 注
1	备料工段				
2	………				
合 计					

表 39-6 车间主要设备表

序 号	设备名称	规格与型号	单 位	数 量	备 注
1	2	3	4	5	6
1					
2					
3					
:					

表 39-7 车间主要技术经济指标

序号	项目内容	单位	指标	备注
1	产品产量			
2	工作制度			
	年工作日	日		
	日工作班次	班		
	班工作小时	h		
3	年原料消耗量			
4	年辅助材料消耗量			
5	水、电、汽耗量			
	生产用水量：最大	t/h		
	平均	t/h		
	生产用汽量：最大	t/h		
	平均	t/h		
	车间装机容量	kW		
6	车间定员			
	其中：生产工人	人		
	技术人员	人		
	管理人员	人		
7	车间建筑面积	m^2		
8	劳动生产率（按生产工人计）			

(2) 公用工程

1) 给、排水工程

全厂用水量（列用水量表），水源、取输水工程及净化设施方案说明；全厂总的排水量及需要处理的污水量（列排水量表），生产污水、生活污水总排出口地点、位置以及有关排出方式的说明；消防给水及应急设施设置说明；主要设备选择、编制设备明细表。

2) 供电

说明电源、电源设备及外部条件；列表说明全厂装机容量、用电负荷、负荷等级和供电参数；总变（配）电所的布局、位置；全厂供电系数选择；防雷设施说明；主要设备选择列表并附总变（配）电所位置简图和供电主接线简图。

3) 供热

说明热源的选择，全厂热负荷及供热要求；供热方案选择，热能综合利用要求；渣灰处理方案及除尘措施选择；主要供热设备选择并列表。

4) 采暖通风和制冷

说明室外气象参数；全厂采暖通风、空气调节方案选择；制冷方案选择；采暖通风和制冷的主要设备选择并列表。

5) 自控测量仪表

概述全厂各关键生产部位自控测量拟采用的装配水平；计算机过程方案说明；自动控制及测量仪表选择；拟选仪表、计算机对环境的要求与适应性等。

7. 环境保护

国家在对建设项目环境保护设计的通知中规定，在可行性研究报告中，应有环境保护的专门论述，其主要内容应包括：

(1) 建设地区环境现状：说明厂址周围及四邻环境现状，包括水、大气、土壤、噪音等；如是改、扩建项目，说明改、扩建前厂址环境现状。

(2) 主要污染源和污染物：说明污染源的名称，在厂区的分布位置；污染物名称、种类，如废气、废水、废渣、噪音等经处理后排出的数量、有害成份及排放浓度和排放方式。

(3) 资源开发引起的生态变化。

(4) 设计中采用的环境保护依据，包括国家和地区的有关规定和设计标准。

(5) 污染防治措施及效果：说明废气、废水、噪音的防治措施和废渣利用和处理以及治理结果的分析评价。

(6) 环境保护投资估算：列表说明各项污染物的治理投资及约占总投资的百分数。

(7) 环境管理机构及专职人员

8. 职业安全卫生与消防

(1) 职业安全卫生

1) 主要设计依据

说明国家和地区的有关规定和设计标准。

2) 主要危害因素分析及对人体的影响

分析主要危害因素如气候、粉尘、热辐射、电器设备、压力容器、机械振动等的不安全因素，估计对人体的影响和危害。

3) 采取的安全防护措施及预期的效果

说明在工艺上、设备选择上采取的措施；工程技术方面的控制；采取的其他辅助安全设施和女工特殊保护等。说明上述各类措施的预期效果。

4) 职业安全卫生投资估算

5) 职业安全卫生机构设置和专职人员

(2) 消防

1) 设计依据

说明国家和地区的有关规定和设计标准。

2) 工程环境

说明工程的火灾危险性，民用建筑类别，四邻环境对项目安全的影响因素，当地消防部门的意见和建议。

3) 主要防火措施

说明消防水源、电源、通讯等的安排和消防站（队）、监视措施等消防配套工程的方案。

4) 消防设施的投资和消防在职人员

9. 节能

(1) 能耗指标及分析

1) 项目能耗指标及计算

说明项目生产产品的能耗指标，计算该项目生产产品的单位产量综合能耗，或项目生产时的总综合能耗。

2) 能耗分析

项目的单位产量综合能耗与国际、国内企业能耗的对比分析，设计指标应达到国内先进水平，有条件的重点产品应达到国际先进水平。

(2) 节能措施综述

1) 采用的新技术、新工艺对节能的效果。

2) 一律不得选用已公布淘汰的机电产品以及国家产业政策限制的产业序列和规模容量。

3)生产过程中产生的废水、废渣的回收利用和生产剩余物（如裁边余料、锯屑、粉尘等）作为燃料等措施。

4) 单台容量 10t/h 及以上，年运行 4000h 及以上的工业锅炉采用热电联产。

(3) 单项节能工程

1) 凡不纳入主导工艺流动（如热电联产，集中供热）的节能项目，应在设计中单列节能工程。

2) 单列节能工程应单列节能量计算，单位产量节能量、造价、投资预算以及投资回收期等。

10. 生产组织劳动定员与人员培训

(1) 企业组织及工作制度：根据需要可按不同管理方法，列出企业组织机构示意图。

表 39-8 全厂定员及人员构成表

序 号	部 门	生产工人	技术人员	管理人员	合 计	备 注
1	生产车间 ………					
2	辅助车间 ………					
3	厂 部					
4	其 他					
5	总 计					

表 39-9 工程项目总表

序 号	项目名称	建筑面积 m^2	结构类型	耐火等级	备 注
1	主 车 间				
2	………				
:	………				
:	………				

(2) 劳动定员：根据企业的生产规模、产品、机械化程度和管理要求，以及国家的有关规定分别编制生产工人、技术人员、管理人员（含服务人员）的构成表（表 39-8）。

(3) 人员培训：根据建厂地区的条件及生产技术复杂程度，拟定人员培训计划，说明分类培训人数、要求、培训地点、时间和方式。需去国外培训的，应详细说明其去向、目的、时间、必要性和费用估算。

11. 工程项目组成与实施规划

(1) 工程项目组成：工程项目组成其包括单项工程，阐明全厂土建工程量及主要建（构）筑物的建筑特征和结构类型，并编列出工程项目总表（表 39-9）。

(2) 项目实施规划

1) 项目实施时期各阶段的进度安排建议。建议进度系指自项目的可行性研究报告被批准日起，至投产止的工程建设进度。

2) 计划安排。说明实施准备工作，勘察设计预计进度，施工准备与施工计划的预计进度等。

3) 设备供应，设备验收、安装、调试、试生产等工作的可能进度说明和要求。

4) 有引进技术和设备的项目，应列出涉外工作的安排建议。

5) 编制实施计划进度表。进度表可用横道线或网络图形的方法表示，简单项目可用文字说明。

6) 提出为了实现实施计划，必须注意的问题和建议。

12. 投资估算与资金筹措

(1) 投资估算依据及说明

1) 国家和国家林业局颁发的林产工业建设项目固定资产投资估算的有关规定；

2) 固定资产投资估算范围；

3) 投资估算所采用的设备、材料价格依据。建筑安装工程估算指标；地区差价，价格上浮率等调整系数以及其他工程和费用的计算依据；

4) 如有引进技术及进口设备的项目，要说明价格来源，外汇换算率和日期，税、费的计算内容和依据；

5) 改扩建项目要说明原有固定资产的利用价值及拆除损失估计；

6) 中外合资、合作经营项目，要说明中外各方协议中有关技术经济要点；

7) 其他。

(2) 总投资及其估算范围

1) 总投资估算额：　　　　万元（含外汇　　　万美元）；

2) 总投资估算范围：固定资产投资（其中含固定资产投资方向调节税、建设期价格变动引起的投资增加额、建设期借款利息、汇率变动部分等动态变化）和流动资金；

3) 工程投资构成分析见表 39-10。

表 39-10 总投资构成分析表

序　号	投资内容	投资金额	占项目总投资额 %
1	项目总投资（2）+（3）		
2	固定资产投资		
	其中：		
2.1	价格变动引起的投资增加额		
2.2	固定资产投资方向调节税		
2.3	建设期借款利息		
2.4	其　他		
3	流动资金		

注：引进项目、合资项目工程加外汇栏

(3) 固定资产投资估算：固定资产投资估算一般应包括：生产工程、辅助生产工程、公用工程、厂区总图工程、厂外工程、生活福利设施工程以及其他费用（投产前资本支出）如土地征购费、拆迁费、建设单位管理费、联合试车费、工人进厂费、职工培训费、技术考察费、可行性研究费、工程设计费、厂地勘察费、指标费、设计联络费、来华专家接待费、国外设备材料检验费、各类手续费、不可预见费、与本项目有关的外部协作配套工程费（如供电增容费）等。编制固定资产投资估算参见表 39-11。

(4) 固定资产投资方向调节税：说明应缴纳固定资产投资方向调节税的单位工程内容，建设内容和适用税率。

(5) 建设期借款利息：根据分年用款计划和资金来源计算固定资产投资建设期利息，并说明建设期利息的计息方式，支付条件和支付利息资金来源。编制固定资产投资建设期借款利息估算表（略）。

(6) 价格变动引起的投资增加额：说明项目建设期间的建筑安装工程费、设备和工器具购置费，由于价格变动引起的投资增加额。

(7) 流动资金：需要测算全额流动资金（包括定额流动资金和非定额流动资金）；说明铺底流动资金比例及金额；流动资金来源及筹措；编制流动资金估算表（略）。

(8) 资金筹措：根据工程进度及其他有关事项编制资金

表 39-11 固定资产投资估算表

单位：万元

序　号	工程或费用名称	建筑工程	设备购置	安装工程	运 杂 费	其他费用	总　值
1	固定资产投资						
1.1	第一部分 工程费用						
1.1.1	生产工程项目						
1.1.1.1	………						
1.1.2	辅助生产工程项目						
1.1.2.1	………						
1.1.3	公用工程项目						
1.1.3.1	动力工程项目						
1.1.3.2	结排水工程项目						
1.1.4	厂区工程项目 ………						
1.1.5	厂外工程项目 ………						
1.1.6	生活设施工程项目 ………						
	第一部分小计						
1.2	第二部分 其他工程和费用						
1.2.1	工程筹建费用 ………						

表 39-11（续）

序　号	工程或费用名称	建筑工程	设备购置	安装工程	运 杂 费	其他费用	总　值
1.2.2	生产准备费用 ………						
1.2.3	其他工程和费用 第二部分费用小计						
	第一、二部分费用合计						
2	不可预见的工程和费用						
3	价格变动引起的投资增加额						
4	固定资产投资方向调节税						
5	建设期借款利息						
6	其　他						
	合计（1+2+3+4+5+6）						

注：引进工程、中外合资项目加外汇栏

用款计划；说明资金来源，各项借款的利率和有关费用以及偿还条件。编制资金来源和分年用款计划表（略）

(9) 投资指标

1) 每百元销售收入占用总投资；

2) 每百元销售收入占用固定资产投资；

3) 单位产品的固定资产投资；

4) 每百元销售收入占用流动资金。

13. 财务分析与经济评价

(1) 财务分析条件：贷款利息、税金及税率、折旧及残值、还款来源及还款期企业留利比、项目建设期、经营期及达产期等。

(2) 产品单位成本和总成本：按成本项目分类计算出产品单位成本，并编制产品单位成本估算表（略）；按生产要素分类计算出产品总成本，是在生产达到设计能力后，项目正常生产年份的工厂成本、总成本、经营成本。编制总成本估算表（略）。

(3) 产品成本估算依据：说明主要原材料、燃料、动力的价格及消耗定额；产品出厂价；职工工资及附加；折旧和摊销；各种提取费用、利润分配及其他费用。

(4) 销售收入：说明产品的销售价格，如有外销，说明其外销产品所占比例、外销量、外销价格及外销方式。编制销售收入及税金估算表（略）。

(5) 利润估算：说明项目正常生产年份的利润总额，计算投资利润率、投资利税率。编制利润估算表（略）。

(6) 财务现金流量分析：计算逐年财务现金流量和财务评价指标：财务内部收益率；财务净现值；静态投资回收期。编制财务现金流量表（略）。

(7) 项目清偿能力分析

1) 借款偿还能力

说明项目还款资金来源，包括可用于还款的利润、折旧、摊销及其他收益。编制可供还款资金估算表（略）。

2) 借款偿还平衡

根据各种借款偿还条件（包括偿还方式及偿还期限）确定借款偿还次序。编制固定资产投资借款偿还平衡表（略）。

3) 财务平衡分析

根据项目的资金来源及资金运用，测算计算期内各年的资金盈余或短缺情况，进行清偿能力分析，计算固定资产借款偿还期（从借款日起）。编制财务平衡表（略）。

4) 中外合资项目编制外汇收支平衡表。

(8) 不确定性分析

1) 盈亏平衡点计算

根据正常生产年份的产品产量或销售量、产品的固定成本或可变成本、产品价格、销售税金，计算以产量、生产能力利用率表示的盈亏平衡点，绘制盈亏平衡图，并加以分析。

2) 敏感性分析

根据项目特点选取与财务评价有关的主要因素，进行敏感性分析，编绘敏感性分析表（图）。

(9) 经济评价结论：编制国民经济评价的项目，应综合财务评价与国民经济评价结果，提出经济评价结论。不编制国民经济评价的项目，以财务评价结果，作为经济评价结论。

14. 附件与附图

(1) 附件

1) 项目建议书及批复文件

2) 编制可行性研究报告的委托书

3) 有关主管部门对资金的安排文件

4) 有关主管部门对厂址的安排意见

5) 有关主管部门对主要物料（原材料、辅料、燃料、供水、供电等）和交通运输等安排的文件

6) 有关主管部门对环境保护、消防、劳动安全、卫生设

施和地震及地质等说明的文件

7) 中外合资企业各方的资信证明、法定代表及所在国(或地区) 政府主管部门发给的营业执照副本

8) 有关主管部门对产销和外汇收支的安排意见

9) 有关主管部门对设备分交及其他配件的安排意见

(2) 附图

1) 厂址地形及区域位置图

2) 总平面布置简图

3) 工艺流程简图

4) 主要车间布置方案简图

5) 其他

39.4 项目工程设计

39.4.1 工程设计在木材工业基本建设中的地位和作用

设计是基本建设程序中必不可少的一个重要组成部分。设计文件是安排建设项目和组织施工的主要依据。在规划、项目、厂址已定，项目可行性研究报告已审批的情况下，设计是建设项目能否实现多、快、好、省的一个带决定性的环节。

一个木材工业建设项目，在资源利用上是否合理，厂区布置是否紧凑、适度，设备选型是否得当，技术、工艺、流程是否先进，生产组织是否科学、严谨，是否能以较少的投资，取得产量多、质量好、效率高、消耗少、成本低、利润多的综合效果，在很大程度上取决于设计质量的好坏和水平的高低。

39.4.2 工程设计的的基本任务和指导思想

木材工业项目工程设计的基本任务是体现国家有关的方针、政策；结合国情，合理确定设计标准；做到切合实际、技术先进、经济合理、安全适用；使项目能达到预期的经济效益、社会效益和环境效益。

此外、在设计中，还必须体现以下基本原则：

(1) 积极开发、采用和推广新技术。采用的新技术必须经过试验、试用和鉴定或经生产实践证明是成熟可靠的。

(2) 节约用地、因地制宜提高土地利用率。

(3) 节约并综合利用资源。根据需要、技术可能和经济合理原则，充分考虑资源的综合利用。要节约资源，提高资源利用率。

(4) 保护环境。贯彻“以防为主、防治结合治理”和“三同时”方针，应采用先进、适用的技术和设备，使污染物尽可能地消除在生产过程中。经综合治理和利用后最终排出的污染物，应符合规定的排放标准。

(5) 节约能源。在设计中要采用耗能少的先进工艺和设备，要合理利用能源，采用节能措施，提高能源利用率。

(6) 有利生产，有利生活。

39.4.3 工程设计的依据和主要技术条件

木材工业项目工程设计是根据批准的可行性研究报告的要求，进一步收集准确的设计基础资料，对建设项目的建设方案、工艺路线、产品方案、设备、建筑、资金等进行统盘的研究、设计和计算，作出合理的总体安排。所以在设计过程中要有以下文件和资料作为依据。

(1) 文件依据：可行性研究报告和评估报告；投资主体(主管部门) 对项目建设的要求；与建设有关各方签订的合同文件和协议文件，如委托设计合同、研究试验合同、土地使用证及原材料供应、给排水、供电、供热、通讯、城市规划等协议。

(2) 资料依据：资料依据也称为设计的技术条件，包括区域构造、地震烈度、水份地质情况、气象条件、勘察资料、工艺技术标准、主要设备型号、规格、性能和价格、“三废”处理要求、职工生活区的安置方案等。

39.4.4 工程设计阶段的划分

按我国目前的建设规定，可行性研究按一个阶段进行，其内容深度只需满足投资主体(主管部门) 审批和确立项目的要求即可。根据这个要求，设计阶段作如下划分：

(1) 一般建设项目，按两阶段设计，即初步设计和施工图设计；

(2) 对技术复杂而又缺乏经验的项目由主管部门指定实行三阶段设计，即初步设计、技术设计和施工图设计；

(3) 对于一些大型木材加工联合企业，为解决统筹规划、总体部署和开发问题，一般还需进行总体规划设计或总体设计。

39.4.5 工程设计各阶段的设计内容和要求

39.4.5.1 总体设计的内容和要求

总体规划设计是对一个大型木材加工联合企业内每一个单元工程根据生产运行上的内在关系，在相互配合、衔接等方面进行统一的规划、部署和安排，使整个工程在布置上紧凑、流程上顺畅、技术上可靠、生产上方便、经济上合理。但它本身并不代表一个单独的设计阶段。

总体设计的内容一般应包括以下文字说明和必要的图纸：① 建设规模；② 产品方案；③ 原料来源；④ 工艺流程概况；⑤ 主要设备配置；⑥ 主要建筑物、构筑物；⑦ 公用、辅助工程；⑧ “三废”治理和环境保护方案；⑨ 占地面积估计；⑩ 总图布置及运输方案；⑪ 生产组织概况和劳动定员估计；⑫ 生活区规划设想；⑬ 施工基地的部署和地方材料的来源；⑭ 建设总进度和进度配合要求；⑮ 投资估算。

总体设计应满足：① 初步设计的开展；② 主要大型设备、材料的预安排；③ 土地征用谈判。

39.4.5.2 初步设计的内容和要求

对需要进行总体设计的建设项目，其初步设计应在总体设计的原则指导下进行。

初步设计的内容，一般应包括下列说明和图纸：① 设计主要依据；② 设计指导思想；③ 建设规模；④ 产品方案；⑤ 原料、辅料、燃料、动力的用量和来源；⑥ 工艺流程及说明；⑦ 主要设备选型及配置；⑧ 总图布置和运输方案；⑨ 主要建筑物、构筑物；⑩ 公用、辅助设施；⑪ 外部协作条件；⑫ 综合利用、"三废"治理、环境保护措施及评价；⑬ 职业安全卫生与消防；⑭ 节能、占地面积和场地利用情况；⑮ 生活区建设；⑯ 地震及人防设施；⑰ 生产组织及劳动定员；⑱ 建设工期；⑲ 设计总概算；⑳ 主要经济指标及分析。

初步设计应满足以下要求：① 设计方案的比选和确定；② 主要设备、材料订货及生产安排；③ 土地征用；④ 基建投资的控制；⑤ 施工图设计；⑥ 施工组织设计的编制；⑦ 施工准备和生产准备。

39.4.5.3 技术设计的内容和要求

技术设计是为重大项目和特殊项目进一步解决某些具体技术问题，或确定某些技术方案而进行的设计。它是针对在初步设计阶段中无法解决而又需要进一步研究解决的问题所进行的一个设计阶段，它主要解决类似以下方面的问题：① 特殊工艺流程的试验、研究和确定；② 新型设备、材料、部件的试验、制作及确定；③ 大型建筑物、构筑物对某些关键部位的试验、研究及确定；④ 某些技术复杂、需要慎重对待的问题的研究及确定。

技术设计的具体内容，需视工程项目的具体情况、特点和需要而定。但其深度应能满足上述各个方面的要求。

39.4.5.4 施工图设计的内容和要求

施工图设计是工程设计的最后阶段，根据批准的初步设计（或技术设计）确定的设计原则和设计方案进一步具体化、明确化，绘制出正确、完整和尽可能详尽的建筑、安装图纸。它应满足以下要求：① 设备、材料的安排；② 各种非标设备的制作；③ 施工图预算的编制；④ 土建、安装工程的要求。

39.4.6 木材工业企业工艺设计的具体内容和深度要求

39.4.6.1 初步设计

木材工业工程设计的初步设计阶段其文件由以下部分组成：第一卷，设计说明书（包括设计总说明及各专业的设计说明，项目经济分析与评价）；第二卷，设计图纸；第三卷，设备、材料清单；第四卷，工程概算。工艺设计应按以上四项内容编制文件，其深度要求如下：

1. 工艺设计说明书

(1) 设计依据：设计总说明中所列批准的项目建议书、可行性研究报告等文件和依据性资料中与专业有关的内容（如生产规模、产品方案、原料及辅助材料供应、生产标准等。

(2)设计范围及原则

1) 设计的指导思想及原则

2) 设计规范和标准

3) 设计的内容（包括原材料及成品贮存库场，备料及生产工艺，设备选型和检修、化验等）及对以后发展或扩建的考虑。

4) 改建、扩建工程应说明对原有厂房和设备的利用情况。

5) 生产协作关系的说明。

6) 关于"三废"治理、综合利用的设施方案、节能、工业卫生、劳动保护和环保措施。

(3) 工艺设计的特点：采用新技术的内容、效益及试验鉴定情况。

(4) 车间组成：说明车间（或工段）的划分，各车间（工段）的联系等。

(5) 工作制度：车间的年工作日、班次、班工作时间、班有效工作时间。

(6) 车间定员：按生产岗位分类列表，工人中分生产工人和辅助生产工人。见表 39-12。

(7) 原料、成品及中间产品的品种、规格及主要物理化学常数，有国定标准者应列标准名称及编号。

(8) 工艺流程简述：从原材料的贮存、制备开始说明，物料经过各工序的前后次序和生成物的方向直至成品入库，并说明主要操作条件（如温度、浓度和压力等）。

(9) 设备选型及配置：主要设备的工艺计算及选型，非标设备的尺寸、性能和辅机配置情况等。

(10) 物料平衡计算和说明：以主要设备或工序为单元（或以小时、天为基准；在非连续生产时可以批为基准），作出物料平衡计算，根据计算结果列出物料平衡图表或进行说明。

表 39-12 车间定员表

工　段	工　序	班/日	人/班	合计（人）	备　注
………	………				
⋮	⋮				
⋮	⋮				
技管人员					
辅助人员					
合　计					

(11)“三废”的产生量及治理：如对加工废弃物及粉尘的处理方法及达到的标准，噪音指标及其防护措施等，并说明对环境保护影响的评价。

(12) 车间化验、测试室的设置和主要设备选择。

(13) 各项技术经济指标，可列表，按表39-13说明。

(14) 需提请在设计审批时解决或确定的主要问题。

(15) 在设计中要做大量的内部作业，如有关计算书（包括物料平衡、能量消耗量、排出物量、设备选型和设备管道及其他技术经济指标的计算等），以及绘制的依据性草图，都要妥善保管，以备施工图设计时查阅。计算书中的主要数据和计算结果应列入设计说明的有关条文中。

2. **图纸**

(1) 工艺流程图

1) 应按设备总图或产品样本所示，绘出车间工艺过程所需设备。

2) 按图例绘出主要管道及阀门、温度计、压力表，并以箭头表示介质、物料流向。

3) 在图的右下角图签上面应附设备一览表(或单独列出设备一览表)，并可在专业图纸统一的位置书写必要注明。

(2) 设备平、剖面布置图

1) 设备平、剖面布置图应与建筑图相一致，并示出门、窗、楼梯、平台及地坑位置，注明房间名称、建筑物轴线尺寸及标高等。

2) 设备布置、定位尺寸及设备编号。

3) 在图的右下角图签上面应附设备一览表，并在专业图纸统一的位置书写必要的说明。

表39-13 车间主要技术经济指标

序号	名称	单位	指标	备注
1	年生产量			
2	产品品种规格			
3	年原料消耗量			
4	年辅助材料消耗量			
5	每小时最大及平均用水量			
6	每小时最大及平均用汽量			
7	压缩空气耗量			
8	设备装机容量			
9	每小时耗电量			
10	定员：管理人员 生产人员 辅助生产人员			
11	工作制度：年工作日 日工作班次 班工作小时			
12	劳动生产率（按生产工人计）			
13	车间建筑面积			

3. **设备、材料清单**

(1) 设备清单：包括生产设备、检修设备、试验（化验）设备及仪器、工具等。

(2) 主要材料汇总表：包括管道材料、保温材料和设备、管道安装材料。

4. **初步设计概算**

39.4.6.2 施工图设计

1. **设计文件组成**

施工图设计一般由下列文件组成： 设计文件目录；设计说明；设备一览表；材料汇总表；设备布置图；工艺流程图；工艺管道布置图；工艺安装图；制作图。

2. **设计文件应达到的深度要求**

(1) 设计文件目录：目录中先列新绘制图样，后列选用的标准图、通用图或重复利用图。

(2) 设计说明

1) 说明车间的设计年产量、产品规格及所能达到的质量标准。

2) 生产工艺设计说明：生产工艺过程简述；说明对于批准的初步设计内容所作的变动和补充，并叙述变动的根据和理由；施工图设计遗留的问题及其他有关说明。

3) 工艺安装说明：对主要设备安装的特殊说明；设备与管道和土建配合要求以及与到货设备尺寸的核对要求；设备、管道的安装坡度、试压、防腐、保温及涂色的要求；安全防护要求和环境保护、“三废”治理说明；设计采用的图例说明。

(3) 设备一览表

1) 设备一览表是设备订货的依据，其内容和深度必须满足订货要求，要反映出设备的主要技术特性、规格性能和主要材质。为便于订货，可在备注栏内注明生产厂家。

2) 施工图设计中与初步设计有变更的设备应说明变更理由，提出名称、规格和型号。

(4) 材料汇总表:材料汇总表应填写管道、阀门、管件、设备和管道的保温材料和保护材料及其他材料的名称、代号、型号、规格、单位、数量和质量。施工图设计中与初步设计有变更的材料应说明变更理由，提出名称、规格和型号等。

(5) 工艺设备布置图

1) 工艺设备布置图应反映车间全貌及空间利用情况，绘制出设备的平、剖面布置以及堆场、半成品贮存场、仪表操作间、配电间、维修间、化验室、办公室和生活用房等。

2) 设备均应按比例、用粗实线绘出外形轮廓，标明定位轴线及安装高度。

3) 工艺设备布置图应按建筑图绘出外形，标注主要尺寸如长度、跨度、轴线柱距、标高等。

4) 设备用粗实线标注编号，并在图签上方列出设备编号、名称、规格、性能、数量等。

(6) 工艺流程图

1) 工艺流程图反映工艺生产过程和控制测量的全部情况。图样应表示出工艺介质系统、公用工程和辅助介质系统的全部管道、阀门及控制测量仪表。

2) 图中的设备应按大致比例和相对标高，根据生产工艺过程顺序用细实线画出其简略外形及全部设备接口。在设备位号线上方注明设备位号，下方注明设备名称。位号与名称应与设备一览表中一致。

3) 图样应用规定符号表明工艺介质及流向。

4) 图样所有管道应标出管内介质代号、管道材料代号、管道规格、管内物料流向以及管道上的阀件和仪表，并注明阀件和仪表的型号、图号、规格及代号。

5) 图样绘出的各种进出车间的管道应注明来源和去向。

(7) 工艺管道布置图

1) 工艺管道布置图必须与工艺流程图相一致。按比例绘出汽、水、压缩空气、风送、液压等管道系统平、剖面安装位置及仪表、阀门、管件和支架的定位图。管道用粗实线表示。

2) 根据相应的建筑施工图用细实线简单绘制出建构筑物的墙、柱、门、窗、楼梯、孔洞、地坑等外形，并注明建筑物轴线编号、尺寸及标高。所有设备也用细实线画出其外形并标注设备位号。

3) 绘出的管道要标有：管内介质代号，管道材料，管道管径尺寸、规格，管道安装坡度、坡向及中心标高。

4) 图纸上列出材料表。

(8) 工艺安装图：工艺安装图可用单机安装图和工段安装图绘出设备外形及相关联的设备组成生产系统，标明相互安装定位关系尺寸。

1) 绘出建筑物外廓。按比例绘入设备外形，标出主机定位尺寸及安装标高。标出辅机以主机为准的定位尺寸和安装标高。

2) 图样表示出：控制箱、操作台位置安装标高；设备活动极限及风送、供电、供水、供汽的位置；物料输送设备间的连接、特殊支架与非标准的管件等。

3) 绘出设备基础平面总图、预留孔、预埋件尺寸及二次灌浆尺寸。

4) 在图签上方分别列出安装材料表及设备编号、型号、性能表。

(9) 制作图

1) 凡原设备所规定的安装形式，设备接口方位，个别结构在工程上采用需要修改时，均需绘设备制作图。

2) 制作图的图样画法应符合机械制图规定。

3) 制作图中与安装有关的部分，应绘出与其连接部分的大样，标出尺寸。

39.4.7 设计概、预算

39.4.7.1 设计概、预算的含义和作用

1. 初步设计概算和它的作用

初步设计概算是根据初步设计或技术设计编制的工程造价的概略估算，是设计文件的组成部分。经批准的初步设计概算是控制工程建设投资的最高限额。建设单位据以编制投资计划，进行设备订货和委托施工；设计单位作为评价设计方案的经济合理性和控制施工图预算的依据。初步设计概算文件主要有建设项目总概算、单项工程综合概算、单位工程概算以及其他工程和费用概算。

初步设计概算的作用有四个方面：

(1) 它是确定拟建项目总投资，编制固定资产投资计划，签订投资贷款合同，工程总承包合同，实行投资包干制确定投资包干额，控制拨款和结算的依据。

(2) 它是控制技术设计、施工图设计等下阶段设计工作和技术设计修正概算和施工图预算的依据。

(3) 它是进行各种施工准备、组织工程施工、设备供应、加工订货及落实各项技术经济责任制的依据。

(4) 它是控制项目投资、考核建设成本、提高项目实施阶段工程管理和经济核算水平的必要手段。

2. 施工图预算和它的作用

施工图预算又称工程设计预算，简称预算。它是施工图设计阶段根据施工图纸、预算定额、费用定额、设备和材料预算价格、工资标准等资料编制的较为详尽的技术资料文件。

施工图预算的作用有三方面：

(1) 施工图预算是确定工程造价的依据，它通过对工程分项精细估价，核实投资及各种费用，并计算工程应含的盈利，从而确立出工程预算价格，即计划价格。

(2) 它是施工企业编制施工计划，进行施工准备，组织劳动力和材料的依据。

(3) 经审定后的预算又是招投标和签订施工合同，进行工程结算的依据。

39.4.7.2 设计概、预算费用组成

设计概、预算按费用性质，可分为建筑安装工程费，设备及工器具购置费及工程建设其他费用。

1. 建筑安装工程费

(1) 建筑工程费：生产及非生产性工程建设的土建工程、给排水、采暖、电气照明、防雷接地等工程费用。

(2) 安装工程费：木材加工、人造板、制胶、锅炉房、机修等生产工艺安装、工艺管道、自动控制、变配电、电气动力、通讯设备、空调安装等工程费用。

2. 设备及工器具购置费

这部分费用指购置设备、工器具的一切费用，包括产品

原价、供销部门手续费、包装费、运输费、采购和保管费。

3. **工程建设其他费用**

这部分费用指上述两项费用以外的其他非生产性费用，包括工地使用费、建设单位管理费、研究试验费、勘察设计费、供电贴费、生产准备费、引进技术和进口设备其他费、施工机构迁移费、联合试运转费、固定资产投资方向调节税、建设期投资贷款利息、预备费。

39.4.7.3 建设项目的构成

为便于设计概、预算的编制，需对建设项目进行分类。建设项目一般划分为以下几类：

1. **建设项目**

一个建设项目，是指在一个总体设计或初步设计的范围内，由一个或几个单项工程组成，经济上实行统一核算，行政上有独立组织形式的基本建设单位。如一个木材加工或人造板的加工企业。

2. **单项工程**

单项工程是指具有独立的设计文件，建成后能够独立发挥生产能力或效益的工程。单项工程是建设项目的组成部分。工业建设项目的单项工程一般是指能够生产出设计规定的主要产品的车间或生产线。如一个胶合板车间等。

3. **单位工程**

单位工程是指具有独立的设计、可以独立组织施工的工程。单位工程是单项工程的组成部分。

单位工程仍然是一个复杂的综合体，不便于进行分析和估价，因此有必要再做以下的分解。

4. **分部工程**

分部工程是单位工程的组成部分。这类工程一般是按建筑物的主要部位、工程的结构、工种和材料的结构来划分的。如建筑工程中的土石方工程、砖石工程、桩基础工程、混凝土工程、木结构工程、道路及排水工程、围墙及绿化工程等等均属分部工程。

5. **分项工程**

分项工程是指通过较为简单的施工过程就可以生产出来，并且可以用适当的计量单位进行计算的建筑或设备安装工程。如单位体积的砖基础工程、钢筋工程、抹灰工程、木屋架制作与安装工程、一台机床的安装工程等等。

39.4.7.4 设计概、预算文件的内容和组成

1. **设计概、预算文件的内容**

(1) 设计概、预算与各个设计阶段的关系：设计概、预算是设计上对工程项目所需全部建设费用计算成果的一个笼统名称。实际上，它随着设计阶段的不同而有不同的叫法，包含的内容和组成也不完全一样。

一个建设项目，在进行总体设计时计算出来的全部费用叫做估算，在初步设计阶段叫做总概算，在技术设计阶段叫做修正概算，在施工设计阶段叫做预算。

(2) 设计概、预算内容与工程项目分类的关系:根据我国现行的作法，一个建设项目的概、预算，叫总概、预算；一个单项工程的概、预算，叫综合概、预算；一个单位工程的概、预算，叫单位工程概、预算。

2. **设计概、预算文件的组成及表格**

(1) 设计概、预算文件的组成：编制说明，总概、预算表，单项工程综合概、预算表，单位工程概、预算表，其他工程和费用概、预算表及主要设备和材料表。

1) 编制说明包括以下主要内容：

——工程概况：说明建设项目的生产规模，内容，产品品种，工程性质（新建或改、扩建），工程总建筑面积，总投资，钢材、木材、水泥总消耗量等（如引进工程，尚需注明外汇额度和汇率依据）。

——编制依据： 主管部门批准的各阶段的设计文件、设计图及说明书，有关规定、合同、协议书、委托书、会议纪要，采用定额（指标），费用标准，人工工日单价，材料、设备价格的依据，国家及工程所在地区主管部门颁发的有关调价文件。

——资金来源及利率；

——其他需要说明的问题。

2) 总概、预算是一个独立的工程建设项目总投资文件。该文件是由单项工程的概、预算和工程建设其他费用组成。

3) 综合概、预算是单项工程的建设文件，它是总概、预算的组成部分之一，是根据各单位工程概、预算汇总编制而成。

4) 单位工程概、预算是单项工程内各专业设计的建设费用文件，它是综合概、预算的组成部分，是各概、预算的基础。

(2) 概、预算的主要表格

1) 概、预算表1甲、乙为编制总概、预算或综合概、预算的专用表格。

2) 概、预算表2是汇编各专业主要设备的表格。

3) 概、预算表3是汇编各专业主要材料的表格。

4) 概、预算计表1甲、乙是计算各专业分部、分项工程量的专用表格。

5) 概、预算计表2甲、乙，计表3甲、乙是编制建筑安装工程概、预算专用表格。

6) 概、预算表4是编制工程建设其他费用概、预算专用表格。

39.4.7.5 设计概、预算文件的编制与程序

1. **设计概、预算文件的编制**

设计概、预算文件的编制，是按照由小到大，由简到繁的原则进行的。一般先由一个单位工程的某些分部、分项开始，然后分别算出单位工程、单项工程和整个建设项目的全

概、(预)算表

（概、预算表1甲）

建设名称									设计编号			
概（预）算总值									实际概（预）			
回收金额									算 总 值			
序　号	设计编号	工程或费用名称	概（预）算费用（元）					经济指标	占投资%			
			建筑工程	设备	安装工程	工器具购置	其他费用	概（预）算价值		单　位	工 程 量	指　标
1	2	3	4	5	6	7	8	9	10	11	12	13

（概、预算表1乙）

序　号	设计编号	工程或费用名称	概、(预) 算费用（元）					经济指标	占投资(%)	经济指标		
			建筑工程	设备	安装工程	工器具购置	其他费用	概（预）算价值		单　位	工 程 量	指　标
1	2	3	4	5	6	7	8	9	10	11	12	13

设备清单

（概、预算表2）

序　号	设备名称	型号规格	单　位	数　量	设备重量（t）		配套电机				每台设备电机数	备　注
					单　重	总　重	型　号	电压（V）	转数（转/分）	功率（kW）		
1	2	3	4	5	6	7	8	9	10	11	12	13

人工、材料汇总表

（概、预算表3）

序　号	名　称	规　格	单　位	数　量	备　注

分项工程量计算表

（概、预算表1甲）

序　号	定额编号	工程项目名称	计算单位	工程数量	算　式	备　注
1	2	3	4	5	6	7

（概、预算表1乙）

序　号	定额编号	工程项目名称	计算单位	工程数量	算　式	备　注
1	2	3	4	5	6	7

建筑工程概（预）算表

（概、预算表 2 甲）

序号	定额编号	分项工程或费用名称	工程量		概（预）算价值（元）		其中（元）						工日	
			单位	数量	单位	总值	人工费		材料费		机械费		定额	数量
							单价	金额	单价	金额	单价	金额		
1	2	3	4	5	6	7	8	9	10	11	12	13	14	15

（概、预算表 2 乙）

序号	定额编号	分项工程或费用名称	工程量		概（预）算价值（元）		其中（元）						工日	
			单位	数量	单位	总值	人工费		材料费		机械费		定额	数量
							单价	金额	单价	金额	单价	金额		
1	2	3	4	5	6	7	8	9	10	11	12	13	14	15

部建设费用来。即先编制单位工程概、预算，然后逐步编制、汇总成单项工程综合概、预算和项目总概、预算。

2. 设计概、预算文件的编制程序

(1) 广泛收集必要的基础资料，主要包括：

1) 工程类别、承包方式、资金来源、利率标准；

2) 工程所在地区的林区津贴标准，施工单位基地距施工现场的距离；

3) 当地养路费、牌照税的征收标准及其有关规定；

4) 调查工程建设其他费用标准，如工地征购费、居民动迁费、旧有建筑（构筑）物的拆除费等；

5) 当地人工工日单价及建筑材料预算、市场价格及外汇排价等；

6) 施工期安排；

7) 各阶段主管部门审批文件。

(2) 全面熟悉设计文件、图纸、定额及有关费用标准等，制定概、预算编制的计算程序。

(3) 准确计算工程量。

(4) 编制单位工程概、预算，进行工料分析、材料汇总，列出主要设备清单。

(5) 编制单项工程综合概、预算。

(6) 计算工程建设其他费用，编制建设项目总概、预算。

(7) 编写编制说明书。

(8) 审核、签字、打印装订成册。

39.5 “三板”建厂技术经济指标

“三板”指的是胶合板、纤维板、刨花板三个板种。

改革开放以来，我国“三板”工业有了很大发展，在节约木材、代用木材和满足社会需求等方面，正发挥着越来越大的作用。为协助从事木材加工行业的有关领导和工程技术人员了解“三板”工业现状，现收集编制了“三板”建厂技术经济指标，以期在对企业筹建、改建、扩建时能进行技术经济多方案比较、论证，做到心中有数，使企业收到预期的良好经济效益。

“三板”建厂，影响技术经济指标的因素很多，如建厂地区，设计基数，工艺流程，原料品种和类型，设备选型，热源，水源供应，生产管理水平等。因此，建厂时一定要根据本地区、本企业的实际情况，因地制宜地选取数据。这里收集编制的“三板”建厂技术经济指标供参考使用。

设备及安装工程概（预）算表

（概、预算表 3 甲）

序号	定制编号	设备及安装工程名称	单位	数量	设备重量（t）		概（预）算价值（元）					
							定额单价			总价		
					单重	总重	设备	安装工程		设备	安装工程	
								基价	其中工资		基价	其中工资
1	2	3	4	5	6	7	8	9	10	11	12	13

（概、预算表 3 乙）

序号	定制编号	设备及安装工程名称	单位	数量	设备重量（t）		概（预）算价值（元）					
							定额单价			总价		
					单重	总重	设备	安装工程		设备	安装工程	
								基价	其中工资		基价	其中工资
1	2	3	4	5	6	7	8	9	10	11	12	13

工程建设其他费用计算表

（概、预算表 4）

序号	工程或费用名称	计算依据	计算式或说明	概（预）算价值（元）
1	2	3	4	5

39.5.1 刨花板建厂技术经济指标

序 号	项 目	单 位	不同规模刨花板厂技术经济指标			备 注
			15000 m³/a	30000 m³/a	50000 m³/a	
1	原料消耗（木质）	m³/a	23000	43200	71000	
2	主要辅助材料					
	脲醛树脂	t/a	1700	3750	5700	固含量 62%
	石 蜡	t/a	60	120	200	固体
	氯 化 铵	t/a	15	30	50	纯度 97%
3	动力消耗					
	用水量（平均）	t/h	10	18	22	
	其中：生产用水	t/h	4	7	9	
	冷却循环用水	t/h	6	11	13	
	电	kWh/m³	170	170	165	
	用汽量（平均）	t/h	5～6	8～10	13～15	
	生产线设备装机容量	kW	1450	2500	3700	含锅炉、制胶
4	工作制度					
	年工作日	d	280	280	280	
	日工作小时	h	22.5	22.5	22.55	
5	全厂定员	人	95	110	120	
	其中：生产工人	人	85	90	106	
6	主车间建筑面积	m²	约 4000	约 5100	9950	

注：以上资料取自上海人造板机器厂

39.5.2 中密度纤维板建厂技术经济指标

序 号	项 目	单 位	不同规模中密度纤维板厂技术经济指标			备 注
			15000 m³/a	30000 m³/a	50000 m³/a	
1	原料消耗（木质）	t/a	19000	35000	65000	
2	主要辅助材料					
	脲醛树脂	t/a	2600	6400	10500	固含量 50%
	石 蜡	t/a	160	320	530	固体
	氯 化 铵	t/a	40	80	145	纯度 97%
3	动力消耗					
	用水量（平均）	t/h	30	38	50	
	其中：生产用水	t/h	6	8	12	
	冷却循环用水	t/h	24	30	38	
	电	kWh/a	600×10^4	1000×10^4	1420×10^4	
	用汽量（平均）	t/h	8.5～9.0	15.8	24	
	生产线设备装机容量	kW	约 2500	约 2700	约 5100	含锅炉、制胶
4	工作制度					
	年工作日	d	280	280	280	
	日工作小时	h	22.5	22.5	22.55	
5	全厂定员	人	98	110	150	
	其中：生产工人	人	86	96	120	
6	主车间建筑面积	m²	约 5000	约 5500	约 6000	

39.5.3 胶合板建厂技术经济指标

序　号	项　目	单　位	不同规模胶合板厂技术经济指标		
			10000m³/Times	20000m³/Times	50000m³/a
1	原料消耗：原木	m³/ a	25000	50000	125000
2	脲醛树脂固含量 60%～64%	t/a	1200	2000	5000
3	氯化铵（固体）	t/a	6	12	40
4	电耗	kWh/m³	195	140	130
5	生产用水量	t/h	25	30	40
6	生产用汽量	t/h	8	14	28
7	装机总容量	kW	1100	1500	2500
8	工作制度　年工作日	d	280	280	280
	日工作小时	h	22.5	22.5	22.5
9	主车间定员	人	190	360	900
	其中：生产工人	人	175	343	875
10	主车间建筑面积	m³	8000	13000	28000

注：该资料取自原林业部林产工业公司办公室编《三板生产建设咨询资料汇编》

参考文献

[1] 中国城乡建设经济研究所主编. 基本建设工作手册. 北京：中国建筑工业出版社，1983
[2] 蔡金墀，温兆民主编. 建设工程监理工程师知识手册. 北京：中国计划出版社，1994
[3] 中国轻工总会. 轻工业建设项目可行性研究报告编制内容深度规定. 1992
[4] 中国轻工总会. 轻工业建设项目初步设计编制内容深度规定. 1991
[5] 中国轻工总会. 轻工业建设项目施工设计编制内容深度规定. 1993

40 木材工业企业管理

Business Management in Wood Industry

在市场经济条件下，由于科学技术日新月异，顾客需求快速变化，产品寿命周期越来越短，如何使企业在激烈的市场竞争中立于不败之地，是每个企业家都要思考的重大问题。企业管理的任务就是为了满足顾客的需要，有效组织生产与运作过程，提供高质量、低成本的产品和服务，获得竞争优势。在这部分中，主要介绍木材工业企业的有关市场营销、研究与开发、生产管理等新概念、新工具、新方法。对于企业来说，市场营销是龙头，决定着企业的发展方向；研究与开发是潜力，决定着企业未来发展和成长的潜力；生产管理是基础，决定着企业能否为市场提供高质量、低成本，从而获得竞争优势的关键。

40.1 木材工业企业的市场营销

40.1.1 企业与市场营销

企业是一个以盈利为目的的法人组织。木材工业企业与任何一个工商企业一样，都有五个基本职能：市场营销、研究与开发、生产管理、人力资源开发和财务管理。市场营销是其首要职能，它决定着企业的发展方向，商品价值的实现，以及在市场上的竞争力。

40.1.1.1 企业与市场

企业是市场主体，市场是企业活动的环境和舞台，企业与市场的关系体现为主体与环境的关系：一方面企业必须不断调整自身以适应市场环境；另一方面企业的活动也对市场产生一定的影响。企业对市场的影响大小，取决于企业所占有的市场份额。

企业作为市场主体，同市场内在地联系在一起，是市场体系中的一个单位，接受市场调节，以主体的身份自主地参与市场经济活动，不断进行物质、劳务、信息交换，在市场中求得生存和发展。市场作为政府宏观调控和企业微观运行的中介，引导、调节着企业的生产经营活动；市场有经济联系功能，是企业与外界建立协作关系、竞争关系的媒介，是企业获取市场信息、销售产品、实现利润目标的场所，是企业生产经营活动成功与失败的评判者。

40.1.1.2 市场结构

企业必须认识、把握竞争环境中市场的基本模式及特点，自己在市场竞争中的优势。从竞争态势来看，市场可归纳为以下四种基本模式。

(1) 纯粹垄断市场（完全垄断市场）；

(2) 寡头垄断市场；

(3) 垄断性竞争市场；

(4) 纯粹竞争市场（完全竞争市场）。

木材工业一方面由大量从事家具、制材、人造板等生产经营的民营小企业，另一方面又由从事木材综合加工利用的企业集团所构成，所以其市场特征是垄断性竞争与纯粹竞争同时并存，市场竞争十分激烈。

企业不但要正确认识自己的市场属于何种模式，而且要分清自己的市场是买方市场还是卖方市场。买方市场和卖方市场是根据由供求关系决定的买卖双方在市场中的支配地位划分的。卖方市场是指卖方处于支配地位，由卖方左右的市场。买方市场是指买方处于支配地位，由买方左右的市场。

随着知识经济的到来，生产效率不断提高，技术进步越来越快，少数人生产了大量的物质财富，买方在市场中处于支配地位。目前，我国的经济已处于过剩经济，市场已不可逆转地由原来的卖方市场变为买方市场。竞争在生产者之间展开，消费者在市场中完全占有主动权。木材工业企业如何更好地满足顾客的需要，从而赢得竞争优势是整个企业管理的中心。

40.1.1.3 市场营销的含义

市场营销是在变化的市场环境中，企业以顾客的需求为出发点，研究如何适应市场需求而提供商品和服务、实现企业目标的整个商务活动过程，包括市场调研、选择目标市场、产品开发、产品定价、渠道选择、产品促销、产品储存和运输、产品销售、提供服务等一系列与市场有关的企业经营活动。这些活动不仅在流通领域里进行，而且向上延伸至生产领域的产前活动，向下延伸至流通领域结束后的售后服务活动。

要正确地理解和掌握市场营销的含义，必须弄清以下几个关键要点。

(1) 市场营销是企业以满足用户和消费者的需要为中心来进行的一系列活动。在市场经济条件下，任何企业要在激烈的市场竞争中求得生存和发展，必须深入细致地调查、分析和研究市场上用户和消费者的需要。根据用户和消费者的需要，结合企业营销环境的分析及企业本身的情况，来选择企业的目标市场，并且制定适当的营销计划以及产品、价格、渠道、促销等营销策略，使企业的产品能在市场上顺利地销售出去。就是说，企业通过较好地满足用户和消费者的需要而获得较好效益（包括企业经济效益和社会效益）。可见，企业的营销活动必须紧紧围绕“满足用户和消费者需要”这个中心来进行。否则，企业难以生存下去，这已被许多企业的实践所证明。

(2) 市场营销是一种有始有终的、动态的管理过程。企业进行市场营销活动的过程，实际上也是企业对市场营销进行管理的过程。企业的市场营销过程是一项系统管理工程。要使这个系统能高效地运营，必须做好营销调研、营销环境分析、市场细分与目标市场选择、产品开发、产品商标与包装的确定、产品服务、价格制定、渠道决策、广告宣传、公关促销、商品推销等各个环节的管理工作，同时还应当明确，市场营销不是一种静态的管理过程，而是一种动态的管理过程。这是因为，企业在进行市场营销活动的过程中，外在营销环境会发生变化，用户和消费者的需要会发生变化，市场竞争会发生变化，内部的某些因素也会发生变化，企业必须根据营销战略规划与营销目标的要求，根据企业内外的变化及其发展趋势，适时地、不断地调整企业营销系统，以保证企业目标的实现。因此，企业市场营销过程，不是一种简单重复的、静态的管理过程，而是一种不断地进行自我调节、自我完善的、动态的螺旋上升的管理过程。

(3) 市场营销不同于商品推销。早期的市场营销与商品推销是同义语。如今，仍有不少人将市场营销等同于商品推销，就是在营销很发达的美国，也有很多人理解错误。实际上，现代市场营销与商品推销存在着以下的区别：① 市场营销是一项系统管理工程，而商品推销只不过是其中的一个环节；② 市场营销是以满足用户和消费者的需要为中心，而商品推销是以销售企业现有产品为中心； ③ 市场营销的出发点是市场，而商品推销的出发点是企业（卖方）；④ 市场营销采用的是整体市场营销手段，而商品推销主要采用广告宣传、人员推销等手段；⑤ 市场营销是通过满足用户和消费者需要来获取利益，而商品推销是通过增加销售量来获取盈利。由此可见，市场营销不能等同于商品推销。美国市场营销学权威菲利普 · 科特勒认为：商品推销不是市场营销最重要的部分，商品推销只是“市场营销冰山”的尖端。如果企业搞好了整个市场营销工作，那么商品就能轻而易举地推销出去。

40.1.1.4 市场营销观念的演变

市场营销观念就是企业在开展市场营销的过程中，在处理企业、顾客和社会三者利益方面所持的态度、思想和观念。菲利普 · 科特勒把指导企业进行经营活动的思想观念归纳为五种，即生产观念、产品观念、推销观念、市场营销观念和社会市场营销观念。它们是随着社会经济的发展、随着市场形势的变化而发展变化的。

1. 生产观念

生产观念也称之为生产导向，是19世纪末到20世纪20年代这段时期占支配地位的一种传统的、古老的观念。

生产观念实质上是一种“以生产为中心”的经营哲学。它不是从市场需要出发来指导企业的营销活动，而是从企业本身出发，“我能生产什么，就卖什么”。

目前，生产观念仍是支撑我国木材工业企业的主要经营哲学。例如，我国家具工业企业目前致力于引进国外成套流水生产线，进行大量生产，殊不知随着生活水平的提高，人们对家具的需求已变得多样化了。大量生产不能满足多样化、个性化的需求，结果企业效益下降，甚至被迫破产。生产观念之所以在我国很流行，是因为目前我国的经济仍是计划经济向市场经济转变的过渡时期。计划经济是一个短缺经济，商品供不应求，只要提高生产效率，降低成本，产品的销售是不成问题的。现在尽管已由计划经济向市场经济转变，商品已供过于求，但指导企业经营活动的指导思想并没有根本的变化，结果导致了我国木材工业企业的低水平的激烈竞争。

2. 产品观念

产品观念认为：消费者最喜欢高质量、多功能和具有某种特色的产品，企业应致力于生产高价值产品，并不断加以改进。

这种观念从表面上看是正确的，其实企业仍从自身的角度武断地认为消费者最喜欢高质量、多功能和具有某种特色的产品，而没有注意到消费者的需求可能已经发生变化。许多经理就深深地迷恋上了自己的产品，以至于没有意识到产品可能并不那么迎合时尚，甚至市场正在朝不同的方向发展。

当企业发明一项新产品时，最容易滋生产品观念。此时，企业最容易患上“市场营销近视症”，即不适当地把注意力放在产品上，而不是放在市场需要上。

3. **推销观念**

推销观念是20世纪20年代末到二次世界大战结束这段时期占支配地位的观念。在这一时期，由于科学技术的进步，科学管理和规模生产的推广，社会产品数量日益增加，花色品种增多，而需求的增长缓慢，市场上商品逐渐出现供过于求的现象。企业所面临的首要问题再不是如何提高生产效率、扩大生产规模，而是如何将产品销售出去。在这种形势下，企业开始重视销售工作，采用发展销售网点、改进销售制度、培训销售人员、开展广告促销宣传、研究销售技术等方法与手段，千方百计地销售自己的产品，期望通过大量销售来获取较多的利润。

推销观念实际上是生产观念的发展和延伸。两种观念的不同点在于，生产观念是以生产为中心，通过提高生产效率、扩大产量、降低成本来获取利润；而推销观念是以销售为中心，通过加强销售、加强促销、扩大市场、增加销售来获取利润。可以讲，销售观念基本上仍属于“以产定销”的范畴。尽管如此，从生产观念转变为销售观念，应该说是企业经营哲学上的一大进步。推销观念在我国的木材工业企业中也很盛行。

4. **市场营销观念**

市场营销观念也称之为市场营销导向、顾客导向，是20世纪50年代中期才正式形成的一种新的企业经营哲学。

市场营销观念认为，实现企业各项目标的关键，在于正确确定目标市场的需要和欲望，并且比竞争者更有效地传送目标市场所期望的物品和服务，进而比竞争者更有效地满足目标市场的需要和欲望。市场营销观念实质上是一种“以用户和消费者需要为中心”的经营哲学，它重点考虑的是“用户和消费者需要什么，我就生产什么”，它以整体市场营销的手段来满足用户和消费者的需要，从而实现企业长期的合理的利润。市场营销观念的重点是顾客导向、整体营销手段和顾客满意度。

市场营销观念是企业经营哲学上的一次根本性的变革。市场营销观念与销售观念有着本质的区别。销售观念是“由内向外”，着重考虑的是“卖方需要”。它以工厂为起点，注重企业现有的产品，采用销售与促销手段，通过追求大量的销售来获得利润。而市场营销观念是“由外向内”，着重考虑的是“买方的需要”。它以市场为起点，注重用户和消费者的需要，采用整体市场营销手段，通过满足用户和消费者的需要来获取利润。

5. **社会市场营销观念**

社会市场营销观念，也称之为社会市场营销导向，是20世纪70年代所形成的一种企业经营哲学。

社会市场营销观念认为，企业的任务是确定各个目标市场的需要、欲望和利益，并以保护或提高消费者和社会福利的方式，比竞争者更有效、更有利地向目标市场提供能够满足其需要、欲望和利益的物品或服务。社会市场营销观念要求市场营销者在制定市场营销政策时，要统筹兼顾三方面的利益，即企业利润、消费者需要和社会利益。

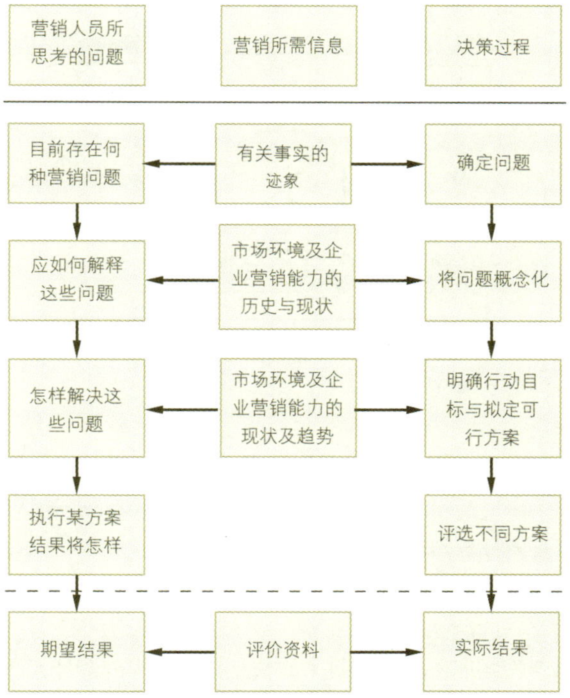

图 40-1 营销信息是决策基础

40.1.2 市场营销信息系统

40.1.2.1 市场营销信息的含义和作用

市场营销信息是社会经济生活中与企业营销有关的某种事物的现状或运动所产生的消息、数据、事件的总称。企业为了寻找市场机会和预见营销中的问题，经理们必须收集全面和可靠的信息。这些信息主要包括顾客、竞争者、经销商以及企业本身的销售和成本数据。

在现实中，营销信息是决策的基础，其作用表现为：①有利于企业正确认识市场环境，及时发现营销机会与风险，规划企业营销战略；②有利于正确认识企业营销能力，统一筹划各种营销手段，制定可行的营销方案；③有利于加强营销方案的执行与控制，提高营销效益。营销人员所思考的问题、营销所需信息与决策过程的关系如40-1所示。

尽管市场营销信息是营销决策的基础，但现实的问题是：合适的营销信息不足，错误的营销信息太多；营销信息在公司里过于分散，以致为了核实一些简单的事实，也要作很大的努力。正因为如此就需要建立一个营销信息系统（MIS）。

营销信息系统是一个由人、机器和程序组成的系统，它收集、挑选、评估和分配恰当的、及时的和准确的信息，以用于营销决策者对他们的营销计划工作的改进、执行和控制。营销信息系统如图40-2所示，左边的方框表示营销经理必须注意观察的营销环境的组成要素，营销环境的趋势是通

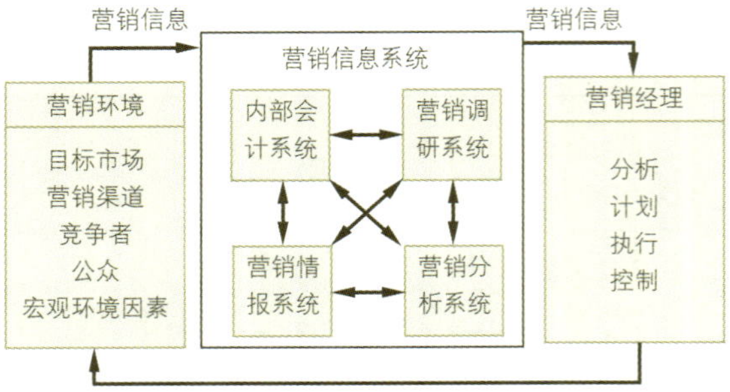

图 40-2 营销信息系统

过组成营销信息系统的四个子系统的整理和分析得出的，这四个子系统是由内部会计系统、营销情报系统、营销调研系统和营销分析系统等子系统组成的。

40.1.2.2 内部会计系统

营销经理使用的最基本的信息系统是内部会计系统。这是一个订单信息、销售额、存货水平、应收帐款、应付帐款等组成的系统。通过分析内部会计信息，营销经理能够发现重要的机会和问题。内部会计系统的核心是订单—装运—开出收款帐单的循环，如何提高销售报告的及时性是这一系统的主要问题。为了设计一个先进的销售信息，公司高级管理人员必须对表 40-1 中的问题进行分析。

40.1.2.3 营销情报系统

营销情报系统是公司高层管理人员获得日常的关于营销环境发展变化信息的一整套程序或系统。内部会计系统为管理人员提供结果数据，而营销情报系统则为管理人员提供正在发生的数据。

许多公司为提高营销情报的质量和数量，往往采用以下的方法：

(1) 鼓励销售人员去发现和报告新发展的情况。这样就应为销售人员提供填写方便的表格，而销售人员应该知道他们的公司哪一个经理需要哪一种信息。

(2) 公司鼓励分销商、零售商和供应商把重要的情报，特别是竞争对手的情报报告公司，而公司安排专业人员收集、分析营销情报。获得竞争者情报的一般方法是：购买竞争者的产品；参加公开的商场和贸易展销会；阅读竞争者的出版物；和竞争对手的以前雇员、目前雇员、经销商、分销商、供应商、运输代理商交谈；收集竞争者的广告。

(3) 公司收集各种日报、年鉴以及向营销服务公司购买信息。如收集《中国统计年鉴》、《经济日报》、《人民日报》等；向剪报公司购买关于竞争者的广告、广告费用和广告媒体组合的报告等。

(4) 建立信息中心收集和传送营销情报。建立信息中心的主要优点是公司编纂一张一览表，表上指出档案上存在着什么数据以及存在何处。信息中心一般具有如下功能：数据评价、数据转换成信息、数据传递、数据积累、数据分析等。

表 40-1 关于确定营销信息需要的调查分析表

1	哪些类型的决定是你经常作出的?
2	作出这些决定时，你需要哪些类型的信息?
3	哪些类型的信息是你经常得到的?
4	哪些类型的专门研究是你定期所要求的?
5	哪些类型的信息是你现在想得到而未得到的?
6	哪些杂志和贸易报导是你得到而未得到的?
7	哪些信息是你想要在每天、每周、每月、每年得到的?
8	哪些特定问题是你希望经常了解的?
9	哪些类型的数据分析方案是你希望得到的?
10	对目前的市场营销信息系统，你认为可以实行的四个最有助于改进的方法是什么?

40.1.2.4 营销调研系统

企业为研究特定的问题如产品上市方案，产品偏好试验，广告效益研究等，就需要营销调研。营销调研就是根据公司所面临的特定的营销状况，系统地设计、收集、分析以提供有关特定营销问题的调查研究结果。

目前企业比较普遍进行的调研活动是:市场特性的确认、市场潜力的衡量、市场份额分析、销售分析、企业趋势研究、竞争产品研究、短期预测、新产品接受程度分析、长期预测、价格研究等十类。

现在营销调研的方法已广泛地应用于各行各业，如工商企业、医院、学校等。有效的营销调研包括五个步骤：确定问题和研究目标、制定调查计划、收集信息、分析信息、提出结论。

1. 确定问题和研究目标

有效的营销调研首先必须对问题作出清晰的定义，否则收集信息的成本可能会超过调研得出的结论价值。

2. 制定调研计划

营销调研的第二个阶段是要求制定一个收集所需信息的有效计划。在制定调研计划时，要求作出的决定有：数据来源、调研方法、调研工具、抽样计划和接触方法，如表 40-2 所示。

表 40-2 制定调研计划所需考虑的因素

制定调研计划			
数据来源	第二手资料	第一手资料	
调研方法	观 察 法	调 查 法	实 验 法
调研工具	调 查 表	机械设备	
抽样计划	产品抽样	抽样范围	抽样程序
接触方法	电 话	邮 寄	个 人

3. **收集信息**

在制定了调研计划以后，调研人员必须承担起资料收集工作或将此工作外包出去。利用现代信息技术使收集信息工作已变得较为容易。

4. **分析信息**

营销调研过程中的下一个步骤分析所收集的信息，从数据中提炼出恰当的调查结果。这需要把数据列成表格，对主要变量计算其平均数和标准差。在营销分析系统中，调研人员应努力采用一些先进的统计技术和决策模型。

5. **提出调查结论**

营销调研人员根据分析的资料，提出有用的调查结论。

40.1.2.5 营销分析系统

营销分析系统是由分析市场营销数据和问题的先进技术所组成，它包括一个统计库和模型库，如图 40-3 所示。

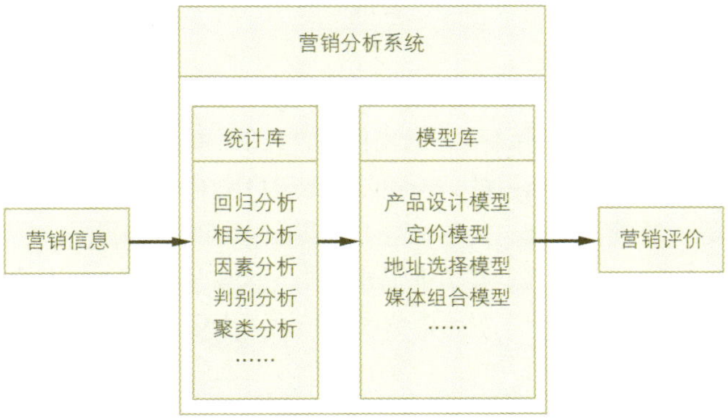

图 40-3 营销分析系统

统计库是用统计方法从数据中提取有意义信息的一个集合。比较常用的统计分析技术有：多元回归分析、相关分析、因素分析、判别分析、聚类分析等。对于如何使用这些统计技术可参阅有关统计学的专门著作。

模型是用来表述某些真实的系统或过程的一组变量和它们之间的相互关系。而模型库是一个能够帮助营销人员作出比较好的市场营销决策的许多模型的集合。目前，管理科学家已建立了许多模型，营销人员必须了解各种模型的中心概念，并且能判断出与他们工作上的关系，表40-3列出了营销中常用的模型类型。

40.1.3 市场细分及目标市场选择

现代企业面对的是一个十分复杂的市场，存在着各种不同的需求与爱好，任何一个企业即使是大企业，也不可能全面予以满足，不可能为所有购买者提供有效的服务。因此，企业在对市场营销环境进行调研分析的基础上，通过市场细分，进而选择目标市场和定位，是获得企业竞争优势的关键。

表 40-3 营销中常用的模型分类

模型的分类			
根据目的的划分		根据技术划分	
描述性模型	马可夫过程模型	文字模型	
	排队模型		逻辑流程模型
决策模型	微 分 学	图形模型	网络计划模型
	数学规划		因果模型
	统计决策理论		决策树模型
	博弈理论		函数关系模型
			反馈系统模型
		数学模型	线性与非线性模型
			静态与动态模型
			确定性与随机性模型

40.1.3.1 市场细分的概念和意义

1. **市场细分的概念**

市场细分是指企业按照消费者的一定特性，把原有市场划分成两个或两个以上各有相似欲望和需求的分市场或子市场，用以确定目标市场的过程。

市场细分的概念是由美国著名市场学家温德尔·斯密于20世纪50年代中期提出来的。其研究和操作的思路是将整个市场划分成不同的或相同的小市场群，即“异质市场”和“同质市场”。所谓“同质市场”是指消费者对产品的需求大致相同，如板材、胶合板、纤维板、刨花板等，因此，企业可用一种产品和一种营销策略加以满足。而“异质市场”是指消费者对产品的需求差异很大。对于大部分产品，如家具，购买者对它们的各项特性（质量、款式、花色品种、价格）的要求各不相同。企业根据消费者对产品的需求和欲望的偏好不同，划分为几个消费者群，这样就把该产品市场细分为几个子市场，并采用不同的营销策略加以满足。

2. **市场细分的意义**

市场细分是一种把整体市场区分为多个具有显著需求特征的消费者群体的过程，它要求各细分市场之间具有明显的需求差异，而各细分市场内部消费者的需求特点大体一致。市场细分的意义主要体现在以下几个方面：

(1) 有利于企业发现新市场的机会，开拓新市场。在了解不同细分市场需求特征及市场上已有商品的基础上，很容易发现消费者尚未得到满足的需求，根据竞争对手市场占有情况，巩固现有市场，充分利用市场机会，开拓新市场。

(2) 有利于企业发挥竞争优势。由于资源所限，每一个企业的生产能力对于整体市场来说都是微小的。尤其是对于中小型企业，通过市场细分，把企业的优势力量集中在企业选定的细分市场上，变整体市场上的相对劣势为局部市场上绝对优势，从而提高企业竞争能力。

(3) 有利于企业集中使用力量。一个企业不可能满足所有的市场需求，因而必须在细分市场中作出取舍。在一个细分市场中占据较大的市场份额，往往比在整体市场中获取较小的市场份额更为有利。企业应该将其人力、物力和财力准确地投放到所选定的目标市场上去，才能取得稳固的市场地位。

(4) 有利于企业根据市场变化，调整营销策略。顾客的需求是企业制定正确营销策略的出发点，由于各细分市场具有明显的需求特征，企业易于把握，并依此作出反应，准确地调节营销策略的各个方面，使细分市场中的消费者需求得到充分的满足，企业也因此获得更高的盈利。

40.1.3.2 市场细分变数和步骤

市场细分是为企业选择目标市场而进行的战略步骤，对于不同行业、不同类型的企业来说，实行市场细分必须考虑细分市场的可衡量性、可盈利性、可进入性、可操作性或可影响性。在此基础上，依据某些变量或标准将整体市场划分为若干个子市场。

1. 市场细分变数

市场细分变数就是那些能够充分反映市场需求不同特征的诸多因素，企业应根据所经营产品及其需求特点，在这些因素中选择使用。不同类型的市场，其市场细分的变数也有所不同，下面我们分别讨论消费品和工业品市场细分变数。

(1) 消费品市场细分变数

消费品市场是由为个人消费而购买或取得商品和劳务的全部个人和家庭组成的。家具常被消费者家庭购买，是属于消费品。消费品市场细分变数一般分为四大类，即：地理变数、人口变数、心理变数、行为变数。这四种变数要根据消费者需求差异综合运用，如需求差异大的产品，要运用较多的变数；需求差异小的产品，可运用较少的变数。

1) 地理变数：按消费者所处的地理位置进行市场细分，是一种最早的方法。因为同一地区的消费者在需求方面往往类似，尤其是当信息沟通和供销方法受到限制时，地区市场之间的需求差异极为明显。实际上，在市场经营中，市场潜力和经营成本常随地理位置的不同而变更。人口密度大的地区，市场潜力相对较大，而经营成本则相对较低。企业按地理变数细分市场时，在经营策略上要做到区别对待，因地而异。

2) 人口变数：人口变数就是指人口调查统计的项目等，这些变量往往易于辩识和衡量，不同的产品、不同的市场所采用的变量有所不同。但在实际营销过程中，许多企业是按照两个或两个以上的人口变量来细分市场的，通过综合分析就可估计每一个细分市场或子市场的潜在价值，然后权衡得失，选择其中一个或几个自己力所能及和最有利的分市场作为企业的目标市场。

3) 心理变数：消费者的购买行为往往受个人生活方式、动机和性格等心理因素的影响，因此可根据心理变数来细分市场。心理变数包括相关群体、生活方式、个性等。消费者的心理是多种多样的，有的求新、有的求质、有的求廉、有的求名等。因此，企业在根据消费者的心理变数细分市场时，必须要深入调查，切实掌握消费者不同的心理特征及其变化趋势。

4) 行为变数：行为变数是企业根据消费者对产品属性所具有的知识、态度、使用和反应状况来细分市场。

上述四种因素对消费者来说，往往相互影响，不能截然分开。因此，细分市场不能只考虑某一方面的因素，也并非依据所有的因素，而是要根据产品特点，选择使消费者之间产生明显差别的若干因素结合起来进行市场细分，才能选出比较理想的目标市场。

(2) 工业品市场细分变数

工业品市场是指这样的个体和组织，他们购买商品不是为了个人消费，而是为了加工盈利。工业品市场的购买行为的特点是：购买者数量少、地理位置较集中、商品的需求缺乏弹性、属于专业化购买等。各种木材和人造板商品常常是作为原材料或半成品被采购的，属于工业品。

细分工业品市场的主要依据有用户要求、用户规模和用户地点。

1) 用户要求：不同用户采购一种产品的使用目的往往互不相同。同是木材，有的用作生产家具，有的用于建筑等。基于不同的使用目的，不同的最终用户又对产品的规格、型号、质量、功能、价格等等方面提出不同的要求。

2) 用户规模：在工业品市场上，大量用户、中量用户、少量用户的区别，要比消费品市场远为普遍，也更为明显。用户的规模不同，企业的营销组合方案也应不同。例如，对于最终用户中的大客户，宜于直接联系，直接供应，销售经理亲自负责；对于最终用户中的众多小客户，则宜于使产品进入商业渠道，由批发商甚至零售商去组织供应。

3) 用户地点：任何一个国家或地区，由于自然资源、气候条件、社会环境、历史等方面的原因，以及生产的相关性和连续性的不断加强而要求的生产力合理布局，都会形成若干产业地区。企业按用户的地理位置来细分市场，选择用户较为集中的地区作为自己的目标市场，不仅联系方便、信息反馈较快，而且可以更有效地规划运输路线，节省运力与运费，同时也能更加充分地利用销售力量，降低推销成本。

同细分消费品市场一样，许多企业也往往根据需要将多种细分变数组合在一起作为细分工业品市场的依据。

2. 目标市场

(1) 选择目标市场

目标市场是指企业在市场细分的基础上，从满足现实的或潜在的目标顾客的需求出发，并依据企业自身经营条件而选定的一个或为数不多的特定市场。简单地说，目标市场就是企业产品或劳务的消费对象。

企业目标市场的选择是否适当，直接关系到企业的市场占有率和盈利。因此，选择目标市场时，必须认真评价细分市场的营销价值，分析研究是否值得去开拓，能否取得最大的营销效果。一般说来，从细分市场中选择目标市场至少应把握以下标准：

1) 该市场具有足够的发展潜力，有较大的获利可能。

2) 有利于发挥企业的内在优势，企业的营销手段有较大的竞争能力。

3) 有可靠的资源作后盾，保证对市场的充分供应。

(2) 目标市场的策略

企业确定细分市场作为经营和服务目标的决策，称为目标市场策略，目标市场策略是市场定位和营销组合策略的有机结合。企业确定目标市场的方式不同，采取的营销策略也就不一样。一般说来，可供企业有效地选择目标市场的策略有三种，即无差别营销策略、差别营销策略和集中营销策略。

1) 无差别营销策略：企业把整个市场当作自己的目标市场，是一种整体化进入的市场定位策略。这种策略忽视需求的差别，使用大规模生产方式，广泛的销售渠道，单一的广告宣传方式。旨在树立企业形象，通过大规模经营取得盈利，而成本支出较低。但是，在目前的经济形势下，无需求差别的产品是极为少见的，消费者有差别的需求得不到满足，因而这种策略使用范围不广，经营风险很大。

2) 差别营销策略：企业把整体市场中的部分甚至所有细分市场作为目标市场。企业为不同的目标市场生产不同的产品，运用不同的定价方式和广告宣传方法，力求满足所有目标顾客。它的最大长处是充分地满足了所有消费者，使他们对企业更为偏爱；多样化经营减少了市场风险，增强了竞争能力，但生产与经营管理成本相应增大，对企业的管理能力和资源提出了更高的要求。

3) 集中营销策略：这是一种不追求在整体市场上占有较小的市场份额，而是收缩战线，以求在一个或有限几个目标市场中占有较大的以至支配性的市场份额的营销策略。这种策略可以使企业很好地满足消费者需求，同时只付出较少的经营成本。但经营风险随目标市场的多寡而有所不同，目标市场越少，风险越大，所以市场多样化是解决这一问题的有效途径。

对于木材工业企业来说，究竟应当采用上述哪一种目标市场策略，这取决于企业、产品、市场等多方面的条件。

1) 企业资源：企业实力雄厚，可考虑采用差别或无差别市场营销策略；资源有限，则宜于选择集中性市场营销策略。

2) 产品性质：这是指产品是否同质、能否改型变异。有些产品，主要是某些初级产品如原木、板材、方材及各种人造板，宜实行无差别营销；而许多加工制造产品如家具宜采用差别或集中市场营销策略。

3) 市场是否同质：如果顾客的需求、购买行为基本相同，对营销方案的反应也基本一样，亦即市场是同质的，在此情况下可实行无差别营销。反之，则应采用差别或集中市场营销策略。

4) 产品生命周期：处于导入期和成长前期的新产品，竞争者不多，宜于采用无差别市场营销策略，产品一旦进入成长后期或已处于成熟期，市场竞争加剧，就改为实行差别市场营销策略，以利于开拓新的市场，扩大销售；或者实行集中营销策略，以设法保持原有市场，延长产品生命周期。

5) 市场供求趋势：如果一种产品在未来一个时期内供不应求，消费者或用户的选择性大为弱化，企业就可以采用无差别营销策略；相反，则应采取差别或集中市场营销策略。

6) 竞争对手的市场营销策略：假如竞争对手采用无差别营销策略，企业就应当采用差别市场营销策略，以提高产品的竞争能力；假如竞争对手都采用差别营销策略，企业就应进一步细分市场，实行更有效的差别营销和集中营销策略；但若竞争对手力量较弱，也可考虑采用无差别营销策略。

企业选择目标市场策略时应综合考虑上述诸因素，权衡利弊方可做出抉择。

40.1.3.3 市场定位策略

企业一旦选定了目标市场，就要研究在目标市场上进行产品的市场定位。所谓市场定位，就是根据竞争者现有产品在市场上所处的位置，针对消费者或用户对企业产品某种特征或属性的重视程度，强有力地塑造出本企业产品与众不同的个性或形象，并把这种形象传递给顾客，从而使该产品在市场上确定适当的位置。

市场定位实际上是一种竞争策略，它显示了一种产品或一家企业同类似的产品或企业之间的竞争关系。通常有三种定位方式可供选择：一是避强定位。这是一种避开强有力的竞争对手的市场定位。其优点是：能够迅速地在市场上站稳脚跟，并能在消费者或用户心目中迅速树立起一种形象。由于这种定位方式市场风险较小、成功率较高，常常为多数企业所采用。二是迎头定位。这是一种与在市场上占据支配地位的竞争对手“对着干”的定位方式。这种方式使自己的产品与竞争对手的产品处在相同的市场位置上，相互竞争。迎头定位不一定试图压垮对方，若能平分秋色就已是巨大成功。三是重新定位。通常是指对销路少、市场反映差的产品进行二次定位，旨在摆脱困境，重新获得增长与活力。

40.1.4 市场营销组合

40.1.4.1 市场营销组合的概念和内容

市场营销组合是现代营销中一个十分重要的新概念。所谓市场营销组合是指企业为了占领目标市场，有计划地综合运用各种可能的市场营销策略和手段，组成一个系统化的整体策略，以达到销售产品并取得最佳的经济效益。

市场营销组合强调从市场整体营销出发，以目标市场的现实需求与潜在需求为中心，运用系统工程的方法，把影响市场营销的各种因素与开拓市场的各种手段进行适当的组合，使之最佳地发挥综合作用。

市场营销组合主要包括产品（Product）策略、价格（Price）策略、地点（渠道）（Place）策略、促销（Promotion）策略。由于这四个词的英文字头都是“P”，因而市场营销组合策略通常简称为“4Ps”。

1. 产品策略

这是指作出与产品有关的计划与决策。产品是为目标市场而开发的、满足顾客需要的有形物质产品与各种相关服务的统一体，包括产品实体、形状、质量、特性、牌号、包装以及维修、安装、退货、指导使用、产品担保等方面。

2. 价格策略

这是指为产品选定一种吸引顾客、实现市场营销组合的价格决策。包括商品价目表所列价格、各种折扣、支付期限付款方式、信用条件等。

3. 地点策略

这是指如何选择产品从制造商转移到消费者的途径，包括销售渠道和方式、各种中间环节及供货的区域、方向和商品实体的转移路线和条件等。

4. 促销策略

这是指通过各种形式与媒介宣传企业与商品、与目标市场进行有关商品信息的沟通的所有活动，包括人员推销、营业推广、广告、公共关系等。

市场营销组合具有以下的特点：

第一，市场营销组合的因素是企业可以控制的因素。影响企业营销活动的因素有企业可控制的和不可控制的两类。政治、经济、社会文化、法律等环境方面的影响因素是企业所不能控制的因素，企业只能适应环境的变化，这类因素称为营销不可控制因素。而“4Ps”则是企业可以控制的变量，市场营销组合就是企业可以控制的各个变量的组合。

第二，营销组合是动态的组合。“4Ps”中每个子因素的变化都会引起整个组合的变化。

第三，营销组合是复合组合。“4Ps”是大组合，每个P又是包括许多因素的次组合。

第四，营销组合的作用是整体作用，不是每个构成因素作用的简单相加。企业的营销优势取决于营销组合的优劣而不是单个策略的优劣。

40.1.4.2 产品策略

1. 产品整体概念

顾客购买产品绝不是为了取得产品本身，而是为了满足某种特定的需要。这就表明，产品的本质是人们通过交换而获得的需求的满足。因此，产品不仅是指有形的物质产品，也指无形的服务产品；而有形产品也往往与或多或少的必要的服务相组合，构成满足某种需要的系统。

“产品整体概念”是指产品由三个层次构成：核心产品、形式产品、扩大产品（延伸产品）。其中，核心产品就是产品的使用价值，为顾客提供基本的效用和利益，是满足消费者需求的中心内容。形式产品就是核心产品的外部特征，是消费者需求的不同满足形式，包括品牌、包装、特色、款式、品质等。扩大产品就是附加服务（通常指各种售后服务），给购买者带来的各种附加利益，如免费送货、安装、维修技术、培训保证等。

产品整体概念的三个层次均以满足消费者需求为标准，体现以顾客为中心的现代营销观念。它告诉人们，“产品”是由多种因素集合而成的，核心产品与其他多种因素的不同组合，可以满足消费者对一种产品的多样化的需求。

2. 产品组合及其策略

产品组合是指一个企业经营的各种产品的组合方式。为分散经营风险，绝大部分工商企业都不会经营单一的产品，而是需要同时经营多种产品，由此产生了产品组合的问题。

产品组合通常是由若干条产品线组成的。产品线是指同类产品的系列。一条产品线就是一个产品类别，是由使用功能相同、能满足同类需求而规格、型号、花色等不同的若干个产品项目组成的。一个产品项目则是指企业产品目录上开列的每一个品种。

产品组合包括广度、深度和相关性这三方面的内容。产品组合的广度，是指产品组合中包含的产品线的多少，包含的产品线越多，广度就越宽。产品组合的深度，是指每一条产品线包括的产品项目的多少，包含的产品项目越多，产品线的深度就越大。产品组合的相关性，是指各类产品线之间在最终用途、生产条件、销售渠道或其他方面互相关联的程度。不同的产品组合存在着不同的相关程度。

上述三方面内容的差异，会构成不同的产品组合。企业应当根据市场需求、自身条件和企业目标，按照有利于扩大销售和增加企业总利润的原则，寻求并实现最佳产品组合。

产品组合策略是企业对产品组合的广度、深度和相关性诸方面的选择。有以下策略：

(1) 扩大产品组合：包括开拓产品组合的广度和加强产品组合的深度，即增加新产品线和在原有产品线内增加新的产品项目。

(2) 缩减产品组合：包括减少产品线和在产品线中减少产品项目，即缩小经营范围。

(3) 产品线延伸：指全部或部分地改变企业原有产品的市场定位，具体有向上延伸、向下延伸和双向延伸。向下延伸是把原来定位于高档市场产品线向下延伸，在高档产品线中增加低档产品项目。向上延伸是在低档产品线内增加高档产品项目。双向延伸是将产品线向两个方向延伸，同时增加高档产品和低档产品。

(4) 产品线现代化：指对已过时的产品线进行现代化改造。

3. 产品生命周期

产品生命周期是指企业产品从进入市场到退出市场的全

过程，它是指产品的市场寿命，而不是产品的使用寿命。产品生命周期划分为以下四个主要阶段：

第一阶段，投入期（或称介绍期）。是指产品投入市场的起始阶段。这一阶段的主要特点是：生产批量小，制造成本高，推销费用大。企业通常无利可图，甚至还要赔钱。

第二阶段，成长期。是指产品销路打开、并迅速扩大的阶段。这一阶段的主要特点是：设计已经定型，大批量投入生产，成本大幅度下降；产品已为顾客所了解，销售量迅速上升；仿制企业陆续出现，利润额迅速增长。

第三阶段，成熟期。是指产品已经普及，需求量已经趋于饱和的阶段。这一阶段持续的时间比前两个阶段长得多。该时期的特点主要是：销售额增长缓慢，并逐步趋于下降；新的竞争者继续进入市场，生产能力渐趋过剩；利润额稳中有降。

第四阶段，衰退期。是指产品逐渐被淘汰的阶段，新产品逐步取代老产品。这一阶段市场特点主要是：销售量、价格、利润继续下降；价格竞争更加激烈，逐步压到很低的水平；这一趋势持续的过程中，企业因利润太少或无利可图而停止该产品的生产和经营。该产品的生命周期也就结束了。

在产品生命周期的不同阶段，其市场营销策略是不同的。

(1) 投入期营销策略：这一时期的营销策略，大致有如下四种：

1) 快速掠取策略，即以高价格和高促销费用推出新产品；

2) 缓慢掠取策略，以高价格低促销费用将新产品推入市场；

3) 快速渗透策略，以低价格高促销费用推出新产品；

4) 缓慢渗透策略，以低价格和低促销费用推出新产品。

(2) 成长期营销策略：在产品方面，要不断提高产品质量，努力发展产品的新款式、新型号，增加产品的新用途；在渠道上，要巩固原有渠道，增加新销售渠道，尽可能提高市场占有率；在促销上，要树立强有力的产品形象，建立品牌偏好；在价格上，要选择适当时机降价。

(3) 成熟期营销策略：这一时期的营销策略大致有三种：

1) 市场改良策略。即开发新市场，如通过寻找新的细分市场，刺激现有顾客，增加使用频率；重新树立产品形象，寻找新买主等；

2) 产品改良策略。是对产品整体的任一层次进行改进，以使“产品再推出”。可通过品质改进、特性改进、式样改进、服务改进来实现；

3) 营销组合改良。通过改变定价、渠道及促销方式来延长产品成长期和成熟期。

(4) 衰退期营销策略：这一时期的营销策略大致也有三种：

1) 维持策略。即继续沿用过去的营销组合策略；

2) 集中策略。即把资源集中在最有利的细分市场、渠道和畅销品种上；

3) 榨取策略。即大力降低销售费用，精减推销人员，增加眼前利润。

4. 品牌与包装

品牌是整体产品概念的重要组成部分，是用来识别卖主产品的名称、符号或它们的组合，包括品牌名称（品牌的听觉识别）和品牌标记（品牌的视觉识别）。品牌经过法律注册程序后就称为“商标”。商标是品牌的法律用语，其专用权受法律保护。品牌有助于建立顾客偏好和新产品销售，是广告促销和控制市场的有力武器，是企业市场竞争的重要手段。

企业进行品牌决策时，有以下几种策略选择：

(1) 使用品牌还是不使用品牌：使用品牌对绝大多数产品来说有着积极作用，但并非所有产品都必须使用品牌，绝大多数未经加工的原料产品就不用品牌，如原木一般不采用品牌；

(2) 采用制造商的品牌还是采用中间商的品牌，或者这两种品牌并用；

(3) 使用统一品牌还是采用个别品牌决策：这是指同一生产者生产的不同产品是分别使用不同品牌还是全部使用一个统一的品牌。这里又有四种不同的选择：一是个别品牌，即企业的每一种产品分别使用不同的品牌；二是统一家族品牌，即企业生产的全部产品都使用统一的品牌；三是分类家族品牌，即各条产品线分别采用统一的品牌；四是企业名称与个别品牌并用，即在每一种个别品牌前边都冠以公司名称；

(4) 品牌扩展策略：即企业利用已出名的品牌推出改进型产品或全新产品；

(5) 多品牌策略：即企业在同一种产品上设立两个或两个以上相互竞争的品牌；

(6) 品牌再定位策略：即全部或局部调整或改变品牌在市场上的最初定位。

包装也是整体产品的重要组成部分。包装的重要意义已经远远超越了作为容器保护商品的作用，而是成了区分产品、树立企业形象、促进产品销售的重要因素之一。企业可选择的包装策略有同类型包装、异类型包装、相关性包装、复用型包装、等级包装、不同容器包装、不断更新包装等包装策略。

40.1.4.3 价格策略

1. 定价的依据

价格是影响市场需求和顾客选购行为的决定性因素之一，企业定价要从实现企业战略目标出发，选择恰当的定价目标，综合分析产品成本、市场需求、市场竞争等影响因素，运用科学的方法、灵活的策略，去制定顾客能够接受的价格。

(1) 定价目标

定价目标是指企业凭借价格产生的效应所要达到的具体目的。可供选择的企业定价目标主要有：

1) 实现预期利润：这又有两种情况：其一追求利润最大化，即追求一定时期内所能获得的最多盈利总额。盈利最大化取决于合理价格所推动的销售规模，因而，这并不等于要制定最高售价。其二实现预期的投资收益率。投资收益率是指一定时期内企业所实现的利润额与投资额的比率，它反映着企业的投资效益。以一定的投资收益率为定价目标，要求定价时在总成本费用之外加上一定数额的预期盈利。

2) 提高或维持市场占有率：市场占有率是指企业产品销售量（额）占同一市场上同类产品同期销售量（额）的比重，是企业经营状况和产品竞争力状况的综合反映。因而，提高市场占有率比短期高盈利意义更为深远。正因为如此，提高或维持市场占有率通常是企业普遍采用的定价目标。

3) 适应价格竞争：价格竞争是市场竞争的重要方面。处于激烈竞争环境中的企业，常常要以适应竞争的定价目标，有意识地通过定价去应付或避免竞争。经济实力雄厚的企业往往利用价格竞争来排挤竞争者；实力弱小的企业，则应追随主导的竞争者价格定价，以求在避免竞争、缓和竞争中保存、发展自己。

4) 维持营业：以能够继续营业为定价目标，通常是企业处于不利营销环境中的一种缓兵之计。为避免企业倒闭，企业往往以微利低价、保本价，甚至亏本价格出售产品，以求收回资金，维持营业，并为调整营销策略（如开发新产品等）争取时间，以图东山再起。显而易见，这一定价目标只是一种应急性、过渡性目标。

5) 稳定价格，维护企业形象：有些行业的市场供求变化频繁，行业中的大企业往往通过稳定价格、不随波逐流降价来给顾客以财力雄厚的可靠感觉。

(2) 影响定价的因素

影响产品价格的各项因素可以分为两类：一类是生产经营方面的因素，包括成本费用、销售数量、资金周转等；一类是需求竞争方面的因素，包括需求价格弹性、同类产品竞争状况、产品生命周期等。

1) 成本费用：成本费用是产品价格的主要构成部分，成本费用得到补偿是企业获利的前提，通常情况下平均成本费用（即总成本费用与总产量之比）也就成为定价的最低界限。由于成本费用由固定成本费用、变动成本费用两部分构成，前者不随产品及数量的变化而变化（如折旧费、管理人员工资、市场调研费用等），后者则相反，即随着产品及数量的变化而变化（包括原材料、燃料、储运方面的支出以及生产人员工资、部分营销费用等），因而定价时应当考虑到它们对价格水平的不同影响。

2) 销售数量：价格的制定，应当实现价格与销售量的最佳组合以利于实现最高盈利。在一般情况下，价格会影响销售量的变动，价格高，销售量下降，反之则会增加；而利润总额＝销售量×（单位商品价格－平均成本费用），所以盈利状况并不只是取决于单位商品价格的高低，而是取决于价格与销售数量之间的不同组合。

3) 资金周转：资金周转速度影响企业年利润水平。高价会延缓资金周转速度，低价促销会加速资金周转。通常选择较低的机会成本来确定定价方案。所谓机会成本是指利用一定资源获得某种收入时所放弃的另一种收入。机会成本低，意味着放弃的收入低于获取的收入。通过比较机会成本来定价，可给企业带来更多的盈利。

4) 市场供求状况：定价必须考虑供求规律的要求。一般供不应求的产品，价格可以定得高些；反之，则可定得低些。

5) 需求价格弹性：需求价格弹性是指因价格变动而引起的需求变动程度，反映需求对价格变动的敏感程度，其大小以需求价格弹性系数 E_p 表示（E_p= 需求量变动 %/ 价格变动 %，取绝对值）。$E_p=1$，说明两者等比例变化，表明价格变动对销售收入影响不大，定价时即可选择预期盈利率的价格或通行的市场价格。$E_p>1$，说明需求弹性大，价格的升降会引起需求量较大幅度变化，定价应取薄利多销政策为宜；如要提价，则应谨防销量锐减。$E_p<1$，说明需求弹性小，价格变动对需求量的影响不大，定价时则可适当取高价以增加盈利；如取低价，则薄利并不能多销。对于木材产品（如板材、胶合板、刨花板、纤维板等），由于其属于原材料范畴，故其需求价格弹性较弱，降价策略对其不利；而家具产品，由于其属于耐用消费品，故其需求价格弹性较强，采用薄利多销的策略较为有利。但由于顾客的购买行为是一个非常复杂的黑箱系统，影响因素很多，不能机械的简单的用降价或提价来分析价格问题。

6) 同类产品竞争：在竞争激烈的市场上，价格的最低限度受成本约束，最高限度受需求约束，介于两者之间的价格水平确定则以竞争为依据。一般情况下，如果不是居于竞争主导地位的企业，就不能忽视竞争对手的价格，特别是当竞争对手调整价格时，企业必须仔细分析竞争形势，调整本企业的产品定价，以应付竞争。另外，还要考虑潜在竞争对手加入市场的可能性。

7) 产品生命周期：产品处于生命周期的不同阶段，应有不同的价格决策。一般说来，投入期的定价应以补偿成本费用而不以盈利为主要依据，有时甚至还可亏本定价；成长期的定价应有利于提高市场占有率和实现预期利润目标，尽管此时销售量迅速扩大，成本大幅度下降，也不一定价格下调；成熟期的定价要增强价格的竞争性，有利于维持已有的市场份额；衰退期的定价应以尽快收回占用的资金为目标，可以大幅度降价，甚至可只与平均变动成本相一致。

2. 企业定价方法

定价要考虑成本、需求、竞争三方面的因素，对于这三方面的不同侧重上，定价也有成本导向型、竞争导向型、需求导向型等定价方法。

(1) 成本导向定价法

这是企业常用的定价方法。具体应用又有三种方法：

1) 成本加成定价法：这是以成本为中心的传统定价方

法。具体做法是首先按总成本估算出一个单位产品的平均成本，然后加上一定比率的预期利润。这一定价方法的优点是计算简单，简便易行；它的局限性在于忽视了供求状况和竞争状况，有可能与市场需求脱节，并难以适应竞争的变化。这种定价方法一般适用于卖方市场条件下的产品。

2) 盈亏平衡点定价法：由于可变成本随销量而变化，固定成本却相对稳定，便会出现一定销量以下发生亏损、一定销量以上产生盈利的情况，而不盈不亏的点即为盈亏平衡点或称保本点。按盈亏平衡点定价，就是利用盈亏平衡点先求出保本时的价格。保本价格再加上预期利润，即为实际价格。

3) 可变成本定价法，又称目标贡献定价：如果企业以变动成本作为定价的最低界限，则由此价格实现的收入必定等于或超过变动成本，超过的部分即为对企业的贡献。这一贡献首先用来补偿固定成本，只是当一贡献达到盈亏分界点之后，才形成现实的盈利。由于补偿固定成本是获取盈利的前提，在这个意义上，所有产品销售收入扣除变动成本后的余额不论能否真正为企业盈利，都是对企业的贡献。这就表示，可以按变动成本加上贡献的方法制定产品价格，计算公式是：

单位产品价格＝单位变动成本＋单位产品贡献

应用变动成本定价，富有竞争性，它给企业降低价格提供依据，即销价必须高于单位变动成本，并争取以产品贡献补偿固定成本。

(2) 竞争导向定价法

这种定价法以市场上相互竞争的同类产品的价格为定价的基本依据，并随竞争状况的变化进行调整。有三种情况：与竞争对手价格完全一样；高一点；低一点。究竟哪一种情况有利，要根据产品特征、生命周期、企业目标等来决定。具体做法有三种：

1) 通行价格定价法：即本企业产品与同行业竞争产品的平均价格即现行市场价格水平保持一致，这是一种最简单的方法。这样做，易为消费者接受，能与竞争产品“和平共处”，也能带来合理、适度的利润。这种方法主要应用于竞争激烈的均质产品，如胶合板、刨花板、纤维板等属于原材料的价格确定。

2) 主动竞争定价法：与上述“随大流”的情况相反，它不是追随竞争者的价格，而是根据本企业产品的实际情况及竞争对手的产品差异状况来定价。一般为实力雄厚或产品独具特色的企业所采用。

3) 密封投标定价法：这种定价方法适用于投标交易方式（大型成套设备订货、承包公共事业工程等)。投标定价，应预测对手的报价，做出本企业的费用和预期利润，然后提出自己的报价。

(3) 需求导向定价法

这是一种根据消费需求特征、消费者对价格变化的心理反应来确定产品价格的新型定价方法，为越来越多的企业所采用。在具体应用上又有两种做法。

1) 理解价值定价法：该方法以消费者对商品价值的感受及理解程度作为定价基本依据。消费者对产品价值的理解不同，愿意支付的价格限度也不同。这个限度就是消费者宁愿付出货款而不愿失去这次购买机会的价格。如果价格刚好定在这一限度内，消费者就会顺利购买。为此，企业定价时要采取有效的营销措施突出产品的特征，加深消费者对产品价格的理解程度，使消费者感到购买这些产品能获取更多的相对利益，从而提高其愿意支付的价格限度。

2) 需求差异定价法：这种定价法以销售对象、销售地点、销售时间等条件变化所产生的需求差异作为定价的依据，尤其是需求强度差异作为定价基本依据，而不是以成本差异为基本依据。即使产品的成本相同，企业也可以区分不同的顾客、不同的款式、不同的销售地点、不同的销售时间拟定不同的价格。采用这种定价方法，其前提条件是企业对市场能够根据需求强度的不同进行细分，如高档家具与低档家具是两个完全不同的市场，前者的价格当然高于后者。

3. 定价的技巧

定价技巧是具体定价中科学性与艺术性相结合的体现。在根据适当的定价方法确定了基本价格后，运用灵活的定价技巧对基本价格进行修改，有利于扩大产品销售量。

(1) 心理定价策略

心理定价策略主要有以下几种方法：

1) 尾数定价：保留价格尾数，采用零头标价。一般消费者往往认为尾数价格是经过精密计算的，因而产生一种真实感、信任感和便宜感，从而有利于扩大销售。

2) 整数定价：高档名贵、优质名牌产品宜用整数定价。把产品价格定成整数，会使消费者感到档次高、价值大，满足某些消费者追求高消费或显示身份的心理。

3) 声望定价：针对消费者“价高质必优”的心理，对在消费者心目中享有声望，具有信誉的产品制定较高的价格。这一策略主要适用于质量不易鉴别的高档商品。

4) 习惯定价：按照消费者习惯进行心理定价。日常消费品的价格通常在消费者心目中已形成一种习惯性标准，符合其标准的价格被顺利接受，偏离其标准的价格则易引起疑虑。

5) 招徕定价：这是招徕顾客的定价技巧。顾客对于低于一般市场价的商品往往有很大兴趣。利用这一心理，零售商往往故意把少数几种商品价格标低，甚至低于成本，借此吸引顾客，连带购买其他商品。

(2) 新产品定价

新产品投入期价格的高低，关系到该产品的市场占有率和企业效益，企业应根据不同情况采取不同策略。

1) 取脂定价策略：即高价投放新产品。这是指新产品投放市场之际，针对部分消费者追求时髦、猎奇的求新心理，把价格定得尽可能高些。其优点很明显：可尽快收回投资，取得较大利润；为今后调低价格提供了较充分的余地。缺点是价高利厚，会引来竞争者加入；也有可能影响及时打开销路。这种方法一般适用于竞争者不易仿制的新产品定价。

2) 渗透定价策略：即低价投放新产品。新产品刚上市时定价低一些，在建立声望、打开市场后，再逐步提高价格。它的优点是能尽快地开拓市场；能有效地排除竞争者；即使以后有竞争者加入，本企业也会由于成本下降而有条件再降价挤出竞争对手，从而保持较高的市场占有率。这种方法一般适用于易仿制、市场容量大的新产品定价。

3) 合理定价策略：此策略介于上述两者之间，特点是价格适中，易于被普遍接受。这种方法一般适用于日用小商品。

(3) 折扣定价策略

灵活运用折扣定价技巧，有利于吸引顾客、扩大销售。具体做法有：

1) 现金折扣：这是指顾客按约定日期付款或提前付款，可按基本价格享受一定折扣。目的在于鼓励顾客按期或提前付款，减少企业利率风险，加速资金周转。

2) 数量折扣：即给那些大批量购买的顾客以价格折扣。有两种形式：一种是一次折扣，应用于一次购买行为，数量越多，折扣越大；另一种是累计折扣，规定一定时期内购买量达到一定数量级时给予折扣，数量越大，折扣越多。这种策略的目的在于鼓励购买，以扩大销售、加速资金周转；累计折扣还有利于建立长期固定的销售关系，减少卖方的经营风险。

3) 交易折扣：这是指生产企业根据批发商、零售商在营销活动中所执行的职能不同，分别给予一定的额外折扣。目的是为了调动中间商的推销积极性。

4) 季节折扣：这是指给那些购买过季产品的顾客所提供的价值优惠。如宾馆、航空公司在旅游淡季给顾客以季节折扣。目的是为了均衡生产，均衡上市，减少闲置和仓储费用。

40.1.4.4 渠道策略

1. 分销渠道

分销渠道是指产品从制造者手中传至消费者手中所经过的、参与商品买卖活动的各中间商连接起来形成的通道。分销渠道的起点是生产者，终点是消费者或用户，中间环节包括参与了商品交易活动的批发商、零售商、代理商和经纪人。只要是从生产者至最终用户或消费者之间，任何一组与商品交易活动有关并相互关联的营销中介机构，均可称作一条分销渠道。

2. 分销渠道的结构

消费品分销渠道的基本类型如下：

(1) 生产者——消费者。即生产者直接将产品销售给个人消费者或社会集团。一般表现为制造商自设门市部，顾客向生产者直接邮购、电话购货，以及企业推销员走访推销等方式。

(2) 生产者——零售商——消费者。即生产者先将产品出售给零售商，零售商再将产品转售给消费者或社会集团。

(3) 生产者——代理商——零售商——消费者。即制造商通过代理商将产品售给零售商，再通过零售商将产品推销给消费者。

(4) 生产者——批发商——零售商——消费者，它是制造商先将产品出售给批发商，批发商可以有一个或一个以上，多少视需要而定。

(5) 生产者——代理商——批发商——零售商——消费者，这是消费品分销渠道中最长的一种模式。

工业品分销渠道的基本类型有：

(1) 生产者——用户。具体表现为：生产者与用户建立稳定的供销联系。用户在生产者举行的订货会上看样成交；生产者携样品走访推销等。

(2) 生产者——经销商——用户。这种模式很普遍，许多生产资料采购供应企业充当着制造商与用户的媒介。

(3) 生产者——代理商——用户，

(4) 生产者——代理商——经销商——用户，这种模式与第二种模式的区别是：制造商先委托代理商，通过代理商将产品销售给经销商，然后由经销商将产品销售给用户。

3. 分销渠道策略

(1) 影响分销渠道选择的因素

企业在进行分销渠道决策时，应当认真研究影响渠道选择的各种因素，这些影响因素主要是：

1) 顾客特点：一般说来，顾客多而分散、每位顾客需求量小或购买频繁的产品，宜于采用间接渠道、长渠道、宽渠道销售，顾客集中、需求特殊、宜于采用直接渠道、短渠道、窄渠道销售。

2) 产品特性：一般说来，易腐的、操作技术复杂的、用途专一的、附加服务多的产品，往往采用直接渠道、短渠道、窄渠道销售；产品特性与上述相反的其他产品，包括大量的大众商品，则主要采用间接渠道、长渠道、宽渠道销售。

3) 生产企业自身的状况：企业的财务能力决定了哪些市场营销职能可由自己执行，哪些应交给中间商执行。财力薄弱的企业，一般都会尽量利用中间商。企业的规模大、声誉高、财力雄厚、经营能力强、管理经验丰富，在选择中间商、控制销售渠道方面就会有更大的主动权，甚至有可能建立自己控制的渠道系统。

4) 市场环境影响：从微观环境来看，企业要尽量避免和竞争者使用相同的销售渠道。从宏观环境看，经济形势有较大的制约作用。在经济萧条阶段，通货紧缩，市场需求下降，生产企业的策略重点只能是控制和降低产品的最终价格，因此必须尽量减少流通环节，尽量采用较短的销售渠道。

(2) 渠道选择

一般说来，企业的分销渠道选择主要是就以下问题进行决策。

1) 直接渠道与间接渠道：生产者将产品直接卖给消费者

或用户，形成的是直接渠道；经过中间商转卖而形成的销售渠道则为间接渠道。大多数消费品的销售主要采用间接渠道，而直接渠道在工业品销售中占有重要地位。对于一个生产者来说，同时采用这两类渠道销售产品（当然有主有次）则是常见的。

2) 长渠道与短渠道：在产品向消费者运动的流通过程中，经过的买卖环节或层次越多，销售渠道越长；反之，渠道越短。销售渠道的“长短”只是相对的，渠道长度决策的关键点是选择适合自身特点的渠道类型。实际上，往往采取多渠道推销某种产品，提高市场渗透程度。

3) 宽渠道与窄渠道：如果生产者选择间接渠道销售产品，则应考虑到间接渠道还有宽窄之别。销售渠道的宽窄取决于渠道的每个层次（环节）中使用同种类型中间商数目的多少。多者为宽渠道，意味着销售窗口多，市场覆盖面大；少者则为窄渠道，市场覆盖面也就相应较小或很小。

4) 对代理商的利用：采用代理商，对制造商来说有许多好处。代理商一般通晓市场行情，联系范围宽。利用代理商，有利于疏通销售渠道，开拓市场；有利于推销新产品和滞销品，因为代理商的经营不必垫支资金，亦不承担风险，只是在代理业务完成后收取一定比例的佣金，这样，无论是市场销路不明的新产品，还是滞销品，代理商都会积极代销。利用代理商，也会在一定程度上节省费用。不过，利用代理商，占用自己的资金，风险也由自己承担，所以是否利用代理商也就成为渠道策略中又一个需要决策的问题。

(3) 分销渠道管理和中间商的职能

渠道管理包括三方面的内容。首先是选择渠道成员，即具体选择哪些中间商作为自己的渠道伙伴；二是如何激励中间商并处理好与他们的日常关系；三是适时对渠道成员的工作成果做出评估，并进行调整。下面着重介绍各类中间商的职能，以便于企业选择自己的渠道伙伴。

中间商是专门从事商品流通经营活动的企业和个人。它们能以较低的成本为生产企业完成市场营销职能，并在生产和消费之间起到沟通信息和调节矛盾的作用。

随着社会分工的发展，商业内部的分工也不断发展，批发与零售商业相互分离。前者面向专业化大批量生产的企业，后者则面向需求多样化、购买零散的个人消费者。而后，代理商又从批发商业中分离出来，形成直接转移商品所有权的独立批发商和间接转移商品所有权的代理商。代理商不直接买卖商品，但它介入渠道之中，在买主与卖主之间传递信息，使委托企业节省用于推销业务上的时间、精力和人力、物力、财力。

40.1.4.5 促销策略

1. 促销及其作用

销售促进，简称促销，是企业所进行的向目标顾客传递产品信息、激发顾客购买欲望、促成顾客购买行为的全部活动的总称。

销售促进是企业整体市场营销活动的重要组成部分。它的主要作用概括起来有以下四个方面：

(1) 提供产品信息，引导顾客购买；

(2) 引起购买欲望，扩大产品需求；

(3) 建立产品形象，加强竞争地位；

(4) 维持和扩大企业的市场份额，巩固本企业的市场地位。特别是由于心理因素、时尚因素、宣传失误、服务不周等原因而导致产品销售下降时，强有力的有的放矢的促销活动往往能够重新激发出对这些产品的消费需求，使销售重新回升，有时甚至还能超过原有的销售水平。

2. 促销方式

企业进行促销活动的基本方式分为两类四种：一类是人员推销，一类是非人员推销，包括广告、营业推广、公共关系三种方式。由于企业的促销工作包括上述四种工具的组合运用，所以这四种工具也称促销组合。

(1) 广告策略

广告是企业通过支付费用，借助一定的媒体，把产品的有关信息传递到目标顾客，以达到增加信任和扩大销售目的的一种广泛宣传形式。

企业的广告决策可分为两大步骤：一是确定广告目标，二是选择广告媒体。

1) 确定广告目标：可供选择的广告目标有三类：第一以告知为目标，即只说明有何种类型的产品、产品性能、企业名称，并不强调牌名或与其他牌号产品比较的特点，目的在于使顾客产生初步的认识和需求。这种广告目标常用于产品生命周期的导入阶段。第二以说服为目标。产品进入市场后，企业为了扩大销售，以增强和巩固市场地位，其广告通常以说服为目标。这类广告往往强调特定牌号的产品与竞争产品的差异，突出该产品的优点，目的在于使顾客产生偏爱，并试图改变他们对竞争产品特性的重视程度，从而不断争取新顾客。这种广告目标常在产品生命周期的成长期与成熟期运用。第三以提醒为目标。这又有两种情况：一是产品已经畅销，做广告是为了加深印象、提醒购买；二是季节性产品，在迎季或落令时做广告提示消费者不要忘记该产品。

2) 选择广告媒体：企业进行广告媒体选择时，应考虑下列因素：

①目标市场的媒体习惯。不同的目标顾客通常会接触不同的媒体。例如，对于青少年，广播、电视是最有效的广告媒体。②产品。选择广告媒体，应当根据企业所推销的产品或服务的性质与特征而定。因为各类媒体在展示、解释、可信度、注意力与吸引力等各方面具有不同的特点。③广告内容。广告媒体选择要受到广告信息内容的制约。如果广告内容是宣布某日的销售活动，报纸、电视、广播媒体最合适。而如果广告信息中有大量的技术资料，则宜登载在专业杂志上或邮寄广告媒体上。④广告传播范围。选择广告媒体，必须将媒体所能触及的影响范围与企业所要求的信息传播范围

相适应。⑤媒体成本。企业的广告活动是一项投资活动，并非所有的产品都要大张旗鼓地进行广告宣传。广告宣传的重点应是新产品、有可能进一步开拓市场的产品、竞争激烈的产品、降价销售产品、某些传统名牌产品等。

(2) 人员推销

1) 人员推销及特点：人员推销包括访问推销和售货现场推销两种形式。前者是指企业派出或委托推销人员亲自上门向目标顾客对产品进行介绍、推广、宣传和销售；后者则由售货员、供货员进行。这里介绍的主要是前者。人员推销决不仅仅是为了销售现有产品，还必须善于发现顾客的需求，把市场动向、顾客要求反馈回来。

2) 人员推销的组织结构：人员推销的组织结构可依企业的市场区域、产品、顾客以及这三个因素的结合进行调整和组织，以产生最高的工作效率。

区域推销结构是一种最简单的推销组织，它规定每一个推销员专门负责某一区域的推销。这种推销结构具有以下好处。①推销人员的责任明确，有利于鼓励推销员努力工作；②有利于推销员与当地商界及其他公共关系部门建立联系，加强协作往来，便于推销业务的连续进行；③相对节省往返旅途费用开支。

产品推销结构是按产品线来组织的推销结构，推销员负责一种或一类产品的推销工作。通常产品技术性强，生产工艺复杂，不同产品线的推销员应有专门知识的情况下采用此种推销组织结构较为适宜。

顾客推销结构是企业按顾客的类别分配推销人员。这样安排的最大好处是推销员易于深入了解特定用户的需求，有利于在推销中有的放矢，提高工作效率。它的缺陷是：如果用户分散在不同地区，不仅推销工作很不便利，也会相应增加推销费用。

复式推销组织结构是当企业在广泛地区向很多不同类型的顾客推销产品时，就需要采用复式推销组织结构。它通常是上述二种推销组织结构的混合运用。可以按区域—产品、区域—顾客、产品—顾客，甚至按区域—产品—顾客来分派推销人员。

3) 人员推销方法：人员推销方法主要有以下几种：①单个推销人员对单个顾客进行一对一的推销活动；②单个推销员对一个购买群体进行推销活动；③推销小组对某一购买组织进行推销活动。推销小组通常由企业有关部门的主管人员、推销人员、工程技术人员等组成；④推销会议。即推销人员会同企业其他部门人员与有关买主以业务洽谈会的形式来推销产品；⑤推销研讨会。这是由企业的部分工程技术人员以技术研讨的形式向买方的有关技术人员介绍某项最新技术及其在企业产品中的应用，其目的不只在于达成交易，更重要的在于使用户了解某项新技术，培养用户对本企业的信心与偏好。现代企业的推销工作越来越需要集体的力量，往往需要不同部门人员的协调配合。

(3) 营业推广

营业推广是在促销过程中为配合广告宣传和人员推销而开展的一些刺激中间商和消费者购买的活动。作为一种辅助性的促销方式，其基本特点：一是招徕顾客，各种营业推广方式对顾客会产生一定的吸引力，招徕顾客购买；二是短期效果，这是一种短期刺激购买的推广方式，时间一长就会失去推广效力。

(4) 公共关系

公共关系是指企业为取得社会的信任和支持，树立良好的企业形象，增进企业与社会各界的相互了解，争取公众与社会的合作所付出的努力，以及为此进行的一系列活动。

公共关系包括企业与大众媒体（新闻机构）的关系，与社会团体（如消费者协会、行业协会）的关系，与政府机构的关系，与社会名流的关系，与其他社会公众的关系等。公共关系本质上是企业形象在社会公众中的反映。企业开展公共关系的主要目的是以非付费的方式通过第三者在报刊、电台、电视、会议、信函等传播媒体上发表有关企业产品的有利报道、展示或表演，以利于扩大销售。

企业建立良好的公众关系的基础是维护公众利益，提供良好的产品与服务。在此基础上，企业要采取有力措施，加强与社会的联系。这些措施包括：通过多种方式向有关各方及时提供信息，及时处理或接待来信来访，邀请参观，参加有关研讨会、联谊会、组织学术研究活动，寄发刊物，参加社团活动和公益活动等等。企业通过这些方式向各个方面介绍企业的经营状况和产品特点，说明企业对国家、社会、消费者的贡献，然后通过他们的宣传、报道形成良好的社会舆论，提高企业的知名度，扩大企业的影响。

3. 促销组合决策

广告、人员推销、公共关系、营业推广这四种促销方式，各具特色。在合理选择的基础上，将四种促销方式中的多种促销手段有目的、有计划地配套组合、综合运用，就是促销组合。同市场营销组合的道理一样，它体现了整体决策的思想，形成的是完整的、多种促销手段有机结合的促销决策，有利于提高促销效果。

企业制定促销组合方案时，应综合考虑下述各主要因素：

(1) 促销目标：促销目标不同，促销组合必定会有差异。例如，迅速增加销售量、扩大企业的市场份额，与树立或强化企业形象，为赢得有效的竞争地位，就是两种不同的促销目标。前者强调近期效益，属短期目标，促销组合往往更多地选择使用广告和营业推广；后者则较注重长期效益，需要制订一个较长远的促销方案，建立广泛的公共关系和强有力的广告宣传显得相当重要，但这里的广告宣传从手段到内容与前者都会有很大差别。

(2) 产品特点：不同性质的产品，需要采用不同的促销策略。一般来说，生活消费品的技术结构较简单，购买人数众多，可以较多地使用广告，但对中间商则宜采用人员推销。大宗生产资料的购买者多为专门用户，宜采用人员推销方式，以便向用户作详细说明，并解释疑问，提供咨询。

(3) 产品生命周期：产品在生命周期的不同阶段，促销的目标不同，因此要相应地选择、编配不同的促销方式。在导入期，促销的主要目标是使消费者认识新产品，因而多用营业推广和各种广告；而到了成长期、成熟期，促销目标则应调整为增强消费者或用户对产品的兴趣或偏爱，这就需要改变广告形式，利用公共关系。

(4) 市场特点：不同特点的市场需要采用不同的促销组合。一般说来，市场范围小、产品专用程度高的市场，宜于开展人员推销；而对于无差异市场，因其顾客分散，范围广大，则应以广告宣传为主。

(5) 竞争环境：即考虑到竞争对手的促销策略，扬长避短地制订自己的促销方案。

(6) 企业资源：企业应根据自己的实力和信誉的状况，来确定促销活动的开展程序和采取哪几种促销手段。

此外，制订促销组合方案，还应考虑到企业所要采取的产品策略、价格策略、渠道策略，从更高的层次上配套组合，以期收到更好的促销效果。

设计促销组合还应考虑推、拉策略的运用。对于需求比较集中、技术含量较高、销售批量较大的产品，宜于采用推的策略，多用人员推销；对于需求分散、销售批量小的产品，宜于采用拉的策略，多用广告、营业推广等促销方式。

设计促销组合，开展促销活动，应当遵循下列主要原则：第一，宣传内容的真实性。第二，促销活动的时效性。第三，促销手段的文明性。第四，促销费用的经济性。

40.2 木材工业企业的研究与开发

企业的研究与开发（Research and Development，简称R＆D）是指企业所作的新产品和产品生产技术的研究与开发。对于现代木材工业企业来说，这已经成为一项经常性的工作。因为在当今市场需求迅速多变、技术进步日新月异的环境下，新产品开发能力和相应的生产技术开发能力是企业赢得竞争的最根本保证。

40.2.1 企业研究与开发的分类和特征

关于研究与开发的分类方法，在国际上并无定论。但一般说来，可以分为三类：基础研究、应用研究和开发研究。

基础研究又可以分为纯基础研究和目的基础研究。纯基础研究以探索新的自然规律、创造学术性新知识为使命，与特定的应用、用途无关。纯基础研究主要在大学、公共机关的研究所中进行。目的基础研究是指为取得特定的应用、用途所需的新知识或新规律而运用基础研究的方法所进行的研究，一般来说，企业中所进行的研究大都属于此类。

应用研究是指为探讨如何将基础研究所得到的自然科学上的新知识、新规律应用于产业而进行的研究，即运用通过基础研究所获得的知识，为创造新产品、新方法、新技术、新材料的技术基础而进行的研究，所以也有人把应用研究称为产业化研究。

开发研究即指利用基础研究和应用研究的结果，为创造新产品、新方法、新技术、新材料或改变现有产品、方法、技术而进行的研究。这种研究具有明确的生产目的。也就是说，在应用研究和产业化研究阶段，还没有具体的产品意识，而在开发研究阶段，开始与具体的新产品、新技术联系起来。因此，也有人把开发研究称为企业化研究。

如果进一步考虑开发研究的话，还可再细分为用途研究、新产品研究、工艺研究、改良研究等等，这些区分随产业类型以及企业的规模而异。

40.2.2 企业R＆D的性质和主要内容

企业内部与企业外的R＆D是不同的。如果单从脑力劳动和探索、创造性活动这一角度来说，二者有相似之处；但是二者要实现的最终目标，以及要达到这一目标的动机是完全不同的。其主要表现为：企业作为一个经济实体，其R＆D是从属于经济活动的，而企业外的R＆D则多属于非经济性活动。因此，一方面，企业的R＆D可以一般地理解为一种利用自然科学的知识进行有特定目的的探索或创造性行为；另一方面，从R＆D的经营职能的角度来说，又可以将其理解为一种为实现企业经营目标的经济性行为。

企业的R＆D主要包括两大内容：新产品开发和新技术开发。新产品开发在企业经营中具有极为重要的意义。可以这么说，新产品开发应该是现代企业生产运作战略和竞争策略的核心。对于现代木材工业企业来说，R＆D的主要目的是为保持长期的竞争优势而不断创造出能够带来高额利润的新产品。也就是说，企业的产品战略应从制造产品向创造产品改变。随着市场变化的日益频繁，产品寿命周期的日益缩短，产品开发将决定企业经营的基本特征，成为企业一切经营计划的出发点。

另一方面，新产品开发在企业中的重要地位也就决定了新技术，即新生产工艺技术开发的重要性。众所周知，技术是企业经营的基本要素之一，技术具有将企业所拥有的资源转换为产品和服务的机能。新产品的竞争力除了产品本身的功能、性能特性以外，还需要有优异的质量和低廉的价格来保证，而后者与生产工艺技术有着密切的关系。一项技术的功能会随着时间和环境的变化而减弱，在技术进步日新月异的今天，技术的寿命周期与产品的寿命周期一样，正在日益缩短。因此，企业需要不断地开发，采用新技术来取代老化了的技术。对于企业来说，产品开发和技术开发二者是相辅相成，缺一不可的。

现代R＆D以第二次世界大战为转机，其主要特点是从以偶然发现为主转变到以有计划地进行为主。在R＆D的历史上，偶然发现和灵感曾经起了很大的作用。但现在，有计划、有组织地进行探索与开发已成为现代R & D的主流。这一特点体现在企业内部，就是说企业有计划的技术革新和新产品开发已成为企业经营战略和生产运作战略中不可缺少的一部分，成为企业基本活动中不可缺少的一部分。

40.2.3 企业研究与开发中的基本决策问题及其管理

企业R & D中的基本决策问题主要包括R & D领域的选择、R & D方式的选择、R & D投资规模和费用范围的确定以及R & D评价四个方面。R & D的管理主要从R & D的组织、成本控制、人员、日程安排以及信息等方面去进行，以下分别论述这些问题。

40.2.3.1 R & D领域的选择

R & D领域选择的目的是发现能够最适度发挥企业资本收益、提高企业竞争力的事业领域，是决定如何对新产品、新事业的各种机会进行探索的基本方针。如图40-4所示，从企业目前的现有技术和现有市场向新事业领域的探索可以分为四种类型：

(1) 在现行事业领域，依靠现有的技术开发多种产品，

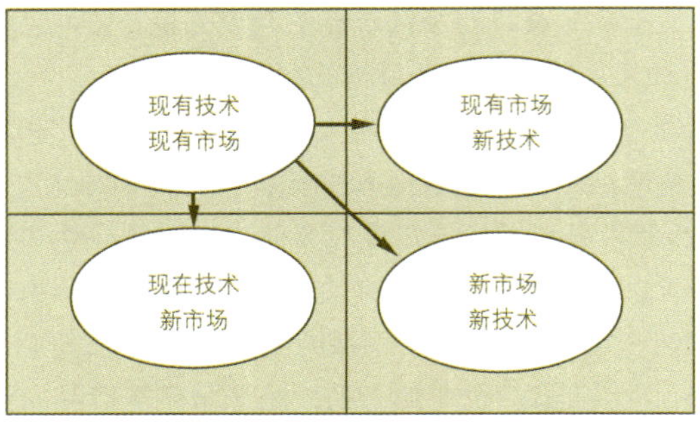

图40-4 R&D领域选择的类型

以扩大现有市场；

(2) 向原有市场推出用新技术开发的新产品；

(3) 将利用原有技术的产品打入新市场；

(4) 用新技术开发新产品，并加入新市场。

在这四种类型中，类型1通常只是现有产品的改进或同系列产品的开发，技术和市场的风险都很小。类型2的技术风险较大，对R & D的依赖程度也较高。类型3的重点应是对原产品进行改进以适应新市场，因此市场风险较大，R & D部门的研究侧重点也与类型2有明显不同。类型4一般是要开发全新产品投放到新市场，因此技术风险和市场风险都很大，R & D起着关键性的作用。这四种类型有着不同的特点或性质，企业在进行新事业领域选择的决策时，必须首先分析不同市场条件下的不同产品的特点，采取不同方式来进入新事业领域，还需从生产的角度分析新产品的工艺可行性和经济性。R&D在制定基本研究策略和选择研究方式时，也就必须相应地视情况而定。

40.2.3.2 R&D 方式的选择

选定R&D领域以后，接下来的问题是：采取什么方式进行R&D？这需要根据所选定的开发内容、企业自身的开发能力以及可利用资源的情况而定。一般来说，有以下几种方式：

(1) 独立研究开发方式：这是在本企业技术力量范围内可能实现目标的基础上选择的方式。这种方式的有利方面是R&D活动完全可以独立进行与管理，由R&D所带来的全部经济效益也可以独自享用，不利方面是必须独自承担R&D投资的全部风险。在今天市场竞争日趋激烈的环境下，很多大企业，甚至一些中型企业都采取这种方式来进行R&D，以保持在新产品、新技术开发上的主动权。不言而喻，采取这种方式需要有较强大的企业基础。

(2) 委托开发方式：即部分或全部地借助外来技术进行开发。实际上是一种R&D的替代方法。很多中小企业，自身没有足够的研究和开发能力，但是有可能对市场需求变化有敏锐的捕捉能力，对新产品有基本的构想。它们往往会借助于外部力量使它们的想法变成产品，或实现生产系统的技术改造。也有一些企业，只将部分实验、研究委托给别人。采用这种方法的有利方面是开发周期较短，风险小，见效快。不利方面主要是没有主动权，容易受制于他人，而且从长远的观点来看，对企业的持续发展不利。

(3) 共同研究开发方式：即利用本企业和其他企业或公共研究机关各自不同的研究基础和特长，共同或合作进行R&D的方式。采取这种方式一般有三个原因，一是为达到开发目标仅依靠本企业的力量有困难，只有依靠外部合作者的专长才有可能实现；二是为了通过与其他企业或机构的合作，取得开发成果利益之外的其他经营利益，如合作营业、建立承包关系或长期交易关系、人才培养等；三是为了缩短开发周期，以尽快抢占市场。共同研究也可以有多种形态，例如，同行业企业的水平合作，产、官、学的共同合作等。“敏捷制造”理论中提出的“虚拟公司”（Virtual Company）的概念，实际上也是一种共同研究开发的方式。所谓虚拟公司，是指从不同企业调集开发某种产品或技术所需的各种资源（人员、技术、设备及方法等），组成一个临时的组织，使其像一个公司似的运行，以完成既定的开发目标。一旦目标实现，该组织即刻解散，不复存在，这样的组织即称为虚拟公司。虚拟公司与以往共同开发方式的不同之处在于，它是建立在高度信息技术基础之上的组织。采取共同研究开发方式要解决的关键问题是如何根据各个企业、机构所投入的资源和分担的责任来分配今后可能带来的利润。

40.2.3.3 R&D 规模和费用范围的决定

R&D领域和方式确定之后，下一步该考虑的问题是：需要投资多少进行R&D？也就是说，需要确定R&D的规模。

R&D规模是指企业投入R&D活动中的资源的数量或比率。R&D资源主要是指研究费用和研究人员。研究人员现在被认为是“现代经济最重要的资源”。研究人员作为资源，随企业的事业内容和行业的不同而不同，既有数量的区别，也有质的差异，不大具有可比性。因此，这里所述的企业R&D规模，主要是以R&D的费用为主要内容。

企业进行R&D活动，不可能无限制地投入资源，必须从企业整体经营的角度和生产战略的角度分配资源。这就需要从市场竞争的必要性和企业能力的可能性两方面来考虑。关于前者，不仅要考虑与同行其他企业的竞争，也应考虑到与其他行业可能有的竞争。关于后者，不仅要考虑向R&D供给的资金，还应考虑人力资源的可能性。在此基础上，再参照企业长期经营目标、发展规划以及速度计划等，确定适当的研究费用规模。以下是几种决定R&D费用的常用方法。

(1) 定率法：根据企业实际采用的指标（如销售总额、利润、投资额、流动资金等）中R&D费用所占的一定比率来决定，一般多以销售总额为准。这种方法因容易与其他企业比较而被广泛采用，但也会出现由于基准值下降而R&D费用也随之下降的情况。

(2) 定额法：即以固定金额决定R&D费用的方法。这种方法有利于维持R&D的稳定性，但反过来也容易被一次所决定的范围所束缚，使R&D缺乏灵活性，因此，即使采用这种方法，也应根据企业的发展而增加R&D费用。此外，为了保证研究计划的切实执行，还应考虑通货膨胀的因素而补齐实际减少的部分。

(3) 比较法：即调查竞争企业的R&D投资，在此基础上制定本企业能与其对抗的R&D费用的方法，又称为“竞争者对抗法”。在这种方法中，一般使用同行业其他企业的平均值，或领先企业或有直接竞争关系的企业的实际数值或比率。如果需要考虑国际竞争的情况，还需要选择发达国家的有关企业加以比较。需要注意的是，这种方法是以掌握竞争对手R&D规模为前提的，但由于企业可以采取各种方法来使用R&D费用，单从面上并不一定可了解竞争对手的实际R&D规模。因此，有必要根据竞争对手的研究机构的规模、研究人员、所公布的专利件数等加以验证。

(4) 经济评价法：这种方法对每个R&D项目进行经济性评价，将其综合起来，预测R&D可能带来的全部收益，以此来决定R&D的费用。

40.2.3.4 R&D 的评价

如何评价R&D的结果？这需要从两个方面去考虑，评价标准和评价的实施方法。

1. 评价标准

每项R&D项目都可以从性质不同的两个方面去评价，一是显在的企业效益，二是潜在的技术储备，即经济性评价和技术评价。技术储备能够促进企业的发展，但它的作用只是在将来才能显示出来，而在现阶段，它只不过作为一种潜力而存在。这就是说，只有到了一定的时侯，技术储备才有可能构成明确的评价对象，才能用企业效益这个标准加以衡量。有些人因此而否定对R&D进行评价的必要性，但是为了有效地进行R&D，使企业的有限资源得到最优配置，对R&D进行评价仍是不可欠缺的。

R&D评价的复杂性还表现在它的评价标准难以量化上面。假如某种新产品的问世完全可以归功于某项研究的成功，那么由此带来的利润即可代表这一贡献的程度。但许多产品是靠以往的种种研究和技术的积累才得以形成和存在的，在产品化的过程中还有工艺部门和制造部门的大量努力。因此，即使通过R&D开发出了新产品，创立了新技术，实现了某种改进或提高了某种性能，也难以甚至几乎不可能用数字来表示其贡献程度。所以，对R&D的评价，有些是只可以用定性方式来表示的。

总而言之，R&D的评价是一个很复杂的问题，首先要明确评价标准，而评价标准随企业的指导思想和方针的不同而不同。企业在选择并确定R&D项目之后，应从经济性和技术性两个方面出发，综合考虑定性因素和定量因素，制定出较具体的评价标准。一般可以从表40-4所示的几个方面具体考虑。

2. 评价的实施方法

按照R&D的阶段顺序，评价可分为以下四种。

(1) R&D开始前的评价：这种事前评价也可称作预测，

表 40-4 R&D 的评价标准

标准类别	具体内容
技术评价标准	成功的可能性，可靠性，操作性能，结构，技术的前向和后向联系
生产评价标准	合理的制造工艺，材料的有效利用，大规模生产的可能性，标准化的可能与限度
财务评价标准	研究和生产成本，潜在的发展，与R&D相关的投入资本和经济效益等
市场评价标准	产品的独创性和新颖性，价格，质量，性能，预期的市场规模与竞争，市场的稳定性等
管理评价标准	产品的预期寿命，对企业经营目标的贡献度，所需的人才，设备等其他资源，整个R&D战略计划的平衡等

即事先对研究结果可能为企业作出多大贡献及其成功率进行估计，以此为依据考虑是否有投入的价值和如何投入。事前评价一般是在方案提出后进行，可以由提案者和项目承担者进行，也可以由企业的R&D管理部门和有关机构进行。不管某一提案能否被采用，对其的评价都应记录在案，以作为以后进行技术预测和市场预测的参考。

(2) R&D过程中的评价：这种中间评价是R&D随进行到某种程度时，定期或到一定阶段所作的评价。中间评价的内容主要有两个：先评价实际成绩，然后对未来作出新的安排。中间评价要检验到目前为止，R&D与最初的评价是否有差距，特别是在R&D开始后外部环境发生了重大变化的情况下，要对R&D计划是否需要变更、研究人员是否应该增减、研究时间是否可以缩短或应该延长、研究预算是否应该变更等事项做出判断。

R&D的中间评价是非常重要的。因为通常R&D项目在未开始之前或初始阶段是有很多不明朗的因素，很难在一开始分出优劣。通过中间评价可及时修正原来的一些不切合实际的计划或其他决策内容。在一个项目的几个替代方案同时进行的情况下，可通过中间评价加以淘汰，这样不仅可以缩短研究时间，还可提高成功概率。

(3) R&D结束时的评价：这种评价主要是为了检验和预测R&D的结果和效益。从研究人员来说，研究结束、研究成功就等于取得了研究成果。但是对企业来说，研究成功只是取得了预期的结果，只有研究结果为企业带来效益，构成对企业的实际贡献之后，才能称之为成果。这实际上是对研究结果从技术性角度和经济性角度进行不同评价的结果。

这种评价的内容应包括研究项目的完成情况、费用使用情况、目标实现的程度、研究报告书、专利、新技术等。

(4) 跟踪评价：跟踪评价是在R&D结束以后的数年进行的，评价该结果对企业经营发展、研究费用的回收以及研究人员的成长等所起的作用。这种评价的主要目的是为了更有效地考察在R&D过程中资源配置的合理性，研究机构规模的适度性以及研究成果对企业产品和生产工艺技术的影响程度等。另一个主要目的是，根据R&D所耗费用及其给企业带来的利润计算R&D费用是否已经回收或能够回收。

40.2.3.5 R&D的管理

由于R&D活动本身所具有的创造性特点和不确定性特点，企业的R&D管理与其他管理相比较，更复杂，更困难，更具独特性。R&D管理的主要内容是其费用管理、组织管理等。

1. R&D费用的管理

R&D费用的管理是对R&D活动以货币或价值为基准所进行的一项间接管理。从一般的管理周期模式来考虑，可以分为事前计划、中间控制、事后分析三个阶段。

(1) 事前计划：事前计划是要制定R&D费用计划。R&D费用通常由材料费用、设备费用以及流动费用构成。制定费用计划时，首要问题是R&D规模的确定。其次是R&D费用的分配，即向R&D各要素的分配，包括向新产品开发、产品改良、新设备、新工艺开发、质量改善、成本降低等不同目的的分配；向基础研究、应用研究、开发研究等不同阶段的分配；向内部研究、委托研究等不同方式的分配等等。无论从哪个角度进行分配，共同的一点是尽力避免风险和损失，把最有前景的项目和最重要的环节作为分配重点。

(2) 中间控制：R&D作为一种探索未知事物的活动，事先很难确定什么是"有前景的"项目。在决定分配方式前，当然应该对R&D项目进行预测，即进行事前评价，但在项目进行过程中必须随时监控费用的适当使用，在经济、技术和企业的状况发生较大变化时，及时修改原定计划。

(3) 事后分析：事后分析的主要目的是考察R&D结果的经济性。不言而喻，这一点应该用收益来评价，但必须是用企业的"长期收益"来评价。企业只有在不断追求长期收益的同时才能得到发展，而R&D正是为了这样的目的才开展的活动。现代R&D通常需要较长的时间，R&D结果转变为企业的实际效益需要一定的时间，所以必须以一种长远的眼光来看待R&D的结果。由于急于得到所预期的结果就过早地对研究结果进行评价，往往容易得出"缺乏经济性"的错误结论。

在分析R&D结果的经济性时还应该注意的一个重要问题是，经过长期的R & D努力而创造出来的企业经济效益不能只认为是R & D的单独产物，而是经营、制造、销售、财务等不同部门经营活动的共同成果。这种意识在促进企业内部的协调关系上具有非常重要的意义。另一点是R&D费用经济性的定量化分析问题。由于R&D的效果不一定全部能够用数字来表示，这是由研究本身的性质所决定的。在技术进步日新月异的今天，与其说注重定量地分析评价R&D费用的经济性，不如说以企业的整体业绩为重点，把R&D的成果作为综合评价的一环，这样对企业的整体经营效果来说更有效。

2. R&D的组织

传统的R & D主要是依靠研究者个人的能力和天才，但在科技迅猛发展的今天，R&D中多种学科的交叉与渗透、研究规模的不断扩大都使个人的能力和天才已无法适应。因此，依靠集体的共同努力，由各个领域的专家共同组成"聚合式的天才"就成为当代科技发展和企业R & D活动的必要条件，这也就是R & D组织化的目的之一。另一方面，R&D的组织化是提高R&D效率的重要手段之一。

企业R & D组织机构的设置取决于企业的规模和管理体制。对于企业组织机构来说，最基本的问题是集中还是分散，是采取纵向组织还是横向组织的问题。相应地，企业的R&D组织机构的设置也有分散与集中、纵向与横向之分。所不同的是，无论企业组织机构是集中型还是分散型，企业的R & D组织可以是集中型，也可以是分散型，还可以既有集中型，又有分散型。例如，在一个企业里，可以既有按产品开发划分的组织，也有按专业划分的组织。如果从企业的规模来看，中小型企业大多采用集中型组织，而大型企业一般以分散型组织为主，现在一种更为灵活的研究组织是团队（Team Work），这种组织由来自不同部门，不同专业的人员组成，有较明确的研究目的，在工作过程中，与以往的一长制不同，团队成员有较大的自主决策权，强调发挥每一个成员的积极性和创造性。一旦目的达到，团队即解散，成员返回各自的原所属部门，或参加其他团队。这种组织具有较浓厚的机动部队色彩，适于对重点研究任务进行集中工作。尤其在缩短R&D周期的要求变得越来越迫切的情况下，采用团队方式是达到这一目的的一种有效组织形式，这已经为许多企业的实践所证明。

40.2.4 新产品的研究与开发

40.2.4.1 新产品的概念

何谓新产品？从不同的角度出发，可对新产品的概念作出不同的描述。一般来说，新产品应在产品性能、材料性能和技术性能等方面（或仅一方面）具有先进性或独创性，或优于老产品。新产品一般可以分为以下几种：

(1) 全新产品：即具有新原理、新技术、新结构、新工艺、新材料等特征，与现有任何产品毫无共同之处的产品。全新产品是科学技术上的新发明，在生产上的新应用。

(2) 改进新产品：对现有产品改进性能，提高质量，或求得规格型号的扩展，款式花色的变化而产生的新品种。

(3) 换代新产品：主要是指适合新用途、满足新需要、在原有产品的基础上，部分地采用新技术、新材料、新元件而制造出来的产品。

(4) 本企业新产品：即相对本企业来说是新的，但对市场来说并不新的产品。但通常企业不会完全仿照市场上的已有产品，而是在造型、外观、零部件等方面作部分改动或改进后推向市场。

在当今的环境下，市场竞争日益激烈，顾客需求日益多样化，企业在选择新产品发展方向时必须有更多的考虑，新产品的发展方向可以有如下多个方面：

(1) 多能化：即扩大同一产品的功能和使用范围，在扩大产品功能时还应注意提高产品的效率和精度。

(2) 复合化：即把功能上相互关联的不同单体产品发展为复合产品。

(3) 小型化、轻便化：即改革产品的结构，减少产品的零部件，缩小产品的体积，减轻其质量，使之便于操作、携带、运输以及安装。这样还可以大量节省资源和能源，降低成本，有利于在低成本条件下开发多种品种，扩展产品功能，从而在差别需求中寻找市场机会，打开市场缺口，进而扩大市场。应该指出的是，产品的小型化、轻便化需要新技术、新材料的支持，例如，轻、薄、高强度的合金钛、合金钢、工程塑料等材料，电脑设计、精密机床、激光切割、亚微米刻蚀等技术。

(4) 智能化、知识化：即把一般人需要长期学习才能掌握的知识和技术转化到产品中去，使产品功能“傻瓜化”。这可以使许多专业性产品发展成大众产品，从而大大扩大这些产品的市场。

(5) 艺术化、品味化：即从产品的造型、色彩、质感和包装等方面使产品款式翻新，风格各异，体现独特的艺术品味。当今对产品艺术化、品味化的研究已经成了产品研究与开发中的重要组成部分。

40.2.4.2 新产品开发的动力模式

新产品开发有两种动力模式：技术导向型和市场导向型。所谓技术导向型，是指按照被称为Seed Theory的方式进行新产品开发，也就是说，从最初的科学探索出发开发新产品，以供给的变化带动需求的产生和变化。而市场导向型是按照所谓Need Theory方式，从市场需求出发进行新产品开发，也就是说，首先通过市场调查来了解市场需要什么样的新产品，然后对其作为商品来说在生产技术、价格、性能等方面的特性进行研究，进而再通过该新产品商品化后的销售预测来决定是否开发。

技术导向型的产品是以技术—生产—市场的模式出现，即“将研究结果推向市场”。市场导向型的产品则是以市场—研究与开发—生产—市场的模式出现，即“把市场需求带入研究”。

企业的新产品开发是以技术导向型来创造市场为主，还是以市场导向型产品适应市场为主，还是二者同时并举，并无定论，而是需要在对企业能力和企业基础的仔细考察之后制定一个基本策略。大型企业由于市场覆盖范围广，产品种类多，面临的市场形势复杂，可能常常需要容纳不同的新产品开发模式；而中小企业因各方面力量有限，往往需要集中一两个主要方向。

40.2.4.3 新产品开发策略

采取正确的新产品开发策略是使新产品开发获得成功的前提条件之一，在制定新产品开发策略时，应借鉴科技发展史以及产品发展史上的宝贵经验，分析、预测技术发展和市场需求的变化，还应做到“知己知彼”，即不仅知道本企业的技术力量、生产能力、销售能力、资金能力以及本企业的经营目标和战略，还应了解竞争对手的相应情况。

制定新产品开发策略时，除以上所述，还可以从以下几种不同的侧重点出发。

(1) 从消费者需求出发：满足消费者需求是新产品的基本功能。即使是技术导向型产品，虽不是从市场的现实需求出发的，但也仍然必须考虑市场可能的潜在需求。

(2) 从挖掘产品功能出发：所谓挖掘产品功能，就是赋予老产品以新的功能，新的用途。

(3) 从提高新产品竞争力出发：新产品的竞争力除了取决于产品的质量、功能以及市场的客观需求外，也可采取一些其他策略来提高新产品的竞争力。例如，抢先策略，在其他企业还未开发成功，或未投入市场之前，抢先把新产品投入市场。采用这种策略要求企业有相当的开发能力以及生产能力，并达到相应的新产品开发管理水平和生产管理水平。又如紧跟策略，即企业发现市场上出现有竞争能力的产品时，就不失时机地进行仿制，并迅速投入市场。一些中小企业常采用这种策略，这种策略要求企业有较强的应变能力和高效率的生产组织。再如低成本策略，即采取降低产品成本的方法来扩大产品的销售市场，"以廉取胜"，这种策略从某种意义上来说并不是真正的开发产品，而是"开发"产品的某一特点，采取这种策略要求企业具有较高的生产技术开发能力和较高的劳动生产率。

40.2.4.4 新产品开发程序

了解新产品开发，对于加强对新产品开发的管理，尽力缩短开发过程，尽量避免开发过程中的无谓反复和浪费具有重要意义。否则的话，一个很好的新产品方案，也有可能由于开发过程管理上的问题而削弱甚至丧失其竞争力。

新产品开发的程序可概括为"构想及方案的产生—方案选择—开发—设计—生产"。关于方案产生之后的选择，并不存在绝对的好与不好之分，主要是从企业能力、企业整体经营以及生产战略出发来考虑的。新产品开发程序中的其他几个步骤如下：

1. 新产品构想及方案的产生

获得新产品构想的来源有多种，如来自企业内部、企业管理人员、职工、研究开发部门等，又如来自企业外部，其他企业、发明家的产品或新公布专利等。无论是来自何处，其构想的源泉可以分为以下几种：

(1) 人的创适性：人的创造性取决于三个基本条件。

1) 知识和智力。存储信息并回忆信息的能力，正确理解、思考事物之间内在联系、因果关系的能力。

2) 想象力。能够将许多要素、过程结合组成与众不同的内容的能力。

3) 进取心。愿意并且能够做到在很长一段时间内集中注意一件事情，不气馁。人的这种创造性是可以被激发的，其关键在于所受的教育和在创造力培养上所受的训练。因此企业应重视这方面的工作，在培养和激励人的创造性上制定一些具体的措施。

(2) 技术预测：除了创造性之外，技术预测也是产生新产品构想的一个重要手段。其目的在于预测未来的产品会采用什么技术，这些产品通常是与新技术息息相关的产品。技术预测中常用的一种方法是"德尔菲法"（Delphi），这种方法将专家意见与程序化的步骤相结合，能够得到一个较为大家公认的预测。

(3) 有组织的R & D工作：有很多新产品的构想是来源于研究机构和研究人员长期持续的、有目的的研究活动。

2. 新产品的开发与设计

产品构想及方案确定以后，就进入新产品开发阶段，在这一阶段，首先要对新产品的原理、构造、材料、工艺过程以及新产品的性能指标、功能、用途等多方面作仔细的研究，然后对其中的关键技术课题进行研究和试制，进一步确认和修改技术构思。

接下来进入设计阶段，确定新产品的基本结构、参数和技术经济指标，制定产品技术规格等。在这一阶段，产品将基本定型。值得提出的是，产品的可靠性、产品未来的制造成本取决于设计阶段，因此对设计阶段必须有足够的重视和严格的管理措施。

3. 新产品的生产准备及生产

这一阶段首先要对开发设计阶段的结果进行评价，决定投产后开始进行生产准备，进行工艺设计、工夹具设计和技术文件准备等。必要时还应该进行样品试制或批量试生产以及市场试销。然后进入生产阶段，进入这一阶段实际上就意味着开发的结束，但也有一种观点，是把新产品投放市场、对初期市场进行跟踪调查、将调查结果反馈到有关部门也包括在新产品的开发程序内，从新产品开发管理的角度来说，这也是很有意义的。

40.2.4.5 产品与生产工艺技术的同时开发

研制出的新产品一旦成功，应尽快使其进入正式生产，以缩短从新产品开发直至进入市场的整个全过程。由于产品寿命周期的普遍缩短，要求新产品开发周期也相应缩短。而研制一旦完成，生产工艺技术就成为关键的一环。为此，在进行新产品开发设计的同时，也应相应地同时展开对生产工艺技术的研究。此外，除了产品性能和适时性以外，产品的竞争力还需要高质量、低成本来保证，而高质量、低成本在很大程度上靠生产工艺技术来实现。这两方面都要求在新产品开发管理中应使产品开发设计人员和生产工艺技术人员密切配合，建立一种合作开发的体制，使得在进行产品构思和设计时就考虑到制造的可行性和经济性，在对新产品做出正式生产的决断时，已经有一批生产工艺技术人员对该新产品的生产方法和程序有透彻的思考和预先计划，能够使生产迅速开始。采取这样的体制不仅能够缩短新产品开发周期，也可以节约R&D资金，并行工程、团队工作方式等都是近些年来企业实现产品开发和生产工艺技术开发同时进行的好方法。

最后还需要提到的一个问题是，对某些产品来说，在产品开发结束、进入稳定生产以后，生产工艺也可能仍然需要更新，因为在这个阶段，产品上市后会在市场上展开成本价格大战，迫使企业在更新工艺、更新生产过程上下工夫，以降低成本。

40.3 木材工业企业的生产管理

生产是企业一切活动的基础，生产管理是企业管理中的一项重要职能，是木材工业企业获得竞争优势的基本保证。

生产管理的对象是生产过程。生产过程是指围绕完成产品生产的一系列有组织的生产活动的运行过程。所以生产管理就是对生产过程进行计划、组织、指挥、协调、控制和考核等一系列管理活动的总称。现代木材工业企业生产管理的任务是通过合理组织生产过程、有效利用生产资源，在不破坏环境的条件下，以期实现以下目标：

(1) 实现企业的经营目标，全面完成生产计划所规定的任务，包括完成产品的品种、质量、产量、成本和交货期等各项要求。

(2) 不断降低物耗，降低生产成本，缩短生产周期，减少在制品，压缩占用的生产资金，提高企业的经济效益。

(3) 提高企业生产系统的柔性（应变能力）。为适应市场需求的不断变化，要求生产系统能适应市场需求变化，迅速更换产品品种，并能保持生产过程的平衡过渡和正常运行。

40.3.1 生产类型及企业竞争优势的确立

40.3.1.1 合理组织生产过程的基本要求

生产过程组织是指对生产系统内所有要素进行合理的安排，以最佳的方式将各种生产要素结合起来，使其形成一个协调的系统。这个系统的目标是使作业流程最短、时间最省、耗费最小，又能按市场的需要，提供优质的产品和服务。合理组织生产过程，应考虑以下基本要求：

(1) 生产过程的连续性：生产过程的连续性是指在生产过程各阶段物流处于不停的运动之中，且流程尽可能短。连续性指时间上的连续性和空间上的连续性两个方面。时间上的连续性是指物料在生产过程的各个环节的运动，自始至终处于连续状态，没有或很少有不必要的停顿与等待现象。空间上的连续性要求生产过程各个环节在空间布置上合理紧凑，使物料的流程尽可能短，没有迂回往返现象。

增加生产过程的连续性，可以缩短产品的生产周期、降低在制品库存、加快资金的周转、提高资金利用率。为保证生产过程的连续性，首先要合理布置企业的各个生产单位，使物料流程合理。其次，要组织好生产的各个环节，包括投料、运输、检验、工具准备、机器维修等，使物料不发生停歇。

(2) 生产过程的比例性：生产过程的比例性是指生产过程中，基本生产过程和辅助生产过程之间，基本生产过程中各车间、工段和各工序之间，以及各种设备之间，在生产能力上保持符合产品制造数量和质量要求的比例关系。如果破坏了生产过程的比例性，就会产生生产过程中的薄弱环节，也称“瓶颈”，或者造成生产过程中某些环节的能力不能充分利用。生产过程的比例性并不是固定不变的。由于生产技术的改进，产品品种、产量、原材料构成的变化，厂际协作条件的变化，以及工人熟练程度的提高等原因，某些环节的生产能力总会发生变化，从而改变原有的比例关系。因此，生产管理工作的任务就是及时发现各种因素对生产能力变化的影响，把不平衡的生产能力重新加以调整，建立生产能力新的平衡，使生产过程的比例性得以保持。

(3) 生产过程的均衡性：生产过程的均衡性是指产品在生产过程中各个阶段，从投料到最后完工入库，都能保证按计划、有节奏均衡地进行，要求在相同的时间间隔内，生产大致相同数量或递增数量的产品，避免前松后紧，月初完不成任务、月末加班加点突击完成任务的不正常现象。均衡性有利于最充分地利用企业及其每个环节的生产能力。

保持生产过程的均衡性，主要靠加强组织管理。它涉及原材料供应，设备管理、生产作业计划与控制，以及对职工的考核办法。

(4) 生产过程的准时性：生产过程的准时性是指生产过程的各阶段、各工序都按后续阶段和工序的需要生产。即在需要的时候，按需要的数量生产所需的产品和零部件。准时性将企业与市场紧密联系起来。企业生产过程应做到准时，只有当各工序都准时生产，才能准时地向市场提供所需的产品又能达到生产过程中库存量少的目的。

准时性是市场经济对生产过程提出的要求。从市场角度来审视连续性、比例性与均衡性，可以看出它们都有一定的局限性。不与市场需求相联系，追求连续性、均衡性是毫无意义的。在市场多变情况下，比例性也只是一种难以达到的目标。

(5) 生产过程的柔性：现代企业生产组织必须适应市场需求的多变性，要求在短时期内，以最少的资源消耗，从一种产品的生产转换为另一种产品的生产。所谓柔性也可称为适应性，就是加工制造的灵活性、可变性和可调节性。在整个生产过程中，必须全面地遵循柔性原则，即加工设备能力要求具有柔性；制造工艺、生产作业计划、厂内运输、库存管理、操作人员以及生产管理等诸方面都要具有柔性，在多品种、小批量生产条件下，达到产品更新快、生产周期短、产品质量好、成本低的目的。

40.3.1.2 生产类型

木材工业企业一般按生产的专业化程度划分生产类型。生产的专业化程度可以用产品的品种多少、同一品种的产量大小和生产的重复性衡量。产品的品种越多，每一品种的产量越少，生产的重复性越低，则生产的专业化程度就越低；反之，生产的专业化程度越高。按生产专业化程度的高低，可划分为大量生产、成批生产和单件生产三种生产类型。

(1) 大量生产：大量生产单一产品，产量大，生产重复程度高；

(2) 单件生产：单件生产品种繁多，每种仅生产一台(套)，生产重复程度低。

(3) 成批生产：成批生产介于大量生产与单件生产之间，即品种不单一，每种都有一定的批量，生产有一定的重复性。现在，单纯的大量生产和单纯的单件生产都比较少，一般都是成批生产。由于成批生产的范围很广，通常将它划分成“大批生产”、“中批生产”和“小批生产”三种。

木材工业中的人造板企业由于其品种单一，产量较大，故大多属于大量生产类型；而家具企业由于其品种较多，产量较小，大多属于成批生产类型。有的家具企业根据顾客的要求进行订制生产，则属于单件生产类型。

根据合理组织生产过程的要求，实行大量生产类型的企业可以采用高效率的专用设备，甚至全自动生产线，从而比较容易地实现生产过程的连续性、比例性、均衡性和准时性，使其单位产品成本比较低，但生产过程的柔性较差；实行成批或单件生产类型的企业只能采用通用设备，实现生产过程的连续性、比例性、均衡性和准时性的难度较大，生产管理比较复杂，单位产品成本较高，但生产过程的柔性较好。

随着科学技术的进步和人们生活条件的不断改善，消费者的价值观念变化很快，消费需求多样化，从而引起产品的寿命周期相应缩短，多品种小批量的生产类型将成为未来生产方式的主流。这就要求木材工业企业在生产组织与管理上作出相应的变革。以多品种、小批量生产为特征的现代生产，使生产组织、计划、协调和控制工作变得更为复杂和重要。在生产管理上怎样使规模效益与多样化需求相结合，就成为现代生产管理中的一个突出问题。

为有效地组织多品种小批量生产，国内外理论界和实际部门专家已总结出不少对策，按其特点可以归纳如表40-5所示。

表 40-5　多品种小批量生产的对策

分　类	方　法
概念更新方面	工业工程、成组技术、并行工程、精益生产
计划创新方面	制造资源计划、批量进度计划、模式生产
实施创新方面	柔性自动化、计算机集成制造系统
控制创新方面	准时化生产方式、联机生产管理
组织更新方面	柔性多变的动态组织、虚拟的组织结构

40.3.1.3 企业竞争优势的确立

在市场经济条件下，所有木材工业企业都面临一个极重要的问题，这就是如何在自由和公平的市场条件下生产经得起市场考验的产品和服务，创造附加价值，从而维持和增加企业实际收入的能力。这是企业经营成功的根本所在。

现代企业的竞争优势可归纳为五个方面：

(1) 价格竞争力；

表 40-6　竞争重点

项　目	内　容
成　本	1.低成本
质　量	2.设计质量 3.恒定的质量
时　间	4.快速交货 5.按时交货 6.新产品开发速度
柔　性	7.顾客化产品与服务 8.产量柔性

(2) 灵活性（柔性），包括迅速改变产品设计、生产数量及产品组合能力等；

(3) 质量，包括产品的次品率、高功能、耐用性、可靠性等；

(4) 交货期，包括快速或按时交货的能力；

(5) 服务，包括有效的售后服务及产品支持能力、提供方便的服务网点、产品定制，以满足顾客特殊需要的能力。

企业根据自己所处的环境和所提供的产品、生产组织方式等自身条件的特点，可将竞争重点放在不同方面。表40-6表示常见的4组8个竞争重点。

首先是成本。价格低廉的产品总是有竞争优势的。但价格一低，利润也随之变少，有时需要以大数量来弥补，但更重要的是应该努力降低成本。降低成本的途径有多种，一种是采用自动化程度更高的设备，这种方法需要较昂贵的投资。在多数情况下，可以通过工作方式的改变，排除各种浪费来实现。

其次是质量。产品质量是企业的生命线。有两点可以考虑：高设计质量和恒定的质量。前者的含义包括卓越的使用性能、操作性能、耐久性能等，有时还包括良好的售后服务支持，甚至财务性支持。产品和服务的设计，包括质量设计是不能割裂开来考虑的。后者指质量的稳定性和一贯性。例如，家具产品的质量稳定性用符合设计要求（尺寸、光洁度等）的产品的百分比来表示。

再次是时间。20世纪90年代的企业给了时间竞争更重要的位置。因为当今世界范围内的竞争愈演愈烈，仅以传统的成本、质量方面的竞争不足以使企业与企业之间拉开距离，于是很多企业开始在时间上争取优势。时间上的竞争包括三方面：一是快速交货，指从收到订单到交货的时间要短。对于木材工业企业来说，可以采用库存或留有余地的生产能力来缩短交货时间。二是按时交货，指只在顾客需要的时候交货。三是新产品的开发速度，它包括从新产品方案产生至生产出新产品所需要的全部时间。当今，由于各种产品的寿命周期越来越短，所以新产品开发速度就变得至关重要，谁的产品能最先投放市场，谁就能在市场上争取主动。

最后是柔性。所谓柔性，是指应对外界变化的能力。它包括两个方面：一是顾客化产品与服务，即适应每一顾客的特殊要求，经常不断地改变设计和生产方式的能力，这对于家具企业特别重要。以此为竞争重点的企业所提供的产品或服务具体到了每一个顾客的特殊要求，因此产品的寿命周期非常短，产量很小。最极端的情况下是一种产品只生产一件（套）。这种竞争主要是基于企业提供难度较大的、非标准产品的能力。另一方面是产量的柔性，指能够根据市场需求量的变动迅速增加或减少产量的能力。对于其产品或所提供的服务具有波动性的企业来说，这是竞争中的另一个重要问题。

总而言之，木材工业企业竞争优势四个最重要的方面都与生产管理密切相关，因此，搞好生产管理为确立企业的竞争优势提供了保障。

40.3.2 生产能力管理

在产品选定和确定工艺路线后，就是进行生产能力设计，确定生产规模，按照目标市场的需要，提供足够的产品和劳务，以达到预期的目的。生产能力管理的基本问题是：在给定的生产组织方式下，现有的生产能力能否满足生产或提供服务的要求？如果不能，如何扩大生产能力等。生产管理人员必须考虑提供足够的能力，以满足目前及将来的市场需求，否则就会遭受机会损失。但反过来，如能力过大，又会导致设施闲置，资金浪费。

40.3.2.1 生产能力管理基本概念

所谓生产能力是指一个设施的最大产出率。这里的设施，可以是一个工序，一台设备，也可以是整个企业组织。

从木材工业企业来说，生产能力就是指生产系统在一定时期内所能达到一定产品的最大产量，或能够处理的一定数量原材料的最大转换能力。其计量单位是实物单位，木材—m^3；纤维板—t；家具—套或件等。

实际的生产能力大小是一个相对的概念，常随资源条件（劳动力的技术水平，机器设备的技术水平，原材料质量高低，资金的多少以及组织管理水平）不同而变化，特别是人员、设备和管理能力对生产能力有很大的影响。人员能力是指人员数量、实际工作时间、出勤率、技术水平等诸因素的组合；设备能力是指设备和生产面积的数量、水平、开动率和完好率等因素的组合；管理能力包括管理人员经验的成熟程度与应用管理理论和方法的水平以及工作态度。总之，企业可以通过资源投入的改变来调整生产能力，从而形成许多变更生产能力的策略适应市场变化的需要。

生产能力常分为正常和最大生产能力，长期需求和短期需求的生产能力。

正常生产能力是指在一定的资源条件下经济效益最佳时的生产能力，也称最优能力。最大生产能力也就是在市场需求急剧增加时，为了及时满足需要，能够最大限度利用的生产能力。这时常需要加班加点。一般说来，加班不是好办法，它需要超额成本，导致单位产品成本上升。

长期需求的生产能力是指为了满足市场未来一段较长时期的需要而设计和拥有的生产能力，它是与未来的市场需求相适应的。短期需求的生产能力是指针对当前的需要而考虑的生产能力，过去我们也称为现有能力或计划能力。

40.3.2.2 影响生产能力决策的因素

影响生产能力决策的因素主要有：市场需求、资源条件和规模经济性等。

1. 市场需求

市场需求是决定企业生产规模的主要因素，它从产出方面限制了企业的生产规模的大小。主要考虑的因素：① 市场的短期和长期需求（预测），现有和潜在需求；② 企业需求量，也就是根据企业竞争力和可能有的市场占有率，即顾客购买本企业的产品量；③ 估计市场需求变化可能出现的不同状态，预计不同状态可能发生的概率；④ 市场需求的时间性，即分阶段预计市场需求的增减变化状况。如近几年市场需求可能达到多少？几年后达到多少？可能达到的最高需求是多少？⑤ 产品寿命周期分析，即分析产品寿命周期的大体时间，目前该产品处于产品寿命周期的哪一个阶段等。

2. 资源条件

这是从投入方面对企业生产规模的制约，包括自然资源，如原材料及能源、技术装备、劳动力以及财力资源等。

3. 规模经济性

生产规模常常受到规模经济界限的制约。所谓规模经济是指企业达到什么规模才能取得合理的经济效益。规模经济可划分为三个界限：① 最佳的规模经济，即在这一规模下经济效益最大，成本最低，利润最大；② 最低规模经济，即企业的生产规模起码要达到的规模，低于这个规模，企业就没有盈利甚至亏本；③ 最大的规模经济，企业超出这个规模，就没有盈利了。

40.3.2.3 生产能力计划

生产能力计划工作主要的内容是：目前企业的生产能力有多少？由于市场需求的变化，企业的生产能力将是多少？企业应通过什么方法扩充或缩减生产能力？

1. 能力利用率

能力利用率是指设施、设备、人员等生产能力被利用的平均程度，其基本表达式为：能力利用率 = 平均产出率 / 生产能力。

平均产出率和生产能力必须用相同的单位表示才有意义。例如，一个家具厂的生产能力为年产家具 1 万套，平均产出率为年平均 8 千套，则利用率为 80%。

生产能力利用率一般不应该是百分之百而应留有一定的富余量，该富余量被称为能力的缓冲。用式子表示如下：

能力缓冲 =1 − 能力利用率。

缓冲量的大小随产业和企业的不同而不同。在资本集约度较高的企业中（如人造板企业），设备造价昂贵，因此能力缓冲量通常较小，通常小于10%。而在家具企业，由于需求变化很快，并且劳动力对生产能力影响较大，要求有较大的缓冲量。一般说来，当需求的波动在某种程度上可以利用库存来调节，或可以通过加班、倒班等来调节生产能力，缓冲量可相对小一些。但当需求的不确定性较大，而生产系统资源的灵活性又较小时，较大的缓冲就是必要的。

2. 预测未来的生产能力需求量

对企业未来生产能力需求量的估计决定于产品的市场需求量，一般通过对产品市场需求预测的方法，来估计生产能力的需求量。

(1) 短期需求量：可以利用时间序列分析方法预测短期的产品需求量。然后，再把这些需求量和现有的生产能力作比较，并查明应在何时进行生产能力的调整工作。

(2) 长期需求量：生产能力的长期需要量更难确定，因为未来的市场需求和工艺技术都是不一定的。所以长期需求量的预测，主要在于产品（或产业）寿命周期分析，计划人员应力图弄清各种产品在它们的生命周期中所处的阶段，从而明确产品未来的需求情况。

根据产品市场需求量的预测以及企业的销售计划，就可确定企业生产能力在今后一年或更长期的需求量。另外，生产能力的预测还必须预计到工艺技术的变革，即使产品在今后一段时间内不变，但生产的方法可能会发生急剧的变化。例如，计算机的发展使企业在不改变基本产品的情况下提高生产能力。

3. 变更生产能力的策略

在计算了现有生产能力和估计了未来的需求量之后，必须进而明确变更生产能力的各种策略。

(1) 短期的应变措施：就一年的短期来说，生产系统的能力规模是固定的。在正常生产过程中，很少启动新的和撤除现有的主要设施。但是，仍有可能进行许多短期的调整，以增加或减少生产能力。这种调整取决于生产系统是劳动密集的还是资本密集的，也取决于产品能否储存起来。

资本密集的生产过程（如人造板企业）主要是依靠机械设施、工厂和设备等要素来实现生产的作业。只要使上述这些设施比在正常情况下的运转强度大或小些，就可变动短期的生产能力。在需求淡季，生产部门可暂时关闭这套生产系统而不必每天开一个班次。因而潜在生产能力的作用发挥不出来，直至需求回升才能改变这种情况。在需求高峰时期，这套生产系统就可发动起来，昼夜运转。用这种方式可以暂时变动短期的生产能力，但问题在于费用很大。生产能力的这种变动，能使生产系统的组织安排、变更、维护、原材料采购、人力招聘、生产进度安排和库存管理等方面的费用增加。

劳动密集的生产过程（如家具企业）主要取决于人们的技艺而不是厂房设备等这些物质资源。在劳动密集的生产过程中，可用解雇和招聘职工的办法，或是加班加点和减少劳动时间的办法来改变短期的生产能力。这些办法也都很费钱的。因为这样做必须支付招聘和解雇费，必须支付奖励工资，同时增加了丧失熟练工人的风险。

如果产品是可以储存的，那么可以在淡季储存起来以待旺季销售。但式样日新月异的产品是不宜储存的；非标准化的产品或按客户订单加工而事先不知道规格的产品也不宜储存。

(2) 长期的变更措施：长期的生产能力变更措施涉及扩充和收缩生产能力，由于这往往涉及投资的变更，决策应非常慎重。

在扩充生产能力决策时，常用决策树法进行。其决策的典型问题是，估计到未来产品需求量的增加，生产能力一下子增加到一个较大的水平；还是先增加一小部分生产能力，待将来需求真正增加时，扩大生产能力。在实际工作中，还常应用现值法进行投资评价，估计各种生产能力扩充方案中的利益和风险。如果预期的产品需求量持续不断地增长，那就应当去扩充生产能力，以获取大型厂所能提供的经济利益。一般说来，生产能力的扩充最好是分期分批地进行，而不要集中于一次投资。

如果生产能力的预测表明，未来的生产能力需求量低于当前正在运转的现有生产能力，那么减少生产能力最常用的办法是卖掉现有的设施、设备、存货和解雇职工。在进行生产能力收缩的决策时，企业同样应该采用现值分析法和决策树法，研究各种方案的费用、利益和风险。一般说来，公司长期缩减生产能力或关闭工厂是一种最不得已的解决办法，他们最好寻求新的出路来维持和利用现有的生产能力。企业可以通过不断地开发新产品或换代产品以确保生产能力的充分利用，这种新老产品的更替不是偶然发生的，它要求有计划地进行。这需要研究开发部门和市场营销部门的密切合作。

40.3.3 后勤管理

后勤管理是对物料（包括原材料、零部件、半成品和成品）的获得、移动和存储所进行的全面管理，它是从传统的物料与库存管理中发展起来的一个新概念。在当今市场竞争日益激烈的环境下，企业越来越意识到，加强后勤管理是提高竞争力的重要途径之一。

40.3.3.1 后勤管理概述

1. 后勤管理概念

后勤管理包括了企业历来的物料管理、库存管理、配送管理以及运输管理的内容。

2. 后勤管理活动

一个完整的后勤运作过程是从供应商的最初运输开始，以成品交到顾客手中结束。在这个过程中，共包括5种主要的后勤管理活动：

(1) 采购：采购是对货物从供应商到组织内部物质移动的管理过程。它要考虑每个产品需要多少供应商及供应商所处的位置（本地的、国内的、国际的），为减少内部库存，组织应该对供应商控制到怎样程度；应该选择什么样的运输工具、信息传递方式和人力资源；组织是否要确保物料采购的绩效；如果需要，应该采用什么标准来评价绩效。

(2) 物料与库存管理：物料与库存管理是对组织内部原材料，在制品和成品的移动和存储的管理过程。它与生产计划与控制联系非常紧密。主要的问题是：维持适当的库存以满足需求，同时减少资金占用量；监控库存水平和组织内部、配送中心的需求量；个别货物短缺或低于安全库存可能会导致的库存危机；恰当的机械化物料搬运方式；自动仓库是否适用；是否能像准时生产那样，将生产系统组织成不需要库存的方式；什么技术或方法可以用来降低库存等。

(3) 配送：配送是对成品从工厂到顾客的移动的管理过程。一般分为两大部分：企业组织内部的地区配送和企业组织外部、通过营销渠道或批发商的配送，最后到达最终顾客手中。它主要考虑和处理的问题是：有关设施的地理分布以及各个设施的活动；为减少配送成本和扩大客户服务，仓库集中还是分散布置；在不降低客户服务水平的前提下，如何在库存减少与运输增加之间寻求平衡，以使总配送成本最小；什么样的信息系统能帮助提高客户服务水平，尤其是订单处理系统和运输、仓储、发票管理系统。

(4) 运输：运输是对产品在生产地点、流通渠道及消费者之间的位置变换进行管理的过程。这一功能主要包括选择运输方式、制订运输计划、选择运输路线和运费支付等。除了管理公司的运输活动之外，还负责监控货运的绩效，改善运输服务水平以及降低总成本。运输管理还包括运用计算机信息管理系统制定计划，处理单据通讯与其他运输者联合和进行货物贮存。运输活动也负责对运输公司（或其他第三方服务提供者）所提供的服务进行监控和对加入到价值链中的新的服务方式进行评价。

(5) 维修：维修主要是对后勤系统内的有形部分（如仓库、卡车等）和信息处理能力（如程序、计算机）等的维护。所有这些必须保持在最佳的功能状态，其损坏或时间延误应控制在允许的范围内，不应影响系统的正常功能。

40.3.3.2 采购管理

1. 采购管理的意义

采购是对物料从供应商到组织内部物理移动的管理过程，是企业后勤管理的基本活动之一。采购管理在企业经营管理和生产管理中是一个十分重要的环节。它的重要性首先体现在企业经营生产中的中心作用上。任何一个组织，其生产运作所需的投入中都离不开物料。在企业经营中，物料采购成本占很大比重，而且在很多行业，这种比重有上升的趋势。对于大多数企业来说，物料成本几乎占其销售收入的一半左右。

采购管理重要性的另一个表现是它与库存之间的关系。采购管理不当，会造成大量多余的库存。而库存会导致占用企业的大量资金和发生管理成本。此外，采购管理本身的好坏还会影响到供货的及时性、供货价格和供货质量，而这些都与企业最终产品的价格、质量和及时性直接相关。

2. 采购管理的一般程序

采购管理通常包括以下几个步骤：

(1) 接受采购要求或采购指示：采购要求的内容包括采购品种、数量、质量要求以及到货期限，在木材工业企业中，采购指示来自生产计划部门，而生产计划部门又是根据既定的自制、外协策略来决定采购什么，根据生产日程计划的安排决定何时采购。但反过来，企业在制定自制、外协策略时，采购部门有很大的发言权，因为它们最清楚从外部获得各种所需资源的可能性，清楚各个供应商的供应能力。

(2) 选择供应商：一个好的供应商是确保供应物料的质量、价格和交货期的关键。因此，在采购管理中，供应商的选择和如何保持与供应商的关系是一个主要问题。选择好的供应商首先是调查供应商提供所需品种的能力，汇总该供应商所能提供的物料种类，并就这些物料的供货要求进行商谈，评价多个候选供应商（使用定性、定量多个标准），最后确定供应商。

(3) 订货：订货手续有时可能很复杂，例如，昂贵的一次性订货物品；有时也可能很简单，例如，常年使用的、有固定供应商的物品。

(4) 订货跟踪：主要是指订单发出后的进度检查、监控、联络等日常工作，目的是为了防止延误到货或出现数量、质量上的差错。这些工作较琐碎，但却是非常重要的，因为物料供应的延误或差错将影响生产计划的执行，它有可能导致生产中断，进而失去顾客信誉和市场机会。

(5) 货到验收：这也是采购管理部门的责任。

3. 供应商的选择基准

企业总是在不断地寻求更好的供应，即物美价廉、时间有保证的供应商，而采购部门在这种寻求中起了关键作用。这种寻求，首先是从供应商的选择开始的。很多企业建立了详细的供应商评价标准，用来帮助进行供应商的选择或定期评价已有的供应商，这样的评价标准、评价重点随企业而不同，同企业的竞争重点也紧密相关。但一般来说，价格、质量和交货期总是最关键的要素。

4. 与供应商的基本关系

供应商是企业外部影响企业生产系统运行的最直接因素，也是保证企业产品的质量、价格、交货期和服务的关键要素之一。因此，现代企业已经认识到了供应商对企业的重要影响作用，并把建立和发展与供应商的关系作为企业整个经营战略，尤其是生产战略中的一个必不可少的重要部分。

传统的企业与供应商的关系是一种短期的、松散的、两者之间作为竞争对手的关系。在这样一种基本关系之下，买方和卖方的交易如同“0-1”对策，一方所赢则是另一方所失。与长期互惠相比，短期内的优势更受重视。买方总是试图将价格压到最低，而供应商总是以特殊的质量要求、特殊服务和定货量的变化等为理由尽量抬高价格，哪一方面能取胜主要取决于哪一方在交易中占上风。在20世纪五六十年代，这种与供应商的竞争为主的关系模式曾经是企业采用的主要模式。

这种模式的一般特征可概括如下：

(1) 买方以权势压人来讨价还价。买方以招标的方式挑选供应商，报价最低的供应商被选中。而供应商为能中标，会报出低于成本的价格。

(2) 供应商名义上的最低报价并不能带来真正的低成本。供应商一旦被选中，就会以各种借口要求买方企业调整价格，因此，最初的最低报价往往是暂时的。

(3) 由于买方和供应商之间是受市场支配的竞争关系，因而双方的技术、成本等信息都小心加以保护，不利于新技术、新管理方式的传播。

(4) 由于双方关系松散，双方都会用较高的库存来缓解出现需求波动或其他意外情况时的影响，而这种成本的增加，实际上最后都转嫁到了消费者身上。

(5) 不完善的质量保证体系。以次品率来进行质量考核，并采取事后检查的方式，造成产品已投入市场，要不断地解决问题。

(6) 买方的供应商数目很大，每一种物料都有若干个供应商，使供应商之间竞争，买方从中获利。

20世纪80年代以来，一种新的企业与供应商的关系模式受到企业界的重视。在这种模式中，买方和卖方互相视对方为伙伴，双方保持一种长期互惠的关系。这种模式的主要特征如下。

(1) 买方将供应商分层，尽可能地将完整部件的生产甚至设计交给第一层供应商，这样买方企业的零件设计总量则大大减少，有利于缩短新产品的开发周期。这样还使买方可以只与数目较少的第一层供应商发生关系，从而降低了采购管理费用。

(2) 买方与卖方在一种确定的目标价格下，共同分析成本，共享利润。目标价格是根据对市场的分析制定的，目标价格确定以后，买方与供应商共同研究如何在这种价格下生产，并使双方都能获取合理的利润。买方还充分利用自己在技术、管理、专业人员等方面的优势，帮助供应商降低成本。由于通过降低成本供应商也能获利，因此调动了供应商不断改进生产过程的积极性，从而有可能使价格不断下降，在市场上的竞争力不断提高。

(3) 共同保证和提高质量。由于买卖双方认识到不良产品会给双方都带来损失，因此能够共同致力于提高质量，一旦出现质量问题，买方会与供应商一起通过“五个为什么”等方法来分析原因，解决问题。由于双方建立起了一种信任关系，互相沟通产品质量情况，因此买方甚至可以对供应物料不进行检查就直接使用。

(4) 信息共享，买方积极主动地向供应商提供自己的技术、管理等方面的信息和经验，供应商的成本控制信息也不再对买方保密。除此之外，供应商还可以随时了解买方的生产计划、未来的长期发展计划、生产现场所供应物料的消耗情况等，据此制定自己的生产计划、长期发展计划以及供货计划。

(5) JIT式的交货即只在需要的时候，按需要的量供应所需的物品。由于买卖双方建立起了一种长期信任的关系，不必为每次采购谈判和讨价还价，不必对每批物料进行质量检查，而且双方都互相了解对方的生产计划，这样就有可能作到JIT式的交货，而这种作法使双方的库存都大为降低，双方均可受益。

(6) 买方只持有较少数目的供应商，一般一种物料只有1～2个供应商，这样可以使供应商获得规模优势，采用产品对象专业化的生产组织方式，从而实现大批量、低成本的生产。当来自买方的订货量很大，又是长期合同时，供应商甚至可以考虑扩大设施和设备能力，并考虑将新设施建在买方附近，这样几乎就等于买方的一种“延伸”组织。

显而易见，“合作”模式比“竞争”模式具有更多的优势。在当今市场需求日益多变、市场竞争日益激烈的环境下，合作模式更有利于企业竞争力的提高。但是，合作模式也有一定的不利之处：如果一种物料只有1～2个供应商，那么供应中断的风险则增加；保持长期合同关系的供应商缺乏竞争压力，从而有可能缺乏不断创新的动力；JIT式的交货方式随时有中断生产的风险等。因此，有必要根据企业的具体情况，结合两种基本模式的优点，制定自己的供应商关系模式。

40.3.3.3 库存管理

1. 库存的作用和库存管理的意义

库存是每一个生产产品和提供服务的企业或组织生产管理的重要组成部分。一般认为，库存的存在有利有弊。它一方面能有效地缓解供需的矛盾，使生产尽可能均匀，有时甚至还有奇货可居的投机功能，为企业盈利；另一方面它占用了大量资金，减少了企业的利润，掩盖了企业管理不善的各种矛盾，使企业效益低下甚至导致企业亏损。

库存可以按不同的作用分为以下四种类型。

(1) 周转库存：当生产或订货是以每次一定批量而不是以一次一件的方式进行时，这种由批量周期性地形成的库存就称为周转库存。按批量进行生产或订货的主要原因：一是为了获得规模经济性。由于设置成本（在生产中是更换批量时机器或生产装置的调整成本，在订货过程中为处理每份订单和发运每批订货的成本）较高，故存在一种经济的规模。二是为了享受数量折扣。比如在价格方面或运费方面的数量折扣。周转库存的大小与订货的频率有关，故如何在订货成本和库存成本之间作出选择，是决策时主要考虑的因素。

(2) 安全库存：又称为缓冲库存。是生产者为了应付需求的不确定性和供应的不确定性，防止缺货造成的损失而设置的一定数量的存货。如果生产者能够预先知道未来的需求变化或者可以确定供应的交货日期和数量，则无设立安全库存的必要。安全库存的数量除受需求和供应的不确定性影响外，还与企业希望达到的顾客服务水平有关。这些是制定安全库存决策时主要考虑的因素。

(3) 运输库存：它是处于相邻两个工作地之间或是相邻两级销售组织之间的库存，包括处在运输过程中的库存，以及停放在两地之间的库存。运输库存取决于输送时间和在此期间的需求率。

(4) 预期库存：由于需求的季节性或是采购的季节性特点，必须在淡季为旺季的销售或是在收获季节为全年生产储备的存货为预期库存。预期库存的设立除了季节性原因，还出于使生产保持均衡的考虑。故决定预期库存的因素除了脱销的机会成本，还应考虑生产不均衡的额外成本（如生产设备和工人闲置时必须支出的固定成本以及加班的额外支出费用等）。

库存虽有上述作用，但是库存要占用大量资金，包括物品本金及利息、场地费、管理费等各种库存维持费用，物品过期损耗、报废等，减少了企业利润。同时，库存作用在传统管理中被不适当地夸大，掩盖了企业生产经营中存在的严重问题。

(1) 库存可能被用来掩盖经常性的产品或零部件的制造质量问题。当废品率和返修率很高时，一种很自然的做法就是加大生产批量和在制品或产成品库存。

(2) 库存可能被用来掩盖工人的缺勤问题、技能训练差问题、劳动纪律松懈和现场管理混乱问题。

(3) 库存可能被用来掩盖供应商或外协厂家的原材料质量问题、外协件质量问题、交货不及时问题。

(4) 库存可能被用来掩盖或弥补企业计划安排不当问题、生产控制制度不健全问题、需求预测不准问题、产品齐套性差问题等。

此外，如产品设计不当、工程改动、生产过程组织不适当等问题，都可以用高库存量将问题掩盖。总之，是生产与作业管理不善，最终导致库存水平居高不下。

2. 库存的ABC分类管理法

ABC分类法又称为重点管理法，其基本原理是处理问题要分清主次，区别关键的少数和次要的多数，根据不同情况进行分类管理，帮助人们正确地观察问题并作出决策。

库存ABC分类法，就是按存货单元的年利用价值对其进行分类的方法。所谓存货单元是指因其用途，或因其款式、大小、颜色甚至存放地点的不同而被区别对待的存货项目。

通常，可以按20%，20%～50%，50%～100%三个百分比区间将存货单元分为A类、B类和C类。按照一般规律，A类存货单元所对应的年利用价值累积百分比为80%左右，C类存货单元所对应的年利用价值累积百分比为5%左右，其余为B类存货单元对应的年利用价值累积百分比。换言之，数量上仅占20%的存货单元其年利用价值达到80%，显然应对A类存货单元给予优先考虑。而C类存货单元，其年利用价值充其量仅占5%左右，在控制上，可以采用较粗略的方法。

3. 库存控制基本模型

(1) 独立需求与相关需求：独立需求是指对库存货物的需求独立，即对一项物资的需求与其他项的需求无联系。如用户对企业产品或用作备品备件的零部件的需求。独立需求最明显的特征是需求趋向于连续或由于随机影响而波动，需求量不确定但可以通过预测方法粗略地估算。

相关需求也称非独立需求，它依附于独立需求，可以根据对最终产品的独立需求精确地计算出来。相关需求可以是垂直方向的，也可以是水平方向的。产品与其零部件之间垂直相关，与其附件和包装物之间则水平相关。

独立需求和相关需求库存问题是两类不同的库存问题。相关需求库存控制模型可用物料需求计划（MRP）或制造资源计划（MRP Ⅱ）解决；独立需求库存模型一般用定量订货模型与定期订货模型解决。

(2) 定量订货模型：定量订货模型也称为固定订货量系统，其主要特点是每次订货的订货量相同，订货点相同，需求率固定不变，瞬时送货，是一个理想的抽象模型，如图40-5所示。

由图可见，系统的最大库存量为Q，最小库存量为零，不存在缺货。当库存降到订货点库存时，就按固定的订货量Q发出订货。经过一固定的订货提前期后，新的一批订货到达（订货刚好在库存变为0时到达）。平均库存量为Q/2。

对定量订货系统而言，确定合理的订货量Q是十分重要的。经济订货（生产）批量的方法，是在保证生产正常进行的前提下，以支出最低的总费用为目标，确定订货（生产）批量的方法。

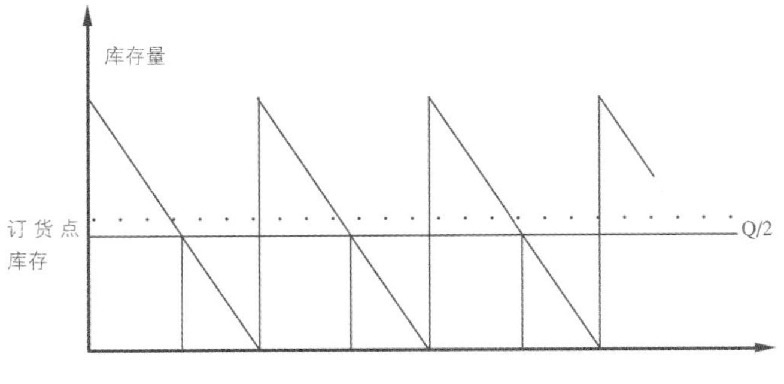

图40-5　确定型定量订货库存模型

在不允许缺货的情况下，每年维持库存的总成本可用下列公式表示：

年总成本＝货物成本（生产成本）＋订货成本（生产准备费用）＋储存成本，即：

$$TC=CD+(D/Q)S+(Q/2)H$$

式中：TC——总成本

C——购买单位货物的成本（单位生产成本）

D——年总需求量

Q——一次生产批量或订货量

S——每次订货发生的费用（每批生产的生产准备费用）

H——单位货物每年的储存成本

为求出使得总成本（TC）最小的订货量（Q），可用导数求极值的方法，得到：

$$\mathrm{EOQ}=\sqrt{\frac{2DS}{H}}$$

就是经济订购或生产批量。在已知EOQ和提前期的情况下，其他有关变量如年平均订货次数、两次订货时间间隔、订货点库存量都可以求出。

(3) 定期订货模型：确定型定期订货模型也称为固定订货间隔期系统，它是以时间为基础的库存系统。其模型图与定量订货模型相似，只是当订货到达时，系统达到最高库存水平，然后库存按一定的需求率减少。系统每经过一个固定的间隔期，便发出一次订货，经订货提前期之后，新的订货到达，库存量又达到最高水平。

在确定型定期订货系统中，最主要的是确定经济订货间隔期（EOI），其数学原理与求EOQ相似。

40.3.4 综合计划与主生产计划

企业生产计划是根据市场需求和企业生产能力的限制，对一个生产系统的产出品种、产出速度、产出时间、劳动力和设备配置以及库存等问题所预先进行的考虑和安排。

40.3.4.1 三种生产计划

木材工业企业的生产计划一般说来可分为三种：综合计划、主生产计划和物料需求计划。这是三种不同层次的计划，其作用和主要内容如下。

1. 综合计划

综合计划又称为生产大纲，它是对企业未来较长一段时间内资源和需求之间的平衡所作的概括性设想，是根据企业所拥有的生产能力和需求预测对企业未来较长一段时间内的产出内容、产出量、劳动力水平、库存水平等问题所作的决策性描述。

综合计划并不具体制定每一品种的生产数量，生产时间，每一车间、人员的具体工作任务，而是按照以下的方式对产品、时间和人员作安排：

(1) 产品：按照产品的需求特性、加工特性、所需人员和设备上的相似性等，将产品综合为几大系列，以系列为单位来制定综合计划。

(2) 时间：综合计划的计划期通常是年，因此有些企业也把综合计划称为年度生产计划或年度生产大纲。在该计划期内，使用的计划时间单位是月、双月或季。

(3) 人员：综合计划可用几种不同方式来考虑人员安排问题，例如，将人员按照产品系列分成相应的组，分别考虑所需人员的水平；或将人员根据产品的工艺特点和人员所需的技能水平分组等等。综合计划中还需考虑到需求变化引起的对所需人员数量的变动，决定是采取加班，还是扩大聘用等基本方针。

2. 主生产计划

主生产计划（MPS）要确定每一具体的最终产品在每一具体时间段内的生产数量。这里的最终产品，主要是指对于企业来说最终完成、要出厂的完成品，它可以是直接用于消费的消费产品，也可以是作为其他企业的部件或配件。这里的具体时间段，通常是以周为单位，在有些情况下，也可能是旬、日或月。

3. 物料需求计划

主生产计划确定以后，生产管理部门下一步要做的事是：保证生产主生产计划所规定的最终产品所需的全部物料（原材料、零件、部件等）以及其他资源能在需要的时候及时供应。这个问题看似简单，但做起来却并不容易。因为一个最终产品所包括的原材料、零件、部件的种类和数量可能是相当大的，而且零部件之间的关系相当复杂（如家具产品）。所谓的物料需求计划，就是要制定这样的原材料、零件和部件的生产采购计划：外购什么、生产什么、什么物料必须在什么时候订货或开始生产，每次订多少、生产多少，等等。

也就是说，物料需求计划要解决的是与主生产计划规定的最终产品相关物料的需求问题，而不是对这些物料的独立的、随机的需求问题。这种相关需求的计划和管理比独立需求要复杂得多，因为只要在物料需求计划中漏掉或延误一个零件，就会导致整个产品的完不成或延误。

40.3.4.2 综合计划的制定

1. 综合计划所需主要信息和来源

综合计划的制定必须依据企业生产经营有关的多种信息，这些信息需要企业不同的部门来提供，如表40-7所示。

2. 综合计划的制定程序

综合计划是企业的整体计划，它的主要目标可概括为：用最小的成本，最大限度地满足需求。具体说来，综合计划要达到以下六个有时相悖的目标：① 成本最小或利润最大；② 顾客服务最大化（最大限度地满足顾客要求）；③ 最小库存水平；④ 生产速率的稳定性（变动最小）；⑤ 人员水平变动最小；⑥ 设施、设备的充分利用。

表 40-7 综合计划所需信息及其来源

所需信息	信息来源
新产品开发情况	
主要产品和工艺改变（对投入资源的影响）	技术部门
工作标准（人员标准和设备标准）	
成本数据、企业的财务状态	财务部门
劳动力市场状况、现有人力情况、培训能力	人事管理部门
现有设备能力、劳动生产率、现有人员水平、新设备计划	制造（生产）部门
市场需求预测、经济形势、竞争对手状况	市场营销部门
原材料供应情况	
现有库存水平	
供应商、承包商的能力	物料管理部门
仓储能力	

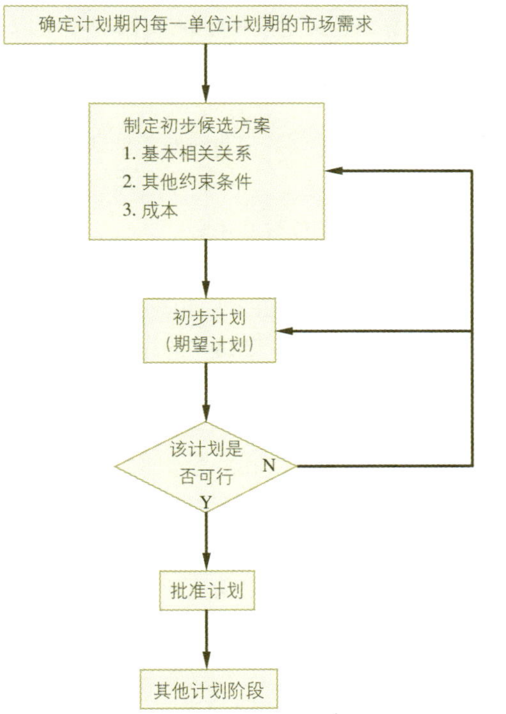

图 40-6 综合计划的制定程序

为了实现上述目标，综合计划的制定必须依据一定的程序来进行。图40-6表示一个综合计划的制定程序。由该图可以看出，这样一个程序是动态的、连续的，计划需要周期性地重新被审视、更新，尤其是当新的信息输入和新的经营机会出现的时候，更需如此。

步骤 1：确定计划期内每一单位计划期的市场需求

确定计划期内每一单位计划期的需求的方法有多种。对于制造业企业的生产大纲来说，需求通常是以产品的数量来表示的，需求信息来源包括：对产品的未来需求预测；现有订单；未来的库存计划；来自流通环节（批发商）或零售环节的信息等。根据这些信息，就可大致确定每一计划单位的需求。

步骤 2：制定初步候选方案，考虑相关关系、约束条件和成本

(1) 基本相关关系：在评价、审视初步候选方案时，有两个基本关系需要考虑：第一，在给定时间段内的人员关系式；第二，库存水平与生产量的关系式。第一个关系式的基本表述是：

本期人员数=上期末人员数十本期初聘用人员数－本期初解聘人员数

上述关系式中的“人员解聘数”有时可以是人员的自然减少。在每一时间段内（计划单位内），所发生的聘用和解聘行为均影响可用人员数，这是显而易见的。在制定综合计划时，如果人员安排是分成几个独立的组（单位），需要对每一组都作类似的考虑。

第二个关系式的基本表述是：

本期末库存量＝上期末库存量十本期生产量－本期需求量

一个计划期内的生产量计划对本期末的库存有直接的影响作用或决定作用。

(2) 其他约束条件：这些约束条件可分为物理性约束条件和政策性约束条件。前者是指一个组织的设施空间限制、生产能力限制等问题，例如，某工厂的培训设施有限，一个计划期内所新聘的人员最多不得超过多少；设备能力决定了每月的最大产出；仓库面积决定了库存量的上限等。后者是指一个组织经营管理方针上的限制，例如，企业规定订单积压时间最长不能超过多少；一月的最大加班时数；外协量必须在百分之多少以下，最小安全库存不得低于多少等等。

(3) 成本：制定综合计划时所要考虑的成本主要包括：正式人员的人员成本；加班成本；聘用和解聘费用；库存成本（持有库存所发生的成本）；订单积压成本和库存缺货成本。

步骤 3：制定可行的综合计划

这是一个反复的过程，如图40-6所示。首先，需要制定一个初步计划，该计划要确定每一计划单位（如月或季）内的生产速率、库存水平和允许订单积压量、外协量以及人员水平（包括新聘、解聘和加班）。该计划只是一个期望的、理想的计划，尚未考虑其他约束条件，也尚未按照企业的经营目标、经营方针来严格检查，如果通过对这些因素的考虑，证明该计划是不可行的、或不可接受的，那么必须修改该计划或重新制定，反复进行，直至该计划可被接受。

步骤 4：批准综合计划

企业综合计划需要最高管理层的认可，通常是组成一个专门委员会来审查综合计划，该委员会中应包括各有关部门的负责人。委员会将对综合计划方案进行综合审视，也许会提出一些更好的建议，以处理其中相悖的若干目标。最后计划的确定并不一定需要委员会全体成员的一致同意，但计划一旦确定，就需要每个部门都尽全力使之得以实现。

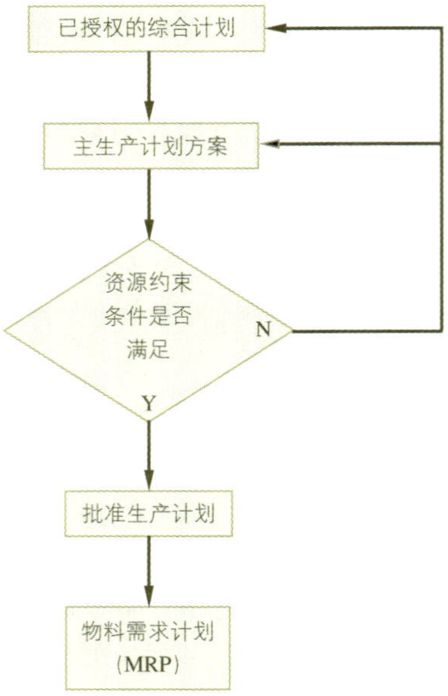

图 40-7 **主生产计划的制定程序**

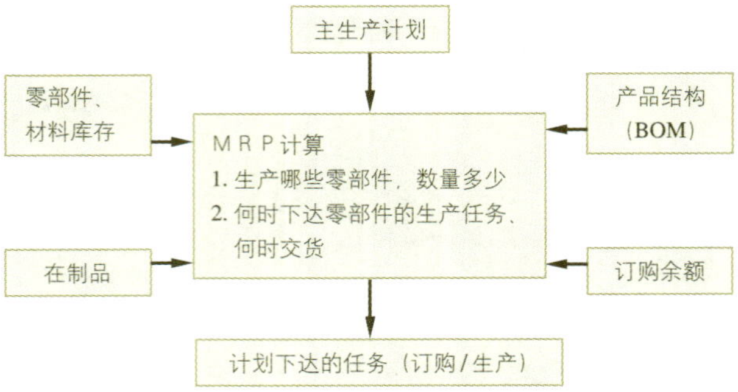

图 40-8 **基本物料需求计划**

40.3.4.3 主生产计划（MPS）的制定

主生产计划的制定程序如图40-7所示。首先，它是从综合计划开始的，是对综合计划的分解和细化。MPS方案的制定也是一个反复试行的过程。当一个方案制定出来以后，需要与所拥有的资源作对比（设备能力、人员、加班能力、外协能力等），如果超出了资源限度，就须修改原方案，直至得到符合资源约束条件的方案，或得出不可能满足资源条件的结论。在后者的情况下，则需要对综合计划作出修改，或者增加资源。最终，方案需要拿到决策机构去被批准，然后作为物料需求计划的输入（或前提条件）来制定主生产计划。该计划将确定每一零部件生产和装配的具体时间。

MPS所需满足的约束条件主要有两个，首先是MPS所确定的生产总量必须等于综合计划确定的生产总量；其次是在决定产品批量和生产时间时必须考虑资源的约束。

40.3.5 物料需求计划和制造资源计划

物料需求计划和制造资源计划是一种多品种、多级制造装配系统的、具有代表性的管理思想、管理规范和管理技术。在木材工业企业中，家具企业比较适合于采用物料需求计划和制造资源计划。

40.3.5.1 物料需求计划（MRP）

物料需求计划（MRP）是一种将库存管理和生产进度计划结合为一体的计算机辅助生产计划管理系统。自20世纪20年代以来在生产计划和库存管理方面一直流行的是订货点法。1965年美国的J.A.奥里奇博士提出了独立需求和相关需求的概念，并指出订货点法只适用于独立需求项目。基于这一理论随后就出现了按时间段来确定物料的相关需求，这就是物料需求计划—— MRP。

基本的MRP处理过程如图40-8所示。它是根据产品结构、各种物料（产成品、零部件库存、在制品、在途情况）数据，自动地计算出构成这些成品的部件、零件，以至原材料的相关需求量，生产进度日程或外协、采购日程。

MRP的目标是：

(1) 及时取得生产所需的原材料及零部件，保证按时供应用户所需产品；

(2) 保证尽可能低的库存水平；

(3) 计划生产活动与采购活动，使各部门生产的零部件、采购的外购件与装配的要求在时间和数量上精确衔接。

MRP的计算是根据反工艺路线的原理，按照主生产计划规定的产品生产数量及期限要求，利用产品结构、零部件和在制品库存情况，各生产（或订购）的提前期、安全库存等信息，反工艺顺序地推算出各个零部件的出产数量与期限。由于它采用计算机辅助计算，因此具有以下三个主要的特点。

(1) 根据产品计划，可以自动连锁地推算出制造这些产品所需的各部件、零件的生产任务；

(2) 可以进行动态模拟，也就是说它不仅可以计算出零部件需要数量，而且可以同时计算出它们生产的期限要求；不仅可以算出下一周期的计划要求，而且可推算出今后多个周期的要求；

(3) 计算速度快，便于计划的调整与修正。

基本MRP能根据有关数据计算出相关物料需求的准确时间与数量，对于制造业物资管理有重要意义。但是它还不够完善，其主要缺陷是没有解决如何保证零部件生产计划成功实施的问题。它缺乏对完成计划所需的各种资源进行计划与保证的功能；也缺乏根据计划实施实际情况的反馈信息对计划进行调整的功能。因此，基本MRP主要应用于订购的情况，涉及的是企业与市场的界面，而没有深入到企业生产管理的核心中去，

在基本MRP的基础上，引入资源计划与保证，安排生产、执行监控与反馈等功能，形成了闭环的MRP系统。

40.3.5.2 闭环的 MRP

闭环的MRP与原来的MRP相比在以下几个方面有新的发展：

(1) 编制能力需求计划（CRP）：根据运行MRP得到的进度表，计算未来各时间段对能力的需求，以便和计划期企业实有的能力进行对照。通过编制能力需求计划，对生产能力进行规划与调整，包括合理搭配计划期生产的产品与零件，采取外协、分包、加班等措施使能力适应生产负荷的需要。只有能力与生产负荷平衡时，所编的MRP计划才是可行的。

(2) 扩大与延伸MRP的功能：在编制零件进度计划的基础上把系统的功能进一步向车间作业管理和物料采购计划延伸。

(3) 加强对计划执行情况的监控：通过对计划完成情况的信息反馈和用派工、调度等手段来控制计划的执行，以保证MRP计划的实现。

通过编制能力需求计划，进行能力与负荷的平衡，加强对计划执行情况的监控，当计划实施过程中出现问题时，及时进行反馈，以便调整计划和控制计划的执行，以上形成一个由计划、反馈和控制等环节组成的闭环系统，称为闭环MRP。

20世纪70年代末随着闭环MRP的应用和发展，系统的范围和功能进一步扩展，把生产、库存、采购、销售、财务、成本等子系统都联系起来，逐渐发展成为一个覆盖企业全部生产资源的管理信息系统。它不仅编制产品和零部件的生产进度计划、物料采购计划，而且还可包含经营计划，把完整的企业经营管理的全部内容都纳入到系统之内。1977年美国著名的生产管理专家奥列弗·怀特（Oliver W.Wight）为此倡议给MRP一个新的名称：制造资源计划（MRPII），意为第二代MRP。

40.3.5.3 制造资源计划（MRPII）

制造资源计划（MRPII）的系统组成如图40-9所示。在闭环MRP解决了企业生产作业计划有效性问题后，财务人员完全可以直接利用作业计划中的数据来及时反映和控制企业的资金流。

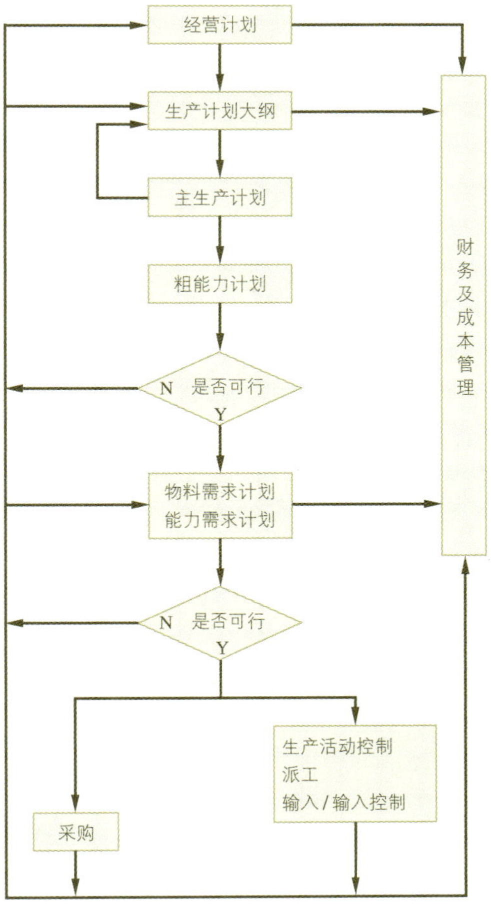

图40-9 制造资源计划（MRPII系统）

同时，闭环MRP的有效实施也需要制造企业其他部门的支持。例如，主生产计划是编制MRP的主要依据，它必须正确反映市场需求，市场营销部门应与计划部门一起确定即将下达的主生产计划的详细内容，才能对市场变化更敏捷地作出反应。又如精确的工程数据（BOM、工艺文件等）是MRP准确运行的基础，工程部门必须保证其准确性。实践证明，闭环MRP的扩展是一种必须趋势。MRPII将企业的生产制造，财务会计、市场营销、工程管理、采购供应以及信息管理等各个部门纳入整体管理之中。部门之间的协作水平达到新的高度。

MRPII的新功能和特点可概括如下：

(1) 生产作业和财务系统整合在一起，使用同一套数据，同步处理各种管理事务。财务数据是生产作业数据的扩展。

(2) 具有“模拟能力”。这是MRPII系统对管理决策支持的重要特征。所谓模拟能力，就是利用MRPII系统中现有的运作数据来分析某种方案或决策的可能后果，依此作出决策或方案选择。因为MRPII中的数据具有极高的可信度，因此利用这些数据进行模拟得出的结论是非常可靠的。

(3) MRPII是整个企业的运作系统。它不再是生产作业人员的专有工具，而变成了整个企业的规则，所有部门、所有人员都要根据MRPII的规则来开展自己的业务。企业运作过程中的各种管理事务一般会涉及多个部门的职能，MRPII系统使他们能够更紧密地协作起来。

参考文献

[1] [美]菲利普 · 科特勒著. 梅清豪译. 营销管理. 上海：上海人民出版社，1999
[2] 潘家铝等. 现代生产管理学. 北京：清华大学出版社，1991
[3] 任启芳，林晓等. 现代企业管理理论与实务. 北京：中国林业出版社，1999
[4] [美]Norman Gaithen. Production and Operations Managernent. 大连：东北财经大学出版社，1998

AN DB OO K
OF
W OO D
ND US TR Y